ÉCONOMIE POUR INGÉNIEURS

Leland Blank, P.E.
Université américaine de Sharjah, Émirats arabes unis
Université Texas A&M

Anthony Tarquin, P.E.
Université du Texas à El Paso

Scott Iverson, Ph. D.
Université de Victoria, Colombie-Britannique

Adaptation française de
Catherine Beaudry, ing., D. Phil.
École Polytechnique de Montréal

Mohammed Khalfoun, Ph. D.
École Polytechnique de Montréal

Avec la collaboration de
Katy Lagacé, B. Ing.
École de technologie supérieure

McGraw Hill Education   CHENELIÈRE ÉDUCATION

Économie pour ingénieurs

Traduction et adaptation de : *Engineering Economy, Second Canadian Edition* de Leland Blank, Anthony Tarquin et Scott Iverson
© 2012 McGraw-Hill Ryerson (ISBN 978-0-07-007180-3)

© 2013 Chenelière Éducation inc.

Conception éditoriale : Sylvain Ménard
Édition : Martine Rhéaume
Coordination : Valérie Côté
Traduction : Claudio Benedetti (professeur associé UQAT),
  Joanne Goulet-Giroux, Monique Héroux, Joëlle Soriano
  et Cindy Villeneuve-Asselin
Révision linguistique : Ginette Laliberté
Correction d'épreuves : Natacha Auclair
Conception de la couverture : Micheline Roy

**Catalogage avant publication
de Bibliothèque et Archives nationales du Québec
et Bibliothèque et Archives Canada**

Blank, Leland T.

  Économie pour ingénieurs

  Traduction de la 2e éd. canadienne de : Engineering economy.
  Comprend des réf. bibliogr. et un index.
  ISBN 978-2-7651-0698-2

  1. Ingénierie – Coût – Manuels d'enseignement supérieur. I. Tarquin, Anthony J. II. Iverson, Scott. III. Beaudry, Catherine, 1969-   .
  IV. Titre.

TA177.4.B5314 2013   658.1502'462   C2012-942250-9

5800, rue Saint-Denis, bureau 900
Montréal (Québec) H2S 3L5 Canada
Téléphone : 514 273-1066
Télécopieur : 514 276-0324 ou 1 800 814-0324
info@cheneliere.ca

ISBN 978-2-7651-0698-2

Dépôt légal : 2e trimestre 2013
Bibliothèque et Archives nationales du Québec
Bibliothèque et Archives Canada

Imprimé au Canada

3   4   5   6   7   M   24   23   22   21   20

Gouvernement du Québec – Programme de crédit d'impôt pour l'édition de livres – Gestion SODEC.

Ce projet est financé en partie par le gouvernement du Canada

L'ouvrage *Économie pour ingénieurs* vise à présenter les principes et les applications de l'analyse économique de façon claire, soutenus par un grand nombre d'exemples, d'exercices de fin de chapitre et d'outils d'apprentissage en ligne axés sur l'ingénierie. Depuis la première édition originale américaine de ce manuel, nous avons pour objectif d'expliquer la matière avec le plus de clarté et de concision possible, en évitant toutefois de le faire au détriment des éléments essentiels à l'étude et de la compréhension de l'étudiant. L'ordre dans lequel les thèmes sont abordés ainsi que la flexibilité du choix des chapitres pour favoriser l'atteinte de différents objectifs de cours sont décrits plus loin dans l'avant-propos.

LES NIVEAUX D'ENSEIGNEMENT VISÉS PAR LE MANUEL

Ce manuel, qui convient spécialement à l'apprentissage et à l'enseignement aux niveaux collégial et universitaire, sert aussi d'ouvrage de référence pour les calculs de base des analyses économiques en ingénierie. Il s'applique de manière appropriée aux cours d'une session de premier cycle universitaire portant sur l'analyse économique, de projets ou des coûts en ingénierie. Par ailleurs, sa structure permet aux autodidactes d'acquérir les connaissances recherchées et aux personnes qui le souhaitent d'en réviser les notions. Pour utiliser ce manuel, l'étudiant devrait avoir terminé sa première année d'études en ingénierie, de manière à pouvoir apprécier le contexte des problèmes proposés. Il n'est pas nécessaire de posséder des connaissances en calcul pour comprendre les équations présentées dans le manuel, mais une maîtrise de base de la terminologie employée en ingénierie contribue à accroître la compréhension de la matière, ainsi que, par le fait même, la facilité et le plaisir de son apprentissage. Néanmoins, l'approche de nature élémentaire adoptée dans l'ouvrage permet à tout professionnel en exercice qui est peu familier avec les concepts de l'économie et de l'ingénierie de s'en servir pour apprendre, comprendre et appliquer correctement les principes et les techniques décrits en vue de prendre des décisions efficaces.

À PROPOS DU MANUEL

Le livre *Économie pour ingénieurs* est la toute première adaptation française de la deuxième édition canadienne en anglais. Il a été écrit et adapté pour présenter la matière et ses applications en fonction du contexte particulier qui existe au Québec et au Canada. Dans ce manuel, nous nous efforçons non seulement d'adapter les exemples en ingénierie et les procédures économiques, mais aussi d'approfondir et d'ajouter des techniques appropriées qui s'avèrent particulièrement pertinentes en ce qui concerne les priorités et les valeurs canadiennes.

Depuis les tout débuts de la Confédération, les Canadiens manifestent leur volonté de prendre soin les uns des autres et de vivre en harmonie avec leurs diverses communautés et nations, ainsi qu'avec le monde entier. Nous utilisons ces expériences pour gérer les compromis entre les valeurs conflictuelles, voire souvent contradictoires, grâce au dialogue, à la persuasion, au maintien de la paix et aux relations diplomatiques au sein d'organismes et d'entreprises à l'échelle internationale. Les éléments microéconomiques de l'**analyse des solutions de remplacement**, des **techniques d'optimisation de la programmation linéaire**, de la **théorie de la décision** et des **simulations** reçoivent plus d'attention dans ce contexte et ont donc été approfondis dans la deuxième édition canadienne du manuel et traduits pour cette première édition en français. Nous nous servons en outre de la **théorie de l'utilité** et de la **théorie des jeux** afin d'aborder l'utilisation de ces sujets ainsi que leur importance pour l'économie canadienne. L'exploitation de ces techniques dans le domaine de l'ingénierie au Québec et dans le reste du Canada contribue par ailleurs à favoriser la prise de décisions qui sont conformes aux valeurs de notre pays.

En tant que Canadiens, nous sommes, avec raison, fiers de nos programmes de sécurité sociale ainsi que de nos infrastructures publiques (les réseaux de transport, les soins de santé universels, l'éducation, les lois) et nous en voyons la nécessité pour favoriser les libertés individuelles et la prospérité de l'économie. Ainsi, cette adaptation québécoise de la deuxième édition canadienne traite du **processus décisionnel dans le secteur public** et comprend des discussions relatives aux débats sur l'**établissement de partenariats public-privé au Canada**.

Comme l'impôt, les taxes et l'amortissement diffèrent selon les pays, les sections qui portent sur ces sujets **reflètent la réglementation canadienne en vigueur**. De plus, dans cet ouvrage, il est question des **éléments macroéconomiques** des **taux d'inflation et d'intérêt**, de même que de la **politique monétaire au Canada**.

LES PARTICULARITÉS DE L'ÉDITION FRANÇAISE ADAPTÉE DE LA DEUXIÈME ÉDITION CANADIENNE

- À la fin de chaque chapitre sont proposés de nombreux problèmes portant sur diverses disciplines en ingénierie et dans différentes entreprises canadiennes et québécoises qui offrent des solutions durables en matière d'énergie et de technologie.
- Un compte rendu à jour des discussions sur les éléments macroéconomiques canadiens est présenté en réponse à la situation financière mondiale qui a suivi la crise économique de 2008, notamment sur les objectifs de la Banque du Canada, l'indice des prix à la consommation, l'inflation et la déflation.
- Des renseignements actuels sont donnés sur l'amortissement et l'impôt sur le revenu, qui tiennent compte des plus récents règlements fiscaux et des pratiques d'amortissement de l'Agence du revenu du Canada.
- Les règlements et les taux canadiens en matière de prêts hypothécaires reflètent les pratiques actuelles.
- Une étude approfondie des partenariats public-privé au Canada est aussi incluse dans ce manuel.

LA STRUCTURE DU MANUEL ET LES PARCOURS POSSIBLES POUR L'ÉTUDE DES CHAPITRES

L'ouvrage a été rédigé par modules, présentant les thèmes de diverses façons adaptées à plusieurs objectifs, structures et échéanciers de cours. Le manuel comporte 18 chapitres répartis en 4 niveaux. Comme le montre l'organigramme de la page VI, certains chapitres doivent être vus dans l'ordre. Cependant, dans l'ensemble, la conception modulaire de l'ouvrage procure une grande flexibilité sur le plan du choix et de l'ordre des thèmes abordés. Le graphique de la progression des chapitres qui suit l'organigramme montre que certains chapitres peuvent être abordés avant leur ordre numérique. Par exemple, si un cours met l'accent sur l'analyse après impôt peu après le début de la session, l'enseignant peut présenter le chapitre 15 ainsi que les sections initiales du chapitre 16 à n'importe quel moment qui suit la présentation du chapitre 6, et ce, sans nuire à la préparation de base de ses étudiants. Il existe des points d'entrée principaux et d'autres points d'entrée clairs pour aborder les grands thèmes que sont l'inflation, les estimations, la fiscalité, de même que le risque. Les autres points d'entrée sont indiqués par des flèches pointillées dans le graphique.

La matière présentée au niveau 1 porte sur les compétences de base en calcul; les chapitres qui en font partie constituent donc des préalables pour tous les autres chapitres du manuel. Les chapitres du niveau 2 traitent principalement des techniques d'analyse les plus couramment employées pour comparer des solutions possibles. Bien qu'il soit recommandé de voir tous les chapitres de ce niveau, seuls les deux premiers (les chapitres 5 et 6) sont grandement utilisés dans la suite de l'ouvrage. Les trois chapitres du niveau 3 montrent comment on peut exploiter les techniques abordées au niveau 2 afin d'évaluer les immobilisations actuelles ou des solutions indépendantes, alors que les chapitres du niveau 4 traitent des répercussions fiscales de la prise de décisions ainsi que d'autres notions relatives à l'estimation des coûts, à la comptabilité par activités et aux analyses de sensibilité et du risque effectuées à l'aide de simulations.

L'organisation des chapitres et des exercices de fin de chapitre   Chaque chapitre présente d'abord un objectif général accompagné d'un ensemble d'objectifs d'apprentissage progressifs, puis la matière à l'étude. Les titres des sections correspondent à chacun des objectifs d'apprentissage. Par exemple, la section 5.1 porte sur la matière liée au premier objectif du chapitre. De plus, chaque section comporte un ou plusieurs exemples à l'appui qui sont accompagnés de leur solution manuelle, ou à la fois de leur solution manuelle et par ordinateur. Les exemples se distinguent du corps du chapitre et comprennent des remarques sur la solution de même que des liens pertinents avec d'autres sujets de l'ouvrage. Le résumé de fin de chapitre fait nettement ressortir les interrelations entre les notions et les principaux thèmes abordés afin de consolider la compréhension de l'étudiant avant qu'il amorce les exercices de fin de chapitre.

Les problèmes de fin de chapitre, dont la solution ne figure pas dans l'ouvrage, mais sur le site Web du manuel au http://mabibliotheque.cheneliere.ca, sont regroupés par catégories dans le même ordre que les sections présentées. L'étudiant peut ainsi appliquer la matière au fil des sections ou résoudre les problèmes à la fin du chapitre seulement.

L'annexe A (en ligne) comprend des renseignements supplémentaires, soit une initiation à l'utilisation d'un tableur (Microsoft Excel) pour l'étudiant qui connaît peu cet outil. Des tables d'intérêt se trouvent à la fin du manuel. Par ailleurs, on trouve en fin d'ouvrage un guide de référence succinct des notations, des formules et des diagrammes des flux monétaires de chacun des facteurs, en plus d'un lexique anglais-français des fonctions d'usage courant dans le tableur Excel. Enfin, un glossaire des termes et des symboles fréquents en économie d'ingénierie vient compléter le manuel.

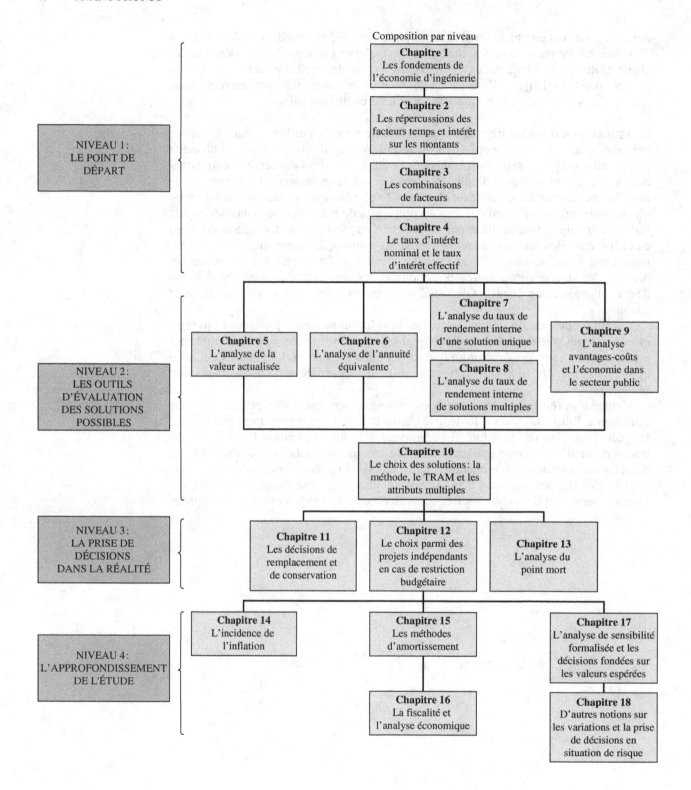

Composition par niveau

Chapitre 1
Les fondements de
l'économie d'ingénierie

Chapitre 2
Les répercussions des
facteurs temps et intérêt
sur les montants

Chapitre 3
Les combinaisons
de facteurs

Chapitre 4
Le taux d'intérêt
nominal et le taux
d'intérêt effectif

NIVEAU 1:
LE POINT DE
DÉPART

Chapitre 5
L'analyse de la
valeur actualisée

Chapitre 6
L'analyse de l'annuité
équivalente

Chapitre 7
L'analyse du taux de
rendement interne
d'une solution unique

Chapitre 8
L'analyse du taux de
rendement interne
de solutions multiples

Chapitre 9
L'analyse
avantages-coûts
et l'économie dans
le secteur public

NIVEAU 2:
LES OUTILS
D'ÉVALUATION
DES SOLUTIONS
POSSIBLES

Chapitre 10
Le choix des solutions: la
méthode, le TRAM et les
attributs multiples

Chapitre 11
Les décisions de
remplacement et
de conservation

Chapitre 12
Le choix parmi des
projets indépendants
en cas de restriction
budgétaire

Chapitre 13
L'analyse du
point mort

NIVEAU 3:
LA PRISE DE
DÉCISIONS
DANS LA RÉALITÉ

Chapitre 14
L'incidence de
l'inflation

Chapitre 15
Les méthodes
d'amortissement

Chapitre 17
L'analyse de sensibilité
formalisée et les
décisions fondées sur
les valeurs espérées

NIVEAU 4:
L'APPROFONDISSEMENT
DE L'ÉTUDE

Chapitre 16
La fiscalité et
l'analyse économique

Chapitre 18
D'autres notions sur
les variations et la prise
de décisions en
situation de risque

LES PARCOURS POSSIBLES DES CHAPITRES

Une fois les six premiers chapitres terminés, l'ordre des autres thèmes et chapitres est très flexible, comme le montre le graphique de progression ci-dessous. Par exemple, si un cours porte sur les analyses de sensibilité et du risque, l'enseignant peut voir les chapitres 17 et 18 immédiatement après le chapitre 9. De même, si l'amortissement et les notions fiscales revêtent une importance capitale dans un cours, l'enseignant a le choix de présenter les chapitres 15 et 16 après le chapitre 6. Le graphique de progression peut l'aider à préparer la matière d'un cours ainsi que l'ordre des sujets à l'étude.

Les sujets peuvent être présentés aux endroits indiqués ou à
n'importe quel autre endroit subséquent
(les autres points d'entrée sont indiqués par le symbole ◀----)

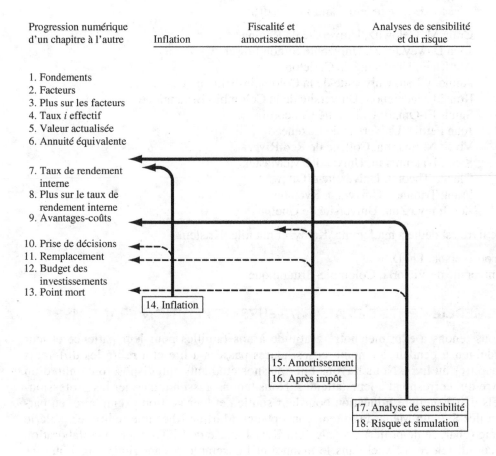

Progression numérique d'un chapitre à l'autre	Inflation	Fiscalité et amortissement	Analyses de sensibilité et du risque

1. Fondements
2. Facteurs
3. Plus sur les facteurs
4. Taux *i* effectif
5. Valeur actualisée
6. Annuité équivalente

7. Taux de rendement interne
8. Plus sur le taux de rendement interne
9. Avantages-coûts

10. Prise de décisions
11. Remplacement
12. Budget des investissements
13. Point mort

14. Inflation

15. Amortissement
16. Après impôt

17. Analyse de sensibilité
18. Risque et simulation

REMERCIEMENTS DE L'AUTEUR DE LA DEUXIÈME ÉDITION CANADIENNE

J'éprouve une profonde reconnaissance à l'égard de tous ceux qui m'ont aidé à préparer les première et deuxième éditions canadiennes du présent ouvrage. Les commentaires avisés et constructifs que j'ai reçus des réviseurs m'ont été fort utiles tout au long du processus. Je dois aussi énormément à mon épouse pour ses conseils, son soutien et ses relectures. Par ailleurs, j'aimerais exprimer ma gratitude envers les professionnels de McGraw-Hill Ryerson, notamment Leanna MacLean, Amy Rydzanicz et Sarah Fulton (éditrices conceptrices), Cathy Biribauer (éditrice) et Rodney Rawlings (réviseur linguistique), qui ont accompli un travail hors pair en contribuant à la création de cette deuxième édition et en la facilitant.

Les réviseurs de la deuxième édition canadienne

Craig M. Gelowitz, Université de Regina
John Dewey Jones, Université Simon Fraser
Ata Khan, Université de Carleton
Anthony Lau, Université de la Colombie-Britannique
Ronald Mackinnon, Université de la Colombie-Britannique
Samir El-Omari, Université Concordia
Juan Pernia, Université de Lakehead
Vivek N. Sharma, Collège de Red River
K.S. Sivakumaran, Université McMaster
Claude Théoret, Université d'Ottawa
Frank Trimnell, Université Ryerson
Zoe Jingyu Zhu, Université de Guelph

Ce livre est dédié à ma femme, Kathy, et ma fille, Kristen.

Scott Iverson, Ph. D.
Université de Victoria, Colombie-Britannique

REMERCIEMENTS DES ADAPTATEURS DE L'ÉDITION FRANÇAISE

Nous tenons à exprimer notre gratitude à nos familles pour leur patience et leur indulgence pendant les nombreuses heures passées à lire et à relire les différents chapitres du livre. Nous l'avons fait pour nos étudiants, qui disposeront enfin d'un livre qui correspond à leurs attentes. Nous tenons aussi à remercier les professionnels de Chenelière Éducation pour leur soutien et leur gestion exemplaire, en particulier Sylvain Ménard (éditeur-concepteur), Martine Rhéaume (éditrice), Valérie Côté (chargée de projet) et également Katy Lagacé de l'ÉTS pour sa collaboration à ce qui relève d'Excel dans le manuel et l'ensemble pédagogique, ainsi que les traductrices Cindy Villeneuve-Asselin, Joëlle Soriano, Joanne Goulet-Giroux et Monique Héroux.

Catherine Beaudry, Ph. D.
Mohammed Khalfoun, Ph. D.
Polytechnique Montréal

OBJECTIFS D'APPRENTISSAGE

Chaque chapitre commence avec un objectif général, une liste de sujets et des objectifs d'apprentissage associés à des sections correspondantes. Cette approche basée sur le comportement prépare le lecteur à ce qui suit, ce qui accroît sa compréhension et son apprentissage.

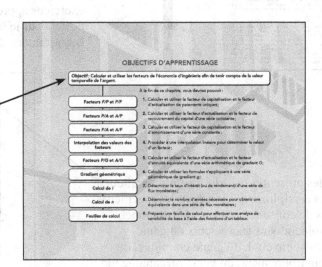

EXERCICES D'APPROFONDISSEMENT

Les exercices d'approfondissement exigent l'utilisation d'un tableur et portent généralement sur des analyses de sensibilité.

---

306 NIVEAU 2 Les outils d'évaluation des solutions possibles

EXERCICE D'APPROFONDISSEMENT

LES COÛTS DE LA PRESTATION D'UN SERVICE DE CAMION ÉCHELLE POUR LA PROTECTION CONTRE LES INCENDIES

La Ville de Langford paie depuis de nombreuses années une ville voisine (Victoria) pour pouvoir utiliser son camion échelle lorsqu'elle en a besoin. Les charges des dernières années se sont élevées à 1 000 $ chaque fois que le camion a été envoyé à une adresse dans Langford, et à 3 000 $ chaque fois que le camion échelle a été utilisé. Aucuns frais annuels n'ont été facturés. Le nouveau chef des pompiers de Victoria a présenté une facture nettement plus élevée pour l'utilisation de l'échelle :

Frais fixes annuels	30 000 $, avec paiement d'avance (maintenant) des frais des 5 prochaines années
Frais de répartition	3 000 $ par événement
Frais d'utilisation	8 000 $ par événement

Le chef des pompiers de Langford a envisagé d'acheter un camion échelle. Voici les coûts estimatifs du camion et de l'agrandissement du poste de pompiers en vue de l'abriter :

Camion :

Coût initial	850 000 $
Durée de vie	15 ans
Coût par demande d'envoi	2 000 $ par événement
Coût par utilisation	7 000 $ par événement

Agrandissement du poste de pompiers :

Coût initial	500 000 $
Durée de vie	50 ans

Le chef des pompiers a aussi utilisé les données d'une étude réalisé l'an dernier et les a mises à jour. L'étude estimait les diminutions de la prime d'assurance et des pertes matérielles pour les citoyens découlant de la disponibilité du camion à échelle. Les économies antérieures et les estimations actuelles, si Langford disposait de son propre camion pour une intervention plus rapide, sont les suivantes :

	Moyenne antérieure	Estimation, advenant l'achat du camion
Diminution de la prime d'assurance ($/année)	100 000	200 000
Diminution des pertes matérielles ($/année)	300 000	400 000

Le chef des pompiers de Langford a également obtenu le nombre moyen d'événements pour les trois dernières années et il a estimé l'utilisation future du camion échelle. Il croit que les répartiteurs se sont montrés réticents à demander le camion à Victoria.

	Moyenne passée	Estimation, advenant l'achat du camion
Nombre de demandes d'envoi par année	10	15
Nombre d'utilisations par année	3	5

ÉTUDES DE CAS

Toutes les études de cas présentent des exercices approfondis de la vie réelle qui portent sur le large éventail des analyses économiques dans la profession d'ingénieur.

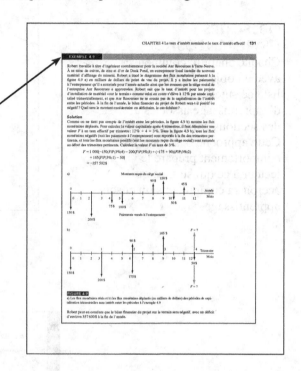

EXEMPLES

Les exemples présentés dans les chapitres traitent de toutes les disciplines qui touchent les ingénieurs susceptibles de consulter ce manuel, notamment ceux qui évoluent dans les secteurs du génie industriel, du génie civil, du génie chimique, du génie de l'environnement, du génie mécanique, de l'ingénierie du pétrole et du génie électrique ainsi que dans des programmes de direction d'études techniques et de techniques de l'ingénieur.

UTILISATION D'UN TABLEUR

Le manuel présente des feuilles de calcul et montre à quel point il est facile de les utiliser pour résoudre presque tout type de problème d'analyse économique en ingénierie. Il illustre également dans quelle mesure elles peuvent se révéler utiles pour modifier des estimations afin de mieux comprendre la sensibilité et les répercussions économiques des incertitudes inhérentes à toute prévision. Dès le chapitre 1, les auteurs appuient leurs propos sur les feuilles de calcul au moyen de saisies d'écran provenant du tableur Microsoft Excel.

Quand il est possible d'utiliser une fonction d'Excel dans une seule cellule pour résoudre un problème, l'icône « solution éclair » **Solution éclair** figure dans la marge.

Une icône « solution complexe » **Solution complexe** indique qu'une feuille de calcul plus élaborée doit être créée pour résoudre le problème. Cette feuille comprend alors plusieurs données et fonctions, voire parfois un tableau ou un graphique d'Excel pour illustrer une réponse, de même qu'une analyse de sensibilité de la solution qui permet d'en modifier les données.

Dans le cas des exemples comportant une solution éclair ou une solution complexe, les auteurs présentent des étiquettes dans lesquelles figurent les fonctions d'Excel nécessaires pour obtenir la valeur affichée dans les cellules. L'icône « solution complexe » se trouve également un peu partout dans les chapitres pour faire ressortir les descriptions de la meilleure utilisation possible de l'ordinateur pour aborder le thème de l'économie d'ingénierie dont il est question.

4.3 LES TAUX D'INTÉRÊT ANNUELS EFFECTIFS *

Dans la présente section, il n'est question que des taux d'intérêt «annuels» effectifs. Ainsi, l'année est employée comme période *t*, et la période de capitalisation peut consister en n'importe quelle unité de temps plus courte que 1 an. Par exemple, un taux «nominal» de 6% par année capitalisé trimestriellement correspond à un taux «effectif» de 6,136% par année. Ce type de taux est de loin le plus courant dans le contexte des activités commerciales et industrielles quotidiennes. Voici les symboles utilisés pour les taux d'intérêt nominaux et effectifs:

r = taux d'intérêt nominal par année
m = nombre de périodes de capitalisation par année
i = taux d'intérêt effectif par période de capitalisation (PC) = *r*/*m*
i_a = taux d'intérêt effectif par année

Comme on le mentionne précédemment, le traitement des taux d'intérêt nominal et effectif correspond en quelque sorte à celui qui est réservé aux taux d'intérêt simple et composé, respectivement. À l'instar d'un taux d'intérêt composé, un taux d'intérêt effectif situé à n'importe quel moment de l'année comprend (capitalise) l'intérêt de toutes les périodes de capitalisation précédentes survenues au cours de cette année. Par conséquent, le calcul de la formule d'un taux d'intérêt effectif est directement lié à la logique à la base de l'élaboration de la relation de la valeur capitalisée $F = P(1 + i)^n$.

La valeur capitalisée *F* à la fin 1 année correspond à la somme du capital *P* et de l'intérêt *Pi* cumulé au cours de l'année. Comme cet intérêt peut être capitalisé plusieurs fois durant l'année, on remplace *i* par le taux annuel effectif i_a. Ensuite, on écrit la relation de la valeur *F* au bout de 1 an.

$$F = P + Pi_a = P(1 + i_a)$$ [4.3]

Comme le montre la figure 4.1, il faut capitaliser le taux *i* par période de capitalisation au cours des *m* périodes afin d'obtenir la totalité de la capitalisation à la fin de l'année. Ainsi, on peut également formuler la valeur *F* de la façon suivante:

$$F = P(1 + i)^m$$ [4.4]

Si on prend la valeur *F* d'une valeur actualisée *P* de 1 $, on peut calculer la formule du taux d'intérêt annuel effectif de i_a en établissant l'égalité des deux expressions pour *F* et en remplaçant *P* par 1 $.

$$1 + i_a = (1 + i)^m$$
$$i_a = (1 + i)^m - 1$$ [4.5]

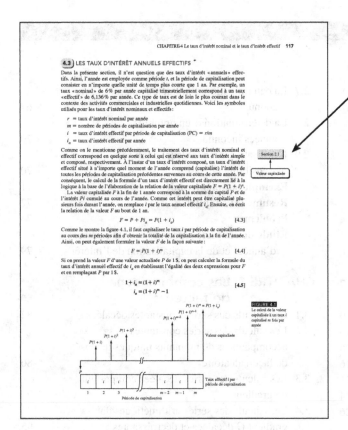

FIGURE 4.1
Le calcul de la valeur capitalisée à un taux *i* capitalisé *m* fois par année

Section 2.1
Valeur capitalisée

RENVOIS

L'ouvrage renforce les notions d'ingénierie expliquées du début à la fin en les rendant facilement accessibles à partir d'autres sections des chapitres. Les icônes de renvoi situées dans les marges orientent le lecteur vers d'autres numéros de section, exemples précis ou chapitres qui traitent de renseignements fondamentaux (retours en arrière) ou plus avancés (renvois vers des éléments à venir) liés au contenu du paragraphe en regard.

POINT DE VUE CANADIEN

Les dimensions canadiennes ressortent tout au long du manuel. Celui-ci comprend des exemples et des sections portant sur la réglementation fiscale et l'amortissement, les éléments macroéconomiques des taux d'inflation et d'intérêt, ainsi que le processus décisionnel du secteur public. Il comporte également une présentation de la politique monétaire au Canada, de même que de la matière sur les débats relatifs aux partenariats public-privé.

4.1 LA MACROÉCONOMIE DES TAUX D'INTÉRÊT

Du point de vue d'un ingénieur appelé à prendre des décisions, on a vu que les taux d'intérêt influent sur les résultats d'une analyse ainsi que sur les plans stratégiques d'une entreprise. En fait, les taux d'intérêt influencent l'économie canadienne dans son ensemble. Une économie qui change trop rapidement décourage l'entrepreneuriat en raison de l'instabilité des prix. La Banque du Canada a été créée pour contrôler les taux d'intérêt et établir la politique monétaire du pays afin de réduire l'ampleur des fluctuations dans le cas prix, de l'emploi et de la production.

C'est la loi de l'offre et de la demande monétaires qui détermine les taux d'intérêt. Quand les taux diminuent, on emprunte davantage pour dépenser de l'argent, qu'il s'agisse de se procurer un ordinateur personnel ou d'accroître la recherche et le développement industriels. Lorsque les taux d'intérêt sont peu élevés, l'entrepreneuriat est florissant. On atteint les limites de la croissance économique au moment où les entreprises ne parviennent plus à répondre à la demande pour leurs produits en raison de la pénurie de matériel, de la concurrence pour la main-d'œuvre et de la hausse des prix. L'augmentation des taux d'intérêt peut alors ralentir une économie en état de surchauffe de même que l'inflation qui l'accompagne.

Les taux d'intérêt ont également des répercussions sur la demande de dollars canadiens sur le marché des changes (les fonds étant transférés dans les économies stables aux taux d'intérêt les plus élevés). Cette demande a pour effet de hausser ou d'abaisser le taux de change du dollar canadien, ce qui influe ensuite sur la demande pour les exportations canadiennes. À l'échelle mondiale, les produits et services qu'offre le pays sont plus concurrentiels lorsque le taux de change est bas, c'est-à-dire que le dollar (ou huard) est abordable et que les prix à l'exportation sont peu élevés. Toutefois, quand le taux de change du dollar est bas, les prix à l'importation des produits étrangers sont plus élevés pour le Canada. Dans un cas comme dans l'autre, la situation influence les décisions relatives au développement de produits dans la planification stratégique des sociétés d'ingénierie. La plupart du temps, les politiques monétaires qui jouent sur les taux d'intérêt ont aussi les mêmes répercussions sur le taux de change.

Grâce à ses politiques monétaires, la Banque du Canada exerce une influence sur les taux d'intérêt de la même façon qu'au curling, le capitaine d'une équipe établit la stratégie à adopter en indiquant les endroits où placer les pierres. La Banque surveille et modifie la masse monétaire présente dans l'économie, ce qui entraîne, du moins en partie, un effet prévisible sur les taux d'intérêt. Au curling, on lance chaque pierre en fonction du résultat espéré sur le moment. Dans le cas de la politique monétaire du Canada, la Banque cible les taux d'intérêt en ajustant la masse monétaire moyenne grâce à l'augmentation ou à la diminution des fonds de réserve des institutions financières. Au curling, on dirige la pierre en la faisant glisser sur environ 7,6 m et en lui imprimant un mouvement circulaire lors du lancer afin de la voir décrire l'arc désiré. Il revient ensuite aux coéquipiers du lanceur de corriger sa trajectoire, notamment en balayant vigoureusement la glace devant sur la trentaine de mètres qu'il lui reste à parcourir.

Les ajustements de la Banque sont analogues à la rotation imprimée par le lanceur de la pierre. Pour accomplir cette tâche, la Banque recourt à diverses mesures monétaires ainsi qu'à différents outils. Au curling, les coéquipiers qui balaient le long de la trajectoire disposent de plusieurs possibilités pour modifier la friction entre la glace et la pierre. En ce qui concerne la Banque du Canada, après avoir effectué ses ajustements, elle passe le flambeau aux banques à charte et aux autres institutions financières pertinentes, dont les fonds de réserve jouent sur la capacité de consentir des prêts aux entreprises et aux ménages. Tout ce processus influe sur la consommation et les investissements.

Au curling, l'équipe qui possède la pierre la plus près du centre de la cible, ou «maison», marque un point pour chaque pierre dans la maison qui se trouve plus près du centre que n'importe quelle autre pierre de son adversaire. Au Canada, l'économie marque un point lorsque l'inflation et le chômage sont maîtrisés et que la croissance du

Inflation
Chapitre 14

TABLE DES MATIÈRES

NIVEAU 1
Le point de départ

Les fondements de l'économie d'ingénierie sont présentés dans les quatre premiers chapitres du présent ouvrage. Une fois le niveau 1 terminé, vous serez en mesure de comprendre et de résoudre des problèmes portant sur la valeur temporelle de l'argent, des flux monétaires de différents montants à des moments distincts, ainsi que sur l'équivalence de montants calculés selon divers taux d'intérêt. La maîtrise des techniques expliquées dans ces chapitres permet à tout ingénieur, peu importe la discipline dans laquelle il évolue, de tenir compte de la valeur économique pour évaluer les projets qui lui sont soumis.

Les huit facteurs couramment utilisés dans les calculs en économie d'ingénierie sont expliqués et appliqués. La combinaison de ces facteurs contribue à projeter les valeurs monétaires dans le passé et l'avenir selon différents taux d'intérêt. Par ailleurs, après avoir lu ces quatre chapitres, vous devriez pouvoir manier avec aisance de nombreuses fonctions du tableur Excel pour résoudre des problèmes.

CHAPITRE 1

Les fondements de l'économie d'ingénierie

La nécessité de l'économie d'ingénierie naît principalement du travail des ingénieurs lorsque, dans le cadre de petits ou de grands projets, ils doivent procéder à des analyses, des synthèses et des prises de décision de nature économique. Autrement dit, l'économie d'ingénierie se trouve au cœur de la prise de décisions. Ces décisions doivent tenir compte des éléments fondamentaux que sont les flux monétaires, le temps et les taux d'intérêt. Le présent chapitre décrit les notions et les termes de base nécessaires à l'organisation de ces trois éléments essentiels du point de vue mathématique. Ces termes courants, qui sont liés au processus décisionnel économique, sont utilisés tout au long de ce manuel. Des icônes en marge renvoient le lecteur à des passages qui traitent de notions fondamentales ou supplémentaires.

Les études de cas présentées à la suite des problèmes de fin de chapitre sont axées sur l'élaboration de solutions possibles en économie d'ingénierie.

OBJECTIFS D'APPRENTISSAGE

Objectif : Comprendre les notions de base de l'économie d'ingénierie.

À la fin de ce chapitre, vous devriez pouvoir :

Questions	1. Énumérer les types de questions auxquelles l'économie d'ingénierie permet de répondre ;
Prise de décisions	2. Décrire le rôle de l'économie d'ingénierie dans le processus décisionnel ;
Approche de l'étude	3. Nommer les éléments essentiels à la réalisation d'une étude en économie d'ingénierie ;
Taux d'intérêt	4. Effectuer des calculs sur les taux d'intérêt et les taux de rendement ;
Équivalence	5. Comprendre le sens du terme « équivalence » en économie ;
Intérêt simple et intérêt composé	6. Calculer l'intérêt simple et l'intérêt composé pour une ou plusieurs périodes ;
Symboles	7. Nommer et employer les termes et les symboles propres à l'économie d'ingénierie ;
Fonctions du tableur	8. Nommer les fonctions du tableur Excel couramment utilisées pour résoudre des problèmes en économie d'ingénierie ;
Taux de rendement acceptable minimum	9. Expliquer le sens et l'usage du taux de rendement acceptable minimum (TRAM) ;
Flux monétaires	10. Estimer des flux monétaires et les représenter graphiquement ;
Temps de doublement	11. Utiliser la règle de 72 pour estimer le taux d'intérêt composé ou le nombre d'années nécessaires pour faire doubler une valeur actualisée ;
Feuille de calcul	12. Préparer une feuille de calcul qui comprend de l'intérêt simple ou de l'intérêt composé en y intégrant une analyse de sensibilité.

1.1 L'IMPORTANCE DE L'ÉCONOMIE D'INGÉNIERIE POUR LES INGÉNIEURS (et d'autres professionnels)

Les décisions que prennent les ingénieurs, les gestionnaires, les présidents d'entreprise et les individus en général découlent fréquemment de la sélection d'une solution possible au détriment d'une autre. Souvent, des décisions portent sur le choix éclairé d'une personne en ce qui concerne la meilleure façon d'investir des fonds, également nommés «capital». En général, le montant d'un capital est restreint, au même titre que l'argent dont dispose un individu. Toute décision relative à la manière d'investir du capital influence l'avenir d'une façon qu'on espère positive; en d'autres termes, elle contribue à un ajout de valeur. Lorsque les ingénieurs exercent leurs activités d'analyse, de synthèse et de conception, ils jouent un rôle primordial dans la prise de décisions en matière d'investissement. Dans un processus décisionnel, il faut tenir compte à la fois de facteurs économiques et non économiques; d'autres facteurs plus abstraits viennent s'y greffer, par exemple la commodité, la clientèle et même l'amitié.

> À la base, l'économie d'ingénierie comprend la formulation, l'estimation et l'évaluation des répercussions économiques lorsqu'il faut choisir entre plusieurs solutions possibles pour atteindre un objectif. On peut également définir l'économie d'ingénierie comme un ensemble de techniques mathématiques facilitant les comparaisons de nature économique.

Dans beaucoup de sociétés dynamiques, nombre de projets et services ont une portée internationale. Ils sont parfois conçus dans un pays pour ensuite être mis en œuvre dans un autre. Ainsi, la conception des produits, leur fabrication et leur future utilisation sont souvent séparées et situées un peu partout dans le monde. Les méthodes proposées dans le présent ouvrage peuvent aisément servir à des multinationales ou à des sociétés évoluant au sein d'un même pays. La maîtrise des techniques en économie d'ingénierie est importante, puisque la plupart des projets, qu'ils soient d'envergure locale, nationale ou internationale, influent sur les charges et les produits d'une société.

Voici quelques-unes des questions types auxquelles la matière contenue dans ce manuel permet de répondre :

Les activités en ingénierie

- Devrait-on intégrer une nouvelle technique de liaison à la fabrication des plaquettes de frein des véhicules automobiles ?
- Si un système de vision artificielle procède aux essais qualitatifs à la place de la personne responsable du contrôle de la qualité dans une chaîne de soudure automobile, cela entraînera-t-il une réduction des charges d'exploitation dans un horizon temporel de 5 ans ?
- On souhaite améliorer le centre de production des matériaux composites d'une usine d'aéronautique afin d'en réduire les charges de 20 %. Sur le plan économique, est-ce une sage décision ?
- Devrait-on construire une autoroute de contournement d'une ville de 25 000 habitants ou améliorer la route actuelle qui traverse la ville ?
- Si on intègre la plus récente technologie dans une chaîne de fabrication au laser de produits médicaux, obtiendra-t-on le taux de rendement requis ?

Les projets du secteur public et d'organismes gouvernementaux

- Quel nouveau montant de recettes fiscales la Ville doit-elle percevoir pour financer une amélioration du réseau de distribution d'électricité ?
- Plutôt que d'améliorer le réseau de traversiers, si on construisait un pont entre la partie de la Colombie-Britannique située sur le continent et l'île de Vancouver, les avantages compenseraient-ils les coûts ?

- Serait-il rentable pour le gouvernement provincial de partager les coûts de construction d'une nouvelle autoroute à péage avec un entrepreneur ?

Les individus

- Devrais-je rembourser le solde de ma carte de crédit à l'aide d'un emprunt ?
- Sur le plan financier, quelle valeur des études de deuxième cycle représenteraient-elles pour ma carrière ?
- Exactement quel taux de rendement ai-je obtenu pour les actions que j'ai achetées ?
- Devrais-je acheter une nouvelle automobile, en louer une ou encore conserver celle que je possède déjà et rembourser le prêt contracté pour celle-ci ?

EXEMPLE 1.1

Un ingénieur en chef au service d'une entreprise de conception mécanique et un autre travaillant pour une société d'analyse structurelle ont souvent l'occasion de travailler ensemble. Vu la fréquence de leurs vols communs dans la région à bord d'appareils de compagnies aériennes commerciales, ils en sont venus à la conclusion qu'ils devraient évaluer la possibilité d'amener leurs entreprises à acheter un avion dont elles seraient copropriétaires. À quelles questions de nature économique ces ingénieurs devraient-ils répondre pour évaluer les deux solutions possibles, soit : 1) amener leurs entreprises à devenir copropriétaires d'un avion ; 2) ou continuer de voyager en utilisant les services des compagnies aériennes commerciales ?

Solution

Voici quelques questions à se poser (et leurs réponses attendues) pour chacune des deux solutions envisagées :

- Quel est le coût annuel de chaque solution ? (estimer les charges)
- Comment cette solution sera-t-elle financée ? (dresser un plan de financement)
- Cette solution comporte-t-elle des avantages fiscaux ? (connaître les renseignements sur les lois fiscales et les taux d'impôt)
- Sur quoi devrait-on se baser pour choisir l'une ou l'autre des solutions possibles ? (déterminer les critères de sélection)
- Quel est le taux de rendement attendu ? (effectuer les calculs nécessaires)
- Que se passera-t-il si on effectue moins de déplacements par avion que le nombre prévu au départ ? (procéder à une analyse de sensibilité)

1.2 LE RÔLE DE L'ÉCONOMIE D'INGÉNIERIE DANS LE PROCESSUS DÉCISIONNEL

Ce sont les personnes qui prennent des décisions, et non les ordinateurs, les outils mathématiques ou autres. En économie d'ingénierie, les techniques et les modèles aident les personnes à prendre des décisions. Comme les décisions influencent la réalisation des projets à venir, les périodes visées par l'économie d'ingénierie se situent principalement dans le futur. Par conséquent, les nombres utilisés dans les analyses constituent les meilleures estimations possibles des événements prévus. Ces estimations comprennent souvent les trois éléments essentiels mentionnés précédemment, à savoir les flux monétaires, les périodes concernées et les taux d'intérêt. Elles sont axées sur l'avenir et comportent généralement quelques écarts par rapport à la réalité, surtout en raison des changements de situation et des événements imprévus. Autrement dit, il y a de fortes chances qu'en raison de la nature stochastique des estimations, les valeurs observées dans le futur diffèrent de celles estimées au moment présent.

De façon générale, dans une étude en ingénierie, on effectue une **analyse de sensibilité** afin de déterminer les changements possibles d'une décision selon différentes estimations, surtout lorsque ces dernières peuvent grandement varier. Par

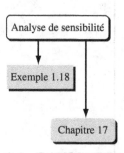

exemple, un ingénieur qui s'attend à ce que le coût initial de conception d'un logiciel puisse varier dans une proportion allant jusqu'à ±20 % d'un montant estimé à 250 000 $ devrait procéder à l'analyse économique des coûts initiaux estimatifs de 200 000 $, de 250 000 $ et de 300 000 $. À l'aide d'une analyse de sensibilité, on pourrait aussi « jouer » avec d'autres estimations incertaines liées au projet. (Il est assez facile d'effectuer une analyse de sensibilité au moyen d'un tableur. Grâce à l'affichage des feuilles de calcul sous forme de tableaux et de graphiques, on peut effectuer plusieurs analyses en remplaçant simplement les valeurs estimatives. L'efficacité des feuilles de calcul est exploitée tout au long du présent ouvrage.)

On peut également recourir à l'économie d'ingénierie pour analyser les répercussions du passé. Dans ce cas, on évalue les données observées afin de déterminer si les résultats obtenus ont satisfait ou non à un critère précis, notamment à une exigence relative au taux de rendement. À titre d'exemple, il y a cinq ans, une entreprise de conception technique canadienne a lancé un service de conception détaillée en Asie pour des châssis de véhicules automobiles. À présent, le président de l'entreprise veut savoir si le rendement du capital investi réel a dépassé 15 % par année.

Pour élaborer des solutions possibles puis en choisir une, il importe de respecter une certaine méthode. Voici les étapes à suivre, dont l'ensemble est communément appelé « démarche de résolution de problème » ou « processus décisionnel » :

1. Comprendre le problème et définir l'objectif à atteindre.
2. Recueillir les renseignements pertinents.
3. Définir les solutions possibles et faire des estimations réalistes.
4. Déterminer les critères à évaluer pour prendre une décision à l'aide d'un ou de plusieurs attributs.
5. Évaluer chaque solution possible en procédant à une analyse de sensibilité pour approfondir l'évaluation.
6. Choisir la meilleure solution.
7. Mettre en œuvre la solution choisie.
8. Suivre de près les résultats.

L'économie d'ingénierie joue un rôle considérable à toutes ces étapes, et son importance est primordiale aux étapes 2 à 6. Aux étapes 2 et 3, on établit les solutions possibles et on procède à des estimations pour chacune. À l'étape 4, l'analyste détermine les attributs à utiliser pour choisir l'une des solutions, ce qui prépare le terrain pour la sélection de la technique à appliquer. À l'étape 5, on se sert des modèles de l'économie d'ingénierie afin de procéder à l'évaluation et d'effectuer l'analyse de sensibilité sur laquelle reposera la décision finale (étape 6).

EXEMPLE 1.2

Réfléchissez de nouveau aux questions que devaient se poser les ingénieurs de l'exemple 1.1 au sujet de la copropriété d'un avion. Décrivez quelques façons dont l'économie d'ingénierie pourrait aider à choisir l'une ou l'autre des deux solutions proposées.

Solution

Supposez que les deux ingénieurs visent le même objectif, c'est-à-dire disposer d'un moyen de transport fiable et accessible dont le coût total soit le plus bas possible. Suivez les étapes énoncées plus haut.

Étapes 2 et 3 : Le cadre d'une étude en économie d'ingénierie aide à déterminer les renseignements à estimer ou à recueillir. Dans le cas de la solution 1 (acheter un avion), on devrait estimer le coût d'achat, la méthode de financement et le taux d'intérêt, les charges d'exploitation annuelles, l'augmentation potentielle des produits de ventes annuels ainsi que les déductions fiscales. Dans le cas de la solution 2 (voyager en utilisant les services de compagnies aériennes commerciales), on devrait estimer les coûts de transport commercial, le nombre de voyages, les produits des ventes annuels ainsi que d'autres données pertinentes.

Étape 4 : Un critère de sélection est un attribut à valeur numérique nommé « mesure de la valeur ». En voici quelques exemples :

Valeur actualisée (VA)	Valeur capitalisée (VC)	Délai de récupération
Annuité équivalente (AÉ)	Taux de rendement interne (TRI)	Création de valeur d'une année
Ratio avantages-coûts (RAC)	Coût immobilisé (CI)	

Lorsqu'on détermine une mesure de la valeur, on considère également le fait que la valeur actuelle de l'argent diffère de la valeur qu'il aura dans l'avenir, ce qui signifie qu'on tient compte de la valeur temporelle de l'argent.

Il existe aussi un grand nombre d'attributs non économiques, par exemple des attributs sociaux, environnementaux, juridiques, politiques et personnels. En raison de cette multitude d'attributs, les résultats économiques obtenus à l'étape 6 se révèlent parfois moins fiables. Or, voilà exactement pourquoi les décideurs doivent disposer d'information adéquate à propos de tous les facteurs, qu'ils soient économiques ou non, afin de faire un choix éclairé. Dans le cas présent, l'analyse économique pourrait favoriser la copropriété d'un avion (solution 1), mais l'un ou l'autre des ingénieurs, voire les deux, pourraient opter pour la solution 2 en raison de facteurs non économiques.

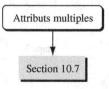

Étapes 5 et 6 : On effectue les calculs réels, l'analyse de sensibilité et le choix d'une solution à ces étapes.

La notion de « valeur temporelle de l'argent » a été mentionnée plus haut. On dit souvent que l'argent attire l'argent. Cette affirmation est effectivement vraie, car si on décide d'investir un certain montant dans le présent, on s'attend invariablement à en obtenir davantage dans l'avenir. À l'inverse, si une personne ou une entreprise emprunte un montant aujourd'hui, demain elle devra plus que le montant du capital initial du prêt consenti. La valeur temporelle de l'argent permet aussi d'expliquer cet état de fait.

> La fluctuation d'un montant sur une période donnée se nomme « valeur temporelle de l'argent » ; il s'agit de la notion la plus importante en économie d'ingénierie.

1.3 LA RÉALISATION D'UNE ÉTUDE EN ÉCONOMIE D'INGÉNIERIE

Dans l'ensemble du manuel, on considère les expressions telles que l'« économie d'ingénierie », l'« analyse économique en ingénierie », le « processus décisionnel économique », l'« étude d'attribution du capital » ou l'« analyse économique » comme des synonymes. Une méthode générale nommée « démarche de l'étude en économie d'ingénierie » donne un aperçu de l'étude en économie d'ingénierie. Cette approche est présentée dans la figure 1.1 pour deux solutions. Dans cette même figure, les étapes du processus décisionnel se trouvent en regard des blocs correspondants.

La description des solutions possibles L'étape 1 du processus décisionnel mène à la compréhension de base du type de solution nécessaire pour résoudre le problème. Il peut y avoir de nombreuses solutions potentielles au départ, mais seules quelques-unes se révéleront réalisables et feront l'objet d'une véritable évaluation.

Si on décide que les solutions A, B et C seront soumises à analyse, mais qu'une méthode D, non reconnue comme étant une solution possible, constitue en fait la solution la plus intéressante, la décision finale sera assurément mauvaise.

Les solutions sont des options indépendantes qui comprennent une description et les meilleures estimations possibles de paramètres tels que le coût initial (qui

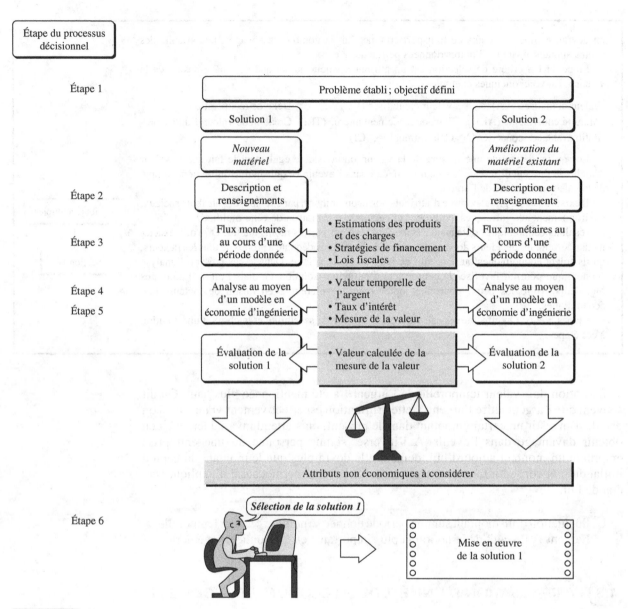

Étape du processus décisionnel

Étape 1 — Problème établi ; objectif défini

Solution 1 — Nouveau matériel
Solution 2 — Amélioration du matériel existant

Étape 2 — Description et renseignements

Étape 3 — Flux monétaires au cours d'une période donnée
• Estimations des produits et des charges
• Stratégies de financement
• Lois fiscales

Étape 4 / Étape 5 — Analyse au moyen d'un modèle en économie d'ingénierie
• Valeur temporelle de l'argent
• Taux d'intérêt
• Mesure de la valeur

Évaluation de la solution 1
• Valeur calculée de la mesure de la valeur
Évaluation de la solution 2

Attributs non économiques à considérer

Étape 6 — Sélection de la solution 1 → Mise en œuvre de la solution 1

FIGURE 1.1
La démarche de l'étude en économie d'ingénierie

englobe les coûts d'achat, de conception et d'installation), la durée d'utilité, les charges et les produits annuels, la valeur de récupération (ou valeur de revente ou résiduelle), le taux d'intérêt (ou taux de rendement) et parfois l'inflation et les incidences fiscales. Généralement, on regroupe les charges annuelles estimatives, qu'on nomme collectivement « charges d'exploitation annuelles » (CEA) ou « charges d'entretien et d'exploitation » (CEE).

Les flux monétaires Les encaissements (produits ou revenus) et les décaissements (charges) estimatifs se nomment « flux monétaires ». On estime ces montants pour chacune des solutions possibles (étape 3). Sans estimations de flux monétaires pour une période donnée, aucune étude en économie d'ingénierie n'est possible. Lorsqu'on s'attend à ce que des flux monétaires fluctuent, il s'avère réellement nécessaire d'effectuer une analyse de sensibilité à l'étape 5.

L'analyse au moyen de l'économie d'ingénierie On effectue des calculs en tenant compte de la valeur temporelle de l'argent sur les flux monétaires de chacune des solutions possibles afin de pouvoir en mesurer la valeur.

Le choix d'une solution On compare les mesures de la valeur obtenues pour ensuite choisir l'une des solutions possibles. Il s'agit là du résultat de l'analyse en économie d'ingénierie. Par exemple, une analyse du taux de rendement pourrait se traduire par le choix de la solution 1, dont le taux de rendement serait estimé à 18,4 % par année, plutôt que de la solution 2, dont ce même taux serait estimé à 10 % par année. Par ailleurs, on pourrait recourir à une certaine combinaison de critères économiques basée sur la mesure de la valeur et de facteurs non économiques et abstraits pour éclairer le choix d'une solution.

Lorsqu'une seule solution réalisable est définie, on la compare souvent à une autre qui consiste en une solution du *statu quo*, aussi nommée « solution telle quelle » ou « solution immobiliste ». Si aucune nouvelle solution n'offre une mesure de la valeur favorable, on peut opter pour la solution du *statu quo*.

Consciemment ou non, on utilise chaque jour des critères pour choisir entre diverses possibilités. Par exemple, quand on se rend à l'université en automobile, on opte pour le « meilleur » trajet. Or, comment définit-on le meilleur de tous ? Ce trajet est-il le plus sûr, le plus court, le plus rapide, le plus économique, le plus pittoresque, et ainsi de suite ? De toute évidence, selon le ou les critères retenus pour déterminer la notion de « meilleur », on pourrait choisir un trajet différent chaque fois. Dans une analyse économique, on utilise généralement les unités financières (en dollars ou dans une autre monnaie) comme base concrète d'évaluation. Ainsi, lorsqu'il existe plusieurs moyens de réaliser un objectif en particulier, on opte pour la solution au coût total le plus bas ou au bénéfice net le plus élevé.

Au cours de l'évaluation d'un projet, on effectue une analyse après impôt, généralement en ne tenant compte que des incidences fiscales notables liées à l'amortissement des immobilisations et à l'impôt sur le revenu comptabilisé. Les taxes et les impôts perçus par les administrations municipales et les gouvernements provinciaux, fédéraux et internationaux prennent habituellement la forme d'un impôt sur le revenu, d'une taxe sur la valeur ajoutée (TVA), d'une taxe à l'importation, d'une taxe de vente, d'un impôt foncier, et ainsi de suite. Les taxes et les impôts jouent un rôle dans les estimations des flux monétaires de chaque solution envisagée. De fait, ils ont tendance à améliorer les estimations des flux monétaires liés aux charges, aux économies de coûts et à l'amortissement des immobilisations, mais à réduire les estimations des flux monétaires liés aux produits et au bénéfice net après impôt. Dans ce manuel, les détails de l'analyse après impôt ne sont abordés qu'une fois les outils et les techniques de base de l'économie d'ingénierie expliqués. D'ici là, on suppose que les taxes et les impôts prévus en vertu des lois fiscales s'appliquent de façon égale à toutes les solutions possibles. (S'il faut tenir compte des incidences fiscales avant que ces explications soient données, il est recommandé de voir les chapitres 15 et 16 après les chapitres 6, 8 ou 11.)

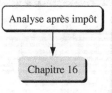

À présent, il est temps d'aborder certains éléments de base de l'économie d'ingénierie qui s'appliquent à l'exercice quotidien de l'ingénierie de même qu'à la prise de décisions personnelles.

1.4 LE TAUX D'INTÉRÊT ET LE TAUX DE RENDEMENT

L'intérêt est la manifestation de la valeur temporelle de l'argent. Sur le plan des calculs, l'intérêt constitue la différence entre un montant final et le montant initial. Si cette différence est nulle ou négative, il n'y a pas d'intérêt. Un montant d'intérêt peut toujours être considéré sous deux angles, celui de la charge d'intérêt et celui du produit d'intérêt. On parle de « charge d'intérêt » lorsqu'une personne ou une organisation emprunte un montant (obtenu sous forme de prêt), puis rembourse un montant supérieur. On parle de « produit d'intérêt » lorsqu'une personne ou une organisation épargne, investit ou prête un montant et récupère ensuite un montant supérieur. On peut voir ci-dessous que dans les deux cas, les calculs et les valeurs numériques sont essentiellement les mêmes, mais qu'ils sont interprétés différemment.

On calcule la charge d'intérêt sur des fonds empruntés (obtenus sous forme de prêt) au moyen de la relation suivante :

$$\text{Intérêt} = \text{montant actuellement dû} - \text{montant initial} \qquad [1.1]$$

Lorsque la charge d'intérêt sur une unité de temps précise est exprimée sous la forme d'un pourcentage du montant initial (capital), on nomme le résultat « taux d'intérêt ».

$$\text{Taux d'intérêt (\%)} = \frac{\text{intérêt couru par unité de temps}}{\text{montant initial}} \times 100\,\% \qquad [1.2]$$

L'unité de temps du taux d'intérêt se nomme « période d'intérêt ». La période d'intérêt de loin la plus couramment utilisée pour présenter un taux d'intérêt est de 1 an. Toutefois, on peut aussi se servir de périodes plus courtes, par exemple dans le cas d'un taux de 1 % par mois. Par conséquent, on devrait toujours mentionner la période d'intérêt associée au taux d'intérêt. Si seul un taux d'intérêt est mentionné, par exemple 8,5 %, on suppose que la période d'intérêt est de 1 an.

EXEMPLE 1.3

Un employé de l'entreprise Laser Kinetics emprunte 10 000 $ le 1er mai et doit rembourser un montant total de 10 700 $ exactement 1 an plus tard. Déterminez le montant de l'intérêt ainsi que le taux d'intérêt payé.

Solution

Dans ce cas, on adopte le point de vue de l'emprunteur, puisqu'un montant de 10 700 $ est versé pour rembourser un prêt. Appliquez l'équation [1.1] pour déterminer la charge d'intérêt.

$$\text{Charge d'intérêt} = 10\,700\,\$ - 10\,000 = 700\,\$$$

L'équation [1.2] permet d'évaluer le taux d'intérêt payé pour 1 an.

$$\text{Taux d'intérêt (\%)} = \frac{700\,\$}{10\,000\,\$} \times 100\,\% = 7\,\% \text{ par année}$$

EXEMPLE 1.4

Stereophonics inc. prévoit contracter un prêt bancaire d'un montant de 20 000 $ pour 1 an à un taux d'intérêt de 6 %. Cette somme doit servir à acheter du nouveau matériel d'enregistrement.

a) Calculez l'intérêt et le montant total qui seront dus après 1 an.
b) Tracez un diagramme à barres afin d'illustrer le montant de l'emprunt initial et le montant total dû après 1 an qui sont utilisés pour calculer le taux d'intérêt de 6 % par année.

Solution

a) Calculez le total de l'intérêt couru en résolvant l'équation [1.2].

$$\text{Intérêt} = 20\,000\,\$(0,06) = 1\,200\,\$$$

Le montant total dû correspond à la somme du capital et de l'intérêt.

$$\text{Montant total dû} = 20\,000\,\$ + 1\,200 = 21\,200\,\$$$

b) La figure 1.2 montre les valeurs utilisées dans l'équation [1.2], soit l'intérêt de 1 200 $, le capital initial de l'emprunt de 20 000 $ et la période d'intérêt de 1 an.

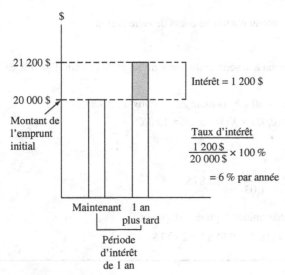

FIGURE 1.2
Les valeurs utilisées pour calculer un taux d'intérêt de 6 % par année à l'exemple 1.4

Remarque

Il est à noter que dans la partie a), on pourrait aussi calculer le montant total dû de la façon suivante :

Montant total dû = capital (1 + taux d'intérêt) = 20 000 $ (1,06) = 21 200 $

Plus loin dans le manuel, cette méthode est utilisée afin de déterminer des valeurs capitalisées pour plus d'une période d'intérêt.

Du point de vue d'un épargnant, d'un prêteur ou d'un investisseur, le produit d'intérêt correspond au montant final dont on soustrait le montant initial, aussi appelé « capital ».

Produit d'intérêt = montant total capitalisé − montant initial [1.3]

On exprime le produit d'intérêt pour une période donnée sous la forme d'un pourcentage du montant initial. Ce produit se nomme « taux de rendement » (TR).

$$\text{Taux de rendement (\%)} = \frac{\text{intérêt couru par unité de temps}}{\text{montant initial}} \times 100\% \quad [1.4]$$

L'unité de temps associée au taux de rendement se nomme « période d'intérêt », comme c'est le cas du point de vue de l'emprunteur. Là encore, la période la plus courante est de 1 an.

On emploie le terme « rendement du capital investi » (RCI) comme équivalent du taux de rendement dans différents secteurs d'activité et contextes, en particulier lorsque des fonds d'immobilisations considérables sont consacrés à des programmes en ingénierie.

Les valeurs numériques des équations [1.2] et [1.4] sont les mêmes, mais le terme « taux d'intérêt payé » est plus approprié du point de vue de l'emprunteur, alors que le terme « taux de rendement obtenu » s'avère préférable du point de vue de l'investisseur.

Taux de rendement interne

Chapitres 7 et 8

EXEMPLE 1.5

a) Calculez le montant déposé il y a 1 an si le montant actuel s'élève à 1 000 $ et que le taux d'intérêt est de 3 % par année.

b) Calculez le montant du produit d'intérêt obtenu au cours de cette période.

Solution

a) Le montant total (1 000 $) correspond à la somme du dépôt initial et du produit d'intérêt. Si X désigne le dépôt initial,

Montant total = montant initial + montant initial (taux d'intérêt)

$$1\,000\ \$ = X + X(0{,}03) = X(1 + 0{,}03) = 1{,}03X$$

Le dépôt initial est :

$$X = \frac{1\,000}{1{,}03} = 970{,}87\ \$$$

b) Appliquez l'équation [1.3] pour déterminer le produit d'intérêt.

$$\text{Intérêt} = 1\,000\ \$ - 970{,}87 = 29{,}13\ \$$$

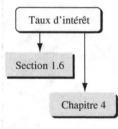

Dans les exemples 1.3 à 1.5, la période d'intérêt était de 1 an, et le montant d'intérêt était calculé à la fin d'une seule période. En présence de plusieurs périodes d'intérêt (par exemple, si on souhaite calculer le montant d'intérêt dû après 3 ans à l'exemple 1.4), il faut mentionner si l'intérêt couru est simple ou composé d'une période à l'autre.

Dans toute étude en économie d'ingénierie, il faut également tenir compte d'un autre facteur économique : l'inflation. À l'étape actuelle, plusieurs commentaires sur les principes de base de l'inflation s'imposent. D'abord, l'inflation représente une perte de valeur pour une monnaie donnée. De fait, aujourd'hui, 1 $ ne permet plus d'acheter le même nombre de pommes (ou de la plupart des autres produits) qu'il y a 20 ans. Les fluctuations de la valeur de la monnaie influent sur les taux d'intérêt du marché. En termes clairs, les taux d'intérêt des banques reflètent deux éléments, à savoir le taux de rendement dit « réel » et le taux d'inflation attendu. Le taux de rendement réel permet à l'investisseur d'effectuer plus d'achats qu'avant son investissement.

Du point de vue de l'emprunteur, le taux d'inflation constitue simplement un autre taux d'intérêt qui s'ajoute au taux d'intérêt initial pour donner le taux d'intérêt réel. Par ailleurs, du point de vue de l'épargnant ou de l'investisseur, dans le cas d'un compte à intérêt fixe, l'inflation réduit le taux de rendement réel de l'investissement.

En raison de l'inflation, les estimations des encaissements et des décaissements augmentent au fil du temps. Cette augmentation découle des fluctuations de la valeur de la monnaie d'un pays qui sont provoquées par l'inflation, laquelle entraîne la perte de valeur d'une unité monétaire (un dollar) par rapport à une période antérieure. On peut constater les répercussions de l'inflation lorsqu'un même montant permet d'effectuer moins d'achats maintenant qu'auparavant. L'inflation contribue à :

- réduire le pouvoir d'achat de la monnaie ;
- augmenter l'indice des prix à la consommation (IPC) ;
- augmenter le coût du matériel et de son entretien ;
- augmenter le coût des professionnels salariés et des employés à salaire horaire ;
- réduire le taux de rendement réel de l'épargne des particuliers et de certains investissements d'entreprises.

En d'autres termes, l'inflation peut entraîner des changements substantiels dans les analyses économiques des sociétés et des personnes.

Généralement, dans le contexte des études en économie d'ingénierie, on suppose que l'inflation influe sur toutes les valeurs estimatives de façon égale. Par conséquent, on applique un même taux d'intérêt ou de rendement (par exemple 8 % par année) tout au long d'une analyse sans comptabiliser de taux d'inflation supplémentaire. Toutefois, si on tenait explicitement compte de l'inflation et que celle-ci entraînait une perte de valeur de la monnaie d'une moyenne de 4 % par année, on devrait effectuer l'analyse économique en utilisant un taux d'intérêt majoré à 12,32 % par année. (Les relations pertinentes sont expliquées au chapitre 14.) En revanche, si le taux de rendement annuel établi pour un investissement se chiffrait à 8 % en tenant compte d'un taux d'inflation de 4 % par année, le taux de rendement réel ne serait en fait que de 3,85 % par année !

1.5 L'ÉQUIVALENCE

Dans les conversions d'une échelle à l'autre, on emploie très souvent des termes équivalents. Voici quelques exemples :

Longueur : 100 centimètres = 1 mètre   1 000 mètres = 1 kilomètre

Pression : 1 pascal = 1 newton/mètre^2
           1 atmosphère = 10^5 pascals

Beaucoup de mesures équivalentes consistent en des combinaisons de deux échelles ou plus.

Considérés ensemble, la valeur temporelle de l'argent et le taux d'intérêt contribuent à élaborer la notion d'équivalence économique, selon laquelle différents montants à différents moments ont une valeur économique équivalente. Par exemple, si un taux d'intérêt est de 6 % par année, la somme de 100 $ aujourd'hui (moment actuel) équivaut à 106 $ dans 1 an.

$$\text{Montant comptabilisé} = 100 + 100(0,06) = 100(1 + 0,06) = 106 \$$$

Alors, d'un point de vue économique, si une personne vous offrait un cadeau de 100 $ aujourd'hui ou de 106 $ exactement 1 an plus tard, l'offre que vous accepteriez ne ferait aucune différence. Dans les deux cas, vous auriez un cadeau d'une valeur de 106 $ dans 1 an. Cependant, ces deux montants demeureraient équivalents uniquement si le taux d'intérêt s'élevait à 6 % par année. Si ce taux était supérieur ou inférieur, un montant actuel de 100 $ n'équivaudrait plus à un montant de 106 $ dans 1 an.

Outre les équivalences futures, on peut appliquer la même logique afin de déterminer des équivalences pour des années antérieures. Ainsi, à un taux d'intérêt de 6 % par année, un montant actuel de 100 $ équivaudrait à un montant de 100 $ ÷ 1,06 = 94,34 $ il y a 1 an. À partir de ces exemples, on peut affirmer qu'à un taux d'intérêt de 6 % par année, un montant de 94,34 $ il y a 1 an, un montant actuel de 100 $ et un montant de 106 $ dans 1 an sont équivalents. On peut vérifier l'équivalence de ces montants en calculant le taux d'intérêt pour les deux périodes d'intérêt de 1 an.

$$\frac{6\$}{100\$} \times 100\% = 6\% \text{ par année}$$

et

$$\frac{5,66\$}{94,34\$} \times 100\% = 6\% \text{ par année}$$

Dans la figure 1.3, on voit le montant d'intérêt nécessaire chaque année pour que ces trois différents montants soient équivalents selon un taux de 6 % par année.

FIGURE 1.3

L'équivalence de trois montants selon un taux d'intérêt de 6 % par année

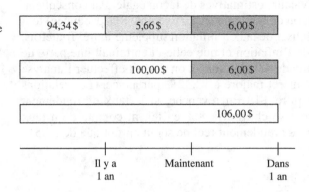

Taux d'intérêt de 6 % par année

```
94,34 $      5,66 $         6,00 $

             100,00 $        6,00 $

                  106,00 $
```

Il y a 1 an	Maintenant	Dans 1 an

EXEMPLE 1.6

La société AC-Delco met des batteries d'automobile à la disposition des concessionnaires General Motors par l'entremise de distributeurs d'intérêt privé. En général, les batteries sont entreposées pendant l'année, et leur prix est augmenté de 5 % tous les ans afin de compenser les coûts de stockage des distributeurs. Supposez que vous détenez l'entreprise City Centre Delco, une filiale d'AC-Delco. Effectuez les calculs requis pour montrer lesquels des énoncés qui suivent à propos du coût des batteries sont vrais et lesquels sont faux.

a) Le montant actuel de 98 $ équivaut à un coût de 105,60 $ dans 1 an.
b) Le coût d'une batterie de camion de 200 $ il y a 1 an équivaut à un coût actuel de 205 $.
c) Un coût actuel de 38 $ équivaut à un coût de 39,90 $ dans 1 an.
d) Un coût actuel de 3 000 $ équivaut à un coût de 2 887,14 $ il y a 1 an.
e) Les coûts de stockage accumulés en 1 an sur un investissement d'une valeur de 2 000 $ en batteries s'élèvent à 100 $.

Solution

a) Montant total comptabilisé = 98 (1,05) = 102,90 $ ≠ 105,60 $; cet énoncé est faux. On peut aussi résoudre ce problème de la façon suivante : Coût initial requis de 105,60 ÷ 1,05 = 100,57 $ ≠ 98 $.
b) Coût initial requis de 205,00 ÷ 1,05 = 195,24 $ ≠ 200 $; cet énoncé est faux.
c) Coût dans 1 an de 38 $ (1,05) = 39,90 $; cet énoncé est vrai.
d) Coût actuel de 2 887,14 (1,05) = 3 031,50 $ ≠ 3 000 $; cet énoncé est faux.
e) Coûts de stockage correspondant à un taux d'intérêt de 5 % par année ou 2 000 (0,05) = 100 $; cet énoncé est vrai.

Section 1.4

↑

Intérêt

↓

Exemple 1.18

1.6 L'INTÉRÊT SIMPLE ET L'INTÉRÊT COMPOSÉ

Les termes « intérêt », « période d'intérêt » et « taux d'intérêt » (présentés à la section 1.4) sont utiles pour calculer des montants équivalents pour une période d'intérêt unique dans le passé ou l'avenir. Par contre, lorsqu'il est question de plusieurs périodes d'intérêt, les termes « intérêt simple » et « intérêt composé » prennent toute leur importance.

On calcule l'intérêt simple en se servant uniquement du capital, sans tenir compte de l'intérêt couru au cours de périodes d'intérêt précédentes. On calcule le total de l'intérêt simple sur plusieurs périodes de la façon suivante :

$$\text{Intérêt} = (\text{capital})(\text{nombre de périodes})(\text{taux d'intérêt}) \qquad [1.5]$$

Le taux d'intérêt est exprimé sous forme décimale.

EXEMPLE 1.7

La coopérative d'épargne et de crédit Pacific Savings a consenti un prêt à un ingénieur pour l'achat d'un modèle réduit d'avion télécommandé. Le prêt s'élève à 1 000 $ pour 3 ans à un taux d'intérêt simple de 5 % par année. Quel montant l'ingénieur devra-t-il rembourser au bout de 3 ans ? Dressez le tableau des résultats.

Solution

L'intérêt pour chacune des 3 années s'élève à :

$$\text{Intérêt par année} = 1\,000(0,05) = 50\,\$$$

Le total de l'intérêt pour les 3 années selon l'équation [1.5] est :

$$\text{Intérêt total} = 1\,000(3)(0,05) = 150\,\$$$

Le montant dû au bout de 3 ans s'élève à :

$$\text{Montant total dû} = 1\,000\,\$ + 150 = 1\,150\,\$$$

L'intérêt de 50 $ couru durant la première année et l'intérêt de 50 $ couru durant la deuxième année ne produisent pas d'intérêt supplémentaire. On ne calcule l'intérêt dû chaque année que sur le capital de 1 000 $.

Les détails du remboursement de ce prêt figurent dans le tableau 1.1 selon le point de vue de l'emprunteur. L'année 0 représente le présent, soit le moment où le montant est emprunté. Aucun versement n'a été effectué avant la fin de l'année 3. Le montant dû chaque année a augmenté uniformément de 50 $, puisque l'intérêt simple se calcule seulement à partir du capital du prêt.

TABLEAU 1.1	LES CALCULS DE L'INTÉRÊT SIMPLE			
(1)	(2)	(3)	(4)	(5)
Fin de l'année	Montant emprunté	Intérêt	Montant dû	Montant payé
0	1 000 $			
1	—	50 $	1 050 $	0 $
2	—	50	1 100	0
3	—	50	1 150	1 150

En ce qui concerne l'intérêt composé, l'intérêt couru à chaque période d'intérêt est calculé sur le capital auquel on ajoute le montant total de l'intérêt accumulé au cours de toutes les périodes d'intérêt précédentes. Ainsi, dans le cas de l'intérêt composé, on calcule de l'intérêt sur de l'intérêt. L'intérêt composé reflète également l'incidence de la valeur temporelle de l'argent sur l'intérêt. On calcule l'intérêt composé pour une période d'intérêt de la façon suivante :

$$\textbf{Intérêt} = \textbf{(capital + total de l'intérêt couru)(taux d'intérêt)} \qquad \textbf{[1.6]}$$

EXEMPLE 1.8

On suppose qu'un ingénieur emprunte à une coopérative d'épargne et de crédit un montant de 1 000 $ à un taux d'intérêt composé de 5 % par année. Calculez le montant total qu'il devra rembourser au bout de 3 ans. Dressez le tableau des résultats et comparez ces derniers à ceux qui sont obtenus à l'exemple précédent en accompagnant vos commentaires d'un graphique comparatif.

Solution

On calcule l'intérêt et le montant total dû chaque année séparément à l'aide de l'équation [1.6].

$$\text{Intérêt pour l'année 1 :} \quad 1\,000\,\$\,(0,05) = 50,00\,\$$$

$$\text{Montant total dû à la fin de l'année 1 :} \quad 1\,000\,\$ + 50,00 = 1\,050,00\,\$$$

$$\text{Intérêt pour l'année 2 :} \quad 1\,050\,\$\,(0,05) = 52,50\,\$$$

$$\text{Montant total dû à la fin de l'année 2 :} \quad 1\,050\,\$ + 52,50 = 1\,102,50\,\$$$

$$\text{Intérêt pour l'année 3 :} \quad 1\,102,50\,\$\,(0,05) = 55,13\,\$$$

$$\text{Montant total dû à la fin de l'année 3 :} \quad 1\,102,50\,\$ + 55,13 = 1\,157,63\,\$$$

Les détails figurent dans le tableau 1.2. Le plan de remboursement est le même que celui de l'exemple 1.7 portant sur l'intérêt simple, c'est-à-dire qu'aucun montant n'a été versé avant la date d'échéance du capital et de l'intérêt couru à la fin de l'année 3.

Le diagramme de la figure 1.4 montre le montant dû à la fin de chacune des 3 années. Dans le cas de l'intérêt composé, la différence entraînée par la valeur temporelle de l'argent a été considérée. En effet, au bout de la période de 3 ans, un montant d'intérêt supplémentaire de $1\,157,63\,\$ - 1\,150\,\$ = 7,63\,\$$ a été payé, comparativement ce qui s'est produit dans l'exemple 1.7 sur l'intérêt simple.

TABLEAU 1.2	LES CALCULS DE L'INTÉRÊT COMPOSÉ DE L'EXEMPLE 1.8			
(1)	(2)	(3)	(4)	(5)
Fin de l'année	Montant emprunté	Intérêt	Montant dû	Montant payé
0	1 000,00 $			
1	—	50,00 $	1 050,00 $	0,00 $
2	—	52,50	1 102,50	0,00
3	—	55,13	1 157,63	1 157,63

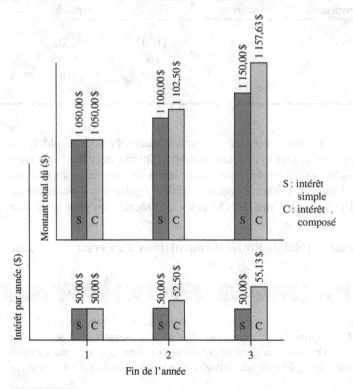

FIGURE 1.4

La comparaison entre les calculs de l'intérêt simple et de l'intérêt composé des exemples 1.7 et 1.8

Remarque

L'écart entre l'intérêt simple et l'intérêt composé augmente chaque année. Si on poursuivait les calculs pendant un plus grand nombre d'années, par exemple 10 ans, la différence s'élèverait à 128,90 $; au bout de 20 ans, l'intérêt composé dépasserait de 653,30 $ l'intérêt simple.

Si le montant de 7,63 $ ne semble pas constituer un écart considérable en seulement 3 ans, il faut se rappeler que le montant initial dans les exemples n'était que de 1 000 $. Si on effectuait les mêmes calculs pour un montant initial de 100 000 $ ou de 1 million de dollars, on multiplierait respectivement cet écart par 100 ou par 1 000, ce qui donnerait des montants substantiels. Cela démontre que l'influence de l'intérêt composé revêt une importance capitale dans toute analyse économique.

Pour calculer plus rapidement le montant total dû au bout de 3 ans à l'exemple 1.8, on peut également combiner les calculs au lieu de les effectuer pour une année à la fois. On peut ainsi calculer le montant total dû chaque année de la façon suivante:

$$\text{Année 1:} \quad 1\,000\,\$(1,05)^1 = 1\,050,00\,\$$$

$$\text{Année 2:} \quad 1\,000\,\$(1,05)^2 = 1\,102,50\,\$$$

$$\text{Année 3:} \quad 1\,000\,\$(1,05)^3 = 1\,157,63\,\$$$

Ainsi, on calcule directement le montant total de l'année 3, sans avoir à se servir du montant total de l'année 2. Voici la formule générale:

$$\text{Montant total dû après un certain nombre d'années} = \text{capital}(1 + \text{taux d'intérêt})^{\text{nombre d'années}}$$

Cette relation de base est utilisée à de nombreuses reprises dans les prochains chapitres.

Dans l'exemple qui suit, on allie les notions de taux d'intérêt, d'intérêt simple, d'intérêt composé et d'équivalence afin de démontrer que différents plans de remboursement de prêt peuvent être équivalents tout en présentant des différences substantielles sur le plan des montants dus d'une année à l'autre. Cet exemple montre également qu'il existe de nombreuses façons de tenir compte de la valeur temporelle de l'argent. En somme, il illustre l'équivalence de cinq différents plans de remboursement de prêt.

EXEMPLE 1.9

a) Démontrez la pertinence de la notion d'équivalence en utilisant les différents plans de remboursement de prêt décrits ci-dessous. Chaque plan vise le remboursement d'un emprunt de 5 000 $ sur 5 ans à un taux d'intérêt de 8 % par année.
   - **Plan 1: intérêt simple, remboursement intégral à l'échéance** Aucun montant d'intérêt ou de capital n'est remboursé avant la fin de la cinquième année. L'intérêt annuel n'est calculé qu'à partir du capital.
   - **Plan 2: intérêt composé, remboursement intégral à l'échéance** Aucun montant d'intérêt ou de capital n'est remboursé avant la fin de la cinquième année. L'intérêt annuel est calculé à partir du montant total du capital et de l'intérêt couru accumulé.
   - **Plan 3: intérêt simple, paiement annuel de l'intérêt couru, remboursement intégral du capital à l'échéance** L'intérêt couru est remboursé chaque année, et le capital est remboursé intégralement à la fin de la cinquième année.
   - **Plan 4: remboursement annuel de l'intérêt composé couru et d'une partie du capital** L'intérêt couru et le cinquième du capital (soit 1 000 $) sont remboursés chaque année. Le solde impayé du prêt diminue chaque année, de sorte que l'intérêt diminue annuellement en conséquence.
   - **Plan 5: remboursements annuels constants de l'intérêt composé et du capital** Des versements égaux sont effectués chaque année, une partie de chaque montant versé servant à rembourser une fraction du capital, l'autre servant à rembourser l'intérêt couru. Comme

le solde du prêt diminue plus lentement que dans le plan 4 en raison de l'égalité des paiements effectués en fin d'année, l'intérêt diminue aussi, mais à un rythme moins rapide.

b) Avancez une affirmation à propos de l'équivalence de chacun des plans à un taux d'intérêt simple ou composé de 8 %, selon le cas.

Solution

a) Le tableau 1.3 présente l'intérêt, le montant des remboursements et le montant total dû à la fin de chaque année, ainsi que le montant total remboursé au cours de la période de 5 ans (total de la colonne 4).

TABLEAU 1.3	DIFFÉRENTS PLANS DE REMBOURSEMENT SUR 5 ANS POUR UN PRÊT DE 5 000 $ À UN TAUX D'INTÉRÊT DE 8 % PAR ANNÉE			
(1)	(2)	(3)	(4)	(5)
Fin de l'année	Intérêt dû pour l'année	Montant total dû à la fin de l'année	Remboursement effectué à la fin de l'année	Montant total dû après le remboursement
Plan 1 : intérêt simple, remboursement intégral à l'échéance				
0				5 000,00 $
1	400,00 $	5 400,00 $	—	5 400,00
2	400,00	5 800,00	—	5 800,00
3	400,00	6 200,00	—	6 200,00
4	400,00	6 600,00	—	6 600,00
5	400,00	7 000,00	7 000,00 $	
Total			7 000,00 $	
Plan 2 : intérêt composé, remboursement intégral à l'échéance				
0				5 000,00 $
1	400,00 $	5 400,00 $	—	5 400,00
2	432,00	5 832,00	—	5 832,00
3	466,56	6 298,56	—	6 298,56
4	503,88	6 802,44	—	6 802,44
5	544,20	7 346,64	7 346,64 $	
Total			7 346,64 $	
Plan 3 : intérêt simple, paiement annuel de l'intérêt couru, remboursement intégral du capital à l'échéance				
0				5 000,00 $
1	400,00 $	5 400,00 $	400,00 $	5 000,00
2	400,00	5 400,00	400,00	5 000,00
3	400,00	5 400,00	400,00	5 000,00
4	400,00	5 400,00	400,00	5 000,00
5	400,00	5 400,00	5 400,00	
Total			7 000,00 $	
Plan 4 : remboursement annuel de l'intérêt composé couru et d'une partie du capital				
0				5 000,00 $
1	400,00 $	5 400,00 $	1 400,00 $	4 000,00
2	320,00	4 320,00	1 320,00	3 000,00
3	240,00	3 240,00	1 240,00	2 000,00
4	160,00	2 160,00	1 160,00	1 000,00
5	80,00	1 080,00	1 080,00	
Total			6 200,00 $	

TABLEAU 1.3	DIFFÉRENTS PLANS DE REMBOURSEMENT SUR 5 ANS POUR UN PRÊT DE 5000$ À UN TAUX D'INTÉRÊT DE 8% PAR ANNÉE (*suite*)			
(1)	(2)	(3)	(4)	(5)
Fin de l'année	Intérêt dû pour l'année	Montant total dû à la fin de l'année	Remboursement effectué à la fin de l'année	Montant total dû après le remboursement
Plan 5 : remboursements annuels constants de l'intérêt composé et du capital				
0				5000,00$
1	400,00$	5400,00$	1252,28$	4147,72
2	331,82	4479,54	1252,28	3227,25
3	258,18	3485,43	1252,28	2233,15
4	178,65	2411,80	1252,28	1159,52
5	92,76	1252,28	1252,28	
Total			6261,41$	

On détermine les montants d'intérêt (colonne 2) de la façon suivante :

Plan 1   Intérêt simple = (capital initial)(0,08)
Plan 2   Intérêt composé = (montant total dû l'année précédente)(0,08)
Plan 3   Intérêt simple = (capital initial)(0,08)
Plan 4   Intérêt composé = (montant total dû l'année précédente)(0,08)
Plan 5   Intérêt composé = (montant total dû l'année précédente)(0,08)

Il est à noter que les montants des versements annuels varient selon chaque plan de remboursement et que les montants totaux remboursés sont pour la plupart différents, même si tous les plans viennent à échéance au bout d'exactement 5 ans. Les écarts observés en ce qui concerne les montants totaux remboursés s'expliquent par : 1) la valeur temporelle de l'argent ; 2) la distinction entre l'intérêt simple et l'intérêt composé ; 3) le remboursement partiel du capital avant la fin de la cinquième année.

b) Le tableau 1.3 montre que le montant de 5000$ au moment 0 équivaut à chacun des montants suivants :

Plan 1   7000$ à la fin de l'année 5, à un taux d'intérêt simple de 8%
Plan 2   7346,64$ à la fin de l'année 5, à un taux d'intérêt composé de 8%
Plan 3   400$ par année pendant 4 ans et 5400$ à la fin de l'année 5, à un taux d'intérêt simple de 8%
Plan 4   Des remboursements décroissants de l'intérêt et d'une partie du capital de l'année 1 (1400$) à l'année 5 (1080$), à un taux d'intérêt composé de 8%
Plan 5   1252,28$ par année pendant 5 ans, à un taux d'intérêt composé de 8%

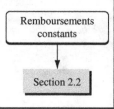

Remboursements constants

Section 2.2

Pour une étude en économie d'ingénierie, on recourt au plan 5, dans lequel l'intérêt est composé et un montant constant est remboursé à chaque période. Ce montant sert à la fois à rembourser l'intérêt couru et une partie du capital.

1.7 QUELQUES TERMES ET SYMBOLES

En économie d'ingénierie, on utilise les termes et les symboles qui suivent dans les équations et les marches à suivre. Dans chaque cas, des exemples d'unités sont présentés.

P = valeur ou montant à un moment considéré comme le présent ou le moment 0. Le symbole P désigne également les synonymes suivants : valeur actualisée ou actuelle (VA), valeur actualisée nette (VAN), valeur actualisée des flux monétaires et coût immobilisé (CI) ; on l'exprime en dollars.

F = valeur ou montant à un moment du futur. Le symbole F désigne également le synonyme suivant : valeur capitalisée (VC) ; on l'exprime en dollars.

A = série de montants égaux versés ou reçus à la fin de plusieurs périodes consécutives. Le symbole A désigne également les synonymes suivants : annuité équivalente (AÉ), valeur annualisée (*A*) et valeur annuelle équivalente (VAÉ); on l'exprime en dollars par année ou par mois.

n = nombre de périodes d'intérêt; on l'exprime en années, en mois ou en jours.

i = taux d'intérêt ou de rendement par période; on l'exprime en pourcentage par année, par mois ou par jour.

t = temps, présenté en périodes; on l'exprime en années, en mois ou en jours.

Les symboles *P* et *F* représentent des événements uniques, alors que *A* revient avec la même valeur une fois par période d'intérêt, et ce, pendant un nombre de périodes donné. Il devrait être clair qu'une valeur actualisée *P* représente un montant unique à un certain moment situé avant la valeur capitalisée *F* ou le premier flux monétaire d'une série de montants équivalents *A*.

Il importe de retenir que le symbole *A* représente toujours un montant constant (c'est-à-dire un montant identique d'une période à l'autre) qui revient pendant plusieurs périodes d'intérêt consécutives. Pour que *A* puisse désigner une série, ces deux conditions doivent être réunies.

Le taux d'intérêt *i* est automatiquement considéré comme un taux composé, à moins qu'il soit expressément mentionné qu'il s'agit d'un taux d'intérêt simple. On exprime le taux *i* sous la forme d'un pourcentage par période d'intérêt, par exemple 12 % par année. À moins d'indication contraire, on peut supposer que ce taux s'applique à l'ensemble des *n* années ou périodes d'intérêt mentionnées. Dans les calculs en économie d'ingénierie, on emploie toujours la forme décimale de *i*.

Tous les problèmes en économie d'ingénierie comprennent un facteur temps *n* et taux d'intérêt *i*. En général, chaque problème porte sur au moins quatre des symboles *P*, *F*, *A*, *n* et *i*, au moins trois d'entre eux étant estimés ou connus.

EXEMPLE 1.10

Une nouvelle diplômée universitaire obtient un emploi chez Bombardier. Elle envisage d'emprunter 10 000 $ maintenant pour acheter une automobile. Elle s'engage à rembourser la totalité du capital et d'un intérêt annuel de 8 % au terme de 5 ans. Présentez les symboles de l'économie d'ingénierie nécessaires au calcul du montant total dû après 5 ans ainsi que leur valeur.

Solution
Dans ce cas, les symboles *P* et *F* sont nécessaires, puisque tous les montants constituent des versements uniques. Les symboles *n* et *i* le sont aussi. Le temps est exprimé en années.

$$P = 10\,000\,\$ \qquad i = 8\,\% \text{ par année} \qquad n = 5 \text{ ans} \qquad F = ?$$

La valeur capitalisée *F* est inconnue.

EXEMPLE 1.11

Supposez que vous empruntez 2 000 $ maintenant sur 10 ans à un taux d'intérêt annuel de 7 % et que vous devez rembourser ce prêt en versements annuels constants. Déterminez les symboles appropriés et leur valeur.

Solution
Le temps est exprimé en années.

$$P = 2\,000\,\$$$
$$A = ? \text{ par année pendant 5 ans}$$
$$i = 7\,\% \text{ par année}$$
$$n = 10 \text{ ans}$$

Dans les exemples 1.10 et 1.11, la valeur P correspond à un encaissement pour l'emprunteur, et les symboles F ou A désignent des décaissements pour l'emprunteur. Il convient également d'utiliser ces symboles dans le cas d'un prêteur.

EXEMPLE 1.12

Le 1er juillet 2013, votre nouvel employeur, la société Canadien Pacifique, dépose 5 000 $ dans votre compte d'épargne à titre de prime d'embauche. Ce compte rapporte un taux d'intérêt de 5 % par année. Vous prévoyez en retirer un montant annuel constant pendant les 10 années à venir. Déterminez les symboles appropriés et leur valeur.

Solution
Le temps est exprimé en années.

$$P = 5\,000\,\$$$
$$A = ?\ \text{par année}$$
$$i = 5\,\%\ \text{par année}$$
$$n = 10\ \text{ans}$$

EXEMPLE 1.13

Vous envisagez de déposer maintenant un montant de 5 000 $ dans un compte de placement qui offre un taux d'intérêt de 6 % par année et prévoyez en retirer un montant constant de 1 000 $ à la fin de chacune des 5 années à venir, à compter de la prochaine année. À la fin de la sixième année, vous avez l'intention de fermer votre compte après en avoir retiré le solde. Définissez les symboles de l'économie d'ingénierie qui sont appropriés.

Solution
Le temps est exprimé en années.

$$P = 5\,000\,\$$$
$$A = 1\,000\,\$\ \text{par année pendant 5 ans}$$
$$F = ?\ \text{à la fin de l'année 6}$$
$$i = 6\,\%\ \text{par année}$$
$$n = 5\ \text{ans pour la série } A \text{ et 6 ans pour la valeur } F$$

EXEMPLE 1.14

L'année dernière, la grand-mère de Jeanne lui a offert de déposer suffisamment d'argent dans un compte d'épargne pour générer un montant de 1 000 $ cette année afin de l'aider à payer ses dépenses universitaires.

a) Déterminez les symboles appropriés.
b) Calculez le montant qu'a dû déposer la grand-mère de Jeanne il y a exactement 1 an pour obtenir 1 000 $ d'intérêt à ce jour, si le taux de rendement est de 6 % par année.

Solution
a) Le temps est exprimé en années.

$$P = ?$$
$$i = 6\,\%\ \text{par année}$$
$$n = 1\ \text{an}$$
$$F = P + \text{intérêt}$$
$$= ? + 1\,000\,\$$$

b) Reportez-vous aux équations [1.3] et [1.4]. Soit F = montant total actuel et P = montant initial. On sait que $F - P = 1\,000\,\$$ correspond à l'intérêt couru. On peut alors déterminer la valeur de P pour Jeanne et sa grand-mère.

$$F = P + P(\text{taux d'intérêt})$$

On peut exprimer le montant d'intérêt de $1\,000\,\$$ de la façon suivante :

$$\text{Intérêt} = F - P = [P + P(\text{taux d'intérêt})] - P$$
$$= P(\text{taux d'intérêt})$$
$$1\,000\,\$ = P(0{,}06)$$
$$P = \frac{1\,000}{0{,}06} = 16\,666{,}67\,\$$$

1.8 LA RÉSOLUTION DE PROBLÈMES PAR ORDINATEUR

Les fonctions d'un tableur peuvent grandement réduire le nombre de calculs effectués à la main ou à l'aide d'une calculatrice pour trouver les équivalences liées à l'intérêt composé et aux termes P, F, A, i et n. Grâce aux feuilles de calcul électroniques, il est souvent possible d'entrer des fonctions prédéfinies dans une cellule pour obtenir instantanément la réponse finale. On peut recourir à n'importe quel type de tableur prêt à l'emploi, tel Microsoft Excel, ou spécialement conçu avec des fonctions et des opérateurs financiers intégrés. Étant donné sa facilité d'accès et d'utilisation, on se sert du tableur Excel dans l'ensemble du présent ouvrage.

L'annexe A, disponible au http://mabibliotheque.cheneliere.ca, est une référence de choix en matière d'utilisation du tableur Excel et de ses feuilles de calcul. On y décrit en détail les fonctions employées en économie d'ingénierie ainsi que tous les paramètres (aussi nommés « arguments ») entre parenthèses après chaque identificateur de fonction. La fonction d'aide en ligne dans le tableur Excel offre des renseignements semblables. L'annexe A comprend également une section sur la mise en page des feuilles de calcul, qui peut se révéler utile lorsqu'on doit présenter une analyse économique.

Au total, six fonctions Excel permettent d'effectuer la plupart des calculs de base nécessaires en économie d'ingénierie. Toutefois, ces fonctions ne remplacent pas la connaissance du fonctionnement de la valeur temporelle de l'argent et de l'intérêt composé. Si elles constituent d'excellents outils supplémentaires, elles ne peuvent en aucun cas se substituer à la compréhension des relations, des hypothèses et des techniques en économie d'ingénierie.

Lorsqu'on se sert des symboles P, F, A, i et n exactement de la manière décrite dans la section précédente, dans Excel, les fonctions les plus utilisées pour procéder aux analyses en économie d'ingénierie correspondent aux formules qui suivent. Ainsi, pour trouver :

- la valeur actualisée P : VA($i\%;n;A;F$)
- la valeur capitalisée F : VC($i\%;n;A;P$)
- la valeur périodique constante A : VPM($i\%;n;P;F$)
- le nombre de périodes n : NPER($i\%;A;P;F$)
- le taux d'intérêt composé i : TAUX($n;A;P;F$)
- le taux d'intérêt composé i : TRI(première_cellule:dernière_cellule)
- la valeur actualisée P d'une série : VAN($i\%;$deuxième_cellule:dernière_cellule) + première_cellule

Si certains des paramètres ne s'appliquent pas à un problème donné, on peut les omettre, et le tableur considère qu'il s'agit de valeurs nulles (correspondant à zéro). Si un paramètre omis se trouve entre deux autres paramètres, il faut quand même inscrire le point-virgule. En ce qui concerne les deux dernières fonctions, on doit entrer une série de nombres dans des cellules qui se touchent, mais les cinq premières fonctions peuvent être utilisées sans données complémentaires. En tout temps, la fonction doit être précédée d'un signe d'égalité (=) dans la cellule où on veut afficher la réponse.

Dans le manuel, chacune de ces fonctions est présentée au moment où elle se révèle le plus utile, et on en donne des exemples. Cependant, pour avoir une idée de leur utilisation, un retour sur les exemples 1.10 et 1.11 s'impose. À l'exemple 1.10, la valeur capitalisée F est inconnue, comme en témoigne la mention $F = ?$ dans la solution. Le prochain chapitre traite de la façon dont la valeur temporelle de l'argent peut servir à trouver la valeur de F à partir de P, i et n. Pour trouver la valeur de F dans cet exemple au moyen d'une feuille de calcul, il suffit d'entrer la fonction VC précédée d'un signe d'égalité dans n'importe quelle cellule. Il faut ensuite entrer les valeurs pertinentes de la façon suivante : =VC($i\%$;n;;P), soit dans ce cas =VC(8%;5;;10000).

Le troisième point-virgule doit être inscrit même s'il n'y a pas de valeur A. La figure 1.5 a) montre la saisie d'écran d'une feuille de calcul Excel sur laquelle on a entré la fonction VC dans la cellule B2. La réponse (14 693,28 $) est affichée. Sur la feuille de calcul réelle Excel, la réponse est en rouge ou entre parenthèses, ce qui indique qu'il s'agit d'un montant négatif selon le point de vue de l'emprunteur, qui devra rembourser le prêt au bout de 5 ans. La fonction VC figure dans la barre de formule située dans la partie supérieure de la feuille de calcul. Une étiquette a également été ajoutée à la cellule pour montrer la formule de la fonction VC.

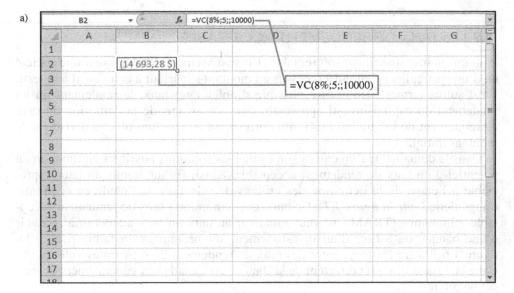

FIGURE 1.5
Les fonctions d'une feuille de calcul Excel pour : a) l'exemple 1.10 ; b) l'exemple 1.11

À l'exemple 1.11, on cherche l'annuité équivalente *A*, et les valeurs *P*, *i* et *n* sont connues. On peut trouver la valeur de *A* à l'aide de la fonction VPM(*i%;n;P*), soit VPM(7%;10;2000) dans le cas présent. La figure 1.5 b) montre le résultat dans la cellule C4. La formule de la fonction VPM apparaît dans la barre de formule et dans l'étiquette de la cellule.

Comme il est très facile et rapide d'utiliser ces fonctions, on les décrit en détail dans de nombreux exemples présentés dans ce manuel. Une icône spéciale **solution éclair** (illustrée ci-contre) figure dans la marge quand une seule fonction est nécessaire pour obtenir une réponse. Dans les chapitres d'introduction du niveau 1, on présente les feuilles de calcul et les fonctions en détail.

Pour ce qui est des chapitres subséquents, l'icône **solution éclair** apparaît dans la marge, et la fonction du tableur se trouve à l'intérieur de la solution de l'exemple.

Lorsqu'on exploite la puissance de l'ordinateur pour résoudre un problème plus complexe au moyen de plusieurs fonctions, par exemple un tableau Excel (graphique), une icône **solution complexe** (illustrée ci-contre) apparaît dans la marge. Les feuilles de calculs nécessaires sont alors plus élaborées et contiennent beaucoup plus de données et de calculs, surtout lorsqu'on effectue une analyse de sensibilité. Dans un exemple, la solution par ordinateur est toujours présentée après la solution réalisée à la main. Comme on l'a mentionné précédemment, les fonctions d'un tableur ne remplacent pas la compréhension et l'application des relations de l'économie d'ingénierie. Ainsi, les solutions par ordinateur et réalisées à la main se complètent mutuellement.

1.9 LE TAUX DE RENDEMENT ACCEPTABLE MINIMUM

Pour qu'un investissement soit rentable, l'investisseur (qu'il s'agisse d'une société ou d'un particulier) s'attend à recevoir un montant supérieur à celui qu'il a investi. En d'autres termes, il doit être possible d'obtenir un taux de rendement ou un rendement du capital investi appréciable. Ici, on se sert de la définition du taux de rendement de l'équation [1.4], qui correspond au montant obtenu divisé par le montant initial.

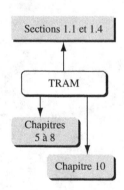

Dans le domaine de l'ingénierie, on évalue les solutions possibles en fonction du potentiel d'un taux de rendement acceptable. Ainsi, il faut établir un taux appréciable à l'étape de la définition des critères de sélection de l'étude en économie d'ingénierie (*voir la figure 1.1*). Ce taux, qui se nomme «taux de rendement acceptable minimum» (TRAM), se veut supérieur au taux qu'on s'attendrait à recevoir d'une banque ou à tirer d'un investissement sûr présentant un faible risque. La figure 1.6 illustre les liens entre des taux de rendement de différentes valeurs. Au Canada, le taux d'intérêt directeur de la Banque du Canada sert généralement de taux sûr de référence.

Dans le contexte de projets, on nomme également le TRAM «taux de rendement minimal». Donc, pour être considéré comme viable sur le plan économique, un projet doit présenter un taux de rendement attendu qui atteint ou dépasse le TRAM ou le taux de rendement minimal. Il est à noter que le TRAM ne se calcule pas de la même façon que le taux de rendement. En effet, le TRAM est fixé par des gestionnaires (financiers) et sert de critère pour évaluer le taux de rendement d'une solution donnée au moment de la prise de décision quant à son approbation ou à son rejet.

Pour mieux comprendre les principes de base de l'établissement et de l'utilisation d'une valeur pour le TRAM, il faut revenir au terme «capital» présenté dans la section 1.1. Le capital est également nommé «fonds d'immobilisations» ou «fonds d'investissement». Mobiliser des fonds coûte toujours de l'intérêt. Celui-ci, dont le taux s'exprime sous forme de pourcentage, constitue une part importante du coût du capital. Par ailleurs, un autre élément du coût du capital réside dans la possibilité qu'on aurait d'investir dans un autre projet qui présenterait un risque semblable. Par exemple, si on voulait acheter une nouvelle chaîne stéréophonique sans toutefois disposer des fonds

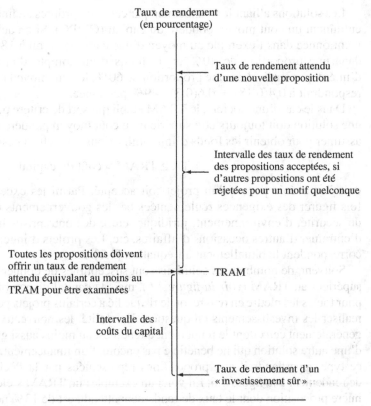

FIGURE 1.6
Le niveau du TRAM par
rapport à d'autres taux de
rendement

suffisants (capital), on pourrait obtenir un prêt auprès d'une coopérative d'épargne et de crédit à un taux d'intérêt tel 9 % par année, puis utiliser ce montant pour payer immédiatement le commerçant. On pourrait également recourir à une carte de crédit pour effectuer l'achat, puis rembourser le solde mensuellement. Cette option coûterait probablement au moins 18 % d'intérêt par année. Enfin, on pourrait se servir de fonds de son compte d'épargne rapportant 3 % d'intérêt par année pour payer son achat comptant. Dans cet exemple, les taux de 9 %, de 18 % et de 3 % constitueraient des estimations du coût du capital nécessaire pour mobiliser les fonds associés à l'achat de la chaîne stéréo au moyen de différentes méthodes de financement du capital. De façon analogue, les sociétés estiment le coût du capital de différentes sources pour mobiliser les fonds nécessaires à des projets en ingénierie ainsi que d'autres types de projets.

En général, il existe deux façons de mobiliser du capital, soit au moyen du financement par capitaux propres et au moyen du financement par emprunt. On recourt à ces deux méthodes à la fois dans la plupart des projets. Le chapitre 10 décrit ces méthodes en détail, mais en voici un aperçu.

Le financement par capitaux propres La société utilise ses propres fonds provenant des espèces en caisse, des ventes d'actions ou des résultats non distribués. Les particuliers peuvent quant à eux utiliser leur argent, leurs épargnes ou leurs placements personnels. Dans l'exemple susmentionné, l'emploi des fonds déposés dans le compte d'épargne à 3 % d'intérêt constitue une forme de financement par capitaux propres.

Le financement par emprunt La société emprunte des fonds à des sources externes, puis rembourse le capital et l'intérêt selon un plan établi, semblable à ceux qui sont présentés dans le tableau 1.3. Les capitaux empruntés peuvent prendre la forme d'obligations, d'emprunts, de prêts hypothécaires, de capital-risque ou autres. Les particuliers peuvent eux aussi recourir à des sources d'emprunt, notamment à des cartes de crédit ou à des prêts de coopératives d'épargne et de crédit, comme dans l'exemple de la chaîne stéréo mentionné précédemment.

CMPC

Chapitre 10

Les solutions alliant le financement par capitaux propres au financement par emprunt entraînent un coût moyen pondéré du capital (CMPC). Si on achetait la chaîne stéréo mentionnée dans l'exemple au moyen d'une carte de crédit à 18 % d'intérêt par année dans une proportion de 40 % et de fonds d'un compte d'épargne produisant 3 % d'intérêt par année dans une proportion de 60 %, le coût moyen pondéré du capital correspondrait à 0,4(0,18) + 0,6(0,3) = 9 % par année.

Dans le cas d'une société, le TRAM établi qui sert de critère pour accepter ou rejeter une solution doit toujours être supérieur au coût moyen pondéré du capital qu'elle doit assumer pour obtenir les fonds d'immobilisations dont elle a besoin. Ainsi, l'inégalité :

$$\text{TR} \geq \text{TRAM} > \text{coût du capital} \qquad [1.7]$$

doit être avérée pour qu'un projet soit accepté. Parmi les exceptions peuvent toutefois figurer des exigences réglementées par les gouvernements (en matière de sûreté, de sécurité, d'environnement, juridique, etc.), des entreprises lucratives susceptibles d'entraîner d'autres occasions d'affaires, etc. Les projets d'ingénierie à valeur ajoutée correspondent habituellement à l'équation [1.7].

Souvent, de nombreuses solutions sont susceptibles de donner un taux de rendement supérieur au TRAM (*voir la figure 1.6*), mais le capital disponible demeure insuffisant pour toutes les mettre en œuvre, ou le risque lié à certains projets peut être trop élevé pour réaliser les investissements en question. En réalité, les nouveaux projets entrepris sont généralement ceux dont le rendement attendu est au moins aussi grand que le rendement d'une autre solution qui ne bénéficie pas encore d'un financement. Un nouveau projet de ce type appartiendrait aux propositions représentées par la flèche supérieure du taux de rendement à la figure 1.6. En voici un exemple : un TRAM s'élève à 12 %, et une première proposition dont le taux de rendement attendu est de 13 % ne peut être financée en raison de fonds d'immobilisations insuffisants. Une deuxième proposition qui offre un taux de rendement potentiel de 14,5 % est financée grâce à du capital disponible. Comme on ne met pas la première proposition en œuvre à cause de l'insuffisance de capital, son taux de rendement estimatif de 13 % est considéré comme le coût d'opportunité, puisqu'on se prive alors de la possibilité d'obtenir un rendement supplémentaire de 13 %.

1.10 LES FLUX MONÉTAIRES : LES ESTIMATIONS ET LES DIAGRAMMES

Dans la section 1.3, les flux monétaires sont décrits comme étant constitués d'encaissements et de décaissements. Les flux monétaires peuvent consister en des valeurs estimatives ou observées. Toute personne ou entreprise reçoit des rentrées de fonds, soit des revenus ou des bénéfices (encaissements), et assume des sorties de fonds, soit des dépenses ou des charges (décaissements). Ces encaissements et ces décaissements constituent les flux monétaires ; un signe d'addition représente les encaissements et un signe de soustraction, les décaissements. Les flux monétaires se produisent au cours d'une période donnée, par exemple durant 1 mois ou 1 année.

De toutes les étapes de la démarche de l'étude en économie d'ingénierie (*voir la figure 1.1*), l'estimation des flux monétaires est sans doute la plus difficile et imprécise. Les flux monétaires estimatifs ne constituent rien de plus que des estimations à propos d'un avenir incertain. Une fois ces éléments estimés, les techniques expliquées dans le présent manuel servent de guide au processus décisionnel. Les encaissements et les décaissements prévus pour chaque solution influent sur la qualité de l'analyse économique ainsi que sa conclusion.

Les encaissements, ou rentrées de fonds, peuvent comprendre les éléments qui suivent, selon la nature de la proposition et le type d'activité en question.

Quelques exemples d'encaissements estimatifs

- Revenus (généralement progressifs dans le contexte d'une solution)
- Réductions de charges d'exploitation (découlant d'une solution)

- Valeur de récupération d'une immobilisation
- Obtention du capital d'un emprunt
- Économies d'impôt
- Encaissements provenant de la vente d'actions et d'obligations
- Économies de coûts sur la construction et les installations
- Épargne ou rendement de fonds d'immobilisations d'une société

Les décaissements, ou sorties de fonds, peuvent quant à eux comprendre les éléments qui suivent, là encore selon la nature de la proposition et le type d'activité concerné.

Quelques exemples de décaissements estimatifs

- Coût initial des immobilisations
- Coûts de conception technique
- Charges d'exploitation (annuelles et progressives)
- Coûts d'entretien et de remise en état périodiques
- Remboursements de l'intérêt et du capital d'un prêt
- Coûts d'amélioration importants prévus ou imprévus
- Impôt sur le revenu
- Charges de fonds d'immobilisations d'entreprise

Des services disposent parfois de renseignements pertinents pour effectuer les estimations. On peut citer par exemple les services suivants : la comptabilité, les finances, le marketing, les ventes, l'ingénierie, la conception, la fabrication, la production, le service à la clientèle et l'informatique. La précision des estimations dépend en grande partie des expériences vécues dans des situations semblables par la personne qui les effectue. En général, on procède à des estimations ponctuelles, c'est-à-dire qu'on établit une seule valeur estimative pour chacun des éléments économiques d'une solution. Si on aborde une étude en économie d'ingénierie sous un angle statistique, il arrive qu'on effectue plutôt une estimation d'intervalle ou une estimation de distribution. Bien qu'elle exige davantage de calculs, une étude statistique donne des résultats plus complets lorsqu'on s'attend à ce que les estimations clés varient beaucoup. La plupart du temps, on utilise des estimations ponctuelles dans le présent ouvrage. Les derniers chapitres portent toutefois sur la prise de décisions en situation de risque.

Une fois les encaissements et les décaissements estimatifs établis, on peut déterminer les flux monétaires nets.

$$\text{Flux monétaires nets} = \text{rentrées de fonds} - \text{sorties de fonds}$$
$$= \text{encaissements} - \text{décaissements} \qquad \textbf{[1.8]}$$

Comme les flux monétaires ont normalement lieu à différents moments d'une période d'intérêt, on avance l'hypothèse simplificatrice suivante :

> Selon la convention de fin de période, on suppose que tous les flux monétaires se produisent à la fin d'une période d'intérêt. Lorsque plusieurs encaissements et décaissements ont lieu au cours d'une période d'intérêt donnée, on suppose que les flux monétaires nets se produisent à la fin de la période d'intérêt.

Cependant, il faut comprendre que même si, par convention, les valeurs de F ou de A se situent à la fin de la période d'intérêt, celle-ci ne se termine pas nécessairement le 31 décembre. À l'exemple 1.12 notamment, le dépôt a eu lieu le 1er juillet 2013, puis les retraits seront effectués le 1er juillet de chacune des 10 années suivantes.

Donc, la fin de la période correspond à la fin de la période d'intérêt, et non à la fin de l'année civile.

Le diagramme des flux monétaires constitue un outil très important dans une analyse économique, surtout lorsqu'une série de flux monétaires se révèle complexe. Il s'agit d'une représentation graphique de plusieurs flux monétaires sur une échelle de temps. Un tel diagramme présente les données connues, les données estimatives et les données à trouver. Ainsi, lorsqu'un diagramme des flux monétaires est complet, une autre personne devrait parvenir à résoudre le problème correspondant en l'examinant.

Dans un diagramme des flux monétaires, le moment $t = 0$ désigne le présent, et le moment $t = 1$ correspond à la fin de la période 1. Pour l'instant, on suppose que les périodes sont établies en années. L'échelle de temps de la figure 1.7 comprend 5 années. Comme la convention de fin d'année situe les flux monétaires à la fin des années, le chiffre « 1 » marque la fin de l'année 1.

Même si, dans un diagramme des flux monétaires, il n'est pas nécessaire d'utiliser une échelle exacte, on évite souvent des erreurs en préparant un diagramme clair doté d'une échelle approximative pour le temps et les flux monétaires relatifs.

Dans le diagramme des flux monétaires, le sens des flèches revêt de l'importance. Une flèche verticale qui pointe vers le haut représente un flux monétaire positif. À l'inverse, une flèche verticale vers le bas représente un flux monétaire négatif. La figure 1.8 illustre un encaissement (rentrée de fonds) à la fin de l'année 1 et des décaissements (sorties de fonds) constants à la fin des années 2 et 3.

Avant de placer un signe devant chaque flux monétaire puis de le représenter dans un diagramme, il faut déterminer le point de vue adopté. À titre d'exemple, si on emprunte 2 500 $ pour acheter une motocyclette Yamaha V-Star d'occasion de 2 000 $ et qu'on utilise le solde de 500 $ pour la faire repeindre, plusieurs points de vue sont possibles. En voici quelques-uns, accompagnés des signes de flux monétaires et des montants correspondants :

Point de vue	Flux monétaires ($)
Coopérative d'épargne et de crédit	−2 500
Emprunteur	+2 500
Acheteur	−2 000
et client pour la peinture	−500
Concessionnaire de motocyclettes d'occasion	+2 000
Propriétaire d'atelier de peinture	+500

FIGURE 1.7

Une échelle de temps type représentant des flux monétaires pendant 5 ans

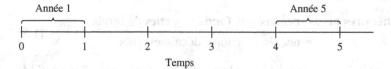

FIGURE 1.8

Un exemple de flux monétaires positif et négatifs

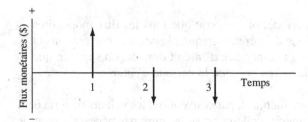

EXEMPLE 1.15

Relisez l'exemple 1.10, dans lequel on a emprunté $P = 10 000$ $ à 8 % d'intérêt par année et où il faut trouver la valeur de F au bout de 5 ans. Tracez le diagramme des flux monétaires correspondant.

Solution

La figure 1.9 présente le diagramme des flux monétaires du point de vue de l'emprunteur. La valeur actualisée P correspond à un encaissement constitué du capital de l'emprunt au moment 0, et la valeur capitalisée F correspond au décaissement constitué du remboursement à la fin de l'année 5. Le taux d'intérêt devrait figurer dans le diagramme.

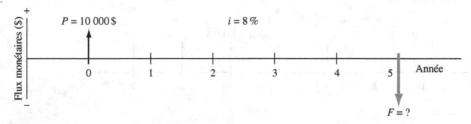

FIGURE 1.9
Le diagramme des flux monétaires de l'exemple 1.15

EXEMPLE 1.16

Chaque année, Esso consacre des montants substantiels aux dispositifs de sécurité mécanique de ses installations à l'échelle mondiale. Michelle Fortier, ingénieure en chef pour les activités des régions du Québec et de l'Atlantique, prévoit des charges de 1 million de dollars maintenant et à chacune des 4 prochaines années pour l'amélioration des soupapes régulatrices de pression dans les champs de pétrole. Tracez le diagramme des flux monétaires nécessaire pour trouver la valeur équivalente de ces charges à la fin de l'année 4, en utilisant un coût du capital estimatif de 12 % par année pour les fonds consacrés à la sécurité.

Solution

La figure 1.10 montre la série de flux monétaires uniformes négatifs (charges) pour 5 périodes, de même que la valeur inconnue de F (flux monétaire positif équivalent) exactement au même moment que le décaissement de la cinquième charge. Comme les charges commencent à se produire immédiatement, le premier million de dollars figure au moment 0, et non au moment 1. Ainsi, le dernier flux monétaire négatif se produit à la fin de l'année 4, au moment où la valeur de F s'applique également. Pour rendre ce diagramme semblable à celui de la figure 1.9 qui comprenait 5 années complètes sur l'échelle de temps, l'ajout de l'année –1 avant l'année 0 complète le diagramme, ce qui donne 5 années entières. Cet ajout montre que l'année 0 correspond à la fin de l'année –1.

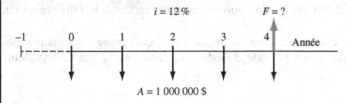

FIGURE 1.10
Le diagramme des flux monétaires de l'exemple 1.16

EXEMPLE 1.17

Dans 2 ans, un père de famille veut placer un montant global inconnu suffisant pour pouvoir, dans 3 ans, commencer à retirer 4 000 $ par année pendant 5 ans afin d'acquitter des droits de scolarité universitaires. Si le taux de rendement est estimé à 7 % par année, dressez le diagramme des flux monétaires correspondant.

Solution

La figure 1.11 présente les flux monétaires du point de vue du père de famille. La valeur actualisée P, qui correspond à un décaissement effectué dans 2 ans, reste à déterminer ($P = ?$). Il est à noter que cette valeur actualisée ne se produit pas au moment $t = 0$, mais plutôt à une période précédant la première valeur A de 4 000 $, laquelle correspond à l'encaissement pour le père de famille.

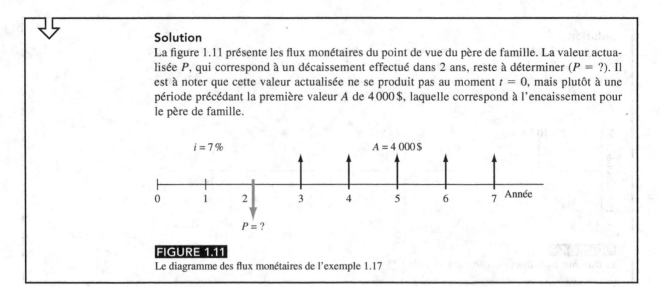

FIGURE 1.11

Le diagramme des flux monétaires de l'exemple 1.17

(*Voir les exemples supplémentaires 1.19 et 1.20 plus loin dans le chapitre.*)

1.11 LA RÈGLE DE 72 : L'ESTIMATION DU TEMPS DE DOUBLEMENT ET DU TAUX D'INTÉRÊT

Il peut s'avérer utile d'estimer le nombre d'années n ou le taux de rendement i nécessaire pour qu'un certain montant de flux monétaires double. On peut se servir de la règle de 72 qui s'applique aux taux d'intérêt composé pour estimer la valeur de i ou de n quand on connaît l'une de ces deux valeurs. Cette estimation est simple : le temps requis pour qu'un montant initial double grâce à un intérêt composé équivaut à peu près au nombre 72 divisé par le taux de rendement en pourcentage.

$$n \text{ estimatif} = \frac{72}{i} \qquad [1.9]$$

Par exemple, à un taux de 5 % par année, il faudrait environ $72 \div 5 = 14{,}4$ années pour qu'un montant actuel double. (Le temps réel nécessaire est plutôt de 14,3 années, comme on le voit au chapitre 2.) Dans le tableau 1.4, on compare les temps estimés à l'aide de la règle de 72 aux temps de doublement réels requis selon différents taux composés.

Par ailleurs, on peut estimer le taux composé i en pourcentage nécessaire pour qu'un montant double dans une période donnée n en divisant 72 par cette valeur n établie.

$$i \text{ estimatif} = \frac{72}{n} \qquad [1.10]$$

Par exemple, pour qu'un montant double au cours d'une période de 12 ans, il faudrait que le taux de rendement composé soit d'environ $72 \div 12 = 6$ % par année. La réponse exacte est de 5,946 % par année.

Si l'intérêt est simple, on peut utiliser une règle de 100 de la même façon. Voici deux exemples : un montant double en 12 ans à un taux d'intérêt simple de $100 \div 12 = 8{,}33$ % ; à un taux d'intérêt simple de 5 %, il faut exactement $100 \div 5 = 20$ ans pour qu'un montant double.

Cependant, tous ces nombres ne constituent que des approximations qui devraient être utilisées avec prudence.

TABLEAU 1.4	QUELQUES COMPARAISONS ENTRE DES TEMPS DE DOUBLEMENT ESTIMÉS SELON LA RÈGLE DE 72 ET LES TEMPS RÉELS CALCULÉS SELON LES TAUX D'INTÉRÊT COMPOSÉ	

| Taux de rendement (en % par année) | Temps de doublement (en nombre d'années) | |
	Estimation selon la règle de 72	Nombre d'années réel
1	72,0	70,0
2	36,0	35,3
5	14,4	14,3
10	7,2	7,5
20	3,6	3,9
40	1,8	2,0

1.12 L'UTILISATION DES FEUILLES DE CALCUL : L'INTÉRÊT SIMPLE ET L'INTÉRÊT COMPOSÉ ET LA MODIFICATION DES FLUX MONÉTAIRES ESTIMATIFS

L'exemple ci-dessous montre comment on peut utiliser une feuille de calcul Excel pour obtenir des valeurs capitalisées équivalentes. L'un des éléments clés réside dans l'utilisation des relations mathématiques définies dans les cellules pour effectuer une analyse de sensibilité de manière à modifier les estimations des flux monétaires et les taux d'intérêt. Répondre aux questions de base qui suivent en utilisant une solution manuelle peut prendre beaucoup de temps ; le recours à une feuille de calcul facilite grandement la tâche.

Solution complexe

EXEMPLE 1.18

Une entreprise d'architecture japonaise a demandé à une société de génie logiciel canadienne d'intégrer des fonctions de détection SIG (système d'information géographique) par satellite à un logiciel de surveillance. Ce dernier est destiné à déceler, dans les structures de grande hauteur, les mouvements horizontaux plus importants que ceux normalement prévus. Le logiciel pourrait avantageusement envoyer des signaux d'alarme précoces en cas de secousses graves dans les zones sismiques. On estime que l'ajout de données SIG exactes devrait augmenter les revenus annuels de 200 000 $ au cours des 2 prochaines années et de 300 000 $ au cours des 2 années suivantes (3 et 4) par rapport au système logiciel actuellement en place. L'horizon de planification se limite à 4 années en raison de la rapidité des progrès réalisés à l'échelle internationale dans le domaine des logiciels de surveillance des bâtiments. Préparez des feuilles de calcul pour répondre aux questions qui suivent.

a) Déterminez la valeur capitalisée équivalente des flux monétaires à l'année 4, en utilisant un taux de rendement de 8 % par année. Trouvez les réponses dans le cas d'un intérêt simple et d'un intérêt composé.

b) Reprenez la question a) en supposant que les flux monétaires estimatifs aux années 3 et 4 passent de 300 000 $ à 600 000 $.

c) Le directeur des services financiers de l'entreprise canadienne souhaite tenir compte de l'incidence d'une inflation de 4 % par année dans l'analyse de la question a). Comme on l'a mentionné à la section 1.4, l'inflation a pour effet de réduire le taux de rendement réel. Dans le cas du taux de rendement de 8 %, un taux d'inflation composé de 4 % par année réduit le taux de rendement à 3,85 % par année.

Solution par ordinateur

Pour voir les solutions, reportez-vous aux sections a) à c) de la figure 1.12. Les trois feuilles de calcul qui y sont illustrées présentent les mêmes renseignements, mais les valeurs dans les cellules varient en fonction des questions. (En fait, on pourrait répondre à toutes les questions posées ci-dessus sur une même feuille de calcul ; il suffirait de modifier les nombres dans les formules. Les trois différentes feuilles de calcul ne sont présentées ici qu'à des fins d'explication.)

Les fonctions Excel renvoient à des cellules, et non à des valeurs, de sorte qu'il est possible d'effectuer une analyse de sensibilité sans modifier ces fonctions. Le tableur traite ainsi la valeur qui figure dans une cellule comme une variable globale pour la feuille de calcul. Ici, par exemple, dans toutes les fonctions, on fait référence au taux de 8 % (simple ou composé) qui figure dans la cellule B4 en le désignant par « B4 », et non par « 8 % ». Ainsi, pour modifier ce taux, il suffit de remplacer la valeur inscrite dans la cellule B4, sans avoir à la changer dans chaque relation clé et fonction de la feuille de calcul où le taux de 8 % est indiqué. Les détails des relations clés d'Excel figurent dans les étiquettes des cellules.

a) **Un intérêt simple de 8 %** Reportez-vous aux colonnes C et D de la figure 1.12 a) pour voir les réponses. Le produit d'intérêt simple de chaque année (colonne C) intègre l'équation [1.5] à la relation d'intérêt une année à la fois en utilisant uniquement les flux monétaires de fin d'année (200 000 $ ou 300 000 $) pour déterminer l'intérêt de l'année suivante. Cet intérêt s'ajoute à celui de toutes les années précédentes. En unités de 1 000 $, on obtient :

Année 2 : C13 = B12*B4 = 200 $ (0,08) = 16 $ (*voir l'étiquette de la cellule*)

Année 3 : C14 = C13 + B13*B4 = 16 $ + 200 (0,08) = 32 $

Année 4 : C15 = C14 + B14*B4 = 32 $ + 300 (0,08) = 56 $ (*voir l'étiquette de la cellule*)

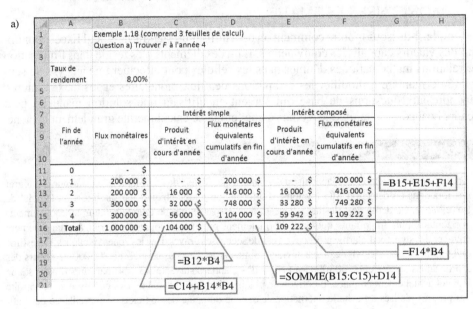

c)

	A	B	C	D	E	F	G	H
1								
2		c) Trouver *F* avec un taux d'inflation de 4 % par année						
3								
4	Taux de rendement	3,85%						
5								
6								
7			Intérêt simple		Intérêt composé			
8-9-10	Fin de l'année	Flux monétaires	Produit d'intérêt en cours d'année	Flux monétaires équivalents cumulatifs en fin d'année	Produit d'intérêt en cours d'année	Flux monétaires équivalents cumulatifs en fin d'année		
11	0	- $						
12	1	200 000 $	- $	200 000 $	- $	200 000 $		
13	2	200 000 $	7 700 $	407 700 $	7 700 $	407 700 $		
14	3	300 000 $	15 400 $	723 100 $	15 696 $	723 396 $		
15	4	300 000 $	26 950 $	1 050 050 $	27 851 $	1 051 247 $		
16	**Total**	1 000 000 $	50 050 $		51 247 $			

FIGURE 1.12

Les feuilles de calcul de la solution aux questions a) à c) de l'exemple 1.18 comprenant une analyse de sensibilité

Souvenez-vous qu'un signe d'égalité (=) doit toujours précéder chacune des relations de la feuille de calcul. La cellule C16 dans laquelle figure la fonction SOMME(C12:C15) affiche le montant total de l'intérêt simple accumulé au cours des 4 années, soit 104 000 $. La valeur capitalisée se trouve dans la cellule D15. Elle correspond à la valeur $F = 1\,104\,000$ $, qui comprend le montant cumulatif de la totalité des flux monétaires, y compris l'intérêt simple. Voici les fonctions de l'exemple en unités de 1 000 $:

Année 2 :   D13 = SOMME(B13:C13) + D12 = (200 $ + 16) + 200 = 416 $
Année 4 :   D15 = SOMME(B15:C15) + D14 = (300 $ + 56) + 748 = 1 104 $

Un intérêt composé de 8 % Reportez-vous aux colonnes E et F de la figure 1.12 a). La structure de la feuille de calcul est la même, sauf qu'on y a intégré l'équation [1.6] aux valeurs de l'intérêt composé dans la colonne E, de manière à ajouter l'intérêt au produit d'intérêt précédent. L'intérêt de 8 % s'applique aux flux monétaires cumulatifs de l'année précédente. En unités de 1 000 $, on obtient :

Intérêt de l'année 2 :   E13 = F12*B4 = 200 $(0,08) = 16 $
Flux monétaires cumulatifs : F13 = B13 + E13 + F12 = 200 $ + 16 + 200 = 416 $
Intérêt de l'année 4 :   E15 = F14*B4 = 749,28 $(0,08) = 59,942 $ (*voir l'étiquette de la cellule*)
Flux monétaires cumulatifs : F15 = B15 + E15 + F14
= 300 $ + 59,942 + 749,280 = 1 109,222 $

La valeur capitalisée équivalente se trouve dans la cellule F15, où on peut voir que $F = 1\,109\,222$ $.

Les flux monétaires sont donc équivalents au montant de 1 104 000 $ selon un taux d'intérêt simple de 8 %, et de 1 109 222 $ selon un taux d'intérêt composé de 8 %. L'utilisation d'un taux d'intérêt composé augmente la valeur de *F* de 5 222 $.

Il est à noter qu'on ne peut se servir de la fonction VC dans ce cas, parce que les valeurs de *A* ne sont pas les mêmes pour les 4 années. Dans les chapitres à venir, on expliquera comment utiliser toutes les fonctions de base de manière plus polyvalente.

b) Reportez-vous à la figure 1.12 b). Pour initialiser la feuille de calcul avec les deux estimations de flux monétaires majorées, remplacez les valeurs 300 000 $ des cellules B14 et B15 par 600 000 $. Toutes les relations de la feuille de calcul demeurent les mêmes, et les nouvelles valeurs d'intérêt et de flux monétaires cumulatifs s'affichent immédiatement. Les valeurs équivalentes de *F* pour l'année 4 augmentent dans le cas des taux d'intérêt simple et composé de 8 % (cellules D15 et F15, respectivement).

c) La feuille de calcul de la figure 1.12 c) est identique à celle de la figure 1.12 a), sauf que le taux de 3,85 % se trouve maintenant dans la cellule B4. La valeur correspondante de F pour l'intérêt composé dans la cellule F15 est passée de 1 109 222 $ (valeur au taux de 8 %) à 1 051 247 $, ce qui représente une incidence de l'inflation de 57 975 $ en seulement 4 ans. Il n'est donc pas étonnant que les gouvernements, les sociétés, les ingénieurs et toutes les personnes en général se sentent préoccupés lorsque l'inflation connaît une hausse et que la monnaie du pays perd de la valeur au fil du temps.

Remarque
Quand on travaille avec une feuille de calcul Excel, il est possible d'afficher toutes les entrées et les fonctions à l'écran en appuyant simultanément sur les touches <Ctrl> et <`>, qui se trouve souvent en haut et à gauche du clavier, sur la même touche que le tilde <~>. Par ailleurs, il peut s'avérer nécessaire d'élargir certaines colonnes afin d'afficher la formule qui s'y trouve en entier.

EXEMPLES SUPPLÉMENTAIRES

EXEMPLE 1.19

LES DIAGRAMMES DES FLUX MONÉTAIRES

Il y a 7 ans, une entreprise de location a acheté un nouveau compresseur d'air au coût de 2 500 $. Depuis, les produits tirés de la location de ce compresseur se sont élevés à 750 $ par année. En outre, le montant de 100 $ consacré à son entretien au cours de la première année a augmenté de 25 $ chaque année par la suite. L'entreprise prévoit vendre ce compresseur à la fin de l'année suivante au montant de 150 $.

Tracez le diagramme des flux monétaires afin d'illustrer cette situation du point de vue de l'entreprise.

Solution
Le moment $t = 0$ correspond au moment présent. Le tableau ci-dessous présente les produits et les charges pour les années –7 à 1 (données qui correspondent à la prochaine année), de même que les flux monétaires nets calculés à l'aide de l'équation [1.8]. Les flux monétaires nets (dont 1 est négatif, et 8 sont positifs) sont représentés dans le diagramme de la figure 1.13.

Fin de l'année	Produits	Charges	Flux monétaires nets
–7	0 $	2 500 $	–2 500 $
–6	750	100	650
–5	750	125	625
–4	750	150	600
–3	750	175	575
–2	750	200	550
–1	750	225	525
0	750	250	500
1	750 + 150	275	625

FIGURE 1.13
Le diagramme des flux monétaires de l'exemple 1.19

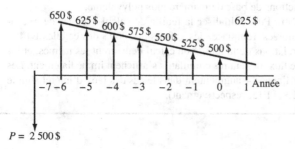

EXEMPLE 1.20

LES DIAGRAMMES DES FLUX MONÉTAIRES

Une ingénieure électricienne veut déposer un montant P maintenant, de manière à pouvoir retirer un montant annuel constant de $A_1 = 2\,000\,\$$ pendant les 5 premières années à compter de 1 an après son dépôt, puis un montant annuel de $A_2 = 3\,000\,\$$ pendant les 3 années suivantes. Représentez cette situation à l'aide d'un diagramme des flux monétaires, si $i = 5\,\%$ par année.

Solution

Les flux monétaires sont représentés à la figure 1.14. Le décaissement négatif P a lieu maintenant. Le premier retrait (qui constitue un encaissement positif) de la série A_1 se produit à la fin de l'année 1, puis les encaissements A_2 ont lieu des années 6 à 8.

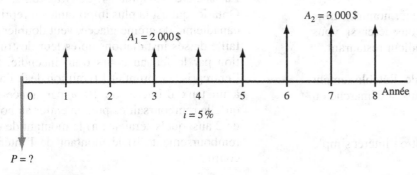

FIGURE 1.14

Le diagramme des flux monétaires de l'exemple 1.20 comportant deux séries de montants A différents

RÉSUMÉ DU CHAPITRE

L'économie d'ingénierie consiste à appliquer des facteurs et des critères économiques afin d'évaluer des solutions possibles qui tiennent compte de la valeur temporelle de l'argent. Pour réaliser une étude en économie d'ingénierie, il faut calculer la mesure de la valeur de flux monétaires estimatifs au cours d'une période donnée.

La notion d'équivalence aide à comprendre comment différents montants considérés à divers moments s'avèrent équivalents sur le plan économique. Les différences entre l'intérêt simple (uniquement calculé à partir du capital) et l'intérêt composé (calculé sur le capital et l'intérêt couru) ont été décrites dans des formules, des tableaux et des graphiques. L'influence de l'intérêt composé se veut considérable, surtout au cours de longues périodes, tout comme l'incidence de l'inflation expliquée dans ce chapitre.

Le TRAM est un taux de rendement minimal qui permet de déterminer si une solution est économiquement viable. Il est toujours supérieur au taux de rendement d'un investissement sûr.

Par ailleurs, en ce qui concerne les flux monétaires, les éléments suivants ont été abordés :

- les difficultés liées à leur estimation ;
- la différence entre les valeurs estimatives et les valeurs réelles ;
- la convention de fin de période pour l'établissement des flux monétaires dans le temps ;
- le calcul des flux monétaires nets ;
- les différents points de vue pour déterminer le signe des flux monétaires ;
- la préparation d'un diagramme des flux monétaires.

Les notions de base

1.1   Que signifie le terme « valeur temporelle de l'argent » ?

1.2   Nommez trois facteurs abstraits utilisés dans les calculs en économie d'ingénierie.

1.3   a) Que signifie le terme «critère d'évaluation» ?
   b) Quel est le principal critère d'évaluation utilisé dans une analyse économique ?

1.4   Outre le critère économique, nommez trois critères d'évaluation à considérer si vous désirez sélectionner le meilleur restaurant.

1.5   Expliquez l'importance de l'établissement des solutions possibles dans la démarche en économie d'ingénierie.

1.6   Quelle est la différence entre l'intérêt simple et l'intérêt composé ?

1.7   Que signifie le terme «taux de rendement acceptable minimum» ?

1.8   Quelle est la différence entre le financement par emprunt et le financement par capitaux propres ? Donnez un exemple de chacun.

Le taux d'intérêt et le taux de rendement

1.9   Le géant du camionnage Transcontinent a décidé d'acheter son concurrent C2C Transport au coût de 966 millions de dollars afin de réduire ses charges dites «logistiques» (par exemple, celles des services de paie et d'assurance) de 45 millions de dollars par année. Si l'entreprise réalise l'économie attendue, quel sera le taux de rendement du capital investi ?

1.10   Si les bénéfices de la société Shaw Communications passaient de 22 à 29 cents par action du trimestre précédent au trimestre d'avril à juin, quel serait le taux d'augmentation des bénéfices pour ce trimestre ?

1.11   Une entreprise de service à large bande a emprunté 2 millions de dollars pour acquérir du nouveau matériel, puis elle a remboursé le capital du prêt consenti en plus d'un inté-rêt de 275 000 $ après 1 an. Quel était le taux d'intérêt de ce prêt ?

1.12   Une société de génie en conception-construction a terminé un projet de canalisations pour lequel elle a réalisé un profit de 2,3 millions de dollars en 1 an. Si cette entreprise a investi un montant de 6 millions de dollars dans ce projet, quel a été le taux de rendement du capital investi ?

1.13   La société Chapman's de Markdale, en Ontario, qui est la plus importante entreprise canadienne de crème glacée, veut doubler la taille de ses installations après leur destruction par le feu au cours d'un incendie. Si l'entreprise empruntait 1,6 million de dollars à un taux d'intérêt de 10 % par année et qu'elle remboursait ce prêt en entier au bout de 2 ans, quels seraient : a) le montant de ce remboursement ; b) le montant de l'intérêt couru ?

1.14   La société Pureflo Filters a obtenu un contrat pour une petite usine de dessalement de l'eau en vertu duquel elle prévoit réaliser un taux de rendement du capital investi de 28 %. Si l'entreprise a investi 8 millions de dollars dans du matériel au cours de la première année, à quel montant le profit réalisé durant cette année s'est-il élevé ?

1.15   Dans le domaine de la construction, une société ouverte a déclaré avoir remboursé un prêt reçu un an plus tôt. Si l'entreprise a versé un montant total de 1,6 million de dollars et que le taux d'intérêt du prêt consenti s'élevait à 10 % par année, quel montant a-t-elle emprunté il y a 1 an ?

1.16   Une entreprise de produits chimiques en démarrage s'est fixé pour objectif d'atteindre un rendement du capital investi d'au moins 35 % par année. Si elle a acquis un capital-risque de 50 millions de dollars, quel profit a-t-elle dû réaliser pour atteindre son objectif durant la première année ?

L'équivalence

1.17   La société Adventure Zone a investi 280 000 $ dans une entreprise risquée qui lui rapporte 15 % par année. Elle veut maintenant étendre ses activités à un troisième établissement en Nouvelle-Écosse qui offrira une course à obstacles en tyrolienne, des lianes de Tarzan, des filets d'escalade et des rondins oscillants. Combien d'années lui faudra-t-il pour que son investissement atteigne le rendement requis d'au moins 425 000 $?

1.18 À un taux d'intérêt de 8 % par année, à combien un montant actuel de 10 000 $: a) équivaudra-t-il dans 1 an ; b) équivalait-il il y a 1 an ?

1.19 Une moyenne entreprise d'ingénieurs-conseils essaie de déterminer si elle doit remplacer son mobilier de bureau dès maintenant ou attendre encore 1 an avant de procéder à cet achat. Si elle attend 1 an, elle prévoit que les coûts s'élèveront à 16 000 $. À un taux d'intérêt de 10 % par année, quel serait le montant équivalent au moment présent ?

1.20 À quel taux d'intérêt un investissement de 40 000 $ effectué il y a 1 an équivaut-il à un montant actuel de 50 000 $?

1.21 À quel taux d'intérêt un montant actuel de 100 000 $ serait-il équivalent à un montant de 80 000 $ il y a 1 an ?

L'intérêt simple et l'intérêt composé

1.22 Il y a 2 ans, Silverstar Minerals a investi un montant de 580 000 $ qui lui a rapporté un taux d'intérêt simple de 9 % par année. Si cette entreprise investit maintenant le total obtenu à un taux d'intérêt composé de 9 % par année, à quel montant cet investissement s'élèvera-t-il dans 2 ans ?

1.23 Un certain investissement rapporte un taux d'intérêt simple de 10 % par année. Si une entreprise investit actuellement 240 000 $ pour l'achat d'une nouvelle machine dans 3 ans, de quel montant disposera-t-elle à la fin de cette période de 3 ans ?

1.24 Une banque locale offre un taux d'intérêt composé de 7 % par année sur ses nouveaux comptes d'épargne. D'un autre côté, une banque virtuelle offre un taux d'intérêt simple de 7,5 % par année sur un certificat de placement de 5 ans. Laquelle de ces deux offres est la plus intéressante pour une entreprise qui souhaite mettre 1 000 000 $ de côté maintenant en vue d'agrandir l'une de ses usines dans 5 ans ?

1.25 Il y a 5 ans, la société Beaver Pump a investi 500 000 $ dans une nouvelle gamme de produits qui vaut maintenant 1 000 000 $. Quel taux de rendement cette entreprise a-t-elle obtenu : a) selon un taux d'intérêt simple ; b) selon un taux d'intérêt composé ?

1.26 Combien faudra-t-il de temps pour qu'un investissement double à un taux de 5 % par année : a) si ce taux d'intérêt est simple ; b) s'il est composé ?

1.27 Il y a 10 ans, un fabricant de systèmes d'oxydation thermique régénérative a fait un investissement qui vaut aujourd'hui 1 300 000 $. Quel était le montant de l'investissement initial si le taux d'intérêt de 15 % par année : a) était simple ; b) était composé ?

1.28 Les entreprises font souvent des emprunts en vertu desquels elles doivent rembourser périodiquement des montants d'intérêt, puis rembourser le capital en entier au terme du prêt. Un fabricant de produits chimiques de lutte contre les odeurs a emprunté 400 000 $ pour 3 ans à un taux d'intérêt composé de 10 % par année selon les modalités d'une telle entente. Quelle est la différence entre le montant total versé dans le cadre de cette entente (considérée comme le plan 1) et un plan 2 en vertu duquel l'entreprise ne rembourserait aucun intérêt avant le terme du prêt, mais rembourserait le capital et l'intérêt en entier en un seul versement à l'échéance ?

1.29 Une entreprise de malaxeurs industriels destinés à la fabrication en vrac envisage d'emprunter 1,75 million de dollars pour améliorer une chaîne de production. Si elle emprunte ce montant maintenant, elle peut le faire à un taux d'intérêt simple de 7,5 % par année sur 5 ans. Si elle l'emprunte plutôt l'année suivante, ce sera à un taux d'intérêt composé de 8 % par année, mais réparti sur 4 ans seulement. Dans chacun des cas : a) quelle sera la charge d'intérêt totale ; b) l'entreprise devrait-elle effectuer son emprunt maintenant ou dans 1 an ? Supposez que dans les deux cas, le montant total dû sera remboursé à l'échéance du prêt.

Les symboles et les feuilles de calcul

1.30 Définissez les symboles que devrait utiliser une entreprise de construction pour connaître le montant qu'elle pourra dépenser dans 3 ans au lieu de consacrer 50 000 $ maintenant à l'achat d'un nouveau camion, si le taux d'intérêt composé est de 15 % par année.

1.31 Décrivez l'utilité de chacune des fonctions ci-après dans Excel.
a) VC($i\%;n;A;P$)
b) TRI(première_cellule:dernière_cellule)
c) VPM($i\%;n;P;F$)
d) VA($i\%;n;A;F$)

1.32 Dans les fonctions Excel qui suivent, quelles sont les valeurs des symboles de l'économie d'ingénierie P, F, A, i et n? Utilisez un point d'interrogation (?) pour désigner la valeur à déterminer.
a) VC(7%;10;2000;9000)
b) VPM(11%;20;14000)
c) VA(8%;15;1000;800)

1.33 Écrivez le symbole de l'économie d'ingénierie qui correspond à chacune des fonctions Excel qui suivent.
a) VA
b) VPM
c) NPM
d) TRI
e) VC

1.34 Dans une fonction intégrée Excel, si un certain paramètre ne s'applique pas, dans quels cas peut-on l'omettre? À quel moment un point-virgule doit-il être inscrit à sa place?

Le TRAM et le coût du capital

1.35 Considérez chacun des éléments qui suivent afin de déterminer s'il s'agit d'un investissement sûr ou risqué.
a) Un nouveau restaurant
b) Un compte d'épargne dans une banque
c) Un certificat de placement garanti
d) Une obligation d'État
e) L'idée d'un membre de votre famille visant à s'enrichir rapidement

1.36 Considérez chacun des éléments qui suivent afin de déterminer s'il s'agit d'un financement par capitaux propres ou d'un financement par emprunt.

a) De l'argent provenant de l'épargne
b) De l'argent provenant d'un certificat de placement garanti
c) De l'argent provenant d'un membre de la famille associé dans l'entreprise
d) Un prêt bancaire
e) Une carte de crédit

1.37 Classez les éléments énumérés ci-après de celui qui est associé au taux de rendement ou d'intérêt le plus élevé à celui qui est associé au taux le moins élevé: une obligation d'État, une obligation d'entreprise, une carte de crédit, un prêt bancaire à une nouvelle entreprise, un compte de chèques.

1.38 Classez les éléments énumérés ci-après de celui qui est associé au taux d'intérêt le plus élevé à celui qui est associé au taux le moins élevé: le coût du capital, le taux de rendement acceptable d'un investissement risqué, le taux de rendement acceptable minimal, le taux de rendement d'un investissement sûr, l'intérêt d'un compte de chèques, l'intérêt d'un compte d'épargne.

1.39 Pour 5 projets distincts, on a calculé les taux de rendement qui suivent: 8 %, 11 %, 12,4 %, 14 % et 19 % par année. Une ingénieure veut savoir quels projets accepter en fonction de leur taux de rendement. Le service des finances lui apprend que les fonds de l'entreprise, dont le coût du capital est de 18 % par année, sont couramment utilisés pour financer 25 % des projets d'investissement. Plus tard, on lui dit que les montants empruntés coûtent actuellement 10 % par année. Si le TRAM établi correspond exactement au coût moyen pondéré du capital, quels projets devrait-elle accepter?

Les flux monétaires

1.40 Que signifie le terme «convention de fin de période»?

1.41 Considérez chacun des éléments qui suivent afin de déterminer s'il s'agit d'un encaissement ou d'un décaissement pour Daimler-Chrysler: l'impôt sur le revenu, l'intérêt sur un prêt, la valeur de récupération, un rabais pour les concessionnaires, les produits des ventes, les services de la comptabilité, les réductions de coûts.

1.42 Tracez un diagramme des flux monétaires pour les flux monétaires suivants : un décaissement de 10 000 $ au moment 0, un décaissement de 3 000 $ par année des années 1 à 3 et un encaissement de 9 000 $ par année des années 4 à 8 à un taux d'intérêt de 10 % par année, ainsi qu'une valeur capitalisée inconnue à l'année 8.

1.43 Tracez un diagramme des flux monétaires pour trouver la valeur actualisée d'un décaissement futur de 40 000 $ à l'année 5 selon un taux d'intérêt de 15 % par année.

Le doublement de la valeur

1.44 Servez-vous de la règle de 72 pour estimer le temps qu'il faudrait pour qu'un investissement initial de 10 000 $ atteigne 20 000 $ à un taux composé de 8 % par année.

1.45 Estimez le temps qu'il faudrait (selon la règle de 72) pour qu'un montant quadruple de valeur à un taux d'intérêt composé de 9 % par année.

1.46 À l'aide de la règle de 72, estimez le taux d'intérêt qu'il faudrait pour qu'un montant de 5 000 $ atteigne 10 000 $ en 4 ans.

1.47 Si vous disposez actuellement de 62 500 $ dans votre compte de retraite et que vous souhaitez prendre votre retraite au moment où ce montant vaudra 2 millions de dollars, estimez le taux de rendement nécessaire pour prendre votre retraite dans 20 ans sans y ajouter de montant supplémentaire.

EXERCICE D'APPROFONDISSEMENT

L'INCIDENCE DE L'INTÉRÊT COMPOSÉ

Afin de respecter les normes en matière d'émission de bruit dans la zone de traitement, West Coast Mill & Paper veut utiliser des instruments de mesure du bruit. L'entreprise prévoit acheter de nouveaux systèmes portatifs à la fin de la prochaine année au coût de 9 000 $ chacun. La société National estime que les charges d'entretien s'élèveront à 500 $ par année pendant 3 ans, après quoi les systèmes seront cédés moyennant 2 000 $ chacun.

Questions

1. Tracez le diagramme des flux monétaires représentant cette situation. Pour un taux d'intérêt composé de 8 % par année, trouvez la valeur équivalente de F après 4 années en effectuant les calculs manuellement.

2. Trouvez la valeur de F de la question 1 à l'aide d'une feuille de calcul.

3. Trouvez la valeur de F si les charges d'entretien sont respectivement de 300 $, de 500 $ et de 1 000 $ pour les 3 années. À quel pourcentage la variation de la valeur de F s'élève-t-elle ?

4. Trouvez la valeur de F de la question 1 en termes de montant nécessaire dans l'avenir en tenant compte d'une inflation de 4 % par année. Le taux d'intérêt passe alors de 8 % à 12,32 % par année.

ÉTUDE DE CAS

LA DESCRIPTION DE SOLUTIONS POSSIBLES POUR LA PRODUCTION DE PANNEAUX DE RÉFRIGÉRATEUR

Contexte

Les chefs de file canadiens du secteur de la production de réfrigérateurs peuvent confier en sous-traitance la fabrication de leurs panneaux isolants. L'un des principaux sous-traitants canadiens, Thermo Solutions, est établi à Saskatoon, en Saskatchewan. L'Office de l'efficacité énergétique de Ressources naturelles Canada (RNC) se propose de modifier la réglementation en matière d'efficacité énergétique au Canada pour exiger des marchands de réfrigérateurs commerciaux destinés aux services alimentaires qu'ils se conforment à des normes minimales en fait de rendement énergétique. Ainsi, à compter de janvier 2015, la consommation d'électricité quotidienne maximale (en kilowattheures – kWh) ne devrait plus dépasser 0,009 64 VC + 1,65 ; la valeur VC (volume corrigé) équivalant au volume du réfrigérateur plus 1,65 fois le volume du congélateur. RNC a établi que l'amélioration de l'efficacité énergétique entraînée par ce changement devrait bénéficier à la population canadienne, grâce à la réduction des émissions de gaz à effet de serre.

À titre d'ingénieur à la société Thermo Solutions, on vous a demandé de préparer une recommandation pour savoir si l'entreprise devrait ou non envisager d'offrir un panneau sous vide perfectionné qui améliorera considérablement les qualités isolantes de ses produits. Pour se tailler une place dans ce marché, une technologie améliorée s'avérera nécessaire. En raison de l'insuffisance des renseignements disponibles, aucune analyse économique complète en ingénierie ne s'impose. Toutefois, on vous demande d'élaborer des solutions raisonnables et d'estimer l'investissement nécessaire pour se lancer dans ce marché, de déterminer les données et les estimations requises pour chacune et de définir les critères (économiques ou non) à évaluer pour prendre la décision finale.

Information

Voici quelques renseignements supplémentaires :

- On s'attend à ce que la technologie et le matériel durent environ 10 ans avant que de nouvelles méthodes voient le jour.
- Il ne faut pas tenir compte de l'inflation ni de l'impôt sur le revenu dans l'analyse.
- Les taux de rendement du capital investi attendus pour les 3 derniers projets de nouvelles technologies correspondaient à des taux composés de 15 %, de 5 % et de 18 %. Le taux de 5 % constituait le critère déterminant pour l'amélioration d'un système de sécurité au travail.
- En ce qui concerne le financement par capitaux propres, il n'est pas possible de dépasser 5 millions de dollars. Le montant du financement par emprunt et ses coûts sont inconnus.
- Les charges d'exploitation annuelles correspondent en moyenne à 8 % du coût initial du matériel important.
- L'augmentation des coûts de formation annuels et des salaires qui est associée au fonctionnement du nouveau matériel peut aller de 800 000 $ à 1,2 million de dollars.

Vous pouvez faire appel à deux entreprises spécialisées dans la fabrication de ces nouvelles technologies. Nommez ces deux options « solution A » et « solution B ».

Exercices sur l'étude de cas

1. À l'aide des quatre premières étapes du processus décisionnel, décrivez vos solutions possibles de manière générale, puis déterminez les estimations de nature économique dont vous aurez besoin pour effectuer une analyse en économie d'ingénierie.

2. Dressez la liste des facteurs et des critères non économiques à considérer dans le choix de l'une ou l'autre des solutions.

3. Au cours de vos recherches auprès du fabricant qui représente la solution B, vous apprenez que cette entreprise a déjà produit un prototype et qu'elle l'a vendu à une société en Allemagne au coût de 3 millions de dollars. Vous découvrez en outre que cette société allemande dispose déjà d'une capacité non utilisée pour la fabrication de panneaux au moyen de ce matériel. L'entreprise est prête à vendre immédiatement du temps d'utilisation pour cet équipement à Thermo Solutions afin de lui permettre de fabriquer ses propres panneaux. De cette façon, Thermo Solutions pourrait faire son entrée sur le marché plus tôt qu'elle ne l'avait prévu. En considérant cette situation comme la solution C, effectuez les estimations nécessaires pour l'évaluer en même temps que les solutions A et B.

CHAPITRE ❷

Les répercussions des facteurs temps et intérêt sur les montants

Au chapitre précédent, on a étudié les notions de base de l'économie d'ingénierie ainsi que leur rôle dans le processus décisionnel. Les flux monétaires sont essentiels à toute étude économique. Ils prennent différentes formes et valeurs, qu'il s'agisse de montants uniques distincts, de séries de montants constants ou de séries de montants augmentant ou diminuant en fonction de valeurs ou de pourcentages constants. Le présent chapitre traite de tous les facteurs d'usage courant en économie d'ingénierie qui tiennent compte de la valeur temporelle de l'argent.

L'application des facteurs est expliquée au moyen de leur forme mathématique et de leur notation universelle. On présente en outre les fonctions du tableur Excel correspondantes afin de permettre à l'étudiant d'accélérer son travail avec les séries de flux monétaires et d'effectuer des analyses de sensibilité.

Enfin, l'étude de cas en fin de chapitre porte particulièrement sur les répercussions considérables de l'intérêt composé et du temps sur la valeur de l'argent et les montants.

OBJECTIFS D'APPRENTISSAGE

Objectif: Calculer et utiliser les facteurs de l'économie d'ingénierie afin de tenir compte de la valeur temporelle de l'argent.

À la fin de ce chapitre, vous devriez pouvoir:

Facteurs F/P et P/F	1. Calculer et utiliser le facteur de capitalisation et le facteur d'actualisation de paiements uniques;
Facteurs P/A et A/P	2. Calculer et utiliser le facteur d'actualisation et le facteur de recouvrement du capital d'une série constante;
Facteurs F/A et A/F	3. Calculer et utiliser le facteur de capitalisation et le facteur d'amortissement d'une série constante;
Interpolation des valeurs des facteurs	4. Procéder à une interpolation linéaire pour déterminer la valeur d'un facteur;
Facteurs P/G et A/G	5. Calculer et utiliser le facteur d'actualisation et le facteur d'annuité équivalente d'une série arithmétique de gradient G;
Gradient géométrique	6. Calculer et utiliser les formules s'appliquant à une série géométrique de gradient g;
Calcul de i	7. Déterminer le taux d'intérêt (ou de rendement) d'une série de flux monétaires;
Calcul de n	8. Déterminer le nombre d'années nécessaire pour obtenir une équivalence dans une série de flux monétaires;
Feuilles de calcul	9. Préparer une feuille de calcul pour effectuer une analyse de sensibilité de base à l'aide des fonctions d'un tableur.

2.1 LES FACTEURS DE PAIEMENTS UNIQUES (facteurs *F/P* et *P/F*)

En économie d'ingénierie, le facteur le plus fondamental est celui qui permet de déterminer le montant *F* cumulé après *n* années (ou périodes) à partir d'une seule valeur actualisée *P*, l'intérêt composé étant capitalisé une fois par année (ou période). À titre de rappel, l'intérêt composé fait référence à de l'intérêt calculé sur de l'intérêt. Par conséquent, si on investit un montant *P* au moment $t = 0$, le montant F_1 cumulé dans 1 an à un taux d'intérêt de *i* % par année sera le suivant :

$$F_1 = P + Pi$$
$$= P(1 + i)$$

Le taux d'intérêt est alors exprimé sous forme décimale. À la fin de la deuxième année, le montant cumulé F_2 correspond au montant après l'année 1 auquel on additionne l'intérêt couru de la fin de l'année 1 à la fin de l'année 2 (on ajoute donc cet intérêt à la totalité du montant F_1).

$$F_2 = F_1 + F_1 i$$
$$= P(1 + i) + P(1 + i)i \qquad [2.1]$$

Il s'agit là de la logique aussi utilisée au chapitre 1 dans le cas de l'intérêt composé, en particulier aux exemples 1.8 et 1.18. On peut exprimer le montant F_2 de la façon suivante :

$$F_2 = P(1 + i + i + i^2)$$
$$= P(1 + 2i + i^2)$$
$$= P(1 + i)^2$$

De même, voici le montant cumulé à la fin de l'année 3, selon l'équation [2.1] :

$$F_3 = F_2 + F_2 i$$

Si on remplace F_2 par $P(1 + i)^2$ et qu'on simplifie l'équation, on obtient ce qui suit :

$$F_3 = P(1 + i)^3$$

À partir des valeurs précédentes, selon un raisonnement par récurrence, il s'avère évident qu'on peut généraliser la formule pour *n* années de la façon suivante :

$$F = P(1 + i)^n \qquad [2.2]$$

Le facteur $(1 + i)^n$ se nomme «facteur de capitalisation d'un paiement unique», qu'on désigne toutefois généralement par «facteur *F/P*». Il s'agit du facteur de conversion qui, multiplié par *P*, donne la valeur capitalisée *F* d'un montant initial *P* après *n* années à un taux d'intérêt *i*. Le diagramme des flux monétaires correspondant est illustré à la figure 2.1 a).

À l'inverse, on peut déterminer la valeur de *P* pour un montant donné *F* qui se produit dans *n* périodes ultérieures. Il suffit de résoudre l'équation [2.2] pour trouver *P*.

$$P = F\left[\frac{1}{(1 + i)^n}\right] \qquad [2.3]$$

L'expression entre crochets est connue sous le nom de «facteur d'actualisation d'un paiement unique» ou «facteur *P/F*». Cette expression permet de déterminer la valeur actualisée *P* d'un montant capitalisé *F* donné après *n* années à un taux d'intérêt *i*. Le diagramme des flux monétaires correspondant est illustré à la figure 2.1 b). Notez que dans ce chapitre, les valeurs actualisées, annualisées ou capitalisées des flux monétaires sont présentées comme si elles avaient un signe différent. Ainsi, la valeur actualisée des flux monétaires négatifs de cette figure est bien négative, malgré que la flèche pointe vers le haut.

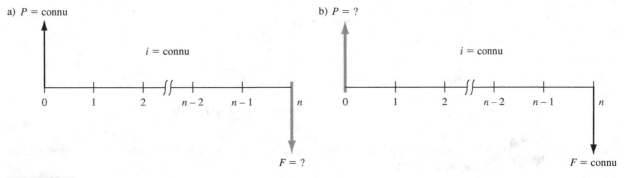

a) *P* = connu   b) *P* = ?

i = connu

0   1   2   *n* – 2   *n* – 1   *n*

F = ?

i = connu

0   1   2   *n* – 2   *n* – 1   *n*

F = connu

FIGURE 2.1

Les diagrammes des flux monétaires représentant les facteurs de paiements uniques : a) pour trouver *P* ; b) pour trouver *F*

Il est à noter que les deux facteurs calculés ici s'appliquent à des paiements uniques, c'est-à-dire qu'ils servent à trouver la valeur actualisée ou capitalisée lorsqu'un seul décaissement ou encaissement a lieu.

Une notation universelle a été adoptée pour tous les facteurs. Cette notation comprend deux symboles relatifs aux flux monétaires, le taux d'intérêt ainsi que le nombre de périodes. Elle est toujours présentée sous la forme générale (*X*/*Y*;*i*;*n*). La lettre *X* représente la valeur recherchée et la lettre *Y*, la valeur connue. Par exemple, *F*/*P* signifie « trouver *F* quand *P* est connu ». Le *i* correspond au taux d'intérêt exprimé en pourcentage et *n*, au nombre de périodes concernées. Ainsi, (*F*/*P*;6%;20) serait le facteur utilisé pour calculer la valeur capitalisée *F* cumulée au cours de 20 périodes à un taux d'intérêt de 6 % par période. La valeur de *P* est connue. Comme la notation universelle est plus simple à utiliser que les formules et les noms de facteurs, elle servira à compter de maintenant dans le manuel.

Le tableau 2.1 résume les notations universelles et les équations des facteurs *F*/*P* et *P*/*F*. Ces renseignements se trouvent également à la fin de l'ouvrage.

Afin de simplifier les calculs de routine en économie d'ingénierie, des tables de valeurs des facteurs ont été intégrées à la fin de l'ouvrage pour des taux d'intérêt de 0,25 à 50 % et des périodes de une unité à de grandes valeurs de *n*, selon la valeur de *i*.

Dans ces tables, les facteurs figurent sur la première ligne, et le nombre de périodes *n* se trouve dans la colonne de gauche. Le terme « discret » inscrit dans le titre de chaque table souligne le fait que ces tables respectent la convention de fin de période et que l'intérêt est capitalisé une seule fois par période d'intérêt. Pour chaque facteur, taux d'intérêt et unité de temps, la valeur correspondante se trouve à l'intersection du nom du facteur et de la variable *n*. Par exemple, la valeur du facteur (*P*/*F*;5%;10) est située dans la colonne *P*/*F* de la table 10 à la période 10 en tant que 0,6139. Cette valeur est déterminée au moyen de l'équation [2.3].

Valeurs des facteurs

Tables 1 à 29

TABLEAU 2.1 LES NOTATIONS ET LES ÉQUATIONS DES FACTEURS *F*/*P* ET *P*/*F*

Notation	Facteur — Nom	Valeur inconnue/valeur connue	Équation de la notation universelle	Équation de la formule	Fonction d'Excel
(*F*/*P*;*i*;*n*)	Facteur de capitalisation d'un paiement unique	*F*/*P*	$F = P(F/P;i;n)$	$F = P(1 + i)^n$	VC(*i*%;*n*;;*P*)
(*P*/*F*;*i*;*n*)	Facteur d'actualisation d'un paiement unique	*P*/*F*	$P = F(P/F;i;n)$	$P = F[1/(1 + i)^n]$	VA(*i*%;*n*;;*F*)

$$(P/F;5\%;10) = \frac{1}{(1+i)^n}$$

$$= \frac{1}{(1,05)^{10}}$$

$$= \frac{1}{1,6289} = 0,6139$$

Dans la solution par ordinateur, on calcule la valeur de F à l'aide de la fonction VC de la façon suivante :

$$\textbf{VC}(\textit{i}\%;\textit{n};;\textit{P})$$

Lorsqu'on saisit cette fonction, il faut la précéder d'un signe d'égalité (=). On détermine la valeur de P à l'aide de la fonction VA de la façon suivante :

$$\textbf{VA}(\textit{i}\%;\textit{n};;\textit{F})$$

Ces fonctions figurent dans le tableau 2.1. Pour obtenir de plus amples renseignements à propos des fonctions VC et VA, reportez-vous à l'annexe A, disponible au http://mabibliotheque.cheneliere.ca, ou à l'outil d'aide en ligne d'Excel. Les exemples 2.1 et 2.2 illustrent des solutions par ordinateur obtenues au moyen de ces fonctions.

EXEMPLE 2.1

Un ingénieur industriel a reçu une prime de 12 000 $ qu'il veut investir dès maintenant. Il souhaite calculer la valeur équivalente de ce montant dans 24 ans, moment où il prévoit utiliser tous les fonds ainsi cumulés pour verser un acompte sur une résidence secondaire située sur une île. Le taux de rendement s'élève à 8 % par année pour chacune des 24 années à venir.

a)   Trouvez le montant de l'acompte qu'il pourra verser, en utilisant la notation universelle et la formule qui conviennent.

b)   Servez-vous de l'ordinateur pour trouver le montant de l'acompte qu'il pourra verser.

a) Solution manuelle

Voici les symboles et leur valeur :

$$P = 12\,000\,\$ \qquad F = ? \qquad i = 8\,\% \text{ par année} \qquad n = 24 \text{ ans}$$

Le diagramme des flux monétaires correspondant est le même qu'à la figure 2.1 a).
Notation universelle : Déterminez la valeur de F à l'aide du facteur F/P pour un taux d'intérêt de 8 % pendant 24 ans. La valeur du facteur se trouve dans la table 13 à la fin du manuel.

$$F = P(F/P;i;n) = 12\,000(F/P;8\%;24)$$

$$= 12\,000(6,3412)$$

$$= 76\,094,40\,\$$$

Formule : Appliquez l'équation [2.2] pour calculer la valeur capitalisée F.

$$F = P(1+i)^n = 12\,000(1+0,08)^{24}$$

$$= 12\,000(6,341181)$$

$$= 76\,094,17\,\$$$

Le léger écart entre les deux réponses est attribuable à l'erreur d'arrondissement entraînée par la valeur du facteur indiquée dans la table. Selon l'interprétation de ce résultat fondée sur la notion d'équivalence, on peut dire que le montant actuel de 12 000 $ vaudra 76 094 $ dans 24 ans selon un taux composé de 8 % capitalisé chaque année.

b) Solution par ordinateur

Pour trouver la valeur capitalisée, servez-vous de la fonction VC qui se présente sous la forme VC($i\%;n;A;P$). La feuille de calcul obtenue ressemble à celle de la figure 1.5 a), sauf que la cellule comprend plutôt la fonction VC(8%;24;;12000). Le tableur Excel affiche la valeur F (76 094,17) en rouge pour montrer qu'il s'agit d'un décaissement. La fonction VC effectue le calcul $F = P(1+i)^n = 12\,000(1+0,08)^{24}$ et présente son résultat à l'écran.

EXEMPLE 2.2

Selon certaines estimations, les récentes améliorations apportées par Ipsco à son usine de tuyaux en spirale à large diamètre établie à Regina devraient permettre de réduire de 50 000 $ les charges d'entretien de l'année en cours.

a) Si le fabricant d'acier considère qu'une telle économie représente une valeur de 20 % par année, trouvez la valeur équivalente de ce résultat après 5 ans.
b) Si l'économie de 50 000 $ réalisée sur l'entretien se produit maintenant, trouvez sa valeur équivalente il y a 3 ans à un taux d'intérêt de 20 % par année.
c) Préparez une feuille de calcul pour répondre aux deux questions ci-dessus selon des taux composés de 20 % et de 5 % par année. De plus, créez un diagramme à barres dans Excel pour illustrer les valeurs équivalentes aux 3 différents moments pour les 2 taux de rendement.

Solution

a) Le diagramme des flux monétaires est semblable à celui qui est présenté à la figure 2.1 a). Voici les symboles et leur valeur :

$$P = 50\,000\ \$\qquad F = ?\qquad i = 20\ \%\ \text{par année}\qquad n = 5\ \text{ans}$$

Utilisez le facteur F/P pour déterminer la valeur de F après 5 ans.

$$F = P(F/P;i;n) = 50\,000\ \$(F/P;20\%;5)$$
$$= 50\,000(2,4883)$$
$$= 124\,415,00\ \$$$

La fonction VC(20%;5;;50000) donne presque la même réponse, la différence résultant d'une légère erreur d'arrondissement (*voir la cellule C4 de la figure 2.2 a*).

b) Dans ce cas, le diagramme des flux monétaires est semblable à celui de la figure 2.1 b), la valeur F placée au moment $t = 0$ et la valeur P placée 3 ans plus tôt, soit au moment $t = -3$. Voici les symboles et leur valeur :

$$P = ?\qquad F = 50\,000\ \$\qquad i = 20\ \%\ \text{par année}\qquad n = 3\ \text{ans}$$

a)
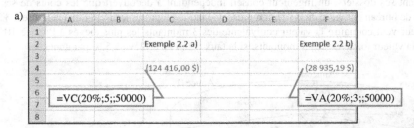

b)
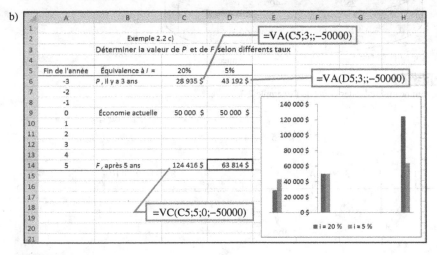

FIGURE 2.2

a) La feuille de calcul de la solution éclair des exemples 2.2 a) et b) ; b) la feuille de calcul complète comprenant le diagramme à barres de l'exemple 2.2

Utilisez le facteur P/F pour déterminer la valeur de P il y a 3 ans.

$$P = F(P/F;i;n) = 50\,000\$(P/F;20\%;3)$$
$$= 50\,000(0,5787) = 28\,935,00\$$$

Selon un énoncé d'équivalence, le montant de 28 935 $ il y a 3 ans équivaut à 50 000 $ aujourd'hui, montant qui passera à 124 415 $ dans 5 ans, selon un taux d'intérêt composé de 20 % par année.

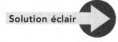

Utilisez la fonction VA($i\%;n;A;F$) et omettez la valeur A. La figure 2.2 a) montre le résultat obtenu quand on saisit VA(20%;3;;50000) dans la cellule F4, ce qui équivaut à se servir du facteur P/F.

Solution par ordinateur

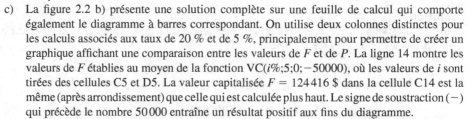

c) La figure 2.2 b) présente une solution complète sur une feuille de calcul qui comporte également le diagramme à barres correspondant. On utilise deux colonnes distinctes pour les calculs associés aux taux de 20 % et de 5 %, principalement pour permettre de créer un graphique affichant une comparaison entre les valeurs de F et de P. La ligne 14 montre les valeurs de F établies au moyen de la fonction VC($i\%;5;0;-50000$), où les valeurs de i sont tirées des cellules C5 et D5. La valeur capitalisée $F = 124\,416\$$ dans la cellule C14 est la même (après arrondissement) que celle qui est calculée plus haut. Le signe de soustraction ($-$) qui précède le nombre 50 000 entraîne un résultat positif aux fins du diagramme.

On utilise la fonction VA pour trouver les valeurs de P à la ligne 6. Par exemple, la valeur actualisée à 20 % d'intérêt de l'année -3 est déterminée dans la cellule C6 à l'aide de la fonction VA. Le résultat $P = 28\,935\$$ est le même que celui qu'on a obtenu auparavant au moyen du facteur P/F. Le diagramme présente graphiquement l'écart notable qu'entraîne la différence entre un taux annuel de 20 % et un autre de 5 % au cours de 8 années.

EXEMPLE 2.3

En examinant ses dossiers, un ingénieur-conseil indépendant a découvert que les coûts de ses fournitures de bureau ont varié de la façon représentée par le diagramme circulaire à la figure 2.3. Cet ingénieur veut connaître la valeur équivalente des 3 montants les plus élevés à l'année 10. Quelle est la valeur totale de ces 3 montants, si le taux d'intérêt s'élève à 5 % par année ?

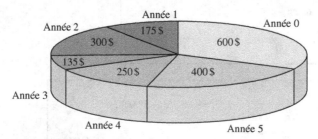

FIGURE 2.3
Le diagramme circulaire des coûts de l'exemple 2.3

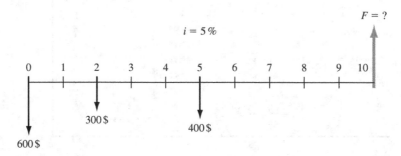

FIGURE 2.4
Le diagramme représentant la valeur capitalisée à l'année 10 de l'exemple 2.3

Solution

Tracez le diagramme des flux monétaires pour les montants de 600 $, de 300 $ et de 400 $ du point de vue de l'ingénieur (*voir la figure 2.4*). Utilisez les facteurs *F/P* pour trouver la valeur de *F* à l'année 10.

$$F = 600(F/P; 5\%; 10) + 300(F/P; 5\%; 8) + 400(F/P; 5\%; 5)$$
$$= 600(1,6289) + 300(1,4775) + 400(1,2763)$$
$$= 1\,931,11\,\$$$

On pourrait également résoudre ce problème en trouvant la valeur actualisée à l'année 0 des montants de 300 $ et de 400 $ à l'aide des facteurs *P/F*, puis en trouvant la valeur capitalisée du montant total à l'année 10.

$$P = 600 + 300(P/F; 5\%; 2) + 400(P/F; 5\%; 5)$$
$$= 600 + 300(0,9070) + 400(0,7835)$$
$$= 1\,185,50\,\$$$
$$F = 1\,185,50(F/P; 5\%; 10) = 1\,185,50(1,6289)$$
$$= 1\,931,06\,\$$$

Remarque

Il devrait être évident qu'il existe plusieurs façons de résoudre ce problème, puisque n'importe quelle année pourrait servir à trouver la valeur totale équivalente des coûts avant de chercher la valeur capitalisée à l'année 10. À titre d'exercice, résolvez ce problème en utilisant l'année 5 pour trouver le montant total, puis déterminer son équivalent à l'année 10. Toutes les réponses devraient être identiques, à moins d'une erreur d'arrondissement.

2.2 LE FACTEUR D'ACTUALISATION ET LE FACTEUR DE RECOUVREMENT DU CAPITAL DES SÉRIES CONSTANTES (facteurs *P/A* et *A/P*)

La valeur actualisée équivalente *P* d'une série constante *A* de flux monétaires de fin de période est illustrée à la figure 2.5 a). On peut exprimer la valeur actualisée en considérant chaque annuité équivalente *A* comme une valeur capitalisée *F*, en calculant sa valeur actualisée à l'aide du facteur *P/F*, puis en additionnant les résultats. Voici l'équation correspondante :

$$P = A\left[\frac{1}{(1+i)^1}\right] + A\left[\frac{1}{(1+i)^2}\right] + A\left[\frac{1}{(1+i)^3}\right] + \cdots$$
$$+ A\left[\frac{1}{(1+i)^{n-1}}\right] + A\left[\frac{1}{(1+i)^n}\right]$$

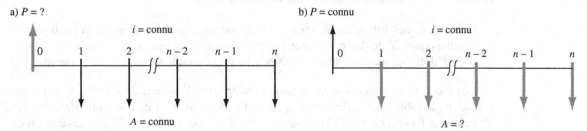

FIGURE 2.5

Les diagrammes des flux monétaires utilisés pour déterminer : a) la valeur *P* d'une série constante ; b) la valeur *A* d'une valeur actualisée

Les termes entre crochets correspondent aux facteurs P/F des années 1 à n, respectivement. Voici l'équation obtenue après la factorisation de A :

$$P = A\left[\frac{1}{(1+i)^1} + \frac{1}{(1+i)^2} + \frac{1}{(1+i)^3} + \cdots + \frac{1}{(1+i)^{n-1}} + \frac{1}{(1+i)^n}\right] \qquad [2.4]$$

Pour simplifier l'équation [2.4] et ainsi obtenir le facteur P/A, il faut multiplier la progression géométrique entre crochets par le facteur $(P/F;i\%;1)$, soit $1/(1+i)$, ce qui donne l'équation [2.5] ci-dessous. On doit ensuite soustraire l'équation [2.4] de l'équation [2.5], puis simplifier de manière à obtenir l'expression pour déterminer P lorsque $i \neq 0$ (*voir l'équation [2.6]*).

Voici cette progression :

$$\frac{P}{1+i} = A\left[\frac{1}{(1+i)^2} + \frac{1}{(1+i)^3} + \frac{1}{(1+i)^4} + \cdots + \frac{1}{(1+i)^n} + \frac{1}{(1+i)^{n+1}}\right] \qquad [2.5]$$

$$\frac{1}{1+i}P = A\left[\frac{1}{(1+i)^2} + \frac{1}{(1+i)^3} + \cdots + \frac{1}{(1+i)^n} + \frac{1}{(1+i)^{n+1}}\right]$$

$$-P = A\left[\frac{1}{(1+i)^1} + \frac{1}{(1+i)^2} + \cdots + \frac{1}{(1+i)^{n-1}} + \frac{1}{(1+i)^n}\right]$$

$$\frac{-i}{1+i}P = A\left[\frac{1}{(1+i)^{n+1}} - \frac{1}{(1+i)^1}\right]$$

$$P = \frac{A}{-i}\left[\frac{1}{(1+i)^n} - 1\right]$$

$$P = A\left[\frac{(1+i)^n - 1}{i(1+i)^n}\right] \quad i \neq 0 \qquad [2.6]$$

Le terme entre crochets dans l'équation [2.6] constitue le facteur de conversion nommé « facteur d'actualisation d'une série constante ». Il s'agit du facteur P/A utilisé pour calculer la valeur P équivalente à l'année 0 d'une série de valeurs A constantes de fin de période débutant à la fin de la période 1 et se poursuivant durant n périodes. Le diagramme des flux monétaires correspondant est présenté à la figure 2.5 a).

Dans la situation inverse, la valeur actualisée P est connue, et on cherche la valeur équivalente A d'une série constante (*voir la figure 2.5 b*). La première occurrence de la valeur A se produit à la fin de la période 1, soit 1 période après que P a eu lieu. En résolvant l'équation [2.6] pour trouver A, on obtient ce qui suit :

$$A = P\left[\frac{i(1+i)^n}{(1+i)^n - 1}\right] \qquad [2.7]$$

Le terme entre crochets se nomme « facteur de recouvrement du capital » ou « facteur A/P ». Il sert à calculer l'annuité équivalente A durant n années pour une valeur P donnée à l'année 0 lorsque le taux d'intérêt correspond à i.

> On calcule ces formules au moyen de la valeur actualisée P et de la première annuité équivalente A séparées par 1 année (période) entière. Ainsi, la valeur actualisée P doit toujours être située 1 période avant la première annuité équivalente A.

Les facteurs ainsi que leur utilisation pour trouver la valeur de P et de A sont résumés dans le tableau 2.2, de même qu'à la fin du manuel. Les notations universelles de ces deux facteurs sont $(P/A;i\%;n)$ et $(A/P;i\%;n)$. Les tables 1 à 29 situées à la fin de l'ouvrage présentent les valeurs de ces facteurs. Par exemple, si $i = 15\%$ et que $n = 25$ ans, la valeur du facteur P/A dans la table 19 correspond à $(P/A;15\%;25) = 6{,}4641$. Cette valeur permet de trouver la valeur actualisée équivalente à 15 % par année pour tout montant A se produisant de façon constante des années 1 à 25.

TABLEAU 2.2	LES NOTATIONS ET LES ÉQUATIONS DES FACTEURS *P/A* ET *A/P*				
Facteur					
Notation	**Nom**	**Valeur inconnue/ valeur connue**	**Équation de la formule**	**Équation de la notation universelle**	**Fonction d'Excel**
$(P/A;i;n)$	Facteur d'actualisation d'une série constante	P/A	$\dfrac{(1+i)^n - 1}{i(1+i)^n}$	$P = A(P/A;i;n)$	VA(i%;n;A)
$(A/P;i;n)$	Facteur de recouvrement du capital	A/P	$\dfrac{i(1+i)^n}{(1+i)^n - 1}$	$A = P(A/P;i;n)$	VPM(i%;n;P)

Lorsqu'on recourt à la relation entre crochets de l'équation [2.6] pour calculer le facteur *P/A*, on obtient le même résultat, à moins d'une erreur d'arrondissement.

$$(P/A; 15\%; 25) = \frac{(1+i)^n - 1}{i(1+i)^n} = \frac{(1,15)^{25} - 1}{0,15(1,15)^{25}} = \frac{31,91895}{4,93784} = 6,46415$$

Pour déterminer la valeur de *P* et de *A*, on peut recourir aux fonctions d'un tableur au lieu d'appliquer les facteurs *P/A* et *A/P*. La fonction VA utilisée à la section précédente permet également de calculer la valeur de *P* pour une valeur *A* pendant *n* années, de même qu'une valeur *F* distincte à l'année *n*, si elle est connue. Cette fonction, présentée précédemment à la section 1.8, prend la forme suivante :

$$\textbf{VA}(\textbf{\textit{i}\%;\textit{n};\textit{A};\textit{F}})$$

De même, à l'aide de la fonction VPM, on peut déterminer la valeur de *A* pour une valeur *P* connue à l'année 0 de même qu'une valeur distincte *F*, si elle est connue. Voici la forme que prend cette fonction :

$$\textbf{VPM}(\textbf{\textit{i}\%;\textit{n};\textit{P};\textit{F}})$$

Expliquée à la section 1.18 (*voir la figure 1.5 b*), la fonction VPM est utilisée dans des exemples à venir. Le tableau 2.2 présente les fonctions VA et VPM pour les valeurs *P* et *A*, respectivement. L'exemple 2.4 porte sur la fonction VA.

EXEMPLE 2.4

Quel montant devriez-vous être prêt à débourser maintenant pour obtenir un revenu garanti de 600 $ par année pendant 9 ans à compter de la prochaine année, si le taux de rendement s'élève à 16 % par année ?

Solution

Le diagramme des flux monétaires de la figure 2.6 correspond au facteur *P/A*. Voici la valeur actualisée :

$$P = 600(P/A; 16\%; 9) = 600(4{,}6065) = 2\,763{,}90 \text{ \$}$$

Si on saisit la fonction VA(16%;9;600) dans une cellule de feuille de calcul, on obtient la réponse *P* = 2 763,93 $.

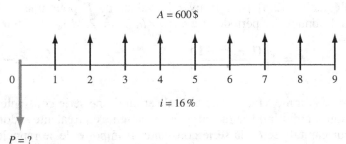

FIGURE 2.6

Le diagramme utilisé pour trouver la valeur de *P* à l'aide du facteur *P/A* à l'exemple 2.4

> **Remarque**
> Pour résoudre ce problème, on pourrait également utiliser les facteurs *P/F* pour chacun des 9 encaissements, puis additionner les valeurs actualisées ainsi obtenues. On pourrait aussi trouver la valeur capitalisée *F* des paiements de 600 $, puis trouver la valeur actualisée de cette valeur *F*. En économie d'ingénierie, il existe de nombreuses façons de résoudre un problème, mais seule la méthode la plus directe est présentée dans le manuel.

2.3 LE FACTEUR D'AMORTISSEMENT ET LE FACTEUR DE CAPITALISATION DES SÉRIES CONSTANTES (facteurs *A/F* et *F/A*)

La façon la plus simple de calculer le facteur *A/F* consiste à utiliser des facteurs déjà développés. Si on remplace la valeur *P* de l'équation [2.3] par l'équation [2.7], on obtient la formule suivante :

$$A = F\left[\frac{1}{(1+i)^n}\right]\left[\frac{i(1+i)^n}{(1+i)^n-1}\right]$$

$$A = F\left[\frac{i}{(1+i)^n-1}\right] \qquad [2.8]$$

L'expression entre crochets de l'équation [2.8] constitue le «facteur d'amortissement» ou «facteur *A/F*». Ce facteur permet de déterminer la série d'annuités équivalentes qui correspond à une valeur capitalisée *F* donnée. La figure 2.7 a) représente graphiquement cette situation.

> La série constante *A* commence à la fin de la période 1 et se poursuit jusqu'à la période de la valeur *F* connue.

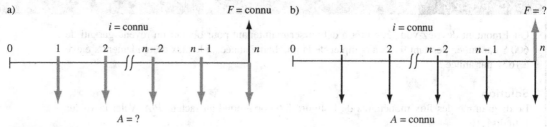

FIGURE 2.7
Les diagrammes des flux monétaires pour trouver : a) *A* lorsque *F* est connu ; b) *F* lorsque *A* est connu

On peut modifier l'équation [2.8] pour trouver la valeur de *F* pour une série d'annuités équivalentes *A* donnée des périodes 1 à *n* (*voir la figure 2.7 b*).

$$F = A\left[\frac{(1+i)^n-1}{i}\right] \qquad [2.9]$$

Le terme entre crochets se nomme «facteur de capitalisation d'une série constante» ou «facteur *F/A*». Lorsqu'on multiplie ce facteur par une annuité équivalente *A* donnée, on obtient la valeur capitalisée de la série constante. Il importe de se rappeler que la valeur capitalisée *F* se situe dans la même période que la dernière annuité équivalente *A*.

La notation universelle de ces facteurs prend la même forme que celle des autres facteurs, soit $(F/A;i;n)$ et $(A/F;i;n)$. Le tableau 2.3 résume leurs notations et leurs équations qui sont aussi présentées à la fin du manuel. Les tables 1 à 29, également à la fin du manuel, comprennent les valeurs des facteurs F/A et A/F.

TABLEAU 2.3	LES NOTATIONS ET LES ÉQUATIONS DES FACTEURS F/A ET A/F				
Facteur					
Notation	**Nom**	**Valeur inconnue/ valeur connue**	**Formule du facteur**	**Équation de la notation universelle**	**Fonction d'Excel**
$(F/A;i;n)$	Facteur de capitalisation d'une série constante	F/A	$\dfrac{(1+i)^n - 1}{i}$	$F = A(F/A;i;n)$	VC($i\%;n;A$)
$(A/F;i;n)$	Facteur d'amortissement	A/F	$\dfrac{i}{(1+i)^n - 1}$	$A = F(A/F;i;n)$	VPM($i\%;n;;F$)

On peut symboliquement déterminer les facteurs des séries constantes à l'aide d'une formule de facteurs abrégée, par exemple $F/A = (F/P)(P/A)$, où l'annulation de P s'avère correcte. Le recours aux formules de facteurs donne ce qui suit :

$$(F/A;i;n) = \left[(1+i)^n \right] \left[\frac{(1+i)^n - 1}{i(1+i)^n} \right] = \frac{(1+i)^n - 1}{i}$$

Par ailleurs, on peut calculer le facteur A/F de l'équation [2.8] à partir du facteur A/P en soustrayant i.

$$(A/F;i;n) = (A/P;i;n) - i$$

On peut vérifier cette relation selon un raisonnement empirique, en consultant n'importe quelle table de facteurs d'intérêt figurant à la fin du manuel, ou selon un raisonnement mathématique, en simplifiant l'équation jusqu'à l'obtention de la formule du facteur A/F. Plus loin dans le présent ouvrage, on se sert de cette relation pour comparer des solutions possibles au moyen de la méthode de l'annuité équivalente.

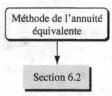

Méthode de l'annuité équivalente

Section 6.2

En ce qui concerne la solution par ordinateur, la fonction VC d'un tableur permet de calculer la valeur de F pour une série d'annuités équivalentes A donnée qui sont réparties sur n années. La formule à utiliser est la suivante :

$$\textbf{VC}(\textbf{\textit{i}\%;\textit{n};\textit{A};\textit{P}})$$

Quand on ne dispose d'aucune valeur actualisée distincte, on peut omettre la variable P. La fonction VPM permet quant à elle de déterminer la valeur de A pour n années, lorsque l'on connaît la valeur de F à l'année n, ou même une valeur distincte de P à l'année 0. Voici la formule correspondante :

Solution éclair

$$\textbf{VPM}(\textbf{\textit{i}\%;\textit{n};\textit{P};\textit{F}})$$

Si on omet la valeur de P, il faut inscrire un point-virgule dans la formule, afin que l'ordinateur reconnaisse que la dernière variable constitue une valeur F. Ces fonctions sont présentées dans le tableau 2.3. Les deux exemples qui suivent portent sur les fonctions VC et VPM.

EXEMPLE 2.5

La société Formosa Plastics possède des usines de fabrication importantes à Toronto et à Hong Kong. Le président veut connaître la valeur capitalisée équivalente d'un investissement de 1 million de dollars par année pendant 8 ans, qui débutera dans 1 an. Le taux de rendement du capital de Formosa s'élève à 14 % par année.

Solution

Le diagramme des flux monétaires de la figure 2.8 illustre les paiements annuels débutant à la fin de l'année 1 et se terminant à l'année de la valeur capitalisée recherchée. Les flux monétaires sont présentés en milliers de dollars. Voici la valeur de F dans 8 ans :

$$F = 1\,000(F/A;14\%;8) = 1\,000(13,2328) = 13\,232,80\ \$$$

Solution éclair

La valeur capitalisée réelle s'élève à 13 232 800 $. La fonction VC correspondante est VC(14 %;8;1000000).

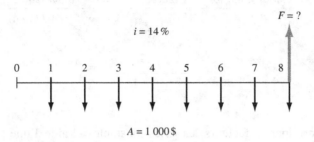

FIGURE 2.8
Le diagramme utilisé pour trouver la valeur de F pour une série constante à l'exemple 2.5

EXEMPLE 2.6

Quel montant Carole doit-elle commencer à déposer chaque année, dans 1 an, à un taux de 5,5 % par année pour pouvoir accumuler 6 000 $ dans 7 ans ?

Solution

Le diagramme des flux monétaires du point de vue de Carole (*voir la figure 2.9*) correspond au facteur A/F.

$$A = 6\,000\ \$(A/F;5,5\%;7) = 6\,000(0,12096) = 725,76\ \$ \text{ par année}$$

Solution éclair

On a calculé la valeur 0,12096 du facteur A/F à l'aide de sa formule présentée à l'équation [2.8]. On peut aussi se servir de la fonction VPM(5,5 %;7;6000) pour obtenir la réponse $A = 725,79\ \$$ par année.

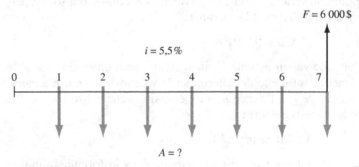

FIGURE 2.9
Le diagramme des flux monétaires de l'exemple 2.6

2.4 L'INTERPOLATION DANS LES TABLES D'INTÉRÊT

Quand il s'avère nécessaire de trouver la valeur d'un facteur pour une valeur *i* ou *n* qui ne figure pas dans les tables d'intérêt, on peut obtenir la valeur recherchée de deux façons différentes : 1) en se servant des formules présentées aux sections 2.1 à 2.3 ; 2) en procédant à une interpolation linéaire entre des valeurs figurant dans les tables. En général, il est plus facile et rapide d'utiliser les formules préprogrammées d'une calculatrice ou d'un tableur. Par ailleurs, les valeurs obtenues au moyen d'une interpolation linéaire ne sont pas tout à fait exactes, puisque les équations concernées ne sont pas de nature linéaire. Néanmoins, l'interpolation se révèle la plupart du temps suffisante, tant que les valeurs de i ou de n dont on dispose ne sont pas trop éloignées les unes des autres.

La première étape de l'interpolation linéaire consiste à établir les facteurs connus (valeurs 1 et 2) ainsi que ceux qui sont inconnus, comme le montre le tableau 2.4. On formule alors une équation sous forme de rapport, qu'on résout de manière à trouver la valeur de c, de la façon suivante :

$$\frac{a}{b} = \frac{c}{d} \qquad \text{ou} \qquad c = \frac{a}{b}d \qquad\qquad [2.10]$$

Les variables a, b, c et d représentent les différences entre les nombres qui figurent dans les tables d'intérêt. La valeur de c obtenue au moyen de l'équation [2.10] est ensuite additionnée à la valeur 1 ou elle en est soustraite, selon le caractère croissant ou décroissant de la valeur du facteur, respectivement. Les exemples qui suivent illustrent l'ensemble de ce processus.

TABLEAU 2.4	L'INTERPOLATION LINÉAIRE

i ou *n*	Facteur

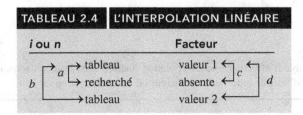

EXEMPLE 2.7

Déterminez la valeur du facteur A/P dans le cas d'un taux d'intérêt de 7,3 % et d'une valeur n de 10 ans, soit $(A/P;7,3\%;10)$.

Solution

Les valeurs du facteur A/P pour des taux d'intérêt de 7 % et de 8 % et une valeur $n = 10$ figurent dans les tables 12 et 13, respectivement.

$$
\begin{array}{ccc}
 & 7\,\% & 0{,}14238 \\
b\; \Big[\; a\Big[& 7{,}3\,\% & X & \Big]\,c\;\Big]\,d \\
 & 8\,\% & 0{,}14903
\end{array}
$$

L'inconnue X constitue la valeur recherchée du facteur. On peut la trouver à l'aide de l'équation [2.10] :

$$c = \left(\frac{7{,}3 - 7}{8 - 7}\right)(0{,}14903 - 0{,}14238)$$

$$= \frac{0{,}3}{1}(0{,}00665) = 0{,}00199$$

Comme la valeur du facteur augmente, puisque le taux d'intérêt passe de 7 à 8 %, il faut **additionner** la valeur de c à la valeur du facteur de 7 %. Ainsi,

$$X = 0{,}14238 + 0{,}00199 = 0{,}14437$$

Remarque

Il est bon de s'assurer que la réponse finale obtenue est logique en vérifiant si la valeur de X se situe entre les valeurs des facteurs connus dans des proportions à peu près correctes. Dans le cas présent, comme 0,14437 correspond à moins de 0,5 d'écart entre 0,14238 et 0,14903, la réponse semble logique. Si on applique l'équation [2.7], la valeur exacte du facteur est de 0,144358.

EXEMPLE 2.8

Trouvez la valeur du facteur (*P/F*;4%;48).

Solution

À partir de la table 9 pour un intérêt de 4 %, on peut trouver les valeurs du facteur *P/F* pour 45 ans et 50 ans.

Voici le résultat obtenu à l'aide de l'équation [2.10] :

$$c = \frac{a}{b}(d) = \frac{48 - 45}{50 - 45}(0{,}1712 - 0{,}1407) = 0{,}0183$$

Comme la valeur du facteur diminue alors que la valeur de *n* augmente, on soustrait la valeur de *c* de la valeur du facteur pour *n* = 45.

$$X = 0{,}1712 - 0{,}0183 = 0{,}1529$$

Remarque

Bien qu'il soit possible d'effectuer une interpolation linéaire dans les deux sens, il est beaucoup plus facile et précis d'utiliser la formule du facteur ou la fonction d'un tableur.

2.5 LES FACTEURS DES SÉRIES ARITHMÉTIQUES DE GRADIENT *G* (facteurs *P/G* et *A/G*)

Une « série arithmétique de gradient *G* » consiste en une série de flux monétaires qui augmentent ou diminuent d'un montant constant. Chaque flux monétaire, qu'il s'agisse d'un encaissement ou d'un décaissement, varie d'un même montant arithmétique à chaque période. Ce **montant** additionné ou soustrait constitue le gradient. Par exemple, si un ingénieur en fabrication prévoit que les charges d'entretien d'un robot augmenteront de 500 $ par année jusqu'à sa cession, on se trouve en présence d'une série arithmétique dont le gradient *G* s'élève à 500 $.

Les formules présentées précédemment pour les séries d'annuités équivalentes *A* s'appliquent à des montants de fin d'année de même valeur. Dans le cas d'une série arithmétique de gradient *G*, chaque flux monétaire de fin d'année est différent; il s'avère donc nécessaire de calculer de nouvelles formules. D'abord, il faut supposer que le flux monétaire de la fin de l'année 1 ne fait pas partie de la série arithmétique de gradient *G*, mais qu'il s'agit plutôt d'un montant initial. Cette supposition est commode, car dans les applications réelles, le montant initial est généralement plus grand ou plus petit que le gradient à additionner ou à soustraire. À titre d'exemple, si on achète une automobile d'occasion avec une garantie de 1 an, on peut s'attendre à n'avoir que l'essence et les frais d'assurance à payer durant la première année d'utilisation. Dans cet exemple, ces coûts s'élèvent à 1 500 $, c'est-à-dire que le montant initial est de 1 500 $.

Après la première année, il faut commencer à assumer les coûts de réparation, qu'on peut raisonnablement s'attendre à voir augmenter chaque année. Si on estime que le coût total augmentera de 50 $ chaque année, le montant de la deuxième année s'élèvera à 1 550 $, celui de la troisième année, à 1 600 $, et ainsi de suite, jusqu'à l'année *n*, où le coût total se chiffrera à 1 500 + (*n* − 1)50. Le diagramme des flux monétaires qui illustre cette situation est présenté à la figure 2.10. Il est à noter qu'on observe le gradient *G* (de 50 $) pour la première fois entre les années 1 et 2, et que le montant initial (de 1 500 $ à l'année 1) n'est pas égal à ce gradient.

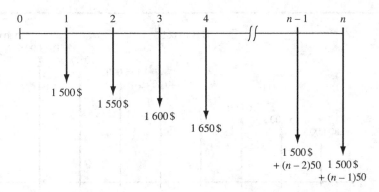

FIGURE 2.10
Le diagramme d'une série arithmétique d'un montant initial de 1 500 $ et d'un gradient G de 50 $

On définit le symbole G employé pour désigner le gradient d'une série arithmétique de la façon suivante :

> G = variation arithmétique constante de la valeur des encaissements et des décaissements d'une période à une autre ; le gradient G peut être positif ou négatif.

On peut calculer le flux monétaire de l'année n (FM_n) ainsi :

$$FM_n = \text{montant initial} + (n-1)G$$

Si on ignore le montant initial, on obtient le diagramme des flux monétaires général d'une série arithmétique (croissante) de gradient G présenté à la figure 2.11. Il est à noter que le gradient s'applique pour la première fois entre les années 1 et 2. On parle alors d'un « gradient conventionnel ».

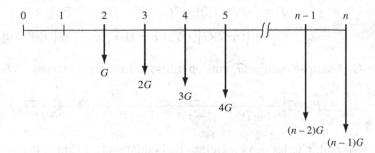

FIGURE 2.11
Une série arithmétique de gradient G conventionnel sans montant initial

EXEMPLE 2.9

Une entreprise de vêtements de sport a lancé un programme de concession de licences pour permettre l'utilisation de son logo. Elle prévoit tirer un profit de 80 000 $ de la vente de son logo durant la prochaine année. Elle s'attend également à ce que ce profit augmente de façon constante jusqu'à atteindre 200 000 $ dans 9 années. Déterminez le gradient arithmétique et dressez le diagramme des flux monétaires correspondant.

Solution

Le montant initial est de 80 000 $, et l'augmentation totale du profit réalisé s'élève à :

$$\text{Augmentation en 9 années} = 200\,000 - 80\,000 = 120\,000$$

$$\text{Gradient} = \frac{\text{augmentation}}{n-1}$$

$$= \frac{120\,000}{9-1} = 15\,000\,\$ \text{ par année}$$

Le diagramme des flux monétaires correspondant est présenté à la figure 2.12.

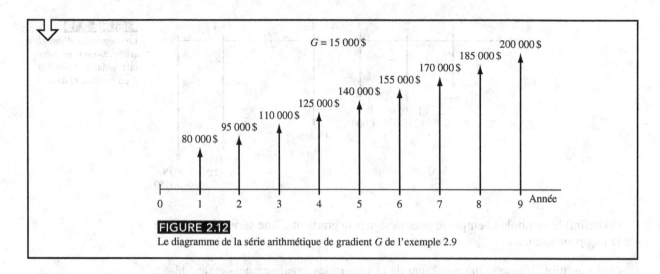

FIGURE 2.12
Le diagramme de la série arithmétique de gradient G de l'exemple 2.9

Dans le présent ouvrage, on calcule trois facteurs dans le cas des séries arithmétiques de gradient G, à savoir: le facteur P/G pour la valeur actualisée, le facteur A/G pour l'annuité équivalente et le facteur F/G pour la valeur capitalisée. Il existe plusieurs façons de les calculer. On utilise ici le facteur d'actualisation d'un paiement unique $(P/F;i;n)$, mais on pourrait aussi obtenir les mêmes résultats au moyen des facteurs F/P, F/A ou P/A.

À la figure 2.11, la valeur actualisée à l'année 0 uniquement constituée du gradient est égale à la somme des valeurs actualisées des valeurs individuelles, chacune d'elles étant considérée comme une valeur capitalisée.

$$P = G(P/F;i;2) + 2G(P/F;i;3) + 3G(P/F;i;4) + \cdots$$
$$+ [(n-2)G](P/F;i;n-1) + [(n-1)G](P/F;i;n)$$

On factorise ensuite G, puis on utilise la formule du facteur P/F.

$$P = G\left[\frac{1}{(1+i)^2} + \frac{2}{(1+i)^3} + \frac{3}{(1+i)^4} + \cdots + \frac{n-2}{(1+i)^{n-1}} + \frac{n-1}{(1+i)^n} \right] \qquad [2.11]$$

On multiplie les deux membres de l'équation [2.11] par $(1+i)^1$ pour obtenir:

$$P(1+i)^1 = G\left[\frac{1}{(1+i)^1} + \frac{2}{(1+i)^2} + \frac{3}{(1+i)^3} + \cdots + \frac{n-2}{(1+i)^{n-2}} + \frac{n-1}{(1+i)^{n-1}} \right] \qquad [2.12]$$

On soustrait l'équation [2.11] de l'équation [2.12], puis on simplifie.

$$iP = G\left[\frac{1}{(1+i)^1} + \frac{1}{(1+i)^2} + \cdots + \frac{1}{(1+i)^{n-1}} + \frac{1}{(1+i)^n} \right] - G\left[\frac{n}{(1+i)^n} \right] \qquad [2.13]$$

L'expression entre crochets de gauche est la même que celle qui est contenue dans l'équation [2.4], laquelle a servi à calculer le facteur P/A. On remplace alors la forme finale du facteur P/A de l'équation [2.6] par l'équation [2.13], puis on résout l'équation afin de déterminer P, ce qui permet d'obtenir une relation simplifiée.

$$P = \frac{G}{i}\left[\frac{(1+i)^n - 1}{i(1+i)^n} - \frac{n}{(1+i)^n} \right] \qquad [2.14]$$

L'équation [2.14] constitue la relation générale utilisée pour convertir une série arithmétique de gradient G (excluant le montant initial) pour n années en une valeur actualisée à l'année 0. Le diagramme de la figure 2.13 a) a été converti dans son diagramme des flux monétaires équivalant à la figure 2.13 b). Le «facteur d'actualisation d'une série arithmétique de gradient G», ou «facteur P/G», s'exprime des deux façons suivantes :

$$(P/G;i;n) = \frac{1}{i}\left[\frac{(1+i)^n - 1}{i(1+i)^n} - \frac{n}{(1+i)^n}\right]$$

ou

$$(P/G;i;n) = \frac{(1+i)^n - in - 1}{i^2(1+i)^n} \qquad [2.15]$$

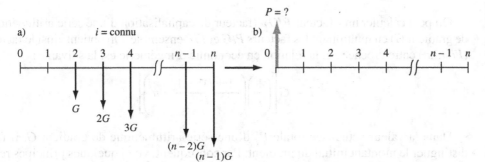

FIGURE 2.13
La conversion d'une série arithmétique de gradient G en une valeur actualisée

Il faut se rappeler que le gradient débute à l'année 2 et que P se situe à l'année 0. Voici l'équation [2.14] exprimée sous forme de relation en économie d'ingénierie :

$$P = G(P/G;i;n) \qquad [2.16]$$

On trouve l'annuité équivalente (la valeur A) d'une série arithmétique de gradient G en multipliant la valeur actualisée de l'équation [2.16] par l'expression du facteur $(A/P;i;n)$. En notation universelle, on peut se servir de l'équivalent de l'annulation algébrique de P pour obtenir le facteur $(A/G;i;n)$.

$$A = G(P/G;i;n)(A/P;i;n)$$
$$= G(A/G;i;n)$$

Sous forme d'équation, cela donne :

$$A = \frac{G}{i}\left[\frac{(1+i)^n - 1}{i(1+i)^n} - \frac{n}{(1+i)^n}\right]\left[\frac{i(1+i)^n}{(1+i)^n - 1}\right]$$

$$= G\left[\frac{1}{i} - \frac{n}{(1+i)^n - 1}\right] \qquad [2.17]$$

L'expression entre crochets de l'équation [2.17] se nomme «facteur d'annuité équivalente d'une série arithmétique de gradient G» et est désignée par $(A/G;i;n)$. Ce facteur permet de convertir le diagramme de la figure 2.14 a) en diagramme de la figure 2.14 b).

Les facteurs P/G et A/G ainsi que leurs relations sont résumés à la fin du manuel. Les valeurs de ces facteurs figurent dans les deux colonnes de droite des tables 1 à 29, qui sont présentées à la fin du manuel.

Dans un tableur, aucune fonction ne permet de calculer directement dans une cellule la valeur de P ou de A correspondant à une série arithmétique de gradient G. Il faut plutôt se servir de la fonction VAN pour trouver la valeur de P, et de la fonction VPM pour trouver la valeur de A, une fois tous les flux monétaires entrés dans des cellules distinctes. (L'utilisation des fonctions VAN et VPM pour ce type de série de flux monétaires est expliquée au chapitre 3.)

Solution éclair

La conversion d'une série arithmétique de gradient G en une série d'annuités équivalentes

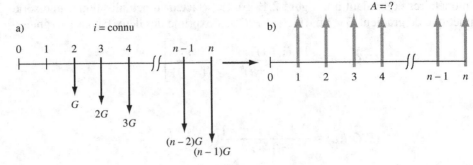

On peut calculer un « facteur F/G » (facteur de capitalisation d'une série arithmétique de gradient G) en multipliant les facteurs P/G et F/P ensemble. On obtient ainsi le facteur $(F/G;i;n)$ entre crochets, et la relation en économie d'ingénierie est la suivante :

$$F = G\left[\left(\frac{1}{i}\right)\left(\frac{(1+i)^n - 1}{i} - n\right)\right]$$

Dans la valeur actualisée totale P_T d'une série arithmétique de gradient G, il faut distinguer le montant initial du gradient. Par conséquent, voici quelques principes relatifs aux séries de flux monétaires qui comportent un gradient conventionnel :

- Le **montant initial** correspond à l'annuité équivalente A qui débute à l'année 1 et se poursuit jusqu'à l'année n. Sa valeur actualisée est représentée par le symbole P_A.
- Dans le cas d'une série arithmétique croissante, il faut additionner le **gradient** aux montants de la série constante. Sa valeur actualisée est alors représentée par le symbole P_G.
- Dans le cas d'une série arithmétique décroissante, il faut soustraire le **gradient** des montants de la série constante. Sa valeur actualisée est alors représentée par le symbole $-P_G$.

Voici les équations générales pour calculer la valeur actualisée totale P_T d'une série arithmétique de gradient conventionnel :

$$P_T = P_A + P_G \quad \text{et} \quad P_T = P_A - P_G \qquad \text{[2.18]}$$

De même, voici les équations des séries d'annuités équivalentes correspondantes :

$$A_T = A_A + A_G \quad \text{et} \quad A_T = A_A - A_G \qquad \text{[2.19]}$$

Le symbole A_A désigne alors le montant initial annuel, alors que le symbole A_G désigne l'annuité équivalente de la série arithmétique de gradient G.

EXEMPLE 2.10

Le CN envisage de déposer 500 000 $ dans un compte en vue de réparer de vieux ponts dont la sécurité est douteuse en Colombie-Britannique. Par ailleurs, l'entreprise estime que ce montant augmentera de 100 000 $ par année pendant les 9 années suivantes seulement, puis que les dépôts prendront fin. Déterminez : a) la valeur actualisée équivalente ; b) l'annuité équivalente si les fonds déposés rapportent un taux d'intérêt de 5 % par année.

Solution

a) Le diagramme des flux monétaires du point de vue du CN est présenté à la figure 2.15. Il faut effectuer deux calculs, puis additionner les résultats obtenus. D'abord, vous devez calculer la valeur actualisée du montant initial P_A ainsi que la valeur actualisée du gradient P_G. Additionnez ensuite ces résultats. La valeur actualisée totale P_T a lieu à l'année 0, ce qu'illustre le diagramme des flux monétaires combiné de la figure 2.16. Voici, en milliers de dollars, la valeur actualisée établie à l'aide de l'équation [2.18]:

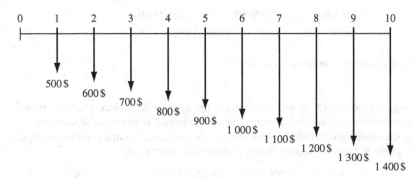

FIGURE 2.15

La série de flux monétaires comportant un gradient arithmétique conventionnel (en milliers de dollars) de l'exemple 2.10

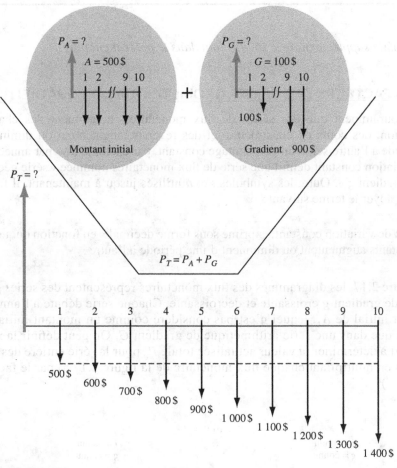

FIGURE 2.16

Le diagramme des flux monétaires combiné (en milliers de dollars) de l'exemple 2.10

L'équation 2.18 est:

$$P_T = 500(P/A;5\%;10) + 100(P/G;5\%;10)$$
$$= 500(7,7217) + 100(31,652)$$
$$= 7\,026,05\,\$ \qquad (7\,026\,050\,\$)$$

b) Là encore, il s'avère nécessaire de distinguer le gradient du montant initial. On trouve le total de la série d'annuités équivalentes A_T à l'aide de l'équation [2.19].

$$A_T = 500 + 100(A/G;5\%;10) = 500 + 100(4,0991)$$
$$= 909,91\$ \text{ par année} \quad (909\,910\$)$$

Par ailleurs, A_T se produit de l'année 1 à l'année 10.

Remarque

Souvenez-vous que les facteurs P/G et A/G permettent uniquement de déterminer la valeur actualisée et l'annuité équivalente du gradient. Il faut comptabiliser tout autre flux monétaire séparément.

Si la valeur actualisée est déjà calculée (comme c'est le cas à la question a), on peut multiplier la valeur de P_T par le facteur A/P approprié afin d'obtenir la valeur de A_T.

$$A_T = P_T(A/P;5\%;10) = 7\,026,05(0,12950)$$
$$= 909,87\$ \quad (909\,870\$)$$

La différence de 40 $ est attribuable à une erreur d'arrondissement.

(Voir l'exemple supplémentaire 2.16 plus loin dans le présent chapitre.)

2.6 LES FACTEURS DES SÉRIES GÉOMÉTRIQUES DE GRADIENT g

Il arrive couramment que des séries de flux monétaires, notamment des charges d'exploitation, des coûts de construction et des revenus, augmentent ou diminuent d'une période à l'autre selon un pourcentage constant, par exemple 5 % par année. Ce taux de variation constant définit une série de flux monétaires nommée « série géométrique de gradient g ». Outre les symboles i et n utilisés jusqu'à maintenant, il faut à présent employer le terme suivant :

> g = taux de variation constant, exprimé sous forme décimale, en fonction duquel des montants augmentent ou diminuent d'une période à l'autre

À la figure 2.17, les diagrammes des flux monétaires représentent des séries géométriques de gradient g croissante et décroissante. Chaque série débute à l'année 1 au montant initial de A_1, lequel n'est pas considéré comme un montant initial au même titre que dans une série arithmétique de gradient G. On peut définir la relation qui sert à déterminer la valeur actualisée totale P_g pour la série entière des flux monétaires en multipliant chaque flux monétaire de la figure 2.17 a) par le facteur P/F $1/(1 + i)^n$.

FIGURE 2.17

Les diagrammes des flux monétaires de séries géométriques de gradient g a) croissantes et b) décroissantes, et de la valeur actualisée P_g

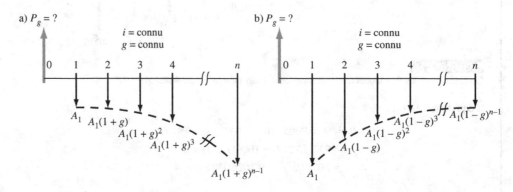

$$P_g = \frac{A_1}{(1+i)^1} + \frac{A_1(1+g)}{(1+i)^2} + \frac{A_1(1+g)^2}{(1+i)^3} + \cdots + \frac{A_1(1+g)^{n-1}}{(1+i)^n}$$

$$= A_1\left[\frac{1}{1+i} + \frac{1+g}{(1+i)^2} + \frac{(1+g)^2}{(1+i)^3} + \cdots + \frac{(1+g)^{n-1}}{(1+i)^n}\right] \qquad [2.20]$$

On multiplie ensuite les deux membres de l'équation par $(1+g) \div (1+i)$, on soustrait le résultat de l'équation [2.20] du résultat obtenu et on factorise P_g pour obtenir ce qui suit :

$$P_g\left(\frac{1+g}{1+i} - 1\right) = A_1\left[\frac{(1+g)^n}{(1+i)^{n+1}} - \frac{1}{1+i}\right]$$

Puis, on résout P_g et on simplifie.

$$P_g = A_1\left[\frac{1 - \left(\dfrac{1+g}{1+i}\right)^n}{i-g}\right] \qquad g \neq i \qquad [2.21]$$

Le terme entre crochets de l'équation [2.21] constitue le « facteur d'actualisation d'une série géométrique » dont le gradient g n'est pas égal au taux d'intérêt i. La notation universelle utilisée est $(P/A;g;i;n)$. Lorsque $g = i$, il faut remplacer g par i dans l'équation [2.20], de manière à obtenir ce qui suit :

$$P_g = A_1\left(\frac{1}{(1+i)} + \frac{1}{(1+i)} + \frac{1}{(1+i)} + \cdots + \frac{1}{(1+i)}\right)$$

Le terme $1/(1+i)$ apparaît n fois. Donc,

$$P_g = \frac{nA_1}{(1+i)} \qquad [2.22]$$

En résumé, voici la relation et la formule utilisées en économie d'ingénierie pour calculer la valeur de P_g à la période $t = 0$ d'une série géométrique de gradient g débutant à la période 1 à un montant A_1 qui augmente ensuite selon un taux constant de g à chaque période :

$$\boldsymbol{P_g = A_1(P/A;g;i;n)} \qquad \textbf{[2.23]}$$

$$\boldsymbol{(P/A;g;i;n) = \begin{cases} \dfrac{1 - \left(\dfrac{1+g}{1+i}\right)^n}{i-g} & g \neq i \\[3mm] \dfrac{n}{1+i} & g = i \end{cases}} \qquad \textbf{[2.24]}$$

Il est possible de calculer les facteurs des valeurs équivalentes A et F. Toutefois, il est plus facile de déterminer la valeur de P_g, puis de la multiplier par les facteurs A/P ou F/P.

Comme dans le cas des séries arithmétiques de gradient G, un tableur ne dispose d'aucune fonction directe pour les séries géométriques de gradient g. Une fois les flux monétaires saisis dans les cellules, on détermine la valeur de P et de A à l'aide des fonctions VAN et VPM, respectivement. Cependant, dans une feuille de calcul, on peut toujours créer une fonction comportant une équation qui permet de déterminer une valeur P, F ou A. L'exemple 2.11 montre notamment comment utiliser cette méthode pour trouver la valeur actualisée d'une série géométrique de gradient g au moyen des équations [2.24].

EXEMPLE 2.11

À La Ronde, un grand parc d'attractions situé à Montréal, des ingénieurs envisagent de transformer les montagnes russes du Monstre afin de les rendre plus excitantes. Les modifications à apporter ne coûtent que 8 000 $ et devraient durer 6 ans, avec une valeur de récupération de 1 300 $ pour les mécanismes à solénoïdes. On s'attend également à des charges d'entretien élevées de 1 700 $ la première année, qui devraient ensuite augmenter de 11 % annuellement. Déterminez la valeur actualisée équivalente des coûts de transformation et des charges d'entretien manuellement, puis à l'ordinateur. Le taux d'intérêt s'élève à 8 % par année.

Solution manuelle

Le diagramme des flux monétaires de la figure 2.18 présente la valeur de récupération comme un flux monétaire positif et tous les coûts comme des flux monétaires négatifs. À l'aide de l'équation [2.24] pour $g \neq i$, calculez P_g. Voici le total P_T :

$$P_T = -8\,000 - P_g + 1\,300(P/F;8\%;6)$$

$$= -8\,000 - 1\,700\left[\frac{1-(1,11/1,08)^6}{0,08-0,11}\right] + 1\,300(P/F;8\%;6)$$

$$= -8\,000 - 1\,700(5,9559) + 819,26 = -17\,305,85\,\$ \qquad [2.25]$$

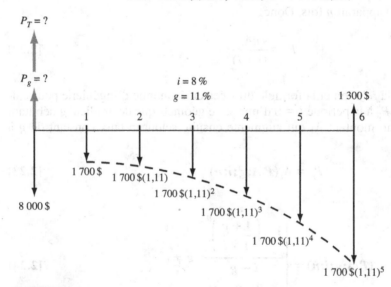

FIGURE 2.18

Le diagramme des flux monétaires de la série géométrique de gradient g de l'exemple 2.11

Solution par ordinateur

La figure 2.19 présente une feuille de calcul sur laquelle la valeur actualisée totale se trouve dans la cellule B13. La fonction utilisée pour déterminer que $P_T = -17\,305,89\,\$$ figure dans l'étiquette de cette cellule. Il s'agit d'une réinscription de l'équation [2.25]. Comme cette solution est complexe, les cellules des colonnes C et D contiennent également les trois éléments de P_T, dont la somme se trouve dans la cellule D13, qui donne le même résultat.

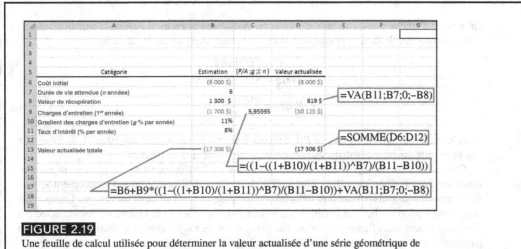

FIGURE 2.19

Une feuille de calcul utilisée pour déterminer la valeur actualisée d'une série géométrique de gradient $g = 11 \%$ à l'exemple 2.11

2.7 LA DÉTERMINATION D'UN TAUX D'INTÉRÊT INCONNU

Dans certains cas, on connaît le montant d'un dépôt ainsi que le montant obtenu après un certain nombre d'années, sans toutefois connaître le taux d'intérêt ou de rendement. Dans le cas de montants uniques, de séries constantes ou de séries comportant un gradient conventionnel constant, on peut déterminer le taux i en résolvant directement l'équation de la valeur temporelle de l'argent. Par contre, dans le cas de montants non constants ou de différents facteurs réunis, il faut résoudre le problème par essais et erreurs ou au moyen d'une méthode numérique. Les problèmes plus complexes de ce type ne sont pas abordés avant le chapitre 7.

On peut aisément adapter les formules qui s'appliquent aux paiements uniques afin de trouver la valeur de i, mais en ce qui concerne les séries constantes et les équations associées aux gradients, il s'avère plus facile de trouver la valeur du facteur pour ensuite déterminer le taux d'intérêt correspondant à l'aide des tables d'intérêt. Les exemples qui suivent illustrent ces deux situations.

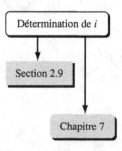

EXEMPLE 2.12

Si Laure peut actuellement investir 3 000 $ dans l'entreprise d'un ami afin d'en retirer 5 000 $ dans 5 ans, déterminez le taux de rendement correspondant. Si Laure peut d'autre part obtenir un taux d'intérêt de 7 % par année sur un certificat de placement garanti, quel investissement devrait-elle faire ?

Solution

Comme ce problème ne porte que sur des montants uniques, on peut directement déterminer la valeur de i à l'aide du facteur P/F.

$$P = F(P/F;i;n) = F\frac{1}{(1+i)^n}$$

$$3\,000 = 5\,000\frac{1}{(1+i)^5}$$

$$0,600 = \frac{1}{(1+i)^5}$$

$$i = \left(\frac{1}{0,6}\right)^{0,2} - 1 = 0,1076(10,76\,\%)$$

On peut également trouver le taux d'intérêt en établissant la relation *P/F* de la notation universelle, en résolvant le facteur et en interpolant les valeurs dans les tables d'intérêt.

$$P = F(P/F;i;n)$$
$$3000\,\$ = 5\,000(P/F;i;5)$$
$$(P/F;i;5) = \frac{3000}{5\,000} = 0{,}60$$

Dans les tables d'intérêt, un facteur *P/F* de 0,6000 pour $n = 5$ se situe entre 10 et 11 %. Effectuez une interpolation entre ces deux valeurs de manière à obtenir $i = 10{,}76$ %.

Comme le taux de 10,76 % est supérieur au taux de 7 % du certificat de placement garanti, Laure devrait plutôt investir dans l'entreprise de son ami. Puisque le taux de rendement le plus élevé provient de l'investissement dans cette entreprise, il y aurait des chances que Laure choisisse cette option au lieu du certificat de placement. Par contre, le niveau de risque associé à l'investissement dans l'entreprise n'est pas précisé. Or, le risque constitue de toute évidence un paramètre important qui pourrait inciter Laure à opter pour la solution offrant le taux de rendement le moins élevé. Toutefois, à moins d'indication contraire, on présume que le niveau de risque est le même pour toutes les solutions possibles présentées dans le manuel.

La fonction TRI d'un tableur est l'une des plus utiles. Les lettres TRI renvoient au terme «taux de rendement interne», qui constitue un sujet en soi, dont le chapitre 7 traite en détail. Toutefois, déjà à l'étape actuelle de l'analyse en économie d'ingénierie, on peut avantageusement recourir à la fonction TRI afin de trouver le taux d'intérêt (ou de rendement) de toute série de flux monétaires saisie dans une suite de cellules d'une feuille de calcul disposées à la verticale ou à l'horizontale. Il est très important d'entrer un 0 dans la cellule de toute année (ou période) comportant un flux monétaire nul. Dans pareil cas, il ne suffit pas de laisser la cellule vide, car la fonction TRI afficherait alors une valeur *i* erronée. Voici la formule de base :

TRI(première_cellule:dernière_cellule)

Les mentions «première_cellule» et «dernière_cellule» désignent les cellules du début et de la fin de la série de flux monétaires, respectivement. L'exemple 2.13 illustre la fonction TRI.

La fonction TAUX, également très utile, peut parfois remplacer la fonction TRI. En effet, cette fonction, qui s'applique à une seule cellule, affiche aussi le taux d'intérêt (ou de rendement) composé, mais seulement lorsque les flux monétaires annuels, c'est-à-dire les valeurs *A*, sont identiques. Il est en outre possible d'entrer des valeurs actualisée et capitalisée différentes de la valeur *A*. Voici la formule à utiliser :

TAUX(nombre_années;*A*;*P*;*F*)

La valeur *F* ne comprend pas la valeur *A* qui se produit à l'année *n*. Pour se servir de la fonction TAUX, il n'est pas nécessaire de saisir chaque flux monétaire dans une cellule distincte de la feuille de calcul ; on devrait donc l'utiliser dans le cas de toute série constante répartie sur *n* années dont les valeurs *P* et/ou *F* sont mentionnées. L'exemple 2.13 illustre également la fonction TAUX.

EXEMPLE 2.13

La société Professional Engineers Inc. exige qu'un montant de 500 $ soit déposé chaque année dans un fonds d'amortissement afin d'assumer les coûts de remise en état imprévus associés au matériel mobile. Dans un cas, 500 $ ont été déposés pendant 15 ans et ont permis d'assumer des coûts de remise en état d'un montant de 10 000 $ à l'année 15. Quel taux de rendement l'entreprise a-t-elle ainsi obtenu ? Trouvez la solution manuellement et à l'ordinateur.

Solution manuelle

La figure 2.20 présente le diagramme des flux monétaires qui illustre ce problème. On peut utiliser le facteur A/F ou F/A. Voici la solution au moyen du facteur A/F :

$$A = F(A/F; i; n)$$
$$500 = 10\,000(A/F; i; 15)$$
$$(A/F; i; 15) = 0,0500$$

Dans la colonne A/F pour 15 ans des tables d'intérêt 8 et 9, la valeur 0,0500 se situe entre 3 et 4 %. Par interpolation, $i = 3,98\,\%$ (ce qui est considéré comme un faible taux de rendement pour un projet en ingénierie).

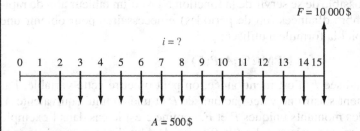

FIGURE 2.20

Le diagramme utilisé pour déterminer le taux de rendement à l'exemple 2.13

Solution par ordinateur

Pour créer la feuille de calcul (*voir la figure 2.21*), reportez-vous au diagramme des flux monétaires de la figure 2.20. Dans ce cas, on peut recourir à une solution nécessitant une seule cellule avec la fonction TAUX, puisque $A = -500\,\$$ se produit chaque année et que la valeur $F = 10\,000\,\$$ survient seulement à la dernière année de la série. La cellule A3 contient la fonction TAUX(15;−500;;10000) et affiche la réponse 3,98 %. Le signe de soustraction (−) qui précède le nombre 500 désigne le dépôt annuel.

Le point-virgule supplémentaire inséré dans la formule s'avère nécessaire pour indiquer l'absence d'une valeur P. Bien que cette fonction soit rapide, elle ne permet qu'une analyse de sensibilité limitée, puisque toutes les valeurs A doivent varier selon le même montant. La fonction TRI se révèle beaucoup plus efficace pour répondre aux questions de type « Et si ? ».

Pour appliquer la fonction TRI et obtenir la même réponse, entrez la valeur 0 dans une cellule (pour l'année 0), puis −500 pour 14 années et 9500 (10000 − 500) à l'année 15. À la figure 2.21, ces nombres se trouvent dans les cellules D2 à D17. Ensuite, dans n'importe quelle cellule de la feuille de calcul, entrez la fonction TRI(D2:D17). À la figure 2.21, la réponse $i = 3,98\,\%$ est affichée dans la cellule E3. Il est conseillé de numéroter les années de 0 à n (soit 15, dans le présent exemple) dans la colonne immédiatement située à gauche des flux monétaires correspondants. Ces numéros ne sont pas essentiels à la fonction TRI, mais ils facilitent la saisie des flux monétaires et en augmentent la précision. Par la suite, on peut modifier n'importe quel flux monétaire, et un nouveau taux s'affiche automatiquement grâce à la fonction TRI.

	A	B	C	D	E	F	G
1			Année	Flux monétaire			
2	Fonction TAUX		0	0	Fonction TRI		
3	3,98%		1	-500	3,98%		
4			2	-500			
5			3	-500			
6	=TAUX(15;−500;;10000)		4	-500	=TRI(D2:D17)		
7			5	-500			
8			6	-500			
9			7	-500			
10			8	-500			
11			9	-500			
12			10	-500			
13			11	-500			
14			12	-500			
15			13	-500			
16			14	-500			
17			15	9500			

FIGURE 2.21

Une feuille de calcul présentant les solutions de l'exemple 2.13 obtenues à l'aide des fonctions TAUX et TRI

2.8 LA DÉTERMINATION D'UN NOMBRE D'ANNÉES INCONNU

Il s'avère parfois nécessaire de déterminer le nombre d'années (ou de périodes) requises pour qu'une série de flux monétaires procure un taux de rendement donné. D'autres fois, on souhaite connaître le moment où des montants précis pourront être tirés d'un investissement. Dans les deux cas, la valeur inconnue est celle de *n*. Pour trouver cette valeur, on utilise des techniques semblables à celles qui sont présentées à la section précédente. Dans certaines situations, on peut directement établir la valeur de *n* au moyen des formules qui s'appliquent aux paiements uniques ou aux séries constantes. Dans d'autres, il faut déterminer la valeur de *n* grâce à l'interpolation dans les tables d'intérêt, de la façon expliquée ci-après.

Par ailleurs, il est possible de se servir de la fonction NPM d'un tableur afin de rapidement trouver le nombre d'années (ou de périodes) *n* nécessaires pour obtenir une valeur *A*, *P* et/ou *F*. Voici la formule à utiliser :

Solution éclair

$$\textbf{NPM}(\textbf{\textit{i}\%};\textbf{\textit{A}};\textbf{\textit{P}};\textbf{\textit{F}})$$

Si aucune valeur capitalisée *F* n'est mentionnée, on peut omettre cette variable. Par contre, il faut absolument saisir une valeur actualisée *P* et une annuité équivalente *A*. Si on ne connaît que des montants uniques *P* et *F*, comme c'est le cas dans l'exemple qui suit, on peut inscrire une valeur nulle (de 0) pour *A*. Afin d'obtenir une réponse au moyen de la fonction NPM, il faut qu'au moins une des entrées possède un signe contraire à celui des autres.

EXEMPLE 2.14

Combien de temps faudra-t-il pour qu'un montant de 1 000 $ double à un taux d'intérêt de 5 % par année ?

Solution
On peut déterminer la valeur de *n* à l'aide du facteur *F/P* ou *P/F*. Voici la solution au moyen du facteur *P/F* :

$$P = F(P/F;i;n)$$
$$1000 = 2000(P/F;5\%;n)$$
$$(P/F;5\%;n) = 0,500$$

Solution éclair

Dans la table d'intérêt de 5 %, la valeur 0,500 se situe entre 14 et 15 ans. Par interpolation, *n* = 14,2 années. Utilisez la fonction NPM(5%;0;−1000;2000) pour afficher une valeur *n* de 14,21 ans.

2.9 L'UTILISATION D'UN TABLEUR : ANALYSE DE SENSIBILITÉ DE BASE

Jusqu'à maintenant, on a effectué des calculs d'économie d'ingénierie à l'aide des fonctions VA, VC, VPM, TRI et NPM d'un tableur présentées à la section 1.8. Dans la plupart des cas, une seule cellule était nécessaire sur une feuille de calcul pour trouver les réponses recherchées. L'exemple qui suit illustre la façon de résoudre un problème légèrement plus complexe qui exige une analyse de sensibilité, c'est-à-dire qui permet de répondre à des questions de type « Et si ? ».

EXEMPLE 2.15

Un ingénieur et un médecin ont uni leurs efforts pour réaliser une avancée majeure dans le domaine des opérations chirurgicales de la vésicule biliaire par laparoscopie. Ils ont fondé une petite entreprise afin de gérer les éléments financiers de leur association. Leur société a déjà investi 500 000 $ dans ce projet au cours de l'année (*t* = 0), et les associés prévoient y investir

encore 500 000 $ durant chacune des 4 prochaines années, voire peut-être plus longtemps. Créez une feuille de calcul pour répondre aux questions qui suivent.

a) Supposez que le montant de 500 000 $ n'est investi qu'au cours de 4 années supplémentaires. Si l'entreprise vend les droits d'utilisation de sa technologie à la fin de l'année 5 au montant de 5 millions de dollars, quel sera le taux de rendement anticipé ?

b) L'ingénieur et le médecin estiment qu'ils devront investir 500 000 $ pendant plus de 4 autres années. À partir du moment présent, de combien d'années disposent-ils pour terminer leur travail de conception et recevoir les droits d'utilisation de 5 millions de dollars, s'ils souhaitent obtenir un taux de rendement d'au moins 10 % par année ? Supposez qu'ils investissent 500 000 $ par année jusqu'au moment qui précède immédiatement l'obtention des 5 millions de dollars.

Solution par ordinateur

La figure 2.22 présente la feuille de calcul nécessaire avec toutes les valeurs financières en milliers de dollars. La fonction TRI est utilisée tout au long du problème.

a) La fonction TRI(B6:B11) dans la cellule B15 affiche le résultat $i = 24{,}07$ %. Il est à noter qu'un flux monétaire de −500 $ est inscrit à l'année 0. Voici l'énoncé d'équivalence correspondant : investir 500 000 $ maintenant ainsi que 500 000 $ à chacune des 4 années suivantes équivaut à recevoir 5 millions à la fin de l'année 5, selon un taux d'intérêt de 24,07 % par année.

b) Trouvez le taux de rendement d'un nombre d'années croissant durant lesquelles le montant de 500 000 $ est investi. Les colonnes C et D de la figure 2.22 présentent les résultats des fonctions TRI avec le flux monétaire de 5 millions de dollars à différentes années. Les cellules C15 et D15 montrent des rendements selon des taux de plus de 10 % et de moins de 10 %. Ainsi, il faut recevoir les 5 millions de dollars à un certain moment précédant la fin de l'année 7 pour obtenir un taux supérieur à celui de 8,93 % affiché dans la cellule D15. Donc, l'ingénieur et le médecin disposent de moins de 6 années pour accomplir leur travail de conception.

	A	B	C	D
1				
2				
3		Question a)	Question b)	
4		Trouver *i*	Trouver *n* pour que *i* > 10 %	
5	Année	Obtenir 5 millions $ à l'année 5	Obtenir 5 millions $ à l'année 6	Obtenir 5 millions $ à l'année 7
6	0	(500 $)	(500 $)	(500 $)
7	1	(500 $)	(500 $)	(500 $)
8	2	(500 $)	(500 $)	(500 $)
9	3	(500 $)	(500 $)	(500 $)
10	4	(500 $)	(500 $)	(500 $)
11	5	5 000 $	(500 $)	(500 $)
12	6		5 000 $	(500 $)
13	7			5 000 $
14				
15	Taux de rendement	24,07%	14,80%	8,93%
16				
17		=TRI(B6:B11)	=TRI(C6:C12)	=TRI(D6:D13)
18				
19				

FIGURE 2.22
Une feuille de calcul comprenant une analyse de sensibilité à l'exemple 2.15

EXEMPLE SUPPLÉMENTAIRE

EXEMPLE 2.16

LE CALCUL DES VALEURS *P*, *F* et *A*

Expliquez pourquoi on ne peut pas utiliser les facteurs des séries constantes pour calculer directement les valeurs de *P* ou de *F* dans le cas des flux monétaires présentés à la figure 2.23.

a)
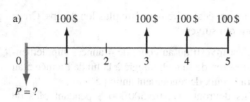

b)
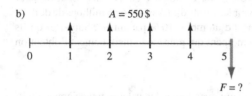

c)
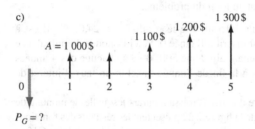

d)
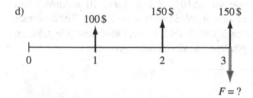

FIGURE 2.23
Les diagrammes des flux monétaires de l'exemple 2.16

Solution

a)   On ne peut utiliser le facteur P/A pour calculer la valeur de P, puisque l'encaissement annuel de 100 $ ne se produit pas à chacune des années 1 à 5.

b)   Comme il n'y a pas de valeur $A = 550$ $ à l'année 5, on ne peut utiliser le facteur F/A. La relation $F = 550(F/A;i;4)$ procurerait la valeur capitalisée à l'année 4, et non à l'année 5.

c)   Le premier gradient $G = 100$ $ se produit à l'année 3. Le recours à la relation $P_G = 100(P/G;i\%;4)$ permettrait de calculer la valeur de P_G à l'année 1, et non à l'année 0. (La valeur actualisée du montant initial de 1 000 $ n'est pas indiquée dans ce cas.)

d)   Les encaissements ne sont pas égaux ; on ne peut donc utiliser la relation $F = A(F/A;i;3)$ pour calculer la valeur de F.

RÉSUMÉ DU CHAPITRE

Les formules et les facteurs calculés et appliqués dans le chapitre permettent de trouver des équivalences relatives à la valeur actualisée, à la valeur capitalisée, à l'annuité équivalente et au gradient de flux monétaires. Pour effectuer une étude en économie d'ingénierie, il est essentiel de savoir utiliser ces formules et leur notation universelle manuellement de même qu'à l'aide de feuilles de calcul. Grâce à ces formules et aux fonctions correspondantes d'un tableur, on peut convertir des flux monétaires uniques en flux monétaires constants, des gradients en valeurs actualisées, et ainsi de suite. Il est également possible de trouver un taux de rendement i ou une période n. Une compréhension approfondie de la manipulation des flux monétaires au moyen de la matière contenue dans ce chapitre peut aider l'étudiant à s'attaquer à des questions qui se posent dans le contexte de son exercice professionnel et de sa vie quotidienne.

PROBLÈMES

L'utilisation des tables d'intérêt

2.1 Dans les tables d'intérêt, trouvez la valeur numérique des facteurs suivants:
a) $(F/P;8\%;25)$
b) $(P/A;3\%;8)$
c) $(P/G;9\%;20)$
d) $(F/A;15\%;18)$
e) $(A/P;30\%;15)$

La détermination des valeurs F, P et A

2.2 La société Cenovus Energy se sert de la technologie des «puits cunéiformes» (brevet en instance) pour accéder au bitume délaissé qui se trouve entre ses paires de puits de drainage par gravité au moyen de vapeur (DGMV). Si Cenovus dépense 2,7 millions de dollars maintenant pour forer 2 puits cunéiformes à son installation de Christina Lake, située près de Fort McMurray, en vue de les mettre à l'essai à des fins d'application commerciale, quelle valeur monétaire la production de pétrole devra-t-elle avoir dans 3 ans pour compenser cet investissement, selon un taux d'intérêt de 20 % par année?

2.3 Les Forces canadiennes envisagent d'acheter un nouvel hélicoptère pour leurs missions de maintien de la paix. Il y a 4 ans, elles ont acquis un hélicoptère semblable au coût de 140 000 $. Si le taux d'intérêt se chiffre à 7 % par année, quelle est la valeur actuelle équivalente de cette dépense de 140 000 $?

2.4 L'entreprise Pressure Systems Inc. fabrique des transducteurs de niveau de liquide de grande précision. Elle réalise actuellement une étude afin de déterminer si elle devrait améliorer une partie de son matériel maintenant ou si elle devrait plutôt reporter ce projet à un moment ultérieur. Si le coût actuel s'élève à 200 000 $, déterminez à combien se chiffrera le montant équivalent dans 3 ans, en supposant que le taux d'intérêt est de 10 % par année.

2.5 La société d'oléoducs Petroleum Products Inc. fournit des produits pétroliers à des grossistes du Canada et du nord des États-Unis. L'entreprise envisage d'acheter des débitmètres à turbine à insertion afin d'améliorer la surveillance de l'intégrité de ses oléoducs. Si ces débitmètres permettaient de prévenir une interruption de service majeure (grâce à la détection précoce d'une fuite) évaluée à 600 000 $ dans 4 ans, quel montant la société pourrait-elle se permettre d'investir maintenant, selon un taux d'intérêt de 12 % par année?

2.6 Sensotech inc., un fabricant de microsystèmes électromécaniques, croit parvenir à réduire ses rappels de produits de 10 % en achetant un nouveau logiciel pour détecter les pièces défectueuses. Le logiciel en question coûte 225 000 $. a) Quel montant l'entreprise devrait-elle économiser au cours de chacune des 4 années suivantes pour récupérer son investissement, si elle utilise un taux de rendement acceptable minimum (TRAM) de 15 % par année? b) Combien les rappels ont-ils coûté à l'entreprise à chaque année ayant précédé l'achat du logiciel, si l'économie de 10 % lui a permis de récupérer son investissement exactement au bout de 4 années?

2.7 L'entreprise Thompson Mechanical Products prévoit mettre 150 000 $ de côté maintenant pour éventuellement remplacer ses gros moteurs de raffineurs synchrones lorsqu'elle le jugera nécessaire. En supposant que ce remplacement ne s'impose pas avant 7 ans, déterminez le montant dont l'entreprise disposera dans son compte d'investissement si celui-ci lui procure un taux de rendement de 18 % par année.

2.8 Le constructeur d'automobiles français Renault a signé un contrat de 75 millions de dollars avec la société ABB de Zurich, en Suisse, pour obtenir des chaînes de montage robotisées de soubassements de carrosserie, des ateliers de montage de carrosseries et des systèmes de contrôle des chaînes de montage. Si ABB ne doit être payée que dans 2 ans (soit au moment où les systèmes seront prêts), quelle est la valeur actualisée (VA) de ce contrat, à un taux d'intérêt de 18 % par année?

2.9   L'entreprise Atlas Long-Haul Transportation envisage d'installer des enregistreurs automatiques de température Valutemp dans tous ses camions réfrigérés afin de contrôler la température au cours du transport. Si ces systèmes réduisent les réclamations d'assurance de 100 000 $ au bout de 2 ans, déterminez le montant que l'entreprise devrait être disposée à verser maintenant, en supposant qu'elle utilise un taux d'intérêt de 12 % par année.

2.10   GE Marine Systems prévoit fournir à un constructeur naval japonais des turbines à gaz aérodérivées pour alimenter des contre-torpilleurs de classe 11 DD destinés aux Forces japonaises. L'acheteur peut immédiatement acquitter le coût total au contrat de 1 700 000 $ ou verser un montant équivalent dans 1 an (soit au moment où il aura besoin des turbines). Si le taux d'intérêt est de 18 % par année, à combien s'élève la valeur capitalisée équivalente ?

2.11   Pour la société Digitech inc., quelle est la valeur actualisée d'une valeur capitalisée de 162 000 $ dans 6 ans à un taux d'intérêt de 12 % par année ?

2.12   Quel montant Cryogenics inc., un fabricant de systèmes magnétiques supraconducteurs de stockage d'énergie, pourrait-il se permettre d'investir aujourd'hui dans du nouveau matériel au lieu d'investir 125 000 $ dans 5 ans, si son taux de rendement se chiffre à 14 % par année ?

2.13   Le fabricant de compacteurs verticaux V-Tek Systems examine ses besoins en flux monétaires pour les 5 années à venir. L'entreprise s'attend à remplacer ses machines de bureau et son matériel informatique à différents moments au cours de cette période de planification quinquennale. Plus précisément, elle prévoit dépenser 9 000 $ dans 2 années, 8 000 $ dans 3 années et 5 000 $ dans 5 années. Quelle est la valeur actualisée des charges prévues, selon un taux d'intérêt de 10 % par année ?

2.14   Un fabricant de robinets de chasses d'eau veut disposer de 2 800 000 $ dans 10 années pour pouvoir lancer une nouvelle gamme de produits. Si l'entreprise prévoit commencer dans 1 an à déposer de l'argent à chaque année, quel montant devra-t-elle déposer à chacune de ces années à un taux d'intérêt annuel de 6 % pour disposer de 2 800 000 $ immédiatement après son dernier dépôt ?

2.15   L'assurance responsabilité civile d'une certaine société d'experts-conseils coûte actuellement 65 000 $. Si ce coût est censé augmenter de 4 % par année, à quel montant s'élèvera-t-il dans 5 ans ?

2.16   La société Grand Bay Gas Products fabrique un appareil qui vide les générateurs d'aérosol de leur contenu en 2 ou 3 secondes. On évite ainsi de devoir jeter ces contenants comme s'il s'agissait de déchets dangereux. Dans le cas où un tel appareil permet à une certaine entreprise d'économiser 75 000 $ par année en coûts d'élimination des déchets, quel montant cette entreprise peut-elle se permettre de consacrer maintenant à son acquisition, si elle souhaite récupérer son investissement en 3 ans à un taux d'intérêt de 20 % par année ?

2.17   Atlantic Metals and Plastic utilise un alliage nickel-chrome austénitique pour fabriquer des fils de chauffage par résistance. L'entreprise envisage d'adopter un nouveau processus de recuit-tréfilage pour réduire ses charges. Si ce nouveau processus coûte actuellement 1,8 million de dollars, à quel montant l'économie réalisée doit-elle s'élever chaque année pour récupérer cet investissement en 6 ans à un taux d'intérêt de 12 % par année ?

2.18   Temporairement privée de soufre pendant un certain temps, jusqu'à 2 jours à la fois, une algue verte, la *Chlamydomonas reinhardtii*, peut produire de l'hydrogène. Pour commercialiser ce processus, une petite entreprise doit acheter du matériel dont le coût s'élève à 3,4 millions de dollars. Si cette entreprise souhaite obtenir un taux de rendement annuel de 20 % et récupérer son investissement en 8 ans, quelle valeur nette l'hydrogène produit doit-il posséder chaque année ?

2.19   Quel montant les services environnementaux RTT pourraient-ils emprunter pour financer un projet de remise en état d'un terrain s'ils s'attendent à obtenir des revenus annuels de 280 000 $ au cours d'une période de nettoyage de 5 ans ? Les charges associées à ce projet devraient atteindre 90 000 $ par année. Supposez que le taux d'intérêt est de 10 % par année.

2.20   Le parc aquatique et d'attractions d'Edmonton dépense chaque année 75 000 $ en services-conseils pour l'inspection de ses manèges. Une nouvelle technologie d'actionneur permet aux ingénieurs de simuler des mouvements complexes contrôlés par ordinateur dans toutes les directions. Quel montant le parc aquatique et d'attractions pourrait-il actuellement consacrer à cette nouvelle technologie si celle-ci lui permet de ne plus recourir à des services-conseils? Supposez que le taux d'intérêt est de 15 % par année et que le parc souhaite récupérer son investissement en 5 ans.

2.21 En vertu d'un contrat conclu avec l'Association des fournisseurs de services Internet, SBC Communications a réduit le prix de revente de son service de ligne d'accès numérique haute vitesse de 458 $ à 360 $ par année par client. Un fournisseur de services Internet en particulier qui compte 20 000 clients prévoit faire profiter ceux-ci de 90 % de l'économie réalisée. Quelle est la valeur capitalisée totale de cette économie selon un horizon temporel de 5 ans à un taux d'intérêt de 8 % par année?

2.22 Un nouveau système énergétique alimenté à la biomasse provenant des déchets d'usine contribue à rétablir la rentabilité de la scierie Fraser Papers située dans l'ouest du Nouveau-Brunswick. Advenant le cas où la chambre de combustion serait améliorée, déterminez la valeur capitalisée à l'année 5 d'une économie de 70 000 $ réalisée maintenant et d'une économie supplémentaire de 90 000 $ réalisée dans 2 années à un taux d'intérêt de 10 % par année.

2.23 Un ingénieur civil dépose 10 000 $ par année dans un compte de retraite qui lui procure un taux de rendement annuel de 12 %. Déterminez le montant que contiendra ce compte au bout de 25 ans.

2.24 Une récente diplômée en ingénierie a obtenu une augmentation de salaire (à compter de l'année 1) de 2 000 $. À un taux d'intérêt de 8 % par année, quelle est la valeur actualisée de ce montant de 2 000 $ par année dans l'ensemble de sa carrière prévue de 35 ans?

2.25 L'entreprise Ontario Moving & Storage souhaite disposer d'un montant suffisant pour acheter un nouveau tracteur semi-remorque dans 3 ans. En supposant que celui-ci coûtera alors 250 000 $, quel montant l'entreprise devrait-elle mettre de côté chaque année si son compte lui procure un taux annuel de 9 %?

2.26 La petite entreprise Vision Technologies inc. exploite une technologie de bande ultralarge pour concevoir des appareils capables de détecter des objets (ainsi que des gens) à l'intérieur des bâtiments, derrière les murs et au-dessous du niveau du sol. Cette société s'attend à consacrer 100 000 $ par année aux coûts de main-d'œuvre et 125 000 $ par année aux fournitures avant de pouvoir commercialiser un produit. Si le taux d'intérêt s'élève à 15 % par année, quelle est la valeur capitalisée totale équivalente des charges de l'entreprise au bout de 3 ans?

Les valeurs des facteurs

2.27 Trouvez la valeur numérique des facteurs suivants en recourant: a) à l'interpolation; b) à l'utilisation de la formule appropriée.
1. $(P/F;18\%;33)$
2. $(A/G;12\%;54)$

2.28 Trouvez la valeur numérique des facteurs suivants en recourant: a) à l'interpolation; b) à l'utilisation de la formule appropriée.
1. $(F/A;19\%;20)$
2. $(P/A;26\%;15)$

Les séries arithmétiques de gradient G

2.29 Une série de flux monétaires débute à l'année 1 au montant de 3 000 $ et diminue annuellement de 200 $ jusqu'à l'année 10. Déterminez: a) la valeur du gradient G; b) le montant du flux monétaire de l'année 8; c) la valeur de n pour le gradient.

2.30 Manuvie s'attend à ce que la série de flux monétaires $(6 000 + 5k)$, où k est exprimé en années et les flux monétaires sont exprimés en millions, représente l'évolution de ses ventes. Déterminez: a) la valeur du gradient G; b) le montant du flux monétaire de l'année 6; c) la valeur de n pour le gradient si les flux monétaires prennent fin à l'année 12.

2.31 Pour la série de flux monétaires qui débute à l'année 1 et est décrite par $900 - 100k$, où k représente les années 1 à 5, déterminez: a) la valeur du gradient G; b) le flux monétaire de l'année 5.

2.32 La société Omega Instruments a établi un budget de 300 000 $ par année pour payer certaines pièces de céramique au cours des 5 prochaines années. Si l'entreprise s'attend à ce que le coût de ces pièces augmente de façon constante selon un gradient arithmétique de 10 000 $ par année, à quel montant ce coût devrait-il se chiffrer à l'année 1, selon un taux d'intérêt de 10 % par année?

2.33 Petro-Canada s'attend à ce que les encaissements issus d'un certain groupe de puits marginaux (soit des puits produisant moins de 10 barils par jour) diminuent selon un gradient arithmétique de 50 000 $ par année. Les encaissements prévus pour l'année en cours (c'est-à-dire à la fin de l'année 1) s'élèvent à 280 000 $, et l'entreprise estime la durée d'utilité des puits en question à 5 ans. a) Quel est le montant du flux monétaire de l'année 3? b) Quelle est l'annuité équivalente des revenus tirés des puits marginaux pour les années 1 à 5, si le taux d'intérêt se chiffre à 12 % par année?

2.34 À Moose Jaw, les revenus issus du recyclage du carton ont augmenté à un taux annuel constant de 1 000 $ au cours de chacune des 3 dernières années. On s'attend à ce que les revenus pour l'année en cours (c'est-à-dire à la fin de l'année 1) s'élèvent à 4 000 $ et à ce que la hausse constante se poursuive jusqu'à l'année 5. a) À quel montant les revenus s'élèveront-ils dans 3 ans (c'est-à-dire à la fin de l'année 3)? b) Quelle est la valeur actualisée des revenus de l'ensemble de cette période de 5 ans, si le taux d'intérêt atteint 10 % par année?

2.35 McGraw-Hill Ryerson envisage d'acheter un système informatique perfectionné pour cuber les dimensions des livres, soit mesurer leur longueur, leur largeur et leur épaisseur de manière à permettre la détermination des boîtes appropriées pour leur expédition. L'entreprise épargnera ainsi du matériel d'emballage, du carton et des coûts de main-d'œuvre. Si les économies prévues s'élèvent à 150 000 $ la première année, à 160 000 $ la deuxième, puis qu'elles augmentent ensuite de 10 000 $ chaque année pendant 8 ans, quelle est la valeur actualisée de ce système, selon un taux d'intérêt annuel de 15 %?

2.36 La société West Coast Marine & RV songe à remplacer les boîtiers de commande suspendus de ses grues de fort tonnage par de nouveaux systèmes de commande portatifs à clavier infrarouge. Elle espère ainsi réaliser une économie de 14 000 $ la première année, puis des économies augmentant de 1 500 $ par année au cours des 4 années suivantes. Si le taux d'intérêt se chiffre à 12 % par année, quelle est l'annuité équivalente des économies réalisées?

2.37 La société Ford est parvenue à réduire de 80 % le coût d'installation des instruments d'acquisition de données sur ses véhicules d'essai grâce au recours à la technologie SWIFT développée par l'entreprise MTS. a) Si le coût prévu pour l'année en cours (c'est-à-dire à la fin de l'année 1) s'élève à 2 000 $, à combien ce coût se chiffrait-il à l'année précédant l'adoption de cette technologie? b) Si on s'attend à ce que ce coût augmente de 250 $ par année pendant les 4 prochaines années (c'est-à-dire jusqu'à l'année 5), quelle en est l'annuité équivalente (des années 1 à 5), selon un taux d'intérêt de 18 % par année?

2.38 Pour les flux monétaires présentés ci-dessous, déterminez la valeur que devrait prendre le gradient G pour que la valeur capitalisée à l'année 4 s'élève à 6 000 $ selon un taux d'intérêt de 15 % par année.

Année	0	1	2	3	4
Flux monétaire	0	2 000 $	$2 000 - G$	$2 000 - 2G$	$2 000 - 3G$

2.39 Une société pharmaceutique importante prévoit qu'au cours des années à venir, elle pourrait subir un procès relativement aux effets secondaires ressentis par les utilisateurs de l'un de ses antidépresseurs. Pour préparer une «caisse spéciale» en prévision de cette éventualité, l'entreprise souhaite disposer, dans 6 années, d'un montant dont la valeur actualisée s'élève aujourd'hui à 50 millions de dollars. Elle envisage de mettre 6 millions de dollars de côté au cours de la première année, puis d'accroître le montant déposé de façon constante à chacune des 5 années suivantes. Si cette entreprise parvient à obtenir un taux de 12 % par année sur l'argent mis de côté, de quel montant doit-elle augmenter l'épargne de chaque année pour atteindre son objectif?

2.40 Un spécialiste de la vente directe de pièces d'automobiles dont l'entreprise est en démarrage s'attend à consacrer 1 million de dollars à la publicité au cours de sa première année, puis des montants diminuant de

100 000 $ à chacune des années suivantes. Il espère obtenir des revenus de 4 millions de dollars au cours de la première année, puis augmenter ces revenus de 500 000 $ par année. Déterminez l'annuité équivalente des années 1 à 5 des flux monétaires nets de l'entreprise, si le taux d'intérêt s'élève à 16 % par année.

Les séries géométriques de gradient g

2.41 Supposez qu'on vous demande de préparer une table des valeurs des facteurs (semblable aux tables fournies à la fin du présent ouvrage) pour calculer la valeur actualisée d'une série géométrique de gradient g. Déterminez les 3 premières valeurs (c'est-à-dire pour $n = 1$, 2 et 3) pour un taux d'intérêt de 10 % par année et un taux de variation g de 4 % par année.

2.42 Dans la démarche de planification de sa retraite, une ingénieure chimiste décide de déposer chaque année 10 % de son salaire dans un fonds d'action en haute technologie. Si son salaire de l'année en cours (c'est-à-dire à la fin de l'année 1) s'élève à 60 000 $ et qu'elle s'attend à ce qu'il augmente de 4 % par année, déterminez la valeur actualisée du fonds d'action au bout de 15 ans, en supposant que celui-ci offre un taux annuel de 4 %.

2.43 Il est généralement reconnu que le coût d'entretien d'un microscope électronique à balayage augmente selon un pourcentage fixe chaque année. Une entreprise d'entretien de matériel de haute technologie offre ses services au coût de 25 000 $ pour la première année (c'est-à-dire à la fin de l'année 1), qui augmente annuellement de 6 % par la suite. Si une société de biotechnologie souhaite acquitter à l'avance la totalité d'un contrat de 3 ans, quel montant doit-elle être disposée à verser, selon un taux d'intérêt de 15 % par année ?

2.44 Hughes Cable Systems prévoit offrir à ses employés un programme d'avantages sociaux dont le principal élément réside dans le partage des profits. Plus précisément, l'entreprise entend mettre de côté 1 % de la totalité des produits de ses ventes afin d'offrir des primes de fin d'année à tout son personnel. Ces produits devraient s'élever à 5 millions de dollars la première année, à 6 millions de dollars la deuxième année, puis à des montants augmentant annuellement de 20 % au cours des 3 années suivantes. Si le taux

d'intérêt se chiffre à 10 % par année, quelle est l'annuité équivalente du programme de primes pour les années 1 à 5 ?

2.45 Déterminez le montant que contiendrait un compte d'épargne dans lequel on aurait d'abord déposé 2 000 $ à l'année 1, puis des montants augmentant de 10 % à chacune des années suivantes. Servez-vous d'un taux d'intérêt de 15 % par année et d'une période de 7 ans.

2.46 À l'année 10, la valeur capitalisée d'une série géométrique de flux monétaires de gradient g s'élève à 80 000 $. Si le taux d'intérêt est de 15 % par année et que le taux d'augmentation annuel se chiffre à 9 %, quel était le montant du flux monétaire à l'année 1 ?

2.47 La société Fredericton Furniture Industries offre plusieurs types de tissus à haute performance capables de résister à des produits chimiques aussi puissants que le chlore. Selon le rapport d'une entreprise de fabrication du Nouveau-Brunswick qui utilise des tissus dans plusieurs de ses produits, la valeur actualisée de ses achats de tissus au cours d'une certaine période de 5 années s'est élevée à 900 000 $. Si on sait que le coût des tissus a connu une augmentation géométrique de 5 % par année durant cette période et que l'entreprise a utilisé un taux d'intérêt annuel de 15 % pour ses investissements, à quel montant le coût des tissus s'est-il élevé à l'année 2 ?

2.48 Trouvez la valeur actualisée d'une série d'investissements ayant débuté à 1 000 $ à l'année 1, puis augmenté de 10 % par année durant 20 ans. Supposez que le taux d'intérêt était de 10 % par année.

2.49 Une société d'experts-conseils de Windsor veut commencer à épargner en vue de remplacer les serveurs de son réseau. Si l'entreprise investit 3 000 $ à la fin de l'année 1, puis qu'elle augmente ses dépôts de 5 % par année, déterminez le montant que le compte contiendra dans 4 ans, en supposant que le taux d'intérêt annuel offert s'élève à 8 %.

2.50 Un fabricant d'appareils de surveillance du sulfure d'hydrogène purifiable prévoit effectuer des dépôts de sorte que chacun soit supérieur au précédent de 5 %. À quel montant le premier dépôt doit-il s'élever (à la fin de l'année 1) si cette épargne se poursuit jusqu'à l'année 10 et que le quatrième dépôt est de 1 250 $? Servez-vous d'un taux d'intérêt de 10 % par année.

La détermination d'un taux d'intérêt ou de rendement

2.51 Quel taux d'intérêt annuel composé équivaut à un taux d'intérêt annuel simple de 12 % sur une période de 15 ans ?

2.52 Une société ouverte d'experts-conseils en ingénierie verse une prime à ses ingénieurs à la fin de chaque année selon les profits réalisés au cours de la période. En supposant que l'investissement initial de cette entreprise était de 1,2 million de dollars, quel taux de rendement du capital investi a-t-elle obtenu, si chacun des ingénieurs a reçu une prime de 3 000 $ par année au cours des 10 dernières années ? Supposez que l'entreprise emploie 6 ingénieurs et que le montant des primes représente 5 % de ses profits.

2.53 Danson Iron Works Inc. fabrique des roulements à billes à contact oblique pour des pompes utilisées dans des conditions extrêmes. Si l'entreprise a investi 2,4 millions de dollars dans un processus qui a entraîné des profits annuels de 760 000 $ pendant 5 années, quel taux de rendement du capital investi a-t-elle obtenu ?

2.54 Un investissement de 600 000 $ est passé à 1 000 000 $ en 5 ans. Quel a été le taux de rendement du capital investi dans ce cas ?

2.55 Une petite entreprise qui se spécialise dans les revêtements en poudre a agrandi son bâtiment et acheté un nouveau four assez grand pour manipuler des cadres d'automobiles. Le bâtiment et le four lui ont coûté 125 000 $, mais la nouvelle clientèle composée de propriétaires de voitures dynamisées a augmenté ses revenus de 520 000 $. En supposant que les charges d'exploitation associées à l'essence, au matériel, à la main-d'œuvre, etc. s'élèvent à 470 000 $ par année, déterminez le taux de rendement du capital investi réalisé, si seuls les flux monétaires se produisant au cours des 4 prochaines années sont inclus dans les calculs.

2.56 Le plan d'affaires d'une entreprise en démarrage qui fabrique des détecteurs portatifs de gaz multiples présente des flux monétaires annuels équivalents de 400 000 $ pour les 5 premières années. Si le flux monétaire de l'année 1 s'élevait à 320 000 $ et que l'augmentation subséquente a été de 50 000 $ par année, quel taux d'intérêt a-t-on utilisé dans le calcul ?

2.57 Un nouveau fabricant de démarreurs souples à moyenne tension a dépensé 85 000 $ pour créer un site Web. Son bénéfice net a atteint 60 000 $ la première année, puis a augmenté de 15 000 $ à chacune des années suivantes. Quel taux de rendement cette entreprise a-t-elle obtenu au cours de ses 5 premières années ?

La détermination d'un nombre d'années

2.58 Un fabricant de vannes de commande en plastique dispose d'un fonds de 500 000 $ pour remplacer son matériel. En supposant que l'entreprise consacre annuellement 75 000 $ à du nouveau matériel, déterminez le nombre d'années qu'il lui faudra pour amener ce fonds à un montant inférieur à 75 000 $, si le taux d'intérêt est de 10 % par année.

2.59 Une société d'ingénieurs-conseils envisage d'acheter l'établissement qu'elle occupe actuellement en vertu d'un bail à long terme, car son propriétaire vient de le mettre en vente. Ce bâtiment est offert au coût de 170 000 $. Comme le montant du bail de l'année actuelle a déjà été acquitté, le montant annuel suivant, qui s'élève à 30 000 $, ne sera dû qu'à la fin de l'année en cours. Par ailleurs, étant donné que la société s'est toujours montrée un bon locataire, le propriétaire lui a proposé de lui vendre l'établissement au coût de 160 000 $. Si la société achète le bâtiment sans verser d'acompte, combien de temps lui faudra-t-il pour récupérer son investissement à un taux d'intérêt de 12 % par année ?

2.60 Une ingénieure qui a effectué de très bons placements songe à prendre sa retraite dès maintenant parce qu'elle dispose actuellement de 2 000 000 $ dans son compte de retraite. Pendant combien de temps pourra-t-elle retirer 100 000 $ par année (si ces retraits débutent dans 1 an) si son compte lui procure un taux d'intérêt annuel de 4 % ?

2.61 Il y a 2 ans, une entreprise qui fabrique des détecteurs de vent à ultrasons a investi 1,5 million de dollars pour devenir copropriétaire d'une société novatrice dans le domaine de la fabrication de puces. Combien de temps lui faudra-t-il (à compter de la date de l'investissement initial) pour que la valeur de sa part de la société de fabrication de puces atteigne 3 millions de dollars, si cette entreprise connaît un taux de croissance de 20 % par année ?

2.62 Roger Lévesque possède un fonds commun de placement qui lui a procuré un taux de rendement annuel moyen de 18 % depuis qu'il l'a acheté il y a 2 ans au montant de 100 000 $. Dans l'éventualité peu probable qu'il continue à obtenir ces excellents résultats, combien lui faudra-t-il de temps (à compter du moment de l'achat) avant de pouvoir prendre sa retraite avec un montant de 1,6 million de dollars ?

2.63 Combien faudra-t-il d'années pour qu'un dépôt annuel constant de valeur A atteigne 10 fois le montant d'un seul dépôt, si le taux de rendement annuel s'élève à 10 % ?

2.64 Combien d'années faudrait-il pour qu'un investissement de 10 000 $ à l'année 1 suivi d'augmentations annuelles de 10 % atteigne une valeur actualisée de 1 000 000 $ à un taux d'intérêt de 7 % par année ?

2.65 On vous a dit qu'une certaine série de flux monétaires avait débuté à 3 000 $ à l'année 1, puis avait augmenté de 2 000 $ chaque année suivante. Combien d'années a-t-il fallu pour que l'annuité équivalente de cette série s'élève à 12 000 $ à un taux d'intérêt de 10 % par année ?

ÉTUDE DE CAS

LES RÉPERCUSSIONS DU NOMBRE D'ANNÉES ET DE LA CAPITALISATION DE L'INTÉRÊT

Le régime d'actionnariat d'une entreprise

Un jeune bachelier en ingénierie de Polytechnique Montréal a commencé à travailler pour une entreprise de microélectronique à l'âge de 22 ans et à placer 50 $ par mois dans le régime d'actionnariat des employés. Après 60 mois entiers au service de cette entreprise, il a quitté ses fonctions à l'âge de 27 ans, sans toutefois vendre ses actions. L'ingénieur ne s'est informé de la valeur de ces actions qu'à l'âge de 57 ans, c'est-à-dire 30 ans plus tard.

1. Dressez le diagramme des flux monétaires de l'âge de 22 ans à celui de 57 ans.

2. L'ingénieur a appris qu'au cours des 35 années en question, ses actions lui ont procuré un taux de rendement de 1,25 % par mois. Déterminez la valeur des fonds cumulés dans le régime d'actionnariat de l'entreprise au moment où l'ingénieur a quitté son emploi au bout de 60 achats d'actions.

3. Déterminez la valeur des actions de l'employé provenant de cette entreprise à 57 ans. Observez la différence considérable découlant de 30 années à un taux annuel composé de 15 %.

4. Supposez qu'à 27 ans, l'ingénieur n'a pas conservé les actions dans lesquelles il avait investi. Ensuite, déterminez le montant qu'il lui faudrait déposer chaque année à compter de 50 ans pour atteindre, à 57 ans, une valeur équivalente à celle qui est obtenue à la question 3. Supposez que les dépôts effectués pendant ces 7 années procurent un taux de rendement annuel de 15 %.

5. Enfin, comparez le montant total déposé au cours des 5 années où l'ingénieur se trouvait dans la vingtaine au montant total qu'il aurait dû déposer au cours de ses 7 années dans la cinquantaine pour atteindre un montant équivalent à celui qu'il a atteint à l'âge de 57 ans selon la question 3.

CHAPITRE ③

Les combinaisons de facteurs

La plupart des séries de flux monétaires estimatifs ne correspondent pas exactement aux séries pour lesquelles les facteurs et les équations du chapitre 2 sont établis. Il s'avère donc nécessaire de combiner ces équations. Pour une série de flux monétaires donnée, il existe généralement plusieurs bonnes façons de déterminer la valeur actualisée *P*, la valeur capitalisée *F* ou l'annuité équivalente *A*. Le présent chapitre explique comment combiner les facteurs de l'économie d'ingénierie afin de traiter des situations plus complexes qui touchent des séries constantes décalées ainsi que des séries décalées comportant un gradient. Les fonctions d'un tableur sont également utilisées pour accélérer les calculs.

OBJECTIFS D'APPRENTISSAGE

Objectif : Effectuer des calculs manuels et par ordinateur qui allient plusieurs facteurs de l'économie d'ingénierie.

Séries constantes décalées	À la fin de ce chapitre, vous devriez pouvoir :
Séries constantes décalées et montants uniques	**1.** Déterminer la valeur P, F ou A d'une série constante débutant à un moment différent de la période 1 ;
Gradients décalés	**2.** Calculer la valeur P, F ou A d'une série constante accompagnée de montants uniques disposés de façon aléatoire ;
Séries arithmétiques de gradient G décroissantes	**3.** Calculer les équivalences d'une série arithmétique de gradient G décalée ou d'une série géométrique de gradient g décalée ;
Feuilles de calcul	**4.** Calculer les équivalences d'une série arithmétique de gradient G décroissante ;
	5. Appliquer différentes fonctions de tableur et comparer des solutions par ordinateur à des solutions manuelles.

3.1 LES CALCULS DES SÉRIES CONSTANTES DÉCALÉES

Quand une série constante débute à un moment différent de la fin de la période 1, on dit qu'il s'agit d'une « série décalée ». Dans pareil cas, plusieurs méthodes peuvent servir à trouver la valeur actualisée équivalente P. Par exemple, on pourrait déterminer la valeur P de la série constante présentée à la figure 3.1 de l'une ou l'autre des façons suivantes :

- On pourrait utiliser le facteur P/F pour trouver la valeur actualisée de chaque décaissement à l'année 0, puis additionner les valeurs actualisées ainsi obtenues.
- On pourrait utiliser le facteur F/P pour trouver la valeur capitalisée de chaque décaissement à l'année 13, additionner les valeurs capitalisées ainsi obtenues, puis trouver la valeur actualisée du montant total à l'aide de $P = F(P/F;i;13)$.
- On pourrait utiliser le facteur F/A pour trouver la valeur capitalisée $F = A(F/A;i;10)$, puis calculer la valeur actualisée à l'aide de $P = F(P/F;i;13)$.
- On pourrait utiliser le facteur P/A pour calculer la « valeur actualisée » (qui se situerait à l'année 3, et non à l'année 0), puis trouver la valeur actualisée à l'année 0 au moyen du facteur $(P/F;i;3)$. (Ici, on a mis le terme « valeur actualisée » entre guillemets afin de représenter la valeur actualisée déterminée par le facteur P/A à l'année 3 et de la distinguer de la valeur actualisée à l'année 0.)

En général, on recourt à la dernière méthode décrite ci-dessus pour calculer la valeur actualisée d'une série constante qui ne commence pas à la fin de la période 1. En ce qui concerne la figure 3.1, la « valeur actualisée » obtenue au moyen du facteur P/A se situe à l'année 3, ce qui est indiqué par la mention P_3 à la figure 3.2. Il est à noter que la valeur P se trouve toujours à l'année ou à la période qui précède le premier montant d'une série constante. Pourquoi ? Parce que le facteur P/A a été calculé avec une valeur P située à la période 0 et une valeur A débutant à la fin de la période 1. L'erreur la plus fréquente, lorsqu'on résout des problèmes de ce type, réside dans le positionnement inadéquat de P. Par conséquent, il est extrêmement important de se souvenir de ce qui suit :

> Lorsqu'on utilise le facteur P/A, la valeur actualisée se situe toujours à la période qui précède le premier montant d'une série constante.

Pour déterminer une valeur capitalisée, ou valeur F, il faut se souvenir que dans le cas du facteur F/A calculé à la section 2.3, cette valeur se situe à la même période que le dernier montant de la série constante. La figure 3.3 montre l'emplacement de la valeur capitalisée lorsqu'on se sert du facteur F/A pour les flux monétaires de la figure 3.1. Notez que dans ce chapitre, les valeurs actualisées, annualisées ou capitalisées des flux monétaires sont présentées comme si elles avaient un signe différent. Ainsi, la valeur actualisée des flux monétaires négatifs de la figure 3.2 est bien négative, malgré que la flèche pointe vers le haut.

FIGURE 3.1
Une série constante décalée

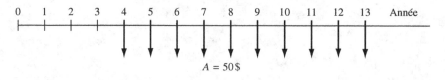

$A = 50\$$

FIGURE 3.2
L'emplacement de la valeur actualisée pour la série constante décalée de la figure 3.1

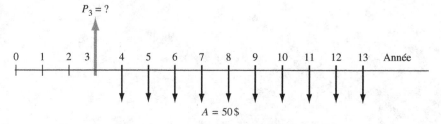

$A = 50\$$

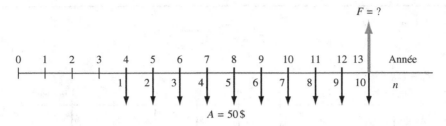

FIGURE 3.3
L'emplacement de la valeur *F* et la nouvelle numérotation de *n* pour la série constante décalée de la figure 3.1

> Lorsqu'on utilise le facteur *F/A*, la valeur capitalisée se situe toujours à la même période que le dernier montant d'une série constante.

Il importe en outre de se souvenir que le nombre de périodes *n* associé aux facteurs *P/A* ou *F/A* est égal au nombre de valeurs de la série constante. Il peut s'avérer utile de renuméroter le diagramme des flux monétaires afin d'éviter les erreurs de calcul. La figure 3.3 montre la nouvelle numérotation de la figure 3.1 effectuée pour déterminer que $n = 10$.

Comme on l'a mentionné précédemment, plusieurs méthodes peuvent servir à résoudre des problèmes portant sur des séries constantes décalées. Cependant, il est généralement plus commode d'utiliser les facteurs des séries constantes que ceux des montants uniques. Voici les étapes particulières à suivre pour éviter les erreurs :

1. Tracer un diagramme des flux monétaires positifs et négatifs.
2. Situer la valeur actualisée ou la valeur capitalisée de chaque série sur le diagramme des flux monétaires.
3. Déterminer la valeur *n* de chaque série en renumérotant le diagramme des flux monétaires.
4. Tracer un autre diagramme des flux monétaires pour représenter le flux monétaire équivalent recherché.
5. Formuler et résoudre les équations.

Voici un exemple de ces étapes.

EXEMPLE 3.1

Un groupe d'ingénieurs vient de se procurer un nouveau logiciel de conception assistée par ordinateur au coût de 5 000 $ à payer immédiatement, ce paiement étant suivi de 6 versements annuels de 500 $ à commencer à effectuer dans 3 ans pour obtenir les mises à niveau annuelles. Quelle est la valeur actualisée de ces paiements, si le taux d'intérêt s'élève à 8 % par année ?

Solution

Le diagramme des flux monétaires qui illustre cette situation est présenté à la figure 3.4. Tout au long du chapitre en cours, on emploie le symbole P_A pour représenter la valeur actualisée d'une série d'annuités équivalentes *A*, ainsi que le symbole P'_A pour représenter la valeur actualisée à un moment différent de la période 0. De même, le symbole P_T représente la valeur actualisée totale à la période 0. L'emplacement adéquat de la valeur P'_A et la nouvelle numérotation du diagramme pour obtenir *n* sont également indiqués. Il est à noter que dans le cas présent, la valeur P'_A se situe à l'année réelle 2, et non 3. Par ailleurs, en ce qui concerne le facteur *P/A*, $n = 6$, et non 8. Trouvez d'abord la valeur P'_A de la série décalée.

$$P'_A = 500\,\$(P/A;8\%;6)$$

Comme la valeur P'_A se situe à l'année 2, trouvez la valeur P_A à l'année 0.

$$P_A = P'_A(P/F;8\%;2)$$

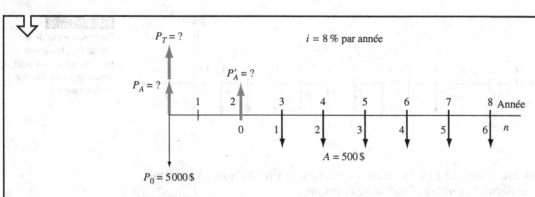

FIGURE 3.4

Le diagramme des flux monétaires de l'exemple 3.1 avec l'emplacement des valeurs P

On détermine la valeur actualisée totale en additionnant P_A avec le paiement initial P_0 à l'année 0.

$$P_T = P_0 + P_A$$
$$= 5\,000 + 500(P/A;8\%;6)(P/F;8\%;2)$$
$$= 5\,000 + 500(4,6229)(0,8573)$$
$$= 6\,981,60\ \$$$

Plus les séries de flux monétaires gagnent en complexité, plus les fonctions d'un tableur se révèlent utiles. Quand une série constante est décalée, on utilise la fonction VAN pour déterminer la valeur P, et la fonction VPM pour trouver l'annuité équivalente A. Tout comme la fonction VA, la fonction VAN permet de déterminer les valeurs P, mais à l'instar de la fonction TRI, elle peut en outre traiter n'importe quelle combinaison de flux monétaires directement à partir des cellules d'une feuille de calcul. Il suffit de saisir les flux monétaires nets dans des cellules contiguës (dans une même colonne ou sur une même ligne), en s'assurant de bien inscrire le chiffre 0 pour tous les flux monétaires nuls. Voici la formule à utiliser :

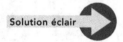

VAN($i\%$;deuxième_cellule:dernière_cellule) + première_cellule

À l'emplacement désigné sous le nom «première_cellule» figure le flux monétaire de l'année 0, qui doit être inscrit à part pour que la fonction VAN comptabilise correctement la valeur temporelle de l'argent. Le flux monétaire de l'année 0 peut être nul (de 0).

En ce qui concerne une série décalée, le moyen le plus facile de trouver une annuité équivalente A sur n années réside dans la fonction VPM, dont la valeur P provient de la fonction VAN décrite ci-dessus. La formule utilisée est la même que celle qu'on a vue précédemment, sauf que la valeur entrée pour P constitue une référence à une cellule et non à un nombre.

VPM($i\%$;n;cellule_de_P;F)

Par ailleurs, on peut se servir de la même technique lorsqu'on a auparavant obtenu une valeur F à l'aide de la fonction VC. Par contre, dans ce cas, la dernière valeur saisie pour la fonction VPM consiste en une référence à la «cellule_de_F».

Il s'avère très utile que tout paramètre d'une feuille de calcul puisse en soi constituer une fonction. Ainsi, il est possible d'inscrire la fonction VPM dans une seule cellule en y intégrant la fonction VAN (ainsi que la fonction VC, au besoin). Voici la formule à utiliser :

VPM($i\%$;n;VAN($i\%$;deuxième_cellule:dernière_cellule)+première_cellule;F)

Bien sûr, la réponse pour *A* est la même dans le cas des fonctions inscrites dans deux cellules distinctes ou de la fonction saisie dans une seule cellule, mais intégrant l'autre fonction. Le recours à ces trois types de fonctions est illustré dans l'exemple qui suit.

EXEMPLE 3.2

Le réétalonnage d'un appareil de mesure sensible coûte 8 000 $ par année. Si cet appareil doit être réétalonné annuellement pendant 6 ans à compter de 3 ans après son achat, calculez l'annuité équivalente de la série constante de 8 ans selon un taux d'intérêt de 16 % par année. Présentez la solution manuelle et la solution par ordinateur.

Solution manuelle
Les figures 3.5 a) et b) présentent les flux monétaires initiaux ainsi que le diagramme de l'annuité équivalente recherchée. Pour convertir la série de montants de 8 000 $ décalée en une série d'annuités équivalentes réparties sur l'ensemble des périodes, déterminez d'abord sa valeur actualisée ou capitalisée, puis utilisez le facteur *A/P* ou *A/F*, respectivement. Ces deux possibilités sont illustrées ici.

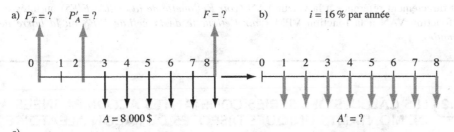

c)

		f_x	=VPM(16%;8;-VAN(16%;B4:B11)+B3				
	A	B	C	D	E	F	G	H
1								
2	Année	Flux monétaires						
3	0	- $			=VAN(16%;B4:B11)+B3			
				Valeur actualisée	Annuité équivalente à l'aide de la fonction VAN			
4	1	- $						
5	2	- $		(21 906,87 $)	(5 043,49 $)			
6	3	(8 000 $)			Annuité équivalente à =VPM(16%;8;D5)			
7	4	(8 000 $)			l'aide de la fonction VPM			
8	5	(8 000 $)			(5 043,49 $)			
9	6	(8 000 $)						
10	7	(8 000 $)			=VPM(16%;8;–VAN(16%;B4:B11)+B3			
11	8	(8 000 $)						

FIGURE 3.5

a) Le diagramme des flux monétaires initiaux ; b) le diagramme de l'annuité équivalente recherchée ; c) les fonctions du tableur utilisées pour déterminer la valeur *A* de l'exemple 3.2

Méthode de la valeur actualisée (*voir la figure 3.5 a*)

Calculez la valeur P'_A de la série décalée à l'année 2 et la valeur P_T à l'année 0.

$$P'_A = 8\,000(P/A;16\%;6)$$
$$P_T = P'_A(P/F;16\%;2) = 8\,000(P/A;16\%;6)(P/F;16\%;2)$$
$$= 8\,000(3,6847)(0,7432) = 21\,907,75\,\$$$

Vous pouvez ensuite déterminer l'annuité équivalente *A′* pour 8 ans au moyen du facteur *A/P*.

$$A' = P_T(A/P;16\%;8) = 5\,043,60\,\$$$

Méthode de la valeur capitalisée (*voir la figure 3.5 a*)

Calculez d'abord la valeur capitalisée *F* à l'année 8.

$$F = 8\,000(F/A;16\%;6) = 71\,820\,\$$$

Utilisez ensuite le facteur *A/F* pour obtenir la valeur *A′* sur l'ensemble des 8 années.

$$A' = F(A/F;16\%;8) = 5\,043,20\,\$$$

Solution par ordinateur (*voir la figure 3.5 c*)

Entrez les flux monétaires dans les cellules B3 à B11, en inscrivant 0 dans les trois premières cellules. Saisissez la formule VAN(16%;B4:B11)+B3 dans la cellule D5 pour afficher la valeur *P* de 21 906,87 $.

Il existe deux façons d'obtenir l'annuité équivalente *A* sur 8 ans. Évidemment, seule l'une des fonctions VPM proposées doit être saisie. Par conséquent, entrez la fonction VPM qui fait directement référence à la valeur VAN (*voir l'étiquette de la cellule E/F5*) ou intégrez la fonction VAN à la fonction VPM (*voir l'étiquette de la cellule E/F8 ou la barre de formule*).

3.2 LES CALCULS DES SÉRIES CONSTANTES ACCOMPAGNÉES DE MONTANTS UNIQUES DISPOSÉS DE FAÇON ALÉATOIRE

Quand des flux monétaires consistent en une série constante accompagnée de montants uniques disposés de façon aléatoire, on applique les processus présentés dans la section 3.1 à la série constante et les formules des montants uniques aux flux monétaires ponctuels. Cette marche à suivre illustrée aux exemples 3.3 et 3.4 constitue simplement une combinaison des méthodes vues précédemment. En ce qui a trait aux solutions à l'aide d'un tableur, il faut entrer les flux monétaires nets dans les cellules d'une feuille de calcul avant de recourir à la fonction VAN et aux autres fonctions.

EXEMPLE 3.3

Une entreprise d'ingénierie qui possède 50 hectares de terres exploitables a décidé d'accorder une concession à une société minière. Elle a ainsi pour principal objectif d'obtenir un revenu à long terme afin de financer des projets dans 6 et 16 ans. L'entreprise d'ingénierie propose donc à la société minière de commencer dans 1 an à débourser annuellement 20 000 $ pendant 20 ans, puis de verser 10 000 $ dans 6 ans et 15 000 $ dans 16 ans. Si la société minière souhaite acquitter la totalité de sa concession immédiatement, quel montant doit-elle verser ? Supposez que l'investissement rapporte 16 % par année.

Solution

Le diagramme des flux monétaires qui illustre cette situation du point de vue du propriétaire des terres est présenté à la figure 3.6. Trouvez la valeur actualisée de la série constante de 20 ans, puis additionnez-la à la valeur actualisée des deux montants uniques.

$$P = 20\,000(P/A;16\%;20) + 10\,000(P/F;16\%;6) + 15\,000(P/F;16\%;16)$$
$$= 124\,075\,\$$$

Il est à noter que la série constante de montants de 20 000 $ débute à la fin de l'année 1, de sorte que le facteur *P/A* permet de déterminer la valeur actualisée à l'année 0.

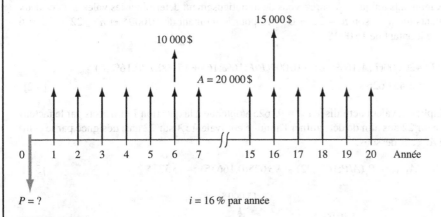

FIGURE 3.6
Le diagramme de l'exemple 3.3 comprenant une série constante et des montants uniques

Lorsqu'on calcule la valeur *A* de flux monétaires qui comprennent des montants uniques disposés de façon aléatoire ainsi qu'une série constante, il faut d'abord tout convertir en une valeur actualisée ou capitalisée. On obtient ensuite l'annuité équivalente *A* en multipliant *P* ou *F* par le facteur *A/P* ou *A/F* approprié, respectivement. L'exemple 3.4 illustre cette façon de procéder.

EXEMPLE 3.4

Supposez que les flux monétaires estimatifs de cet exemple sont les mêmes qu'à l'exemple 3.3 pour l'entreprise d'ingénierie qui prévoit accorder une concession minière. Toutefois, dans le cas présent, reportez de 2 ans le premier montant annuel de 20 000 $ à verser, de sorte que la série débute à l'année 3 et se poursuive jusqu'à l'année 22. À l'aide des relations établies pour l'économie d'ingénierie, déterminez manuellement et par ordinateur les 5 valeurs équivalentes suivantes, selon un taux de 16 % par année :

1. la valeur actualisée totale P_T à l'année 0 ;
2. la valeur capitalisée *F* à l'année 22 ;
3. l'annuité équivalente de l'ensemble des 22 années ;
4. l'annuité équivalente des 10 premières années ;
5. l'annuité équivalente des 12 dernières années.

Solution manuelle
La figure 3.7 présente les flux monétaires avec les valeurs *P* et *F* équivalentes indiquées aux bons endroits pour les facteurs *P/A*, *P/F* et *F/A*.

1. D'abord, déterminez la valeur actualisée de la série à l'année 2. Puis, calculez la valeur actualisée totale P_T qui correspond à la somme de trois valeurs *P*, soit la valeur actualisée de la série ramenée à la période $t = 0$ au moyen du facteur *P/F* ainsi que les valeurs *P* à la période $t = 0$ des deux montants uniques des années 6 et 16.

$$P'_A = 20\,000(P/A; 16\%; 20)$$
$$P_T = P'_A(P/F; 16\%; 2) + 10\,000(P/F; 16\%; 6) + 15\,000(P/F; 16\%; 16)$$
$$= 20\,000(P/A; 16\%; 20)(P/F; 16\%; 2) + 10\,000(P/F; 16\%; 6) +$$
$$15\,000(P/F; 16\%; 16)$$
$$= 93\,625\,\$ \tag{3.1}$$

2. Pour déterminer la valeur F à l'année 22 à partir des flux monétaires initiaux (*voir la figure 3.7*), trouvez la valeur F de la série de 20 ans, puis additionnez-la aux valeurs F des deux montants uniques. Assurez-vous de minutieusement déterminer les valeurs n des deux montants uniques, soit $n = 22 - 6 = 16$ pour le montant de 10 000 \$ et $n = 22 - 16 = 6$ pour le montant de 15 000 \$.

$$F = 20\,000(F/A;16\%;20) + 10\,000(F/P;16\%;16) + 15\,000(F/P;16\%;6)$$
$$= 2\,451\,626\,\$ \qquad\qquad [3.2]$$

3. Multipliez la valeur actualisée $P_T = 93\,625\,\$$ obtenue à la question 1 ci-dessus par le facteur A/P pour 22 ans afin de déterminer l'annuité équivalente A sur 22 ans, désignée par le symbole A_{1-22} ci-dessous.

$$A_{1-22} = P_T(A/P;16\%;22) = 93\,625(0,16635) = 15\,575\,\$ \qquad\qquad [3.3]$$

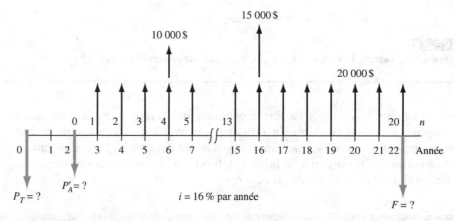

FIGURE 3.7

Le diagramme de la figure 3.6 dont la série d'annuités équivalentes A a été décalée de 2 ans dans l'avenir à l'exemple 3.4

Une autre façon de déterminer l'annuité équivalente de la série de 22 ans consiste à utiliser la valeur F obtenue à la question 2 ci-dessus. Dans ce cas, le calcul est le suivant : $A_{1-22} = F(A/F;16\%;22) = 15\,575\,\$$. Il est à noter qu'avec les deux méthodes, on détermine d'abord la valeur équivalente totale P ou F, puis on applique le facteur A/P ou A/F pour les 22 ans, respectivement.

4. La présente question ainsi que la question 5 qui suit constituent des cas spéciaux qu'on rencontre souvent dans le contexte d'études en économie d'ingénierie. Dans les deux cas, il faut calculer la valeur de l'annuité équivalente A pour un nombre d'années différent de celui des flux monétaires initiaux. Cela se produit lorsqu'une « période d'étude » ou un « horizon de planification » est préétabli à des fins d'analyse. (La question des périodes d'étude est approfondie plus loin dans le manuel.) Pour déterminer l'annuité équivalente A des années 1 à 10 seulement (nommée A_{1-10}), il faut utiliser la valeur P_T avec le facteur A/P pour $n = 10$. Ce calcul a pour effet de transformer les flux monétaires initiaux présentés à la figure 3.7 en la série d'annuités équivalentes A_{1-10} de la figure 3.8 a).

$$A_{1-10} = P_T(A/P;16\%;10) = 93\,625(0,20690) = 19\,371\,\$ \qquad\qquad [3.4]$$

5. En ce qui a trait à l'annuité équivalente sur 12 ans allant des années 11 à 22 (nommée A_{11-22}), il faut utiliser la valeur F avec le facteur A/F pour 12 ans. Cela a pour effet de transformer le diagramme de la figure 3.7 en la série de 12 annuités équivalentes A_{11-22} représentée à la figure 3.8 b).

$$A_{11-22} = F(A/F;16\%;12) = 2\,451\,626(0,03241) = 79\,457\,\$ \qquad\qquad [3.5]$$

Notez l'énorme différence de plus de 60 000 \$ qui survient entre les annuités équivalentes quand un taux d'intérêt composé de 16 % par année s'applique à la valeur actualisée de

93 625 $ pendant les 10 premières années. Il s'agit là d'une autre démonstration de la valeur temporelle de l'argent.

a)

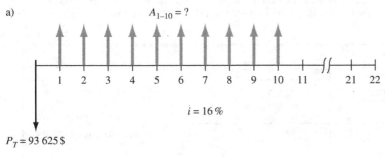
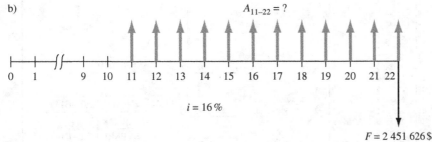

$P_T = 93\,625\,\$$

b)

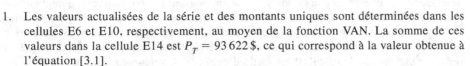

$F = 2\,451\,626\,\$$

FIGURE 3.8

Les flux monétaires de la figure 3.7 convertis en une série d'annuités équivalentes pour : a) les années 1 à 10 ; et b) les années 11 à 22

Solution par ordinateur

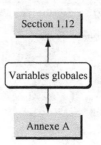

La feuille de calcul présentée à la figure 3.9 comprend les réponses aux cinq questions. La série de montants de 20 000 $ et les deux montants uniques ont été entrés dans des colonnes distinctes, soit B et C. Les valeurs 0 des flux monétaires nuls ont toutes été saisies dans des cellules afin de veiller à l'utilisation correcte des fonctions du tableur. Il s'agit là d'un excellent exemple de la polyvalence des fonctions VAN, VC et VPM. Pour se préparer en vue d'une analyse de sensibilité, on a formulé les fonctions en faisant référence aux cellules pertinentes ou en utilisant des variables globales, comme le montrent les étiquettes. Ainsi, il est possible de modifier pratiquement n'importe quel nombre, par exemple le taux d'intérêt, les flux monétaires estimatifs de la série, les montants uniques ou le moment dans la période de 22 ans, de manière à afficher instantanément de nouvelles réponses. Cette structure générale d'une feuille de calcul correspond à celle qui est employée pour effectuer une analyse en économie d'ingénierie comportant une analyse de sensibilité réalisée à partir d'estimations.

1. Les valeurs actualisées de la série et des montants uniques sont déterminées dans les cellules E6 et E10, respectivement, au moyen de la fonction VAN. La somme de ces valeurs dans la cellule E14 est $P_T = 93\,622\,\$$, ce qui correspond à la valeur obtenue à l'équation [3.1].

2. La fonction VC de la cellule E18 utilise la valeur P de la cellule E14 (précédée d'un signe de soustraction [−]) pour déterminer la valeur F dans 22 ans. Le calcul se fait alors beaucoup plus facilement qu'à l'équation [3.2], laquelle exigeait la détermination des trois valeurs F distinctes puis leur addition pour obtenir $F = 2\,451\,626\,\$$. Bien entendu, ces méthodes sont néanmoins toutes deux correctes.

3. Pour trouver l'annuité équivalente A de 15 574 $ de la série de 22 ans débutant à l'année 1, la fonction VPM de la cellule E21 fait référence à la valeur P de la cellule E14. Cette formule efficace correspond à la démarche suivie à l'équation [3.3] pour obtenir la valeur de A_{1-22}.

L'utilisateur qui souhaite exploiter au maximum les fonctions d'un tableur peut également trouver directement dans la cellule E21 la valeur *A* de la série d'annuités équivalentes de 22 ans en intégrant les fonctions VAN pertinentes à la fonction VPM. La formule correspondante faisant référence aux cellules serait alors la suivante : VPM(D1;22;−(VAN(D1;B6:B27)+B5+VAN(D1;C6:C27)+C5)).

	D1		f_x	16%				
	A	B	C	D	E	F	G	H	I

Année	Flux monétaires		Résultats des fonctions				
	Série	Montants uniques					
0	- $	- $	Valeur actualisée				
1	- $	- $	de la série =	88 122 $		=VAN(D1;B6:B27)+B5	
2	- $	- $					
3	20 000 $	- $					
4	20 000 $	- $	Valeur actualisée				
5	20 000 $	- $	des montants uniques =	5 500 $			
6	20 000 $	10 000 $					
7	20 000 $	- $					
8	20 000 $	- $	1. Valeur actualisée				
9	20 000 $	- $	totale =	93 622 $		=E6+E10	
10	20 000 $	- $					
11	20 000 $	- $					
12	20 000 $	- $	2. Valeur capitalisée				
13	20 000 $	- $	totale =	2 451 621 $		=VC(D1;22;0;−E14)	
14	20 000 $	- $					
15	20 000 $	- $	3. Annuité équivalente				
16	20 000 $	15 000 $	(sur 22 ans) =	15 574 $		=VPM(D1;22;−E14)	
17	20 000 $	- $					
18	20 000 $	- $	4. Annuité équivalente				
19	20 000 $	- $	des 10 premières années =	19 370 $		=VPM(D1;10;−E14)	
20	20 000 $	- $					
21	20 000 $	- $	5. Annuité équivalente				
22	20 000 $	- $	des 12 dernières années =	79 469 $		=VPM(D1;12;0;−E18)	

FIGURE 3.9

Une feuille de calcul où sont utilisées des références aux cellules à l'exemple 3.4

4. et 5. Il est assez simple de déterminer l'annuité équivalente d'une série étalée sur n'importe quel nombre de périodes au moyen d'une feuille de calcul, tant que cette annuité équivalente commence une période après celle où se situe la valeur *P* ou se termine à la période où se situe la valeur *F*. Les annuités équivalentes recherchées ici satisfont toutes deux à l'un ou l'autre de ces critères. En effet, la série d'annuités équivalentes des 10 premières années peut être reliée à la valeur *P* de la cellule E14, alors que celle des 12 dernières années peut être associée à la valeur *F* de la cellule E18. Les résultats affichés dans les cellules E24 et E27 sont les mêmes que ceux qui ont été obtenus pour A_{1-10} et A_{11-22} aux équations [3.4] et [3.5], respectivement.

Remarque

Souvenez-vous que des erreurs d'arrondissement peuvent toujours survenir quand on compare les résultats obtenus manuellement et à l'ordinateur. Dans les calculs, les fonctions d'un tableur tiennent compte d'un plus grand nombre de décimales que les tableaux de référence. Par ailleurs, faites preuve d'une grande vigilance quand vous formulez des fonctions sur une feuille de calcul. Il est facile d'oublier une valeur, par exemple le *P* ou le *F* dans les fonctions VPM et VC, ou un signe de soustraction (−) entre des données. Vérifiez donc systématiquement les éléments de vos fonctions avec minutie avant d'appuyer sur la touche <Entrée>.

Lorsqu'on recourt à une feuille de calcul ou à une calculatrice, il importe de se souvenir que les résultats obtenus à l'aide de ces outils comprennent davantage de décimales que la précision des données ne le justifie. Il faut donc adapter ces réponses en fonction des nombres recherchés. En général, une seule décimale suffit pour indiquer la précision des données prévues qui sont utilisées dans les calculs. Par ailleurs, on emploie souvent deux décimales (qui indiquent un arrondissement au cent près) dans le cas de montants peu élevés. Enfin, quand des résultats se présentent en milliers de dollars, il convient de les arrondir au dollar près.

3.3 LES CALCULS DES SÉRIES DÉCALÉES COMPORTANT UN GRADIENT

À la section 2.5, on établit la relation $P = G(P/G;i;n)$ pour déterminer la valeur actualisée des séries arithmétiques de gradient G. Le facteur P/G découlant de l'équation [2.15] sert à trouver la valeur actualisée à l'année 0 d'une série dont le gradient débute entre les périodes 1 et 2.

> La valeur actualisée d'une série arithmétique de gradient G se situe toujours deux périodes avant le début du gradient.

Le lecteur peut se reporter à la figure 2.13 pour revoir les diagrammes des flux monétaires correspondants.

À la section 2.5, on a en outre calculé la relation $A = G(A/G;i;n)$. Le facteur A/G de l'équation [2.17] sert à transformer un gradient en une série d'annuités équivalentes A allant des années 1 à n, comme le montre la figure 2.14. Il faut se souvenir qu'en présence d'un montant initial, on doit traiter celui-ci séparément du gradient arithmétique. On peut ensuite additionner les valeurs équivalentes P ou A afin d'obtenir la valeur actualisée totale équivalente P_T ou l'annuité équivalente totale A_T, respectivement, selon les équations [2.18] et [2.19].

Une série arithmétique de gradient conventionnel débute entre les périodes 1 et 2 d'une série de flux monétaires. Toute série arithmétique qui commence à un autre moment se nomme « série arithmétique de gradient G décalée ». Dans le cas d'une telle série, on détermine la valeur n des facteurs P/G et A/G en renumérotant l'échelle de temps. La période où le gradient survient pour la première fois correspond à la période 2. La valeur n du facteur est déterminée par la période renumérotée où le gradient se manifeste pour la dernière fois.

La répartition d'une série de flux monétaires entre la série arithmétique de gradient G et les autres flux monétaires qui la composent permet de montrer très clairement à quoi devrait correspondre la valeur n de la série arithmétique. L'exemple 3.5 illustre une telle répartition.

EXEMPLE 3.5

Claire, une ingénieure à la société Saguenay Industries, répertorie les charges d'inspection moyennes d'une chaîne de fabrication en robotique depuis 8 ans. Ces coûts moyens sont demeurés à un montant stable de 100$ par unité fabriquée pendant les 4 premières années, puis ils ont constamment augmenté de 50$ par unité au cours de chacune des 4 dernières années. Claire songe à analyser la croissance de la série arithmétique à l'aide du facteur P/G. Où la valeur actualisée de la série arithmétique de gradient G se situe-t-elle? Quelle relation générale permet de calculer la valeur actualisée totale à l'année 0?

Solution
Claire a dressé le diagramme des flux monétaires de la figure 3.10 a), dans lequel le montant initial $A = 100$$ et le gradient arithmétique $G = 50$$ débute entre les périodes 4 et 5.

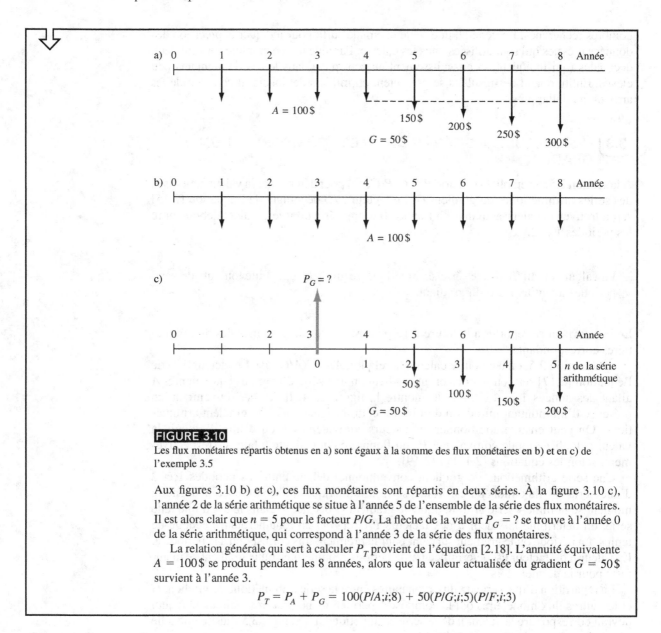

FIGURE 3.10

Les flux monétaires répartis obtenus en a) sont égaux à la somme des flux monétaires en b) et en c) de l'exemple 3.5

Aux figures 3.10 b) et c), ces flux monétaires sont répartis en deux séries. À la figure 3.10 c), l'année 2 de la série arithmétique se situe à l'année 5 de l'ensemble de la série des flux monétaires. Il est alors clair que $n = 5$ pour le facteur P/G. La flèche de la valeur $P_G = ?$ se trouve à l'année 0 de la série arithmétique, qui correspond à l'année 3 de la série des flux monétaires.

La relation générale qui sert à calculer P_T provient de l'équation [2.18]. L'annuité équivalente $A = 100\$$ se produit pendant les 8 années, alors que la valeur actualisée du gradient $G = 50\$$ survient à l'année 3.

$$P_T = P_A + P_G = 100(P/A;i;8) + 50(P/G;i;5)(P/F;i;3)$$

Les valeurs des facteurs P/G et A/G pour les séries arithmétiques de gradient G décalées de la figure 3.11 se trouvent sous chaque diagramme. On peut déterminer les facteurs, puis comparer les réponses obtenues avec ces valeurs.

Il importe de prendre note que le facteur A/G ne peut servir à trouver l'annuité équivalente A des périodes 1 à n d'une série de flux monétaires qui comprend une série arithmétique de gradient G décalée. Dans le diagramme des flux monétaires de la figure 3.11 b), pour trouver l'annuité équivalente des années 1 à 10 de la série arithmétique de gradient G seulement, il faut d'abord déterminer sa valeur actualisée à l'année 5, ramener cette valeur actualisée à l'année 0, puis annualiser la valeur actualisée pour 10 ans au moyen du facteur A/P. Si on applique directement le facteur d'annuité équivalente de la série arithmétique de gradient G $(A/G;i;5)$, celle-ci n'est convertie qu'en l'annuité équivalente des années 6 à 10. À titre d'aide-mémoire :

> Pour trouver l'annuité équivalente A d'une série arithmétique de gradient G décalée pour l'ensemble des périodes, il faut d'abord déterminer la valeur actualisée de cette série au moment réel 0, puis appliquer le facteur $(A/P;i;n)$.

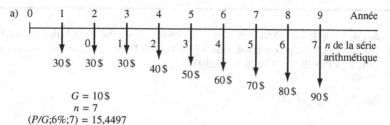

FIGURE 3.11
La détermination des valeurs G et n utilisées dans les facteurs des séries arithmétiques de gradient G décalées

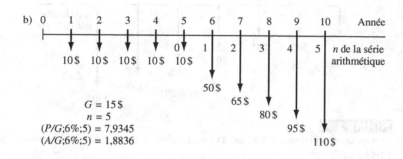

EXEMPLE 3.6

Formulez les relations de l'économie d'ingénierie nécessaires pour calculer l'annuité équivalente des années 1 à 7 des flux monétaires estimatifs présentés à la figure 3.12.

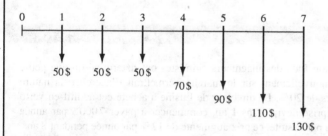

FIGURE 3.12
Le diagramme de la série arithmétique de gradient G décalée de l'exemple 3.6

Solution

L'annuité équivalente initiale est $A_B = 50\$$ pour les 7 années (*voir la figure 3.13*). Trouvez la valeur actualisée P_G à l'année 2 de la série arithmétique du gradient de 20\$ qui débute à l'année réelle 4. L'année de la série arithmétique est $n = 5$.

$$P_G = 20(P/G;i;5)$$

Ramenez la valeur actualisée de la série arithmétique à l'année réelle 0.

$$P_0 = P_G(P/F;i;2) = 20(P/G;i;5)(P/F;i;2)$$

Annualisez la valeur actualisée de la série arithmétique des années 0 à 7 de manière à obtenir la valeur A_G.

$$A_G = P_0(A/P;i;7)$$

Enfin, additionnez l'annuité équivalente initiale à l'annuité équivalente de la série arithmétique.

$$A = 20(P/G;i;5)(P/F;i;2)(A/P;i;7) + 50$$

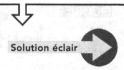

Sur une feuille de calcul, entrez les flux monétaires dans les cellules B3 à B9, puis utilisez une fonction VAN intégrée à la fonction VPM. Voici la formule qui devrait être inscrite dans une même cellule : VPM(i%;7;−VAN(i%;B3:B9)).

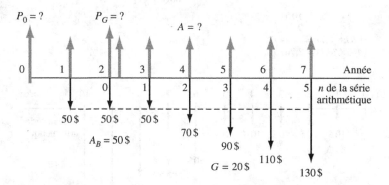

FIGURE 3.13

Le diagramme utilisé pour déterminer la valeur A d'une série arithmétique de gradient G décalée à l'exemple 3.6

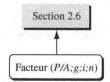

Section 2.6

Facteur ($P/A;g;i;n$)

Si une série de flux monétaires est notamment constituée d'une série géométrique de gradient g qui débute à un moment différent de celui qui est situé entre les périodes 1 et 2, on dit qu'elle comprend une série géométrique de gradient g décalée. La valeur P_g se trouve à un emplacement semblable à celui de la valeur P_G expliqué précédemment, et l'équation [2.24] donne la formule du facteur correspondant.

EXEMPLE 3.7

À la société Revelstoke Recreation Inc., des ingénieurs chimistes ont déterminé qu'une petite quantité d'un additif chimique nouvellement sur le marché permettrait d'accroître la nature hydrofuge du tissu de leurs tentes de 20 %. Le directeur de l'usine a acheté cet additif en vertu d'un contrat selon lequel l'entreprise devra, dans 1 an, commencer à payer 7 000 $ par année pendant 5 ans. Il s'attend à ce que par la suite, ce prix augmente de 12 % par année pendant 8 ans. De plus, l'entreprise vient d'effectuer un investissement initial de 35 000 $ afin d'aménager un lieu de livraison adéquat pour cet additif. Si le taux d'intérêt $i = 15$ %, déterminez la valeur actualisée totale équivalente de tous ces flux monétaires.

Solution

La figure 3.14 présente le diagramme des flux monétaires qui illustre cette situation. Trouvez la valeur actualisée totale P_T à l'aide de $g = 0,12$ et $i = 0,15$. Utilisez l'équation [2.24] pour déterminer la valeur actualisée P_g de l'ensemble de la série géométrique à l'année réelle 4, puis ramenez cette valeur à l'année 0 au moyen du facteur (P/F;15%;4).

$$P_T = 35\,000 + A(P/A;15\%;4) + A_1(P/A;12\%;15\%;9)(P/F;15\%;4)$$

$$= 35\,000 + 7\,000(2,8550) + \left[7\,000\frac{1-(1,12/1,15)^9}{0,15-0,12}\right](0,5718)$$

$$= 35\,000 + 19\,985 + 28\,247$$

$$= 83\,232\,\$$$

Prenez note que $n = 4$ dans le facteur (P/A;15%;4) parce que le montant de 7 000 $ à l'année 5 constitue le montant initial A_1 dans l'équation [2.23].

Pour la solution par ordinateur, entrez les flux monétaires de la figure 3.14 dans des cellules distinctes. Voici la fonction à utiliser pour trouver $P = 83\,230\,\$$ si vous vous servez des cellules B1 à B14 :

Solution éclair

$$\text{VAN}(15\%;\text{B2:B14}) + \text{B1}$$

La façon la plus rapide de saisir les données de la série géométrique consiste à entrer le montant 7 840 $ pour l'année 6 (dans la cellule B7) et à formuler une équation dans chacune des cellules suivantes de manière à multiplier chaque montant précédent par 1,12 pour calculer l'augmentation annuelle de 12 %.

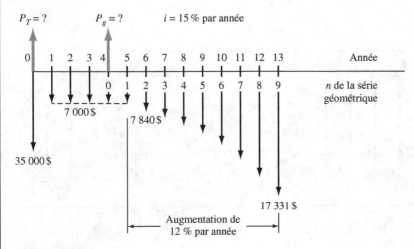

FIGURE 3.14

Le diagramme des flux monétaires illustrant la série géométrique de gradient $g = 12\,\%$ de l'exemple 3.7

3.4 LES CALCULS DES SÉRIES ARITHMÉTIQUES DE GRADIENT G DÉCALÉES ET DÉCROISSANTES

On utilise les facteurs des séries arithmétiques de gradient G de la même façon qu'elles soient croissantes ou décroissantes, sauf que dans le cas des séries décroissantes, les principes suivants s'appliquent :

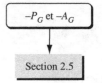

1. le montant initial équivaut au montant le plus élevé de la série arithmétique de gradient G, soit au montant de la période 1 de cette série ;
2. on soustrait le gradient du montant initial au lieu de l'additionner ;
3. on emploie les termes $-G(P/G;i;n)$ ou $-G(A/G;i;n)$ dans les calculs ainsi que dans les équations [2.18] et [2.19] pour déterminer les valeurs P_T et A_T, respectivement.

La valeur actualisée de la série arithmétique de gradient G se situe toujours deux périodes avant le début du gradient, et l'annuité équivalente A commence à la période 1 de la série arithmétique, puis se poursuit jusqu'à la période n.

La figure 3.15 présente la répartition d'une série arithmétique décroissante de gradient $G = -100\,\$$ décalée de 1 an dans l'avenir. La valeur P_G se situe à l'année réelle 1, et la valeur P_T constitue la somme de trois éléments différents.

$$P_T = 800\,\$(P/F;i;1) + 800(P/A;i;5)(P/F;i;1) - 100(P/G;i;5)(P/F;i;1)$$

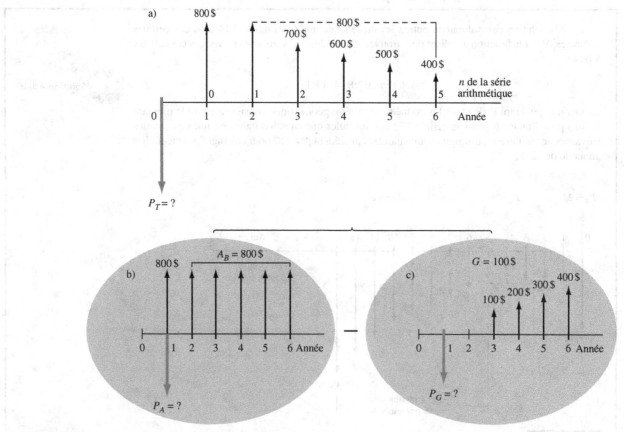

FIGURE 3.15

La répartition des flux monétaires comprenant une série arithmétique de gradient G décalée obtenue en a) est égale à la différence entre les flux monétaires en b) et en c)

Supposez que vous songez à investir de l'argent à 7 % d'intérêt par année selon la série arithmétique croissante de gradient G présentée à la figure 3.16. Par ailleurs, vous envisagez d'effectuer des retraits correspondant à la série arithmétique décroissante présentée. Trouvez la valeur actualisée nette et l'annuité équivalente de l'ensemble de la série de flux monétaires, puis interprétez les résultats.

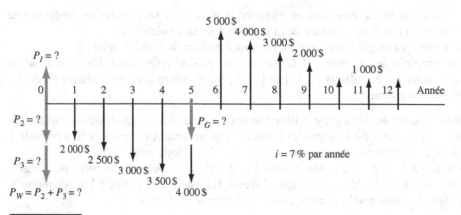

FIGURE 3.16

Les séries d'investissements et de retraits de l'exemple 3.8

Solution

En ce qui concerne la série d'investissements, le gradient G est de 500 $, le montant initial s'élève à 2 000 $ et $n = 5$. Pour ce qui est de la série de retraits jusqu'à l'année 10, le gradient G est de −1 000 $, le montant initial s'élève à 5 000 $ et $n = 5$. Il y a également une série d'annuités équivalentes de 2 ans dont la valeur $A = 1 000$ $ aux années 11 et 12. En ce qui a trait à la série d'investissements, on a :

$$P_I = \text{valeur actualisée des dépôts}$$
$$= 2\,000(P/A;7\%;5) + 500(P/G;7\%;5)$$
$$= 2\,000(4,1002) + 500(7,6467)$$
$$= 12\,023,75\,\$$$

En ce qui concerne la série de retraits, P_W représente la valeur actualisée du montant initial des retraits, de la série arithmétique de gradient G des années 6 à 10 (P_2) et des retraits des années 11 et 12 (P_3). Alors,

$$P_W = P_2 + P_3$$
$$= P_G(P/F;7\%;5) + P_3$$
$$= [5\,000(P/A;7\%;5) - 1\,000(P/G;7\%;5)](P/F;7\%;5)$$
$$\quad + 1\,000(P/A;7\%;2)(P/F;7\%;10)$$
$$= [5\,000(4,1002) - 1\,000(7,6467)](0,7130) + 1\,000(1,8080)(0,5083)$$
$$= 9\,165,12\,\$ + 919,00 = 10\,084,12\,\$$$

Comme P_I constitue un flux monétaire négatif et que P_W est positif, la valeur actualisée nette est la suivante :

$$P = P_W - P_I = 10\,084,12 - 12\,023,75 = -1\,939,63\,\$$$

On peut calculer la valeur A à l'aide du facteur $(A/P;7\%;12)$.

$$A = P(A/P;7\%;12)$$
$$= -244,20\,\$$$

Voici l'interprétation de ces résultats : selon l'équivalence de la valeur actualisée, vous investirez 1 939,63 $ de plus que le montant que vous comptez retirer, ce qui équivaut à une épargne annuelle de 244,20 $ au cours de la période de 12 ans.

3.5 L'UTILISATION D'UN TABLEUR : LE RECOURS À DIFFÉRENTES FONCTIONS

Solution complexe

À l'exemple 3.9, on compare une solution par ordinateur à une solution manuelle. Les flux monétaires sont constitués de deux séries constantes décalées dont on recherche la valeur actualisée totale. Normalement, dans la recherche de la valeur P_T, on se servirait d'un seul ensemble de relations pour trouver la solution manuelle ou d'un seul ensemble de fonctions pour trouver la solution par ordinateur, mais l'exemple illustre les différentes méthodes possibles ainsi que le travail qu'exige chacune d'elles. Si la solution par ordinateur est la plus rapide, la solution manuelle aide pour sa part à comprendre la façon dont les facteurs de l'économie d'ingénierie rendent compte de la valeur temporelle de l'argent.

EXEMPLE 3.9

Déterminez la valeur actualisée totale P_T à la période 0 des deux séries constantes décalées représentées à la figure 3.17, selon un taux d'intérêt de 15 % par année. Pour ce faire, utilisez deux méthodes, soit l'une par ordinateur au moyen de différentes fonctions et l'autre manuelle à l'aide de trois différents facteurs.

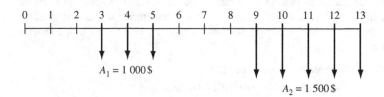

FIGURE 3.17
Les séries constantes utilisées pour calculer la valeur actualisée au moyen de diverses méthodes à l'exemple 3.9

Solution par ordinateur

La feuille de calcul présentée à la figure 3.18 permet de trouver la valeur P_T à l'aide des fonctions VAN et VA.

Fonction VAN Il s'agit de loin du moyen le plus facile de déterminer que $P_T = 3\,370\,\$$. Il suffit d'entrer les flux monétaires dans des cellules distinctes, puis de formuler la fonction VAN ainsi :

$$\text{VAN}(i\%;\text{deuxième\_cellule}:\text{dernière\_cellule})+\text{première\_cellule ou VAN(B1;B6:B18)}+\text{B5}$$

	A	B	C	D	E	F
	Année	Flux monétaires	Valeur actualisée par la fonction VA			
1	Taux d'intérêt	15%				
2						
3						
4	Année	Flux monétaires	Valeur actualisée par la fonction VA			
5	0	- $	- $			
6	1	- $	- $	Valeur actualisée par la fonction VAN		
7	2	- $	- $			
8	3	1 000 $	658 $	3 370 $		
9	4	1 000 $	572 $			
10	5	1 000 $	497 $	=VAN(B1;B6:B18)+B5		
11	6	- $	- $			
12	7	- $	- $	=−VA(B1;A10;;B10)		
13	8	- $	- $			
14	9	1 500 $	426 $			
15	10	1 500 $	371 $			
16	11	1 500 $	322 $			
17	12	1 500 $	280 $			
18	13	1 500 $	244 $			
19		Sommes des valeurs VA	3 370 $	=SOMME(C5:C18)		

FIGURE 3.18
La détermination de la valeur actualisée totale au moyen des fonctions VAN et VA à l'exemple 3.9

La valeur $i = 15\,\%$ se trouve dans la cellule B1. Les paramètres de la fonction VAN faisant référence à des cellules, on peut modifier les valeurs que contiennent celles-ci pour afficher une nouvelle valeur P_T instantanément. Par ailleurs, si plus de 13 années sont nécessaires, il suffit d'ajouter des flux monétaires à la fin de la colonne B et de modifier l'entrée B18 en conséquence. Souvenez-vous qu'avec la fonction VAN, toutes les cellules de la feuille de calcul qui représentent un flux monétaire doivent comporter des données, y compris celles des périodes pour lesquelles le flux monétaire est de zéro. Si des cellules sont vides, la réponse obtenue sera erronée.

Fonction VA À la figure 3.18, la colonne C comprend les fonctions VA qui permettent de déterminer la valeur P à la période 0 de chacun des flux monétaires. Les valeurs actualisées ainsi obtenues sont additionnées dans la cellule C19 au moyen de la fonction SOMME. Cette méthode exige une utilisation accrue du clavier, mais elle donne la valeur P de chaque flux monétaire distinct, ce qui peut se révéler utile dans certains cas. Par ailleurs, lorsqu'on se sert de la fonction VA, il n'est pas nécessaire d'entrer les flux monétaires nuls (de zéro).

Fonction VC Déterminer la valeur P_T à l'aide de la fonction VC n'est pas efficace, car celle-ci ne permet pas de saisir des références directes à des cellules comme le fait la fonction VAN. Il faut d'abord amener chaque flux monétaire à la dernière période à l'aide de la formule générale VC(15%;années_restantes;;flux_monétaire), puis additionner les résultats obtenus au moyen de la fonction SOMME. On ramène ensuite la somme ainsi déterminée à la période 0 grâce à la fonction VA(15%;13;;SOMME). Dans ce cas, la fonction VA et principalement la fonction VAN permettent d'exploiter de manière beaucoup plus efficace les capacités d'un tableur que la fonction VC.

Solution manuelle

Il existe de nombreuses façons de trouver la valeur P_T manuellement. Les deux plus simples sont sans doute la méthode de la valeur actualisée et la méthode de la valeur capitalisée. Dans le cas de la troisième méthode, servez-vous de l'année 7 comme point de référence. Il s'agit là de la méthode de l'année intermédiaire.

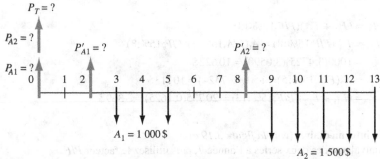

a) Méthode de la valeur actualisée

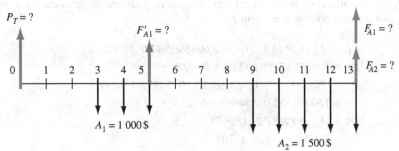

b) Méthode de la valeur capitalisée

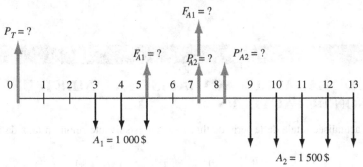

c) Méthode de l'année intermédiaire

FIGURE 3.19

Le calcul de la valeur actualisée des flux monétaires de la figure 3.17 au moyen de trois différentes méthodes à l'exemple 3.9

⇩

Méthode de la valeur actualisée (*voir la figure 3.19 a*)
Utilisez les facteurs *P/A* pour les séries constantes, puis les facteurs *P/F* pour obtenir la valeur actualisée à l'année 0 et ainsi trouver la valeur P_T.

$$P_T = P_{A1} + P_{A2}$$
$$P_{A1} = P'_{A1}(P/F;15\%;2) = A_1(P/A;15\%;3)(P/F;15\%;2)$$
$$= 1000(2,2832)(0,7561)$$
$$= 1726\,\$$$
$$P_{A2} = P'_{A2}(P/F;15\%;8) = A_2(P/A;15\%;5)(P/F;15\%;8)$$
$$= 1500(3,3522)(0,3269)$$
$$= 1644\,\$$$
$$P_T = 1726 + 1644 = 3370\,\$$$

Méthode de la valeur capitalisée (*voir la figure 3.19 b*)
Utilisez les facteurs *F/A*, *F/P* et *P/F*.

$$P_T = (F_{A1} + F_{A2})(P/F;15\%;13)$$
$$F_{A1} = F'_{A1}(F/P;15\%;8) = A_1(F/A;15\%;3)(F/P;15\%;8)$$
$$= 1000(3,4725)(3,0590) = 10\,622\,\$$$
$$F_{A2} = A_2(F/A;15\%;5) = 1500(6,7424) = 10\,113\,\$$$
$$P_T = (F_{A1} + F_{A2})(P/F;15\%;13) = 20\,735(0,1625) = 3369\,\$$$

Méthode de l'année intermédiaire (*voir la figure 3.19 c*)
Trouvez la valeur équivalente des deux séries à l'année 7, puis utilisez le facteur *P/F*.

$$P_T = (F_{A1} + P_{A2})(P/F;15\%;7)$$

La valeur P_{A2} est calculée comme une valeur actualisée, mais pour trouver la valeur totale P_T à l'année 0, il faut la traiter comme une valeur *F*. Alors,

$$F_{A1} = F'_{A1}(F/P;15\%;2) = A_1(F/A;15\%;3)(F/P;15\%;2)$$
$$= 1000(3,4725)(1,3225) = 4592\,\$$$
$$P_{A2} = P'_{A2}(P/F;15\%;1) = A_2(P/A;15\%;5)(P/F;15\%;1)$$
$$= 1500(3,3522)(0,8696) = 4373\,\$$$
$$P_T = (F_{A1} + P_{A2})(P/F;15\%;7)$$
$$= 8965(0,3759) = 3370\,\$$$

EXEMPLE SUPPLÉMENTAIRE

EXEMPLE 3.10

LE CALCUL DE LA VALEUR ACTUALISÉE À L'AIDE D'UNE COMBINAISON DE FACTEURS

Calculez la valeur actualisée totale de la série de flux monétaires suivante selon un taux de $i = 18\%$ par année.

Année	0	1	2	3	4	5	6	7
Flux monétaires ($)	+460	+460	+460	+460	+460	+460	+460	−5000

Solution

Le diagramme des flux monétaires qui illustre cette situation est présenté à la figure 3.20. Comme l'encaissement de l'année 0 est égal à l'annuité équivalente A des années 1 à 6, on peut se servir du facteur P/A pour 6 ou 7 ans. Voici deux façons de résoudre ce problème.

À l'aide du facteur P/A et de n = 6 Additionnez l'encaissement P_0 de l'année 0 à la valeur actualisée des autres montants, puisque le facteur P/A pour $n = 6$ situe la valeur P_A à l'année 0.

$$P_T = P_0 + P_A - P_F$$
$$= 460 + 460(P/A;18\%;6) - 5\,000(P/F;18\%;7)$$
$$= 499,40\,\$$$

À l'aide du facteur P/A et de n = 7 Si vous utilisez le facteur P/A pour $n = 7$, la « valeur actualisée » se situe à l'année -1, et non à l'année 0, puisque la valeur P se trouve une période avant la première valeur A. Il faut alors déplacer la valeur P_A de 1 an dans l'avenir avec le facteur F/P.

$$P = 460(P/A;18\%;7)(F/P;18\%;1) - 5\,000(P/F;18\%;7)$$
$$= 499,38\,\$$$

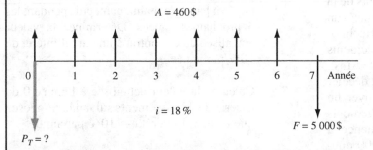

FIGURE 3.20
Le diagramme des flux monétaires de l'exemple 3.10

RÉSUMÉ DU CHAPITRE

Au chapitre 2, les équations sont établies pour calculer la valeur actualisée, la valeur capitalisée et l'annuité équivalente de certaines séries de flux monétaires en particulier. Dans le présent chapitre, on démontre que ces équations peuvent aussi s'appliquer à des séries de flux monétaires différentes de celles pour lesquelles les relations de base sont définies. Par exemple, lorsqu'une série constante ne débute pas à la période 1, on peut toujours se servir du facteur P/A pour en trouver la « valeur actualisée », sauf qu'il faut situer la valeur P une période avant la première valeur A, et non à la période 0. En ce qui concerne les séries arithmétiques et géométriques décalées, la valeur P doit se trouver deux périodes avant le début du gradient. Sachant cela, on peut trouver n'importe quelle valeur P, A ou F de toute série de flux monétaires possible et imaginable.

Par ailleurs, dans ce chapitre, on démontre l'efficacité des fonctions d'un tableur pour déterminer les valeurs P, F et A une fois des flux monétaires estimatifs entrés dans les cellules d'une feuille de calcul.

PROBLÈMES

Le calcul de la valeur actualisée

3.1 Des pratiques écologiques de gestion des eaux pluviales telles que la mise en place de chaussées poreuses, de toitures végétales, de jardinières en bordure des trottoirs, de boulevards gazonnés et de bassins de rétention sont recommandées pour contrôler les problèmes associés aux eaux de ruissellement polluées. À Duncan, en Colombie-Britannique, on estime que le respect de ces principes en matière d'infrastructure verte dans les nouveaux quartiers pourrait permettre à la Ville d'économiser 60 000 $ maintenant, puis 50 000 $ annuellement par la suite. Quelle est la valeur actualisée des économies qui devraient ainsi être réalisées au cours des 3 premières années, selon un taux d'intérêt annuel de 10 % ?

3.2 Comme les changements de voie involontaires effectués par des conducteurs distraits sont responsables de 43 % des accidents de la route mortels, Ford et Volvo ont lancé un programme en vue de développer des technologies conçues pour prévenir les accidents causés par la somnolence au volant. Ainsi, un appareil de 260 $ peut maintenant déceler les marques sur la chaussée et envoyer un signal d'alarme au moment des changements de voie. Si dans 3 ans, on commence à installer de tels appareils dans 100 000 nouvelles automobiles par année, quelle serait la valeur actualisée de leur coût sur une période de 10 ans à un taux d'intérêt annuel de 10 % ?

3.3 Dans la convention collective conclue avec le syndicat de certains enseignants, on a établi que le gouvernement provincial verserait un montant supplémentaire de 56 $ par élève de la maternelle à la quatrième année à titre d'incitatif visant à réduire le nombre d'élèves par classe. Si la commission scolaire compte 50 000 élèves de cette catégorie et que ces flux monétaires doivent débuter dans 2 ans, quelle est la valeur actualisée du programme proposé sur une période de planification de 5 ans à un taux d'intérêt de 8 % par année ?

3.4 La société Dofasco envisage d'acheter une nouvelle machine pour effectuer le cambrage de ses grandes poutres en « I ». L'entreprise s'attend à courber 80 poutres de 2 000 $ l'unité au cours de chacune des 3 premières années, puis 100 poutres de 2 500 $ l'unité jusqu'à l'année 8. Si le taux de rendement acceptable minimum (TRAM) de Dofasco s'élève à 18 % par année, quelle est la valeur actualisée de ses revenus prévus ?

3.5 L'entreprise Labelle Plastics prévoit acheter un robot cartésien pour assembler les pièces d'une presse de moulage par injection. Grâce à la vitesse d'exécution du robot, la société s'attend à ce que ses coûts de production diminuent de 100 000 $ par année au cours des 3 premières années, puis de 200 000 $ par année au cours des 2 années suivantes. Quelle est la valeur actualisée de l'économie escomptée si Labelle Plastics utilise un taux d'intérêt de 15 % par année sur de tels investissements ?

3.6 En vertu d'un contrat conclu avec un fournisseur de pièces, Toyco Watercraft doit acheter pour 150 000 $ de marchandises chaque année à partir de maintenant, puis pendant les 5 prochaines années. Déterminez la valeur actualisée de ce contrat à un taux d'intérêt de 10 % par année.

3.7 Calculez la valeur actualisée à l'année 0 de la série de décaissements suivante. Supposez que le taux d'intérêt $i = 10 \%$ par année.

Année	Décaissement ($)	Année	Décaissement ($)
0	0	6	5 000
1	3 500	7	5 000
2	3 500	8	5 000
3	3 500	9	5 000
4	5 000	10	5 000
5	5 000		

Le calcul de l'annuité équivalente

3.8 La « marge bénéficiaire brute » (soit le pourcentage du profit réalisé après déduction du coût des produits vendus) de Cisco s'est chiffrée à 70,1 % de son revenu total au cours d'une certaine période de 4 années. Si son « revenu total » s'est élevé à 5,4 milliards de dollars pendant les 2 premières années, puis à 6,1 milliards de dollars au cours des 2 derniers, quelle a été l'annuité équivalente de sa « marge bénéficiaire brute » durant cette période de 4 années, selon un taux d'intérêt de 20 % par année ?

3.9 Les produits des ventes de l'entreprise BKM Systems figurent dans le tableau ci-dessous. Calculez l'annuité équivalente (des années 1 à 7) en utilisant un taux d'intérêt de 10 % par année.

Année	Encaissement ($)	Année	Encaissement ($)
0		4	5 000
1	4 000	5	5 000
2	4 000	6	5 000
3	4 000	7	5 000

3.10 Un ingénieur métallurgiste décide de mettre de l'argent de côté pour les études collégiales futures de sa fille qui vient de naître. Il estime qu'elle aura besoin de 20 000 $ à ses 17e, 18e, 19e et 20e anniversaires. S'il prévoit commencer à effectuer des dépôts constants dans 3 ans puis les poursuivre jusqu'à l'année 16, à quel montant chacun de ses dépôts devra-t-il s'élever, si on suppose que le compte offre un taux d'intérêt de 8 % par année ?

3.11 Calculez l'annuité équivalente des années 1 à 10 pour les séries de produits et de charges suivantes, si le taux d'intérêt se chiffre à 10 % par année.

Année	Produits ($/année)	Charges ($/année)
0	10 000	2 000
1 à 6	800	200
7 à 10	900	300

3.12 Quel montant annuel devriez-vous payer si dans 2 ans, il vous fallait commencer à rembourser en 8 versements égaux un prêt de 20 000 $ consenti par un membre de votre famille et que le taux d'intérêt était de 8 % par année ?

3.13 Un ingénieur industriel prévoit prendre une retraite anticipée dans 25 ans. Il croit pouvoir aisément mettre 10 000 $ de côté par année à compter de maintenant. S'il envisage de commencer à retirer de l'argent 1 an après avoir effectué son dernier dépôt (c'est-à-dire à l'année 26), quel montant constant pourra-t-il retirer chaque année pendant 30 ans, si on suppose que son compte lui procure un taux d'intérêt annuel de 8 % ?

3.14 Une entreprise de services publics en milieu rural offre un service d'alimentation de secours à des stations de pompage qui exploitent des génératrices fonctionnant au diesel. Une nouvelle possibilité s'offre maintenant à cette entreprise. Elle pourrait en effet utiliser du gaz naturel pour alimenter les génératrices, mais il faudra quelques années avant que ce gaz soit disponible dans les régions les plus éloignées. La société estime qu'en passant au gaz naturel, elle commencera à économiser 15 000 $ par année dans 2 ans. À un taux d'intérêt de 8 % par année, déterminez l'annuité équivalente (des années 1 à 10) des économies escomptées.

3.15 Selon certaines prévisions, les charges d'exploitation d'un foyer-cyclone à combustible pulvérisé devraient s'élever à 80 000 $ par année. Si les vapeurs produites sont censées n'être utiles que pendant les 5 années à venir (c'est-à-dire des exercices 0 à 5), quelle est l'annuité équivalente des charges d'exploitation pour les années 1 à 5, selon un taux d'intérêt de 10 % par année ?

3.16 Un entrepreneur en génie électrique a proposé à un important service d'eau de réduire ses frais d'électricité annuels d'au moins 15 % pour les 5 prochaines années grâce à l'installation de parasurtenseurs brevetés. En vertu du contrat proposé, l'ingénieur recevra immédiatement la somme de 5 000 $, puis des paiements annuels équivalant à 75 % des économies d'énergie réalisées grâce aux dispositifs installés. En supposant que ces économies sont les mêmes chaque année (c'est-à-dire de 15 %) et que les frais d'électricité annuels du service d'eau s'élèvent à 1 million de dollars, déterminez l'annuité équivalente (des années 1 à 5) des paiements versés à l'ingénieur. Supposez que le service d'eau utilise un taux d'intérêt de 6 % par année.

3.17 Un important service d'eau prévoit améliorer son système de contrôle des pompes de puits, des pompes de surpression et du matériel de désinfection de manière à pouvoir gérer le tout à partir d'un même endroit. La première phase permettra de réduire les coûts de main-d'œuvre et de déplacement de 28 000 $ par année. À la seconde phase, cette diminution atteindra 20 000 $ de plus par année. Si les économies réalisées à la phase I se produisent au cours des années 0, 1, 2 et 3 et que celles de la phase II surviennent durant les années 4 à 10, quelle est l'annuité équivalente du système amélioré des années 1 à 10, selon un taux d'intérêt annuel de 8 % ?

3.18 Un ingénieur en mécanique qui a récemment terminé sa maîtrise envisage de lancer sa propre entreprise commerciale de chauffage et de climatisation. Pour diffuser de l'information, il peut se procurer un progiciel de conception de pages Web moyennant 600 $ par année. Si son entreprise devient prospère, il achètera un progiciel de cybercommerce plus élaboré au coût de 4 000 $ par année. Si l'ingénieur achète le progiciel le plus abordable maintenant (moyennant des paiements effectués en début d'année), puis qu'il se procure le progiciel de cybercommerce dans 1 an (moyennant également des paiements effectués en début d'année), quelle est l'annuité équivalente des coûts de son site Web sur une période de 5 ans (soit des années 1 à 5), selon un taux d'intérêt de 12 % par année ?

Le calcul de la valeur capitalisée

3.19 Si un ingénieur investit 10 000 $ dans un compte d'épargne maintenant, puis 10 000 $ annuellement au cours des 20 prochaines années, quel montant ce compte contiendra-t-il immédiatement après le dernier dépôt ? Supposez que ce compte procure un taux d'intérêt de 15 % par année.

3.20 Quel montant annuel a-t-on déposé dans un compte pendant 5 ans, si ce compte contient maintenant 100 000 $ et que le dernier dépôt a été effectué il y a 10 ans ? Supposez que ce compte procure un taux d'intérêt de 7 % par année.

3.21 Calculez la valeur capitalisée (à l'année 11) des produits et des charges qui suivent, si le taux d'intérêt s'élève à 8 % par année.

Année	Produits ($)	Charges ($)
0	12 000	3 000
1 à 6	800	200
7 à 11	900	200

Les montants disposés de façon aléatoire et les séries constantes

3.22 Quelle est la valeur équivalente à l'année 5 des séries d'encaissements et de décaissements suivantes si le taux d'intérêt s'élève à 12 % par année ?

Année	Encaissement ($)	Décaissement ($)
0	0	9 000
1 à 5	6 000	6 000
6 à 8	6 000	3 000
9 à 14	8 000	5 000

3.23 Utilisez le diagramme des flux monétaires ci-dessous pour calculer le montant à l'année 5 qui équivaut à l'ensemble des flux monétaires illustrés si le taux d'intérêt est de 12 % par année.

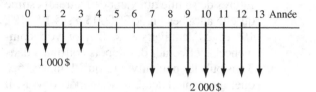

3.24 En investissant 10 000 $ maintenant, puis 25 000 $ dans 3 ans, une entreprise de revêtement métallique peut accroître ses bénéfices des années 4 à 10. Si le taux d'intérêt est de 12 % par année, quels bénéfices annuels supplémentaires cette entreprise doit-elle réaliser des années 4 à 10 pour récupérer son investissement ?

3.25 La société ENMAX envisage d'acheter un ranch au pied d'une colline pour y réaliser un projet de production d'énergie éolienne à Taber, en Alberta. La propriétaire du ranch de 500 hectares consent à le lui vendre au coût de 3 000 $ par hectare, si l'entreprise accepte d'acquitter cette somme en 2 versements, soit un premier immédiatement, puis un second qui correspond au double du premier dans 3 ans. Si le taux d'intérêt de cette transaction se chiffre à 8 % par année, quel est le montant du premier versement demandé ?

3.26 Deux dépôts d'un montant égal effectués il y a 20 et 21 ans, respectivement, permettront à un retraité de retirer 10 000 $ maintenant, puis 10 000 $ annuellement pendant encore 14 années. Si le compte offrait un taux d'intérêt de 10 % par année, à combien s'élevait chacun des dépôts effectués ?

3.27 Une entreprise de béton et de matériaux de construction dispose d'un fonds pour financer le remplacement éventuel de son matériel.

L'entreprise y a déjà déposé 20 000 $ annuellement au cours des 5 dernières années. Quel montant doit-elle y déposer maintenant pour que le fonds atteigne 350 000 $ dans 3 ans, si celui-ci possède un taux de rendement de 15 % par année ?

3.28 Dans le diagramme ci-dessous, trouvez la valeur que doit posséder x pour que les flux monétaires positifs soient exactement équivalents aux flux monétaires négatifs si le taux d'intérêt s'élève à 14 % par année.

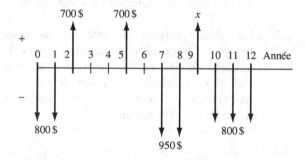

3.29 En tentant d'obtenir un prêt auprès d'une banque locale, un entrepreneur général s'est vu demander de fournir une estimation de ses charges annuelles. L'un des éléments de ces charges est illustré dans le diagramme des flux monétaires ci-dessous. Convertissez les montants qui y figurent en une annuité équivalente des années 1 à 8 en utilisant un taux d'intérêt de 12 % par année.

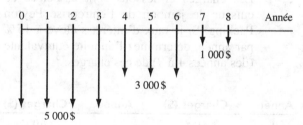

3.30 Déterminez la valeur à l'année 8 qui équivaut aux flux monétaires ci-dessous. Utilisez un taux d'intérêt de 12 % par année.

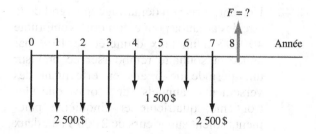

3.31 En vous basant sur le diagramme qui suit, trouvez la valeur que doit posséder x pour

que la valeur actualisée équivalente des flux monétaires s'élève à 15 000 $ si le taux d'intérêt est de 15 % par année.

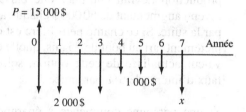

3.32 Calculez le montant à l'année 3 qui équivaut aux flux monétaires suivants si le taux d'intérêt se chiffre à 16 % par année.

Année	Montant ($)	Année	Montant ($)
0	900	5	3 000
1	900	6	−1 500
2	900	7	500
3	900	8	500
4	3 000		

3.33 Calculez l'annuité équivalente (des années 1 à 7) des séries de décaissements suivantes. Supposez que $i = 12$ % par année.

Année	Décaissement ($)	Année	Décaissement ($)
0	5 000	4	5 000
1	3 500	5	5 000
2	3 500	6	5 000
3	3 500	7	5 000

3.34 Calculez la valeur x des flux monétaires ci-dessous, de sorte que la valeur totale équivalente à l'année 8 s'élève à 20 000 $, selon un taux d'intérêt de 15 % par année.

Année	Flux monétaires ($)	Année	Flux monétaires ($)
0	2 000	6	x
1	2 000	7	x
2	x	8	x
3	x	9	1 000
4	x	10	1 000
5	x	11	1 000

Les séries arithmétiques de gradient G décalées

3.35 La société Red Deer Oil envisage différents développements de possibles champs pétrolifères. Selon ses prévisions, l'un d'eux devrait lui procurer des produits annuels de 4,1 millions de dollars au cours des 4 premières années, puis la diminution de la production devrait entraîner une baisse de revenu augmentant de 50 000 $ chaque année par la suite. Si ce champ pétrolifère est complètement tari au bout de 25 ans, quelle est la valeur actualisée de cette option, selon un taux d'intérêt de 6 % par année ?

3.36 Si une personne commence à épargner en déposant 1 000 $ maintenant, puis des montants qui augmentent annuellement de 500 $ jusqu'à l'année 10, déterminez le montant que contiendra son compte à l'année 10, en supposant que le taux d'intérêt se chiffre à 10 % par année.

3.37 Ontario Northland songe à remplacer un passage à niveau par un passage supérieur à deux voies. La compagnie ferroviaire confie l'entretien de ses passages à niveau à des sous-traitants au coût de 11 500 $ par année. Elle s'attend toutefois à ce que dans 4 ans, ce coût commence à augmenter de 1 000 $ par année jusque dans un avenir rapproché (c'est-à-dire à ce qu'il passe à 12 500 $ dans 4 ans, à 13 500 $ dans 5 ans, et ainsi de suite). La construction du passage supérieur coûterait 1,4 million de dollars (maintenant), mais elle permettrait d'éliminer la totalité (100 %) des collisions entre des véhicules automobiles et des trains, qui ont jusqu'à présent coûté en moyenne 250 000 $ par année à l'entreprise. En tenant compte du fait que la compagnie ferroviaire utilise une période d'étude de 10 ans et un taux d'intérêt de 10 % par année, déterminez si elle devrait construire le passage supérieur envisagé.

3.38 La société Syncrude s'efforce de réduire les résidus liquides composés d'eau, d'argile, de sable et de bitume qui découlent de l'exploitation des sables bitumineux. L'entreprise met actuellement à l'essai 3 principales méthodes, soit le recouvrement des résidus dans l'eau des lacs, la combinaison des résidus avec des agents de sédimentation et la centrifugation. Si le coût du recouvrement en milieu aquatique à l'une de ses fosses d'enfouissement s'élève actuellement à 500 000 $ (à l'année 0) et qu'on s'attend à ce qu'il augmente annuellement de 40 000 $ jusqu'à l'année 12, quelle est l'annuité

équivalente de ce coût des années 1 à 12, selon un taux d'intérêt de 10 % par année ?

3.39 Levi Strauss fait délaver certains de ses jeans à la pierre en vertu d'un contrat avec l'entreprise indépendante Grimbsy Garment. Si les charges d'exploitation annuelles de celle-ci par machine s'élèvent à 22 000 $ pour les années 1 et 2, puis qu'elles augmentent ensuite de 1 000 $ par année jusqu'à l'année 5, quelle est l'annuité équivalente de ces charges par machine (des années 1 à 5), selon un taux d'intérêt de 12 % par année ?

3.40 Le tableau suivant présente les encaissements et les décaissements (en milliers de dollars) de la société Herman Trucking. Calculez la valeur capitalisée de ces flux monétaires à l'année 7, selon un taux d'intérêt de 10 % par année.

Année	Flux monétaires (en milliers de dollars)	Année	Flux monétaires (en milliers de dollars)
0	−10 000	4	5 000
1	4 000	5	−1 000
2	3 000	6	7 000
3	4 000	7	8 000

3.41 Les charges ci-dessous sont associées au cuiseur de jambon de l'entreprise Peyton Packing. Si le taux d'intérêt s'élève à 15 % par année, déterminez l'annuité équivalente (des années 1 à 7) de ces charges.

Année	Charges ($)	Année	Charges ($)
0	4 000	4	6 000
1	4 000	5	8 000
2	3 000	6	10 000
3	2 000	7	12 000

3.42 Une entreprise en démarrage qui vend de la cire de carnauba pour automobiles emprunte 40 000 $ à un taux d'intérêt de 10 % par année et souhaite rembourser ce prêt sur une période de 5 ans en effectuant des versements annuels de sorte que les troisième, quatrième et cinquième paiements soient supérieurs de 2 000 $ aux deux premiers. Déterminez le montant des deux premiers paiements.

3.43 Pour les flux monétaires ci-dessous, trouvez la valeur que doit posséder x pour que la valeur actualisée à l'année 0 s'élève à 11 000 $ selon un taux d'intérêt de 12 % par année.

Année	Flux monétaires ($)	Année	Flux monétaires ($)
0	200	5	700
1	300	6	800
2	400	7	900
3	x	8	1 000
4	600	9	1 100

Les séries géométriques de gradient g décalées

3.44 Un fabricant d'appareils de surveillance du sulfure d'hydrogène prévoit effectuer des dépôts de sorte que chacun d'eux soit supérieur de 5 % au précédent. À quel montant son premier dépôt doit-il s'élever (à la fin de l'année 1), si l'entreprise effectue des dépôts jusqu'à l'année 10 et que le quatrième se chiffre à 1 250 $? Utilisez un taux d'intérêt de 10 % par année.

3.45 Aujourd'hui prospère, un ancien étudiant songe à apporter sa contribution à l'université où il a obtenu son diplôme. Il souhaite faire un don en 6 versements à compter de maintenant, sur une période de 5 ans. Ce don appuiera 5 étudiants en ingénierie par année pendant 20 ans, et la première bourse sera octroyée immédiatement (ce qui constituera un total de 21 bourses). Les droits de scolarité à l'université en question s'élèvent à 4 000 $ par année et devraient demeurer à ce niveau pendant encore 3 ans. Puis (à l'année 4), les droits de scolarité devraient commencer à augmenter de 8 % par année. Si l'université peut investir l'argent reçu à un taux de 10 % par année, à quel montant les versements du don doivent-ils s'élever ?

3.46 Calculez la valeur actualisée (à l'année 0) d'un bail en vertu duquel on doit payer 20 000 $ immédiatement, puis des montants qui augmentent annuellement de 5 % jusqu'à l'année 10. Utilisez un taux d'intérêt de 14 % par année.

3.47 Calculez la valeur actualisée d'une machine dont le coût initial s'élève à 29 000 $, la durée de vie est de 10 ans et les charges d'exploitation annuelles se chiffrent à 13 000 $ au cours des 4 premières années, pour ensuite augmenter annuellement de 10 %. Utilisez un taux d'intérêt de 10 % par année.

3.48 La société A-1 Box envisage de louer un système informatique qui lui coûtera (services inclus) 15 000 $ à l'année 1, 16 500 $ à l'année 2, puis des montants augmentant de 10 % par année. Supposez que les versements doivent être effectués au début de chaque année et que la location prévue doit durer 5 ans. Quelle est la valeur actualisée (à l'année 0) de cette location, si l'entreprise utilise un taux de rendement acceptable minimum (TRAM) de 16 % par année ?

3.49 L'entreprise Hi-C Steel a signé un contrat qui générera des produits de 210 000 $ maintenant, de 222 600 $ à l'année 1, puis de montants qui augmenteront annuellement de 8 % jusqu'à l'année 5. Calculez la valeur capitalisée de ce contrat, selon un taux d'intérêt de 8 % par année.

Les séries arithmétiques de gradient G décalées et décroissantes

3.50 Trouvez la valeur actualisée (à l'année 0) des charges de chromage qui figurent dans le diagramme des flux monétaires suivant. Supposez que $i = 12 \%$ par année.

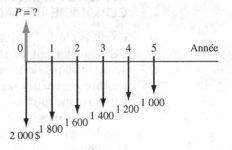

3.51 Calculez la valeur actualisée (à l'année 0) des flux monétaires suivants, si $i = 12 \%$ par année.

Année	Montant ($)	Année	Montant ($)
0	5 000	8	700
1 à 5	1 000	9	600
6	900	10	500
7	800	11	400

3.52 Pour les flux monétaires qui figurent dans le tableau suivant, calculez l'annuité équivalente des périodes 1 à 10 si le taux d'intérêt est de 10 % par année.

Année	Montant ($)	Année	Montant ($)
0	2 000	6	2 400
1	2 000	7	2 300
2	2 000	8	2 200
3	2 000	9	2 100
4	2 000	10	2 000
5	2 500		

3.53 La société Prudential Realty possède, pour l'un de ses clients en gestion des propriétés immobilières, un compte de garantie bloqué qui contient actuellement 20 000 $. Combien de temps faudra-t-il pour vider ce compte si le client en retire 5 000 $ maintenant, 4 500 $ dans 1 an, puis des montants diminuant de 500 $ chaque année par la suite, en supposant que ce compte produit un taux d'intérêt de 8 % par année ?

3.54 Le coût des entretoises utilisées autour des barres de combustible dans les surgénérateurs refroidis au métal liquide a diminué en raison de la présence sur le marché de matériaux en céramique améliorés offrant une bonne résistance thermique. Déterminez la valeur actualisée (à l'année 0) des coûts présentés dans le diagramme ci-dessous en vous servant d'un taux d'intérêt de 15 % par année.

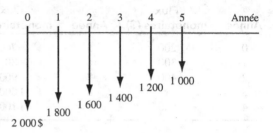

3.55 Calculez la valeur capitalisée à l'année 10 des flux monétaires présentés ci-dessous, selon un taux $i = 10$ % par année.

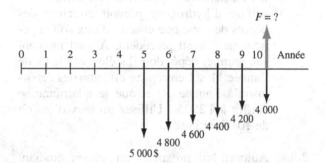

EXERCICE D'APPROFONDISSEMENT

UN NOUVEAU PARC PROVINCIAL POUR LES ÎLES GULF DE LA COLOMBIE-BRITANNIQUE

La division de l'acquisition foncière de parcs et d'aires protégées du ministère de l'Environnement de la Colombie-Britannique étudie la possibilité de gérer l'achat de 50 hectares de terres écosensibles, forestières et riveraines comprenant un grand nombre de chênes de Garry protégés. Le but est le développement d'un nouveau parc provincial dans les îles Gulf. Ces terres seraient progressivement acquises au cours des 5 prochaines années. Un montant de 4 millions de dollars devrait être versé immédiatement à cette fin. Par la suite, le coût annuel d'achat diminuerait de 25 % chaque année jusqu'à la phase finale de la cinquième année. L'organisme The Land Conservancy de la Colombie-Britannique a investi 3 millions de dollars pour appuyer ce projet. Il mène une campagne de financement, avec un organisme de conservation des îles Gulf, afin de recueillir des dons au sein de la communauté dans le but de réunir les autres fonds.

Les ingénieurs civils qui travaillent à l'établissement de sentiers pédestres, d'un centre d'accueil et d'un terrain de camping prévoient effectuer les travaux en 3 ans à partir de l'année 4, où le budget devrait s'élever à 550 000 $. Puis, les coûts d'aménagement devraient augmenter annuellement de 100 000 $ jusqu'à l'année 6.

La phase initiale sera financée par l'organisme The Land Conservancy ainsi que par le ministère de l'Environnement de la Colombie-Britannique, qui consentira un prêt aux fins du projet. Les autres fonds nécessaires seront recueillis au cours des 2 premières années sous forme d'annuités équivalentes afin de rembourser ce prêt.

Par ailleurs, si le ministère de l'Environnement finance le développement du parc en ajoutant des fonds à ceux qu'investit l'organisme The Land Conservancy jusqu'à l'amorce des travaux à l'année 4, ces fonds pourront lui être remboursés durant les 3 dernières années du projet.

Tous les taux d'intérêt sont évalués à 7 % par année.

Questions

À l'aide de calculs manuels ou à l'ordinateur, répondez aux questions suivantes :

1. À chacune des 2 premières années, quelles annuités équivalentes faudrait-il recueillir pour constituer les autres fonds nécessaires au projet ?

2. Si le ministère de l'Environnement accepte de financer tous les coûts qui dépassent les 3 millions investis par l'organisme The Land Conservancy jusqu'à l'année 4, déterminez les annuités équivalentes qu'il faudra recueillir aux années 4 à 6 afin de rembourser les fonds empruntés pour appuyer ce projet.

CHAPITRE ● 4

Le taux d'intérêt nominal et le taux d'intérêt effectif

Dans toutes les relations établies jusqu'à maintenant qui ont trait à l'économie d'ingénierie, le taux d'intérêt s'est avéré une valeur annuelle constante. Or, dans un pourcentage élevé de projets qu'évaluent les ingénieurs dans l'exercice de leurs fonctions, l'intérêt est souvent capitalisé plus d'une fois l'an. En fait, une capitalisation semestrielle, trimestrielle ou mensuelle est courante. Dans certaines évaluations de projets, on rencontre même une capitalisation hebdomadaire, quotidienne, voire continue. Par ailleurs, dans la vie de tous les jours, de nombreuses décisions financières prises en matière de prêts sont liées à une capitalisation de l'intérêt dont la période est plus brève qu'une année. Il peut s'agir par exemple de prêts hypothécaires, de cartes de crédit, de financement d'automobiles ou de bateaux, de comptes avec opérations ou d'épargne, d'investissements, de régimes d'option d'achat d'actions, etc. La présentation de deux nouveaux termes, le « taux d'intérêt nominal » et le « taux d'intérêt effectif » s'impose donc ici.

Le présent chapitre s'intéresse à la façon de comprendre et d'utiliser les taux d'intérêt nominaux et effectifs dans les contextes de l'exercice de l'ingénierie et du quotidien. L'organigramme sur le calcul d'un taux d'intérêt effectif (*voir l'annexe du chapitre*) sert d'outil de référence dans toutes les sections portant sur les taux d'intérêt nominaux et effectifs ainsi que sur la capitalisation continue de l'intérêt. En outre, ce chapitre présente des calculs d'équivalence pour des capitalisations de toutes fréquences associées à des flux monétaires de fréquences variées.

Enfin, l'étude de cas qui termine le chapitre permet d'évaluer différents plans de financement pour l'achat d'une propriété résidentielle.

OBJECTIFS D'APPRENTISSAGE

Objectif: Effectuer des calculs économiques liés à des taux d'intérêt et à des flux monétaires concernant des périodes différentes de 1 an.

À la fin de ce chapitre, vous devriez pouvoir :

Taux d'intérêt nominal et taux d'intérêt effectif	**1.** Interpréter et appliquer les taux d'intérêt nominal et effectif stipulés ;
Taux d'intérêt annuel effectif	**2.** Calculer et utiliser la formule qui permet de déterminer un taux d'intérêt annuel effectif ;
Taux d'intérêt effectif	**3.** Déterminer le taux d'intérêt effectif de n'importe quelle période ;
Comparaison entre les périodes de paiement (PP) et les périodes de capitalisation (PC)	**4.** Déterminer la bonne méthode à employer pour calculer les équivalences de différentes périodes de paiement et de capitalisation ;
Montants uniques: PP ≥ PC	**5.** Calculer les équivalences de montants uniques lorsque la période de paiement est égale à la période de capitalisation ou plus longue que celle-ci ;
Séries: PP ≥ PC	**6.** Calculer les équivalences de séries constantes ou comportant un gradient lorsque la période de paiement est égale à la période de capitalisation ou plus longue que celle-ci ;
Montants uniques et séries: PP < PC	**7.** Calculer les équivalences lorsque la période de paiement est plus courte que la période de capitalisation ;
Capitalisation continue	**8.** Déterminer et utiliser un taux d'intérêt effectif dans le cas d'une capitalisation continue ;
Taux d'intérêt variables	**9.** Tenir compte de taux d'intérêt variables dans le calcul des équivalences.

4.1 LA MACROÉCONOMIE DES TAUX D'INTÉRÊT

Du point de vue d'un ingénieur appelé à prendre des décisions, on a vu que les taux d'intérêt influent sur les résultats d'une analyse ainsi que sur les plans stratégiques d'une entreprise. En fait, les taux d'intérêt influencent l'économie canadienne dans son ensemble. Une économie qui change trop rapidement décourage l'entrepreneuriat en raison de l'instabilité des prix. La Banque du Canada a été créée pour contrôler les taux d'intérêt et établir la politique monétaire du pays afin de réduire l'ampleur des fluctuations dans le cas des prix, de l'emploi et de la production.

C'est la loi de l'offre et de la demande monétaires qui détermine les taux d'intérêt. Quand les taux diminuent, on emprunte davantage pour dépenser de l'argent, qu'il s'agisse de se procurer un ordinateur personnel ou d'accroître la recherche et le développement industriels. Lorsque les taux d'intérêt sont peu élevés, l'entrepreneuriat est florissant. On atteint les limites de la croissance économique au moment où les entreprises ne parviennent plus à répondre à la demande pour leurs produits en raison de la pénurie de matériel, de la concurrence pour la main-d'œuvre et de la hausse des prix. L'augmentation des taux d'intérêt peut alors ralentir une économie en état de surchauffe de même que l'inflation qui l'accompagne.

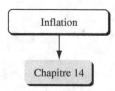

Les taux d'intérêt ont également des répercussions sur la demande de dollars canadiens sur le marché des changes (les fonds étant transférés dans les économies stables aux taux d'intérêt les plus élevés). Cette demande a pour effet de hausser ou d'abaisser le taux de change du dollar canadien, ce qui influe ensuite sur la demande pour les exportations canadiennes. À l'échelle mondiale, les produits et services qu'offre le pays sont plus concurrentiels lorsque le taux de change est bas, c'est-à-dire que le dollar (ou huard) est abordable et que les prix à l'exportation sont peu élevés. Toutefois, quand le taux de change du dollar est bas, les prix à l'importation des produits étrangers sont plus élevés pour le Canada. Dans un cas comme dans l'autre, la situation influence les décisions relatives au développement de produits dans la planification stratégique des sociétés d'ingénierie. La plupart du temps, les politiques monétaires qui jouent sur les taux d'intérêt ont aussi les mêmes répercussions sur le taux de change.

Grâce à ses politiques monétaires, la Banque du Canada exerce une influence sur les taux d'intérêt de la même façon qu'au curling, le capitaine d'une équipe établit la stratégie à adopter en indiquant les endroits où placer les pierres. La Banque surveille et modifie la masse monétaire présente dans l'économie, ce qui entraîne, du moins en partie, un effet prévisible sur les taux d'intérêt. Au curling, on lance chaque pierre en fonction du résultat espéré sur le moment. Dans le cas de la politique monétaire du Canada, la Banque cible les taux d'intérêt en ajustant la masse monétaire moyenne grâce à l'augmentation ou à la diminution des fonds de réserve des institutions financières. Au curling, on dirige la pierre en la faisant glisser sur environ 7,6 m et en lui imprimant un mouvement circulaire lors du lancer afin de la voir décrire l'arc désiré. Il revient ensuite aux coéquipiers du lanceur de corriger sa trajectoire, notamment en balayant vigoureusement la glace devant sur la trentaine de mètres qu'il lui reste à parcourir.

Les ajustements de la Banque sont analogues à la rotation imprimée par le lanceur de la pierre. Pour accomplir cette tâche, la Banque recourt à diverses mesures monétaires ainsi qu'à différents outils. Au curling, les coéquipiers qui balaient le long de la trajectoire disposent de plusieurs possibilités pour modifier la friction entre la glace et la pierre. En ce qui concerne la Banque du Canada, après avoir effectué ses ajustements, elle passe le flambeau aux banques à charte et aux autres institutions financières pertinentes, dont les fonds de réserve jouent sur la capacité de consentir des prêts aux entreprises et aux ménages. Tout ce processus influe sur la consommation et les investissements.

Au curling, l'équipe qui possède la pierre la plus près du centre de la cible, ou «maison», marque un point pour chaque pierre dans la maison qui se trouve plus près du centre que n'importe quelle autre pierre de son adversaire. Au Canada, l'économie marque un point lorsque l'inflation et le chômage sont maîtrisés et que la croissance du produit intérieur brut (PIB) est favorisée. À l'instar du curling, qui est qualifié de « jeu d'échecs sur glace » en raison de la subtilité et de la stratégie qu'il exige, la politique monétaire intègre des interventions stratégiques qui entraînent des effets dramatiques sur l'économie canadienne. Pourrait-on alors parler de « jeu d'échecs du huard » ?

Le Canada est la nation où le curling connaît la plus grande popularité, avec plus d'un million de joueurs. À l'occasion des Jeux olympiques de Vancouver tenus en 2010, les équipes canadiennes ont raflé la médaille d'argent à l'épreuve féminine et la médaille d'or à l'épreuve masculine en faisant dévier les pierres de leurs adversaires de la cible et en positionnant les leurs plus près d'elle. Mark Carney, le gouverneur de la Banque du Canada jusqu'en 2012 et désormais gouverneur de la Banque d'Angleterre, espère lui aussi décrocher la médaille d'or en maintenant la stabilité économique après les perturbations survenues dans le système économique mondial en 2008. On attribue à l'intervention rapide et sans précédent des banques centrales les plus importantes au monde de même qu'aux incitatifs financiers massifs des gouvernements l'évitement d'une nouvelle grande dépression planétaire semblable à la Crise de 1929. À l'échelle internationale, des prêts liés à des immobilisations ont connu des difficultés. On peut citer par exemple des prêts hypothécaires à haut risque qui ont mis des banques en faillite dans de nombreux pays et provoqué un resserrement du crédit pour les entreprises et les particuliers. Cette situation a provoqué des taux considérables de faillites et de chômage. Les banques centrales ont réagi en améliorant l'accessibilité du crédit mondial, ce qui a permis d'entretenir la solvabilité des marchés monétaires et la stabilité relative des devises. Au cours de son mandat, Mark Carney a maintenu le taux directeur de la Banque du Canada à son niveau d'urgence de 0,25 %, soit son niveau le plus bas possible, jusqu'à ce que l'inflation atteigne le taux visé de 2 %. Durant la récession, le Canada s'en est mieux tiré que les États-Unis et l'Europe, ses banques commerciales s'étant révélées plus stables grâce à des règles plus strictes sur le degré d'endettement permis ainsi qu'à une approche plus conservatrice en matière de risque. Le gouverneur affirme que sa principale priorité consiste à atteindre un taux d'inflation stable et peu élevé. Il se tient prêt à augmenter les taux d'intérêt si l'inflation affiche une tendance à la hausse.

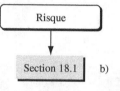

Analyse de mises en situation

Section 17.6   a)

Risque

Section 18.1   b)

4.2 LES TAUX D'INTÉRÊT NOMINAUX ET EFFECTIFS STIPULÉS

Dans le chapitre 1, on apprend que ce qui distingue l'intérêt simple de l'intérêt composé est que ce dernier est calculé sur le capital emprunté et sur les intérêts accumulés durant la période précédente, alors que l'intérêt simple n'est calculé que sur le capital du prêt. Il est maintenant possible d'aborder la question du « taux d'intérêt nominal » et du « taux d'intérêt effectif », entre lesquels existe le même lien fondamental, à la différence qu'on utilise ces notions lorsque de l'intérêt est capitalisé plus d'une fois par année. Par exemple, si un taux d'intérêt est de 1 % par mois, il faut tenir compte des termes « nominal » et « effectif ».

Dans l'exercice de l'ingénierie, tout comme dans les finances personnelles, il importe de comprendre et d'utiliser correctement les taux d'intérêt effectifs. Comme on l'apprend dans le chapitre 1, les projets d'ingénierie sont financés à l'aide de capital provenant de financement par emprunt et de capitaux propres. Les intérêts sur les prêts, les prêts hypothécaires, les obligations et les actions reposent sur des taux composés et sont calculés sur des périodes inférieures à un an. En économie d'ingénierie, les études doivent tenir compte de cette réalité. Dans ses propres finances personnelles, on gère aussi la plupart des encaissements et des décaissements selon des périodes non annuelles. Là encore, les répercussions d'une capitalisation plus fréquente qu'une fois l'an se font sentir. Voici la définition du taux d'intérêt nominal.

Le « taux d'intérêt nominal » (r) est un taux d'intérêt qui ne tient pas compte de la capitalisation. Par définition,

$$r = \text{taux d'intérêt par période} \times \text{nombre de périodes} \qquad [4.1]$$

Un taux nominal r peut être stipulé pour n'importe quelle période, par exemple 1 an, 6 mois, 1 trimestre, 1 mois, 1 semaine, 1 jour, etc. L'équation [4.1] peut servir à trouver le taux r équivalent de n'importe quelle période plus ou moins longue. À titre d'exemple, le taux nominal $r = 1,5\%$ par mois correspond exactement à chacun des taux qui suivent :

$$r = 1,5\% \text{ par mois} \times 24 \text{ mois}$$
$$= 36\% \text{ par période de 2 ans} \qquad \text{(période plus longue que 1 mois)}$$
$$= 1,5\% \text{ par mois} \times 12 \text{ mois}$$
$$= 18\% \text{ par année} \qquad \text{(période plus longue que 1 mois)}$$
$$= 1,5\% \text{ par mois} \times 6 \text{ mois}$$
$$= 9\% \text{ par semestre} \qquad \text{(période plus longue que 1 mois)}$$
$$= 1,5\% \text{ par mois} \times 3 \text{ mois}$$
$$= 4,5\% \text{ par trimestre} \qquad \text{(période plus longue que 1 mois)}$$
$$= 1,5\% \text{ par mois} \times 1 \text{ mois}$$
$$= 1,5\% \text{ par mois} \qquad \text{(période égale à 1 mois)}$$
$$= 1,5\% \text{ par mois} \times 0,231 \text{ mois}$$
$$= 0,346\% \text{ par semaine} \qquad \text{(période plus courte que 1 mois)}$$

Il est à noter que pour ces taux nominaux, la fréquence de la capitalisation n'est pas mentionnée. Les taux nominaux sont tous formulés ainsi : « $r\%$ par période t ».

Voici maintenant la description du taux effectif :

> Le taux d'intérêt effectif est le taux réel qui s'applique à une période donnée. Il tient compte de la capitalisation de l'intérêt au cours de la période du taux nominal correspondant. Le taux d'intérêt effectif s'exprime souvent sous sa forme annuelle i_a, mais n'importe quelle autre période peut aussi être utilisée. On le qualifie parfois de « taux périodique » ou de « taux par période ».

Un taux effectif tient compte de la fréquence de la capitalisation au taux nominal stipulé. Si la fréquence de la capitalisation n'est pas mentionnée, on suppose qu'elle correspond à la période du taux r, auquel cas les taux nominal et effectif possèdent la même valeur. Tous les énoncés suivants décrivent un taux d'intérêt nominal. Cependant, ils ne correspondent pas tous au même taux d'intérêt effectif sur toutes les périodes, puisque leurs fréquences de capitalisation diffèrent.

4 % par année capitalisé mensuellement	(capitalisation plus fréquente que la période)
12 % par année capitalisé trimestriellement	(capitalisation plus fréquente que la période)
9 % par année capitalisé quotidiennement	(capitalisation plus fréquente que la période)
3 % par trimestre capitalisé mensuellement	(capitalisation plus fréquente que la période)
6 % par semestre capitalisé hebdomadairement	(capitalisation plus fréquente que la période)
3 % par trimestre capitalisé quotidiennement	(capitalisation plus fréquente que la période)

Il est à noter que tous ces taux s'accompagnent d'une mention de la fréquence de la capitalisation. Ils sont tous formulés ainsi : « $r\%$ par période t capitalisé (… + -ment) ». Le terme auquel est ajouté le suffixe « -ment » désigne un mois, un trimestre, une semaine ou toute autre unité de temps. La formule qui sert à calculer le taux d'intérêt effectif correspondant à un taux nominal ou effectif stipulé est expliquée dans la section qui suit.

Pour bien rendre compte de la valeur temporelle de l'argent, les formules, les facteurs, les valeurs des tables et les relations établies dans les feuilles de calcul doivent être associés à un taux d'intérêt effectif.

Par conséquent, dans une étude en économie d'ingénierie, il est très important de déterminer le taux d'intérêt effectif avant de calculer la valeur temporelle de l'argent, en particulier lorsque les flux monétaires surviennent à des intervalles autres que sur une base annuelle.

Dans beaucoup de situations financières de particuliers, on utilise les termes «taux annuel en pourcentage» et «rendement annuel en pourcentage» plutôt que «taux d'intérêt nominal» et «taux d'intérêt effectif», respectivement. Le taux annuel en pourcentage (TAP) correspond au taux d'intérêt nominal, alors que le rendement annuel en pourcentage (RAP) désigne le taux d'intérêt effectif. Toutes les définitions et les interprétations de ces termes sont les mêmes que celles qui sont présentées dans le présent chapitre.

En somme, trois unités de temps sont toujours associées à la formulation d'un taux d'intérêt.

Période : laps de temps sur lequel porte l'intérêt stipulé. Elle correspond au symbole t de l'énoncé «$r\%$ par période t», par exemple, 1 % par mois. L'unité de temps de 1 an est de loin la plus courante. Quand aucune autre unité de temps n'est mentionnée, l'unité de temps de 1 an est implicite.

Période de capitalisation (PC) : unité de temps la plus courte sur laquelle l'intérêt est couru. Elle est définie par le terme de capitalisation utilisé dans la formulation du taux d'intérêt, par exemple 8 % par année, capitalisé mensuellement. Quand aucune autre unité de temps n'est mentionnée, une période de capitalisation de 1 an est implicite.

Fréquence de la capitalisation : nombre de fois m où la capitalisation se produit au cours de la période t. Si la période de capitalisation et la période t sont identiques, la fréquence de la capitalisation est de 1, par exemple 1 % par mois capitalisé mensuellement.

À titre d'exemple, un taux de 8 % par année capitalisé mensuellement possède une période t de 1 an, une période de capitalisation de 1 mois et une fréquence de capitalisation m de 12 fois par année. Pour sa part, un taux de 6 % par année capitalisé hebdomadairement possède les caractéristiques suivantes : $t = 1$ an, PC = 1 semaine et $m = 52$ fois, selon une année normale comportant 52 semaines.

Dans les chapitres précédents, tous les taux d'intérêt possédaient une période t et une fréquence m de 1 an. Ainsi, les taux se voulaient à la fois effectifs et nominaux, puisqu'une même unité de temps de 1 an était utilisée. Il arrive souvent qu'on exprime le taux effectif en employant la même unité de temps que la période de capitalisation. On détermine le taux effectif correspondant par période de capitalisation à l'aide de la relation suivante :

$$\text{Taux effectif par PC} = \frac{r\% \text{ par période } t}{m \text{ périodes de capitalisation par } t} = \frac{r}{m} \qquad [4.2]$$

Voici un exemple : si $r = 9\%$ par année capitalisé mensuellement, alors $m = 12$. On emploie l'équation [4.2] pour obtenir le taux effectif de 9 % ÷ 12 = 0,75 % par mois capitalisé mensuellement. Il est à noter que la modification de la période initiale t ne change en rien la période de capitalisation qui, en l'occurrence, est de 1 mois.

EXEMPLE 4.1

Les taux d'intérêt de différents prêts bancaires offerts pour 3 projets de matériel de production d'électricité distincts figurent ci-après. Déterminez les taux effectifs à partir de la période de capitalisation de chacun.

a) 9 % par année capitalisé trimestriellement

b) 9 % par année capitalisé mensuellement

c) 4,5 % par semestre capitalisé hebdomadairement

Solution

Utilisez l'équation [4.2] pour déterminer les taux effectifs par période de capitalisation selon les différentes fréquences de capitalisation. Les graphiques dans le tableau ci-dessous illustrent la distribution des taux d'intérêt dans le temps.

	Taux nominal $r\%$ par t	Période de capitalisation	m	Taux effectif par PC	Distribution sur la période t
a)	9 % par année	Trimestre	4	2,25 %	
b)	9 % par année	Mois	12	0,75 %	
c)	4,5 % par semestre	Semaine	26	0,173 %	

Parfois, le caractère nominal ou effectif d'un taux n'est pas évident. Fondamentalement, il existe trois façons de formuler des taux d'intérêt, comme le montre le tableau 4.1. La colonne de droite donne des précisions sur les taux effectifs correspondant aux formulations de la colonne de gauche. Dans la première formulation, on ne mentionne pas s'il s'agit d'un taux nominal ou effectif, mais on spécifie la fréquence de la capitalisation. Il faut alors calculer le taux effectif approprié (*voir les sections suivantes*). Dans la deuxième formulation, on précise qu'il s'agit d'un taux effectif (ou d'un rendement annuel en pourcentage) ; on peut alors utiliser celui-ci directement dans les calculs.

Dans la troisième formulation, aucune fréquence de capitalisation n'est mentionnée (par exemple 8 % par année). Ce taux n'est alors effectif que sur la période (de capitalisation) précisée, en l'occurrence, 1 an. Il faut donc calculer le taux effectif pour toute autre période.

TABLEAU 4.1	LES DIFFÉRENTES FAÇONS DE FORMULER LES TAUX D'INTÉRÊT NOMINAUX ET EFFECTIFS	
Formulation du taux	**Exemple**	**Taux effectif correspondant**
1. Taux nominal et période de capitalisation stipulés	8 % par année capitalisé trimestriellement	Il faut trouver le taux effectif correspondant.
2. Taux effectif stipulé	Taux effectif de 8,243 % par année capitalisé trimestriellement	On peut utiliser le taux effectif directement.
3. Taux d'intérêt stipulé sans période de capitalisation	8 % par année ou 2 % par trimestre	Le taux stipulé n'est effectif que pour la période mentionnée ; il faut trouver le taux effectif de toute autre période.

4.3 LES TAUX D'INTÉRÊT ANNUELS EFFECTIFS

Dans la présente section, il n'est question que des taux d'intérêt «annuels» effectifs. Ainsi, l'année est employée comme période t, et la période de capitalisation peut consister en n'importe quelle unité de temps plus courte que 1 an. Par exemple, un taux «nominal» de 6 % par année capitalisé trimestriellement correspond à un taux «effectif» de 6,136 % par année. Ce type de taux est de loin le plus courant dans le contexte des activités commerciales et industrielles quotidiennes. Voici les symboles utilisés pour les taux d'intérêt nominaux et effectifs :

r = taux d'intérêt nominal par année

m = nombre de périodes de capitalisation par année

i = taux d'intérêt effectif par période de capitalisation (PC) = r/m

i_a = taux d'intérêt effectif par année

Comme on le mentionne précédemment, le traitement des taux d'intérêt nominal et effectif correspond en quelque sorte à celui qui est réservé aux taux d'intérêt simple et composé, respectivement. À l'instar d'un taux d'intérêt composé, un taux d'intérêt effectif situé à n'importe quel moment de l'année comprend (capitalise) l'intérêt de toutes les périodes de capitalisation précédentes survenues au cours de cette année. Par conséquent, le calcul de la formule d'un taux d'intérêt effectif est directement lié à la logique à la base de l'élaboration de la relation de la valeur capitalisée $F = P(1 + i)^n$.

La valeur capitalisée F à la fin de 1 année correspond à la somme du capital P et de l'intérêt Pi cumulé au cours de l'année. Comme cet intérêt peut être capitalisé plusieurs fois durant l'année, on remplace i par le taux annuel effectif i_a. Ensuite, on écrit la relation de la valeur F au bout de 1 an.

$$F = P + Pi_a = P(1 + i_a) \qquad [4.3]$$

Comme le montre la figure 4.1, il faut capitaliser le taux i par période de capitalisation au cours des m périodes afin d'obtenir la totalité de la capitalisation à la fin de l'année. Ainsi, on peut également formuler la valeur F de la façon suivante :

$$F = P(1 + i)^m \qquad [4.4]$$

Si on prend la valeur F d'une valeur actualisée P de 1 \$, on peut calculer la formule du taux d'intérêt annuel effectif de i_a en établissant l'égalité des deux expressions pour F et en remplaçant P par 1 \$.

$$1 + i_a = (1 + i)^m \qquad [4.5]$$
$$i_a = (1 + i)^m - 1$$

Section 2.1

Valeur capitalisée

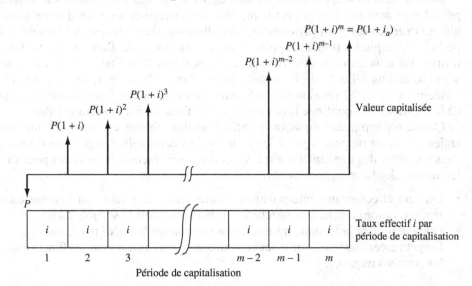

FIGURE 4.1

Le calcul de la valeur capitalisée à un taux i capitalisé m fois par année

Donc, l'équation [4.5] permet de calculer le taux d'intérêt annuel effectif pour n'importe quel nombre de périodes de capitalisation lorsque i constitue le taux d'une période de capitalisation.

Si on connaît le taux annuel effectif i_a et la fréquence de capitalisation m, on peut résoudre l'équation [4.5] de manière à trouver i afin de déterminer le taux d'intérêt effectif par période de capitalisation.

$$i = (1 + i_a)^{1/m} - 1 \qquad [4.6]$$

Par ailleurs, il est possible de déterminer le taux annuel nominal r à partir de la définition du taux i donnée précédemment, soit $i = r/m$.

r % par année = (i % par PC)(nombre de PC par année) = (i)(m)   **[4.7]**

Il s'agit de la même équation que l'équation [4.1] dans laquelle la période de capitalisation constitue la période.

EXEMPLE 4.2

Jacinthe a obtenu auprès d'une banque une nouvelle carte de crédit dont le taux d'intérêt stipulé s'élève à 18 % par année capitalisé mensuellement. Si le solde est de 1 000 $ en début d'année, trouvez le taux annuel effectif et le montant total dû après 1 an, en supposant qu'aucun versement n'est effectué au cours de l'année.

Solution

Il y a 12 périodes de capitalisation par année. Ainsi, $m = 12$ et $i = 18\,\% \div 12 = 1,5\,\%$ par mois. Pour un solde de 1 000 $ sur lequel aucun versement n'est effectué au cours de l'année, appliquez l'équation [4.5], puis l'équation [4.3] pour fournir à Jacinthe l'information demandée.

$$i_a = (1 + 0,015)^{12} - 1 = 1,19562 - 1 = 0,19562$$

$$F = 1\,000\,\$(1,19562) = 1\,195,62\,\$$$

En plus de son solde de 1 000 $, Jacinthe devra payer 19,562 % d'intérêt, soit un montant de 195,62 $, pour l'utilisation de l'argent prêté par la banque durant l'année.

Dans le tableau 4.2, on utilise un taux de 18 % par année capitalisé sur différentes périodes (d'annuelle à hebdomadaire) afin de déterminer les taux d'intérêt annuels effectifs sur ces diverses périodes de capitalisation. Dans chaque cas, le taux i de la période de capitalisation est appliqué m fois au cours de l'année. Le tableau 4.3 résume les taux annuels effectifs qui correspondent à des taux nominaux souvent stipulés, établis à l'aide de l'équation [4.5]. Dans tous les cas, on se base sur une année normale de 52 semaines et 365 jours. Les valeurs qui figurent dans la colonne de la capitalisation continue font l'objet d'une discussion à la section 4.8.

Quand on applique l'équation [4.5], le résultat obtenu est rarement un nombre entier. Ainsi, on ne peut trouver les facteurs de l'économie d'ingénierie directement dans les tables des facteurs d'intérêt. Voici donc trois façons de procéder pour trouver les valeurs des facteurs recherchés :

- On peut effectuer une interpolation linéaire entre deux taux qui figurent dans les tables (conformément à la marche à suivre expliquée à la section 2.4).
- On peut utiliser la formule du facteur en remplaçant le taux i par le taux i_a.
- On peut créer une feuille de calcul en utilisant i_a ou $i = r/m$ dans les fonctions, selon les données requises.

TABLEAU 4.2 | **QUELQUES TAUX D'INTÉRÊT ANNUELS EFFECTIFS ÉTABLIS À L'AIDE DE L'ÉQUATION [4.5]**

r = 18 % par année capitalisé (m + -ment)

Période de capitalisation	Fréquence de la capitalisation par année (m)	Taux par période de capitalisation (l)	Distribution du taux i des périodes de capitalisation au cours de l'année	Taux annuel effectif (i_a)
Année	1	18 %		$(1{,}18)^1 - 1 = 18\,\%$
Semestre	2	9 %		$(1{,}09)^2 - 1 = 18{,}81\,\%$
Trimestre	4	4,5 %		$(1{,}045)^4 - 1 = 19{,}252\,\%$
Mois	12	1,5 %		$(1{,}015)^{12} - 1 = 19{,}562\,\%$
Semaine	52	0,3461 %		$(1{,}0034615)^{52} - 1 = 19{,}684\,\%$

TABLEAU 4.3	LES TAUX D'INTÉRÊT ANNUELS EFFECTIFS CORRESPONDANT À CERTAINS TAUX NOMINAUX					
Taux nominal r%	Semestriel (m = 2)	Trimestriel (m = 4)	Mensuel (m = 12)	Hebdomadaire (m = 52)	Quotidien (m = 365)	Continu (m = ; $e^r - 1$)
0,25	0,250	0,250	0,250	0,250	0,250	0,250
0,50	0,501	0,501	0,501	0,501	0,501	0,501
1,00	1,003	1,004	1,005	1,005	1,005	1,005
1,50	1,506	1,508	1,510	1,511	1,511	1,511
2,00	2,010	2,015	2,018	2,020	2,020	2,020
3,00	3,023	3,034	3,042	3,044	3,045	3,046
4,00	4,040	4,060	4,074	4,079	4,081	4,081
5,00	5,063	5,095	5,116	5,124	5,126	5,127
6,00	6,090	6,136	6,168	6,180	6,180	6,184
7,00	7,123	7,186	7,229	7,246	7,247	7,251
8,00	8,160	8,243	8,300	8,322	8,328	8,329
9,00	9,203	9,308	9,381	9,409	9,417	9,417
10,00	10,250	10,381	10,471	10,506	10,516	10,517
12,00	12,360	12,551	12,683	12,734	12,745	12,750
15,00	15,563	15,865	16,076	16,158	16,177	16,183
18,00	18,810	19,252	19,562	19,684	19,714	19,722
20,00	21,000	21,551	21,939	22,093	22,132	22,140
25,00	26,563	27,443	28,073	28,325	28,390	28,403
30,00	32,250	33,547	34,489	34,869	34,968	34,986
40,00	44,000	46,410	48,213	48,954	49,150	49,182
50,00	56,250	60,181	63,209	64,479	64,816	64,872

Tout au long du présent chapitre, on recourt à la deuxième méthode proposée pour les solutions manuelles, et à la troisième pour les solutions par ordinateur.

Toutes les situations économiques décrites dans la présente section portent sur des taux nominaux et effectifs annuels ainsi que sur des flux monétaires également annuels. Lorsque des flux monétaires ne sont pas annuels, il devient nécessaire de retirer la mention de l'année dans la formulation du taux d'intérêt « r% par année capitalisé (m + -ment) ». La section qui suit traite de ce sujet.

4.4 LES TAUX D'INTÉRÊT EFFECTIFS DE DIVERSES PÉRIODES

Les notions de taux d'intérêt annuels nominal et effectif ont été présentées. Maintenant, outre la période de capitalisation (PC), il faut se pencher sur la fréquence des décaissements et des encaissements, c'est-à-dire sur la période de transaction des flux monétaires. À des fins de simplicité, on la nomme « période de paiement (PP) ». Il importe d'établir une distinction entre la période de capitalisation et la période de paiement, car dans de nombreux cas, elles ne concordent pas. Par exemple, si une entreprise dépose chaque mois de l'argent dans un compte qui offre un taux d'intérêt nominal de 14 % par année capitalisé semestriellement, la période de paiement est de 1 mois, alors que la période de capitalisation est de 6 mois (*voir la figure 4.2*). De même, si une personne dépose chaque année de l'argent dans un compte d'épargne dont l'intérêt est capitalisé trimestriellement, la période de paiement est de 1 an, tandis que la période de capitalisation est de 3 mois.

Pour évaluer des flux monétaires qui se produisent plus souvent qu'une fois l'an, c'est-à-dire lorsque PP < 1 année, il faut se servir du taux d'intérêt effectif sur la période de paiement dans les relations de l'économie d'ingénierie. On peut aisément généraliser la formule du taux d'intérêt annuel effectif à n'importe quel taux nominal en remplaçant le taux d'intérêt de la période par r/m dans l'équation [4.5].

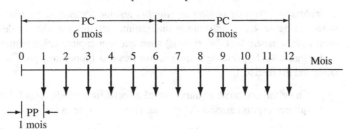

FIGURE 4.2

Un diagramme des flux monétaires d'un an pour une période de paiement mensuelle et une période de capitalisation semestrielle

$$\text{Taux effectif } i = (1 + r/m)^m - 1 \qquad\qquad [4.8]$$

Dans cette équation,

r = taux d'intérêt nominal par période de paiement (PP)

m = nombre de périodes de capitalisation par période de paiement (PC par PP)

Dans cette expression générale, on utilise le symbole i au lieu de i_a pour désigner l'intérêt effectif, ce qui correspond à l'usage fait de cette variable dans la suite du manuel. Grâce à l'équation [4.8], on peut prendre un taux nominal ($r\%$ par année ou toute autre période) et le convertir en un taux effectif i pour n'importe quelle période, la plus courante étant la période de paiement. Les deux prochains exemples illustrent la marche à suivre.

EXEMPLE 4.3

Un ingénieur au service de Quebecor World Inc., la division de Quebecor inc. consacrée à l'impression commerciale établie à Montréal, évalue des soumissions pour l'achat de nouvelles machines à imprimer à la fine pointe de la technologie. Il s'agit d'une révision générale visant à réduire les coûts et à gérer les pressions exercées sur les prix. Trois fournisseurs ont présenté des soumissions dont les taux d'intérêt figurent ci-dessous. Quebecor World Inc. effectuera uniquement des paiements semestriels. L'ingénieur s'interroge à propos des taux d'intérêt effectifs, plus précisément au sujet des taux annuels effectifs et des taux effectifs sur la période de paiement de 6 mois.

Soumission 1 : 9 % par année capitalisé trimestriellement

Soumission 2 : 3 % par trimestre capitalisé trimestriellement

Soumission 3 : 8,8 % par année capitalisé mensuellement

a) Déterminez le taux effectif de chaque soumission en fonction des paiements semestriels et tracez les diagrammes des flux monétaires correspondants selon le modèle de la figure 4.2.

b) Quels sont les taux annuels effectifs ? On doit les prendre en considération dans le choix final de la soumission.

c) Quelle soumission possède le taux annuel effectif le moins élevé ?

Solution

a) Établissez la période de paiement à 6 mois, convertissez le taux nominal $r\%$ en un taux semestriel, puis déterminez la valeur de m. Enfin, utilisez l'équation [4.8] pour calculer le taux d'intérêt semestriel effectif i. Voici les résultats pour la soumission 1 :

$$PP = 6 \text{ mois}$$
$$r = 9\% \text{ par année} = 4{,}5\% \text{ par semestre}$$
$$m = 2 \text{ trimestres par semestre}$$

$$\text{Taux effectif } i\% \text{ par semestre} = \left(1 + \frac{0{,}045}{2}\right)^2 - 1 = 1{,}0455 - 1 = 4{,}55\%$$

Le tableau 4.4 (*voir la section de gauche*) résume les taux semestriels effectifs des trois soumissions. La figure 4.3 a) présente le diagramme des flux monétaires des soumissions 1 et 2, leurs paiements semestriels (PP = 6 mois) ainsi que leur capitalisation trimestrielle (PC = 1 trimestre).

La figure 4.3 b) présente le diagramme des flux monétaires pour la soumission 3 (dont la capitalisation est mensuelle).

b) En ce qui concerne le taux annuel effectif, la période dans l'équation [4.8] est de 1 an, ce qui correspond aussi à PP = 1 an. Dans le cas de la soumission 1,

$$r = 9\% \text{ par année} \quad m = 4 \text{ trimestres par année}$$

$$\text{Taux effectif } i\% \text{ par année} = \left(1 + \frac{0,09}{4}\right)^4 - 1 = 1,0931 - 1 = 9,31\%$$

La section de droite du tableau 4.4 présente le résumé des taux annuels effectifs.

c) La soumission 3 comprend le taux annuel effectif le moins élevé de 9,16%, ce qui équivaut à un taux semestriel effectif de 4,48%.

TABLEAU 4.4	LES TAUX D'INTÉRÊT SEMESTRIELS ET ANNUELS EFFECTIFS DES TROIS SOUMISSIONS DE L'EXEMPLE 4.3					
	Taux semestriels			**Taux annuels**		
Soumission	Taux nominal par 6 mois (r)	PC par PP (m)	Taux effectif i selon l'équation [4.8]	Taux nominal par année (r)	PC par année (m)	Taux effectif i selon l'équation [4.8]
1	4,5%	2	4,55%	9,0%	4	9,31%
2	6,0%	2	6,09%	12,0%	4	12,55%
3	4,4%	6	4,48%	8,8%	12	9,16%

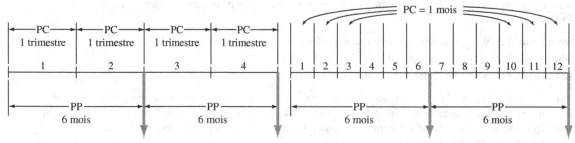

a) Capitalisation trimestrielle   b) Capitalisation mensuelle

FIGURE 4.3

Les diagrammes des flux monétaires illustrant la période de capitalisation et la période de paiement a) des soumissions 1 et 2 ainsi que b) de la soumission 3 de l'exemple 4.3

Remarque

Seuls les taux d'intérêt effectifs de la soumission 2 peuvent directement être trouvés dans le tableau 4.3. Pour obtenir le taux semestriel effectif, on se réfère à la ligne du taux nominal de 6%, dans la colonne $m = 2$, qui correspond au nombre de trimestres par semestre. Le taux semestriel effectif se chiffre à 6,09%. De même, pour le taux nominal de 12%, il y a $m = 4$ trimestres par année, donc le taux annuel effectif $i = 12,551\%$. Bien que le tableau 4.3 ait d'abord été dressé pour présenter les taux annuels nominaux, il convient également aux taux nominaux d'autres périodes, tant que les valeurs m appropriées se trouvent dans les en-têtes de colonne.

EXEMPLE 4.4

Une société point-com prévoit investir de l'argent dans un fonds de capital de risque qui offre actuellement un taux de rendement de 18 % par année capitalisé quotidiennement. À quel taux effectif a) annuel et b) semestriel ce taux correspond-il ?

Solution

a) Utilisez l'équation [4.8] avec $r = 0,18$ et $m = 365$.

$$\text{Taux effectif } i\% \text{ par année} = \left(1 + \frac{0,18}{365}\right)^{365} - 1 = 19,716\%$$

b) Dans ce cas, $r = 0,09$ par semestre et $m = 182$ jours.

$$\text{Taux effectif } i\% \text{ par semestre} = \left(1 + \frac{0,09}{182}\right)^{182} - 1 = 9,415\%$$

4.5 LES RELATIONS D'ÉQUIVALENCE : LA COMPARAISON ENTRE UNE PÉRIODE DE PAIEMENT ET UNE PÉRIODE DE CAPITALISATION (PP ET PC)

En ce qui concerne un vaste pourcentage de calculs d'équivalences, la fréquence des flux monétaires ne correspond pas à la fréquence de la capitalisation de l'intérêt. Notamment, des flux monétaires peuvent survenir chaque mois, et la capitalisation de l'intérêt peut avoir lieu chaque année, trimestre, voire encore plus souvent. Par exemple, si des dépôts sont effectués tous les mois dans un compte d'épargne dont le taux de rendement est capitalisé trimestriellement, la période de capitalisation (PC) est de 1 trimestre, alors que la période de paiement (PP) est de 1 mois. Or, pour bien calculer des équivalences, il faut ramener la période de capitalisation et la période de paiement à une même durée ainsi que modifier le taux d'intérêt en conséquence.

Les trois sections à venir portent sur les processus à suivre pour déterminer correctement les valeurs de i et de n dans les facteurs de l'économie d'ingénierie et les solutions établies à l'aide d'un tableur. Il faut d'abord comparer la durée de la période de paiement et de la période de capitalisation, puis déterminer si la série de flux monétaires consiste en des montants uniques (P et F) ou en une série (A, G ou g). Le tableau 4.5 présente les références aux sections correspondantes. En présence de montants uniques seulement, aucune période de paiement en soi n'est définie par les flux monétaires. La durée de la période de paiement est donc définie par la période t du taux d'intérêt stipulé. Par exemple, si un taux s'élève à 8 % par semestre capitalisé trimestriellement, la période de paiement est de 6 mois, la période de capitalisation est de 3 mois et PP > PC.

Il est à noter que les références aux sections qui figurent dans le tableau 4.5 s'appliquent tant aux situations où PP = PC qu'à celles où PP > PC. Les équations utilisées pour déterminer la valeur de i et de n sont alors les mêmes. De plus, la technique de comptabilisation de la valeur temporelle de l'argent s'avère aussi identique dans les deux cas, puisque ce n'est que lorsque des flux monétaires ont lieu qu'on peut évaluer les répercussions du taux d'intérêt. Par exemple, si des flux monétaires se produisent tous les 6 mois (la période de paiement étant alors semestrielle) et que l'intérêt est capitalisé tous les 3 mois (la période de capitalisation étant alors trimestrielle), après 3 mois, il n'y a toujours pas de flux monétaires ; il n'est donc pas nécessaire d'évaluer les répercussions de la capitalisation trimestrielle.

Cependant, au bout de 6 mois, il faut tenir compte de l'intérêt couru pendant les deux périodes de capitalisation trimestrielles précédentes.

| | | | |

TABLEAU 4.5 | **LES RÉFÉRENCES AUX SECTIONS SUR LES CALCULS D'ÉQUIVALENCES EN FONCTION DE LA COMPARAISON ENTRE UNE PÉRIODE DE PAIEMENT ET UNE PÉRIODE DE CAPITALISATION**

Durée	Montants uniques (*P* et *F* seulement)	Séries constantes ou comportant un gradient (*A*, *G* ou *g*)
PP = PC	Section 4.6	Section 4.7
PP > PC	Section 4.6	Section 4.7
PP < PC	Section 4.8	Section 4.8

4.6 LES RELATIONS D'ÉQUIVALENCE : LES MONTANTS UNIQUES LORSQUE PP ≥ PC

En présence de flux monétaires seulement constitués de montants uniques, il existe deux bonnes façons de déterminer la valeur de *i* et de *n* pour les facteurs *P/F* et *F/P*. La première méthode proposée ci-après est toutefois plus facile à appliquer, car on peut généralement trouver les valeurs des facteurs dans les tables d'intérêt à la fin du manuel. Pour sa part, la seconde méthode exige souvent le calcul de la formule du facteur pertinent, puisque le taux d'intérêt effectif qui en résulte n'est pas un nombre entier. Quand on recourt à un tableur, les deux méthodes conviennent. Toutefois, la première est souvent la plus facile à utiliser.

Méthode 1 : Cette méthode consiste à déterminer le taux d'intérêt effectif au cours de la période de capitalisation, puis à établir l'égalité entre *n* et le nombre de périodes de capitalisation entre *P* et *F*. Voici les relations servant à calculer les valeurs *P* et *F* :

$$P = F(P/F \text{ ; taux effectif } i\% \text{ par PC ; nombre total de périodes } n) \qquad [4.9]$$

$$F = P(F/P \text{ ; taux effectif } i\% \text{ par PC ; nombre total de périodes } n) \qquad [4.10]$$

Par exemple, si un taux nominal de 15 % par année capitalisé mensuellement est le taux stipulé d'une carte de crédit, la période de capitalisation est de 1 mois. Pour trouver la valeur *P* ou *F* de 2 ans, on peut calculer le taux mensuel effectif de 15 % ÷ 12 = 1,25 % ainsi que le nombre total de mois, qui est 2(12) = 24. On utilise ensuite les valeurs 1,25 % et 24 dans les facteurs *P/F* et *F/P*.

Pour déterminer le taux d'intérêt effectif, on peut se servir de n'importe quelle période. Toutefois, la PC constitue le meilleur choix, car ce n'est qu'au cours de celle-ci que le taux effectif peut posséder la même valeur numérique que le taux nominal de la même période que la période de capitalisation (*voir la section 4.1 et le tableau 4.1*). Ainsi, le taux effectif sur la période de capitalisation constitue généralement un nombre entier, de sorte qu'il est alors possible de recourir aux tables de facteurs situées à la fin du manuel.

Méthode 2 : Cette méthode consiste à déterminer le taux d'intérêt effectif au cours de la période *t* du taux nominal, puis à établir l'égalité entre *n* et le nombre total de périodes à l'aide de cette même période. Les relations *P* et *F* sont les mêmes que dans les équations [4.9] et [4.10], sauf qu'on remplace le taux d'intérêt par le taux effectif *i* % par *t*.

Dans le cas d'une carte de crédit au taux de 15 % par année capitalisé mensuellement, la période *t* est de 1 an. Voici le taux d'intérêt effectif sur 1 an ainsi que la valeur de *n* :

$$\text{Taux effectif } i\% \text{ par année} = \left(1 + \frac{0,15}{12}\right)^{12} - 1 = 16,076\%$$

$$n = 2 \text{ ans}$$

Le facteur *P/F* est le même dans le cas des deux méthodes, soit : $(P/F;1,25\%;24) = 0,7422$ selon la table 5 ; et $(P/F;16,076\%;2) = 0,7422$ selon la formule du facteur *P/F*.

EXEMPLE 4.5

Un ingénieur agissant à titre d'expert-conseil indépendant a effectué des dépôts dans un compte spécial en vue de payer ses frais de déplacement non remboursables. La figure 4.4 présente le diagramme des flux monétaires qui illustre cette situation. Trouvez le montant que contiendra le compte au bout de 10 ans, si le taux d'intérêt s'élève à 12 % par année et que l'intérêt est capitalisé semestriellement.

Solution

Seules les valeurs *P* et *F* sont touchées. Voici comment utiliser les deux méthodes décrites précédemment pour trouver la valeur *F* à l'année 10.

Méthode 1 : Utilisez la période de capitalisation semestrielle pour formuler le taux semestriel effectif de 6 % par semestre. Chaque flux monétaire est associé à $n = (2)$(nombre d'années) périodes semestrielles. À l'aide des valeurs du facteur qui se trouvent dans la table 11, on constate que la valeur capitalisée selon l'équation [4.10] est la suivante :

$$F = 1\,000(F/P;6\%;20) + 3\,000(F/P;6\%;12) + 1\,500(F/P;6\%;8)$$
$$= 1\,000(3,2071) + 3\,000(2,0122) + 1\,500(1,5938)$$
$$= 11\,634\,\$$$

Méthode 2 : Formulez le taux annuel effectif selon la période de capitalisation semestrielle.

$$\text{Taux effectif } i\% \text{ par année} = \left(1 + \frac{0,12}{2}\right)^2 - 1 = 12,36\%$$

La valeur de *n* correspond au nombre d'années réel. Utilisez la formule du facteur $(F/P;i;n) = (1,1236)^n$ et l'équation [4.10] pour obtenir la même réponse qu'avec la méthode 1.

$$F = 1\,000(F/P;12,36\%;10) + 3\,000(F/P;12,36\%;6) + 1\,500(F/P;12,36\%;4)$$
$$= 1\,000(3,2071) + 3\,000(2,0122) + 1\,500(1,5938)$$
$$= 11\,634\,\$$$

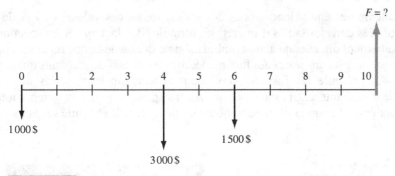

FIGURE 4.4
Le diagramme des flux monétaires de l'exemple 4.5

Remarque

En ce qui a trait aux flux monétaires constitués de montants uniques, on peut se servir de n'importe quelle combinaison de valeurs *i* et *n* découlant du taux nominal stipulé dans les facteurs, tant que ces valeurs reposent sur la même période. À titre d'exemple, le tableau 4.6 présente différentes combinaisons de valeurs *i* et *n* acceptables en fonction d'un taux de 12 % par année capitalisé mensuellement. D'autres combinaisons pourraient également convenir, notamment un taux hebdomadaire effectif pour *i* et un nombre de semaines pour *n*.

TABLEAU 4.6	DIFFÉRENTES VALEURS DE i ET DE n POUR DES ÉQUATIONS S'APPLIQUANT À DES MONTANTS UNIQUES SELON UN TAUX $r = 12\%$ PAR ANNÉE CAPITALISÉ MENSUELLEMENT

Taux effectif i	Unité pour n
1 % par mois	Mois
3,03 % par trimestre	Trimestre
6,15 % par semestre	Semestre
12,68 % par année	Année
26,97 % par 2 ans	Période de 2 ans

4.7 LES RELATIONS D'ÉQUIVALENCE : LES SÉRIES LORSQUE PP ≥ PC

Quand une série de flux monétaires comprend une série constante ou comportant un gradient, la marche à suivre est fondamentalement la même que celle de la deuxième méthode décrite précédemment, sauf que la période de paiement est définie par la fréquence des flux monétaires, qui établit également l'unité de temps du taux d'intérêt effectif. Par exemple, si des flux monétaires surviennent chaque trimestre, la période de paiement consiste en un trimestre et le taux effectif doit être trimestriel. La valeur de n correspond alors au nombre total de trimestres. Si la période de paiement consiste en un trimestre, une période de 5 ans se traduit par une valeur n de 20 trimestres. Il s'agit là d'une application directe de la ligne directrice générale qui suit :

Lorsque des flux monétaires sont composés d'une série constante ou comportant un gradient (c'est-à-dire comprenant un élément A, G ou g) et que la durée de la période de paiement est égale à celle de la période de capitalisation ou qu'elle est plus longue :

- il faut trouver le taux effectif i par période de paiement ;
- il faut déterminer la valeur de n comme étant le nombre total de périodes de paiement.

Quand on calcule des équivalences pour des séries, seules ces valeurs de i et de n peuvent être utilisées dans les tables d'intérêt, les formules des facteurs et les fonctions d'un tableur. Autrement dit, aucune autre combinaison ne donne de bonne réponse, contrairement à ce qu'on voit dans le cas des flux monétaires composés de montants uniques.

Le tableau 4.7 présente les formulations adéquates de plusieurs séries de flux monétaires et de taux d'intérêt. Il est à noter que n correspond toujours au nombre total de périodes de paiement et que i désigne toujours un taux effectif exprimé sur la même période que n.

EXEMPLE 4.6

Au cours des 7 dernières années, un gestionnaire de la qualité a versé 500 $ par semestre pour le contrat de maintenance d'un réseau local. Quelle est la valeur équivalente de ce contrat après le dernier paiement, si ces fonds proviennent d'une source dont le taux de rendement s'est élevé à 10 % par année capitalisé trimestriellement ?

Solution
Le diagramme des flux monétaires qui illustre cette situation est présenté à la figure 4.5. La période de paiement (d'un semestre) est plus longue que la période de capitalisation (d'un trimestre), c'est-à-dire que PP > PC. Pour appliquer la ligne directrice décrite précédemment, il

faut déterminer un taux d'intérêt semestriel effectif. Utilisez l'équation [4.8] avec $r = 0,05$ par semestre et $m = 2$ trimestres par semestre.

$$\text{Taux effectif } i\% \text{ par semestre} = \left(1 + \frac{0,05}{2}\right)^2 - 1 = 5,063\%$$

Vous pouvez aussi trouver le taux d'intérêt semestriel effectif dans le tableau 4.3 en utilisant les valeurs $r = 5\%$ et $m = 2$ de manière à obtenir $i = 5,063\%$.

La valeur $i = 5,063\%$ semble plausible, puisqu'on s'attend à ce que le taux effectif soit légèrement supérieur au taux nominal de 5% par semestre. Le nombre total de périodes de paiement semestrielles est de $n = 2(7) = 14$. Voici la relation à utiliser pour déterminer la valeur F :

$$F = A(F/A;5,063\%;14)$$
$$= 500(19,68385)$$
$$= 4\,841,93\$$$

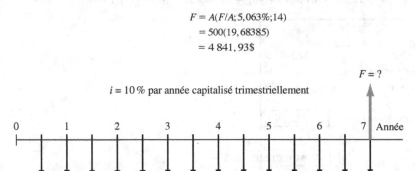

FIGURE 4.5

Le diagramme des dépôts semestriels utilisé pour déterminer la valeur F à l'exemple 4.6

TABLEAU 4.7	QUELQUES EXEMPLES DE VALEURS n ET i LORSQUE PP = PC OU PP > PC		
Série de flux monétaires	**Taux d'intérêt**	**Valeur inconnue; valeur connue**	**Notation universelle**
Montant de 500\$ par semestre pendant 5 ans	8% par année capitalisé semestriellement	P ; A	$P = 500(P/A;4\%;10)$
Montant de 75\$ par mois pendant 3 ans	12% par année capitalisé mensuellement	F ; A	$F = 75(F/A;1\%;36)$
Montant de 180\$ par trimestre pendant 15 ans	5% par trimestre	F ; A	$F = 180(F/A;5\%;60)$
Augmentation de 25\$ par mois pendant 4 ans	1% par mois	P ; G	$P = 25(P/G;1\%;48)$
Montant de 5 000\$ par trimestre pendant 6 ans	1% par mois	A ; P	$A = 5\,000(A/P;3,03\%;24)$

EXEMPLE 4.7

En vue de l'achat d'une automobile, vous songez à demander un prêt de 12 500\$ à 9% d'intérêt par année capitalisé mensuellement. Pour rembourser cet emprunt, vous effectuerez des versements mensuels pendant 4 ans. Déterminez le montant des versements mensuels. Comparez votre solution manuelle à celle qui est effectuée par ordinateur.

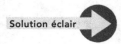

Solution

Vous recherchez la valeur A d'une série de mensualités équivalentes ; la période de paiement ainsi que la période de capitalisation sont toutes deux d'un mois. Suivez les étapes qui s'appliquent lorsque la PP = PC en présence d'une série constante. Le taux d'intérêt mensuel effectif se chiffre à $9\% \div 12 = 0,75\%$, et le nombre de versements s'élève à (4 ans)(12 mois par année) = 48.

Saisissez la formule VPM(9%/12;48;−12500) dans une cellule afin d'y afficher 311,06 $.

La figure 4.6 présente une feuille de calcul complète sur laquelle on a utilisé la fonction VPM dans la cellule B5 en faisant référence à d'autres cellules. Le versement mensuel de 311,06 $ obtenu équivaut à la solution manuelle qui suit, réalisée au moyen de la notation universelle et des tables de facteurs :

$$A = 12\,500\,\$(A/P;0,75\%;48) = 12\,500(0,02489) = 311,13\,\$$$

B5	▾	f_x =VPM(B3/12;B2;-B1)	
		A	B
1	Coût d'achat		12 500 $
2	Nombre de versements		48
3	Taux d'intérêt		9%
4			
5	Versements mensuels		311,06 $
6			
7			=VPM(B3/12;B2;−B1)
8			

FIGURE 4.6
La feuille de calcul de l'exemple 4.7

Remarque

Tant dans la solution manuelle que dans la solution par ordinateur, il ne convient pas d'utiliser le taux annuel effectif $i = 9,381\%$ et $n = 4$ ans pour calculer la mensualité A. La période de paiement, le taux effectif et le nombre de versements doivent tous être basés sur la même période, qui est le mois dans cet exemple.

EXEMPLE 4.8

Costco Canada envisage d'acheter des systèmes automatisés d'inscription des ordonnances pour ses 18 magasins dotés de pharmacies en Alberta et en Colombie-Britannique. Supposez que le coût d'installation de ces systèmes s'élève à 3 millions de dollars et que les charges d'acquisition de matériel, d'exploitation et d'entretien sont estimées à 200 000 $ par année. La durée de vie attendue des systèmes est de 10 ans. Costco Canada souhaite estimer le total des profits qu'elle devra réaliser chaque semestre pour récupérer son investissement, l'intérêt payé et les charges annuelles. Trouvez cette valeur semestrielle A manuellement et par ordinateur, si les fonds d'immobilisations sont évalués à 8 % par année selon deux périodes de capitalisation différentes, soit :

1. 8 % par année capitalisé semestriellement ;
2. 8 % par année capitalisé mensuellement.

Solution

La figure 4.7 présente le diagramme des flux monétaires qui illustre cette situation. Tout au long des 20 périodes semestrielles, les charges annuelles ont lieu 1 période sur 2 ; vous recherchez la valeur semestrielle qui revient tous les 6 mois dans la série du recouvrement du capital. Ce scénario complique considérablement la solution manuelle si vous recourez au facteur P/F plutôt qu'au facteur P/A pour trouver la valeur P des 10 montants annuels de 200 000 $ associés aux charges. Dans pareil cas, il est recommandé d'utiliser un ordinateur pour trouver la solution.

Solution manuelle – taux 1 : Voici un résumé des étapes à suivre pour trouver la valeur semestrielle A :

PP = PC de 6 mois ; taux effectif par semestre à déterminer

Taux semestriel effectif $i = 8\% \div 2 = 4\%$ par semestre capitalisé semestriellement

Nombre de semestres $n = 2(10) = 20$

Calculez la valeur P à l'aide du facteur P/F pour $n = 2, 4, \ldots, 20$ périodes, puisque les charges sont annuelles et non semestrielles. Utilisez ensuite le facteur A/P pour 20 périodes afin de trouver la valeur semestrielle A.

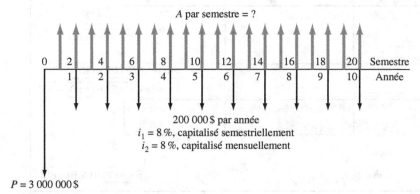

FIGURE 4.7

Le diagramme des flux monétaires illustrant les deux différentes périodes de capitalisation de l'exemple 4.8

$$P = 3\,000\,000 + 200\,000\left[\sum_{k=2,4}^{20} (P/F; 4\%; k)\right]$$

$$= 3\,000\,000 + 200\,000(6{,}6620) = 4\,332\,400\,\$$$

$$A = 4\,332\,400\,\$(A/P; 4\%; 20) = 318\,778\,\$$$

Conclusion: Des profits de 318 778 $ sont nécessaires chaque semestre pour recouvrer tous les coûts ainsi que l'intérêt de 8 % par année capitalisé semestriellement.

Solution manuelle – taux 2: La période de paiement est semestrielle, mais la période de capitalisation est désormais mensuelle. Ainsi, PP > PC. Pour trouver le taux semestriel effectif, il faut appliquer l'équation [4.8] avec les valeurs $r = 4\%$ et $m = 6$ mois par semestre.

$$\text{Taux semestriel effectif } i = \left(1 + \frac{0{,}04}{6}\right)^6 - 1 = 4{,}067\%$$

$$P = 3\,000\,000 + 200\,000\left[\sum_{k=2,4}^{20} (P/F; 4{,}067\%; k)\right]$$

$$= 3\,000\,000 + 200\,000(6{,}6204) = 4\,324\,080\,\$$$

$$A = 4\,324\,080\,\$(A/P; 4{,}067\%; 20) = 320\,064\,\$$$

À présent, il faut 320 064 $ tous les 6 mois, soit 1 286 $ de plus par semestre, pour recouvrer l'intérêt de 8 % par année capitalisé plus fréquemment. Il est à noter que tous les facteurs P/F et A/P doivent être calculés au moyen des formules à 4,067 %. En général, cette méthode exige davantage de calculs et est plus susceptible d'entraîner des erreurs qu'une solution obtenue à l'aide d'un tableur.

Solution par ordinateur – taux 1 et 2: La figure 4.8 présente une solution générale au problème selon les deux taux. (Plusieurs des lignes situées au bas de la feuille de calcul ne sont pas présentées ici. Elles comprennent la suite des flux monétaires de 200 000 $ qui surviennent 1 semestre sur 2 jusqu'à la cellule B32.) Les fonctions entrées dans les cellules C8 et E8 constituent des formules générales pour trouver le taux effectif par période de paiement, laquelle est exprimée en mois. On peut ainsi effectuer une analyse de sensibilité pour différentes périodes de paiement et de périodes de capitalisation. Notez les fonctions employées dans les cellules C7 et E7 pour déterminer la valeur m des relations du taux effectif. Sur une feuille de calcul, cette technique est efficace une fois que la période de paiement et la période de capitalisation sont saisies dans l'unité de temps de la période de capitalisation.

Les flux monétaires de chaque semestre sont indiqués, même lorsque leur valeur est de 0 $, de sorte que les fonctions VAN et VPM fonctionnent correctement. Les valeurs A finales affichées dans les cellules D14 (318 784 $) et F14 (320 069 $) sont les mêmes que celles qui sont obtenues manuellement (si on tient compte des erreurs d'arrondissement).

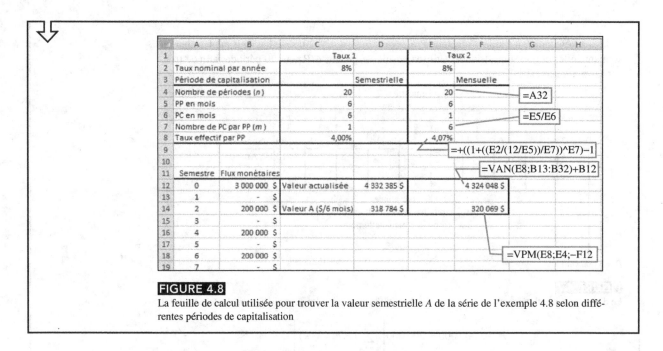

FIGURE 4.8

La feuille de calcul utilisée pour trouver la valeur semestrielle *A* de la série de l'exemple 4.8 selon différentes périodes de capitalisation

4.8 LES RELATIONS D'ÉQUIVALENCE : LES MONTANTS UNIQUES ET LES SÉRIES LORSQUE PP < PC

Si une personne dépose chaque mois de l'argent dans un compte d'épargne dont l'intérêt est capitalisé trimestriellement, tous ses dépôts mensuels rapportent-ils de l'intérêt avant la période de capitalisation trimestrielle à venir ? Si une personne doit effectuer un versement sur sa carte de crédit dont l'intérêt est capitalisé le 15 de chaque mois, mais qu'elle en acquitte le solde en entier le 1er du mois, l'établissement financier réduit-il le montant de l'intérêt dû en raison de ce paiement anticipé ? Généralement, la réponse à ces questions est « non ». Toutefois, si une importante société effectuait plus tôt que prévu un versement mensuel sur un prêt de 10 millions de dollars dont l'intérêt serait capitalisé trimestriellement, il est fort probable que le directeur des finances insisterait auprès de la banque pour que celle-ci réduise le montant de l'intérêt dû en conséquence. Voilà autant d'exemples de situations où PP < PC. Les transactions de flux monétaires entre des points de capitalisation amènent la question du traitement de la « capitalisation entre les périodes ». Fondamentalement, il existe deux politiques en la matière : soit les flux monétaires survenant entre les périodes ne produisent « aucun intérêt », soit ils produisent un « intérêt composé ».

Quand aucun intérêt n'est capitalisé entre les périodes, les dépôts (flux monétaires négatifs) sont tous considérés comme étant effectués à la fin de la période de capitalisation, et les retraits sont tous considérés comme étant effectués au début de la période de capitalisation. À titre d'exemple, lorsque de l'intérêt est capitalisé trimestriellement, tous les dépôts mensuels sont reportés à la fin du trimestre (de sorte qu'aucun intérêt n'est perçu entre les périodes), et tous les retraits sont ramenés au début (de sorte qu'aucun intérêt n'est versé pour le trimestre en cours). Un tel processus peut considérablement modifier la distribution des flux monétaires avant que ne soit appliqué le taux trimestriel effectif pour trouver une valeur *P*, *F* ou *A*. On se retrouve alors dans des situations où PP = PC, dont il était question aux sections 4.6 et 4.7. L'exemple 4.9 illustre ce processus ainsi que la réalité économique qui veut que dans les cas où la capitalisation ne s'effectue qu'à certains moments précis, il n'y a aucun avantage à tirer de paiements anticipés. Évidemment, des facteurs de nature non économique peuvent néanmoins être présents.

EXEMPLE 4.9

Robert travaille à titre d'ingénieur coordonnateur pour la société Aur Resources à Terre-Neuve. À sa mine de cuivre, de zinc et d'or de Duck Pond, un entrepreneur local installe du nouveau matériel d'affinage du minerai. Robert a tracé le diagramme des flux monétaires présenté à la figure 4.9 a) en milliers de dollars du point de vue du projet. Il y a inclus les paiements à l'entrepreneur qu'il a autorisés pour l'année actuelle ainsi que les avances que le siège social de l'entreprise Aur Resources a approuvées. Robert sait que le taux d'intérêt pour les projets d'installation de matériel « sur le terrain » comme celui en cours s'élève à 12 % par année capitalisé trimestriellement, et que Aur Resources ne se soucie pas de la capitalisation de l'intérêt entre les périodes. À la fin de l'année, le bilan financier du projet de Robert sera-t-il positif ou négatif ? Quel sera le montant excédentaire ou déficitaire, le cas échéant ?

Solution

Comme on ne tient pas compte de l'intérêt entre les périodes, la figure 4.9 b) montre les flux monétaires déplacés. Pour calculer la valeur capitalisée après 4 trimestres, il faut déterminer une valeur F à un taux effectif par trimestre : 12 % ÷ 4 = 3 %. Dans la figure 4.9 b), tous les flux monétaires négatifs (soit les paiements à l'entrepreneur) sont reportés à la fin des trimestres pertinents, et tous les flux monétaires positifs (soit les montants reçus du siège social) sont ramenés au début des trimestres pertinents. Calculez la valeur F au taux de 3 %.

$$F = 1\,000[-150(F/P;3\%;4) - 200(F/P;3\%;3) + (-175 + 90)(F/P;3\%;2)$$
$$+ 165(F/P;3\%;1) - 50]$$
$$= -357\,592\$$$

a)

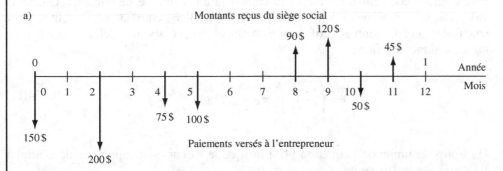

b)

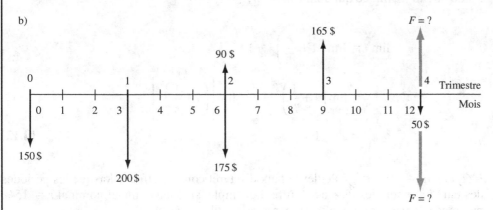

FIGURE 4.9

a) Les flux monétaires réels et b) les flux monétaires déplacés (en milliers de dollars) des périodes de capitalisation trimestrielles sans intérêt entre les périodes à l'exemple 4.9

Robert peut en conclure que le bilan financier du projet sur le terrain sera négatif, avec un déficit d'environ 357 600 $ à la fin de l'année.

Si PP < PC et que l'intérêt est capitalisé entre les périodes, on ne déplace pas les flux monétaires et on détermine les valeurs équivalentes P, F ou A à l'aide du taux d'intérêt effectif par période de paiement. Les relations établies dans le cas de l'économie d'ingénierie sont alors déterminées de la même façon que dans les deux sections précédentes qui s'appliquaient aux situations où PP ≥ PC. Par contre, dans cette situation, la formule du taux d'intérêt effectif comprend une valeur m inférieure à 1, car seule une fraction de la période de capitalisation est comprise dans la période de paiement. Par exemple, en présence de flux monétaires hebdomadaires et d'une capitalisation trimestrielle, il faut que $m = 1/13$ d'un trimestre. Donc, lorsque le taux nominal est de 12 % par année capitalisé trimestriellement (ce qui correspond à 3 % par trimestre capitalisé trimestriellement), le taux effectif par période de paiement est le suivant :

Taux hebdomadaire effectif $i\% = (1{,}03)^{1/13} - 1 = 0{,}228\%$ par semaine

4.9 LES TAUX D'INTÉRÊT EFFECTIFS LORSQUE LA CAPITALISATION EST CONTINUE

Lorsqu'on multiplie la fréquence de la capitalisation, la période de capitalisation devient de plus en plus courte. Alors, la valeur de m, c'est-à-dire le nombre de périodes de capitalisation par période de paiement, augmente. On voit une telle situation se produire dans les entreprises dont les flux monétaires quotidiens sont nombreux. Dans pareil cas, il convient d'envisager la capitalisation continue de l'intérêt. Quand la valeur de m se rapproche de l'infini, il faut reformuler l'équation [4.8] utilisée pour calculer le taux d'intérêt effectif. À titre de rappel, voici d'abord la définition de la base du logarithme népérien :

$$\lim_{h \to \infty}\left(1 + \frac{1}{h}\right)^{h} = e = 2{,}71828\,+ \qquad [4.11]$$

On trouve la limite de l'équation [4.8] lorsque la valeur m se rapproche de l'infini à l'aide de $r/m = 1/h$, ce qui donne $m = hr$.

$$\lim_{m \to \infty} i = \lim_{m \to \infty}\left(1 + \frac{r}{m}\right)^{m} - 1$$

$$= \lim_{h \to \infty}\left(1 + \frac{1}{h}\right)^{hr} - 1 = \lim_{h \to \infty}\left[\left(1 + \frac{1}{h}\right)^{h}\right]^{r} - 1$$

$$\boldsymbol{i = e^{r} - 1} \qquad [4.12]$$

L'équation [4.12] sert à calculer le taux d'intérêt continu effectif lorsque les périodes des taux i et r sont les mêmes. À titre d'exemple, si le taux annuel nominal $r = 15\%$ par année, le taux continu effectif par année est le suivant :

$$i\% = e^{0{,}15} - 1 = 16{,}183\%$$

À des fins de commodité, le tableau 4.3 présente les taux continus effectifs correspondant aux taux nominaux de la liste.

EXEMPLE 4.10

a) Calculez le taux d'intérêt mensuel effectif et le taux d'intérêt annuel effectif correspondant à un taux d'intérêt de 18 % par année capitalisé continuellement.

b) Un investisseur exige un rendement effectif d'au moins 15 %. Déterminez le taux annuel nominal minimum qui est acceptable dans le cas d'une capitalisation continue ?

Solution

a) Le taux mensuel nominal $r = 18\% \div 12 = 1,5\%$ ou 0,015 par mois. Voici le taux mensuel effectif correspondant selon l'équation [4.12]:

$$i\% \text{ par mois} = e^r - 1 = e^{0,015} - 1 = 1,511\%$$

De même, le taux annuel effectif, si $r = 0,18$ par année, est le suivant:

$$i\% \text{ par année} = e^r - 1 = e^{0,18} - 1 = 19,72\%$$

b) À l'aide de l'équation [4.12], déterminez la valeur de r en utilisant le logarithme népérien.

$$e^r - 1 = 0,15$$
$$e^r = 1,15$$
$$\ln e^r = \ln 1,15$$
$$r\% = 13,976\%$$

Ainsi, un taux de 13,976 % par année capitalisé continuellement entraînera un taux de rendement effectif de 15 % par année.

Remarque

Dans le cas de capitalisation continue, voici la formule générale à utiliser pour trouver un taux nominal lorsque l'on connaît le taux effectif i: $r = \ln(1 + i)$.

EXEMPLE 4.11

Les ingénieurs Marc et Suzanne placent tous deux 5 000 $ pendant 10 ans à un taux de 10 % par année. Calculez la valeur capitalisée de leurs placements respectifs, si l'intérêt de Marc est capitalisé annuellement et que celui de Suzanne est capitalisé continuellement.

Solution

Marc – Voici la valeur capitalisée dans le cas de la capitalisation annuelle:

$$F = P(F/P;10\%;10) = 5\,000(2,5937) = 12\,969\,\$$$

Suzanne – À l'aide de l'équation [4.12], trouvez d'abord le taux effectif i par année afin de l'utiliser dans le facteur F/P.

$$\text{Taux effectif } i\% = e^{0,10} - 1 = 10,517\%$$
$$F = P(F/P;10,517\%;10) = 5\,000(2,7183) = 13\,591\,\$$$

La capitalisation continue entraîne un surplus de 622 $. À titre comparatif, une capitalisation quotidienne entraînerait un taux effectif de 10,516 % (et une valeur $F = 13\,590\,\$$) à peine moins élevé que le taux de 10,517 % associé à la capitalisation continue.

Dans le contexte de certaines activités commerciales, des flux monétaires ont lieu tout au long de la journée. Les coûts liés à l'énergie, à l'eau, aux stocks et à la main-d'œuvre comptent parmi les flux monétaires de ce type. Dans un tel cas, une méthode réaliste consiste à accroître la fréquence des flux monétaires de sorte qu'ils deviennent continus. On peut alors effectuer l'analyse économique de flux monétaires continus (également appelés «flux financiers continus») et utiliser la capitalisation continue de l'intérêt décrite précédemment. Différentes expressions doivent être calculées pour les facteurs dans ces cas. En fait, les différences monétaires entre les flux monétaires continus et les flux monétaires discrets associés à des hypothèses de capitalisation discrète sont généralement minimes.

Par conséquent, dans la plupart des études en économie d'ingénierie, l'analyste n'a pas à se servir de ces formules mathématiques pour réaliser une bonne évaluation économique d'un projet et prendre une décision éclairée.

4.10 LES TAUX D'INTÉRÊT VARIABLES

Prêt hypothécaire
à taux variable

↓

Étude de cas

Dans la réalité, les taux d'intérêt d'une entreprise varient d'une année à l'autre en fonction de sa santé financière, de son secteur d'activité, de la conjoncture économique nationale et internationale, des forces de l'inflation ainsi que de nombreux autres facteurs. Par ailleurs, les taux des prêts peuvent augmenter d'une année à l'autre. Les prêts hypothécaires à intérêt variable l'illustrent bien. Dans ce cas, on modifie légèrement le taux d'intérêt chaque année de manière à tenir compte de l'âge du prêt, du coût actuel des fonds hypothécaires, etc. On peut citer un autre exemple de taux d'intérêt qui connaissent une croissance au fil du temps, soit les obligations indexées sur l'inflation émises par le gouvernement canadien, le gouvernement américain, de même que d'autres entités. Les taux des dividendes de telles obligations demeurent constants tout au long de leur durée de vie stipulée, mais le montant forfaitaire dû à leur échéance est ajusté à la hausse en fonction de l'indice d'inflation que constitue l'indice des prix à la consommation (IPC). Le taux de rendement annuel augmente donc chaque année selon l'inflation observée. (Il est également question des obligations et de l'inflation aux chapitres 5 et 14, respectivement.)

Lorsqu'on calcule des valeurs P, F et A à l'aide d'un taux d'intérêt constant ou moyen sur la durée de vie d'un projet, on néglige les hausses et les baisses du taux i. Si le taux i connaît de grandes fluctuations, les valeurs équivalentes varieront considérablement par rapport à celles qui sont calculées au moyen du taux constant. Bien que, dans une étude en économie d'ingénierie, on puisse mathématiquement tenir compte de taux i variables, ce processus exige beaucoup de calculs.

Pour déterminer la valeur P de flux monétaires futurs (F_t) à différents taux i (i_t) pour chaque année t, on recourt à la capitalisation annuelle. On définit alors ce qui suit :

i_t = taux d'intérêt annuel effectif pour l'année t (t = années 1 à n)

Pour déterminer la valeur actualisée, on doit calculer la valeur P de chaque valeur F_t en se servant des taux i_t qui s'appliquent, puis additionner les résultats obtenus. Selon la notation universelle et le facteur P/F,

$$P = F_1(P/F;i_1;1) + F_2(P/F;i_1;1)(P/F;i_2;1) + \cdots \\ + F_n(P/F;i_1;1)(P/F;i_2;1)\cdots(P/F;i_n;1)$$ [4.13]

En présence de montants uniques, soit lorsqu'il n'y a qu'une valeur P et une valeur F à l'année finale n, le dernier terme de l'équation [4.13] consiste en l'expression de la valeur actualisée du flux monétaire futur.

$$\mathbf{P = F_n(P/F;i_1;1)(P/F;i_2;1),\cdots(P/F;i_n;1)}$$ [4.14]

Si on cherche la valeur équivalente A d'une série constante sur n années, il faut d'abord trouver la valeur P au moyen de l'une des deux dernières équations, puis remplacer chaque symbole F_t par le symbole A. Comme la valeur P équivalente a numériquement été déterminée à l'aide des taux variables, cette nouvelle équation comporte une seule inconnue, c'est-à-dire A. L'exemple qui suit illustre ce processus.

EXEMPLE 4.12

L'entreprise CE inc. loue du matériel lourd pour creuser des tunnels. Le bénéfice net tiré de la location de ce matériel a diminué au cours des 4 dernières années, comme le montre le tableau ci-dessous. Dans ce même tableau figurent aussi les taux de rendement annuels du capital investi. Ce rendement a connu une augmentation. Déterminez la valeur actualisée P et la valeur équivalente A de la série constante des bénéfices nets réalisés. Tenez compte de la variation annuelle des taux de rendement.

Année	1	2	3	4
Bénéfice net	70 000 $	70 000 $	35 000 $	25 000 $
Taux annuel	7 %	7 %	9 %	10 %

Solution

La figure 4.10 présente les flux monétaires, les taux annuels et les valeurs équivalentes P et A. L'équation [4.13] est utilisée pour calculer la valeur P. Comme aux années 1 et 2, le bénéfice net s'élève à 70 000 $ et le taux annuel est de 7 %, on peut se servir du facteur P/A, mais seulement pour ces 2 années.

$$P = [70(P/A;7\%;2) + 35(P/F;7\%;2)(P/F;9\%;1)$$
$$+ 25(P/F;7\%;2)(P/F;9\%;1)(P/F;10\%;1)](1\ 000) \qquad [4.15]$$
$$= [70(1,8080) + 35(0,8013) + 25(0,7284)](1\ 000)$$
$$= 172\ 816\ \$$$

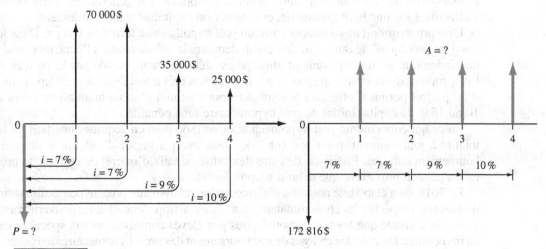

FIGURE 4.10

Les valeurs P et A équivalentes dans le cas de taux d'intérêt variables à l'exemple 4.12

Pour déterminer l'annuité équivalente de la série, remplacez toutes les valeurs des bénéfices nets par le symbole A du côté droit de l'équation [4.15], établissez l'égalité avec $P = 172\,816\,\$$, puis déterminez la valeur A. Cette équation tient compte des taux variables i de chaque année. La figure 4.10 présente la transformation du diagramme des flux monétaires correspondante.

$$172\ 816\ \$ = A[(1,8080) + (0,8013) + (0,7284)] = A[3,3377]$$
$$A = 51\ 777\ \$ \text{ par année}$$

Remarque

Si on utilise la moyenne des 4 taux annuels, soit 8,25 %, on obtient le résultat $A = 52\,467\,\$$, ce qui constitue une surestimation de 690 $ par année du montant équivalent recherché.

Lorsque l'année 0 comporte un flux monétaire et que les taux d'intérêt varient annuellement, on doit inclure ce flux monétaire dans les calculs au moment de déterminer la valeur P. Quand on recherche l'annuité équivalente A d'une série constante sur l'ensemble des années, y compris l'année 0, il importe d'inclure ce flux monétaire initial dans les calculs à la période $t = 0$. Pour ce faire, il faut intégrer la valeur du facteur $(P/F;i_0;0)$ à la relation servant à déterminer A. Cette valeur est toujours de 1,00. Il est également possible de trouver la valeur A à l'aide de la relation de la valeur capitalisée pour F à l'année n. Dans ce cas, on détermine la valeur A en utilisant le facteur F/P, et on tient compte du flux monétaire à l'année n en recourant au facteur $(F/P;i_n;0) = 1,00$.

4.11 LES PRÊTS HYPOTHÉCAIRES

Pour acheter une maison ou tout autre type de propriété résidentielle, on contracte souvent un prêt hypothécaire auprès d'une banque. Au Canada, il est possible d'amortir un tel prêt sur une période allant jusqu'à 25 ans. La période d'amortissement correspond à la période nécessaire pour rembourser le prêt en entier. L'échéance du prêt hypothécaire indique la durée de l'entente juridique, qui va de 6 mois à 10 ans. À chaque échéance, l'emprunteur doit de nouveau choisir les modalités de remboursement de son prêt hypothécaire.

Il existe un grand nombre de prêts hypothécaires possibles, certains offrant des taux d'intérêt qui demeurent fixes jusqu'à l'échéance, d'autres offrant des taux d'intérêt qui varient en fonction du taux directeur de la Banque du Canada ou du taux préférentiel accordé par le prêteur. Tant dans le cas d'un prêt hypothécaire à taux fixe qu'à taux variable, les versements périodiques demeurent constants jusqu'à l'échéance. Par contre, lorsqu'un taux d'intérêt fluctue, une part plus ou moins importante des versements sert à rembourser le montant emprunté, nommé « capital ». En général, les versements s'effectuent sur une base mensuelle, et l'intérêt est capitalisé semestriellement.

L'emprunteur doit aussi choisir entre un prêt hypothécaire fermé ou ouvert. Dans le cas d'un prêt fermé, le taux d'intérêt établi demeure le même jusqu'à l'échéance, mais une indemnité de remboursement anticipé est généralement exigée par le prêteur si l'emprunteur rembourse, renégocie ou refinance son prêt avant l'échéance. Cependant, il est parfois permis d'effectuer le remboursement annuel d'un montant allant jusqu'à 10 ou 15 % du capital initial du prêt hypothécaire sans pénalité.

En ce qui concerne un prêt hypothécaire ouvert, on peut en acquitter une part ou la totalité à tout moment avant son échéance sans avoir à verser d'indemnité de remboursement anticipé. En raison de cette flexibilité, le taux d'intérêt de ce type de prêt est en général plus élevé que celui d'un prêt fermé.

En 2011, on a établi une nouvelle réglementation relative aux prêts hypothécaires afin d'essayer d'empêcher les consommateurs canadiens de trop s'endetter. Le gouvernement a en effet constaté que les taux hypothécaires peu élevés contribuaient aux spéculations en immobilier. De plus, les charges de remboursement des prêts hypothécaires exigeaient désormais une proportion exceptionnellement élevée du revenu des ménages dans certaines villes, charges par ailleurs appelées à augmenter encore davantage advenant la hausse des taux d'intérêt. Au Canada, pour obtenir un prêt hypothécaire conventionnel, l'emprunteur doit verser une mise de fonds d'au moins 20 % de la valeur de la propriété. Si sa mise de fonds est inférieure à ce pourcentage, il doit contracter une assurance auprès de la Société canadienne d'hypothèques et de logement. Cette assurance peut lui coûter jusqu'à 2,75 % du montant emprunté et réduire la période d'amortissement maximale de 35 à 30 ans. Enfin, pour être admissible à un prêt hypothécaire, l'emprunteur doit montrer qu'il est en mesure d'effectuer les versements d'un prêt hypothécaire à taux fixe de 5 ans. Les changements apportés à cette même loi en 2012 réduisent à nouveau la période d'amortissement admissible, qui passe de 30 à 25 ans.

Comme le montant versé au cours de la durée de vie d'un prêt hypothécaire peut être considérable, il s'avère judicieux de comparer les différentes conditions des possibilités offertes.

EXEMPLE 4.13

Fatima vient d'acheter une maison au coût de 200 000 $. Elle a versé une mise de fonds de 50 000 $ et a financé la différence à l'aide d'un prêt hypothécaire fermé de 25 ans à 8 % d'intérêt capitalisé semestriellement, dont la période de paiement est mensuelle. Supposez qu'à chaque échéance, Fatima renouvelle ce prêt au même taux. Déterminez le montant total (T) auquel s'élèvera son investissement quand elle aura fini de rembourser son prêt en entier.

Solution

Cette situation exige le calcul d'un taux d'intérêt effectif pour une série où la période de paiement est plus courte que la période de capitalisation. Supposez que l'intérêt entre les périodes est capitalisé. Alors, on a :

$$\text{Taux mensuel effectif } i\% = (1 + 0,08/2)^{1/6} - 1 = 0,6558\,\% \text{ par mois}$$
$$N = (25 \text{ ans})(12 \text{ mois/année}) = 300 \text{ mois}$$
$$A = 150\,000(A/P;0,6558;300) = 1\,144,80\,\$/\text{mois}$$

Fatima a fait une mise de fonds de 50 000 $ et rembourse son prêt hypothécaire pendant 25 ans. Donc,

$$T = 50\,000\,\$ + 1\,144,80\,\$\big(300 \text{ mois}\big)$$
$$T = 343\,400\,\$$$

RÉSUMÉ DU CHAPITRE

Dans de nombreuses situations réelles, la fréquence des flux monétaires et la période de capitalisation diffèrent de 1 an. Il s'avère donc nécessaire d'utiliser des taux d'intérêt nominaux et effectifs. Lorsqu'un taux nominal r est stipulé, on détermine le taux effectif par période de paiement au moyen de l'équation du taux d'intérêt effectif que voici :

$$\textbf{Taux effectif } i = \left(1 + \frac{r}{m}\right)^m - 1$$

Le symbole m désigne le nombre de périodes de capitalisation (PC) par période de paiement (PP). Quand la capitalisation de l'intérêt est de plus en plus fréquente, la durée de la période de capitalisation se rapproche de zéro, ce qui entraîne une capitalisation continue. Alors, le taux effectif i devient $e^r - 1$.

En économie d'ingénierie, tous les facteurs exigent l'utilisation d'un taux d'intérêt effectif. Les valeurs i et n inscrites dans un facteur dépendent du type de série de flux monétaires. En présence de montants uniques seulement (P et F), il existe plusieurs façons de calculer les équivalences à l'aide des facteurs. Cependant, dans le cas de séries de flux monétaires (A, G et g), une seule combinaison de taux effectif i et de nombre de périodes n convient pour les facteurs. Il faut alors tenir compte de la durée relative de la période de paiement et de la période de capitalisation au moment de déterminer les valeurs i et n. Pour que les facteurs rendent correctement compte de la valeur temporelle de l'argent, le taux d'intérêt et la période de paiement doivent reposer sur la même unité de temps.

D'une année (ou période d'intérêt) à l'autre, il arrive que les taux d'intérêt varient. Pour bien calculer les équivalences P et A lorsque des taux fluctuent considérablement, il faut se servir du taux d'intérêt qui s'applique, et non d'un taux moyen ou constant. Qu'on se tourne vers une solution manuelle ou par ordinateur, les processus et les facteurs sont les mêmes que ceux qui sont employés pour les taux d'intérêt constants, sauf que le nombre de calculs augmente.

PROBLÈMES

Les taux nominaux et les taux effectifs

4.1 Déterminez la période de capitalisation des taux d'intérêt suivants :
a) 1 % par mois ;
b) 2,5 % par trimestre ;
c) 9,3 % par année capitalisé semestriellement.

4.2 Déterminez la période de capitalisation des taux d'intérêt suivants :
a) un taux nominal de 7 % par année capitalisé trimestriellement ;
b) un taux effectif de 6,8 % par année capitalisé mensuellement ;
c) un taux effectif de 3,4 % par trimestre capitalisé hebdomadairement.

4.3 Calculez le nombre de fois dont l'intérêt serait capitalisé au cours d'une année dans le cas des taux suivants :
a) 1 % par mois ;
b) 2 % par trimestre ;
c) 8 % par année capitalisé semestriellement.

4.4 Dans le cas d'un taux d'intérêt de 10 % par année capitalisé trimestriellement, calculez combien de fois l'intérêt serait capitalisé :
a) par trimestre ;
b) par année ;
c) par période de 3 ans.

4.5 Dans le cas d'un taux d'intérêt de 0,50 % par trimestre, évaluez le taux d'intérêt nominal :
a) par semestre ;
b) par année ;
c) par période de 2 ans.

4.6 Dans le cas d'un taux d'intérêt de 12 % par année capitalisé tous les 2 mois, évaluez le taux d'intérêt nominal :
a) par période de 4 mois ;
b) par période de 6 mois ;
c) par période de 2 ans.

4.7 Dans le cas d'un taux d'intérêt de 10 % par année capitalisé trimestriellement, évaluez le taux nominal :
a) par période de 6 mois ;
b) par période de 2 ans.

4.8 Déterminez si les taux d'intérêt suivants sont nominaux ou effectifs :
a) 1,3 % par mois ;
b) 1 % par semaine capitalisé hebdomadairement ;
c) un taux nominal de 15 % par année capitalisé mensuellement ;
d) un taux effectif de 1,5 % par mois capitalisé quotidiennement ;
e) 15 % par année capitalisé semestriellement.

4.9 Quel taux d'intérêt effectif par semestre équivaut à 14 % par année capitalisé semestriellement ?

4.10 À quel taux d'intérêt effectif par année un taux d'intérêt de 16 % par année capitalisé trimestriellement équivaut-il ?

4.11 Quel taux d'intérêt nominal par année équivaut à un taux effectif de 16 % par année capitalisé semestriellement ?

4.12 Quel taux d'intérêt effectif par année équivaut à un taux effectif de 18 % par année capitalisé semestriellement ?

4.13 Quelle période de capitalisation est associée aux taux nominal et effectif de 18 % et de 18,81 % par année, respectivement ?

4.14 À quel taux effectif par période de 2 mois un taux d'intérêt de 1 % par mois équivaut-il ?

4.15 À quels taux nominal et effectif par 6 mois un taux d'intérêt de 12 % par année capitalisé mensuellement équivaut-il ?

4.16 a) À quel taux d'intérêt hebdomadaire un taux d'intérêt de 6,8 % par semestre capitalisé hebdomadairement équivaut-il ?
b) Le taux hebdomadaire est-il nominal ou effectif ? Considérez qu'une période de 6 mois comprend 26 semaines.

Les périodes de paiement et de capitalisation

4.17 Des dépôts de 100 $ par semaine sont effectués dans un compte d'épargne qui rapporte un taux d'intérêt de 6 % par année capitalisé trimestriellement. Déterminez la période de paiement et la période de capitalisation.

4.18 Une certaine banque se vante d'offrir une capitalisation trimestrielle pour les comptes de chèques commerciaux. Quelle période de paiement et quelle période de capitalisation sont associées aux dépôts d'encaissements quotidiens ?

4.19 Déterminez le facteur *F/P* pour 3 ans à un taux d'intérêt de 8 % par année capitalisé trimestriellement.

4.20 Déterminez le facteur *P/G* pour 5 ans à un taux d'intérêt effectif de 6 % par année capitalisé semestriellement.

Les équivalences des montants uniques et des séries

4.21 Le coût d'une usine appelée à produire de l'éthanol à partir d'éléments végétaux non comestibles à Prince Albert, en Saskatchewan, est estimé à 14 millions de dollars. Quel montant forfaitaire doit-on mettre de côté maintenant pour disposer de la somme nécessaire dans 2 ans, si ce placement procure un taux d'intérêt de 14 % par année capitalisé continuellement ?

4.22 Une entreprise qui se spécialise dans la conception de logiciels de sécurité en ligne souhaite disposer de 85 millions de dollars dans 3 ans afin de verser des dividendes en actions. Pour atteindre cet objectif, quel montant l'entreprise doit-elle placer maintenant dans un compte qui offre un taux d'intérêt de 8 % par année capitalisé trimestriellement ?

4.23 En analysant des données relatives aux charges, un ingénieur constate qu'il lui manque les renseignements concernant les 3 premières années. Il sait cependant qu'à l'année 4, les charges se sont élevées à 1 250 $, puis qu'elles ont annuellement augmenté de 5 % par la suite. Si cette même tendance s'applique également aux 3 premières années, calculez les charges de l'année 1.

4.24 À quel montant d'il y a 8 ans une somme actuelle de 5 000 $ présentant un taux d'intérêt de 8 % par année capitalisé semestriellement équivaut-elle ?

4.25 Les utilisateurs de téléphones cellulaires sont de plus en plus conscients des risques du débit d'absorption spécifique (DAS) pour leur santé. Dans le cas de la plupart des téléphones cellulaires, ce débit s'élève à 1,6 watt par kilogramme (W/kg) de tissus biologiques. Une nouvelle entreprise de téléphones cellulaires estime que la publicité de son DAS moins dommageable de 1,2 W/kg lui permettra d'augmenter ses ventes de 1,2 million de dollars dans 3 mois, lorsqu'elle lancera ses appareils sur le marché. Si le taux d'intérêt se chiffre à 20 % par année capitalisé trimestriellement, quel montant maximal cette entreprise peut-elle se permettre d'investir maintenant dans une telle publicité pour atteindre le point mort ?

4.26 La technologie de l'identification par radiofréquence (IRF) est utilisée par les conducteurs qui se servent de laissez-passer prépayés aux postes de péage ainsi que par les éleveurs qui assurent la traçabilité du bétail de la ferme à la table. Walmart envisage de commencer à exploiter cette technologie pour effectuer le suivi de ses produits dans ses magasins. On suppose que l'identification de ces produits par radiofréquence permettra à l'entreprise d'améliorer la gestion de ses stocks et ainsi d'économiser 1,3 million de dollars par mois ; cette économie commencera dans 3 mois. Quel montant Walmart peut-elle se permettre d'investir maintenant dans son implantation, avec un taux d'intérêt de 12 % par année capitalisé mensuellement, si elle désire récupérer son investissement d'ici 2,5 ans ?

4.27 Un directeur d'usine veut connaître la valeur actualisée des charges d'entretien d'une certaine chaîne de montage. L'ingénieur industriel qui a conçu le système estime que les charges d'entretien devraient être nulles au cours des 3 premières années, s'élever à 2 000 $ à l'année 4, à 2 500 $ à l'année 5, puis à des montants augmentant annuellement de 500 $ jusqu'à l'année 10. Calculez la valeur actualisée des charges d'entretien à un taux d'intérêt de 8 % par année capitalisé semestriellement.

4.28 Les cartes vidéo basées sur le très populaire processeur GeForce2 GTS de Nvidia coûtent généralement 250 $. Nvidia a lancé une version allégée de la puce, qui coûte 150 $. Si un certain concepteur de jeux vidéo achète 3 000 puces par trimestre, quelle est la valeur actualisée de l'économie réalisée grâce à la puce à coût réduit sur une période de 2 ans, selon un taux d'intérêt de 16 % par année capitalisé trimestriellement ?

4.29 La société Exotic Faucets and Sinks ltd. affirme que son nouveau robinet à capteur infrarouge peut permettre à n'importe quel ménage de deux enfants ou plus d'économiser au moins 30 $ par mois en frais de distribution d'eau à compter de 1 mois après son installation. Si ce robinet est entièrement garanti pendant 5 ans, calculez le montant minimal qu'une famille pourrait se permettre d'investir maintenant dans un tel robinet à un taux d'intérêt de 6 % par année capitalisé mensuellement.

4.30 La division des produits optiques de Panasonic planifie une expansion de 3,5 millions de dollars pour ses installations en vue de la fabrication de son puissant appareil photo à focale variable Lumix DMC. Si l'entreprise utilise un taux d'intérêt de 20 % par année capitalisé trimestriellement pour tous ses nouveaux investissements, quel bénéfice constant par trimestre doit-elle réaliser afin de récupérer son investissement en 3 ans ?

4.31 Thermal Systems, une société spécialisée dans l'élimination des odeurs, a déposé 10 000 $ au moment présent, 25 000 $ à la fin du mois 6 et 30 000 $ à la fin du mois 9. Déterminez la valeur capitalisée (à la fin de l'année 1) des dépôts effectués à un taux d'intérêt de 16 % par année capitalisé trimestriellement.

4.32 La société Lotus Development offre un programme de location d'applications en ligne appelé SmartSuite. Certains programmes sont accessibles au coût de 2,99 $ pour 48 heures. Si une entreprise de construction utilise ce service en moyenne 48 heures par semaine, quelle est la valeur actualisée des frais de location pour 10 mois à un taux d'intérêt de 1 % par mois capitalisé hebdomadairement (on suppose que chaque mois compte 4 semaines) ?

4.33 L'entreprise Superior Iron and Steel envisage de se lancer dans le commerce électronique. Un modeste progiciel de cybercommerce est offert au coût de 20 000 $. Si l'entreprise souhaite récupérer son investissement en 2 ans, quels profits équivalents doit-elle réaliser tous les 6 mois, selon un taux d'intérêt de 3 % par trimestre ?

4.34 Les redevances versées aux détenteurs de droits miniers ont tendance à diminuer au fil du temps, alors que les ressources s'épuisent. Dans un certain cas en particulier, une détentrice de tels droits a reçu un chèque de redevances de 18 000 $, et ce, 6 mois après la signature du contrat de concession. Ensuite, tous les 6 mois, elle a continué à recevoir des chèques dont le montant subissait toutefois une baisse de 2 000 $ chaque fois. Selon un taux d'intérêt de 6 % par année capitalisé semestriellement, calculez la valeur semestrielle constante équivalente des redevances au cours des 4 premières années.

4.35 La société Scott Specialty Manufacturing songe à réunir l'ensemble de ses services électroniques. Elle peut acheter des services de courriel et de télécopieur sans fil moyennant 6,99 $ par mois. De plus, pour 14,99 $ par mois, elle peut obtenir un accès Internet illimité de même qu'à des fonctions d'organisation personnelle. Pour un contrat de 2 ans, quelle est la valeur actualisée de la différence entre les divers services, selon un taux d'intérêt de 12 % par année capitalisé mensuellement ?

4.36 Magnetek Instrument and Controls, un fabricant de jaugeurs, s'attend à ce que les ventes d'un de ses modèles augmentent de 20 % tous les 6 mois jusque dans un avenir prévisible. Si dans 6 mois, ces ventes doivent atteindre 150 000 $ selon les estimations, déterminez leur valeur semestrielle équivalente pour une période de 5 ans à un taux d'intérêt de 14 % par année capitalisé semestriellement.

4.37 Selon ses projections, l'entreprise Metalfab Pump and Filter croit que le coût des pièces en acier de certaines soupapes augmentera de 2 $ tous les 3 mois. Si elle s'attend à ce qu'au premier trimestre, ce coût s'élève à 80 $, quelle est la valeur actualisée des coûts pour une période de 3 ans à un taux d'intérêt de 3 % par trimestre ?

4.38 Fieldsaver Technologies, un fabricant de matériel de laboratoire de précision, a emprunté 2 millions de dollars pour rénover l'un de ses laboratoires d'essai. Il a ensuite remboursé ce prêt en 2 ans en effectuant des versements trimestriels qui augmentent de 50 000 $ chaque fois. Si le taux d'intérêt s'élevait à 3 % par trimestre, quel était le montant du premier versement trimestriel ?

4.39 Déterminez la valeur actualisée (à la période 0) des flux monétaires ci-dessous en utilisant un taux d'intérêt de 18 % par année capitalisé mensuellement.

Mois	Flux monétaires ($/mois)
0	1 000
1 à 12	2 000
13 à 28	3 000

4.40 Les flux monétaires (en milliers de dollars) associés au nouveau lecteur de musique numérique de Barkley Sound figurent dans le tableau ci-dessous. Déterminez la valeur constante équivalente des trimestres 0 à 8 correspondant aux flux monétaires présentés selon un taux d'intérêt de 16 % par année capitalisé trimestriellement.

Trimestre	Flux monétaires (milliers de dollars/trimestre)
1	1 000
2 et 3	2 000
5 à 8	3 000

Les équivalences lorsque PP < PC

4.41 Un ingénieur dépose 300 $ par mois dans un compte d'épargne qui offre un taux d'intérêt de 6 % par année capitalisé semestriellement. Quel montant ce compte contiendra-t-il au bout de 15 ans ? Supposez qu'aucune capitalisation n'est effectuée entre les périodes.

4.42 Dans la première centrale électrique canadienne à faible émission de CO_2 construite en Alberta par la société EPCOR Power Generation, on a décidé d'exploiter la technologie de la gazéification du charbon. Ainsi, on produira des gaz de synthèse propres à partir du charbon, qui actionneront ensuite une turbine à gaz pour produire de l'électricité. Le CO_2 émis sera emprisonné dans des formations souterraines naturelles. On suppose que le coût du processus d'emprisonnement se chiffre à 0,019 $/kWh. Déterminez la valeur actualisée du coût supplémentaire au cours d'une période de 3 ans lorsque 100 000 kWh d'énergie sont utilisés chaque mois, en supposant que le taux d'intérêt est de 12 % par année capitalisé trimestriellement.

4.43 À la période $t = 0$, une ingénieure dépose 10 000 $ dans un compte qui rapporte un taux d'intérêt de 8 % par année capitalisé semestriellement. Si elle en retire 1 000 $ aux mois 2, 11 et 23, quelle sera la valeur totale de ce compte au bout de 3 ans ? Supposez qu'aucune capitalisation n'est effectuée entre les périodes.

4.44 Pour les transactions présentées dans le tableau ci-dessous, déterminez le montant que contiendra le compte à la fin de l'année 3, si le taux d'intérêt s'élève à 8 % par année capitalisé semestriellement. Supposez qu'aucune capitalisation n'est effectuée entre les périodes.

Fin du trimestre	Montant du dépôt ($/trimestre)	Montant du retrait ($/trimestre)
1	900	
2 à 4	700	
7	1 000	2 600
11	—	1 000

4.45 À l'occasion, la société Bonanza Creek Gold Mine loue un hélicoptère au coût de 495 $ l'heure. Si elle utilise cet hélicoptère en moyenne 2 jours par mois à raison de 6 heures par jour, quelle est la valeur capitalisée équivalente des coûts pendant 1 an, selon un taux d'intérêt de 6 % par année capitalisé trimestriellement ? Considérez ces coûts comme des dépôts.

La capitalisation continue

4.46 Quel taux d'intérêt annuel effectif capitalisé continuellement équivaut à un taux nominal de 13 % par année ?

4.47 Quel taux d'intérêt semestriel effectif équivaut à un taux nominal de 2 % par mois capitalisé continuellement ?

4.48 Quel taux nominal trimestriel équivaut à un taux effectif de 12,7 % par année capitalisé continuellement ?

4.49 Des problèmes de corrosion et des défauts de fabrication ont affaibli les joints des soudures longitudinales de gazoducs entre

Regina et Winnipeg. En conséquence, la pression a diminué à 80 % de sa valeur de départ. Si cette baisse de pression entraîne une réduction de l'acheminement de gaz de 100 000 $ par mois, quelle sera la valeur des profits perdus après une période de 2 ans, selon un taux d'intérêt de 15 % par année capitalisé continuellement ?

4.50 La Ville d'Halifax envisage de convertir ses autobus de transport en commun au biodiesel. Si l'économie de carburant réalisée chaque mois se chiffre à 6 000 $, quel montant la Ville peut-elle se permettre de consacrer au processus de conversion pour récupérer son investissement en 5 ans à un taux d'intérêt de 18 % par année capitalisé continuellement ?

4.51 Une entreprise de produits chimiques établie à Taiwan a dû demander la protection de la loi sur les faillites en raison de l'élimination progressive de l'éther méthyltertiobutylique à l'échelle nationale. Si l'entreprise réorganise ses activités et investit 50 millions de dollars dans de nouvelles immobilisations de production d'éthanol, quel profit devra-t-elle réaliser chaque mois pour récupérer son investissement en 3 ans à un taux d'intérêt de 2 % par mois capitalisé continuellement ?

4.52 Pour disposer d'un montant de 85 000 $ dans 4 ans en vue de remplacer son matériel, une entreprise de construction songe à investir immédiatement dans des obligations de première qualité émises par des sociétés. Si ces obligations offrent un taux d'intérêt de 6 % par année capitalisé continuellement, quel montant l'entreprise doit-elle investir ?

4.53 Quel temps faudrait-il pour qu'un investissement forfaitaire double de valeur à un taux d'intérêt de 1,5 % par mois capitalisé continuellement ?

4.54 Quel taux d'intérêt mensuel effectif capitalisé continuellement serait nécessaire pour qu'un seul dépôt triple de valeur en 5 ans ?

4.55 Quel montant un fabricant d'épurateurs à lit fluidisé pourrait-il se permettre de dépenser maintenant plutôt que de dépenser 150 000 $ à l'année 5, si le taux d'intérêt est de 10 % des années 1 à 3 et de 12 % aux années 4 et 5 ?

4.56 Quelle est la valeur capitalisée à l'année 8 d'un montant actuel de 50 000 $, si le taux d'intérêt se chiffre à 10 % par année des années 1 à 4 et à 1 % par mois des années 5 à 8 ?

4.57 Pour les flux monétaires présentés dans le tableau ci-dessous, déterminez : a) la valeur capitalisée à l'année 5 ; b) la valeur équivalente A des années 0 à 5.

Année	Flux monétaires ($/année)	Taux d'intérêt par année (%)
0	5 000	12
1 à 4	6 000	12
5	6 000	20

4.58 Pour les séries de flux monétaires présentées dans le tableau ci-dessous, trouvez la valeur équivalente A des années 1 à 5.

Année	Flux monétaires ($/année)	Taux d'intérêt par année (%)
0	0	
1 à 3	5 000	10
4 et 5	7 000	12

LE FINANCEMENT D'UNE PROPRIÉTÉ RÉSIDENTIELLE

Introduction

L'un des éléments les plus importants à considérer au moment de l'achat d'une propriété est son financement. Pour financer l'acquisition d'une propriété résidentielle, il existe de nombreux moyens, chacun comportant des avantages qui en font la méthode de premier choix selon la situation. La présente étude de cas porte sur la sélection d'une méthode plutôt qu'une autre. Deux modes de financement sont décrits en détail. Le plan A fait déjà l'objet d'une évaluation, et il vous revient d'évaluer le plan B ainsi que d'effectuer quelques analyses supplémentaires.

Le critère à considérer pour prendre votre décision est de choisir le plan de financement dans lequel le montant restant à la fin d'une période de 10 ans est le plus élevé. Pour ce faire, calculez la valeur capitalisée de chaque plan, puis optez pour celui dont la valeur capitalisée est la plus élevée.

Plan	Description
A	Taux d'intérêt fixe de 8 % par année sur 10 ans ; mise de fonds de 10 % ; amortissement sur 20 ans.
B	Taux variable de 6 % sur 5 ans, renouvelé pour la période de 5 ans subséquente (taux = 6 % aux années 1 et 2 ; 6,5 % à l'année 3 ; 7 % aux années 4 et 5 ; 8 % aux années 6 et 7 ; 9 % à l'année 8 ; 10 % à l'année 9 ; 10,5 % à l'année 10) ; mise de fonds de 10 %.

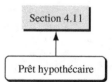

Section 4.11

Prêt hypothécaire

Renseignements supplémentaires :

- Le condo coûte 200 000 $.
- Dans 10 ans, ce même condo se vendra 250 000 $ (produit net après déduction des charges).
- Le montant des taxes et des assurances s'élève à 300 $ par mois.
- Le montant disponible s'élève à un maximum de 40 000 $ pour la mise de fonds et à 1 800 $ par mois, y compris pour les taxes et les assurances.
- Les charges liées à ce nouveau prêt hypothécaire sont les suivantes : frais d'évaluation = 200 $; inspection du condo = 300 $; droits de mutation immobilière = 2 000 $; frais juridiques = 1 500 $; assurance des titres de propriété = 250 $; frais d'assurance pour prêt hypothécaire à quotité de financement majorée (mise de fonds de moins de 25 %) = 2 % du prêt hypothécaire pour une mise de fonds de 10 %.
- La période d'amortissement est de 20 ans.
- Tout montant non consacré à la mise de fonds ni aux mensualités rapporte un taux d'intérêt de 0,25 % par mois exempt d'impôt.

Analyse des plans de financement

Plan A : Taux fixe de 10 ans

Montant initial requis :	
a) Mise de fonds (10 % de 200 000 $)	20 000 $
b) Frais d'évaluation	200
c) Inspection du condo	300
d) Droits de mutation immobilière	2 000
e) Frais juridiques	1 500
f) Assurance des titres de propriété	250
g) Frais d'assurance (2 % du prêt hypothécaire)	3 600
Total	27 850 $

Le montant du prêt s'élève à 180 000 $. La mensualité équivalente incluant le capital et l'intérêt est déterminée selon un taux de 8 %/12 par mois pendant 20(12) = 240 mois.

$$A = 180\ 000(A/P;8\%/12;240)$$
$$= 1\ 440\ \$$$

On additionne ensuite la mensualité des taxes et des assurances à celle du capital et de l'intérêt, ce qui donne la mensualité totale VPM_A suivante :

$$\text{VPM}_A = 1\ 440 + 300$$
$$= 1\ 740\ \$$$

On peut ensuite déterminer la valeur capitalisée du plan A en additionnant trois valeurs capitalisées, soit celle des fonds restants non utilisés pour la mise de fonds ni les frais initiaux (F_{1A}) ; celle des fonds restants non utilisés pour les mensualités (F_{2A}) ; et celle de la prise de valeur du condo (F_{3A}). Comme le montant non dépensé rapporte un taux d'intérêt de 0,25 % par mois, dans 10 ans, la première valeur capitalisée sera la suivante :

$$F_{1A} = (40\,000 - 27\,850)(F/P;0,25\%;120)$$
$$= 16\,395\,\$$$

Le montant disponible non consacré aux mensualités s'élève à $1\,800\,\$ - 1\,740 = 60\,\$$. Voici sa valeur capitalisée dans 10 ans :

$$F_{2A} = 60(F/A;0,25\%;120)$$
$$= 8\,384\,\$$$

Le montant net qu'il restera de la vente du condo correspond à la différence entre son prix de vente net et le solde du prêt. Voici le solde du prêt :

$$\text{Solde du prêt} = 180\,000\,(F/P;8\%/12;120) - 1\,440\,(F/A;8\%/12;120)$$
$$= 405\,000 - 265\,003$$
$$= 139\,997\,\$$$

Comme le produit net de la vente du condo s'élève à 250 000 $, le calcul suivant s'impose :

$$F_{3A} = 250\,000 - 139\,997$$
$$= 110\,003\,\$$$

Voici donc la valeur capitalisée totale du plan A :

$$F_A = F_{1A} + F_{2A} + F_{3A}$$
$$= 16\,395 + 8\,384 + 110\,003$$
$$= 134\,782\,\$$$

Exercices de l'étude de cas

1. Évaluez le plan B et choisissez le meilleur mode de financement.

2. À quel montant total l'intérêt payé dans le plan A au cours de la période de 10 ans s'élève-t-il ?

3. À quel montant total l'intérêt payé dans le plan B au cours de la période de 10 ans s'élève-t-il ?

4. Comparez les plans A et B à la valeur capitalisée de la location du condominium à 1 000 $ par mois. Supposez que le montant de 20 000 $ qui devait servir à la mise de fonds sert à l'achat d'un certificat de placement garanti de 10 ans offrant un taux d'intérêt de 5 %. Supposez également que le montant du loyer augmente de 3 % par année et que la différence entre le loyer et les versements hypothécaires est placée à un taux de 5 % par année.

LE CALCUL D'UN TAUX D'INTÉRÊT EFFECTIF

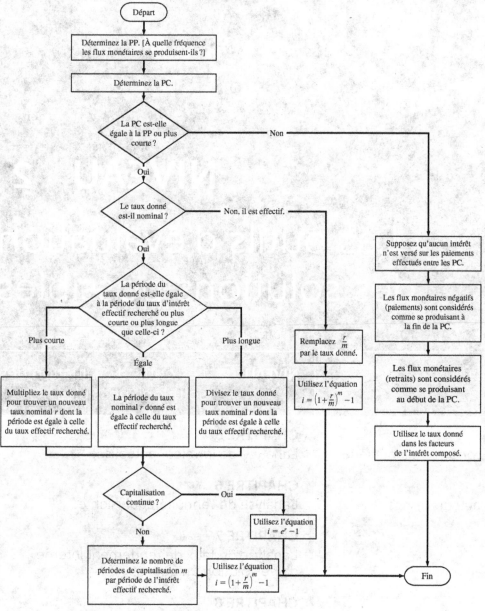

Source : Mathias Sutton, Ph. D., Université Purdue.

NIVEAU 2
Les outils d'évaluation des solutions possibles

Les solutions d'ingénierie visent normalement à résoudre un problème ou à produire des résultats déterminés. En économie d'ingénierie, chaque solution comporte une estimation des flux monétaires de l'investissement initial, des revenus et des charges périodiques (généralement annuels) et, possiblement, de la valeur de récupération à la fin de la durée estimée. Les chapitres du niveau 2 présentent les quatre méthodes servant à l'évaluation économique des solutions à partir des formules et des facteurs décrits dans les chapitres du niveau 1.

Dans la pratique professionnelle, il arrive souvent que la méthode d'évaluation et les paramètres nécessaires à l'analyse économique ne soient pas précisés. Le chapitre 10 propose des outils pour choisir la méthode d'évaluation qui convient le mieux à l'analyse. On y aborde ensuite la question fondamentale du choix d'un taux de rendement acceptable minimum (TRAM) et l'éternel dilemme portant sur l'importance des facteurs non économiques dans le choix d'une solution.

Remarque importante: Si l'on doit tenir compte de la dépréciation ou de l'analyse après impôt dans le contexte des méthodes d'évaluation proposées aux chapitres 5 à 9, il est recommandé de lire le chapitre 15 ou le chapitre 16, préférablement à la suite du chapitre 6.

NIVEAU ③ La prise de décisions dans la réalité

CHAPITRE 11
Les décisions de remplacement et de conservation

CHAPITRE 12
Le choix parmi des projets indépendants en cas de restriction budgétaire

CHAPITRE 13
L'analyse du point mort

NIVEAU ④ L'approfondissement de l'étude

CHAPITRE 14
L'incidence de l'inflation

CHAPITRE 15
Les méthodes d'amortissement

CHAPITRE 16
La fiscalité et l'analyse économique

CHAPITRE 17
L'analyse de sensibilité formalisée et les décisions fondées sur les valeurs espérées

CHAPITRE 18
D'autres notions sur les variations et la prise de décisions en situation de risque

CHAPITRE ⑤

L'analyse de la valeur actualisée

Un montant d'argent futur converti en une valeur d'aujourd'hui possède une valeur actualisée (VA) qui est toujours inférieure à ses flux monétaires, car pour n'importe quel taux d'intérêt supérieur à 0, les facteurs A/F ont toujours une valeur inférieure à 1,0. Pour cette raison, on nomme «valeur actualisée (VA)» les «flux monétaires actualisés». De la même manière, le taux d'intérêt utilisé pour ce calcul est aussi appelé «taux d'actualisation». Dans le tableur Excel, la fonction VA désigne la valeur actualisée. La valeur actualisée nette (VAN) correspond à la différence entre les bénéfices et les charges. Jusqu'à présent, on a effectué le calcul de la valeur actualisée pour un projet ou une solution. On présente ici certaines techniques servant à comparer plusieurs solutions mutuellement exclusives à l'aide de la méthode d'analyse de la valeur actualisée.

D'autres techniques constituent une extension à l'analyse de la valeur actualisée et sont traitées dans le présent chapitre : la valeur capitalisée (VC), le coût immobilisé (CI), le délai de récupération, le coût du cycle de vie et les obligations. Tous ces éléments sont analysés en fonction de la valeur actualisée en vue de choisir les solutions appropriées.

Afin de mieux décrire la structure d'une analyse économique, les projets indépendants et les projets mutuellement exclusifs sont décrits, et les solutions possibles en ce qui a trait aux revenus et aux services sont définies.

L'étude de cas porte sur l'analyse de la sensibilité et du délai de récupération dans le contexte d'un projet du secteur public.

OBJECTIFS D'APPRENTISSAGE

Objectif: Comparer des solutions mutuellement exclusives à partir de leur valeur actualisée et mettre en application les extensions de la méthode d'analyse de la valeur actualisée.

À la fin de ce chapitre, vous devriez pouvoir:

Formulation de solutions	1. Distinguer les projets mutuellement exclusifs des projets indépendants et identifier une solution basée sur les services et sur les revenus;
VA de solutions de durées égales	2. Choisir la meilleure solution parmi des solutions de durées égales, à partir de l'analyse de la valeur actualisée;
VA de solutions de durées différentes	3. Choisir la meilleure solution parmi des solutions de durées différentes, à partir de l'analyse de la valeur actualisée;
Analyse de la VC	4. Choisir la meilleure solution à partir de l'analyse de la valeur capitalisée;
Coût immobilisé (CI)	5. Choisir la meilleure solution basée sur le calcul du coût immobilisé;
Délai de récupération	6. Déterminer le délai de récupération à $i = 0\%$ et à $i > 0\%$; repérer les failles de l'analyse du délai de récupération;
Coût du cycle de vie (CCV)	7. Réaliser une analyse du coût du cycle de vie pour les phases d'acquisition et d'exploitation d'une solution (système) proposée;
VA des obligations	8. Calculer la valeur actualisée d'un investissement en obligations;
Feuilles de calcul	9. Produire des feuilles de calcul où sont utilisées l'analyse de la valeur actualisée et ses diverses extensions, y compris le délai de récupération.

5.1 LA FORMULATION DE SOLUTIONS MUTUELLEMENT EXCLUSIVES

Dans la section 1.3, on apprend que l'évaluation économique des solutions possibles exige une estimation des flux monétaires sur une période de temps donnée, ainsi que le choix d'un critère permettant de choisir la solution la plus appropriée. Ces solutions sont élaborées à partir des soumissions de projets en vue d'atteindre un objectif préalablement défini. Ce processus est présenté à la figure 5.1. Tous les projets ne sont pas viables sur le plan économique et technologique ; après avoir déterminé ceux qui le sont, on peut élaborer les solutions possibles. Prenons par exemple le cas de MedSupply (med-supply.com), un fournisseur de matériel médical sur le Web. L'entreprise veut se distinguer de ses concurrents en réduisant les délais entre le moment de la commande et la livraison à l'hôpital ou à la clinique. Trois projets ont été proposés : 1) l'établissement de liens plus étroits avec Purolator et FedEx en vue d'accélérer le temps de livraison ; 2) la création d'un partenariat avec certaines entreprises de matériel médical dans quelques grandes villes afin d'offrir la livraison le même jour ; 3) la conception d'un appareil tridimensionnel, sur le principe d'un télécopieur, assurant la livraison des articles de dimensions égales ou inférieures à l'appareil. Compte tenu des facteurs économiques et technologiques, seules les deux premières propositions peuvent être envisagées pour le moment. Ce sont les deux solutions possibles à évaluer.

Selon la description ci-dessus, les propositions de projets sont les précurseurs des solutions économiques qu'il faudra évaluer. Pour formuler ces solutions, il faut d'abord déterminer la catégorie à laquelle elles appartiennent.

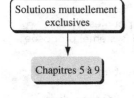

- **Solutions mutuellement exclusives :** L'analyse économique permet de choisir un seul des projets viables. Chaque projet viable constitue l'une des solutions possibles.
- **Solutions indépendantes :** L'analyse économique permet de choisir plus d'un projet viable. (Il peut s'agir de projets dépendants, lorsqu'un des projets doit être choisi avant un autre, ou de projets contingents, lorsqu'un des projets peut être substitué à un autre).

Au moment de l'évaluation, on tient normalement pour acquis que le *statu quo* est toujours l'une des solutions possibles, sauf lorsqu'il faut absolument choisir l'une des solutions définies. (Ce sera le cas, par exemple, quand un système doit être mis en place pour des raisons d'ordre juridique, des questions de sécurité ou d'autres contextes similaires.) Avec la solution du *statu quo*, l'approche actuelle est maintenue ; aucun changement n'est apporté. Cette solution n'implique donc aucune charge, aucun revenu ni aucune économie.

L'exemple d'un ingénieur qui doit choisir le meilleur moteur diesel parmi plusieurs modèles concurrents illustre bien une situation où les solutions sont mutuellement exclusives. Dans ce contexte, celles-ci sont synonymes de projets viables : on doit évaluer chaque solution et retenir la meilleure. On peut dire que les solutions mutuellement exclusives entrent en compétition les unes avec les autres au cours du processus d'évaluation. Les techniques d'analyse décrites jusqu'au chapitre 9 servent à comparer des solutions mutuellement exclusives. Le reste du présent chapitre s'attarde à la valeur actualisée. Si aucune des solutions mutuellement exclusives ne s'avère économiquement acceptable, on peut rejeter toutes ces solutions et accepter par défaut la solution du *statu quo*. (Cette option est représentée par la flèche en gras et les lettres A, B et C à la figure 5.1).

Au cours de l'évaluation, les projets indépendants n'entrent pas en compétition les uns avec les autres. Puisque ces projets visent généralement des objectifs différents, chacun est évalué séparément, et la comparaison est ainsi effectuée entre un projet à la fois et la solution du *statu quo*. En présence d'un nombre *m* de projets indépendants,

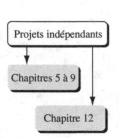

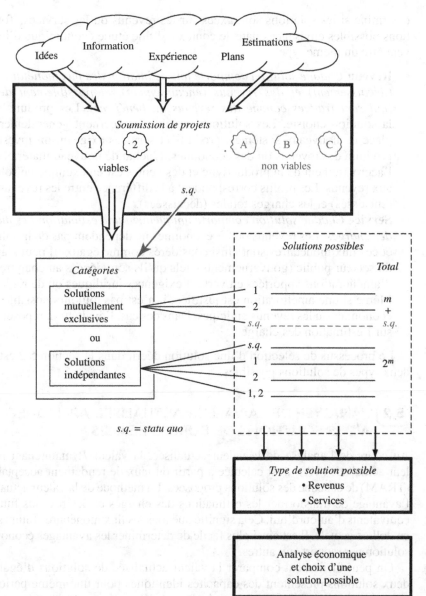

FIGURE 5.1

La progression des projets vers le choix des solutions possibles et l'analyse économique

il est possible d'en choisir un, deux ou plusieurs, ou de n'en choisir aucun. Chaque projet pouvant faire partie ou non du groupe de projets sélectionné, on trouve ainsi un total de 2^m solutions possibles et mutuellement exclusives. Ce nombre inclut la solution du *statu quo* (*voir la figure 5.1*). Par exemple, si l'ingénieur envisage trois choix de moteurs diesel (A, B et C) et qu'il peut choisir le nombre de modèles qu'il désire, il y a donc $2^3 = 8$ solutions possibles : *s.q.*, A, B, C, AB, AC, BC, ABC. Concrètement, on doit souvent éliminer plusieurs des 2^m solutions en raison de certains facteurs comme des restrictions budgétaires. L'analyse de projets indépendants en l'absence de limite budgétaire est abordée dans le présent chapitre et les chapitres subséquents, soit jusqu'au chapitre 9. Le chapitre 12 porte sur la question des projets indépendants avec limite budgétaire et, par extension, la question du choix des investissements.

Enfin, il est important de reconnaître la nature ou le type des flux monétaires engendrés par ces solutions avant de procéder à l'évaluation. L'analyse des flux monétaires détermine si les solutions sont axées sur les revenus ou les services. Toutes les solutions possibles envisagées dans le contexte d'une étude économique d'ingénierie doivent être du même type.

- **Revenu** *Chaque solution comporte une estimation des flux monétaires des charges (décaissement) et des revenus (encaissement), et possiblement des économies (qui sont traitées comme des revenus ou bénéfices).* Les produits varient selon la solution choisie. Les solutions possibles concernent généralement la mise en place de nouveaux systèmes, produits et services exigeant un investissement qui produira des revenus ou des économies. L'achat de nouveau matériel contribuant à l'accroissement de la productivité et des ventes est un exemple de solution relative aux revenus. Les profits correspondent à la différence entre les revenus ou bénéfices (encaissés) et les charges totales (décaissées).

- **Service** *Chaque solution comporte uniquement une estimation des flux monétaires des charges.* Les revenus ou les économies ne dépendent pas de la solution choisie, et ces flux monétaires sont ainsi considérés comme égaux. Il peut s'agir de projets du secteur public (gouvernements), tels qu'ils sont décrits au chapitre 9, ou encore d'améliorations apportées en vertu d'exigences juridiques ou de règles de sécurité. Même si une amélioration est justifiée, il n'est pas toujours possible d'estimer les économies ou les revenus anticipés. Dans ces cas, l'évaluation reposera uniquement sur l'estimation des charges.

Le processus de sélection d'une solution décrit dans la section 5.2 est adapté à ces deux types de solutions possibles.

5.2 L'ANALYSE DE LA VALEUR ACTUALISÉE APPLIQUÉE À DES SOLUTIONS DE DURÉES ÉGALES

Au cours de l'analyse de la valeur actualisée, la valeur *P*, maintenant nommée « valeur actualisée (VA) », est calculée à partir du taux de rendement acceptable minimum (TRAM) de chacune des solutions proposées. La méthode de la valeur actualisée présente l'avantage de transformer les estimations des charges et des revenus futurs en dollars équivalents d'aujourd'hui. Cela signifie que tous les flux monétaires futurs sont convertis en dollars actuels. Il est ainsi plus facile de déterminer les avantages économiques d'une solution par rapport aux autres.

On peut facilement comparer la valeur actualisée de solutions d'égales durées. Si deux solutions présentent des capacités identiques pour une même période de temps, ces solutions sont dites « à service égal ».

Lorsque des solutions mutuellement exclusives comportent uniquement des décaissements (service) ou des encaissements et des décaissements (revenu), les règles suivantes doivent s'appliquer au choix de l'une des solutions.

> Une solution : Calculer la valeur actualisée selon le taux de rendement acceptable minimum. Si VA $\geq$ 0, le taux de rendement acceptable minimum est atteint ou dépassé, et la solution est considérée comme financièrement viable.
>
> Deux solutions ou plus : Calculer la valeur actualisée selon le taux de rendement acceptable minimum pour chacune des solutions. Choisir la solution qui comporte la valeur actualisée la plus élevée, soit celle qui est la moins négative ou la plus positive. Cette valeur indiquera une valeur actualisée plus basse pour les flux monétaires des charges ou une valeur actualisée plus grande pour les flux monétaires nets des encaissements moins les décaissements.

Il faut noter que le choix de la solution dont les coûts sont les plus bas ou dont les revenus sont les plus élevés repose sur le critère de la plus grande valeur numérique, ce qui est très différent de la valeur absolue de la valeur actualisée. Le signe positif ou négatif possède ici une grande importance. Les choix figurant dans le tableau ci-dessous tiennent compte des directives de sélection pour les valeurs actuelles proposées.

VA$_1$	VA$_2$	Solution choisie
−1 500 $	−500 $	2
−500	+1 000	2
+2 500	−500	1
+2 500	+1 500	1

S'il s'agit de projets indépendants, on optera pour les critères de sélection suivants :

> En présence d'un ou de plusieurs projets indépendants, il faut choisir tous les projets de VA ≥ 0 au taux de rendement acceptable minimum.

Dans cette démarche, chaque projet est comparé à la solution du *statu quo*. La somme des flux monétaires de chaque projet doit produire une valeur actualisée supérieure à 0. Autrement dit, chaque projet doit engendrer des bénéfices pour l'entreprise.

L'analyse de la valeur actualisée exige l'établissement d'un taux de rendement acceptable minimum qui sera utilisé comme valeur *i* dans toutes les équations de valeur actualisée. On trouvera au chapitre 1 la marche à suivre pour fixer un taux de rendement acceptable minimum réaliste. Les critères d'établissement du taux de rendement acceptable minimum sont présentés en détail au chapitre 10.

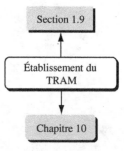

EXEMPLE 5.1

Analysez la valeur actualisée des machines à service égal dont les charges figurent dans le tableau ci-dessous, en tenant compte d'un taux de rendement acceptable minimum annuel de 10 %. Les revenus attendus sont les mêmes pour ces trois solutions.

	Électricité	Gaz	Énergie solaire
Coût initial ($)	−2 500	−3 500	−6 000
Charges d'exploitation annuelles (CEA) ($)	−900	−700	−50
Valeur de récupération *R* ($)	200	350	100
Durée (années)	5	5	5

Solution

Le tableau ci-dessus présente des solutions de service. Les valeurs de récupération sont considérées comme des « charges négatives » et sont, par conséquent, précédées du signe « + ». (S'il faut payer pour éliminer une immobilisation, les frais estimés pour l'élimination sont précédés du signe « − »). La valeur actualisée de chaque machine est calculée à *i* = 10 % pour *n* = 5 ans. On utilise les lettres *E*, *G* et *S* en indice.

$$VA_E = -2\,500 - 900(P/A;10\%;5) + 200(P/F;10\%;5) = -5\,788\ \$$$
$$VA_G = -3\,500 - 700(P/A;10\%;5) + 350(P/F;10\%;5) = -5\,936\ \$$$
$$VA_S = -6\,000 - 50(P/A;10\%;5) + 100(P/F;10\%;5) = -6\,127\ \$$$

On choisira dans cet exemple la machine qui fonctionne à l'électricité, puisque la valeur actualisée de ses coûts est la plus basse ; sa valeur actualisée numérique est donc la plus élevée.

5.3 L'ANALYSE DE LA VALEUR ACTUALISÉE APPLIQUÉE À DES SOLUTIONS DE DURÉES DIFFÉRENTES

Lorsqu'on utilise la méthode de la valeur actualisée pour comparer des solutions mutuellement exclusives de durées différentes, on applique la marche à suivre qui précède, à l'exception de ce qui suit :

La valeur actualisée des solutions possibles doit être comparée pour un nombre d'années égal et une même date d'échéance.

Cette différence est essentielle, puisque la comparaison de la valeur actualisée est basée sur le calcul de la valeur actualisée équivalente de tous les flux monétaires futurs, pour chacune des solutions. Afin de parvenir à une comparaison juste, les valeurs actuelles doivent représenter des charges (et des encaissements) en lien avec des services égaux. À défaut de comparer des solutions de service égal, on choisira à tort la solution à plus court terme, les coûts apparents étant moins élevés. Cette solution n'est pas la plus économique, puisqu'elle s'étale sur des périodes de coûts réduites. Le critère de service égal peut être respecté dans l'une des deux approches suivantes :

• Comparaison des solutions sur une période de temps correspondant au plus petit commun multiple (PPCM) de leur durée.
• Comparaison des solutions basée sur une période d'étude d'une durée de *n* années, qui ne tient pas nécessairement compte de la durée de vie utile des solutions. Cette méthode est fondée sur l'horizon de planification.

Dans les deux cas, la valeur actualisée de chaque solution est calculée au taux de rendement acceptable minimum, et les critères de sélection sont les mêmes que pour les solutions d'égale durée. Dans l'approche du plus petit commun multiple, les flux monétaires de toutes les solutions sont adaptés à la même période de temps. Par exemple, les solutions de durées estimées à 2 et à 3 ans seront comparées pour une période de 6 ans. Il faut alors poser certaines hypothèses sur les cycles de vie qui suivront les solutions analysées.

Voici les hypothèses posées dans l'analyse de la valeur actualisée pour des solutions de durées différentes, avec la méthode du plus petit commun multiple :

1. Le service fourni dans les solutions sera requis pour une durée correspondant au plus petit commun multiple d'années ou plus.
2. La solution choisie sera répétée de la même manière et à chaque cycle de vie pour la durée correspondant au plus petit commun multiple.
3. Les estimations de flux monétaires seront les mêmes pour chaque cycle de vie.

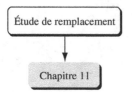

Comme il est décrit au chapitre 14, la troisième hypothèse ne sera valable que si la variation des flux monétaires correspond exactement au taux d'inflation ou de déflation en vigueur pendant la période du plus petit commun multiple. Si l'on prévoit que les flux monétaires seront soumis à un autre taux, l'analyse de la valeur actualisée doit être réalisée en dollars constants et tiendra compte de l'inflation (*voir le chapitre 14*). L'analyse d'une période d'étude sera nécessaire s'il est impossible de formuler la première hypothèse portant sur la durée pendant laquelle les solutions sont requises. Pour réaliser une analyse de la valeur actualisée basée sur le plus petit commun multiple, les valeurs de récupération estimées doivent être incluses dans chacun des cycles de vie.

Si les solutions sont comparées sur la base d'une période d'étude, on choisit un horizon temporel pendant lequel l'analyse économique sera réalisée. Seuls les flux monétaires inclus dans cette période seront considérés comme pertinents pour l'analyse. Les flux monétaires à l'extérieur de cette période seront ignorés, mais il faudra considérer la valeur du marché à la fin de la période d'étude. L'horizon temporel choisi peut être relativement court, surtout lorsque les objectifs commerciaux à court terme sont très importants. On utilise fréquemment l'approche de la période d'étude pour les analyses de remplacement. Elle s'avère utile notamment lorsque la période définie par la méthode du plus petit commun multiple des solutions possibles donne une période d'évaluation irréaliste, par exemple des durées de 5 et de 9 ans.

L'exemple 5.2 présente des évaluations fondées sur les méthodes du plus petit commun multiple et de la période d'étude. De plus, l'exemple 5.12 de la section 5.9 montre l'utilisation du tableur dans l'analyse de la valeur actualisée pour des solutions de durées différentes et pour une période d'étude.

EXEMPLE 5.2

Un ingénieur de projets à l'emploi de la société EnvironCare se voit confier l'ouverture d'un nouveau bureau dans une autre municipalité où l'entreprise a obtenu un contrat de 6 ans pour l'analyse des concentrations d'ozone. Les possibilités de location envisagées sont décrites ci-dessous, avec les estimations relatives aux coûts initiaux, aux coûts annuels de location et aux remboursements des dépôts.

	Emplacement A	Emplacement B
Coût initial ($)	−15 000	−18 000
Coût annuel de location ($/année)	−3 500	−3 100
Remboursement du dépôt ($)	1 000	2 000
Durée du bail (années)	6	9

a) Déterminez le meilleur choix de location à partir d'une comparaison de la valeur actualisée, si le taux de rendement acceptable minimum est de 15 % par année.
b) Suivant ses normes d'entreprise, EnvironCare évalue tous les projets sur une période de 5 ans. Si la période d'étude est de 5 ans et si l'on estime que le remboursement du dépôt demeure inchangé, quel emplacement devrait-on choisir ?
c) Sur une période d'étude de 6 ans, quel emplacement devrait-on choisir si le remboursement du dépôt à l'emplacement B est estimé à 6 000 $ après 6 ans ?

Solution

a) Puisque les baux sont de durées différentes, il faut les comparer sur la base d'un plus petit commun multiple de 18 ans. Pour les cycles de vie suivant le premier cycle, le premier coût est répété à l'année 0 de chaque nouveau cycle, qui correspond à la dernière année du cycle précédent, ce qui correspond à la sixième et à la douzième année pour l'emplacement A et à la neuvième année pour l'emplacement B. Un schéma des flux monétaires est présenté à la figure 5.2. Calculez la valeur actualisée à 15 % sur 18 ans.

$$VA_A = -15\,000 - 15\,000(P/F;15\%;6) + 1\,000(P/F;15\%;6)$$
$$- 15\,000(P/F;15\%;12) + 1\,000(P/F;15\%;12) + 1\,000(P/F;15\%;18)$$
$$- 3\,500(P/A;15\%;18)$$
$$= -45\,036\ \$$$

$$VA_B = -18\,000 - 18\,000(P/F;15\%;9) + 2\,000(P/F;15\%;9)$$
$$+ 2\,000(P/F;15\%;18) - 3\,100(P/A;15\%;18)$$
$$= -41\,384\ \$$$

La solution B est retenue, puisqu'elle coûte moins cher en ce qui concerne la valeur actualisée. La VA_B est numériquement plus grande que celle de la VA_A.

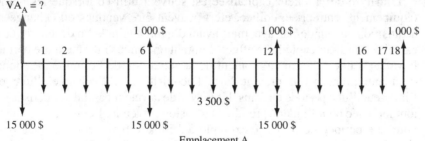
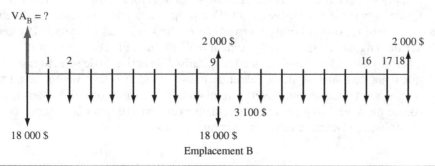

FIGURE 5.2
Le diagramme des flux monétaires pour des solutions de durées différentes de l'exemple 5.2 a)

b) Pour une période d'étude de 5 ans, aucune répétition de cycle n'est nécessaire. L'analyse de la valeur actualisée est réalisée comme suit :

$$VA_A = -15\,000 - 3\,500(P/A;15\%;5) + 1\,000(P/F;15\%;5)$$
$$= -26\,236\ \$$$

$$VA_B = -18\,000 - 3\,100(P/A;15\%;5) + 2\,000(P/F;15\%;5)$$
$$= -27\,397\ \$$$

L'emplacement A constitue maintenant le meilleur choix.

c) Pour une période d'étude de 6 ans, le remboursement du dépôt pour l'emplacement B est de 6 000 $ la sixième année.

$$VA_A = -15\,000 - 3\,500(P/A;15\%;6) + 1\,000(P/F;15\%;6) = -27\,813\ \$$$
$$VA_B = -18\,000 - 3\,100(P/A;15\%;6) + 6\,000(P/F;15\%;6) = -27\,138\ \$$$

L'emplacement B présente maintenant un léger avantage économique. Il est probable que d'autres facteurs non économiques influenceront la prise de décisions.

Remarque

En a) et à la figure 5.2, le remboursement de dépôt pour chacun des baux est récupéré après chaque cycle de vie, soit à la sixième, à la douzième et à la dix-huitième année pour l'option A et à la neuvième année pour l'option B. En c), l'augmentation du remboursement du dépôt, qui passe de 2 000 $ à 6 000 $ (1 an plus tard), favorise maintenant le choix de la solution B. L'ingénieur de projets doit revoir ces estimations avant de prendre une décision définitive.

5.4 L'ANALYSE DE LA VALEUR CAPITALISÉE

On peut déterminer directement la valeur capitalisée (VC) d'une solution à partir des flux monétaires, en déterminant sa valeur future ou en multipliant la valeur actualisée par le facteur F/P, selon le taux de rendement acceptable minimum établi. Ce processus constitue une extension de l'analyse de la valeur actualisée. La valeur n dans le facteur F/P dépend de la période de temps utilisée pour déterminer la valeur actualisée, soit le plus petit commun multiple (PPCM) ou la période d'étude définie. L'analyse d'une solution ou la comparaison de deux ou de plusieurs solutions, à partir de leur valeur capitalisée, est particulièrement adaptée aux décisions liées à des investissements majeurs lorsque l'objectif principal vise à maximiser la richesse future des actionnaires d'une entreprise.

L'analyse de la valeur capitalisée est souvent utilisée lorsque les immobilisations (équipement, entreprise, édifice, etc.) peuvent être vendues ou échangées après leur acquisition ou leur démarrage, mais avant d'avoir atteint la fin de leur durée estimée. Le calcul de la valeur capitalisée effectué durant une année intermédiaire permet d'estimer la valeur d'une solution au moment de la vendre ou de l'éliminer. Prenons l'exemple d'un entrepreneur qui prévoit faire l'acquisition et l'échange d'une entreprise à l'intérieur d'une période de 3 ans. L'analyse de la valeur capitalisée constitue la méthode tout indiquée pour l'aider à prendre la décision de vendre l'entreprise ou de la conserver pour une période de 3 ans. L'exemple 5.3 illustre bien cette méthode d'analyse, qui s'applique également très bien aux projets dont la mise sur pied ne sera réalisée qu'à la fin de la période d'investissement. Des projets tels que des centrales électriques, des routes à péage ou des hôtels pourront être évalués grâce à l'analyse de la valeur capitalisée des engagements d'investissement réalisés durant la construction.

Après avoir déterminé la valeur capitalisée, les critères de sélection sont les mêmes que ceux de l'analyse de la valeur actualisée ; VC $\geq$ 0 signifie que le taux de rendement acceptable minimum a été atteint ou dépassé (une solution). Dans le cas de deux (ou de plusieurs) solutions mutuellement exclusives, il faut choisir celle dont la valeur capitalisée présente la valeur numérique la plus élevée.

EXEMPLE 5.3

Il y a 3 ans, un conglomérat britannique dans le domaine de la distribution alimentaire a fait l'acquisition d'une chaîne de marchés d'alimentation pour un montant de 75 millions de dollars. Après 1 an, les nouveaux propriétaires essuyaient une perte nette de 10 millions. Le flux monétaire net augmente suivant un gradient arithmétique de +5 millions par année à partir de la deuxième année. Selon les prévisions, ce modèle se répétera pour les années à venir. Le point mort des flux monétaires a donc été atteint cette année. En raison de la dette importante consacrée à l'acquisition de cette chaîne canadienne, le conseil d'administration international désire obtenir un taux de rendement acceptable minimum de 25 % par année pour tout projet de vente.

a) Une entreprise française qui désire s'implanter au Canada vient d'offrir une somme de 159,5 millions au conglomérat britannique. Réalisez une analyse de la valeur capitalisée pour déterminer si ce prix de vente permettra d'atteindre le taux de rendement acceptable minimum désiré.

b) Si le conglomérat britannique demeure propriétaire de la chaîne, quel prix de vente devra-t-il obtenir à la fin de la période de 5 ans pour atteindre le taux de rendement acceptable minimum désiré ?

Solution

a) Formulez l'équation de la valeur capitalisée pour l'année 3 (VC_3) à $i = 25\%$ par année et un prix de vente de 159,5 millions de dollars. La figure 5.3 a) présente un diagramme des flux monétaires (en millions de dollars).

$$VC_3 = -75(F/P;25\%;3) - 10(F/P;25\%;2) - 5(F/P;25\%;1) + 159,5$$
$$= -168,36 + 159,5 = -8,86 \text{ millions}$$

Non, le taux de rendement acceptable minimum de 25 % ne sera pas atteint si l'offre de 159,5 millions est acceptée.

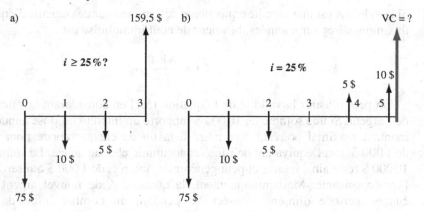

FIGURE 5.3

Le diagramme des flux monétaires de l'exemple 5.3 a) Le taux de rendement acceptable minimum de 25 % est-il atteint ? b) Quelle sera la valeur capitalisée la cinquième année ? (Les montants sont exprimés en millions de dollars.)

b) Déterminez la valeur capitalisée dans 5 ans à 25 % par année. La figure 5.3 b) présente un diagramme des flux monétaires. Les facteurs A/G et F/A sont appliqués au gradient arithmétique.

$$VC_5 = -75(F/P;25\%;5) - 10(F/A;25\%;5) + 5(A/G;25\%;5)(F/A;25\%;5)$$
$$= -246,81 \text{ millions}$$

L'offre doit être d'au moins 246,81 millions pour atteindre le taux de rendement acceptable minimum. Ce prix correspond approximativement à 3,3 fois le prix d'achat, seulement 5 ans plus tôt. Il est en grande partie fondé sur le taux de rendement acceptable minimum déterminé à 25 %.

Remarque

Dans l'équation [1.9], si on applique la règle de 72 à 25 % par année, le prix de vente doit doubler approximativement pour chaque 72 ÷ 25 % = 2,9 années. Ce calcul ne tient pas compte des flux monétaires annuels nets positifs ou négatifs durant les années où l'entreprise demeure propriétaire.

Section 1.11

Règle de 72

5.5 L'ANALYSE ET LE CALCUL DU COÛT IMMOBILISÉ

Le coût immobilisé (CI) correspond à la valeur actualisée d'une solution qui durera indéfiniment. Les projets du secteur public, tels que la construction de ponts, de barrages, de systèmes d'irrigation ou de chemins de fer, appartiennent à cette catégorie, puisque leur durée utile peut s'étaler sur 30 ou 40 ans, et même davantage. On évaluera de la même façon les projets mis sur pied par des organismes permanents et à but non lucratif.

L'équation servant à calculer le coût immobilisé est dérivée de la relation $P = A(P/A;i;n)$, où $n = \infty$. L'équation pour déterminer P avec la formule du facteur P/A est la suivante:

$$P = A\left[\frac{(1+i)^n - 1}{i(1+i)^n}\right]$$

Divisez le numérateur et le dénominateur par $(1 + i)^n$.

$$P = A\left[\frac{1 - \dfrac{1}{(1-i)^n}}{i}\right]$$

Lorsque n tend vers ∞, le terme entre crochets devient $1/i$, et le symbole CI remplace VA et P.

$$\text{CI} = \frac{A}{i} \qquad\qquad\qquad [5.1]$$

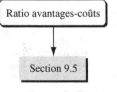

Si la valeur A est une annuité équivalente déterminée par des calculs d'équivalence des flux monétaires sur n années, la valeur de coût immobilisé est:

$$\text{CI} = \frac{\text{AÉ}}{i} \qquad\qquad\qquad [5.2]$$

On peut illustrer la validité de l'équation [5.1] en considérant la valeur temporelle de l'argent. Si une somme de 10 000 $ rapporte un intérêt composé annuel de 10 %, le montant maximal pouvant être retiré à la fin de chaque année pour l'éternité est de 1 000 $, soit l'équivalent de l'intérêt accumulé chaque année. La somme initiale de 10 000 $ reste ainsi intacte et peut générer des intérêts de 1 000 $ qui seront accumulés l'année suivante. Mathématiquement, la quantité A de nouvel argent généré pour chaque période d'intérêt consécutive pendant un nombre infini de périodes se traduit ainsi:

$$A = Pi = \text{CI}(i) \qquad\qquad\qquad [5.3]$$

Le calcul du coût immobilisé à l'équation [5.1] correspond à l'équation [5.3] résolue pour déterminer P et représentée par les lettres CI.

Dans le cas d'un projet du secteur public de durée très longue ou infinie, on utilise la valeur A déterminée par l'équation [5.3] lorsque le ratio avantages-coûts est utilisé comme base de comparaison pour les projets publics. Cette méthode est décrite au chapitre 9.

Dans le calcul du coût immobilisé, les flux monétaires (décaissements ou encaissements) appartiennent généralement à deux catégories: les flux monétaires **récurrents** ou périodiques et les flux monétaires **non récurrents**. À titre d'exemple, des charges d'exploitation annuelles de 50 000 $ et des coûts de remise en fabrication estimés à 40 000 $ tous les 12 ans sont des flux monétaires récurrents. Un investissement initial à l'année 0 et des estimations uniques des flux monétaires à des moments futurs, par exemple une somme de 500 000 $ en redevances pour 2 années à venir, sont des exemples de flux monétaires non récurrents. La marche à suivre suivante décrit les étapes nécessaires au calcul du coût immobilisé pour une suite infinie de flux monétaires.

1. Tracer un diagramme des flux monétaires illustrant tous les flux monétaires non récurrents (uniques) et au moins deux cycles représentant tous les flux monétaires récurrents (périodiques).
2. Trouver la valeur actualisée de toutes les sommes non récurrentes. Cette valeur correspond au coût immobilisé.
3. Trouver l'annuité équivalente uniforme (valeur A) basée sur un cycle de vie de toutes les sommes récurrentes. Cette valeur sera la même pour tous les cycles de vie successifs, tel qu'il est expliqué au chapitre 6. Ajouter cette valeur à tous les autres montants uniformes de l'année 1 jusqu'à l'infini. Le résultat correspond à l'annuité équivalente uniforme totale.
4. Diviser l'annuité équivalente obtenue à l'étape 3 par le taux d'intérêt i afin d'obtenir la valeur du coût immobilisé. Ce calcul se fait avec l'équation [5.2].
5. Ajouter les valeurs de coût immobilisé obtenues aux étapes 2 et 4.

Plus que dans tout autre cas, la création d'un diagramme des flux monétaires (étape 1) pour le calcul du coût immobilisé s'avère essentielle. Cette étape permet de distinguer les sommes récurrentes des sommes non récurrentes. À l'étape 5, on obtient les valeurs actualisées de tous les flux monétaires. Le coût immobilisé total correspond simplement à la somme de ces valeurs.

EXEMPLE 5.4

Le service d'évaluation municipale de la Ville de Halifax, en Nouvelle-Écosse, vient d'implanter un nouveau logiciel pour établir la valeur marchande des propriétés résidentielles afin de calculer l'impôt foncier. Le directeur du service veut connaître le total des coûts équivalents de toutes les charges futures engagées au moment de l'entente pour l'acquisition du nouveau logiciel. Si ce dernier doit être utilisé pour une période indéfinie, trouvez la valeur équivalente : a) maintenant et b) pour chaque année subséquente.

À l'installation, le coût du logiciel est de 150 000 $, et un coût de 50 000 $ est ajouté après 10 ans. Le contrat de maintenance annuelle prévoit des frais de 5 000 $ pour les 4 premières années et de 8 000 $ par la suite. De plus, on prévoit des coûts récurrents de mise à niveau de 15 000 $ tous les 13 ans. Utilisez la valeur $i = 5\%$ par année pour les fonds de la municipalité.

Solution
a) On applique ici la marche à suivre en 5 étapes.
1. Tracer un diagramme des flux monétaires pour deux cycles (*voir la figure 5.4*).
2. Trouver la valeur actualisée des coûts non récurrents de 150 000 $ maintenant et de 50 000 $ à l'année 10, à $i = 5\%$. Cette valeur correspond à CI_1.

$$\text{CI}_1 = -150\,000 - 50\,000(P/F;5\%;10) = -180\,695\ \$$$

3. Convertir le coût récurrent de 15 000 $ chaque 13 ans en une annuité équivalente A_1 pour les 13 premières années.

$$A_1 = -15\,000(A/F;5\%;13) = -847\ \$$$

La même valeur, $A_1 = -847$ $, s'applique aussi à toutes les autres périodes de 13 ans.

4. Le coût immobilisé pour les deux types de frais de maintenance annuels peut être déterminé de l'une des deux manières suivantes : 1) utiliser le montant de $-5\,000$ $ de maintenant à l'infini et trouver la valeur actualisée de $-8\,000$ $ $-$ $(-5\,000$ $) =$ $-3\,000$ $ à partir de la cinquième année et pour les années suivantes ; ou 2) trouver le coût immobilisé de $-5\,000$ $ pour 4 ans et la valeur actualisée de $-8\,000$ $ à partir de la cinquième année et pour les années suivantes, jusqu'à l'infini. Avec la première méthode, le coût annuel (A_2) est de $-5\,000$ $ pour toujours. On trouvera le coût immobilisé CI_2 de $-3\,000$ $ de la cinquième année vers l'infini avec l'équation [5.1] multipliée par le facteur P/F.

$$CI_2 = \frac{-3\,000}{0,05}(P/F;5\%;4) = -49\,362\ \$$$

Les deux séries de coûts annuels sont converties en un coût immobilisé CI_3.

$$CI_3 = \frac{A_1 + A_2}{i} = \frac{-847 + (-5\,000)}{0,05} = -116\,940\ \$$$

5. On obtient le coût immobilisé total CI_T par l'addition des trois valeurs de coût immobilisé :

$$CI_T = -180\,695 - 49\,362 - 116\,940 = -346\,997\ \$$$

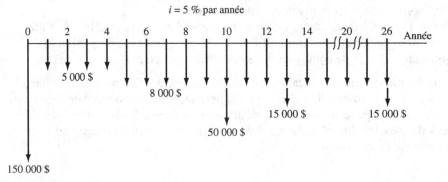

FIGURE 5.4

Les flux monétaires pour deux cycles de coûts récurrents et pour tous les coûts non récurrents de l'exemple 5.4

b) L'équation [5.3] permet de déterminer la valeur A pour toujours.

$$A = Pi = CI_T(i) = 346\,997\ \$(0,05) = 17\,350\ \$$$

L'interprétation juste de ces calculs signifie que la Ville s'est engagée à dépenser l'équivalent de 17 350 $ pour chacune des années à venir afin d'exploiter le logiciel d'évaluation foncière municipale et en assurer la maintenance.

Remarque

La valeur CI_2 est calculée avec $n = 4$ dans le facteur P/F, puisque la valeur actualisée du coût annuel de 3 000 $ se situe à la quatrième année. La valeur P se trouve toujours une période devant la première valeur A. Refaites le même problème en utilisant la deuxième méthode suggérée pour le calcul de CI_2.

Si vous devez comparer deux ou plusieurs solutions sur la base des coûts immobilisés, utilisez la méthode ci-dessus pour trouver le CI_T de chaque solution. Puisque le coût immobilisé représente la valeur actualisée totale pour le financement et la maintenance d'une solution donnée, pour toujours, ces solutions seront automatiquement comparées sur un même nombre d'années (c'est-à-dire l'infini). La solution dont le coût immobilisé est le plus bas sera la plus économique. Cette évaluation est illustrée à l'exemple 5.5.

Aux fins de la comparaison, comme on l'a fait dans le cas de l'analyse de la valeur actualisée, on doit uniquement tenir compte des différences de flux monétaires entre les solutions. Par conséquent, pour simplifier les calculs lorsque cela est possible, il faut éliminer les éléments des flux monétaires que les deux solutions possèdent en commun. Par contre, si les véritables coûts immobilisés doivent refléter les obligations financières réelles, on doit alors utiliser les flux monétaires réels.

Lorsqu'une solution présentant une durée définie (par exemple 5 ans) est comparée à une autre solution de très longue durée ou de durée indéfinie, on peut utiliser la méthode des coûts immobilisés pour les évaluer. Afin de déterminer le coût immobilisé d'une solution de durée définie, calculez la valeur équivalente pour un cycle de vie et divisez cette valeur par le taux d'intérêt (*voir l'équation [5.1]*). Cette marche à suivre est décrite dans l'exemple 5.6.

EXEMPLE 5.5

On envisage deux sites différents pour la construction d'un pont qui enjambera une rivière, au Québec. Le site nord, qui serait relié à une autoroute importante, elle-même reliée à l'autoroute qui dessert la ville, permettrait de réduire considérablement la circulation de transit locale. Cependant, un pont sur ce site ne parviendrait pas à réduire la congestion locale durant les heures de pointe, et il devrait être construit d'une colline à une autre pour traverser la partie la plus large de la rivière, les voies ferrées et les autoroutes construites au-dessous. Il faudrait par conséquent construire un pont suspendu à cet endroit. D'un autre côté, le site sud exige une travée beaucoup moins longue, ce qui permet d'ériger un pont en treillis, mais il nécessite la construction de nouvelles routes.

Le pont suspendu coûte 500 millions de dollars, auxquels s'ajoutent des coûts de maintenance et d'inspection annuels de 350 000 $. De plus, la surface du tablier en béton doit être refaite tous les 10 ans au coût de 1 million. Les coûts estimés pour le pont en treillis et ses voies d'accès sont de 250 millions, et les coûts de maintenance annuels sont de 200 000 $. Le pont devrait être repeint tous les 3 ans au coût de 400 000 $. De plus, il faudrait procéder tous les 10 ans à un décapage au jet de sable, à un coût de 1,9 million. Le coût d'achat estimé de l'emprise routière s'élève à 20 millions pour le pont suspendu et à 150 millions pour le pont en treillis. Comparez ces deux solutions sur la base de leur coût immobilisé si le taux d'intérêt est de 6 % par année.

Solution

Tracez les diagrammes des flux monétaires pour deux cycles (20 ans).

Coût immobilisé du pont suspendu (CI_S) :

$$CI_1 = \text{coût immobilisé du coût initial}$$
$$= -500 - 20 = -520 \text{ millions de dollars}$$

Les charges d'exploitation récurrentes sont $A_1 = -350 000$ $, et l'annuité équivalente des coûts de réfection de la surface est :

$$A_2 = -1\,000\,000(A/F;6\%;10) = -75\,870 \text{ \$}$$
$$CI_2 = \text{coût immobilisé des charges récurrentes} = \frac{A_1 + A_2}{i}$$
$$= \frac{-350\,000 + (-75\,870)}{0,06} = -7\,097\,833 \text{ \$}$$

Le coût immobilisé total est :

$$CI_S = CI_1 + CI_2 = -527,1 \text{ millions}$$

Coût immobilisé du pont en treillis (CI_T) :

$$CI_1 = -250 + (-150) = -400 \text{ millions}$$
$$A_1 = -200\,000 \text{ \$}$$
$$A_2 = \text{coût annuel de la peinture} = -400\,000(A/F;6\%;3)$$
$$= -125\,640 \text{ \$}$$
$$A_3 = \text{coût annuel du décapage au jet de sable}$$
$$= -1\,900\,000(A/F;6\%;10) = -144\,153 \text{ \$}$$
$$CI_2 = \frac{A_1 + A_2 + A_3}{i} = \frac{-46\,790 \text{ \$}}{0,06} = -7\,829\,833 \text{ \$}$$
$$CI_T = CI_1 + CI_2 = -407,83 \text{ millions}$$

Conclusion : La construction du pont en treillis est recommandée, puisque son coût immobilisé est inférieur à celui du pont suspendu, par une différence de 119 millions de dollars.

La société APSco, une importante entreprise de sous-traitance dans le domaine de l'électronique, doit immédiatement acquérir 10 appareils de soudure comportant des tables de guidage permettant d'assembler les composantes sur les cartes de circuits imprimés. On envisage l'acquisition de machines supplémentaires dans les années à venir. L'ingénieur responsable de la production a élaboré deux solutions simplifiées et viables. Le taux de rendement acceptable minimum de l'entreprise est de 15 % par année.

Solution LT (à long terme) Pour une somme de 8 millions de dollars actuels, un entrepreneur fournira le nombre de machines requises (avec un maximum de 20), présentement et dans le futur, aussi longtemps que la société APSco en aura besoin. Les frais de contrat annuels sont de 25 000 $ au total, sans charges supplémentaires par machine. Le contrat ne précise aucune limite de temps et aucune escalade des coûts.

Solution CT (à court terme) APSco achète ses propres machines à 275 000 $ l'unité et prévoit des charges d'exploitation annuelles (CEA) de 12 000 $ par machine. La durée utile d'un appareil de soudure est de 5 ans.

Réalisez une évaluation du coût immobilisé à la main et par ordinateur. Utilisez ensuite le tableur pour procéder à une analyse de la sensibilité afin de déterminer le nombre maximal de machines à souder que l'entreprise peut acheter immédiatement tout en maintenant un coût immobilisé inférieur à celui de la solution à long terme.

Solution manuelle

Pour la solution à long terme, trouvez le coût immobilisé des charges d'exploitation annuelles en utilisant l'équation [5.1], $CI = A/i$. Ajoutez cette somme aux frais de contrats initiaux, qui représentent déjà un coût immobilisé (valeur actualisée).

$$CI_{LT} = \text{CI des frais de contrat} + \text{CI des CEA}$$
$$= -8 \text{ millions} - 25\,000 \div 0,15 = -8\,166\,667 \text{ \$}$$

Pour la solution à court terme, calculez d'abord l'annuité équivalente relativement au coût d'acquisition sur la durée de vie de 5 ans, puis ajoutez les charges d'exploitation annuelles pour les 10 machines. Déterminez ensuite le coût immobilisé total à l'aide de l'équation [5.2].

$$A\acute{E}_{CT} = A\acute{E} \text{ pour l'achat} + \text{CEA}$$
$$= -2,75 \text{ millions}(A/P;15\%;5) - 120\,000 = -940\,380 \text{ \$}$$
$$CI_{CT} = -940\,380 \div 0,15 = -6\,269\,200 \text{ \$}$$

Le coût immobilisé de la solution à court terme est inférieur à celui de la solution à long terme, par un montant approximatif de 1,9 million en dollars actuels.

Solution par ordinateur

La figure 5.5 présente la solution pour 10 machines dans la colonne B. Dans la cellule B8, la même relation que celle de la solution manuelle est utilisée. Dans la cellule B15, la fonction VPM permet de déterminer l'annuité équivalente A pour l'achat de 10 machines, à laquelle on ajoutera les charges d'exploitation annuelles. Dans la cellule B16, l'équation [5.2] sert à trouver le coût immobilisé total de la solution à court terme. Comme on s'y attendait, c'est la solution à court terme qui est retenue. (Comparez les CI_{CT} obtenus avec la solution manuelle et par ordinateur. Vous remarquerez que l'erreur d'arrondissement, lorsqu'on utilise les facteurs d'intérêt obtenus au moyen du tabulateur, est plus importante pour les valeurs de P plus grandes.)

Après avoir créé une feuille de calcul, il sera facile de procéder à l'analyse de sensibilité requise. La fonction VPM en B15 est exprimée de façon générale dans les termes utilisés dans la cellule B12, soit le nombre de machines achetées. Les colonnes C et D reproduisent l'évaluation pour les machines 13 et 14. Le nombre 13 représente la quantité maximale de machines qu'il est possible d'acheter pour s'assurer que la solution à court terme présente un coût immobilisé inférieur à celui du contrat faisant partie de la solution à long terme. On parvient facilement à cette conclusion en comparant les valeurs totales des coûts immobilisés dans les lignes 8 et 16. (Remarque : Il n'est pas nécessaire de dupliquer la colonne B en C et en D pour effectuer cette analyse de sensibilité. La modification de l'entrée de la cellule B12 vers le haut, à partir de 10, permet d'obtenir la même information. La duplication est utilisée dans la figure ci-dessous pour afficher tous les résultats sur une seule feuille de calcul.)

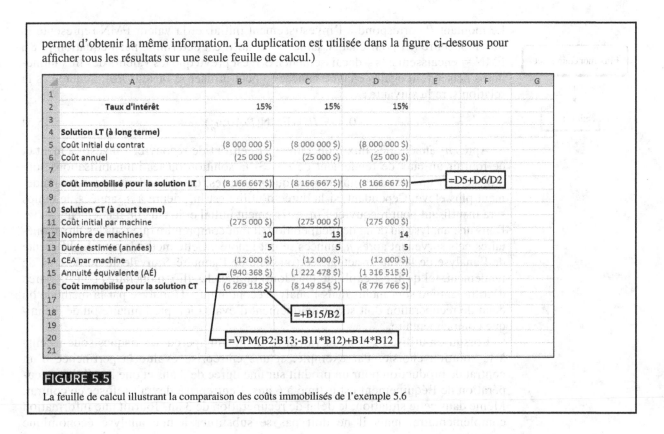

FIGURE 5.5

La feuille de calcul illustrant la comparaison des coûts immobilisés de l'exemple 5.6

5.6 L'ANALYSE DU DÉLAI DE RÉCUPÉRATION

L'analyse du délai de récupération constitue une autre facette de la méthode du calcul de la valeur actualisée. Le calcul du délai de récupération peut prendre deux formes : une pour $i > 0\%$ (ou « analyse de l'escompte sur le remboursement ») et une autre pour $i = 0\%$. Il existe un lien logique entre l'analyse du délai de récupération et l'analyse de rentabilité qui est utilisée dans plusieurs chapitres et décrite plus précisément au chapitre 13.

Le délai de récupération n_p correspond à l'estimation du temps (normalement en années) qu'il faudra pour que les revenus ou les autres avantages économiques anticipés permettent de recouvrer l'investissement initial et un taux de rendement préalablement défini. La valeur n_p n'est généralement pas un nombre entier. Il est important de bien retenir ce qui suit :

Le délai de récupération n_p ne doit jamais constituer la mesure principale de la valeur en vue du choix d'une solution. Il faut plutôt faire appel à ce concept pour procéder à une première élimination ou encore pour l'utiliser comme information complémentaire à l'analyse de la valeur actualisée ou à une autre méthode.

On doit calculer le délai de récupération en tenant compte d'un taux de rendement supérieur à 0 %. En pratique, cependant, on le détermine souvent avec un taux de rendement nul ($i = 0\%$) pour réaliser l'évaluation préliminaire d'un projet et établir s'il mérite d'être retenu parmi les solutions possibles.

Pour analyser l'escompte sur le remboursement selon un taux de rendement $i > 0\%$, calculez le nombre d'années n_p qui rendent l'expression suivante exacte :

$$0 = -P + \sum_{t=1}^{t=n_p} \text{FMN}_t(P/F;i;t) \qquad [5.4]$$

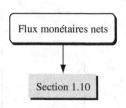

Flux monétaires nets

Section 1.10

Le montant P correspond à l'investissement initial, et la valeur FMN représente le flux monétaire net pour chaque année t, tel qu'il est déterminé par l'équation [1.8], FMN = encaissements − décaissements. S'il est prévu que les valeurs des flux monétaires nets seront égales chaque année, on peut utiliser le facteur P/A, auquel cas la relation sera la suivante :

$$0 = -P + \text{FMN}(P/A;i;n_p) \qquad [5.5]$$

Après n_p années, les flux monétaires permettront de recouvrer l'investissement et de fournir un taux de rendement de $i\%$. Si la solution ou les immobilisations sont utilisées sur une période plus longue que n_p années, on obtiendra un taux de rendement plus élevé. Cependant, si la durée d'utilité est inférieure à n_p années, le temps sera insuffisant pour recouvrer l'investissement initial et le taux de rendement de $i\%$. Dans une analyse du délai de récupération, il faut comprendre que tous les flux monétaires nets survenant après n_p années seront ignorés. Cette méthode est très différente de l'analyse de la valeur actualisée (ou celle de l'annuité équivalente ou du taux de rendement, tel qu'il est expliqué plus loin) où tous les flux monétaires pour la durée d'utilité entière sont inclus dans l'analyse économique. L'analyse par la méthode du délai de récupération doit servir uniquement d'évaluation préliminaire ou de technique complémentaire.

Lorsqu'on utilise $i > 0\%$, la valeur n_p donne un aperçu des risques sous-jacents à la solution choisie. Par exemple, si une entreprise évalue la pertinence d'un contrat de production pour un produit sur une durée de 3 ans et que le délai de récupération de l'équipement est estimé à 6 ans, l'entreprise devrait refuser ce contrat. Même dans cette situation, le délai de récupération de 3 ans fournit une information complémentaire, mais il ne doit pas se substituer à une analyse économique complète.

Dans l'analyse du délai de récupération sans rendement, on détermine n_p à $i = 0\%$. Cette valeur n_p doit uniquement servir d'indicateur initial afin de vérifier si une proposition mérite d'être soumise à une évaluation économique complète. Utilisez $i = 0\%$ dans l'équation [5.4] et trouvez la valeur de n_p.

$$0 = -P + \sum_{t=1}^{t=n_p} \text{FMN}_t \qquad [5.6]$$

Pour une série uniforme de flux monétaires nets, l'équation [5.6] est résolue directement afin de déterminer n_p.

$$n_p = \frac{P}{\text{FMN}} \qquad [5.7]$$

On peut illustrer l'utilisation de n_p pour procéder à l'évaluation préliminaire de projets à l'aide de l'exemple suivant : un président d'entreprise exige que chaque projet fournisse un rendement en 3 ans ou moins. Dans un tel contexte, aucun projet pour lequel $n_p > 3$ ne devrait faire partie des solutions possibles.

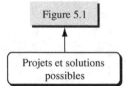

Figure 5.1

Projets et solutions possibles

Le recours à la méthode du délai de récupération sans rendement est inapproprié lorsqu'on procède au choix final d'une solution pour les raisons suivantes :

1. Cette méthode ne tient pas compte du taux de rendement requis, puisque la valeur temporelle de l'argent n'est pas considérée.
2. Cette méthode ne tient pas compte de tous les flux monétaires nets après une période de temps n_p, y compris les flux monétaires positifs qui pourraient contribuer au rendement du capital investi.

Conséquemment, la solution choisie pourrait être différente de celle qui serait indiquée par une analyse économique fondée sur le calcul de la valeur actualisée (ou de l'annuité équivalente). Cette différence est expliquée plus loin dans l'exemple 5.8.

EXEMPLE 5.7

Le conseil d'administration du Groupe SNC-Lavalin vient d'approuver un contrat international de génie civil d'une valeur de 18 millions de dollars. On estime les nouveaux flux monétaires nets à 3 millions. Une clause potentiellement lucrative du contrat accorde à SNC-Lavalin un remboursement de 3 millions en cas de résiliation du contrat par l'une des deux parties au cours des 10 années sur lesquelles s'étend la période du contrat. a) Si $i = 15\%$, calculez le délai de récupération. b) Déterminez le délai de récupération nécessaire pour obtenir un rendement de 0% et comparez le résultat à la réponse obtenue pour $i = 15\%$. Cette démarche permet de vérifier si le conseil d'administration a pris une bonne décision économique.

Solution

a) Le flux monétaire net est de 3 millions par année. Le paiement unique de 3 millions (appelons-le VRes pour « valeur de résiliation ») peut être reçu en tout temps au cours de la période du contrat fixée à 10 ans. On modifie l'équation [5.5] pour y inclure VRes.

$$0 = -P + \text{FMN}(P/A;i;n) + \text{VRes}(P/F;i;n)$$

En unités de 1 million de dollars,

$$0 = -18 + 3(P/A;15\%;n) + 3(P/F;15\%;n)$$

Le délai de récupération à 15% est $n_p = 15{,}3$ années. Au cours de la période de 10 ans, le contrat ne produira pas le rendement désiré.

b) Si SNC-Lavalin n'exige absolument aucun retour sur son investissement de 18 millions, l'équation [5.6] donne $n_p = 5$ ans, soit (en millions de dollars) :

$$0 = -18 + 5(3) + 3$$

On observe une différence très significative entre n_p pour 15% et 0%. À 15%, ce contrat devrait être en vigueur pour 15,3 ans, alors que le délai de récupération sans rendement n'exige qu'une durée de 5 ans. Pour une valeur $i > 0\%$, le délai de récupération doit toujours être plus long, en raison de la valeur temporelle de l'argent dont il faut tenir compte.

Utilisez NPM(15%;3;−18;3) pour afficher le résultat de 15,3 années. Remplacez le taux de 15% par 0% pour afficher un délai de récupération sans rendement de 5 ans.

 Solution éclair

Remarque

Le calcul du délai de récupération permet de déterminer le nombre d'années nécessaires pour récupérer le capital investi. Cependant, du point de vue d'une analyse économique d'ingénierie et de la valeur temporelle de l'argent, l'analyse du délai de récupération sans rendement n'est pas une méthode recommandée pour choisir une solution.

Si deux ou plusieurs solutions possibles sont évaluées à l'aide de l'analyse des délais de récupération, en vue de choisir la meilleure, un deuxième inconvénient de cette méthode d'analyse (le fait d'ignorer les flux monétaires survenant après n_p) peut entraîner une décision économiquement erronée. En ignorant les flux monétaires qui se produisent après n_p, on risque de favoriser les immobilisations à court terme, même si les immobilisations de plus longue durée produisent un taux de rendement supérieur. Dans ces cas, on doit toujours privilégier l'analyse de la valeur actualisée (ou de l'annuité équivalente) pour le choix de la meilleure solution. La comparaison d'immobilisations à court et à long terme présentée dans l'exemple 5.8 illustre cette utilisation inappropriée de l'analyse du délai de récupération.

EXEMPLE 5.8

La société Square D Electric envisage l'achat d'équipement destiné au contrôle de la qualité. Elle doit choisir entre deux modèles équivalents. On estime que la machine 2 est polyvalente et suffisamment performante sur le plan technologique pour assurer des revenus nets sur une plus longue période que la machine 1.

	Machine 1	Machine 2
Coût initial ($)	12 000	8 000
FMN annuel ($)	3 000	1 000 (années 1 à 5)
		3 000 (années 6 à 14)
Durée maximale (années)	7	14

Le directeur du contrôle de la qualité se base sur un taux de rendement de 15 % par année et utilise un outil informatique d'analyse économique. À partir des équations [5.4] et [5.5], le logiciel recommande l'achat de la machine 1 parce que son délai de récupération est plus court, à 6,57 années avec un $i = 15\%$. Les calculs sont résumés ci-dessous.

Machine 1 : $n_p = 6,57$ années, soit moins que la durée de vie de 7 ans prévue pour la machine

Équation utilisée : $0 = -12\,000 + 3\,000(P/A;15\%;n_p)$

Machine 2 : $n_p = 9,52$ années, soit moins que la durée de vie de 14 ans prévue pour la machine

Équation utilisée : $0 = -8\,000 + 1\,000(P/A;15\%;5)$
$$+ 3\,000(P/A;15\%;n_p-5)(P/F;15\%;5)$$

Recommandation : Choix de la machine 1

Utilisez maintenant la méthode de la valeur actualisée et un taux de 15 % pour comparer ces deux machines. S'il y a lieu, expliquez toute différence entre les recommandations.

Solution

Dans le cas de chaque machine, calculez les flux monétaires nets pour toutes les années de la durée maximale estimée. Comparez-les au plus petit commun multiple de 14 ans.

$$VA_1 = -12\,000 - 12\,000(P/F;15\%;7) + 3\,000(P/A;15\%;14) = 663\ \$$$
$$VA_2 = -8\,000 + 1\,000(P/A;15\%;5) + 3\,000(P/A;15\%;9)(P/F;15\%;5)$$
$$= 2\,470\ \$$$

On choisit la machine 2, puisque sa valeur actualisée numérique est plus grande que celle de la machine 1, au taux de 15 %. Ce résultat est donc à l'opposé de la décision obtenue avec la méthode d'analyse du délai de récupération. L'analyse de la valeur actualisée tient compte de l'augmentation des flux monétaires pour la machine 2 dans les années subséquentes. À la figure 5.6 (sur un cycle de vie pour chaque machine), on constate que l'analyse du délai de récupération ne tient pas compte de tous les flux monétaires qui peuvent survenir après l'atteinte du délai de récupération.

FIGURE 5.6

L'illustration des délais de récupération et des flux monétaires ignorés de l'exemple 5.8

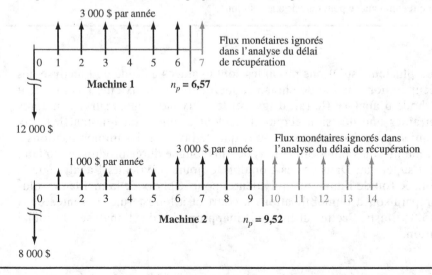

> **Remarque**
> Cet exemple décrit très bien les raisons pour lesquelles l'analyse du délai de récupération doit servir à la sélection préliminaire ou à l'évaluation complémentaire des risques. Il arrive souvent qu'une solution à court terme évaluée par ce type d'analyse semble plus intéressante à première vue, alors que l'estimation des flux monétaires d'une solution à plus long terme en ferait le choix le plus avantageux sur le plan économique.

5.7 LE COÛT DU CYCLE DE VIE

L'analyse de coût du cycle de vie (CCV) constitue un autre prolongement de l'analyse de la valeur actualisée. On utilise la valeur actualisée à un taux de rendement acceptable minimum défini pour évaluer une ou plusieurs solutions possibles. La méthode de coût du cycle de vie sert ainsi à évaluer les coûts d'une solution sur l'ensemble de sa durée de vie, du début d'un projet (évaluation des besoins) jusqu'à l'étape finale (déploiement et élimination). L'analyse de coût du cycle de vie est particulièrement indiquée pour les édifices (nouvelles constructions ou achats), les nouvelles gammes de produits, les usines de fabrication, les avions commerciaux, les nouveaux modèles d'automobiles, les systèmes de défense et les autres installations du même type.

L'analyse de la valeur actualisée, lorsqu'elle inclut toutes les estimations des charges (et possiblement des revenus), permet d'effectuer une partie de l'analyse de coût du cycle de vie. Cependant, la définition plus large de l'analyse des coûts sur la durée de vie totale d'un système comporte des estimations qui ne sont généralement pas incluses dans une analyse de la valeur actualisée standard. De plus, pour les projets d'envergure qui se poursuivent sur de très longues périodes, les estimations à long terme sont moins précises. Par conséquent, l'analyse des coûts du cycle de vie n'est pas nécessaire dans la plupart des cas.

L'analyse de coût du cycle de vie est particulièrement indiquée lorsqu'un pourcentage substantiel des coûts totaux pour la durée de vie du système, par rapport à l'investissement initial, correspond aux charges d'exploitation et de maintenance (charges postérieures à l'achat : main-d'œuvre, énergie, entretien et matériel). Par exemple, si Petro-Canada envisage, pour l'une de ses grandes usines de traitement, l'achat d'équipement d'une durée de vie de 5 ans pour 150 000 $, avec des charges annuelles de 15 000 $ (ou 10 % des frais initiaux), l'analyse de coût du cycle de vie sera probablement injustifiée. En revanche, supposons que General Motors (GM) évalue les coûts relatifs à la conception, à la fabrication, à la mise en marché et au service après-vente pour un nouveau modèle de voiture. Si le coût total de démarrage est estimé à 125 millions de dollars (sur 3 ans) et que les charges annuelles totales sont évaluées à 20 % de ce montant pour assurer la fabrication, la mise en marché et le service pour les 15 prochaines années (durée de vie estimée de ce modèle), la structure d'analyse de coût du cycle de vie pourra aider les ingénieurs de GM à comprendre les profils de coûts et leurs conséquences économiques en ce qui concerne la valeur actualisée. (Évidemment, on peut aussi calculer la valeur capitalisée et l'annuité équivalente.) L'analyse de coût du cycle de vie convient à la plupart des applications dans les industries de la défense et de l'aérospatiale, où elle prend le nom de « conception à coût objectif ». En général, l'analyse de coût du cycle de vie ne s'applique pas aux projets du secteur public, parce qu'il est difficile d'en estimer avec précision les avantages et les coûts pour les citoyens. Dans ces cas, l'analyse avantages-coûts est plus appropriée (*voir le chapitre 9*).

Pour saisir les fondements de l'analyse de coût du cycle de vie, il faut d'abord comprendre les étapes de l'ingénierie de systèmes. Plusieurs ouvrages ont été rédigés au sujet du développement et de l'analyse des systèmes. On peut généralement produire des estimations de coût du cycle de vie en format simplifié pour les principales phases de l'**acquisition** et de l'**exploitation**, ainsi que pour leurs étapes respectives.

Phase d'acquisition : toutes les activités qui précèdent la livraison des produits et des services.

- Définition des exigences – Détermination des besoins du client ou de l'utilisateur, évaluation de ces besoins au regard du système anticipé, préparation de la documentation sur les exigences du système
- Conception préliminaire – Étude de faisabilité, plans conceptuels et préliminaires ; décision d'entreprendre ou non le projet généralement prise à cette étape
- Conception détaillée – Plans détaillés des ressources : capitaux, main-d'œuvre, installations, systèmes d'information, mise en marché, etc. ; acquisition de certaines immobilisations, si l'achat est justifiable économiquement

Phase d'exploitation : toutes les activités sont en marche, les produits et services sont disponibles.

- Construction et mise en service – Achats, construction et mise en service des composantes du système ; mise à l'essai, préparation, etc.
- Utilisation – Mise en œuvre du système pour générer des produits et des services
- Abandon graduel et élimination – Transition claire vers un nouveau système ; élimination ou recyclage de l'ancien système

---

EXEMPLE 5.9

L'usine Cascades de Kingsey Falls, au Québec, est la principale usine de récupération de papier au Canada. Elle figure également sur la liste des 30 entreprises vertes canadiennes, mention qui souligne la responsabilité environnementale des entreprises. Cascades utilise plus de 2,1 millions de tonnes de fibres recyclées dans la fabrication de ses produits et six fois moins d'eau que la moyenne de l'industrie canadienne. Elle fabrique ses papiers fins à partir de biogaz récupéré dans les sites d'enfouissement.

La compagnie Maple Bay fabrique des produits destinés à l'usage domestique. Elle désire s'inspirer du succès de Cascades et retenir l'attention d'une certaine clientèle prête à payer davantage pour des produits associés au respect de l'environnement. L'entreprise veut ajouter une nouvelle gamme de produits dans lesquels l'ammoniac, l'hydroxyde de sodium et les phosphates seront remplacés par des ingrédients naturels. Jusqu'à présent, on a uniquement évalué les coûts, sans considérer les revenus et les profits.

Les estimations des charges principales figurant ci-dessous sont basées sur une étude de 6 mois et pour une nouvelle gamme de produits dont on évalue la durée de vie à 10 ans pour l'entreprise. Certains coûts n'ont pas été estimés (par exemple les matériaux, la distribution des produits et la phase d'abandon graduel). À l'aide d'une analyse du coût du cycle de vie, déterminez la taille de l'investissement en dollars actuels avec un taux de rendement acceptable minimum de 18 %. (Le temps est indiqué en produits-années. Tous les montants sont des coûts et ne sont donc pas précédés d'un signe négatif.)

Étude sur les habitudes des consommateurs (année 0)	0,5 million de dollars
Conception préliminaire du produit (année 1)	0,9 million
Conception préliminaire de l'usine et de l'équipement (année 1)	0,5 million
Conception détaillée du produit et mise en marché provisoire (années 1 et 2)	1,5 million chaque année
Conception détaillée de l'usine et de l'équipement (année 2)	1,0 million
Acquisition de l'équipement (années 1 et 2)	2,0 millions par année
Mises à jour de l'équipement actuel (année 2)	1,75 million
Achats de nouvel équipement (années 4 et 8)	2,0 millions (année 4) + 10 % par achat subséquemment
Charges d'exploitation annuelles (CEA) de l'équipement (années 3 à 10)	200 000 (année 3) + 4 % par année subséquemment

Mise en marché, année 2	8,0 millions
années 3 à 10	5,0 millions (année 3) et −0,2 millions par année subséquemment
année 5 seulement	3,0 millions supplémentaires
Ressources humaines, 100 nouveaux employés pendant 2 000 heures par année (années 3 à 10)	20 $/heure (année 3) + 5 % par année

Solution

L'analyse du coût du cycle de vie peut se compliquer rapidement en raison du nombre d'éléments dont il faut tenir compte. Calculez la valeur actualisée par phase et par étape, puis additionnez toutes les valeurs obtenues. Les valeurs figurent ici en millions de dollars.

Phase d'acquisition :
Définition des exigences : étude de consommation

$$\text{VA} = 0,5 \ \$$$

Conception préliminaire : produits et équipement

$$\text{VA} = 1,4(P/F;18\%;1) = 1,187 \ \$$$

Conception détaillée : mise en marché, produits et essais, équipement

$$\text{VA} = 1,5(P/A;18\%;2) + 1,0(P/F;18\%;2) = 3,067 \ \$$$

Phase d'exploitation :
Construction et mise en service : équipement et charges d'exploitation annuelles

$$\text{VA} = 2,0(P/A;18\%;2) + 1,75(P/F;18\%;2) + 2,0(P/F;18\%;4) + 2,2(P/F;18\%;8)$$

$$+ \ 0,2 \left[\frac{1 - \left(\frac{1,04}{1,18} \right)^8}{0,14} \right] (P/F;18\%;2) = 6,512 \ \$$$

Utilisation : mise en marché

$$\text{VA} = 8,0(P/F;18\%;2) + [5,0(P/A;18\%;8) - 0,2(P/G;18\%;8)](P/F;18\%;2)$$

$$+ \ 3,0(P/F;18\%;5)$$

$$= 20,144 \ \$$$

Utilisation : ressources humaines (100 employés)(2 000 h/année)(20 $/h) = 4,0 millions pour la troisième année

$$\text{VA} = 4,0 \left[\frac{1 - \left(\frac{1,05}{1,18} \right)^8}{0,13} \right] (P/F;18\%;2) = 13,412 \ \$$$

Le total des coûts du cycle de vie engagés présentement correspond à la somme de toutes les valeurs actualisées.

$$\text{VA} = 44,822 \ \$ \ \text{(valeur arrondie à 45 millions de dollars)}$$

À titre d'information, pour 10 ans à 18 % par année, la valeur capitalisée du projet de Maple Bay correspond jusqu'à présent à VC = VA(F/P;18%;10) = 234,6 millions.

Le total des coûts du cycle de vie d'un système est déterminé au tout début d'un projet. Il est habituel d'engager de 75 à 85 % des coûts du cycle de vie pour la durée de vie entière du projet pendant l'étape préliminaire et celle de la conception détaillée. Comme l'indique la figure 5.7 a), les coûts du cycle de vie réels ou observés (courbe du bas AB) suivront avec un certain décalage les coûts du cycle de vie engagés pendant

FIGURE 5.7

Les enveloppes de
coût du cycle de vie
pour les coûts engagés
et réels pour:
a) la conception 1;
b) la conception
modifiée 2

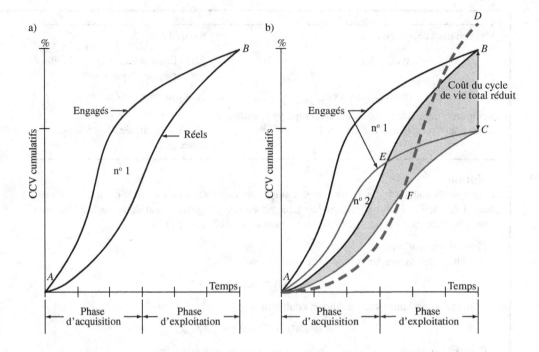

toute la durée de vie du projet (sauf si une erreur majeure de conception augmente le total des coûts du cycle de vie de la première conception au-delà du point *B*.

Les possibilités de réduire significativement le total des coûts du cycle de vie se situent surtout durant les premières étapes. Une conception mieux ciblée et des équipements plus efficaces peuvent modifier l'enveloppe de la manière illustrée à la figure 5.7 b). Ici, tous les points de la courbe *AEC* représentant les coûts du cycle de vie engagés se trouvent sous la courbe *AB*, comme c'est le cas pour la courbe *AFC* qui représente les coûts du cycle de vie réels. Cette deuxième enveloppe correspond à la situation désirée. La zone ombrée représente la baisse des coûts du cycle de vie réels.

Bien qu'il soit possible d'établir une enveloppe efficace des coûts du cycle de vie au début de la phase d'acquisition, il arrive souvent que des mesures non planifiées soient introduites plus tard au cours de la phase d'acquisition ou au début de la phase d'exploitation, afin de favoriser la réduction des coûts. Ces «épargnes» apparentes peuvent en fait accroître le total des coûts du cycle de vie, tel que l'illustre la courbe *AFD*. Ces économies improvisées sur les coûts, souvent imposées par la direction dans les premières étapes de la conception ou de la construction, peuvent au contraire entraîner une hausse substantielle des coûts futurs, surtout s'ils sont introduits dans la portion après-vente de la phase d'utilisation. Par exemple, l'utilisation de béton et d'acier de résistance moindre a été plusieurs fois la cause de défaillances structurales, ce qui augmente les coûts du cycle de vie pour la durée de vie totale d'un système.

5.8 LA VALEUR ACTUALISÉE DES OBLIGATIONS

La reconnaissance de dettes est une manière éprouvée de recueillir des capitaux; elle consiste à financer un projet par la dette et non par des capitaux propres (*voir le chapitre 1*). L'une des méthodes les plus courantes est l'émission d'obligations, qui sont des billets à long terme émis par une entreprise ou un gouvernement (l'emprunteur) en vue de financer des projets d'envergure. L'emprunteur reçoit une somme d'argent aujourd'hui, en retour d'une promesse de rembourser la valeur nominale *V* de l'obligation à la date d'échéance. Les obligations sont normalement émises en valeurs nominales de 1 000 \$, de 5 000 \$ ou de 10 000 \$. L'intérêt *I*, appelé «dividendes sous forme d'obligation», est versé périodiquement entre le moment de l'emprunt et le moment du remboursement de la valeur nominale. L'intérêt est payé *m* fois par année. Les versements d'intérêts sont généralement trimestriels ou semestriels, et leur montant est déterminé à partir d'un taux défini, appelé « taux d'intérêt nominal *b* ».

$$I = \frac{\text{(valeur nominale)(taux d'intérêt nominal)}}{\text{nombre de versements par année}}$$

$$I = \frac{Vb}{m} \qquad\qquad\qquad [5.8]$$

Le tableau 5.1 présente les cinq grandes catégories générales d'obligations ainsi que leurs émetteurs, leurs principales caractéristiques et certains exemples de noms ou d'objectifs. Par exemple, les bons du Trésor sont émis en valeurs nominales (1 000 $ et plus) et à échéances variées. Au Canada, l'achat de bons du Trésor est considéré comme très sécuritaire, puisque ceux-ci reposent sur le solide pouvoir de taxation du gouvernement fédéral.

TABLEAU 5.1	LA CLASSIFICATION ET LES CARACTÉRISTIQUES DES OBLIGATIONS		
Classification	**Émetteur**	**Caractéristiques**	**Exemples**
Bons du Trésor	Gouvernement fédéral	Garantis par le gouvernement canadien	Billets, coupons
			Obligations négociables
			Obligations à prime
			Obligations d'épargne
Provincial	Gouvernement provincial	Peuvent être garanties	Obligations
Municipal	Gouvernement municipal	Émises en fonction des impôts perçus	Obligations
Hypothèque	Entreprise	Biens ou hypothèques offerts en garantie	Première hypothèque
		Faible taux ou faible risque de la première hypothèque	Deuxième hypothèque
		Saisie en cas de non-remboursement	Hypothèque générale
Obligations non garanties	Entreprise	Non garanties par des biens, mais appuyées par la réputation de l'entreprise	Obligations convertibles
		Possibilité d'un taux flottant	
		Taux d'intérêt et risques plus élevés	

Le taux sans risque de référence indiqué à la figure 1.6 est considéré comme le plus bas pour l'établissement d'un taux de rendement acceptable minimum. Il correspond au taux d'obligation des bons du Trésor du Canada. Les obligations non garanties constituent un autre exemple. Elles sont émises par des entreprises dans le but de recueillir des capitaux, mais elles ne sont appuyées par aucun bien offert en garantie. C'est la réputation de l'entreprise qui attire les acheteurs, et celle-ci peut faire « flotter » le taux d'intérêt de ses obligations pour intéresser un plus grand nombre d'acheteurs. Les obligations non garanties sont souvent convertibles en actions de l'entreprise à un taux d'intérêt fixe avant d'atteindre leur date d'échéance.

Section 1.9

Le financement de la dette

Chapitre 10

EXEMPLE 5.10

L'entreprise Les Compagnies Loblaw limitée émet des obligations non garanties de 5 000 $ sur 10 ans, pour une valeur totale de 5 millions de dollars. Chaque obligation rapporte un intérêt trimestriel de 6 %. a) Déterminez le montant que recevra un acheteur tous les 3 mois et après 10 ans. b) On suppose qu'un investisseur achète une obligation à 4 900 $, après avoir obtenu un rabais de 2 %. Quels seront les montants d'intérêts trimestriels et le paiement final à échéance ?

Solution

a) Utilisez l'équation [5.8] pour calculer l'intérêt trimestriel.

$$I = \frac{(5\,000)(0,06)}{4} = 75\,\$$$

La valeur nominale de l'obligation de 5 000 $ est remboursée après 10 ans.

b) L'achat d'une obligation à rabais ne modifie pas les intérêts reçus ni le remboursement final. Par conséquent, le montant d'intérêt demeure de 75 $ par trimestre et de 5 000 $ après 10 ans.

La méthode d'analyse de la valeur actualisée permet également de calculer la valeur actualisée d'une obligation. Lorsqu'une entreprise ou un gouvernement offre des obligations, les acheteurs potentiels peuvent déterminer ce qu'ils accepteront de payer en ce qui concerne la valeur actualisée pour une obligation de valeur nominale définie. Le montant payé à l'achat détermine le taux de rendement pour le reste de la durée de vie de l'obligation. Voici les étapes servant à calculer la valeur actualisée d'une obligation :

1. Déterminez *I*, l'intérêt calculé par période de paiement, à l'aide de l'équation [5.8].
2. Tracez le diagramme des flux monétaires pour les paiements d'intérêt et le remboursement de la valeur nominale.
3. Déterminez le taux de rendement acceptable minimum requis.
4. Calculez la valeur actualisée des paiements d'intérêts de l'obligation et la valeur nominale à *i* = TRAM. (Si la période de paiement des intérêts sur les obligations ne correspond pas à la période de calcul du taux de rendement acceptable minimum, c'est-à-dire si PP ≠ PC, utilisez d'abord l'équation [4.8] pour déterminer le taux effectif par période de paiement. À partir du taux obtenu et du raisonnement présenté à la section 4.6 pour PP ≥ PC, effectuez le calcul de la valeur actualisée.)

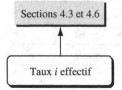

Sections 4.3 et 4.6

Taux *i* effectif

Appliquez le raisonnement ci-dessous :

- Si VA ≥ prix d'achat de l'obligation ; le taux de rendement acceptable minimum est atteint ou dépassé, acheter l'obligation.
- Si VA < prix d'achat de l'obligation ; le taux de rendement acceptable minimum n'est pas atteint, ne pas acheter l'obligation.

EXEMPLE 5.11

Déterminez le prix d'achat que vous pourriez accepter de payer maintenant pour une obligation de 5 000 $ sur 10 ans, avec des intérêts semestriels de 4,5 %. On suppose que le taux de rendement acceptable minimum est de 8 % par année composé trimestriellement.

Solution

Déterminez d'abord l'intérêt semestriel.

$$I = 5\,000(0,045) \div 2 = 112,50\,\$ \text{ tous les 6 mois}$$

La valeur actualisée de tous les paiements d'obligations qui vous sont versés (*voir la figure 5.8*) sera déterminée de l'une des deux manières suivantes :

1. Taux semestriel effectif – Utilisez l'approche proposée à la section 4.6. La période de paiement des flux monétaires est PP = 6 mois, et la période de capitalisation est PC = 3 mois ; PP > PC. Trouvez le taux semestriel effectif, puis appliquez les facteurs *P/A* et *P/F* aux paiements d'intérêts et au versement de 5 000 $ à la dixième année. Le taux de rendement acceptable minimum semestriel nominal est *r* = 8 % ÷ 2 = 4 %. Pour *m* = 2 trimestres sur 6 mois, l'équation [4.8] donne :

$$\text{Taux } i \text{ effectif} = \left(1 + \frac{0,04}{2}\right)^2 - 1 = 4,04\,\% \text{ tous les 6 mois}$$

On détermine la valeur actualisée de l'obligation pour $n = 2(10) = 20$ semestres.

$$VA = 112,50\ \$(P/A;4,04\%;20) + 5\,000(P/F;4,04\%;20) = 3\,788\ \$$$

2. **Taux trimestriel nominal** – Trouvez la valeur actualisée de chaque versement d'intérêt semestriel de 112,50 $ sur l'obligation, d'abord séparément à l'année 0 avec un facteur *P/F*, puis ajoutez la valeur actualisée de 5 000 à la dixième année. Le taux de rendement acceptable minimum nominal trimestriel est $8\% \div 4 = 2\%$. Le nombre total de périodes est $n = 4(10) = 40$ trimestres, soit le double de ceux de la figure 5.8, puisque les paiements sont effectués chaque semestre, alors que le taux de rendement acceptable minimum est composé chaque trimestre.

$$VA = 112,50(P/F;2\%;2) + 112,50(P/F;2\%;4) + \cdots + 112,50(P/F;2\%;40)$$
$$+ 5\,000(P/F;2\%;40)$$
$$= 3\,788\ \$$$

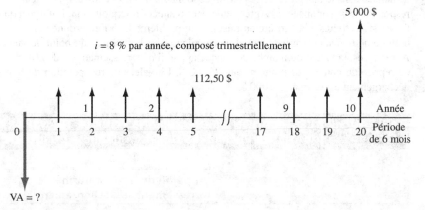

i = 8 % par année, composé trimestriellement

FIGURE 5.8
Les flux monétaires pour la valeur actualisée d'une obligation de l'exemple 5.11

Si le prix demandé pour l'obligation est supérieur à 3 788 $, ce qui représente un rabais de plus de 24 %, le taux de rendement acceptable minimum ne sera pas atteint.

La fonction Excel VA(4,04%;20;112,5;5000) donne une valeur actualisée de 3 788 $.

Solution éclair

5.9 LES APPLICATIONS POUR FEUILLE DE CALCUL – ANALYSE DE LA VALEUR ACTUALISÉE ET DÉLAI DE RÉCUPÉRATION

L'exemple 5.12 illustre la manière d'élaborer une feuille de calcul en vue d'analyser la valeur actualisée de solutions de durées différentes et pour une période d'étude déterminée. L'exemple 5.13 montre la technique d'analyse du délai de récupération pour $i > 0\%$ et en décrit les inconvénients. Les solutions manuelles et par ordinateur sont présentées dans ce deuxième exemple.

Certaines directives générales peuvent faciliter l'organisation des feuilles de calcul pour analyser la valeur actualisée. Le plus petit commun multiple des solutions analysées détermine le nombre de lignes requises pour entrer les investissements initiaux ainsi que les valeurs de récupération et de marché, à partir de l'hypothèse de rachat requise par l'analyse de la valeur actualisée. Certaines solutions seront basées sur les services (flux monétaires de décaissement seulement), d'autres seront fondées sur les revenus (flux monétaires d'encaissement et de décaissement). Placez les flux monétaires annuels dans des colonnes distinctes des montants d'investissement et de récupération. Cette méthode réduit le nombre de données à traiter avant d'entrer une valeur pour les flux monétaires. Déterminez les valeurs actuelles pour toutes les colonnes pertinentes d'une solution et additionnez ces valeurs pour obtenir la valeur actualisée finale.

Les feuilles de calcul peuvent rapidement devenir encombrées. Il est suggéré de placer les fonctions VAN dans l'en-tête de chaque colonne de flux monétaires et d'insérer un tableau sommaire distinct, afin de faciliter la lecture des valeurs actualisées pour chaque composante et les valeurs actualisées totales. Enfin, placez la valeur du taux de rendement acceptable minimum dans une cellule distincte, ce qui simplifie l'analyse de sensibilité sur le taux de rendement requis. L'exemple 5.12 illustre bien l'emploi de ces directives.

EXEMPLE 5.12

Ciment Lafarge prévoit l'ouverture d'une nouvelle carrière. Deux plans sont analysés pour assurer le transport de la matière première entre la carrière et l'usine. Le plan A exige l'achat de deux appareils de terrassement et la construction d'une plateforme de déchargement à l'usine. Le plan B prévoit, quant à lui, la construction d'un système de convoyeurs entre la carrière et l'usine. Le tableau 5.2 présente les coûts détaillés pour chacun des plans. a) À l'aide de l'analyse de la valeur actualisée dans le tableur Excel, déterminez le meilleur plan à choisir si la valeur de l'argent correspond à 15 % par année. b) Après seulement 6 années d'exploitation, Lafarge a dû interrompre toutes ses activités à la carrière en raison d'un problème lié à l'environnement. Sur une période d'étude de 6 ans, déterminez lequel de ces plans était le meilleur du point de vue économique. Après 6 ans, la valeur du marché de chaque appareil de terrassement est de 20 000 $, et la valeur de reprise du convoyeur n'atteint que 25 000 $. La valeur de récupération de la plateforme de déchargement est estimée à 2 000 $.

TABLEAU 5.2 L'ESTIMATION DE DEUX PLANS POUR LE TRANSPORT DES MATIÈRES PREMIÈRES DE LA CARRIÈRE À L'USINE DE CIMENT

| | Plan A | | Plan B |
	Appareil de terrassement	Plateforme de déchargement	Convoyeur
Coût initial ($)	−45 000	−28 000	−175 000
Charges d'exploitation annuelles ($)	−6 000	−300	−2 500
Valeur de récupération ($)	5 000	2 000	10 000
Durée de vie (années)	8	12	24

Solution

a) L'évaluation doit être réalisée à partir du plus petit commun multiple de 24 ans. Le réinvestissement pour les deux appareils de terrassement se fera à la huitième et à la seizième année, alors que la reconstruction de la plateforme de déchargement est fixée à la douzième année. Aucun réinvestissement n'est requis pour le plan B. Tracez d'abord les diagrammes des flux monétaires pour les plans A et B sur 24 ans, afin de mieux comprendre l'analyse Excel présentée à la figure 5.9. Les colonnes B, D et F contiennent toutes les valeurs d'investissement, de réinvestissement et de récupération. (N'oubliez pas d'inscrire des 0 dans toutes les cellules qui ne contiennent aucun flux monétaire, sans quoi la fonction VAN produira une valeur incorrecte pour la valeur actualisée.) Puisqu'il s'agit de solutions basées sur les services, les colonnes C, E et G affichent uniquement les estimations des charges d'exploitation annuelles, appelées « flux monétaires annuels ». Les fonctions VAN donnent les valeurs actuelles dans les cellules de la ligne 8. Ces montants sont additionnés pour chaque solution dans les cellules H19 et H22.

Conclusion : Choisissez le plan B parce que la valeur actualisée des coûts est plus faible.

b) Les deux solutions sont interrompues après 6 ans, et on doit estimer les valeurs actuelles de marché ou de reprise. L'analyse de la valeur actualisée est présentée à la figure 5.10. Même si la période d'analyse est fort abrégée, on utilise le même format que pour l'analyse sur 24 ans, à l'exception de deux changements majeurs. Les cellules de la ligne 16 contiennent maintenant les valeurs de marché et de reprise, et les lignes suivantes sont supprimées. Observez les étiquettes des cellules de la ligne 9 et les nouvelles fonctions VAN portant sur les 6 années de flux monétaires. Les cellules D20 et D21 contiennent les valeurs actualisées obtenues par la somme des valeurs actualisées appropriées dans la ligne 9.

Conclusion: Si l'interruption du projet après 6 ans avait été planifiée à l'étape de la conception de la carrière, on aurait dû choisir le plan A.

Remarque

On a élaboré la résolution par tableur pour la partie b) en reproduisant toute la feuille de calcul de la partie a) à la page 2 dans le classeur Excel. Les modifications décrites précédemment ont ensuite été apportées à cette copie. Une autre méthode possible consiste à utiliser la même feuille de calcul pour établir les nouvelles fonctions VAN, tel qu'elles figurent dans les étiquettes des cellules de la figure 5.10 et sur la page de la figure 5.9, après avoir inséré une nouvelle ligne 16 contenant les flux monétaires de la sixième année. Cette méthode est plus rapide et moins formelle que la méthode proposée ici. Cependant, l'utilisation d'une seule feuille de calcul pour résoudre ce type de problème (ou toute analyse de sensibilité) comporte un risque important. La feuille de calcul modifiée sert à résoudre un problème différent; par conséquent, les fonctions affichent de nouvelles réponses. Par exemple, lorsque les flux monétaires sont réduits à une période d'étude de 6 ans, il faut modifier les anciennes fonctions VAN de la ligne 8 ou encore additionner les nouvelles fonctions VAN à la ligne 9. Cependant, les fonctions VAN de l'ancienne analyse de la valeur actualisée sur 24 ans afficheront des réponses incorrectes ou possiblement un message d'erreur dans Excel, ce qui augmente les risques d'erreur au moment de prendre une décision. Pour obtenir des résultats exacts et fiables, il est suggéré de prendre le temps de reproduire la première page pour en créer une deuxième et d'apporter les modifications à la copie. Sauvegardez les deux solutions après avoir documenté ce qui est analysé sur chaque feuille de calcul. Vous aurez ainsi en main tout l'historique de ce qui a été modifié au cours de l'analyse de sensibilité.

Année	PLAN A				PLAN B		
	2 appareils de terrassement		Plateforme de déchargement		Convoyeur		
	Investissement	FM annuel	Investissement	FM annuel	Investissement	FM annuel	
VA de 24 années	(124 352 $)	(77 205 $)	(32 790 $)	(1 930 $)	(174 651 $)	(16 084 $)	=VAN($B$3;G11:G34)+G10
							=VAN($B$3;F11:F34)+F10
0	(90 000 $)	0 $	(28 000 $)	0 $	(175 000 $)	0 $	
1	0 $	(12 000 $)	0 $	(300 $)	0 $	(2 500 $)	
2	0 $	(12 000 $)	0 $	(300 $)	0 $	(2 500 $)	=SOMME(B8:E8)
3	0 $	(12 000 $)	0 $	(300 $)	0 $	(2 500 $)	
4	0 $	(12 000 $)	0 $	(300 $)	0 $	(2 500 $)	
5	0 $	(12 000 $)	0 $	(300 $)	0 $	(2 500 $)	
6	0 $	(12 000 $)	0 $	(300 $)	0 $	(2 500 $)	VA sur une période de 24 années
7	0 $	(12 000 $)	0 $	(300 $)	0 $	(2 500 $)	VA A = VA appareil de
8	(80 000 $)	(12 000 $)	0 $	(300 $)	0 $	(2 500 $)	terrassement + VA plateforme de
9	0 $	(12 000 $)	0 $	(300 $)	0 $	(2 500 $)	(236 277 $)
10	0 $	(12 000 $)	0 $	(300 $)	0 $	(2 500 $)	
11	0 $	(12 000 $)	0 $	(300 $)	0 $	(2 500 $)	VA B = VA convoyeur
12	0 $	(12 000 $)	(26 000 $)	(300 $)	0 $	(2 500 $)	(190 735 $)
13	0 $	(12 000 $)	0 $	(300 $)	0 $	(2 500 $)	
14	0 $	(12 000 $)	0 $	(300 $)	0 $	(2 500 $)	
15	0 $	(12 000 $)	0 $	(300 $)	0 $	(2 500 $)	
16	(80 000 $)	(12 000 $)	0 $	(300 $)	0 $	(2 500 $)	
17	0 $	(12 000 $)	0 $	(300 $)	0 $	(2 500 $)	
18	0 $	(12 000 $)	0 $	(300 $)	0 $	(2 500 $)	
19	0 $	(12 000 $)	0 $	(300 $)	0 $	(2 500 $)	
20	0 $	(12 000 $)	0 $	(300 $)	0 $	(2 500 $)	
21	0 $	(12 000 $)	0 $	(300 $)	0 $	(2 500 $)	
22	0 $	(12 000 $)	0 $	(300 $)	0 $	(2 500 $)	
23	0 $	(12 000 $)	0 $	(300 $)	0 $	(2 500 $)	
24	10 000 $	(12 000 $)	2 000 $	(300 $)	10 000 $	(2 500 $)	

Comparaison de la valeur actualisée sur un PPCM = 24 années *m* (2 feuilles de calcul incluses) — TRAM = 15%

FIGURE 5.9

La feuille de calcul appliquée à l'analyse de la valeur actualisée de plusieurs solutions de durées différentes de l'exemple 5.12 a)

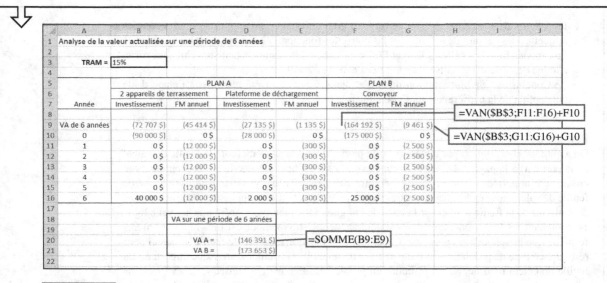

FIGURE 5.10
La feuille de calcul appliquée à l'analyse de la valeur actualisée sur une période de 6 ans de l'exemple 5.12 b)

EXEMPLE 5.13

La société Biothermics a décidé d'acquérir une licence d'utilisation d'un logiciel de sécurité en ingénierie. Ce logiciel, mis au point en Australie, fait présentement son entrée sur le marché nord-américain. Les droits de licence initiaux sont de 60 000 $. Les droits annuels sont fixés à 1 800 $ la première année, avec une augmentation progressive de 100 $ par année pour les années qui suivent, et ce, jusqu'à la résiliation du contrat ou la cession des droits à une autre partie. Biothermics doit maintenir l'entente d'utilisation au moins 2 ans. Effectuez une analyse à la main et par tableur afin de déterminer le délai de récupération (en années) à $i = 8\%$ pour les deux scénarios ci-dessous :

a) vendre les droits d'utilisation du logiciel pour une somme de 90 000 $ peu après le délai de 2 ans ;
b) si les droits ne sont pas vendus dans le délai indiqué en a), le prix de vente augmentera à 120 000 $ dans les années à venir.

Solution manuelle

a) Partant de l'équation [5.4], la valeur actualisée doit être de VA = 0 avec un délai de récupération n_p à $i = 8\%$. Établissez l'équation pour $n \geq 3$ ans et déterminez le nombre d'années nécessaires pour que la valeur actualisée atteigne 0.

$$0 = -60\,000 - 1\,800(P/A;8\%;n) - 100(P/G;8\%;n) + 90\,000(P/F;8\%;n)$$

n (années)	3	4	5
VA	6 562 $	−274 $	−6 672 $

Le délai de récupération à 8 % se situe entre 3 et 4 ans. Par interpolation linéaire, on trouve $n_p = 3,96$ ans.

b) Si la licence n'est pas vendue avant 4 ans, son prix grimpe à 120 000 $. La relation de la valeur actualisée pour 4 années et les valeurs actuelles pour n sont :

$$0 = -60\,000 - 1\,800(P/A;8\%;n) - 100(P/G;8\%;n) + 120\,000(P/F;8\%;n)$$

n (années)	5	6	7
VA	13 748 $	6 247 $	−755 $

Le délai de récupération à 8 % se situe maintenant entre 6 et 7 ans. Par interpolation, on trouve $n_p = 6,90$ ans.

Solution par ordinateur

Scénarios a) et b): La figure 5.11 contient une feuille de calcul où figurent les droits d'utilisation du logiciel (colonne B) et le prix de vente estimé (colonnes C et E). Dans la colonne D (prix de vente de 90 000 $), les fonctions VAN donnent un délai de récupération de 3 à 4 ans. Les résultats de la fonction VAN dans la colonne F (prix de vente de 120 000 $) montrent que la valeur actualisée passe du positif au négatif entre la sixième et la septième année. Les fonctions VAN illustrent les mêmes relations que celles qui sont obtenues avec la solution manuelle, à l'exception de l'augmentation progressive de 100 $ qui est intégrée aux charges à la colonne B.

Si des délais de récupération plus précis sont requis, interpolez les résultats de la valeur actualisée à l'aide du tableur. Les valeurs obtenues seront les mêmes que celles qu'on obtient avec la solution manuelle, soit 3,96 et 6,90 ans.

	A	B	C	D	E	F	G
1							
2	Taux d'intérêt	8%					
3							
4-5	Année	Coût de la licence	Prix, logiciel vendu cette année	VA, logiciel vendu cette année	Prix, logiciel vendu cette année	VA, logiciel vendu cette année	
6	0	(60 000 $)					
7	1	(1 800 $)					
8	2	(1 900 $)					
9	3	(2 000 $)	90 000 $	6 562 $			
10	4	(2 100 $)	90 000 $	(274 $)	120 000 $	21 777 $	
11	5	(2 200 $)	90 000 $	(6 672 $)	120 000 $	13 746 $	
12	6	(2 300 $)			120 000 $	6 247 $	
13	7	(2 400 $)			120 000 $	(755 $)	
14							
15-16	=VAN(B2;B7:B10)+B6+C10*(1/(1+B2)^A10						
17				= VAN(B2;B7:B12)+B6+E12*(1/(1+B2)^A12			

FIGURE 5.11

La détermination du délai de récupération à l'aide d'un tableur de l'exemple 5.13 a) et b)

RÉSUMÉ DU CHAPITRE

L'utilisation de la méthode de la valeur actualisée pour comparer plusieurs solutions possibles consiste à convertir tous les flux monétaires en dollars d'aujourd'hui, en fonction du taux de rendement acceptable minimum. On choisit la solution qui présente la valeur actualisée la plus élevée (la plus grande valeur numérique). Lorsque les solutions présentent des durées différentes, il faut alors effectuer la comparaison pour des périodes de service égales. On y parvient en utilisant le plus petit commun multiple (PPCM) des durées ou en ciblant une période d'étude précise. Ces deux approches permettent de comparer des solutions tout en respectant le critère du service égal. Lorsqu'on utilise une période d'étude, toute valeur résiduelle d'une solution est reconnue dans le calcul de la valeur capitalisée.

L'analyse du coût du cycle de vie constitue un prolongement de l'analyse de la valeur actualisée. Elle s'applique aux systèmes de longue durée dont la plus grande part des coûts se trouve dans les charges d'exploitation. Si la durée des solutions est considérée comme infinie, on utilise la méthode des coûts immobilisés. La valeur des coûts immobilisés est calculée avec la formule A/i, parce que le facteur P/A est réduit à $1/i$ à la limite lorsque $n = \infty$.

L'analyse du délai de récupération permet d'estimer le nombre d'années nécessaires pour récupérer l'investissement initial et un taux de rendement préalablement déterminé (taux de rendement acceptable minimum). Cette technique supplémentaire est principalement destinée à la sélection préliminaire de projets, avant de les soumettre à une évaluation économique complète grâce à la méthode de la valeur actualisée ou à toute autre méthode. Cette analyse présente certains inconvénients, surtout dans le cas de l'analyse du délai de récupération pour une solution qui n'offre aucun rendement, où $i = 0\%$ correspond au taux de rendement acceptable minimum.

Le sujet des obligations est traité en fin de chapitre. Grâce à l'analyse de la valeur actualisée, on peut déterminer si le taux de rendement acceptable minimum sera atteint au cours de la durée d'une obligation, à partir d'une information précise sur la valeur nominale, l'échéance et le taux d'intérêt d'une obligation.

PROBLÈMES

Les types de projets

5.1 Qu'est-ce qu'une solution basée sur les services?

5.2 Si vous évaluez des projets avec la méthode de la valeur actualisée, comment saurez-vous lesquels choisir si les projets sont: a) indépendants; b) mutuellement exclusifs?

5.3 Prenez connaissance des problèmes mentionnés ci-après et déterminez si les flux monétaires s'appliquent à des projets basés sur les revenus ou les services. a) Le problème 2.13; b) le problème 2.33; c) le problème 2.53; d) le problème 3.7; e) le problème 3.11; f) le problème 3.15.

5.4 Une Ville qui privilégie la vie de quartier connaît une croissance rapide. L'augmentation du volume de circulation et de la vitesse sur une grande artère devient une source de préoccupation pour les résidants. Le directeur général de la Ville propose cinq solutions indépendantes pour ralentir la circulation:
1. un panneau d'arrêt au coin A;
2. un panneau d'arrêt au coin B;
3. une bosse de décélération discrète au point C;
4. une bosse de décélération discrète au point D;
5. un fossé de décélération au point E.

Les options ci-dessous ne peuvent être combinées dans une même solution:
• impossible de combiner un fossé avec une bosse de décélération;
• impossible de combiner deux bosses de décélération;
• impossible d'installer deux panneaux d'arrêt.

À partir des cinq options indépendantes et des restrictions posées, déterminez: a) le nombre total de solutions mutuellement exclusives possibles; b) les solutions mutuellement exclusives, possibles et acceptables.

5.5 Définissez l'expression «solutions à service égal».

5.6 Quelles sont les deux méthodes utilisées pour respecter le critère de service égal?

5.7 Définissez l'expression «coût immobilisé» et donnez un exemple concret d'une situation qui pourrait être analysée grâce à cette technique.

La comparaison des solutions – durées égales

5.8 La société Bridgewater Systems Corp., à Ottawa, travaille à la mise au point de technologies utilisées par les entreprises de téléphonie pour gérer la croissance des communications par téléphone intelligent et assurer la facturation des services. Évaluez deux plans de service possibles avec un taux de rendement acceptable minimum de 9% par année. Le coût initial du plan A est de 52 000 $, et ses coûts annuels commencent à 1 000 $ la première année du contrat, pour augmenter ensuite de 500 $ par année. D'un autre côté, le plan B présente des coûts initiaux de 62 000 $, et des coûts annuels de 5 000 $ la première année du contrat qui diminuent par la suite de 500 $ par année. Le coût initial est considéré comme un coût de mise en place pour lequel aucune valeur de récupération n'est prévue.

5.9 La compagnie Nordica fabrique des portes de verre pour foyers. Ces portes sont retenues par deux types de supports différents. On utilise un support en L pour les foyers aux ouvertures plus petites et un support en U pour tous les autres types d'ouvertures. L'entreprise fournit les deux types de supports avec toutes ses portes, et le client utilise uniquement ceux qui conviennent à son installation. Le coût unitaire de ces supports, y compris les vis et les autres pièces nécessaires, est de 3,50 $. Si on modifiait la conception du cadre des portes, on pourrait fabriquer un support universel convenant à tous les modèles, au coût de 1,20 $. Toutefois, les coûts de réusinage sont de 6 000 $. De plus, la dépréciation des stocks entraînera une perte supplémentaire de 8 000 $. Si l'entreprise vend 1 200 foyers par année, devrait-elle conserver les anciens supports, en tenant compte d'un taux d'intérêt de 15 % par année, si elle désire récupérer l'investissement initial en 5 ans ? Utilisez la méthode d'analyse de la valeur actualisée.

5.10 Une usine peut utiliser deux méthodes pour la fabrication de boulons d'ancrage. Le coût initial pour la méthode A est de 80 000 $, et sa valeur de récupération sera de 15 000 $ après 3 ans. Avec la méthode A, les charges d'exploitation sont de 30 000 $ par année. Pour la méthode B, le coût initial est de 120 000 $, les charges d'exploitation de 8 000 $ par année et la valeur de récupération, de 40 000 $ après une durée de vie de 3 ans. Avec un taux d'intérêt annuel de 12 %, quelle serait la méthode privilégiée par une analyse de la valeur actualisée ?

5.11 Un logiciel créé par la société Navarro & Associates permet d'analyser et de concevoir des pylônes haubanés à trois côtés et des pylônes autoporteurs à trois ou quatre côtés. Une licence mono-utilisateur coûtera 4 000 $ par année. Une licence de site présente un coût unique de 15 000 $. Une firme de génie-conseil en structures veut choisir l'une de ces deux options. Elle peut acheter maintenant soit une licence mono-utilisateur et une autre licence chaque année pour les 4 années à venir (profitant ainsi de 5 années de service), soit une licence de site. Utilisez la méthode d'analyse de la valeur actualisée pour déterminer la meilleure stratégie à adopter, en tenant compte d'un taux d'intérêt annuel de 12 % sur une période de planification de 5 ans.

5.12 Une entreprise fabrique des capteurs de pression avec amplificateurs et veut choisir l'une des machines décrites ci-dessous. Comparez ces machines en fonction de leur valeur actualisée, à un taux d'intérêt annuel de 15 %.

	Vitesse variable	Deux vitesses
Coût initial ($)	−250 000	−224 000
Charges d'exploitation annuelles ($/année)	−231 000	−235 000
Remise en état, 3e année ($)	—	−26 000
Remise en état, 4e année ($)	−140 000	—
Valeur de récupération ($)	50 000	10 000
Durée de vie (années)	6	6

La comparaison des solutions – durées différentes

5.13 L'Agence spatiale européenne doit choisir entre deux matériaux qui serviront à la fabrication d'une sonde spatiale. Les coûts de chaque matériau figurent dans le tableau ci-dessous. À partir de l'analyse de la valeur actualisée, avec un taux d'intérêt annuel de 10 %, quel matériau l'agence devrait-elle choisir ?

	Matériau JX	Matériau KZ
Coût initial ($)	−205 000	−235 000
Coût d'entretien ($/année)	−29 000	−27 000
Valeur de récupération ($)	2 000	20 000
Durée de vie (années)	2	4

5.14 Dans la fabrication d'un polymère permettant de réduire les pertes par friction dans un moteur, deux procédés de fabrication sont envisagés. Le coût initial du procédé K est de 160 000 $, ses charges d'exploitation trimestrielles s'élèvent à 7 000 $ et sa valeur de récupération après une durée de 2 ans est de 40 000 $. Pour le procédé L, le coût initial est de 210 000 $, les charges d'exploitation trimestrielles de 5 000 $ et la valeur de récupération de 26 000 $ après 4 ans. Quel procédé devrait-on choisir à partir d'une analyse de la valeur actualisée à un taux d'intérêt annuel de 8 % composé trimestriellement ?

5.15 La mine d'or Meadowbank, exploitée par Agnico-Eagle, au Nunavut, étudie trois options possibles pour procurer du matériel de sécurité à ses mineurs. Dans deux de ces options, le matériel peut être acheté auprès de deux fournisseurs différents. La troisième option consiste à louer l'équipement pour une somme de 50 000 $ par année, pour des contrats d'une durée maximale de 3 ans. Le taux de rendement acceptable minimum est établi à 10 % par année. Parmi ces trois solutions, déterminez celle qui est la plus économique sur une période d'étude de 3 ans.

	Fournisseur A	Fournisseur B	Location
Coût initial ($)	−75 000	−125 000	0
Coût d'entretien ($/année)	−27 000	−12 000	0
Coût de location ($/année)	0	0	−50 000
Valeur de récupération ($)	0	30 000	0
Durée de vie estimée (années)	2	3	Maximale de 3

5.16 Une entreprise étudie deux méthodes possibles permettant de fabriquer une mallette pour un appareil portable à photo-ionisation servant à la détection de matière dangereuse. La fabrication d'une mallette de plastique exige un investissement initial de 75 000 $ et des charges d'exploitation annuelles de 27 000 $, sans aucune valeur de récupération après 2 ans. Pour la mallette d'aluminium, le coût initial est de 125 000 $, et les charges d'exploitation annuelles sont de 12 000 $. Une partie de l'équipement pourra être vendue au prix de 30 000 $ après une durée de vie de 3 ans. À la suite de l'analyse de la valeur actualisée à un taux d'intérêt de 10 % par année, quel type de mallette l'entreprise devrait-elle choisir ?

5.17 La compagnie Toyota analyse trois plans différents pour l'exploitation de son usine de pièces de Simcoe, en Ontario. Le plan A propose des contrats renouvelables de 1 an avec paiements de 1 million de dollars au début de chaque année. Le plan B est un contrat de 2 ans exigeant 4 paiements de 600 000 $ chacun ; le premier doit être versé immédiatement et les 3 autres, à intervalles de 6 mois. Quant au plan C, il s'agit d'un contrat de 3 ans. Il exige le paiement immédiat d'une somme de 1,5 million et un autre paiement de 0,5 million dans 2 ans. Si Toyota peut renouveler n'importe lequel de ces contrats aux mêmes conditions si elle le désire, quel sera le plan recommandé à la suite d'une analyse de la valeur actualisée à un taux d'intérêt annuel de 6 % composé semestriellement ?

L'analyse de la valeur capitalisée

5.18 Le Crofton Airshed Citizens Group, un comité de citoyens de l'île de Vancouver, vient de confier à une firme de consultation le mandat d'analyser la qualité de l'air près d'une usine de pâte à papier. La chaudière de l'usine servira sous peu à brûler des pneus et des traverses de chemin de fer. Un poste d'échantillonnage de l'air situé près de l'usine pourrait être alimenté par des piles solaires ou un câble électrique traditionnel. Le coût d'installation des piles solaires est de 12 600 $, et la durée de vie des piles est de 4 ans, sans aucune valeur de récupération. Les charges annuelles liées à l'inspection, au nettoyage, etc., sont estimées à 1 400 $. L'installation d'une nouvelle ligne de transport coûterait 11 000 $, et les coûts d'électricité sont évalués à 800 $ par année. Puisque le projet d'échantillonnage de l'air prendra fin après 4 ans, la valeur de récupération de la ligne électrique est estimée à 0. Selon l'analyse de la valeur capitalisée, quelle solution le consultant devrait-il choisir, avec un taux d'intérêt annuel de 10 % ?

5.19 Whirlpool Canada annonce une hausse de l'efficacité de ses lessiveuses de l'ordre de 20 % d'ici 2015, et de 35 % d'ici 2018. On prévoit que cette amélioration de 20 % augmentera de 100 $ le prix actuel des appareils, alors que l'augmentation de 35 % ajoutera 240 $ au prix. Si les coûts d'énergie sont de 80 $ par année avec une hausse d'efficacité de 20 %, et de 65 $ par année avec une hausse de 35 %, quel pourcentage de hausse d'efficacité sera le plus économique, à partir d'une analyse de la valeur capitalisée à un taux d'intérêt annuel de 10 % ? La durée de vie est de 15 ans pour tous les modèles de lessiveuses.

5.20 Une petite société minière exploite une mine de charbon à ciel ouvert. L'entreprise doit choisir entre l'achat ou la location d'une nouvelle benne preneuse. Le coût d'achat de la benne est de 150 000 $, et sa valeur de récupération est estimée à 65 000 $ après 6 ans. Si l'entreprise opte pour la location, les coûts de location sont de 30 000 $ par année, mais cette somme doit être versée au début de chaque année. Si l'entreprise choisit d'acheter la benne preneuse, elle pourra occasionnellement louer l'équipement à d'autres exploitations minières, ce qui générera des revenus estimés à 12 000 $ par année. Si le taux de rendement acceptable minimum est fixé à 15 % par année, l'entreprise doit-elle acheter ou louer la benne preneuse, selon une analyse de la valeur capitalisée ?

5.21 On peut utiliser trois types de mèches à perceuses pour certaines applications industrielles. Les mèches en acier à coupe rapide sont les moins chères à l'achat, mais leur durée de vie est plus courte que celle des mèches en nitrure de titane. Le prix d'achat des mèches d'acier est de 3 500 $ et leur durée de vie est de 3 mois, dans les conditions où elles seront utilisées. Les charges d'exploitation pour ces mèches sont estimées à 2 000 $ par mois. Les mèches en oxyde d'or coûtent 6 500 $ à l'achat, leur durée de vie est de 6 mois, et les charges d'exploitation sont de 1 500 $ par mois. Quant aux mèches en nitrure de titane, leur coût d'achat est de 7 000 $, leur durée de vie est de 6 mois et leurs charges d'exploitation sont de 1 200 $ par mois. Avec un taux d'intérêt annuel de 12 % composé mensuellement, quel type de mèche serait recommandé sur la base d'une analyse de la valeur capitalisée ?

Les coûts immobilisés

5.22 Il en coûte 400 000 $ pour repeindre le pont Victoria, à Montréal. Si on repeint le pont maintenant et tous les 2 ans par la suite, quel sera le coût immobilisé de ces travaux au taux d'intérêt de 6 % par année ?

5.23 Le coût de prolongement d'une route au parc national de Forillon est de 1,7 million de dollars. Les coûts liés au resurfaçage et aux autres travaux de maintenance sont estimés à 350 000 $ tous les 3 ans. Quel est le coût immobilisé de cette route à un taux d'intérêt annuel de 6 % ?

5.24 Déterminez le coût immobilisé pour des dépenses de 200 000 $ à l'année 0, de 25 000 $ de la deuxième à la cinquième année inclusivement, puis de 40 000 $ par année pour la sixième année et les années suivantes. Utilisez un taux d'intérêt annuel de 12 % pour effectuer vos calculs.

5.25 Une municipalité prévoit construire un nouveau stade de football au coût de 250 millions de dollars. Les frais de maintenance annuels s'élèvent à 800 000 $ par année. Le gazon artificiel devra être remplacé tous les 10 ans au coût de 950 000 $, alors que les frais de peinture seront de 75 000 $ tous les 5 ans. Si la municipalité croit conserver le stade indéfiniment, quel sera son coût immobilisé, calculé à un taux d'intérêt annuel de 8 % ?

5.26 Un projet envisagé par une usine de fabrication présente un coût initial de 82 000 $, des frais de maintenance annuels de 9 000 $ et une valeur de récupération de 15 000 $ après une durée de vie de 4 ans. Quel sera le coût immobilisé de ce projet à un taux d'intérêt de 12 % par année ?

5.27 Si dans 30 ans, vous désirez retirer 80 000 $ par année pour toutes les années de vie restantes, quelle somme doit être accumulée dans votre caisse de retraite (en supposant un taux d'intérêt de 8 % par année) : a) à la vingt-neuvième année ; b) à l'année 0 ?

5.28 Quel est le coût immobilisé (en valeur absolue) de la différence entre les deux plans suivants, auxquels on applique un taux d'intérêt de 10 % par année ? Le plan A exige un déboursement de 50 000 $ tous les 5 ans, à partir de la cinquième année, pour une durée illimitée. Le plan B exige des dépenses de 100 000 $ tous les 10 ans pour une durée illimitée, à partir de la dixième année.

5.29 Quel sera le coût immobilisé pour des dépenses de 3 millions de dollars en date d'aujourd'hui, de 50 000 $ du premier au douzième mois, de 100 000 $ du treizième au vingt-cinquième mois, et de 50 000 $ à partir du vingt-sixième mois pour une durée illimitée, avec un taux d'intérêt de 12 % par année composé mensuellement ?

5.30 Comparez les solutions ci-dessous à partir d'une analyse de leur coût immobilisé, en appliquant un taux d'intérêt de 10 % par année.

	Charge pétrolière	Charge inorganique
Coût initial ($)	−250 000	−110 000
Charges d'exploitation ($/année)	−130 000	−65 000
Revenus ($/année)	400 000	270 000
Valeur de récupération ($)	50 000	20 000
Durée (années)	6	4

5.31 Une ancienne étudiante de Polytechnique Montréal désire mettre sur pied un fonds de dotation qui permettrait d'attribuer des bourses aux étudiantes en ingénierie. Ces bourses seraient versées sur une durée illimitée, pour un total de 100 000 $ par année. Les premières bourses d'études seraient versées maintenant, et le programme continuerait chaque année, pour une durée illimitée. Quelle somme cette ancienne étudiante doit-elle verser maintenant, si le fonds rapporte un taux d'intérêt de 8 % par année ?

5.32 Deux projets sont à l'étude pour la construction d'une conduite majeure dans une grande communauté urbaine. Le premier projet propose la construction d'un pipeline d'acier, à un coût de 225 millions de dollars. Des portions du pipeline seront remplacées tous les 40 ans, à un coût de 50 millions. Les frais de pompage et les autres charges d'exploitation sont estimés à 10 millions par année. Le deuxième projet propose plutôt la construction d'un canal d'écoulement par gravité, au coût de 350 millions. Les frais de maintenance et d'exploitation sont estimés à 0,5 million par année. Si la durée des deux types de conduites est illimitée, quelle construction devrait-on privilégier, en tenant compte d'un taux d'intérêt de 10 % par année ?

5.33 Comparez les solutions présentées ci-dessous sur la base de leurs coûts immobilisés, à un taux d'intérêt annuel de 12 % composé trimestriellement.

	Solution E	Solution F	Solution G
Coût initial ($)	−200 000	−300 000	−900 000
Revenus ($/trimestre)	30 000	10 000	40 000
Valeur de récupération ($)	50 000	70 000	100 000
Durée (années)	2	4	∞

L'analyse du délai de récupération

5.34 Qu'est-ce qu'un délai de récupération sans rendement ou un délai de récupération conventionnel ?

5.35 Pourquoi une solution permettant de recouvrer dans le plus court délai l'investissement initial, selon un taux de rendement défini, n'est-elle pas nécessairement la solution la plus avantageuse sur le plan économique ?

5.36 Déterminez le délai de récupération d'un actif dont le coût initial est de 40 000 $, qui possède une valeur de récupération de 8 000 $ en tout temps, jusqu'à 10 ans suivant la date d'achat, et qui génère des revenus de 6 000 $ par année. Le taux de rendement exigé est de 8 % par année.

5.37 Bombardier Transport désire confier certaines de ses activités comptables à un fournisseur de Cebu, aux Philippines, telles que la tenue du grand livre général, les comptes clients, la comptabilité analytique et les comptes fournisseurs. Cette décision entraîne la perte de 15 emplois au Canada, mais 30 emplois seront créés à Cebu et les salaires atteindront approximativement 3 fois les salaires au Canada. Pour un taux de rendement annuel de 12 % et les flux monétaires nets figurant dans le tableau ci-dessous, quel serait le délai de récupération pour ce projet ?

	Mois						
	0	1	2	3	4	5	6
FMN, 1000 $/mois	−40	+5	+7	+9	+11	+13	+25

5.38 Accusoft Systems met sur le marché un logiciel de comptabilité destiné aux propriétaires d'entreprises pour le suivi de plusieurs fonctions comptables, notamment les transactions bancaires et la facturation. L'installation de la licence de site coûtera 22 000 $, et des frais trimestriels de 2 000 $ seront exigés. Si ce logiciel permet à une petite entreprise d'épargner 3 500 $ par trimestre tout en lui assurant la possibilité de gérer sa comptabilité à l'interne, combien de temps cette entreprise mettra-t-elle pour recouvrer son investissement, à un taux d'intérêt trimestriel de 4 % ?

5.39 La société Darnell Enterprises agrandit ses installations au coût de 70 000 $. Les dépenses annuelles supplémentaires sont estimées à 1 850 $, mais les revenus supplémentaires seront de 14 000 $ par année. Combien de temps faudra-t-il à l'entreprise pour recouvrer son investissement, à un taux d'intérêt annuel de 10 % ?

5.40 Le coût initial d'un nouveau procédé de fabrication de niveaux au laser est de 35 000 $. Les charges annuelles sont de 17 000 $. Les revenus supplémentaires générés par ce nouveau procédé sont estimés à 22 000 $ par année. Quel sera le délai de récupération si : a) $i = 0\%$ et b) $i = 10\%$ par année ?

5.41 Une société multinationale de génie-conseil veut fournir un hébergement de villégiature à certains de ses clients. Elle envisage l'achat d'un chalet de trois chambres à Lillooet, en Colombie-Britannique, au coût de 250 000 $. Le prix des propriétés est à la hausse dans ce secteur, en raison de sa proximité avec les installations des Jeux olympiques de 2010. Si l'entreprise doit dépenser en moyenne 500 $ par mois pour les services publics et que l'investissement augmente de 2 % par mois, combien de temps faudra-t-il pour qu'elle puisse revendre cette propriété et obtenir un gain de 100 000 $ sur son investissement de départ ?

5.42 Un fabricant de fenêtres cherche des moyens d'améliorer ses revenus de vente de fenêtres à triple vitrage. La solution A consiste à intensifier les publicités à la télévision et à la radio. On estime qu'une somme de 300 000 $ dépensée maintenant pourrait augmenter les revenus de 60 000 $ par année. La solution B exige le même investissement pour améliorer le procédé de fabrication en usine. Le nouveau procédé permettrait d'améliorer les propriétés de rétention de la température assurée par les joints entourant chaque vitrage. Les nouveaux revenus générés par cette solution connaîtraient un début plus lent. On estime des revenus de 10 000 $ la première année et une augmentation de 15 000 $ par année, une fois que le nouveau produit serait reconnu par les constructeurs d'habitation. Le taux de rendement acceptable minimum est de 8 % par année, et la période maximale d'évaluation est de 10 ans pour ces deux solutions. À l'aide d'une analyse du délai de récupération et de l'analyse de la valeur actualisée à 8 % (pour 10 ans), déterminez la solution la plus économique. Justifiez toute différence entre les choix privilégiés dans l'une ou l'autre analyse, s'il y a lieu.

Les coûts du cycle de vie

5.43 Le département de la défense américain a demandé à un fournisseur de l'industrie militaire haute technologie d'estimer le coût du cycle de vie d'un véhicule utilitaire léger présentement à l'étude. Les coûts évalués appartiennent aux catégories suivantes : recherche et développement (RD), investissement non récurrent (INR), investissements récurrents (IR), maintenance systématique et non programmée (Mainten.), utilisation des équipements (Équip.) et mise au rancart (Ranc.). Les coûts (en millions de dollars) pour le cycle de vie de 20 ans figurent également dans le tableau ci-dessous. Calculez le coût du cycle de vie pour un taux d'intérêt de 7 % par année.

Année	RD	INR	IR	Mainten.	Équip.	Ranc.
0	5,5	1,1				
1	3,5					
2	2,5					
3	0,5	5,2	1,3	0,6	1,5	
4		10,5	3,1	1,4	3,6	
5		10,5	4,2	1,6	5,3	
6 à 10			6,5	2,7	7,8	
11 et suiv.			2,2	3,5	8,5	
18 à 20						2,7

5.44 Un ingénieur spécialisé dans les logiciels de fabrication travaille pour une grande entreprise aérospatiale. On lui a demandé d'assurer la conception, la construction, la mise à l'essai et la mise en service du système AREMSS, un logiciel de nouvelle génération pour la planification des horaires d'entretien systématique et programmé. Le personnel d'usine remplira les rapports sur la disposition de chaque service, puis le système traitera et archivera ces rapports. On estime que ce logiciel sera largement utilisé pour les systèmes de planification et de gestion de maintenance dans le domaine de l'aviation commerciale. Après sa mise en service, le système devra être mis à jour périodiquement, mais il sera utilisé mondialement pour la maintenance de 15 000 appareils. Dans une semaine, l'ingénieur devra présenter ses estimations de coûts sur 20 ans. Il a décidé d'utiliser la méthode d'analyse des coûts du cycle de vie. Utilisez l'information suivante pour déterminer le coût du cycle de vie actuel du système AREMSS à 6 % par année.

Coûts par année (millions de dollars)								
Catégorie de coûts	1	2	3	4	5	6 à 20	10	18
Étude sur le terrain	0,5							
Conception du système	2,1	1,2	0,5					
Conception du logiciel		0,6	0,9					
Achat de matériel				5,1				
Essais bêta		0,1	0,2					
Rédaction du guide d'utilisation		0,1	0,1	0,2	0,2	0,06		
Mise en service du système				1,3	0,7			
Matériel sur le terrain			0,4	6,0	2,9			
Formation des instructeurs			0,3	2,5	2,5	0,7		
Mises à jour du logiciel						0,6	3,0	3,7

5.45 Suncor envisage la construction d'unités de logement pour les travailleurs des sables bitumineux, près de Fort McMurray. Deux propositions sont présentement à l'étude.

La proposition A comporte une conception et des normes de construction standards pour les murs, les portes, les fenêtres et les autres aspects. Les coûts de chauffage, de climatisation et d'entretien sont plus élevés avec cette option. Le délai de remplacement est plus court que celui de la proposition B. Le coût initial pour le projet A est de 750 000 $. La moyenne des coûts mensuels de chauffage et de climatisation est de 6 000 $ et celle des coûts d'entretien, de 2 000 $. Des réparations mineures seront nécessaires au cours de la cinquième, de la dixième et de la quinzième année, chaque fois pour une somme de 150 000 $, pour rendre les appartements utilisables pendant 20 ans. Le projet ne tient compte d'aucune valeur de récupération.

Avec la proposition B, la conception est réalisée sur mesure, et les coûts initiaux de construction sont de 1,1 million de dollars. L'estimation des coûts mensuels de chauffage et de climatisation est de 3 000 $, alors que les frais d'entretien mensuels s'élèvent à 1 000 $. Il n'y aura aucune valeur de récupération à la fin du cycle de vie de 20 ans.

Quelle proposition l'entreprise devrait-elle accepter, selon l'analyse des coûts du cycle de vie, si on applique un taux d'intérêt de 0,5 % par mois ?

5.46 La Ville de Winnipeg prévoit développer un logiciel servant à la sélection de projets au cours des 10 prochaines années. Les gestionnaires ont utilisé la méthode des coûts du cycle de vie pour classer les coûts en différentes catégories pour chaque projet, soit le développement, la programmation, l'exploitation et le soutien technique. Les trois solutions proposées sont présentées dans le tableau ci-dessous, ainsi que les coûts associés à chacune : les solutions A (logiciel sur mesure), B (logiciel adapté) et C (logiciel actuel). Utilisez la méthode d'analyse des coûts du cycle de vie pour trouver la solution la plus appropriée, à un taux de 8 % par année.

Solution	Catégorie de coûts	Coûts
A	Développement	250 000 $ maintenant, 150 000 $ pour les années 1 à 4
	Programmation	45 000 $ maintenant, 35 000 $ pour les années 1 et 2
	Exploitation	50 000 $ pour les années 1 à 10
	Soutien technique	30 000 $ pour les années 1 à 5
B	Développement	10 000 $ maintenant
	Programmation	45 000 $ pour l'année 0, 30 000 $ pour les années 1 à 3
	Exploitation	80 000 $ pour les années 1 à 10
	Soutien technique	40 000 $ pour les années 1 à 10
C	Exploitation	175 000 $ pour les années 1 à 10

Les obligations

5.47 Une obligation hypothécaire dont la valeur nominale est de 10 000 $ offre un taux d'intérêt de 6 % par année, payable chaque trimestre. Quels seront les montants et la fréquence des versements d'intérêts ?

5.48 Quelle est la valeur nominale d'une obligation d'entreprise dont le taux d'intérêt annuel est de 4 % et les versements d'intérêts semestriels sont de 800 $?

5.49 Quel est le taux d'intérêt d'une obligation de 20 000 $ pour laquelle les versements d'intérêts semestriels sont de 1 500 $ et dont l'échéance est de 20 ans ?

5.50 Quelle est la valeur actualisée d'une obligation de 50 000 $ offrant un taux d'intérêt de 10 % par année, payable chaque trimestre ? Cette obligation vient à échéance dans 20 ans. Le taux d'intérêt du marché est de 10 % par année, composé chaque trimestre.

5.51 Quelle est la valeur actualisée d'une obligation municipale de 50 000 $ offrant un taux d'intérêt de 4 % par année, avec des versements trimestriels ? L'obligation vient à échéance dans 15 ans, et le taux du marché est de 8 % par année, composé trimestriellement.

5.52 Il y a 3 ans, BCE a émis 1 000 obligations non garanties de valeur nominale de 5 000 $, à un taux d'intérêt de 8 % par année payable chaque semestre. Les obligations ont une échéance de 20 ans à compter de leur date d'émission. Si le taux du marché est de 10 % par année composé semestriellement, quelle est la valeur actualisée d'une obligation pour un investisseur qui désire en faire l'achat aujourd'hui ?

5.53 Caboto Corp. doit se procurer des fonds d'une valeur de 200 millions de dollars pour l'agrandissement de son usine. L'entreprise émet des obligations dont les intérêts seront versés chaque semestre à un taux de 7 % par année, avec échéance de 30 ans. Les frais de courtage pour la vente des obligations sont de 1 million. Si le taux du marché grimpe à 8 % par année, composé semestriellement, avant l'émission des obligations, quelle valeur nominale les obligations devront-elles avoir pour que l'entreprise puisse obtenir un capital net de 200 millions ?

5.54 Un ingénieur planifie sa retraite. Selon lui, les taux d'intérêt seront à la baisse avant qu'il ne prenne sa retraite. Par conséquent, il envisage d'investir dans les obligations d'entreprise. Il veut acheter une obligation de 50 000 $ au taux de 12 % par année, payable chaque trimestre, avec une échéance de 20 ans à compter d'aujourd'hui.
a) Quelle somme pourra-t-il obtenir de la vente de cette obligation dans 5 ans, si le taux du marché est de 8 % par année composé trimestriellement ?
b) S'il investit l'intérêt reçu et obtient un taux de 12 % par année composé trimestriellement, combien obtiendra-t-il (au total) immédiatement après la vente de son obligation dans 5 ans ?

ÉTUDE DE CAS

L'ÉVALUATION DU DÉLAI DE RÉCUPÉRATION POUR UN PROGRAMME D'ACHAT DE TOILETTES À FAIBLE DÉBIT

Introduction

Dans plusieurs villes, l'eau est puisée des réservoirs et des aquifères souterrains beaucoup plus rapidement qu'elle n'y est remplacée. Cet épuisement des ressources en eau a obligé certaines villes à prendre des mesures de conservation ou à imposer une taxe sur l'eau potable dans les secteurs résidentiels, commerciaux et industriels. En 2010, une Ville a démarré un projet visant à encourager l'installation de toilettes à faible débit dans les constructions existantes. Une analyse économique a été réalisée afin d'évaluer le rapport coût-rendement de ce programme.

Mise en contexte

Essentiellement, le programme de remplacement des toilettes offrait un rabais de 75 % à l'achat d'une toilette à faible débit, jusqu'à un maximum de 100 $ par toilette, pourvu que ces appareils sanitaires n'utilisent pas plus de 6 L d'eau par chasse. Le programme n'imposait aucune limite quant au nombre de toilettes pouvant être remplacées par résidence ou par entreprise.

Marche à suivre

Afin d'évaluer les économies d'eau (s'il y a lieu) obtenues grâce au programme, on a évalué la consommation d'eau auprès de 325 ménages participants, ce qui représentait un échantillonnage d'environ 13 %. Les données relatives à la consommation d'eau potable ont été recueillies 12 mois avant et 12 mois après l'installation des toilettes à faible débit. Si une résidence était vendue au cours de cette étude, le changement de propriétaire n'était pas pris en compte. Puisque la consommation d'eau augmente de manière importante durant les mois d'été (arrosage des pelouses, refroidissement par évaporation, lavage des voitures, etc.), seules les données des mois de décembre, de janvier et de février ont été utilisées pour évaluer la consommation d'eau avant et après l'installation des toilettes. Avant de calculer les résultats, les utilisateurs de grands volumes d'eau (généralement des entreprises) ont été éliminés, soit tous ceux dont la moyenne de consommation mensuelle excédait 50 CPC (1 CPC = 100 pieds cubes = 2 831 litres). De plus, les moyennes de 2 CPC ou moins (avant ou après installation) ont été éliminées parce que les chercheurs ont conclu que ces résultats représentaient des conditions anormales, par exemple une maison inhabitée pendant la période d'étude. Après cette étape d'élimination, les 268 dossiers retenus ont été analysés en vue d'établir l'efficacité du programme.

Résultats

Consommation d'eau

La consommation d'eau avant et après l'installation des toilettes à faible débit était respectivement de 11,2 et de 9,1 CPC, ce qui correspond à une baisse moyenne de la consommation de l'ordre de 18,8 %. En utilisant uniquement les données de janvier et de février pour effectuer ces calculs, les valeurs étaient alors respectivement de 11,0 et de 8,7 CPC, pour un taux d'économie de 20,9 %.

Analyse économique

Le tableau ci-dessous présente quelques données au cours des 21 premiers mois du programme.

Résumé du programme

Nombre de ménages participants	2 466
Nombre de toilettes remplacées	4 096
Nombre de personnes	7 981
Coût moyen des toilettes	115,83 $
Rabais moyen	76,12 $

Les résultats de la section précédente indiquent une économie d'eau de 2,1 CPC. Pour un citoyen moyen participant au programme, le délai de récupération n_p en années, sans tenir compte du taux d'intérêt, est calculé à l'aide de l'équation [5.7].

$$n_p = \frac{\text{Coût net d'une toilette} + \text{coût d'installation}}{\text{Économie annuelle nette en frais d'eau et d'égout}}$$

Le bloc de tarification le plus bas pour l'utilisation d'eau est de 0,76 par CPC. La redevance d'égout est de 0,62 par CPC. Avec ces valeurs et un coût d'installation de 50 $, la période de récupération est la suivante :

$$n_p = \frac{(115,83 - 76,12) + 50}{(2,1 \text{ CCF / mois} \times 12 \text{ mois}) \times (0,76 + 0,62) / \text{CCF}}$$
$$= 2,6 \text{ années}$$

Des toilettes moins dispendieuses ou des frais d'installation moins élevés réduiraient le délai de récupération, alors que la prise en compte de la valeur temporelle de l'argent prolongerait ce délai.

Du point de vue des services publics qui fournissent l'eau potable, on doit comparer le coût du programme au coût marginal de l'approvisionnement en eau et du traitement des eaux usées. Le coût marginal c est représenté comme suit :

$$c = \frac{\text{Coût des rabais}}{\text{Volume d'eau économisé + volume d'eaux usées non traitées}}$$

Théoriquement, la réduction de la consommation d'eau se poursuivrait sur une période infinie, puisque les toilettes existantes ne seront jamais remplacées par des modèles moins efficaces. Dans les pires conditions, on suppose que la toilette a une durée utile de 5 ans seulement, période après laquelle elle présenterait des fuites et ne pourrait être réparée. Les coûts pour la Ville, dans le cas de l'eau non livrée ou les eaux usées non traitées, seraient calculés comme suit :

$$c = \frac{76{,}12\ \$}{(2{,}1 + 2{,}1\ \text{CCF/mois})(12\ \text{mois})(5\ \text{années})}$$

$$= \frac{0{,}302\ \$}{\text{CCF}}$$

Par conséquent, sauf si la Ville peut fournir l'eau potable et assurer le traitement des eaux usées pour moins de 0,302 $ par CPC, le programme de remplacement des toilettes serait considéré comme avantageux sur le plan économique. Pour la Ville, les coûts d'exploitation seuls pour les services d'approvisionnement et de traitement de l'eau, sans les dépenses en immobilisations, sont d'environ 0,83 $ par CPC, ce qui dépasse considérablement les 0,302 $ par CPC. Le programme de remplacement des toilettes par des modèles à faible débit est clairement avantageux en ce qui concerne le coût-rendement.

Exercices sur l'étude de cas

1. Si le taux d'intérêt est de 8 % et que la durée utile d'une toilette est de 5 ans, quel serait le délai de récupération pour le participant au programme ?

2. Ce délai de récupération dépendrait-il davantage du taux d'intérêt appliqué ou de la durée utile de la toilette ?

3. Avec un taux d'intérêt de 6 % par année et une durée utile de 5 ans pour la toilette, quels seraient les coûts pour la Ville ? Comparez les coûts en dollars par CPC aux coûts déterminés à 0 % d'intérêt.

4. Du point de vue de la Ville, la réussite du programme est-elle liée : a) au pourcentage de rabais appliqué à l'achat de la toilette ; b) au taux d'intérêt, si on utilise des taux de 4 à 15 % ; c) à la durée utile des toilettes, si on considère une durée de 2 à 20 ans ?

5. Quels sont les autres facteurs à considérer pour évaluer la réussite du programme auprès : a) des participants ; b) de la Ville ?

CHAPITRE 6

L'analyse de l'annuité équivalente

Ce chapitre présente un nouvel outil servant à comparer des solutions possibles. Après avoir décrit la méthode basée sur la valeur actualisée (VA) dans le chapitre précédent, nous abordons maintenant l'analyse de l'annuité équivalente (AÉ). Cette dernière méthode est souvent préférable à la première, entre autres parce que les calculs sont plus faciles à effectuer. La plupart des gens sont en mesure de comprendre la notion de valeur annuelle, exprimée en dollars par année. De plus, les hypothèses posées pour procéder à l'analyse sont essentiellement les mêmes qu'avec la méthode de la valeur actualisée.

La méthode d'analyse de l'annuité équivalente, parfois appelée « analyse du coût annuel équivalent » ou « analyse de la valeur annuelle », permet de choisir, parmi un ensemble de solutions possibles, celle qui est la plus avantageuse. La solution retenue à la suite de l'analyse de l'annuité équivalente est la même que celle qu'on obtient à l'aide de l'analyse de la valeur actualisée ou de toute autre technique d'évaluation, pourvu que la méthode choisie soit appliquée correctement.

Dans l'étude de cas en fin de chapitre, les estimations réalisées au moment de l'analyse de l'annuité équivalente sont substantiellement différentes une fois l'équipement installé, ce qui met en cause les frais de maintenance et les économies sur les réparations. L'utilisation du tableur, l'analyse de sensibilité et l'analyse de l'annuité équivalente servent à évaluer la situation.

OBJECTIFS D'APPRENTISSAGE

Objectif: Calculer l'annuité équivalente et comparer des solutions possibles à l'aide de la méthode d'analyse de l'annuité équivalente.

À la fin de ce chapitre, vous devriez pouvoir:

Cycle de vie	**1.** Calculer l'annuité équivalente pour des solutions ayant des durées différentes;
Calcul de l'AÉ	**2.** Calculer le recouvrement du capital (RC) et l'annuité équivalente (AÉ) à l'aide de deux méthodes;
Choix d'une solution à l'aide de l'analyse de l'AÉ	**3.** Choisir la meilleure solution à l'aide d'une analyse de l'annuité équivalente;
AÉ d'un investissement permanent	**4.** Calculer l'annuité équivalente d'un investissement permanent.

6.1 L'ANALYSE DE L'ANNUITÉ ÉQUIVALENTE – AVANTAGES ET APPLICATIONS

Dans plusieurs études d'économie d'ingénierie, on considère que l'analyse de l'annuité équivalente est la meilleure méthode à utiliser, en comparaison avec les méthodes de la valeur actualisée (VA), de la valeur capitalisée (VC) ou celle de l'analyse du taux de rendement interne (TRI), abordée dans les deux chapitres suivants. Puisque l'annuité équivalente correspond à la valeur annuelle équivalente uniforme de tous les encaissements et décaissements estimés pour le cycle de vie d'un projet, cette notion est facile à comprendre pour quiconque s'est familiarisé avec les montants annuels, exprimés en dollars par année. La valeur de l'annuité équivalente, qui correspond à la même interprétation économique que le terme A utilisé jusqu'à présent, équivaut à la valeur actualisée et à la valeur capitalisée au taux de rendement acceptable minimum (TRAM) établi pour n années. On peut facilement déterminer ces trois valeurs à partir de l'équation suivante :

$$\text{AÉ} = \text{VA}(A/P;i;n) = \text{VC}(A/F;i;n) \qquad \text{[6.1]}$$

La valeur n désigne le nombre d'années utilisé pour la comparaison entre des solutions comportant un service équivalent. Elle correspond au plus petit commun multiple (PPCM) ou à la période d'étude déterminée pour l'analyse de la valeur actualisée ou de la valeur capitalisée.

Lorsque toutes les estimations des flux monétaires sont converties en une valeur d'annuité équivalente, celle-ci s'applique à chaque année du cycle de vie et à **chaque cycle de vie supplémentaire**. En réalité, cette méthode présente un avantage important sur le plan du calcul et de l'interprétation :

> La valeur de l'annuité équivalente doit être calculée pour **un seul cycle de vie**. Par conséquent, il n'est pas nécessaire d'utiliser le plus petit commun multiple des durées de vie, comme dans le cas des analyses de la valeur actualisée et de la valeur capitalisée.

Section 5.3

Hypothèses posées avec la méthode de la VA

En déterminant l'annuité équivalente sur un cycle de vie pour une solution, on détermine l'annuité équivalente de tous les cycles à venir. Comme dans le cas de l'analyse de la valeur actualisée, la méthode de l'annuité équivalente repose sur trois hypothèses principales qu'il est important de bien comprendre.

> Lorsque des solutions de durées différentes sont comparées entre elles, la méthode de l'annuité équivalente repose sur les hypothèses suivantes :
>
> 1. les services obtenus à l'aide des solutions sont requis pour une durée correspondant au plus petit commun multiple du nombre d'années ou plus ;
> 2. la solution choisie pour le premier cycle de vie est reproduite de la même manière pour tous les autres cycles de vie ;
> 3. les estimations de flux monétaires sont les mêmes pour chaque cycle de vie.

En pratique, aucune de ces hypothèses n'est parfaitement exacte. Si une évaluation montre que les deux premières hypothèses ne sont pas raisonnables, il faut déterminer une période d'étude pour procéder à l'analyse. Soulignons que dans le cas de la première hypothèse, la durée du cycle de vie peut être indéfinie (illimitée). Dans le cas de la troisième, on présume que tous les flux monétaires varient en fonction du taux d'inflation (ou de déflation). Si cette hypothèse n'est pas valide, on doit procéder à de nouvelles estimations des flux monétaires pour chaque cycle de vie et, ici encore, on devra établir une période d'étude. L'analyse de l'annuité équivalente sur une période d'étude précise est présentée à la section 6.3.

EXEMPLE 6.1

Dans l'exemple 5.2 concernant les choix d'emplacement des bureaux, on procède à une analyse de la valeur actualisée sur 18 ans, ce qui correspond au plus petit commun multiple de 6 et de 9 ans. Prenez seulement l'emplacement A, dont le cycle de vie est de 6 ans. Le diagramme de la figure 6.1 montre les flux monétaires des trois cycles de vie (coût initial de 15 000 $, coût annuel de 3 500 $ et remboursement du dépôt de 1 000 $). Vérifiez l'équivalence pour $i = 15\%$ entre la valeur actualisée sur trois cycles de vie et l'annuité équivalente sur un seul cycle. Dans l'exemple précédent, la valeur actualisée pour l'emplacement A est VA = −45 036 $.

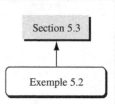

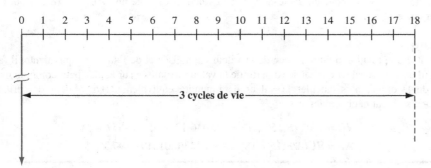

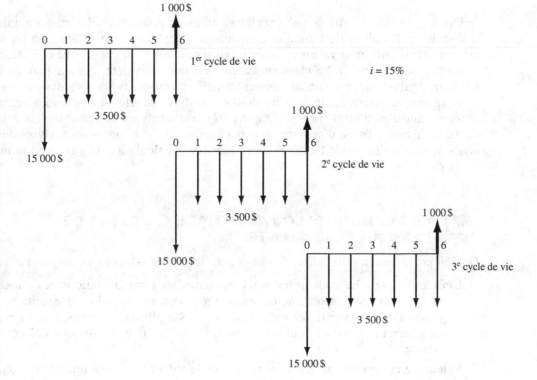

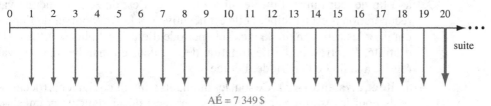

FIGURE 6.1

La valeur actualisée et l'annuité équivalente pour trois cycles de vie de l'exemple 6.1

Solution

Calculez la valeur de l'annuité équivalente pour tous les flux monétaires du premier cycle de vie.

$$\text{AÉ} = -15\,000(A/P;15\%;6) + 1\,000(A/F;15\%;6) - 3\,500 = -7\,349\,\$$$

En réalisant le même calcul pour chaque cycle de vie, la valeur de l'annuité équivalente est de −7 349 \$. L'équation [6.1] est maintenant appliquée à la valeur actualisée sur 18 ans.

$$\text{AÉ} = -45\,036(A/P;15\%;18) = -7\,349\,\$$$

L'annuité équivalente pour un cycle de vie et la valeur actualisée analysée sur 18 ans ont une valeur égale.

Remarque

Si on utilise la relation d'équivalence de la valeur capitalisée et de l'annuité équivalente, il faut d'abord trouver la valeur capitalisée à partir de la valeur actualisée sur le plus petit commun multiple de la durée, puis calculer la valeur de l'annuité équivalente. (On obtient des erreurs d'arrondissement négligeables.)

$$\text{VC} = \text{VA}(F/P;15\%;18) = -45\,036(12{,}3755) = -557\,343\,\$$$
$$\text{AÉ} = \text{VC}(A/F;15\%;18) = -557\,343(0{,}01319) = -7\,351\,\$$$

Outre le fait de constituer une excellente méthode pour les études en économie d'ingénierie, l'analyse de l'annuité équivalente s'applique à toute situation où il est possible d'utiliser la valeur actualisée (ainsi que la valeur capitalisée et le ratio avantages-coûts [RAC]). La méthode du coût annuel équivalent, qui s'apparente à l'annuité équivalente, est particulièrement adaptée à certains types d'études, notamment au remplacement des immobilisations et à la durée de rétention pour réduire les charges annuelles totales (*voir le chapitre 11*), aux analyses de rentabilité et à la décision de fabriquer ou d'acheter (*voir le chapitre 13*), et à toutes les analyses des coûts de production ou de fabrication centrées sur le calcul du coût par unité ou du profit par unité.

 6.2 LE CALCUL DU RECOUVREMENT DU CAPITAL ET DE L'ANNUITÉ ÉQUIVALENTE

On doit procéder aux estimations suivantes pour toutes les solutions envisagées :

Coût initial (*P*) Le coût initial total de toutes les immobilisations et de tous les services requis pour mettre en œuvre une solution – Lorsque certaines portions de ces investissements se déroulent sur plusieurs années, leur valeur actualisée constitue un coût initial équivalent. La valeur *P* correspond à cette somme.

Valeur de récupération (*R*) L'estimation de la valeur totale des immobilisations à la fin de leur durée d'utilité – La valeur de *R* est de zéro si aucune valeur de récupération n'est anticipée ; elle est négative s'il faut débourser de l'argent pour éliminer les actifs en fin de vie. Si la période d'étude est plus courte que la durée d'utilité, *R* correspond à l'estimation de la valeur du marché ou de la valeur de reprise à la fin de la période d'étude.

Annuité équivalente (AÉ) Ce sont les montants annuels équivalents (décaissements seuls pour les solutions axées sur les services ; décaissements et encaissements pour les solutions axées sur les revenus). Puisque cette somme correspond souvent aux charges d'exploitation annuelles (CEA), l'estimation est déjà une valeur équivalente *A*.

L'annuité équivalente d'un projet comporte deux éléments importants : le recouvrement du capital pour le coût initial P à un taux d'intérêt déterminé (généralement le taux de rendement acceptable minimum) et l'annuité équivalente A. L'abréviation « RC » signifie « valeur de recouvrement du capital », qui est représentée comme suit dans l'équation :

$$\text{AÉ} = -\text{RC} - A \qquad [6.2]$$

Les valeurs de recouvrement du capital et de A sont négatives, puisqu'elles représentent des coûts. Le montant total annuel A est déterminé à partir des coûts récurrents uniformes et des sommes non récurrentes. En premier lieu, on devra peut-être utiliser les facteurs P/A et P/F pour obtenir la valeur actualisée ; le facteur A/P permettra ensuite de convertir ce montant en une valeur A dans l'équation [6.2]. (S'il s'agit d'un projet basé sur les revenus, le calcul de la valeur A comportera des flux monétaires positifs.)

Le recouvrement d'un capital P investi dans une immobilisation, ainsi que la valeur temporelle de ce capital selon un taux d'intérêt déterminé, constitue un principe fondamental de l'analyse économique. La valeur de recouvrement du capital correspond au coût de possession annuel équivalent de l'immobilisation, auquel s'ajoute le rendement sur le coût initial. On utilise le facteur A/P pour convertir P en un coût annuel équivalent. Si une valeur de récupération positive est anticipée à la fin de la durée d'utilité de cette immobilisation, sa valeur annuelle équivalente est retirée à l'aide du facteur A/F. Cette opération permet de réduire le coût de possession annuel équivalent. Ainsi, la valeur de recouvrement du capital correspond à ce qui suit :

$$\text{RC} = -[P(A/P;i;n) - R(A/F;i;n)] \qquad [6.3]$$

Le calcul de la valeur de recouvrement du capital et de l'annuité équivalente est illustré dans l'exemple 6.2.

EXEMPLE 6.2

Télésat a fabriqué Anik-1, le premier satellite de télécommunications nationales. Lancé en 1972, ce satellite a rendu possible la télédiffusion en direct de la *Soirée du hockey* dans les communautés du Grand Nord canadien. Le nouveau et puissant satellite Telstar 11N en bande Ku permettra de relier l'Amérique du Nord, l'Europe et l'Afrique et de répondre à la demande croissante de communications mobiles sur large bande. Télésat envisage l'acquisition d'un système de repérage terrestre qui exige un investissement de 13 millions de dollars. Une somme de 8 millions serait engagée maintenant et les 5 millions restants seraient investis à la fin de la première année du projet. On prévoit que les charges d'exploitation annuelles du système commenceront la première année et se poursuivront au rythme de 0,9 million par année. La durée d'utilité du système de repérage est de 8 ans, et sa valeur de récupération est estimée à 0,5 million. Calculez la valeur de l'annuité équivalente pour ce système, si le taux de rendement acceptable minimum de l'entreprise est de 12 % par année.

Solution

Les flux monétaires (*voir la figure 6.2 a*) pour ce système de repérage doivent être convertis en une série de flux annuels équivalents sur 8 ans (*voir la figure 6.2 b*). (Tous les montants sont exprimés en unités de 1 million de dollars.) Les charges d'exploitation annuelles sont $A = -0,9\$$ par année, et le recouvrement du capital est calculé à l'aide de l'équation [6.3]. La valeur actualisée P à l'année 0 des deux investissements distincts (8 $ et 5 $) est déterminée avant de procéder à la multiplication par le facteur A/P.

$$
\begin{aligned}
\text{RC} &= -\{[8,0 + 5,0(P/F;12\%;1)](A/P;12\%;8) - 0,5(A/F;12\%;8)\} \\
&= -\{[12,46](0,2013) - 0,040\} \\
&= -2,47\ \$
\end{aligned}
$$

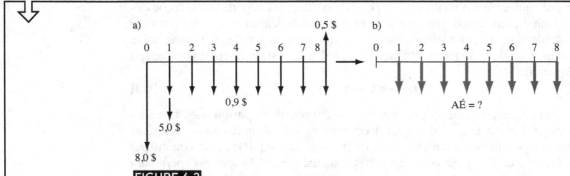

FIGURE 6.2

a) Le diagramme des flux monétaires reflétant les coûts du système de repérage de satellites ; b) la conversion en coûts annuels équivalents (en unités de 1 million de dollars) de l'exemple 6.2

Une interprétation juste des résultats est essentielle pour Télésat. Chaque année pendant 8 ans, le total des revenus équivalents provenant du système de repérage doit être d'au moins 2 470 000 $, le minimum requis pour récupérer la valeur actualisée du coût initial ainsi que le taux de rendement exigé de 12 % par année. Ce montant n'inclut pas les charges d'exploitation annuelles de 0,9 million de dollars par année.

Puisque le montant RC = −2,47 millions de dollars est un coût annuel équivalent, comme l'indique le signe moins, on trouve l'annuité équivalente dans l'équation [6.2].

$$AÉ = -2,47 - 0,9 = -3,37 \text{ millions de dollars par année}$$

Ce résultat correspond au montant de l'annuité équivalente pour tous les cycles de vie futurs de 8 ans, à condition que les coûts augmentent au même taux que l'inflation et que les mêmes coûts et services s'appliquent à tous les cycles subséquents.

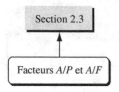

Section 2.3

Facteurs *A/P* et *A/F*

Il existe une autre méthode appropriée pour déterminer la valeur de recouvrement du capital. Ces deux méthodes produisent un résultat identique. À la section 2.3, l'équation représentant la relation entre les facteurs *A/P* et *A/F* est la suivante :

$$(A/F;i;n) = (A/P;i;n) - i$$

Ces deux facteurs se retrouvent dans l'équation [6.3]. En procédant à la substitution des facteurs *A/F*, on obtient :

$$\mathbf{RC = -\{P(A/P;i;n) - R[(A/P;i;n) - i]\}}$$
$$\mathbf{= -[(P - R)(A/P;i;n) + R(i)]} \qquad [6.4]$$

Cette formule relève de la logique de base. En soustrayant la valeur *R* du coût initial *P* avant d'appliquer le facteur *A/P*, on reconnaît que la valeur de récupération sera recouvrée. On réduit ainsi la valeur de recouvrement du capital, le coût annuel de possession. Cependant, le non-recouvrement de la valeur de récupération avant l'année *n* est compensé par l'intérêt annuel $R(i)$ généré par la valeur de recouvrement du capital.

Dans l'exemple 6.2, l'utilisation de cette deuxième méthode pour calculer la valeur de recouvrement du capital produit les mêmes résultats.

$$RC = -\{[8,0 + 5,0(P/F;12\%;1) - 0,5](A/P;12\%;8) + 0,5(0,12)\}$$
$$= -[12,46 - 0,5](0,2013) + 0,06\} = -2,47\,\$$$

Même si les deux équations pour obtenir la valeur de recouvrement du capital donnent le même résultat, il est toujours préférable d'utiliser la même méthode. Ici, la première méthode est utilisée, soit l'équation [6.3].

Dans le cas d'une solution par ordinateur, utilisez la fonction VPM pour déterminer la valeur de recouvrement du capital dans une seule cellule. La fonction générale

VPM($i\%$;n;P;F) est récrite avec le coût initial P et la valeur de récupération $-R$. Le format (ou disposition des données) est le suivant :

$$\text{VPM}(i\%;n;P;-R)$$

À titre d'exercice, déterminez la valeur de recouvrement du capital uniquement dans l'exemple 6.2. Puisque le coût initial est réparti sur 2 ans, soit 8 millions de dollars à l'année 0 et 5 millions à l'année 1, combinez la fonction VA à la fonction VPM pour trouver le coût initial P équivalent pour l'année 0. La fonction complète pour la valeur de recouvrement du capital seule (en unités de 1 million de dollars) est VPM(12%;8;8+*VA*(12%;*1*;–5);–0,5); la fonction VA intégrée est en italique. La réponse –2,47 $ (millions) s'affichera dans la cellule de la feuille de calcul.

6.3 L'ÉVALUATION DES SOLUTIONS POSSIBLES PAR L'ANALYSE DE L'ANNUITÉ ÉQUIVALENTE

Généralement, lorsqu'un taux de rendement acceptable minimum (TRAM) a déjà été déterminé, l'analyse de l'annuité équivalente est la méthode la plus facile à appliquer. La solution choisie sera celle dont les coûts annuels équivalents sont les plus bas (solutions axées sur les services) ou celle dont les revenus annuels équivalents sont les plus élevés (solutions axées sur les revenus). Les critères de sélection sont donc les mêmes que ceux qui sont utilisés avec la méthode d'analyse de la valeur actualisée, mais on utilise ici la valeur de l'annuité équivalente.

En présence de solutions mutuellement exclusives, calculez l'annuité équivalente selon le taux de rendement acceptable minimum.

Une solution : AÉ $\geq$ 0, le taux de rendement acceptable minimum est atteint ou dépassé.

Deux ou plusieurs solutions : Choisir la valeur de l'annuité équivalente qui correspond aux coûts les plus faibles ou aux revenus les plus élevés (valeur numérique la plus grande).

Si l'une des hypothèses décrites à la section 6.1 n'est pas acceptable pour une solution analysée, il faut alors définir une période d'étude. Les estimations de flux monétaires pour cette période d'étude sont alors converties en montants d'annuité équivalente. Une illustration de ce type de cas est donnée plus loin dans l'exemple 6.4.

EXEMPLE 6.3

Le restaurant PizzaPresto à Montréal se démarque bien de ses concurrents en offrant une livraison rapide. L'entreprise embauche plusieurs étudiants à temps partiel pour la livraison des commandes passées sur leur site Web PizzaPresto.com. Le propriétaire, un ingénieur en logiciels diplômé de l'Université McGill, veut procéder à l'achat et à l'installation de cinq systèmes informatisés portables dans les voitures, afin d'accélérer la vitesse de livraison et l'exactitude des commandes. Les appareils en question permettent d'établir le lien entre le logiciel de commande et le système On-Star qui renseigne les livreurs sur les trajets dans la région métropolitaine de Montréal. L'objectif consiste à offrir un service plus rapide et plus fiable aux clients et à accroître les revenus de PizzaPresto.

Chaque système coûte 4 600 $, possède une durée d'utilité de 5 ans et une valeur de récupération estimée à 300 $. Les charges d'exploitation totales pour tous les systèmes sont de 650 $ la première année, puis elles augmentent de 50 $ par année subséquemment. Le taux de rendement acceptable minimum est fixé à 10 %. Réalisez une évaluation de l'annuité équivalente pour le propriétaire en vue de répondre aux questions suivantes. Formulez une solution manuelle et par ordinateur, tel qu'indiqué ci-dessous.

a) Quel est le revenu annuel nécessaire pour rentabiliser l'investissement à un taux de rendement acceptable minimum de 10 % par année ? Trouvez cette valeur en utilisant la solution manuelle et la solution par ordinateur.

b) Selon l'estimation prudente du propriétaire, l'augmentation des revenus serait de 1 200 $ par année pour les cinq systèmes. Ce projet est-il viable financièrement en fonction du taux de rendement acceptable minimum établi ? Répondez à la question en utilisant la solution manuelle et la solution par ordinateur.

c) À partir de la réponse obtenue en b) et à l'aide de l'ordinateur, déterminez les revenus additionnels nécessaires pour que PizzaPresto puisse justifier économiquement ce projet. Les frais d'exploitation restent tels qu'ils ont été estimés.

Solution manuelle

a) et b) Les valeurs de recouvrement du capital et l'annuité équivalente permettent de répondre à ces deux questions. La figure 6.3 présente les flux monétaires pour les cinq systèmes. Utilisez l'équation [6.3] pour un recouvrement de capital à 10 %.

$$RC = -[5(4\,600)(A;P;10\%;5) - 5(300)(A/F;10\%;5)]$$
$$= -5\,822\,\$$$

On peut déterminer la viabilité financière du projet sans calculer la valeur de l'annuité équivalente. Les revenus additionnels estimés de 1 200 $ sont significativement inférieurs à la valeur de recouvrement du capital de 5 822 $, ce qui n'inclut pas encore les charges annuelles. Clairement, l'achat est injustifié sur le plan économique. Toutefois, afin de compléter l'analyse, déterminez la valeur de l'annuité équivalente. Les charges d'exploitation annuelles et les revenus forment une série arithmétique de gradient G sur une base de 550 $ pour l'année 1, qui diminue de 50 $ par année pendant 5 ans. L'équation de l'annuité équivalente s'exprime ainsi :

$$AÉ = \text{recouvrement du capital} + \text{revenus nets équivalents}$$
$$= -5\,822 + 550 - 50(A/G;10\%;5)$$
$$= -5\,362\,\$$$

Ce résultat correspond au montant net équivalent nécessaire sur 5 ans pour récupérer l'investissement et les charges d'exploitation estimées, à un taux de rendement de 10 % par année. Le revenu annuel nécessaire pour recouvrer l'investissement est donc de 5 362 $. On constate ici encore que cette solution n'est pas viable financièrement avec un TRAM = 10 %. Il faut noter que les revenus supplémentaires estimés à 1 200 $ par année, réduits par les frais d'exploitation, ont permis de diminuer le montant annuel de 5 822 $ à 5 362 $.

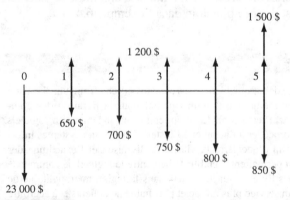

FIGURE 6.3

Le diagramme des flux monétaires utilisé pour le calcul de l'annuité équivalente de l'exemple 6.3

Solution par ordinateur

La feuille de calcul (*voir la figure 6.4*) montre les flux monétaires pour l'investissement, les charges d'exploitation et les revenus annuels dans des colonnes distinctes. Les fonctions sont affichées en variables globales pour assurer une analyse plus rapide de la sensibilité.

a) et b)   La valeur de recouvrement du capital de 5 822 $ est affichée dans la cellule B7 ; elle est déterminée par la fonction VPM avec une fonction VAN intégrée. Les cellules C7 et D7 utilisent également la fonction VPM pour calculer les coûts et les revenus annuels équivalents, ici encore avec une fonction VAN combinée.

La cellule F11 affiche la réponse finale, soit AÉ = –5 362 $, qui correspond à la somme des trois composantes de l'annuité équivalente sur la ligne 7.

c)   Afin de calculer le revenu nécessaire (colonne D) pour justifier le projet, une valeur de AÉ = 0 $ doit être affichée dans la cellule F11. Les autres valeurs estimées demeurent les mêmes. Puisque tous les revenus annuels de la colonne D reçoivent leur valeur de la cellule B4, modifiez l'entrée dans B4 jusqu'à ce que la cellule F11 affiche « 0 $ ». Le zéro est atteint à 6 562 $. (Ces montants ne paraissent pas dans les cellules B4 et F11 de la figure 6.4.) L'estimation des revenus supplémentaires faite par le propriétaire de PizzaPresto devrait passer de 1 200 $ à 6 562 $ par année pour obtenir un rendement de 10 %, ce qui correspond à une augmentation substantielle.

	A	B	C	D	E	F	G
2	TRAM	10%			=–B3*VPM($B$2;5;VAN($B$2;B9:B13)+B8)		
3	Nombre de systèmes	5					
4	Revenu par système	1 200 $			=–VPM(10%;5;VAN(10%;C9:C13)+C8		
5	Année	Investissement	Coûts	Revenus			
6			annuels	annuels			
7	Valeur AÉ	(5 822 $)	(741 $)	1 200 $			
8	0	(4 600 $)	0 $	0 $			
9	1	0 $	(650 $)	1 200 $	Annuité		
10	2	0 $	(700 $)	1 200 $	pour 5		
11	3	0 $	(750 $)	1 200 $	systèmes	(5 362 $)	
12	4	0 $	(800 $)	1 200 $			
13	5	300 $	(850 $)	1 200 $		=SOMME(B7:D7)	
14							
15				=$B$4			
16							

FIGURE 6.4

La solution obtenue avec le tableur de l'exemple 6.3 a) et b)

EXEMPLE 6.4

Dans l'exemple 5.12, une analyse de valeur actualisée est réalisée concernant a) le plus petit commun multiple de 24 années et b) une période d'étude de 6 ans. Comparez les deux plans possibles pour Ciment Lafarge, dans les mêmes conditions, en utilisant la méthode de l'annuité équivalente. Le taux de rendement acceptable minimum est fixé à 15 %. Procédez à la résolution manuelle et par ordinateur.

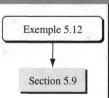

Solution manuelle

a)   Même si les deux éléments proposés dans le plan A (appareils d'excavation et plateformes de déchargement) ont des durées utiles différentes, l'analyse de l'annuité équivalente est réalisée sur un seul cycle de vie pour chacun. Chaque valeur d'annuité équivalente comprend la valeur de recouvrement du capital et les charges d'exploitation annuelles.

Utilisez l'équation [6.3] pour trouver la valeur de recouvrement du capital.

$$\text{AÉ}_A = \text{RC}_{\text{excavatrice}} + \text{RC}_{\text{plateforme}} + \text{CEA}_{\text{excavatrice}} + \text{CEA}_{\text{plateforme}}$$

$$\text{CR}_{\text{excavatrice}} = -90\,000(A/P;15\%;8) + 10\,000(A/F;15\%;8) = -19\,328\,\$$$

$$\text{CR}_{\text{plateforme}} = -28\,000(A/P;15\%;12) + 2\,000(A/F;15\%;12) = -5\,096\,\$$$

$$\text{Total des CEA}_A = -12\,000 - 300 = -12\,300\,\$$$

L'annuité équivalente pour chaque plan est la suivante :

$$\text{AÉ}_A = -19\,328 - 5\,096 - 12\,300 = -36\,724\,\$$$

$$\text{AÉ}_B = \text{RC}_{\text{convoyeur}} + \text{CEA}_{\text{convoyeur}}$$

$$= -175\,000(A/P;15\%;24) + 10\,000(A/F;15\%;24) - 2\,500 = -29\,646\,\$$$

On choisit le plan B ; cette décision est la même qu'avec l'analyse de la valeur actualisée.

b) Pour la période d'étude, effectuez la même analyse avec $n = 6$ dans tous les facteurs, après avoir converti les valeurs de récupération en valeurs résiduelles.

$$\text{RC}_{\text{excavatrice}} = -90\,000(A/P;15\%;6) + 40\,000(A/F;15\%;6) = -19\,212\,\$$$

$$\text{RC}_{\text{plateforme}} = -28\,000(A/P;15\%;6) + 2\,000(A/F;15\%;6) = -7\,170\,\$$$

$$\text{AÉ}_A = -19\,212 - 7\,170 - 12\,300 = -38\,682\,\$$$

$$\text{AÉ}_B = \text{RC}_{\text{convoyeur}} + \text{CEA}_{\text{convoyeur}}$$

$$= -175\,000(A/P;15\%;6) + 25\,000(A/F;15\%;6) - 2\,500$$

$$= -45\,886\,\$$$

Il faut maintenant choisir le plan A en raison de sa valeur d'annuité équivalente plus basse.

Remarque

Il existe une relation fondamentale entre la valeur actualisée et la valeur de l'annuité équivalente en a). Tout comme dans l'équation [6.1], si on connaît la valeur actualisée d'un plan, on détermine l'annuité équivalente en calculant $\text{AÉ} = \text{VA}(A/P;i;n)$; si on connaît la valeur de l'annuité équivalente, on calcule alors $\text{VA} = \text{AÉ}(P/A;i;n)$. Pour obtenir une valeur exacte, on doit utiliser le plus petit commun multiple pour toutes les valeurs de n. En effet, l'analyse de la valeur actualisée doit être effectuée sur des périodes de temps égales pour chacune des solutions examinées, ce qui permet de réaliser une comparaison basée sur des services égaux. Les valeurs actualisées arrondies correspondent ainsi aux valeurs déterminées dans l'exemple 5.12 (*voir la figure 5.9*).

$$\text{VA}_A = \text{AÉ}_A(P/A;15\%;24) = -236\,275\,\$$$

$$\text{VA}_B = \text{AÉ}_B(P/A;15\%;24) = -190\,736\,\$$$

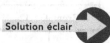

Solution par ordinateur

a) Observez la figure 6.5 a). Le format est le même que celui qui est utilisé pour l'analyse de la valeur actualisée avec un plus petit commun multiple de 24 ans (*voir la figure 5.9*), à l'exception des flux monétaires sur un cycle de vie représentés ici, ainsi que des fonctions VAN à l'en-tête de chaque colonne qui deviennent des fonctions VPM avec fonction VAN intégrée.

Les étiquettes des cellules décrivent deux des fonctions VPM, où le signe moins initial détermine que le résultat est un coût dans le total de l'annuité équivalente pour chaque plan (cellules H19 et H22). (La portion inférieure de la feuille de calcul n'est pas illustrée. Le plan B se poursuit pendant toute la durée de sa vie utile, avec une valeur de récupération de 10 000 $ la vingt-quatrième année, et le coût annuel de 2 500 $ est également maintenu jusqu'à la vingt-quatrième année).

a)

◢	A	B	C	D	E	F	G	H	I	J
1	Comparaison de l'annuité équivalente sur un cycle de vie									
2										
3	TRAM =	15%								
4										
5			PLAN A				PLAN B			
6		2 excavatrices		Plateforme		Convoyeur				
7	Année	Investissement	FM annuels	Investissement	FM annuels	Investissement	FM annuels			
8	Valeurs AÉ	(19 328 $)	(12 000 $)	(5 097 $)	(300 $)	(27 146 $)	(2 500 $)			
9										
10	0	(90 000 $)	0 $	(28 000 $)	0 $	(175 000 $)	0 $			
11	1	0 $	(12 000 $)	0 $	(300 $)	0 $	(2 500 $)			
12	2	0 $	(12 000 $)	0 $	(300 $)	0 $	(2 500 $)			
13	3	0 $	(12 000 $)	0 $	(300 $)	0 $	(2 500 $)			
14	4	0 $	(12 000 $)	0 $	(300 $)	0 $	(2 500 $)			
15	5	0 $	(12 000 $)	0 $	(300 $)	0 $	(2 500 $)			
16	6	0 $	(12 000 $)	0 $	(300 $)	0 $	(2 500 $)	Valeurs de l'AÉ pour un cycle de vie		
17	7	0 $	(12 000 $)	0 $	(300 $)	0 $	(2 500 $)			
18	8	10 000 $	(12 000 $)	0 $	(300 $)	0 $	(2 500 $)	AÉ Plan A = excavatrices + plateforme		
19	9			0 $	(300 $)	0 $	(2 500 $)	(36 725 $)		
20	10			0 $	(300 $)	0 $	(2 500 $)			
21	11			0 $	(300 $)	0 $	(2 500 $)	AÉ Plan B = convoyeur		
22	12			2 000 $	(300 $)	0 $	(2 500 $)	(29 646 $)		
23	13					0 $	(2 500 $)			
24	14					0 $	(2 500 $)			
25	15					0 $	(2 500 $)			

=–VPM($B$3;8;VAN($B$3;B11:B34)+B10

=–VPM($B$3;12;VAN($B$3;D11:D22)+D10

b)

◢	A	B	C	D	E	F	G	H	I
1	Comparaison de l'annuité équivalente sur une période d'étude de 6 ans								
2									
3	TRAM =	15%							
4									
5			PLAN A				PLAN B		
6		2 excavatrices		Plateforme		Convoyeur			
7	Année	Investissement	FM annuels	Investissement	FM annuels	Investissement	FM annuels		
8									
9	AÉ pour 6 ans	(19 212 $)	(12 000 $)	(7 170 $)	(300 $)	(43 386 $)	(2 500 $)		
10	0	(90 000 $)	0 $	(28 000 $)	0 $	(175 000 $)	0 $		
11	1	0 $	(12 000 $)	0 $	(300 $)	0 $	(2 500 $)		
12	2	0 $	(12 000 $)	0 $	(300 $)	0 $	(2 500 $)		
13	3	0 $	(12 000 $)	0 $	(300 $)	0 $	(2 500 $)		
14	4	0 $	(12 000 $)	0 $	(300 $)	0 $	(2 500 $)		
15	5	0 $	(12 000 $)	0 $	(300 $)	0 $	(2 500 $)		
16	6	40 000 $	(12 000 $)	2 000 $	(300 $)	25 000 $	(2 500 $)		
17									
18			AÉ pour 6 ans						
19									
20		AÉ Plan A =	(38 682 $)						
21		AÉ Plan B =	(45 886 $)						

=–VPM($B$3;6;VAN($B$3;D11:D16)+D10

=SOMME(B9:E9)

FIGURE 6.5

La solution par ordinateur présentant la comparaison de l'annuité équivalente de deux solutions possibles : a) sur un cycle de vie et b) sur une période d'étude de 6 ans, de l'exemple 6.4

Les valeurs de recouvrement du capital et de l'annuité équivalente obtenues ici sont les mêmes qu'avec la solution manuelle. Le plan B est retenu.

a)

Plan A : $RC_{excavatrice} = -19\,328\,\$$ (cellule B8) $RC_{plateforme} = -5\,097\,\$$ (cellule D8)

$AÉ_A = -36\,725\,\$$ (cellule H19)

Plan B : $RC_{convoyeur} = -27\,146\,\$$ (cellule F8) $AÉ_B = -29\,646\,\$$ (cellule H22)

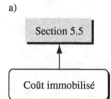

Section 5.5

Coût immobilisé

b) Dans la figure 6.5 b), les durées sont réduites à la période d'étude de 6 ans. Les valeurs résiduelles estimées pour la sixième année dans les cellules de la ligne 16 et toutes les

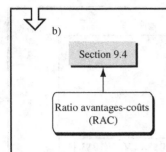

b)

Section 9.4

Ratio avantages-coûts (RAC)

sommes représentant des charges d'exploitation annuelles au-delà de 6 ans sont supprimées. Lorsque la valeur de *n* dans chaque fonction VPM sur 8, 12 ou 24 ans est ajustée à 6 ans dans tous les cas, de nouvelles valeurs de recouvrement du capital sont affichées, et les cellules D20 et D21 contiennent maintenant les nouvelles valeurs d'annuité équivalente. Le plan A est retenu en raison des coûts d'annuité équivalente plus bas. Ce résultat correspond à ceux qui ont été obtenus dans l'analyse de valeur actualisée à la figure 5.10 de l'exemple 5.12 b).

S'il s'agit de projets indépendants, on calcule l'annuité équivalente au taux de rendement acceptable minimum établi. Tous les projets dont AÉ ≥ 0 sont acceptables.

6.4 L'ANNUITÉ ÉQUIVALENTE D'UN INVESTISSEMENT PERMANENT

Dans cette section, nous abordons l'annuité équivalente du coût immobilisé d'un investissement. L'évaluation de projets d'envergure du secteur public, qu'il s'agisse de barrages, de canaux d'irrigation ou de ponts, exige la comparaison de solutions dont la durée est si importante qu'elle peut être considérée comme infinie dans le contexte d'une analyse économique. Dans ce type d'analyse, l'annuité équivalente du coût initial correspond à l'intérêt annuel perpétuel versé sur le coût initial, soit $A = Pi$, ce qui correspond à l'équation [5.3]. Cependant, la valeur de A correspond aussi au montant de recouvrement du capital. Cette même équation est à nouveau utilisée dans le cas du ratio avantages-coûts.

Les flux monétaires récurrents à intervalles réguliers ou irréguliers sont traités exactement comme dans les calculs traditionnels de l'annuité équivalente ; ils sont convertis au montant équivalent annuel uniforme A pour un cycle. Cette opération permet de les annualiser automatiquement pour chaque cycle de vie successif, tel qu'il est discuté dans la section 6.1. On additionne alors toutes les valeurs de A au montant de recouvrement du capital pour trouver l'annuité équivalente totale, comme dans l'équation [6.2].

EXEMPLE 6.5

Les inondations de la rivière Rouge au printemps et en été deviennent de plus en plus fréquentes. Elles causent d'importants dommages aux fermes environnantes et entraînent la fermeture de la frontière canado-américaine au sud de Winnipeg. La province du Manitoba étudie trois solutions possibles afin de prévenir la fermeture de l'autoroute 75.

La proposition A prévoit des travaux d'amélioration à la digue de Morris et aux berges de la rivière Rouge. Le prix d'achat pour l'équipement d'excavation et de dragage est de 650 000 $, avec une durée d'utilité de 10 ans et une valeur de récupération de 17 000 $. Les charges d'exploitation annuelles sont estimées à un total de 50 000 $. Le coût annuel des opérations le long des berges, entre la petite ville de Morris et la frontière, est estimé à 120 000 $.

La proposition B consiste à surélever la portion de l'autoroute qui enjambe la digue de Morris et passe en amont de celle-ci. Le coût initial sera de 4 millions de dollars, et les frais d'entretien mineur de la digue sont évalués à 5 000 $. De plus, il faudra procéder au resurfaçage de l'autoroute tous les 5 ans, au coût de 30 000 $.

La proposition C a pour objet la construction d'une voie de contournement dans cette région. Selon les estimations, le coût initial serait de 6 millions de dollars, et les frais de maintenance annuels s'élèveraient à 3 000 $; la durée d'utilité de cette solution serait de 50 ans.

Comparez ces trois solutions sur la base d'une analyse de leur annuité équivalente, avec un taux d'intérêt annuel de 5 %.

Solution

Puisqu'il s'agit ici d'un investissement pour un projet permanent, calculez l'annuité équivalente pour un cycle couvrant tous les coûts récurrents. Pour les propositions A et C, on trouve les valeurs de recouvrement du capital à l'aide de l'équation [6.3], avec $n_A = 10$ et $n_C = 50$, respectivement. Pour la proposition B, le recouvrement du capital correspond simplement à Pi.

Proposition A

RC pour l'équipement de dragage :

$-650\,000(A/P;5\%;10) + 17\,000(A/F;5\%;10)$ $-82\,824\ \$$

Coût annuel du dragage $-50\,000$

Coût annuel des opérations sur les berges $-120\,000$

         $-252\,824\ \$$

Proposition B

RC pour le coût initial : $-4\,000\,000(0,05)$ $-200\,000\ \$$

Coûts de maintenance annuels $-5\,000$

Coût de resurfaçage : $-30\,000(A/F;5\%;5)$ $-5\,429$

         $-210\,429\ \$$

Proposition C

RC pour la voie de contournement :

$-6\,000\,000(A/P;5\%;50)$ $-328\,680\ \$$

Coûts de maintenance annuels $-3\,000$

         $-331\,680\ \$$

La proposition B est retenue, en raison de ses coûts d'annuité équivalente les plus bas.

Remarque

Il faut noter qu'on a utilisé le facteur *A/F* pour les coûts de resurfaçage présentés dans la proposition B. On utilise le facteur *A/F* plutôt que le facteur *A/P*, puisque les coûts de resurfaçage commencent la cinquième année et non à l'année 0, et qu'ils sont répétés indéfiniment à intervalles de 5 ans.

Si on considère que la durée d'utilité de 50 ans proposée dans la solution C est indéfinie, RC = $Pi = -300\,000\ \$$, plutôt que $-328,680\ \$$ pour $n = 50$. Il s'agit d'une petite différence économique. La manière dont les durées supérieures à 40 ans sont traitées dans une analyse économique relève des « pratiques locales ».

EXEMPLE 6.6

Une ingénieure de Becker Consulting reçoit un boni de $10\,000\ \$$. Si elle investit cette somme maintenant à un taux d'intérêt de 8 % par année, combien d'années faudra-t-il pour qu'elle puisse retirer $2\,000\ \$$ par année pour toujours ? Trouvez la solution par ordinateur.

Solution par ordinateur

La figure 6.6 présente le diagramme des flux monétaires. La première étape consiste à trouver le montant total désigné par P_n, qui doit être accumulé à l'année n, soit 1 an avant le premier retrait au montant $A = 2\,000\ \$$ par année de la série perpétuelle de retraits.

$$P_n = \frac{A}{i} = \frac{2\,000}{0,08} = 25\,000\ \$$$

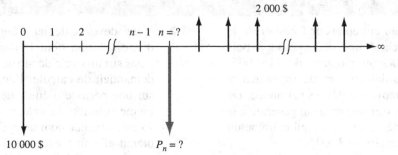

FIGURE 6.6

Le diagramme servant à trouver la valeur de n pour des retraits perpétuels de l'exemple 6.6

Utilisez la fonction NPM dans une cellule afin de déterminer à quel moment le coût initial de $10\,000\ \$$ aura atteint la somme de $25\,000\ \$$, ce que montre la figure 6.7 (cellule B4). La réponse est de 11,91 années. Si l'ingénieure conserve son dépôt pendant 12 ans et que le taux d'intérêt de 8 % par année est maintenu indéfiniment, elle est assurée de pouvoir retirer $2\,000\ \$$ par année à perpétuité.

Solution éclair

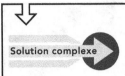

La feuille de calcul de la figure 6.7 présente également une solution plus générale dans les cellules B7 à B11. La cellule B10 détermine le montant à accumuler pour recevoir toute somme (cellule B9) à perpétuité à 8% (cellule B7); la cellule B11 inclut la fonction NPM élaborée dans le format de référence de la cellule pour toute valeur d'intérêt, de dépôt et de montant accumulé.

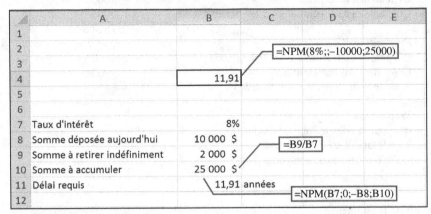

FIGURE 6.7

Les deux solutions par ordinateur pour trouver la valeur de *n* à l'aide de la fonction NPM de l'exemple 6.6

RÉSUMÉ DU CHAPITRE

Lorsqu'il faut choisir parmi plusieurs solutions possibles, on préfère souvent les analyser selon la méthode de l'annuité équivalente plutôt que celle de la valeur actualisée, puisque l'analyse de l'annuité équivalente est réalisée sur un seul cycle de vie. Il s'agit d'un avantage important en présence de solutions de durées différentes. À partir de certaines hypothèses posées au départ, la valeur de l'annuité équivalente est la même pour le premier cycle et tous les cycles subséquents. Lorsqu'il faut déterminer une période d'étude, le calcul de l'annuité équivalente est réalisé pour cette période, sans égard à la durée estimée des solutions. Comme dans le cas de la méthode de la valeur actualisée, la valeur résiduelle d'une solution à la fin de la période d'étude est convertie en valeur estimée sur le marché.

Dans le cas des solutions de durées infinies, le coût initial est annualisé; il suffit de multiplier *P* par *i*. Quand il s'agit de solutions dont la durée est définie, la valeur de l'annuité équivalente sur un cycle de vie est égale à la valeur annuelle équivalente perpétuelle.

PROBLÈMES

6.1 Il y a 7 ans, un entrepreneur forestier de la Mauricie a acheté une découpeuse à bois Peterson 5000G au montant de 115 000 $. Les frais d'exploitation et de maintenance atteignent en moyenne 9 500 $ par année. De plus, il faut prévoir une révision générale à la fin de la quatrième année, ce qui entraîne un coût supplémentaire de 3 200 $.

a) Calculez le coût annuel de la découpeuse avec un taux d'intérêt annuel de 7 %.

b) Si les revenus additionnels procurés par l'utilisation de la découpeuse atteignent au plus 20 000 $ par année, cet achat était-il avantageux sur le plan économique ?

6.2 Vous devez calculer l'annuité équivalente d'une solution dont la durée de vie est de 3 ans sur un cycle de vie de 3 ans. Si on vous demandait de calculer l'annuité équivalente sur une période d'étude de 4 ans pour cette même solution, la valeur de l'annuité équivalente obtenue pour un cycle de 3 ans constituerait-elle une estimation correcte de son annuité équivalente pour la période d'étude de 4 ans ? Justifiez votre réponse.

6.3 La machine A possède une durée d'utilité de 3 ans, mais aucune valeur de récupération. Les services obtenus avec ce type de machines sont requis uniquement pour 5 ans. Il faudrait ainsi racheter une machine A après 3 ans et la conserver pour 2 ans seulement. Que devrait être sa valeur de récupération après ces 2 années, pour que son annuité équivalente soit la même que pour le cycle de vie de 3 ans à un taux d'intérêt annuel de 10 % ?

Année	Solution A ($)	Solution B ($)
0	–10 000	–20 000
1	–7 000	–5 000
2	–7 000	–5 000
3	–7 000	–5 000
4		–5 000
5		–5 000

La comparaison de solutions

6.4 La mine d'uranium McArthur de Cameco Corporation, en Saskatchewan, désire évaluer deux modèles de pompes afin de sortir l'eau de ses sites miniers. Utilisez la méthode de l'annuité équivalente à 9 % par année pour choisir la solution la plus appropriée.

	Pompe à 2 cylindres	Pompe à 3 cylindres
Coût initial ($)	–250 000	–370 500
Charges d'exploitation annuelles ($/année)	–40 000	–50 000
Durée d'utilité (années)	3	5
Valeur de récupération ($)	20 000	20 000

6.5 Une société d'ingénieurs-conseils envisage l'achat de véhicules VUS pour ses directeurs et doit choisir entre deux modèles. Le modèle GM présente un coût initial de 26 000 $, des frais annuels d'exploitation de 2 000 $ et une valeur de récupération de 12 000 $ après 3 ans. Pour le modèle Hyundai, le coût initial est de 29 000 $, les frais annuels d'exploitation sont de 1 200 $, et ce modèle possède une valeur de revente de 15 000 $ après 3 ans. Avec un taux d'intérêt de 15 % par année, quel modèle devrait-on privilégier ? Réalisez une analyse de l'annuité équivalente.

6.6 Une grande entreprise textile doit choisir un procédé de déshydratation des boues qui doit précéder l'opération de séchage. Les coûts des deux procédés à l'étude figurent dans le tableau ci-dessous. Comparez ces deux procédés sur la base de leur annuité équivalente, à un taux d'intérêt de 10 % par année.

	Centrifugeuse	Presse à bande
Coût initial ($)	–250 000	–170 000
Charges d'exploitation annuelles ($/année)	–31 000	–35 000
Révision générale la 2e année ($)	—	–26 000
Valeur de récupération ($)	40 000	10 000
Durée d'utilité (années)	6	4

6.7 Un ingénieur chimique doit choisir entre deux types de tuyaux qui serviront au transport d'un distillat entre la raffinerie et les réservoirs. Le pipeline de petit diamètre coûte moins cher à l'achat (y compris les raccords et les clapets nécessaires), mais sa perte de charge est plus élevée, ce qui entraîne un coût de pompage plus élevé. Le coût d'achat et d'installation du petit pipeline est de 1,7 million de dollars, et les frais d'exploitation sont de 12 000 $ par mois. L'achat et l'installation d'un pipeline de diamètre plus large coûteront 2,1 millions, mais les frais d'exploitation seront uniquement de 8 000 $ par mois. Quel diamètre de pipeline sera le plus économique, à un taux d'intérêt de 1 % par mois sur la base d'une analyse de l'annuité équivalente ? On prévoit une valeur de récupération de 10 % du coût initial pour chaque pipeline à la fin du projet d'une durée de 10 ans.

6.8 Polymer Molding Inc. doit choisir un procédé pour la fabrication d'égouts pluviaux. Le plan A prévoit le moulage traditionnel par injection qui exige la fabrication d'un moule d'acier au coût de 2 millions de dollars. Les coûts d'inspection, de maintenance et de nettoyage des moules sont estimés à 5 000 $ par mois. Le coût des matériaux est le même pour les deux solutions et ne sera donc pas inclus dans la comparaison. La valeur de récupération pour le plan A est estimée à 10 % du coût initial. Le plan B prévoit l'utilisation d'un nouveau processus d'usinage virtuel des composites. Ce processus consiste à utiliser un moule flottant et un logiciel qui permet de régler constamment la pression d'eau sur le moule et l'entrée des diverses substances chimiques dans le procédé. Le coût initial pour l'usinage du moule flottant n'est que de 25 000 $. Cependant, les autres coûts seront plus élevés, en raison du caractère novateur du processus, de la main-d'œuvre spécialisée et du taux de rejet plus important. L'entreprise estime que les charges d'exploitation seront de 45 000 $ par mois pour les 8 premiers mois et qu'elles baisseront ensuite à 10 000 $ par mois. Le plan B ne comporte aucune valeur de récupération. Avec un taux d'intérêt annuel de 12 % composé mensuellement, quel procédé l'entreprise devrait-elle choisir, sur la base d'une analyse de l'annuité équivalente pour 3 ans ?

6.9 Un ingénieur industriel envisage l'achat d'un robot pour une usine de fibre optique. Le coût initial du robot X est de 85 000 $, ses coûts annuels de maintenance et d'exploitation sont de 30 000 $ et sa valeur de récupération, de 40 000 $. Le robot Y représente un coût initial de 97 000 $, des coûts annuels de maintenance et d'exploitation de 27 000 $ et une valeur de récupération de 48 000 $. Quel robot l'ingénieur devrait-il choisir, en fonction de la comparaison de l'annuité équivalente de ces deux solutions à un taux d'intérêt annuel de 12 % sur une période d'étude de 3 ans ?

6.10 La mesure précise du débit d'air exige que les tuyaux soient linéaires et non obstrués sur un minimum de 10 fois le diamètre en amont de l'appareil de mesure et de 5 fois le diamètre en aval.

Dans une application où des contraintes physiques s'appliquent à la disposition des tuyaux, l'ingénieur envisage d'installer des débitmètres dans un coude. Selon lui, même si la mesure du débit est moins précise, elle sera suffisante pour les besoins du procédé. Cette approche constitue le plan A, qui serait acceptable pour 2 ans seulement. Après cette période, on installerait un système de mesure plus précis, comportant les mêmes coûts que le plan A. Le coût initial de ce plan serait de 25 000 $, et les frais de maintenance annuels sont estimés à 4 000 $. Le plan B prévoit l'installation d'une sonde submersible de conception récente destinée à mesurer le débit d'air. Cette sonde en acier inoxydable pourrait être installée dans une colonne

descendante, et l'émetteur serait placé dans un boîtier imperméable sur la main courante. Le coût de ce système s'élèverait à 88 000 $ mais, en raison de sa grande précision, il ne serait pas nécessaire de le remplacer avant au moins 6 ans. Les frais de maintenance sont estimés à 1 400 $ par année. Dans les deux cas, il n'y a aucune valeur de récupération. En considérant un taux d'intérêt de 12 % par année, déterminez le plan qu'on devrait choisir à partir d'une comparaison de leur valeur d'annuité équivalente.

6.11 Un ingénieur mécanique analyse deux types de capteurs de pression pour des conduites de vapeur à faible pression. Les coûts pour ces deux types de capteurs figurent dans le tableau ci-dessous. Quel type de capteurs l'ingénieur devrait-il choisir, en fonction d'une analyse de l'annuité équivalente à un taux d'intérêt annuel de 12 % ?

	Type X	Type Y
Coût initial	−7 650	−12 900
Coût de maintenance ($/année)	−1 200	−900
Valeur de récupération ($)	0	2 000
Durée d'utilité (années)	2	4

6.12 Une usine envisage l'achat de l'une des machines décrites ci-dessous pour améliorer son processus d'emballage automatisé de friandises. Quelle machine devrait-elle choisir, à partir d'une analyse de l'annuité équivalente et d'un taux d'intérêt de 15 % par année ?

	Machine C	Machine D
Coût initial ($)	−40 000	−65 000
Coût annuel ($/année)	−10 000	−12 000
Valeur de récupération ($)	12 000	25 000
Durée d'utilité (années)	3	6

6.13 Deux procédés peuvent être utilisés dans la fabrication d'un polymère destiné à réduire les pertes de friction dans les moteurs. Le procédé K possède un coût initial de 160 000 $, des frais d'exploitation de 7 000 $ par mois et une valeur de récupération de 40 000 $ après sa durée d'utilité de 2 ans. Le coût initial du procédé L est de 210 000 $, ses frais d'exploitation sont de 5 000 $ par mois et sa valeur de récupération, après une durée d'utilité de

4 ans, est de 26 000 $. Quel procédé devrait-on choisir sur la base d'une analyse de l'annuité équivalente, à un taux d'intérêt annuel de 12 % composé mensuellement ?

6.14 L'estimation des flux monétaires pour deux projets mutuellement exclusifs est présentée dans le tableau ci-dessous. Déterminez, grâce à l'analyse de l'annuité équivalente, le projet à privilégier, avec un taux d'intérêt de 10 % par année.

	Projet Q	Projet R
Coût initial ($)	−42 000	−80 000
Coût annuel ($/année)	−6 000	−7 000 la 1re année, hausse de 1 000 $ par année
Valeur de récupération ($)	0	4 000
Durée d'utilité (années)	2	4

6.15 Un ingénieur en environnement doit choisir entre 3 solutions visant à éliminer les boues de produits chimiques non dangereux : l'épandage au sol, l'incinération sur lit fluidisé ou confier le contrat à un entrepreneur privé. Les détails de chaque méthode figurent dans le tableau ci-dessous. Selon l'analyse de l'annuité équivalente, quelle solution présente les coûts les plus bas à un taux d'intérêt de 12 % par année ?

	Épandage au sol	Incinération	Contrat
Coût initial ($)	−110 000	−800 000	0
Coût annuel ($/année)	−95 000	−60 000	−190 000
Valeur de récupération ($)	15 000	250 000	0
Durée d'utilité (années)	3	6	2

6.16 Le ministère des Transports de l'Ontario doit décider s'il procédera au rapiéçage à chaud d'une courte section sur une route existante ou plutôt au resurfaçage de la route en entier. Avec la méthode du rapiéçage, il faudra approximativement 300 m³ de matériau au coût de 700 $/m³ (installé). Avec cette option, les accotements devront également être réparés au même moment au coût de 24 000 $. Ces améliorations auront une durée de 2 ans et devront être répétées par la suite. Le coût de maintenance annuel sur la portion

refaite s'élèverait à 5 000 $. L'autre option consiste à procéder au resurfaçage de la route au coût de 850 000 $. Cette surface durera 10 ans si on assure la maintenance nécessaire au coût de 2 000 $ par année, à partir de la troisième année. Peu importe l'option choisie, la route devra être complètement refaite après 10 ans. À partir d'une analyse de l'annuité équivalente avec un taux d'intérêt de 8 % par année, quelle solution le ministère devrait-il choisir ?

Les projets et les investissements permanents

6.17 Dans son nouveau projet de traitement des eaux usées, la Ville de Saint-Jean-sur-Richelieu veut installer un système de récupération de la chaleur provenant des eaux usées pour son centre-ville. Le tableau ci-dessous décrit les coûts du programme actuel de mise à jour et de maintenance des systèmes de chauffage existants dans les édifices (solution A) et d'un nouveau réseau de tuyauterie qui relierait les édifices du centre-ville (solution B). Quelle serait la meilleure solution, à partir d'une analyse de l'annuité équivalente à un taux annuel de 10 % composé trimestriellement ? Les valeurs sont exprimées en millions de dollars.

	Solution A	Solution B
Coût initial ($)	−10,0	−50,0
Charges d'exploitation annuelles ($/année)	−0,8	−0,6
Valeur de récupération ($)	0,7	0,2
Durée d'utilité (années)	5,0	quasi permanente

6.18 Quel montant déposerez-vous dans votre compte de retraite si vous commencez maintenant et poursuivez les versements chaque année jusqu'à la fin de la neuvième année (soit 10 versements), si vous désirez retirer 80 000 $ par année à perpétuité dans 30 ans ? Supposez un taux d'intérêt de 10 % par année pour votre placement.

6.19 Quelle sera la différence de l'annuité équivalente entre un investissement de 100 000 $ par année pour 100 ans et un investissement de 100 000 $ par année à perpétuité, investis à un taux d'intérêt annuel de 10 % ?

6.20 Un courtier prétend obtenir un rendement constant de 15 % par année sur le placement d'un investisseur. S'il investit 20 000 $ maintenant, 40 000 $ dans 2 ans et 10 000 $ par année, de la quatrième à la onzième année inclusivement, quel montant sa cliente pourra-t-elle retirer chaque année et à perpétuité à partir de la douzième année ? Considérez que le taux d'intérêt annoncé se maintient et qu'il baisse à 6 % par année à partir de la douzième année. Ne tenez pas compte de l'impôt à payer.

6.21 Déterminez la valeur annuelle équivalente perpétuelle (de la première année à l'infini) d'un investissement de 50 000 $ au moment 0 et de 50 000 $ par année pour les années suivantes et à perpétuité, à un taux d'intérêt de 10 % par année.

6.22 Les flux monétaires liés à l'aménagement paysager et à la maintenance d'un certain monument à Ottawa sont de 100 000 $ maintenant et de 50 000 $ tous les 5 ans, à perpétuité. Déterminez l'annuité équivalente perpétuelle (de la première année à l'infini) à un taux d'intérêt de 8 % par année.

6.23 Les coûts de maintenance des routes rurales suivent toujours un modèle prévisible. Il n'y a habituellement aucun coût pour les 3 premières années, mais il faut par la suite prévoir des coûts pour le traçage des lignes, le contrôle de la végétation, le remplacement de l'éclairage, la réparation des accotements, etc. Sur une section d'autoroute, ces coûts sont estimés à 6 000 $ la troisième année, à 7 000 $ la quatrième année, puis à 1 000 $ de plus chaque année pour la durée de l'autoroute estimée à 30 ans. Si on considère que la route sera remplacée par une route semblable, quelle est son annuité équivalente perpétuelle (de la première année à l'infini) à un taux d'intérêt annuel de 8 % ?

6.24 Un philanthrope désire mettre sur pied une fondation permanente destinée à la recherche sur les maladies du rein. Il veut y déposer de l'argent chaque année, en commençant maintenant, puis faire 10 versements supplémentaires par la suite (soit 11 au total). Si le premier versement est de 1 million de dollars et que les versements subséquents sont chaque fois de 100 000 $ de plus que le versement précédent, quelle somme d'argent sera disponible à perpétuité, à partir de la onzième année, si la fondation offre un taux d'intérêt de 10 % par année ?

6.25 Dans la série de flux monétaires (en milliers de dollars) figurant dans le tableau ci-dessous, déterminez la somme d'argent qui peut être retirée annuellement pour une période infinie si le premier retrait est fait la dixième année et que le taux d'intérêt est de 12 % par année.

Année	0	1	2	3	4	5	6
Montant du versement ($)	100	90	80	70	60	50	40

6.26 Une entreprise fabrique des commutateurs à membrane magnétique. Elle désire analyser trois options de production dont les flux monétaires estimés figurent dans le tableau ci-dessous. a) Déterminez la meilleure solution si le taux d'intérêt est de 15 % par année. b) Si les solutions sont indépendantes, quelles sont les options acceptables sur le plan économique ? (Toutes les valeurs sont exprimées en millions de dollars.)

	En interne	Licence	Contrat
Coût initial ($)	–30	–20,0	0,0
Coût annuel ($/année)	–5	–0,2	–2,0
Revenu annuel ($/année)	14	1,5	2,5
Valeur de récupération ($)	7	—	—
Durée d'utilité (années)	10	∞	5,0

ÉTUDE DE CAS

UN CHANGEMENT SUR LA SCÈNE DE L'ANNUITÉ ÉQUIVALENTE

Henri est propriétaire d'une entreprise de distribution de batteries d'automobiles. Il y a 3 ans, il a réalisé une analyse économique pour installer des parasurtenseurs sur tous ses principaux appareils de mesure. Les valeurs estimées et l'analyse de l'annuité équivalente à un taux de rendement acceptable minimum de 15 % sont présentées ci-après. L'évaluation porte sur deux parasurtenseurs de fournisseurs différents.

	A	B	C	D	E	F	G	H	I
3	TRAM =	15%							
5			**PowrUp**			**Lloyd's**			
6-7	Année	Investissement et récupération	Maintenance annuelle	Épargne sur réparations	Investissement et récupération	Maintenance annuelle	Épargne sur réparations		
8	Valeurs AÉ	(6 642 $)	(800 $)	25 000 $	(7 025 $)	(300 $)	35 000 $		**AÉ PowrUp**
9	0	(26 000 $)	0 $	0 $	(36 000 $)	0 $	0 $		17 558 $
10	1	0 $	(800 $)	25 000 $	0 $	(300 $)	35 000 $		**AÉ Lloyd's**
11	2	0 $	(800 $)	25 000 $	0 $	(300 $)	35 000 $		27 675 $
12	3	0 $	(800 $)	25 000 $	0 $	(300 $)	35 000 $		
13	4	0 $	(800 $)	25 000 $	0 $	(300 $)	35 000 $		
14	5	0 $	(800 $)	25 000 $	0 $	(300 $)	35 000 $		
15	6	2 000 $	(800 $)	25 000 $	0 $	(300 $)	35 000 $		
16	7				0 $	(300 $)	35 000 $		
17	8				0 $	(300 $)	35 000 $		
18	9				0 $	(300 $)	35 000 $		
19	10				3 000 $	(300 $)	35 000 $		

FIGURE 6.8

L'analyse de l'annuité équivalente pour deux soumissions de parasurtenseurs dans l'étude de cas du chapitre 6

	PowrUp	Lloyd's
Coût et installation	−26 000 $	−36 000 $
Coûts de maintenance annuels	−800	−300
Valeur de récupération	2 000	3 000
Épargnes sur la réparation d'équipement	25 000	35 000
Durée d'utilité (années)	6	10

La feuille de calcul illustrée à la figure 6.8 est celle qu'Henri a utilisée pour prendre sa décision. Le choix des parasurtenseurs Lloyd's semblait évident, en raison de leur valeur d'annuité équivalente substantiellement importante. Il a donc procédé à l'installation des parasurtenseurs Lloyd's.

Au cours d'une révision cette année (la troisième année d'exploitation), il est apparu évident que les frais de maintenance et les épargnes sur les réparations n'ont pas suivi (et ne suivront pas) les estimations faites il y a 3 ans. En réalité, le coût du contrat de maintenance (qui inclut une inspection trimestrielle) est passé de 300 $ à 1 200 $ par année pour l'année prochaine et connaîtra une augmentation annuelle de 10 % pour les 10 prochaines années. De plus, autant qu'il sache, les épargnes sur les réparations au cours des 3 dernières années ont été de 35 000 $, de 32 000 $ et de 28 000 $. Selon Henri, ces épargnes baisseront de 2 000 $ par année pour les années à venir. Enfin, ces parasurtenseurs achetés il y a 3 ans n'ont maintenant aucune valeur sur le marché. La valeur de récupération dans 7 ans est donc de 0 $, et non de 3 000 $ comme on s'y attendait.

Exercices sur l'étude de cas

1. Tracez un graphique représentant les nouvelles estimations de coûts et d'épargnes, en considérant que les parasurtenseurs dureront encore 7 ans.

2. Selon ces nouvelles estimations, quelle serait la nouvelle valeur d'annuité équivalente pour les parasurtenseurs Lloyd's ? Utilisez les anciennes estimations du coût initial et des frais de maintenance pour les 3 premières années. Si ces estimations avaient été réalisées il y a 3 ans, les parasurtenseurs Lloyd's auraient-ils toujours constitué le meilleur choix économique ?

3. À la lumière de ces nouvelles estimations, quelle est la différence dans la valeur de recouvrement du capital sur les parasurtenseurs Lloyd's ?

CHAPITRE ⑦

L'analyse du taux de rendement interne d'une solution unique

Le taux de rendement interne (TRI) demeure le critère le plus fréquemment utilisé pour évaluer la valeur économique d'un projet ou d'une solution. Pourtant, ce paramètre est souvent mal interprété, et les méthodes servant à le déterminer ne sont pas toujours correctement appliquées. Dans le présent chapitre, on décrit la marche à suivre pour calculer et interpréter correctement le taux de rendement d'une série de flux monétaires à partir d'une équation de calcul de la valeur actualisée (VA), de la valeur actualisée nette (VAN) ou de l'annuité équivalente (AÉ). Il sera principalement question de valeur actualisée nette (VAN) puisque l'évaluation prend en considération les décaissements reliés aux investissements nécessaires aux projets. D'autres appellations peuvent également désigner le taux de rendement, par exemple le taux de rendement interne (TRI), ou s'apparenter à celui-ci comme le rendement du capital investi (RCI) ou l'indice de rentabilité (IR). On utilise souvent le rendement du capital investi lorsque la valeur temporelle de l'argent n'est pas prise en compte, alors que l'expression «taux de rendement interne» désigne les cas où le taux d'intérêt est supérieur à 0. On peut déterminer le taux de rendement à l'aide de la méthode des essais et erreurs ou, plus rapidement, en utilisant les fonctions d'un tableur. Dans ce chapitre, il sera généralement question du taux de rendement interne (TRI).

Dans certains cas, il est possible que plusieurs valeurs du taux de rendement puissent satisfaire à une équation de la valeur actualisée nette ou de l'annuité équivalente. On apprend ici à reconnaître ces cas et à utiliser une technique permettant de trouver ces valeurs. On peut également calculer une seule valeur de taux de rendement en utilisant un taux de réinvestissement établi indépendamment des flux monétaires du projet. Le présent chapitre porte sur l'analyse d'une seule solution. Le chapitre suivant traite de la façon d'appliquer les mêmes principes à l'évaluation de plusieurs solutions.

L'étude de cas s'intéresse à l'analyse d'une série de flux monétaires comportant plusieurs taux de rendement différents.

OBJECTIFS D'APPRENTISSAGE

Objectif : Comprendre le taux de rendement interne (TRI) et réaliser des calculs du taux de rendement pour une solution unique.

À la fin de ce chapitre, vous devriez pouvoir :

Définition du taux de rendement interne

1. Décrire ce que représente le taux de rendement interne ;

Calcul du TRI à partir de la VAN et de l'AÉ

2. Calculer le taux de rendement interne à l'aide de l'équation de calcul de la valeur actualisée nette ou de l'annuité équivalente ;

Mises en garde sur le TRI

3. Décrire les difficultés de la méthode du TRI par rapport aux méthodes de la VAN et de l'AÉ ;

TRI multiples

4. Déterminer le nombre maximal de TRI et leurs valeurs possibles pour une série de flux monétaires ;

TRI modifié combiné (TRIM-C)

5. Calculer le taux de rendement interne modifié à partir du taux de réinvestissement établi.

7.1 L'INTERPRÉTATION DE LA VALEUR DU TAUX DE RENDEMENT INTERNE

Du point de vue de l'emprunteur, le taux d'intérêt est appliqué au « solde impayé », de telle sorte que le montant total du prêt et les intérêts sont remboursés en totalité lors du dernier versement. Pour le prêteur, il reste un « solde non recouvré » à chaque période. Le taux d'intérêt correspond au taux de rendement de ce solde non recouvré, car le montant total prêté ainsi que les intérêts seront recouvrés entièrement au moment du dernier encaissement. Le **taux de rendement** tient compte de ces deux perspectives.

> Le taux de rendement interne est le taux versé sur le solde impayé d'un emprunt ou le taux obtenu sur le solde non recouvré d'un investissement ; le versement ou l'encaissement final ramène le solde du capital et des intérêts à 0.

Le taux de rendement est exprimé en pourcentage par période, par exemple $i = 10\%$ par année, et ce pourcentage est positif. On ne tient pas compte du point de vue de l'emprunteur, pour lequel l'intérêt payé sur un emprunt constitue en fait un taux de rendement négatif. La valeur numérique de i se situe entre -100% et l'infini, soit $-100\% < i < \infty$. Dans le contexte d'un investissement, un taux de rendement interne $i = -100\%$ correspond à la perte totale du montant de l'investissement.

La définition ci-dessus n'implique aucunement que le taux de rendement s'applique au montant initial de l'investissement ; il s'applique plutôt au solde non recouvré, qui est modifié à chaque période de versement. L'exemple ci-dessous illustre cette différence.

EXEMPLE 7.1

La Banque Scotia consent à un jeune ingénieur un prêt de 1 000 $ au taux d'intérêt $i = 10\%$ par année pour 4 ans. La banque (le prêteur) estime que cet investissement lui procurera un flux monétaire net équivalent de 315,47 $ pour chacune des 4 années.

$$A = 1\,000\,\$(A/P;10\,\%;4) = 315,47\,\$$$

Ce montant représente un taux de rendement de 10 % par année sur le solde non recouvré de la banque. Calculez le montant non recouvré de l'investissement pour chacune de ces 4 années, à l'aide du taux de rendement : a) sur le solde non recouvré (la méthode appropriée) ; b) sur l'investissement initial de 1 000 $. c) Expliquez pourquoi le montant initial de 1 000 $ n'est pas entièrement recouvré au moment du versement final avec le calcul proposé en b).

Solution

a) Le tableau 7.1 montre le solde non recouvré à la fin de chaque année dans la colonne 6, avec un taux de 10 % sur le solde non recouvré au début de l'année. Après 4 ans, le montant de 1 000 $ est entièrement recouvré, et le solde affiché dans la colonne 6 est de 0.

b) Le tableau 7.2 montre le solde non recouvré si le taux de 10 % est toujours appliqué au montant initial de 1 000 $. La colonne 6 affiche une somme non recouvrée de 138,12 $ après 4 ans, puisque seuls les 861,88 $ figurant dans la colonne 5 ont été recouvrés.

TABLEAU 7.1	LES SOLDES NON RECOUVRÉS AVEC UN TAUX DE RENDEMENT DE 10 % SUR LE SOLDE NON RECOUVRÉ				
(1)	(2)	(3) = 0,10 × (2)	(4)	(5) = (4) − (3)	(6) = (2) + (5)
Année	Solde non recouvré au début	Intérêt sur solde non recouvré	Flux monétaire	Somme recouvrée	Solde non recouvré à la fin
0	—	—	−1 000,00 $	—	−1 000,00 $
1	−1 000,00 $	100,00 $	+315,47	215,47 $	−784,53
2	−784,53	78,45	+315,47	237,02	−547,51
3	−547,51	54,75	+315,47	260,72	−286,79
4	−286,79	28,68	+315,47	286,79	0,00
		261,88 $		1 000,00 $	

TABLEAU 7.2	LES SOLDES NON RECOUVRÉS AVEC UN TAUX DE RENDEMENT DE 10 % SUR LE MONTANT INITIAL				
(1)	(2)	(3) = 0,10 × (2)	(4)	(5) = (4) − (3)	(6) = (2) + (5)
Année	Solde non recouvré au début	Intérêt sur le montant initial	Flux monétaire	Somme recouvrée	Solde non recouvré à la fin
0	—	—	−1 000,00 $	—	−1 000,00 $
1	−1 000,00 $	100 $	+315,47	215,47 $	−784,53
2	−784,53	100	+315,47	215,47	−569,06
3	−569,06	100	+315,47	215,47	−353,59
4	−353,59	100	+315,47	215,47	−138,12
		400 $		861,88 $	

c) Il faut obtenir la somme de 400 $ en intérêts si le taux de rendement de 10 % est appliqué chaque année au montant initial de 1 000 $. Cependant, si le taux de rendement de 10 % s'applique uniquement au solde non recouvré, il suffit d'obtenir des intérêts de 261,88 $. Une plus grande partie du flux monétaire sera disponible pour réduire le solde du prêt si le taux d'intérêt est appliqué au solde non recouvré, tel qu'indiqué en a) et dans le tableau 7.1. La figure 7.1 présente l'interprétation appropriée du taux de rendement précisé dans le tableau 7.1. Chaque année, l'encaissement de 315,47 $ représente 10 % d'intérêt sur le solde non recouvré indiqué à la colonne 2, plus le montant recouvré de la colonne 5.

Puisque le taux de rendement correspond au taux d'intérêt sur le solde non recouvré, les calculs du tableau 7.1 en a) présentent une interprétation appropriée d'un taux de rendement de 10 %. De toute évidence, un taux d'intérêt appliqué uniquement au capital initial représente un taux plus élevé dans la réalité. En pratique, une majoration initiale du taux d'intérêt est souvent appliquée uniquement au capital, tel qu'on peut le voir en b). Cette méthode est celle du financement par versements égaux.

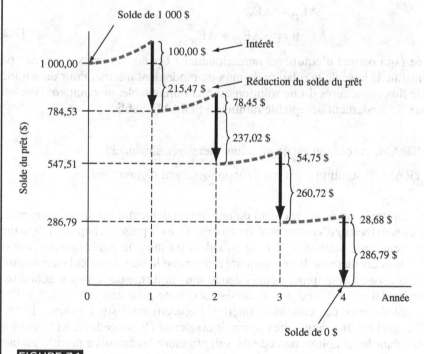

FIGURE 7.1

Les soldes non recouvrés à un taux de rendement de 10 % par année pour un montant de 1 000 $ du tableau 7.1

Le financement par versements égaux peut prendre plusieurs formes dans le domaine de la finance. L'un des exemples les mieux connus est celui des offres «sans intérêt» présentées par plusieurs détaillants d'électroménagers, d'équipement audio et vidéo ou d'autres biens de consommation. Il existe plusieurs variantes de ces programmes, mais dans la plupart des cas, si la marchandise n'a pas été entièrement payée avant la fin de la promotion, généralement de 6 à 12 mois plus tard, des frais de financement s'appliquent à partir de la date initiale de l'achat. De plus, le contrat peut exiger que l'achat soit réglé avec la carte de crédit émise par le détaillant, dont le taux d'intérêt est souvent plus élevé, par exemple 24 % par année, alors qu'un taux annuel de 18 % est exigé par les principaux établissements de crédit. Dans tous ces programmes, l'objectif consiste à faire payer plus d'intérêts au consommateur. Généralement, le taux d'intérêt sur le solde impayé n'est pas clairement établi ; la valeur de i est souvent manipulée au désavantage de l'acheteur.

7.2 LE CALCUL DU TAUX DE RENDEMENT INTERNE À PARTIR DE L'ÉQUATION DE LA VALEUR ACTUALISÉE NETTE OU DE L'ANNUITÉ ÉQUIVALENTE

Pour calculer le taux de rendement d'une série de flux monétaires, il suffit de déterminer le taux de rendement interne (TRI) à partir des relations de la valeur actualisée nette ou de l'annuité équivalente. Ainsi, la valeur actualisée des coûts ou décaissements VA_D, habituellement associée aux investissements reliés aux projets, peut être mise en équation avec la valeur actualisée des revenus ou encaissements nets VA_R. De manière équivalente, ces deux valeurs peuvent être soustraites l'une de l'autre pour égaler 0. On résout donc l'équation suivante pour déterminer i :

$$VA_D = VA_R$$
$$0 = -VA_D + VA_R \qquad \text{[7.1]}$$

Avec l'analyse de l'annuité équivalente, on procède de la même façon, en utilisant les valeurs de l'annuité équivalente pour déterminer i :

$$AÉ_D = AÉ_R$$
$$0 = -AÉ_D + AÉ_R \qquad \text{[7.2]}$$

La valeur de i qui permet d'équilibrer numériquement ces équations est exprimée par i^*. Elle constitue la base de la relation du taux de rendement interne. Pour déterminer si la série de flux monétaires d'une solution est recommandable, on compare la valeur de i^* au taux de rendement acceptable minimum (TRAM) établi.

Si $i^* \geq$ TRAM, la solution est économiquement recommandable.

Si $i^* <$ TRAM, la solution n'est pas économiquement recommandable.

Chapitres 5 et 6

Section 2.7

Les relations entre la VA et l'AÉ

Dans le chapitre 2, on décrit le calcul du taux de rendement d'un investissement en présence d'un seul facteur d'économie d'ingénierie. Dans le présent chapitre, l'équation de la valeur actualisée nette sert de base au calcul du taux de rendement interne en présence de plusieurs facteurs. Il faut toujours retenir que la base du calcul en économie d'ingénierie consiste à déterminer l'équivalence sous la forme de la valeur actualisée, de la valeur capitalisée (VC) ou de l'annuité équivalente pour une valeur de $i \geq 0$ %. Dans le calcul du taux de rendement interne, l'objectif consiste à trouver le taux d'intérêt i^* auquel les flux monétaires seront équivalents. On procède ici à l'opposé de ce qui est fait dans les chapitres précédents, soit effectuer les calculs à partir d'un taux d'intérêt connu. Par exemple, si vous déposez 1 000 $ maintenant et qu'on vous promet des versements de 500 $ dans 3 ans et de 1 500 $ dans 5 ans, l'équation représentant les relations entre le taux de rendement interne et les facteurs de la valeur actualisée nette est exprimée comme suit:

$$1\,000 = 500(P/F;i^*;3) + 1\,500(P/F;i^*;5) \qquad [7.3]$$

Il faut calculer la valeur de i^* qui permettra d'équilibrer l'équation (*voir la figure 7.2*). Si le montant de 1 000 $ est déplacé du côté droit de l'équation [7.3], on obtient:

$$0 = -1\,000 + 500(P/F;i^*;3) + 1\,500(P/F;i^*;5) \qquad [7.4]$$

ce qui représente la forme générale de l'équation [7.1]. On doit résoudre l'équation pour déterminer i et obtenir $i^* = 16,9\,\%$, en procédant par essais et erreurs ou en cherchant la solution par ordinateur. Le taux de rendement interne sera toujours supérieur à 0 si la somme des encaissements est supérieure à la somme des décaissements, lorsque la valeur temporelle de l'argent est prise en compte. Avec $i^* = 16,9\,\%$, on peut tracer un graphique semblable à celui de la figure 7.1. Le graphique montre que les soldes non recouvrés chaque année, si on commence avec −1 000 $ à l'année 1, sont entièrement recouvrés par les encaissements de 500 $ et de 1 500 $ dans les années 3 et 5.

En fait, les relations associées au taux de rendement interne ne sont qu'une nouvelle façon de présenter une équation de la valeur actualisée. En d'autres mots, si le taux d'intérêt ci-dessus est déterminé à 16,9 % et qu'on utilise ce taux d'intérêt pour trouver la valeur actualisée de 500 $ dans 3 ans et de 1 500 $ dans 5 ans, l'équation de la valeur actualisée s'exprime comme suit:

$$VA = 500(P/F;16,9\%;3) + 1\,500(P/F;16,9\%;5) = 1\,000\ \$$$

Cet exemple illustre le fait que les équations du taux de rendement interne et de la valeur actualisée sont en réalité équivalentes. Les seules différences résident dans les valeurs connues et les valeurs inconnues.

Lorsque l'équation de la valeur actualisée est formulée, il existe deux façons de déterminer la valeur de i^*: la résolution manuelle par essais et erreurs, et la résolution par ordinateur à l'aide d'un tableur. La seconde méthode est plus rapide, mais la première permet de mieux comprendre le calcul du taux de rendement interne. Ces deux méthodes sont résumées ci-dessous et dans l'exemple 7.2.

Déterminer la valeur de i^* avec la résolution manuelle par essais et erreurs
La marche à suivre générale, à partir de l'équation du calcul de la valeur actualisée nette, est la suivante:

1. Tracer un diagramme des flux monétaires.
2. Formuler l'équation du taux de rendement interne selon l'équation [7.1].
3. Choisir des valeurs de i par essais et erreurs jusqu'à ce que l'équation soit équilibrée.

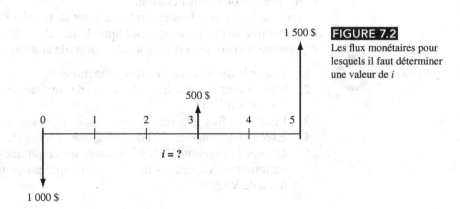

FIGURE 7.2
Les flux monétaires pour lesquels il faut déterminer une valeur de i

À l'étape 3 de la résolution par essais et erreurs, il est préférable de trouver une valeur assez rapprochée de la bonne réponse dès le premier essai. Si la combinaison des flux monétaires est telle que les revenus et les coûts peuvent être représentés par un seul facteur, comme P/F ou P/A, on peut alors consulter les tables de taux et trouver le taux d'intérêt correspondant à la valeur de ce facteur pour n années. On convertit ensuite les flux monétaires sous la forme d'un seul facteur en suivant la marche à suivre ci-dessous :

1. Convertir tous les décaissements en montants uniques (P ou F) ou en montants uniformes (A) en ignorant la valeur temporelle de l'argent. Par exemple, pour convertir une valeur A en une valeur F, il suffit de multiplier A par le nombre d'années n. Le scénario choisi pour le mouvement des flux monétaires doit être celui qui minimise l'erreur engendrée par l'omission de la valeur temporelle de l'argent. Autrement dit, si la plus grande partie des flux monétaires appartient à A et qu'une petite partie des montants sont des F, il faut convertir les F en A plutôt que le contraire.
2. Convertir tous les encaissements en valeurs uniques ou uniformes.
3. Une fois les encaissements et les décaissements combinés selon un format P/F, P/A ou A/F, utiliser les tables de taux pour trouver le taux approximatif qui permettra de satisfaire à la valeur de P/F, P/A ou A/F. Le taux obtenu sera ainsi une bonne estimation pour le premier essai.

Il est important de souligner que ce taux obtenu au premier essai ne représente qu'une estimation du véritable taux de rendement interne, puisque la valeur temporelle de l'argent a été ignorée. Cette marche à suivre est illustrée dans l'exemple 7.2.

Déterminer la valeur de i^* avec la résolution par ordinateur

En présence d'une série égale de flux monétaires (série A), la méthode la plus rapide pour déterminer une valeur de i^* par ordinateur consiste à appliquer la fonction TAUX. Il s'agit d'une fonction très efficace pour une seule cellule, où il est possible d'insérer une valeur distincte de P à l'année 0 et une valeur de F à l'année n. Le format (ou disposition des données) est le suivant :

$$\text{TAUX}(n;A;P;F)$$

La valeur F n'inclut pas le montant de la série A.

Lorsque les flux monétaires varient d'une année à l'autre (ou d'une période à l'autre), la meilleure façon de trouver la valeur de i^* consiste à entrer les flux monétaires nets dans des cellules contiguës (en incluant tout montant de 0 $) et d'appliquer la fonction TRI à toutes les cellules. Le format est le suivant :

$$\text{TRI(première\_cellule:dernière\_cellule;estimation)}$$

où la valeur « estimation » est la valeur de i à laquelle le programme commence à chercher la valeur de i^* par itération.

La marche à suivre fondée sur la méthode de la valeur actualisée nette pour l'analyse de sensibilité et l'estimation graphique de la valeur de i^* (ou les multiples valeurs de i^*, comme on peut le voir plus loin) se déroule comme suit :

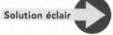

1. Tracer le diagramme des flux monétaires.
2. Déterminer la relation du taux de rendement interne sous la forme de l'équation [7.1].
3. Insérer les flux monétaires dans des cellules contiguës de la feuille de calcul.
4. Exécuter la fonction TRI de manière à afficher i^*.
5. Utiliser la fonction VAN pour tracer un graphique des valeurs actualisées nettes en fonction des valeurs de i. Le graphique présente clairement la valeur de i^* à laquelle VAN = 0.

Le Burg Khalifa à Dubaï, aux Émirats Arabes Unis (ÉAU), est le plus haut gratte-ciel au monde. L'ingénieur en chauffage, ventilation et climatisation (CVC) qui a participé à la construction de l'édifice propose d'investir 500 000 $ dans l'achat de matériel et de logiciels qui amélioreront l'efficacité des systèmes de commande énergétique. Il estime que cet investissement permettra des économies de 10 000 $ par année en coûts d'énergie pendant 10 ans et une autre économie de 700 000 $ à la fin de ces 10 années en frais de remise à neuf de l'équipement. Trouvez le taux de rendement interne pour ce projet, en utilisant la solution manuelle et par ordinateur.

Solution manuelle

Utilisez la méthode par essais et erreurs à partir d'une équation de la valeur actualisée nette.

1. La figure 7.3 montre le diagramme des flux monétaires.
2. Utilisez le format de l'équation [7.1] pour l'équation du taux de rendement interne.

$$0 = -500\,000 + 10\,000(P/A;i^*;10) + 700\,000(P/F;i^*;10) \qquad [7.5]$$

3. Utilisez le processus d'estimation pour déterminer la valeur de i au premier essai. Tous les revenus seront considérés comme une valeur unique F à l'année 10 afin de pouvoir utiliser le facteur P/F. On choisit le facteur P/F parce que la plus grande part des flux monétaires (700 000 $) correspond déjà à ce facteur et qu'ainsi, les erreurs provenant de l'omission de la valeur temporelle de l'argent seront réduites au minimum. Pour la première estimation de i uniquement, déterminez $P = 500\,000$ $, $n = 10$ et $F = 10(10\,000) + 700\,000 = 800\,000$ $. À présent, on a :

$$500\,000 = 800\,000(P/F;i;10)$$

$$(P/F;i;10) = 0,625$$

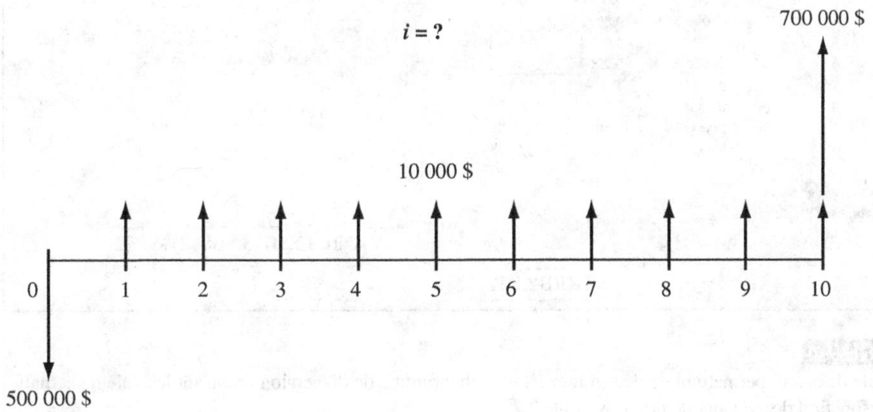

FIGURE 7.3
Le diagramme des flux monétaires de l'exemple 7.2

L'estimation approximative de la valeur de i se situe entre 4 et 5 %. On utilise le taux de 5 % au premier essai parce que ce taux, dans le cas du facteur P/F, est inférieur à la valeur réelle lorsque la valeur temporelle de l'argent est prise en compte. À $i = 5$ %, la valeur actualisée est calculée comme suit :

$$0 = -500\,000 + 10\,000(P/A;5\%;10) + 700\,000(P/F;5\%;10)$$
$$0 < 6\,946 \text{ $}$$

Le résultat positif indique un taux de rendement interne supérieur à 5 %. Répétez l'exercice avec $i = 6$ %.

$$0 = -500\,000 + 10\,000(P/A;6\%;10) + 700\,000(P/F;6\%;10)$$
$$0 > -35\,519 \text{ $}$$

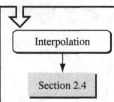

Puisque le taux de 6 % est trop élevé, procédez à l'interpolation linéaire entre 5 et 6 %.

$$i* = 5,00 + \frac{6\,946 - 0}{6\,946 - (-35\,519)}(1,0)$$
$$= 5,00 + 0,16 = 5,16\%$$

Solution par ordinateur

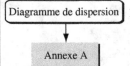

Entrez les flux monétaires de la figure 7.3 dans la fonction TAUX. L'entrée TAUX(10;10000; –500000;700000) affiche $i* = 5,16\%$. On peut tout aussi bien utiliser la fonction TRI. La colonne B à la figure 7.4 montre les flux monétaires et la fonction TRI(B2:B12) pour obtenir $i*$.

Pour procéder à une analyse plus complète, il est recommandé de chercher la solution par ordinateur pour déterminer la valeur de $i*$.

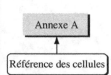

1, 2. Le diagramme des flux monétaires et le taux de rendement interne obtenus sont les mêmes qu'avec la solution manuelle.
3. La figure 7.4 affiche les flux monétaires nets à la colonne B.
4. La fonction TRI dans la cellule B14 donne $i* = 5,16\%$.
5. Pour présenter graphiquement la valeur de $i*$, la colonne D affiche la valeur actualisée nette pour différentes valeurs de i (colonne C). La fonction VAN est utilisée à répétition pour calculer la valeur actualisée nette dans un diagramme de dispersion Excel exprimant la valeur actualisée nette en fonction de i. La valeur de $i*$ est légèrement inférieure à 5,2 %.

	A	B	C	D	E	F	G	H	I
1	Année	Montant	Essai *i*	VAN					
2	0	(500 000 $)	4,00%	54 004 $					
3	1	10 000 $	4,20%	44 204 $					
4	2	10 000 $	4,40%	34 603 $					
5	3	10 000 $	4,60%	25 198 $					
6	4	10 000 $	4,80%	15 984 $					
7	5	10 000 $	5,00%	6 957 $					
8	6	10 000 $	5,20%	(1 888 $)					
9	7	10 000 $	5,40%	(10 555 $)					
10	8	10 000 $	5,60%	(19 047 $)					
11	9	10 000 $	5,80%	(27 368 $)					
12	10	710 000 $	6,00%	(35 523 $)					
13									
14	Taux de rendement interne (TRI)	5,16%							

=VAN(C12;$B$3:$B$12)+$B$2

=TRI(B2:B12)

FIGURE 7.4

La feuille de calcul permettant de déterminer $i*$, et le diagramme de dispersion montrant les valeurs actualisées en fonction des valeurs de i de l'exemple 7.2

Tel qu'indiqué dans l'étiquette de la cellule D12, le signe des dollars « $ » est inséré dans les fonctions VAN en vue d'assurer la référence absolue des cellules. Cette caractéristique permet de déplacer correctement la fonction VAN d'une cellule à l'autre (avec la souris).

On vient de voir qu'il est possible de trouver la valeur de $i*$ à l'aide d'une équation de la valeur actualisée nette. On peut également déterminer cette valeur en utilisant une relation de l'annuité équivalente. Cette dernière méthode est privilégiée en présence de flux monétaires annuels uniformes. La solution manuelle est la même que pour la relation de la valeur actualisée nette, sauf qu'on utilise cette fois l'équation [7.2].

La solution par ordinateur est exactement la même qu'avec la fonction TRI, qui permet de calculer la valeur actualisée nette avec des valeurs différentes de i jusqu'à ce que la VAN = 0. (Il n'existe aucune manière équivalente d'utiliser la fonction VPM puisque celle-ci requiert une valeur fixe de i pour calculer une valeur de A.)

EXEMPLE 7.3

Utilisez les équations de l'annuité équivalente pour trouver le taux de rendement interne des flux monétaires présentés à l'exemple 7.2.

Solution

1. Le diagramme des flux monétaires est présenté à la figure 7.3.
2. Les relations de l'annuité équivalente entre les décaissements et les encaissements sont formulées dans l'équation [7.2].

$$\text{AÉ}_D = -500\,000(A/P;i;10)$$
$$\text{AÉ}_R = 10\,000 + 700\,000(A/F;i;10)$$
$$0 = -500\,000(A/P;i^*;10) + 10\,000 + 700\,000(A/F;i^*;10)$$

3. La solution par essais et erreurs donne les résultats suivants :

pour $i = 5\,\%$, $0 < 900\,\$$
pour $i = 6\,\%$, $0 > -4\,826\,\$$

Par interpolation, $i^* = 5,16\,\%$, comme précédemment.

En conclusion, si vous déterminez la valeur de i^* avec la solution manuelle, utilisez une relation de la valeur actualisée nette ou de l'annuité équivalente, ou toute autre équation d'équivalence. Il est préférable de recourir systématiquement à la même méthode pour réduire les risques d'erreurs.

7.3 LES PRÉCAUTIONS À PRENDRE AVEC LA MÉTHODE DU TAUX DE RENDEMENT INTERNE

La méthode du taux de rendement interne (TRI) est couramment utilisée dans le monde des affaires et de l'ingénierie pour évaluer un projet. On s'en sert également pour choisir une solution parmi d'autres, ce qui fait l'objet du chapitre suivant.

> L'analyse du taux de rendement interne, lorsqu'elle est appliquée correctement, mène toujours à la bonne décision, soit la même que celle qui est obtenue avec l'analyse de la valeur actualisée nette ou de l'annuité équivalente (ou de la valeur capitalisée [VC]).

Toutefois, il faut tenir compte de certaines hypothèses et difficultés propres à l'analyse du taux de rendement interne, lorsqu'il s'agit de calculer la valeur de i^* et d'interpréter sa signification concrète dans le contexte d'un projet. Les directives ci-dessous s'appliquent à la solution manuelle et à la solution par ordinateur.

- *Plusieurs valeurs de i^* :* Selon la série de flux monétaires nets comportant les décaissements et les encaissements, on trouvera peut-être plus d'une racine réelle pour l'équation du taux de rendement interne, ce qui donnera plusieurs valeurs de i^*. Ce problème est abordé à la section suivante.
- *Réinvestissement à i^* :* Avec les méthodes de la valeur actualisée nette et de l'annuité équivalente, on pose l'hypothèse que tout investissement positif net (soit les flux monétaires positifs tenant compte de la valeur temporelle de l'argent) sont réinvestis dans le projet au taux de rendement acceptable minimum. Toutefois, la méthode du taux de rendement interne suppose le réinvestissement au taux i^*. Lorsque la valeur de i^* ne se rapproche pas du taux de rendement acceptable minimum (par exemple si i^* est substantiellement supérieur à celui-ci), cette hypothèse devient irréaliste. Dans ces cas, la valeur de i^* n'est plus une valeur appropriée en ce qui concerne la prise de décision. Il existe une autre façon d'utiliser la méthode

du taux de rendement interne et d'obtenir une seule valeur de i^*, bien qu'elle soit plus complexe sur le plan des calculs que l'analyse de la valeur actualisée nette ou de l'annuité équivalente au taux de rendement acceptable minimum établi. Cette méthode, ainsi que le concept de l'investissement positif net, est présentée à la section 7.5.

- *Complexité des calculs et compréhension :* Dans le cas de la solution manuelle, lorsqu'on procède par essais et erreurs pour trouver une ou plusieurs valeurs de i^*, les calculs peuvent devenir complexes. La recherche de solution à l'aide d'un tableur est plus facile. Cependant, pour bien comprendre ces notions, la solution manuelle est préférable, et aucun logiciel n'offre la même compréhension des relations de la valeur actualisée nette et de l'annuité équivalente.

- *Démarche adaptée aux solutions multiples :* Lorsqu'on désire utiliser la méthode du taux de rendement interne pour choisir une solution parmi plusieurs solutions mutuellement exclusives, il faut appliquer une technique d'analyse différente de celle qui est utilisée pour l'analyse de la valeur actualisée nette et de l'annuité équivalente. Cette technique est décrite au chapitre 8.

En conclusion, dans le contexte d'une étude en économie d'ingénierie, il est préférable d'utiliser la méthode de l'analyse de la valeur actualisée nette ou de l'annuité équivalente selon un taux de rendement acceptable minimum établi, plutôt que celle de l'analyse du taux de rendement interne. Toutefois, l'utilisation fréquente de la méthode du taux de rendement interne dans plusieurs applications rend celle-ci plus attrayante. De plus, il est facile de comparer le taux de rendement interne d'un projet à celui de la solution existante.

> En présence de deux ou de plusieurs solutions, lorsqu'il est important de connaître la valeur exacte de i^*, l'approche recommandée consiste à déterminer la valeur actualisée nette ou l'annuité équivalente au taux de rendement acceptable minimum, puis de trouver la valeur de i^* pour la solution choisie.

Par exemple, si un projet est évalué au TRAM = 15 % avec une VAN < 0, il n'est pas nécessaire de calculer la valeur de i^*, puisque $i^* < 15$ %. Cependant, si la VAN > 0, il faut alors calculer la valeur exacte de i^* et en tenir compte dans la justification financière du projet.

7.4 LES VALEURS MULTIPLES DU TAUX DE RENDEMENT INTERNE

Dans la section 7.2, on explique comment procéder pour déterminer un seul taux de rendement interne (TRI) i^*. Dans les séries de flux monétaires présentées jusqu'à maintenant, les signes algébriques des flux monétaires nets ne changeaient qu'une seule fois, généralement du signe moins à l'année 0 au signe plus, un peu plus loin dans la série. Il s'agit alors de séries conventionnelles (ou simples) de flux monétaires. Toutefois, certaines séries subissent plusieurs changements de signes ; les flux monétaires nets de ces séries passent du positif au négatif d'une année à l'autre. Ces séries sont dites « non conventionnelles » (ou « non simples »). Comme dans les exemples du tableau 7.3, chaque série de signes positifs ou négatifs peut comporter un seul signe ou plusieurs. Lorsque les flux monétaires subissent plus d'un changement de signe, il est possible d'obtenir plusieurs valeurs de i^* entre −100 % et l'infini.

On doit ainsi soumettre les séries non conventionnelles à deux tests, l'un à la suite de l'autre, pour déterminer s'il existe une seule ou plusieurs valeurs de i^* qui sont des nombres réels. Le premier test est celui de la règle des signes (de Descartes), selon laquelle le nombre total de racines réelles d'un polynôme sera toujours inférieur ou égal au nombre de changements de signes dans cette série. Cette règle provient du fait que la relation établie dans l'équation [7.1] ou [7.2] pour trouver la valeur de i^* est un

TABLEAU 7.3	DES EXEMPLES DE FLUX MONÉTAIRES CONVENTIONNELS ET NON CONVENTIONNELS POUR UN PROJET D'UNE DURÉE DE 6 ANS							
	Signe des flux monétaires nets							Nombre de changements de signes
Type de série	0	1	2	3	4	5	6	
Conventionnel	−	+	+	+	+	+	+	1
Conventionnel	−	−	−	+	+	+	+	1
Conventionnel	+	+	+	+	+	−	−	1
Non conventionnel	−	+	+	+	−	−	−	2
Non conventionnel	+	+	−	−	−	+	+	2
Non conventionnel	−	+	−	−	+	+	+	3

polynôme d'ordre n. (Il est également possible que des valeurs imaginaires ou infinies puissent satisfaire à l'équation.)

Le deuxième test est plus discriminatif et permet de déterminer s'il existe un nombre réel positif correspondant à la valeur de i^*. Il s'agit du « test des signes des flux monétaires cumulatifs », appelé « critère de Norstrom ». Selon ce critère, s'il y a un seul changement de signe dans une série de flux monétaires cumulatifs qui commence par un signe négatif, la relation polynomiale comporte une racine positive. Pour réaliser ce test, déterminez la série suivante :

$$S_t = \text{flux monétaires cumulatifs pour la période } t$$

Observez le signe de S_0 et comptez le nombre de changements de signes dans la série $S_0, S_1, ..., S_n$. La valeur de i^* correspondra à un seul nombre réel positif seulement si $S_0 < 0$ et s'il n'y a qu'un seul changement de signe dans la série.

À partir des résultats de ces deux tests, le taux de rendement interne est résolu pour une valeur unique de i^* ou pour des valeurs multiples de i^*, obtenues par essais et erreurs avec la solution manuelle ou par ordinateur, avec la fonction TRI intégrant l'option « estimation ». La production d'un graphique représentant la valeur actualisée en fonction de i est recommandée, surtout avec la solution par ordinateur. L'exemple 7.4 illustre l'application des tests, ainsi que la solution manuelle et la solution par ordinateur pour trouver la valeur de i^*.

EXEMPLE 7.4

Le groupe d'ingénierie de la société Honda offre des services contractuels à d'autres fabricants automobiles dans le monde. Au cours des 3 dernières années, les flux monétaires nets de ces contrats ont été très variables, tel qu'indiqué dans le tableau ci-dessous, principalement en raison de l'incapacité de payer de l'un des clients importants.

Année	0	1	2	3
Flux monétaire (1 000 $)	+2 000	−500	−8 100	+6 800

a) Déterminez le nombre maximal de valeurs de i^* pouvant satisfaire au taux de rendement interne.

b) Formulez l'équation du taux de rendement interne basée sur la valeur actualisée et estimez les valeurs de i^* en traçant un graphique de la valeur actualisée en fonction de i, à la main et par ordinateur.

c) Calculez plus précisément les valeurs de i^* avec la fonction TRI du tableur.

Solution manuelle

a) Le tableau 7.4 présente les flux monétaires annuels et cumulatifs. Puisqu'il y a deux changements de signes dans la série de flux monétaires, la règle des signes nous indique

TABLEAU 7.4	LA SÉRIE DE FLUX MONÉTAIRES NETS ET CUMULATIFS DE L'EXEMPLE 7.4		
Année	**Flux monétaire net (1 000 $)**	**Numéro de la série**	**Flux monétaire cumulatif (1 000 $)**
0	+2 000	S_0	+2 000
1	−500	S_1	+1 500
2	−8 100	S_2	−6 600
3	+6 800	S_3	+200

un maximum de deux valeurs de i^* correspondant à des nombres réels. La séquence cumulative commence par un signe positif, $S_0 = +2\,000$, ce qui indique qu'il y a plus d'une racine positive. On trouve en fait deux valeurs de i^*.

b) La relation de la valeur actualisée est la suivante :

$$VAN = 2\,000 - 500(P/F;i;1) - 8\,100(P/F;i;2) + 6\,800(P/F;i;3)$$

Choisir des valeurs de i pour trouver les deux valeurs de i^* et tracer la courbe de la valeur actualisée en fonction de i. Les valeurs actualisées figurent dans le tableau ci-dessous et sont représentées graphiquement à la figure 7.5 pour les valeurs de i suivantes : 0, 5, 10, 20, 30, 40 et 50 %. On obtient une forme parabolique caractéristique d'un polynôme de second degré, avec la courbe de la valeur actualisée qui traverse l'axe des i approximativement à $i_1^* = 8\,\%$ et $i_2^* = 41\,\%$.

$i\%$	0	5	10	20	30	40	50
VAN (1 000 $)	+200	+51,44	−39,55	−106,13	−82,01	−11,83	+81,85

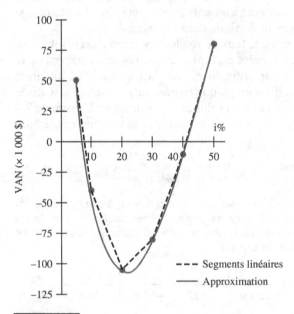

FIGURE 7.5

La valeur actualisée nette des flux monétaires en fonction de taux d'intérêt différents de l'exemple 7.4

Solution par ordinateur

a) En se référant à la figure 7.6, on voit que la fonction VAN est utilisée à la colonne D pour déterminer la valeur actualisée nette en fonction de certaines valeurs de i (colonne C), tel que l'indique l'étiquette de la cellule. Le diagramme de dispersion xy d'Excel montre le graphique de la valeur actualisée nette en fonction de i. Les valeurs de $i*$ croisent la ligne VAN = 0 approximativement à 8 % et à 40 %.

b)   La ligne 19 de la figure 7.6 contient les valeurs de taux de rendement interne (y compris une valeur négative) entrées comme estimations dans la fonction TRI, afin de trouver la racine $i*$ du polynôme qui se trouve le plus près de la valeur estimée. La ligne 21 inclut deux valeurs résultant de $i*$, soit $i_1^* = 7,47\%$ et $i_2^* = 41,35\%$.

Si l'argument «estimation» n'est pas inclus dans la fonction TRI, l'entrée TRI(B4:B7) déterminera uniquement la première valeur, soit 7,47 %. Pour vérifier les deux valeurs de $i*$, on peut régler la fonction VAN de manière à trouver la valeur actualisée nette pour les deux valeurs de $i*$. Dans les deux cas, VAN(7,47 %;B5:B7)+B4 et VAN(41,35 %;B5:B7)+B4 afficheront approximativement 0,00 $.

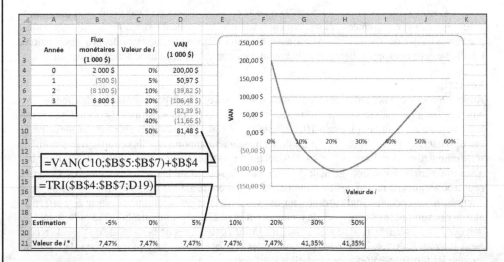

FIGURE 7.6

La feuille de calcul illustrant le graphique de la valeur actualisée nette en fonction de i et les multiples valeurs de $i*$ de l'exemple 7.4

EXEMPLE 7.5

Des chercheurs de l'Université Carleton, à Ottawa, ont mis au point un nouveau logiciel pour écrans tactiles. Cette nouvelle technologie retient l'attention de l'industrie. Si on propose au groupe SurfNet un contrat de licence de 10 ans avec les conditions décrites ci-dessous, déterminez le nombre de valeurs de $i*$ possibles. Estimez ces valeurs à l'aide d'un graphique, avec la fonction TRI d'Excel. Le tableau 7.5 présente les flux monétaires nets que SurfNet a estimés. Les valeurs négatives obtenues pour les années 1, 2 et 4 reflètent les coûts de mise en marché plus importants pour ces années.

Solution par ordinateur

Selon la règle des signes, on est en présence d'une série non conventionnelle de flux monétaires nets avec une possibilité de trois racines. La série cumulative commence par un signe négatif et comporte un seul changement de signe à l'année 10, ce qui indique la présence d'une seule racine positive. (Selon le critère de Norstrom, les valeurs 0 de la série cumulative des flux monétaires sont ignorées.) On utilise l'équation du taux de rendement interne à partir de la valeur actualisée nette pour trouver la valeur de $i*$.

$$0 = -2\,000(P/F;i;1) - 2\,000(P/F;i;2) + ... + 100(P/F;i;10)$$

TABLEAU 7.5	LES SÉRIES ANNUELLE ET CUMULATIVE DE FLUX MONÉTAIRES DE L'EXEMPLE 7.5				
	Flux monétaire (100 $)			**Flux monétaire (100 $)**	
Année	**Net**	**Cumulatif**	**Année**	**Net**	**Cumulatif**
1	−2 000	−2 000	6	+500	−900
2	−2 000	−4 000	7	+400	−500
3	+2 500	−1 500	8	+300	−200
4	−500	−2 000	9	+500	0
5	+600	−1 400	10	+100	+100

Les valeurs de la valeur actualisée nette dans la partie de droite sont calculées pour des valeurs différentes de i et représentées graphiquement sur la feuille de calcul (*voir la figure 7.7*). On obtient une valeur unique de $i^* = 0,77\%$ en utilisant la fonction TRI avec les mêmes valeurs d'«estimation» pour i que celles qui apparaissent dans le graphique de la valeur actualisée nette en fonction de i.

Remarque

Après avoir élaboré la feuille de calcul comme à la figure 7.7, on peut ajuster les flux monétaires pour réaliser une analyse de sensibilité sur les valeurs de i^*. Par exemple, si on modifie légèrement le montant figurant à l'année 10, de +100 $ à −100 $, les résultats affichés sur la feuille de calcul passeront à $i^* = -0,84\%$. Ce minime changement apporté aux flux monétaires modifie la série cumulative. À présent, $S_{10} = -100$ $, tel qu'on peut le vérifier dans le tableau 7.5. Puisqu'il n'y a maintenant aucun changement de signe dans la série cumulative de flux monétaires, on ne peut trouver aucune racine positive unique, ce qui est confirmé par la valeur de $i^* = -0,84\%$. Si d'autres flux monétaires sont modifiés, les deux tests décrits précédemment doivent être effectués afin de pouvoir déceler la présence de racines multiples. L'analyse de sensibilité à l'aide du tableur doit donc être exécutée avec beaucoup de précautions dans le cas de la méthode du taux de rendement interne. En effet, il est possible que toutes les valeurs de i^* ne puissent être déterminées lorsque les flux monétaires sont ainsi ajustés à l'écran.

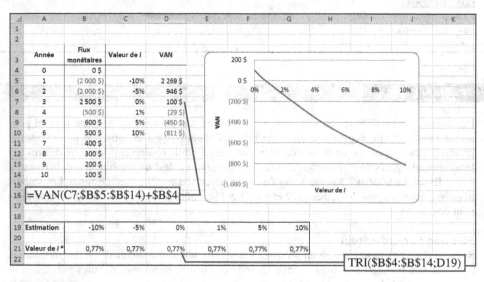

FIGURE 7.7

La solution obtenue avec le tableur pour trouver la valeur de i^* de l'exemple 7.5

Dans plusieurs cas, certaines valeurs de i^* seront beaucoup trop grandes ou trop petites (négatives). Par exemple, des valeurs de 10, de 150 et de 750 % dans une série comportant trois changements de signes seront difficiles à utiliser dans le contexte d'une prise de décision. (Les méthodes de l'analyse de la valeur actualisée nette ou de l'annuité équivalente présentent le net avantage d'exclure les taux irréalistes dans l'analyse.) Par conséquent, lorsqu'il s'agit de choisir la valeur de *i** qui deviendra *la* valeur du taux de rendement, la pratique suggère de négliger les valeurs négatives ou les valeurs trop grandes ou de les exclure du calcul. En réalité, la méthode appropriée consiste à déterminer un taux de rendement interne modifié combiné unique. Cette démarche est décrite dans la section 7.5.

Un logiciel de calcul standard comme Excel détermine généralement une seule racine réelle, sauf si des montants «estimés» sont entrés séquentiellement. Cette valeur unique de *i** est habituellement une racine réelle vraisemblable, puisqu'elle permet de résoudre la relation de la valeur actualisée et qu'elle est déterminée avec la méthode par essais et erreurs utilisée dans le tableur. Le processus commence avec une valeur par défaut, souvent 10 %, ou une estimation soumise par l'utilisateur, comme dans l'exemple précédent.

7.5) LE TAUX DE RENDEMENT INTERNE MODIFIÉ : SUPPRESSION DES VALEURS MULTIPLES DE *i**

Jusqu'à présent, on a calculé des taux de rendement internes (TRI) qui permettent d'équilibrer parfaitement les flux monétaires positifs et négatifs, en tenant compte de la valeur temporelle de l'argent. Toute méthode qui tient compte de cette valeur temporelle peut servir à calculer ce taux, que ce soit par l'analyse de la valeur actualisée nette (VAN), de l'annuité équivalente (AÉ) ou de la valeur capitalisée (VC). Le taux d'intérêt obtenu par ces calculs est le «taux de rendement interne». Il s'agit simplement du taux de rendement interne modifié sur le solde non recouvré d'un investissement, tel que décrit précédemment. Les fonds non recouvrés font toujours partie de l'investissement, d'où le nom «taux de rendement interne». Les expressions «taux de rendement» et «taux d'intérêt» font généralement référence au taux de rendement interne. Les taux d'intérêt utilisés ou calculés dans les chapitres précédents sont tous des taux de rendement internes.

La notion de «solde non recouvré» prend toute son importance lorsque des flux monétaires nets positifs sont générés avant la fin d'un projet. Dans le cas d'un projet, ces flux sont dégagés sous forme de fonds externes au projet et ne sont plus intégrés au calcul du taux de rendement interne. Ces flux monétaires peuvent entraîner la formation d'une série non conventionnelle et de plusieurs valeurs de *i**. Il existe toutefois une méthode qui permet d'intégrer explicitement ces flux monétaires aux calculs et d'éliminer la présence de racines multiples de *i**, comme on le voit plus loin.

Avant de décrire cette méthode, il est très important de préciser ce qui suit :

> On utilise la technique décrite ci-dessous pour déterminer le taux de rendement de flux monétaires estimés en présence de plusieurs valeurs de *i** indiquées par la règle des signes appliquée aux flux monétaires nets et cumulatifs. De plus, les flux monétaires nets positifs du projet doivent générer des revenus d'intérêt à un taux différent de toutes les valeurs multiples de *i** établies pour ce projet.

Par exemple, prenons le cas d'une série de flux monétaires comportant deux valeurs de *i** qui permettent d'équilibrer l'équation du taux de rendement interne, soit 10 % et 60 % par année. De plus, toute somme générée par le projet sera investie par l'entreprise à un taux de rendement annuel de 25 %. La marche à suivre décrite ci-après permettra de trouver un taux de rendement unique pour la série de flux monétaires. Cependant, s'il est connu que l'investissement produira 10 % d'intérêts, le taux unique sera de 10 %. La même règle s'applique au taux de 60 %.

Comme dans les exemples précédents, s'il n'est pas nécessaire de connaître le taux de rendement interne exact d'une série de flux monétaires, on peut également utiliser l'analyse de la valeur actualisée nette ou de l'annuité équivalente au taux de rendement acceptable minimum établi pour déterminer la viabilité économique d'un projet. Cette méthode constitue l'approche normale dans le contexte d'une étude en économie d'ingénierie.

Procédons au calcul du taux de rendement interne pour les flux monétaires suivants : une somme de 10 000 $ est investie à la période $t = 0$, et l'investissement génère 8 000 $ à l'année 2 et 9 000 $ à l'année 5. L'équation de la valeur actualisée nette est utilisée pour déterminer la valeur de i^*.

$$0 = -10\,000 + 8\,000(P/F;i^*;2) + 9\,000(P/F;i^*;5)$$
$$i^* = 16{,}815\,\%$$

Si ce taux est appliqué aux soldes non recouvrés, l'investissement sera recouvré exactement à la fin de l'année 5. La démarche de vérification est la même que celle qui est utilisée dans le tableau 7.1 ; elle décrit la manière dont la méthode du taux de rendement permet d'annuler le solde non recouvré au moment exact du dernier versement.

Solde non recouvré à la fin de l'année 2 immédiatement avant l'encaissement de 8 000 $:

$$-10\,000(F/P;16{,}815\,\%;2) = -10\,000(1 + 0{,}16815)^2 = -13\,646\,\$$$

Solde non recouvré à la fin de l'année 2 immédiatement après l'encaissement de 8 000 $:

$$-13\,646 + 8\,000 = -5\,646\,\$$$

Solde non recouvré à la fin de l'année 5, immédiatement avant l'encaissement de 9 000 $:

$$-5\,646(F/P;16{,}815\,\%;3) = -9\,000\,\$$$

Solde non recouvré à la fin de l'année 5, immédiatement après l'encaissement de 9 000 $:

$$-9\,000 + 9\,000 = 0\,\$$$

Dans ce calcul, on ne tient aucunement compte de la somme de 8 000 $ disponible après l'année 2. Que se produit-il si les fonds dégagés d'un projet *sont inclus* dans le calcul du taux de rendement global ? Après tout, il faut bien faire quelque chose avec ces fonds. L'une des possibilités consiste à considérer que cette somme est réinvestie à un taux d'intérêt donné. Dans la méthode du taux de rendement interne, on tient pour acquis que les fonds excédentaires d'un projet produisent des intérêts au taux i^*, mais cette hypothèse n'est pas réaliste dans tous les cas. Une autre approche consiste à envisager que le réinvestissement est fait au taux de rendement acceptable minimum. Outre le fait de tenir compte des montants dégagés au cours du projet et réinvestis à un taux réaliste, l'approche ci-dessous présente l'avantage de convertir une série non conventionnelle de flux monétaires (avec de multiples valeurs de i^*) en une série conventionnelle à une seule racine, qui peut alors être considérée comme *le* taux de rendement retenu pour la prise de décision.

Le taux de rentabilité de ces fonds générés est connu sous le nom de « taux de réinvestissement » ou « taux de rendement externe » et il est représenté par le symbole e. (On l'appelle aussi parfois « taux de rendement auxiliaire ».) Ce taux établi à l'extérieur des flux monétaires estimés varie selon le taux de marché des investissements. Si une entreprise obtient 8 % sur ses investissements quotidiens, on dit alors que $e = 8\,\%$. Dans la pratique, on détermine souvent une valeur de e égale au taux de rendement acceptable minimum. Le taux d'intérêt qui permet de satisfaire à l'équation du taux de rendement est ainsi le « taux de rendement interne modifié combiné » (TRIM-C), et il est représenté par le symbole i'.

> Par définition, le «taux de rendement interne modifié combiné i'» est le taux de rendement unique d'un projet qui tient compte du réinvestissement des flux monétaires positifs représentant des sommes non immédiatement nécessaires au projet, au taux de réinvestissement e.

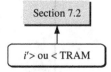

Il s'agit d'un taux «combiné» parce qu'il est dérivé d'un autre taux d'intérêt, soit le taux de réinvestissement e. Si la valeur de e était égale à l'une des valeurs de i^*, le taux composé i' serait égal à la valeur de i^*. Après avoir déterminé un taux i' unique, on compare ce taux au taux de rendement acceptable minimum pour évaluer la viabilité financière du projet (*voir la section 7.2*).

On utilise «l'approche de l'investissement net» pour déterminer la valeur de i'. Avec cette technique, il faut trouver la valeur capitalisée du montant d'investissement net dans 1 an. On trouve la valeur d'investissement net du projet F_t pour l'année t à partir de F_{t-1} en utilisant le facteur F/P pour 1 an au taux de réinvestissement e si l'investissement net précédent F_{t-1} a une valeur positive (somme excédentaire générée par le projet) ou au taux de rendement interne modifié combiné i' si la valeur de F_{t-1} est négative (tous les fonds disponibles ont été utilisés dans le projet). Afin de résoudre mathématiquement pour chaque année t, on formule l'équation suivante :

$$F_t = F_{t-1}(1 + i) + \text{FMN}_t \qquad\qquad [7.6]$$

soit
$$t = 1, 2, ..., n$$
$$n = \text{nombre total d'années du projet}$$
$$\text{FMN}_t = \text{flux monétaires nets pour l'année } t$$
$$i = \begin{cases} e \text{ si } F_{t-1} > 0 \text{ (investissement net positif)} \\ i' \text{ si } F_{t-1} < 0 \text{ (investissement net négatif)} \end{cases}$$

On détermine la relation de l'investissement net pour l'année n égale à 0 ($F_n = 0$) et on résout l'équation pour déterminer i'. La valeur i' obtenue est unique pour un taux de réinvestissement e défini.

Le développement de F_1 à F_3 pour la série de flux monétaires ci-dessous, représentée graphiquement à la figure 7.8 a), est illustré pour un taux de réinvestissement $e = \text{TRAM} = 15\%$.

Année	Flux monétaires ($)
0	50
1	−200
2	50
3	100

L'investissement net pour l'année $t = 0$ est :

$$F_0 = 50 \text{ \$}$$

une somme positive, donc un rendement $e = 15\%$ au cours de la première année. Selon l'équation [7.6],

$$F_1 = 50(1 + 0{,}15) - 200 = -142{,}50 \text{ \$}$$

Le résultat est représenté à la figure 7.8 b). Puisque l'investissement net du projet est maintenant négatif, la valeur F_1 accumule l'intérêt au taux composé de i' pour l'année 2, soit :

$$F_2 = F_1(1 + i') + \text{FMN}_2 = -142{,}50(1 + i') + 50$$

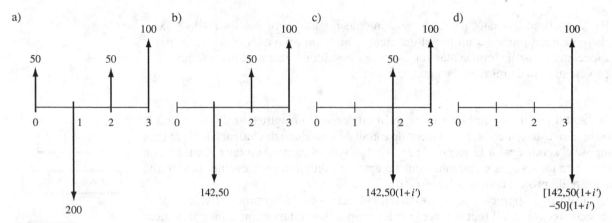

FIGURE 7.8

La série de flux monétaires pour laquelle le taux de rendement interne modifié combiné i' est calculé. Sont présentées : a) la forme initiale ; la forme équivalente : b) à l'année 1 ; c) à l'année 2 ; d) à l'année 3

Il faut ensuite déterminer la valeur de i' (*voir la figure 7.8 c*). Puisque F_2 sera négatif pour toutes les valeurs de $i' > 0$, on utilise i' pour calculer la valeur de F_3, comme on peut le voir à la figure 7.8 d).

$$F_3 = F_2(1 + i') + FM_3 = [-142,50(1 + i') + 50](1 + i') + 100 \qquad [7.7]$$

Avec l'équation [7.7] égale à 0 et la résolution pour déterminer i', on obtient les valeurs de 3,13 % et de −168 %, puisque l'équation [7.7] représente une relation quadratique (à la puissance 2 pour i'). La valeur $i' = 3,13$ % est la bonne valeur de i^*, de −100 % à ∞; par conséquent, on obtient le taux de rendement interne modifié combiné unique i'. La marche à suivre pour déterminer la valeur de i' est résumée ci-dessous :

1. Tracer un diagramme de la série initiale de flux monétaires nets.
2. Développer la série des investissements nets à partir de l'équation [7.6] en utilisant la valeur de e. On obtient l'expression de F_n en termes de i'.
3. Déterminer $F_n = 0$ et trouver la valeur de i' qui permet d'équilibrer l'équation.

Il faut toutefois ajouter quelques commentaires. Si le taux de réinvestissement e est égal au taux de rendement interne i^* (ou à l'une des valeurs de i^* lorsqu'il en existe plusieurs), la valeur de i' calculée sera exactement la même que celle de i^*, soit $e = i^* = i'$. Plus la valeur de e se rapproche de i^*, plus la différence est réduite entre le taux composé et le taux interne. Comme on le mentionne plus haut, on peut considérer que $e =$ TRAM s'il est réaliste d'envisager que tous les fonds excédentaires du projet peuvent produire des intérêts au taux de rendement acceptable minimum.

Le tableau ci-dessous résume les relations entre les valeurs de e, de i' et de i^*; les relations entre ces valeurs sont illustrées dans l'exemple 7.6.

Relation entre le taux de réinvestissement e et i^*	Relation entre le TRIM-C i' et i^*
$e = i^*$	$i' = i^*$
$e < i^*$	$i' < i^*$
$e > i^*$	$i' > i^*$

Attention : On utilise cette technique de l'investissement net en présence de plusieurs valeurs de $i*$. Cette situation se produit lorsqu'une série non conventionnelle de flux monétaires ne comporte pas de racine positive, selon le critère de Norstrom. De plus, cette marche à suivre est complètement inutile si on emploie la méthode de la valeur actualisée nette ou de l'annuité équivalente pour évaluer un projet au taux de rendement acceptable minimum.

La méthode de l'investissement net peut aussi s'appliquer dans les cas où il existe un taux de rendement interne ($i*$) et que le taux de réinvestissement déterminé (e) est très différent de $i*$. Les mêmes relations entre e, $i*$ et i' demeurent appropriées dans cette situation, comme on le montre ci-dessus.

EXEMPLE 7.6

Calculez le taux de rendement interne modifié combiné pour le groupe d'ingénierie de la société Honda décrit dans l'exemple 7.4 si a) le taux de réinvestissement est de 7,47 % et b) le taux de rendement acceptable minimum de l'entreprise est de 20 %. Les multiples valeurs de $i*$ sont déterminées à la figure 7.6.

Solution

a) Utiliser la méthode de l'investissement net afin de déterminer la valeur de i' pour $e = 7,47\,\%$.

1. La figure 7.9 illustre les flux monétaires initiaux.
2. L'investissement net initial est représenté par $F_0 = +2\,000$ \$. Puisque $F_0 > 0$, utiliser $e = 7,47\,\%$ pour déterminer F_1 à l'équation [7.6].

$$F_1 = 2\,000(1,0747) - 500 = 1\,649,40\ \$$$

Puisque $F_1 > 0$, utiliser $e = 7,47\,\%$ pour déterminer F_2.

$$F_2 = 1\,649,40(1,0747) - 8\,100 = -6\,327,39\ \$$$

La figure 7.10 montre les flux monétaires équivalents à ce moment. Puisque $F_2 < 0$, utiliser i' pour déterminer F_3.

$$F_3 = -6\,327,39(1 + i') + 6\,800$$

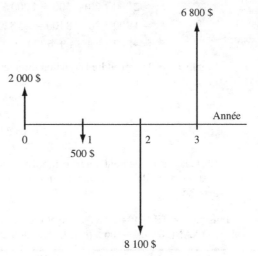

FIGURE 7.9

Les flux monétaires initiaux (en milliers de dollars) de l'exemple 7.6

FIGURE 7.10

Les flux monétaires équivalents (en milliers de dollars) de la figure 7.9 avec un taux de réinvestissement $e = 7,47\%$

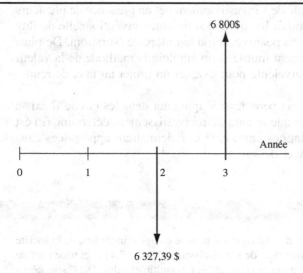

3. Établir $F_3 = 0$ et résoudre l'équation directement pour déterminer i'.

$$-6\,327,39(1 + i') + 6\,800 = 0$$

$$1 + i' = \frac{6\,800}{6\,327,39} = 1,0747$$

$$i' = 7,47$$

Le taux de rendement interne modifié combiné de 7,47 % est identique au taux de réinvestissement e. La valeur de i_1^* est déterminée à l'exemple 7.4, figure 7.6. Il faut noter que la deuxième valeur de i^*, soit 41,35 %, ne permet plus d'équilibrer l'équation du taux de rendement. La valeur capitalisée équivalente des flux monétaires représentés à la figure 7.10, si i' était de 41,35 %, est la suivante :

$$6\,327,39(F/P;41,35\%;1) = 8\,943,77\ \$ \neq 6\,800\ \$$$

b) Avec TRAM $= e = 20\,\%$, la série des investissements nets est la suivante :

$$
\begin{aligned}
F_0 &= +2\,000 && (F_0 > 0, \text{utiliser } e) \\
F_1 &= 2\,000(1,20) - 500 = 1\,900\ \$ && (F_1 > 0, \text{utiliser } e) \\
F_2 &= 1\,900(1,20) - 8\,100 = -5\,820\ \$ && (F_2 < 0, \text{utiliser } i') \\
F_3 &= -5\,820(1 + i') + 6\,800
\end{aligned}
$$

Établir $F_3 = 0$ et résoudre l'équation directement pour déterminer i'.

$$1 + i' = \frac{6\,800}{5\,820} = 1,1684$$

$$i' = 16,84\%$$

Le taux de rendement interne modifié combiné est $i' = 16,84\%$ à un taux de réinvestissement de 20 %, une augmentation importante par rapport à $i' = 7,47\%$ à $e = 7,47\%$.

Puisque $i' <$ TRAM $= 20\,\%$, le projet n'est pas justifié financièrement. On peut le vérifier en calculant VAN(20 %) $= -106\ \$$ pour le flux monétaire initial.

EXEMPLE 7.7

Déterminez le taux de rendement interne modifié combiné pour les flux monétaires présentés au tableau 7.6, si le taux de réinvestissement correspond au taux de rendement acceptable minimum de 15 % par année. Peut-on justifier ce projet ?

Solution

L'analyse du tableau 7.6 indique que les flux monétaires non conventionnels comptent deux changements de signes et que la série cumulative de flux monétaires ne commence pas par une valeur négative. Il y a donc un maximum de deux valeurs de i^*. Pour trouver la valeur unique de i', il faut développer la série d'investissements nets de F_0 à F_{10} à l'aide de l'équation [7.6] et de $e = 15 \%$.

$$F_0 = 0$$
$$F_1 = 200 \$ \qquad\qquad (F_1 > 0, \text{ utiliser } e)$$
$$F_2 = 200(1,15) + 100 = 330 \$ \qquad\qquad (F_2 > 0, \text{ utiliser } e)$$
$$F_3 = 330(1,15) + 50 = 429,50 \$ \qquad\qquad (F_3 > 0, \text{ utiliser } e)$$
$$F_4 = 429,50(1,15) - 1\,800 = -1\,306,08 \$ \qquad\qquad (F_4 < 0, \text{ utiliser } i')$$
$$F_5 = -1\,306,08(1 + i') + 600$$

Puisqu'il est impossible de savoir si la valeur de F_5 est supérieure ou inférieure à 0, on utilisera la valeur de i' dans toutes les autres expressions.

$$F_6 = F_5(1 + i') + 500 = [-1\,306,08(1 + i') + 600](1 + i') + 500$$
$$F_7 = F_6(1 + i') + 400$$
$$F_8 = F_7(1 + i') + 300$$
$$F_9 = F_8(1 + i') + 200$$
$$F_{10} = F_9(1 + i') + 100$$

TABLEAU 7.6 | LA SÉRIE DE FLUX MONÉTAIRES INITIAUX ET CUMULATIFS DE L'EXEMPLE 7.7

Année	Flux monétaire (100 $)		Année	Flux monétaire (100 $)	
	Net	Cumulatif		Net	Cumulatif
0	0	0	6	500	−350
1	200	+200	7	400	+50
2	100	+300	8	300	+350
3	50	+350	9	200	+550
4	−1 800	−1 450	10	100	+650
5	600	−850			

Pour trouver la valeur de i', on résout l'expression $F_{10} = 0$ par essais et erreurs. La résolution permet de déterminer que $i' = 21,24 \%$. Puisque $i' > $ TRAM, le projet est justifié. L'étude de cas à la fin du présent chapitre donne l'occasion de se familiariser avec cet exercice et la méthode de l'investissement net.

Remarque

Les deux taux qui permettent d'équilibrer l'équation du taux de rendement sont $i^*_1 = 28,71 \%$ et $i^*_2 = 48,25 \%$. Si on refait le problème avec l'un ou l'autre des deux taux de réinvestissement, la valeur de i' sera la même que celle du taux de réinvestissement. Par exemple, si $e = 28,71 \%$, $i' = 28,71 \%$.

Le tableur possède une fonction appelée TRIM (taux de rendement interne modifié) permettant de déterminer un taux d'intérêt unique lorsqu'un taux de réinvestissement *e* est entré pour des flux monétaires positifs. Cependant, cette fonction n'applique pas l'analyse de l'investissement net telle qu'elle est décrite pour les séries non conventionnelles de flux monétaires. Si on veut utiliser cette fonction, on doit entrer un taux de financement pour les fonds utilisés dans le cas de l'investissement initial. Les formules utilisées pour le calcul du taux de rendement interne modifié et du taux de rendement interne modifié combiné (TRIM-C) sont donc différentes. Le calcul du taux de rendement interne modifié ne produira pas exactement le même résultat que celui qui est obtenu avec l'équation [7.6], sauf si tous les taux sont les mêmes et que cette valeur est l'une des racines de la relation du taux de rendement.

RÉSUMÉ DU CHAPITRE

La plupart des gens utilisent et comprennent la notion de taux de rendement ou de taux d'intérêt. Toutefois, plusieurs personnes ont de la difficulté à calculer correctement un taux de rendement interne $i*$ pour une série de flux monétaires donnés. Pour certains types de séries, il existe plus d'une possibilité de taux de rendement interne. Le nombre maximal de valeurs de $i*$ est égal au nombre de changements de signes dans une série de flux monétaires nets (règle des signes de Descartes). De plus, on ne peut trouver qu'une seule valeur positive dans une série cumulative de flux monétaires qui commence par une somme négative et qui ne comporte qu'un seul changement de signe (critère de Norstrom).

Dans toutes les séries de flux monétaires comportant une indication de racines multiples, il faut déterminer si on désire calculer les multiples valeurs de taux de rendement interne $i*$ ou le taux de rendement interne modifié combiné unique, à partir d'un taux de réinvestissement déterminé de façon distincte. Ce taux est normalement établi au taux de rendement acceptable minimum. Bien que le taux interne soit généralement plus facile à calculer, l'approche du taux composé est plus appropriée et présente deux avantages : on élimine la présence de taux de rendement multiples et on tient compte des flux monétaires nets provenant des fonds excédentaires à un taux de réinvestissement réaliste. Cependant, le calcul de multiples valeurs de $i*$ ou du taux de rendement interne modifié combiné est parfois fastidieux.

> S'il n'est pas nécessaire d'obtenir une valeur exacte du taux de rendement interne, il est recommandé d'utiliser plutôt la méthode d'analyse de la valeur actualisée nette ou de l'annuité équivalente au taux de rendement acceptable minimum établi pour évaluer la viabilité économique d'une solution.

PROBLÈMES

Comprendre le taux de rendement

7.1 Que signifie un taux de rendement interne de −100 % ?

7.2 Un prêt de 10 000 $ amorti sur 5 ans à un taux d'intérêt de 10 % par année exigerait des versements annuels de 2 638 $ pour rembourser la totalité du prêt, si l'intérêt est calculé sur le solde non recouvré. Si l'intérêt était calculé sur le capital plutôt que sur le solde non recouvré, quel serait le solde du prêt après 5 ans, avec les mêmes versements de 2 638 $ chaque année ?

7.3 La société d'hypothèque A-1 consent des prêts dont les intérêts sont calculés sur le capital plutôt que sur le solde impayé. Pour une hypothèque de 10 000 $ sur 4 ans à un taux de 10 % par année, quels sont les versements annuels requis pour rembourser le prêt en 4 ans si les intérêts sont calculés : a) sur le capital et b) sur le solde non recouvré ?

7.4 Un entrepreneur industriel achète un entrepôt pour stocker l'équipement et le matériel inutilisés sur les chantiers de construction. Le coût de l'entrepôt est de 100 000 $, et l'entrepreneur a conclu une entente avec le vendeur pour en financer l'achat sur une période de 5 ans. Selon le contrat, les paiements mensuels sont calculés sur un amortissement de 30 ans, mais le solde dû à la fin de la période de 5 ans sera versé en somme forfaitaire. Quel sera ce paiement forfaitaire si le taux d'intérêt annuel sur le prêt est de 6 % composé mensuellement ?

Déterminer le taux de rendement

7.5 Quel sera le taux de rendement interne obtenu par un entrepreneur pour un projet s'étalant sur une période de 2,5 ans s'il investit une somme de 150 000 $ dans la production de compresseurs d'air portables de 12 V ? Les coûts mensuels sont estimés à 27 000 $ et les revenus, à 33 000 $ par mois.

7.6 Les travailleurs de la mine de nickel Vale, à Sudbury, en Ontario, ont fait la grève pendant 12 mois. Si un contrat signé entre la compagnie et le syndicat des métallos stipule que l'entreprise doit investir un capital de 100 millions de dollars pour améliorer les installations et offrir à 400 travailleurs des programmes de rachat d'actions, quel taux de rendement interne la compagnie obtiendra-t-elle après une période d'étude de 10 ans ? Pour l'analyse, supposez que les paramètres suivants sont retenus : la valeur moyenne des programmes de rachat est de 100 000 $, l'entreprise peut réduire ses coûts de 20 millions par année, toutes les dépenses de l'entreprise se produisent à l'année 0, et les épargnes débutent 1 an plus tard.

7.7 Le site d'enfouissement de Lachenaie s'est vu exiger l'installation d'une doublure de plastique afin d'empêcher le passage du lixiviat vers la nappe phréatique. Le site s'étend sur 50 000 m^2, et les coûts d'achat et d'installation de la toile de protection sont de 8 $/m^2. Afin de recouvrer son investissement, le propriétaire du site demande 10 $ pour le chargement des camionnettes, 25 $ pour le chargement des bennes et 70 $ pour le chargement de camions tasseurs. Si la distribution mensuelle des chargements comprend 200 camionnettes, 50 camions à bennes et 100 camions tasseurs, quel taux de rendement interne le propriétaire obtiendra-t-il sur son investissement si le site d'enfouissement demeure utilisable pendant 4 ans ?

7.8 La société Swagelok est une fabricante de raccords et de valves miniatures. Sur une période de 5 ans, les flux monétaires de l'une des lignes de production étaient les suivants : coût initial de 30 000 $ et coûts annuels de 18 000 $, revenus annuels de 27 000 $, valeur de récupération de 4 000 $ pour l'équipement. Quel taux de rendement interne l'entreprise a-t-elle obtenu pour ce produit ?

7.9 Barron Chemical utilise un polymère de thermoplastique pour rehausser certains panneaux destinés aux véhicules récréatifs.

Le coût initial de l'un des procédés était de 130 000 $, ses coûts annuels s'élevaient à 49 000 $ et ses revenus à 78 000 $ pour l'année 1, suivis d'une augmentation de 1 000 $ par année. À l'arrêt des opérations après 8 ans, une valeur de récupération de 23 000 $ a été réalisée. Quel taux de rendement interne l'entreprise a-t-elle obtenu pour ce procédé de fabrication ?

7.10 Une diplômée de l'Université Concordia, à Montréal, a fondé une entreprise prospère et désire mettre sur pied une fondation qui portera son nom. La fondation offrira des bourses de 10 000 $ aux étudiants qui souhaitent participer à des échanges internationaux. Elle veut offrir la première bourse le jour même de son premier don (soit au temps 0). Si elle désire verser 100 000 $ à sa fondation, quel taux de rendement interne l'Université devrait-elle obtenir pour offrir une bourse de 10 000 $ par année à perpétuité ?

7.11 PPG fabrique une amine d'époxy servant à enduire les contenants de polyéthylène téréphtalate (PET) afin d'empêcher leur contenu de s'oxyder. Les flux monétaires (en millions de dollars) liés à ce procédé figurent dans le tableau suivant. Déterminez le taux de rendement interne.

Année	Coûts ($)	Revenus ($)
0	−10	—
1	−4	2
2	−4	3
3	−4	9
4	−3	9
5	−3	9
6	−3	9

7.12 Une ingénieure mécanique lance une entreprise de déchiquetage de pneus. Le coût de la déchiqueteuse est de 220 000 $. Elle doit payer 15 000 $ pour l'alimentation électrique à 460 V et 76 000 $ en frais de préparation du site. Elle reçoit 2 $ par pneu et traite en moyenne 12 000 pneus par mois pendant 3 ans. Les charges d'exploitation annuelles pour la main-d'œuvre, l'énergie, les réparations et autres représentent 1,05 $ par pneu. Elle vend une partie des pneus déchiquetés à des installateurs de fosses septiques qui utilisent ces débris dans les champs d'épuration. Ces opérations lui laissent un revenu net mensuel de 2 000 $. Après 3 ans, elle obtient 100 000 $ pour la vente de son équipement. Quel a été son taux de rendement interne : a) par mois et b) par année (taux nominal et effectif) ?

7.13 Un fournisseur Internet établit les prévisions suivantes de ses flux monétaires (en millions de dollars). Quel sera son taux de rendement interne annuel si les prévisions s'avèrent justes ?

Année	Coûts ($)	Revenus ($)
0	−40	—
1	−40	12
2	−43	15
3	−45	17
4	−46	51
5	−48	63
6–10	−50	80

7.14 Algoma Steel envisage la construction d'une centrale de cogénération de 8 mégawatts (MW) afin de répondre en partie à ses propres besoins en énergie. Les coûts de la centrale sont estimés à 41 millions de dollars. L'entreprise consomme 55 000 mégawattheures (MWh) par année au coût de 120 $/MWh. a) Si Algoma peut produire de l'énergie pour la moitié de son coût actuel, quel taux de rendement interne obtiendra-t-elle sur son investissement si la centrale dure

30 ans ? b) Si l'entreprise peut vendre en moyenne 12 000 MWh par année au fournisseur de services publics, au taux de 90 $/MWh, quel sera alors son taux de rendement interne ?

7.15 Le nouveau rasoir M5Power de Gillette émet des impulsions qui redressent les poils, ce qui facilite le rasage. On pense que ce nouveau procédé fera durer les lames plus longtemps puisqu'il ne sera pas nécessaire de repasser le rasoir plusieurs fois sur la même surface.

Le rasoir M5Power (piles incluses) se vend 14,99 $ dans certains magasins. Le paquet de 4 lames est offert à 10,99 $. Les lames plus classiques M5Turbo coûtent 7,99 $ pour la même quantité. Si les lames du M5Power ont une durée de 2 mois alors que celles du M5Turbo ne durent que 1 mois, quel sera le taux de rendement interne : a) par mois et b) par année (taux nominal et effectif) si un client fait l'achat du système M5Power ? Supposez que ce client possède déjà un rasoir de modèle M5Turbo et qu'il doit acheter des lames au temps 0. Faites les calculs sur une période de 1 an.

7.16 Techstreet.com est une petite entreprise qui offre des services de conception de sites Web pour la consultation de brochures en ligne et le commerce électronique. L'une de ses solutions est offerte au coût initial de 90 000 $, avec des frais mensuels de 1,4 ¢ par appel de fichiers. Une nouvelle entreprise de logiciels de CAO envisage l'achat de cette solution. Cette entreprise estime recevoir au moins 6 000 appels de fichiers par mois et espère que 1,5 % de ces appels entraîneront des ventes. Si le revenu de vente moyen (moins les frais et les dépenses) est de 150 $, quel taux de rendement interne l'entreprise de CAO obtiendra-t-elle si elle utilise ce site Web pendant 2 ans ?

7.17 Dans une poursuite en justice, le demandeur se voit accorder un dédommagement de 4 800 $ par mois pendant 5 ans. Comme ce demandeur a besoin d'obtenir une somme d'argent importante dès maintenant en vue d'un investissement, il offre au défendeur de lui verser ce dédommagement en un seul montant forfaitaire de 110 000 $. Si le défendeur accepte cette offre et lui verse dès maintenant une somme de 110 000 $, quel sera le taux de rendement interne obtenu par le défendeur sur cet « investissement » ? Pour vos calculs, considérez que le prochain versement de 4 800 $ est dû dans 1 mois à compter de maintenant.

7.18 Le système perfectionné de vision spatiale mis au point pour l'Agence spatiale canadienne permettra d'assurer un contrôle plus précis du Canadarm2, le bras robotisé canadien. Grâce à ce système de vision, le déplacement de l'équipement et du matériel autour de la station spatiale internationale sera plus efficace. Les ingénieurs de l'agence estiment qu'il en résultera des économies importantes pour plusieurs projets. Les flux monétaires correspondant à l'un des projets sont présentés ci-dessous. Déterminez le taux de rendement interne annuel.

Année t	Coût (1 000 $)	Économies (1 000 $)
0	−210	—
1	−150	—
2–5	—	$100 + 60(t - 2)$

7.19 ASM International, une aciérie établie en Australie, prétend qu'elle réalisera des économies de 40 % sur le coût des barres d'acier inoxydable filetées si elle remplace le procédé d'usinage par des dépôts effectués par soudage de précision. Un fabricant canadien de boulons et de raccords envisage l'achat de l'équipement. L'ingénieur mécanique de cette compagnie a préparé le tableau ci-dessous pour présenter ses estimations de flux monétaires. Déterminez le taux de rendement interne estimé par trimestre et par année (taux nominal).

Trimestre	Coûts ($)	Économies ($)
0	−450 000	—
1	−50 000	10 000
2	−40 000	20 000
3	−30 000	30 000
4	−20 000	40 000
5	−10 000	50 000
6–12	—	80 000

7.20 Selon certaines études, un alliage de gallium-indium-arséniure-azote pourrait être utilisé dans les piles solaires. Ce nouveau matériau aurait une durée plus longue et un taux d'efficacité de 40 %, soit environ le double de la durée des piles solaires standards au silicium. La durée utile d'un satellite de télécommunications pourrait ainsi passer de 10 à 15 ans, grâce à l'utilisation de ces nouvelles piles solaires.

Quel taux de rendement interne pourra-t-on obtenir si un investissement supplémentaire de 950 000 $ réalisé maintenant produit des revenus supplémentaires de 450 000 $ l'année 11, de 500 000 $ l'année 12 et de revenus augmentant de 50 000 $ par année jusqu'à l'année 15 ?

7.21 Une fondation permanente de l'Université de la Colombie-Britannique accorde des bourses d'études aux étudiants en ingénierie. Les premières bourses seront versées 5 ans après le don initial de 10 millions de dollars. Si les intérêts obtenus par la fondation permettent d'accorder 100 bourses de 10 000 $ chaque année, quel taux de rendement interne la fondation doit-elle obtenir ?

7.22 Une fondation caritative reçoit un don de 5 millions de dollars d'un entrepreneur en construction. Les conditions stipulent qu'à compter de maintenant, la fondation doit verser 200 000 $ annuellement pendant 5 ans (soit 6 versements) à une université engagée dans la recherche et le développement de matériaux composites stratifiés. Par la suite, les subventions annuelles seront égales au montant d'intérêt obtenu chaque année. S'il est estimé qu'à partir de l'année 6, les dons seront de 1 million par année à perpétuité, quel sera le taux de rendement interne obtenu par la fondation ?

Les valeurs multiples de taux de rendement

7.23 Quelle est la différence entre une série conventionnelle et une série non conventionnelle de flux monétaires ?

7.24 Quels sont les flux monétaires soumis à la règle des signes de Descartes et ceux qui sont soumis au critère de Norstrom ?

7.25 Selon la règle des signes de Descartes, combien y a-t-il de valeurs possibles de i^* pour les flux monétaires portant les signes suivants ?
a) − − − + + + − +
b) − − − − − − + + + +
c) + + + + − − − − − + − + − − −

7.26 Les industries Dorel inc. de Montréal fabriquent des sièges d'auto pour enfants, du mobilier et des bicyclettes. On suppose qu'un de leurs distributeurs européens présente les flux monétaires nets ci-dessous. a) Déterminez le nombre de valeurs possibles de taux de rendement interne. b) Trouvez tous les taux de rendement internes se situant entre −30 et 130 %.

Année	Flux monétaires nets ($)
0	−17 000
1	−20 000
2	4 000
3	−11 000
4	32 000
5	47 000

7.27 Les flux monétaires (en unités de 1 000 $) liés à une nouvelle méthode de fabrication de matériel de découpage sont présentés ci-dessous, pour une période de 2 ans. a) À l'aide de la règle de Descartes, déterminez le nombre maximal de valeurs possibles pour le taux de rendement interne. b) Utilisez le critère de Norstrom afin d'établir s'il y a une seule valeur positive de taux de rendement interne.

Trimestre	Dépenses ($)	Revenus ($)
0	−20	0
1	−20	5
2	−10	10
3	−10	25
4	−10	26
5	−10	20
6	−15	17
7	−12	15
8	−15	2

7.28 La société RKI Instruments fabrique un système destiné à la surveillance et au contrôle du monoxyde de carbone dans les stationnements souterrains, les chaufferies, les tunnels, etc. Les flux monétaires nets liés à l'une des phases d'exploitation sont présentés dans le tableau suivant. a) Combien y a-t-il de valeurs possibles du taux de rendement interne pour cette série de flux monétaires ? b) Trouvez toutes les valeurs de taux de rendement interne situées entre 0 et 100 %.

Année	Flux monétaires nets ($)
0	−30 000
1	20 000
2	15 000
3	−2 000

7.29 Un fabricant de fibres de carbone ultra-robustes (utilisées pour les articles de sport, les composés thermoplastiques, les pales d'éoliennes, etc.) affiche les flux monétaires nets indiqués ci-dessous. a) Déterminez le nombre de valeurs possibles pour le taux de rendement interne. b) Trouvez toutes les valeurs de taux de rendement interne situées entre −50 et 120 %.

Année	Flux monétaires nets ($)
0	−17 000
1	20 000
2	−5 000
3	8 000

7.30 La société Arc-bot technologies fabrique des robots électriques à servocommande. Le service d'expédition affiche les flux monétaires indiqués ci-dessous. a) Déterminez le nombre de valeurs possibles de taux de rendement interne. b) Trouvez toutes les valeurs de i^* se situant entre 0 et 100 %.

Année	Dépenses ($)	Épargnes ($)
0	−33 000	0
1	−15 000	18 000
2	−40 000	38 000
3	−20 000	55 000
4	−13 000	12 000

7.31 Il y a 5 ans, une entreprise a investi 5 millions de dollars dans un nouveau matériau résistant à haute température. Le produit n'a pas été bien reçu après sa première année sur le marché. Toutefois, après sa réintroduction 4 ans plus tard, il s'est très bien vendu. Au cours de l'année 5, des frais de recherche importants de 15 millions ont été engagés pour accroître les possibilités d'applications. Déterminez le taux de rendement interne pour les flux monétaires suivants (en unités de 1 000 $).

Année	Flux monétaires nets ($)
0	−5 000
1	4 000
2	0
3	0
4	20 000
5	−15 000

Le taux de rendement interne modifié combiné

7.32 Que signifie l'expression «taux de réinvestissement»?

7.33 Hydro One, la plus grande société de transmission et de distribution d'électricité en Ontario, installe des compteurs intelligents dans les résidences de ses clients. On a expliqué aux clients comment économiser l'énergie et modifier leurs habitudes pour privilégier la consommation hors pointe et ainsi profiter d'un tarif plus avantageux. Les flux monétaires correspondant au programme des compteurs intelligents figurent dans le tableau ci-dessous. Calculez le taux de rendement interne modifié combiné avec un taux de réinvestissement de 14 % par année.

Année	Flux monétaires (1 000 $)
0	5 000
1	−2 000
2	−1 500
3	−7 000
4	4 000

7.34 Un ingénieur à Imperial Oil investit son boni chaque année dans les actions de l'entreprise. Son boni annuel a été de 5 000 $ pour les 6 dernières années (soit à la fin de l'année 1 jusqu'à la fin de l'année 6). À la fin de la septième année, il a vendu des actions pour une valeur de 9 000 $ afin de rénover sa cuisine (il n'a pas acheté d'actions cette année-là).

De la huitième à la dixième année, il a continué d'investir son boni de 5 000 $. Il a ensuite vendu toutes ses actions pour une somme de 50 000 $, immédiatement après son dernier investissement, à la fin de la dixième année. a) Déterminez le nombre de valeurs possibles

du taux de rendement pour la série de flux monétaires nets. b) Trouvez le ou les taux de rendement internes. c) Déterminez le taux de rendement interne modifié combiné. Utilisez un taux de réinvestissement de 20 % par année.

7.35 Une entreprise fabrique des disques d'embrayage pour les voitures de course. L'un des services de cette entreprise présente les flux monétaires indiqués ci-dessous. Calculez: a) le taux de rendement interne et b) le taux de rendement interne modifié combiné, avec un taux de réinvestissement annuel de 15 %.

Année	Flux monétaires (1 000 $)
0	−65
1	30
2	84
3	−10
4	−12

7.36 Pour la série de flux monétaires figurant ci-dessous, calculez le taux de rendement interne modifié combiné avec un taux de réinvestissement de 14 % par année.

Année	Flux monétaires ($)
0	3 000
1	−2 000
2	1 000
3	−6 000
4	3 800

7.37 Dans le contexte du projet décrit au problème 7.31, déterminez le taux de rendement interne modifié combiné si le taux de réinvestissement est de 15 % par année. Les flux monétaires du projet sont repris ci-dessous et représentés en unités de 1 000 $.

Année	Flux monétaires ($)
0	−5 000
1	4 000
2	0
3	0
4	20 000
5	−15 000

7.1 LE COÛT D'UNE MAUVAISE COTE DE CRÉDIT

Deux amis contractent chacun de leur côté un emprunt de 5 000 $ à un taux d'intérêt annuel de 10 % pour 3 ans. Une clause du contrat de Charles stipule que l'intérêt « est payé au taux composé de 10 % par année sur le solde impayé ». Les versements annuels de Charles sont fixés à 2 010,57 $, payables à la fin de chaque année du prêt.

Le directeur de la succursale bancaire a découvert que la cote de crédit de Jérémie est présentement affaiblie. Ce dernier a l'habitude de payer ses comptes en retard. La banque a approuvé son prêt, mais son contrat stipule que l'intérêt « est payé au taux composé de 10 % par année sur le montant initial de l'emprunt ». Les versements annuels de Jérémie sont donc fixés à 2 166,67 $ payables à la fin de chaque année.

Questions

Répondez aux questions suivantes en utilisant la solution manuelle ou par ordinateur, ou les deux.

1. Créez un tableau et tracez un graphique pour présenter le solde non recouvré (montant total dû) dans le cas de Charles et de Jérémie, juste avant que chaque paiement soit exigible.
2. Quel montant supplémentaire Jérémie paiera-t-il en intérêts sur les 3 ans comparativement à Charles ?

7.2 QUEL EST LE MOMENT FAVORABLE POUR VENDRE UNE ENTREPRISE ?

Il y a quelques années, Jacob a terminé ses études en médecine et Ingrid a obtenu un diplôme en ingénierie. Le couple a décidé d'investir une partie substantielle de ses épargnes dans une propriété à revenus. Grâce à un prêt bancaire important et à une mise de fonds de 120 000 $ provenant de leurs propres épargnes, ils ont acheté 6 duplex d'un propriétaire immobilier qui désirait quitter le domaine de la propriété résidentielle. Les flux monétaires nets provenant des revenus de location, après toutes les dépenses et les taxes, étaient très intéressants : 25 000 $ à la fin de la première année, avec une augmentation de 5 000 $ subséquemment. Un confrère de Jacob lui a présenté un acheteur potentiel souhaitant acquérir toutes ses propriétés, avec des conditions lui procurant un revenu net estimé de 225 000 $ après 4 années de propriété. L'offre n'a pas été acceptée. Jacob et Ingrid voulaient conserver leurs propriétés pour une plus longue période, compte tenu de l'augmentation des flux monétaires qu'ils avaient connue jusqu'à ce moment.

Au cours de la cinquième année, une baisse d'activité économique a entraîné la réduction de leurs flux monétaires nets jusqu'à 35 000 $. En réaction à cette baisse, les propriétaires ont procédé à des améliorations et acheté de la publicité au cours de la sixième et de la septième année, pour une somme supplémentaire de 20 000 $. Toutefois, les revenus ont continué à baisser de 10 000 $ par année jusqu'à la fin de la septième année. Jacob a reçu une autre offre d'achat au cours de la septième année, de 60 000 $ seulement. Considérant la perte trop importante qu'elle provoquait, cette offre d'achat a également été refusée.

Au cours des 3 dernières années, le couple a engagé des frais de 20 000 $, de 20 000 $ et de 30 000 $ pour des rénovations et de la publicité, mais les flux monétaires nets n'ont atteint que 15 000 $, 10 000 $ et 10 000 $ chaque année.

Ingrid et Jacob voudraient vendre, mais ils ne reçoivent aucune offre ; la plus grande partie de leurs épargnes est immobilisée dans ces propriétés.

Questions

Déterminez le taux de rendement interne pour chacune des situations suivantes :

1. À la fin de la quatrième année, si la première offre de 225 000 $ avait été acceptée, refaites le calcul pour le même moment, sans accepter cette offre.
2. Après 7 ans, si l'offre peu alléchante de 60 000 $ avait été acceptée, pour le même moment, sans accepter cette offre.
3. Maintenant, après 10 ans, sans aucune perspective de vente.
4. Si les propriétés sont vendues et remises à des organismes caritatifs, considérez un revenu net de 25 000 $ pour Jacob et Ingrid. Quel sera le taux de rendement interne pour ces 10 années de propriété ?

ÉTUDE DE CAS

BERNARD SE RENSEIGNE SUR LES TAUX DE RENDEMENT INTERNES MULTIPLES[1]

Mise en contexte

Lorsque Bernard a commencé son stage d'été à la société VAC, une entreprise de distribution électrique, sa supérieure Catherine lui a confié un projet dès le premier jour. La société Homeworth, l'un des gros clients de VAC, venait de demander une réduction de son tarif par kilowattheure, une fois le seuil minimal franchi chaque mois. Catherine a reçu un rapport interne du service de relations avec la clientèle. Ce rapport détaille tous les flux monétaires nets pour Homeworth depuis les 10 dernières années.

Année	Flux monétaires (1 000 $)
1998	200
1999	100
2000	50
2001	−1 800
2002	600
2003	500
2004	400
2005	300
2006	200
2007	100

Le rapport indique également que le taux de rendement interne annuel se situe entre 25 et 50 %, mais aucun autre renseignement n'est fourni. L'information est insuffisante pour permettre à Catherine d'évaluer la demande du client.

Bernard et Catherine ont discuté de la situation à quelques reprises. Chaque fois, Bernard a fait les recherches nécessaires pour répondre aux questions de plus en plus pointues de Catherine. Les principaux éléments de ces discussions sont décrits ci-dessous. Heureusement, Bernard et Catherine ont eu la chance de suivre un cours en économie d'ingénierie au cours de leur formation et ils ont appris la méthode permettant de calculer un taux de rendement unique pour toute série de flux monétaires.

[1] Contribution de Tep Sastri, Ph. D. (autrefois professeur associé, génie industriel, Université A&M du Texas).

Développement de la situation

1. Catherine a demandé à Bernard de réaliser une étude préliminaire pour trouver le taux de rendement approprié. Elle voulait obtenir une seule valeur, et non une fourchette de valeurs ni un ensemble de valeurs possibles. Toutefois, elle désirait connaître les valeurs multiples que pouvait prendre le taux de rendement interne, si de telles valeurs existaient, afin de déterminer si le rapport obtenu du service des relations avec la clientèle était bien fidèle à la réalité ou s'il n'était qu'approximatif.

   Catherine a informé Bernard que le taux de rendement acceptable minimum de l'entreprise était fixé à 15 % par année pour ses gros clients. Elle lui a également expliqué que les flux monétaires négatifs pour l'année 2001 avaient été causés par la mise à niveau de l'équipement à Homeworth, lorsque celle-ci avait multiplié sa capacité de fabrication et sa consommation d'énergie par un facteur de 5.

2. Après l'analyse initiale de Bernard, Catherine s'est rappelé que le rendement externe des flux monétaires positifs provenant de ses clients importants était investi dans une société de capital-risque dont le siège social est situé à Toronto. Elle en a informé Bernard. Cette société génère des revenus de 35 % par année depuis 10 ans. Catherine aimerait savoir si un taux de rendement unique existe toujours et si le compte Homeworth est valable financièrement, à un taux de rendement acceptable minimum de 35 %.

   En réponse à cette demande, Bernard a mis au point la démarche en quatre étapes décrite ci-dessous pour estimer le plus justement possible le taux de rendement interne modifié combiné i' pour tout taux de réinvestissement e et deux taux multiples i_1^* et i_2^*.

Bernard prévoit utiliser cette méthode pour répondre à la dernière question de Catherine et lui fournir les réponses demandées.

1re étape Déterminer les racines i^* de la relation concernant la valeur actualisée nette pour la série de flux monétaires.

2e étape Pour un taux de réinvestissement e et les deux valeurs i^* calculées à l'étape 1, déterminer la condition qui s'applique :
   a) si $e < i_1^*$, donc $i' < i_1^*$;
   b) si $e > i_2^*$, donc $i' > i_2^*$;
   c) si $i_1^* < e < i_2^*$, donc i' peut être inférieur ou supérieur à e, et $i_1^* < i' < i_2^*$.

3e étape Estimer une valeur de départ pour i' selon le résultat obtenu à l'étape 2. Appliquer la méthode de l'investissement net pour les périodes 1 à n. Reprendre cette étape jusqu'à ce que F_n se rapproche de 0. Si ce F_n est une petite valeur positive, estimer une autre valeur de i' qui donnera une petite valeur négative de F_n, et inversement.

4e étape À partir des deux résultats pour F_n obtenus à l'étape 3, faire une interpolation linéaire de i' pour que la valeur de F_n correspondante soit approximativement de 0. Évidemment, on peut aussi obtenir directement la valeur finale de i' à l'étape 3, sans interpolation.

3. Enfin, Catherine a demandé à Bernard de réévaluer les flux monétaires de Homeworth selon un taux de rendement acceptable minimum de 35 %, mais en utilisant cette fois un taux de réinvestissement de 45 % pour déterminer si la série est toujours justifiée.

Exercices sur l'étude de cas

1, 2 et 3 : Répondez aux questions adressées à Bernard en utilisant un tableur.

4. S'il est impossible de recourir à la méthode d'estimation de i' élaborée par Bernard, utilisez les flux monétaires initiaux et appliquez la méthode de l'investissement net. Répondez aux questions 2 et 3 avec des valeurs de e de 35 % et de 45 %, respectivement.

5. À partir de cet exercice, Catherine a conclu que toute série de flux monétaires est économiquement justifiée pour tout taux de réinvestissement supérieur au taux de rendement acceptable minimum. Cette conclusion est-elle valable ? Expliquez votre réponse.

CHAPITRE 8

L'analyse du taux de rendement interne de solutions multiples

Le présent chapitre expose les méthodes d'évaluation de deux ou de plusieurs solutions à partir d'une comparaison de leur taux de rendement, selon les techniques décrites au chapitre précédent. Réalisée correctement, l'évaluation du taux de rendement interne (TRI) mène au même choix que les analyses de la valeur actualisée nette (VAN), de l'annuité équivalente (AÉ) ou de la valeur capitalisée (VC). Cependant, la démarche de calcul est substantiellement différente en ce qui a trait à l'évaluation des taux de rendement internes.

Dans la première étude de cas, le propriétaire de longue date d'une entreprise doit choisir entre plusieurs solutions possibles. La deuxième étude de cas aborde les séries non conventionnelles de flux monétaires (FM) comportant plusieurs taux de rendement internes, ainsi que l'analyse de la valeur actualisée dans un tel contexte.

OBJECTIFS D'APPRENTISSAGE

Objectif: Choisir une solution parmi un ensemble de projets mutuellement exclusifs à partir de l'analyse du taux de rendement interne de leurs flux monétaires différentiels.

À la fin de ce chapitre, vous devriez pouvoir:

Pourquoi l'analyse différentielle?	**1.** Expliquer les raisons pour lesquelles l'analyse différentielle est essentielle à la comparaison de solutions avec la méthode du taux de rendement interne;
Flux monétaires différentiels	**2.** Préparer un tableau des flux monétaires différentiels pour deux solutions possibles;
Interprétation	**3.** Interpréter la signification du taux de rendement interne lorsque celui-ci est appliqué à une différence d'investissement initial entre deux solutions (investissement différentiel);
Taux de rendement interne différentiel à partir d'une analyse de la VAN	**4.** Choisir la meilleure solution entre deux possibilités à l'aide de la méthode du taux de rendement interne différentiel basée sur l'analyse de la valeur actualisée nette;
Taux de rendement interne différentiel à partir d'une analyse de l'AÉ	**5.** Choisir la meilleure solution entre deux possibilités à l'aide de la méthode du taux de rendement interne différentiel basée sur l'analyse de l'annuité équivalente;
Solutions multiples	**6.** Choisir la meilleure solution entre plusieurs possibilités à l'aide de l'analyse différentielle du taux de rendement interne;
Feuilles de calcul	**7.** Élaborer des feuilles de calcul qui comportent des évaluations de la valeur actualisée nette, de l'annuité équivalente et du taux de rendement interne pour plusieurs solutions de durées différentes.

8.1 LES SITUATIONS EXIGEANT L'ANALYSE DIFFÉRENTIELLE

Solutions mutuellement exclusives

Section 5.1

À la suite de l'évaluation de solutions mutuellement exclusives, l'économie d'ingénierie peut déterminer celle qui s'avère la plus judicieuse sur le plan économique. Comme on le sait maintenant, il est aussi possible d'appliquer les méthodes d'analyse de la valeur actualisée nette (VAN), de l'annuité équivalente (AÉ) ou de la valeur capitalisée (VC). La façon d'utiliser la méthode d'analyse du taux de rendement interne dans un tel contexte est présentée ci-après.

Prenons l'exemple d'une entreprise qui dispose d'une somme de 90 000 $ à investir et dont le taux de rendement acceptable minimum (TRAM) est établi à 16 % par année. Cette entreprise doit choisir entre deux solutions possibles, A ou B. La solution A exige un investissement de 50 000 $ et offre un taux de rendement interne i_A^* de 35 % par année. La solution B nécessite 85 000 $ d'investissement, et la valeur de i_B^* est de 29 % par année. Intuitivement, on est tenté de conclure que la meilleure solution est celle qui offre un taux de rendement interne plus élevé, la solution A dans cet exemple. Cependant, ce n'est pas toujours le cas. Le taux de rendement interne estimé pour la solution A est plus élevé, mais l'investissement initial est substantiellement inférieur à la somme disponible (90 000 $). Qu'en est-il du capital inutilisé ? Comme on l'explique dans le chapitre précédent, on considère généralement que les fonds excédentaires seront investis au taux de rendement acceptable minimum de l'entreprise. À partir de cette hypothèse, on peut déterminer les conséquences qu'entraînerait le choix de cette solution. Si on opte pour la solution A, un montant de 50 000 $ produira un rendement de 35 % par année, alors que la somme excédentaire de 40 000 $ sera investie au taux de rendement acceptable minimum de 16 % par année. Pour l'ensemble du capital disponible, il faudra déterminer la moyenne pondérée. Ainsi, pour la solution A :

$$\text{TRI global}_A = \frac{50\,000(0,35) + 40\,000(0,16)}{90\,000} = 26,6\,\%$$

Avec la solution B, la somme de 85 000 $ sera investie à un taux annuel de 29 %, alors que l'excédent de 5 000 $ rapportera 16 % par année. La moyenne pondérée est alors la suivante :

$$\text{TRI global}_B = \frac{85\,000(0,29) + 5\,000(0,16)}{90\,000} = 28,3\,\%$$

Ces calculs montrent que même avec une valeur de i^* supérieure pour la solution A, la solution B offre un meilleur taux de rendement interne global pour l'investissement de 90 000 $. En comparant ces deux solutions sur la base d'une analyse de la valeur actualisée ou de l'annuité équivalente à partir d'un taux de rendement acceptable minimum annuel de 16 % correspondant à i, on choisit la solution B.

Cet exemple simple illustre un élément important de la méthode d'analyse du taux de rendement interne appliquée à la comparaison de solutions :

Dans certaines circonstances, l'évaluation du taux de rendement interne des solutions possibles ne mène pas aux mêmes résultats que les analyses de la valeur actualisée nette, de l'annuité équivalente et de la valeur capitalisée. On peut éviter ce problème en réalisant une analyse des flux monétaires « différentiels » (*voir la section 8.2*).

Section 5.1

Les projets indépendants

En présence de projets indépendants, l'analyse différentielle n'est pas nécessaire. Les projets sont évalués de façon distincte, et il sera possible d'en retenir plus d'un. Dans ce cas, chaque projet est uniquement comparé à la solution du *statu quo*. Le taux de rendement interne sert alors à accepter ou à rejeter chacun des projets indépendants.

8.2 LE CALCUL DES FLUX MONÉTAIRES DIFFÉRENTIELS POUR L'ANALYSE DU TAUX DE RENDEMENT INTERNE

Avant de procéder à l'analyse des taux de rendement internes différentiels de deux solutions, il est essentiel de préparer un tableau de leurs flux monétaires (FM) différentiels. L'utilisation d'un format standard permet de simplifier la démarche de calcul (*voir le tableau 8.1*). S'il s'agit de solutions de durées égales, la colonne des années comportera les valeurs de 0 à *n*. Si les solutions ont des durées inégales, ces valeurs iront de 0 au plus petit commun multiple (PPCM) des deux durées. Comme l'analyse différentielle du taux de rendement interne repose sur la comparaison de solutions à service égal, il est essentiel d'appliquer la méthode du plus petit commun multiple. Par conséquent, les hypothèses et les paramètres élaborés précédemment s'appliquent à toute évaluation différentielle du taux de rendement interne. Lorsqu'on utilise le plus petit commun multiple des durées, la valeur de récupération et le réinvestissement sont représentés au moment opportun pour chaque solution. Si on a déterminé une période de planification, le calcul des flux monétaires s'appliquera à cette période.

Pour simplifier, il est convenu que lorsqu'on doit choisir entre deux solutions, celle qui présente l'investissement initial le plus élevé sera considérée comme la solution B. Ainsi, pour chaque année dans le tableau 8.1, on a ce qui suit :

$$\text{Flux monétaires différentiels} = \text{flux monétaires}_B - \text{flux monétaires}_A \qquad [8.1]$$

L'investissement initial et les flux monétaires annuels propres à chaque solution (excluant la valeur de récupération) se présentent selon l'un des deux scénarios décrits au chapitre 5 :

Solution axée sur les revenus, qui comporte des flux monétaires positifs et négatifs
Solution axée sur les services, qui comporte uniquement des flux monétaires négatifs

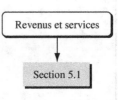

Dans ces deux cas, on utilise l'équation [8.1] pour déterminer la série de flux monétaires différentiels, en prenant soin de bien indiquer le signe de chacun des montants. Les deux exemples qui suivent illustrent le calcul des flux monétaires différentiels pour des solutions basées sur les services, de durées égales et de durées différentes. Le troisième exemple présente le cas d'une solution axée sur les revenus.

	TABLEAU 8.1	LE FORMAT DU TABLEAU DES FLUX MONÉTAIRES DIFFÉRENTIELS	

	Flux monétaires		Flux monétaires
Année	Solution A (1)	Solution B (2)	différentiels (3) = (2) − (1)
0			
1			
?			
?			
?			

EXEMPLE 8.1

Un atelier d'outillage situé à Calgary envisage d'acheter une perceuse à colonne commandée par un logiciel à logique floue qui permettrait d'accroître la précision des opérations et de réduire l'usure des outils. L'entreprise doit choisir entre une machine d'occasion très peu utilisée au coût de 15 000 $ ou une perceuse neuve au coût de 21 000 $.

Le modèle neuf est plus perfectionné, et ses frais d'exploitation annuels sont estimés à 7 000 $, alors qu'ils seraient de 8 200 $ pour le modèle d'occasion. La durée de vie de chaque machine est estimée à 25 ans, avec une valeur de récupération de 5 %. Calculez les flux monétaires différentiels.

Solution

Les flux monétaires différentiels sont présentés au tableau 8.2. Dans l'équation [8.1], on soustrait les coûts (modèle neuf – modèle d'occasion), puisque le modèle neuf possède le coût initial le plus élevé. Les valeurs de récupération à la vingt-cinquième année sont exclues des flux monétaires à des fins de clarté. Lorsque les décaissements sont les mêmes pour un certain nombre d'années consécutives, mais uniquement dans le cas de la solution manuelle, on peut procéder à une seule rentrée de flux monétaires pour une période donnée, comme dans l'exemple ci-dessous pour les années 1 à 25. Cette technique permet d'épargner du temps, mais il ne faut pas oublier que plusieurs années ont été combinées au moment de réaliser l'analyse. On ne peut utiliser cette méthode pour la solution par ordinateur.

TABLEAU 8.2	LE CALCUL DES FLUX MONÉTAIRES DIFFÉRENTIELS DE L'EXEMPLE 8.1		
	Flux monétaires		Flux monétaires différentiels
Année	Perceuse d'occasion	Perceuse neuve	(neuve – occasion)
0	−15 000 $	−21 000 $	−6 000 $
1–25	8 200	−7 000	+1 200
25	+750	+1 050	+300
Total	−219 250 $	−194 950 $	+24 300 $

Remarque

La différence entre les totaux des deux séries de flux monétaires doit être égale au total de la colonne des flux monétaires différentiels. Cette vérification, qui permet de s'assurer que les additions et les soustractions sont exactes, ne constitue pas le critère de choix d'une solution.

EXEMPLE 8.2

Un ingénieur à l'emploi de la société Les Aliments Maple Leaf inc. doit évaluer deux types de convoyeurs pour le saumurage du bacon. Dans le cas du convoyeur de type A, on estime un coût initial de 70 000 $ et une durée utile de 8 ans. Le modèle de type B présente un coût initial de 95 000 $ et une durée utile estimée à 12 ans. Les charges d'exploitation annuelles sont évaluées à 9 000 $ pour le convoyeur A et à 7 000 $ pour le convoyeur B. On suppose que les valeurs de récupération sont respectivement de 5 000 $ et de 10 000 $ pour les appareils de type A et de type B. Calculez les flux monétaires différentiels en utilisant le paramètre du plus petit commun multiple.

Solution

Pour des durées respectives de 8 et de 12 ans, le plus petit commun multiple est établi à 24 ans. Dans le calcul des flux monétaires différentiels sur 24 ans (*voir le tableau 8.3*), les valeurs de réinvestissement et de récupération figurent aux années 8 et 16 pour le type A et à l'année 12 pour le type B.

	Flux monétaires		Flux monétaires
Année	Type A	Type B	différentiels (B − A)
0	−70 000 $	−95 000 $	−25 000 $
1–7	−9 000	−7 000	+2 000
8	⎰−70 000 ⎱−9 000 +5 000	−7 000	+67 000
9–11	−9 000	−7 000	+2 000
12	−9 000	⎰−95 000 −7 000 ⎱+10 000	−83 000
13–15	−9 000	−7 000	+2 000
16	⎰−70 000 −9 000 ⎱+5 000	−7 000	+67 000
17–23	−9 000	−7 000	+2 000
24	⎰−9 000 ⎱+5 000	⎰−7 000 ⎱+10 000	+7 000
	−411 000 $	−338 000 $	+73 000 $

TABLEAU 8.3 LE CALCUL DES FLUX MONÉTAIRES DIFFÉRENTIELS DE L'EXEMPLE 8.2

Pour calculer les flux monétaires différentiels à l'aide d'un tableur, il faut insérer une entrée par année pour toutes les années du plus petit commun multiple et pour chacune des solutions. Par conséquent, il peut être nécessaire de combiner certains flux monétaires avant d'entrer la valeur requise pour chaque solution. La colonne des flux monétaires différentiels résulte d'une application de l'équation [8.1]. Dans le tableau 8.3, à titre d'exemple, les 8 premières années d'un total de 24 doivent figurer comme suit dans la feuille de calcul. Les valeurs différentielles de la colonne D sont calculées par soustraction, par exemple C4 − B4.

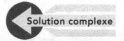 Solution complexe

Colonne A Année	Colonne B Type A	Colonne C Type B	Colonne D Différence
0	−70 000 $	−95 000 $	−25 000 $
1	−9 000	−7 000	+2 000
2	−9 000	−7 000	+2 000
3	−9 000	−7 000	+2 000
4	−9 000	−7 000	+2 000
5	−9 000	−7 000	+2 000
6	−9 000	−7 000	+2 000
7	−9 000	−7 000	+2 000
8	−74 000	−7 000	+67 000
etc.			

8.3 L'INTERPRÉTATION DU TAUX DE RENDEMENT INTERNE SUR L'INVESTISSEMENT SUPPLÉMENTAIRE

Les flux monétaires (FM) différentiels à l'année 0 apparaissant dans les tableaux 8.2 et 8.3 reflètent le coût ou l'investissement supplémentaire requis lorsqu'on choisit la solution qui présente le coût initial le plus élevé. Cet aspect est particulièrement important dans l'analyse différentielle du taux de rentabilité afin de pouvoir déterminer le taux de rendement interne obtenu sur les fonds supplémentaires investis dans la solution exigeant un coût initial plus élevé. Si les flux monétaires différentiels de l'investissement plus important ne justifient pas le choix de cette solution, il faut alors choisir la solution ayant le moindre coût initial. Dans l'exemple 8.1, l'achat d'une perceuse neuve exige un investissement supplémentaire de 6 000 $ (*voir le tableau 8.2*). Avec l'achat de cette machine, une « économie » de 1 200 $ par année sera réalisée pendant 25 ans, en plus d'une économie supplémentaire de 300 $ la vingt-cinquième année. Le choix de la machine neuve ou d'occasion sera basé sur la rentabilité de l'investissement supplémentaire de 6 000 $ exigé pour la perceuse neuve. Si la valeur équivalente de l'épargne est supérieure à la valeur équivalente de l'investissement supplémentaire au taux de rendement acceptable minimum, l'investissement supplémentaire est recommandé (la proposition au coût initial le plus élevé devrait être acceptée). Par contre, si les économies potentielles ne parviennent pas à justifier l'investissement supplémentaire requis, il faut alors choisir la solution dont le coût initial est le plus bas.

Il faut comprendre que la logique sous-jacente à la décision est la même que celle qui serait utilisée pour l'analyse d'**une seule solution**, cette dernière étant représentée par la série de flux monétaires différentiels. Sous cet angle, il devient évident que l'investissement supplémentaire ne doit pas être fait si son taux de rendement interne n'est pas égal ou supérieur au taux de rendement acceptable minimum. Pour mieux expliquer ce raisonnement, on pourrait décrire la situation de la façon suivante : le taux de rendement interne réalisable par les flux monétaires différentiels est comparé à l'investissement au taux de rendement acceptable minimum. On a vu à la section 8.1 que tous les fonds excédentaires non investis dans la solution choisie sont supposés être investis au taux de rendement acceptable minimum. La conclusion qui suit s'impose d'elle-même.

> Si le taux de rendement interne obtenu sur les flux monétaires différentiels est égal ou supérieur au taux de rendement acceptable minimum, la solution exigeant cet investissement supplémentaire devrait être choisie.

Le taux de rendement interne sur cet investissement supplémentaire doit être égal ou supérieur au taux de rendement acceptable minimum, mais le rendement sur l'investissement commun aux deux solutions doit aussi être égal ou supérieur au taux de rendement acceptable minimum. Ainsi, avant de procéder à l'analyse différentielle du taux de rendement interne, il est préférable de déterminer le taux de rendement interne i^* pour chacune des solutions. (La démarche sera réalisée beaucoup plus facilement à l'ordinateur qu'en effectuant la solution manuelle.) Cette technique s'applique uniquement aux solutions axées sur les revenus, puisque les solutions de services ne comportent que des coûts (flux négatifs) et qu'il est impossible de déterminer une valeur de i^*. La marche à suivre est décrite ci-après.

> En présence de plusieurs solutions axées sur les revenus, calculer le taux de rendement interne i^* pour chaque solution et éliminer toutes celles dont $i^* <$ TRAM. Comparer les solutions restantes à l'aide de l'analyse différentielle.

Par exemple, si le TRAM = 15 % et que deux solutions présentent des valeurs de i^* de 12 % et de 21 %, on peut dès le départ éliminer la solution dont $i^* = 12$ %, puisque cette valeur est inférieure au taux de rendement acceptable minimum. En présence de ces deux solutions, on choisirait sans hésiter la deuxième. Si les deux solutions avaient une valeur $i^* <$ TRAM, aucune ne serait justifiée et la solution du *statu quo* serait la meilleure sur le plan économique. En présence de trois solutions ou plus, il est généralement souhaitable, quoique non essentiel, de procéder à une évaluation préliminaire et de calculer la valeur de *i** pour chacune. On peut dès lors éliminer toutes les solutions dont le taux de rendement interne est inférieur au taux de rendement acceptable minimum avant de procéder à une évaluation plus complète. Cette étape est particulièrement utile lorsque l'analyse est réalisée par ordinateur. La fonction TRI appliquée aux flux monétaires estimés pour chaque solution permet rapidement de repérer les solutions inacceptables (*voir la section 8.6*).

Dans le cas de l'évaluation de projets indépendants, on ne peut procéder à aucune comparaison des investissements supplémentaires. Il faut trouver la valeur du taux de rendement interne et accepter tous les projets dont *i** ≥ TRAM, en supposant qu'il n'y a aucune contrainte budgétaire. Par exemple, prenons le cas de trois projets indépendants dont le TRAM = 10 %, et les taux de rendement internes sont les suivants:

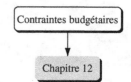

$$i_A^* = 12\,\% \qquad i_B^* = 9\,\% \qquad i_C^* = 23\,\%$$

On choisira les projets A et C, mais non le projet B puisque $i_B^* <$ TRAM. L'exemple 8.8, à la section 8.7, illustre la sélection de projets indépendants à l'aide d'un tableur, en fonction de leur taux de rendement interne.

8.4 L'ÉVALUATION DU TAUX DE RENDEMENT INTERNE À PARTIR DE LA VALEUR ACTUALISÉE NETTE (VAN): ANALYSE DIFFÉRENTIELLE ET POINT D'ÉQUIVALENCE

La présente section traite de l'approche fondamentale qui permet de faire un choix entre plusieurs solutions mutuellement exclusives grâce à l'analyse différentielle du taux de rendement interne. Il faut d'abord établir une relation comme celle de l'équation [7.1] pour les flux monétaires différentiels. On trouve la valeur de Δi_{B-A}^*, le taux de rendement interne pour la série. On place un Δ (delta) avant i_{B-A}^* pour la distinguer des valeurs de TRI i_A^* et i_B^*.

Puisque l'analyse différentielle du taux de rendement interne repose sur la comparaison de solutions de service égal, il faut utiliser le plus petit commun multiple des durées dans l'équation de la valeur actualisée. En raison des conditions de réinvestissement requises pour l'analyse de la valeur actualisée d'actifs de durées différentes, la série de flux monétaires différentiels peut comporter plusieurs changements de signes, indiquant la présence de plusieurs valeurs Δi^*. Néanmoins, bien qu'ils soient incorrects, ces changements de signes sont généralement ignorés. L'approche recommandée consiste à déterminer le taux de réinvestissement *e* et à suivre la technique proposée à la section 7.5. On parvient ainsi à déterminer le taux de rendement interne modifié combiné unique ($\Delta i'$) pour la série de flux monétaires différentiels. Ces trois éléments de base – la série de flux monétaires différentiels, le plus petit commun multiple et les racines multiples – expliquent l'application souvent incorrecte de la méthode du taux de rendement interne dans l'analyse de solutions multiples en économie d'ingénierie. En présence de plusieurs taux de rendement internes, comme on l'explique plus haut, il est toujours possible et généralement préférable d'utiliser l'analyse de la valeur actualisée ou de l'annuité équivalente à un taux de rendement acceptable minimum déterminé plutôt que la méthode du taux de rendement interne.

Voici la marche à suivre complète afin de procéder à l'analyse différentielle du taux de rendement interne dans le cas de deux solutions, avec la solution manuelle ou par ordinateur:

1. Classer les solutions par ordre croissant de leur coût initial. La solution dont l'investissement initial est le plus bas sera la solution A, et celle dont le coût est plus élevé sera placée dans la colonne B du tableau 8.1.
2. Présenter les séries de flux monétaires nets et de flux monétaires différentiels à partir du plus petit commun multiple des années, en supposant un réinvestissement pour chaque solution.

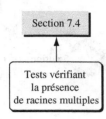

Section 7.4

Tests vérifiant
la présence
de racines multiples

3. Au besoin, tracer un diagramme des flux monétaires différentiels.
4. Compter le nombre de changements de signes dans la série de flux monétaires différentiels pour vérifier la présence de plusieurs taux de rendement internes. Si c'est nécessaire, appliquer le critère de Norstrom aux flux différentiels cumulatifs afin de déterminer s'il existe une seule racine positive.
5. Formuler l'équation de la valeur actualisée nette pour les flux monétaires différentiels, en suivant la forme de l'équation [7.1], et déterminer la valeur de $\Delta i^*_{B\text{-}A}$ par essais et erreurs, avec la solution manuelle ou le tableur.
6. Choisir la meilleure solution sur le plan économique en fonction des paramètres ci-dessous :

> Si $\Delta i^*_{B\text{-}A} <$ TRAM, il faut choisir la solution A.
> Si $\Delta i^*_{B\text{-}A} \geq$ TRAM, l'investissement supplémentaire est justifié ; il faut choisir la solution B.

Si le taux différentiel i^* se rapproche du taux de rendement acceptable minimum ou s'il est identique, on tiendra probablement compte de facteurs non économiques pour choisir la solution qui convient le mieux.

À l'étape 5, si on procède par essais et erreurs pour calculer le taux de rendement interne, on peut épargner du temps en ciblant la valeur de $\Delta i^*_{B\text{-}A}$ dans une fourchette déterminée plutôt que de trouver une valeur approximative par interpolation linéaire, pourvu qu'il ne soit pas nécessaire d'avoir un seul taux de rendement interne. Par exemple, si le taux de rendement acceptable minimum est de 15 % par année et que la valeur de $\Delta i^*_{B\text{-}A}$ est trouvée entre 15 et 20 %, il n'est pas nécessaire d'obtenir une valeur exacte pour accepter la solution B, puisqu'on sait déjà que $\Delta i^*_{B\text{-}A} \geq$ TRAM.

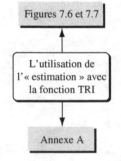

Figures 7.6 et 7.7

L'utilisation de
l'« estimation » avec
la fonction TRI

Annexe A

La fonction TRI du tableur permet généralement de déterminer une valeur Δi^*. On peut entrer plusieurs valeurs estimées afin de trouver les racines multiples de -100 % à ∞ pour une série non conventionnelle (*voir les exemples 7.4 et 7.5*). Si ce n'est pas le cas, l'indication de racines multiples à l'étape 4 exigera l'application de la méthode de l'investissement net à l'étape 5, soit l'équation [7.6], pour établir $\Delta i' = \Delta i^*$. Si l'une de ces racines multiples correspond au taux de réinvestissement estimé e, on pourra utiliser cette racine comme valeur de taux de rendement interne, et il ne sera pas nécessaire d'appliquer la technique de l'investissement net. Dans ce cas seulement, $\Delta i' = \Delta i^*$, tel qu'il est expliqué à la fin de la section 7.5.

EXEMPLE 8.3

En 2010, Deutsche Telekom et France Telecom ont achevé la fusion de leurs divisions britanniques de téléphonie cellulaire, devenant ainsi le fournisseur le plus important au pays et occupant 37 % du marché avec 28 millions de clients. Comme on s'y attendait, certaines incompatibilités entre le matériel utilisé par les deux entités doivent être rectifiées. Par exemple, une des pièces utilisées provient de deux fabricants différents – un fournisseur allemand (A) et un fournisseur français (B). L'entreprise a besoin d'environ 3 000 pièces. Les estimations présentées par les fournisseurs A et B sont données pour chaque unité, en dollars canadiens.

	A	B
Coût initial ($)	−8 000	−13 000
Coûts annuels ($)	−3 500	−1 600
Valeur de récupération ($)	0	2 000
Durée (années)	10	5

	Flux monétaires A	Flux monétaires B	Flux monétaires
Année	(1)	(2)	différentiels (3) = (2) − (1)
0	−8 000 $	−13 000 $	−5 000 $
1–5	−3 500	−1 600	+1 900
5	—	{ +2 000 −13 000	−11 000
6–10	−3 500	−1 600	+1 900
10	—	+2 000	+2 000
	−43 000 $	−38 000 $	+5 000 $

TABLEAU 8.4 — LE TABLEAU DES FLUX MONÉTAIRES DIFFÉRENTIELS DE L'EXEMPLE 8.3

Déterminez le meilleur fournisseur qu'il convient de choisir si le taux de rendement acceptable minimum est de 15 % par année. Préparez la solution manuelle et par ordinateur.

Solution manuelle

Ces deux solutions sont basées sur des services, puisque tous les flux monétaires sont des coûts. Utilisez la marche à suivre ci-dessous pour déterminer la valeur de $\Delta i^*_{\text{B-A}}$

1. Les solutions A et B sont classées dans le bon ordre ; la solution au coût initial le plus élevé se trouve dans la colonne 2.
2. Les flux monétaires du plus petit commun multiple de 10 ans figurent au tableau 8.4.
3. Le diagramme des flux monétaires différentiels est présenté à la figure 8.1.
4. La série de flux monétaires différentiels comporte trois changements de signes, ce qui indique la présence de trois racines. On trouve également trois changements de signes dans la série cumulative de flux différentiels qui commence par une somme négative $S_0 = -5\,000\,$$ et se poursuit jusqu'à $S_{10} = +5\,000\,$$, ce qui indique la possibilité de trouver plus d'une racine positive.
5. L'équation du taux de rendement interne fondée sur la valeur actualisée nette des flux monétaires différentiels est la suivante :

$$0 = -5\,000 + 1\,900(P/A;\Delta i;10) - 11\,000(P/F;\Delta i;5) + 2\,000(P/F;\Delta i;10) \qquad [8.2]$$

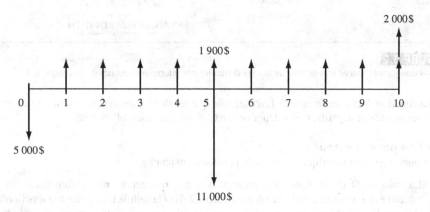

FIGURE 8.1

Le diagramme des flux monétaires différentiels de l'exemple 8.3

Supposez que le taux de réinvestissement est égal à la valeur de $\Delta i^*_{\text{B-A}}$ (ou Δi^* pour utiliser un symbole plus court). La résolution de l'équation [8.2] dans le cas de la première racine produit des résultats entre 12 et 15 % pour Δi^*. Par interpolation, $\Delta i^* = 12,65\,\%$.

6. Puisque le taux de rendement interne de 12,65 % sur l'investissement supplémentaire est inférieur au taux de rendement acceptable minimum de 15 %, on choisira le fournisseur A dont le coût initial est le plus bas. D'un point de vue économique, l'investissement supplémentaire de 5 000 $ ne peut être justifié par l'estimation des coûts annuels plus bas et de la valeur de récupération plus élevée.

Remarque

À l'étape 4, on trouve jusqu'à trois valeurs de i^*. L'analyse précédente a permis de déterminer une des racines à 12,65 %. En affirmant que le taux de rendement interne différentiel est de 12,65 %, on suppose que tout investissement net positif est réinvesti au taux $e = 12,65$ %. Si cette hypothèse n'est pas plausible, il faut appliquer la technique de l'investissement net et utiliser un taux estimé de réinvestissement e pour trouver une valeur différente de Δi^* qui sera comparée au TRAM = 15 %.

	A	B	C	D	E	F	G	H
	D15	▼	f_x =TRI(D4:D14)					
1	**TRAM =**	15%						
2								
3	**Année**	**Fournisseur A**	**Fournisseur B**	**FM différentiels**				
4	0	(8 000 $)	(13 000 $)	(5 000 $)				
5	1	(3 500 $)	(1 600 $)	1 900 $				
6	2	(3 500 $)	(1 600 $)	1 900 $				
7	3	(3 500 $)	(1 600 $)	1 900 $				
8	4	(3 500 $)	(1 600 $)	1 900 $				
9	5	(3 500 $)	(12 600 $)	(9 100 $)		=C10-B10		
10	6	(3 500 $)	(1 600 $)	1 900 $				
11	7	(3 500 $)	(1 600 $)	1 900 $				
12	8	(3 500 $)	(1 600 $)	1 900 $				
13	9	(3 500 $)	(1 600 $)	1 900 $		=TRI(D4:D14)		
14	10	(3 500 $)	400 $	3 900 $				
15	i^* différentiel			12,65%				
16						=VAN($D$15;D5:D14)+D4		
17	**VAN (i^* diff.)**			0,00 $				
18	**VAN (TRAM)**			(438,91 $)		=VAN($B$1;D5:D14)+D4		
19								

FIGURE 8.2

La solution par ordinateur afin de trouver le taux de rendement interne différentiel de l'exemple 8.3

La fonction TRI dans le tableur Excel révèle que les deux autres racines sont de très grands nombres positifs et négatifs. Ces valeurs ne seront donc pas utiles à l'analyse.

Solution par ordinateur

Les étapes 1 à 4 sont identiques à celles de la solution manuelle.

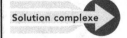

5. La colonne D de la figure 8.2 présente les flux monétaires nets différentiels tirés du tableau 8.4. La valeur Δi^* de 12,65 % est calculée dans la cellule D15 grâce à la fonction TRI.

6. Puisque le taux de rendement interne sur l'investissement supplémentaire est inférieur au taux de rendement acceptable minimum de 15 %, on choisira le fournisseur A puisqu'il offre le coût initial le plus bas.

Remarque

Après avoir élaboré la feuille de calcul, on peut exécuter une grande variété d'analyses. Par exemple, la cellule D17 utilise la fonction VAN pour vérifier que la valeur actualisée nette est bien à 0 au taux calculé de Δi^*. La cellule D18 affiche la valeur actualisée nette avec un TRAM = 15 %, soit une valeur négative confirmant à nouveau que cet investissement supplémentaire produit un rendement inférieur au taux de rendement acceptable minimum. Évidemment, on peut modifier les estimations de flux monétaires et le taux de rendement acceptable minimum pour en déterminer les conséquences sur la valeur de Δi^*. On peut ajouter un graphique de la valeur actualisée nette en fonction de Δi en insérant deux colonnes ou plus (*voir les figures 7.6 et 7.7*).

Le taux de rendement interne déterminé pour la série de flux monétaires différentiels correspond en quelque sorte au point d'équivalence ou seuil d'indifférence. Si le taux de rendement interne des flux monétaires différentiels (Δi^*) est supérieur au taux de rendement acceptable minimum, on choisira la solution dont l'investissement est le plus élevé. Par exemple, si on trace le graphique de la valeur actualisée nette en fonction de i pour les flux monétaires différentiels figurant au tableau 8.4 (et sur la feuille de calcul de la figure 8.2) pour des taux d'intérêt variés, on obtient le graphique illustré à la figure 8.3, où la valeur de Δi^* atteint le point d'équivalence à 12,65 %. Les conclusions sont les suivantes :

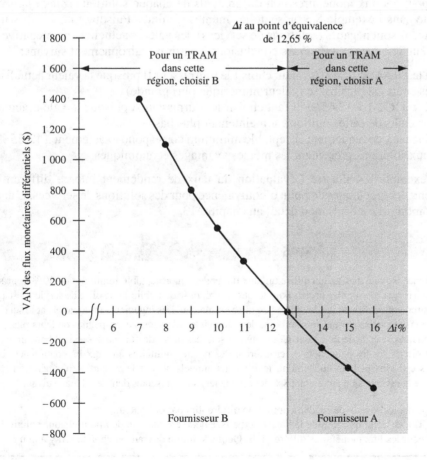

FIGURE 8.3

Le graphique de la valeur actualisée nette des flux monétaires différentiels de l'exemple 8.3, en fonction de valeurs différentes de Δi

FIGURE 8.4
Le graphique de rentabilité des flux monétaires (non différentiels) de l'exemple 8.3

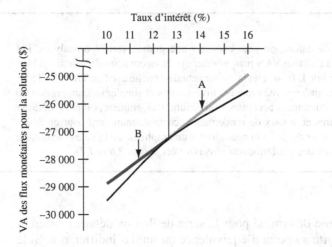

Le graphique de rentabilité des flux monétaires (non différentiels) de l'exemple 8.3

- Si le TRAM < 12,65 %, l'investissement supplémentaire requis dans la solution B est justifié.
- Si le TRAM > 12,65 %, l'investissement supplémentaire requis dans la solution B n'est pas justifié ; il faut choisir le fournisseur A.
- Si le taux de rendement acceptable minimum correspond exactement à 12,65 %, ces deux solutions présentent les mêmes avantages économiques.

Le graphique d'analyse du point d'équivalence de la valeur actualisée en fonction de i pour les flux monétaires non différentiels de chaque solution (*voir la figure 8.4*) décrite dans l'exemple 8.3 présente les mêmes résultats. Puisque tous les flux monétaires nets sont négatifs (solutions de services), les valeurs actuelles sont négatives. On parvient à nouveau aux mêmes conclusions à partir du raisonnement suivant :

- Si le TRAM < 12,65 %, il faut choisir le fournisseur B puisque la valeur actualisée de ses coûts est plus basse (valeur numérique plus grande).
- Si le TRAM > 12,65 %, il faut choisir le fournisseur A puisque la valeur actualisée des coûts de cette solution est maintenant plus basse.
- Si le taux de rendement acceptable minimum correspond exactement à 12,65 %, ces deux solutions présentent les mêmes avantages économiques.

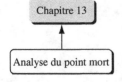

L'exemple 8.4 illustre l'évaluation du taux de rendement interne différentiel et présente les graphiques de point d'équivalence pour des solutions de services. L'analyse du point mort est décrite en détail au chapitre 13.

EXEMPLE 8.4

Solution complexe

La Banque Royale du Canada utilise un taux de rendement acceptable minimum de 30 % pour ses projets à risque. Ce sont les projets pour lesquels la réponse du public à une offre de services n'a pas été clairement confirmée par les études de mise en marché. Les ingénieurs en logiciels et le service de la commercialisation ont mis au point deux logiciels différents, accompagnés de leurs plans de mise en marché et de déploiement. Ces systèmes sont destinés à de nouveaux services bancaires qui seront offerts sur les paquebots de croisière et les navires militaires en eaux internationales. Les valeurs estimées pour le coût initial, les revenus annuels nets et la valeur de récupération (par exemple la revente à un autre établissement financier) sont présentés dans le tableau suivant.

a) Calculez le taux de rendement interne différentiel par ordinateur.
b) Tracez les graphiques de la valeur actualisée nette en fonction de i pour chaque solution et pour les flux monétaires différentiels. Quelle solution devrait-on choisir, s'il y a lieu ?

	Système A	Système B
Investissement initial (1 000 $)	−12 000	−18 000
Revenu net estimé (1 000 $/année)	5 000	7 000
Valeur de récupération (1 000 $)	2 500	3 000
Durée concurrentielle estimée (années)	8	8

Solution par ordinateur

a) Consultez la figure 8.5 a). La fonction TRI permet d'afficher la valeur de i^* pour chaque solution dans les cellules B13 et E13. On utilise les valeurs de i^* en vue d'effectuer une sélection préliminaire qui permettra de déterminer les solutions qui présentent un taux supérieur au taux de rendement acceptable minimum. Si aucun de ces taux n'est supérieur au taux de rendement acceptable minimum, la solution du *statu quo* est automatiquement retenue. Dans notre exemple, les deux solutions ont une valeur $i^* > 30\%$ et sont donc retenues toutes les deux. Les flux monétaires sont calculés (colonne G = colonne E − colonne B), et la fonction TRI produit un résultat $\Delta i^* = 29,41\%$. Cette valeur est légèrement inférieure au taux de rendement acceptable minimum; par conséquent, la solution A représente le meilleur choix sur le plan économique.

b) La figure 8.5 b) présente le graphique de la valeur actualisée nette en fonction de i pour les trois séries de flux monétaires, les taux étant situés entre 25 et 42 %. La courbe du bas (analyse différentielle) indique un point d'équivalence de 29,41 % qui se situe au point d'intersection des deux courbes de la valeur actualisée nette pour les deux solutions. Ici encore, la conclusion est la même : avec un TRAM = 30 %, il faut choisir la solution A parce que la valeur actualisée nette (2 930 $ dans la cellule D5 de la figure 8.5 a) pour la solution A est légèrement plus élevée que pour celle de B (2 841 $ dans la cellule F5).

Remarque

En utilisant ce format de feuille de calcul, on a pu réaliser l'analyse de la valeur actualisée nette et l'analyse différentielle du taux de rendement interne et porter les résultats sur un graphique, ce qui permet de démontrer la conclusion de l'analyse en économie d'ingénierie.

a)

	A	B	C	D	E	F	G	H	I
1									
2	Année	Flux monétaires A	Taux, i	VAN de A	Flux monétaires B	VAN de B	Flux monétaires différentiels	VAN des FM différentiels	
3	0	(12 000 $)	25%	5 064 $	(18 000 $)	5 806 $	(6 000 $)	742 $	
4	1	5 000 $	28%	3 726 $	7 000 $	3 947 $	2 000 $	221 $	
5	2	5 000 $	30%	2 930 $	7 000 $	2 841 $	2 000 $	(89 $)	
6	3	5 000 $	32%	2 201 $	7 000 $	1 827 $	2 000 $	(374 $)	
7	4	5 000 $	34%	1 532 $	7 000 $	896 $	2 000 $	(635 $)	
8	5	5 000 $	36%	916 $	7 000 $	39 $	2 000 $	(876 $)	
9	6	5 000 $	38%	348 $	7 000 $	(751 $)	2 000 $	(1 099 $)	
10	7	5 000 $	40%	(178 $)	7 000 $	(1 483 $)	2 000 $	(1 305 $)	
11	8	7 500 $	42%	(664 $)	10 000 $	(2 160 $)	2 500 $	(1 496 $)	
12									
13	i^*	39,31%			36,10%		29,41%		
14									
15									
16									
17		=VAN($C11;$B$4:$B$11)+$B3					=TRI(G3:G11)		
18									
19									
20			=TRI(E3:E11)			=VAN($C11;$G$4:$G$11)+$G3			
21									

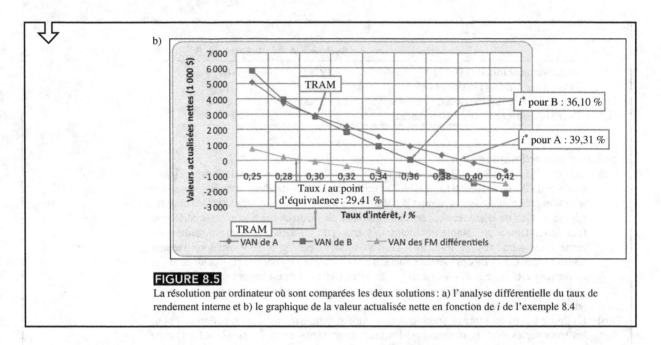

FIGURE 8.5

La résolution par ordinateur où sont comparées les deux solutions : a) l'analyse différentielle du taux de rendement interne et b) le graphique de la valeur actualisée nette en fonction de *i* de l'exemple 8.4

La figure 8.5 b) montre bien qu'il est risqué de sélectionner la mauvaise solution avec la méthode du taux de rendement interne lorsqu'on utilise uniquement les valeurs de *i** pour choisir entre deux solutions. Ce problème d'incohérence lié au classement associé à la méthode d'analyse du taux de rendement interne se produit lorsque le taux de rendement acceptable minimum est inférieur au point d'équivalence entre deux solutions axées sur les revenus. Le taux de rendement acceptable minimum étant établi à partir des conditions de l'économie et du marché, il est donc fondé sur des paramètres externes aux solutions évaluées. Dans la figure 8.5 b), le point d'équivalence est à 29,41 %, et le taux de rendement acceptable minimum est de 30 %. Si ce taux est inférieur au point d'équivalence, disons à 26 %, l'analyse différentielle du taux de rendement interne mène au choix justifié de la solution B, puisque $\Delta i^* = 29{,}41\,\%$, ce qui excède 26 %. Cependant, si on utilise uniquement les valeurs de *i**, on choisirait à tort le système A puisque la valeur de *i** pour cette solution est de 39,31 %. Cette erreur se produit parce que la méthode du taux de rendement interne suppose que le taux de réinvestissement correspond au taux de rendement interne de la solution (39,31 %), alors que dans le contexte d'une analyse de la valeur actualisée ou de l'annuité équivalente, on utilise le taux de rendement acceptable minimum comme taux de réinvestissement. La conclusion est donc simple :

> Si on utilise la méthode du taux de rendement interne afin d'évaluer deux ou plusieurs solutions, il faut utiliser les flux monétaires différentiels et la valeur Δi^* pour choisir la solution appropriée.

8.5 L'ÉVALUATION DU TAUX DE RENDEMENT INTERNE À PARTIR DE L'ANNUITÉ ÉQUIVALENTE (AÉ)

Correctement appliquée, la méthode du taux de rendement interne mène au même choix de solution que les analyses de la valeur actualisée nette (VAN), de l'annuité équivalente (AÉ) ou de la valeur capitalisée (VC), selon que le taux de rendement interne (TRI) a été déterminé par une équation de la valeur actualisée nette, de l'annuité équivalente ou de la valeur capitalisée. Cependant, dans le cas de la technique de l'annuité équivalente, deux méthodes peuvent convenir à l'évaluation. On peut utiliser les flux monétaires différentiels sur le plus petit commun multiple de la durée des solutions, comme avec l'équation de la valeur actualisée nette (*voir la section 8.4*). On peut aussi trouver la valeur de l'annuité équivalente pour les flux monétaires réels de chaque solution et formuler une équation où la différence entre les deux est égale à 0, afin de trouver la valeur de Δi^*. Il n'y a évidemment aucune différence entre ces deux approches si les deux solutions ont la même durée. Ces deux méthodes sont décrites ci-après.

Puisque la méthode du taux de rendement interne s'applique uniquement à la comparaison de solutions à service égal, il faut évaluer les flux monétaires différentiels à partir du plus petit commun multiple de la durée des deux solutions. Si on utilise la solution manuelle pour trouver la valeur de Δi^*, il n'y a pas de véritable avantage à utiliser la méthode de l'annuité équivalente pour le calcul (*voir le chapitre 6*). On recourt à la même marche à suivre en six étapes, décrite à la section 8.4 (pour le calcul à partir de la valeur actualisée), à l'exception de l'étape 5, où l'on substitue l'équation de l'annuité équivalente.

Si on utilise la solution par ordinateur pour comparer deux solutions de durées égales ou inégales, il faut calculer les flux monétaires différentiels sur le plus petit commun multiple de la durée des deux solutions. On applique alors la fonction TRI pour trouver la valeur de Δi^*. Cette technique a été décrite à la section 8.4 et utilisée dans la feuille de calcul présentée à la figure 8.2. Cette façon de procéder avec la fonction TRI est la méthode appropriée pour l'application des fonctions Excel à la comparaison de solutions avec la méthode du taux de rendement interne.

La deuxième méthode fondée sur l'annuité équivalente repose sur l'hypothèse selon laquelle la valeur de l'annuité équivalente est la même pour chaque année du premier cycle de vie et tous les cycles subséquents. Dans le cas des solutions de durées égales ou inégales, il faut déterminer la relation de l'annuité équivalente pour les flux monétaires de chaque solution, formuler l'équation ci-dessous et trouver la valeur de i^*.

$$0 = A\acute{E}_B - A\acute{E}_A \qquad [8.3]$$

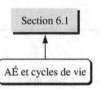

Section 6.1

AÉ et cycles de vie

L'équation [8.3] s'applique uniquement à la solution manuelle et non à la solution par ordinateur.

Pour ces deux méthodes, toutes les valeurs équivalentes sont élaborées à partir de l'annuité équivalente, de sorte que la valeur de i^* obtenue grâce à l'équation [8.3] sera égale à la valeur de Δi^* trouvée avec la première méthode. L'exemple 8.5 illustre l'analyse du taux de rendement interne à partir des équations de l'annuité équivalente pour des solutions de durées inégales.

EXEMPLE 8.5

Comparez les solutions proposées par les fournisseurs A et B dans le cas de la fusion des entreprises de téléphonie présenté à l'exemple 8.3. Utilisez la méthode du taux de rendement interne différentiel à partir de l'annuité équivalente au même taux de rendement acceptable minimum annuel de 15%.

Solution

À titre de référence, la relation du taux de rendement interne en fonction de la valeur actualisée nette, représentée par l'équation [8.2] pour les flux monétaires différentiels de l'exemple 8.3, montre qu'il faut choisir le fournisseur A, car $\Delta i^* = 12{,}65\%$.

Dans le cas de la relation d'annuité équivalente, deux approches équivalentes sont possibles. Formulez une équation de l'annuité équivalente pour la série de flux monétaires différentiels sur le plus petit commun multiple de 10 ans, ou utilisez l'équation [8.3] dans le cas des deux séries réelles de flux monétaires sur un cycle de vie pour chacune des solutions.

Avec la méthode d'analyse différentielle, l'équation de l'annuité équivalente est formulée comme suit:

$$0 = -5\,000(A/P;\Delta i;10) - 11\,000(P/F;\Delta i;5)(A/P;\Delta i;10) + 2\,000(A/F;\Delta i;10) + 1\,900$$

On peut facilement inscrire les flux monétaires différentiels sur la feuille de calcul, comme l'illustre la colonne D de la figure 8.2; on utilise alors la fonction TRI(D4:D14) pour afficher $\Delta i^* = 12{,}65\%$.

Solution complexe

Avec la deuxième méthode, on trouve le taux de rendement interne grâce à l'équation [8.3] à partir d'une durée de 10 ans pour la solution A et de 5 ans pour la solution B.

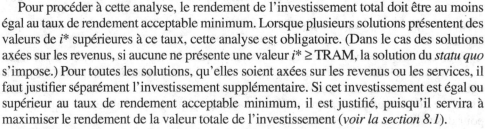

$$AÉ_A = -8\,000(A/P;i;10) - 3\,500$$
$$AÉ_B = -13\,000(A/P;i;5) + 2\,000(A/F;i;5) - 1\,600$$

Par la suite, $0 = AÉ_B - AÉ_A$.

$$0 = -13\,000(A/P;i;5) + 2\,000(A/F;i;5) + 8\,000(A/P;i;10) + 1\,900$$

Cette solution produit à nouveau un résultat $i^* = 12,65\,\%$ par interpolation.

Remarque

L'analyse différentielle du taux de rendement interne à partir d'une équation d'annuité équivalente doit toujours être réalisée sur les flux monétaires différentiels du plus petit commun multiple des durées.

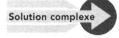

Section 8.3

i^* et la solution du *statu quo*

8.6 LE TAUX DE RENDEMENT INTERNE DIFFÉRENTIEL POUR LES SOLUTIONS MUTUELLEMENT EXCLUSIVES

La présente section aborde le choix d'une solution parmi plusieurs projets mutuellement exclusifs à l'aide de l'analyse du taux de rendement interne différentiel. Dans ce contexte, dès qu'une solution est retenue, les autres sont automatiquement rejetées. Cette analyse est réalisée à partir des équations de la valeur actualisée nette (VAN) ou de l'annuité équivalente (AÉ) des flux monétaires différentiels pour deux solutions à la fois.

Pour procéder à cette analyse, le rendement de l'investissement total doit être au moins égal au taux de rendement acceptable minimum. Lorsque plusieurs solutions présentent des valeurs de i^* supérieures à ce taux, cette analyse est obligatoire. (Dans le cas des solutions axées sur les revenus, si aucune ne présente une valeur $i^* \geq$ TRAM, la solution du *statu quo* s'impose.) Pour toutes les solutions, qu'elles soient axées sur les revenus ou les services, il faut justifier séparément l'investissement supplémentaire. Si cet investissement est égal ou supérieur au taux de rendement acceptable minimum, il est justifié, puisqu'il servira à maximiser le rendement de la valeur totale de l'investissement (*voir la section 8.1*).

En résumé, dans le contexte d'une analyse différentielle du taux de rendement interne de plusieurs solutions mutuellement exclusives, il faut choisir la solution :

1. pour laquelle l'investissement est le plus élevé ;
2. pour laquelle l'investissement supplémentaire, par rapport à celui de la solution la plus acceptable, est justifié.

On doit garder à l'esprit une règle importante, dans le cas de l'analyse différentielle de plusieurs solutions : il ne faut jamais retenir, à des fins de comparaison, une solution pour laquelle l'investissement supplémentaire n'est pas justifié.

La méthode du taux de rendement interne différentiel appliquée à l'évaluation de plusieurs solutions de durées égales est décrite ci-après. L'étape 2 s'applique uniquement aux solutions axées sur les revenus, puisque la première solution est comparée à celle du *statu quo* au moment où les revenus sont estimés.

Les expressions « solution retenue » et « solution de remplacement » définissent des réalités dynamiques qui sont appelées à changer. Elles décrivent respectivement la solution privilégiée jusqu'à nouvel ordre (solution retenue) et la solution qui pourrait la remplacer (solution de remplacement) ; celle-ci peut devenir à son tour la solution retenue si elle est acceptée selon la valeur de Δi^* pour cette solution. Chaque évaluation comporte deux solutions : la solution retenue et la solution de remplacement. Voici la marche à suivre pour chercher la solution manuelle et la solution par ordinateur :

1. Classer les solutions en ordre, du plus petit investissement initial jusqu'au plus grand. Inscrire les estimations de flux monétaires annuels pour chaque solution de durée égale.

2. Pour les solutions axées sur les revenus seuls, calculer la valeur de i^* pour la première solution. À cette étape, la solution retenue est celle du *statu quo*, et la première solution évaluée est la solution de remplacement. Si $i^* <$ TRAM, éliminer cette solution et passer à la suivante. Répéter l'opération jusqu'à ce que $i^* \geq$ TRAM pour la première fois. Cette solution devient alors la solution retenue, et la suivante devient la solution de remplacement. Passer à l'étape 3. (Remarque : L'utilisation du tableur est d'une aide précieuse dans cette démarche. Il suffit de calculer d'abord la valeur de i^* pour toutes les solutions à l'aide de la fonction TRI ; la solution retenue sera la première ayant une valeur $i^* \geq$ TRAM. Passer ensuite à l'étape 3.)

 Solution éclair

3. Déterminer les flux monétaires (FM) différentiels entre la solution retenue et la solution de remplacement à l'aide de l'équation ci-dessous :

   FM différentiels = FM de la solution de remplacement − FM de la solution retenue

   Élaborer l'équation de calcul du taux de rendement interne.

4. Calculer la valeur de Δi^* pour les flux monétaires différentiels à partir de l'équation de la valeur actualisée nette, de l'annuité équivalente ou de la valeur capitalisée (l'équation de la valeur actualisée nette est la plus fréquemment utilisée.)

5. Si $\Delta i^* \geq$ TRAM, la solution de remplacement devient la solution retenue, et la solution retenue précédemment est éliminée. À l'inverse, si $\Delta i^* <$ TRAM, cette solution de remplacement est éliminée, et la solution retenue est opposée à la solution de remplacement suivante.

6. Reprendre les étapes 3 à 5 jusqu'à ce qu'il reste une seule solution, qui sera la solution à choisir.

Il est très important de comparer uniquement deux solutions à la fois. Il faut s'assurer de bien comparer deux solutions acceptables afin d'éviter toute erreur dans le choix de la solution.

EXEMPLE 8.6

La compagnie Ford désire construire un entrepôt de pièces de rechange pour ses nouveaux moteurs V-8 à haut rendement énergétique, à son usine de moteurs Essex de Windsor, en Ontario. L'un de ses ingénieurs a trouvé quatre emplacements possibles pour le nouvel entrepôt. Le coût initial pour l'excavation et l'édifice préfabriqué ainsi que les estimations annuelles des flux monétaires nets sont présentés au tableau 8.5. Les séries annuelles de flux monétaires nets varient en raison de différences dans les coûts de maintenance, de main-d'œuvre, de transport, etc. Si le taux de rendement acceptable minimum est de 10 %, calculez le taux de rendement interne différentiel afin de choisir le meilleur emplacement d'un point de vue économique.

TABLEAU 8.5	LES ESTIMATIONS POUR LES QUATRE EMPLACEMENTS POSSIBLES DE L'EXEMPLE 8.6			
	A	B	C	D
Coût initial ($)	−200 000	−275 000	−190 000	−350 000
Flux monétaires annuels ($)	+22 000	+35 000	+19 500	+42 000
Durée (années)	30	30	30	30

Solution

Tous les sites proposés ont une durée de vie de 30 ans, et il s'agit de solutions axées sur les revenus. On peut donc appliquer la marche à suivre décrite plus haut.

1. Les solutions sont disposées en ordre croissant de leurs coûts initiaux dans le tableau 8.6.
2. Comparer l'emplacement C à la solution du *statu quo*. L'équation du taux de rendement interne inclut uniquement le facteur *P/A*.

$$0 = -190\,000 + 19\,500(P/A;i^*;30)$$

Dans la colonne 1 du tableau 8.6, le calcul du facteur $(P/A;\Delta i^*;30)$ donne une valeur de 9,7436 et $\Delta i_c^* = 9,63\%$. Puisque $9,63\% < 10\%$, on élimine l'emplacement C. On compare alors l'emplacement A à la solution du *statu quo*, et la colonne 2 indique une valeur $\Delta i_A^* = 10,49\%$. La solution du *statu quo* est alors éliminée ; l'emplacement A devient la solution retenue et l'emplacement B, la solution de remplacement.

TABLEAU 8.6	LE CALCUL DU TAUX DE RENDEMENT INTERNE DIFFÉRENTIEL POUR QUATRE SOLUTIONS POSSIBLES DE L'EXEMPLE 8.6			
	C (1)	A (2)	B (3)	D (4)
Coût initial ($)	−190 000	−200 000	−275 000	−350 000
Flux monétaires ($)	+19 500	+22 000	+35 000	+42 000
Solutions comparées	C à *statu quo*	A à *statu quo*	B à A	D à B
Différences de coûts ($)	−190 000	−200 000	−75 000	−75 000
Flux monétaires différentiels ($)	+19 500	+22 000	+13 000	+7 000
Facteur calculé $(P/A;\Delta i^*;30)$	9,7436	9,0909	5,7692	10,7143
Δi^* (%)	9,63	10,49	17,28	8,55
Investissement supplémentaire justifié ?	Non	Oui	Oui	Non
Solution retenue	*statu quo*	A	B	B

3. La série de flux monétaires différentiels de la colonne 3 et la valeur de Δi^* pour la comparaison de B à A sont déterminées à partir de l'équation suivante :

$$0 = -275\,000 - (-200\,000) + (35\,000 - 22\,000)(P/A;\Delta i^*;30)$$
$$= -75\,000 + 13\,000(P/A;\Delta i^*;30)$$

4. Dans les tables de taux d'intérêt, on trouve le facteur *P/A* au taux de rendement acceptable minimum, soit $(P/A;10\%;30) = 9,4269$. Toute valeur de *P/A* supérieure à 9,4269 indiquera une valeur de Δi^* inférieure à 10 % et sera inacceptable. Le facteur *P/A* de 5,7692, la solution B est acceptable. À titre de référence, $\Delta i^* = 17,28\%$.
5. La solution B est justifiée et devient la nouvelle solution retenue, ce qui élimine la solution A.
6. La comparaison de D à B (étapes 3 et 4) est représentée par l'équation de la valeur actualisée nette : $0 = -75\,000 + 7\,000(P/A;\Delta i^*;30)$ et une valeur de *P/A* de 10,7143 ($\Delta i^* = 8,55\%$). La solution D est éliminée, et on choisit la solution B.

Remarque

Dans le contexte de l'analyse différentielle, une solution doit **toujours** être comparée à une solution acceptable. Il est possible que la solution du *statu quo* devienne la seule solution acceptable. Puisque la solution C n'était pas justifiée dans l'exemple précédent, l'emplacement A n'a pas été comparé au C. Par conséquent, si la comparaison entre B et A n'avait pas indiqué que la solution B était justifiée par l'analyse différentielle, la comparaison de D à A aurait été incorrecte, alors qu'en réalité, il fallait comparer D à B.

L'exemple suivant montre l'importance de bien appliquer la méthode du taux de rendement interne. Si on calcule au départ la valeur de i^* pour chaque solution, on obtient les résultats suivants, selon l'ordre des solutions :

Emplacement	C	A	B	D
i^* (%)	9,63	10,49	12,35	11,56

En appliquant **uniquement** le premier critère décrit précédemment, qui consiste à choisir la solution dont l'investissement est le plus important à un taux de rendement acceptable minimum de 10 % ou plus, on choisira la solution D. Cependant, tel qu'on vient de le démontrer, ce serait une erreur. Le rendement de l'investissement supplémentaire de 75 000 $ (par rapport à la solution B) n'atteindra pas le taux de rendement acceptable minimum, mais il sera en réalité seulement de 8,55 %.

En présence de solutions de services (coûts seulement), le flux monétaire différentiel correspond à la différence de coûts entre deux solutions. Dans le processus de sélection, il n'y a donc aucune solution du *statu quo* et la deuxième étape est éliminée. Par conséquent, la solution présentant l'investissement le plus bas est la solution initialement retenue, et elle est comparée à la suivante, la deuxième solution la plus basse en ce qui concerne l'investissement, qui devient la solution de remplacement aux fins de l'analyse. Cette marche à suivre est illustrée à l'exemple 8.7, où la résolution à l'aide d'une feuille de calcul électronique est appliquée à des solutions de services de durées égales.

EXEMPLE 8.7

Lorsque des navires pétroliers déversent accidentellement leur contenu en mer, il en résulte des dommages importants pour la vie aquatique, notamment pour les oiseaux des rivages marins. Les ingénieurs en environnement et les avocats de grandes compagnies pétrolières – Exxon-Mobil, BP, Shell et certains transporteurs des pays producteurs de l'OPEC – ont élaboré un plan stratégique en vue de repérer, partout dans le monde, les nouveaux équipements qui sont beaucoup plus efficaces que les méthodes manuelles pour nettoyer le plumage des oiseaux contaminés par le pétrole brut. Plusieurs groupes environnementaux, tels que le Sierra Club et Greenpeace, appuient ce projet. Des machines fabriquées en Chine, aux États-Unis, en Allemagne et au Canada sont présentement à l'étude. Les estimations de coûts pour ces machines sont présentées au tableau 8.7. On estime que les charges d'exploitation annuelles seront élevées, puisque ces machines doivent être prêtes à servir en tout temps. Les représentants des différentes entreprises se sont entendus pour établir la moyenne de leur taux de rendement acceptable minimum à 13,5 %. Déterminez quel fabricant offre le meilleur choix sur le plan économique, à partir de la solution par ordinateur et de la méthode d'analyse du taux de rendement interne.

TABLEAU 8.7	LES COÛTS DES QUATRE MACHINES À L'ÉTUDE DE L'EXEMPLE 8.7			
	Machine 1	**Machine 2**	**Machine 3**	**Machine 4**
Coût initial ($)	−5 000	−6 500	−10 000	−15 000
Charges d'exploitation ($/année)	−3 500	−3 200	−3 000	−1 400
Valeur de récupération ($)	+500	+900	+700	+1 000
Durée (années)	8	8	8	8

Solution par ordinateur

Procédez à l'analyse différentielle du taux de rendement interne, décrite avant l'exemple 8.6. Vous trouverez la solution complète à la figure 8.6.

1. Classer les solutions par ordre croissant de leur coût initial.
2. Étant donné qu'il s'agit de solutions de services, il n'y a aucune solution du *statu quo* puisqu'il est impossible de calculer les valeurs de i^* pour cette solution.
3. La machine 2 est la première solution de remplacement qui sera comparée à la machine 1 ; les flux monétaires différentiels résultant de la comparaison de 2 à 1 figurent à la colonne D.
4. À la suite de la comparaison de 2 à 1, la fonction TRI permet d'obtenir une valeur $\Delta i^* = 14{,}57\%$ à la cellule D17.
5. Puisque ce taux de rendement interne dépasse TRAM = 13,5 %, la machine 2 devient la nouvelle solution retenue (cellule D19).

On procède ensuite à la comparaison de 3 à 2 dans la cellule E17, où on obtient un rendement fortement négatif, soit $\Delta i^* = -18{,}77\%$; la machine 2 demeure la solution retenue. Enfin, à la suite de la comparaison des solutions 4 et 2, on obtient un taux de rendement interne différentiel de 13,60 % pour la solution 4, ce qui est légèrement supérieur au TRAM = 13,5 %. En conclusion, l'achat de la machine 4 est recommandé parce que l'investissement supplémentaire est justifié, mais de peu.

Remarque

Tel qu'il est mentionné plus haut, il est impossible de tracer un graphique de la valeur actualisée nette en fonction de i pour chaque solution de services puisque tous les flux monétaires sont négatifs. Cependant, on peut produire un graphique de la valeur actualisée nette en fonction de i pour les séries différentielles, comme on l'a fait précédemment. Les courbes croisent la ligne VAN = 0 aux valeurs de Δi^* déterminées par la fonction TRI.

La feuille de calcul ne contient pas le raisonnement qui permet de choisir la meilleure solution à chaque étape du processus de résolution. On pourrait ajouter cette caractéristique pour chacune des comparaisons en utilisant l'opérateur SI dans Excel et les opérations arithmétiques qui conviennent pour tous les flux monétaires différentiels et les valeurs de Δi^*. Cette façon de procéder étant très longue, il est préférable de prendre soi-même la décision et d'élaborer les fonctions appropriées à chaque comparaison.

	A	B	C	D	E	F	G	H
1	TRAM =	13,50%						
2								
3		Année	Machine 1	Machine 2	Machine 3	Machine 4		
4	Coût initial		(5 000 $)	(6 500 $)	(10 000 $)	(15 000 $)		
5	Charges annuelles		(3 500 $)	(3 200 $)	(3 000 $)	(1 400 $)		
6	Valeur de récupération		500 $	900 $	700 $	1 000 $		
7	Comparaison des TRI			2 avec 1	3 avec 2	4 avec 2		
8	Investissement différentiel	0		(1 500 $)	(3 500 $)	(8 500 $)	=F4-D4	
9	FM différentiels	1		300 $	200 $	1 800 $		
10		2		300 $	200 $	1 800 $	=$F$5-$D$5	
11		3		300 $	200 $	1 800 $		
12		4		300 $	200 $	1 800 $		
13		5		300 $	200 $	1 800 $		
14		6		300 $	200 $	1 800 $		
15		7		300 $	200 $	1 800 $	=TRI(D8:D16)	
16		8		700 $	0 $	1 900 $		
17	i^* différentiel			14,57%	-18,77%	13,60%		=TRI(F8:F16)
18	Différence justifiée ?			Oui	Non	Oui, à peine		
19	Solution choisie			2	2	4		

FIGURE 8.6

La solution à l'aide de la feuille de calcul pour une sélection parmi quatre solutions de services possibles de l'exemple 8.7

En présence de plusieurs solutions mutuellement exclusives de durées inégales, le choix d'une solution à partir des valeurs de Δi^* exige que l'évaluation des flux monétaires différentiels soit réalisée à partir du plus petit commun multiple des deux solutions comparées. Cette approche représente une autre application du principe de comparaison de solutions de services égaux et est illustrée à la section 8.7.

On peut toujours appliquer l'analyse de la valeur actualisée ou de l'annuité équivalente aux flux monétaires différentiels selon le taux de rendement acceptable minimum pour évaluer les solutions possibles. En d'autres termes, plutôt que de trouver la valeur de Δi^* pour chaque paire de solutions comparées, déterminez plutôt la valeur actualisée ou l'annuité équivalente au taux de rendement acceptable minimum établi. Toutefois, pour effectuer correctement l'analyse différentielle, il est important de toujours faire la comparaison à partir du plus petit commun multiple des années.

8.7 L'ANALYSE SIMULTANÉE DE LA VALEUR ACTUALISÉE, DE L'ANNUITÉ ÉQUIVALENTE ET DU TAUX DE RENDEMENT INTERNE AVEC UN TABLEUR

Dans l'exemple 8.8, la feuille de calcul combine plusieurs des techniques d'analyse économique apprises jusqu'à présent : l'analyse du taux de rendement interne, du taux de rendement interne différentiel, de la valeur actualisée et de l'annuité équivalente. On maîtrise maintenant les fonctions TRI, VAN et VA pour exécuter divers types d'analyses appliquées à l'évaluation de plusieurs solutions sur une même feuille de calcul. Pour mieux comprendre les formats et l'utilisation de ces fonctions, il convient d'élaborer ces formats, puisque l'exemple qui suit ne contient aucune étiquette de cellule. Cet exemple illustre une série non conventionnelle de flux monétaires comportant plusieurs taux de rendement internes, ainsi que la sélection parmi un ensemble de solutions mutuellement exclusives et de projets indépendants.

EXEMPLE 8.8

Pour plusieurs clients des compagnies aériennes, les services de téléphonie en vol représentent un critère de choix important. Air Canada sait qu'elle devra remplacer de 12 000 à 15 000 téléphones dans ses appareils Boeing 767 au cours des prochaines années. Quatre fonctions de traitement de données sont offertes en option par le fabricant. Ces fonctions sont interdépendantes, mais elles entraînent un coût unitaire additionnel. Les fonctions les plus sophistiquées coûtent davantage (par exemple le service vidéo par satellite). Toutefois, on estime que la durée de ces fonctions sera plus longue, d'ici à ce que d'autres technologies soient mises sur le marché. Ces quatre solutions permettront d'augmenter considérablement les revenus. Les lignes 2 à 6 de la feuille de calcul présentée à la figure 8.7 décrivent les estimations pour ces quatre options.

a) Utilisez TRAM = 15 % pour réaliser les analyses du taux de rendement interne de la valeur actualisée et de l'annuité équivalente afin de choisir le niveau d'options qui semble le plus intéressant sur le plan économique.

b) S'il est possible de choisir plus d'un niveau d'options, envisagez les quatre options qui constituent des projets indépendants. S'il n'y a aucune contrainte budgétaire à ce moment, quelles sont les options acceptables si le taux de rendement acceptable minimum est élevé à 20 %, dans les cas où il est possible de choisir plus d'une option.

Solution par ordinateur

a) La feuille de calcul (*voir la figure 8.7*) est divisée en six sections :

Section 1 (lignes 1, 2) : Valeur du taux de rendement acceptable minimum et nom des options proposées (A à D) en ordre croissant des coûts initiaux.

Solution complexe

	A	B	C	D	E	F	G	H
1	TRAM =	15%						
2	Solution		A	B	C		D	
3	Coût initial		(6 000 $)	(7 000 $)	(9 000 $)		(17 000 $)	
4	Flux monétaires annuels		2 000 $	3 000 $	3 000 $		3 500 $	
5	Valeur de récupération		0 $	200 $	300 $		1 000 $	
6	Durée	Année	3	4	6		12	
7	Comparaison TRI différentiels		FM réels	FM réels	FM réels	C avec B	FM réels	D avec C
8	Investissement différentiel	0	(6 000 $)	(7 000 $)	(9 000 $)	(2 000 $)	(17 000 $)	(8 000 $)
9	FM différentiels sur le PPCM	1	2 000 $	3 000 $	3 000 $	0 $	3 500 $	500 $
10		2	2 000 $	3 000 $	3 000 $	0 $	3 500 $	500 $
11		3	2 000 $	3 000 $	3 000 $	0 $	3 500 $	500 $
12		4		3 200 $	3 000 $	6 800 $	3 500 $	500 $
13		5			3 000 $	0 $	3 500 $	500 $
14		6			3 300 $	(8 700 $)	3 500 $	9 200 $
15		7				0 $	3 500 $	500 $
16		8				6 800 $	3 500 $	500 $
17		9				0 $	3 500 $	500 $
18		10				0 $	3 500 $	500 $
19		11				0 $	3 500 $	500 $
20		12				100 $	4 500 $	1 200 $
21	i*		0,00%	26,32%	24,68%		17,87%	
22	Retenir ou éliminer ?		Éliminer	Retenir	Retenir		Retenir	
23	i* différentiel					19,42%		11,23%
24	Différence justifiée ?					Oui		Non
25	Solution choisie					C		C
26	AÉ au TRAM		(628 $)	588 $	656 $		398 $	
27	VA au TRAM		(3 403 $)	3 188 $	3 557 $		2 159 $	
28	Solution choisie ?		Non	Non	Oui		Non	
29	Solution		A	B	C		D	

FIGURE 8.7

L'analyse à l'aide d'une feuille de calcul où sont appliquées les méthodes du taux de rendement interne, de la valeur actualisée et de l'annuité équivalente pour évaluer des solutions axées sur les revenus de durées inégales de l'exemple 8.8

Section 2 (lignes 3 à 6): Estimation des flux monétaires nets par unité pour chaque solution. Il s'agit ici de solutions axées sur les revenus de durées inégales.

Section 3 (lignes 7 à 20): Flux monétaires réels et différentiels.

Section 4 (lignes 21, 22): Comme toutes les solutions procurent des revenus, les valeurs de i^* sont déterminées par la fonction TRI. Si une solution passe le test du taux de rendement acceptable minimum ($i^* > 15\%$), elle est conservée; une colonne est alors ajoutée à droite de ses flux monétaires réels où seront déterminés les flux monétaires différentiels. Les colonnes F et H ont été insérées afin de laisser de l'espace pour les évaluations différentielles. La solution A ne réussit pas le test du i^*.

Section 5 (lignes 23 à 25): Les fonctions TRI affichent les valeurs de Δi^* dans les colonnes F et H. La comparaison de l'option C à l'option B est effectuée sur le plus petit commun multiple de 12 ans. Puisque $\Delta i^*_{C\text{-}B} = 19,42\% > 15\%$, il faut éliminer l'option B; la solution C devient la nouvelle solution retenue, et l'option D devient la prochaine solution de remplacement. La comparaison finale de l'option D à l'option C sur 12 ans produit le résultat $\Delta i^*_{D\text{-}C} = 11,23\% < 15\%$; l'option D est donc éliminée et c'est la solution C qui est retenue.

Section 6 (lignes 26 à 29): Ces lignes comportent les analyses de l'annuité équivalente et de la valeur actualisée. La valeur de l'annuité équivalente pour la durée de chaque solution est calculée à l'aide de la fonction VPM au taux de rendement acceptable minimum établi, avec une fonction VAN imbriquée. De plus, la valeur actualisée est déterminée à partir de la valeur de l'annuité équivalente sur 12 ans, à l'aide de la fonction VA. Avec ces deux mesures, la solution C présente toujours la plus grande valeur numérique, comme on s'y attendait.

Conclusion: Toutes les méthodes mènent au même résultat, soit au choix de la solution C.

b) Puisque chaque option est indépendante des autres et qu'il n'y a pas de contrainte budgétaire pour le moment, chaque valeur de i^* sur la ligne 21 de la figure 8.7 est comparée au TRAM = 20%. Cette opération est une comparaison de chaque option à la solution du *statu quo*. Parmi les quatre, seules les options B et C ont une valeur $i^* > 20\%$. Ce sont les seules solutions acceptables.

Remarque

Dans la partie a), il aurait fallu appliquer les deux tests des signes aux racines multiples des séries de flux monétaires différentiels relatives à la comparaison de C à B. La série elle-même comporte trois changements de signes, et la série cumulative commence par une valeur négative et comporte également trois changements de signes. Par conséquent, on pourrait y trouver jusqu'à trois racines réelles. La fonction TRI est appliquée à la cellule F23 et produit le résultat $\Delta i^*_{C-B} = 19,42\%$ sans qu'il soit nécessaire d'utiliser la méthode de l'investissement net. Cette opération laisse supposer que le taux de réinvestissement de 19,42 % pour les flux monétaires nets positifs représente une hypothèse raisonnable. Si une valeur TRAM = 15 % ou toute autre valeur étaient mieux justifiées, la méthode de l'investissement net devrait être appliquée afin de déterminer le taux composé, qui serait alors différent du taux de 19,42 %. Selon le taux de réinvestissement choisi, le choix de la solution C pourrait ne pas être justifié en comparaison à la solution B. Dans ce cas, on suppose que la valeur de Δi^* est raisonnable ; le choix de l'option C est donc justifié.

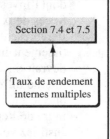

Section 7.4 et 7.5

Taux de rendement internes multiples

RÉSUMÉ DU CHAPITRE

Les méthodes de la valeur actualisée nette (VAN), de l'annuité équivalente (AÉ) et de la valeur capitalisée (VC) peuvent servir à faire le choix le plus judicieux parmi plusieurs solutions possibles. L'utilisation du taux de rendement interne différentiel permet d'atteindre les mêmes résultats. Cette technique exige l'analyse des flux monétaires (FM) différentiels afin de faire un choix parmi plusieurs solutions mutuellement exclusives, ce qui n'est pas obligatoire avec les méthodes de la valeur actualisée, de l'annuité équivalente ou de la valeur capitalisée. L'évaluation de l'investissement différentiel, soit l'investissement supplémentaire requis par une solution par rapport à une autre, est réalisée pour deux solutions à la fois ; on commence avec celle qui exige l'investissement initial le plus bas. Lorsqu'une solution est rejetée à la suite de cette comparaison de deux membres, elle est éliminée et ne participe plus aux comparaisons ultérieures.

S'il n'y a aucune contrainte budgétaire lorsque des projets indépendants sont évalués à l'aide de la méthode du taux de rendement interne, la valeur du taux de chaque projet est comparée au taux de rendement acceptable minimum. Dans un tel contexte, il est possible que plusieurs projets soient acceptés ou qu'aucun projet ne soit retenu.

Les gestionnaires trouvent souvent plus naturel de travailler avec les taux de rendement internes, mais l'analyse de ce dernier est souvent plus difficile à réaliser que les autres méthodes décrites précédemment (valeur actualisée, annuité équivalente ou valeur capitalisée) en fonction du taux de rendement acceptable minimum. Une bonne analyse du taux de rendement interne des flux monétaires différentiels exige rigueur et minutie afin de réduire les risques d'obtenir des résultats erronés.

PROBLÈMES

Comprendre le taux de rendement interne différentiel

8.1 Si la solution A possède un taux de rendement interne de 10 % et la solution B, un taux de rendement interne de 18 %, que sait-on du taux de rendement interne sur la différence entre A et B si l'investissement requis pour la solution B est : a) supérieur à l'investissement requis pour la solution A ; b) inférieur à l'investissement requis pour la solution A ?

8.2 Quel est le taux de rendement interne global d'un investissement de 100 000 $ qui rapporte 20 % sur la première tranche de 30 000 $ et 14 % sur la portion restante de 70 000 $?

8.3 Pourquoi l'analyse différentielle est-elle nécessaire pour réaliser une analyse du taux de rendement interne de solutions de services ?

8.4 Si tous les flux monétaires différentiels sont négatifs, que sait-on du taux de rendement interne sur l'investissement supplémentaire ?

8.5 Les flux monétaires différentiels correspondent à la valeur des flux monétaires$_B$ – flux monétaires$_A$, où B représente la solution dont l'investissement initial est le plus élevé. Si ces deux montants étaient inversés et que B représentait la solution exigeant l'investissement initial le plus bas, quelle solution devrait-on choisir si le taux de rendement interne différentiel est de 20 % par année et que le taux de rendement acceptable minimum de l'entreprise est de 15 % par année ? Justifiez votre réponse.

8.6 Une entreprise de transformation alimentaire doit choisir entre deux appareils pour l'analyse des taux d'humidité. Avec le modèle à infrarouges, on estime que le taux de rendement interne sera de 18 % par année. Un modèle à micro-ondes dont le coût est plus élevé offrirait un taux de rendement interne annuel de 23 %. Si le taux de rendement acceptable minimum fixé par l'entreprise est de 18 % par année, pouvez-vous déterminer le ou les modèles les plus intéressants à partir de l'information fournie sur les taux de rendement internes : a) s'il est possible de choisir l'un ou l'autre modèle ou les deux ; b) s'il est possible d'en choisir un seul ? Pourquoi ?

8.7 Pour chacun des scénarios suivants, indiquez si une analyse différentielle de l'investissement serait nécessaire afin de choisir une solution et expliquez pourquoi. Supposez que la solution Y exige un investissement initial plus élevé que l'investissement X et que le taux de rendement acceptable minimum est de 20 % par année.
   a) X possède un taux de rendement interne de 28 % par année et Y, un taux de rendement interne de 20 % par année.
   b) X possède un taux de rendement interne de 18 % par année et Y, un taux de rendement interne de 23 % par année.
   c) X possède un taux de rendement interne de 16 % par année et Y, un taux de rendement interne de 19 % par année.
   d) X possède un taux de rendement interne de 30 % par année et Y, un taux de rendement interne de 26 % par année.
   e) X possède un taux de rendement interne de 21 % par année et Y, un taux de rendement interne de 22 % par année.

8.8 Une petite entreprise en construction a placé 100 000 $ dans un fonds d'amortissement pour acheter un nouvel équipement. Si elle investit 30 000 $ à 30 %, 20 000 $ à 25 % et le dernier montant de 50 000 $ à 20 % par année, quel sera le taux de rendement interne global sur la totalité de l'investissement de 100 000 $?

8.9 Une somme de 50 000 $ doit être investie dans un projet visant à réduire les vols à l'interne dans un entrepôt d'électroménagers. L'entreprise évalue deux solutions : Y et Z. Le taux de rendement interne global sur l'investissement de 50 000 $ a été fixé à 40 %, et le taux de rendement interne sur la différence de 20 000 $ entre les investissements Y et Z est de 15 %. Si la solution Z est celle dont le coût initial est le plus élevé : a) quel est l'investissement requis pour la solution Y et b) quel est le taux de rendement interne de la solution Y ?

8.10 Préparez un tableau des flux monétaires pour les solutions présentées ci-dessous.

	Machine A	Machine B
Coût initial ($)	−15 000	−25 000
Charges d'exploitation annuelles ($/année)	−1 600	−400
Valeur de récupération ($)	3 000	6 000
Durée (années)	3	6

8.11 Une usine de traitement étudie deux procédés pour la fabrication d'un polymère cationique. Le procédé A présente un coût initial de 100 000 $ et des charges d'exploitation annuelles de 60 000 $. Pour le procédé B, le coût initial est de 165 000 $. Si ces deux procédés demeurent adéquats pendant 4 ans et que le taux de rendement interne sur la différence entre les deux solutions est de 25 %, quelles sont les charges d'exploitation annuelles pour le procédé B ?

La comparaison des taux de rendement différentiels (deux solutions possibles)

8.12 Lorsque le taux de rendement interne sur les flux monétaires différentiels entre deux solutions correspond exactement au taux de rendement acceptable minimum, doit-on choisir la solution qui exige l'investissement initial le plus bas ou le plus élevé ? Pourquoi ?

8.13 La société Fortress Paper de Vancouver examine deux procédés de fabrication de papiers infalsifiables et de billets de banque. Le procédé A intègre la nouvelle technologie du nanopoint aux billets de banque, alors que le procédé B consiste à introduire une fenêtre transparente. Déterminez le processus qu'il convient de choisir en calculant le taux de rendement interne sur l'investissement différentiel. Supposez que le taux de rendement acceptable minimum de l'entreprise a été fixé à 21 % par année.

	Procédé A	Procédé B
Coût initial ($)	−50 000	−95 000
Coût annuel ($/année)	−100 000	−85 000
Valeur de récupération ($)	5 000	11 000
Durée (années)	3	6

8.14 Une firme d'ingénieurs-conseils désire acheter des véhicules pour ses directeurs. Elle hésite entre les modèles Ford Explorer ou Toyota 4Runner. Les coûts d'achat sont de 29 000 $ pour le modèle Ford et de 32 000 $ pour le Toyota. Les charges d'exploitation annuelles pour le Ford Explorer sont estimées à 200 $ de moins par année que pour le modèle 4Runner. Les valeurs de revente après 3 ans sont estimées à 50 % du coût initial pour le modèle Ford et à 60 % pour le Toyota. a) Quel sera le taux de rendement interne en comparaison avec le modèle Ford si le véhicule Toyota est choisi ? b) Si le taux de rendement acceptable minimum déterminé par la firme est de 18 % par année, quel véhicule devrait-elle acheter ?

8.15 Une usine doit choisir entre deux procédés de moulage par injection. Le procédé X a un coût initial de 600 000 $, des coûts annuels de 200 000 $ et une valeur de récupération de 100 000 $ après 5 ans. Pour le procédé Y, le coût initial est de 800 000 $, les coûts annuels atteignent 150 000 $ et la valeur de récupération est de 230 000 $ après 5 ans. a) Quel est le taux de rendement interne sur l'investissement différentiel ? b) À partir d'une analyse du taux de rendement interne, quel procédé l'usine doit-elle choisir si le taux de rendement acceptable minimum est de 20 % par année ?

8.16 Un fabricant de capteurs de pression doit choisir entre les deux machines décrites ci-après. Comparez ces machines sur la base de leur taux de rendement interne et déterminez l'achat qui est le plus indiqué. Supposez que le taux de rendement acceptable

minimum de l'entreprise est fixé à 15 % par année.

	Vitesse variable	Deux vitesses
Coût initial ($)	−250 000	−225 000
Charges d'exploitation annuelles ($/année)	−231 000	−235 000
Remise en état à l'année 3 ($)	—	−26 000
Remise en état à l'année 4 ($)	−39 000	—
Valeur de récupération ($)	50 000	10 000
Durée (années)	6	6

8.17 Le directeur d'une usine de conserves alimentaires doit choisir entre deux modèles d'appareils d'étiquetage. Quel est le meilleur choix d'appareil en fonction du taux de rendement interne, compte tenu du taux de rendement acceptable minimum établi à 20 % par année ?

	Appareil A	Appareil B
Coût initial ($)	−15 000	−25 000
Charges d'exploitation annuelles ($/année)	−1 600	−400
Valeur de récupération ($)	3 000	4 000
Durée (années)	2	4

8.18 Une usine de recyclage de déchets solides se voit proposer deux types de bacs d'entreposage. Quel modèle doit-elle choisir à partir de l'analyse du taux de rendement interne ? Supposez que le taux de rendement acceptable minimum est de 20 % par année.

	Solution P	Solution Q
Coût initial ($)	−18 000	−35 000
Charges d'exploitation annuelles ($/année)	−4 000	−3 600
Valeur de récupération ($)	1 000	2 700
Durée (années)	3	6

8.19 Les estimations des flux monétaires entre les solutions J et K figurent dans le tableau suivant. Si le taux de rendement acceptable minimum est de 20 % par année, quelle solution faut-il choisir à partir d'une analyse du taux de rendement interne ? Supposez que la solution K exige un investissement initial supplémentaire de 90 000 $.

Année	Flux monétaires différentiels ($) (K −J)
0	−90 000
1–3	+10 000
4–9	+20 000
10	+5 000

8.20 Une entreprise spécialisée en biochimie étudie deux procédés possibles pour isoler l'ADN. Les flux monétaires différentiels entre les deux solutions J et S sont présentés dans le tableau ci-dessous. L'entreprise a fixé un taux de rendement acceptable minimum de 50 % par année. Le taux de rendement interne sur les flux monétaires différentiels est inférieur à 50 %, mais le chef de la direction préfère le procédé plus coûteux et croit pouvoir en négocier le coût à la baisse. De quel montant devrait-il pouvoir réduire le coût initial du procédé (le plus élevé) pour obtenir un taux de rendement interne différentiel correspondant exactement à 50 % ?

Année	Flux monétaires différentiels ($) (S − J)
0	−900 000
1	400 000
2	600 000
3	850 000

8.21 La solution R présente un coût initial de 100 000 $, des coûts de maintenance et d'exploitation de 50 000 $, et une valeur de récupération de 20 000 $ après 5 ans. Pour la solution S, le coût initial est de 175 000 $ et la valeur de récupération, de 40 000 $, mais les coûts de maintenance et d'exploitation sont inconnus. Déterminez ces coûts pour la solution S en vue d'obtenir un taux de rendement interne différentiel de 20 % par année.

8.22 Les flux monétaires différentiels des solutions M et N figurent dans le tableau suivant. Quelle solution faudrait-il choisir, à partir d'une analyse du taux de rendement interne basée sur l'annuité équivalente ? Le taux de rendement acceptable minimum est de 12 % par année, et la solution N est celle qui exige l'investissement initial le plus élevé.

Année	Flux monétaires différentiels ($) (N − M)
0	−22 000
1–8	4 000
9	+12 000

8.23 Réalisez une analyse du taux de rendement interne basée sur l'annuité équivalente afin de choisir la solution la plus judicieuse. Le taux de rendement acceptable minimum de l'entreprise est fixé à 18 % par année.

	Machine semi-automatique	Machine automatique
Coût initial ($)	−40 000	−90 000
Coût annuel ($/année)	−100 000	−95 000
Valeur de récupération ($)	5 000	7 000
Durée (années)	2	4

8.24 Les flux monétaires différentiels entre les solutions X et Y sont présentées ci-dessous. Calculez le taux de rendement interne différentiel par mois et déterminez la solution à choisir, à partir d'une analyse du taux de rendement interne basée sur l'annuité équivalente. Le taux de rendement acceptable minimum est de 24 % par année, composé mensuellement, et la solution Y est celle qui exige l'investissement initial le plus élevé.

Mois	Flux monétaires différentiels ($) (Y − X)
0	−62 000
1–23	+4 000
24	+10 000

8.25 Les flux monétaires différentiels entre les solutions Z1 et Z2 figurent dans le tableau ci-dessous. La solution Z2 présente le coût initial le plus élevé. À partir de l'analyse du taux de rendement interne fondée sur l'annuité équivalente, calculez le taux de rendement interne différentiel. Déterminez la solution qu'il convient de choisir, en fonction d'un taux de rendement acceptable minimum de 17 % par année. Soit k = années 1 à 10.

Année	Flux monétaires différentiels ($) (Z2 − Z1)
0	−40 000
1–10	$9 000 − 500k$

8.26 Une municipalité évalue deux plans de routes différents qui permettront l'accès à un pont suspendu permanent. Pour le plan 1A, le coût de construction est de 3 millions de dollars et les coûts de maintenance, de 100 000 $ par année. Le coût de construction du plan 1B est de 3,5 millions et ses coûts de maintenance, de 40 000 $ par année. Utilisez l'équation de calcul du taux de rendement interne à partir de l'annuité équivalente pour déterminer le meilleur choix de plan. Supposez une valeur de $n = 10$ ans et un taux de rendement acceptable minimum de 6 % par année.

8.27 Une usine doit agrandir ses installations de 3 000 m^2 en raison d'un contrat de 3 ans qu'elle vient de signer avec un nouveau client. L'usine envisage l'achat d'un terrain au coût de 50 000 $ et l'érection d'une structure de métal temporaire au coût de 90 $/m^2. À la fin de la période de 3 ans, l'entreprise prévoit vendre le terrain au prix de 55 000 $ et l'édifice, pour 60 000 $. L'autre possibilité consiste à louer un espace au coût de 3 $/m^2 par mois, le montant de la location étant versé au début de chaque année. Calculez le taux de rendement interne basé sur l'annuité équivalente pour déterminer la meilleure solution. Le taux de rendement acceptable minimum est établi à 28 % par année.

8.28 Dans le but d'automatiser les procédés de fabrication, une usine envisage quatre solutions de services mutuellement exclusives. Ces solutions ont été classées par ordre croissant de l'investissement initial requis pour chacune, puis comparées dans une analyse différentielle de leur taux de rendement interne. Le taux de rendement interne sur chaque portion supplémentaire d'investissement est toujours inférieur au taux de rendement acceptable minimum. Quelle solution cette usine doit-elle choisir ?

La comparaison de plusieurs solutions

8.29 On projette l'agrandissement de l'usine de bouletage de la compagnie Iron Ore du Canada, à Sept-Îles. Ce projet inclut l'installation d'un nouveau convoyeur qui permettra d'éliminer les engorgements dans les systèmes de traitement du minerai. Parmi les options suivantes, quelle est la meilleure solution à retenir à partir de l'analyse différentielle du taux de rendement interne ? Supposez une durée de 20 ans pour tous les projets et un taux de rendement acceptable minimum de 25 % par année.

Solution	Coût initial ($)	Charges d'exploitation ($/année)	Revenus annuels ($/année)
1	−40 000	−2 000	+4 000
2	−46 000	−1 000	+5 000
3	−61 000	−500	+8 000

8.30 Une usine de placage de métal étudie quatre méthodes différentes pour récupérer les sous-produits de métaux lourds provenant des déchets liquides fournis par d'autres entreprises. Les coûts et les revenus ont été estimés pour chaque méthode, et les quatre méthodes ont une durée estimée à 8 ans. Le taux de rendement acceptable minimum est fixé à 11 % par année. a) Si les méthodes sont indépendantes parce qu'elles peuvent être mises en application dans des usines différentes, quelles sont les méthodes acceptables ? b) Si les méthodes sont mutuellement exclusives, déterminez celle qui devrait être choisie à partir d'une évaluation du taux de rendement interne.

Méthode	Coût initial ($)	Valeur de récupération ($)	Revenus annuels ($/année)
A	−30 000	+1 000	+4 000
B	−36 000	+2 000	+5 000
C	−41 000	+500	+8 000
D	−53 000	−2 000	+10 500

8.31 Pour améliorer son procédé de mise en conserve, la compagnie Mountain Pass Canning veut choisir l'une des cinq machines dont les estimations de coûts sont présentées ci-dessous. Toutes les machines ont une durée estimée à 5 ans. Si le taux de rendement minimum acceptable est de 20 % par année, quelle est la meilleure machine en fonction d'une analyse du taux de rendement interne ?

Machine	Coût initial ($)	Charges d'exploitation annuelles ($/année)
1	−31 000	−18 000
2	−28 000	−19 500
3	−34 500	−17 000
4	−48 000	−12 000
5	−41 000	−15 500

8.32 Un camionneur indépendant tente de choisir un camion à benne qui correspondra à ses besoins. Il sait qu'une augmentation des dimensions de la benne favorise une augmentation des revenus nets, mais il veut déterminer si l'investissement supplémentaire requis par l'achat d'un camion plus gros est justifié. Les flux monétaires relatifs à chaque volume de benne sont présentés dans le tableau ci-dessous. L'entrepreneur a fixé son taux de rendement acceptable minimum à 18% par année, et tous les camions ont une durée utile estimée à 5 ans. a) Quel type de camion cet entrepreneur devrait-il acheter? b) S'il devait acheter deux camions de tailles différentes, quelle serait la taille du deuxième camion?

Volume de la benne (m³)	Investissement initial ($)	Charges d'exploitation annuelles ($/année)	Valeur de récupération ($)	Revenus annuels ($/année)
8	−30 000	−14 000	+2 000	+26 500
10	−34 000	−15 500	+2 500	+30 000
15	−38 000	−18 000	+3 000	+33 500
20	−48 000	−21 000	+3 500	+40 500
25	−57 000	−26 000	+4 600	+49 000

8.33 Un ingénieur à l'emploi de la compagnie Anode Metals étudie les projets de durée infinie qui sont présentés ci-dessous. Si le taux de rendement acceptable minimum de l'entreprise est de 15% par année, déterminez le meilleur projet: a) s'il s'agit de projets indépendants; b) s'il s'agit de projets mutuellement exclusifs.

	Coût initial ($)	Revenus annuels ($/année)	Taux de rendement interne de la solution (%)
A	−20 000	+3 000	15,0
B	−10 000	+2 000	20,0
C	−15 000	+2 800	18,7
D	−70 000	+10 000	14,3
E	−50 000	+6 000	12,0

8.34 Une usine doit choisir une seule machine parmi quatre possibilités pour l'intégrer à l'un de ses procédés de fabrication. Un ingénieur de l'usine a réalisé les analyses suivantes en vue de faire le meilleur choix possible. On estime que toutes ces machines auront une durée utile de 10 ans. Quelle machine l'ingénieur devrait-il choisir si le taux de rendement acceptable minimum de l'entreprise est a) de 12% par année et b) de 20% par année?

	Machine			
	1	2	3	4
Coût initial ($)	−44 000	−60 000	−72 000	−98 000
Coût annuel ($/année)	−70 000	−64 000	−61 000	−58 000
Épargnes annuelles ($/année)	+80 000	+80 000	+80 000	+82 000
Taux de rendement interne (%)	18,6	23,4	23,1	20,8
Machines comparées		2 avec 1	3 avec 2	4 avec 3
Différence d'investissement ($)		−16 000	−12 000	−26 000
Flux monétaires différentiels ($/année)		+6 000	+3 000	+5 000
TRI différentiel (%)		35,7	21,4	14,1

8.35 Une entreprise évalue les quatre projets présentés dans le tableau ci-dessous.
a) S'il s'agit de projets indépendants, lequel devrait-on choisir si le taux de rendement acceptable minimum est de 16 % par année ?
b) S'il s'agit de projets mutuellement exclusifs, lequel devrait-on choisir si le taux de rendement acceptable minimum est de 9 % par année ?
c) S'il s'agit de projets mutuellement exclusifs, lequel devrait-on choisir si le taux de rendement acceptable minimum est de 12 % par année ?

Projet	Investissement initial ($)	Taux de rendement interne (%)	Taux de rendement interne différentiel (%) en comparaison avec un autre projet		
			A	B	C
A	−40 000	29			
B	−75 000	15	1		
C	−100 000	16	7	20	
D	−200 000	14	10	13	12

8.36 Une entreprise a commencé l'analyse du taux de rendement interne présentée ci-dessous pour des solutions de durée infinie.
a) Remplissez les espaces dans la colonne des taux de rendement internes des flux monétaires différentiels du tableau.
b) Quels sont les revenus correspondant à chaque solution ?
c) S'il s'agit de solutions mutuellement exclusives, quelle solution devrait-on choisir si le taux de rendement acceptable minimum est de 16 % ?
d) S'il s'agit de solutions mutuellement exclusives, quelle solution devrait-on choisir si le taux de rendement acceptable minimum est de 11 % ?
e) Choisissez les deux meilleures solutions si le taux de rendement acceptable minimum est de 19 %.

Solution	Investissement par solution ($)	Taux de rendement par solution (%)	Taux de rendement interne (%) sur les flux monétaires différentiels en comparaison avec une autre solution			
			E	F	G	H
E	−20 000	20	—			
F	−30 000	35		—		
G	−50 000	25			—	11,7
H	−80 000	20			11,7	—

8.37 Une entreprise a commencé l'analyse du taux de rendement interne présentée ci-dessous pour des solutions de durée infinie.
a) Remplissez les espaces dans les colonnes du taux de rendement interne par solution et du taux de rendement interne sur les flux monétaires différentiels.
b) S'il s'agit de solutions indépendantes, quelle solution devrait-on choisir si le taux de rendement acceptable minimum est de 21 % par année ?
c) S'il s'agit de solutions mutuellement exclusives, quelle solution devrait-on choisir si le taux de rendement acceptable minimum est de 24 % par année ?

Solution	Investissement par solution ($)	Taux de rendement par solution (%)	Taux de rendement interne (%) sur les flux monétaires différentiels en comparaison avec une autre solution			
			E	F	G	H
E	−10 000	25	—	20		
F	−25 000		20	—	4	
G	−30 000			4	—	
H	−60 000	30				—

L'ANALYSE DIFFÉRENTIELLE DU TAUX DE RENDEMENT INTERNE POUR DES SOLUTIONS DE DURÉE INCERTAINE

La société ABC développe un nouveau logiciel appelé Fait-Parfait. Ce logiciel permettra de traduire les modèles informatiques tridimensionnels en versions numériques comportant une variété de pièces aux surfaces usinées et finies (ultralisses). Le produit du système est un code machine à commande numérique (CN) qui correspond aux instructions de fabrication pour une pièce donnée. De plus, ce logiciel peut construire le code correspondant à une finition plus élaborée des surfaces et assurer la commande des machines en continu. Deux modèles d'ordinateurs sont envisagés pour offrir les fonctions de serveur qui sont nécessaires aux interfaces du logiciel et assurer les mises à jour des bases de données à l'usine, pendant que le logiciel Fait-Parfait roule en mode parallèle. Le coût initial des serveurs et l'estimation de leur contribution aux flux monétaires nets sont présentés dans le tableau ci-dessous.

	Serveur 1	Serveur 2
Coût initial ($)	100 000 $	200 000 $
Flux monétaires nets ($/année)	35 000 $	50 000 $ l'année 1, plus 5 000 $ par année pour les années 2, 3 et 4 (gradient)
		70 000 $ maximum pour les années 5 et les suivantes, même si le serveur est remplacé
Durée (années)	3 ou 4	5 ou 8

Les durées ont été estimées par deux personnes différentes : un ingénieur en conception de logiciels et un directeur de la fabrication. À cette étape du projet, ces personnes désirent que les analyses portent sur les deux durées, et ce, pour chacun des systèmes.

Questions

Réalisez une analyse par ordinateur pour répondre aux questions suivantes :

1. Si le TRAM = 12 %, quel serveur devrait-on choisir ? Utilisez la méthode de la valeur actualisée ou de l'annuité équivalente pour procéder à la sélection.

2. Utilisez l'analyse du taux de rendement interne différentiel pour choisir entre ces deux serveurs, en considérant un TRAM = 12 %.

3. Utilisez l'une des méthodes de l'analyse économique pour trouver, à l'aide d'une feuille de calcul électronique, la valeur du taux de rendement interne différentiel entre les durées de 5 ans et de 8 ans pour le serveur 2.

TELLEMENT DE POSSIBILITÉS ! UN INGÉNIEUR RÉCEMMENT DIPLÔMÉ PEUT-IL VENIR EN AIDE À SON PÈRE[1] ?

Mise en contexte

« Je ne sais plus si je dois vendre, agrandir ou louer, mais je pense qu'on ne pourra plus continuer à faire la même chose encore longtemps. Ce que j'aimerais vraiment, c'est conserver l'atelier encore 5 ans, puis le vendre pour un montant forfaitaire. » Voilà ce qu'Henri Gagnon expliquait à sa conjointe Janine, à son fils Jean et à sa belle-fille Suzanne autour de la table de cuisine. Henri parlait de l'entreprise dont il est propriétaire depuis 25 ans, Pièces d'automobiles HJG. L'entreprise détient de

[1] Selon une étude réalisée par Alan C. Stewart, expert-conseil, Communications et solutions d'ingénierie, Accenture LLP.

lucratifs contrats de pièces avec plusieurs grands détaillants de sa région. De plus, elle offre à ces derniers les services d'un atelier de remise en état pour certaines pièces telles que les carburateurs, les transmissions et les compresseurs de climatisation.

De retour chez lui, Jean se dit qu'il devrait aider son père à prendre une décision importante et difficile : que faire avec son entreprise ? Jean vient d'obtenir son diplôme d'ingénieur et a suivi un cours en économie d'ingénierie. Dans le cadre de ses fonctions à la société Energcon Industries, il doit effectuer l'analyse du taux de rendement interne et de la valeur actualisée pour divers projets de gestion en énergie.

Options

Au cours des semaines suivantes, Jean Gagnon a élaboré cinq solutions possibles, y compris celle que son père privilégie, c'est-à-dire la vente de son entreprise dans 5 ans. Il a préparé toutes ses estimations sur un horizon de 10 ans, puis a présenté toutes les options et les estimations à son père qui les a approuvées.

Option 1 : Fermeture de l'atelier de remise en état – Cette solution consiste à fermer l'atelier et à se concentrer uniquement sur la vente de pièces en gros. L'opération totale engendrerait un coût initial de 750 000 $ au début de la première année. Le revenu global baisserait à 1 million de dollars la première année, puis il pourrait connaître subséquemment une hausse de 4 % par année. Les dépenses sont estimées à 0,8 million la première année et augmenteraient ensuite de 6 % par année.

Option 2 : Transfert de l'exploitation de l'atelier de remise en état – La préparation de l'atelier pour qu'un autre entrepreneur puisse prendre la relève engendrerait des coûts immédiats de 400 000 $. Si les dépenses restent stables pendant 5 ans, elles seront en moyenne de 1,4 million par année, mais on peut s'attendre à une hausse la sixième année et les années suivantes. Henri croit que les revenus générés par le contrat de transfert seraient de 1,4 million la première année et qu'ils grimperaient de 5 % par année pour toute la durée du contrat de 10 ans.

Option 3 : Maintien du *statu quo* et vente après 5 ans – (Il s'agit de la solution préférée d'Henri.) Cette option ne nécessite aucun coût pour le moment, mais si la tendance actuelle se poursuit, les profits nets continueront probablement à baisser. Les projections annuelles sont de 1,25 million pour les dépenses et de 1,15 million pour les revenus. À la suite d'une évaluation financière réalisée l'année dernière, Henri a appris que son entreprise est évaluée à 2 millions nets. Henri voudrait pouvoir vendre à ce prix dans 5 ans et conclure une entente avec l'acheteur qui lui verserait 500 000 $ à la fin de la cinquième année et le même montant chaque année pour les 3 années suivantes.

Option 4 : Échange – Un ami d'Henri est propriétaire d'une entreprise de pièces pour les voitures anciennes. Apparemment, il fait des affaires d'or avec le commerce électronique. Bien que cette décision présente certains risques, Henri trouve intéressante la possibilité d'acquérir une nouvelle gamme de pièces, mais toujours dans un domaine qu'il connaît bien. Les coûts estimés de cet échange seraient de 1 million pour Henri, à verser immédiatement. Les dépenses et les revenus annuels sur 10 ans seraient considérablement plus élevés que dans le cas de son entreprise actuelle. Les dépenses annuelles sont estimées à 3 millions et les revenus, à 3,5 millions.

Option 5 : Crédit-bail – HJG pourrait être cédée à une entreprise clé en main dans le cadre d'un contrat de crédit-bail. Henri pourrait demeurer propriétaire et continuer d'assumer les dépenses liées à l'édifice, aux camions de livraison, aux assurances, etc. Selon les premières estimations, il en coûterait 1,5 million pour préparer l'entreprise à cette transition ; les dépenses annuelles seraient de 500 000 $ et les revenus, de 1 million par année pour un contrat de 10 ans.

Exercices sur l'étude de cas

Aidez Jean à réaliser ses analyses :

1. Élaborez les séries de flux monétaires nets et les séries de flux monétaires différentiels (en unités de 1 000 $) pour les cinq options, en préparation à l'analyse différentielle du taux de rendement interne.

2. Examinez la possibilité de trouver plusieurs valeurs de taux de rendement interne pour les séries de flux monétaires nets et différentiels. Trouvez tous les taux possibles entre 0 et 100 %.

3. Si le père de Jean veut absolument obtenir un rendement de 25 % ou plus par année pour les 10 prochaines années, que devrait-il faire ? Utilisez toutes les méthodes d'analyse économique apprises jusqu'à présent (valeur actualisée, annuité équivalente et taux de rendement interne) pour qu'Henri puisse bien comprendre les recommandations de Jean.

4. Préparez des graphiques de la valeur actualisée en fonction de la valeur de i pour chacune des options. Estimez le taux de rentabilité au point d'équivalence entre les options.

5. Pour l'option 3 (la solution préférée d'Henri), quel montant minimum devrait être versé chaque année, de la cinquième à la huitième année, pour que cette solution soit plus avantageuse sur le plan économique ? En tenant compte de ce montant, déterminez quel devrait être le prix de vente si les conditions de paiement sont les mêmes que celles qui sont présentées dans la description.

ÉTUDE DE CAS n° 2

L'ANALYSE DE LA VALEUR ACTUALISÉE EN PRÉSENCE DE MULTIPLES TAUX D'INTÉRÊT[2]

Mise en contexte

Dans un cours d'économie d'ingénierie, deux étudiants, Sandrine et Bruno, n'arrivent pas à s'entendre sur l'outil d'évaluation à utiliser pour choisir un des plans d'investissement décrits ci-dessous. Les séries de flux monétaires sont identiques, à l'exception des signes. Les étudiants se rappellent qu'il faut élaborer une équation de la valeur actualisée ou de l'annuité équivalente pour trouver un taux de rendement interne. À première vue, on croirait que ces deux plans d'investissement devraient présenter des taux de rendement internes identiques. Il est possible que les plans soient équivalents et tous les deux acceptables.

Année	Plan A	Plan B
0	+1 900 $	−1 900 $
1	−500	+500
2	−8 000	+8 000
3	+6 500	−6 500
4	+400	−400

Jusqu'à présent, le professeur a présenté en classe les méthodes d'analyse de la valeur actualisée et de l'annuité équivalente pour évaluer deux solutions en fonction d'un taux de rendement acceptable minimum déterminé. Il a expliqué la méthode du taux de rendement interne modifié combiné durant le dernier cours. Les deux étudiants se rappellent les paroles de leur professeur : « Le calcul du taux de rendement interne est souvent un processus complexe. S'il n'est pas nécessaire d'obtenir un taux de rendement interne réel, il est fortement recommandé d'utiliser la méthode de la valeur actualisée ou de l'annuité équivalente selon un taux de rendement acceptable minimum donné pour décider si un projet est justifié ou non. »

[2] Contribution de Tep Sastri, Ph. D. (autrefois professeur agrégé, génie industriel, Université Texas A&M).

Bruno ne saisit pas très bien les raisons pour lesquelles la méthode simple de la valeur actualisée ou de l'annuité équivalente selon le taux de rendement acceptable minimum est fortement recommandée. Il n'est pas certain non plus de la façon d'établir si un taux de rendement interne «est nécessaire ou non». Il formule ainsi son raisonnement à Sandrine: «La technique du taux de rendement interne modifié combiné donne toujours un taux de rendement unique. Tous les étudiants ont à leur disposition une calculatrice ou un ordinateur avec tableur. Pourquoi s'inquiéterait-on des problèmes de calcul? Il me semble que j'utiliserais toujours la méthode du taux de rendement interne modifié combiné.» Sandrine est plus prudente et suggère qu'une bonne analyse commence toujours par une approche simple et pratique. Elle suggère à Bruno de vérifier s'il ne pourrait pas choisir une meilleure méthode, simplement en observant les flux monétaires. Elle propose également d'essayer toutes les méthodes apprises jusqu'à présent. «Si nous en faisons l'expérience, ajoute-t-elle, nous comprendrons peut-être les véritables raisons qui font que les méthodes de la valeur actualisée ou de l'annuité équivalente au taux de rendement acceptable minimum sont préférables à l'approche du taux de rendement interne modifié combiné.»

Exercices sur l'étude de cas

Pour faire suite à leur discussion, Sandrine et Bruno doivent répondre à certaines questions. Aidez-les à formuler leurs réponses.

1. À partir d'une simple observation des flux monétaires, déterminez la méthode la plus appropriée. En d'autres termes, si ces deux plans vous étaient proposés, lequel des deux vous procurerait le taux de rendement le plus élevé?

2. Quel plan constitue le meilleur choix si le taux de rendement acceptable minimum est: a) de 15 % par année et b) de 50 % par année? Deux techniques doivent être mises en application. En premier lieu, on doit évaluer les deux options à l'aide de l'analyse de la valeur actualisée selon le taux de rendement acceptable minimum, en ignorant les racines multiples, qu'elles existent ou non. Ensuite, il faut déterminer le taux de rendement interne pour ces deux plans. Les séries de flux monétaires présentent-elles les mêmes valeurs de taux de rendement internes?

3. Effectuez une analyse différentielle du taux de rendement interne pour comparer ces deux plans. Trouve-t-on toujours plusieurs racines dans la série de flux monétaires différentiels qui pourraient limiter la possibilité de faire un choix définitif? Si oui, quelles sont-elles?

4. Les étudiants veulent savoir si l'analyse du taux de rendement interne modifié combiné mène toujours à une décision unique et logique en fonction des changements de la valeur du taux de rendement acceptable minimum. Pour répondre à cette question, quel plan devrait-on accepter en présence de flux monétaires qui apparaissent en fin d'année (fonds excédentaires du projet) et qui rapportent selon les trois taux de réinvestissement suivants? La valeur du taux de rendement acceptable minimum est également modifiée.

   a) Le taux de réinvestissement est de 15 % par année et le taux de rendement acceptable minimum, de 15 % par année.

   b) Le taux de réinvestissement est de 45 % par année et le taux de rendement acceptable minimum, de 15 % par année.

   c) Le taux de réinvestissement et le taux de rendement acceptable minimum sont de 50 % par année.

   d) Expliquez à Bruno et Sandrine le résultat de vos recherches sur ces trois combinaisons de taux.

CHAPITRE 9

L'analyse avantages-coûts et l'économie dans le secteur public

Les méthodes d'évaluation décrites dans les chapitres précédents sont habituellement employées par des organisations du secteur privé, qu'elles soient à but lucratif ou non. Les clients externes et internes ainsi que les employés utilisent les solutions retenues. Le présent chapitre porte sur les solutions proposées aux entités du secteur public et sur les facteurs économiques qui s'y rattachent. Les utilisateurs (bénéficiaires) sont ici les citoyens des divers ordres de gouvernement (fédéral, provincial ou territorial, et municipal). Les entités publiques mettent en place les mécanismes pour mobiliser les capitaux nécessaires afin de réaliser et de mener à terme les projets. Parmi ces mécanismes, on peut citer les impôts et les taxes, les droits d'utilisation, l'émission d'obligations et les emprunts. Les caractéristiques et la valeur économique des solutions envisagées pour les secteurs privé et public présentent des différences fondamentales, dont il est question dans la deuxième section du chapitre. Les partenariats entre les secteurs public et privé sont de plus en plus courants, en particulier pour les grands projets de construction d'infrastructures (autoroutes, centrales électriques, réseaux d'aqueduc, etc.) Les mesures incitatives que prévoit l'État, par exemple les crédits d'impôt, peuvent aussi encourager le secteur privé à apporter des changements dans l'intérêt public.

Pour que les programmes du secteur public reflètent les valeurs fondamentales canadiennes, l'économie d'ingénierie doit reposer sur une méthode qui permet de tenir compte d'objectifs contradictoires. L'analyse avantages-coûts (AAC) constitue un cadre de référence utile pour débattre directement des conséquences d'un projet. La façon dont les avantages d'une solution sont définis et évalués fait rarement l'unanimité parmi les citoyens (qu'il s'agisse de particuliers ou de groupes). Le ratio avantages-coûts (RAC) permet d'inclure la notion d'objectivité dans l'analyse économique de la valeur pour le secteur public et d'atténuer les effets des intérêts politiques et autres. L'analyse avantages-coûts peut fournir des arguments convaincants aux décideurs qui souhaitent aider les collectivités à se développer tout en protégeant les populations vulnérables et l'environnement. Les différentes formes d'analyses avantages-coûts et les inconvénients associés aux solutions possibles sont décrits dans le présent chapitre. L'analyse avantages-coûts repose sur des calculs d'équivalence fondés sur la valeur actualisée (VA), l'annuité équivalente (AÉ) ou la valeur capitalisée (VC). Employée correctement, elle conduit toujours à la même solution que les analyses de la valeur actualisée, de l'annuité équivalente et du taux de rentabilité ou de rendement interne (TRI). Enfin, l'étude de cas porte sur un projet public d'amélioration de l'éclairage d'une route.

OBJECTIFS D'APPRENTISSAGE

Objectif : Comprendre l'économie du secteur public ; évaluer un projet et comparer des solutions possibles selon la méthode du ratio avantages-coûts.

À la fin de ce chapitre, vous devriez pouvoir :

Secteur public
Ratio avantages-coûts d'un projet unique
Choix d'une solution
Solutions multiples

1. Établir les différences fondamentales entre les solutions économiquement viables pour le secteur public et pour le secteur privé ;

2. Utiliser le ratio avantages-coûts pour évaluer un projet unique ;

3. Choisir la meilleure de deux solutions possibles selon la méthode du ratio avantages-coûts différentiel ;

4. Choisir la meilleure solution parmi plusieurs solutions possibles selon la méthode du ratio avantages-coûts différentiel.

9.1 L'ÉCONOMIE D'INGÉNIERIE DANS LE SECTEUR PUBLIC

Les ingénieurs réalisent des conceptions techniques dans une économie de marché où les prix sont déterminés en fonction de la demande et de l'offre relatives des biens. Les particuliers et les entreprises font des choix de consommation en fonction des coûts et de la perception qu'ils ont des avantages qu'ils tireront des biens s'ils les achètent. Pour être efficace, le processus de prise de décisions de nature financière doit tenir compte des effets externes ou coûts sociaux.

L'économie de marché ne tient pas suffisamment compte des effets externes du développement comme la pollution atmosphérique, la contamination des sols, la pollution des eaux, la surutilisation de ressources limitées comme le pétrole et l'eau, ainsi que le déclin de la biodiversité. Les activités économiques à l'origine de tels inconvénients correspondent à une utilisation inefficace des ressources et mènent à des déficiences du marché. Comme bon nombre de nos ressources environnementales (océans, lacs, aquifères, forêts, pêches) peuvent être utilisées par tous, la surutilisation entraîne leur détérioration. Or, ces ressources sont essentielles à notre survie. Lorsqu'une ressource atteint un niveau de rareté critique, elle est encore plus convoitée, ce qui peut provoquer sa disparition. C'est au secteur public qu'il incombe d'atténuer de tels effets externes négatifs, qu'on nomme «tragédie des ressources d'usage commun».

L'équité, toujours citée parmi les valeurs canadiennes, est reflétée dans nos régimes universels d'assurance maladie et de sécurité sociale ainsi que dans nos programmes d'aide aux populations vulnérables et de protection des écosystèmes fragiles. Notre secteur privé est fier de ses apports innovants dans le domaine des nouvelles technologies (matériaux de pointe, procédés avancés de fabrication et de transformation, génie biomédical et technologies de l'information). De plus, nos valeurs sont bien ancrées dans les entreprises privées canadiennes, qui font preuve de prudence lorsqu'elles considèrent l'évaluation environnementale non comme un obstacle, mais comme un objectif à part entière de la réalisation de projets, au même titre que la maximisation du bénéfice. Dans les deux secteurs, le principe de précaution sous-tend notre engagement ferme au regard du développement durable. Il encadre également le processus de prise de décisions à court et à long terme qui tient compte des conséquences possibles de la transformation irréversible de notre environnement économique ou biophysique.

Prenons le milieu environnemental comme exemple. Une analyse similaire peut porter sur les programmes publics dans d'autres secteurs de compétence. Les interventions visant à protéger l'environnement (améliorations de la technologie, lutte contre le gaspillage et utilisation plus efficace des ressources naturelles) sont du ressort de l'ingénierie. Les ingénieurs doivent participer activement au processus de sélection des technologies devant servir à la recherche et au développement, ainsi que pour la création de mesures incitatives qui seront rapidement appliquées. Toutes les associations professionnelles d'ingénieurs ont adopté des codes de déontologie, ce qui démontre que nos préoccupations éthiques nous imposent de concevoir des produits et des services de qualité, dont la valeur est élevée et qui respectent la sécurité, la santé et le bien-être du public. Ainsi, l'écologie du procédé de fabrication choisi de même que l'efficacité d'exploitation inhérente au produit peuvent témoigner de ces buts. L'analyse avantages-coûts sert à évaluer et à sélectionner des politiques et des interventions dans le but d'aider des secteurs de l'économie qui seraient autrement marginalisés.

Pour éviter les déficiences du marché, le gouvernement canadien a prévu des mesures incitatives et des règlements visant à influencer les décisions des entreprises et des particuliers qui ont des effets sur la société. Les incitatifs prennent souvent la forme de crédits d'impôt ou de subventions visant à favoriser la mise en œuvre de technologies de pointe qui accroissent l'efficience de la production (consommation moindre de matières premières et d'énergie) et réduisent la pollution. Des amendes sont imposées pour décourager le non-respect des règlements. Ces derniers sont parfois conjugués à des droits négociables, comme les crédits d'émission de gaz à effet de serre, pour créer un marché innovateur qui offre une certaine marge de manœuvre aux entreprises et aux particuliers. L'analyse avantages-coûts aide les décideurs de l'État à mettre sur pied le meilleur ensemble d'initiatives politiques possible pour équilibrer les besoins de l'économie et de l'environnement.

Examinons les effets de la pollution atmosphérique sur les habitants d'une région. Si aucun incitatif ou règlement n'est mis en place pour réduire les émissions polluantes des entreprises, nombreuses seront celles qui continueront à maximiser leurs profits sans modifier leur pratique. La santé et la qualité de vie de la population en souffriront, et les coûts de la santé augmenteront dans la région. Une évaluation systémique de la situation montre souvent que des subventions gouvernementales ou des crédits d'impôt ciblant la diminution de la pollution (politique de santé préventive) sont souvent moins coûteux que les conséquences de la pollution sur la santé (politique de santé curative). L'analyse avantages-coûts permet d'exprimer les facteurs économiques de cette politique ; elle sert de cadre à la collaboration entre les différents ordres de gouvernement qui se partagent la responsabilité avec le gouvernement fédéral décentralisé du Canada. Les études économiques portant sur le secteur public nécessitent la consultation d'autorités complémentaires du gouvernement central et des provinces et territoires pour déboucher sur des politiques publiques. Un tel degré d'indépendance est propre au régime parlementaire du Canada.

Le gouvernement fédéral ou le gouvernement provincial compense habituellement les déficiences du marché en fournissant des biens et services, comme les services de police et de l'administration des services d'incendie, l'éducation, les infrastructures et la santé. Il arrive aussi que des entreprises publiques – les sociétés d'État comme Radio-Canada, VIA Rail et Postes Canada – fournissent des services. De plus, il existe également des sociétés d'État à l'échelle provinciale, en particulier pour la distribution de l'électricité et du gaz naturel.

Les projets du secteur public sont sources de satisfaction, mais ils comportent leur lot de difficultés, car les effets sociaux des systèmes techniques doivent être considérés dans le processus de conception. Cela donne une autre dimension aux décisions d'ingénierie puisque le contexte social s'ajoute au cadre de référence commercial. Étant donné les besoins croissants en matière d'analyse des politiques technologiques et l'expansion des infrastructures, les occasions de réaliser de tels projets continueront de se multiplier. Selon la documentation actuelle, il est important que les ingénieurs participent au processus décisionnel reposant sur des critères qui concernent les secteurs public et privé. Le but visé est de répartir équitablement des ressources publiques rares afin de satisfaire les besoins découlant des nouvelles technologies dans le respect de la société. L'analyse avantages-coûts permet aux décideurs de traiter de manière systématique des points de vue contradictoires pour parvenir à des interventions responsables.

9.2 LES PROJETS DU SECTEUR PUBLIC

Les projets du secteur public sont la propriété des citoyens faisant partie de tous les ordres de gouvernement, qui en sont aussi les utilisateurs et qui les financent. En revanche, les projets du secteur privé appartiennent à des sociétés par actions, des sociétés en nom collectif ou à des particuliers. Les produits et services issus des projets du secteur privé sont utilisés par des clients externes et internes des entreprises réalisant les projets. Presque tous les exemples présentés dans les chapitres précédents concernent le secteur privé. Toutefois, dans les chapitres 5 et 6, le coût immobilisé est présenté comme un prolongement de l'analyse de la valeur actualisée pour les solutions à longue échéance et les immobilisations non amortissables.

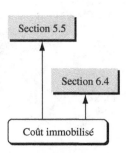

Les projets du secteur public ont pour objectif premier de fournir des services à la population pour le bien public, et ce, sans but lucratif. La majorité des solutions pour lesquelles une analyse en économie d'ingénierie est nécessaire portent sur la santé, la sécurité, la gestion de l'environnement, la prospérité économique et les services publics. Quelques exemples de projets et d'enjeux relevant du secteur public sont présentés ci-après.

Hôpitaux et cliniques	Transport : routes, ponts, voies navigables, service de traversier
Loisirs et parcs	
Services publics : eau, électricité, gaz, égouts, programmes sanitaires	Service de police et protection contre l'incendie
	Tribunaux et prisons
Écoles : primaires, secondaires, collèges, universités	Impacts environnementaux
	Formation en milieu de travail
Développement économique	Gestion des ressources
Centres de congrès	Secours d'urgence
Centres sportifs et culturels	Codes et normes – lieu de travail et environnement

Les caractéristiques des solutions des secteurs privé et public présentent des différences marquées.

Caractéristique	Secteur public	Secteur privé
Importance de l'investissement	Important	Parfois important ; le plus souvent de moyenne ou de faible importance

Les solutions conçues pour répondre aux besoins du public exigent des investissements initiaux majeurs, souvent répartis sur plusieurs années. Il peut s'agir par exemple d'autoroutes modernes, de réseaux de transport en commun, d'aéroports ou de systèmes de régulation des crues.

Durée de vie estimative	Longue (de 30 à 50 ans et plus)	Courte (de 2 à 25 ans)

La durée de vie des projets publics incite souvent à employer la méthode du coût immobilisé, où n prend une valeur infinie et le calcul des coûts annuels est donné par $A = Pi$. Plus n augmente, en particulier au-delà de 30 ans, plus les écarts entre les valeurs A calculées diminuent. Par exemple, pour $i = 7\%$, il y a un écart très faible entre 30 et 50 ans, puisque $(A/P;7\%;30) = 0{,}08059$ et $(A/P;7\%;50) = 0{,}07246$.

Estimations des flux monétaires annuels	Sans but lucratif ; les coûts, les avantages et les inconvénients sont estimatifs	Les produits contribuent aux bénéfices ; les coûts sont estimatifs

Dans les projets du secteur public, on ne réalise pas de bénéfices. Les coûts sont absorbés par l'entité publique concernée ou leur commanditaire, et la population en tire avantage. Les projets du secteur public ont souvent des conséquences indésirables, comme le constate une partie de la population. De ce fait, les projets suscitent parfois la controverse sur la place publique. L'analyse économique doit estimer ces conséquences en unités monétaires dans la mesure du possible. Pour ce qui est des projets du secteur privé, l'analyse tient rarement compte des conséquences indésirables, ou alors celles-ci sont traitées directement comme des coûts. Pour procéder à l'analyse de solutions du secteur public, les coûts (initiaux et annuels), les avantages et les inconvénients doivent être estimés avec la plus grande précision possible en unités monétaires.

Coûts : dépenses estimées de la construction, de l'exploitation et de l'entretien prises en charge par l'entité publique ou le commanditaire, moins la valeur de récupération attendue.

Avantages : avantages dont bénéficieront les utilisateurs, le public.

Inconvénients : conséquences indésirables ou défavorables prévues pour les utilisateurs si la solution est retenue. Les inconvénients peuvent être des désavantages économiques indirects associés à la solution.

Il est important de retenir ce qui suit :

Il est difficile d'estimer l'incidence économique des avantages et des inconvénients d'une solution dans le secteur public et de s'entendre à ce sujet.

Supposons par exemple que l'aménagement d'une courte voie de contournement d'un secteur embouteillé de la ville est recommandé. Quel sera, pour un conducteur, l'avantage (en dollars par minute au volant) de contourner cinq feux de circulation en maintenant une vitesse moyenne de 50 km/h par rapport à ce qu'il fait actuellement, c'est-à-dire s'arrêter en moyenne à deux feux pendant 45 secondes par feu et rouler à 30 km/h en moyenne ? Les méthodes et les normes d'estimation des avantages sont toujours difficiles à établir et à vérifier. Les estimations des avantages sont beaucoup plus difficiles à faire que celles des rentrées de fonds dans le secteur privé, et elles varient considérablement par rapport à des moyennes incertaines. Les inconvénients qui se rattachent à une solution sont en outre plus difficiles à estimer. En fait, l'inconvénient en soi peut ne pas être connu au moment de l'évaluation.

La méthode employée pour l'analyse avantages-coûts donne aussi des informations éclairées pour la prise de décisions lorsqu'on ne peut se baser sur des estimations en unités monétaires. L'analyse avantages-coûts peut être conjuguée à la théorie de l'utilité, selon laquelle des unités non monétaires mesurent des valeurs comme la qualité de vie, la santé de l'environnement, le coût des événements traumatisants ou le coût du temps. La théorie de l'utilité est abordée au chapitre 17.

Caractéristique	Secteur public	Secteur privé
Financement	Impôts et taxes, droits et redevances, obligations, fonds privés	Actions, obligations, prêts ; particuliers propriétaires

Les fonds servant à financer les projets du secteur public ont habituellement pour origine les impôts et les taxes, les obligations et les droits et redevances. Les impôts et taxes sont perçus auprès des propriétaires des biens publics, c'est-à-dire les citoyens (par exemple les taxes fédérales sur l'essence pour les autoroutes sont payées par tous les consommateurs d'essence). C'est aussi le cas pour les droits, comme ceux qui sont payés pour rouler sur une autoroute à péage. Les gouvernements fédéral et provinciaux, et les administrations municipales peuvent aussi émettre des obligations pour financer des projets d'immobilisations. Il est possible que des prêteurs du secteur privé fournissent du financement initial. Des dons de particuliers peuvent aussi servir à financer des musées, des monuments commémoratifs, des parcs et des jardins publics.

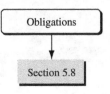

Taux d'intérêt	Plus faible	Plus élevé, fondé sur le coût des capitaux sur le marché

Comme un grand nombre de méthodes de financement des projets du secteur public sont classées comme étant « à faible intérêt », le taux d'intérêt est pratiquement toujours inférieur à celui des solutions du secteur privé. La détermination du taux d'intérêt pour l'évaluation d'un projet du secteur public a autant d'importance que la détermination du taux de rendement acceptable minimum (TRAM) pour l'analyse d'un projet du secteur privé. Le taux d'intérêt du secteur public est désigné par i ; on le qualifie cependant de « taux d'actualisation social » pour le distinguer du taux du secteur privé.

Caractéristique	Secteur public	Secteur privé
Critères de sélection des solutions	Plusieurs critères	Reposant principalement sur le taux de rendement

Les diverses catégories d'utilisateurs, les intérêts – économiques ou non –, les groupes de pression et les groupes de citoyens rendent le choix d'une solution au détriment des autres bien plus difficile dans une économie de secteur public. Il est rarement possible de choisir une solution en fonction d'un seul critère comme la valeur actualisée ou le taux de rendement. Il importe de décrire et de détailler les critères et la méthode de sélection avant de procéder à l'analyse, ce qui aide à déterminer la perspective ou le point de vue lors de l'évaluation. La question du point de vue est analysée ci-après.

Cadre d'évaluation	Influence politique	Principalement économique

Les projets publics sont souvent l'objet d'assemblées et de débats publics qui visent à concilier les intérêts divers des citoyens. Les élus orientent habituellement le choix d'un projet, en particulier lorsque des pressions sont exercées par les électeurs, les promoteurs, les écologistes et autres. Le processus de sélection est plus complexe que dans le cas d'un projet du secteur privé, où le seul critère de décision est la maximisation du bénéfice.

Le point de vue de l'analyse d'un projet du secteur public doit être déterminé avant de procéder à l'estimation des coûts, des avantages et des inconvénients et avant la définition et l'exécution de l'évaluation. Chaque situation exige que plusieurs points de vue différents soient envisagés, ces derniers pouvant influencer la façon dont une estimation des flux monétaires est classée.

Le citoyen, l'assiette fiscale de la municipalité, le nombre d'étudiants dans un arrondissement scolaire, la création et le maintien d'emplois, le potentiel de développement économique, un secteur d'activité en particulier comme l'agriculture, les services bancaires ou la fabrication de composantes électroniques sont autant d'exemples de points de vue possibles pour analyser un projet du secteur public. En général, le point de vue adopté pour l'analyse doit englober les appréciations qui permettent d'absorber les coûts du projet et celles qui permettent de bénéficier de ses avantages. Une fois défini, le point de vue permet de classer les coûts, les avantages et les inconvénients de chacune des solutions possibles par catégorie, comme le montre l'exemple 9.1.

EXEMPLE 9.1

Le service de conservation des terres de Dundee a recommandé que cette Municipalité emprunte 5 millions de dollars pour l'achat de zones vertes et de terres inondables. Le but est de protéger les zones vertes de faible altitude et l'habitat faunique dans la partie est de cette ville de 62 000 habitants qui connaît une croissance démographique rapide. Le projet a été baptisé « Initiative d'acquisition de la ceinture verte » (*Greenway Acquisition Initiative*). Des promoteurs immobiliers se sont immédiatement opposés au projet qui grugeait la superficie de terrains disponibles pour l'aménagement commercial. L'ingénieur municipal et le directeur du développement économique de la Ville ont réalisé les estimations préliminaires décrites ci-après pour certains aspects évidents. Ils ont tenu compte des conséquences de l'initiative pour l'entretien, les parcs, le développement commercial et les inondations sur un horizon de planification prévu de 15 ans. Le manque d'exactitude de ces estimations est très clairement indiqué dans le rapport présenté au conseil municipal de Dundee. Les estimations ne sont pas encore classées comme des coûts, des avantages ou des inconvénients. Si l'initiative est menée à bien, ces estimations sont les suivantes :

Dimension économique	Estimation
1. Coût annuel de 5 millions de dollars sur 15 ans ; taux d'intérêt de 6 %	300 000 $ (années 1 à 14) 5 300 000 $ (année 15)
2. Entretien annuel, modernisation et gestion du programme	75 000 $ + 10 % par année
3. Budget de développement annuel des parcs	500 000 $ (années 5 à 10)
4. Perte annuelle pour le développement commercial	2 000 000 $ (années 8 à 10)
5. Remboursements de taxes non réalisés	275 000 $ + 5 % par année (à compter de l'année 8)
6. Revenu annuel de la Municipalité tiré de l'utilisation du parc et de manifestations sportives régionales	100 000 $ + 12 % par année (à compter de l'année 6)
7. Économies liées aux projets de contrôle des inondations	300 000 $ (années 3 à 10) 1 400 000 $ (années 10 à 15)
8. Absence de dommages matériels (particuliers et Municipalité) découlant d'inondations	500 000 $ (années 10 et 15)

Définissez trois points de vue différents pour l'analyse économique du projet et classez les estimations en fonction de ces points de vue.

Solution

On peut faire l'analyse en partant de nombreux points de vue : trois dans le cas présent. Les points de vue et les objectifs sont déterminés, et chaque estimation est classée comme un coût, un avantage ou un inconvénient. (La manière dont le classement est effectué dépend de la personne qui fait l'analyse. La solution suggérée présente une seule réponse logique.)

Point de vue 1 : le citoyen Objectif : maximiser la qualité de vie et le bien-être des citoyens ; les principales préoccupations sont la famille et le quartier.

> Coûts : 1, 2, 3   Avantages : 6, 7, 8   Inconvénients : 4, 5

Point de vue 2 : le budget de la Ville Objectif : veiller à ce que le budget soit équilibré et à ce que l'enveloppe budgétaire soit suffisante pour financer les services municipaux qui évoluent rapidement.

> Coûts : 1, 2, 3, 5   Avantages : 6, 7, 8   Inconvénient : 4

Point de vue 3 : le développement économique Objectif : faire la promotion de nouveaux projets de développement économique commerciaux et industriels pour favoriser la création et le maintien des emplois.

> Coûts : 1, 2, 3, 4, 5   Avantages : 6, 7, 8   Inconvénient : aucun

Les catégories des estimations 4 (perte du développement commercial) et 5 (perte des remboursements de taxes) varient selon le point de vue adopté pour l'analyse économique.

Si l'analyste privilégie les objectifs de développement économique de la Ville, les pertes de développement commercial sont considérées comme des coûts réels, tandis qu'elles sont des conséquences indésirables (inconvénients) du point de vue du citoyen et du budget. Par ailleurs, la perte des remboursements de taxes est interprétée comme un coût réel du point de vue du budget et du développement économique, mais comme un inconvénient du point de vue du citoyen.

Remarque
Les inconvénients peuvent être inclus ou exclus de l'analyse, comme on le voit dans la prochaine section. La décision de les inclure ou non peut être déterminante pour l'adoption ou le rejet d'une solution dans le secteur public.

9.3 LES PARTENARIATS ENTRE LE SECTEUR PUBLIC ET LE SECTEUR PRIVÉ (PPP) AU CANADA

Depuis 20 ans, les projets d'envergure du secteur public sont de plus en plus souvent réalisés selon une entente de partenariat entre le secteur public et le secteur privé; ils sont aussi appelés « partenariats public-privé » (PPP). Cette tendance est due en partie à l'impression que le secteur privé est plus efficace et en partie à cause du coût considérable pour concevoir, construire et exploiter de tels projets. Une entité publique ne peut à elle seule financer la totalité de tels projets avec les moyens dont dispose habituellement l'État: droits, impôts et taxes, obligations. Voici quelques exemples de projets réalisés en partenariat public-privé:

Projet	Quelques buts du projet
Ponts et tunnels	Accélérer la circulation, réduire les embouteillages, améliorer la sécurité
Ports et voies d'accès	Accroître la capacité de fret, soutenir le développement industriel
Aéroports	Accroître la capacité, améliorer la sécurité des passagers, soutenir le développement
Ressources en eau	Traitement de l'eau potable, répondre aux besoins d'irrigation et de l'industrie, améliorer le traitement des eaux usées

Dans ce type de coentreprises, le secteur public (l'État) prend en charge les coûts et les services à fournir à la population, et le partenaire du secteur privé (l'entreprise) assume la responsabilité de divers aspects des projets, comme il est indiqué ci-dessous. L'entité publique ne peut réaliser un bénéfice, mais les entreprises participantes peuvent dégager un bénéfice raisonnable. En fait, la marge bénéficiaire est habituellement définie dans le contrat qui encadre la conception, la construction, l'exploitation et la propriété du projet.

Dans plusieurs pays, de tels projets de construction sont conçus et financés par une entité publique, les travaux de construction étant confiés à un entrepreneur en vertu d'un contrat à prix forfaitaire (prix fixe) ou d'un contrat à frais remboursés (prix coûtant majoré) qui précise la marge bénéficiaire convenue. En pareils cas, l'entrepreneur ne partage pas le risque lié à la réussite du projet avec l'entité publique « propriétaire ». Lorsqu'un partenariat entre les secteurs public et privé est mis sur pied, le PPP est habituellement encadré par un contrat de « construction-exploitation-transfert » (CET), parfois désigné comme un contrat de « construction-propriété-exploitation-transfert » (CPET). Dans un projet de CET-CPET, l'entrepreneur peut être responsable de la totalité ou d'une partie de la conception et du financement et entièrement responsable des activités de construction, d'exploitation et d'entretien pendant un nombre précis d'années.

Par la suite, l'entité publique devient propriétaire du projet, lorsque le titre de propriété lui est transféré à un prix modique ou nul. Un tel arrangement peut présenter plusieurs avantages, notamment les suivants:

- affectation efficiente des ressources de la part de l'entreprise privée;
- capacité d'obtenir des fonds (prêts) reposant sur le dossier financier de l'État et de ses partenaires du secteur privé;
- prise en charge des problèmes liés à l'environnement, à la responsabilité civile et à la sécurité par le secteur privé qui peut avoir une plus grande expertise dans ces domaines;

- capacité des sociétés parties au contrat de réaliser un rendement du capital investi pendant la phase d'exploitation.

Le pont de la Confédération, qui relie l'Île-du-Prince-Édouard au Nouveau-Brunswick, est un exemple de projet administré en vertu d'un partenariat construction-propriété-exploitation-transfert. De nombreux projets d'envergure internationale ou dans des pays en voie de développement reposent sur un partenariat CET-CPET. Ce type de partenariat présente bien entendu des désavantages. Il comporte ainsi un risque que le montant de financement engagé dans le projet puisse ne pas couvrir le coût réel de la construction parce que ce coût est considérablement plus élevé que le coût estimé. Il implique aussi le risque que l'entreprise du secteur privé ne réalise pas un bénéfice raisonnable en raison de la faible utilisation des installations pendant la phase d'exploitation. Pour pallier de tels problèmes, le contrat initial peut prévoir des emprunts spéciaux garantis par l'entité publique et des subventions spéciales. Les subventions absorberont les coûts et le manque à gagner (convenu par contrat) si l'utilisation est inférieure à un seuil établi, qui peut être le point mort compte tenu de la marge bénéficiaire convenue.

La méthode construction-propriété-exploitation est une variante de la méthode CET-CPET selon laquelle il n'y a jamais transfert de propriété. Cette forme de PPP peut être utilisée lorsque le projet a une durée de vie relativement courte ou que la technologie adoptée évolue rapidement.

Le recours grandissant à des contrats de PPP est sujet à controverse. Dans l'avenir, si la tendance à la déréglementation se poursuit, il est possible que les contrôles actuellement en place dans les entreprises pour garantir l'avantage social désiré dans le cas d'un projet n'existent plus. Les coûts élevés que les utilisateurs doivent souvent absorber pour que les entreprises participantes puissent réaliser un bénéfice et la possibilité que la transparence de la comptabilité et de la prise de décisions diminue sont aussi objets de débats.

Une bonne partie de l'essor actuel de construction d'infrastructures au Canada est le fait d'un consortium de prêteurs privés qui collabore avec de grandes entreprises de construction et des négociateurs de l'État. Les organismes provinciaux comme Infrastructure Alberta, Infrastructure Ontario, Infrastructure Québec et Partnerships BC gèrent la plupart des grands contrats financés par le secteur privé pour des projets publics. Ces organismes ont réussi à injecter des fonds de relance dans l'économie et à promouvoir l'utilisation des partenariats public-privé. En Colombie-Britannique, tout projet exigeant un financement provincial de plus de 50 millions de dollars doit faire la preuve que la possibilité d'entreprendre le projet dans le cadre d'un PPP a été envisagée. Une nouvelle société d'État, PPP Canada, créée récemment pour favoriser le recours aux PPP pour les projets d'infrastructure, financera jusqu'à 25 % des projets qu'elle aura sélectionnés à même un fonds de 1,2 milliard de dollars. Lors du deuxième appel de propositions, en juin 2010, 68 propositions de projets ont été présentées.

Dans un contexte de recherche d'équilibre budgétaire, le PPP est politiquement souhaitable. En effet, le coût du projet n'apparaît pas dans le budget du gouvernement, et la dette n'est pas inscrite aux registres de l'État ou tout au moins est reportée à une période ultérieure. La question de savoir si les gouvernements provinciaux devraient abandonner leur rôle traditionnel de pourvoyeurs de fonds publics afin de construire de nouvelles installations pour laisser la place au financement par le secteur privé – facteur qui fait augmenter les coûts totaux de quelque 10 % – reste à débattre. Les partisans des PPP croient que l'augmentation des coûts financiers et juridiques est neutralisée par l'accroissement des incitatifs que les partenaires du secteur privé obtiennent pour que les projets soient réalisés dans les délais et le budget prévus afin d'éviter des frais d'intérêt supplémentaires. Quoi qu'il en soit, l'État ou les utilisateurs défraieront encore la construction et l'exploitation des projets en PPP, dont le coût est nettement plus élevé que s'ils avaient été financés par des fonds publics. C'est ce qui ressort de récents rapports du vérificateur général en Nouvelle-Écosse, en Ontario et au Québec.

Les évaluations de projets réalisés en PPP montrent que les PPP peuvent être un outil utile pour réaliser certains projets d'infrastructure qui exigent beaucoup d'expertise. Toutefois, il faut que de tels projets reposent sur des contrats minutieusement rédigés et une saine gestion, et dans la mesure où il est clair que le transfert des risques entre les partenaires public et privé est un processus difficile. Les PPP les plus connus au Canada sont la privatisation d'Air Canada, la construction du pont de la Confédération et le pont à péage de l'autoroute 25, qui relie Laval à Montréal. Les PPP sont aujourd'hui très répandus dans tout le Canada.

La possibilité de permettre à des cliniques privées de fournir des services médicaux au sein des réseaux de santé provinciaux est un autre sujet de controverse dans la sphère des partenariats public-privé. La mobilisation de capitaux privés en vue d'acquérir des appareils perfectionnés aux fins de diagnostic, de soins et de chirurgie ainsi que de procédures moins effractives pourrait être accrue, mais elle soulève de nombreux problèmes. Selon une étude de la Harvard Medical School publiée par le *New England Journal of Medicine,* les Américains consacrent 300 % de plus à des frais administratifs liés à leur réseau privé de santé que les Canadiens n'en dépensent pour leur réseau d'assurance-maladie universelle à payeur unique. De plus, les régimes assortis de frais administratifs élevés tendent à offrir des services cliniques de qualité médiocre. Malgré les réformes du régime de santé, des millions d'Américains n'ont toujours pas de régime d'assurance-maladie adéquat et abordable. En revanche, nombreux sont ceux qui prétendent que le sous-financement peut donner lieu à une pénurie de services de soins coûteux lorsque les contribuables refusent de voir augmenter leurs impôts et qu'il n'est pas possible de payer pour les services supérieurs. Nombreux aussi sont ceux qui affirment que la créativité et l'innovation augmentent, et que la prestation de services est plus rentable du fait de la concurrence accrue que se livrent les partenaires du secteur privé.

Les arguments pour et contre les PPP provenant d'économistes de la santé et de professionnels de la médecine sont aussi convaincants les uns que les autres. Ils expriment la gamme étendue de points de vue sur le rôle des services de santé privés au Canada. Une analyse portant sur des arguments opposés et des solutions transnationales aidera les décideurs à poser un regard critique sur les questions à l'étude et à remettre en question des conceptions traditionnelles tout en évitant de se fourvoyer. L'analyse avantages-coûts sert de cadre pour évaluer les solutions possibles, dégager un consensus et faire avancer les politiques.

9.4 LE PROCESSUS AVANTAGES-COÛTS

Passer en revue le processus avantages-coûts (AAC) permet de se familiariser avec le système qui fait l'objet de l'analyse. Même s'il n'est pas possible d'obtenir une évaluation par manque de temps, de données économiques ou de prévisions, le fait de déterminer les avantages et les coûts des interventions possibles fournit des informations surprenantes aux décideurs.

Les décideurs des Premières Nations se concentrent traditionnellement sur les effets de leur façon de gouverner depuis six générations. Cette volonté de tenir compte du contexte élargi de collectivité tente de transformer le tissu social et économique pour améliorer l'existence des générations à venir.

Plus les prévisions portent sur un avenir lointain, moins elles sont fiables. Un grand nombre de scientifiques pensent que notre environnement est sain et qu'il s'adapte à l'activité humaine, tandis que d'autres estiment qu'il a atteint un seuil de détérioration au-delà duquel les conséquences négatives ne peuvent être prédites. Le principe de prudence nous invite à faire en sorte de prendre des décisions avisées en nous projetant dans l'avenir, et ce, même si on ne dispose pas de données quantifiables. Quand les avantages et les coûts ne sont connus que sous forme de variables, le modèle d'analyse avantages-coûts peut servir de base à des discussions visant à prendre des décisions qui auront des répercussions à long terme. Les décisions doivent parfois être prises en l'absence d'information complète.

EXEMPLE 9.2

L'énergie éolienne est un moyen de plus en plus concurrentiel de produire de l'électricité. Des innovations technologiques ont permis de ramener le prix de l'électricité éolienne de 10 cents le kilowatt-heure à 6 cents le kilowatt-heure. Le prix élevé du pétrole, la diminution des réserves de gaz naturel du Canada, l'absence de sites où construire des centrales hydroélectriques économiquement viables et les limites qui seront ultimement fixées pour les émissions de gaz carbonique du Canada sont autant de facteurs qui conduiront la production d'énergie éolienne dans la sphère économique. Un grand nombre d'entreprises canadiennes gèrent le rendement potentiel de leur investissement selon un cycle de vie de 20 ans, la plupart des coûts étant initiaux. Comme l'intérêt économique de la technologie éolienne est plus élevé lorsque les turbines sont de grande taille, les fabricants européens mettent au point des turbines éoliennes extracôtières dont l'envergure de pale est de 126 m dans le but de produire de l'électricité à un coût de 3 cents le kilowatt-heure d'ici 2015. Le Danemark comble aujourd'hui 20 % de ses besoins en électricité au moyen de l'énergie éolienne, l'Allemagne, 8 %, et le Canada, 1,1 % grâce à 99 parcs éoliens ayant une capacité de production d'environ 3 250 MW. Le Québec et l'Ontario ont fixé des cibles ambitieuses et mis en place des incitatifs économiques pour favoriser l'établissement de grands parcs éoliens comme le parc Le Nordais, à Gaspé, qui produit 100 MW pour alimenter 16 000 foyers. En offrant des incitatifs sous forme d'allègements fiscaux et de subventions de développement, les provinces lancent des appels d'offres auprès d'entreprises ayant la capacité d'installer des parcs éoliens en région éloignée et à quelques kilomètres de lignes de transport déjà montées. L'Ontario compte quadrupler sa capacité de production d'énergie éolienne grâce à des projets comme le projet éolien Chatham de Kruger Energy, sur la rive du lac Érié, dont les 44 turbines éoliennes de 2,3 MW chacune fourniront suffisamment d'électricité pour alimenter 30 000 foyers.

Dressez une liste de quelques-unes des catégories générales d'avantages pertinents qui sont difficiles à évaluer, mais qu'il est important de considérer dans le processus décisionnel.

Solution
Avantages
- Utilisation d'une source d'énergie renouvelable, durable sur le plan écologique
- Dépendance moindre à l'égard des combustibles hydrocarbonés, et par conséquent diminution des émissions de gaz à effet de serre et du réchauffement climatique
- Baisse du risque lié à l'évolution des modèles pluviométriques et de l'augmentation des dégâts causés par les tempêtes sur les côtes découlant du réchauffement climatique
- Sécurité accrue de la production d'énergie
- Baisse des coûts de l'énergie découlant de l'évolution de la technologie
- Création d'emplois dans le secteur de l'énergie éolienne
- Pollution atmosphérique moindre
- Moins de déchets de métaux lourds toxiques et moins de produits chimiques chlorés comparativement à d'autres sources d'énergie
- Amélioration de la santé de la population
- Occasions à saisir pour les entrepreneurs à mesure que le secteur prend de l'expansion
- Diminution des perturbations du cycle biogéochimique à grande échelle de la Terre
- Diminution des conflits régionaux provoqués par la rareté des ressources naturelles

Coûts
- Occasion manquée pour d'autres projets du secteur public
- Bruit
- Danger pour les oiseaux
- Pollution visuelle de zones vierges
- Nouvelles lignes de transport pour raccorder les parcs éoliens au réseau de distribution d'électricité
- Coût élevé de remplacement, en cas de panne de grandes turbines
- Perte de part du marché de l'énergie par le secteur pétrolier et perte connexe d'emplois
- Productivité variable selon la vitesse du vent, ce qui nécessite une capacité supplémentaire
- Coûts de la construction
- Coûts d'exploitation et d'entretien
- Frais d'administration
- Perturbation de l'économie pétrolière existante pendant la transition

L'utilisation de l'analyse avantages-coûts comme processus favorise les débats d'orientation sur les sujets polémiques de notre société scientifique et technologique. Des débats ou des audiences publics mobilisent souvent la population touchée. En réfléchissant d'avance à la façon dont l'essentiel des divers points de vue deviendra une donnée dans une analyse avantages-coûts, les facilitateurs de débats peuvent mieux prévoir les compromis possibles dans les prises de décisions.

Il importe que les analyses avantages-coûts soient effectuées de façon cohérente. Plusieurs organismes fédéraux canadiens publient des guides afin d'aider à échafauder et à simplifier les hypothèses principales ainsi qu'à choisir des critères d'évaluation. Ces guides, qui peuvent être consultés sur les sites Web du gouvernement, portent habituellement sur l'évaluation des avantages pour le public utilisateur. On y trouve l'évaluation des avantages découlant des services, du gain de temps, des améliorations de la sécurité et de la réduction des risques, ainsi que les coûts qui doivent être inclus dans une analyse.

On trouve de tels guides d'analyse avantages-coûts pour les études dans le secteur du transport (Transport Canada) ou de la prévention des crimes, auprès du Conseil du Trésor, des autorités de réglementation, du Centre de recherches pour le développement international et pour les projets de développement économique (Industrie Canada) et concernant la santé des Canadiens. Une recherche dans Internet avec les mots clés « guide avantages-coûts + Canada » permet d'obtenir une liste à jour des sites pertinents.

Chaque guide propose une gamme de valeurs du taux de rendement acceptable minimum pouvant servir pour l'analyse avantages-coûts. Au Canada, cette valeur est le « taux d'actualisation social ». Ce taux varie en fonction des taux d'inflation et il est lié à la fois au taux des obligations d'État exigé pour mobiliser des fonds pour le projet et à un taux d'intérêt pour opportunité manquée qui rend compte du taux de rendement dont les contribuables pourraient bénéficier pour d'autres projets. Les guides proposent une valeur du taux de rendement acceptable minimum et une fourchette de valeurs qui varie habituellement de +2 % à –2 % pour effectuer une analyse de sensibilité. Ainsi, si le taux de rendement acceptable minimum proposé est de 10 %, il est conseillé que l'analyse avantages-coûts soit effectuée pour un taux de 8 %, de 10 % et de 12 %. Si la décision de mettre en œuvre une solution en particulier ne change pas en fonction des résultats des trois analyses, l'incertitude entourant la meilleure valeur du taux d'actualisation social n'est pas un critère. Si cette décision change, il convient d'approfondir la recherche sur la meilleure valeur du taux de rendement acceptable minimum devant être utilisée.

9.5 L'ANALYSE AVANTAGES-COÛTS D'UN PROJET UNIQUE

Le ratio avantages-coûts (RAC) est considéré comme un critère fiable d'analyse fondamentale pour les projets du secteur public. Il existe plusieurs variantes de ce ratio, mais l'approche fondamentale est toujours la même. Toutes les estimations des coûts et des avantages doivent être converties en une unité monétaire équivalente commune – valeur actualisée (VA), annuité équivalente (AÉ) ou valeur capitalisée (VC) – au taux d'actualisation social (taux d'intérêt). Le ratio avantages-coûts est ensuite calculé au moyen d'une des relations suivantes :

$$\text{RAC} \cong \frac{\text{VA des avantages}}{\text{VA des coûts}} \cong \frac{\text{AÉ des avantages}}{\text{AÉ des coûts}} \cong \frac{\text{VC des avantages}}{\text{VC des coûts}} \qquad [9.1]$$

De légères différences peuvent survenir entre les ratios en raison de l'arrondissement des coefficients d'intérêt composé, mais elles n'ont aucune incidence sur les décisions.

Les équivalences de la valeur actualisée et de l'annuité sont davantage utilisées que la valeur capitalisée. Par convention, les signes sont positifs pour l'analyse avantages-coûts ; les coûts sont donc précédés du signe plus « + ». Les valeurs de récupération, lorsqu'elles sont estimées, sont soustraites des coûts. Les inconvénients sont pris en compte de différentes façons selon le modèle utilisé. Le plus souvent, les inconvénients sont soustraits des avantages et placés dans le numérateur. Les différents modèles sont analysés ci-dessous.

Le critère de décision est simple :

> Si le RAC ≥ 1,0, le projet est économiquement acceptable étant donné les estimations et le taux d'actualisation appliqué.
>
> Si le RAC < 1,0, le projet n'est pas économiquement acceptable.

Si la valeur du ratio avantages-coûts est exactement ou très rapprochée de 1,0, des facteurs non économiques aideront à déterminer la « meilleure » solution.

Le « ratio avantages-coûts conventionnel », probablement le plus répandu, est calculé de la façon suivante :

$$\text{RAC} = \frac{\textbf{avantages} - \textbf{inconvénients}}{\textbf{coûts}} = \frac{B - D}{C} \qquad [9.2]$$

Dans l'équation [9.2], les inconvénients (D) sont soustraits des avantages (B) et non ajoutés aux coûts (C). La valeur du ratio avantages-coûts pourrait changer considérablement si les inconvénients étaient considérés comme des coûts. Par exemple, si les chiffres 10, 8 et 8 sont utilisés pour représenter la valeur actualisée des avantages, des inconvénients et des coûts, respectivement, le traitement correct est RAC = (10 − 8) ÷ 8 = 0,25. L'inclusion erronée d'inconvénients dans le dénominateur donnerait RAC = 10 ÷ (8 + 8) = 0,625, soit plus que le double de la valeur correcte de 0,25 du ratio avantages-coûts. Il est alors manifeste que la méthode de traitement des inconvénients a une incidence sur l'ampleur du ratio avantages-coûts. Cependant, bien que les inconvénients soient (correctement) soustraits du numérateur ou (incorrectement) ajoutés aux coûts indiqués au dénominateur, un ratio avantages-coûts inférieur à 1,0 selon la première méthode générera toujours un ratio avantages-coûts inférieur à 1,0 selon la deuxième méthode, et inversement.

Le « ratio avantages-coûts modifié » inclut les charges d'entretien et d'exploitation (CEE) dans le numérateur où ils sont considérés comme des inconvénients. Le dénominateur ne contient que l'investissement initial. Lorsque tous les montants sont exprimés en valeur actualisée, en annuité équivalente ou en valeur capitalisée, le ratio avantages-coûts modifié est obtenu au moyen du calcul suivant :

$$\text{RAC modifié (RACM)} = \frac{\textbf{avantages} - \textbf{inconvénients} - \textbf{CEE}}{\textbf{investissement initial}} \qquad [9.3]$$

La valeur de récupération est comprise dans le dénominateur comme un coût négatif. Le ratio avantages-coûts modifié donnera visiblement lieu à une valeur différente du ratio avantages-coûts conventionnel. Toutefois, comme dans le cas des inconvénients, le traitement modifié peut influer sur la valeur du ratio, mais pas sur la décision d'accepter ou de rejeter le projet.

La « différence entre l'avantage et le coût », qui est une mesure de la valeur ne faisant pas intervenir de ratio, repose sur la différence entre la valeur actualisée, l'annuité équivalente ou la valeur capitalisée des avantages et des coûts, c'est-à-dire $B - C$. Si $(B - C) \geq 0$, le projet est acceptable. Cette méthode a l'avantage d'éliminer les divergences mentionnées ci-dessus lorsque les inconvénients sont considérés comme des coûts, puisque B représente des avantages nets. Ainsi, pour les chiffres 10, 8 et 8, on obtient le même résultat quelle que soit la manière dont les inconvénients sont considérés.

Soustraction des inconvénients aux avantages : $\quad B - C = (10 - 8) - 8 = -6$

Ajout des inconvénients aux coûts : $\quad B - C = 10 - (8 + 8) = -6$

Avant d'utiliser une formule pour calculer le ratio avantages-coûts, on doit vérifier si la solution pour laquelle l'annuité équivalente ou la valeur actualisée des coûts est la plus importante est aussi celle pour laquelle l'annuité équivalente ou la valeur actualisée des avantages est la plus importante. Il se peut qu'une solution comportant des coûts plus élevés procure des avantages moindres que les autres solutions possibles, ce qui permet de l'éliminer.

EXEMPLE 9.3

La Fondation du millénaire compte verser 15 millions de dollars en subventions à des écoles secondaires afin que celles-ci mettent au point de nouvelles manières d'enseigner les principes fondamentaux de l'ingénierie qui préparent les étudiants à des études supérieures. Les subventions porteront sur une période de 10 ans et entraîneront une diminution estimée de 1,5 million de dollars de la masse salariale des professeurs et des charges liées aux étudiants. La Fondation utilise un taux de rendement de 6 % par année pour toutes les subventions octroyées.

Le financement de la Fondation sera réparti entre ce programme de subventions et les activités permanentes. Par conséquent, un montant estimé de 200 000 $ par année sera retranché du financement d'autres programmes. Pour assurer la réussite du programme, une charge d'exploitation annuelle de 500 000 $ sera engagée à même le budget d'entretien et d'exploitation courant. Au moyen d'une analyse avantages-coûts, déterminez si le programme de subventions est justifié du point de vue économique.

Solution

Utilisez l'annuité équivalente comme équivalent monétaire commun. Les trois modèles d'analyse avantages-coûts sont utilisés pour évaluer le programme.

AÉ du coût d'investissement $\quad$ 15 000 000 $(A/P;6\%;10) = 2\,038\,050$ $ par année

AÉ de l'avantage $\quad$ 1 500 000 $ par année

AÉ de l'inconvénient $\quad$ 200 000 $ par année

AÉ des CEE $\quad$ 500 000 $ par année

Utilisez l'équation [9.2] pour une analyse avantages-coûts conventionnelle, où les charges d'entretien et d'exploitation sont placées au dénominateur comme coût annuel.

$$RAC = \frac{1\,500\,000 - 200\,000}{2\,038\,050 + 500\,000} = \frac{1\,300\,000}{2\,538\,050} = 0,51$$

Le projet n'est pas justifié, car le RAC < 1,0.

Selon l'équation [9.3], dans le ratio avantages-coûts modifié, les charges d'entretien et d'exploitation sont considérées comme une diminution des avantages.

$$RAC\ modifié = \frac{1\,500\,000 - 200\,000 - 500\,000}{2\,038\,050} = 0,39$$

Le projet n'est pas justifié non plus selon la méthode de l'analyse avantages-coûts modifiée, comme on s'y attendait.

Pour le modèle $(B - C)$, B est l'avantage net, et les charges d'entretien et d'exploitation annuelles sont incluses dans les coûts.

$$B - C = (1\,500\,000 - 200\,000) - (2\,038\,050 + 500\,000) = -1,24\ million\,$$$

Comme $(B - C) < 0$, le programme n'est pas justifié.

EXEMPLE 9.4

Aaron est un nouvel ingénieur de projet du ministère des Transports de l'Alberta. À partir des relations des annuités équivalentes, Aaron a effectué une analyse avantages-coûts conventionnelle des deux projets distincts présentés ci-après.

Projet de voie de contournement : Une nouvelle voie contournant une partie d'Edmonton est projetée pour améliorer la sécurité et diminuer le temps de transport.

> Investissement initial en valeur actualisée : $P = 40$ millions de dollars
> Entretien annuel : 1,5 million de dollars
> Avantages annuels pour le public : $B = 6,5$ millions de dollars
> Durée de vie prévue : 20 ans
> Financement : financement à parts égales par les gouvernements fédéral et provincial ; exigence du gouvernement fédéral : application d'un taux d'actualisation social de 8 %

Projet d'amélioration de l'infrastructure actuelle : Un élargissement des voies dans divers quartiers d'Edmonton est projeté pour réduire les embouteillages et améliorer la sécurité de la circulation.

> Investissement initial en valeur actualisée : $P = 4$ millions de dollars
> Entretien annuel : 150 000 $
> Avantages annuels pour le public : $B = 650 000 $
> Durée de vie prévue : 12 ans
> Financement : à 100 % par le gouvernement provincial ; taux d'actualisation social de 4 %

Aaron a appliqué une méthode de résolution manuelle pour l'analyse avantages-coûts conventionnelle au moyen de l'équation [9.2], les valeurs de l'annuité équivalente étant calculées à un taux de 8 % par année pour le projet de voie de contournement et de 4 % par année pour le projet d'amélioration.

Projet de voie de contournement : AÉ de l'investissement = $40 000 000 \$(A/P;8\%;20) =$ 4 074 000 $ par année

$$RAC = \frac{6\ 500\ 000}{4\ 074\ 000 + 1\ 500\ 000} = 1,17$$

Projet d'amélioration de la voie existante : AÉ de l'investissement = $4 000 000 \$(A/P;4\%;12) =$ 426 200 $ par année

$$RAC = \frac{650\ 000}{426\ 200 + 150\ 000} = 1,13$$

Les deux projets ont une justification économique puisque $B/C > 1,0$.
a) Procédez à la même analyse par ordinateur en faisant le moins de calculs possible.
b) Le taux d'actualisation social pour le projet d'amélioration n'est pas certain parce que la province envisage de demander au gouvernement fédéral de le financer. Le projet d'amélioration économique a-t-il une justification économique si le taux d'actualisation social de 8 % s'applique aussi à lui ?

Solution par ordinateur
a) (*Voir la figure 9.1 a*). Les valeurs du ratio avantages-coûts, 1,17 et 1,13, sont dans les cellules B4 et D4 (unités de 1 million de dollars). La fonction VPM($i\%;n;-P$) plus les coûts d'entretien annuels calcule l'annuité équivalente des coûts au dénominateur (*voir les étiquettes de cellules*).

b) Dans la cellule F4, on utilise une valeur i de 8 % dans la fonction VPM. Il y a une différence réelle dans la décision de justification. Au taux de 8 %, le projet d'amélioration n'a plus de justification économique.

Remarque
La figure 9.1 b) présente une solution complète du ratio avantages-coûts sur une feuille de calcul. Les conclusions ne sont pas différentes de celles qui sont dégagées de la feuille de calcul de la solution éclair, mais les estimations concernant le projet et les résultats du ratio avantages-coûts sont présentés en détail sur cette feuille de calcul. De plus, il est facile de faire une analyse de sensibilité supplémentaire avec cette version détaillée, en raison de l'utilisation des fonctions de base des cellules.

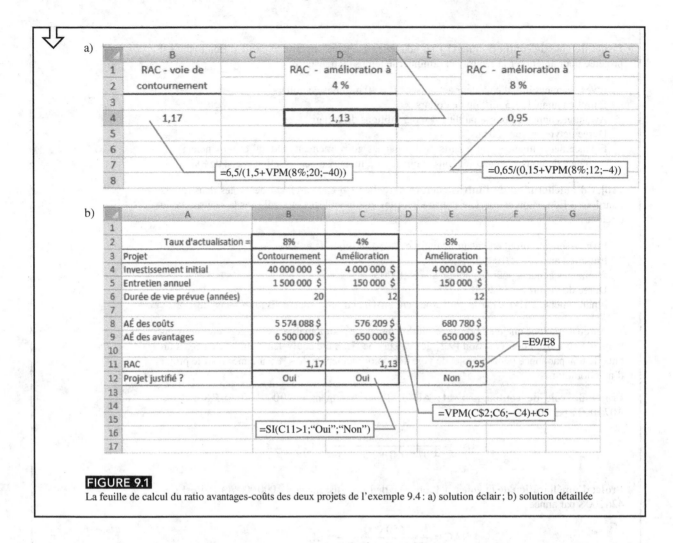

FIGURE 9.1

La feuille de calcul du ratio avantages-coûts des deux projets de l'exemple 9.4 : a) solution éclair ; b) solution détaillée

9.6 LA SÉLECTION DE SOLUTIONS AU MOYEN DE L'ANALYSE AVANTAGES-COÛTS DIFFÉRENTIELLE

La méthode employée pour comparer deux solutions mutuellement exclusives lorsqu'on procède à une analyse avantages-coûts est pratiquement la même que celle qui est présentée pour le taux de rendement interne différentiel au chapitre 8. Le ratio avantages-coûts différentiel (conventionnel) est déterminé au moyen des calculs de la valeur actualisée, de l'annuité équivalente ou de la valeur capitalisée, et la solution ayant le coût le plus élevé a une justification si ce ratio avantages-coûts est égal ou supérieur à 1,0. La règle de sélection est la suivante :

> Si le RAC ≥ 1,0, choisir la solution ayant le coût le plus élevé, parce que l'excédent de coût a une justification économique.
>
> Si le RAC différentiel ≤ 1,0, choisir la solution ayant le coût le moins élevé.
>
> Pour effectuer une analyse avantages-coûts différentielle correcte, il est nécessaire que chaque solution possible ne soit comparée qu'avec une autre solution possible pour laquelle le coût différentiel a déjà une justification. Cette règle a déjà été utilisée dans l'analyse du taux de rendement interne différentiel.

Sections
8.3 et 8.6

Taux de rendement
interne différentiel

Plusieurs caractéristiques rendent l'analyse avantages-coûts légèrement différente de l'analyse du taux de rendement interne différentiel. Comme on le sait, tous les coûts sont de signe positif dans le ratio avantages-coûts. De plus, l'ordonnancement des solutions est effectué en fonction des coûts totaux indiqués au dénominateur du ratio. Ainsi, si deux solutions possibles (A et B) ont des investissements initiaux égaux et la même durée de vie, mais que le coût annuel équivalent de B est plus élevé, alors B doit avoir une justification différentielle par rapport à A (*voir l'exemple 9.5*). Si cette convention n'est pas suivie à la lettre, il est possible que le coût inclus dans le dénominateur ait une valeur négative, ce qui peut donner lieu à un RAC < 1 erroné et entraîner le rejet d'une solution à un coût plus élevé qui, en réalité, est justifiée.

Suivez les étapes ci-dessous pour effectuer correctement une analyse conventionnelle du ratio avantages-coûts de deux solutions possibles. Les valeurs équivalentes peuvent être exprimées sous la forme de valeur actualisée, d'annuité équivalente ou de valeur capitalisée.

1. Déterminer les coûts équivalents totaux pour les deux solutions possibles.
2. Classer les solutions possibles en fonction du coût équivalent total, du plus faible au plus élevé. Calculer le coût différentiel (ΔC) pour la solution présentant le coût le plus élevé. Il s'agit du dénominateur du ratio avantages-coûts.
3. Calculer les avantages équivalents totaux et les éventuels inconvénients estimés pour les deux solutions possibles. Calculer les avantages différentiels (ΔB) pour la solution ayant le coût le plus élevé (c'est-à-dire $\Delta(B - D)$ si des inconvénients sont pris en compte).
4. Calculer le ratio avantages-coûts différentiel au moyen de l'équation [9.2], $(B-D)/C$.
5. Utiliser les règles de sélection pour choisir la solution dont le coût est le plus élevé si $B/C \geq 1{,}0$.

Quand le ratio avantages-coûts est déterminé pour la solution dont le coût est le moins élevé, il s'agit d'une comparaison avec la solution du *statu quo*. Si le RAC < 1,0, alors la solution du *statu quo* doit être choisie et comparée à la deuxième solution possible. Si la valeur du ratio avantages-coûts d'aucune des deux solutions n'est acceptable, la solution du *statu quo* doit être choisie. Dans une analyse de projet du secteur public, la solution du *statu quo* est habituellement la condition d'acceptation.

EXEMPLE 9.5

La Ville de Montmagny a reçu des plans pour ajouter une nouvelle aile de chambres de patients à son hôpital de la part de deux architectes-conseils. L'un des deux plans doit être accepté pour que la Ville puisse aller en appel d'offres pour la construction. Les coûts et les avantages sont les mêmes dans la plupart des catégories, mais le directeur financier de la Ville a décidé qu'il faut tenir compte des trois estimations ci-dessous afin de déterminer lequel des plans doit être recommandé.

	Plan A	Plan B
Coût de construction ($)	10 000 000	15 000 000
Charges d'entretien du bâtiment ($/année)	35 000	55 000
Coût d'utilisation par les patients ($/année)	450 000	200 000

Le coût d'utilisation par les patients est une estimation du montant que paient les patients transportés dans un plus grand hôpital situé à 60 km de distance pour recevoir des traitements médicaux et des soins en régime hospitalier. Comme le plan B est presque 50 % plus important que le plan A, il permettra d'accueillir davantage de patients. Le taux d'actualisation social est de 5 %, et la durée de vie du bâtiment est estimée à 30 ans.

a) Utilisez le critère du ratio avantages-coûts conventionnel pour choisir entre le plan A et le plan B.

b) Lorsque les deux plans ont été rendus publics, une entreprise privée de taxis médicaux a intenté une poursuite alléguant que le plan A réduirait son bénéfice d'environ 100 000 $ par année en raison d'une baisse de la demande de transport entre Montmagny et le grand hôpital.

L'entreprise de taxis a jugé que le plan B n'entraînerait pas de changement de son bénéfice annuel, car elle prévoit que les déplacements entre Montmagny et les villes des environs pour l'utilisation des nouvelles installations augmenteront. Le directeur financier de la Ville estime que cette préoccupation doit être prise en compte dans l'évaluation comme un inconvénient du plan A. Refaites l'analyse avantages-coûts afin de déterminer si la décision économique est la même que lorsque l'inconvénient n'était pas pris en compte.

Solution

a) Comme la plupart des flux monétaires sont déjà annualisés, dans le ratio avantages-coûts différentiel, on utilise les valeurs de l'annuité équivalente. Aucune estimation des inconvénients n'est prise en considération. Suivez les étapes de la procédure décrite ci-dessous :

1. L'annuité équivalente des coûts est la somme des coûts de construction et des charges d'entretien.

$$AÉ_A = 10\,000\,000(A/P;5\%;30) + 35\,000 = 685\,500\,\$$$
$$AÉ_B = 15\,000\,000(A/P;5\%;30) + 55\,000 = 1\,030\,750\,\$$$

2. Le plan B comprend l'annuité équivalente des coûts la plus élevée ; c'est donc la solution qui doit être justifiée différentiellement. La valeur du coût différentiel est :

$$\Delta C = AÉ_B - AÉ_A = 345\,250\,\$ \text{ par année}$$

3. L'annuité équivalente des avantages est calculée d'après les coûts de l'utilisation par les patients, car il s'agit de conséquences pour le public. Les avantages, dans l'analyse avantages-coûts, ne sont pas les coûts eux-mêmes, mais la différence si le plan B est choisi. Le coût d'utilisation moindre chaque année est un avantage qui favorise le plan B.

$$\Delta B = \text{utilisation}_A - \text{utilisation}_B = 450\,000\,\$ - 200\,000\,\$ = 250\,000\,\$ \text{ par année}$$

4. Le ratio avantages-coûts différentiel est calculé au moyen de l'équation [9.2].

$$RAC = \frac{250\,000\,\$}{345\,250\,\$} = 0{,}72$$

5. Le ratio avantages-coûts est inférieur à 1,0, ce qui indique que les coûts supplémentaires associés au plan B ne sont pas justifiés. Le plan A est donc choisi pour procéder à l'appel d'offres.

b) Les estimations de manque à gagner sont considérées comme des inconvénients. Comme les inconvénients du plan B sont inférieurs de 100 000 $ à ceux du plan A, cette différence positive est ajoutée aux avantages de 250 000 $ du plan B, pour un avantage total de 350 000 $. À présent, on obtient :

$$RAC = \frac{350\,000\,\$}{345\,250\,\$} = 1{,}01$$

Le plan B est un peu plus avantageux. Dans ce cas, l'inclusion des inconvénients a inversé la décision économique précédente, ce qui a rendu la situation plus difficile d'un point de vue politique. De nouveaux inconvénients seront probablement avancés par d'autres groupes d'intérêts particuliers dans un avenir proche.

Comme d'autres méthodes, l'analyse avantages-coûts exige une comparaison selon le critère de l'égalité des services des solutions possibles. La durée d'utilité attendue d'un projet public étant habituellement longue (25 ou 30 ans ou plus), les solutions possibles ont généralement la même durée de vie. Cependant, lorsque les durées de vie des solutions possibles ne sont pas égales, il faut recourir à la gestion du cycle de vie (GCV) pour déterminer les coûts et avantages équivalents au moyen de la valeur actualisée. Il s'agit là d'une excellente occasion d'utiliser les annuités équivalentes des coûts et avantages, si l'hypothèse implicite que le projet pourrait être répété est raisonnable. On procède alors à une analyse fondée sur l'annuité équivalente pour déterminer le ratio avantages-coûts quand les solutions comparées ont des durées de vie différentes.

9.7 L'ANALYSE AVANTAGES-COÛTS DIFFÉRENTIELLE DE SOLUTIONS MULTIPLES ET MUTUELLEMENT EXCLUSIVES

La marche à suivre pour faire un choix parmi au moins trois solutions mutuellement exclusives au moyen de l'analyse avantages-coûts différentielle est pratiquement identique à celle qui est présentée à la section précédente. Elle est aussi semblable à celle de l'analyse du taux de rendement interne différentiel présentée à la section 8.6. Les directives pour la sélection sont les suivantes :

> Choisir la solution dont le coût est le plus élevé et qui est justifiée par un RAC différentiel ≥ 1,0 lorsque cette solution a été comparée avec une autre solution justifiée.

Il y a deux types d'estimations des avantages : l'estimation des avantages directs et l'estimation des avantages indirects fondée sur les estimations du coût d'utilisation. L'exemple 9.5 illustre bien le deuxième type d'estimation des avantages indirects. Quand des avantages indirects sont estimés, le ratio avantages-coûts de chaque solution possible peut d'abord être calculé comme un mécanisme de sélection initial visant à éliminer les solutions qui sont inacceptables. Au moins une solution doit afficher un RAC ≥ 1,0 pour qu'on puisse procéder à l'analyse avantages-coûts différentielle. Si aucune solution n'est acceptable, la solution du *statu quo* est indiquée comme choix. (La démarche est la même que celle de l'étape 2 pour l'énoncé « solutions générant des produits seulement » de la marche à suivre pour le taux de rendement à la section 8.6. L'expression « solution générant des produits » ne peut cependant être appliquée aux projets du secteur public.)

Comme à la section précédente qui portait sur la comparaison de deux solutions possibles, le choix d'une solution parmi plusieurs en fonction du ratio avantages-coûts différentiel repose sur les coûts équivalents totaux pour classer initialement les solutions par ordre croissant de coût. Une comparaison des solutions, deux à deux, est ensuite effectuée. À noter également que tous les coûts sont de signe positif pour les calculs de l'analyse avantages-coûts. Les termes « solution à remplacer » et « solution de remplacement » peuvent être employés dans cette démarche, comme dans l'analyse fondée sur le taux de rendement interne. La marche à suivre pour l'analyse avantages-coûts de solutions multiples est la suivante :

1. Déterminer le coût équivalent total pour toutes les solutions possibles. (Utiliser les équivalences annuité équivalente, valeur actualisée ou valeur capitalisée lorsque les solutions ont des durées de vie égales ; utiliser l'annuité équivalente lorsque les solutions n'ont pas la même durée de vie.)

2. Classer les solutions possibles par coût équivalent total, du plus faible au plus élevé.

3. Déterminer les avantages équivalents totaux (et les inconvénients estimés, s'il y a lieu) pour chaque solution possible.

4. Effectuer une estimation directe des avantages seulement. Pour ce faire, calculer le RAC pour la solution classée en tête de liste. (De la sorte, la solution du *statu quo* devient la solution à remplacer et la première solution, la solution de remplacement.) Si le RAC < 1,0, éliminer la solution de remplacement et passer à la solution de remplacement suivante. Répéter l'opération jusqu'à ce que le RAC ≥ 1,0. La solution à remplacer est alors éliminée, et la solution suivante

devient la solution de remplacement. (Pour une analyse par ordinateur, déterminer initialement le ratio avantages-coûts pour toutes les solutions et ne retenir que celles qui sont acceptables.)

5. Calculer les coûts différentiels (ΔC) et les avantages différentiels (ΔB) au moyen des relations suivantes:

$$\Delta C = \text{coût de la solution de remplacement} - \text{coût de la solution à remplacer} \quad [9.4]$$

$$\Delta B = \text{avantages de la solution de remplacement} - \text{avantages de la solution à remplacer} \quad [9.5]$$

Si les coûts d'utilisation relatifs sont estimés pour chaque solution possible, plutôt que les avantages directs, on peut déterminer ΔB au moyen de la relation:

$$\Delta B = \text{coûts d'utilisation de la solution à remplacer} - \text{coûts d'utilisation de la solution de remplacement} \quad [9.6]$$

6. Calculer le ratio avantages-coûts différentiel pour la première solution de remplacement comparativement au ratio avantages-coûts différentiel pour la solution à remplacer.

$$RAC = \Delta B / \Delta C \quad [9.7]$$

Si le RAC différentiel $\geq 1{,}0$ dans l'équation [9.7], la solution de remplacement devient la solution à remplacer, et la solution à remplacer précédente est éliminée. Inversement, si le RAC différentiel $< 1{,}0$, on élimine la solution de remplacement, et la solution à remplacer est comparée avec la solution de remplacement suivante.

7. Répéter les étapes 5 et 6 jusqu'à ce qu'il ne reste plus qu'une solution possible: la solution retenue.

À toutes les étapes ci-dessus, on peut tenir compte des inconvénients différentiels en remplaçant ΔB par $\Delta(B-D)$, comme dans l'équation du ratio avantages-coûts conventionnel [9.2].

EXEMPLE 9.6

Une association à but non lucratif de citoyens de Salt Spring Island, en Colombie-Britannique, est la promotrice de la construction d'un centre de loisirs à Ganges. Quatre projets possibles ont été élaborés afin de tirer parti des incitatifs économiques prévus par le district de la capitale régionale.

Les politiques en vigueur sur les incitatifs économiques permettent aux entreprises partenaires de toucher un montant de 500 000 $ en espèces comme incitatif pour la première année de réalisation du projet et 10 % de ce montant chaque année pendant 8 ans en réduction d'impôts fonciers. Tous les projets réunissent les critères donnant droit à ces deux incitatifs. Chaque projet prévoit que les résidants de l'île bénéficieront de frais d'entrée (utilisation) réduits au centre. Cette réduction des frais sera appliquée tant que la mesure de réduction des impôts fonciers demeurera en vigueur. L'association de citoyens a estimé ces frais d'entrée totaux annuels, réduction comprise, pour les résidants, ainsi que les revenus de taxe de vente harmonisée (TVH) supplémentaires prévus pour les quatre projets pour le centre. Ces estimations et les coûts de l'incitatif initial, ainsi que la réduction fiscale de 10 %, sont résumés dans la partie supérieure du tableau 9.1.

Effectuez une analyse avantages-coûts différentielle manuelle et par ordinateur afin de déterminer lequel des projets est le meilleur du point de vue économique. Le taux d'actualisation social est de 7 % par année. Les politiques actuelles sur les incitatifs peuvent-elles être appliquées pour accepter le meilleur projet?

TABLEAU 9.1	LES ESTIMATIONS DES COÛTS ET AVANTAGES ET DE L'ANALYSE AVANTAGES-COÛTS DIFFÉRENTIELLE POUR QUATRE PROJETS DE CENTRE DE LOISIRS			
	Projet 1	**Projet 2**	**Projet 3**	**Projet 4**
Incitatif initial ($)	250 000	350 000	500 000	800 000
Coût des incitatifs fiscaux ($/année)	25 000	35 000	50 000	80 000
Frais d'entrée des résidants ($/année)	500 000	450 000	425 000	250 000
TVH supplémentaire ($/année)	310 000	320 000	320 000	340 000
Période d'étude (années)	8	8	8	8
AÉ des coûts totaux ($)	66 867	93 614	133 735	213 976
Solutions comparées		2 avec 1	3 avec 2	4 avec 2
Coûts différentiels ΔC ($/année)		26 747	40 120	120 360
Réduction des frais d'entrée ($/année)		50 000	25 000	200 000
TVH supplémentaire ($/année)		10 000	0	20 000
Avantages différentiels ΔB ($/année)		60 000	25 000	220 000
RAC différentiel		2,24	0,62	1,83
Différentiel justifié ?		Oui	Non	Oui
Solution retenue		2	2	4

Solution manuelle

Le point de vue adopté pour l'analyse économique est celui d'un résidant de l'île. Les incitatifs sous forme d'espèces de la première année et les incitatifs sous forme de réduction des impôts annuels représentent des coûts réels pour les résidants. Les avantages sont calculés au moyen de deux composantes : les estimations de la diminution des frais d'entrée et l'augmentation des encaissements de la taxe de vente harmonisée. Chaque citoyen bénéficie indirectement de ces avantages à cause de l'augmentation de la somme d'argent disponible pour ceux qui utilisent le centre et de l'enveloppe budgétaire municipale dans laquelle les recettes fiscales sont déposées. Comme ces avantages doivent être calculés indirectement d'après ces deux composantes, les valeurs initiales des ratios avantages-coûts des projets ne peuvent être calculées pour éliminer un projet d'emblée. Une analyse avantages-coûts comparant de façon différentielle deux solutions possibles à la fois doit être effectuée.

Le tableau 9.1 présente les résultats de la marche à suivre décrite ci-dessus. Les valeurs égales à l'annuité équivalente sont utilisées pour les montants correspondant aux avantages et aux coûts annuels. Comme les avantages doivent être calculés indirectement à partir des frais d'entrée estimatifs et des encaissements de taxe de vente harmonisée, l'étape 4 n'est pas utilisée.

1. Pour chaque solution possible, le montant correspondant au recouvrement du capital sur 8 années est déterminé et ajouté au coût annuel de l'incitatif que représente la réduction des impôts fonciers. Pour le projet 1 :

$$\text{AÉ des coûts totaux} = \text{incitatif initial}(A/P;7\%;8) + \text{coût fiscal}$$
$$= 250\ 000\$(A/P;7\%;8) + 25\ 000 = 66\ 867\$$$

2. Les solutions sont classées par ordre en fonction de l'annuité équivalente des coûts totaux dans le tableau 9.1.
3. L'avantage annuel d'une solution est l'avantage différentiel des frais d'entrée et des montants de taxe de vente harmonisée qui sont calculés à l'étape 5.
4. Cette étape n'est pas utilisée.
5. Les coûts différentiels calculés au moyen de l'équation [9.4] sont présentés dans le tableau 9.1. En comparant le projet 2 au projet 1, on obtient :

$$\Delta C = 93\ 614\$ - 66\ 867 = 26\ 747\$$$

Les avantages différentiels pour une solution correspondent à la somme des frais d'entrée pour les résidants comparés à ceux de la solution dont le coût est immédiatement inférieur, plus l'augmentation des encaissements de taxe de vente harmonisée par rapport à ceux de la solution dont le coût est immédiatement inférieur. Les avantages sont ainsi déterminés différentiellement pour chaque couple de solutions possibles. Par exemple, lorsque le projet 2 est comparé au projet 1, les frais d'entrée des résidants diminuent de 50 000 $ par année et les encaissements de taxe de vente harmonisée augmentent de 10 000 $. L'avantage total est alors la somme de ces avantages, soit $\Delta B = 60\,000$ $ par année.

6. Si on compare le projet 2 au projet 1, l'équation [9.7] donne ce qui suit :

$$RAC = 60\,000\,\$ \div 26\,747\,\$ = 2,24$$

Le projet 2 est une solution visiblement justifiée sur le plan différentiel. Le projet 1 est éliminé, et le projet 3 est maintenant comparé au projet 2.

7. Ce processus est répété pour la comparaison du projet 3 avec le projet 2, dont le ratio avantages-coûts différentiel est de 0,62 parce que les avantages différentiels sont nettement inférieurs à l'augmentation des coûts. Le projet 3 est donc éliminé. En comparant maintenant le projet 4 avec le projet 2, on obtient :

$$RAC = 220\,000\,\$ \div 120\,360\,\$ = 1,83$$

Comme le RAC > 1,0, le projet 4 est retenu ; ce dernier étant la seule solution possible restante, il est retenu.

La recommandation en faveur du projet 4 exige un incitatif initial de 800 000 $, qui dépasse la limite de 500 000 $ des montants maximaux approuvés à titre d'incitatifs. L'association de citoyens devra demander à la Municipalité de lui accorder une dérogation. Si cette dernière est rejetée, le projet 2 sera accepté.

Solution par ordinateur

Une feuille de calcul contenant les mêmes calculs que ceux du tableau 9.1 est présentée dans la figure 9.2. Les cellules de la ligne 8 contiennent la fonction VPM(7 %;8;–incitatif initial) qui permet de calculer le recouvrement du capital pour chaque solution possible ainsi que le coût fiscal annuel. Ces annuités équivalentes des coûts totaux servent à classer les solutions possibles aux fins de comparaison différentielle.

Les étiquettes de cellule des lignes 10 à 13 décrivent en détail les formules des coûts et avantages différentiels utilisés dans le calcul du ratio avantages-coûts différentiel (ligne 14). On remarquera la différence entre les formules des lignes 11 et 12, qui déterminent les avantages différentiels des frais d'entrée et de la taxe de vente harmonisée, respectivement. L'ordre de la soustraction entre les colonnes de la ligne 11 (par exemple = B5 – C5 pour la comparaison du projet 2 avec le projet 1) doit être exact pour obtenir l'avantage différentiel lié aux frais d'entrée. Les opérateurs SI de la ligne 15 font en sorte que la solution de remplacement est acceptée ou refusée selon la taille du ratio avantages-coûts. Après la comparaison du projet 3 avec le projet 2, si le RAC = 0,62 dans la cellule D14, le projet 3 est éliminé. La solution du projet 4 est retenue, comme dans le cas de la solution manuelle.

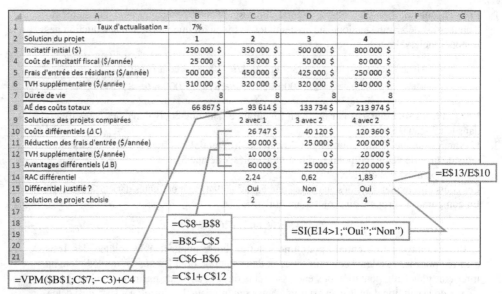

FIGURE 9.2

Une solution par ordinateur pour l'analyse avantages-coûts différentielle de quatre solutions de projets possibles mutuellement exclusives de l'exemple 9.6

Lorsque la durée de vie des projets dont il est question dans les solutions est telle qu'elle peut être jugée indéfinie, le coût immobilisé est utilisé pour calculer les valeurs équivalentes de la valeur actualisée ou de l'annuité équivalente pour les coûts et les avantages. L'équation [5.3], $A = Pi$, est utilisée pour déterminer les valeurs égales à l'annuité équivalente dans l'analyse avantages-coûts différentielle.

Si au moins deux projets indépendants sont évalués à l'aide de l'analyse avantages-coûts et qu'il n'y a pas de contraintes budgétaires, une comparaison différentielle n'est pas nécessaire. Une comparaison entre chaque projet et la solution du *statu quo* suffit. Les valeurs du ratio avantages-coûts sont calculées pour chacun des projets qui sont acceptés si leur RAC ≥ 1,0. Cette marche à suivre est la même que pour choisir parmi des projets indépendants selon la méthode du taux de rendement interne (*voir le chapitre 8*). Si une contrainte budgétaire est imposée, la procédure de budgétisation du capital étudiée au chapitre 12 doit être appliquée.

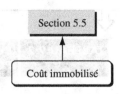

EXEMPLE 9.7

La Saskatchewan Watershed Authority veut ériger un barrage sur un fleuve sujet à des crues périodiques. Le coût de construction estimatif et les avantages annuels moyens en dollars sont énumérés ci-dessous. a) Sachant que, aux fins de l'analyse, un taux annuel de 6 % s'applique et que la durée de vie du barrage est infinie, utilisez l'analyse avantages-coûts pour sélectionner le meilleur emplacement pour le barrage. Si aucun emplacement n'est acceptable, d'autres emplacements seront déterminés plus tard. b) Si plusieurs emplacements peuvent être choisis pour le barrage, utilisez l'analyse avantages-coûts afin de déterminer les emplacements acceptables.

Emplacement	Coût de la construction (millions de dollars)	Avantages annuels ($)
A	6	350 000
B	8	420 000
C	3	125 000
D	10	400 000
E	5	350 000
F	11	700 000

Solution

a) Le coût immobilisé est utilisé pour obtenir les valeurs de l'annuité équivalente $A = Pi$ pour le recouvrement du capital annuel du coût de construction, comme il est indiqué à la première ligne du tableau 9.2. Comme les avantages sont estimés directement, le ratio avantages-coûts pour l'emplacement peut être utilisé pour la présélection des emplacements possibles. Seuls les emplacements E et F présentent un RAC > 1,0 et sont donc évalués de façon différentielle. La solution E est comparée à la solution du *statu quo* parce qu'il n'est pas nécessaire qu'un emplacement donné soit sélectionné. L'analyse de solutions mutuellement exclusives présentée dans la partie inférieure du tableau 9.2 repose sur l'équation [9.7].

$$\text{RAC différentiel} = \frac{\Delta \text{ avantages annuels}}{\Delta \text{ coûts annuels}}$$

Comme seul l'emplacement E a une justification différentielle, il est sélectionné.

b) Les propositions d'emplacement du barrage sont à présent des projets indépendants. Le ratio avantages-coûts de l'emplacement sert à sélectionner un nombre d'emplacements situé entre 0 et 6. Le tableau 9.2 indique un RAC > 1,0 pour les emplacements E et F seulement ; ils sont acceptables, les autres ne le sont pas.

TABLEAU 9.2	L'UTILISATION DE L'ANALYSE DIFFÉRENTIELLE DU RATIO AVANTAGES-COÛTS POUR L'EXEMPLE 9.7 (MILLIERS DE DOLLARS)					
	C	E	A	B	D	F
Recouvrement du capital ($)	180	300	360	480	600	660
Avantages annuels ($)	125	350	350	420	400	700
RAC de l'emplacement	0,69	1,17	0,97	0,88	0,67	1,06
Décision	Non	Retenir	Non	Non	Non	Retenir

Comparaison	E avec *statu quo*	F avec E
Δ coût annuel ($)	300	360
Δ avantages annuels ($)	350	350
Δ RAC	1,17	0,97
Différentiel justifié ?	Oui	Non
Emplacement sélectionné	E	E

Remarque

Dans la partie a), on suppose l'ajout de l'emplacement G, pour un coût de construction de 10 millions de dollars et un avantage annuel de 700 000 $. Le ratio avantages-coûts de l'emplacement est acceptable : RAC = 700 ÷ 600 = 1,17. À présent, il faut comparer de façon différentielle G avec E ; le RAC différentiel = 350 ÷ 300 = 1,17 est favorable à G. Dans ce cas, l'emplacement F doit être comparé avec l'emplacement G. Comme les avantages annuels sont les mêmes (700 000 $), le ratio avantages-coûts est de 0, et l'investissement supplémentaire n'est pas justifié. L'emplacement G est donc choisi.

RÉSUMÉ DU CHAPITRE

L'analyse avantages-coûts sert principalement à évaluer des projets et à faire un choix entre plusieurs solutions possibles dans le secteur public. Quand on compare des solutions mutuellement exclusives, le ratio avantages-coûts différentiel doit être supérieur ou égal à 1,0 pour que le coût total équivalent différentiel soit justifié sur le plan économique. Il est possible d'utiliser la valeur actualisée, l'annuité équivalente ou la valeur capitalisée des coûts initiaux et des avantages estimés pour effectuer une analyse avantages-coûts différentielle. Si les durées de vie des projets sont inégales, les valeurs de l'annuité équivalente doivent être employées, à condition que l'hypothèse de la répétition du projet soit vraisemblable. Dans le cas des projets indépendants, l'analyse avantages-coûts différentielle est nécessaire. Tous les projets ayant un RAC ≥ 1,0 sont sélectionnés dans la mesure où il n'y a aucune contrainte budgétaire.

L'économie du secteur public est très différente de celle du secteur privé. Dans le cas des projets du secteur public, les coûts initiaux sont habituellement importants, la durée de vie prévue est longue (25 ans, 35 ans ou plus), et les capitaux proviennent habituellement des impôts versés par la population, des droits d'utilisation, d'émissions d'obligations et de prêteurs du secteur privé. Il est très difficile de faire une estimation exacte des avantages pour un projet du secteur public. En effet, dans le secteur public, les taux d'intérêt ou taux d'actualisation sociaux sont inférieurs aux taux d'intérêt visant le financement des entreprises. Bien que le taux d'actualisation social soit aussi important que le taux de rendement acceptable minimum, il peut être difficile à déterminer parce que les organismes publics sont admissibles à des taux différents. Des taux d'actualisation sociaux normalisés sont proposés dans le cas de certains organismes fédéraux.

PROBLÈMES

L'économie du secteur public

9.1 Donnez la différence entre les solutions possibles du secteur public et du secteur privé en ce qui a trait aux caractéristiques suivantes :
a) Importance de l'investissement
b) Durée de vie du projet
c) Financement
d) Taux de rendement acceptable minimum

9.2 Indiquez si les caractéristiques ci-dessous sont principalement associées à des projets du secteur public ou du secteur privé.
a) Gains
b) Impôts et taxes
c) Inconvénients
d) Durée de vie indéterminée
e) Frais d'utilisation
f) Obligations de sociétés

9.3 Indiquez, pour chaque flux monétaire, s'il s'agit d'un avantage, d'un inconvénient ou d'un coût.
a) Produits annuels de 500 000 $ provenant du tourisme à la suite de l'aménagement d'un bassin d'eau douce
b) Entretien de 700 000 $ par année d'un port pour les navires-conteneurs par l'autorité responsable
c) Charges de 45 millions de dollars pour la construction d'un tunnel sur une route provinciale
d) Compression de la masse salariale de 1,3 million de dollars à cause d'une baisse des échanges commerciaux avec l'étranger
e) Réduction de 375 000 $ par année des réparations découlant d'accidents d'automobile en raison d'une amélioration de l'éclairage
f) Perte de revenus de 700 000 $ par les agriculteurs en raison de l'élimination d'un droit de passage sur l'autoroute par l'organisme administrant les réserves de terres agricoles

9.4 Depuis sa fondation il y a 20 ans, la société de construction Deware a toujours établi ses contrats à partir d'un tarif déterminé ou d'un prix coûtant majoré. On lui offre l'occasion de participer à un projet de construction d'autoroute nationale à l'étranger, plus précisément dans un pays d'Afrique. Si sa candidature est acceptée, Deware travaillera comme sous-traitant d'une grande entreprise européenne et signera un contrat de construction, d'exploitation et de transfert avec le gouvernement de l'État africain en question. Décrivez, à l'intention du président de Deware, au moins quatre des différences importantes qui distinguent un contrat de construction-exploitation-transfert d'un contrat plus traditionnel.

9.5 Supposez qu'une entreprise accepte de signer un contrat de type construction-exploitation-transfert. a) Énoncez deux risques que prend cette entreprise. b) Indiquez comment l'entité publique partenaire peut diminuer ces risques.

La valeur du ratio avantages-coûts du projet

9.6 Les flux monétaires annuels estimatifs pour un projet d'une administration municipale sont les suivants : coûts de 450 000 $ par année, avantages de 600 000 $ par année et inconvénients de 100 000 $ par année. Déterminez : a) le ratio avantages-coûts ; b) la valeur de B – C.

9.7 À l'aide d'un tableur comme Excel, utilisez l'analyse de la valeur actualisée et un taux d'actualisation de 5 % par année afin d'établir que la valeur du ratio avantages-coûts pour les estimations qui suivent est de 0,375, ce qui rend le projet inacceptable selon la méthode avantages-coûts.
a) Saisissez les valeurs et les équations dans le tableur afin de pouvoir les modifier en fonction de l'objet de l'analyse de sensibilité.

Coût initial = 8 millions de dollars
Coût annuel = 800 000 $ par année
Avantage = 550 000 $ par année
Inconvénient = 100 000 $ par année

b) Effectuez l'analyse de sensibilité qui suit en changeant seulement deux cellules de votre feuille de calcul. Remplacez le taux d'actualisation par 3 % par année et ajustez l'estimation des coûts annuels jusqu'à ce que le RAC = 1,023. Ainsi, selon l'analyse avantages-coûts, le projet est tout juste acceptable.

9.8 On suppose que 2,5 % du revenu médian d'un ménage est un montant raisonnable à payer pour de l'eau potable, le revenu médian d'un ménage étant de 30 000 $ par année. On suppose maintenant qu'un règlement aura une incidence sur la santé des personnes dans 1 % des ménages. À combien devraient s'élever les avantages pour la santé en dollars par ménage (pour cette proportion de 1 % des ménages) si on veut que le ratio avantages-coûts soit égal à 1,0 ?

9.9 Modélisez et résolvez le problème 9.8 à l'aide d'un tableur, puis effectuez les changements indiqués ci-dessous. Dans le cas de chacun de ces changements, observez les augmentations et les diminutions de la valeur économique requise des avantages pour la santé.

a) Le revenu médian est de 18 000 $ (dans le cas d'un pays plus pauvre), et le pourcentage du revenu des ménages est ramené à 2 %.

b) Le revenu médian est de 30 000 $, et les dépenses en eau potable représentent 2,5 % de ce revenu, mais seulement pour 0,5 % des ménages.

c) Quel pourcentage des ménages doit être touché si les avantages requis sur la santé et le revenu annuel sont tous deux égaux à 18 000 $? On suppose que l'estimation des dépenses en eau potable de 2,5 % du revenu est maintenue.

9.10 Le chef des pompiers d'une ville de taille moyenne estime le coût initial d'un nouveau poste de pompiers à 4 millions de dollars. Les charges d'entretien annuelles sont estimées à 300 000 $. Les avantages pour les citoyens seraient de 550 000 $ et les inconvénients, de 90 000 $. Utilisez un taux d'actualisation social de 4 % par année pour déterminer si le poste sera économiquement justifié à l'aide : a) du ratio avantages-coûts conventionnel ; b) de la différence B – C.

9.11 Dans le contexte de la réhabilitation du centre-ville, le service des parcs et des loisirs compte mettre sur pied un parc de planches à roulettes et des terrains de basketball. Les améliorations devraient avoir un coût initial de 150 000 $ et une durée de vie de 20 ans. Les charges d'entretien annuelles devraient s'élever à 12 000 $. Le service prévoit que 24 000 personnes par année utiliseront les installations à raison de deux heures chacune en moyenne. Le

prix d'entrée a été raisonnablement fixé à 0,50 $ l'heure. Si le taux d'actualisation social est de 3 % par année, quel est le ratio avantages-coûts pour le projet ?

9.12 La Ville de Trois-Rivières élabore un plan de mise en œuvre d'une piste cyclable sur route afin de créer un réseau de voies cyclables plus visible et mieux intégré. La Ville estime que le coût de la deuxième phase de construction de pistes cyclables réservées exclusivement aux vélos sera de 2,3 millions de dollars. Les charges d'entretien annuelles sont estimées à 120 000 $. Il est prévu que les avantages seront de 340 000 $ par année et les inconvénients, de 40 000 $ par année. Utilisez un taux d'actualisation de 6 % par année pour calculer : a) le ratio avantages-coûts conventionnel ; b) le ratio avantages-coûts modifié.

9.13 Le ratio avantages-coûts d'un nouveau projet de régulation des crues le long des rives de la rivière Chaudière doit être de 1,3. Si l'avantage est estimé à 600 000 $ par année et que les charges d'entretien doivent totaliser 300 000 $ par année, quel est le coût initial maximal acceptable du projet ? Le taux d'actualisation social est de 7 % par année, et le projet devrait avoir une durée de vie de 50 ans. Effectuez une analyse de sensibilité : a) manuellement ; b) au moyen d'une feuille de calcul.

9.14 À l'aide de la feuille de calcul établie dans le problème 9.13 b), déterminez le ratio avantages-coûts si le coût initial est en fait de 3,23 millions de dollars et le taux d'actualisation social, de 5 % par année.

9.15 Le ratio avantages-coûts modifié d'un projet d'héliport pour un hôpital est de 1,7. On suppose que le coût initial est de 1 million de dollars et que les avantages annuels sont évalués à 150 000 $. À combien s'élèveraient les charges annuelles d'entretien et d'exploitation utilisées dans le calcul si on appliquait un taux d'actualisation de 6 % par année ? La durée de vie de l'héliport est estimée à 30 ans.

9.16 L'Ontario élabore actuellement un plan de 90 milliards de dollars échelonné sur 15 ans. Ce plan vise à remettre en bon état ou à remplacer les hôpitaux, les routes, les prisons et les écoles de la province qui en ont besoin. Calculez le ratio avantages-coûts pour les flux monétaires estimatifs présentés ci-dessous à un taux d'actualisation de 8 % par année pour un centre de santé que projette Infrastructure Ontario.

Élément	Flux monétaires
VA des avantages ($)	3 800 000
AÉ des inconvénients ($/année)	65 000
Coût initial ($)	1 200 000
Charges d'entretien et d'exploitation ($/année)	300 000
Durée de vie du projet (années)	20

9.17 La société Hémisphère envisage de conclure un contrat construction-exploitation-transfert qui prévoit la construction et l'exploitation d'un grand barrage et d'une centrale hydroélectrique dans un pays en voie de développement de l'hémisphère sud. Le coût initial du barrage devrait s'élever à 30 millions de dollars, et les charges d'entretien et d'exploitation devraient totaliser 100 000 $ par année. Les avantages découlant de la régulation des crues, du développement de l'agriculture, du tourisme, etc. devraient être de 2,8 millions de dollars par année. Si le taux d'intérêt est de 8 % par année, le barrage devrait-il être construit si on tient compte de son ratio avantages-coûts conventionnel? On suppose que le barrage est permanent pour le pays. Calculez le ratio avantages-coûts : a) manuellement ; b) au moyen d'une feuille de calcul, en utilisant une seule cellule de calcul.

9.18 Le Manitoba étudie la faisabilité de la construction d'un petit barrage de régulation des crues. Le coût initial du projet sera de 2,2 millions de dollars, tandis que les charges liées à l'inspection et à l'entretien totaliseront 10 000 $ par année. En outre, de légers travaux de reconstruction devront être entrepris tous les 15 ans au coût de 65 000 $. Sachant que le coût des dommages causés par les inondations sera ramené de 90 000 $ à 10 000 $ par année, effectuez une analyse avantages-coûts pour déterminer si le barrage doit être construit. On suppose que le barrage sera permanent et que le taux d'intérêt est de 12 % par année.

9.19 Une entreprise de construction routière a signé un contrat qui prévoit la construction d'une nouvelle route traversant une région touristique et deux villes rurales en Nouvelle-Écosse. La route devrait coûter 10 millions de dollars et son entretien, 150 000 $ par année. Le tourisme devrait donner lieu à des produits additionnels de 900 000 $ par année, et la durée de vie commerciale de la route devrait être de 20 ans. Sachant que le taux d'intérêt est de 6 % par année, déterminez, au moyen d'un tableur, si la route devrait être construite en appliquant : a) la méthode B − C ; b) l'analyse avantages-coûts ; c) l'analyse avantages-coûts modifiée. (Supplément : Si l'enseignant le demande, préparez une feuille de calcul pour effectuer une analyse de sensibilité et utilisez l'opérateur SI d'Excel pour appliquer un processus décisionnel « construire-ne pas construire » à chaque partie du problème.)

9.20 L'Alberta envisage la réalisation d'un projet de prolongement de canaux d'irrigation. Le coût initial du projet devrait s'élever à 1,5 million de dollars pour des charges d'entretien annuelles de 25 000 $ par année. a) Sachant que les produits tirés de l'agriculture sont estimés à 175 000 $ par année, effectuez une analyse avantages-coûts pour déterminer si le projet doit être réalisé en utilisant une période d'étude de 20 ans et un taux d'actualisation de 6 % par année. b) Refaites les calculs en utilisant le ratio avantages-coûts modifié.

9.21 Reprenez le problème 9.20. Supposez maintenant que les canaux doivent être dragués tous les 3 ans au coût de 60 000 $ et qu'un inconvénient de 15 000 $ par année est associé au projet. Calculez le ratio avantages-coûts : a) à l'aide d'une feuille de calcul ; b) manuellement.

La comparaison de solutions possibles

9.22 Appliquez l'analyse avantages-coûts différentielle au taux d'intérêt de 8 % par année afin de déterminer laquelle des solutions possibles devrait être retenue. Utilisez une période d'étude de 20 ans et supposez que les dépenses d'indemnisation auront lieu à l'année 6 de la période d'étude.

	Solution A	Solution B
Coût initial ($)	600 000	800 000
Charges d'entretien et d'exploitation ($/année)	50 000	70 000
Dépenses d'indemnisation potentielles ($)	950 000	250 000

9.23 Deux trajets sont envisagés pour la construction d'un nouveau tronçon de route. Le trajet long serait de 15 km et aurait un coût initial de 21 millions de dollars. Le trajet court, qui couperait à travers une montagne, serait de 5 km et aurait un coût initial de 45 millions de dollars. Les charges d'entretien sont estimées à 40 000 $ par année pour le trajet long et à 15 000 $ par année pour le trajet court. De plus, des travaux importants de remise en état et de rechargement devront être entrepris tous les 10 ans pour un coût représentant 10 % du coût initial du tronçon. Quel que soit le trajet choisi, le nombre de véhicules empruntant le tronçon est évalué à 400 000 par année. Sachant que les charges d'exploitation d'un véhicule sont de 0,35 $ par kilomètre et que la valeur de la réduction de la durée du parcours pour le trajet court est estimée à 900 000 $ par année, déterminez quel trajet devrait être choisi en effectuant une analyse avantages-coûts conventionnelle. On suppose que chaque route a une durée de vie indéterminée, que le taux d'intérêt est de 6 % par année et que l'une des deux routes sera construite.

9.24 Un ingénieur municipal et le directeur du développement économique de la Ville évaluent deux emplacements pour la construction d'un centre multisports. Dans le cas d'un emplacement situé au centre-ville, la Ville possède un terrain d'une superficie suffisante pour accueillir le centre. Le terrain permettant la construction d'un stationnement à étages coûtera 1 million de dollars. L'emplacement situé dans l'ouest de la ville est à 30 km du centre-ville, mais le terrain serait donné par un promoteur immobilier qui sait que la construction du centre à cet endroit ferait considérablement monter la valeur des autres terrains qu'il possède dans les environs. L'emplacement du centre-ville suppose des coûts de construction supplémentaires de quelque 10 millions de dollars en raison du réaménagement des infrastructures, du stationnement à étages et des améliorations à apporter au réseau d'évacuation des eaux. La plupart des événements qui y seraient tenus attireraient toutefois un plus grand nombre de spectateurs en raison de son emplacement central. Cela se traduirait par des produits accrus pour les fournisseurs et les commerçants des environs, soit un montant de 350 000 $ par année. De plus, la durée du parcours pour le spectateur moyen serait brève, ce qui donne lieu à des avantages annuels de 400 000 $ par année. Les autres charges et produits devraient être identiques pour les deux emplacements. Sachant que la Ville utilise un taux d'actualisation social de 8 % par année, déterminez où le centre multisports devrait être construit. L'un des deux emplacements doit être choisi.

9.25 Un pays enregistrant une croissance économique rapide a fait effectuer une évaluation économique de la construction possible d'un nouveau terminal portuaire à conteneurs pour accroître la capacité du port actuel. L'emplacement situé sur la côte ouest étant en eaux plus profondes, le coût du dragage est inférieur à celui pour l'emplacement situé sur la côte est. De plus, les travaux de dragage ne devront être repris que tous les 6 ans pour l'emplacement sur la côte ouest, et tous les 4 ans pour l'emplacement sur la côte est. La reprise du dragage, dont le coût devrait augmenter de 10 % chaque fois, ne devrait pas être effectuée au cours de la dernière année de vie commerciale du terminal. Les estimations des inconvénients sont différentes pour les deux emplacements: côte ouest: perte des produits tirés de la pêche; côte est: perte des produits tirés de la pêche et du tourisme. Pour les expéditeurs, les frais par équivalent standard de 20 m devraient être plus élevés à l'emplacement sur la côte ouest en raison de la plus grande difficulté de manœuvre des navires découlant des courants océaniques et du coût plus élevé de la main-d'œuvre dans cette région du pays. Toutes les estimations sont résumées ci-dessous en millions de dollars, sauf les produits annuels et la durée de vie. Utilisez l'analyse par tableur et un taux d'actualisation social de 4 % par année pour déterminer si les deux terminaux doivent être construits. Il n'est pas nécessaire que le pays construise un nouveau terminal puisqu'il en exploite déjà un avec succès.

	Emplacement sur la côte ouest	Emplacement sur la côte est
Coût initial ($) :		
Année 0	21	8
Année 1	0	8
Coûts du dragage ($) : année 0	5	12
Charges annuelles d'entretien et d'exploitation ($/année)	1,5	0,8
Coûts récurrents du dragage ($)	2 tous les 6 ans, avec augmentation de 10 % chaque fois	1,2 tous les 4 ans, avec augmentation de 10 % chaque fois
Inconvénients annuels ($/année)	4	7
Frais annuels :		
Nombre de 20 m en équivalent standard ($/conteneur)	5 millions/année à 2,50 $ chaque	8 millions/année à 2 $ chaque
Durée de vie commerciale (années)	20	12

9.26 Une entreprise privée de services publics envisage deux programmes de conservation des eaux. Le programme 1, dont le coût moyen devrait être de 60 $ par ménage, prévoit un rabais de 75 % des coûts d'achat et d'installation d'une toilette à très bas débit. Ce programme devrait se traduire par une diminution de 5 % de l'utilisation globale de l'eau par les ménages sur une période d'évaluation de 5 ans. L'avantage pour la population est de l'ordre de 1,25 $ par ménage par mois. Le programme 2 repose sur l'installation de compteurs d'eau. Le coût de l'installation des compteurs devrait être de 500 $ par ménage, mais les compteurs devraient permettre aux ménages de ramener le coût de leur consommation d'eau à environ 8 $ par ménage par mois (en moyenne). Sachant que le taux d'actualisation social est de 0,5 % par mois, déterminez le programme, s'il y en a un, que devrait adopter l'entreprise de services publics. Utilisez l'analyse avantages-coûts.

9.27 Deux solutions, l'une reposant sur l'énergie solaire et l'autre sur l'énergie conventionnelle, peuvent être adoptées pour alimenter un centre de recherche éloigné. Les coûts associés à chacune des solutions sont présentés ci-après. Effectuez une analyse avantages-coûts pour déterminer laquelle des solutions devrait être retenue, si le taux d'actualisation est de 7 % par année sur une période d'étude de 5 ans.

	Énergie conventionnelle	Énergie solaire
Coût initial ($)	2 000 000	1 300 000
Charges d'entretien et d'exploitation ($/année)	80 000	9 000
Valeur de récupération ($)	10 000	150 000

9.28 L'Île-du-Prince-Édouard évalue deux emplacements pour aménager un nouveau parc provincial. L'emplacement E nécessiterait un investissement de 3 millions de dollars et des charges d'entretien de 50 000 $ par année. L'emplacement W représente un coût de construction de 7 millions de dollars, mais l'Île-du-Prince-Édouard recevrait 25 000 $ supplémentaires par année en droits d'utilisation du parc. Les charges d'exploitation de l'emplacement W seraient de 65 000 $ par année. Les produits pour les propriétaires de concessions dans le parc seraient de 500 000 $ par année à l'emplacement E et de 700 000 $ par année à l'emplacement W. Les inconvénients se rattachant à chaque emplacement représentent 30 000 $ par année pour l'emplacement E et 40 000 $ par année pour l'emplacement W. Déterminez lequel des emplacements, s'il y en a un, devrait être retenu, sachant que le taux d'intérêt est de 12 % par année. On suppose que le parc a une durée de vie indéfinie. Effectuez : a) une analyse avantages-coûts ; b) une analyse-avantage-coût modifiée.

9.29 Trois ingénieurs ont réalisé les estimations suivantes pour deux nouvelles méthodes de mise en œuvre d'une nouvelle technique de construction à un emplacement où seront construits des logements sociaux. L'une ou l'autre des deux méthodes ou la méthode actuellement employée peut être choisie. Préparez une feuille de calcul pour effectuer une analyse de sensibilité avantages-coûts. Parmi les options 1, 2 et du *statu quo*, déterminez celle qui est retenue par chacun des trois ingénieurs. Utilisez une durée de vie de 5 ans et un taux d'actualisation social de 10 % par année pour toutes les analyses.

	Ingénieur Aaron	
	Option 1	Option 2
Coût initial ($)	50 000	90 000
Coût ($/année)	3 000	4 000
Avantages ($/année)	20 000	29 000
Inconvénients ($/année)	500	1 500

	Ingénieure Béatrice	
	Option 1	Option 2
Coût initial ($)	75 000	90 000
Coût ($/année)	3 800	3 000
Avantages ($/année)	30 000	35 000
Inconvénients ($/année)	1 000	0

	Ingénieur Chen	
	Option 1	Option 2
Coût initial ($)	60 000	70 000
Coût ($/année)	6 000	3 000
Avantages ($/année)	30 000	35 000
Inconvénients ($/année)	5 000	1 000

Les solutions multiples

9.30 L'une des quatre nouvelles techniques, ou la méthode employée actuellement, peut être utilisée pour éviter la propagation d'émanations chimiques légèrement irritantes dans l'air ambiant dues à l'utilisation d'une mélangeuse. Les coûts et les avantages estimatifs (sous forme de réduction des coûts liés à la santé des employés) sont indiqués ci-dessous pour chacune des méthodes. En supposant que toutes les méthodes ont une durée de vie de 10 ans et que la valeur de récupération est de zéro, utilisez l'analyse avantages-coûts pour déterminer la technique qui doit être sélectionnée, si le taux de rendement acceptable minimum est de 15 % par année.

	Technique			
	1	2	3	4
Coût, après installation ($)	15 000	19 000	25 000	33 000
CEA* ($/année)	10 000	12 000	9 000	11 000
Avantages ($/année)	15 000	20 000	19 000	22 000

* Charges d'exploitation annuelles

9.31 Utilisez un tableur pour effectuer une analyse avantages-coûts des techniques décrites dans le problème 9.30, en supposant qu'il s'agit de projets indépendants. Les avantages sont cumulatifs si plusieurs techniques sont utilisées en plus de la méthode actuellement employée.

9.32 Les services de gestion des eaux de Rivière-du-Loup évaluent quatre diamètres de tuyaux pour une nouvelle conduite d'eau. Les coûts par kilomètre ($/km) pour chaque diamètre sont présentés dans le tableau suivant. En supposant que tous les tuyaux dureront 15 ans et que le taux de rendement acceptable minimum est de 8 % par année, quel diamètre devrait être retenu pour les tuyaux selon une analyse avantages-coûts ? Le coût de l'installation est considéré comme un élément du coût initial.

	Diamètre des tuyaux (mm)			
	130	150	200	230
Coût initial de l'équipement ($/km)	9 180	10 510	13 180	15 850
Coût de l'installation ($/km)	600	800	1 400	1 500
Frais d'utilisation ($/km/année)	6 000	5 800	5 200	4 900

9.33 Au cours des derniers mois, 7 projets différents de pont à péage visant à relier une île touristique à la partie continentale d'un pays d'Asie ont été proposés. Les estimations suivantes ont été effectuées :

Emplacement	Coût de construction (millions de dollars)	Excédent annuel des droits sur les charges (centaines de milliers de dollars)
A	14	4,0
B	8	6,1
C	22	10,8
D	9	8,0
E	12	7,5
F	6	3,9
G	18	9,3

Un partenariat public-privé a été mis sur pied, et la banque nationale financera le projet à un taux de 4 % par année. Chaque pont devrait avoir une très longue durée d'utilité.

Effectuez une analyse avantages-coûts pour répondre aux questions suivantes. La solution peut être faite manuellement ou par ordinateur.

a) Si un projet de pont doit être sélectionné, déterminez lequel est le plus viable économiquement.

b) Une banque étrangère a proposé de financer deux ponts supplémentaires, car on estime que la circulation et le commerce entre l'île et le continent augmenteront substantiellement. Déterminez quels sont les ponts les plus viables économiquement, sachant qu'il n'y a pas de contrainte budgétaire aux fins de l'analyse.

9.34 Un ingénieur-conseil évalue quatre projets différents pour l'Agence de l'efficacité énergétique du Québec. Les valeurs actualisées des coûts, des avantages, des inconvénients et des économies de coûts sont présentées ci-dessous. Sachant que le taux d'intérêt est de 10 % par année, composé continuellement, déterminez lequel des projets, s'il y en a un, devrait être retenu si les projets sont : a) indépendants ; b) mutuellement exclusifs.

	A	B	C	D
VA des coûts ($)	10 000	8 000	20 000	14 000
VA des avantages ($)	15 000	11 000	25 000	42 000
VA des inconvénients ($)	6 000	1 000	20 000	31 000
VA des économies de coûts ($)	1 500	2 000	16 000	3 000

9.35 Trois solutions possibles, X, Y et Z ont été évaluées au moyen d'une analyse avantages-coûts. Joyce, l'analyste, a calculé les valeurs du ratio avantages-coûts des projets qui s'établissent à 0,92, à 1,34 et à 1,29. Les solutions possibles sont classées par ordre croissant des coûts équivalents totaux. Joyce se demande si une analyse différentielle est nécessaire.

a) Qu'en pensez-vous ? Dans la négative, pour quelles raisons ? Dans l'affirmative, quelles solutions doit-on comparer de façon différentielle ?

b) Pour quel type de projet l'analyse différentielle : n'est-elle jamais nécessaire ? est-elle nécessaire ? Si X, Y et Z sont tous des projets de ce type, quelles solutions sont retenues compte tenu des valeurs calculées pour le ratio avantages-coûts ?

9.36 Les quatre solutions mutuellement exclusives présentées ci-dessous sont comparées à l'aide d'une analyse avantages-coûts. Laquelle de ces solutions, s'il y en a une, doit être sélectionnée ?

Solution	Investissement initial (millions de dollars)	RAC	J	K	L	M
J	20	1,10	—			
K	25	0,96	0,40	—		
L	33	1,22	1,42	2,14	—	
M	45	0,89	0,72	0,80	0,08	—

La colonne J, K, L, M est sous « Ratio avantages-coûts différentiel découlant de la comparaison avec la solution ».

9.37 La Ville de Saguenay évalue plusieurs projets pour l'élimination des pneus usés. Le déchiquetage est prévu pour tous les projets. Toutefois, les frais d'enlèvement et de manutention des lambeaux de pneus sont différents pour chacun des projets. Une analyse avantages-coûts différentielle a été entreprise, mais l'ingénieur responsable a récemment quitté son emploi. a) Complétez les parties manquantes dans la colonne du tableau qui correspond au ratio avantages-coûts différentiel. b) Quelle solution doit-on retenir ?

Solution	Investissement initial (millions de dollars)	RAC	P	Q	R	S
P	10	1,1	—	2,83		
Q	40	2,4	2,83	—		
R	50	1,4			—	
S	80	1,5				—

La colonne P, Q, R, S est sous « Ratio avantages-coûts différentiel découlant de la comparaison avec la solution : ».

LES COÛTS DE LA PRESTATION D'UN SERVICE DE CAMION ÉCHELLE POUR LA PROTECTION CONTRE LES INCENDIES

La Ville de Langford paie depuis de nombreuses années une ville voisine (Victoria) pour pouvoir utiliser son camion échelle lorsqu'elle en a besoin. Les charges des dernières années se sont élevées à 1 000 $ chaque fois que le camion a été envoyé à une adresse dans Langford, et à 3 000 $ chaque fois que le camion échelle a été utilisé. Aucuns frais annuels n'ont été facturés. Le nouveau chef des pompiers de Victoria a présenté une facture nettement plus élevée pour l'utilisation de l'échelle :

Frais fixes annuels	30 000 $, avec paiement d'avance (maintenant) des frais des 5 prochaines années
Frais de répartition	3 000 $ par événement
Frais d'utilisation	8 000 $ par événement

Le chef des pompiers de Langford a envisagé d'acheter un camion échelle. Voici les coûts estimatifs du camion et de l'agrandissement du poste de pompiers en vue de l'abriter :

Camion :

Coût initial	850 000 $
Durée de vie	15 ans
Coût par demande d'envoi	2 000 $ par événement
Coût par utilisation	7 000 $ par événement

Agrandissement du poste de pompiers :

Coût initial	500 000 $
Durée de vie	50 ans

Le chef des pompiers a aussi utilisé les données d'une étude réalisée l'an dernier et les a mises à jour. L'étude estimait les diminutions de la prime d'assurance et des pertes matérielles pour les citoyens découlant de la disponibilité du camion à échelle. Les économies antérieures et les estimations actuelles, si Langford disposait de son propre camion pour une intervention plus rapide, sont les suivantes :

	Moyenne antérieure	Estimation, advenant l'achat du camion
Diminution de la prime d'assurance ($/année)	100 000	200 000
Diminution des pertes matérielles ($/année)	300 000	400 000

Le chef des pompiers de Langford a également obtenu le nombre moyen d'événements pour les trois dernières années et il a estimé l'utilisation future du camion échelle. Il croit que les répartiteurs se sont montrés réticents à demander le camion à Victoria.

	Moyenne passée	Estimation, advenant l'achat du camion
Nombre de demandes d'envoi par année	10	15
Nombre d'utilisations par année	3	5

L'option de se passer de camion échelle étant inacceptable, il faut soit accepter la nouvelle structure de coûts, soit acheter un camion. Un taux d'actualisation social de 6 % par année est utilisé pour tous les projets.

Questions

Utilisez un tableur pour répondre aux questions qui suivent.

1. Établissez le ratio avantages-coûts différentiel afin de déterminer si Langford doit acheter un camion à échelle.

2. Plusieurs nouveaux membres du conseil municipal sont fermement opposés à la nouvelle structure de frais annuels et de coûts. Cependant, ils ne sont pas favorables à l'agrandissement du poste de pompiers ou à l'achat d'un camion échelle qui ne serait utilisé en moyenne que 20 fois par année. Ils estiment qu'il faut convaincre la Ville de Victoria d'éliminer les frais annuels de 30 000 $ ou de les réduire. Quel devrait être le montant de la réduction des frais annuels pour que la solution de l'achat du camion échelle soit rejetée?

3. Un membre du conseil ne voit pas d'objection au paiement des frais annuels, mais il veut savoir de combien le coût de l'agrandissement du poste de pompiers pourrait être modifié par rapport à 500 000 $ pour rendre les solutions aussi intéressantes l'une que l'autre. Calculez le coût initial de l'agrandissement.

4. Enfin, Langford propose une solution de compromis que Victoria pourrait trouver acceptable. Il s'agit de réduire les frais annuels de 50 % et de ramener les frais par événement au montant que le chef des pompiers de Langford estime que ces frais auront, une fois le camion acheté. Langford corrigera alors (si cela semble raisonnable) la somme des estimations de la diminution de la prime d'assurance et de la diminution des pertes matérielles pour rendre l'arrangement avec Victoria plus intéressant que l'achat du camion. Déterminez cette somme (estimations de la diminution de la prime et de la diminution des pertes matérielles). Le nouveau résultat de la somme semble-t-il raisonnable par rapport aux estimations antérieures?

ÉTUDE DE CAS

L'ÉCLAIRAGE DES AUTOROUTES

Introduction

Plusieurs études révèlent qu'un nombre disproportionné d'accidents sur les autoroutes ont lieu la nuit. Plusieurs raisons permettent d'expliquer ce constat, notamment le manque de visibilité. Dans le but de déterminer si l'éclairage des autoroutes a pour avantage économique de réduire le nombre d'accidents nocturnes, des données ont été collectées concernant le nombre d'accidents pour les tronçons éclairés et non éclairés de certaines autoroutes. La présente étude de cas est une analyse d'une partie de ces données.

Contexte

Une valeur peut être attribuée aux accidents selon leur gravité. Il existe diverses catégories d'accidents, la plus grave étant l'accident mortel. Le coût d'un accident mortel est évalué à 2,8 millions de dollars. Le type le plus courant d'accident n'est ni mortel ni avec blessés et n'a pour conséquence que des dommages matériels. Le coût de ce type d'accident est fixé à 4 500 $. La meilleure manière de déterminer si l'éclairage permet de réduire les accidents de circulation consiste à réaliser des études « avant-après » sur un tronçon donné de l'autoroute. Toutefois, ce type d'étude étant difficile à mener, d'autres méthodes doivent être employées. L'une d'entre elles consiste à comparer le nombre d'accidents nocturnes et diurnes sur des autoroutes éclairées et non éclairées.

Si l'éclairage est bénéfique, le ratio accidents nocturnes-diurnes du tronçon éclairé sera inférieur à celui du tronçon non éclairé. S'il y a une différence, la diminution du nombre d'accidents peut être exprimée en avantages qui peuvent être comparés au coût de l'éclairage afin de déterminer la faisabilité économique du projet d'éclairage. Cette démarche est utilisée dans l'analyse qui suit.

Analyse économique

Les résultats d'une étude en particulier, réalisée sur 5 ans, sont présentés dans le tableau ci-dessous. Pour faciliter la compréhension, seule la catégorie des dommages matériels sera prise en considération.

Les ratios des accidents nocturnes comparativement aux accidents diurnes causant des dommages matériels sont $199 \div 379 = 0,525$ pour le tronçon non éclairé de l'autoroute et $839 \div 2\,069 = 0,406$ pour le tronçon éclairé. Ces résultats montrent que l'éclairage a été utile. Pour chiffrer l'avantage, le nombre d'accidents pour le tronçon non éclairé sera comparé à celui pour le tronçon éclairé afin d'obtenir le nombre d'accidents qui ont été évités. Ainsi, il y aurait eu $(2\,069)(0,525) = 1\,086$ au lieu de 839 accidents si l'autoroute n'avait pas été éclairée. La différence est de 247 accidents, soit un coût de 4 500 $ par accident, ce qui donne lieu à l'avantage net suivant:

$$B = (247)(4\,500\,\$) = 1\,111\,500\,\$$$

Pour déterminer le coût de l'éclairage, on supposera que les lampadaires sont des lampadaires centraux distants de 67 m et ayant chacun 2 ampoules d'une puissance de 400 W. Les coûts d'installation sont de 3 500 $ par lampadaire. Comme ces données ont été collectées sur 87,8 km (54,5 milles) d'autoroute éclairée, le coût de l'éclairage après installation est le suivant:

$$\text{Coût d'installation} = 3\,500\,\$\left(\frac{87,8}{0,067}\right)$$
$$= 3\,500(1\,310,4)$$
$$= 4\,586\,400$$

Les frais d'électricité annuels pour 1 310 lampadaires sont:

$$\begin{aligned}\text{Frais d'électricité annuels} = {}& 1\,310 \text{ lampadaires (2 ampoules/lampadaire)}\\ & (0,4 \text{ kW/bulbe})\\ & \times (12 \text{ h/jour})(365 \text{ jours/année})\\ & \times (0,08\,\$/\text{kWh})\\ = {}& 367\,219\,\$ \text{ par année}\end{aligned}$$

Ces données ont été collectées sur une période de 5 ans. Le coût annualisé C pour $i = 6\%$ par année est donc:

$$\begin{aligned}\text{Coût annuel total} &= 4\,586\,400\,\$(A/P;6\%;5) + 367\,219\\ &= 1\,456\,030\,\$\end{aligned}$$

Nombre d'accidents sur l'autoroute, avec éclairage et sans éclairage

Catégorie d'accident	Sans éclairage		Avec éclairage	
	Jour	Nuit	Jour	Nuit
Mortel	3	5	4	7
Causant des blessures incapacitantes	10	6	28	22
Évident	58	20	207	118
Possible	90	35	384	161
Dommages matériels	379	199	2 069	839
Totaux	540	265	2 697	1 147

Source: Traduit et adapté de Michael S. Griffith, «Comparison of the Safety of Lighting Options on Urban Freeways», *Public Roads*, n° 58, automne 1994, p. 8-15.

Le ratio avantages-coûts est déterminé ainsi :

$$RAC = \frac{1\,111\,500\,\$}{1\,456\,030\,\$} = 0,76$$

Comme le RAC < 1, l'éclairage n'est pas justifié par le seul motif des dommages matériels. Pour pouvoir déterminer de façon définitive si l'éclairage est économiquement viable, il faudrait de toute évidence tenir compte des avantages associés aux autres catégories d'accidents.

Exercices liés à l'étude de cas

1. Quel serait le ratio avantages-coûts si les lampadaires étaient deux fois plus éloignés les uns des autres que dans l'hypothèse ci-dessus ?

2. Quel est le ratio accidents nocturnes-accidents diurnes pour les accidents mortels ?

3. Quel serait le ratio avantages-coûts si les coûts de l'installation étaient de seulement 2 500 $ par lampadaire ?

4. Combien d'accidents seraient évités sur le tronçon non éclairé de l'autoroute si ce denier était éclairé ? Tenez compte seulement de la catégorie « dommages matériels ».

5. Si l'on considère seulement la catégorie des dommages matériels, quel devrait être le ratio d'accidents nocturnes comparativement aux accidents diurnes pour que l'éclairage soit économiquement justifié ?

CHAPITRE ⑩

Le choix des solutions : la méthode, le TRAM et les attributs multiples

Dans le présent chapitre, la portée de l'étude en économie d'ingénierie est élargie. Certains des éléments fondamentaux précisés auparavant ne sont pas repris, et de nombreux aspects théoriques abordés précédemment sont omis. Ainsi, le traitement des problèmes complexes soulevés ici se rapproche davantage des prises de décision réelles qui font partie du travail des ingénieurs.

Dans tous les chapitres précédents, la méthode à utiliser pour évaluer un projet ou comparer des solutions a été indiquée ou était évidente d'après le contexte du problème. De plus, peu importe la méthode qui était utilisée, le taux de rendement acceptable minimum (TRAM) était établi. Enfin, le jugement concernant la viabilité économique d'un projet ou le choix entre deux ou plusieurs solutions ne reposait que sur une seule dimension ou attribut, la dimension économique. Ce chapitre porte sur la détermination des trois paramètres suivants : la méthode d'évaluation, le taux de rendement acceptable minimum et les attributs. Des indications et des techniques pour déterminer chacun d'eux sont présentées et illustrées à l'aide d'exemples.

L'étude de cas à la fin du chapitre porte sur l'utilisation de l'analyse fondée sur le taux de rendement acceptable minimum pour obtenir le meilleur équilibre entre le financement par emprunt et le financement par capitaux propres.

OBJECTIFS D'APPRENTISSAGE

Objectif: Choisir une méthode et un TRAM appropriés pour comparer économiquement des solutions et utiliser des attributs multiples.

À la fin de ce chapitre, vous devriez pouvoir:

Méthode

1. Choisir une méthode appropriée pour comparer des solutions mutuellement exclusives;

Coût du capital et TRAM

2. Décrire le coût du capital et sa relation avec le TRAM, ainsi qu'évaluer les raisons de la variation du TRAM;

CMPC

3. Comprendre le ratio capitaux empruntés-capitaux propres et calculer le coût moyen pondéré du capital (CMPC);

Coût des capitaux empruntés

4. Faire une estimation du coût des capitaux empruntés;

Coût des capitaux propres

5. Faire une estimation du coût des capitaux propres et expliquer de quelle façon il se compare au CMPC et au TRAM;

Endettement important

6. Expliquer le lien entre le risque d'entreprise et l'endettement important;

Attributs multiples

7. Définir des coefficients de pondération et les attribuer lorsque le choix d'une solution repose sur des attributs multiples;

Méthode des attributs pondérés

8. Appliquer la méthode des attributs pondérés lorsque le processus décisionnel repose sur des attributs multiples.

10.1 UNE COMPARAISON DE SOLUTIONS MUTUELLEMENT EXCLUSIVES SELON DES MÉTHODES D'ÉVALUATION DIFFÉRENTES

Dans les cinq chapitres précédents, plusieurs méthodes d'évaluation différentes ont été analysées. Toutes les méthodes (valeur actualisée [VA], annuité équivalente [AÉ], valeur capitalisée [VC], taux de rendement interne [TRI] ou analyse avantages-coûts [AAC]) peuvent être utilisées pour choisir entre deux ou plusieurs solutions et conduisent à la même réponse. Une seule méthode est nécessaire pour effectuer une analyse en économie d'ingénierie. Néanmoins, chaque méthode fournit des informations différentes à propos d'une solution. Il est donc parfois difficile de choisir une méthode et de l'appliquer correctement.

Le tableau 10.1 présente une méthode d'évaluation qui est recommandée et peut être appliquée à différentes situations si aucune méthode n'est préconisée par l'enseignant (dans un cours) ou par les pratiques de l'entreprise (dans un contexte professionnel). Les critères de base pour choisir une méthode sont la vitesse et la facilité d'utilisation. L'interprétation des données dans chacune des colonnes du tableau est la suivante :

Période d'évaluation La plupart des solutions concernant le secteur privé (revenus et services) sont comparées par rapport au fait qu'elles ont la même durée de vie estimative ou des durées de vie estimatives différentes, ou sur un laps de temps donné. Les projets dans le secteur public sont le plus souvent évalués au moyen de l'analyse avantages-coûts et ont souvent de longues durées de vie. Ces dernières peuvent être considérées comme indéfinies pour les besoins des calculs économiques.

Type de solutions Dans le cas des solutions relatives au secteur privé, les estimations des flux monétaires sont fondées sur les revenus (y compris les estimations du bénéfice et des coûts) ou sur les services (estimations des coûts seulement). Dans le cas des solutions concernant les services, on suppose que la série de flux monétaires est la même pour toutes les solutions. Pour les projets du secteur public, les flux monétaires sont habituellement fondés sur les services, les critères utilisés pour départager deux solutions reposant sur la différence entre les coûts et sur l'échéancier.

Méthode recommandée Que l'analyse soit effectuée manuellement ou par ordinateur, les méthodes recommandées dans le tableau 10.1 permettent de distinguer le plus rapidement possible une solution entre deux ou plusieurs options. D'autres méthodes peuvent être appliquées par la suite pour obtenir des informations supplémentaires et, au besoin, vérifier la sélection. Par exemple, si les durées de vie diffèrent et que le taux de rendement interne est nécessaire, il vaut mieux d'abord appliquer la méthode fondée sur l'annuité équivalente au taux de rendement acceptable minimum et déterminer ensuite la valeur i^* de la solution choisie en utilisant la même relation de l'annuité équivalente avec i comme inconnue.

Séries à évaluer La série d'estimations de flux monétaires pour une solution et la série de flux monétaires différentiels entre deux solutions sont les seules deux options possibles lorsque l'évaluation est fondée sur la valeur actualisée ou sur l'annuité équivalente. Quand l'analyse est effectuée au moyen d'un tableur, cela signifie que les fonctions VAN ou VA (pour l'analyse de la valeur actualisée nette ou de la valeur actualisée lorsqu'il n'y a pas d'investissements initiaux ou que ces derniers ne sont pas considérés) ou la fonction VPM (pour l'analyse de l'annuité équivalente) sont appliquées. Le terme « mis à jour » est ajouté comme rappel qu'une analyse de la période à l'étude exige que les estimations des flux monétaires (en particulier la valeur de récupération et la valeur de marché) soient revues et mises à jour avant l'analyse.

TABLEAU 10.1	LES MÉTHODES RECOMMANDÉES POUR COMPARER DES SOLUTIONS MUTUELLEMENT EXCLUSIVES SI AUCUNE MÉTHODE N'A ÉTÉ CHOISIE AU PRÉALABLE		
Période d'évaluation	**Type de solution**	**Méthode recommandée**	**Série à évaluer**
Solutions ayant des durées de vie identiques	Revenus ou services	AÉ ou VA*	Flux monétaires
	Secteur public	AAC, fondée sur l'AÉ ou la VA	Flux monétaires différentiels
Solutions n'ayant pas des durées de vie identiques	Revenus ou services	AÉ	Flux monétaires
	Secteur public	AAC, fondée sur l'AÉ	Flux monétaires différentiels
Période d'étude	Revenus ou services	AÉ ou VA	Flux monétaires mis à jour
	Secteur public	AAC, fondée sur l'AÉ ou la VA	Flux monétaires différentiels mis à jour
De longue à infini	Revenus ou services	AÉ ou VA	Flux monétaires
	Secteur public	AAC, fondée sur l'AÉ	Flux monétaires différentiels

* Dans ce tableau, la valeur actualisée (VA) inclut les cas où la valeur actuelle nette (VAN) doit être utilisée, c'est-à-dire lorsqu'on tient compte des investissements initiaux.

Une fois la méthode d'évaluation choisie, une marche à suivre précise doit être suivie. Celle-ci était le sujet principal des cinq derniers chapitres. Le tableau 10.2 résume les éléments importants de la marche à suivre pour chacune des méthodes : valeur actualisée, annuité équivalente, taux de rendement interne et ratio avantages-coûts. La valeur capitalisée est prise en compte comme prolongement de la valeur actualisée. Les définitions des données du tableau 10.2 sont présentées ci-dessous.

Relation d'équivalence L'équation de base sur laquelle est fondée l'analyse, quelle qu'elle soit, est une relation de valeur actualisée ou d'annuité équivalente. La relation du coût immobilisé (CI) est une relation de valeur actualisée dans le cas où la durée de vie est indéfinie, et la relation de valeur capitalisée sera probablement déterminée à partir de la valeur actualisée équivalente. Au chapitre 6, on apprend que l'annuité équivalente est simplement la valeur actualisée multipliée par le facteur A/P sur le plus petit commun multiple (PPCM) de leurs durées de vie.

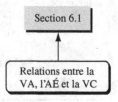

Section 6.1

Relations entre la VA, l'AÉ et la VC

Durée de vie des solutions et période pour l'analyse La durée pour une évaluation (valeur n) correspond toujours à l'un des éléments qui sont la durée de vie identique des solutions, le plus petit commun multiple de durées de vie non identiques, la période d'étude déterminée ou la durée indéfinie parce que les durées de vie sont très longues.

L'analyse de la valeur actualisée exige toujours le plus petit commun multiple de toutes les solutions.

Les méthodes fondées sur le taux de rendement interne et le ratio avantages-coûts exigent la détermination du plus petit commun multiple des deux solutions comparées.

La méthode fondée sur l'annuité équivalente permet l'analyse sur la durée de vie des solutions respectives.

TABLEAU 10.2	LES CARACTÉRISTIQUES D'UNE ANALYSE ÉCONOMIQUE DE SOLUTIONS MUTUELLEMENT EXCLUSIVES UNE FOIS LA MÉTHODE D'ÉVALUATION DÉTERMINÉE

Méthode d'évaluation	Relation d'équivalence	Durées de vie des solutions	Période pour l'analyse	Série à évaluer	Taux de rendement; taux d'intérêt	Critère de décision: choisir‡
Valeur actualisée	VA**	Identiques	Durées de vie	Flux monétaires	TRAM	VA numériquement la plus grande
	VA	Différentes	PPCM	Flux monétaires	TRAM	VA numériquement la plus grande
	VA	Période d'étude	Période d'étude	Flux monétaires mis à jour	TRAM	VA numériquement la plus grande
	CI	De longues à infinies	Durées infinies	Flux monétaires	TRAM	CI numériquement le plus grand
Valeur capitalisée	VC	Même que la valeur actualisée pour des durées de vie identiques ou différentes et pour la période d'étude				VC numériquement la plus grande
Annuité équivalente	AÉ	Identiques ou différentes	Durées de vie	Flux monétaires	TRAM	AÉ numériquement la plus grande
	AÉ	Période d'étude	Période d'étude	Flux monétaires mis à jour	TRAM	AÉ numériquement la plus grande
	AÉ	De longues à infinies	Durées infinies	Flux monétaires	TRAM	AÉ numériquement la plus grande
Taux de rendement interne	VA ou AÉ	Identiques	Durées de vie	Flux monétaires différentiels	Calcul de Δi^*	Dernier $\Delta i^* \geq$ TRAM
	VA ou AÉ	Différentes	PPCM entre deux solutions	Flux monétaires différentiels	Calcul de Δi^*	Dernier $\Delta i^* \geq$ TRAM
	AÉ	Différentes	Durées de vie	Flux monétaires	Calcul de Δi^*	Dernier $\Delta i^* \geq$ TRAM
	VA ou AÉ	Période d'étude	Période d'étude	Flux monétaires différentiels mis à jour	Calcul de Δi^*	Dernier $\Delta i^* \geq$ TRAM
Avantages-coûts	VA	Identiques ou différentes	PPCM entre deux solutions	Flux monétaires différentiels	Taux d'actualisation social	Dernier ΔRAC $\geq 1,0$
	AÉ	Identiques ou différentes	Durées de vie	Flux monétaires différentiels	Taux d'actualisation social	Dernier ΔRAC $\geq 1,0$
	AÉ ou VA	De longues à infinies	Durée infinie	Flux monétaires différentiels	Taux d'actualisation social	Dernier ΔRAC $\geq 1,0$

‡ Coût équivalent le plus bas ou bénéfice équivalent le plus élevé.

** Dans ce tableau, la valeur actualisée (VA) inclut les cas où la valeur actuelle nette (VAN) doit être utilisée, c'est-à-dire lorsqu'on tient compte des investissements initiaux.

La seule exception concerne la méthode fondée sur le taux de rendement interne différentiel, appliquée aux solutions dont la durée de vie n'est pas identique, qui prévoit une relation d'annuité équivalente pour des «flux monétaires différentiels». Le plus petit commun multiple des deux solutions comparées doit être utilisé, ce qui équivaut à utiliser une relation d'annuité équivalente pour les « flux monétaires réels » sur les durées de vie respectives des solutions. Les deux démarches servent à déterminer le taux de rendement interne différentiel Δi^*.

Série à évaluer On utilise la série des flux monétaires estimatifs ou différentiels pour déterminer la valeur actualisée, l'annuité équivalente, la valeur i^* ou le ratio avantages-coûts.

Taux de rendement interne (taux d'intérêt) La valeur du taux de rendement acceptable minimum doit être déterminée pour appliquer les méthodes fondées sur la valeur actualisée, la valeur capitalisée ou l'annuité équivalente. C'est aussi vrai pour le taux d'actualisation dans le cas de solutions relatives au secteur public qui sont analysées au moyen du ratio avantages-coûts. La méthode fondée sur le taux de rendement interne exige que le taux différentiel soit déterminé afin de choisir une solution. C'est ici que le dilemme des taux multiples se pose si les tests des signes indiquent qu'il n'y a pas nécessairement de racine unique d'un nombre réel pour une série non conventionnelle.

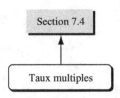

Critère de décision Le choix d'une solution repose sur le critère général inscrit dans la colonne la plus à droite dans le tableau. On doit toujours choisir la solution dont la valeur actualisée, la valeur capitalisée ou l'annuité équivalente est numériquement la plus grande. Ce qui précède est valable tant pour les solutions portant sur les produits que pour celles qui concernent les services. Les méthodes fondées sur le taux de rendement interne et le ratio avantages-coûts, qui reposent sur les flux monétaires différentiels, exigent que la solution qui a le coût initial le plus élevé et qui est différentiellement justifiée soit choisie si elle est fondée sur une solution qui est elle-même motivée. Cela veut dire que i^* différentiel est supérieur au taux de rendement acceptable minimum, ou que le ratio avantages-coûts différentiel est supérieur à 1,0.

10.2 LE TAUX DE RENDEMENT ACCEPTABLE MINIMUM ET LE COÛT DU CAPITAL

La valeur du taux de rendement acceptable minimum utilisée pour l'évaluation des solutions est l'un des paramètres les plus importants d'une étude. Au chapitre 1, le taux de rendement acceptable minimum est défini par rapport aux coûts pondérés du financement par emprunts et du financement par capitaux propres. La présente section et les quatre sections subséquentes présentent des explications sur la façon de déterminer le taux de rendement acceptable minimum dans différentes situations.

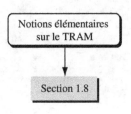

Pour constituer la base d'un taux de rendement acceptable minimum vraisemblable, le coût de chaque type de financement est initialement calculé de façon séparée, puis une pondération est attribuée à la proportion du financement par emprunt et du financement par capitaux propres afin d'estimer le taux d'intérêt moyen payé pour les capitaux d'investissement, ou « coût du capital ». Le taux de rendement acceptable minimum est ensuite déterminé par rapport à ce coût du capital. Il faut en outre tenir compte de la santé financière de la société, du rendement attendu du capital investi et de nombreux autres facteurs pour déterminer le taux de rendement acceptable minimum. Si aucun taux n'est établi, un taux effectif est déterminé selon les estimations des flux monétaires nets et la disponibilité des fonds. Le taux de rendement acceptable minimum est en réalité le coût d'opportunité, soit la variable i^* du premier projet rejeté en raison de la non-disponibilité des fonds.

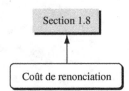

Avant de nous pencher sur le coût du capital, il convient de passer en revue les deux principales sources de financement :

Le financement par emprunt La société emprunte des fonds à des sources externes, puis elle rembourse le capital selon un échéancier établi et majoré des intérêts calculés à un taux donné. Les capitaux empruntés peuvent prendre la forme d'obligations, d'emprunts et de prêts hypothécaires. Le prêteur ne participe pas aux bénéfices dégagés de l'utilisation des fonds empruntés, mais il court le risque que l'emprunteur ne lui rembourse qu'une partie des fonds empruntés, voire rien du tout. La valeur des fonds empruntés qui restent à rembourser (l'encours de la dette) est inscrite sous la rubrique « passif » de l'état de la situation financière de la société.

Le financement par capitaux propres La société recourt à des moyens de financement internes, composés des capitaux propres (apportés par ses propriétaires) et des résultats non distribués. Les capitaux propres sont répartis entre les capitaux propres attribuables aux porteurs d'actions ordinaires et les capitaux propres attribuables aux porteurs d'actions privilégiées ou, dans le cas d'une société à capital fermé (qui n'émet pas d'actions), attribuables aux propriétaires. Les résultats non distribués correspondent aux fonds conservés par l'entreprise aux fins de dépenses en immobilisations. La valeur des capitaux propres est inscrite sous la rubrique « capitaux propres » ou « valeur nette » de l'état de la situation financière.

Pour illustrer la relation entre le coût du capital et le taux de rendement acceptable minimum, prenons l'exemple d'un projet de système informatique qui sera entièrement financé au moyen d'une émission d'obligations de 5 millions de dollars (entièrement financé par emprunt) et supposons que les obligations ont un rendement de 8 %. Le coût des capitaux empruntés est donc de 8 %, comme l'indique la figure 10.1. Ce rendement de 8 % est la valeur minimale du taux de rendement acceptable minimum. La direction de l'entreprise peut accroître ce taux par des montants qui rendent compte de sa volonté d'obtenir un rendement supérieur et de sa tolérance au risque. Par exemple, la direction peut ajouter un montant pour tous les engagements de dépenses en immobilisations dans ce domaine. Supposons que ce montant est de 2 %, ce qui fait monter le rendement attendu à 10 % (*voir la figure 10.1*). De plus, si le risque associé à l'investissement est jugé suffisamment important pour justifier la nécessité d'accroître encore le rendement de 1 %, le taux de rendement acceptable minimum final est de 11 %.

La démarche recommandée ne suit pas la logique présentée ci-dessus. Le coût du capital (8 %) doit plutôt être le taux de rendement acceptable minimum établi. La valeur de i^* est ensuite déterminée à partir des flux monétaires nets estimatifs. Suivant cette démarche, on suppose que le système informatique a un rendement estimatif de 11 %. On doit dans ce cas tenir compte du rendement attendu additionnel et des facteurs de risque pour déterminer si un écart positif de 3 % par rapport au taux de rendement acceptable minimum de 8 % est suffisant pour justifier la dépense en immobilisations. Si, une fois ces critères pris en considération, le projet est rejeté, le taux de rendement acceptable minimum réel est à présent de 11 %. Cela correspond au coût d'opportunité dont il a déjà été question : le i^* du projet rejeté a permis d'établir le taux de rendement

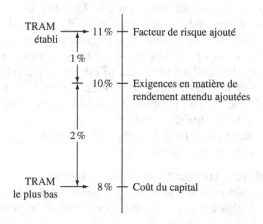

FIGURE 10.1

Une relation fondamentale entre le coût du capital et le taux de rendement acceptable minimum utilisé en pratique

acceptable minimum réel pour les solutions concernant le système informatique à 11 % et non à 8 %.

Le calcul du taux de rendement acceptable minimum aux fins d'une étude économique n'est pas un processus figé. La répartition entre capitaux empruntés et capitaux propres varie dans le temps et selon les projets. De plus, ce taux n'est pas une valeur fixe établie à l'échelle de l'entreprise. Il est fonction des occasions à saisir (opportunités) et des types de projets. Par exemple, une entreprise peut définir un taux de rendement acceptable minimum de 10 % pour évaluer l'achat d'immobilisations (matériel, véhicules) et un taux de 20 % pour évaluer les projets de croissance (acquisition de petites entreprises).

Le taux de rendement acceptable minimum réel varie d'un projet à un autre et dans le temps en raison de différents facteurs, dont :

Le risque lié au projet Lorsque le risque (perçu ou réel) lié aux projets prévus est élevé, on a tendance à définir un taux de rendement acceptable minimum élevé. Cette tendance est renforcée par le coût élevé du financement par emprunt de projets jugés à risque. Ce coût est habituellement associé à la crainte que le rendement du projet soit inférieur à ce qui était prévu.

Les occasions d'investissement Si la direction a l'intention d'étendre ses activités dans un certain secteur, il est possible qu'elle abaisse le taux de rendement acceptable minimum afin d'attirer les investissements susceptibles de compenser pour le manque à gagner dans d'autres secteurs. Cette réaction courante devant une occasion d'investissement peut être dommageable lorsque les critères d'établissement du taux de rendement acceptable minimum sont appliqués de façon trop stricte. La souplesse demeure un élément très important.

La structure fiscale Si les impôts de la société augmentent (en raison d'une hausse des bénéfices, de gains en capital, d'impôts locaux, etc.), la direction peut être portée à augmenter le taux de rendement acceptable minimum. Une analyse après impôt peut permettre d'éliminer cette raison de faire varier ce taux, puisque les dépenses qu'elle suppose entraîneront une diminution des impôts et des coûts après impôt.

La rareté des fonds Plus les capitaux par emprunts et les capitaux propres sont rares, plus le taux de rendement acceptable minimum est élevé. Si la demande de capitaux est nettement supérieure à l'offre, le taux sera établi à un niveau encore plus élevé. Le coût d'opportunité joue un grand rôle dans le calcul du taux de rendement acceptable minimum réellement utilisé.

Les taux de marché d'autres entreprises Si d'autres entreprises, en particulier des concurrents, augmentent leur taux de rendement acceptable minimum, il est possible qu'une entreprise réagisse en révisant son taux à la hausse. De telles variations sont souvent fonction de la modification des taux d'intérêt associés aux prêts, qui se répercutent directement sur le coût du capital.

Si les renseignements donnés dans l'analyse après impôt ne sont pas utiles, mais que les effets des impôts sur le résultat sont importants, l'entreprise peut augmenter le taux de rendement acceptable minimum en y intégrant un taux d'imposition effectif au moyen de la formule suivante :

$$\text{TRAM avant impôt} = \frac{\text{TRAM après impôt}}{1 - \text{taux d'imposition}}$$

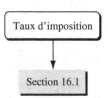

Le taux d'imposition total ou effectif, qui **comprend** les taux fédéral, provincial et municipal, varie de 13 % à 45 % pour la plupart des entreprises. S'il faut un taux de rendement après impôt de 10 % et que le taux d'imposition effectif est de 35 %, le taux de rendement acceptable minimum pour l'analyse économique avant impôt est fixé à 10 % ÷ (1 − 0,35) = 15,4 %.

Les jumeaux Carl et Christine ont terminé leurs études universitaires il y a plusieurs années. Carl est architecte et travaille pour Bulte Homes dans le domaine de la conception de maisons depuis qu'il a obtenu son diplôme. Christine est ingénieure civile et travaille pour Butler Industries dans le domaine des éléments et de la dynamique des structures. Ils habitent tous deux à Edmonton. Ils ont mis en place un réseau original de commerce électronique qui permet aux constructeurs de l'Alberta d'acheter des plans de maisons et des matériaux de construction à des prix très concurrentiels. Carl et Christine souhaitent que leur entreprise prenne de l'expansion pour devenir une cyberentreprise régionale. Ils ont donc demandé à la banque HSBC, à Edmonton, de financer le développement de leur entreprise. Donnez quelques-uns des facteurs susceptibles de faire varier le taux d'emprunt lorsque HSBC fera une proposition de prêt. Indiquez aussi les éventuelles incidences des décisions économiques de Carl et Christine sur le taux de rendement acceptable minimum établi.

Solution

Le sens dans lequel le taux d'emprunt et le taux de rendement acceptable minimum évolueront sera le même dans tous les cas. Compte tenu des cinq facteurs mentionnés ci-dessus, quelques considérations concernant le taux d'emprunt sont présentées ci-après.

Risque lié au projet : Le taux d'emprunt peut augmenter s'il y a eu une baisse notable des mises en chantier, ce qui réduit la nécessité d'un site de commerce électronique.

Occasion d'investissement : Le taux peut augmenter si d'autres entreprises fournissant des services similaires ont déjà déposé une demande d'emprunt dans d'autres succursales de la banque HSBC de la région ou ailleurs au pays.

Impôts : Si la province augmente le crédit d'impôt sur la main-d'œuvre pour les entreprises du secteur de la construction, le taux peut être légèrement abaissé.

Rareté des capitaux : On suppose que le matériel informatique et les droits d'utilisation des logiciels détenus par Carl et Christine ont été achetés avec leur propre argent et qu'ils n'ont aucun autre emprunt à rembourser. S'ils ne peuvent disposer de capitaux propres supplémentaires pour le projet d'expansion, le taux d'emprunt (capitaux empruntés) devrait être abaissé.

Taux d'emprunt du marché : La succursale locale de la banque HSBC puise probablement l'argent des prêts de développement dans un vaste fonds national. Si les taux d'emprunt du marché ont augmenté pour cette succursale, le taux de cet emprunt augmentera probablement parce que les fonds se raréfient.

10.3 LE RATIO CAPITAUX EMPRUNTÉS-CAPITAUX PROPRES ET LE COÛT MOYEN PONDÉRÉ DU CAPITAL

Le « ratio capitaux empruntés-capitaux propres », aussi appelé « ratio d'endettement », correspond à la répartition entre les capitaux empruntés et les capitaux propres d'une entreprise. Ainsi, une entreprise dont le ratio capitaux empruntés-capitaux propres est de 40/60 est financée à 40 % par des emprunts (obligations, emprunts et prêts hypothécaires) et à 60 % par des capitaux propres (actions et résultats non distribués).

La plupart des projets sont financés au moyen d'une combinaison de capitaux empruntés et de capitaux propres mobilisés spécialement pour le projet ou puisés dans le fonds interne de l'entreprise. Le coût moyen pondéré du capital (CMPC) de ce fonds est estimé au moyen des fractions relatives de capitaux empruntés et de capitaux propres. Si elles sont connues avec exactitude, ces fractions sont utilisées pour estimer le coût moyen pondéré du capital ; si elles ne le sont pas, on applique les fractions passées pour chaque source de financement à la relation suivante :

$$\text{CMPC} = (\text{fraction des capitaux propres})(\text{coût des capitaux propres}) \\ + (\text{fraction des emprunts})(\text{coût des capitaux empruntés}) \quad \text{[10.1]}$$

Les deux coûts sont exprimés en pourcentage de taux d'intérêt.

Comme pratiquement toutes les entreprises puisent dans plusieurs sources de financement, le coût moyen pondéré du capital est une valeur comprise entre le coût des capitaux empruntés et le coût des capitaux propres. Si la fraction de chaque type de financement par capitaux propres (actions ordinaires, actions privilégiées et résultats non distribués) est connue, l'équation [10.1] devient :

CMPC = (fraction du capital-actions ordinaires)(coût du capital-actions ordinaires)
+ (fraction du capital-actions privilégiées)(coût du capital-actions privilégiées)
+ (fraction des résultats non distribués)(coût du capital attribuable aux résultats non distribués)
+ (fraction des capitaux empruntés)(coût des capitaux empruntés)   [10.2]

La figure 10.2 présente la forme habituelle que peuvent prendre les courbes du coût du capital. Si la totalité du capital est constituée de capitaux propres ou de capitaux empruntés, le coût moyen pondéré du capital est égal au coût du capital de cette source de financement. Les programmes de mobilisation de capitaux propres reposent presque toujours sur une combinaison de sources de financement. La figure 10.2 indique, à titre d'exemple seulement, un coût moyen pondéré du capital minimum d'environ 45 % des capitaux empruntés. La plupart des entreprises se fondent sur une fourchette de ratios capitaux empruntés-capitaux propres. Par exemple, une fourchette de 30 % à 50 % pour les capitaux empruntés de certaines entreprises peut être très acceptable pour les prêteurs, sans représenter d'accroissement du risque ou du taux de rendement acceptable minimum. Une autre entreprise peut toutefois être considérée comme « à risque » même si les capitaux empruntés ne représentent que 20 % de son financement par emprunt par rapport aux capitaux propres. Pour établir une fourchette de base raisonnable de ratios capitaux empruntés-capitaux propres pour une entreprise en particulier, il faut connaître les compétences de sa direction, les projets en cours et la santé économique du secteur dans lequel elle exerce cette activité.

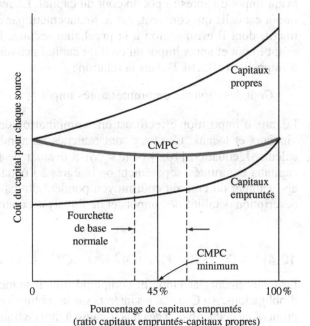

FIGURE 10.2

La forme générale de différentes courbes de coût du capital

Pour mener à bien un nouveau programme en génie génétique, Gentex a besoin de 10 millions de dollars. Le directeur financier a estimé les montants de financement suivants aux taux d'intérêt indiqués :

Ventes d'actions ordinaires	5 millions de dollars à 13,7 %
Utilisation des résultats non distribués	2 millions à 8,9 %
Financement par emprunt au moyen d'obligations	3 millions à 7,5 %

Le financement des projets de Gentex est habituellement réparti de la façon suivante : 40 % de capitaux empruntés à un coût de 7,5 % et 60 % de capitaux propres à un coût de 10,0 %.

a) Comparez la valeur historique du coût moyen pondéré du capital avec celle du programme de génétique en cours.

b) Déterminez le taux de rendement acceptable minimum si Gentex prévoit un rendement annuel de 5 %.

Solution

a) L'équation [10.1] permet d'estimer le coût moyen pondéré du capital historique.

$$CMPC = 0,6(10) + 0,4(7,5) = 9,0\%$$

Pour le programme en cours, 50 % du financement est attribuable à des actions ordinaires (5 millions de dollars sur 10 millions), 20 % aux résultats non distribués et 30 %, à des emprunts. Selon l'équation [10.2], le coût moyen pondéré du capital du programme est supérieur à la moyenne historique de 9 %.

$$CMPC = \text{portion en actions} + \text{portion en résultats non distribués}$$
$$+ \text{portion en capitaux empruntés}$$
$$= 0,5(13,7) + 0,2(8,9) + 0,3(7,5) = 10,88\%$$

b) Le programme doit être évalué au moyen d'un taux de rendement acceptable minimum de 10,88 + 5,0 = 15,88 % par année.

La valeur du coût moyen pondéré du capital peut être calculée à partir des valeurs avant impôt ou après impôt du coût du capital. La méthode fondée sur la valeur après impôt est celle qui convient, car le financement par emprunt a un avantage fiscal distinctif, dont il est question à la prochaine section. Des approximations de la valeur avant impôt et après impôt du coût du capital peuvent être effectuées à l'aide du taux d'imposition effectif T_e dans la relation :

$$\text{Coût des capitaux empruntés après impôt} = (\text{coût avant impôt})(1 - T_e) \quad [10.3]$$

Le taux d'imposition effectif est une combinaison des taux d'imposition fédéral, provinciaux et locaux. Ces taux sont ramenés au nombre unique T_e pour simplifier les calculs. L'équation [10.3] peut servir à évaluer de façon approximative le coût des capitaux empruntés, séparément ou intégrés à l'équation [10.1] pour obtenir la valeur après impôt du taux du coût moyen pondéré du capital. Le chapitre 16 présente une description détaillée des impôts et de l'analyse économique après impôt.

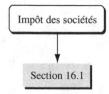

Impôt des sociétés

Section 16.1

10.4 LA DÉTERMINATION DU COÛT DES CAPITAUX EMPRUNTÉS

Le financement par emprunt comprend principalement les emprunts et les émissions d'obligations. Au Canada, les intérêts sur les obligations et les intérêts versés sur les emprunts sont déductibles à des fins fiscales, à titre de frais généraux. Cela permet de réduire le revenu imposable et, au final, de payer moins d'impôt. Le coût des capitaux empruntés est, par conséquent, moindre en raison des économies d'impôt annuelles, qui correspondent au décaissement lié aux charges multiplié par le taux d'imposition effectif T_e. Ces économies d'impôt sont retranchées des décaissements liés à la dette ou aux capitaux propres afin de calculer le coût des capitaux empruntés, selon la formule suivante :

Économies d'impôt = (charges)(taux d'imposition effectif) = charges(T_e) [10.4]

Flux monétaires nets = charges − économies d'impôt = charges(1 − T_e) [10.5]

Pour trouver le coût des capitaux empruntés, on élaborera une relation fondée sur la valeur actualisée ou l'annuité équivalente des flux monétaires nets (FMN), où i^* est l'inconnue. On peut trouver i^* manuellement par approximations successives ou au moyen des fonctions TAUX ou TRI dans un tableur. Il s'agit du coût du pourcentage des capitaux empruntés utilisé pour le calcul du coût moyen pondéré du capital dans l'équation [10.1].

EXEMPLE 10.3

La société CRX mobilisera 5 millions de dollars de capitaux empruntés en procédant à l'émission de 5 000 obligations de 1 000 $ ayant un terme de 10 ans et un taux de 8 % par année. Sachant que le taux d'imposition effectif de la société est de 50 % et qu'un escompte de 2 % est offert sur les obligations afin de les vendre rapidement, calculez le coût des capitaux empruntés : a) avant impôt et b) après impôt, du point de vue de la société. Effectuez les calculs manuellement et par ordinateur.

Solution manuelle

a) Le dividende annuel sous forme d'obligations est 1 000 $(0,08) = 80 $, et le prix de vente après escompte de 2 % est de 980 $. Du point de vue de la société, la valeur de i^* dans la relation de la valeur actualisée est :

$$0 = 980 - 80(P/A;i^*;10) - 1\,000(P/F;i^*;10)$$
$$i^* = 8,3\%$$

Le coût avant impôt des capitaux empruntés est $i^* = 8,3\%$, ce qui est légèrement supérieur au taux d'intérêt de 8 % de l'obligation en raison de l'escompte de 2 %.

b) Comme il est possible de réduire les impôts exigibles en déduisant les intérêts sur les obligations, l'équation [10.4] donne lieu à une économie d'impôt de 80 $(0,5) = 40 $ par année. Le dividende sous forme d'obligations pour la relation de la valeur actualisée est à présent de 80 $ − 40 $ = 40 $. Le calcul de i^* après impôt réduit le coût des capitaux empruntés de près de la moitié, à 4,25 %.

Solution par ordinateur

La figure 10.3 montre la feuille de calcul de l'analyse avant impôt (colonne B) et après impôt (colonne C) au moyen de la fonction TRI. Les flux monétaires nets après impôt sont calculés à l'aide de l'équation [10.5], avec $T_e = 0,5$. Voir l'étiquette reliée à la cellule.

 Solution éclair

	Valeur nominale de l'obligation	Flux monétaires avant impôt	Flux monétaires après impôt			
1						
2	1 000 $					
3	Année 0	980 $	980 $			
4	1	(80 $)	(40 $)			
5	2	(80 $)	(40 $)			
6	3	(80 $)	(40 $)		=$B$4*(1−0,5)	
7	4	(80 $)	(40 $)			
8	5	(80 $)	(40 $)			
9	6	(80 $)	(40 $)			
10	7	(80 $)	(40 $)			
11	8	(80 $)	(40 $)			
12	9	(80 $)	(40 $)			
13	10	(1 080 $)	(1 040 $)			
14						
15	Coût des capitaux empruntés	8,30%	4,25%			
16					=TRI(C3:C13)	
17						

=−A2*0,08

FIGURE 10.3
L'utilisation de la fonction TRI pour déterminer le coût des capitaux empruntés avant impôt et après impôt de l'exemple 10.3

EXEMPLE 10.4

La société Imax achètera une immobilisation dont le prix est de 20 000 $ et la durée de vie de 10 ans. Les dirigeants de la société ont décidé de payer 10 000 $ comptant et d'emprunter 10 000 $ à un taux d'intérêt de 6 %. Le programme de remboursement simplifié de l'emprunt prévoit le versement de 600 $ d'intérêts chaque année et le remboursement de l'intégralité du capital, soit 10 000 $, l'année 10. Quel est le coût après impôt des capitaux empruntés si le taux d'imposition effectif est de 42 % ?

Solution

Les flux monétaires nets après impôt pour les intérêts sur l'emprunt de 10 000 $ correspondent à un montant annuel de 600(1 − 0,42) = 348 $ selon l'équation [10.5]. L'emprunt de 10 000 $ est remboursé à l'année 10. On utilise la valeur actualisée pour estimer un coût des capitaux empruntés de 3,48 %.

$$0 = 10\,000 - 348(P/A;i^*;10) - 10\,000(P/F;i^*;10)$$

Remarque

Le taux d'intérêt annuel de 6 % sur l'emprunt de 10 000 $ n'est pas le coût moyen pondéré du capital, car les intérêts de 6 % ne sont versés que sur les fonds empruntés. Le coût moyen pondéré du capital n'est pas non plus égal à 3,48 %, qui représente seulement le coût des capitaux empruntés.

10.5 LE CALCUL DU COÛT DES CAPITAUX PROPRES ET DU TAUX DE RENDEMENT ACCEPTABLE MINIMUM

Les sources de capitaux propres sont habituellement les suivantes :

- la vente d'actions privilégiées ;
- la vente d'actions ordinaires ;
- les résultats non distribués.

Le coût de chacun de ces types de financement est estimé séparément et est une composante du calcul du coût moyen pondéré du capital. Une méthode généralement reconnue d'estimation du coût du capital de chacune des sources est résumée ci-après. Il en existe d'autres pour estimer le coût du capital-actions ordinaires. Les capitaux propres ne permettent aucune économie d'impôts, car les dividendes versés aux actionnaires ne sont pas déductibles *à des fins fiscales*.

L'émission d'« actions privilégiées » est accompagnée d'un engagement de verser annuellement un dividende déclaré. Le coût du capital correspond au pourcentage du dividende déclaré, par exemple 10 %, ou au montant du dividende divisé par le cours des actions. Un dividende de 20 $ versé sur une action de 200 $ représente un coût des capitaux propres de 10 %. Pour accélérer la vente, une société peut vendre des actions privilégiées à escompte, auquel cas le produit réel des actions doit être utilisé comme dénominateur. Par exemple, si une action privilégiée d'une valeur de 200 $ donnant droit à un dividende de 10 % est vendue avec un escompte de 5 %, soit un prix de 190 $ l'action, le coût des capitaux propres est : (20 $ ÷ 190 $) × 100 % = 10,53 %.

L'estimation du coût des capitaux propres dans le cas d'« actions ordinaires » est plus complexe. Les dividendes versés n'indiquent pas nécessairement quel sera ultérieurement le coût réel de l'émission d'actions. Une évaluation des actions ordinaires est habituellement utilisée pour estimer le coût. Si R_e est le coût des capitaux propres (exprimé en décimales) :

$$R_e = \frac{\text{dividendes de la première année}}{\text{prix des actions}} + \text{taux de croissance attendu des dividendes}$$

$$R_e = \frac{\mathbf{DV_1}}{\mathbf{P}} + g \qquad\qquad \textbf{[10.6]}$$

Le taux de croissance g est une estimation de l'augmentation annuelle des dividendes que les actionnaires reçoivent. Énoncé d'une autre façon, g est le taux de croissance composé des dividendes que la société juge nécessaire pour attirer des actionnaires. Supposons par exemple qu'une société multinationale compte mobiliser des capitaux de 2 500 000 $ par l'intermédiaire de sa filiale canadienne afin de construire une nouvelle usine en Amérique du Sud en vendant des actions ordinaires au prix de 20 $ l'action. Si un dividende de 5 % (1 $) est prévu pour la première année et qu'une appréciation de 4 % par année est prévue pour les dividendes ultérieurs, le coût du capital pour cette émission d'actions ordinaires est de 9 % selon l'équation [10.6].

$$R_e = \frac{1}{20} + 0,04 = 0,09$$

Le coût des capitaux propres provenant de résultats non distribués est habituellement égal au coût du capital-actions ordinaires puisque ce sont les actionnaires qui profiteront du rendement des projets dans lesquels les résultats non distribués sont investis.

Une fois le coût du capital calculé pour toutes les sources de capitaux propres prévues, on calcule le coût moyen pondéré du capital à l'aide de l'équation [10.2].

Le « modèle d'évaluation des actifs financiers » (MEDAF) est une deuxième méthode utilisée pour estimer le coût du capital-actions ordinaires. Il est beaucoup utilisé en raison des fluctuations des cours des actions et du rendement élevé exigé pour les actions de certaines sociétés par rapport à d'autres. Le coût du capital-actions ordinaires R_e, calculé selon le modèle d'évaluation des actifs financiers, est le suivant :

R_e = rendement sans risque + prime au-dessus du rendement sans risque
$$\quad = R_f + \beta(R_m - R_f) \qquad\qquad \textbf{[10.7]}$$

où β = la volatilité des actions d'une société par rapport aux autres actions sur le marché (la norme est $\beta = 1,0$)

R_m = rendement des actions dans un portefeuille du marché défini, mesuré par un indice prescrit

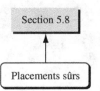

Section 5.8

Placements sûrs

Le terme R_f désigne habituellement le taux à la cote des bons du Trésor du gouvernement du Canada, qui sont habituellement considérés comme un « placement sûr ». Le terme $(R_m - R_f)$ désigne la prime de risque du marché. Le coefficient β (bêta) indique la variation prévue de l'action par rapport à un portefeuille choisi d'actions dans le même secteur du marché général. Si $\beta < 1,0$, les actions sont moins volatiles et la prime résultante peut être plus petite ; lorsque $\beta > 1,0$, des variations de prix plus importantes sont attendues et la prime augmente en conséquence.

Un titre désigne une action, une obligation ou tout autre instrument utilisé pour mobiliser des capitaux. La figure 10.4 permet de mieux comprendre le fonctionnement du modèle d'évaluation des actifs financiers. Elle représente la droite des titres du marché, un modèle linéaire d'analyse de régression permettant d'indiquer le rendement attendu pour différentes valeurs de β. Quand $\beta = 0$, le rendement sans risque R_f est acceptable (pas de prime). Plus β augmente, plus les exigences de rendement à prime augmentent. Les valeurs de bêta sont publiées régulièrement pour la plupart des sociétés émettrices d'actions. Lorsque le coût estimatif du capital-actions ordinaires a été déterminé, il peut être intégré au calcul du coût moyen pondéré du capital dans l'équation [10.2].

FIGURE 10.4

Le rendement attendu
d'une émission d'actions
ordinaires calculé au
moyen du modèle
d'évaluation des
actifs financiers

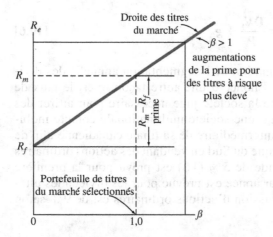

EXEMPLE 10.5

SécuLogique est une société de services exerçant ses activités dans le secteur de l'industrie alimentaire. L'ingénieur logiciel en chef a convaincu le président d'adhérer à son projet. Il souhaite
que la société mette au point une nouvelle technologie logicielle destinée au secteur de la salubrité des viandes et des aliments. Ce logiciel de contrôle automatisé devrait permettre d'exploiter
les procédés de transformation des aliments de façon plus sûre et plus rapide. L'émission d'actions
ordinaires est une solution possible pour mobiliser des capitaux si le coût du capital-actions ordinaires est inférieur à 15 %. SécuLogique, dont le coefficient bêta a une valeur historique de 1,7,
se sert du modèle d'évaluation des actifs financiers pour déterminer la prime de ses actions par
rapport aux autres sociétés de développement de logiciels. La droite des titres du marché indique
qu'une prime de 5 % par rapport au taux sans risque est souhaitable. Si les bons du Trésor rapportent 4 %, quel est le coût du capital-actions ordinaires ?

Solution

La prime de 5 % représente le terme $R_m - R_f$ dans l'équation [10.7].

$$R_e = 4,0 + 1,7(5,0) = 12,5 \%$$

Comme ce coût est inférieur à 15 %, SécuLogique devrait émettre des actions ordinaires pour
financer ce nouveau projet.

En principe, une étude économique en ingénierie correctement effectuée repose sur
un taux de rendement acceptable minimum égal au coût du capital engagé pour les
solutions considérées. Bien sûr, un tel détail n'est pas connu. Pour une combinaison de
capitaux empruntés et de capitaux propres, le coût moyen pondéré du capital calculé
définit le seuil minimal du taux de rendement acceptable minimum. La démarche la
plus logique consiste à définir un taux compris entre le coût des capitaux propres et le
coût moyen pondéré du capital de la société. Les risques associés à une solution doivent être traités séparément du calcul du taux de rendement acceptable minimum,
comme il a déjà été mentionné. Ce qui précède cadre avec le critère selon lequel le taux
de rendement acceptable minimum ne devrait pas être augmenté arbitrairement pour
tenir compte des divers types de risques associés aux estimations de flux de trésorerie.
Malheureusement, le taux de rendement acceptable minimum est souvent établi au-
dessus du coût moyen pondéré du capital parce que la direction veut tenir compte des
risques en augmentant ce taux.

EXEMPLE 10.6

La division des produits techniques de la société 4M veut choisir entre deux solutions mutuellement exclusives, A et B, dont le taux de rendement interne a les valeurs suivantes : $i_A^* = 9,2 \%$ pour
A et $i_A^* = 5,9 \%$ pour B. Le scénario de financement n'a pas encore été fixé, mais il devrait figurer

parmi les choix suivants : plan 1 – utiliser tous les capitaux propres, qui rapportent actuellement 8 % à la société ; plan 2 – utiliser les fonds d'investissement de la société, qui sont composés à 25 % de capitaux empruntés, à un coût de 14,5 %, et à 75 % des capitaux propres mentionnés ci-dessus. Le coût des capitaux empruntés est actuellement élevé parce que la société a manqué de peu l'atteinte de ses objectifs de rendement des actions ordinaires durant les deux derniers trimestres et que les banques ont accru le taux d'emprunt pour 4M. Faites un choix économique entre la solution A et la solution B dans chacun des scénarios de financement.

Solution

Des fonds sont disponibles pour l'une des deux solutions mutuellement exclusives. Dans le cas du plan 1, où 100 % du financement provient des capitaux propres, le financement est connu avec précision ; le coût des capitaux propres correspond donc au taux de rendement acceptable minimum, c'est-à-dire 8 %. Seule la solution A est acceptable ; la solution B ne l'est pas parce que le rendement prévu de 5,9 % est inférieur à cette valeur du taux de rendement acceptable minimum.

Selon le plan de financement 2, avec un ratio capitaux empruntés-capitaux propres de 25/75, on a :

$$CMPC = 0,25(14,5) + 0,75(8,0) = 9,625\%$$

Dans ce cas, aucune des deux solutions n'est acceptable, car les deux valeurs du taux de rendement interne sont inférieures au TRAM = CMPC = 9,625 %. La solution choisie devrait être celle du *statu quo*, sauf s'il faut impérativement choisir une sélection et alors tenir compte d'attributs non économiques.

10.6 L'EFFET DU RATIO CAPITAUX EMPRUNTÉS-CAPITAUX PROPRES SUR LE RISQUE D'INVESTISSEMENT

La notion de ratio capitaux empruntés-capitaux propres est présentée à la section 10.3. Plus la proportion de capitaux empruntés augmente, plus le coût du capital calculé diminue en raison des avantages fiscaux des capitaux empruntés. Le levier financier que procurent des proportions plus importantes de capitaux empruntés accroît le niveau de risque lié aux projets qu'entreprend la société. Lorsqu'une entreprise est déjà lourdement endettée, elle a plus de difficulté à justifier un financement supplémentaire par emprunt (ou capitaux propres), et elle peut se retrouver dans une situation où elle est de moins en moins propriétaire de ses actifs. On dira parfois d'une telle entreprise qu'elle a un « fort levier financier ». Le fait qu'une entreprise ne soit pas en mesure d'obtenir du financement pour ses activités d'exploitation et ses activités d'investissement est une source de difficultés pour elle et les projets qu'elle veut réaliser. Un équilibre raisonnable entre le financement par emprunt et le financement par capitaux propres est donc important pour la santé financière d'une entreprise. L'exemple 10.7 présente les désavantages d'une répartition capitaux empruntés-capitaux propres déséquilibrée.

EXEMPLE 10.7

Les capitaux empruntés et les capitaux propres de trois entreprises de fabrication ainsi que leurs ratios capitaux empruntés-capitaux propres sont présentés dans le tableau ci-dessous. On suppose que les capitaux propres sont composés en totalité d'actions ordinaires.

Société	Montant		Ratio capitaux empruntés-capitaux propres (%/%)
	Capitaux empruntés (millions de dollars)	Capitaux propres (millions de dollars)	
A	10	40	20/80
B	20	20	50/50
C	40	10	80/20

On suppose que les produits de chaque entreprise s'élèvent à 15 millions de dollars et que, déduction faite des intérêts sur la dette, leurs résultats nets s'établissent respectivement à 14,4 millions, à 13,4 millions et à 10,0 millions. Calculez le rendement des actions ordinaires pour chaque entreprise et analysez ce rendement par rapport aux ratios capitaux empruntés-capitaux propres.

Solution
Divisez le résultat net par les capitaux propres pour calculer le rendement des actions ordinaires (en millions de dollars) :

$$A : \text{Rendement} = \frac{14,4}{40} = 0,36 \ (36\%)$$

$$B : \text{Rendement} = \frac{13,4}{20} = 0,67 \ (67\%)$$

$$C : \text{Rendement} = \frac{10,0}{10} = 1,00 \ (100\%)$$

Comme on pouvait s'y attendre, le rendement de la société C, qui a un fort levier financier et qui n'appartient que dans une proportion de 20 % à ses propriétaires, est de loin plus élevé que celui des autres sociétés. Le rendement est excellent, mais le risque associé à cette entreprise est élevé comparativement au risque associé à la société A, où le ratio capitaux empruntés-capitaux propres fait état de seulement 20 % de capitaux empruntés.

Une forte proportion de capitaux empruntés accroît grandement le risque que prennent les prêteurs et les porteurs d'actions. La confiance à long terme dans l'entreprise diminue, et ce, même si le rendement à court terme des actions est élevé.

Un ratio capitaux empruntés-capitaux propres fort accroît aussi le rendement des capitaux propres, comme il est indiqué dans les exemples précédents, mais il s'agit d'une arme à double tranchant pour les propriétaires de l'entreprise et les investisseurs. Une légère baisse (exprimée en pourcentage) de la valeur des actifs aura une incidence plus défavorable sur un investissement fortement financé par emprunt que sur un investissement moins financé par des emprunts, comme l'illustre l'exemple 10.8.

EXEMPLE 10.8

Deux ingénieures placent toutes deux 10 000 $ dans des instruments de placement différents. Marilyne investit 10 000 $ en actions dans une société aérienne et Carolanne investit 10 000 $ dans l'achat d'une maison de 100 000 $ dont elle compte tirer un revenu de loyer. Calculez la valeur résultante des capitaux propres de 10 000 $ si la valeur des actions et de la maison baisse de 5 %. Faites le même calcul dans le cas d'une hausse de 5 %. Ne tenez pas compte des dividendes, des bénéfices ou des impôts.

Solution
La baisse de la valeur de l'action de la société aérienne a réduit les capitaux propres de 10 000(0,05) = 500 $, et la valeur de la maison a diminué de 100 000(0,05) = 5 000 $. De ce fait, le rendement de l'investissement de 10 000 $ est plus faible s'il doit être vendu immédiatement.

$$\text{Perte de Marilyne} = \frac{500}{10\ 000} = 0,05 \ (5\%)$$

$$\text{Perte de Carolanne} = \frac{5\ 000}{10\ 000} = 0,50 \ (50\%)$$

Le ratio capitaux empruntés-capitaux propres de Carolanne, qui est de 10 pour 1, donne lieu à une diminution de 50 % de son avoir en capitaux propres, tandis que la perte de Marilyne n'est que de 5 % puisqu'elle ne s'est pas endettée.

Le contraire est vrai si l'augmentation est de 5%. Carolanne bénéficierait d'un gain de 50% sur son placement de 10 000 $, tandis que le gain de Marilyne n'atteindrait que 5%. Un levier financier fort représente un risque élevé. Il permet un **rendement beaucoup plus élevé pour une augmentation** de la valeur du placement et une **perte beaucoup plus importante pour une diminution** de la valeur du placement.

Les principes énoncés ci-dessus pour les sociétés s'appliquent aussi aux particuliers. Une personne a un fort levier financier lorsqu'elle est très endettée (solde des cartes de crédit, emprunts personnels et emprunts hypothécaires). Examinons en guise d'exemple la situation de deux ingénieurs, Jamal et Benoit, qui ont chacun un revenu net de 60 000 $ après toutes les retenues d'impôts, du Régime de pensions du Canada et d'assurance sur leurs salaires annuels. Supposons en outre que le coût de l'endettement (sommes empruntées au moyen de cartes de crédit et d'emprunts) soit en moyenne de 15% par année et que l'encours de la dette soit remboursé par versements égaux sur 20 ans. Si la dette totale de Jamal s'élève à 25 000 $ et celle de Benoit à 150 000 $, le revenu net annuel qu'il leur reste peut être calculé de la façon suivante :

Ingénieur	Dette totale ($)	Coût de l'endettement à 15% ($)	Remboursement de la dette sur une période de 20 ans ($)	Revenu net qu'il reste sur 60 000 $
Jamal	25 000	3 750	1 250	55 000
Benoit	150 000	22 500	7 500	30 000

Jamal dispose de 91,7% de son revenu net, tandis que Benoit ne peut disposer que de 50% du sien.

10.7 L'ANALYSE MULTIATTRIBUT : DÉFINITION ET IMPORTANCE DE CHAQUE ATTRIBUT

Le rôle et le champ d'application de l'économie d'ingénierie pour la prise de décisions sont décrits dans le chapitre 1. Les sept étapes du processus décisionnel sont énumérées dans la partie droite de la figure 10.5. L'étape 4 consiste à définir un ou plusieurs attributs sur lesquels reposeront les critères de sélection. Dans toutes les évaluations précédentes, un seul attribut, l'attribut économique, est défini et utilisé pour sélectionner la meilleure solution. Le critère est la maximisation de la valeur équivalente de la valeur actualisée, de l'annuité équivalente, du taux de rendement interne ou du ratio avantages-coûts. Comme on le sait, la plupart des évaluations nécessaires à la prise

Prise en compte d'attributs multiples

4.1 Définir les attributs pour la prise de décisions.
4.2 Déterminer l'importance relative (coefficients de pondération) des attributs
4.3 Pour chacune des solutions, déterminer l'ordre de valeur de chaque attribut.

5. Évaluer chaque solution au moyen d'une méthode multiattribut. Effectuer une analyse de sensibilité pour les attributs principaux.

Accent mis sur un attribut

1. Comprendre le problème ; définir l'objectif.
2. Rassembler les renseignements pertinents.
3. Définir les solutions possibles ; faire des estimations.

4. Définir les critères de sélection (un ou plusieurs attributs).

5. Évaluer chaque solution ; effectuer une analyse de sensibilité.

6. Choisir la meilleure solution.
7. Mettre en œuvre la solution et faire un suivi des résultats.

FIGURE 10.5
L'élargissement du processus décisionnel pour inclure des attributs multiples

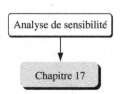

de décisions tiennent compte à juste titre d'attributs multiples : les facteurs désignés comme non économiques au bas de la figure 1.1, qui décrit les principaux éléments d'une étude en économie d'ingénierie. Les facteurs non économiques sont toutefois souvent immatériels, et il est quasi impossible d'en faire une évaluation quantitative directe au moyen d'échelles économiques ou autres. Le processus de choix d'une solution ne saurait toutefois être complet si l'on ne tient pas compte des principaux attributs parmi ces facteurs non économiques.

Le processus décisionnel de nombreuses études repose sur des attributs multiples. Les projets du secteur public illustrent bien la résolution de problèmes fondée sur des attributs multiples. Ainsi, le projet de construction d'un barrage pour former un lac dans une zone de faible altitude ou pour élargir le bassin hydrographique d'un fleuve a habituellement plusieurs fonctions : la régulation des crues, l'accès à de l'eau potable, des utilisations industrielles, le développement commercial, un usage récréatif et la préservation du milieu naturel pour les poissons, les plantes et les oiseaux. Les attributs multiples jugés importants pour le choix d'une solution concernant l'emplacement, la conception et l'impact environnemental du barrage accroissent la complexité du processus décisionnel.

La partie gauche de la figure 10.5 présente une version élargie des étapes 4 et 5 pour tenir compte des attributs multiples. L'analyse ci-dessous porte essentiellement sur l'étape 4 élargie, et la section qui suit est consacrée à la mesure d'évaluation (étape 5) et au choix d'une solution (étape 6).

L'étape 4.1 : Définition des attributs Il existe plusieurs méthodes pour repérer et définir les attributs dont l'évaluation doit tenir compte. Certaines s'appliquent mieux que d'autres au contexte dans lequel est effectuée l'étude. Il est important de consulter d'autres personnes que l'analyste afin de centrer l'étude sur les attributs clés. Une liste non exhaustive des façons de définir les attributs clés est dressée ci-après :

- comparaison avec des études similaires qui comprennent des attributs multiples ;
- informations données par des experts dont l'expérience est pertinente ;
- enquête auprès des personnes concernées par les solutions (clients, employés, dirigeants) ;
- discussions en petits groupes (groupes de consultation, séances de remue-méninges ou groupes nominaux) ;
- application de la méthode Delphi, qui permet de rallier progressivement des points de vue divergents et des opinions différentes pour parvenir à une entente.

À titre d'exemple, Air Canada a décidé d'acheter 18 appareils supplémentaires 777-300ER de Boeing pour des vols long-courriers, en particulier entre la côte ouest et des villes d'Asie, notamment Hong Kong, Tokyo et Shanghaï. Le personnel de l'ingénierie, des achats, de la maintenance et de la commercialisation d'Air Canada doivent faire un choix entre 8 000 options différentes pour chaque avion avant de passer la commande à Boeing. Les options vont du revêtement et de la couleur de la cabine de l'appareil au type de dispositifs de verrouillage utilisés sur les capots moteurs et, pour le fonctionnement, de la poussée maximale des réacteurs à la conception des instruments de pilotage. Une étude économique fondée sur l'annuité équivalente des produits passages estimatifs par vol (revenus provenant des passagers) a déterminé que 150 de ces options sont manifestement avantageuses. D'autres attributs non économiques entrent cependant en ligne de compte pour le choix de certaines options plus coûteuses. Une étude selon la méthode Delphi a été effectuée auprès de 25 personnes. D'autres choix d'options pour la commande récente d'un autre appareil non identifié ont été communiqués aux employés d'Air Canada. Ces deux études ont permis de déterminer qu'il y avait 10 attributs clés pour le choix des options ; en voici 4, parmi les plus importants :

- temps de réparation : temps moyen de réparation ou de remplacement si l'option est un élément essentiel pour le vol ou est liée à un tel élément ;
- sécurité : durée moyenne avant défaillance d'éléments essentiels pour le vol ;

- économie : produits supplémentaires estimatifs tirés de l'option (il s'agit essentiel-lement de l'attribut évalué dans l'étude économique déjà effectuée) ;
- besoins des membres d'équipage : mesure de la nécessité ou des avantages de l'option selon des membres d'équipage représentatifs : pilotes et agents de bord.

L'attribut économique que constituent les produits supplémentaires peut être considéré comme une mesure indirecte de la satisfaction de la clientèle, plus quantitative que les résultats d'un sondage sur l'opinion ou la satisfaction des clients. De nombreux autres attributs peuvent être utilisés, et le sont d'ailleurs. Il faut cependant retenir que l'étude économique peut porter directement sur un seul attribut ou quelques attributs essentiels pour le processus décisionnel menant au choix d'une solution.

Que ce soit individuellement ou en groupe, on a tendance à définir le risque comme attribut. Or, le risque n'est pas un attribut à part entière ; il fait partie de tous les attributs, sous une forme ou une autre. Des aspects du processus décisionnel comme la variation ou les estimations probabilistes, entre autres, sont abordés plus loin dans cet ouvrage. Parmi les méthodes utiles pour tenir compte du risque inhérent à un attribut, mentionnons l'analyse de sensibilité formalisée, l'espérance mathématique, la simulation et les arbres de décision.

L'étape 4.2 : Importance (pondération) des attributs Déterminer le « degré d'importance » de chaque attribut i donne lieu à une pondération W_i qui est incorporée dans la mesure d'évaluation finale. Le coefficient de pondération, un chiffre de 0 à 1, est fonction de l'opinion expérimentée d'une personne ou d'un groupe de personnes ayant une bonne connaissance des attributs et probablement des solutions. Si le mandat qui consiste à déterminer les pondérations est confié à un groupe, les membres qui le composent doivent s'entendre sur chacune des pondérations. Si ce n'est pas le cas, une méthode de calcul des moyennes doit être appliquée pour obtenir une seule valeur pondérée pour chaque attribut.

Le tableau 10.3 présente les attributs et les solutions utilisés dans une évaluation par attributs multiples. La pondération W_i de chaque attribut est indiquée à gauche. Le reste du tableau fera l'objet d'une analyse lorsque les étapes 4 et 5 du processus décisionnel élargi seront abordées.

Les coefficients de pondération des attributs sont habituellement normalisés de façon que la somme pour toutes les solutions soit égale à 1,0. Cette normalisation implique que le degré d'importance de chaque attribut soit divisé par la somme S de tous les attributs. Ces deux propriétés de la pondération de l'attribut i ($i = 1, 2, …, m$) sont représentées ci-dessous sous forme d'équations :

$$\text{Pondérations normalisées} : \sum_{i=1}^{m} W_i = 1,0 \qquad [10.8]$$

TABLEAU 10.3	LES ATTRIBUTS ET LES SOLUTIONS SERVANT À L'ÉVALUATION MULTIATTRIBUT					
		Solution				
Attribut	Coefficient de pondération	1	2	3	...	n
1	W_1					
2	W_2					
3	W_3		Notes V_{ij}			
...	...					
...	...					
m	W_m					

Calcul de la pondération :

$$W_i = \frac{\text{degré d'importance}_i}{\sum_{i=1}^{m} \text{degré d'importance}_i} = \frac{\text{degré d'importance}_i}{S} \quad [10.9]$$

Parmi les nombreuses méthodes élaborées pour attribuer des coefficients de pondération à un attribut, l'analyste est plus susceptible de s'appuyer sur celles qui sont relativement simples, comme les méthodes qui sont fondées sur le même coefficient de pondération, le classement par ordre de grandeur ou le classement par ordre de grandeur pondéré. Une brève description de chacune de ces méthodes est donnée ci-après.

Même coefficient de pondération Tous les attributs sont considérés comme ayant approximativement la même importance, c'est-à-dire qu'il n'y a pas de raison permettant de distinguer le plus important attribut du moins important. Il s'agit de la démarche par défaut. Chaque coefficient de pondération présenté dans le tableau 10.3 est égal à $1/m$, conformément à l'équation [10.9]. En ce qui concerne la solution, la normalisation peut être omise. Chaque coefficient de pondération est alors 1, et leur somme est m. Dans ce cas, la mesure d'évaluation finale d'une solution est la somme de tous les attributs.

Classement par ordre de grandeur Les attributs m sont encore une fois classés par ordre croissant d'importance, une cote de 1 étant attribuée au moins important et une cote de m au plus important. Selon l'équation [10.9], les coefficients de pondération suivent le modèle $1/S, 2/S, ..., m/S$. Avec cette méthode, l'écart entre les coefficients de pondération d'attributs d'importance croissante est constant.

Classement par ordre de pondération Les attributs m sont encore classés par ordre croissant d'importance, mais une différenciation entre les attributs est possible. Une cote, habituellement 100, est donnée à l'attribut le plus important, et tous les autres attributs sont cotés par rapport au premier, de 100 à 0. Si on définit la cote de chaque attribut par s_i, l'équation [10.9] prend la forme suivante :

$$W_i = \frac{s_i}{\sum_{i=1}^{m} s_i} \quad [10.10]$$

Cette méthode est très pratique pour déterminer des coefficients de pondération, dans la mesure où un ou plusieurs attributs peuvent avoir un fort coefficient de pondération s'ils sont considérablement plus importants que les autres, l'équation [10.10] normalisant automatiquement les coefficients de pondération. Supposons que les quatre attributs clés pour l'achat d'un avion dans l'exemple précédent soient classés ainsi : sécurité, temps de réparation, besoins des membres d'équipage et attribut économique. Si le temps de réparation est seulement la moitié moins important que la sécurité et que les deux derniers attributs sont chacun la moitié moins importants que le temps de réparation, les cotes et les coefficients de pondération sont les suivants :

Attribut	Cote	Coefficient de pondération
Sécurité	100	100/200 = 0,500
Temps de réparation	50	50/200 = 0,250
Besoins des membres d'équipage	25	25/200 = 0,125
Attribut économique	25	25/200 = 0,125
Somme des cotes et somme des coefficients de pondération	200	1,000

Il existe d'autres méthodes de pondération des attributs, en particulier pour les processus de groupe, comme les fonctions d'utilité ou les comparaisons par paire. Elles sont nettement plus complexes, mais procurent à l'analyste un avantage sur les méthodes plus simples : l'uniformité du classement et des cotes entre les attributs et entre les personnes. Le recours à une méthode complexe est justifié lorsque l'uniformité est importante parce que plusieurs décideurs ayant des opinions diverses sur l'importance des attributs participent à l'étude. La documentation sur ce sujet est considérable.

L'étape 4.3 : Évaluation de chaque solution, par attribut Il s'agit de l'étape finale avant le calcul de la mesure d'évaluation. Une note V_{ij} pour chaque attribut i est accordée à chaque solution. Ces notes ont été saisies dans les cellules du tableau 10.3. Elles correspondent aux évaluations des décideurs au sujet de l'efficacité d'une solution en fonction de chaque attribut.

L'échelle d'évaluation peut varier en fonction de la facilité de compréhension pour ceux qui effectuent l'évaluation. Une échelle de 0 à 100 peut être utilisée pour classer les attributs par ordre d'importance. L'échelle la plus répandue compte toutefois 4 ou 5 échelons mesurant la capacité perçue d'une solution à atteindre l'objectif dans l'attribut. Il s'agit de l'« échelle de Likert », dont les échelons peuvent être caractérisés à l'aide de descriptions (par exemple : très mauvais, mauvais, bon, très bon) ou de chiffres situés entre 0 et 10, ou –1 et +1, ou –2 et +2. Les deux dernières séries d'échelons peuvent mettre en relief un aspect négatif de la mesure d'évaluation lorsque les solutions sont peu efficaces. Le tableau qui suit présente une échelle numérique de 0 à 10.

Si vous évaluez que la solution est :	Attribuez-lui une note :
Très mauvaise	de 0 à 2
Mauvaise	de 3 à 5
Bonne	de 6 à 8
Très bonne	de 9 à 10

Il vaut mieux utiliser une échelle de Likert à quatre échelons (nombre pair) afin que l'échelon central (« bon ») ne soit pas surévalué.

Reprenons l'exemple de la compagnie Air Canada portant sur l'achat d'avions. On veut maintenant inclure dans un tableau les notes qu'un décideur a attribuées aux solutions. Le tableau 10.4 contient des exemples de notes V_{ij} ainsi que les coefficients de pondération W_i établis ci-dessus. Il y a au départ un tableau par décideur. Avant de calculer la mesure d'évaluation finale R_j, on peut regrouper les notes d'une certaine façon ou calculer un R_j différent en utilisant les notes attribuées par chaque décideur. La manière de déterminer cette mesure d'évaluation est abordée ci-après.

TABLEAU 10.4	LA MATRICE D'ÉVALUATION MULTIATTRIBUT POUR 4 ATTRIBUTS ET 3 SOLUTIONS			
		Solution		
Attribut	Coefficient de pondération	1	2	3
Sécurité	0,500	6	4	8
Réparation	0,250	9	3	1
Besoins des membres d'équipage	0,125	5	6	6
Attribut économique	0,125	5	9	7

10.8 LA MESURE D'ÉVALUATION POUR DES ATTRIBUTS MULTIPLES

L'étape 5 de la figure 10.5 fait état de la nécessité d'utiliser une mesure d'évaluation qui convient aux attributs multiples. Cette mesure doit être un nombre unidimensionnel qui intègre efficacement les dimensions différentes que reflètent les degrés d'importance des attributs W_i et les notes d'évaluation des solutions V_{ij}. Le résultat obtenu est une formule permettant de calculer une mesure cumulative qui peut servir à choisir une solution entre deux ou plusieurs (cette méthode consiste à classer et à noter).

Ce processus de réduction permet d'amoindrir la difficulté qui consiste à atteindre un équilibre entre les différents attributs. Toutefois, il élimine aussi une grande quantité d'informations pertinentes qui sont saisies dans le processus de classement des attributs par ordre d'importance et d'attribution de note à chacune des solutions pour chaque attribut.

Les mesures peuvent être additives, multiplicatives ou exponentielles, les plus courantes étant les mesures additives. Le modèle additif le plus répandu est la «méthode des attributs pondérés». La mesure d'évaluation, symbolisée par R_j pour chaque solution j, est définie dans l'équation suivante :

$$R_j = \sum_{i=1}^{n} W_i V_{ij} \hspace{2cm} \textbf{[10.11]}$$

Les valeurs de W_i correspondent aux coefficients de pondération de l'importance de l'attribut et celles de V_{ij} aux notes d'évaluation, par attribut i, de chaque solution j. Si les attributs ont le même coefficient de pondération (on les qualifie alors de «non pondérés»), alors toutes les valeurs $W_i = 1/m$, telles qu'elles sont établies dans l'équation [10.9]. Par la suite, W_i peut être retiré de la sommation dans la formule pour calculer R_j. Si un coefficient de pondération identique $W_i = 1,0$ est attribué à tous les attributs au lieu de $1/m$, alors la valeur R_j correspond simplement à la somme de toutes les notes attribuées à la solution.

Le critère de sélection est le suivant :

> Choisir la solution pour laquelle la valeur de R_j est la plus grande. Cette mesure repose sur l'hypothèse que des coefficients de pondération W_i plus forts signifient que les attributs sont plus importants et que des notes V_{ij} plus élevées signifient qu'une solution est plus efficace.

L'analyse de sensibilité d'une cote, d'un coefficient de pondération ou d'une note sert à déterminer dans quelle mesure la décision est influencée par cet élément.

EXEMPLE 10.9

Un système interactif régional de régulation des trains et d'établissement des horaires est en place depuis plusieurs années à la société MB+O Railroad. La direction et les régulateurs ont convenu qu'il était temps de mettre à jour les logiciels et peut-être aussi de remplacer le matériel informatique. Les discussions ont permis de trouver les trois solutions suivantes :

1. Acheter un nouveau matériel et mettre au point un nouveau logiciel sur mesure en interne.
2. Louer, au moyen d'un contrat de location-financement, le nouveau matériel et faire appel à un fournisseur externe pour les services logiciels.
3. Confier à un fournisseur externe la mise au point du nouveau logiciel et mettre à niveau certaines composantes du matériel pour accueillir le nouveau logiciel.

Aux fins de la comparaison, six attributs ont été définis à l'aide de la méthode Delphi. Sont intervenus les décideurs des services de la régulation et des activités opérationnelles ainsi que les mécaniciens.

1. Investissement initial requis
2. Coût annuel de la maintenance du matériel et des logiciels
3. Délai d'intervention en cas de collision

4. Interface utilisateur pour la régulation des trains
5. Interface logicielle à bord des trains
6. Interface du système logiciel avec les systèmes de régulation d'autres entreprises

TABLEAU 10.5	LE DEGRÉ D'IMPORTANCE DES ATTRIBUTS ET LES NOTES ATTRIBUÉES AUX SOLUTIONS DANS LE CAS D'UNE ÉVALUATION MULTIATTRIBUT DE L'EXEMPLE 10.9			
		Note (de 0 à 100), V_{ij}		
Attribut i	Degré d'importance	Solution 1	Solution 2	Solution 3
1	50	75	50	100
2	100	60	75	100
3	100	50	100	20
4	80	100	90	40
5	50	85	100	10
6	70	100	100	75
Total	450			

Les degrés d'importance des attributs que les décideurs ont établis sont présentés dans le tableau 10.5. Ils sont classés selon l'ordre croissant des pondérations par des cotes comprises entre 0 et 100. Les attributs 2 et 3 sont considérés comme étant les deux plus importants attributs, à importance égale, et une cote de 100 leur a été accordée. Après que chaque solution a été « décortiquée » avec un niveau de détail suffisant pour établir ses capacités par rapport aux spécifications du système, un groupe de trois personnes a évalué chacune des trois solutions selon une échelle de 0 à 100 (*voir le tableau 10.5*). Ainsi, pour la solution 3, l'attribut économique est excellent (cote de 100 pour les attributs 1 et 2), mais l'interface logicielle à bord des trains a été jugée très mauvaise et a obtenu une note faible de 10. Servez-vous de ces cotes et de ces évaluations pour déterminer la solution qui devrait être retenue.

Solution

Le tableau 10.6 présente les coefficients de pondération normalisés pour chaque attribut, déterminés à l'aide de l'équation [10.9] ; le total se chiffre à la valeur voulue de 1,0. On obtient la mesure d'évaluation R_j pour la méthode des attributs pondérés en résolvant l'équation [10.11] pour chaque solution. Pour la solution 1,

$$R_1 = 0,11(75) + 0,22(60) + \ldots + 0,16(100) = 75,9$$

TABLEAU 10.6	LES RÉSULTATS AVEC LA MÉTHODE DES ATTRIBUTS PONDÉRÉS DE L'EXEMPLE 10.9			
		$R_j = W_i V_{ij}$		
Attribut i	Coefficient de pondération normalisé W_i	Solution 1	Solution 2	Solution 3
1	0,11	8,3	5,5	11,0
2	0,22	13,2	16,5	22,0
3	0,22	11,0	22,0	4,4
4	0,18	18,0	16,2	7,2
5	0,11	9,4	11,0	1,1
6	0,16	16,0	16,0	12,0
Total	1,00	75,9	87,2	57,7

Lorsqu'on examine les totaux, celui de la solution 2 est le plus élevé ($R_2 = 87,2$) ; celle-ci est donc la meilleure des trois solutions. Une étude plus approfondie de cette solution devrait être recommandée à la direction.

Remarque

Cette méthode permet d'intégrer n'importe quelle mesure économique dans une évaluation multi-attribut. Toutes les mesures de valeur (valeur actualisée, annuité équivalente, taux de rendement interne, analyse avantages-coûts) peuvent être incluses. Toutefois, leur incidence sur le choix final sera fonction de l'importance accordée aux attributs non économiques.

RÉSUMÉ DU CHAPITRE

La méthode la plus efficace pour évaluer du point de vue économique et comparer des solutions mutuellement exclusives est l'analyse de l'annuité équivalente ou de la valeur actualisée au taux de rendement acceptable minimum établi. Le choix dépend en partie du fait que les solutions ont des durées de vie identiques ou différentes et du modèle des flux de trésorerie estimatifs (*voir le tableau 10.1*). L'analyse avantages-coûts est plus efficace pour comparer des projets du secteur public, mais l'équivalence économique demeure fondée sur l'annuité équivalente ou la valeur actualisée. Après avoir choisi la méthode d'évaluation, on peut utiliser le tableau 10.2 afin de déterminer les éléments et les critères de décision qui doivent être appliqués pour mener à bien l'étude. Si un taux de rendement interne estimatif est nécessaire pour la solution choisie, il est conseillé de déterminer i^* en utilisant la fonction TRI dans un tableur après que la méthode de l'annuité équivalente ou de la valeur actualisée a déterminé la meilleure solution.

Le taux d'intérêt auquel le taux de rendement acceptable minimum est établi dépend principalement du coût du capital et de la répartition entre le financement par emprunt et le financement par capitaux propres. Le taux de rendement acceptable minimum doit être établi de façon qu'il soit égal au coût moyen pondéré du capital. On peut tenir compte du risque, du bénéfice et d'autres facteurs après avoir effectué une analyse de l'annuité équivalente, de la valeur actualisée ou du taux de rendement interne et avant d'avoir choisi définitivement une solution.

Lorsqu'on doit considérer plusieurs attributs dans le choix d'une solution, c'est-à-dire lorsqu'il faut approfondir l'étude au-delà de l'aspect économique, on doit d'abord définir les attributs et évaluer leur importance relative. Une valeur peut ensuite être attribuée à chaque solution en fonction de chaque attribut. Pour déterminer la mesure d'évaluation, on peut utiliser un modèle comme la méthode des attributs pondérés, où la mesure est obtenue en résolvant l'équation [10.11]. La solution pour laquelle on obtient le résultat le plus élevé est la meilleure.

PROBLÈMES

Le choix de la méthode d'évaluation

10.1 Lorsque deux ou plusieurs solutions sont comparées au moyen de la valeur actualisée, de l'annuité équivalente ou de l'analyse avantages-coûts, il existe trois situations dans lesquelles la durée de la période d'évaluation est la même pour toutes les solutions. Quelles sont ces trois situations ?

10.2 Pour quelles méthodes d'évaluation doit-on obligatoirement effectuer une analyse différentielle des séries de flux monétaires

afin de s'assurer qu'on a sélectionné la bonne solution ?

10.3 Expliquez ce qu'est le critère de décision de la « valeur numériquement la plus grande » pour choisir la meilleure solution entre deux ou plusieurs solutions mutuellement exclusives.

10.4 Pour la situation suivante : a) déterminez quelle est probablement la méthode d'évaluation la plus facile et la plus rapide à appliquer manuellement et par ordinateur pour faire un choix parmi les cinq solutions ;

b) répondez aux deux questions en vous fondant sur la méthode d'évaluation que vous avez choisie.

Un entrepreneur indépendant de ramassage de terre doit déterminer la contenance que doit avoir la benne basculante du camion qu'il compte acheter. Les flux monétaires estimatifs correspondant à la contenance des bennes de camion sont présentés dans le tableau ci-dessous. Le taux de rendement acceptable minimum est de 18 % par année, et la durée d'utilité est de 8 ans pour toutes les solutions. 1. Quelle contenance doit avoir le camion acheté ? 2. Si l'entrepreneur achète deux camions, quelle contenance doit avoir le deuxième camion ?

Contenance du camion (m³)	Investissement initial ($)	CEA ($/année)	Valeur de récupération ($)	Produits annuels ($/année)
8	−10 000	−4 000	+2 000	+6 500
10	−14 000	−5 500	+2 500	+10 000
15	−18 000	−7 000	+3 000	+14 000
20	−24 000	−11 000	+3 500	+20 500
25	−33 000	−16 000	+6 000	+26 500

10.5 Relisez le problème 9.26. a) Déterminez quelle est probablement la méthode d'évaluation la plus facile et la plus rapide à appliquer manuellement et par ordinateur pour faire un choix entre les deux solutions. b) Si la méthode d'évaluation que vous avez choisie est différente de celle qui est utilisée au chapitre 9, résolvez le problème en utilisant la méthode d'évaluation que vous avez choisie.

10.6 Pour quel type de solutions la méthode du coût immobilisé doit-elle être utilisée à des fins de comparaison ? Donnez plusieurs exemples de ces types de projets.

L'utilisation du taux de rendement acceptable minimum

10.7 Après avoir travaillé 15 ans dans le secteur du transport aérien, Léo a démarré sa propre société de services d'experts-conseils spécialisée dans l'application de la simulation physique et numérique à l'analyse des accidents sur les pistes d'aéroports commerciaux.

Il estime le coût moyen du nouveau capital à 8 % par année pour les projets de simulation physique, c'est-à-dire ceux pour lesquels il reconstitue l'accident en utilisant des maquettes à l'échelle des avions, des bâtiments, des véhicules, etc. Il a établi que son taux de rendement acceptable minimum était de 12 % par année.

a) Quel taux de rendement (net) du capital investi Léo attend-il pour les projets de simulation physique ?

b) Léo s'est vu offrir récemment un projet à l'étranger qu'il juge risqué, car l'information disponible est imprécise, et le personnel de l'aéroport ne semble pas disposé à collaborer à l'enquête. Il estime que le risque justifie économiquement un rendement supplémentaire de 5 % sur le capital investi dans le projet. Quel est le taux de rendement acceptable minimum recommandé dans ce cas, compte tenu de ce que vous avez appris dans le présent chapitre ? Comment Léo doit-il tenir compte du rendement requis et des facteurs de risque perçus lorsqu'il évalue l'opportunité que représente le projet ?

10.8 Indiquez, pour chacun des énoncés suivants, s'il s'agit de financement par emprunt ou de financement par capitaux propres.

a) Une émission d'obligations de 3,5 millions de dollars par une société de services publics appartenant à une municipalité.

b) Un premier appel public à l'épargne (PAPE) de 35 millions de dollars en actions ordinaires pour une cyber-entreprise.

c) Un montant de 25 000 $ prélevé dans votre compte d'épargne-retraite pour payer comptant une nouvelle automobile.

d) Un emprunt hypothécaire de 25 000 $.

10.9 Expliquez comment le coût d'opportunité permet de déterminer le taux de rendement acceptable minimum réel (ou effectif) lorsque, en raison de capitaux limités, on ne peut choisir qu'une seule solution entre deux ou plusieurs.

10.10 Un ingénieur en chef de Cenovus Energy veut effectuer une étude d'évaluation de solutions. Sachant que tous les projets doivent récupérer au moins 4 % des coûts moyens (communs) engagés, déterminez le taux de rendement acceptable minimum.

Provenance des fonds	Montant (millions de dollars)	Coût moyen ($)
Résultats non distribués	4	7,4
Ventes d'actions	6	4,8
Emprunts à long terme	5	9,8
Fonds budgétés pour le projet	15	

10.11 L'investissement initial et les valeurs du taux de rendement interne différentiel pour quatre solutions mutuellement exclusives sont indiqués ci-dessous. Quelle est, selon vous, la meilleure solution si un financement maximal a) de 300 000 $, b) de 400 000 $ ou c) de 700 000 $ est disponible et que le taux de rendement acceptable minimum correspond au coût du capital, estimé à 9 % par année. d) Quel est le taux de rendement acceptable minimum de fait pour ces solutions si aucun taux en particulier n'a été déterminé, sachant que le financement disponible s'élève à 400 000 $ et que l'interprétation du coût d'opportunité est appliquée ?

Solution	Investissement initial ($)	Taux de rendement interne différentiel (%)	Taux de rendement interne de la solution (%)
1	–100 000	8,8 pour 1 par rapport au *s.q.**	8,8
2	–250 000	12,5 pour 2 par rapport au *s.q.*	12,5
3	–400 000	11,3 pour 3 par rapport à 2	14,0
4	–550 000	8,1 pour 4 par rapport à 3	10,0

*s.q. : statu quo

10.12 Quelle est la démarche conseillée pour déterminer le taux de rendement acceptable minimum lorsqu'on tient compte d'autres facteurs, comme le risque lié à la solution, les impôts et les fluctuations du marché, en plus du coût du capital ?

10.13 Une société en nom collectif regroupant quatre ingénieurs exerce des activités de location de duplex. Il y a cinq ans, la société a acheté un groupe de duplex en utilisant un taux de rendement acceptable minimum de 14 % par année. À l'époque, le rendement estimé des duplex était de 15 % par année. Cependant, les ingénieurs ont jugé que le projet les exposait à un niveau de risque très élevé en raison de la conjoncture économique défavorable dans le secteur de la location de logements de la ville en particulier et de la province en général. La société a néanmoins conclu l'achat en le finançant entièrement à partir de ses capitaux propres, à un coût de 10 % par année. Le rendement s'est heureusement établi à 18 % en moyenne par année au cours des 5 années. Une nouvelle occasion d'achat de duplex se présente actuellement, mais la société devrait contracter un emprunt à 8 % par année pour réaliser l'achat. a) Si la conjoncture économique du secteur de la location de logements est demeurée sensiblement la même, est-il probable que le taux de rendement acceptable minimum soit à présent supérieur, inférieur ou égal à celui qui a été utilisé il y a 5 ans ? Pourquoi ? b) Quelle est la méthode recommandée pour tenir compte du risque lié à la conjoncture économique du secteur de la location de logements puisque le nouveau projet serait financé par des capitaux d'emprunt ?

Le ratio capitaux empruntés-capitaux propres et le coût moyen pondéré du capital

10.14 Un nouveau gazoduc pancanadien doit être construit à un coût initial prévu de 200 millions de dollars. Le consortium d'entreprises participant au projet n'a pas pris de décision concernant le financement de ce projet ambitieux. Le coût moyen pondéré du capital de projets similaires est établi en moyenne à 10 % par année.

a) Deux solutions de financement sont envisagées. La première prévoit que 60 % du financement du projet proviendra des capitaux propres, à 12 %, et que le reste sera financé par un emprunt portant intérêt à un taux de 9 % par année. La deuxième solution prévoit un financement par capitaux propres de seulement 20 %, le reste étant financé grâce à un important prêt international qui devrait porter intérêt à un taux de 12,5 % par année, fondé en partie sur l'emplacement géographique du gazoduc. Pour lequel des plans de financement le coût du capital sera-t-il le moins élevé ?

b) Si les chefs des services des finances du consortium décident que le coût moyen pondéré du capital ne doit pas être supérieur à la moyenne historique sur 5 ans de 10 % par année, quel est le taux d'intérêt maximal acceptable de l'emprunt pour chaque solution de financement ?

10.15 Un couple met de l'argent de côté pour les études postsecondaires de leur enfant. Ils peuvent financer une partie ou la totalité des frais de scolarité prévus de 100 000 $ à même leurs économies ou emprunter la totalité ou une partie de ce montant. S'ils puisent dans leurs économies, le rendement attendu est de 8 % par année. Cependant, s'ils empruntent, plus le montant de l'emprunt sera important, plus les taux d'intérêt seront élevés. Servez-vous de la courbe du coût moyen pondéré du capital générée par un tableur et des taux d'intérêt prévus ci-dessous pour déterminer le meilleur ratio capitaux empruntés-capitaux propres pour le couple.

Montant emprunté ($)	Taux d'intérêt prévu (%/année)
10 000	7,0
25 000	7,5
50 000	9,0
60 000	10,0
75 000	12,0
100 000	18,0

10.16 Tiffany Baking Co. a besoin de 50 millions de dollars pour financer la fabrication d'un nouveau produit de consommation. Le plan de financement actuel prévoit une combinaison de 60 % de capitaux propres et de 40 % de capitaux empruntés. Calculez le coût moyen pondéré du capital pour le scénario de financement suivant :

Capitaux propres : 60 % ou 35 millions de dollars ; 40 % de ce montant sera obtenu en vendant des actions ordinaires donnant droit à un dividende de 5 % par année, et 60 % du montant proviendra

des résultats non distribués, qui rapportent actuellement 9 % par année.

Capitaux empruntés : 40 % ou 15 millions de dollars, provenant de deux sources : emprunts bancaires totalisant 10 millions, à un taux de 8 % par année et, pour le reste des capitaux empruntés, obligations convertibles portant intérêt à un taux de 10 % par année.

10.17 Les ratios capitaux empruntés-capitaux propres pour un nouveau projet et les coûts afférents sont résumés ci-dessous. Utilisez les données : a) pour tracer les courbes des coûts des capitaux empruntés et des capitaux propres ainsi que des coûts moyens pondérés du capital ; b) pour déterminer le ratio capitaux empruntés-capitaux propres qui donnera lieu au coût moyen pondéré du capital le plus bas.

	Capitaux empruntés		Capitaux propres	
Plan	Pourcentage	Taux (%)	Pourcentage	Taux (%)
1	100	14,5		
2	70	13,0	30	7,8
3	65	12,0	35	7,8
4	50	11,5	50	7,9
5	35	9,9	65	9,8
6	20	12,4	80	12,5
7			100	12,5

10.18 Utilisez les données du problème 10.17 et un tableur pour déterminer : a) le meilleur ratio capitaux empruntés-capitaux propres ; b) le meilleur ratio capitaux empruntés-capitaux propres si le coût des capitaux empruntés augmente de 10 % par année.

10.19 Brantford Industries Ltd. envisage deux plans de financement pour l'achat d'une entreprise concurrente. Selon le plan A, 50 % du financement proviendra de capitaux propres de Brantford, à savoir les résultats non distribués qui rapportent à présent 9 % par année, le solde étant emprunté à des tiers, à un taux de 6 %, étant donné l'excellente cote de l'action de la société. Selon le plan B, seulement 20 % du financement proviendra des capitaux propres, le solde sera emprunté à un taux plus élevé de 8 % par année.

a) Lequel des plans a le coût moyen pondéré en capital le plus bas ?

b) Si le coût moyen pondéré du capital actuel de la société de 8% ne doit pas être dépassé, quel est le coût maximal des capitaux empruntés autorisés pour chaque plan? Ces taux sont-ils plus élevés ou plus bas que les estimations actuelles?

10.20 Une société ouverte dont vous détenez des actions ordinaires a déclaré, dans son rapport annuel aux actionnaires, un coût moyen pondéré du capital de 10,7% pour l'année. Les actions ordinaires que vous détenez ont affiché un rendement total annuel de 6% en moyenne au cours des 3 dernières années. Le rapport annuel mentionne également que les projets réalisés par la société sont financés à 80% par ses capitaux propres. Évaluez le coût des capitaux empruntés de la société. Ce taux semble-t-il raisonnable pour des fonds empruntés?

10.21 Afin de comprendre l'avantage du financement par emprunt du point de vue fiscal, déterminez le coût moyen pondéré du capital avant impôt et après impôt pour un projet financé dans une proportion de 40%/60% par des emprunts assortis d'un taux de 9% par année. On suppose que les capitaux propres de la société rapportent 12% par année et que le taux d'imposition effectif est de 35% pour l'année.

Le coût de l'endettement

10.22 La société pharmaceutique internationale Bristol Myers Squibb démarre un nouveau programme pour lequel elle a besoin de 2,5 millions de dollars en capitaux empruntés. Le plan de financement actuel consiste à vendre, à escompte de 3% de leur valeur nominale, des obligations échéant dans 20 ans qui rapportent 4,2% d'intérêts par année, payables trimestriellement. BMS est imposée à un taux effectif de 35% par année. Déterminez: a) la valeur nominale totale des obligations nécessaire pour obtenir 2,5 millions de dollars; b) le coût annuel effectif après impôt des capitaux empruntés.

10.23 Les Corriveau comptent acheter, à des fins de placement, un condo rénové dans la ville où habitent leurs parents. Le prix d'achat négocié de 200 000$ sera financé, dans une proportion de 20%, par leurs économies qui ont un rendement constant de 6,5% par année, une fois tous les impôts sur le revenu pertinents payés. Ils emprunteront le reste du financement, soit 80%, à un taux de 9% par année pendant 15 ans, le capital devant être remboursé par versements annuels égaux. En vous basant uniquement sur ces données et sachant que le taux d'imposition effectif est de 22% par année, répondez aux questions qui suivent. (Note: Le taux de 9% sur le prêt est un taux avant impôt.)

a) À combien s'élève le montant du remboursement annuel de l'emprunt des Corriveau pour chacune des 15 années?

b) Quel est l'écart entre la valeur actualisée nette de 200 000$ maintenant et la valeur actualisée du coût de la série de flux monétaires de la combinaison 80% de capitaux empruntés/20% de capitaux propres nécessaire pour financer l'achat? À quoi correspond cet écart?

c) Quel est le coût moyen pondéré du capital après impôt des Corriveau pour cet achat?

10.24 Un ingénieur travaille à un projet de conception pour une entreprise de fabrication de plastiques. Le coût des capitaux propres après impôt est de 6% par année pour les résultats non distribués de la société, qui pourraient être utilisés si le projet est financé uniquement au moyen des capitaux propres. Une autre stratégie de financement consiste à émettre 4 millions de dollars en obligations à terme de 10 ans, portant intérêt à 8% par année, les intérêts étant payables trimestriellement. Si le taux d'imposition effectif est de 40%, pour quelle source de financement le coût du capital est-il le plus bas?

10.25 Gaz Cosmo compte emprunter 800 000$ pour effectuer des travaux d'amélioration en ingénierie sur place. Deux modes de financement par emprunt sont possibles: emprunter la totalité à la banque ou émettre des débentures. La société versera un taux d'intérêt composé effectif de 8% par année à la banque pendant 8 ans. Le capital de l'emprunt sera remboursé uniformément sur 8 ans, le reste du versement annuel correspondant aux intérêts. L'émission de titres portera sur 800 débentures à terme de 10 ans de 1 000$ chacune et portant intérêt à 6% par année.

a) Quelle est la méthode de financement la plus économique, si on tient compte d'un taux d'impôt effectif de 40 % ?

b) Quelle est la méthode la plus économique si on procède à une analyse avant impôt ?

Le coût des capitaux propres

10.26 La société Constructions Henri Lorca verse aux détenteurs de ses actions ordinaires un dividende de 0,93 $ par action, et le cours moyen de l'action a été de 18,80 $ l'an dernier. La société compte augmenter le rendement de l'action d'au plus 1,5 % par année. La volatilité de 1,19 de l'action est légèrement plus élevée que pour l'action d'autres sociétés ouvertes du secteur de la construction, et d'autres actions sur ce marché versent en moyenne un dividende de 4,95 % par année. Les bons du Trésor ont un rendement de 4,5 %. Déterminez quel a été le coût des capitaux propres pour la société l'an dernier en utilisant : a) la méthode du dividende ; b) le modèle d'évaluation des actifs financiers.

10.27 La compagnie Poule Bio compte utiliser un ratio capitaux empruntés-capitaux propres de 60 %/40 % pour financer un projet de modernisation d'équipement, d'ingénierie et de contrôle de la qualité de 10 millions de dollars. Le coût après impôt des capitaux empruntés est de 9,5 % par année. Cependant, pour obtenir suffisamment de capitaux propres, la société devra vendre des actions ordinaires et engager ses résultats non distribués. Au moyen des informations suivantes, déterminez le coût moyen pondéré du capital pour la mise en œuvre du plan.

Actions ordinaires : 100 000
    Prix prévu = 32 $ l'action
    Dividende initial = 1,10 $ l'action
Augmentation du dividende
    par action = 2 % par année
Résultats non distribués : même coût du capital, comme pour les actions ordinaires

10.28 Un diplômé en ingénierie compte acheter une nouvelle automobile. Il n'a pas décidé comment il paiera le prix d'achat de 28 000 $ pour le modèle choisi. Il dispose de la totalité du montant dans un compte d'épargne et pourrait donc payer comptant, mais il perdrait ainsi presque toutes ses économies.

Ces fonds rapportent en moyenne 6 % par année, valeur capitalisée tous les 6 mois. Effectuez une analyse avant impôt pour déterminer lequel des trois plans de financement ci-dessous a le coût moyen pondéré du capital le plus bas.

Plan 1 : le ratio capitaux empruntés-capitaux propres est de 50 %/50 %. Le diplômé prélève 14 000 $ dans le compte d'épargne et emprunte 14 000 $ à un taux de 7 % par année, valeur capitalisée tous les mois. La différence entre les paiements et les économies serait déposée à 6 % par année, valeur capitalisée tous les semestres.

Plan 2 : 100 % capitaux propres. Le diplômé prélève la totalité de la somme, soit 28 000 $ tout de suite.

Plan 3 : 100 % capitaux empruntés. Le diplômé emprunte 28 000 $ maintenant à la caisse populaire à un taux effectif de 0,75 % par mois, et il rembourse l'emprunt par versements mensuels de 581,28 $ pendant 60 mois.

10.29 On a défini trois projets, dont le financement proviendra pour 70 % d'emprunts à un taux moyen de 7,0 % par année et pour 30 % de sources de capitaux propres à un taux de 10,34 % par année. Établissez un taux de rendement acceptable minimum égal au coût moyen pondéré du capital et prenez la décision économique si les projets sont : a) indépendants les uns des autres ; b) mutuellement exclusifs.

Projet	Investissement initial ($)	Flux monétaires nets annuels ($/année)	Valeur de récupération ($)	Durée de vie (années)
1	−25 000	6 000	4 000	4
2	−30 000	9 000	−1 000	4
3	−50 000	15 000	20 000	4

10.30 Le gouvernement fédéral impose de nombreuses conditions ou exigences aux entreprises, notamment en matière de sécurité des employés, de contrôle de la pollution, de protection de l'environnement et de contrôle du bruit. Selon un point de vue, s'acquitter de ces obligations donne lieu à une diminution du rendement de l'investissement ou à une augmentation du coût du capital pour la société. Dans de nombreux cas, la dimension économique de ces exigences réglementaires ne peut être évaluée comme les solutions usuelles en économie d'ingénierie. En vous appuyant sur votre connaissance de l'analyse en économie d'ingénierie, expliquez comment un ingénieur pourrait évaluer économiquement des solutions qui définissent les manières qu'emploiera la société pour se conformer aux dispositions de la réglementation.

Les différentes combinaisons capitaux empruntés-capitaux propres

10.31 Pourquoi le fait de recourir au financement par emprunt sur une longue période, c'est-à-dire être lourdement endetté, est-il périlleux pour les finances d'un particulier ?

10.32 Fairmont Industries s'appuie principalement sur un financement entièrement par capitaux propres de ses projets. Une bonne occasion se présente, mais pour la saisir, il faut investir 250 000 $. Le propriétaire de Fairmont peut puiser la somme dans ses placements personnels, qui lui rapportent actuellement 8,5 % en moyenne par année. Les flux monétaires nets annuels du projet sont estimés à 30 000 $ pour les 15 prochaines années. Une autre solution serait d'emprunter 60 % du montant nécessaire pour un terme de 15 ans à un taux de 9 % par année. Sachant que le taux de rendement acceptable minimum est égal au coût moyen pondéré du capital, déterminez lequel des plans, s'il y a lieu, est le meilleur. L'analyse est effectuée avant impôt.

10.33 La société Cott dispose de plusieurs méthodes pour financer un projet de 600 000 $ au moyen de capitaux empruntés et de capitaux propres. On estime que les flux monétaires nets seront de 90 000 $ par année pendant 7 ans.

Type de financement	Plan de financement (%)			Coût par année (%)
	1	2	3	
Capitaux empruntés	20	50	60	10
Capitaux propres	80	50	40	7,5

Déterminez le taux de rendement interne pour chaque plan et établissez lesquels de ces plans sont économiquement acceptables

dans les cas suivants : a) le taux de rendement acceptable minimum est égal au coût des capitaux propres ; b) le taux de rendement acceptable minimum est égal au coût moyen pondéré du capital ; c) le taux de rendement acceptable minimum est à mi-chemin entre le coût des capitaux propres et le coût moyen pondéré du capital.

10.34 Mosaic Software a l'occasion d'investir 10 millions de dollars dans un nouveau système d'ingénierie contrôlé à distance pour des plateformes de forage extracôtières. Le financement de Mosaic sera réparti entre la vente d'actions ordinaires (5 millions) et un emprunt portant intérêt à un taux de 8 % par année. La quote-part des flux monétaires nets annuels revenant à Mosaic est évaluée à 2,0 millions pour chacune des 6 prochaines années. Mosaic s'apprête à appliquer le modèle d'évaluation des actifs financiers à ses actions ordinaires. Une analyse récente révèle que le ratio de volatilité de l'action est de 1,05 et que la société verse un complément de dividende de 5 % sur les actions ordinaires. Les bons du Trésor rapportent actuellement 4 % par année. Le projet est-il intéressant financièrement si le taux de rendement acceptable minimum est égal : a) au coût des capitaux propres ; b) au coût moyen pondéré du capital ?

10.35 En vous basant sur la figure 10.2, tracez la forme générale des trois courbes de coût du capital (capitaux empruntés, capitaux propres et coût moyen pondéré du capital). Tracez les courbes, sachant que la société recourt à un fort levier de financement depuis un certain temps. À l'aide de votre représentation graphique, expliquez la variation du point minimal du coût moyen pondéré du capital pour un endettement passé élevé. Indice : Un fort levier financier entraîne une augmentation substantielle du coût des capitaux empruntés. Comme cela rend plus difficile l'obtention du financement par capitaux propres, le coût des capitaux propres augmente aussi.

10.36 Lorsqu'une entreprise s'endette pour en acquérir une autre, la société qui fait l'acquisition (l'acquéreur) obtient habituellement des fonds empruntés et injecte le moins possible de ses propres fonds dans l'opération. Indiquez quelques situations dans lesquelles une telle acquisition peut exposer l'acquéreur à un risque économique.

L'évaluation multiattribut

10.37 Un comité composé de quatre personnes fait les commentaires ci-dessous à propos des attributs devant être utilisés avec la méthode des attributs pondérés. Servez-vous de ces commentaires pour déterminer les coefficients de pondération normalisés, sachant que les cotes accordées se situent entre 0 et 10.

Attribut	Indication
1. Souplesse	Facteur le plus important
2. Sécurité	50 % aussi importante que le temps de disponibilité
3. Temps de disponibilité	Moitié aussi important que la souplesse
4. Vitesse	Aussi importante que le temps de disponibilité
5. Taux de rendement interne	Deux fois plus important que la sécurité

10.38 Différents types et capacités d'excavatrices sont envisagés pour des travaux d'excavation importants dans le contexte d'un projet de pose de canalisations. Quelques chefs de projets similaires antérieurs ont défini quelques-uns des attributs et le degré d'importance qu'ils accordent à chacun d'eux. Ces informations vous sont communiquées ci-dessous. Classez les attributs par ordre de pondération au moyen d'une échelle de 0 à 100 et déterminez les coefficients de pondération normalisés.

Attribut	Commentaire
1. Seuil de chargement d'un camion versus seuil de chargement d'une excavatrice	Facteur d'importance cruciale
2. Type de terre végétale	Habituellement seulement 10 % du problème
3. Type de terre au-dessous de la terre végétale	À moitié aussi important que le fait que les vitesses d'excavation et de pose de canalisations soient comparables
4. Temps de cycle de l'excavatrice	Environ 75 % aussi important que la terre au-dessous de la terre végétale
5. Vitesse d'excavation comparable à la vitesse de pose de canalisations	Aussi importante que l'attribut numéro 1

10.39 Vous avez obtenu votre diplôme il y a deux ans et vous comptez acheter une nouvelle automobile. Vous avez évalué le coût initial et les coûts annuels estimatifs de l'essence et de l'entretien de trois modèles différents. Vous avez aussi évalué le style de chaque automobile de votre point de vue d'ingénieur professionnel. Énumérez quelques facteurs supplémentaires (matériels et immatériels) qui pourraient être utilisés dans votre version de la méthode des attributs pondérés.

10.40 (Remarque à l'intention de l'enseignant : Ce problème et les deux suivants peuvent être regroupés pour former un exercice progressif.)

Jean-Lou, qui travaille à la société Advent Electronics, a décidé d'utiliser la méthode des attributs pondérés pour comparer trois systèmes de fabrication de condensateurs. La vice-présidente et son adjointe ont évalué trois attributs en fonction de l'importance qu'elles leur accordent, et Jean-Lou a donné une note située entre 0 et 100 à chaque solution pour les trois attributs. Les notes accordées sont les suivantes :

Attribut	Solution 1	2	3
Rendement économique > TRAM	50	70	100
Capacité de production élevée	100	60	30
Faible taux de production de débris	100	40	50

Évaluez les solutions proposées au moyen des coefficients de pondération ci-dessous. Les résultats sont-ils les mêmes pour les deux personnes ? Pourquoi ?

Importance	V.-p.	V.-p. adjointe
Rendement économique > TRAM	20	100
Capacité de production élevée	80	80
Faible taux de production de débris	100	20

10.41 Dans le problème 10.40, la vice-présidente et son adjointe ne sont pas cohérentes dans leur pondération des trois attributs. On suppose que vous êtes un consultant à qui on a confié le mandat d'aider Jean-Lou.

a) Quelles conclusions pouvez-vous dégager à propos de la méthode des attributs pondérés comme méthode de choix de solution, étant donné les notes accordées aux solutions et les résultats obtenus au problème 10.40 ?

b) Servez-vous de la nouvelle notation que vous avez établie pour choisir une solution qui figure dans le tableau ci-dessous. En vous fondant sur les mêmes notes que la vice-présidente et son adjointe ont attribuées dans l'énoncé du problème 10.40, analysez les différences, s'il y a lieu, entre les solutions choisies.

c) Que pouvez-vous déduire de votre nouvelle notation des solutions à propos des choix de la vice-présidente et de son adjointe, fondés sur le degré d'importance ?

Attribut	Solution		
	1	2	3
Rendement économique > TRAM	30	40	100
Capacité de production élevée	70	100	70
Faible taux de production de débris	100	80	90

10.42 La division des condensateurs dont il est question dans les problèmes 10.40 et 10.41 vient de se voir imposer une amende de 1 million de dollars pour pollution environnementale en raison de la mauvaise qualité de ses eaux usées. Jean-Lou est à présent vice-président et n'a pas d'adjoint. Il a toujours été d'accord avec les cotes d'importance attribuées par l'ancienne vice-présidente adjointe, et la notation des solutions qu'il avait établie (présentées au départ dans le problème 10.40). S'il ajoute sa propre cote d'importance de 80 au nouveau facteur de propreté environnementale et attribue aux solutions 1, 2 et 3 des

notes de 80, de 50 et de 20 respectivement pour ce nouveau facteur, refaites l'évaluation afin de choisir la meilleure solution.

10.43 Dans l'exemple 10.9, accordez la même pondération de 1 à chacun des attributs pour choisir la solution. La nouvelle pondération des attributs modifie-t-elle le choix de la solution ?

10.44 Le magasin Le monde des athlètes a évalué deux projets d'achat de matériel d'haltérophilie et d'entraînement. Une analyse de la valeur actualisée nette des estimations des produits et des coûts pour $i = 15\%$ a donné lieu au résultat suivant : $VAN_A = 420\,500\,\$$ et $VAN_B = 392\,800\,\$$. En plus de cette mesure économique, une cote d'importance relative située entre 0 et 100 a été accordée de façon indépendante à trois attributs par le gérant du magasin et l'entraîneur-chef.

Attribut	Cote d'importance	
	Gérant	Entraîneur-chef
Économie	100	80
Durabilité	35	10
Flexibilité	20	100
Facilité d'entretien	20	10

Vous avez de votre côté utilisé les quatre attributs pour évaluer les deux projets d'équipement sur une échelle de 0,0 à 1,0. L'attribut économique a été évalué au moyen de la valeur actualisée nette.

Attribut	Projet A	Projet B
Économie	1,00	0,90
Durabilité	0,35	1,00
Flexibilité	1,00	0,90
Facilité d'entretien	0,25	1,00

Choisissez le meilleur projet en appliquant chacune des méthodes suivantes :

a) la valeur actualisée nette ;
b) l'évaluation pondérée du gérant ;
c) l'évaluation pondérée de l'entraîneur-chef.

METTRE L'ACCENT SUR CE QU'IL FAUT

La Ville de Vancouver envisage des projets visant à endiguer la hausse de la criminalité dans un quartier du centre-ville. Dans une première étape, le chef de police a fait un examen préliminaire de quatre propositions concernant les services de surveillance et de protection que la police pourrait fournir dans les zones résidentielles ciblées. Il s'agit en bref d'augmenter le nombre d'agents patrouillant en automobile, à bicyclette, à pied ou à cheval. Chacune des solutions a été évaluée séparément afin d'en estimer les coûts annuels. Ajouter 6 agents à bicyclette est manifestement l'option la moins coûteuse, pour un coût estimatif de 700 000 $ par année. La deuxième meilleure solution consiste à ajouter 10 agents à pied, pour un coût estimatif de 925 000 $ par année. Les autres solutions sont légèrement plus coûteuses que l'option « à pied ».

Avant de passer à la deuxième étape, soit une étude pilote de 3 mois pour faire l'essai d'une ou deux options sur le terrain, on a demandé à un comité composé de 5 personnes (représentant le corps policier et les citoyens habitant les quartiers visés) de définir des attributs qui étaient importants pour eux, à titre de représentants des résidants et des agents de police, et de les classer par ordre de priorité. Au bout de deux mois de discussions, le comité s'est entendu sur 5 attributs, présentés dans le tableau ci-dessous, accompagnés du classement des attributs par chaque membre du comité (du plus important [note de 1] au moins important [note de 5]).

	Membre du comité					
Attribut	**1**	**2**	**3**	**4**	**5**	**Somme**
A. Proximité avec la population	4	5	3	4	5	21
B. Coût annuel	3	4	1	2	4	14
C. Temps de réponse suivant l'appel ou la répartition	2	2	5	1	1	11
D. Nombre de pâtés de maisons par zone de patrouille	1	1	2	3	2	9
E. Sécurité des agents	5	3	4	5	3	20
Total	15	15	15	15	15	75

Questions

1. Définissez les coefficients de pondération qui peuvent être utilisés avec la méthode des attributs pondérés pour chacun des attributs. Les membres du comité ont convenu que la moyenne simple des 5 notes qu'ils ont accordées aux attributs classés par ordre de priorité peut être considérée comme indicatrice de l'importance qu'a chaque attribut aux yeux de tout le groupe.

2. Un membre du comité, appuyé par le reste du comité, a recommandé de réduire les attributs pris en considération pour le choix définitif aux seuls attributs classés comme numéro 1 par au moins un membre du comité. Sélectionnez ces attributs et recalculez les coefficients de pondération comme il est demandé à la question 1.

3. Un analyste de la prévention du crime du service de police a appliqué la méthode des attributs pondérés aux attributs classés dans la question 1. Les valeurs R_j obtenues au moyen de l'équation [10.11] sont indiquées ci-dessous. Quelles sont les deux options que le chef de police devrait choisir pour l'étude pilote ?

Solution	En automobile	À bicyclette	À pied	À cheval
R_j	62,5	50,5	47,2	35,4

QUE FAUT-IL CHOISIR: LE FINANCEMENT PAR EMPRUNT OU LE FINANCEMENT PAR CAPITAUX PROPRES?

L'occasion

Sobeys inc. envisage d'étendre son service de traiteur par Internet à la Nouvelle-Écosse et au Nouveau-Brunswick. Pour faire la livraison des repas et transporter le personnel chargé d'assurer le service, la société s'apprête à acheter 200 fourgonnettes au prix de 1,5 million de dollars. Chaque fourgonnette a une durée d'utilité prévue de 10 ans et une valeur de récupération de 1 000 $.

Une étude de faisabilité réalisée l'an dernier indique que le projet pourrait générer des flux monétaires nets annuels de 300 000 $ avant impôt. Une analyse après impôt devrait tenir compte du taux d'imposition effectif de 35 % appliqué à Sobeys.

Un ingénieur de la division de distribution de Sobeys a travaillé avec le service des finances de la société afin de déterminer comment mobiliser efficacement les capitaux de 1,5 million de dollars nécessaires pour acheter les fourgonnettes. Deux plans de financement viables ont été examinés.

Les options de financement

Le plan A consiste en un financement par emprunt représentant 50 % des fonds nécessaires (750 000 $), l'emprunt portant intérêt à un taux d'intérêt composé annuel de 8 % et étant remboursé sur 10 ans par versements égaux à la fin de l'année. (Pour simplifier, on suppose qu'une tranche de 75 000 $ du capital est remboursée à la fin de chaque année, lorsque sont versés les intérêts.)

Le plan B prévoit que le projet sera financé entièrement par les capitaux propres mobilisés par la vente d'actions ordinaires au prix de 15 $ l'action. Le directeur financier a informé l'ingénieur que les actions étaient assorties d'un dividende de 0,50 $ par action et que le rendement de l'action augmentait en moyenne de 5 % par année. Cette tendance des dividendes devrait se poursuivre, compte tenu du contexte financier actuel.

Exercices sur l'étude de cas

1. Quelles valeurs du taux de rendement acceptable minimum l'ingénieur doit-il utiliser pour déterminer le meilleur plan de financement?

2. L'ingénieur doit formuler une recommandation sur le plan de financement d'ici la fin de la journée. Il ne sait pas comment tenir compte de tous les aspects fiscaux du financement par emprunt du plan A. Il dispose cependant d'un manuel dans lequel il a trouvé ces relations concernant les impôts et les flux monétaires liés aux capitaux propres et aux capitaux empruntés:

   Capitaux propres Pas d'avantages fiscaux:

   Flux monétaires après impôt

   = (flux monétaires nets avant impôt)(1 – taux d'imposition)

   Capitaux empruntés Avantage fiscal lié aux intérêts versés sur les emprunts:

   Flux monétaires après impôt

   = flux monétaires avant impôt – capital de l'emprunt

   – intérêts sur l'emprunt – impôts

   Impôts

   = (bénéfice imposable)(taux d'imposition)

   Bénéfice imposable

   = flux monétaires nets – intérêts sur le prêt

Il décide de ne pas tenir compte d'autres éventuelles conséquences fiscales et s'appuie sur ces informations pour formuler sa recommandation. Quel est le meilleur plan : A ou B ?

3. Le directeur de la division aimerait connaître la variation du coût moyen pondéré du capital pour différentes combinaisons capitaux empruntés-capitaux propres, en particulier pour 15 % à 20 % d'écart positif ou négatif par rapport à l'option de financement par emprunt à 50 % du plan A. Tracez la courbe du coût moyen pondéré du capital et comparez sa forme à celle de la figure 10.2.

NIVEAU 3
La prise de décisions dans la réalité

Les chapitres du niveau 3 étendent l'usage des outils d'évaluation économique à des situations de la vie réelle. Il est fréquent que les évaluations économiques ne portent pas sur un choix entre de nouveaux actifs ou de nouveaux projets. Les évaluations les plus courantes sont sans doute celles qui permettent de décider si on devrait conserver ou remplacer une immobilisation déjà en place. Ainsi, dans une analyse de remplacement, on utilise les outils d'évaluation permettant de prendre la meilleure décision économique possible.

Lorsqu'on effectue une évaluation, il faut souvent choisir parmi différents projets en veillant à respecter les limites établies dans le budget d'investissement. S'impose alors une technique particulière qui repose sur les chapitres précédents.

Les montants estimatifs futurs ne sont certes pas exacts. Par conséquent, il faut éviter de choisir une solution exclusivement en fonction des estimations réalisées. L'**analyse du point mort** contribue au processus d'évaluation d'un éventail d'estimations pour les valeurs P, A, F, i ou n ainsi que de variables d'exploitation telles que le niveau de production, le nombre d'employés, le coût des travaux de conception, le coût des matières premières et le prix de vente. Par ailleurs, le recours à un tableur permet d'accélérer l'utilisation de cet outil d'analyse important, mais souvent complexe.

> **Remarque importante :** Si les étudiants doivent tenir compte de l'amortissement des immobilisations et des questions de nature fiscale dans une analyse après impôt, l'enseignant devrait aborder les chapitres 15 et 16 avant les chapitres du présent niveau, ou du moins parallèlement à ceux-ci (*voir l'avant-propos pour connaître le déroulement possible des chapitres*).

CHAPITRE ⑪

Les décisions de remplacement et de conservation

Parmi les études les plus souvent réalisées en économie d'ingénierie figurent celles qui portent sur le remplacement ou la conservation d'un actif ou d'un système déjà installé. Elles diffèrent ainsi des études vues précédemment, dans lesquelles toutes les solutions envisagées étaient nouvelles. Une étude de remplacement axée sur un actif ou un système déjà en place permet de répondre à la question fondamentale suivante: «Devrait-on le remplacer maintenant ou plus tard?» Quand un actif sert toujours et que son utilisation est appelée à demeurer nécessaire dans l'avenir, il faut tôt ou tard le remplacer. Donc, en réalité, une étude de remplacement permet de déterminer **quand** on devrait le remplacer, et non **si** on devrait le faire.

Généralement, on procède d'abord à une étude de remplacement pour prendre la décision économique de conserver un actif ou un système en place ou de le remplacer **maintenant**. Si on opte pour son remplacement immédiat, l'étude est terminée. Si on choisit par contre de conserver l'actif ou le système déjà installé, on revoit ensuite chaque année les coûts estimatifs et la décision prise afin de s'assurer que sa conservation demeure toujours avantageuse sur le plan économique. Le présent chapitre explique comment effectuer l'étude initiale de la première année et les études de suivi subséquentes.

Une étude de remplacement constitue une application de la méthode de l'annuité équivalente qui consiste à comparer des solutions de durées de vie différentes; cette méthode a d'abord été présentée au chapitre 6. Dans une étude de remplacement dont la période d'étude n'est pas spécifiée, on détermine les coûts annuels équivalents grâce à une technique d'évaluation des coûts nommée «analyse de la durée d'utilité économique». Cependant, si une période d'étude est établie, la procédure à suivre pour mener l'étude de remplacement est différente; le présent chapitre traite de ces marches à suivre.

Enfin, l'étude de cas qui clôt le chapitre porte sur une analyse de remplacement réelle à l'aide de laquelle on évalue la possibilité de remplacer du matériel en place par du matériel plus récent.

Si les étudiants doivent tenir compte de l'amortissement des immobilisations et des questions de nature fiscale dans une **analyse de remplacement après impôt**, l'enseignant devrait aborder les chapitres 15 et 16 avant le présent chapitre, ou du moins parallèlement à celui-ci. La section 16.5 traite de l'analyse de remplacement après impôt.

OBJECTIFS D'APPRENTISSAGE

Objectif: Effectuer une étude de remplacement pour comparer un actif ou un système en place avec un autre qui pourrait le remplacer.

À la fin de ce chapitre, vous devriez pouvoir:

Notions de base

Durée d'utilité économique

Étude de remplacement

Autres éléments à considérer

Période d'étude

1. Nommer et appliquer les notions de base et les termes associés à une étude de remplacement;

2. Déterminer la durée d'utilité économique d'un actif qui réduit au minimum le coût annuel équivalent;

3. Effectuer une étude de remplacement pour comparer une solution actuelle avec la meilleure solution de remplacement possible;

4. Aborder différents éléments qui peuvent faire partie d'une étude de remplacement;

5. Effectuer une étude de remplacement sur un nombre d'années donné.

11.1 LES NOTIONS DE BASE DE L'ÉTUDE DE REMPLACEMENT

La nécessité d'effectuer une étude de remplacement peut découler de divers facteurs. En voici quelques-uns :

Une diminution du rendement En raison d'une détérioration matérielle, l'actif ou le système en place ne parvient plus à remplir ses fonctions avec le niveau de **fiabilité** (disponibilité et fonctionnement adéquat au moment opportun) ou de **productivité** (atteinte d'un degré de qualité et de quantité établi) attendu, ce qui entraîne généralement une augmentation des charges d'exploitation, des coûts de gestion des débris et de remise en fabrication, des pertes de ventes et des charges d'entretien ainsi qu'une diminution de la qualité et de la sécurité.

Des modifications aux exigences L'actif ou le système en place ne permet pas de répondre aux nouvelles exigences en matière de précision, de vitesse ou autres. Dans pareil cas, il faut souvent choisir entre le remplacement complet du matériel ou son amélioration au moyen d'une mise à niveau ou d'un ajout.

La désuétude En raison de la concurrence internationale et de la rapide évolution de la technologie, l'actif ou le système actuellement utilisé continue de fonctionner de manière acceptable, mais il est moins productif que le matériel le plus récent offert. La durée toujours de plus en plus courte du temps de cycle nécessaire pour amener de nouveaux produits sur le marché se trouve fréquemment à l'origine des études de remplacement précoces, c'est-à-dire de celles qui sont réalisées avant la fin de la durée d'utilité ou de vie économique d'un actif ou d'un système.

Dans les études de remplacement, on emploie certains termes nouveaux, bien que ces derniers soient étroitement liés à la terminologie vue aux chapitres précédents. En voici quelques exemples :

Les termes **solution actuelle** (SA) et **solution de remplacement** (SR) désignent deux solutions qui s'excluent mutuellement. La solution actuelle correspond à l'actif ou au système déjà installé, et la solution de remplacement correspond à celui qui pourrait éventuellement le remplacer. Une étude de remplacement permet de comparer ces deux solutions possibles. La solution de remplacement constitue la « meilleure » solution de remplacement possible, choisie parmi toutes celles qui sont susceptibles de se substituer à la solution actuelle. (Il s'agit là des termes employés précédemment pour l'étude du taux différentiel de rentabilité et l'analyse avantages-coûts de deux nouvelles solutions.)

L'**annuité équivalente** (AÉ) est la principale mesure économique comparative entre la solution actuelle et la solution de remplacement. Il arrive que le terme « coût annuel équivalent » soit employé pour désigner l'annuité équivalente, car souvent, seuls les coûts sont compris dans l'évaluation, les produits générés par la solution actuelle et la solution de remplacement étant considérés comme égaux. Puisque le calcul des équivalences du coût annuel équivalent s'effectue exactement de la même manière que celui des équivalences de l'annuité équivalente, on se sert des deux termes. Par conséquent, lorsque seuls des coûts sont évalués, toutes les valeurs sont négatives. Bien entendu, la valeur de récupération constitue toutefois une exception, car il s'agit d'un encaissement qui s'accompagne d'un signe positif.

La **durée d'utilité économique** (DUÉ) d'une solution correspond au nombre d'années pendant lesquelles le coût annuel équivalent se trouve à son plus bas. Le calcul des équivalences visant à déterminer la durée d'utilité économique permet d'établir la durée de vie n de la meilleure solution de remplacement possible, de même que celle du coût le moins élevé pour la solution actuelle dans une étude de remplacement. (La prochaine section de ce chapitre décrit comment trouver manuellement et par ordinateur la durée d'utilité économique de n'importe quel actif nouveau ou déjà en place.)

Le **coût initial de la solution actuelle** constitue le montant initial P investi dans la solution actuelle. Une étude de remplacement nécessite qu'on utilise la valeur de marché actuelle comme estimation de la valeur P de la solution actuelle. On peut obtenir la juste valeur de marché d'actifs d'occasion auprès d'évaluateurs professionnels, de revendeurs ou de liquidateurs qui possèdent l'expérience dans ce domaine. La valeur de récupération estimative à la fin d'une année devient la valeur de marché au début de l'année suivante, à la condition que les estimations soient toujours adéquates au fil des ans. En guise de coût initial de la solution actuelle, il ne convient pas d'utiliser comme valeur de marché une valeur de reprise non représentative d'une juste valeur de marché, ni une valeur comptable ou une fraction non amortie du coût en capital (FNACC) qui sont issues des documents comptables. S'il faut actualiser la solution en place, la compléter pour la rendre équivalente ou y apporter des ajouts pour la rendre équivalente à la solution de remplacement (en ce qui concerne la vitesse, la capacité, etc.), on additionne les charges correspondantes à sa valeur de marché afin d'obtenir son coût initial estimatif. Dans le cas d'un ajout à une solution actuelle, on inclut le nouvel actif distinct et les estimations qui y sont liées avec les estimations relatives à l'actif déjà en place, de manière à obtenir le coût initial complet de la solution actuelle. On compare ensuite cette solution avec la solution de remplacement au moyen d'une étude de remplacement.

Le **coût initial de la solution de remplacement** est le montant du capital à recouvrer (amortir) au moment de remplacer la solution actuelle par une autre solution. Ce montant équivaut presque toujours à la valeur P, soit au coût initial de la solution de remplacement. À l'occasion, il arrive que pour une solution actuelle, une valeur de reprise excessivement plus élevée que sa juste valeur de marché soit offerte. Dans une telle situation, les flux monétaires **nets** exigés pour la solution de remplacement s'en voient réduits, ce dont il faut tenir compte au sein de l'analyse. Dans l'analyse économique, le montant adéquat à récupérer et à utiliser pour la solution de remplacement consiste en son coût initial moins la différence entre la valeur de reprise (R) et la valeur de marché (VM) de la solution actuelle. L'équation correspondante est la suivante : $P - (R - VM)$. Ce montant représente le coût réel pour l'entreprise, car il comprend à la fois le coût d'opportunité (la valeur de marché de la solution actuelle) et le coût à décaisser (le coût initial moins la valeur de reprise) pour acquérir la solution de remplacement. Évidemment, lorsque la valeur de reprise et la valeur de marché sont identiques, on utilise la valeur P de la solution de remplacement dans tous les calculs.

Le coût initial de la solution de remplacement correspond à l'investissement initial estimatif nécessaire pour acquérir et installer le nouvel actif ou système. Parfois, un analyste ou un gestionnaire tente d'**augmenter** ce coût initial d'un montant équivalant au capital non recouvré, soit la valeur comptable ou la fraction non amortie du coût en capital, de la solution actuelle qui figure dans les documents comptables de cet actif. La plupart du temps, on observe ce genre de situation lorsqu'une solution actuelle encore aux premiers stades de sa durée de vie fonctionne bien, mais qu'on envisage de la remplacer à cause de la désuétude technologique ou de toute autre raison. Ce montant non recouvré se nomme «coût irrécupérable». Il ne faut pas ajouter de coût irrécupérable au coût initial de la solution de remplacement, sans quoi cette dernière paraîtra plus coûteuse qu'elle ne l'est en réalité.

Les coûts irrécupérables constituent des pertes sur cession qui ne peuvent pas être recouvrées dans une étude de remplacement. Ils sont correctement comptabilisés dans les états des résultats et les réductions fiscales de l'entreprise.

Au moment de mener une étude de remplacement, l'analyste fait preuve de plus d'objectivité s'il adopte le point de vue d'un expert-conseil de l'entreprise ou de la division qui utilise la solution actuelle. De cette façon, il considère qu'aucune des deux solutions n'appartient déjà à l'entité et que les services faisant partie de la solution actuelle pourraient actuellement être achetés moyennant un «investissement» égal à son coût initial (soit sa valeur de marché). Le fait de considérer la situation sous cet angle est en effet pertinent, puisque la valeur de marché est appelée à constituer un encaissement perdu si la réponse à la question «Devrait-on remplacer l'actif maintenant?» est négative. Par conséquent, adopter le point de vue d'un expert-conseil demeure une manière pratique de réaliser l'évaluation économique de façon impartiale. On qualifie également cette approche de «point de vue de l'extérieur».

Comme on l'a mentionné dans l'introduction, une étude de remplacement constitue une application de la méthode de l'annuité équivalente. Ainsi, les hypothèses fondamentales à la base d'une étude de remplacement correspondent à celles d'une analyse de l'annuité équivalente. Si l'horizon de planification n'est pas défini, c'est-à-dire si la période d'étude n'est pas spécifiée, les hypothèses sont les suivantes:

1. Les services offerts sont nécessaires pour une durée indéfinie.
2. La solution de remplacement établie constitue la meilleure solution possible maintenant et dans l'avenir pour remplacer la solution actuelle. Quand cette solution se substituera à la solution actuelle (maintenant ou à un moment ultérieur), elle demeurera en place pendant plusieurs cycles de vie successifs.
3. Les charges estimatives de chaque cycle de vie de la solution de remplacement demeureront toujours les mêmes.

Comme on pourrait s'y attendre, aucune de ces hypothèses n'est absolument exacte, tel qu'on l'a vu au moment d'aborder la méthode de l'annuité équivalente (et de la méthode de la valeur actualisée). Quand une ou plusieurs de ces hypothèses ne sont plus vraies, il faut revoir les estimations associées aux solutions possibles et effectuer une nouvelle étude de remplacement. La procédure de remplacement est décrite dans la section 11.3. En revanche, quand l'horizon de planification se limite à une période d'étude donnée, les hypothèses ci-dessus ne tiennent plus. À la section 11.5, on explique comment réaliser l'étude de remplacement dans un tel cas.

EXEMPLE 11.1

Il y a 3 ans, ADM, une grande entreprise de produits agricoles, a acheté un système de nivellement à la fine pointe de la technologie au coût de 120 000 $ afin de préparer ses champs. Au moment de l'achat, ce système possédait une durée d'utilité espérée de 10 ans, une valeur de récupération estimative de 25 000 $ après 10 ans et des charges d'exploitation annuelles de 30 000 $. Actuellement, sa valeur comptable s'élève à 80 000 $. Puisque son état se détériore rapidement, on s'attend maintenant à ce qu'il ait une durée d'utilité d'encore 3 ans, puis une valeur de récupération de 10 000 $ à ce moment-là dans le réseau international du matériel agricole d'occasion. Ses charges d'exploitation se chiffrent en moyenne à 30 000 $ par année.

À l'heure actuelle, un modèle considérablement amélioré, guidé par laser, est offert à 100 000 $ avec une valeur de reprise de 70 000 $ pour le système en place. Son prix augmentera la semaine prochaine pour atteindre 110 000 $ avec une valeur de reprise de 70 000 $. L'ingénieur d'ADM estime que le système guidé par laser aura une durée d'utilité de 10 ans, possédera une valeur de récupération de 20 000 $ et entraînera des charges d'exploitation annuelles de 20 000 $. Aujourd'hui, un professionnel a estimé la valeur de marché du système actuel à 70 000 $.

En supposant que les estimations ne font l'objet d'aucune autre analyse, dressez la liste des valeurs qu'il faudrait inclure dans une étude de remplacement qui serait effectuée dans l'immédiat.

Solution
Adoptez le point de vue d'un expert-conseil et utilisez les estimations les plus récentes.

Solution actuelle	Solution de remplacement
$P = \text{VM} = -70\,000$ \$	$P = -100\,000$ \$
CEA $= -30\,000$ \$	CEA $= -20\,000$ \$
$R = 10\,000$ \$	$R = 20\,000$ \$
$n = 3$ ans	$n = 10$ ans

Le coût initial de la solution actuelle, ses charges d'exploitation annuelles, ses valeurs de récupération estimatives et sa valeur comptable actuelle n'ont pas leur place dans l'étude de remplacement. Seules les estimations les plus récentes devraient être utilisées. Du point de vue d'un expert-conseil, on pourrait obtenir les services qu'offre la solution actuelle moyennant un coût égal à sa valeur de marché de 70 000 $. Par conséquent, il s'agit du coût initial de la solution actuelle pour l'étude. Les autres valeurs à considérer figurent dans le tableau précédent.

11.2 LA DURÉE D'UTILITÉ ÉCONOMIQUE

Jusqu'à présent, on a toujours parlé de durée de vie estimative n d'une solution possible ou d'un actif. En réalité, de prime abord, on ne connaît pas la meilleure estimation de la durée de vie à utiliser dans une analyse économique. Au moment de réaliser une étude de remplacement ou une analyse comparative entre deux nouvelles solutions possibles, on devrait toujours déterminer la meilleure valeur à employer pour n à l'aide de coûts estimatifs actuels. On nomme « durée d'utilité économique (DUÉ) » la meilleure estimation possible de la durée de vie.

> La durée d'utilité économique (DUÉ) correspond au nombre d'années n pendant lesquelles le coût annuel équivalent (CAÉ) se trouve à son plus bas, compte tenu des coûts estimatifs actuels les plus récents sur l'ensemble des années où l'actif devrait pouvoir fournir un service nécessaire.

On appelle également la durée d'utilité économique « durée de vie économique » ou « durée de vie au coût minimum ». Une fois déterminée, la durée d'utilité économique devrait servir de durée de vie estimative pour l'actif évalué dans une étude en économie d'ingénierie, si seuls les éléments de nature économique sont considérés. Après n années, la durée d'utilité économique indique qu'on devrait remplacer l'actif afin de réduire le total des coûts au minimum. Pour bien effectuer une étude de remplacement, il importe de déterminer la durée d'utilité économique de la solution de remplacement ainsi que celle de la solution actuelle, car leurs valeurs n respectives ne sont généralement pas préétablies.

On détermine la durée d'utilité économique en calculant le coût annuel équivalent si l'actif demeure en service 1 an, 2 ans, 3 ans, et ainsi de suite, jusqu'à la dernière année où il est considéré comme utile. Le coût annuel équivalent correspond à la somme du montant du recouvrement du capital (RC), lequel constitue l'annuité équivalente de l'investissement initial et de toute valeur de récupération, et de l'annuité équivalente des charges d'exploitation annuelles (CEA) estimatives, soit :

CAÉ = −recouvrement du capital − AÉ des charges d'exploitation annuelles
$$= -RC - \text{AÉ des CEA} \qquad \textbf{[11.1]}$$

La durée d'utilité économique est la valeur n qui correspond au coût annuel équivalent le moins élevé. (Il faut se souvenir que ces coûts annuels équivalents constituent des coûts estimatifs, de sorte qu'il s'agit de nombres négatifs. Ainsi, un montant de −200 $ représente un coût moins élevé que −500 $.) La figure 11.1 présente la courbe caractéristique d'un coût annuel équivalent. L'élément « recouvrement du capital » du coût annuel équivalent diminue, tandis que l'élément « charges d'exploitation annuelles » augmente, ce qui donne une courbe concave. On calcule les deux éléments de ce coût annuel équivalent de la façon décrite ci-après.

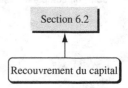

La diminution du coût de recouvrement du capital Le montant du recouvrement du capital correspond à l'annuité équivalente de l'investissement et il diminue chaque année où l'on possède l'actif. On calcule le recouvrement du capital à l'aide de l'équation [6.3], qui est reprise ci-dessous. La valeur de récupération R, qui diminue généralement au fil du temps, constitue la valeur marché estimative de cette année-là.

$$\text{Recouvrement du capital} = -P(A/P;i;n) + R(A/F;i;n) \qquad \textbf{[11.2]}$$

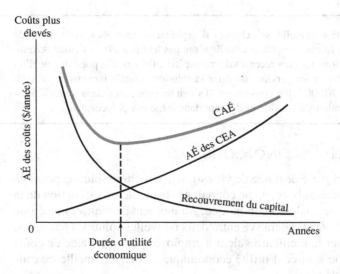

L'augmentation du coût de l'annuité équivalente des charges d'exploitation annuelles Comme les charges d'exploitation annuelles estimatives connaissent généralement une hausse au fil des ans, l'annuité équivalente des charges d'exploitation annuelles augmente aussi. Pour calculer l'annuité équivalente d'une série de charges d'exploitation annuelles pendant 1, 2, 3, … ans, il faut déterminer la valeur actualisée de chaque charge d'exploitation annuelle à l'aide du facteur P/F, puis redistribuer cette valeur P entre les années de possession au moyen du facteur A/P.

Voici l'équation complète à utiliser pour calculer le coût annuel équivalent sur k années :

$$\text{CAÉ}_k = -P(A/P;i;k) + R_k(A/F;i;k)$$
$$-\left[\sum_{j=1}^{j=k} \text{CEA}_j(P/F;i;j)\right](A/P;i;k)$$

[11.3]

où P est l'investissement initial ou valeur de marché actuelle, R_k est la valeur de récupération ou valeur de marché après k années, et CEA$_j$ correspond aux charges d'exploitation annuelles pour l'année j (j = 1 à k).

On utilise la valeur de marché (VM) actuelle comme valeur P lorsque l'actif est la solution actuelle, et les valeurs de marché estimatives futures remplacent les valeurs R aux années 1, 2, 3, …

Pour déterminer la durée d'utilité économique par ordinateur, on recourt à la fonction VPM (en y intégrant des fonctions VAN au besoin) pour chaque année afin de calculer le montant du recouvrement du capital et l'annuité équivalente des charges d'exploitation annuelles. Leur somme donne le coût annuel équivalent pendant k années de possession. Voici les formules de la fonction VPM à utiliser pour établir le recouvrement du capital et les charges d'exploitation annuelles de chaque année k :

Recouvrement du capital de la solution de remplacement :

VPM(i%;années;P;–VM_à_l'année_k)

Recouvrement du capital de la solution actuelle :

VPM(i%;années;VM_actuelle;–VM_à_l'année_k)

AÉ des CEA :

–VPM(i%;années;VAN(i%;CEA_de_l'année_1:CEA_de_l'année_k) + 0)

Quand on crée une feuille de calcul, il est recommandé de formuler les fonctions VPM de l'année 1 en faisant référence à d'autres cellules, puis de copier ces fonctions en les faisant glisser vers le bas dans leur colonne respective. De plus, une dernière colonne devrait faire la somme des résultats des deux fonctions VPM de manière à afficher les coûts annuels équivalents. Ajouter au tableau ainsi conçu un diagramme de dispersion, appelé « nuage de points » dans Excel, permet en outre de représenter graphiquement les courbes des coûts sous la forme générale de la figure 11.1. Il est alors facile d'établir la durée d'utilité économique. L'exemple 11.2 montre comment déterminer la durée d'utilité économique manuellement et par ordinateur.

EXEMPLE 11.2

On envisage de remplacer précocement une immobilisation de production de 3 ans. Sa valeur de marché actuelle s'élève à 13 000 $. Les estimations de ses valeurs de marché futures et de ses charges d'exploitation annuelles des 5 prochaines années figurent dans les colonnes 2 et 3 du tableau 11.1. Quelle est la durée d'utilité économique de cette solution actuelle, si le taux d'intérêt se chiffre à 10 % par année ? Trouvez la solution manuellement, puis par ordinateur.

TABLEAU 11.1	LE CALCUL DE LA DURÉE D'UTILITÉ ÉCONOMIQUE				
Année j (1)	VM_j (2)	CEA_j (3)	Recouvrement du capital (4)	AÉ des CEA (5)	$CAÉ_k$ (6) = (4) + (5)
1	9 000 $	−2 500 $	−5 300 $	−2 500 $	−7 800 $
2	8 000	−2 700	−3 681	−2 595	−6 276
3	6 000	−3 000	−3 415	−2 717	−6 132
4	2 000	−3 500	−3 670	−2 886	−6 556
5	0	−4 500	−3 429	−3 150	−6 579

Solution manuelle

Servez-vous de l'équation [11.3] pour calculer le coût annuel équivalent ($CAÉ_k$) de $k = 1, 2, ..., 5$. La colonne 4 du tableau 11.1 présente les montants du recouvrement du capital pour la valeur de marché actuelle de 13 000 $ ($j = 0$) additionnée d'un rendement de 10 %. Dans la colonne 5 se trouvent les annuités équivalentes des charges d'exploitation annuelles pour k années. À titre d'exemple, voici le calcul du coût annuel équivalent pour $k = 3$ à l'aide de l'équation [11.3] :

$$CAÉ_3 = -P(A/P;i;3) + VM_3(A/F;i;3) - [\text{VA des } CEA_1; CEA_2 \text{ et } CEA_3](A/P;i;3)$$
$$= -13\,000(A/P;10\%;3) + 6\,000(A/F;10\%;3) - [2\,500(P/F;10\%;1)$$
$$+ 2\,700(P/F;10\%;2) + 3\,000(P/F;10\%;3)](A/P;10\%;3)$$
$$= -3\,415 - 2\,717 = -6\,132\ \$$$

Effectuez un calcul semblable pour chacune des années 1 à 5. Le coût annuel équivalent le plus bas (soit le coût annuel équivalent le plus élevé numériquement) a lieu à la période $k = 3$. Ainsi, la durée d'utilité économique de la solution actuelle est de $n = 3$ ans, et le coût annuel équivalent s'élève à −6 132 $. Dans l'étude de remplacement, on comparera ce coût annuel équivalent avec celui de la meilleure solution de remplacement qui aura été déterminée au moyen d'une analyse de la durée d'utilité économique similaire.

Solution par ordinateur

La figure 11.2 présente la feuille de calcul et le diagramme relatifs à cet exemple. (La feuille de calcul utilisée constitue un modèle qui peut servir à toute analyse de la durée d'utilité économique ; il suffit d'en modifier les estimations et d'y ajouter des lignes pour des années supplémentaires au besoin.) Le contenu des colonnes D et E est brièvement décrit ci-après. Les fonctions VPM appliquent les formules de la solution actuelle décrites précédemment. Les étiquettes des cellules montrent en détail les références aux autres cellules pour l'année 5. Les symboles de dollar ($) figurent dans les cellules pour en optimiser les références, ce qui s'avère nécessaire quand on fait glisser une première entrée vers le bas d'une colonne.

Solution complexe

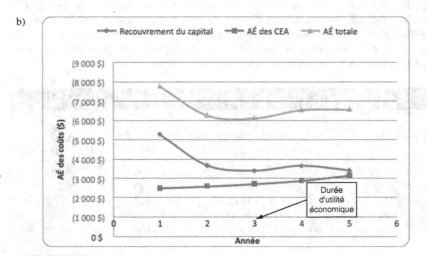

a)

	A	B	C	D	E	F	G	H	I
1	Taux d'intérêt	10%							
2	Coût initial	13 000 $							
3									
4	Année	Valeur de marché	CEA	Recouvrement du capital	AÉ des CEA	AÉ totale			
5	1	9 000 $	(2 500 $)	(5 300 $)	(2 500 $)	(7 800 $)	=E7+D7		
6	2	8 000 $	(2 700 $)	(3 681 $)	(2 595 $)	(6 276 $)			
7	3	6 000 $	(3 000 $)	(3 415 $)	(2 718 $)	(6 132 $)	DUÉ		
8	4	2 000 $	(3 500 $)	(3 670 $)	(2 886 $)	(6 556 $)			
9	5	0 $	(4 500 $)	(3 429 $)	(3 150 $)	(6 580 $)			
10	=VPM($B$1;$A9;$B$2;–$B9)				=–VPM($B$1;$A9;VAN($B$1;$C$5;$C9)+0)				
11									

b)

FIGURE 11.2

a) La feuille de calcul utilisée pour déterminer la durée d'utilité économique ; b) les courbes du coût annuel équivalent et des éléments des coûts de l'exemple 11.2

Colonne D : Le montant du recouvrement du capital constitue l'annuité équivalente de l'investissement de 13 000 $ (cellule B2) effectué à l'année 0 pour chacune des années 1 à 5 avec la valeur de marché estimative pour chaque année. Par exemple, en nombres réels, la fonction VPM qui fait référence à d'autres cellules à l'année 5 sur la feuille de calcul présentée est formulée ainsi : VPM(10%;5;13000;–0), ce qui donne pour résultat –3 429 $. À la figure 11.2 b), cette série est représentée par la courbe du milieu, nommée « Recouvrement du capital » dans la légende.

Colonne E : La fonction VAN intégrée à la fonction VPM permet d'obtenir la valeur actualisée à l'année 0 de toutes les charges d'exploitation annuelles estimatives jusqu'à l'année k. Ensuite, la fonction VPM calcule l'annuité équivalente des charges d'exploitation annuelles sur les k années. Par exemple, à l'année 5, la fonction VPM en nombres correspond à –VPM(10%;5;VAN(10%;C5:C9)+0). Le 0 constitue le montant des charges d'exploitation annuelles de l'année 0, et il est facultatif. Le diagramme de dispersion montre la courbe des annuités équivalentes des charges d'exploitation annuelles, qui augmentent sans cesse puisque les charges d'exploitation annuelles connaissent une hausse chaque année.

Remarque

La courbe du recouvrement du capital de la figure 11.2 b) (soit celle du milieu) n'est pas véritablement concave, car la valeur de marché estimative change chaque année. Si cette dernière demeurait la même chaque année, la courbe prendrait plutôt l'apparence de celle de la figure 11.1. Lorsque plusieurs coûts annuels équivalents sont à peu près égaux, la courbe reste peu prononcée pendant plusieurs périodes, ce qui indique que la durée d'utilité économique est relativement insensible aux coûts.

Il s'avère opportun de s'interroger à propos de la différence entre l'analyse de la durée d'utilité économique décrite ci-dessus et les analyses de l'annuité équivalente présentées aux chapitres précédents. Auparavant, on disposait d'une durée de vie estimative de n années associée à d'autres estimations, dont un coût initial à l'année 0, possiblement une valeur de récupération à l'année n et des charges d'exploitation annuelles qui demeuraient constantes ou variaient chaque année. Dans toutes les analyses précédentes, le calcul de l'annuité équivalente au moyen de ces estimations permettait de la déterminer pour n années. Il s'agit également de la durée d'utilité économique lorsque n est établi. Dans tous les cas vus auparavant, il n'y avait pas de valeurs de marché estimatives annuelles qui s'appliquaient au fil des ans. On peut donc en tirer la conclusion suivante :

> Lorsque l'on connaît la durée de vie attendue n d'une solution actuelle ou de remplacement, on détermine son coût annuel équivalent sur n années à l'aide de son coût initial ou de sa valeur de marché actuelle, de sa valeur de récupération estimative après n années et de ses charges d'exploitation annuelles estimatives. Ce coût annuel équivalent constitue alors la valeur à utiliser dans une étude de remplacement.

Il n'est pas difficile d'estimer une série de valeurs de marché ou de récupération pour un actif nouveau ou actuel. Par exemple, un actif ayant un coût initial P peut perdre 20 % de sa valeur de marché par année, de sorte que la série des valeurs de marché des années 0, 1, 2, ... correspond à P, à $0{,}8P$ et à $0{,}64P$, ..., respectivement. S'il est pertinent de prédire une série de valeurs de marché annuelles, on peut combiner celles-ci avec les charges d'exploitation annuelles estimatives afin d'obtenir ce qu'on appelle les « coûts marginaux (CM) » de l'actif.

> Les coûts marginaux (CM) sont des estimations annuelles de ce qu'il en coûte pour posséder et exploiter un actif au cours de chaque année.

Chaque coût marginal annuel estimatif comporte les trois éléments suivants :

- le coût de possession (la perte de valeur de marché constituant la meilleure estimation possible de ce coût);
- le manque à gagner en intérêt sur la valeur de marché au début de l'année;
- les charges d'exploitation annuelles de chaque année.

Une fois les coûts marginaux estimés pour chaque année, on peut en calculer l'annuité équivalente. La somme des annuités équivalentes des deux premiers éléments susmentionnés correspond au montant du recouvrement du capital. Par ailleurs, il devrait clairement apparaître que l'annuité équivalente totale des trois éléments des coûts marginaux sur k années possède la même valeur que le coût annuel équivalent pour k années calculée à l'aide de l'équation [11.3]. Autrement dit,

$$\textbf{AÉ des coûts marginaux} = \textbf{CAÉ} \qquad [11.4]$$

Par conséquent, lorsque les valeurs de marché annuelles sont estimées, il n'est pas nécessaire d'effectuer une analyse des coûts marginaux distincte et détaillée. L'analyse de la durée d'utilité économique présentée à l'exemple 11.2 suffit amplement, puisqu'elle donne les mêmes valeurs numériques. L'exemple 11.3, basé sur l'exemple précédent, en est une bonne illustration.

EXEMPLE 11.3

Un ingénieur a déterminé qu'une immobilisation de production de 3 ans possédait actuellement une valeur de marché de 13 000 $ ainsi que les valeurs de récupération, les valeurs de marché estimatives et les charges d'exploitation annuelles présentées dans le tableau 11.1 (et qui sont inscrites dans les colonnes B et E à la figure 11.3). Établissez les annuités équivalentes des coûts marginaux par ordinateur, puis comparez-les avec les coûts annuels équivalents de la figure 11.2. Servez-vous de la série de coûts marginaux afin de déterminer les valeurs qu'il faudrait utiliser pour n et l'annuité équivalente si l'actif constituait la solution actuelle dans une étude de remplacement.

	A	B	C	D	E	F	G	H
1	Taux d'intérêt	10%						
2	VM actuelle	13 000 $						
3								
4								
5	Année	VM	Perte de VM pour l'année	Perte d'intérêt sur la VM pour l'année	CEA estimatives	Coût marginal pour l'année	AÉ du coût marginal	
6	1	9 000 $	(4 000 $)	(1 300 $)	(2 500 $)	(7 800 $)	(7 800 $)	
7	2	8 000 $	(1 000 $)	(900 $)	(2 700 $)	(4 600 $)	(6 276 $)	
8	3	6 000 $	(2 000 $)	(800 $)	(3 000 $)	(5 800 $)	(6 132 $)	
9	4	2 000 $	(4 000 $)	(600 $)	(3 500 $)	(8 100 $)	(6 556 $)	
10	5	0 $	(2 000 $)	(200 $)	(4 500 $)	(6 700 $)	(6 580 $)	
11								
12		=B8−B7		=−$B$1*$B7		=$C8+$D8+$E8		
13								
14								
15				=−VPM($B$1;$A8;VAN($B$1;$F$6:$F8)+0)				
16								

FIGURE 11.3

Le calcul de l'annuité équivalente de la série de coûts marginaux de l'exemple 11.3

Solution par ordinateur

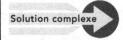

Reportez-vous à la figure 11.3. Le premier élément du coût marginal est la perte de la valeur de marché par année (colonne C). L'intérêt de 10 % sur la valeur de marché (colonne D) constitue le deuxième élément, soit le manque à gagner en intérêt sur la valeur de marché. La somme de ces deux éléments donne le montant du recouvrement du capital de chaque année. Conformément à la description fournie précédemment, le coût marginal de chaque année correspond à la somme des colonnes C, D et E, comme le montrent les étiquettes des cellules de la feuille de calcul. Les annuités équivalentes des coûts marginaux de la colonne G sont identiques aux coûts annuels équivalents dans l'analyse de la durée d'utilité économique présentée à la figure 11.2 a). Les valeurs à utiliser dans une étude de remplacement sont $n = 3$ ans et $AÉ = -6\,132\,\$$, soit les mêmes que celles qui sont déterminées dans l'analyse de la durée d'utilité économique réalisée à l'exemple précédent.

À présent, il est possible de tirer deux conclusions précises au sujet des valeurs de n et du coût annuel équivalent à utiliser dans une étude de remplacement. Ces conclusions varient selon qu'on effectue ou non des estimations annuelles détaillées de la valeur de marché.

1. **On effectue des estimations de la valeur de marché chaque année.** Dans ce cas, on utilise les valeurs de marché estimatives pour réaliser une analyse de la durée d'utilité économique, et on détermine la valeur n ainsi que le coût annuel équivalent le moins élevé. Il s'agit là des meilleures valeurs de n et du coût annuel équivalent pour une étude de remplacement.

2. **On n'effectue pas d'estimations de la valeur de marché chaque année.** Dans ce cas, la seule estimation disponible réside dans la valeur de marché (de récupération) à l'année n. On s'en sert alors pour calculer le coût annuel équivalent sur n années. Il s'agit là des valeurs de n et du coût annuel équivalent à utiliser, mais ce ne sont pas nécessairement les « meilleurs », puisqu'ils ne représentent pas toujours le meilleur coût annuel équivalent possible.

Après avoir terminé l'analyse de la durée d'utilité économique, on réalise l'étude de remplacement décrite dans la section à venir en utilisant les valeurs suivantes :

Solution de remplacement (SR) : $CAÉ_{SR}$ pour n_{SR} années

Solution actuelle (SA) : $CAÉ_{SA}$ pour n_{SA} années

11.3 LA RÉALISATION D'UNE ÉTUDE DE REMPLACEMENT

Il existe deux types d'études de remplacement, soit celles pour lesquelles aucune période d'étude n'est spécifiée et celles dans le cas contraire. La figure 11.4 donne un aperçu de l'approche adoptée dans chacune de ces situations. La marche à suivre expliquée dans la présente section s'applique lorsqu'il n'y a pas de période d'étude (ou d'horizon de planification) établie. Quand un nombre d'années précis est mentionné pour une étude de remplacement, par exemple « au cours des 5 prochaines années », sans qu'on envisage de poursuivre l'analyse économique au-delà de cette période, il faut plutôt opter pour la procédure décrite à la section 11.5.

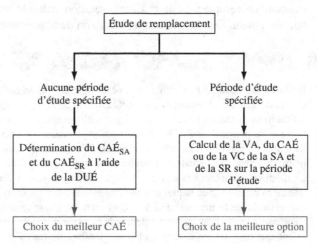

FIGURE 11.4
Un aperçu des deux approches en matière d'études de remplacement

Une étude de remplacement permet de déterminer le moment où une solution de remplacement doit se substituer à une solution déjà en place. Si on décide de remplacer sur-le-champ la solution actuelle par la solution de remplacement établie, l'étude prend fin. Par contre, si on choisit plutôt de conserver la solution actuelle dans l'immédiat, l'étude peut se poursuivre pendant le nombre d'années qui correspond à la durée de vie de la solution actuelle (n_{SA}), après quoi la solution de remplacement prend sa place. Pour mettre en œuvre la procédure de l'étude de remplacement expliquée ici, il faut se servir du coût annuel équivalent et de la durée de vie de la solution de remplacement et de la solution actuelle qui ont été déterminées dans l'analyse de la durée d'utilité économique. On part alors du principe que les services fournis par la solution actuelle pourraient être obtenus au montant de son coût annuel équivalent ($CAÉ_{SA}$).

Nouvelle étude de remplacement :

1. Selon que la meilleure valeur consiste en le coût annuel équivalent de la solution de remplacement ou en celui de la solution actuelle, on opte pour la première ou la seconde. Lorsqu'on choisit la solution de remplacement, on la substitue immédiatement à la solution actuelle et on s'attend à la conserver pendant n_{SR} années. L'étude de remplacement est alors terminée. Si on opte plutôt pour la solution actuelle, on prévoit la conserver pendant un maximum de n_{SA} années. L'année suivante, il faut franchir les étapes décrites ci-après.

Analyse un an plus tard :

2. On vérifie d'abord si toutes les estimations relatives aux deux solutions possibles sont encore actuelles, en particulier leur coût initial, leur valeur de marché et leurs charges d'exploitation annuelles. Si ce n'est pas le cas, on passe à l'étape 3, mais si c'est bien le cas et qu'on se trouve à l'année n_{SA}, on remplace la solution actuelle. Si on ne se trouve pas à l'année n_{SA}, on conserve la solution actuelle une année de plus, et on reprend cette même étape, laquelle peut se répéter à plusieurs reprises.

3. Si les estimations ont changé, il faut les mettre à jour et déterminer de nouvelles valeurs $CAÉ_{SR}$ et $CAÉ_{SA}$. Ensuite, on effectue une nouvelle étude de remplacement (étape 1).

Lorsqu'on opte d'abord pour la solution actuelle (étape 1), il faut parfois mettre les estimations à jour après l'avoir conservée pendant 1 an (étape 2). Il arrive aussi qu'on dispose d'une nouvelle meilleure solution de remplacement à comparer avec la solution actuelle. Des changements considérables en ce qui concerne les estimations associées à la solution actuelle ou la disponibilité d'une nouvelle solution de remplacement exigent la réalisation d'une nouvelle étude de remplacement. En réalité, on peut mener une étude de remplacement chaque année afin de décider s'il est plus avisé de remplacer ou de conserver toute solution actuelle, tant qu'il existe une solution de remplacement concurrentielle.

L'exemple 11.4 illustre l'application de l'analyse de la durée d'utilité économique d'une solution de remplacement et d'une solution actuelle suivie du recours à une étude de remplacement. Dans cet exemple, l'horizon de planification n'est pas spécifié.

EXEMPLE 11.4

Il y a 2 ans, Toshiba Electronics a investi 15 millions de dollars dans du nouveau matériel de chaîne de montage. L'entreprise a acheté environ 200 unités de 70 000 $ chacune et les a installées à l'intérieur d'usines situées dans 10 pays différents. Le nouveau matériel permet de trier, de tester et de placer dans l'ordre d'insertion les composants électroniques destinés à la fabrication de cartes de circuits imprimés spécialisées. Cette année, conformément aux nouvelles normes internationales de l'industrie, il faudra effectuer une mise à niveau de 16 000 $ sur chaque unité. Ce montant s'ajoutera aux charges d'exploitation prévues. À cause de ces nouvelles normes ainsi que de la rapidité avec laquelle la technologie évolue, un nouveau système remet en question la conservation de ce matériel de 2 ans. Conscient qu'il faut tenir compte des facteurs économiques, l'ingénieur en chef de Toshiba a demandé la tenue d'une étude de remplacement cette année, de même que tous les ans à venir au besoin. Utilisez un taux $i = 10\%$ et les estimations ci-dessous pour résoudre les problèmes suivants:

a) Déterminez manuellement les coûts annuels équivalents et les durées d'utilité économique nécessaires pour réaliser l'étude de remplacement.

b) Réalisez ensuite l'étude de remplacement par ordinateur.

Solution de remplacement: Coût initial: 50 000 $
Valeurs de marché futures: diminution de 20 % par année
Période de conservation estimative: maximum de 5 ans
Charges d'exploitation annuelles estimatives: 5 000 $ à l'année 1, puis augmentation de 2 000 $ par année subséquente

Solution actuelle: Valeur de marché internationale actuelle: 15 000 $
Valeurs de marché futures: diminution de 20 % par année
Période de conservation estimative: maximum d'encore 3 ans
Charges d'exploitation annuelles estimatives: 4 000 $ la prochaine année, puis augmentation de 4 000 $ par année subséquente, en plus de la mise à niveau de 16 000 $ de l'année à venir

c) Après 1 an, il est temps de procéder à l'analyse de suivi. La solution de remplacement fait des percées importantes sur le marché du matériel de montage des composants électroniques, surtout qu'elle intègre les caractéristiques conformes aux nouvelles normes internationales. La valeur de marché estimative de la solution actuelle se chiffre toujours à 12 000 $ cette année, mais on s'attend à ce qu'elle chute abruptement dans l'avenir, pour atteindre 2 000 $ l'an prochain sur le marché mondial, puis ne plus avoir aucune valeur par la suite. D'un autre côté, le matériel actuel précocement tombé en désuétude coûte plus cher à entretenir que ce qui était prévu, de sorte que les charges d'exploitation annuelles de l'année à venir qui devaient atteindre 8 000 $ sont maintenant estimées à 12 000 $, puis à 16 000 $ dans 2 ans. Effectuez l'étude de remplacement de suivi par ordinateur.

Solution manuelle

a) Les résultats de l'analyse de la durée d'utilité économique présentés dans la partie a) du tableau 11.2 comprennent toutes les estimations des valeurs de marché et des charges d'exploitation annuelles de la solution de remplacement. Il est à noter que la valeur $P = 50\,000\,\$$ correspond également à la valeur de marché à l'année 0. Les coûts annuels équivalents sont donnés pour chaque année, advenant le cas où la solution actuelle serait retenue durant ces années. À titre d'exemple, le montant de l'année $k = 4$, qui s'élève à $-19\,123\,\$$, est déterminé à l'aide de l'équation [11.3]. Le facteur A/G est appliqué à la place des facteurs P/F et A/P afin de trouver l'annuité équivalente de la série arithmétique de gradient G des charges d'exploitation annuelles.

$$\text{CAÉ}_4 = -50\,000(A/P;10\%;4) + 20\,480(A/F;10\%;4) - [5\,000 + 2\,000(A/G;10\%;4)]$$
$$= -19\,123\,\$$$

TABLEAU 11.2	L'ANALYSE DE LA DURÉE D'UTILITÉ ÉCONOMIQUE A) DE LA SOLUTION DE REMPLACEMENT ET B) DE LA SOLUTION ACTUELLE DE L'EXEMPLE 11.4

a) Solution de remplacement

Année k	Valeur de marché ($)	CEA ($)	CAÉ en cas de possession pendant k années ($)	
0	50 000	—	—	
1	40 000	−5 000	−20 000	
2	32 000	−7 000	−19 524	
3	25 600	−9 000	−19 245	
4	20 480	−11 000	−19 123	DUÉ
5	16 384	−13 000	−19 126	

b) Solution actuelle

Année k	Valeur de marché ($)	CEA ($)	CAÉ en cas de conservation pendant k années ($)	
0	15 000	—	—	
1	12 000	−20 000	−24 500	
2	9 600	−8 000	−18 357	
3	7 680	−12 000	−17 307	DUÉ

Les coûts de la solution actuelle sont analysés de la même manière dans le tableau 11.2 b), jusqu'à la période de conservation maximale de 3 ans.

Voici les les coûts annuels équivalents les moins élevés (soit les plus élevés numériquement) pour l'étude de remplacement:

Solution de remplacement: $\text{CAÉ}_{SR} = -19\,123\,\$$ pour $n_{SR} = 4$ ans

Solution actuelle: $\text{CAÉ}_{SA} = -17\,307\,\$$ pour $n_{SA} = 3$ ans

Si on en traçait le graphique, la courbe des coûts annuels équivalents de la solution de remplacement (*voir le tableau 11.2 a*) serait peu prononcée après 2 ans; il n'y a presque pas de différence entre les coûts annuels équivalents des années 4 et 5. En ce qui concerne la solution actuelle, il est à noter que les charges d'exploitation annuelles varient considérablement au cours des 3 années et qu'elles n'augmentent ni ne diminuent de façon constante.

Les questions b) et c) doivent être résolues par ordinateur.

Solution par ordinateur

a) La figure 11.5 comprend la feuille de calcul complète ainsi que les graphiques des coûts annuels équivalents de la solution de remplacement et de la solution actuelle. (On a créé les tableaux en copiant d'abord la feuille de calcul présentée à la figure 11.2 a) en guise de modèle. Toutes les fonctions VPM des colonnes D et E ainsi que les fonctions d'addition de la colonne F y sont identiques. Cependant, pour cet exemple, on a modifié les montants des coûts initiaux, des valeurs de marché et des charges d'exploitation annuelles.) Certaines fonctions essentielles sont formulées dans les étiquettes des cellules. Les graphiques illustrent les coûts annuels équivalents. Les valeurs des coûts

Solution complexe

annuels équivalents et des durées d'utilité économique sont les mêmes que dans la solution manuelle.

Comme il est très facile d'ajouter des années à une analyse de la durée d'utilité économique, on a annexé les années 5 à 10 à l'analyse de la solution de remplacement aux lignes 10 à 14 de la feuille de calcul. Il est à noter que la courbe des coûts annuels équivalents est peu prononcée et revient à un niveau semblable à celui du début de la durée de vie (d'environ −20 000 $) après un certain nombre d'années, 10 en l'occurrence. Il s'agit là d'une courbe classique des coûts annuels équivalents créée à partir de valeurs de marché en constante décroissance et de charges d'exploitation annuelles en constante croissance. (Le recours à ce type de présentation et de fonctions est aussi recommandé pour une analyse dont il faut afficher tous les éléments des coûts annuels équivalents.)

b) Pour réaliser l'étude de remplacement maintenant, suivez uniquement la première étape de la procédure. Vous devriez opter pour la solution actuelle, puisqu'elle possède le meilleur coût annuel équivalent (−17 307 $) et prévoir la conserver encore 3 ans. Préparez-vous à effectuer une analyse de suivi 1 an plus tard.

c) Un an plus tard, la situation a considérablement changé en ce qui concerne le matériel conservé par Toshiba l'année précédente. Suivez les étapes de l'analyse de suivi à effectuer l'année suivante (soit les deux dernières étapes de la procédure de l'étude de remplacement):

2. Après la conservation de la solution actuelle pendant 1 an, les estimations relatives à la solution de remplacement s'avèrent toujours pertinentes, mais les estimations des valeurs de marché et des charges d'exploitation annuelles de la solution actuelle ont grandement changé. Passez à l'étape 3 afin de mener une nouvelle analyse de la durée d'utilité économique pour la solution actuelle.

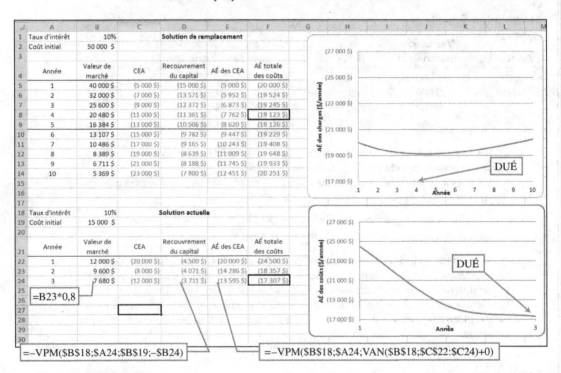

FIGURE 11.5

La détermination de la durée d'utilité économique de la solution de remplacement et de la solution actuelle à l'aide d'une feuille de calcul tirée de l'exemple 11.4 (les tableaux et les fonctions étant repris de la figure 11.2 a)

3. Les estimations liées à la solution actuelle dans le tableau 11.2 b) sont mises à jour ci-après, et de nouveaux coûts annuels équivalents ont été calculés à l'aide de l'équation [11.3]. La période de conservation possible comporte maintenant un maximum de 2 autres années, soit 1 an de moins que les 3 années établies l'année précédente.

Année k	Valeur de marché ($)	CEA ($)	CAÉ en cas de conservation pendant k autres années ($)
0	12 000	—	—
1	2 000	−12 000	−23 200
2	0	−16 000	−20 819

Voici les valeurs du CAÉ et de n de la nouvelle étude de remplacement :

Solution de remplacement : CAÉ_{SR} inchangé = −19 123 \$ pour n_{SR} = 4 ans

Solution actuelle : nouveau CAÉ_{SA} = −20 819 \$ pour n_{SA} = 2 autres années

Vous devriez maintenant opter pour la solution de remplacement, puisque son coût annuel équivalent est désormais plus avantageux. Ainsi, il faudrait remplacer la solution actuelle immédiatement, et non seulement dans 2 ans, de même que prévoir conserver la solution de remplacement pendant 4 ans ou jusqu'à ce qu'une nouvelle solution de remplacement encore meilleure voit le jour.

Il s'avère souvent utile de connaître la valeur de marché minimale de la solution actuelle nécessaire pour rendre la solution de remplacement attrayante sur le plan économique. Si on peut obtenir une valeur de réalisation (ou de reprise) d'au moins ce montant, d'un point de vue économique, on devrait immédiatement opter pour la solution de remplacement. Il s'agit d'un **seuil d'indifférence, ou point d'équivalence,** entre le coût annuel équivalent de la solution de remplacement et celui de la solution actuelle, qu'on nomme « valeur de remplacement (VR) ». Pour la calculer, on établit la relation $\text{CAÉ}_{SR} = \text{CAÉ}_{SA}$ en remplaçant la valeur de marché de la solution actuelle par la valeur de remplacement, qui constitue l'inconnue. Le coût annuel équivalent de la solution de remplacement étant connu, on peut alors déterminer cette valeur de remplacement. Voici la ligne directrice à suivre pour choisir la solution finale :

> Si la valeur de reprise réelle est supérieure à la valeur de remplacement critique, la solution de remplacement constitue le meilleur choix ; celle-ci devrait donc immédiatement remplacer la solution actuelle.

Dans le cas de l'exemple 11.4 b), le coût annuel équivalent de la solution de remplacement s'élevant à −19 123 \$, on a opté pour la solution actuelle. Ainsi, la valeur de remplacement devrait être supérieure à la valeur de marché estimative de la solution actuelle de 15 000 \$. Dans l'équation [11.3], qui représente la conservation de la solution actuelle pendant 3 ans, on a établi l'égalité avec le montant de −19 123 \$.

$$-VR(A/P;10\%;3) + 0{,}8^3 VR(A/F;10\%;3) - [20\,000(P/F;10\%;1)$$
$$+ 8\,000(P/F;10\%;2) + 12\,000(P/F;10\%;3)](A/P;10\%;3) = -19\,123\,\$ \qquad [11.5]$$

$$VR = 22\,341\,\$$$

Toute valeur de reprise supérieure à ce montant indique que sur le plan économique, on devrait immédiatement opter pour la solution de remplacement.

Si on a créé la feuille de calcul de la figure 11.5 aux fins d'une analyse de la durée d'utilité économique, le Solveur d'Excel (qui se trouve sous l'onglet Données, dans le groupe Analyse) permet de trouver rapidement la valeur de remplacement. Comme il importe de comprendre ce qu'accomplit le Solveur du point de vue de l'économie d'ingénierie, il faut savoir formuler et comprendre l'équation [11.5]. À la figure 11.5, la cellule F24 est la « cellule cible » dans laquelle on doit obtenir −19 123 \$ (soit le meilleur coût annuel équivalent de la solution de remplacement établi dans la cellule F8). C'est ainsi qu'Excel crée un équivalent de l'équation [11.4]

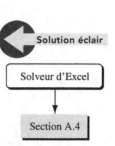

Solution éclair

Solveur d'Excel

Section A.4

dans une feuille de calcul. Le Solveur renvoie la valeur de remplacement de 22 341 \$ à la cellule B19 avec une nouvelle valeur de marché estimative de 11 438 \$ à l'année 3. Si on se reporte à la solution trouvée à l'exemple 11.4 b), la valeur de marché actuelle est de 15 000 \$, montant inférieur à la valeur de remplacement de 22 341 \$. On préfère donc la solution actuelle à la solution de remplacement. Pour apprendre à utiliser le Solveur avec efficacité, consultez l'annexe A ou l'aide en ligne dans Excel.

11.4 D'AUTRES ÉLÉMENTS À CONSIDÉRER DANS UNE ÉTUDE DE REMPLACEMENT

Plusieurs autres dimensions d'une étude de remplacement méritent d'être étudiées. La présente section porte sur trois d'entre elles, que voici :

- les décisions de remplacement futures au moment de l'étude de remplacement initiale ;
- la méthode du coût d'opportunité et la méthode des flux monétaires pour comparer diverses solutions possibles ;
- l'anticipation de solutions de remplacement futures améliorées.

La plupart du temps, lorsque des gestionnaires amorcent une étude de remplacement, la question posée est la suivante : « Devrait-on remplacer la solution actuelle maintenant, dans 1 an, dans 2 ans, etc. ? » La procédure décrite précédemment permet de répondre à cette question lorsque les estimations associées à la solution de remplacement et à la solution actuelle ne changent pas au fil des ans. Autrement dit, au moment où elle a lieu, l'étape 1 de la procédure permet de répondre à la question sur le remplacement pour plusieurs années. Ce n'est que lorsque des estimations changent en cours de route que la décision de conserver la solution actuelle peut faire l'objet d'un renversement précoce en faveur de la solution de remplacement alors considérée comme la meilleure, soit avant n_{SA} années.

Jusqu'à présent, on a avec raison utilisé d'une part l'investissement initial de la solution de remplacement comme coût initial (valeur P) et, d'autre part, la valeur de marché actuelle de la solution actuelle comme coût initial (valeur P). Il s'agit de la « méthode du coût d'opportunité », selon laquelle on reconnaît renoncer à un flux monétaire équivalant à la valeur de marché de la solution actuelle si on opte pour celle-ci. Cette approche, également qualifiée de « méthode conventionnelle », convient à toute étude de remplacement. Dans une autre approche nommée « méthode des flux monétaires », on reconnaît que lorsque la solution de remplacement est choisie, on encaisse la valeur de marché de la solution actuelle, ce qui a pour effet immédiat de réduire le capital nécessaire à investir dans la solution de remplacement. Toutefois, le recours à la méthode des flux monétaires est fortement déconseillé pour au moins deux raisons : la transgression possible de l'hypothèse de l'égalité des services rendus et l'établissement d'une valeur de recouvrement du capital erronée pour la solution de remplacement. En effet, toutes les évaluations économiques doivent servir à comparer des solutions offrant des services équivalents. Ainsi, la méthode des flux monétaires ne peut fonctionner que si la durée de vie de la solution de remplacement et celle de la solution actuelle sont absolument identiques. Or, bien souvent, ce n'est pas le cas. En fait, l'analyse de la durée d'utilité économique et l'étude de remplacement sont conçues pour comparer, à l'aide de la méthode du coût annuel équivalent, deux solutions qui s'excluent mutuellement et dont les durées de vie sont inégales. Par ailleurs, si ce motif concernant l'égalité des services ne suffit pas pour qu'on s'abstienne d'utiliser la méthode des flux monétaires, on peut se pencher sur ce qui arrive au montant du recouvrement du capital de la solution de remplacement quand on soustrait la valeur de marché de la solution actuelle de son coût initial. Dans l'équation [11.3], les valeurs des termes du recouvrement du capital diminuent, ce qui réduit de façon erronée le montant du recouvrement du capital de la solution de remplacement, si on la choisit. Du point de vue de l'étude économique en soi, la décision d'opter pour la solution de remplacement ou la solution actuelle ne s'en voit pas modifiée, mais lorsqu'on opte pour la solution de remplacement et qu'on la met en œuvre, la valeur du recouvrement du capital n'est pas fiable. La conclusion est simple : il faut utiliser l'investissement initial de la solution de remplacement et la valeur de marché de la solution actuelle comme coûts initiaux dans l'analyse de la durée d'utilité économique et l'étude de remplacement.

L'un des principes de base d'une étude de remplacement réside dans le fait que tôt ou tard, une quelconque solution de remplacement se substituera à la solution actuelle, à la condition que le service rendu soit toujours nécessaire et qu'il existe une solution de remplacement valable. L'espoir que les solutions de remplacement possibles continuent de s'améliorer peut fortement encourager une entreprise à conserver sa solution actuelle jusqu'à ce que certaines circonstances, notamment la technologie, les coûts, les fluctuations du marché, les négociations de contrats et autres se stabilisent. L'exemple 11.4, qui porte sur le matériel des chaînes de montage dans le domaine de l'électronique, en est l'illustration. Dans ce cas, on venait à peine d'investir une importante somme dans du nouveau matériel lorsque les normes ont changé, ce qui a entraîné la nécessité d'envisager un remplacement précoce ainsi qu'une perte considérable de capital investi. Aucune étude de remplacement ne peut se substituer à la prévision de la disponibilité des solutions de remplacement possibles. Il s'avère important de comprendre les tendances, les progrès et les pressions concurrentielles susceptibles de compléter les résultats économiques d'une bonne étude de remplacement. Dans une telle étude, il est souvent préférable de comparer une solution de remplacement avec une solution actuelle améliorée. L'ajout d'éléments nécessaires à une solution déjà en place peut en prolonger la durée d'utilité et la productivité jusqu'à ce que les solutions de remplacement possibles deviennent plus attrayantes.

Le fait de remplacer une solution actuelle très tôt au cours de sa durée de vie espérée entraîne parfois des répercussions fiscales considérables. Si le lecteur doit tenir compte de questions de nature fiscale, il peut immédiatement ou à la fin de la section 11.5 se reporter au chapitre 16 de même qu'à la section 16.5 traitant de l'analyse de remplacement après impôt.

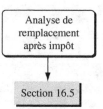

11.5 L'ÉTUDE DE REMPLACEMENT SUR UNE PÉRIODE D'ÉTUDE SPÉCIFIÉE

Généralement, quand la portée d'une étude de remplacement se limite à une période d'étude précise ou à un certain horizon de planification, par exemple à 6 ans, la détermination des annuités équivalentes de la solution de remplacement et de la solution actuelle sur sa durée de vie restante ne repose pas sur la durée d'utilité économique. Dans l'analyse de remplacement, on ne tient pas compte de ce qui arrive aux solutions après la période d'étude. Par conséquent, les services ne sont pas considérés comme nécessaires au-delà de la période d'étude. En fait, dans le cas d'une période d'étude à durée fixe, les trois hypothèses énoncées à la section 11.1, soit la nécessité des services rendus jusque dans un avenir indéfini, la disponibilité de la meilleure solution de remplacement dans l'immédiat et les estimations identiques pour des cycles de vie futurs, ne s'appliquent pas.

Lorsqu'on effectue une étude de remplacement pour une période d'étude établie, il est essentiel que les estimations visant à déterminer les annuités équivalentes soient exactes et utilisées dans l'étude, particulièrement dans le cas de la solution actuelle. Si on omet de procéder comme suit, on contredit l'hypothèse qui consiste à comparer des solutions offrant des services équivalents :

> Lorsque la durée de vie restante de la solution actuelle est plus courte que la période d'étude, il faut estimer le plus précisément possible ce qu'il en coûterait pour offrir les services de cette solution de la fin de sa durée de vie restante à la fin de la période d'étude, puis inclure ce coût dans l'étude de remplacement.

Le côté droit de la figure 11.4 donne un aperçu de la procédure à suivre pour une étude de remplacement dont la période d'étude est définie.

1. **Les options de succession et les annuités équivalentes.** On établit toutes les façons possibles d'utiliser la solution actuelle et la solution de remplacement au cours de la période d'étude. Il peut exister une ou plusieurs possibilités. Plus la période d'étude est longue, plus cette analyse est complexe. On se sert des annuités équivalentes de la solution actuelle et de la solution de remplacement pour dresser la série des flux monétaires équivalents de chacune des options.
2. **Le choix de la meilleure option.** On calcule la valeur actualisée ou l'annuité équivalente de chacune des options pour l'ensemble de la période d'étude, puis on choisit la solution dont les coûts sont les moins élevés ou les produits sont les plus élevés si ces derniers sont estimés. Là encore, la meilleure option est celle dont la valeur actualisée ou l'annuité équivalente est la plus élevée numériquement.

Les trois exemples qui suivent illustrent cette procédure de même que l'importance de l'estimation des coûts de la solution actuelle lorsque sa durée de vie restante est plus courte que la période d'étude.

EXEMPLE 11.5

Employée à la société Bombardier, Claudia travaille à son usine de wagons de transport en commun établie à La Pocatière, au Québec. Elle envisage d'acquérir un système diagnostiqueur de circuits pour un nouveau contrat conclu avec la société de transports publics du New Jersey dans lequel Bombardier s'engage à lui fournir 100 voitures de train de banlieue. Le système actuel a été acheté il y a 7 ans selon un précédent contrat. Il ne possède pas de coût de recouvrement du capital restant, et les montants suivants constituent des estimations fiables : la valeur de marché actuelle de 70 000 $, la durée de vie restante égale à 3 autres années, aucune valeur de récupération et des charges d'exploitation annuelles de 30 000 $ par année. Dans le cas de ce système, il n'existe que deux options : soit le remplacer immédiatement, soit le conserver pendant encore 3 années entières.

Claudia a découvert l'existence d'une seule bonne solution de remplacement, dont voici les coûts estimatifs : un coût initial de 750 000 $, une durée de vie de 10 ans, une valeur de récupération nulle et des charges d'exploitation annuelles de 50 000 $ par année.

Consciente de l'importance d'estimer les coûts associés à la solution actuelle avec exactitude, Claudia a demandé au directeur de la division de déterminer le système qui serait logiquement le meilleur pour prendre la relève dans 3 ans. Le directeur a prévu que Bombardier achètera le système qu'elle considère elle-même comme étant la solution de remplacement, puisque ce système est le meilleur sur le marché. Selon lui, l'entreprise le conserverait pendant 10 années entières afin de s'en servir pour la poursuite du contrat visant jusqu'à 79 autres voitures ou à d'autres fins qui lui permettraient de recouvrer les 3 dernières années du capital investi. Claudia a interprété la réponse du directeur comme si les 3 dernières années serviraient aussi au recouvrement du capital, mais dans d'autres projets. Selon les estimations de Claudia, le coût initial de ce même système dans 3 ans devrait se chiffrer à 900 000 $. Par ailleurs, les charges d'exploitation annuelles de 50 000 $ constituent la meilleure estimation de ces coûts à ce jour.

Le directeur de la division a mentionné qu'il fallait réaliser toute étude en utilisant un taux d'intérêt de 10 %. Effectuez une étude de remplacement pour une période contractuelle de 10 ans.

Solution

La période d'étude étant fixée à 10 ans, les hypothèses de l'étude de remplacement ne s'appliquent pas. Ainsi, les estimations ultérieures de la solution actuelle sont très importantes pour l'analyse. Par ailleurs, toute analyse de la durée d'utilité économique est inutile, voire inappropriée, puisque la durée de vie des solutions possibles est déjà établie et qu'aucune valeur de marché annuelle future n'est disponible. Dans ce cas, la première étape de l'étude de remplacement consiste à définir les options. Comme la solution actuelle doit être remplacée soit immédiatement, soit dans 3 ans, il n'existe que les deux possibilités suivantes :

1. adopter la solution de remplacement pour les 10 années à venir ;
2. conserver la solution actuelle pendant 3 ans, puis adopter la solution de remplacement pendant 7 ans.

Les coûts annuels équivalents de la solution de remplacement et de la solution actuelle sont calculés. Dans la première option, on utilise la solution de remplacement pendant les 10 années. On applique alors l'équation [11.3] à l'aide des estimations suivantes :

Solution de remplacement : $P = 750\,000\,\$$ CEA $= 50\,000\,\$$

$n = 10$ ans $R = 0$

$$\text{CAÉ}_{SR} = -750\,000(A/P;10\%;10) - 50\,000 = -172\,063\,\$$$

Les estimations des coûts de la deuxième option sont plus complexes. On calcule le coût annuel équivalent du système en place pour les 3 premières années, auquel on additionne le montant du recouvrement du capital de la relève de la solution actuelle pour les 7 années suivantes. Toutefois, dans le cas présent, on détermine ce montant sur l'ensemble des 10 années. (Déplacer le recouvrement du capital investi entre des projets n'est pas rare, surtout dans le cas de travail à forfait.) Nommez les coûts annuels équivalents CAÉ_{SAP} (l'indice SAP désignant la « solution actuelle au moment présent ») et CAÉ_{RSA} (l'indice RSA désignant la « relève de la solution actuelle »). Les diagrammes des flux monétaires finaux sont présentés à la figure 11.6.

Solution actuelle au moment présent :   Valeur de marché $= 70\,000\,\$$ CEA $= 30\,000\,\$$

$n = 3$ ans $R = 0$

$$\text{CAÉ}_{SAP} = [-70\,000 - 30\,000(P/A;10\%;3)](A/P;10\%;10) = -23\,534\,\$$$

Relève de la solution actuelle : $P = 900\,000\,\$$

$n = 10$ ans pour le calcul du montant de recouvrement du capital seulement

CEA $= 50\,000\,\$$ des années 4 à 10

$R = 0$

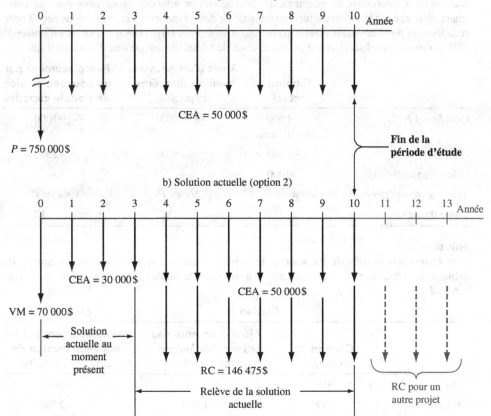

a) Solution de remplacement (option 1)

CEA = 50 000 $

$P = 750\,000\,\$$

Fin de la période d'étude

b) Solution actuelle (option 2)

CEA = 30 000 $

CEA = 50 000 $

VM = 70 000 $

Solution actuelle au moment présent

RC = 146 475 $

Relève de la solution actuelle

RC pour un autre projet

FIGURE 11.6

Les diagrammes des flux monétaires de l'étude de remplacement sur une période de 10 ans de l'exemple 11.5

Voici le montant du recouvrement du capital et du coût annuel équivalent pour les 10 années :

$$RC_{RSA} = -900\,000(A/P;10\%;10) = -146\,475\ \$ \quad [11,6]$$

$$CAÉ_{RSA} = (-146\,475 - 50\,000)(F/A;10\%;7)(A/F;10\%;10) = -116\,966\ \$$$

L'annuité équivalente totale de la solution actuelle correspond à la somme des deux annuités équivalentes ci-dessus. Il s'agit du coût annuel équivalent de la deuxième option.

$$CAÉ_{SA} = AÉ_{SAP} + AÉ_{RSA} = -23\,534 - 116\,966 = -140\,500\ \$$$

La deuxième option présente le coût le moins élevé (soit −140 500 $ plutôt que −172 063 $). Il faudrait donc conserver la solution actuelle pour le moment et envisager d'acheter l'autre système pour prendre la relève dans 3 ans.

Remarque

Au cours des années 11 à 13, le coût du recouvrement du capital de la relève de la solution actuelle sera assumé au moyen d'un projet qu'il reste encore à déterminer. Si on ne posait pas cette hypothèse, le coût du recouvrement du capital devrait être calculé sur 7 ans, et non 10, à l'aide de l'équation [11.6], ce qui ferait augmenter ce coût à −184 869 $ et le coût annuel équivalent de la solution actuelle à −163 357 $. On opterait alors tout de même pour la solution actuelle (option 1).

EXEMPLE 11.6

Il y a 3 ans, l'aéroport international Macdonald-Cartier d'Ottawa a fait l'achat d'un nouveau camion d'incendie. Vu l'augmentation actuelle du nombre de vols, l'entreprise doit de nouveau accroître son équipement de lutte contre les incendies. Elle peut acheter un autre camion de même capacité maintenant ou remplacer le camion actuel par un autre de double capacité. Les estimations liées à cette situation sont présentées dans le tableau ci-dessous. Comparez les options selon un taux d'intérêt de 12 % par année en utilisant : a) une période d'étude de 12 ans ; b) une période d'étude de 9 ans.

	Camion actuel	Ajout d'un nouveau camion de même capacité	Remplacement par un nouveau camion de double capacité
Coût initial P ($)	−151 000 (il y a 3 ans)	−175 000	−190 000
CEA ($)	−1 500	−1 500	−2 500
Valeur de marché ($)	70 000	—	—
Valeur de récupération ($)	10 % de P	12 % de P	10 % de P
Durée de vie (années)	12	12	12

Solution

La première option consiste à conserver le camion actuel et à ajouter un nouveau camion de même capacité. La deuxième option consiste à remplacer le camion actuel par un autre de double capacité.

	Option 1		Option 2
	Camion actuel	Ajout d'un nouveau camion de même capacité	Remplacement par un nouveau camion de double capacité
P ($)	−70 000	−175 000	−190 000
CEA ($)	−1 500	−1 500	−2 500
R ($)	15 100	21 000	19 000
n (années)	9	12	12

a) Voici le coût annuel équivalent pour une période d'étude de 12 ans dans le cas de l'option 1 :

CAÉ$_1$ = CAÉ du camion actuel + CAÉ de l'ajout du nouveau camion de même capacité

$$= [-70\,000(A/P;12\%;9) + 15\,100(A/F;12\%;9) - 1\,500]$$
$$+ [-175\,000(A/P;12\%;12) + 21\,000(A/F;12\%;12) - 1\,500]$$
$$= -13\,616 - 28\,882$$
$$= -42\,498\,\$$$

Selon ce calcul, on peut acheter les services équivalant à ceux du camion d'incendie actuel au montant annuel de −13 616 $ des années 10 à 12.

$$CAÉ_2 = -190\,000(A/P;12\%;12) + 19\,000(A/F;12\%;12) - 2\,500 = -32\,386\,\$$$

L'aéroport devrait donc immédiatement remplacer le camion actuel par un camion de double capacité (option 2) afin d'économiser 10 112 $ par année.

b) L'analyse pour une période de 9 ans s'effectue de la même manière, sauf que la valeur $n = 9$ est considérée dans chacun des facteurs. Cela a pour effet de réduire de 3 ans le temps alloué pour recouvrer le capital investi dans l'ajout d'un nouveau camion de même capacité que le camion actuel, ou son remplacement par un camion de double capacité et l'obtention d'un rendement de 12 % par année. Les valeurs de récupération demeurent les mêmes, puisqu'elles sont exprimées sous forme de pourcentage de la valeur P pour toutes les années.

$$CAÉ_1 = -46\,539\,\$ \qquad CAÉ_2 = -36\,873\,\$$$

Là encore, l'aéroport devrait choisir l'option 2. Cependant, dans ce cas, l'avantage économique à en tirer est moins important. Si la période d'étude était encore plus réduite, la décision pourrait finir par être infirmée. Si la solution de cet exemple était obtenue par ordinateur, on pourrait réduire les valeurs n dans les fonctions VPM afin de déterminer le moment où la décision passerait de l'option 2 à l'option 1, le cas échéant.

En ingénierie, une décision peut faire l'objet d'autres considérations susceptibles d'annuler les calculs de nature purement économique. Par exemple, la fiabilité est accrue en raison de la disponibilité de plusieurs camions. Si l'un des camions a besoin de réparations, l'aéroport disposera tout de même d'un service de lutte contre les incendies adéquat. De plus, l'accessibilité à plusieurs camions permet à l'aéroport de combattre plus d'un incendie à la fois.

S'il existe plusieurs possibilités quant au nombre d'années pendant lesquelles on peut conserver la solution actuelle avant de lui substituer une solution de remplacement, la première étape de l'étude de remplacement, soit l'établissement des options et des coûts annuels équivalents, doit tenir compte de chacune d'elles. Par exemple, si la période d'étude est de 5 ans et que la solution actuelle peut demeurer en place pendant 1, 2 ou 3 ans, il faut estimer les coûts pour déterminer les coûts annuels équivalents de chaque période de conservation de la solution actuelle. Dans le cas présent, il y aurait 4 possibilités, qu'on pourrait nommer W, X, Y et Z.

Option	Conservation de la solution actuelle (années)	Utilisation de la solution de remplacement (années)
W	3	2
X	2	3
Y	1	4
Z	0	5

Les annuités équivalentes respectives de la conservation de la solution actuelle et de l'utilisation de la solution de remplacement définissent les flux monétaires de chaque option. L'exemple 11.7 illustre cette procédure.

Il y a 5 ans, la société Amoco Canada a mis en service du matériel de champ pétrolifère pour lequel une étude de remplacement a été demandée. En raison de son usage particulier, on a décidé que le matériel actuel devrait encore servir pendant 2, 3 ou 4 ans avant d'être remplacé. Le matériel possède une valeur de marché actuelle de 100 000 $, qu'on s'attend à voir diminuer de 25 000 $ par année. Se chiffrant aussi à 25 000 $ par année, les charges d'exploitation annuelles sont actuellement constantes et devraient le demeurer dans l'avenir. La solution de remplacement consiste en un contrat à prix fixe pour l'offre des mêmes services au montant de 60 000 $ par année pendant un minimum de 2 ans et un maximum de 5 ans. Utilisez un taux de rendement acceptable minimum de 12 % par année pour effectuer une étude de remplacement sur une période de 6 ans afin de déterminer le moment où l'entreprise devrait vendre le matériel actuel et acheter les services contractuels.

Solution

Comme on prévoit conserver la solution actuelle pendant 2, 3 ou 4 ans, il existe 3 options possibles (X, Y et Z).

Option	Conservation de la solution actuelle (années)	Utilisation de la solution de remplacement (années)
X	2	4
Y	3	3
Z	4	2

Les coûts annuels équivalents de la solution actuelle sont désignés par les indices SA2, SA3 et SA4, qui indiquent le nombre d'années de conservation.

$$CAÉ_{SA2} = -100\,000(A/P;12\%;2) + 50\,000(A/F;12\%;2) - 25\,000 = -60\,585\ \$$$

$$CAÉ_{SA3} = -100\,000(A/P;12\%;3) + 25\,000(A/F;12\%;3) - 25\,000 = -59\,226\ \$$$

$$CAÉ_{SA4} = -100\,000(A/P;12\%;4) - 25\,000 = -57\,923\ \$$$

Voici le coût annuel équivalent de la solution de remplacement dans le cas de toutes les options :

$$CAÉ_{SR} = -60\,000\ \$$$

Le tableau 11.3 présente les flux monétaires et les valeurs actualisées de chacune des options au cours de la période d'étude de 6 ans. Voici un exemple de calcul de la valeur actualisée pour l'option Y :

$$VA_Y = -59\,226(P/A;12\%;3) - 60\,000(F/A;12\%;3)(P/F;12\%;6) = -244\,817\ \$$$

L'option Z possède la valeur actualisée des coûts la moins élevée (−240 369 $). L'entreprise devrait donc conserver la solution actuelle pendant les 4 années avant de la remplacer. Bien entendu, on obtiendrait la même réponse si on calculait l'annuité équivalente ou la valeur capitalisée de chacune des options au taux de rendement acceptable minimum établi.

TABLEAU 11.3 LES FLUX MONÉTAIRES ÉQUIVALENTS ET LES VALEURS ACTUALISÉES DE L'ANALYSE DE REMPLACEMENT RÉALISÉE SUR UNE PÉRIODE D'ÉTUDE DE 6 ANS DE L'EXEMPLE 11.7

| | Durée d'utilisation (années) | | Annuités équivalentes de chaque option ($/année) | | | | | | |
Option	Solution actuelle	Solution de remplacement	1	2	3	4	5	6	VA ($)
X	2	4	−60 585	−60 585	−60 000	−60 000	−60 000	−60 000	−247 666
Y	3	3	−59 226	−59 226	−59 226	−60 000	−60 000	−60 000	−244 817
Z	4	2	−57 923	−57 923	−57 923	−57 923	−60 000	−60 000	−240 369

Remarque

Si une période d'étude est suffisamment longue, il faut parfois déterminer la durée d'utilité économique de la solution de remplacement et utiliser son annuité équivalente pour établir les options et dresser les séries de flux monétaires. Une option peut comprendre plus d'un cycle de vie de la solution de remplacement pour sa durée d'utilité économique. Dans l'analyse, on peut aussi inclure des cycles de vie partiels de la solution de remplacement. D'une manière ou d'une autre, il faut omettre les années qui vont au-delà de la période d'étude dans une analyse de remplacement, ou encore les traiter de façon explicite, afin d'avoir l'assurance de comparer des services égaux, surtout si on se sert de la valeur actualisée pour choisir la meilleure option.

RÉSUMÉ DU CHAPITRE

Dans une étude de remplacement, il est important de comparer la meilleure solution de remplacement possible avec la solution actuelle. La meilleure solution de remplacement possible (sur le plan économique) se définit comme étant celle dont le coût annuel équivalent est le moins élevé au cours d'un certain nombre d'années. Si la durée de vie restante à laquelle on s'attend pour la solution actuelle et la durée de vie estimative de la solution de remplacement sont spécifiées, on détermine leurs coûts annuels équivalents pendant ces années, puis on procède à l'étude de remplacement. Par contre, si on peut effectuer des estimations raisonnables des valeurs de marché et des charges d'exploitation annuelles prévues pour chaque année de possession, ces coûts (marginaux) annuels contribuent à déterminer la meilleure solution de remplacement possible.

L'analyse de la durée d'utilité économique vise à établir le nombre d'années d'utilité de la meilleure solution de remplacement possible ainsi que le coût annuel équivalent le moins élevé correspondant. On utilise ensuite les valeurs n_{SR} et $CAÉ_{SR}$ ainsi obtenues dans l'étude de remplacement. La même analyse peut également servir à déterminer la durée d'utilité économique de la solution actuelle.

Dans le cas d'une étude de remplacement pour laquelle aucune période d'étude (ou horizon de planification) n'est spécifiée, on recourt à la méthode du coût annuel équivalent utilisé pour comparer deux solutions possibles de durées de vie inégales. Le meilleur coût annuel équivalent permet d'établir le temps pendant lequel on conservera une solution actuelle avant de la remplacer.

Quand une période d'étude est précisée pour une analyse de remplacement, il est essentiel d'utiliser les valeurs de marché et les coûts estimatifs les plus exacts possible pour la solution actuelle. Lorsque la durée de vie restante de la solution actuelle est plus courte que la période d'étude, il faut absolument estimer avec soin le coût de maintien du service assuré. On dresse alors la liste de toutes les options d'utilisation de la solution actuelle et de la solution de remplacement, puis on détermine leurs coûts annuels équivalents respectifs. On calcule ensuite la valeur actualisée ou l'annuité équivalente de chacune des options afin de choisir la meilleure, laquelle détermine le temps pendant lequel on conservera la solution actuelle avant de la remplacer.

PROBLÈMES

Les notions de base de l'étude de remplacement

11.1 Énoncez les hypothèses de base concernant la solution de remplacement au moment de réaliser une étude de remplacement.

11.2 Dans une analyse de remplacement, quelle valeur numérique devrait-on utiliser comme coût initial de la solution actuelle? Quelle est la meilleure façon d'obtenir cette valeur?

11.3 Lorsqu'on effectue une analyse de remplacement, pourquoi est-il important de considérer le point de vue d'un expert-conseil?

11.4 Christine en a assez de conduire la vieille voiture d'occasion qu'elle a achetée il y a 2 ans au coût de 18 000 $. Elle estime qu'elle vaut maintenant environ 8 000 $. Un vendeur de véhicules automobiles lui propose ce qui suit: «Écoutez, je vous offre 10 000 $ pour votre véhicule si vous achetez le modèle de l'année. Il s'agit de 2 000 $ de plus que ce à quoi vous vous attendiez, et de 3 000 $ de plus que la valeur inscrite dans le *Livre noir de l'automobile*. Le prix de vente du véhicule neuf que nous vous offrons s'élève seulement à 28 000 $, ce qui correspond à 6 000 $ de moins que le prix de 34 000 $ affiché par le constructeur. Si vous calculez le montant de 3 000 $ de plus offert pour votre automobile et la réduction de 6 000 $ sur le prix affiché, vous paierez 9 000 $ de moins pour votre voiture neuve. Je vous fais donc une offre exceptionnelle, et vous obtenez 2 000 $ de plus que la valeur que vous aviez estimée pour votre vieux tacot. Alors, seriez-vous prête à signer maintenant ? » Si Christine devait réaliser une étude de remplacement à ce moment-là, quel serait le coût initial à utiliser pour : a) la solution actuelle et b) la solution de remplacement ?

11.5 Il y a 2 ans, l'entreprise Mytesmall Industries a acheté du nouveau matériel de mise à l'essai de composants microélectroniques au coût de 600 000 $. À ce moment-là, elle prévoyait s'en servir pendant 5 ans, puis l'échanger ou le vendre moyennant sa valeur de récupération de 75 000 $. Toutefois, sa croissance commerciale au sein de nouveaux marchés internationaux l'oblige à envisager le remplacement immédiat de son système en place par un nouveau système dont le coût s'élève à 800 000 $. Au besoin, l'entreprise pourrait conserver le matériel actuel pendant encore 2 ans, après quoi il posséderait une valeur de marché estimative de 5 000 $. Le système en place est évalué à 350 000 $ sur le marché international, et si l'entreprise le conservait pendant 2 autres années, ses charges d'entretien et d'exploitation (les coûts de main-d'œuvre exclus) s'élèveraient à 125 000 $ par année. Déterminez les valeurs P, n, R et CEA qu'il faudrait utiliser pour cette solution actuelle si une analyse de remplacement était effectuée aujourd'hui.

11.6 Il y a exactement 2 ans, la société Buffett Enterprises a installé pour ses chaînes de fabrication un nouveau système de surveillance et de contrôle des incendies dont le coût s'élevait à 450 000 $ et la durée de vie espérée était de 5 ans. À cette époque, la valeur de marché du système correspondait à la relation 400 000 $ − 50 000$k^{1,4}$, où k représentait le nombre d'années passées depuis le moment de l'achat. Les expériences précédentes de l'entreprise avec du matériel de surveillance des incendies lui ont permis d'établir que ses charges d'exploitation annuelles correspondaient à la relation 10 000 + 100k^3. En supposant que ces relations conviennent toujours au fil du temps, déterminez les valeurs P, R et CEA de cette solution actuelle si une étude de remplacement est réalisée : a) maintenant avec une période d'étude précise de 3 ans ; b) dans 2 ans, sans période d'étude établie.

11.7 L'exploitation d'une machine achetée il y a 1 an au montant de 85 000 $ coûte plus cher que ce à quoi on s'attendait. Au moment de l'achat, on estimait à 10 ans sa durée d'utilité, à 22 000 $ ses charges d'entretien annuelles et à 10 000 $ sa valeur de récupération. Cependant, l'an dernier, l'entreprise a dû débourser 35 000 $ pour son entretien, et elle prévoit que ces charges passeront à 36 500 $ cette année, puis qu'elles continueront d'augmenter annuellement de 1 500 $. La valeur de récupération de la machine est maintenant estimée à 85 000 $ − 10 000k, où la valeur k représente le nombre d'années passées depuis son achat. À présent, on estime aussi que la durée d'utilité de cette machine n'est plus que de 5 autres années au maximum. Déterminez les valeurs P, CEA, n et R pour une étude de remplacement qui serait menée dans l'immédiat.

La durée d'utilité économique

11.8 Halcrow inc. envisage de remplacer un système de suivi des temps d'arrêt actuellement installé sur des machines à commande numérique par ordinateur. La solution de remplacement possède un coût initial de 70 000 $, des charges d'exploitation annuelles estimatives de 20 000 $, une durée d'utilité maximale de 5 ans et une valeur de récupération de 10 000 $ quel que soit le moment de son remplacement. En tenant compte d'un taux d'intérêt de 10 % par année, déterminez sa durée d'utilité économique ainsi que son coût annuel équivalent correspondant. Pour résoudre ce problème, servez-vous d'une calculatrice.

11.9 Utilisez une feuille de calcul pour résoudre le problème 11.8, puis tracez la courbe des coûts annuels équivalents et de leurs éléments en vous servant : a) des estimations d'origine ; b) des nouvelles estimations plus précises suivantes : une durée de vie maximale espérée de 10 ans, des charges d'exploitation annuelles augmentant de 15 % par année à partir du montant d'abord estimé à 20 000 $, et une valeur de récupération diminuant de 1 000 $ annuellement à partir du montant de 10 000 $ estimé pour la première année.

11.10 La société Eli Lilly Canada souhaite acheter un système d'identification par radiofréquence de l'entreprise Intelligent Devices à des fins de conditionnement, d'expédition et de distribution à température contrôlée de produits pharmaceutiques. Ce système coûte 345 000 $. Les charges d'exploitation prévues s'élèvent à 148 000 $ par année pour les 3 premières années et à 210 000 $ par année pour les 3 années suivantes. La valeur de récupération du matériel devrait se chiffrer à 140 000 $ pour les 3 premières années, puis à un montant négligeable par la suite. Si le taux d'intérêt est de 10 % par année, déterminez la durée d'utilité économique de ce matériel ainsi que coût annuel équivalent qui y est associé.

11.11 Le coût initial d'un actif s'élève à 250 000 $. On s'attend à ce que sa durée d'utilité maximale soit de 10 ans et à ce que sa valeur de marché diminue de 25 000 $ par année. On prévoit que ses charges d'exploitation annuelles demeureront au montant constant de 25 000 $ par année durant 5 ans, puis qu'elles augmenteront d'un pourcentage annuel substantiel de 25 %. La raison pour laquelle le taux d'intérêt de Toronto Hydro Energy Services Inc. est aussi bas que 4 % par année est que cette entreprise est entièrement détenue par la Ville de Toronto et que lorsque la société emprunte, elle bénéficie des taux d'intérêt offerts pour les projets d'État. a) Vérifiez si la durée d'utilité économique est de 5 ans. La durée d'utilité économique est-elle sensible aux variations des estimations de la valeur de marché et des charges d'exploitation annuelles ? b) En réalisant une analyse de remplacement, un ingénieur détermine que l'actif en question devrait avoir une durée d'utilité économique de 10 ans au moment de sa comparaison avec n'importe quelle solution de remplacement. Si les charges d'exploitation annuelles estimatives sont exactes, déterminez la valeur de marché minimale qui permettrait d'obtenir une durée d'utilité économique de

10 ans. Trouvez la solution manuellement ou par ordinateur, selon la décision de l'enseignant.

11.12 L'entreprise PCL Constructors Inc. envisage d'acheter un excavateur dont le coût initial s'élève à 70 000 $ et qui pourra lui servir pendant un maximum de 6 ans. L'équation $R = 70\,000(1 - 0,15)^n$ décrit la valeur de récupération de l'excavateur, qui diminue de 15 % par année, la variable n représentant le nombre d'années suivant l'achat. Les charges d'exploitation devraient demeurer à un montant constant de 75 000 $ par année. Si le taux d'intérêt se chiffre à 12 % par année, déterminez la durée d'utilité économique de l'excavateur ainsi que le coût annuel équivalent qui y est associé.

11.13 a) Créez une feuille de calcul générale (en utilisant des références à d'autres cellules) qui permet de calculer la durée d'utilité économique et le coût annuel équivalent correspondant de toute solution de remplacement dont la durée d'utilité maximale est de 10 ans. La relation utilisée pour déterminer le coût annuel équivalent de chaque année de possession au moyen de toutes les estimations nécessaires devrait figurer dans une même cellule.

b) À l'aide de la feuille de calcul créée en a), trouvez la durée d'utilité économique et le coût annuel équivalent des estimations qui figurent dans le tableau ci-dessous. Supposez que le taux d'intérêt $i = 10$ % par année.

Année	Valeur de marché estimative ($)	CEA estimatives ($)
0	80 000	0
1	60 000	60 000
2	50 000	65 000
3	40 000	70 000
4	30 000	75 000
5	20 000	80 000

11.14 Une unité d'outillage a un coût initial de 150 000 $, une durée d'utilité maximale de 7 ans et une valeur de récupération décrite par l'équation $R = 120\,000 - 20\,000k$, où la variable k représente le nombre d'années passées depuis l'achat. La valeur de récupération ne peut devenir inférieure à 0. L'équation $CEA = 60\,000 + 10\,000k$ permet d'estimer la série des charges d'exploitation annuelles.

Le taux d'intérêt est de 15 % par année. Déterminez la durée d'utilité économique : a) manuellement, à l'aide des calculs habituellement utilisés pour déterminer le coût annuel équivalent ; b) par ordinateur, à l'aide des coûts marginaux annuels estimatifs.

11.15 Déterminez la durée d'utilité économique d'une machine dont les flux monétaires estimatifs figurent dans le tableau ci-dessous, ainsi que le coût annuel équivalent correspondant. Trouvez la solution manuellement en utilisant un taux d'intérêt de 14 % par année.

Année	Valeur de récupération ($)	Charges d'exploitation ($)
0	100 000	—
1	75 000	−28 000
2	60 000	−31 000
3	50 000	−34 000
4	40 000	−34 000
5	25 000	−34 000
6	15 000	−45 000
7	0	−49 000

11.16 En vous référant au problème 11.15, utilisez une feuille de calcul pour déterminer la durée d'utilité économique à l'aide des coûts marginaux annuels. Supposez que les valeurs de récupération constituent les meilleures estimations possible des valeurs de marché futures. Dans Excel, dressez le tableau des coûts marginaux annuels et des coûts annuels équivalents correspondants sur une période de 7 ans.

L'étude de remplacement

11.17 Au cours d'une période de 3 ans, Sonia, une chargée de projet à la société Hercule – Instruments médicaux, a effectué des études de remplacement pour du matériel de dépistage du cancer à hyperfréquences utilisé dans les laboratoires de diagnostic de l'entreprise. Elle a consigné les durées d'utilité économique et les coûts annuels équivalents correspondants de chaque année dans le tableau suivant.
a) Quelle décision l'entreprise devrait-elle prendre chaque année ?
b) À partir des données qui figurent dans le tableau, décrivez les changements survenus en ce qui concerne la solution actuelle et la solution de remplacement au cours des 3 années à l'étude.

	Durée de vie maximale (années)	Durée d'utilité économique (années)	Coût annuel équivalent ($/année)
Première année (20XX)			
Solution actuelle	3	3	−10 000
Solution de remplacement 1	10	5	−15 000
Deuxième année (20XX + 1)			
Solution actuelle	2	1	−14 000
Solution de remplacement 1	10	5	−15 000
Troisième année (20XX + 2)			
Solution actuelle	1	1	−14 000
Solution de remplacement 2	5	3	−9 000

11.18 Un ingénieur-conseil en aéronautique a estimé les coûts annuels équivalents d'un inséreur de rivets en acier de haute précision actuellement en place à partir des documents de l'entreprise relatifs à du matériel semblable.

Période de conservation (années)	Coût annuel équivalent ($/année)
1	−62 000
2	−50 000
3	−47 000
4	−53 000
5	−70 000

Une solution de remplacement possède ces valeurs : DUÉ = 2 ans et $CAÉ_{SR} = -49\,000$ $ par année. Si l'ingénieur-conseil devait se prononcer aujourd'hui, devrait-il recommander à l'entreprise de conserver ou de remplacer le matériel en place ? Le taux de rendement acceptable minimum s'élève à 15 % par année.

11.19 Après la réalisation d'une étude de remplacement, on décide de conserver la solution actuelle pendant n_{SA} années. Si on découvre une nouvelle solution de remplacement 1 an plus tard, expliquez ce qu'il conviendrait de faire.

11.20 BioHealth, une entreprise de location de systèmes biomédicaux, songe à acheter du nouveau matériel pour remplacer un actif actuel acquis il y a 2 ans au coût de 250 000 $. La valeur de marché actuelle de cet actif est évaluée à seulement 50 000 $. Il est possible de mettre immédiatement l'actif actuel à niveau au coût de 200 000 $. Cet actif pourrait alors continuer d'être mis en location pendant encore 3 ans, après quoi on pourrait vendre le système en entier sur le marché international pour la somme estimative de 40 000 $. Par ailleurs, on peut choisir la solution de remplacement dont le coût s'élève à 300 000 $. Ce nouveau matériel possède une durée de vie espérée de 10 ans, et sa valeur de récupération est de 50 000 $. Déterminez si l'entreprise devrait mettre son actif à niveau ou le remplacer, selon un taux de rendement acceptable minimum de 12 % par année. Supposez que les charges d'exploitation annuelles estimatives sont les mêmes pour les deux solutions possibles.

11.21 À partir des estimations établies dans le problème 11.20, utilisez une feuille de calcul pour effectuer une analyse visant à déterminer le coût initial maximal de la mise à niveau du système actuel qui permettrait d'atteindre le point mort entre la solution actuelle et la solution de remplacement. Si on conservait le système actuel, s'agirait-il d'un montant maximal ou minimal pour la mise à niveau ?

11.22 Une entreprise de petit bois d'œuvre qui coupe du bois de luxe destiné à l'industrie de l'ébénisterie effectue une évaluation afin de décider si elle devrait conserver son système de blanchiment actuel ou le remplacer. Les coûts pertinents relatifs à chacun des systèmes sont connus ou estimés. À partir d'un taux d'intérêt de 10 % par année, a) réalisez l'analyse de remplacement et b) déterminez le prix de revente minimal qui ferait en sorte que l'entreprise décide de choisir immédiatement la solution de remplacement. Serait-il raisonnable de s'attendre à recevoir un tel montant pour le système actuel ?

	Système actuel	Nouveau système
Coût initial il y a 7 ans ($)	−450 000	
Coût initial ($)		−700 000
Durée de vie restante (années)	5	10
Valeur de marché actuelle ($)	50 000	
CEA ($/année)	−160 000	−150 000
Valeur de récupération future ($)	0	50 000

11.23 Il y a 5 ans, l'autorité portuaire de Sorel-Tracy a acheté plusieurs véhicules de transport par conteneurs au coût de 350 000 $ chacun. L'an dernier, après la réalisation d'une étude de remplacement, on a décidé de conserver ces véhicules pendant encore 2 ans. Cette année, par contre, la situation a changé, car on estime que chacun de ces véhicules de transport n'a plus qu'une valeur de 8 000 $. Si on les conserve, on pourrait les mettre à niveau au coût de 50 000 $ afin d'en prolonger la durée d'utilité d'un maximum de 2 ans. On s'attend à ce que les charges d'exploitation atteignent 10 000 $ la première année et 15 000 $ la deuxième, sans aucune valeur de récupération. Par ailleurs, l'entreprise pourrait également acheter un nouveau véhicule d'une durée d'utilité économique de 7 ans, sans valeur de récupération et entraînant un coût annuel équivalent de −55 540 $ par année. Le taux de rendement acceptable minimum s'élève à 10 % par année. Si le budget nécessaire pour mettre les véhicules actuels à niveau est disponible cette année, utilisez les estimations mentionnées ci-dessus pour déterminer : a) à quel moment l'entreprise devrait remplacer les véhicules mis à niveau ; b) la valeur de récupération future minimale d'un nouveau véhicule qui serait nécessaire pour que, sur le plan économique, l'achat immédiat de nouveaux véhicules soit plus avantageux que la mise à niveau des véhicules actuels.

11.24 Ce mois-ci, Annabelle travaille à la société Blackcat Ltée. On lui a demandé de vérifier les résultats d'une étude de remplacement dont la conclusion s'est révélée favorable à l'adoption de la solution de remplacement établie. Celle-ci consiste à acheter du nouveau matériel robuste de façonnage des métaux pour la fabrication de lames de bouteur, de lames de raclage et de parois de godet destinées aux chargeuses et aux excavateurs. De prime abord, Annabelle abonde dans le sens des résultats de l'étude, puisque les résultats numériques favorisent l'adoption de la solution de remplacement.

	Solution de remplacement	Solution actuelle
Durée de vie (années)	4	6 de plus
Coût annuel équivalent ($/année)	−80 000	−130 000

Curieuse de connaître les décisions du même genre qui ont été prises dans le passé, elle apprend que des analyses semblables ont déjà été réalisées à 3 reprises tous les 2 ans pour du matériel de même catégorie. Chaque fois, on a opté pour l'adoption de la solution de remplacement du moment. Au cours de son étude, Annabelle en vient à la conclusion qu'on a omis de déterminer les durées d'utilité économique avant de comparer les coûts annuels équivalents dans les analyses effectuées 6, 4 et 2 ans auparavant. Elle reprend donc du mieux qu'elle le peut les analyses visant à établir les durées de vie estimatives, les durées d'utilité économique et les coûts annuels équivalents correspondants qui figurent dans le tableau ci-dessous. Tous les coûts sont arrondis et présentés en milliers de dollars par année. Déterminez les deux ensembles de conclusions tirées à la suite des études de remplacement (celles qui sont fondées sur les durées et vie et celles qui sont basées sur les durées d'utilité économique). Ensuite, décidez si Annabelle a raison de croire que si les durées d'utilité économique et les coûts annuels équivalents correspondants avaient été calculés au départ, les décisions relatives au remplacement des solutions actuelles auraient été passablement différentes.

Nombre d'années précédant l'étude actuelle	Solution actuelle				Solution de remplacement			
	Durée de vie (années)	CAÉ ($/année)	DUÉ (années)	CAÉ ($/année)	Durée de vie (années)	CAÉ ($/année)	DUÉ (années)	CAÉ ($/année)
6	5	−140	2	−100	8	−130	7	−80
4	6	−130	5	−80	5	−120	3	−90
2	3	−140	3	−80	8	−130	8	−120
Maintenant	6	−130	1	−100	4	−80	3 ou 4	−80

11.25 Il y a 5 ans, la société Harold, Richer et associés a acheté un système de restitution graphique de signaux hyperfréquences au coût de 45 000 $ afin de déceler la corrosion dans les structures de béton. On s'attend à ce que, jusqu'à la fin de sa durée d'utilité d'un maximum d'encore 3 ans, ses valeurs de marché et ses charges d'exploitation annuelles correspondent à celles qui sont présentées dans le tableau ci-dessous. On pourrait immédiatement céder ce système moyennant une valeur de marché évaluée à 8 000 $.

Année	Valeur de marché à la fin de l'année ($)	CEA ($)
1	6 000	−50 000
2	4 000	−53 000
3	1 000	−60 000

Un système de remplacement exploitant une nouvelle technologie numérique par Internet coûte 125 000 $, possède une valeur de récupération estimée à 10 000 $ après sa durée de vie de 5 ans et devrait entraîner des charges d'exploitation annuelles de 31 000 $ par année. En tenant compte d'un taux d'intérêt de 15 % par année, déterminez le nombre d'années pendant lesquelles l'entreprise devrait encore conserver le système en place. Trouvez la solution : a) manuellement ; b) à l'aide d'une feuille de calcul.

11.26 Lorsqu'on parle d'une étude de remplacement, que signifie le terme « méthode du coût d'opportunité » ?

11.27 Lorsqu'on effectue une étude de remplacement, pourquoi est-il déconseillé d'adopter la méthode des flux monétaires ?

11.28 Il y a 2 ans, Géo-Sphère Spatiale inc. a fait l'achat d'un nouveau système de traçage GPS au montant de 1 500 000 $. La valeur de récupération était estimée à 50 000 $ après 9 ans. Actuellement, la durée de vie restante attendue est de 7 ans, et les charges d'exploitation annuelles s'élèvent à 75 000 $. Une société française, Aramis, a retenu une solution de remplacement qui coûte 400 000 $ et qui, selon les estimations, possède une durée de vie de 12 ans, a une valeur de récupération de 35 000 $ et entraîne des charges d'exploitation annuelles de 50 000 $. Si le taux de rendement acceptable minimum est de 12 % par année, déterminez manuellement ou à l'aide d'une feuille de calcul, selon la décision de l'enseignant : a) la valeur de reprise minimale actuellement qui est nécessaire pour rendre la solution de remplacement avantageuse sur le plan économique ; b) le nombre d'années de conservation de la solution actuelle nécessaire pour tout juste atteindre le point mort, si l'offre de reprise s'élève à 150 000 $. Supposez que la valeur de récupération de 50 000 $ peut être réalisée pour toutes les périodes de conservation jusqu'à 7 ans.

11.29 Il y a 10 ans, l'entreprise Montréal Outils et jauges, qui fournit des pièces à des clients évoluant dans les secteurs aérospatial et automobile, a acheté un tour à commande numérique par ordinateur au coût de 75 000 $. Ce tour, qui peut encore servir pendant 3 ans, entraîne des charges d'exploitation annuelles de 63 000 $ et possède une valeur de récupération de 25 000 $.

Une certaine solution de remplacement coûterait 130 000 $, posséderait une durée d'utilité économique de 6 ans et entraînerait des charges d'exploitation de 32 000 $ par année. Sa valeur de récupération devrait s'élever à 45 000 $. À partir de ces estimations et si le taux d'intérêt est de 12 % par année, quelle devrait être la valeur de marché de l'actif déjà en place pour que la solution de remplacement soit aussi attrayante que la solution actuelle ?

11.30 Il y a 3 ans, un hôpital a considérablement amélioré son système d'oxygénothérapie hyperbare destiné au traitement avancé des lésions graves, des infections osseuses chroniques et des blessures causées par des radiations. Au moment de l'achat, ce matériel coûtait 275 000 $, et il peut encore servir pendant 3 ans. Si l'hôpital remplace

ce système d'oxygénothérapie hyperbare maintenant, il peut en obtenir 20 000 $. Le tableau ci-dessous présente les estimations de ses valeurs de marché et de ses charges d'exploitation annuelles si l'hôpital décide plutôt de le conserver. Le coût initial d'un nouveau système constitué d'un matériau composite s'élève à seulement 150 000 $, et ses charges d'exploitation sont moins élevées au cours de ses premières années d'utilisation. Il possède une durée de vie maximale de 6 ans, mais ses valeurs de marché et ses charges d'exploitation annuelles devraient considérablement changer après 3 ans, en raison de la détérioration prévue du matériau composite utilisé dans sa fabrication. Par ailleurs, on s'attend à devoir débourser un montant de 40 000 $ par année pour l'inspection et la remise en état du matériau composite après 4 ans d'exploitation. Les estimations des valeurs de marché, des charges d'exploitation et des coûts de remise en état de ce système figurent aussi dans le tableau ci-dessous. À partir de l'ensemble des estimations et d'un taux $i = 15$ % par année, déterminez la durée d'utilité économique et les coûts annuels équivalents de la solution actuelle et de la solution de remplacement, ainsi que l'année où on devrait remplacer le système d'oxygénothérapie hyperbare en place. Trouvez la solution manuellement. (Les problèmes 11.31 et 11.33 portent également sur les estimations présentées dans le tableau ci-dessous.)

	Système d'oxygénothérapie hyperbare actuel		Système d'oxygénothérapie hyperbare proposé		
Année	Valeur de marché ($)	CEA ($)	Valeur de marché ($)	CEA ($)	Remise en état du matériau ($)
1	10 000	−50 000	65 000	−10 000	
2	6 000	−60 000	45 000	−14 000	
3	2 000	−70 000	25 000	−18 000	
4			5 000	−22 000	
5			0	−26 000	−40 000
6			0	−30 000	−40 000

11.31 Reportez-vous au problème 11.30.
a) Trouvez la solution au problème à l'aide d'une feuille de calcul.
b) Utilisez le Solveur d'Excel pour déterminer le coût de remise en état du matériau composite de la solution de remplacement maximal permis aux années 5

et 6 pour que son coût annuel équivalent pendant 6 ans soit exactement le même que le coût annuel équivalent de la solution actuelle pendant sa durée d'utilité économique. Expliquez l'influence de ces coûts de remise en état moins élevés sur la conclusion de l'étude de remplacement.

L'étude de remplacement sur une période d'étude spécifiée

11.32 Deux études de remplacement sont effectuées pour une même solution actuelle et une même solution de remplacement. Les coûts estimatifs utilisés dans les deux analyses sont identiques. En ce qui concerne la première étude, aucune période d'étude n'est spécifiée; dans le cas de la seconde, la période d'étude établie est de 5 ans.

a) Énoncez les différences entre les hypothèses de base respectives de ces deux études de remplacement.

b) Expliquez les différences dans les procédures permettant d'effectuer ces deux études de remplacement.

11.33 Relisez la mise en situation et les estimations du problème 11.30. a) Réalisez l'étude de remplacement pour une période d'étude fixe de 5 ans. b) Supposez qu'au lieu d'acheter la solution de remplacement établie, l'hôpital préfère souscrire à un contrat de service complet d'oxygénothérapie hyperbare moyennant un coût total de 85 000 $ par année pendant 4 ou 5 ans, ou de 100 000 $ pendant 3 ans ou moins. Dans ce cas, quelle serait la meilleure option sur le plan économique, en ce qui concerne la solution actuelle et les différentes possibilités liées à un tel contrat de service?

11.34 Un ingénieur minier a déterminé que le coût annuel équivalent d'un concasseur à percussion en place au cours de sa durée d'utilité restante de 3 ans sera de –70 000 $ par année. On peut le remplacer maintenant ou plus tard par une machine dont le coût annuel équivalent s'élèvera à –80 000 $ si on la conserve pendant 2 ans ou moins, à –68 000 $ si on la garde pendant 3 ou 4 ans et à –75 000 $ si on la conserve pendant 5 à 10 ans. À quel moment la société minière devrait-elle remplacer son concasseur, si elle utilise une période d'étude de 3 ans et un taux d'intérêt de 15 % par année?

11.35 À l'aide d'une feuille de calcul, effectuez l'analyse de remplacement pour la mise en situation suivante. Un ingénieur estime que le coût annuel équivalent d'une machine en place au cours de sa durée d'utilité restante de 3 ans se chiffre à –90 000 $ par année. On peut la remplacer maintenant ou dans 3 ans par une machine dont le coût annuel équivalent s'élèvera à –90 000 $ par année si on la conserve pendant 5 ans ou moins et à –110 000 $ par année si on la conserve pendant 6 à 8 ans.

a) Effectuez une analyse pour déterminer les coûts annuels équivalents des périodes d'étude de 5 à 8 ans, à un taux d'intérêt de 10 % par année. Choisissez la période d'étude dont le coût annuel équivalent est le moins élevé. Pendant combien d'années la solution actuelle et la solution de remplacement seront-elles alors utilisées?

b) Pourrait-on se servir des valeurs actualisées pour choisir la meilleure période d'étude possible et décider de conserver ou de remplacer la solution actuelle? Pourquoi?

11.36 La société Christie Brown and Co. emploie actuellement des travailleurs pour faire fonctionner son matériel servant à stériliser la plupart de ses installations destinées à la préparation, à la cuisson et à l'emballage au sein d'une importante usine de biscuits et de craquelins. Soucieux de réduire les coûts sans toutefois négliger la qualité et l'hygiène, le directeur de cette usine a préparé des projections de données en partant du principe que le système actuel serait conservé pendant une période maximale équivalant à sa durée de vie espérée de 5 ans. Une entreprise contractuelle a proposé à la société un système de nettoyage clés en main au coût de 5 millions de dollars par année si elle signait pour une période de 4 à 10 ans ou de 5,5 millions de dollars par année si elle signait pour un nombre d'années inférieur.

a) En utilisant un taux de rendement acceptable minimum de 8 % par année, effectuez, à l'intention du directeur de l'usine, une étude de remplacement d'un horizon de planification fixe de 5 ans, si on prévoit que l'usine devra fermer ses portes en raison de son âge et de sa désuétude technologique attendue. En réalisant cette étude, tenez compte du fait que peu importe le nombre d'années de conservation du système de nettoyage actuel, il faudra débourser un montant forfaitaire pour la cessation des activités du personnel et du matériel au cours de la dernière année d'exploitation.

b) De quel pourcentage le coût annuel équivalent varie-t-il au cours de chacune des années de la période d'étude de 5 ans? Si on décide de conserver le système de nettoyage en place, quel sera le désavantage économique en ce qui concerne le coût annuel équivalent comparativement à celui de la meilleure période de conservation sur le plan économique ?

Estimations du système de nettoyage actuel

Années de conser- vation	Annuité équivalente ($/année)	Charges de cessation des activités à la dernière année de conservation ($)
0		−3 000 000
1	−2 300 000	−2 500 000
2	−2 300 000	−2 000 000
3	−3 000 000	−1 000 000
4	−3 000 000	−1 000 000
5	−3 500 000	−500 000

11.37 Une machine achetée il y a 3 ans au coût de 140 000 $ fonctionne maintenant trop lentement pour répondre à la demande croissante. On peut immédiatement la mettre à niveau pour un montant de 70 000 $ ou la vendre à une petite entreprise pour la somme de 40 000 $. La machine actuelle entraînera des charges d'exploitation annuelles de 85 000 $ et possédera une valeur de récupération de 30 000 $ dans 3 ans. Si on met cette machine à niveau, on ne pourra la conserver que pendant encore 3 ans, puis il faudra la remplacer par une autre qui servira aussi à la fabrication de plusieurs autres gammes de produits.

La machine de remplacement, que l'entreprise pourrait utiliser à compter de maintenant, et ce, pendant au moins 8 ans, coûterait 220 000 $. Sa valeur de récupération s'élèverait à 50 000 $ au cours des années 1 à 5, à 20 000 $ à l'année 6 et à 10 000 $ par la suite. Elle entraînerait des charges d'exploitation estimées à 65 000 $ par année. L'entreprise vous demande d'effectuer une analyse économique à un taux de 15 % par année en utilisant un horizon de planification de 3 ans. Devrait-elle remplacer la machine qu'elle possède déjà maintenant ou dans 3 ans ? Quelles sont les coûts annuels équivalents ?

EXERCICE D'APPROFONDISSEMENT

LA DURÉE D'UTILITÉ ÉCONOMIQUE DANS DIFFÉRENTES CONDITIONS

Une usine de traitement chimique envisage d'acheter un nouveau système de pompage. L'une de ses pompes les plus importantes assure le transport de liquides hautement corrosifs contenus à l'intérieur de réservoirs dotés d'un revêtement spécial et installés sur des barges jusque dans des installations d'entreposage et de préraffinage à quai. En raison de la qualité variable des produits chimiques bruts acheminés et des fortes pressions exercées sur le châssis et les turbines de la pompe, on consigne minutieusement dans un registre le nombre d'heures par année pendant lesquelles ce système fonctionne. La sécurité et la détérioration des composants de la pompe sont considérées comme des critères de contrôle essentiels. Selon la planification actuellement établie, chaque fois que la durée de fonctionnement cumulative atteint 6 000 heures, les estimations des coûts de remise en état et des charges d'entretien et d'exploitation augmentent en conséquence. Voici les estimations relatives à cette pompe :

Coût initial : −800 000 $

Coût de remise en état : −150 000 $ chaque fois que sont consignées 6 000 heures cumulatives. Chaque remise en état coûte 20 % de plus que la précédente. Un maximum de 3 remises en état est permis.

Charges d'entretien et d'exploitation : 25 000 $ pour chacune des années 1 à 4
40 000 $ par année à compter de l'année qui suit la première remise en état, plus 15 % par année subséquemment

Taux de rendement acceptable minimum : 10 % par année

Selon les données consignées, les estimations actuelles liées au nombre d'heures de fonctionnement par année sont les suivantes :

Année	Heures par année
1	500
2	1 500
3 et suivantes	2 000

Questions

1. Déterminez la durée d'utilité économique de la pompe.

2. Le directeur de l'usine a informé le nouvel ingénieur embauché qu'une seule remise en état devrait être prévue, puisque ce type de pompe atteint généralement sa durée de vie au coût minimal avant la deuxième remise en état. Dans le cas de cette pompe, déterminez une valeur de marché qui établira une durée d'utilité économique de 6 ans.

3. Le directeur de l'usine a également informé l'ingénieur en sécurité qu'il ne devrait pas prévoir une remise en état après 6 000 heures, étant donné que la pompe sera remplacée après un total de 10 000 heures de fonctionnement. L'ingénieur en sécurité aimerait connaître les charges d'exploitation annuelles de base à l'année 1 qui établiraient la durée d'utilité économique à 6 ans. Il suppose maintenant que le taux de croissance de 15 % s'applique à compter de l'année 1. Comparez ces charges d'exploitation annuelles de base avec le coût de remise en état après 6 000 heures.

ÉTUDE DE CAS

UNE ANALYSE DE REMPLACEMENT POUR DU MATÉRIEL DE CARRIÈRE

Il y a 3 ans, la société Ciment Archer ltée a acheté du matériel pour déplacer les matières premières d'une carrière vers des concasseurs de roches. Au moment de l'achat, les valeurs suivantes étaient associées au matériel : $P = 85\,000\,\$$, $n = 10$ ans, $R = 5\,000\,\$$ et capacité annuelle = 180 000 tonnes. L'entreprise a désormais besoin de matériel supplémentaire d'une capacité de 240 000 tonnes par année. Voici les valeurs associées à un tel matériel actuellement disponible : $P = 70\,000\,\$$, $n = 10$ ans et $R = 8\,000\,\$$.

Toutefois, un expert-conseil a fait remarquer à la société que celle-ci pourrait construire un convoyeur afin d'acheminer ses matières premières de la carrière. Un convoyeur semblable coûterait environ 115 000 $ et posséderait une durée de vie de 15 ans sans valeur de récupération notable. Il pourrait transporter 400 000 tonnes par année. En revanche, l'entreprise aurait besoin d'un moyen de transport pour amener les matières premières jusqu'au convoyeur de la carrière. À cette fin, elle pourrait se servir du matériel qu'elle possède déjà, mais sa capacité serait trop grande. Or, si elle se dotait de nouveau matériel de plus faible capacité, son matériel actuellement en place posséderait une valeur de marché de 15 000 $. Le matériel de plus faible capacité nécessiterait une dépense en immobilisations de 40 000 $, il aurait une durée de vie estimative $n = 12$ ans et une valeur de récupération $R = 3\,500\,\$$. La capacité serait de 400 000 tonnes par année sur cette courte distance. Les charges d'exploitation, d'entretien et d'assurance mensuelles s'élèveraient en moyenne à 0,01 $ par tonne-kilomètre pour les chargeurs. Les coûts correspondants pour le convoyeur devraient s'élever à 0,0075 $ par tonne.

L'entreprise souhaite obtenir un taux de rendement interne de 12 % par année sur cet investissement. Les registres montrent que le matériel doit transporter les matières premières sur une moyenne de 2,4 km de la carrière au concasseur. Le convoyeur serait disposé de manière à réduire cette distance à 0,75 km.

Exercices de l'étude de cas

1. L'entreprise vous demande de déterminer si elle devrait ajouter du nouveau matériel à celui déjà en place ou si elle devrait envisager de remplacer ce dernier par le convoyeur proposé. Si le remplacement du matériel se révèle la solution la plus économique, quelle méthode de transport des matières premières dans la carrière l'entreprise devrait-elle utiliser ?

2. En raison de nouvelles règles de sécurité, le contrôle de la poussière dans la carrière et à l'endroit où se trouve le concasseur est devenu un véritable problème et exige l'investissement de nouveau capital pour améliorer l'environnement des employés, sans quoi des amendes considérables pourraient être imposées. Le président de la société Archer a obtenu un premier devis d'un sous-traitant qui pourrait assumer l'ensemble des opérations liées au transport des matières premières évaluées ici moyennant un montant annuel de base de 21 000 $ et un coût variable de 1 cent par tonne métrique transportée. Les 10 employés de la carrière pourraient être mutés ailleurs dans l'entreprise sans que cela entraîne de répercussions financières sur les estimations de cette évaluation. Selon les meilleures estimations, si 380 000 tonnes par année étaient transportées par le sous-traitant, l'entreprise devrait-elle sérieusement envisager cette solution ? Formulez les autres hypothèses nécessaires pour répondre adéquatement à cette nouvelle question que pose le président de la société.

CHAPITRE ⓵②

Le choix parmi des projets indépendants en cas de restriction budgétaire

Dans la plupart des comparaisons de nature économique réalisées précédemment, les solutions s'excluaient mutuellement, c'est-à-dire qu'on ne pouvait choisir qu'une seule solution. Par contre, lorsque des projets ne s'excluent pas mutuellement, on les qualifie de «projets indépendants les uns des autres», comme on l'apprend au début du chapitre 5. Le présent chapitre porte sur les techniques à employer pour effectuer des choix parmi plusieurs projets indépendants. On peut sélectionner n'importe quel nombre de projets, que ce soit aucun projet (*statu quo*), quelques projets ou tous les projets viables.

Le montant du capital disponible pour investir dans de nouveaux projets est presque toujours restreint. Quand on évalue chaque projet indépendant sur le plan économique, il faut tenir compte de cette limite. La technique utilisée se nomme «méthode du choix des investissements», également appelée «méthode de la limitation des investissements». Elle permet de déterminer la meilleure limitation possible du capital initial investi dans des projets indépendants. La méthode du choix des investissements est une application de la méthode de la valeur actualisée nette.

Enfin, l'étude de cas qui clôt le chapitre porte sur un problème de choix de projets que doit résoudre une association professionnelle dans le secteur de l'ingénierie. Cette association est déterminée à bien servir ses membres, malgré un budget limité dans un monde en constante évolution technologique.

OBJECTIFS D'APPRENTISSAGE

Objectif: Choisir parmi plusieurs projets indépendants lorsque le capital d'investissement est restreint.

À la fin de ce chapitre, vous devriez pouvoir;

Limitation des investissements

1. Expliquer la logique utilisée pour limiter le capital investi dans des projets indépendants;

Projets de durées de vie égales

2. Recourir à l'analyse de la valeur actualisée nette pour choisir parmi plusieurs projets indépendants de durées de vie égales;

Projets de durées de vie inégales

3. Recourir à l'analyse de la valeur actualisée nette pour choisir parmi plusieurs projets indépendants de durées de vie inégales;

Programmation linéaire

4. Faire appel à la programmation linéaire pour résoudre des problèmes de choix des investissements manuellement et par ordinateur;

Algorithme du simplexe

5. Utiliser l'algorithme du simplexe pour résoudre des problèmes élaborés de programmation linéaire exigeant des compromis.

12.1 UN APERÇU DE LA LIMITATION DES INVESTISSEMENTS DANS DES PROJETS

Section 5.1

Solutions qui s'excluent mutuellement et projets indépendants

Dans toute entreprise, le capital d'investissement constitue une denrée rare. Par conséquent, les fonds à répartir entre différentes possibilités d'investissement concurrentes sont presque toujours limités. Quand une société se trouve en présence de plusieurs projets auxquels il faut consacrer du capital d'investissement, elle doit se prononcer sur « le rejet ou l'acceptation » de chacun d'eux. En réalité, chaque option est indépendante des autres options, de sorte qu'il faut évaluer un projet à la fois. Le choix d'un projet en particulier n'influe en rien sur la décision de sélectionner ou non un autre projet. Il s'agit là de la différence fondamentale entre les solutions qui s'excluent mutuellement et les projets indépendants.

On emploie le terme « projet » pour désigner chaque option indépendante des autres, et le terme « ensemble de projets » pour désigner un groupe de projets indépendants. Par ailleurs, lorsqu'un seul projet peut être choisi parmi plusieurs, on continue de parler de « solutions qui s'excluent mutuellement ».

Il existe deux exceptions aux projets strictement indépendants. Premièrement, dans le cas d'un « projet contingent », l'acceptation ou le rejet repose sur une certaine condition. Par exemple, dans une situation donnée, le projet A ne peut être accepté que si le projet B l'est aussi ; et le projet A peut être accepté au lieu du projet B, mais aucun des deux n'est nécessaire. Deuxièmement, un « projet dépendant » est un projet dont l'acceptation ou le rejet repose sur une décision concernant un ou plusieurs autres projets. Ce serait par exemple le cas si un projet B devait être accepté advenant le cas où les projets A et C le seraient aussi. Dans la pratique, on peut éviter de telles conditions compliquées en formant des ensembles de projets interdépendants qu'on évalue ensuite économiquement comme des projets indépendants distincts, au même titre que les autres projets non soumis à des conditions.

Voici les caractéristiques d'un problème de « choix des investissements » :

1. On établit plusieurs projets indépendants dont les flux monétaires nets estimatifs sont disponibles.
2. On choisit ou rejette chaque projet dans son intégralité ; on ne peut investir partiellement dans un projet.
3. Une restriction budgétaire établie limite le montant total disponible aux fins de l'investissement. Une telle contrainte peut s'appliquer à la première année seulement ou à plusieurs. Le symbole b désigne cette limite d'investissement.
4. L'objectif consiste à maximiser le rendement du capital investi selon une certaine mesure de la valeur, en général la valeur actualisée nette (VAN).

Par définition, les projets indépendants sont habituellement assez différents les uns des autres. Par exemple, dans le secteur public, un gouvernement municipal pourrait élaborer plusieurs projets parmi lesquels choisir, notamment des projets concernant un système d'égouts, un parc municipal, l'élargissement de la chaussée et l'amélioration du réseau de transport en commun. Dans le secteur privé, on pourrait trouver des projets de construction d'un nouvel entrepôt, de diversification des gammes de produits, d'amélioration de la qualité, de mise à niveau du système informatique ou d'acquisition d'une autre entreprise. La figure 12.1 présente un problème de choix des investissements type. Chaque projet indépendant est associé à un investissement initial, à une durée de vie et à des flux monétaires nets (FMN) estimatifs qui peuvent comprendre une valeur de récupération (R).

La méthode recommandée pour choisir des projets est l'analyse de la valeur actualisée nette. Voici la ligne directrice à suivre à cette fin :

On devrait accepter les projets dont les valeurs actualisées nettes déterminées au taux de rendement acceptable minimum (TRAM) sur leur durée de vie sont les plus élevées, sans toutefois dépasser la limite d'investissement établie.

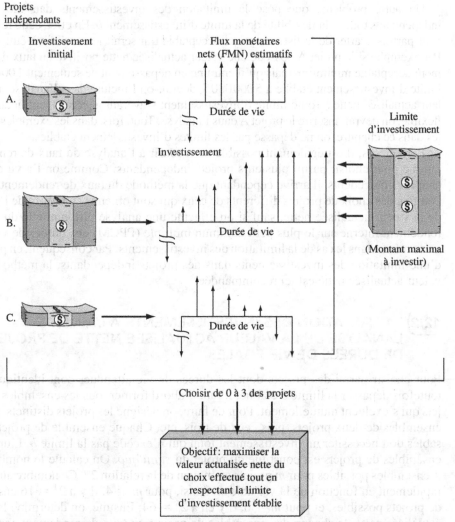

FIGURE 12.1

Les caractéristiques
de base d'un problème de
choix des investissements

Cette ligne directrice ne diffère pas de celle qui est présentée dans les chapitres précédents pour le choix de projets indépendants. Comme auparavant, on compare chaque projet avec celui du *statu quo*, c'est-à-dire qu'il est inutile d'effectuer une analyse différentielle entre divers projets. Dans le présent chapitre, cependant, la principale différence réside dans le fait que le montant à investir est limité. Une procédure particulière tenant compte de cette contrainte s'impose donc.

Précédemment, lorsqu'il était question d'une analyse de la valeur actualisée nette, l'hypothèse de l'égalité des services rendus dans les différentes solutions possibles s'appliquait. Or, ce n'est plus le cas lorsque le capital d'investissement est restreint, puisqu'alors un projet ne possède pas de cycle de vie au-delà de sa durée de vie estimative. Par conséquent, les choix dépendent de la valeur actualisée nette de chaque projet indépendant sur sa durée de vie respective, ce qui signifie que l'hypothèse de réinvestissement suivante est implicite :

Section 5.2

Analyse de la valeur
actualisée nette

> Tous les flux monétaires nets positifs d'un projet sont réinvestis au taux de rendement acceptable minimum à partir du moment où ils sont réalisés, jusqu'à la fin du projet possédant la durée de vie la plus longue.

On fait la démonstration de l'applicabilité de cette hypothèse fondamentale à la fin de la section 12.3, qui traite de la limitation des investissements fondée sur la valeur actualisée nette de projets de durées de vie inégales.

Un autre problème que pose la limitation des investissements dans des projets indépendants touche la flexibilité de la limite d'investissement *b*. En effet, cette restriction peut parfois écarter de la liste un projet acceptable qui serait le prochain à être accepté. Par exemple, si le projet A possède une valeur actualisée nette positive au taux de rendement acceptable minimum, mais qu'il entraîne un dépassement de seulement 1 000 $ de la limite d'investissement établie à 5 000 000 $, devrait-on l'inclure dans l'analyse de la valeur actualisée nette ? Toute limite d'investissement s'avérant généralement quelque peu flexible, on devrait inscrire le projet A dans l'analyse. Toutefois, dans les exemples présentés dans ce chapitre, on ne dépasse pas les limites d'investissement établies.

Par ailleurs, il est également possible de recourir à l'analyse du taux de rendement interne pour choisir parmi plusieurs projets indépendants. Comme on l'a vu dans les chapitres précédents, il arrive cependant que la méthode du taux de rendement interne entraîne des choix de projets différents de ceux qui sont obtenus au moyen de l'analyse de la valeur actualisée nette, sauf si on effectue une analyse différentielle du taux de rendement interne sur le plus petit commun multiple (PPCM) des durées de vie. Il en va de même dans le cas de la limitation des investissements. Par conséquent, en présence d'une limitation des investissements dans des projets indépendants, la méthode de la valeur actualisée nette est ici recommandée.

12.2 LA LIMITATION DES INVESTISSEMENTS À L'AIDE DE L'ANALYSE DE LA VALEUR ACTUALISÉE NETTE DE PROJETS DE DURÉES DE VIE ÉGALES

Pour choisir parmi des projets dont les durées de vie attendues sont identiques sans toutefois dépasser la limite *b* établie, il faut d'abord former tous les ensembles de projets qui s'excluent mutuellement. Pour ce faire, on désigne les projets distincts, puis les ensembles de deux projets, puis ceux de trois, etc. Chaque ensemble de projets réalisables doit nécessiter un investissement total qui n'excède pas la limite *b*. L'un de ces ensembles de projets est constitué du projet du *statu quo*. On calcule le nombre total d'ensembles possibles pour *m* projets au moyen de la relation 2^m. Ce nombre augmente rapidement en fonction de la variable *m*. Ainsi, pour *m* = 4, il y a $2^4 = 16$ ensembles de projets possibles, et pour *m* = 6, il y en a $2^6 = 64$. Ensuite, on détermine la valeur actualisée nette de chacun des ensembles de projets au taux de rendement acceptable minimum, pour enfin choisir celui dont la valeur actualisée nette est la plus élevée.

À titre d'exemple d'élaboration d'ensembles de projets qui s'excluent mutuellement, on peut partir des quatre projets suivants, dont les durées de vie sont égales :

Projet	Investissement initial ($)
A	−10 000
B	−5 000
C	−8 000
D	−15 000

Si la limite d'investissement s'élève à *b* = 25 000 $, 12 des 16 ensembles de projets sont réalisables et peuvent ainsi faire l'objet d'une évaluation. Comme les ensembles de projets ABD, ACD, BCD et ABCD exigent des investissements totaux supérieurs à 25 000 $, ils sont exclus de l'analyse. Les ensembles de projets viables sont les suivants :

Projets	Investissement initial total ($)	Projets	Investissement initial total ($)
A	−10 000	AD	−25 000
B	−5 000	BC	−13 000
C	−8 000	BD	−20 000
D	−15 000	CD	−23 000
AB	−15 000	ABC	−23 000
AC	−18 000	*Statu quo*	0

Voici la procédure à suivre pour résoudre un problème de choix des investissements à l'aide de l'analyse de la valeur actualisée nette :

1. Établir tous les ensembles de projets qui s'excluent mutuellement et qui exigent un investissement initial total ne dépassant pas la limite d'investissement b fixée.
2. Additionner les flux monétaires nets FMN_{jt} de tous les projets compris dans chaque ensemble de projets j pour chaque année t allant de l'année 1 à la fin de la durée de vie attendue des projets n_j. Désigner l'investissement initial de l'ensemble de projets j à la période $t = 0$ ainsi : FMN_{j0}.
3. Calculer la valeur actualisée nette VAN_j de chaque ensemble de projets au taux de rendement acceptable minimum.

VAN_j = VA des flux monétaires nets de l'ensemble de projets − investissement initial

$$VAN_j = \sum_{t=1}^{t=n_j} FMN_{jt}(P/F;i;t) - FMN_{j0} \qquad [12.1]$$

4. Choisir l'ensemble de projets qui possède la valeur actualisée nette (numérique) VAN_j la plus élevée.

En choisissant la valeur actualisée nette VAN_j la plus élevée, on opte pour l'ensemble de projets qui offre un rendement supérieur à celui de tous les autres ensembles de projets. Tout ensemble de projets dont la valeur actualisée nette $VAN_j < 0$ est éliminé, puisqu'il ne procure pas au moins le taux de rendement acceptable minimum.

EXEMPLE 12.1

Le comité d'examen des projets de la société Research In Motion Limited dispose de 20 millions de dollars à consacrer à la conception de nouveaux produits l'an prochain. Il peut accepter n'importe lesquels des cinq projets présentés dans le tableau 12.1 ; tous les montants sont en milliers de dollars. Chaque projet a une durée de vie attendue de 9 ans. Choisissez un ou plusieurs de ces projets, si on espère en tirer un taux de rendement de 15 %.

TABLEAU 12.1	CINQ PROJETS INDÉPENDANTS DE DURÉES DE VIE ÉGALES (MONTANTS PRÉSENTÉS EN MILLIERS DE DOLLARS)		
Projet	Investissement initial ($)	Flux monétaires nets annuels ($)	Durée de vie du projet (années)
A	−10 000	2 870	9
B	−15 000	2 930	9
C	−8 000	2 680	9
D	−6 000	2 540	9
E	−21 000	9 500	9

Solution

En vous servant de la limite $b = 20\,000\,\$$, suivez la procédure décrite précédemment pour choisir l'ensemble de projets qui possède la valeur actualisée nette optimale. Souvenez-vous que les montants sont présentés en milliers de dollars.

1. Il y a $2^5 = 32$ ensembles de projets possibles. Les 8 ensembles de projets qui n'exigent pas un investissement initial de plus de 20 000 $ sont décrits dans les colonnes 2 et 3 du tableau 12.2. L'investissement de 21 000 $ nécessaire pour le projet E l'élimine automatiquement des ensembles de projets possibles.

TABLEAU 12.2	LE RÉSUMÉ DE L'ANALYSE DE LA VALEUR ACTUALISÉE NETTE DE PROJETS INDÉPENDANTS DE DURÉES DE VIE ÉGALES (EN MILLIERS DE DOLLARS)			
Ensemble de projets *j* (1)	Projets inclus (2)	Investissement initial FMN_{j0} ($) (3)	Flux monétaires nets annuels FMN_j ($) (4)	Valeur actualisée nette VAN_j ($) (5)
1	A	−10 000	2 870	+3 694
2	B	−15 000	2 930	−1 019
3	C	−8 000	2 680	+4 788
4	D	−6 000	2 540	+6 120
5	AC	−18 000	5 550	+8 482
6	AD	−16 000	5 410	+9 814
7	CD	−14 000	5 220	+10 908
8	*Statu quo*	0	0	0

2. Dans la colonne 4, les flux monétaires nets de chaque ensemble de projets constituent la somme des flux monétaires nets de chacun des projets qui le composent.
3. À l'aide de l'équation [12.1], calculez la valeur actualisée nette de chaque ensemble de projets. Comme les flux monétaires nets annuels et les durées de vie estimatives sont identiques pour un même ensemble de projets, la valeur actualisée VAN_j se voit réduite ainsi :

$$VAN_j = FMN_j(P/A;15\%;9) - FMN_{j0}$$

4. Dans la colonne 5 du tableau 12.2 sont résumées les valeurs actualisées nettes VAN_j au taux $i = 15\%$. L'ensemble de projets 2 n'offre pas un taux de rendement interne de 15 %, puisque la valeur actualisée nette $VAN_2 < 0$. La valeur actualisée nette la plus élevée est $VAN_7 = 10\,908\,$\$. On devrait ainsi investir 14 millions de dollars dans les projets C et D, et il resterait un montant de 6 millions non investi.

Remarque
Dans cette analyse, on suppose que les 6 millions de dollars qui n'ont pas été consacrés à cet investissement initial procureront néanmoins le taux de rendement acceptable minimum si on les investit ailleurs. Le taux de rendement obtenu pour l'ensemble de projets 7 dépasse les 15 % par année. Si on utilise la relation $0 = -14\,000 + 5\,220(P/A;i^*;9)$, le taux de rendement réel atteint $i^* = 34,8\%$, ce qui est nettement supérieur au taux de rendement acceptable minimum de 15 % espéré.

12.3 LA LIMITATION DES INVESTISSEMENTS À L'AIDE DE L'ANALYSE DE LA VALEUR ACTUALISÉE NETTE DE PROJETS DE DURÉES DE VIE INÉGALES

Généralement, les projets indépendants ne possèdent pas la même durée de vie attendue. Comme on le mentionne à la section 12.1, quand on exploite la méthode de la valeur actualisée nette pour résoudre un problème de choix des investissements, on suppose que chaque projet se poursuivra pendant toute la durée de vie du projet qui possède la plus longue n_L. De plus, on suppose que le réinvestissement de tous les flux monétaires nets positifs offrira le taux de rendement acceptable minimum du moment de leur réalisation à la fin du projet dont la durée de vie est la plus longue, soit de l'année n_j à l'année n_L.

Ainsi, l'utilisation du plus petit commun multiple des durées de vie n'est pas nécessaire. De plus, on peut de façon appropriée recourir à l'équation [12.1] pour choisir des ensembles de projets de durées de vie inégales en effectuant l'analyse de la valeur actualisée nette au moyen de la procédure décrite à la section précédente.

EXEMPLE 12.2

Si un taux de rendement acceptable minimum s'élève à 15% par année et qu'une limite d'investissement correspond à $b = 20\,000\,\$$, choisissez parmi les projets indépendants présentés dans le tableau suivant. Trouvez la solution manuellement et par ordinateur.

Projet	Investissement initial ($)	Flux monétaires nets annuels ($)	Durée de vie du projet (années)
A	−8 000	3 870	6
B	−15 000	2 930	9
C	−8 000	2 680	5
D	−8 000	2 540	4

Solution manuelle

Bien que des durées de vie différentes fassent varier les flux monétaires nets au cours de la durée de vie d'un ensemble de projets, la procédure de sélection à suivre est la même que celle qu'on a vue précédemment. Parmi les $2^4 = 16$ ensembles de projets possibles, 8 sont réalisables sur le plan économique. Leurs valeurs actualisées nettes établies à l'aide de l'équation [12.1] sont résumées dans le tableau 12.3. À titre d'exemple, le calcul effectué pour l'ensemble de projets 7 est :

$$\text{VAN}_7 = -16\,000 + 5\,220(P/A;15\%;4) + 2\,680(P/F;15\%;5) = 235\,\$$$

Vous devriez opter pour l'ensemble de projets 5 (constitué des projets A et C), qui exige un investissement de 16 000 $.

TABLEAU 12.3 L'ANALYSE DE LA VALEUR ACTUALISÉE NETTE DE PROJETS INDÉPENDANTS DE DURÉES DE VIE INÉGALES DE L'EXEMPLE 12.2

Ensemble de projets j (1)	Projets (2)	Investissement initial FMN_{j0} ($) (3)	Flux monétaires nets — Années t (4)	Flux monétaires nets — FMN_{jt} ($) (5)	Valeur actualisée nette VAN_j ($) (6)
1	A	−8 000	1 à 6	3 870	+6 646
2	B	−15 000	1 à 9	2 930	−1 019
3	C	−8 000	1 à 5	2 680	+984
4	D	−8 000	1 à 4	2 540	−748
5	AC	−16 000	1 à 5	6 550	+7 630
			6	3 870	
6	AD	−16 000	1 à 4	6 410	+5 898
			5 et 6	3 870	
7	CD	−16 000	1 à 4	5 220	+235
			5	2 680	
8	*Statu quo*	0		0	0

Solution par ordinateur

La figure 12.2 présente une feuille de calcul qui comporte les mêmes renseignements que le tableau 12.3. Il faut d'abord établir les ensembles de projets qui s'excluent mutuellement et déterminer les flux monétaires nets totaux de chaque année. L'ensemble de projets 5 (qui comprend les projets A et C) possède la valeur actualisée nette la plus élevée (*voir les cellules de la ligne 16*). La fonction VAN a été utilisée de la façon suivante pour déterminer la valeur actualisée nette de chaque ensemble de projets j sur sa durée de vie respective : VAN(TRAM;FMN_année_1:FMN_année_n_j) + investissement.

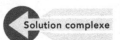
Solution complexe

	A	B	C	D	E	F	G	H	I	J
1	TRAM =	15%								
2										
3	Ensemble	1	2	3	4	5	6	7	8	
4	Projets	A	B	C	D	AC	AD	CD	*Statu quo*	
5	Année				Flux monétaires nets FMN (*j*;*t*)					
6	0	(8 000 $)	(15 000 $)	(8 000 $)	(8 000 $)	(16 000 $)	(16 000 $)	(16 000 $)	0 $	
7	1	3 870 $	2 930 $	2 680 $	2 540 $	6 550 $	6 410 $	5 220 $	0 $	
8	2	3 870 $	2 930 $	2 680 $	2 540 $	6 550 $	6 410 $	5 220 $	0 $	
9	3	3 870 $	2 930 $	2 680 $	2 540 $	6 550 $	6 410 $	5 220 $	0 $	
10	4	3 870 $	2 930 $	2 680 $	2 540 $	6 550 $	6 410 $	5 220 $	0 $	
11	5	3 870 $	2 930 $	2 680 $		6 550 $	3 870 $	2 680 $	0 $	
12	6	3 870 $	2 930 $			3 870 $	3 870 $		0 $	
13	7		2 930 $						0 $	
14	8		2 930 $				=D7+E7		0 $	
15	9		2 930 $						0 $	
16	Valeur actualisée nette	6 646 $	(1 019 $)	984 $	(748 $)	7 630 $	5 898 $	235 $	0 $	
17										
18			=VAN($B$1;C7:C15)+C6					=VAN($B$1;H7:H15)+H6		
19										

FIGURE 12.2

La feuille de calcul utilisée pour choisir parmi des projets indépendants de durées de vie inégales au moyen de la méthode de la valeur actualisée nette de la limitation des investissements de l'exemple 12.2

Il est important de comprendre pourquoi il convient d'utiliser l'évaluation de la valeur actualisée nette au moyen de l'équation [12.1] pour résoudre un problème de choix des investissements. Le raisonnement qui suit permet de vérifier l'hypothèse du réinvestissement de tous les flux monétaires nets positifs au taux de rendement acceptable minimum en présence de projets de durées de vie inégales. La figure 12.3 illustre la présentation générale d'un ensemble de deux projets. Dans ce cas, chaque projet possède les mêmes flux monétaires nets chaque année. On se sert du facteur *P/A* pour calculer la valeur actualisée. Le symbole n_L désigne la durée de vie du projet qui possède la durée la plus longue. À la fin du projet dont la durée de vie est la plus courte, l'ensemble de projets possède une valeur capitalisée totale de $\text{FMN}_j(F/A;\text{TRAM};n_j)$, comme chacun des autres projets. Alors, on suppose que le réinvestissement s'effectue au taux de rendement acceptable minimum de l'année n_{j+1} à l'année n_L (pour un total de $n_L - n_j$ années). L'hypothèse de réinvestissement au taux de rendement acceptable minimum est importante, car sans cette hypothèse, la méthode de la valeur actualisée nette ne permet pas nécessairement de choisir les bons projets. Les résultats obtenus correspondent aux deux flèches de la valeur capitalisée à l'année n_L présentées à la figure 12.3. Enfin, il faut calculer la valeur actualisée de l'ensemble de projets à l'année initiale de la façon suivante : VA de l'ensemble de projets = $\text{VA}_A + \text{VA}_B$. De manière générale, la valeur actualisée de l'ensemble de projets *j* se calcule ainsi :

$$\text{VA}_j = \text{FMN}_j(F/A;\text{TRAM};n_j)(F/P;\text{TRAM};n_L - n_j)(P/F;\text{TRAM};n_L) \qquad [12.2]$$

Si on remplace le taux de rendement acceptable minimum par le symbole *i* et qu'on utilise les formules des facteurs pour simplifier, on obtient ce qui suit :

$$\text{VA}_j = \text{FMN}_j \frac{(1+i)^{n_j}-1}{i}(1+i)^{n_L-n_j}\frac{1}{(1+i)^{n_L}}$$

$$= \text{FMN}_j\left[\frac{(1+i)^{n_j}-1}{i(1+i)^{n_j}}\right] \qquad [12.3]$$

$$= \text{FMN}_j(P/A;i;n_j)$$

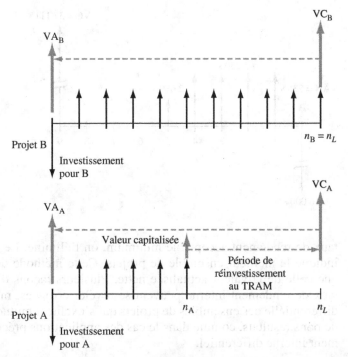

FIGURE 12.3

Des flux monétaires représentatifs utilisés pour calculer la valeur actualisée nette d'un ensemble de deux projets indépendants de durées de vie inégales à l'aide de l'équation [12.1]

VA de l'ensemble de projets = VA$_A$ + VA$_B$

Comme l'expression entre crochets dans l'équation [12.3] constitue le facteur ($P/A;i;n_j$), le calcul de la valeur actualisée VA$_j$ pour n_j années suppose un réinvestissement de tous les flux monétaires nets positifs au taux de rendement acceptable minimum, et ce, jusqu'à la fin du projet possédant la durée de vie la plus longue à l'année n_L.

À titre d'exemple concret, on peut se reporter à l'ensemble de projets $j = 7$ de l'exemple 12.2. Son évaluation se trouve dans le tableau 12.3, et ses flux monétaires nets sont illustrés à la figure 12.4. Selon un taux de 15 %, la valeur capitalisée à l'année 9 (établie en fonction de la durée de vie du projet B, qui possède la durée la plus longue parmi les quatre projets) se calculerait ainsi :

$$VC = 5\,220(F/A;15\%;4)(F/P;15\%;5) + 2\,680(F/P;15\%;4) = 57\,111\,\$$$

On déterminerait alors la valeur actualisée nette au moment d'effectuer l'investissement initial de la façon suivante :

$$VAN = -16\,000 + 57\,111(P/F;15\%;9) = 235\,\$$$

Cette valeur actualisée nette VAN correspond à la valeur actualisée nette VAN$_7$ qui se trouve dans le tableau 12.3 et à la figure 12.2, ce qui illustre l'hypothèse du réinvestissement des flux monétaires nets positifs. Si cette hypothèse est irréaliste, il faut effectuer l'analyse de la valeur actualisée nette à l'aide du **plus petit commun multiple des durées de vie de tous les projets**.

On peut également sélectionner les projets en faisant appel à la méthode du taux de rendement interne différentiel. Dans ce cas, une fois que sont établis tous les ensembles de projets viables qui s'excluent mutuellement, on les place en ordre croissant d'investissement initial. On détermine ensuite le taux de rendement interne différentiel du premier ensemble de projets par rapport à l'ensemble de projets du *statu quo*, puis le rendement de chaque investissement différentiel et série différentielle de flux monétaires nets de tous les autres ensembles de projets. Si un ensemble de projets possède un taux de rendement interne différentiel inférieur au

L'investissement initial
et les flux monétaires de
l'ensemble de projets 7
(composé des projets C et
D) de l'exemple 12.2

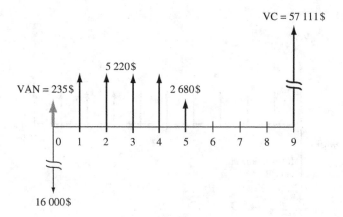

taux de rendement acceptable minimum, on l'élimine. Le dernier incrément justifié indique le meilleur ensemble de projets. Cette méthode donne les mêmes résultats que celle de la valeur actualisée nette. Plusieurs façons d'appliquer la méthode du taux de rendement interne peuvent se révéler erronées, mais le recours à l'analyse différentielle des ensembles de projets qui s'excluent mutuellement permet d'obtenir de bons résultats, comme dans le cas des applications précédentes du taux de rendement interne différentiel.

12.4 LA FORMULATION D'UN PROBLÈME DE CHOIX DES INVESTISSEMENTS SELON LA PROGRAMMATION LINÉAIRE

Un problème de choix des investissements peut être énoncé selon la méthode de la programmation linéaire. On formule alors le problème en fonction du modèle de la programmation linéaire en nombres entiers, ce qui signifie simplement que toutes les relations sont linéaires et que les variables x ne peuvent prendre que la valeur de nombres entiers. En l'occurrence, les variables peuvent uniquement posséder la valeur 0 ou 1, ce qui constitue un cas particulier qualifié de « modèle de programmation linéaire en nombres entiers 0-1 », qui peut être décrit ainsi :

Maximisation : Il s'agit de la valeur actualisée nette totale des flux monétaires nets des projets indépendants considérés.

Contraintes :
- La somme des investissements initiaux ne doit pas dépasser la limite établie.
- Le choix ou le rejet d'un projet doit se faire dans son intégralité.

En ce qui concerne la formule mathématique, le symbole b désigne la limite d'investissement et x_k ($k = 1$ à m projets), les variables à déterminer. Si $x_k = 1$, le projet k est choisi dans son intégralité ; si $x_k = 0$, le projet k est rejeté. Il est à noter que l'indice k représente chaque projet indépendant, et non l'un des ensembles de projets qui s'excluent mutuellement.

Voici la formule de la programmation mathématique, si la valeur actualisée nette totale des flux monétaires nets est représentée par Z :

Maximisation : $$\sum_{k=1}^{k=4} \mathrm{VAN}_k x_k = Z$$

Contraintes : $$\sum_{k=1}^{k=4} \mathrm{FMN}_{k0} x_k \le b$$ 　　　　　　　　　　　　　　　[12.4]

$$x_k = 0 \text{ ou } 1 \qquad \text{pour } k = 1, 2, ..., m$$

On calcule la valeur actualisée nette VAN_k de chaque projet à l'aide de l'équation [12.1] au TRAM $= i$.

$$\text{VAN}_k = \text{VAN des flux monétaires nets du projet pour } n_k \text{ années}$$

$$= \sum_{t=1}^{t=n_k} \text{FMN}_{kt}(P/F;i;t) - \text{FMN}_{k0} \qquad [12.5]$$

On obtient la solution par ordinateur au moyen d'un progiciel de programmation linéaire qui traite le modèle de la programmation linéaire en nombres entiers. Pour créer une formule adéquate en vue de choisir des projets, il est également possible d'utiliser le Solveur d'Excel, qui permet de trouver des solutions optimales, comme le montre l'exemple 12.3.

EXEMPLE 12.3

Reportez-vous à l'exemple 12.2. a) Formulez le problème de choix des investissements selon le modèle de la programmation mathématique présenté dans l'équation [12.4] et intégrez la solution dans ce modèle afin de vérifier si elle permet effectivement de maximiser la valeur actualisée nette. b) Définissez le problème et résolvez-le à l'aide d'Excel.

Solution

a) Définissez l'indice $k = 1$ à 4 pour les quatre projets, respectivement, en les renommant 1, 2, 3 et 4. La limite d'investissement est $b = 20\,000\,\$$ dans l'équation [12.4].

Maximisation : $$\sum_{k=1}^{k=4} \text{VAN}_k x_k = Z$$

Contraintes : $$\sum_{k=1}^{k=4} \text{FMN}_{k0} x_k \leq 20\,000$$

$$x_k = 0 \text{ ou } 1 \qquad \text{pour } k = 1 \text{ à } 4$$

Calculez la valeur actualisée nette VAN_k des flux monétaires nets estimatifs à partir du taux $i = 15\,\%$ et de l'équation [12.5].

Projet k	Flux monétaires nets FMN_{kt} (\$)	Durée de vie n_k	Facteur $(P/A;15\,\%;n_k)$	Investissement initial FMN_{k0} (\$)	VAN_k du projet (\$)
1	3 870	6	3,7845	−8 000	+6 646
2	2 930	9	4,7716	−15 000	−1 019
3	2 680	5	3,3522	−8 000	+984
4	2 540	4	2,8550	−8 000	−748

Ensuite, remplacez les valeurs actualisées nettes VAN_k dans le modèle et intégrez les investissements initiaux dans les restrictions budgétaires énoncées. Des signes d'addition sont utilisés pour toutes les valeurs de la contrainte s'appliquant à la limite d'investissement. On obtient ainsi la formule complète de la programmation linéaire en nombres entiers 0-1.

Maximisation : $$6\,646x_1 - 1\,019x_2 + 984x_3 - 748x_4 = Z$$

Contraintes : $$8\,000x_1 + 15\,000x_2 + 8\,000x_3 + 8\,000x_4 < 20\,000$$

$$x_1, x_2, x_3 \text{ et } x_4 = 0 \text{ ou } 1$$

La solution qui consiste à choisir les projets 1 et 3, dont la valeur actualisée nette totale s'élève à $7\,630\,\$$, s'écrit ainsi :

$$x_1 = 1 \qquad x_2 = 0 \qquad x_3 = 1 \qquad x_4 = 0$$

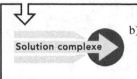

b) La figure 12.5 présente un modèle de feuille de calcul créé pour choisir parmi 6 projets indépendants ou moins accompagnés de 12 années de flux monétaires nets estimatifs ou moins chacun. On peut ajouter des colonnes ou des lignes à ce modèle au besoin. La figure 12.6 montre les paramètres utilisés avec le Solveur d'Excel pour trouver la solution dans le présent exemple portant sur quatre projets et une limite d'investissement de 20 000 $. Les descriptions ci-dessous ainsi que les étiquettes indiquent le contenu des lignes et des cellules de la figure 12.5, de même que leurs liens avec les paramètres du Solveur.

Lignes 4 et 5 On a désigné les projets par des nombres afin de les distinguer des colonnes identifiées par des lettres sur la feuille de calcul. La cellule I5 contient l'expression utilisée pour trouver la valeur Z, c'est-à-dire la somme des valeurs actualisées nettes des projets choisis. Il s'agit de la cellule cible que le Solveur doit maximiser (*voir la figure 12.6*).

Lignes 6 à 18 Ces lignes contiennent les investissements initiaux et les flux monétaires nets estimatifs de chaque projet. Il n'est pas nécessaire d'y entrer les valeurs nulles (de 0 $) qui se produisent après la durée de vie des projets. Toutefois, il faut y saisir celles qui ont lieu pendant la durée de vie des projets.

Ligne 19 Dans chacune des cellules de cette ligne, il faut entrer la valeur 1 si un projet est choisi, et la valeur 0 s'il est rejeté. Il s'agit là des cellules variables utilisées par le Solveur. Étant donné que chaque entrée doit consister en une valeur 0 ou 1, on a créé une contrainte binaire pour toutes les cellules de la ligne 19 dans le Solveur, comme le montre la figure 12.6. Quand on doit trouver la solution à un problème, il est préférable d'inscrire la valeur 0 pour tous les projets sur la feuille de calcul. Le Solveur trouvera lui-même la solution permettant de maximiser la valeur Z.

Ligne 20 On utilise la fonction VAN pour trouver la valeur actualisée nette de chaque série de flux monétaires nets. Les étiquettes des cellules qui décrivent les fonctions VAN ont été créées pour tout projet dont la durée de vie va jusqu'à 12 ans au taux de rendement acceptable minimum entré dans la cellule B1.

Ligne 21 L'apport à la fonction Z se produit lorsqu'un projet est choisi. Quand le chiffre 0 figure pour un projet dans une cellule de la ligne 19, il n'y a aucun apport à cette fonction.

Ligne 22 Cette ligne montre les investissements initiaux dans les projets choisis. La cellule I22 contient l'investissement total. Cette cellule comprend une restriction budgétaire créée à l'aide d'une contrainte du Solveur. Dans cet exemple, la contrainte correspond à I22 < = 20 000 $.

	A	B	C	D	E	F	G	H	I	J	K
1	TRAM =	15%									
2									=SOMME($B21:$C21)		
3											
4	Projet	1	2	3	4	5	6				
5	Année			Flux monétaires nets				Valeur Z optimale	7 630 $		
6	0	(8 000 $)	(15 000 $)	(8 000 $)	(8 000 $)						
7	1	3 870 $	2 930 $	2 680 $	2 540 $						
8	2	3 870 $	2 930 $	2 680 $	2 540 $						
9	3	3 870 $	2 930 $	2 680 $	2 540 $						
10	4	3 870 $	2 930 $	2 680 $	2 540 $						
11	5	3 870 $	2 930 $	2 680 $							
12	6	3 870 $	2 930 $								
13	7		2 930 $		=VAN($B$1;D7:D18)+D6						
14	8		2 930 $								
15	9		2 930 $		=D19*D20						
16	10				=–D19*D6						
17	11										
18	12										
19	Projets choisis	1	0	1	0	0	0				
20	VAN au TRAM	6 646 $	(1 019 $)	984 $	(748 $)	0 $	0 $		=SOMME($B22:$G22)		
21	Apport à Z	6 646 $	0 $	984 $	0 $	0 $	0 $				
22	Investissement	8 000 $	0 $	8 000 $	0 $	0 $	0 $	Total =	16 000 $		

FIGURE 12.5

Une feuille de calcul configurée dans Excel pour résoudre le problème de choix des investissements de l'exemple 12.3

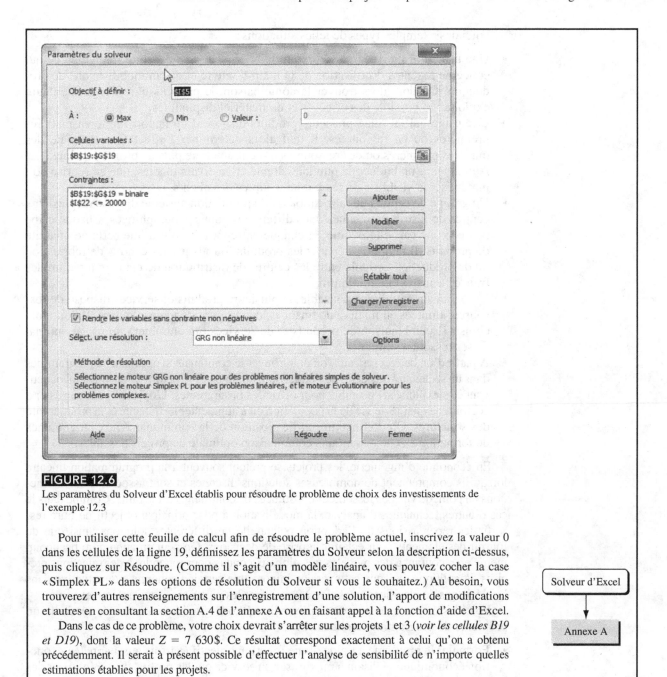

FIGURE 12.6
Les paramètres du Solveur d'Excel établis pour résoudre le problème de choix des investissements de l'exemple 12.3

Pour utiliser cette feuille de calcul afin de résoudre le problème actuel, inscrivez la valeur 0 dans les cellules de la ligne 19, définissez les paramètres du Solveur selon la description ci-dessus, puis cliquez sur Résoudre. (Comme il s'agit d'un modèle linéaire, vous pouvez cocher la case « Simplex PL » dans les options de résolution du Solveur si vous le souhaitez.) Au besoin, vous trouverez d'autres renseignements sur l'enregistrement d'une solution, l'apport de modifications et autres en consultant la section A.4 de l'annexe A ou en faisant appel à la fonction d'aide d'Excel.

Dans le cas de ce problème, votre choix devrait s'arrêter sur les projets 1 et 3 (*voir les cellules B19 et D19*), dont la valeur $Z = 7\ 630\$$. Ce résultat correspond exactement à celui qu'on a obtenu précédemment. Il serait à présent possible d'effectuer l'analyse de sensibilité de n'importe quelles estimations établies pour les projets.

Solveur d'Excel

Annexe A

12.5 L'ASSOUPLISSEMENT DES HYPOTHÈSES ASSOCIÉES À LA PROGRAMMATION LINÉAIRE

Il est possible d'assouplir les contraintes de limitation des investissements établies à la section 12.1. Dans le secteur privé, on effectue souvent des études en économie d'ingénierie afin d'évaluer la combinaison optimale de produits à fabriquer pour maximiser les profits d'une société. Dans le secteur public, on peut amalgamer les subventions offertes aux différents organismes gouvernementaux afin d'offrir un juste éventail de services pour répondre aux besoins variés de la population. Lorsqu'on assouplit l'obligation d'exprimer des résultats en nombres entiers, les modèles de la programmation linéaire permettent de déterminer la répartition optimale des budgets afin de maximiser l'attribution générale du capital.

Voici des exemples types de telles situations :

- Une usine qui fabrique plusieurs produits possède une capacité limitée en ce qui concerne le temps d'utilisation de la main-d'œuvre et des immobilisations de production. On doit alors trouver la combinaison de produits qui offre la meilleure exploitation possible des effectifs et du matériel disponibles.
- Une usine qui fabrique plusieurs produits dispose d'un apport limité en matières premières ou en ressources. Il faut alors déterminer l'affectation optimale des matières premières ou des ressources qui entraînera le plus de profits possible.
- Au moyen d'un budget de publicité donné et de divers médias, une entreprise doit maximiser la visibilité de ses produits auprès des clients.
- Un groupe de centres de fabrication ou de production agricole dispose de plusieurs centres de distribution situés dans différentes zones géographiques. Chaque usine possède une capacité définie, et chaque entrepôt a besoin d'une certaine quantité de produits. Il faut alors répartir les produits fournis par les centres de fabrication ou de production agricole entre les centres de distribution de manière à réduire les frais de transport au minimum.
- Un organisme public responsable de plusieurs produits et services dispose de ressources limitées en matière de finances, de temps et de main-d'œuvre. Il doit alors choisir la combinaison de produits et de services qui entraînera un usage optimal de ses ressources limitées.
- À partir d'un budget restreint, on doit trouver la combinaison optimale de programmes dans un secteur tel que celui de l'éducation, où diverses structures d'enseignement peuvent être exploitées ensemble pour offrir ces programmes. L'objectif peut consister à accroître la qualité de vie de la population ou à augmenter l'efficacité et la productivité des structures. On doit maximiser l'exposition de la communauté aux programmes de formation en choisissant une combinaison optimale de projets possibles.

En économie d'ingénierie, les projets se prêtent souvent à la programmation linéaire lorsqu'ils comprennent de nombreuses solutions discrètes et sont associés à des restrictions au point de vue des ressources constituées de contraintes d'inégalité. Comme dans le cas d'autres techniques d'analyse, la modélisation a pour principal objectif de faire ressortir les répercussions de l'adoption potentielle de différentes solutions ainsi que de fournir des éléments pour éclairer la prise de décisions. On peut en apprendre beaucoup même en recourant à des modèles très globaux conçus pour répondre à des questions précises de politique, puisque cet exercice impose une certaine cohérence quantitative dans les décisions de planification et aide à considérer les problèmes sous un nouvel angle.

Voici les étapes à suivre pour utiliser la méthode graphique en vue de résoudre un problème de programmation linéaire :

- Formuler le problème à l'aide d'une fonction objectif (parfois aussi appelée « fonction économique ») visant à maximiser un service ou des profits, ou à minimiser des coûts et à définir un ensemble de contraintes (les ressources limitées et les restrictions budgétaires).
- Tracer un graphique illustrant chacune des contraintes. L'intersection des droites ainsi tracées permet d'établir la région des solutions réalisables.
- Attribuer une valeur arbitraire à la fonction objectif, puis représenter cette équation linéaire dans le graphique. La pente de ce tracé représente une droite d'isoprofit, sur laquelle les profits sont les mêmes à chaque point. Les droites parallèles (qui ont la même pente) représentent d'autres fonctions objectifs de différentes valeurs. Comme l'objectif consiste à maximiser la valeur de l'équation, en s'éloignant de l'origine, on obtient des caractéristiques qui vont en s'améliorant.
- Déplacer cette droite parallèlement à elle-même jusqu'à ce qu'elle touche le dernier point de la région des solutions réalisables.
- Déterminer la solution optimale en résolvant les deux équations des contraintes (avec deux inconnues), lesquelles situent le point optimal dans le graphique.
- Réintégrer ces valeurs dans la fonction objectif afin de déterminer la valeur optimale de celle-ci.

EXEMPLE 12.4

Ingénieurs Sans Frontières Canada (ISF) compte 28 sections universitaires et plus de 50 000 membres au pays. Selon les termes des contrats de travail de quatre mois d'un programme de bourses, ces sections envoient des bénévoles dans des communautés en voie de développement, où ils collaborent avec des partenaires locaux pour contribuer à réduire la pauvreté en leur donnant accès aux technologies. L'un des principaux objectifs consiste à offrir à ces communautés des moyens d'aider les entrepreneurs locaux à prendre la relève de la gestion, de la poursuite et de l'expansion des projets. James Orbinski, ancien président de Médecins Sans Frontières, ainsi que John Ralston Saul, siègent au conseil consultatif de l'organisme.

Une situation problématique simplifiée permet ici de donner un exemple d'analyse de politique de développement et du fonctionnement de la programmation linéaire ainsi que de sa solution graphique. Réfléchissez aux choix associés à la plantation de cultures destinées à nourrir la population et le bétail en Éthiopie. La meilleure façon d'assurer le bien-être de cette communauté consiste à produire une combinaison des deux types de cultures. Les quantités totales de plantations sont limitées par les contraintes liées aux ressources agricoles, ce qui restreint l'expansion de la production. Dans cet exemple précis, les ressources en terres arables, en eau, ainsi qu'en force animale et de trait sont limitées. Par contre, la main-d'œuvre, les engrais et les semences existent en quantités suffisantes.

La première décision à prendre réside dans le choix des niveaux de production du riz, des doliques et du manioc destinés à nourrir les habitants d'une part, et du maïs prévu pour nourrir le bétail d'autre part. L'objectif consiste à opter pour les niveaux de production qui maximiseront le bien-être de la communauté, compte tenu de facteurs tels que la qualité de vie, la santé, la capacité de répondre aux besoins de base et le pouvoir d'achat. Pour simplifier cet exemple, on considère ces éléments sous forme d'unités monétaires, étant donné que la production de telles cultures permet de répondre à certains des besoins fondamentaux de la communauté et peut lui apporter des revenus supplémentaires grâce à l'exportation des cultures excédentaires. On pourrait également exprimer ces conditions dans une analyse d'utilité, thème abordé au chapitre 17.

Voici un résumé des données nécessaires pour résoudre ce problème (tous les nombres sont présentés en milliers d'unités):

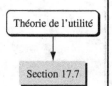

Terres arables disponibles : 96 hectares (ha) par saison

Eau d'irrigation et potable disponible : 220 mètres cubes (m^3)

Force animale et de trait disponible : 15 heures (h) de plantation et de récolte par période

| | Ressources exploitées | | | |
	Terres	Eau	Force	Apport à l'objectif
Cultures vivrières (x_1)	8	10	1	8 $
Aliments pour le bétail (x_2)	5	17	1	6 $

Désignez le niveau de cultures vivrières à cultiver par la variable x_1 et le niveau d'aliments pour le bétail à produire par la variable x_2. L'objectif consiste à maximiser la productivité des ressources en fonction de leur influence sur la qualité de vie de la communauté exprimée sous la forme de rendement pouvant être anticipé pour divers niveaux de plantation et leurs résultats monétaires.

Selon les données, chaque tonne de cultures vivrières devrait rapporter 8 $ de profit à l'objectif et chaque tonne d'aliments pour le bétail, 6 $ de profit. Par conséquent, la fonction objectif est la suivante :

$$Z_0 = 8x_1 + 6x_2$$

où, dans cette fonction, Z_0 est le profit (en dollars), x_1 est la quantité de cultures vivrières produites (en tonnes) et x_2, la quantité d'aliments pour le bétail produits (en tonnes).

Les contraintes du projet résident dans les ressources limitées en terres, en eau et en force. Ces limites sont formulées sous forme de contraintes « inférieures ou égales à » de la façon qui suit :

$8x_1 + 5x_2 \leq 96$ pour les terres arables

$10x_1 + 17x_2 \leq 220$ pour les ressources en eau d'irrigation et en eau potable

$x_1 + x_2 \leq 15$ pour la force animale et de trait

$x_1, x_2 \geq 0$ pour la nature non négative de la production

La première équation représente le fait que chaque tonne de cultures vivrières requiert l'exploitation de 8 hectares de terres par saison et que chaque tonne d'aliments pour le bétail nécessite l'exploitation de 5 hectares. La quantité totale de ressources en terres disponibles par saison s'élève à 96 hectares. Il est possible d'utiliser 96 hectares ou moins, mais pas davantage. On se sert donc de cette équation pour s'assurer que la contrainte relative aux terres sera respectée. Chaque unité – 1 tonne (t) – de cultures vivrières x_1 soustrait 8 unités (hectares) des 96 disponibles, et chaque unité (tonne) d'aliments pour le bétail x_2 en soustrait 5 des 96 jusqu'à leur épuisement total. Des explications semblables s'appliquent aussi aux autres contraintes.

Les équations linéaires qui suivent résument la situation :

Maximisation : $Z_0 = 8x_1 + 6x_2$

Contraintes : $8x_1 + 5x_2 \leq 96$

$10x_1 + 17x_2 \leq 220$

$x_1 + x_2 \leq 15$

$x_1, x_2 \geq 0$

On peut résoudre cet ensemble d'équations graphiquement en traçant les droites des contraintes, en ombrant la région des solutions réalisables délimitée par ces droites, puis en calculant le point optimal déterminé par la pente de la fonction objectif. À la figure 12.7, la contrainte liée aux terres arables est illustrée. Comme l'équation consiste en une contrainte de type « inférieur ou égal à », la zone ombrée représente l'espace des solutions réalisables. Toute combinaison de x_1 et de x_2 qui se situe dans ce triangle respecte la limite des ressources en terres disponibles. Les équations des ressources en eau et en force sont aussi représentées de façon semblable à la figure 12.8, délimitant ainsi l'intégralité de l'espace des solutions possibles.

La solution optimale appartient au polygone dont les côtés sont constitués des droites de ces contraintes et des axes x_1 et x_2, ce qui empêche les quantités de la solution d'être négatives.

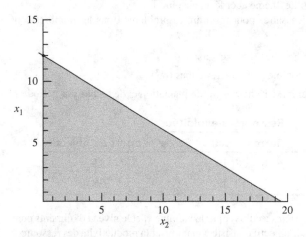

FIGURE 12.7

La représentation graphique de la contrainte liée aux terres arables de l'exemple 12.4

La fonction objectif a pour but de maximiser la valeur de l'équation suivante :

$$Z_0 = 8x_1 + 6x_2$$

Cette droite ne désigne pas une solution distincte unique, mais elle indique que la pente de l'équation définit un ensemble de droites d'isoprofit. En l'occurrence, la pente est de $-3/4$. La valeur de l'équation équivaut à n'importe quel point de solution qui se trouve sur la même droite. Peu importe où se situent les opérations sur cette droite, l'objectif consiste à s'éloigner le plus possible de l'origine, jusqu'au point réalisable possédant la valeur d'isoprofit la plus élevée. Si on s'éloigne de l'origine, la dernière de ces droites parallèles qu'on peut tracer correspond au point A à l'endroit suivant :

$$Z_0 = 8(7) + 6(8) = 104 \text{ unités de profit}$$

Il s'agit là de la solution optimale.

Comme on peut le voir à la figure 12.9, la solution optimale se situe à un sommet du polygone dès que la pente de la fonction objectif est différente de celle de l'une des équations des contraintes actives. Si les pentes sont les mêmes, le point qui se trouve au sommet constitue toujours une solution optimale, mais la droite en entier donne alors la même solution optimale. Dans ce cas, il ne s'agirait plus d'une solution distincte.

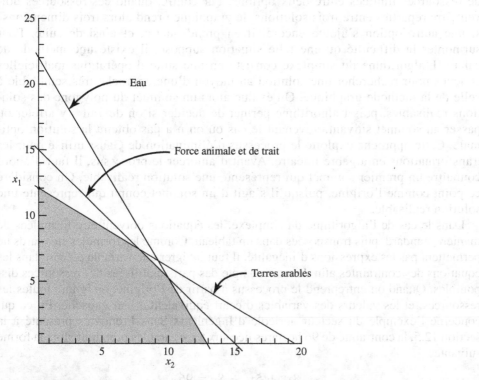

FIGURE 12.8

La représentation graphique de l'espace des solutions réalisables de l'exemple 12.4

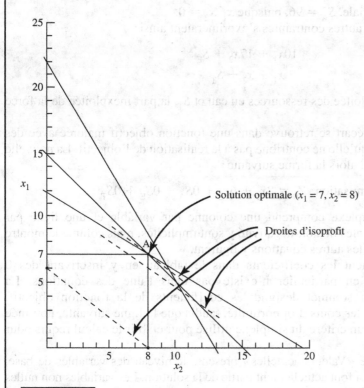

FIGURE 12.9

La représentation graphique des droites d'isoprofit et des contraintes de l'exemple 12.4

12.6 L'ALGORITHME DU SIMPLEXE

La solution graphique convient tout à fait lorsqu'un choix porte sur la distribution de ressources limitées entre deux options. Par contre, quand ces ressources doivent être réparties entre trois solutions, le graphique prend alors trois dimensions ; si une autre option s'ajoute encore, il en prend quatre, et ainsi de suite. Pour surmonter la difficulté qu'une telle situation suppose, il existe une méthode de calcul. L'algorithme du simplexe consiste en une suite d'opérations matricielles conçues pour rechercher une solution au moyen d'une approche très semblable à celle de la méthode graphique. On évalue alors un sommet du polygone des solutions réalisables, puis l'algorithme permet de décider si on devrait s'y arrêter ou passer au sommet suivant, advenant le cas où on n'a pas obtenu la solution optimale. Cette approche exploite le processus d'élimination de Gauss utilisé pour les transformations en algèbre linéaire. Avant d'amorcer le processus, il faut d'abord connaître un premier sommet qui représente une solution réalisable. On considère ce point comme l'origine, puisqu'il s'agit d'un sommet connu qui représente une solution réalisable.

Dans le cas de l'algorithme du simplexe, les équations doivent être formulées de manière standard, puis transposées dans un tableau. Comme les formules standards ne permettent pas les expressions d'inégalité, il faut intégrer une variable d'écart dans les équations des contraintes afin de tenir compte des parts inutilisées des ressources disponibles. Quand on entreprend le processus à partir de l'origine, on ignore toutes les ressources, et les valeurs des variables d'écart équivalent à leur capacité. En ce qui concerne l'exemple du secteur agricole d'Ingénieurs Sans Frontières présenté à la section 12.5, la contrainte de 96 hectares liée aux terres arables prendrait alors la forme suivante :

$$8x_1 + 5x_2 + S_A = 96$$

où S_A est la part inexploitée des terres arables disponibles.

Dans l'itération initiale, $S_A = 96$, puisque $x_1, x_2 = 0$.
De même, les deux autres contraintes s'exprimeraient ainsi :

$$10x_1 + 17x_2 + S_E$$
$$x_1 + x_2 + S_T$$

où S_E est la part inexploitée des ressources en eau et S_T, la part inexploitée de la force animale et de trait.

Chaque variable d'écart se retrouve dans une fonction objectif majorée avec des coefficients de 0, puisqu'elle ne contribue pas à la réalisation de l'objectif. La nouvelle fonction objectif prend alors la forme suivante :

$$\text{Maximisation : } Z_0 = 8x_1 + 6x_2 + 0S_A + 0S_E + 0S_T$$

Le tableau du simplexe comprend une colonne par variable et une ligne par contrainte. Les contraintes de non-négativité y sont implicites, mais comme le montre le tableau 12.4, toutes les autres équations y figurent.

On entre directement les coefficients dans le tableau en y inscrivant des 0 dès qu'une variable en particulier n'existe pas dans l'une des équations. La variable C_j située au sommet désigne les coefficients de la fonction objectif. La ligne Z_j représente les coûts d'opportunité, tandis que la ligne suivante, nommée « $C_j - Z_j$ », représente un critère du simplexe utilisé pour établir le calcul requis pour l'itération suivante.

La colonne intitulée « Valeurs actuelles » présente le niveau des variables de base, c'est-à-dire de celles qui font actuellement partie de la solution. Les variables non nulles à l'origine sont les variables d'écart. Comme on peut le voir dans le tableau, il y a toujours exactement trois variables non nulles, de sorte que chaque itération remplace essentiellement l'une des variables de base par une nouvelle, éliminant l'ancienne de la solution suivante. Au début, les valeurs actuelles des variables d'écart ou de base correspondent aux valeurs que donnent les équations des contraintes. La valeur située à l'intersection de la colonne des valeurs actuelles et de la ligne Z_j constitue la valeur totale de la fonction objectif pour l'itération. Au départ, il s'agit de la valeur 0 à l'origine.

Pour terminer la première itération, il faut vérifier si la solution est optimale en calculant la ligne Z_j. L'opération requise pour chaque colonne consiste à additionner les produits de la valeur de la colonne C_j multipliée par le coefficient de la contrainte qui correspond à la fois à cette ligne et à la colonne analysée. Le tableau 12.5 illustre ces calculs. Comme toutes les valeurs C_j sont de 0, les valeurs Z_j le sont également. Les itérations subséquentes s'avèrent toutefois plus intéressantes. On peut considérer la valeur Z_j comme le coût d'opportunité d'une variable. Cette valeur représente en

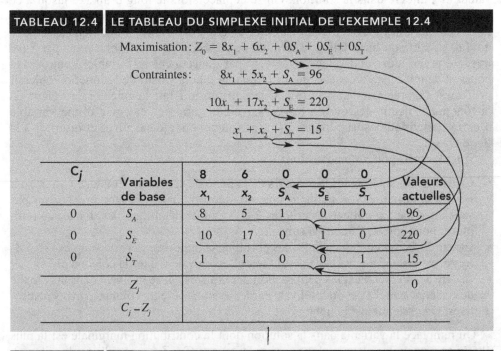

TABLEAU 12.4 | LE TABLEAU DU SIMPLEXE INITIAL DE L'EXEMPLE 12.4

Maximisation : $Z_0 = 8x_1 + 6x_2 + 0S_A + 0S_E + 0S_T$

Contraintes :

$8x_1 + 5x_2 + S_A = 96$

$10x_1 + 17x_2 + S_E = 220$

$x_1 + x_2 + S_T = 15$

C_j		8	6	0	0	0	
	Variables de base	x_1	x_2	S_A	S_E	S_T	Valeurs actuelles
0	S_A	8	5	1	0	0	96
0	S_E	10	17	0	1	0	220
0	S_T	1	1	0	0	1	15
	Z_j						0
	$C_j - Z_j$						

TABLEAU 12.5 | LE CALCUL DE LA LIGNE Z_j DE L'EXEMPLE 12.4

Cj		8	6	0	0	0	
	Variables de base	x_1	x_2	S_A	S_E	S_T	Valeurs actuelles
0	S_A	8 $(\ ) \times (\ ) = 0$	5	1	0	0	96
0	S_E	10 $(\ ) \times (\ ) = 0$	17	0	1	0	220
0	S_T	1 $(\ ) \times (\ ) = 0$	1	0	0	1	15
	Z_j	0	0	0	0	0	0
	$C_j - Z_j$	8	6	0	0	0	

$\Sigma = 0$ $(\ ) - (\ ) = 8$

Calculs

$Z_1 = (0 \times 8) + (0 \times 10) + (0 \times 1) = 0$, comme l'illustre la colonne x_1

$Z_2 = (0 \times 5) + (0 \times 17) + (0 \times 1) = 0$

$Z_3 = (0 \times 1) + (0 \times 0) + (0 \times 0) = 0$

$Z_4 = (0 \times 0) + (0 \times 1) + (0 \times 0) = 0$

$Z_5 = (0 \times 0) + (0 \times 0) + (0 \times 1) = 0$

Dans la colonne «Valeurs actuelles», on effectue les mêmes calculs algébriques, de sorte que Z_6 = valeur de la fonction objectif = $(0 \times 96) + (0 \times 220) + (0 \times 15) = 0$.

effet l'inconvénient économique qu'entraîne l'intégration d'une variable ou d'un investissement en particulier.

On calcule la ligne $C_j - Z_j$ en soustrayant la ligne Z_j qui vient d'être calculée de la ligne C_j, ce qui est illustré dans la colonne x_1, où $C_j = 8$ et $Z_j = 0$. La soustraction $C_j - Z_j$ donne alors $8 - 0$ ou 8. Cette ligne donne une indication de la marge sur coûts variables ou de l'effet net d'une variable sur la fonction objectif où est soustrait son coût par unité de son coût d'opportunité par unité.

Pour préparer l'itération suivante, il faut appliquer trois critères : 1) vérifier si la solution trouvée est optimale ; 2) déterminer les variables d'entrée ; 3) déterminer les variables de sortie. Quand on part de l'origine comme première intersection vers une deuxième intersection ou solution potentielle, une variable est exclue de la solution (elle revient à 0), alors qu'une autre qui était auparavant égale à 0 prend une nouvelle valeur et s'intègre dans la solution. On se déplace alors le long d'un axe jusqu'à ce qu'on croise une droite de contrainte (*voir la figure 12.9*). Ce point représente une intersection où la variable d'écart associée à cette contrainte est maintenant de 0, ce qui fait en sorte qu'on délaisse la solution de base. La variable représentée par l'axe traversé prend alors une valeur et devient par conséquent la variable d'entrée. On poursuit de tels changements d'intersection tant que la valeur de la fonction objectif peut être majorée par substitution. Une substitution fait augmenter la valeur de la fonction objectif dès que la marge sur coûts variables calculée d'une variable d'entrée potentielle est supérieure à 0. Ces valeurs ont été calculées et inscrites à la ligne $C_j - Z_j$.

Voici les trois critères en question :

- Critère 1 : Lorsque toutes les valeurs de la ligne de critère du simplexe $C_j - Z_j$ sont négatives ou nulles, on a atteint une solution optimale. Si le critère 1 n'est pas satisfait, il faut appliquer les critères 2 et 3 afin de déterminer les données à remplacer pour obtenir l'itération suivante.
- Critère 2 : On prend l'élément le plus positif de la ligne de critère du simplexe $C_j - Z_j$, lequel est associé à la variable devant remplacer la valeur dans la colonne pivot.
- Critère 3 : On prend le plus petit rapport des chiffres qui se trouvent dans la colonne des valeurs actuelles et on les divise par les valeurs de leurs colonnes pivots respectives. On obtient ainsi la ligne pivot.

On remplace la variable dans la solution dont la contribution marginale est la plus élevée en prenant la valeur la plus positive de la ligne $C_j - Z_j$ pour appliquer le critère 2. On fait ainsi augmenter la fonction objectif le plus rapidement possible. Le tableau 12.6 illustre les rapports dont il est question dans le critère 3.

Si on applique le critère 2 à la décision à prendre dans l'exemple agricole susmentionné, on constate que x_1 doit constituer la variable d'entrée, car sa valeur $C_j - Z_j$ de 8 est l'élément le plus positif de la ligne de critère du simplexe. Le critère 3 indique que la colonne des valeurs actuelles devrait être divisée par les valeurs respectives de cette nouvelle colonne. Il faut encercler cette colonne, comme le montre le tableau 12.6. En divisant les résultats de ces deux colonnes, on découvre la première ligne de contrainte qui sera liée à l'espace des solutions possibles. Si on revient à la figure 12.9, on peut voir que lorsque x_1 est remplacé une unité à la fois, la solution évolue sur l'axe des ordonnées nommée x_1 jusqu'à ce qu'elle croise l'espace des solutions du polygone, c'est-à-dire lorsque $x_1 = 12$. Ce point correspond à la droite de contrainte S_A qui représente l'épuisement des terres arables disponibles. Si on dépasse ce sommet, on croise la contrainte S_T liée à la force de trait au point 15 et la contrainte S_E liée aux ressources en eau au point 22. Ces points correspondent aux trois rapports calculés à l'intérieur du tableau 12.6, dans lequel le seul point réalisable est le plus petit, puisqu'il délimite l'espace des solutions réalisables. Tout point situé en dehors de la zone circonscrite par cette droite ne respecte pas la contrainte relative aux terres arables. Comme la ligne définie par ce rapport constitue la ligne pivot, on l'encercle en entier. Si un rapport calculé est négatif, on l'ignore, car cela

TABLEAU 12.6	LES RAPPORTS DU CRITÈRE 3 DE L'EXEMPLE 12.4

C_j Variables de base	8 x_1	6 x_2	0 S_A	0 S_E	0 S_T	Valeurs actuelles	Rapports
0 S_A	⑧	5	1	0	0	96	$\frac{96}{8}=⑫$
0 S_E	10	17	0	1	0	220	$\frac{220}{10}=22$
0 S_T	1	1	0	0	1	15	$\frac{15}{1}=15$
Z_j	0	0	0	0	0	0	
C_j-Z_j	⑧	6	0	0	0		

Plus petit rapport

Élément pivot

Élément le plus positif

TABLEAU 12.7	LA DEUXIÈME ITÉRATION DE L'EXEMPLE 12.4

C_j Variables de base	8 x_1	6 x_2	0 S_A	0 S_E	0 S_T	Valeurs actuelles	Rapports
8 x_1	$\frac{8}{8}=1$	$\frac{5}{8}=0,625$	$\frac{1}{8}=0,125$	0	0	$\frac{96}{8}=12$	19,20
0 S_E	0	10,750	−1,250	1	0	100	9,30
0 S_T	0	0,375	−0,125	0	1	3	8,00
Z_j	8	5	1	0	0	96	
C_j-Z_j	0	1	−1	0	0		

signifie que la variable de base augmente pour la variable d'entrée et qu'elle ne crée donc pas une contrainte active.

L'élément qui appartient à la fois à la colonne pivot et à la ligne pivot devient l'élément pivot. Pour intégrer la nouvelle variable x_1 dans la solution et en éliminer la variable S_A (puisque cette ressource est alors exploitée au maximum), on se sert de l'algèbre linéaire. On commence en divisant chacun des coefficients de la ligne pivot par l'élément pivot, y compris l'élément pivot lui-même, ainsi que la valeur actuelle, ce qui modifie la ligne pivot. Le tableau 12.7 illustre cette étape. Dans ce tableau qui représente la deuxième itération, il est à noter que la variable x_1 figure maintenant dans la colonne des variables de base, puisqu'elle fait à présent partie de l'ensemble de la solution. Quand on ajoute ainsi la variable x_1, il faut également inscrire la valeur correspondante de C_j, en l'occurrence 8. Il s'agit de la ligne qui a été divisée par l'élément pivot 8.

Pour éliminer le coefficient de la variable d'entrée des autres équations, on soustrait de ces dernières les multiples appropriés de l'équation qui contient l'élément pivot. Dans le tableau de l'itération suivante, l'ancienne colonne pivot ne devrait afficher que des 0, sauf pour l'élément pivot, dont la valeur devrait plutôt être de 1, comme on vient de le calculer. Pour ce faire, on soustrait les autres anciennes lignes de la nouvelle ligne pivot, de sorte que l'élément qui se trouve dans la colonne pivot devienne 0. Il faut pour cela multiplier toute la ligne par l'opposé de cet élément, ce qui rend le nouvel élément égal à l'unité. Quand on le soustrait ensuite, on obtient 1 comme résultat. Ces étapes correspondent à tous les calculs associés aux transformations du processus d'élimination inversée en algèbre linéaire.

Pour revoir la ligne S_E, il faut multiplier la nouvelle ligne x_1 en entier par l'élément de la colonne pivot, qui équivaut à 10, de manière à obtenir ce qui suit :

	x_1	x_2	S_A	S_E	S_T	Valeur actuelle
x_1	10×1	$10 \times 0{,}625$	$10 \times 0{,}125$	$10 \times 0 = 0$	$10 \times 0 = 0$	10×12
	$= 10$	$= 6{,}25$	$= 1{,}25$			$= 120$

On soustrait ensuite les valeurs de cette étape intermédiaire temporaire de la nouvelle ligne associée à la variable S_E dans l'itération suivante afin d'obtenir les résultats ci-dessous :

	x_1	x_2	S_A	S_E	S_T	Valeur actuelle
S_E	$10 - 10 = 0$	$17 - 6{,}25$	$0 - 1{,}25$	$1 - 0 = 1$	$0 - 0 = 0$	$220 - 120$
		$= 10{,}75$	$= -1{,}25$			$= 100$

Le tableau 12.7 présente ces nouvelles valeurs de la ligne S_E.

Afin de généraliser cette procédure, pour chaque ligne autre que la ligne pivot, il faut remplacer les éléments dans l'équation suivante :

$$\left(\begin{array}{c}\text{élément}\\ \text{recherché}\end{array}\right) = \left(\begin{array}{c}\text{élément de}\\ \text{l'itération}\\ \text{précédente}\end{array}\right) - \left(\begin{array}{c}\text{élément de la ligne de}\\ \text{l'itération précédente}\\ \text{correspondant à la}\\ \text{colonne pivot}\end{array}\right)$$

$$\times \left(\begin{array}{c}\text{valeur de la ligne de la}\\ \text{variable d'entrée et de}\\ \text{la colonne de l'élément}\\ \text{recherché}\end{array}\right)$$

En suivant ces étapes jusqu'à la ligne S_T, on obtient le tableau 12.7 (il est à noter que les valeurs correspondent au sommet supérieur gauche du polygone de la solution graphique présentée à la figure 12.9).

Aucune connaissance supplémentaire ne s'avère nécessaire pour trouver la solution du simplexe dans le présent exemple. Pour poursuivre l'algorithme, on calcule la ligne du coût d'opportunité ainsi que celle du critère du simplexe pour cette itération, puis on applique les trois critères décrits précédemment jusqu'à ce que le critère 1 indique l'atteinte d'une solution optimale. Le tableau 12.8 présente l'autre itération requise pour résoudre ce problème. Les flèches dans le tableau 12.6 indiquent les colonnes et les lignes pivots appropriées pour la transformation. Les données de la ligne $C_j - Z_j$ sont toutes nulles ou négatives, ce qui satisfait au critère 1 et témoigne d'une solution optimale.

On peut lire la réponse optimale dans le tableau en regardant les colonnes des variables de base et des valeurs actuelles :

$$x_1 = 7$$
$$S_E = 14$$
$$x_2 = 8$$

La solution optimale consiste à produire 7 (milliers de) tonnes de cultures vivrières x_1 et 8 (milliers de) tonnes d'aliments pour le bétail x_2. Étant donné que $S_E = 14$, la solution indique que les ressources disponibles en eau d'irrigation et en eau potable sont suffisantes et que la variable S_E ne constitue pas une contrainte déterminante. S'il était possible d'échanger une part des ressources excédentaires en eau contre des terres arables, de la force animale ou de la force de trait, une augmentation de ces ressources, qui limitent actuellement la solution, permettrait d'accroître la valeur de la fonction objectif.

C_j	Variables de base	8 x_1	6 x_2	0 S_A	0 S_E	0 S_T	Valeurs actuelles
8	x_1	1	0	0,333	0	−1,666	7
0	S_E	0	0	2,333	1	−28,660	14
6	x_2	0	1	−0,333	0	2,660	8
	Z_j	8	6	0,667	0	2,668	104
	$C_j - Z_j$	0	0	−0,667	0	−2,668	

TABLEAU 12.8 | L'ITÉRATION FINALE DE L'EXEMPLE 12.4

La matrice qui contient la solution optimale présentée au tableau 12.8 procure à l'analyste d'importants renseignements supplémentaires relatifs aux éléments économiques du système à l'étude. Les coefficients de la matrice représentent les taux de substitution entre les variables. Notamment, dans l'exemple d'Ingénieurs Sans Frontières utilisé jusqu'à maintenant, on pourrait considérer la colonne S_A comme indiquant la quantité de chacune des variables de base de la solution x_1, S_E et x_2 qu'il faudrait enlever si on ramenait une unité de terres arables S_A dans la solution. Comme la variable S_A représente la quantité de terres arables inexploitées, une augmentation de cette variable correspondrait à une diminution de la quantité des terres pouvant être distribuées. La matrice montre qu'une unité de terres arables S_A aurait des répercussions sur les variables x_1 et x_2 en nécessitant 0,333 fois plus d'unités de cultures vivrières et 0,333 fois moins d'aliments pour le bétail, respectivement.

La ligne Z_j présente le coût d'opportunité de chaque variable et illustre la mesure dans laquelle chacun de ces éléments contribue actuellement à la solution. En microéconomie, on nomme les valeurs Z_j «coûts implicites». Ces coûts montrent la variation de valeur que subirait la fonction objectif si la ressource associée à la variable d'écart de la colonne augmentait d'une unité par rapport à sa valeur actuelle. En examinant le tableau final, on constate que les variables S_A, S_E et S_T possèdent des valeurs de 0,667, de 0 et de 2,668 sur la ligne Z_j. Cela signifie que la fonction objectif augmenterait respectivement de 0,667\$ $\times$ 10^3, de 0\$ (cette ressource n'étant pas entièrement exploitée) et de 2,668\$ $\times$ 10^3 pour chaque augmentation d'une unité de 1 $\times$ 10^3 de ressources. Ainsi, 1 000 hectares de terres arables de plus par saison augmenteraient les profits de 667\$, alors que 1 000 heures de plantation et de récolte de plus par période les augmenteraient de 2 668\$. Si ces ressources pouvaient être achetées à un prix inférieur ou égal au coût implicite, les décideurs responsables du projet auraient tout lieu de procéder à l'achat. La quantité optimale à acheter est déterminée quand une autre contrainte devient active, puisque les coûts implicites ne s'appliquent qu'à de petits changements en ce qui concerne les ressources qui n'entraînent pas de répercussions sur la solution établie.

Lorsque les niveaux de ressources demeurent constants, la ligne de critère du simplexe $C_j - Z_j$ indique l'effet qu'aurait l'ajout de variables sur la fonction objectif. Les valeurs nulles sur cette ligne signifient que les variations correspondantes de la solution actuelle n'entraîneraient aucune modification des profits. De même, des valeurs négatives indiquent que les variations correspondantes se traduiraient par des diminutions de profits.

Les coûts implicites calculés au moyen de la méthode du simplexe de la programmation linéaire offrent une évaluation de la marge sur coûts variables pour les apports des différentes ressources du système. Ces données se veulent très importantes pour les études subséquentes en économie d'ingénierie qui visent ultérieurement à élargir le système évalué. En ce qui concerne le projet d'Ingénieurs Sans Frontières donné ici en exemple, outre les ressources en terres, en eau et en force de trait, on pourrait y ajouter d'autres ressources du secteur agricole, notamment des semences, des engrais et des pesticides, ainsi que divers choix d'application pour chaque catégorie. Par ailleurs, si on souhaitait accroître la production générale, les coûts implicites déterminés grâce au modèle utilisé pourraient faire ressortir les avantages relatifs des options du projet visant à augmenter les moyens requis pour accroître les ressources. Alors, la méthode pourrait fournir des données précieuses pour éclairer la prise de décisions liées à de nouveaux investissements potentiels.

La programmation linéaire constitue un algorithme puissant qui compte parmi les outils quantitatifs les plus utilisés pour l'analyse de compromis dans les processus décisionnels en ingénierie. De nombreux manuels traitent du sujet, notamment l'ouvrage de Frederick S. Hillier et Gerald J. Lieberman, *Introduction to Operations Research with Student Access Card*, 9e édition (Mcgraw Hill Higher Education, 2009). Dans ces manuels, on décrit en détail les principes de l'optimisation tout en présentant diverses applications en ingénierie. De façon générale, les problèmes qui portent sur des fonctions objectifs et des contraintes linéaires (dans la mesure des caractéristiques d'exploitation pertinentes considérées) peuvent être analysés grâce à la programmation linéaire.

RÉSUMÉ DU CHAPITRE

Le capital d'investissement constituant toujours une ressource limitée, il faut savoir le répartir entre des projets concurrents à l'aide de critères précis de nature économique et non économique. Dans la méthode du choix des investissements, on évalue les projets proposés en tenant compte de leur investissement initial et des flux monétaires nets estimatifs répartis sur leur durée de vie attendue. Ces projets peuvent avoir des durées de vie identiques ou différentes. À la base, les problèmes de choix des investissements comportent les caractéristiques particulières suivantes (*voir la figure 12.1*) :

- On choisit parmi plusieurs projets indépendants.
- On choisit ou rejette chaque projet dans son intégralité.
- L'objectif consiste à maximiser la valeur actualisée nette des flux monétaires nets.
- L'investissement initial total se limite à un montant déterminé.

On utilise la méthode de la valeur actualisée nette aux fins de l'évaluation. Pour amorcer la procédure, on forme tous les ensembles de projets qui s'excluent mutuellement et ne dépassent pas la limite d'investissement établie, y compris l'ensemble de projets du *statu quo*. Pour m projets, il y a un maximum de 2^m ensembles de projets possibles. On calcule ensuite la valeur actualisée nette de chaque ensemble de projets au taux de rendement acceptable minimum, puis on choisit celui dont la valeur actualisée nette est la plus élevée. Dans un ensemble de projets donné, on suppose que tous les flux monétaires nets positifs des projets dont la durée de vie est plus courte que celle du projet qui possède la durée de vie la plus longue sont réinvestis au taux de rendement acceptable minimum.

Afin de choisir directement des projets, on peut formuler un problème de choix des investissements sous forme de problème de programmation linéaire en vue de maximiser la valeur actualisée nette totale. Dans cette approche, on ne crée toutefois pas d'ensembles de projets qui s'excluent mutuellement. On peut se servir d'Excel et de son Solveur pour résoudre un tel problème par ordinateur.

Pour évaluer des compromis pertinents dans des études en économie d'ingénierie, il est possible de recourir à l'algorithme du simplexe utilisé pour résoudre des problèmes généraux de programmation linéaire. Bien que la linéarité s'impose pour l'étendue applicable des valeurs que peuvent prendre les variables, des centaines de variables associées à des centaines de contraintes peuvent faire l'objet d'une telle évaluation.

PROBLÈMES

La limitation des investissements

12.1 Rédigez un bref paragraphe pour expliquer la difficulté que pose la répartition d'un capital d'investissement limité entre plusieurs projets indépendants les uns des autres.

12.2 Énoncez l'hypothèse du réinvestissement des flux monétaires des projets qui s'applique lorsqu'on résout un problème de choix des investissements.

12.3 La société Perfect Manufacturing souhaite faire évaluer quatre projets indépendants (1, 2, 3 et 4) à des fins d'investissement. Établissez tous les ensembles de projets acceptables qui s'excluent mutuellement en respectant les critères de sélection suivants définis par le service d'ingénierie de l'entreprise :
- Le projet 2 ne peut être choisi que si le projet 3 l'est aussi.
- Les projets 1 et 4 ne devraient pas être choisis tous les deux, puisqu'il s'agit de projets presque identiques.

12.4 Établissez tous les ensembles de projets acceptables qui s'excluent mutuellement pour les quatre projets indépendants décrits ci-dessous, si la limite d'investissement s'élève à 400 $ et que la restriction suivante s'applique au choix des projets : le projet 1 ne peut être choisi que si les projets 3 et 4 le sont aussi.

Projet	Investissement initial ($)
1	−250
2	−150
3	−75
4	−235

Le choix parmi plusieurs projets indépendants

12.5 a) Déterminez dans lesquels des projets indépendants suivants on devrait décider d'investir si le capital disponible s'élève à 325 000 $ et que le taux de rendement acceptable minimum est de 10 % par année. Servez-vous de la méthode de la valeur actualisée nette pour évaluer les ensembles de projets qui s'excluent mutuellement afin de faire votre choix.

Projet	Investissement initial ($)	Flux monétaires nets ($/année)	Durée de vie (années)
A	−100 000	50 000	8
B	−125 000	24 000	8
C	−120 000	75 000	8
D	−220 000	39 000	8
E	−200 000	82 000	8

b) Supposez que les cinq projets constituent des solutions qui s'excluent mutuellement. Effectuez alors l'analyse de la valeur actualisée nette et choisissez la meilleure solution possible.

12.6 Résolvez le problème 12.5 a) à l'aide d'une feuille de calcul.

12.7 L'entreprise Ubisoft établie à Montréal évalue la possibilité de financer quatre projets indépendants de jeux vidéo axés sur la santé et l'environnement. Elle connaît le coût de ces projets ainsi que leur valeur actualisée nette à 12 % par année. Quels projets sont acceptables si le budget : a) n'est pas limité ; b) se limite à 60 000 $?

Projet	Investissement initial ($)	Durée de vie (années)	VAN à 12 % par année ($)
1	−15 000	3	−400
2	−25 000	3	8 500
3	−20 000	2	500
4	−40 000	5	7 600

12.8 Le service d'ingénierie de la société General Tire dispose d'un total de 900 000 $ à investir dans un maximum de 2 projets d'amélioration des immobilisations au cours de l'année. À l'aide d'une feuille de calcul, effectuez une analyse de la valeur actualisée nette à un taux de rendement minimum de 12 % par année pour répondre aux questions suivantes :
a) Parmi les 3 projets présentés dans le tableau suivant, lesquels sont acceptables ?
b) Quels flux monétaires nets annuels minimums permettraient de choisir l'ensemble de projets le plus coûteux possible sans dépasser la limite budgétaire établie ni contrevenir à la restriction du maximum de 2 projets ?

Projet	Investis-sement initial ($)	FMN estimatifs ($/année)	Durée de vie (années)	Valeur de récupéra-tion ($)
A	−400 000	120 000	4	40 000
B	−200 000	90 000	4	30 000
C	−700 000	200 000	4	20 000

12.9 Julie souhaite choisir exactement 2 projets indépendants parmi 4 projets possibles. Chaque projet exige un investissement ini-tial de 300 000 $ et possède une durée de vie de 5 ans. Les flux monétaires nets an-nuels estimatifs pour les 3 premiers projets sont disponibles, mais il reste à préparer une estimation détaillée de ceux du quatrième projet, et le temps est venu de faire un choix. En utilisant un taux de ren-dement acceptable minimum de 9 % par année, déterminez les flux monétaires nets minimums qui permettraient au quatrième projet (Z) de faire assurément partie des 2 projets choisis.

Projet	FMN annuels ($/année)
W	90 000
X	50 000
Y	130 000
Z	Au moins 50 000

12.10 Pour l'année à venir, l'ingénieur de l'entreprise Clean Water Engineering a fixé une limite d'investissement de 800 000 $ aux fins des projets d'amélioration de la récupération des eaux souterraines fortement saumâtres. Choisissez un ou plusieurs des projets pré-sentés dans le tableau suivant en utilisant un taux de rendement acceptable minimum de 10 % par année. Présentez vos calculs ma-nuels, et non une feuille de calcul Excel.

Projet	Investisse-ment initial ($)	FMN annuels ($/année)	Durée de vie (années)	Valeur de récupéra-tion ($)
A	−250 000	50 000	4	45 000
B	−300 000	90 000	4	−10 000
C	−550 000	150 000	4	100 000

12.11 Dans Excel, créez une feuille de calcul pour les 3 projets présentés dans le problème 12.10. Supposez que l'ingénieur souhaite ne choisir que le projet C. En tenant compte des projets

viables possibles et de la valeur $b = 800 000 $, déterminez: a) l'investissement initial le plus élevé pour le projet C; b) le taux de ren-dement acceptable minimum le plus élevé permis pour garantir le choix du projet C.

12.12 À la société Moteurs HumVee, 8 projets sont envisagés. Les valeurs actualisées nettes dont l'entreprise dispose sont calculées selon un taux de rendement acceptable mini-mum de 10 % par année et arrondies au millier près. Les durées de vie des projets varient de 5 à 15 ans.

Projet	Investissement initial ($)	Valeur actualisée nette à 10 % ($)
1	−1 500 000	−50 000
2	−300 000	+35 000
3	−95 000	−9 000
4	−400 000	+75 000
5	−195 000	+125 000
6	−175 000	−27 000
7	−100 000	+62 000
8	−400 000	+110 000

Voici les lignes directrices à suivre pour choisir les projets:

1. Le capital d'investissement disponible s'élève à 400 000 $.
2. On ne peut choisir un projet dont la valeur actualisée nette est négative.
3. Il faut choisir au moins 1 projet, mais pas plus de 3.
4. Les restrictions suivantes s'appliquent au choix de certains projets en particulier:
   - Le projet 4 ne peut être choisi que si le projet 1 l'est aussi.
   - Les projets 1 et 2 étant presque identi-ques, on ne peut les choisir tous les deux.
   - Les projets 8 et 4 sont aussi presque identiques.
   - Pour choisir le projet 7, il faut aussi choisir le projet 2.
   a) Déterminez les ensembles de projets viables et choisissez celui qui est le plus justifié sur le plan économique. Quelle hypothèse relative aux investissements s'applique aux fonds d'immobilisations restants?
   b) S'il faut absolument investir la plus grande part possible des 400 000 $ disponibles, servez-vous des mêmes

restrictions et déterminez le ou les projets à choisir. S'agit-il d'un deuxième choix viable pour l'investissement des 400 000 $? Pourquoi ?

12.13 À l'aide de l'analyse des 5 projets indépendants présentés dans le tableau ci-dessous, choisissez le meilleur projet, si la limite d'investissement s'élève : a) à un montant de 30 000 $; b) à un montant de 60 000 $; c) à un montant illimité.

Projet	Investissement initial ($)	Durée de vie (années)	VAN à 12% par année ($)
S	−15 000	6	8 540
A	−25 000	8	12 325
M	−10 000	6	3 000
E	−25 000	4	10
H	−40 000	12	15 350

12.14 Les directeurs des services d'ingénierie et des finances d'une entreprise ont établi, pour des projets indépendants, les estimations présentées dans le tableau ci-dessous. Le taux de rendement acceptable minimum de l'entreprise est de 15 % par année, et la limite d'investissement se chiffre à 4 millions de dollars.
a) À l'aide de la méthode de la valeur actualisée nette et d'une solution manuelle, choisissez les meilleurs projets sur le plan économique.
b) À l'aide de la méthode de la valeur actualisée nette et d'une solution par ordinateur, choisissez les meilleurs projets sur le plan économique.

Projet	Coût du projet (millions de dollars)	Durée de vie (années)	FMN ($/année)
1	−1,5	8	360 000
2	−3,0	10	600 000
3	−1,8	5	520 000
4	−2,0	4	820 000

12.15 Le problème de limitation des investissements suivant est défini. Trois projets doivent être évalués selon un taux de rendement acceptable minimum de 12,5 % par année. On ne peut y investir plus de 3,0 millions de dollars.
a) À l'aide d'une feuille de calcul, choisissez parmi les projets indépendants proposés.

b) À l'aide du Solveur d'Excel, déterminez les flux monétaires nets estimatifs nécessaires à l'année 1 pour que le projet 3 à lui seul possède la même valeur actualisée nette que le meilleur ensemble de projets établi à la question a) si la durée de vie du projet 3 peut être augmentée à 10 ans pour le même investissement de 1 million de dollars. Toutes les autres estimations demeurent les mêmes. Compte tenu de cette augmentation des flux monétaires nets et de la durée de vie, quels seraient les meilleurs projets dans lesquels il conviendrait d'investir ?

Projet	Investissement (millions de dollars)	Durée de vie (années)	FMN estimatifs ($/année) Année 1	Gradient après l'année 1
1	−0,9	6	250 000	−5 000
2	−2,1	10	485 000	+5 000
3	−1,0	5	200 000	+10 %

12.16 À l'aide de la méthode de la valeur actualisée nette, évaluez les 4 projets indépendants présentés dans le tableau suivant. Choisissez jusqu'à 3 de ces 4 projets. Le taux de rendement acceptable minimum est de 12 % par année, et la limite d'investissement s'élève à 16 000 $.

	Projet			
	1	2	3	4
Investissement ($)	−5 000	−8 000	−9 000	−10 000
Durée de vie (années)	5	5	3	4
Année	FMN estimatifs ($)			
1	1 000	500	5 000	0
2	1 700	500	5 000	0
3	2 400	500	2 000	0
4	3 000	500		17 000
5	3 800	10 500		

12.17 Résolvez le problème 12.16 à l'aide d'une feuille de calcul.

12.18 À partir des flux monétaires nets estimatifs présentés au problème 12.16 pour les projets 3 et 4, faites la démonstration de l'hypothèse du réinvestissement lorsque le problème de choix des investissements est résolu pour les 4 projets selon la méthode de la valeur actualisée nette. (Astuce: Reportez-vous à l'équation [12.2].)

La programmation linéaire et le choix des investissements

12.19 Formulez le modèle de la programmation linéaire, créez une feuille de calcul et résolvez le problème de limitation des investissements de l'exemple 12.1: a) tel quel; b) en tenant compte d'une limite d'investissement de 13 millions de dollars.

12.20 Reportez-vous au problème 12.5. À l'aide d'Excel et de son Solveur: a) répondez à la question a); b) choisissez des projets en tenant compte d'un taux de rendement acceptable minimum de 12 % par année et d'une limite d'investissement accrue de 500 000 $.

12.21 À l'aide du Solveur d'Excel, résolvez le problème 12.11.

12.22 À l'aide du Solveur d'Excel, trouvez les flux monétaires nets minimums requis pour le projet Z considéré par Julie au problème 12.9.

12.23 Servez-vous de la programmation linéaire et d'une feuille de calcul pour choisir parmi les projets indépendants de durées de vie inégales présentés au problème 12.14.

12.24 Résolvez le problème 12.15 a), concernant le choix des investissements, à l'aide de la programmation linéaire et d'Excel.

12.25 Résolvez le problème 12.16, concernant le choix des investissements, à l'aide de la programmation linéaire et d'Excel.

12.26 Reportez-vous aux données du problème 12.16 et des solutions du problème de la limitation des investissements dans Excel pour les limites d'investissement de $b = 5000$ $ à $b = 25000$ $. À l'aide du tableur, tracez un graphique comparant les valeurs de b avec les valeurs de Z.

Les solutions graphiques aux problèmes de programmation linéaire

12.27 À l'aide de la méthode graphique utilisée pour résoudre les problèmes de programmation linéaire, traitez les données suivantes:

Maximisation: $12x_1 + 15x_2$
Contraintes: $4x_1 + 3x_2 \leq 12$
$2x_1 + 5x_2 \leq 10$
$x_1, x_2 \geq 0$

12.28 Soit les données suivantes:

Maximisation: $3x_1 + 2x_2$
Contraintes: $x_1 + x_2 \leq 16$
$x_1 \leq 10$
$x_2 \leq 8$
$x_1, x_2 \geq 0$

À l'aide de la méthode graphique de la programmation linéaire, trouvez la solution optimale.

12.29 Un fabricant d'accessoires pour motocyclettes veut maximiser la répartition de la production quotidienne de 2 types de rétroviseurs. L'un d'eux est ovale et présente des flammes gravées sur son dos en chrome (x_1); l'autre est intégré à un support chromé en forme de flammes (x_2). Le profit réalisé sur chaque rétroviseur x_1 s'élève à 20 $, alors que celui qui est réalisé sur chaque rétroviseur x_2 est de 50 $. Comme l'entreprise souhaite être reconnue pour offrir des modèles à bas prix, au moins 25 % des rétroviseurs fabriqués doivent appartenir au modèle x_1. Pour la fabrication des deux types de rétroviseurs, 40 heures d'utilisation de la main-d'œuvre sont disponibles par jour. De plus, 16 heures d'utilisation de la main-d'œuvre par jour sont prévues pour l'emballage. La fabrication de chaque rétroviseur x_1 demande 0,2 heure, tandis que celle de chaque rétroviseur x_2 exige 0,4 heure. L'emballage des deux modèles nécessite, pour sa part, 0,1 heure par unité. Déterminez graphiquement la répartition optimale des heures d'utilisation de la main-d'œuvre.

L'algorithme du simplexe de la programmation linéaire

12.30 À l'aide de l'algorithme du simplexe de la programmation linéaire, résolvez le problème suivant:

Maximisation: $3x_1 + x_2$
Contraintes: $2x_1 + x_2 \leq 10$
$x_1 + x_2 \leq 8$
$x_1, x_2 \geq 0$

12.31 À l'aide de l'algorithme du simplexe, résolvez le problème suivant :

$$\text{Maximisation}: 2x_1 + 4x_2 - x_3$$

$$\text{Contraintes}: \quad x_1 + 2x_2 - 3x_3 \leq 6$$
$$3x_1 + 3x_3 \leq 9$$
$$x_1, x_2, x_3 \geq 0$$

12.32 La société Dynacycle de Victoriaville fabrique des bicyclettes de compétition haut de gamme en utilisant de la dynamite pour allier différentes pièces en titane et en aluminium de manière à maximiser la vitesse et la puissance du cadre. L'entreprise produit des vélos de course sur route (x_1) et des vélos de contre-la-montre (x_2) selon les exigences particulières de chaque cycliste. Ses profits s'élèvent à 8 \$ ($\times 10^3$) pour les vélos x_1 et à 6 \$ ($\times 10^3$) pour les vélos x_2. Les bicyclettes x_1 exigent 0,25 mois de conception, 1,5 mois d'usinage et 0,75 mois de métallurgie. Les bicyclettes x_2 nécessitent 0,5 mois de conception, 1 mois d'usinage et 0,75 mois de métallurgie. Déterminez le niveau optimal de production de chaque produit nécessaire pour maximiser les profits. Le temps de conception maximal est de 8 mois, celui d'usinage est de 24 mois et celui de métallurgie, de 16 mois.

ÉTUDE DE CAS

L'ÉDUCATION PERMANENTE EN INGÉNIERIE À L'ÈRE D'INTERNET

Le rapport

L'Institute of Microelectronics (IME) est une association professionnelle à but non lucratif du secteur de l'ingénierie. L'an dernier, il a mis sur pied un groupe de travail mandaté pour recommander des façons d'améliorer les services offerts aux membres en matière d'éducation permanente. Au cours des 3 dernières années, les ventes globales de revues spécialisées, de magazines, de livres, de monographies, de disques compacts et de vidéos aux particuliers, aux bibliothèques et aux entreprises ont chuté de 35 %. À l'instar de presque toutes les entreprises à but lucratif, l'IME subit les contrecoups du cybercommerce. Le rapport que vient de déposer le groupe de travail contient les conclusions et les recommandations présentées ci-après.

Il est essentiel que l'IME prenne rapidement des mesures proactives pour créer des outils de formation en ligne, seul ou en collaboration avec d'autres organisations. De tels outils devraient porter sur des sujets tels que les suivants :

- la certification et l'attestation des ingénieurs professionnels ;
- la fine pointe de la technologie ;
- la mise à jour des connaissances des ingénieurs de longue date ;
- les outils de base destinés aux personnes qui effectuent des analyses en ingénierie sans posséder la formation adéquate.

Les projets devraient débuter dans l'immédiat, et on devrait les évaluer au cours des 3 prochaines années afin de déterminer les directions à prendre dans l'avenir en ce qui concerne les outils de formation électroniques de l'IME.

Les projets proposés

Dans la section du rapport portant sur les mesures proposées, 4 projets sont définis avec les estimations de leurs coûts et revenus nets respectifs par semestre. Les projets résumés ci-après exigent tous la création et la commercialisation d'outils de formation en ligne.

> **Projet A : les marchés de créneau** L'IME devrait cerner plusieurs nouveaux domaines techniques et offrir des outils de formation en la matière à ses membres ainsi qu'aux non-membres. Un investissement initial de 500 000 \$ puis un nouvel investissement de 500 000 \$ au bout de 18 mois seraient nécessaires.

Projet B : les partenariats L'IME devrait s'allier à plusieurs autres associations professionnelles afin d'offrir des outils de formation portant sur un large éventail de sujets. Une telle stratégie permettrait d'accroître les montants investis dans l'éducation permanente. Un investissement initial de 2 millions de dollars serait nécessaire de la part de l'IME. Pour entreprendre ce projet, il faudrait également adopter un projet à plus petite échelle afin d'améliorer le réseau. Il s'agirait du projet C décrit ci-dessous.

Projet C : le moteur de recherche Grâce à un investissement d'à peine 200 000 $ dans 6 mois, l'IME pourrait offrir à ses membres un moteur de recherche leur permettant d'accéder à ses récentes publications. Un sous-traitant pourrait rapidement installer cet outil sur le matériel déjà en place. Ce portail donnant sur la formation en ligne constituerait une solution provisoire qui ne pourrait accroître les services et les bénéfices qu'à court terme. Ce projet est nécessaire à la réalisation du projet B, mais il peut être mené indépendamment de tout autre projet.

Projet D : l'amélioration des services Ce projet peut entièrement remplacer le projet B. Il s'agit d'une mesure à plus long terme visant à améliorer les publications électroniques ainsi que les services d'éducation permanente de l'IME. Un investissement immédiat de 300 000 $ ainsi que des engagements de 400 000 $ dans 6 mois et de 300 000 $ après 6 autres mois seraient nécessaires. Ce projet connaîtrait une évolution plus lente, mais il permettrait de jeter des bases solides pour la plupart des services de formation en ligne futurs de l'IME.

Le tableau ci-dessous résume les flux monétaires nets estimatifs (en milliers de dollars) de l'IME par semestre.

	Projet (milliers de $)			
Période	A	B	C	D
1	0	500	0	100
2	100	500	50	200
3	200	600	100	300
4	400	700	150	300
5	400	800	0	300
6	0	1 000	0	300

En réaction au rapport déposé, le comité des finances a déclaré que le montant consacré aux projets proposés ne pourrait dépasser 3,5 millions de dollars. Il a également affirmé que le montant total par projet devrait être engagé à l'avance, sans égard au moment où les investissements initial et subséquents seraient véritablement effectués. Le comité des finances ainsi qu'un comité de direction évalueront les progrès réalisés tous les 3 mois afin de déterminer si les projets choisis doivent se poursuivre, faire l'objet d'une expansion ou prendre fin. Au cours des 5 dernières années, le capital de l'IME, principalement constitué de capitaux propres, a connu un rendement moyen de 10 % par semestre. À l'heure actuelle, l'IME n'a aucune dette.

Exercices de l'étude de cas

1. À partir des renseignements contenus dans le rapport déposé par le groupe de travail, formulez toutes les possibilités d'investissement qui s'offrent à l'IME et présentez les flux monétaires correspondants.

2. Sur le plan purement économique, quels projets le comité des finances devrait-il recommander ?

3. Le directeur général de l'IME souhaite fortement réaliser le projet D en raison des répercussions positives durables qu'il devrait avoir sur le nombre de membres de

l'association de même que sur les services futurs offerts aux membres nouveaux et existants. À l'aide d'une feuille de calcul présentant les flux monétaires nets estimatifs de ce projet en détail, déterminez certaines des modifications que le directeur général pourrait apporter au projet D pour s'assurer de son acceptation. Aucune restriction ne devrait être considérée dans cette analyse. Par exemple, vous pouvez en modifier les investissements et les flux monétaires, et les contraintes entre les projets qui sont décrites dans le rapport du groupe de travail peuvent être omises.

CHAPITRE 13

L'analyse du point mort

On effectue une analyse du point mort afin de déterminer la valeur d'une variable ou d'un paramètre d'un projet ou d'une solution qui crée un rapport d'égalité entre deux éléments ; par exemple, cette analyse permet d'établir le volume de ventes qui égalise des revenus ou des produits et des charges. On procède en outre à l'étude du point d'équivalence de deux solutions possibles lorsqu'on veut connaître à quelle valeur de la variable ces solutions sont également acceptables ; par exemple, dans une étude de remplacement, on cherche la valeur de remplacement de la solution actuelle qui fait de la solution de remplacement une option tout aussi valable (*voir la section 11.3*). Par ailleurs, l'analyse du point d'équivalence est couramment utilisée lorsque les entreprises sont appelées à choisir entre la fabrication et l'achat, qu'elles doivent décider de la provenance de pièces, de services de toutes sortes, etc.

Dans ce manuel, on aborde la méthode du point mort et du point d'équivalence au moment d'analyser le délai de récupération (*voir la section 5.6*) et le taux de rendement interne différentiel de deux solutions (*voir la section 8.4*). Le présent chapitre permet toutefois d'approfondir le sujet.

Dans une étude du point mort, on se sert d'estimations considérées comme certaines. Donc, si on s'attend à ce que les valeurs estimatives varient assez pour éventuellement modifier les résultats obtenus, il est nécessaire d'effectuer une nouvelle étude en utilisant des estimations différentes. Par conséquent, on peut en conclure que l'analyse du point mort fait partie intégrante des activités plus élaborées liées à l'analyse de sensibilité. Si la variable d'intérêt d'une étude du point mort peut fluctuer, il faut recourir aux méthodes associées à l'analyse de sensibilité (*voir le chapitre 17*). Qui plus est, si on tient compte de l'évaluation des probabilités et des risques, on peut se servir d'outils de simulation (*voir le chapitre 18*) pour pallier la nature statique d'une étude du point mort.

Enfin, l'étude de cas qui clôt le chapitre porte sur la mesure des coûts et de l'efficacité d'une station de traitement de l'eau faisant partie du secteur public (municipal).

OBJECTIFS D'APPRENTISSAGE

Objectif : Dans le cas d'une ou de plusieurs solutions possibles, établir le niveau d'activité ou la valeur d'un paramètre nécessaire pour atteindre le point mort.

À la fin de ce chapitre, vous devriez pouvoir :

Point mort	**1.** Déterminer le point mort d'un projet unique ;
Point d'équivalence de deux solutions possibles	**2.** Calculer le point d'équivalence entre deux solutions possibles et l'utiliser pour effectuer un choix ;
Feuilles de calcul	**3.** Créer une feuille de calcul et utiliser le Solveur d'Excel pour effectuer une analyse du point mort.

13.1 L'ANALYSE DU POINT MORT D'UN PROJET UNIQUE

En économie d'ingénierie, quand l'une des variables n'est ni connue ni estimée, qu'il s'agisse de la valeur P, F, A, i ou n, on peut déterminer un point mort en quantité à l'aide d'une relation d'équivalence entre la valeur actualisée ou l'annuité équivalente et une valeur nulle. Jusqu'à présent, on a utilisé cette forme d'analyse du point mort à maintes reprises. Par exemple, on a résolu des problèmes où il fallait déterminer le taux de rendement interne i^*, le délai de récupération n_p, les valeurs P, F ou A, ou la valeur de récupération R pour lesquels une série de flux monétaires estimatifs donnait un taux de rendement acceptable minimum (TRAM) précis. Pour évaluer la quantité, on recourt aux méthodes suivantes :

- la solution directe manuelle, lorsqu'un seul facteur est présent (par exemple le facteur P/A) ou que seuls des montants uniques sont estimés (par exemple des valeurs P et F);
- les étapes d'essais et erreurs, effectuées manuellement, lorsque plusieurs facteurs sont présents;
- l'utilisation d'un tableur, lorsque des flux monétaires et d'autres estimations sont entrés dans les cellules d'une feuille de calcul et employés dans des fonctions intégrées telles que VA, VC, TAUX, TRI, VAN, VPM et NPM.

On se concentre maintenant sur la détermination du point mort en quantité d'une variable de décision. Une telle variable peut consister en un élément de conception visant à minimiser des charges ou en un niveau de production nécessaire pour réaliser des profits dépassant les coûts de 10 %. On établit cette quantité nommée « point mort Q_{PM} » à l'aide d'équations du revenu et du coût selon différentes valeurs de la variable Q. La valeur de cette dernière peut être exprimée sous différentes formes, par exemple en unités par année, en pourcentage de capacité ou en heures par mois.

La figure 13.1 a) présente quelques formes d'équations du revenu désignées par le symbole Rev. On suppose généralement qu'une équation du revenu est linéaire, mais une équation non linéaire est souvent plus réaliste. Cette dernière peut en effet

FIGURE 13.1

Les équations linéaires et non linéaires du revenu et du coût

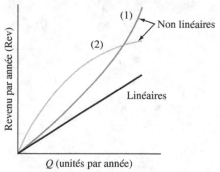

a) Équations liées au revenu : (1) revenu unitaire croissant ;
(2) revenu unitaire décroissant

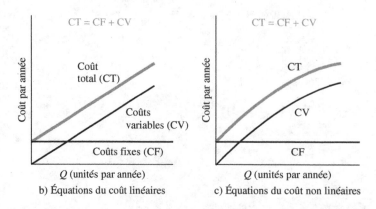

b) Équations du coût linéaires   c) Équations du coût non linéaires

représenter des situations dans lesquelles les profits unitaires augmentent en fonction de l'accroissement du volume de ventes (*voir la courbe 1 dans la figure 13.1 a*) ou dans lesquelles les coûts unitaires moyens diminuent lorsque les quantités augmentent (*voir la courbe 2 dans la même figure*).

Les charges, qui peuvent être linéaires ou non, comprennent habituellement deux éléments, soit des coûts fixes et des coûts variables, comme le montre la figure 13.1 b).

Les coûts fixes (CF) comprennent, entre autres, les amortissements relatifs aux immobilisations amortissables (comme les bâtiments), les frais d'assurance, les frais généraux fixes, de même qu'un certain niveau minimal de coûts de main-d'œuvre indirecte, de coûts de recouvrement du capital associés au matériel et de systèmes informatiques.

Les coûts variables (CV) comprennent notamment les coûts de la main-d'œuvre directe, des matières, la partie variable des coûts indirects, de sous-traitance, de marketing, de publicité et de garantie.

Les coûts fixes sont essentiellement constants pour toutes les valeurs de la variable, de sorte qu'ils ne varient pas dans le cas d'un large éventail de paramètres d'exploitation tels que le niveau de production ou les effectifs. Même si on ne fabrique aucune unité, les coûts fixes seront engagés dans une certaine mesure. Bien entendu, une telle situation ne peut durer très longtemps avant qu'une usine doive interrompre ses activités pour diminuer ces charges. On peut réduire les coûts fixes en améliorant le matériel, les systèmes informatiques et l'utilisation de la main-d'œuvre, en offrant des régimes d'avantages sociaux moins coûteux, en confiant certaines tâches à des sous-traitants et ainsi de suite.

De leur côté, les coûts variables changent en fonction du niveau de production, des effectifs et d'autres paramètres. En général, on peut réduire ces charges en améliorant la conception des produits, l'efficacité de la fabrication, la qualité et la sécurité, de même qu'en augmentant le volume de ventes.

Lorsqu'ils sont additionnés, les coûts fixes et les coûts variables forment l'équation du coût total (CT). La partie b) de la figure 13.1 illustre l'équation du coût total dans le cas de coûts fixes et variables linéaires. La partie c) présente la courbe générale de l'équation du coût total dans le cas de coûts variables unitaires non linéaires qui diminuent en fonction de l'augmentation de la quantité.

À une certaine valeur précise mais inconnue Q de la variable de décision, l'équation du revenu et celle du coût total se croisent au point mort Q_{PM} (*voir la figure 13.2*).

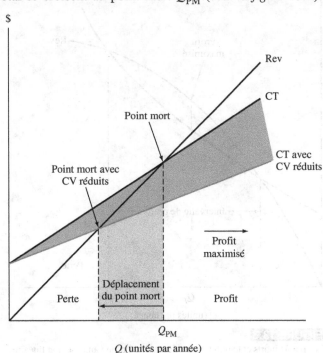

FIGURE 13.2

L'effet de la réduction des coûts variables unitaires sur le point mort

Si $Q > Q_{PM}$, un profit est à prévoir, tandis que si $Q < Q_{PM}$, il y a perte. Lorsque le revenu et les coûts variables sont linéaires, plus une quantité est grande, plus le profit réalisé est élevé. On calcule ce dernier de la façon suivante :

$$\textbf{Profit = revenu – coût total}$$
$$\textbf{= Rev – CT}$$ [13.1]

On peut déterminer une équation pour le point mort lorsque le revenu et le coût total constituent des fonctions linéaires de quantité Q en établissant l'égalité entre l'équation du revenu et celle du coût total, ce qui indique un profit nul.

$$\text{Rev} = \text{CT}$$
$$rQ = \text{CF} + \text{CV} = \text{CF} + vQ$$

où r est le revenu unitaire et v correspond aux coûts variables unitaires.

On détermine alors le point mort en quantité Q_{PM} de manière à obtenir ce qui suit :

$$Q_{PM} = \frac{\text{CF}}{r - v}$$ [13.2]

Le graphique du point mort constitue un important outil de gestion, car il est facile à comprendre et on peut s'en servir de différentes façons au moment de prendre des décisions et d'effectuer des analyses. Par exemple, si on réduit les coûts variables unitaires, la pente de la droite du coût total s'en trouve atténuée (*voir la figure 13.2*) et le point mort diminue. Il s'agit là d'un avantage, puisque moins la valeur du point mort en quantité Q_{PM} est élevée, plus le profit réalisé pour un revenu donné augmente.

Si on utilise des équations du revenu ou du coût total non linéaires, il peut y avoir plus d'un point mort. La figure 13.3 présente une situation où il existe deux points morts. Le profit maximal est obtenu au point Q_P situé entre les deux points morts, à l'endroit où la distance entre l'équation du revenu et celle du coût total est la plus grande.

Évidemment, aucune équation statique du revenu ou du coût total, qu'elle soit linéaire ou non, ne peut permettre d'estimer avec exactitude les revenus et les charges sur une très longue période. Cependant, le point mort constitue une excellente référence à des fins de planification.

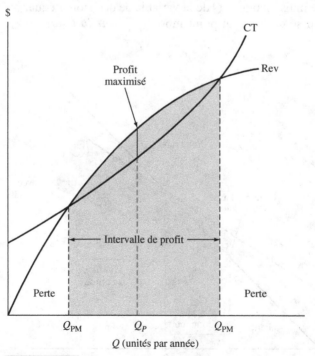

FIGURE 13.3

Les points morts et le point du profit maximal d'une analyse non linéaire

EXEMPLE 13.1

Dans ses installations établies en Ontario, la société Lufkin Trailer monte chaque mois jusqu'à 30 remorques conçues pour des camions à 18 roues. Au cours des 5 derniers mois, la production a baissé à 25 unités par mois en raison d'un ralentissement économique mondial dans le secteur des services de transport. Voici quelques renseignements utiles :

$$\text{Coûts fixes mensuels} \qquad \text{CF} = 750\,000\,\$$$
$$\text{Coûts variables unitaires} \qquad v = 35\,000\,\$$$
$$\text{Revenu unitaire} \qquad r = 75\,000\,\$$$

a) Comparez le niveau de production réduit à 25 unités par mois avec le point mort actuel.
b) Quel est le niveau de profit mensuel actuel pour ces installations ?
c) Quelle serait la différence entre le revenu et les coûts variables par remorque nécessaire pour atteindre le point mort, si le niveau de production mensuel diminuait à 15 unités et que les coûts fixes demeuraient constants ?

Solution

a) À l'aide de l'équation [13.2], déterminez le nombre d'unités correspondant au point mort. Tous les montants sont présentés en milliers de dollars.

$$Q_{\text{PM}} = \frac{\text{CF}}{r - v}$$
$$= \frac{750}{75 - 35} = 18,75 \text{ unités par mois}$$

La figure 13.4 présente graphiquement la droite du revenu et celle du coût total. Le point mort possède une valeur de 18,75 qui, en nombre entier, correspond à 19 remorques. Le niveau de production réduit à 25 unités est donc supérieur au point mort.

b) Pour estimer, en milliers de dollars, le profit réalisé à la quantité $Q = 25$ unités par mois, servez-vous de l'équation [13.1].

$$\text{Profit} = \text{Rev} - \text{CT} = rQ - (\text{CF} + vQ)$$
$$= (r - v)Q - \text{CF}$$
$$= (75 - 35)25 - 750$$
$$= 250\,\$ \qquad\qquad [13.3]$$

Actuellement, le profit s'élève donc à 250 000 $ par mois.

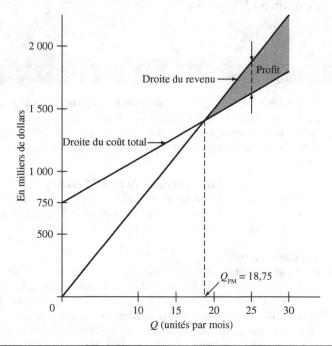

FIGURE 13.4

Le graphique du point mort de l'exemple 13.1

c) Pour calculer la différence requise $r - v$, utilisez l'équation [13.3] avec les valeurs suivantes : profit = 0, $Q = 15$ et CF = 750 000 $. Vous obtiendrez alors, en milliers de dollars :

$$0 = (r - v)(15) - 750$$

$$r - v = \frac{750}{15} = 50 \text{ \$ par unité}$$

L'écart entre les valeurs r et v devrait donc être de 50 000 $. Si v demeurait à 35 000 $, le revenu par remorque devrait passer de 75 000 $ à 85 000 $ pour atteindre le point mort à un niveau de production de $Q = 15$ unités par mois.

Dans certains cas, on veut que l'analyse du point mort effectuée par unité soit plus significative. On calcule alors tout de même la valeur du point mort en quantité Q_{PM} au moyen de l'équation [13.2], sauf qu'on divise l'équation du coût total par Q pour obtenir une expression du « coût par unité », également appelée « coût moyen unitaire (C_u) ».

$$C_u = \frac{CT}{Q} = \frac{CF + vQ}{Q} = \frac{CF}{Q} + v \qquad [13.4]$$

Au point mort en quantité $Q = Q_{PM}$, le revenu unitaire est exactement égal au coût unitaire moyen. Si on les représente graphiquement, les coûts fixes unitaires moyens de l'équation [13.4] prennent la forme d'une hyperbole.

Au chapitre 5, on étudie l'analyse du délai de récupération. Ce dernier correspond au nombre d'années n_p nécessaires pour récupérer un investissement initial. On n'effectue une analyse du délai de récupération à un taux d'intérêt nul que lorsqu'il n'est pas obligatoire d'obtenir un taux de rendement supérieur à 0, outre le fait de récupérer l'investissement initial. (Comme on le sait, cette technique est particulièrement efficace quand on s'en sert pour appuyer une analyse de la valeur actualisée au taux de rendement acceptable minimum.) Si on allie une analyse du délai de récupération à un point mort, on peut déterminer la valeur de la variable de décision pour différents délais de récupération, comme le montre l'exemple 13.2.

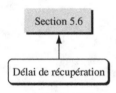

Section 5.6

Délai de récupération

EXEMPLE 13.2

Le président de l'entreprise locale Vortex Solutions s'attend à ce qu'un produit en particulier possède une durée de vie rentable de 1 à 5 ans. Il souhaite connaître le nombre d'unités qu'il devrait vendre annuellement pour récupérer son investissement après 1 an, 2 ans et ainsi de suite jusqu'à 5 ans. Trouvez les réponses manuellement et par ordinateur. Voici les charges et les revenus estimatifs :

Coûts fixes : investissement initial de 80 000 $ et charges d'exploitation annuelles de 1 000 $
Coûts variables : 8 $ par unité
Revenu : le double des coûts variables au cours des 5 premières années et 50 % des coûts variables par la suite

Solution manuelle

Dans cette solution, utilisez X pour désigner le nombre d'unités à vendre annuellement afin d'atteindre le point mort et n_p pour désigner le délai de récupération. Considérez que $n_p = 1, 2, 3, 4$ et 5 ans. Comme il y a deux inconnues dans une même équation, il faut établir les valeurs de l'une d'elles pour ensuite déterminer celle de l'autre. On peut alors établir l'équation du coût annuel et celle du revenu annuel sans tenir compte de la valeur temporelle de l'argent, puis se servir des valeurs de n_p pour trouver le point mort X.

$$\text{Coûts fixes} \quad \frac{80\,000}{n_p} + 1000$$

$$\text{Coûts variables} \quad 8X$$

$$\text{Revenu} \quad \begin{cases} 16X & \text{années 1 à 5} \\ 4X & \text{année 6 et suivantes} \end{cases}$$

Établissez l'égalité entre le revenu et le coût total, puis déterminez la valeur de X.

$$\text{Revenu} = \text{coût total}$$

$$16X = \frac{80\,000}{n_p} + 1000 + 8X \qquad [13.5]$$

$$X = \frac{10\,000}{n_p} + 125$$

Insérez les valeurs de 1 à 5 pour n_p et trouvez la valeur de X (*voir la figure 13.5*) dans chaque cas. Par exemple, pour récupérer l'investissement initial en 2 ans, il faudrait vendre 5 125 unités par année afin d'atteindre le point mort. Dans cette solution, on ne tient pas compte de l'intérêt, c'est-à-dire que $i = 0\,\%$.

Solution par ordinateur

Déterminez la valeur de X à l'aide de l'équation [13.5] en vous servant des symboles r et v sur la feuille de calcul.

$$X = \frac{80\,000/n_p + 1000}{r - v} \qquad [13.6]$$

Sur la feuille de calcul présentée à la figure 13.6, l'équation [13.6] se trouve dans les cellules C9 à C13, comme le montre l'étiquette. La colonne C et le diagramme de dispersion (ou nuage de points) affichent les résultats. Par exemple, pour récupérer l'investissement en 1 an, il faudrait vendre $X = 10\,125$ unités dans l'année, alors que pour le récupérer en 5 ans, il ne faudrait en vendre que 2 125 annuellement.

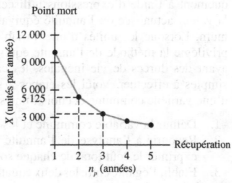

FIGURE 13.5

Les volumes de ventes nécessaires pour atteindre le point mort au cours de différents délais de récupération de l'exemple 13.2

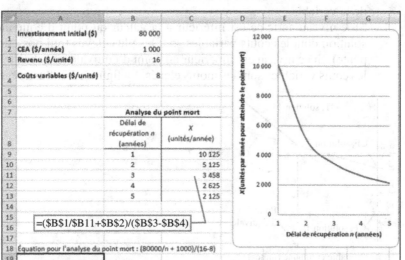

FIGURE 13.6

La feuille de calcul présentant le point mort de différents délais de récupération de l'exemple 13.2

13.2 L'ANALYSE DU POINT D'ÉQUIVALENCE ENTRE DEUX SOLUTIONS POSSIBLES

Chapitre 8

Taux de rendement interne différentiel

Une analyse du point d'équivalence ou seuil d'indifférence comprend la détermination d'une variable commune ou d'un paramètre économique commun entre deux solutions possibles. Ce paramètre peut être un taux d'intérêt i, un coût initial P, des charges d'exploitation annuelles (CEA) ou autre. Dans ce manuel, on a déjà effectué l'analyse du point d'équivalence entre des solutions possibles portant sur plusieurs paramètres. Par exemple, le taux de rendement interne différentiel (Δi^*) constitue le point d'équivalence, en taux, entre des solutions possibles. Dans ce cas, si le taux de rendement acceptable minimum est inférieur au taux Δi^*, l'investissement supplémentaire nécessaire pour la solution qui exige l'investissement le plus élevé est justifié. Par ailleurs, dans la section 11.3, on détermine la valeur de remplacement (VR) d'une solution actuelle. Dans ce cas, si la valeur de marché est supérieure à la valeur de remplacement, on devrait privilégier l'adoption de la solution de remplacement.

Souvent, une analyse du point d'équivalence porte sur des variables de revenus ou de charges communes à deux solutions possibles, par exemple sur le coût unitaire, les charges d'exploitation, le coût des matières ou le coût de la main-d'œuvre. La figure 13.7 illustre ce concept pour deux solutions associées à des équations du coût linéaires. En l'occurrence, les coûts fixes de la solution 2 sont supérieurs à ceux de la solution 1. Par contre, la solution 2 entraîne des coûts variables inférieurs à ceux de la solution 1, comme le montre sa pente plus faible. Le point d'équivalence se situe à l'intersection des droites du coût total. Par conséquent, si le nombre d'unités de la variable commune est supérieur au point d'équivalence, on optera pour la solution 2, puisque son coût total sera le moins élevé. À l'inverse, un niveau d'exploitation anticipé situé en deçà du point d'équivalence favorisera la solution 1.

Au lieu de représenter le coût total de chaque solution et de trouver le point d'équivalence graphiquement, il est parfois plus facile de calculer ce dernier numériquement à l'aide d'expressions utilisées en économie d'ingénierie pour déterminer la valeur actualisée ou l'annuité équivalente au taux de rendement acceptable minimum. Lorsque les unités d'une variable sont exprimées sur une base annuelle, on privilégie la méthode de l'annuité équivalente. Par ailleurs, dans le cas de solutions ayant des durées de vie inégales, les calculs de l'annuité équivalente sont les plus simples à effectuer. Voici les étapes à suivre pour connaître le point d'équivalence d'une variable commune et choisir une solution :

1. Définir la variable commune et les unités dans lesquelles elle s'exprime.
2. Recourir à l'analyse de l'annuité équivalente ou de la valeur actualisée pour exprimer le coût total de chaque solution en fonction de la variable commune.
3. Établir l'égalité entre les deux équations et trouver la valeur du point d'équivalence de la variable.
4. Si le niveau anticipé est inférieur à la valeur du point d'équivalence, choisir la solution dont les coûts variables sont les plus élevés (qui possède la plus grande pente). Si ce niveau est supérieur au point d'équivalence, choisir la solution dont les coûts variables sont les moins élevés. La figure 13.7 illustre bien ce processus.

FIGURE 13.7

Le point d'équivalence entre deux solutions associées à des équations du coût linéaires

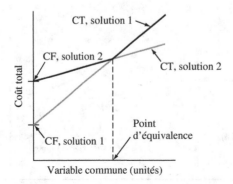

EXEMPLE 13.3

Une petite entreprise de fabrication évalue actuellement deux solutions pour un processus de finition, soit l'achat d'une machine à alimentation automatique ou celui d'une machine à alimentation manuelle. La machine à alimentation automatique possède un coût initial de 23 000 $, une valeur de récupération estimée à 4 000 $ et une durée de vie espérée de 10 ans. Un employé devrait faire fonctionner cette machine moyennant un tarif horaire de 24 $. On prévoit que cette machine produira 8 tonnes par heure et que ses charges d'exploitation et d'entretien annuelles s'élèveront à 3 500 $.

Pour sa part, la machine à alimentation manuelle possède un coût initial de 8 000 $, aucune valeur de récupération attendue, une durée de vie espérée de 5 ans et une capacité de finition de 6 tonnes par heure. Toutefois, 3 employés devraient la faire fonctionner moyennant un tarif horaire de 12 $ chacun. Les charges d'exploitation et d'entretien annuelles de cette machine devraient s'élever à 1 500 $. On prévoit que tous les projets entraîneront un rendement de 10 % par année. Combien de tonnes de produits par année la machine à alimentation automatique devrait-elle permettre de finir pour justifier son coût d'achat supérieur?

Solution

Suivez les étapes décrites précédemment pour calculer le point d'équivalence entre les deux solutions.

1. Soit x le nombre de tonnes par année.
2. Les coûts variables annuels de la machine à alimentation automatique sont les suivants:

$$\text{CV annuels} = \frac{24\,\$}{\text{heure}} \frac{1\text{ heure}}{8\text{ tonnes}} \frac{x\text{ tonnes}}{\text{année}}$$
$$= 3x$$

Les coûts variables sont calculés en dollars par année. Le coût annuel équivalent de la machine à alimentation automatique s'exprime ainsi:

$$\text{CAÉ}_{\text{automatique}} = -23\,000(A/P;10\%;10) + 4\,000(A/F;10\%;10) - 3\,500 - 3x$$
$$= -6\,992\,\$ - 3x$$

De même, les coûts variables annuels et le coût annuel équivalent de la machine à alimentation manuelle sont les suivants:

$$\text{CV annuels} = \frac{12\,\$}{\text{heure}}(3\text{ opérateurs})\frac{1\text{ heure}}{6\text{ tonnes}}\frac{x\text{ tonnes}}{\text{année}}$$
$$= 6x$$
$$\text{CAÉ}_{\text{manuelle}} = -8\,000(A/P;10\%;5) - 1\,500 - 6x$$
$$= -3\,610\,\$ - 6x$$

3. Établissez l'égalité entre les deux équations du coût et trouvez la valeur de x.

$$\text{CAÉ}_{\text{automatique}} = \text{CAÉ}_{\text{manuelle}}$$
$$-6\,992 - 3x = -3\,610 - 6x$$
$$x = 1\,127\text{ tonnes/année}$$

4. Si on s'attend à ce que les produits finis dépassent 1 127 tonnes par année, on devrait acheter la machine à alimentation automatique, puisque la pente de ses coûts variables, qui est de 3, est plus petite que celle des coûts variables de la machine à alimentation manuelle, qui est de 6.

On se sert couramment de l'analyse du point d'équivalence pour prendre des décisions liées à la fabrication ou à l'achat. En général, la solution qui consiste à acheter n'a pas de coûts fixes, mais entraîne des coûts variables supérieurs à ceux de la solution qui consiste à fabriquer. Le point où les deux équations du coût se croisent correspond à la quantité déterminante dans la décision de fabriquer ou d'acheter. Les valeurs supérieures à cette quantité indiquent qu'il vaudrait mieux fabriquer l'élément évalué que de l'acheter ailleurs.

La société Guardian fabrique des appareils de soins à domicile à l'échelle nationale. Elle doit maintenant décider de fabriquer ou d'acheter. Un tout nouveau dispositif élévateur peut être installé à l'arrière d'un véhicule pour faire monter ou descendre un fauteuil roulant. L'entreprise peut acheter le levier en acier de ce dispositif au montant de 0,60 $ l'unité ou le fabriquer à l'interne. Si elle le fabrique sur place, il lui faudra deux machines. Selon les estimations, la machine A devrait coûter 18 000 $, avoir une durée de vie de 6 ans et une valeur de récupération de 2 000 $, alors que la machine B devrait coûter 12 000 $, avoir une durée de vie de 4 ans et une valeur de récupération de −500 $ (coûts de relocalisation). Au bout de 3 ans, la machine A nécessitera une remise en état qui coûtera 3 000 $. On prévoit que les charges d'exploitation annuelles de la machine A s'élèveront à 6 000 $ par année et que celles de la machine B atteindront 5 000 $ par année. En tout, 4 opérateurs seront nécessaires pour faire fonctionner les 2 machines, au tarif horaire de 12,50 $ chacun. Au cours d'une période normale de 8 heures, les opérateurs et les 2 machines pourront produire les pièces nécessaires à la fabrication de 1 000 unités. Utilisez un taux de rendement acceptable minimum de 15 % par année pour déterminer ce qui suit :

a) le nombre d'unités à fabriquer chaque année pour justifier l'adoption de la solution qui consiste à fabriquer les leviers à l'interne ;

b) les dépenses maximales en immobilisations qui justifieraient l'achat de la machine A, si on suppose que toutes les autres estimations relatives aux machines A et B énoncées sont correctes. L'entreprise s'attend à fabriquer 125 000 unités par année.

Solution

a) Suivez les étapes 1 à 3 décrites précédemment afin de déterminer le point d'équivalence.
   1. Désignez par la variable x le nombre de dispositifs élévateurs à fabriquer chaque année.
   2. Dans le cas de la solution qui consiste à fabriquer les leviers, les opérateurs entraînent des coûts variables et les 2 machines entraînent des coûts fixes.

$$\text{CV annuels} = (\text{coûts par unité})(\text{unités par année})$$

$$= \frac{4 \text{ opérateurs}}{1\,000 \text{ unités}} \frac{12,50\,\$}{\text{heure}} (8 \text{ heures})x$$

$$= 0,4x$$

Les coûts fixes annuels des machines A et B correspondent à leurs annuités équivalentes.

$$\text{CAÉ}_A = -18\,000(A/P;15\%;6) + 2\,000(A/F;15\%;6)$$
$$- 6\,000 - 3\,000(P/F;15\%;3)(A/P;15\%;6)$$

$$\text{CAÉ}_B = -12\,000(A/P;15\%;4) - 500(A/F;15\%;4) - 5\,000$$

Le coût total correspond à la somme des valeurs CAÉ_A, CAÉ_B et CV.

3. Si on établit l'égalité entre les coûts annuels de la solution qui consiste à acheter les leviers ($0,60x$) et les coûts annuels de celle qui consiste à les fabriquer, on obtient ce qui suit :

$$-0,60x = \text{CAÉ}_A + \text{CAÉ}_B - \text{CV}$$
$$= -18\,000(A/P;15\%;6) + 2\,000(A/F;15\%;6) - 6\,000$$
$$- 3\,000(P/F;15\%;3)(A/P;15\%;6) - 12\,000(A/P;15\%;4)$$
$$- 500(A/F;15\%;4) - 5\,000 - 0,4x \qquad [13.7]$$

$$-0,2x = -20\,352,43$$

$$x = 101\,762 \text{ unités par année}$$

Il faudrait produire un minimum de 101 762 dispositifs élévateurs par année pour justifier la fabrication des leviers à l'interne, à laquelle sont associés les coûts variables les moins élevés de $0,40x$.

b) Remplacez la variable x par 125 000 et le coût initial de la machine A à déterminer (qui s'élève actuellement à 18 000 $) par P_A dans l'équation [13.7]. Vous obtiendrez alors la solution $P_A = 35\,588$ $, qui correspond à peu près au double du coût initial estimé à 18 000 $, puisque la production de 125 000 unités par année est supérieure au point d'équivalence de 101 762 unités.

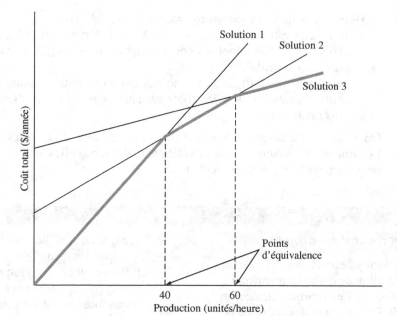

FIGURE 13.8
Les points d'équivalence
de trois solutions

Bien que les exemples précédents n'aient porté que sur deux solutions, il est aussi possible d'analyser de façon similaire trois solutions ou plus. Pour ce faire, on compare les solutions deux par deux afin de trouver leurs points d'équivalence respectifs. Les résultats obtenus indiquent les intervalles dans lesquels chaque solution est la plus économique. Par exemple, à la figure 13.8, si la production était inférieure à 40 unités par heure, on devrait opter pour la solution 1 ; si cette production se situait entre 40 et 60 unités, la solution 2 serait la plus économique de toutes ; et au-delà de 60 unités, il faudrait privilégier la solution 3.

Lorsque les équations des coûts variables sont non linéaires, l'analyse est plus compliquée. Par contre, si les coûts augmentent ou diminuent de manière constante, on peut formuler des expressions mathématiques permettant de déterminer directement le point d'équivalence.

Pour analyser le point d'équivalence entre deux solutions à l'ordinateur, on peut recourir à l'outil d'optimisation d'Excel, c'est-à-dire à son Solveur. On a déjà utilisé cet outil à la section 12.4, qui porte sur la méthode de la programmation linéaire, de même que dans une étude de remplacement vue à la section 11.3.

RÉSUMÉ DU CHAPITRE

Le point mort associé à une variable X d'un projet unique peut s'exprimer de diverses façons, notamment en unités par année ou en heures par mois. Au point mort en quantité Q_{PM}, on peut accepter ou rejeter un projet sans que cela fasse la moindre différence. Pour prendre une décision, on suit les lignes directrices décrites ci-dessous.

Dans le cas d'un projet unique (*voir la figure 13.2*) :
Si la quantité estimative est plus grande que le point mort en quantité Q_{PM}, on accepte le projet.
Si la quantité estimative est plus petite que le point mort en quantité Q_{PM}, on rejette le projet.

En présence de deux solutions ou plus, on détermine la valeur du point d'équivalence de la variable commune X puis, pour choisir une solution, on suit les lignes directrices suivantes.

Dans le cas de deux solutions (*voir la figure 13.7*):

Si le niveau estimatif de la variable X est **inférieur** au point d'équivalence, on choisit la solution dont les coûts variables sont les plus élevés (qui présente la plus grande pente).

Si le niveau estimatif de la variable X est **supérieur** au point d'équivalence, on choisit la solution dont les coûts variables sont les moins élevés (qui présente la plus petite pente).

On effectue l'analyse du point d'équivalence entre deux solutions en établissant l'égalité entre les équations de la valeur actualisée ou celles de l'annuité équivalente et en déterminant le paramètre recherché.

PROBLÈMES

L'analyse du point mort d'un projet unique

13.1 À la société Harley Motors, les coûts fixes s'élèvent à 1 million de dollars par année. Le principal produit de l'entreprise entraîne un revenu de 8,50 $ par unité et des coûts variables de 4,25 $ par unité. Déterminez:

a) le point mort en quantité par année;

b) le profit annuel, si l'entreprise vend 200 000 unités et si elle en vend 350 000. Pour répondre à cette question, servez-vous à la fois d'une équation et d'une représentation graphique des équations du revenu et du coût total.

13.2 En tenant compte des équations du revenu et du coût total linéaires et non linéaires, nommez au moins une combinaison d'équations mathématiques pour laquelle il pourrait facilement y avoir exactement deux points morts.

13.3 Un ingénieur métallurgiste estime que l'investissement nécessaire pour extraire les métaux précieux (soit le nickel, l'argent, l'or, etc.) des eaux usées d'une raffinerie de cuivre s'élèvera à 15 millions de dollars. Le matériel aura une durée d'utilité de 10 ans, sans valeur de récupération. Actuellement, la quantité de métaux rejetés est de 12 000 kg par mois. Les charges d'exploitation mensuelles se chiffrent à un montant représenté par l'équation $(4\,100\,000\,\$)E^{1,8}$, la variable E correspondant à l'efficacité de l'extraction des métaux sous forme décimale. Déterminez l'efficacité d'extraction minimale requise pour permettre à l'entreprise d'atteindre le point mort, si le prix de vente moyen des métaux s'élève à 250 $/kg. Servez-vous d'un taux d'intérêt de 1 % par mois.

13.4 À partir des estimations suivantes, calculez:

a) le point mort en quantité par mois;

b) le profit ou la perte par unité si le niveau de ventes est supérieur de 10 % au point mort ou s'il lui est inférieur de 10 %, respectivement.

c) Représentez graphiquement les coûts moyens unitaires qui correspondent à des quantités allant de valeurs inférieures de 25 % au point mort à des valeurs qui lui sont supérieures de 30 %.

$$r = 39,95 \, \$ \text{ par unité}$$
$$v = 24,75 \, \$ \text{ par unité}$$
$$CF = 4\,000\,000 \, \$ \text{ par année}$$

13.5 Représentez graphiquement les coûts moyens unitaires par rapport aux quantités que produit le service de montage des appareils ménagers de la société Ace-One Inc., dont les coûts fixes s'élèvent à 160 000 $ par année et les coûts variables, à 4 $ par unité. Ensuite, servez-vous de ce graphique pour répondre aux questions suivantes:

a) Pour quelle quantité un coût moyen unitaire de 5 $ est-il justifié?

b) Si les coûts fixes augmentent à 200 000 $, représentez la nouvelle courbe sur le même graphique, puis estimez la quantité qui justifie un coût moyen de 6 $ par unité.

13.6 Un centre d'appels de l'Inde qu'utilisent des détenteurs de cartes de crédit canadiens a une capacité de 1 400 000 appels par année. Les coûts fixes de ce centre s'élèvent à 775 000 $ par année et ses coûts variables moyens ainsi que son revenu, à 2 $ et à 3,50 $ par appel, respectivement.

a) Trouvez quel pourcentage de la capacité d'appels il faut effectuer chaque année pour atteindre le point mort.

b) Le directeur du centre d'appels prévoit consacrer l'équivalent de 500 000 des 1 400 000 appels de la capacité actuelle à une nouvelle gamme de produits. Il s'attend ainsi à ce que les coûts fixes du centre d'appels augmentent à 900 000 $, dont 50 % seront consacrés à la nouvelle gamme de produits. Déterminez le revenu moyen par appel nécessaire pour que 500 000 appels permettent d'atteindre le point mort pour cette nouvelle gamme de produits seulement. Comparez ce revenu nécessaire avec le revenu actuel du centre, qui se chiffre à 3,50 $ par appel.

13.7 Au cours des 2 dernières années, l'entreprise Les Cuirs laurentiens a connu des coûts fixes de 850 000 $ par année et une marge sur coût variable ($r - v$) de 1,25 $ par unité. Toutefois, la concurrence internationale est devenue si forte qu'elle doit à présent apporter certains changements financiers si elle veut garder sa part de marché au niveau actuel. À l'aide d'Excel, effectuez une analyse graphique pour estimer les répercussions sur le point mort d'augmentations de la différence entre le revenu et les coûts variables par unité de 1 à 15 % de sa valeur actuelle. Si les coûts fixes et le revenu par unité conservent leur valeur actuelle, que faudra-t-il changer pour réduire le point mort ?

13.8 (Ce problème constitue un approfondissement du problème 13.7.) Dans l'analyse réalisée au problème 13.7, on a examiné une modification des coûts variables par unité. Le directeur des services financiers estime que les coûts fixes diminueront à 750 000 $ lorsque le taux de production requis pour atteindre le point mort sera de 600 000 unités ou moins. Que se passera-t-il dans le cas des points morts qui correspondent aux augmentations de la marge sur coût variable ($r - v$) de 1 à 15 % considérées dans l'évaluation précédente ?

13.9 Une société automobile évalue la possibilité de transformer une usine de construction de véhicules économiques pour y construire des voitures sport de style rétro. Le coût initial de la conversion du matériel s'élèverait à 200 millions de dollars, et ce matériel aurait une valeur de récupération de 20 % pendant une période de 5 ans. Le coût de fabrication d'un véhicule serait de 21 000 $, mais le prix de vente devrait se chiffrer à 33 000 $ (pour les concessionnaires). Au cours de la première année, la capacité de production serait de 4 000 unités. Si le taux d'intérêt s'élève à 12 % par année, de quelle quantité

constante la production devrait-elle augmenter chaque année pour que l'entreprise récupère son investissement en 3 ans ?

13.10 L'an dernier, la coopérative des fruiticulteurs de l'Okanagan a acheté un pasteurisateur de jus au montant de 150 000 $. La première année, son revenu s'est élevé à 50 000 $. Au cours de la durée de vie totale du pasteurisateur estimée à 8 ans, quels doivent être les autres revenus annuels (des années 2 à 8) pour que la coopérative récupère son investissement, si les charges demeurent constantes à 42 000 $ et qu'on s'attend à un taux de rendement de 10 % par année ? On prévoit également une valeur de récupération de 20 000 $ pour le pasteurisateur.

13.11 Roger, ingénieur industriel, occupe des fonctions de directeur à la société Zema Corporation. Il a déterminé, grâce à la méthode des moindres carrés, que la meilleure description du coût total annuel par caisse de production de la boisson la plus vendue de l'entreprise résidait dans l'équation quadratique $CT = 0,001Q^2 + 3Q + 2$ et que le revenu était à peu près linéaire, avec $r = 25$ $ par caisse. Roger vous demande de faire ce qui suit :
a) Dressez le tableau de la fonction du profit entre des valeurs $Q = 5 000$ et 25 000 caisses. Estimez le profit maximal et la quantité à laquelle celui-ci est atteint.
b) Trouvez les réponses à la question a) à l'aide d'un graphique d'Excel.
c) Formulez une équation pour trouver la valeur Q_{max}, soit la quantité à laquelle on devrait atteindre le profit maximal, puis déterminez le montant du profit réalisé à ce point pour le coût total et la valeur r établis par le directeur.

13.12 Un ingénieur civil vient d'être promu au poste de directeur des systèmes publics d'ingénierie. L'un des produits dont il est responsable est une pompe d'interception de secours pour l'eau potable. Si la qualité ou le volume de l'eau testée varie d'un certain pourcentage déterminé, cette pompe passe automatiquement à des options préétablies de traitement ou de sources d'approvisionnement en eau. Voici les coûts fixes et variables qu'entraîne le processus de fabrication de la pompe au cours d'une période de 1 an :

	Coûts fixes ($)		Coûts variables ($/unité)
Frais d'administration	30 000	Matières	2 500
Salaires et avantages sociaux : 20 % de	350 000	Main-d'œuvre	200
Matériel	100 000	Main-d'œuvre indirecte	2 000
Installations, services, etc.	55 000	Sous-traitants	800
Informatique : 1/3 de	150 000		

a) Déterminez le revenu minimal qu'il faudrait obtenir par unité pour atteindre le point mort avec le volume de production actuel de 5 000 unités par année.

b) Si on décide de vendre des produits à l'échelle internationale ainsi qu'à de grandes entreprises, il faudra fabriquer 3 000 unités de plus. Déterminez le revenu unitaire qu'il faudra atteindre si on cherche à réaliser un profit de 500 000 $ pour l'ensemble de la gamme de produits. Supposez que les charges estimatives présentées dans le tableau ci-dessus ne changent pas.

L'analyse du point d'équivalence entre plusieurs solutions

13.13 Une société de publication de pages jaunes doit choisir entre les deux solutions suivantes : composer les annonces publicitaires de ses clients à l'interne ou payer une entreprise de production pour le faire. Afin de concevoir les annonces à l'interne, la société devrait acheter des ordinateurs, des imprimantes et divers autres périphériques au coût de 12 000 $. Ce matériel aurait une durée d'utilité de 3 ans, après quoi on pourrait le vendre au montant de 2 000 $. L'employé responsable de la création des annonces recevrait un salaire de 45 000 $ par année. De plus, chaque annonce coûterait en moyenne 8 $ à préparer avant son envoi chez l'imprimeur. Au cours des prochaines années, on prévoit créer un total de 4 000 annonces. En guise d'autre solution, la société pourrait confier la conception de ses annonces à des sous-traitants moyennant un tarif de 20 $ par annonce, quelle qu'en soit la quantité. Le taux d'intérêt se chiffre actuellement à 8 % par année. Quel nombre d'annonces correspond au point d'équivalence, et quelle solution serait la meilleure sur le plan économique ?

13.14 Une entreprise d'ingénierie peut louer un système de mesure au montant de 1 000 $ par mois ou en acheter un pour la somme de 15 000 $. Si elle loue ce système, elle n'aura aucune charge d'entretien mensuelle à débourser, mais si elle l'achète, les charges d'entretien s'élèveront à 80 $ par mois. Si le taux d'intérêt est de 0,5 % par mois, pendant combien de mois l'entreprise aura-t-elle besoin de ce système pour atteindre le point d'équivalence ?

13.15 Deux pompes peuvent servir à pomper un liquide corrosif. L'une d'elles est munie d'un impulseur en laiton, coûte 800 $ et a une durée d'utilité attendue de 3 ans. L'autre est munie d'un impulseur en acier inoxydable, coûte 1 900 $ et a une durée d'utilité attendue de 5 ans. Une remise à neuf de 300 $ sera nécessaire au bout de 2 000 heures d'exploitation dans le cas de la pompe à impulseur en laiton, tandis qu'une remise en état de 700 $ s'imposera après 8 000 heures dans le cas de la pompe à impulseur en acier inoxydable. Si les charges d'exploitation de chaque pompe s'élèvent à 1 $ l'heure, pendant combien d'heures par année faudrait-il avoir besoin d'une pompe pour justifier l'achat de l'appareil le plus coûteux ? Utilisez un taux d'intérêt de 10 % par année.

13.16 Une entreprise a reçu deux soumissions pour la réfection d'un parc de stationnement utilisé à des fins commerciales. La proposition 1 comprend l'installation de nouvelles bordures, le nivellement et le pavage à un coût initial de 250 000 $. Si on opte pour ce genre de réfection, la surface du parc de stationnement aura une durée de vie de 4 ans et entraînera des charges annuelles d'entretien et de rafraîchissement des marques sur le revêtement de 3 000 $. La proposition 2 offre un revêtement de meilleure qualité dont la durée de vie attendue est de 8 ans. Dans ce cas, les charges d'entretien annuelles du revêtement seraient négligeables, mais il faudrait repeindre les marques aux 2 ans moyennant un coût de 3 000 $. Dans la proposition 2, les marques ne seraient pas repeintes durant la dernière année de la durée de vie attendue du revêtement. Si le taux de rendement acceptable minimum de l'entreprise se chiffre actuellement à 12 % par année, quel montant celle-ci peut-elle se permettre de consacrer à la proposition 2 au départ pour atteindre le point d'équivalence entre les deux solutions possibles ?

13.17 La société Ontario Site Remediation Inc. évalue deux systèmes de pompage et de traitement en vue de décontaminer la nappe souterraine située près de la décharge de Richmond.

a) À l'aide d'une équation de l'annuité équivalente, déterminez le nombre minimal d'heures par année pendant lesquelles il faudrait exploiter le système A pour en justifier l'adoption, si le taux de rendement acceptable minimum est de 10 % par année.

b) Si on comptait exploiter le système choisi 7 heures par jour, 365 jours par année, lequel des deux systèmes serait le meilleur sur le plan économique ?

	Système A	Système N
Coût initial ($)	−10 300	−4 000
Durée de vie (années)	6	3
Charges de remise en état ($)	−2 200	−1 000
Temps avant une remise en état (par année ou nombre minimal d'heures)	8 000	2 000
Charges d'exploitation ($/heure)	0,90	1,00

13.18 Jérémie évalue les charges d'exploitation liées à la fabrication de certains composants d'un système de sécurité résidentiel sans fil. Des usines de Hamilton et de Winnipeg fabriquent toutes deux ces mêmes composants. Les documents des 3 dernières années de l'usine d'Hamilton font état de coûts fixes de 400 000 $ par année et de coûts variables de 95 $ par unité à l'année 1, puis d'un montant diminuant de 3 $ par unité à chacune des années suivantes. Les documents de l'usine de Winnipeg présentent, quant à eux, des coûts fixes de 750 000 $ par année et des coûts variables de 50 $ par unité à l'année 1, augmentant de 4 $ par unité à chacune des années suivantes. Si la tendance se maintient, combien d'unités faudrait-il fabriquer à l'année 4 pour que les deux processus de fabrication

atteignent le point d'équivalence ? Servez-vous d'un taux d'intérêt de 10 % par année.

13.19 L'entreprise Construction Alfred envisage d'acheter 5 bennes à rebuts et un camion de transport pour jeter, puis déplacer les déchets de ses chantiers de construction. Selon les estimations, l'ensemble de ce matériel devrait entraîner un coût initial de 125 000 $, avoir une durée de vie de 8 ans, une valeur de récupération de 5 000 $ et nécessiter des charges d'exploitation de 40 $ par jour de même que des charges d'entretien annuelles de 2 000 $. Par ailleurs, l'entreprise pourrait plutôt obtenir les mêmes services auprès de la Ville selon les besoins sur ses chantiers de construction moyennant un coût de livraison initial de 125 $ par benne à rebuts par chantier et des charges quotidiennes de 20 $ par benne. Elle estime qu'au cours d'une année moyenne, environ 45 chantiers de construction nécessiteraient l'entreposage de déchets. Le taux de rendement acceptable minimum se chiffre à 12 % par année.

a) Pendant combien de jours par année l'entreprise aurait-elle besoin de ce matériel pour tout juste atteindre le point d'équivalence ?

b) Si elle prévoit utiliser ce matériel 75 jours par année, quelle option, entre l'achat du matériel ou sa location, devrait-elle choisir selon son analyse économique ? Déterminez le coût annuel attendu de cette décision.

13.20 La machine A entraîne des coûts fixes de 40 000 $ par année et des coûts variables de 60 $ par unité. La machine B entraîne des coûts fixes inconnus, mais elle permet de fabriquer 200 unités par mois moyennant des coûts variables totaux de 2 000 $. Si les coûts totaux des deux machines atteignent le point d'équivalence à un taux de production de 2 000 unités par année, quels sont les coûts fixes de la machine B ?

13.21 Chaque jour, des boues sont déversées dans un bassin de décantation situé près d'une usine principale. Lorsque ce bassin est plein, il faut en retirer les boues afin de les transporter en un lieu qui se trouve à 8,2 km de l'usine principale. Actuellement, lorsque le bassin est plein, les boues sont pompées, acheminées vers un camion-citerne puis transportées à l'endroit prévu. Ce processus exige l'utilisation d'une pompe portative dont le coût initial s'élève à 800 $ et la durée de vie est de 8 ans. L'entreprise paie un contractuel pour faire fonctionner la pompe et surveiller certains facteurs environnementaux et de sécurité au tarif de 100 $ par jour. De plus, elle doit louer le camion et payer le salaire du chauffeur au coût de 200 $ par jour.

L'entreprise pourrait également installer une pompe et une canalisation menant jusqu'au lieu où sont transportées les boues. La pompe entraînerait un coût initial de 1 600 $, aurait une durée de vie de 10 ans et coûterait 3 $ par jour à faire fonctionner. Le taux de rendement acceptable minimum de l'entreprise est de 10 % par année.

a) Si la canalisation coûtait 12 $ par mètre à construire et que sa durée de vie était de 10 ans, combien de jours par année devrait-on pomper les boues du bassin de décantation pour en justifier la construction ?

b) Si l'entreprise s'attend à pomper les boues du bassin une fois par semaine durant toute une année, quel montant peut-elle se permettre de dépenser maintenant pour la canalisation d'une durée de vie de 10 ans afin d'atteindre le point d'équivalence ?

ÉTUDE DE CAS

LES CHARGES D'UNE STATION DE TRAITEMENT DE L'EAU

Introduction

Depuis de nombreuses années, on procède à l'aération et à la recirculation des boues dans les stations de traitement de l'eau municipales et industrielles. L'aération sert d'abord à retirer physiquement les gaz ou les composés volatils de l'eau, alors que la recirculation des boues permet d'en réduire la turbidité et la dureté.

Lorsque les avantages de l'aération et de la recirculation des boues dans le traitement de l'eau ont commencé à être reconnus, les coûts énergétiques étaient si peu élevés qu'on en tenait rarement compte dans la conception et l'exploitation des stations de traitement. Toutefois, la hausse considérable du prix de l'électricité dans certaines localités a obligé les stations à examiner l'efficience de tous les processus de traitement de l'eau qui demandaient des quantités importantes d'énergie. L'étude qui suit a été réalisée dans une certaine station de traitement de l'eau municipale afin d'y évaluer l'efficience des pratiques d'aération préliminaire et de recirculation des boues.

La procédure expérimentale

L'étude a été menée dans une station qui traitait 106 m^3 d'eau par minute et où, dans des conditions de fonctionnement normales, les boues se trouvant dans le clarificateur secondaire étaient renvoyées vers l'aérateur, puis retirées dans le clarificateur primaire. La figure 13.9 présente le schéma de ce processus.

Pour évaluer les effets de la recirculation des boues, on a éteint la pompe à boues, mais en poursuivant l'aération. Ensuite, on a rallumé la pompe à boues, mais interrompu l'aération. Enfin, on a arrêté ces deux processus. Par la suite, on a établi les moyennes des résultats obtenus durant les périodes d'essai et on les a comparées aux valeurs obtenues quand les deux processus fonctionnaient.

Les résultats et leur interprétation

Les résultats obtenus des quatre modes de fonctionnement mis à l'essai ont démontré que la dureté de l'eau diminuait de 4,7 % quand les deux processus (la recirculation des boues et l'aération) avaient lieu en même temps. Lorsque seule la recirculation des boues était active, la réduction de la dureté était plutôt de l'ordre de 3,8 %. L'aération à elle seule ne diminuait en rien la dureté de l'eau, pas plus que l'arrêt complet de l'aération et de la recirculation. En ce qui a trait à la turbidité, la réduction atteignait 28 % quand la recirculation et l'aération étaient toutes deux utilisées. Cette diminution passait à 18 % lorsqu'on ne recourait ni à l'aération ni à la recirculation. Par ailleurs, la réduction demeurait aussi à 18 % quand on utilisait uniquement l'aération, de sorte

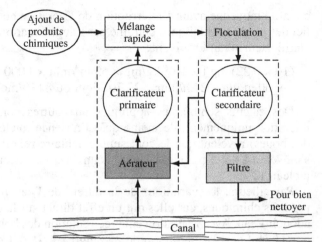

FIGURE 13.9

Le schéma du processus d'une station de traitement de l'eau

que ce processus employé seul ne contribuait aucunement à la diminution de la turbidité. Enfin, lorsque seule la recirculation des boues était utilisée, la réduction de la turbidité n'était plus que de 6 %. En réalité, la recirculation des boues employée seule entraînait donc une augmentation de la turbidité, d'où l'écart entre les 18 % et les 6 % de diminution.

Comme l'aération et la recirculation des boues avaient des répercussions évidentes sur la qualité de l'eau traitée (certaines positives, d'autres négatives), on s'est penché sur l'efficience de chacun des processus dans la réduction de la turbidité et de la dureté de l'eau. Les calculs effectués reposaient sur les données suivantes :

Moteur de l'aérateur : 40 hp
Efficacité du moteur de l'aérateur : 90 %
Moteur de la recirculation des boues : 5 hp
Efficacité de la pompe de recirculation : 90 %
Coût de l'électricité : 0,09 $/kWh
Coût de la chaux : 0,079 $/kg
Chaux requise : 0,62 mg/l par mg/l de dureté
Coût des coagulants : 0,165 $/kg
Jours par mois : 30,5

En premier lieu, on a calculé les charges associées à l'aération et à la recirculation des boues. Dans chaque cas, le débit d'eau n'influait pas sur les coûts.
Coût de l'aération :

40 hp × 0,75 kW/hp × 0,09 $/kWh × 24 h/jour ÷ 0,90 = 72 $/jour ou 2 196 $/mois

Coût de la recirculation des boues :

5 hp × 0,75 kW/hp × 0,09 $/kWh × 24 h/jour ÷ 0,90 = 9 $/jour ou 275 $/mois

Les estimations correspondantes figurent dans les colonnes 1 et 2 du résumé des charges présenté dans le tableau 13.1.

Les coûts associés à l'élimination de la turbidité et de la dureté de l'eau dépendent des quantités de produits chimiques nécessaires et du débit de l'eau. Les calculs suivants sont fondés sur un débit prévu de 53 m^3/min.

Comme on l'a mentionné précédemment, la réduction de la turbidité dans le clarificateur primaire était moindre en l'absence d'aération qu'elle ne l'était en sa présence (se chiffrant à 6 % comparativement à 28 %). Sans aération, la turbidité supplémentaire atteignant les floculateurs pourrait nécessiter l'ajout de produits chimiques coagulants additionnels. Si on suppose que dans le pire des cas, la quantité de produits chimiques additionnels requis serait proportionnelle au pourcentage de turbidité supplémentaire, il faudrait alors ajouter 22 % de coagulants. Puisque leur quantité moyenne avant l'interruption de l'aération était de 10 mg/l, le coût différentiel des produits chimiques entraîné par l'augmentation de la turbidité de l'effluent du clarificateur serait le suivant :

$$(10 \times 0,22) \text{ mg/l} \times 10^{-6} \text{ kg/mg} \times 53 \text{ m}^3/\text{min} \times 1\,000 \text{ l/m}^3 \times 0,165 \text{ \$/kg}$$
$$\times 60 \text{ min/h} \times 24 \text{ h/jour} = 27,70 \text{ \$/jour ou } 845 \text{ \$/mois}$$

Des calculs semblables appliqués aux autres conditions de fonctionnement (à l'aération uniquement, de même qu'à l'absence totale d'aération et de recirculation des boues) révèlent que le coût supplémentaire relatif à l'élimination de la turbidité s'élèverait à 469 $ par mois dans chacun de ces cas, comme le montre la colonne 5 du tableau 13.1.

Par ailleurs, les variations de la dureté de l'eau influent aussi sur les coûts des produits chimiques, car elles ont un effet direct sur la quantité de chaux requise pour adoucir l'eau. Avec l'aération et la recirculation des boues, la réduction moyenne de la dureté était de 12,1 mg/l (soit de 258 mg/l × 4,7 %). Cependant, en recourant uniquement à la recirculation des boues, on obtenait plutôt une diminution de 9,8 mg/l, ce qui représentait une différence de 2,3 mg/l attribuée à l'aération. En conséquence, le coût supplémentaire de la chaux entraîné par l'interruption de l'aération s'élevait au montant suivant :

$$2,3 \text{ mg/l} \times 0,62 \text{ mg/l de chaux} \times 10^{-6} \text{ kg/mg} \times 53 \text{ m}^3/\text{min} \times 1\,000 \text{ l/m}^3$$
$$\times 0,079 \text{ \$/kg} \times 60 \text{ min/h} \times 24 \text{ h/jour} = 8,60 \text{ \$/jour ou } 262 \text{ \$/mois}$$

Lorsqu'on a interrompu la recirculation des boues, aucune réduction de la dureté n'a eu lieu dans le clarificateur, de sorte que le coût supplémentaire de la chaux s'élèverait alors à 1 380 $ par mois.

		Économie réalisée à l'interruption de :		Économie totale (3) = (1) + (2)	Coût supplémentaire de l'élimination de :		Coût supplémentaire total (6) = (4) + (5)	Économie nette (7) = (3) − (6)
Solution	Description	Aération (1)	Recirculation (2)		Dureté (4)	Turbidité (5)		
1	Recirculation des boues et aération	Conditions de fonctionnement normales						
2	Aération seulement	—	275	275	1 380	469	1 849	−1 574
3	Recirculation des boues seulement	2 196	—	2 196	262	845	1 107	+1 089
4	Ni aération ni recirculation des boues	2 196	275	2 471	1 380	469	1 849	+622

TABLEAU 13.1 — LE RÉSUMÉ DES CHARGES EN DOLLARS PAR MOIS

L'économie totale et le coût total associés aux changements apportés aux conditions de fonctionnement de la station figurent dans les colonnes 3 et 6 du tableau 13.1, respectivement, et l'économie nette réalisée est présentée dans la colonne 7. Bien entendu, la meilleure condition de fonctionnement réside dans la solution « Recirculation des boues seulement ». Cette condition entraînerait une économie nette de 1 089 $ par mois, comparativement à une économie nette de 622 $ par mois lorsque les deux processus sont interrompus et à un coût net de 1 574 $ par mois en cas de recours à l'aération uniquement. Dans les faits, comme les calculs présentés ici représentaient les pires conditions possible, l'économie réelle réalisée grâce à la modification des procédures d'exploitation de la station de traitement s'est révélée supérieure à celle qui est indiquée.

En résumé, les pratiques de traitement de l'eau couramment utilisées que constituent la recirculation des boues et l'aération peuvent considérablement influer sur l'élimination de certains composés dans le clarificateur primaire, mais l'augmentation des coûts de l'énergie et des produits chimiques justifie la tenue périodique d'études de l'efficience de telles pratiques au cas par cas.

Exercices de l'étude de cas

1. Si le coût de l'électricité se chiffrait à 0,06 $/kWh, quelle économie mensuelle réaliserait-on en électricité si on cessait d'effectuer l'aération de l'eau?

2. Une diminution de l'efficacité du moteur de l'aérateur rendrait-elle la solution choisie, qui consiste à recourir uniquement à la recirculation des boues, plus attrayante qu'avant, moins attrayante, où cela ne changerait-il rien sur ce plan?

3. Si le coût de la chaux augmentait de 50%, l'écart entre le coût de la meilleure solution et celui de la deuxième solution augmenterait-il, diminuerait-il ou demeurerait-il le même?

4. Si l'efficacité de la pompe de recirculation des boues diminuait, passant de 90 à 70%, l'écart entre l'économie nette réalisée grâce à la solution 3 et celle qui est réalisée grâce à la solution 4 augmenterait-il, diminuerait-il ou demeurerait-il le même?

5. Si on cessait de réduire la dureté de l'eau à la station de traitement, quelle solution deviendrait la plus efficace?

6. Si le coût de l'électricité diminuait à 0,04 $/kWh, quelle solution deviendrait la plus efficace?

7. Quel devrait être le coût de l'électricité pour que les solutions suivantes atteignent le point d'équivalence: a) les solutions 1 et 2; b) les solutions 1 et 3; c) les solutions 1 et 4?

NIVEAU 4

L'approfondissement
de l'étude

e quatrième niveau comprend des sujets susceptibles d'accroître votre capacité à réaliser une étude en économie d'ingénierie portant sur une ou plusieurs solutions possibles. Les effets de l'inflation, de l'amortissement et de l'impôt sur le revenu pour tous les types d'étude ainsi que les coûts indirects sont intégrés aux méthodes présentées dans les chapitres précédents. Les deux derniers chapitres contiennent des notions supplémentaires sur l'utilisation de l'économie d'ingénierie pour la prise de décisions. Une version plus complète de l'analyse de sensibilité y est présentée et renforce la démarche suivie lorsque les paramètres varient dans une fourchette prévisible de valeurs. Ces chapitres traitent aussi de façon plus approfondie du risque et des probabilités qui sont étudiés à l'aide des valeurs attendues, de l'analyse probabiliste, de la simulation par ordinateur, de l'analyse de scénarios et de la théorie de l'utilité.

Plusieurs de ces sujets peuvent avoir été abordés auparavant, selon les objectifs du cours. Servez-vous du tableau présenté dans l'avant-propos pour déterminer à quel moment il convient de présenter la matière.

CHAPITRE ⓮

L'incidence
de l'inflation

Le présent chapitre s'intéresse principalement à la compréhension et à la détermination de l'incidence de l'inflation sur les calculs de la valeur temporelle de l'argent. L'inflation est une réalité avec laquelle il faut composer presque tous les jours de notre vie, tant professionnelle que personnelle.

Le taux d'inflation annuel est étroitement surveillé, et son évolution est analysée par les entités publiques, les entreprises et les associations sectorielles. Une étude en économie d'ingénierie peut avoir des résultats différents selon que l'inflation est un facteur déterminant ou non en fonction du contexte. À la fin du XXᵉ siècle et au début du XXIᵉ siècle, l'inflation n'était pas une préoccupation importante au Canada ou dans la plupart des pays industrialisés. Le taux d'inflation est cependant sensible aux facteurs réels ainsi qu'aux facteurs perçus de l'économie. Ainsi, le coût de l'énergie, les taux d'intérêt, la disponibilité et le coût de la main-d'œuvre qualifiée, la rareté des matières premières, la stabilité politique ainsi que d'autres facteurs moins concrets ont tous des effets à court et à long terme sur le taux d'inflation. Dans certains secteurs d'activité, il est essentiel que l'incidence de l'inflation soit intégrée dans une analyse économique. Les techniques de base pour y arriver sont exposées dans le présent chapitre.

OBJECTIFS D'APPRENTISSAGE

Objectif : Tenir compte de l'inflation dans une analyse en économie d'ingénierie.

À la fin de ce chapitre, vous devriez pouvoir :

L'incidence de l'inflation	**1.** Établir l'écart que crée l'inflation entre la valeur de l'argent aujourd'hui et à une date future ;
La valeur actualisée et l'inflation	**2.** Calculer la valeur actualisée indexée à l'inflation ;
La valeur capitalisée et l'inflation	**3.** Déterminer le taux d'intérêt réel et calculer une valeur capitalisée indexée à l'inflation ;
L'annuité équivalente et l'inflation	**4.** Calculer un montant annuel en dollars futurs qui soit équivalent à une somme actuelle ou future donnée.

14.1 COMPRENDRE L'INCIDENCE DE L'INFLATION

Il est connu que le pouvoir d'achat de 20$ n'est pas le même aujourd'hui qu'en 2000 et qu'il est nettement moindre qu'en 1990. Pourquoi? En raison principalement de l'inflation.

> L'inflation représente l'augmentation du montant nécessaire pour obtenir une même quantité d'un produit ou d'un service avant que le prix de l'un d'eux soit majoré de l'inflation.

Il y a inflation parce que la valeur de la monnaie a changé : elle a baissé. La monnaie s'est dépréciée et, de ce fait, il faut plus d'argent pour acheter la même quantité de biens ou de services, ce qui est un indicateur d'inflation. Pour comparer des montants d'argent à des périodes différentes, les montants ayant des valeurs distinctes doivent d'abord être convertis en montants en dollars constants afin qu'ils représentent le même pouvoir d'achat au fil du temps. Cette conversion est particulièrement importante lorsque des sommes d'argent futures sont évaluées, comme dans le cas de toutes les évaluations de solutions possibles.

L'argent au cours d'une période donnée t_1 peut être amené à la même valeur que l'argent à une autre période au moyen de l'équation suivante :

$$\text{Dollars à la période } t_1 = \frac{\text{dollars à la période } t_2}{\text{taux d'inflation entre } t_1 \text{ et } t_2} \qquad [14.1]$$

Les dollars à la période t_1 sont des dollars constants ou des dollars actuels (sans inflation). Les dollars à la période t_2 sont des dollars futurs. Si f représente le taux d'inflation par période (année) et n, le nombre de périodes (années) écoulées entre t_1 et t_2, l'équation [14.1] est la suivante :

$$\textbf{Dollars constants = dollars actuels} = \frac{\textbf{dollars futurs}}{\mathbf{(1 + f)^n}} \qquad [14.2]$$

$$\textbf{Dollars futurs = dollars constants } \mathbf{(1 + f)^n} \qquad [14.3]$$

On peut exprimer de façon exacte les dollars futurs (majorés de l'inflation) en dollars constants et inversement en utilisant les deux équations ci-dessus. C'est ainsi que l'indice des prix à la consommation (IPC) et les indices d'estimation de coût sont déterminés. Prenons, en guise d'exemple, le prix d'un petit cappuccino glacé chez Tim Hortons dans certaines régions du Canada, soit :

2,23 $ en août 2013

Si l'inflation s'est établie à 4 % en moyenne l'an dernier, ce prix en dollars constants de 2012 est l'équivalent du montant suivant de l'année dernière :

2,23 ÷ (1,04) = 2,14 $ en août 2012

La prévision de prix pour 2014 est :

2,23(1,04) = 2,32 $ en août 2014

Si le taux d'inflation s'établit en moyenne à 4 % par année au cours des 10 prochaines années, l'équation [14.3] sert à faire une prévision du prix du cappuccino glacé en 2023 :

$2{,}23\,\$(1{,}04)^{10} = 3{,}30\,\$$ en août 2023

Il s'agit d'une augmentation de 48 % par rapport au prix de 2013 selon un taux d'inflation de 4 %, considéré comme bas à moyen à l'échelle nationale et internationale.

Si l'inflation est en moyenne de 6 % par année, le cappuccino glacé coûtera 3,99 $ dans 10 ans, soit une augmentation de 79 %. Certaines régions du monde sont touchées par une hyperinflation qui peut atteindre 50 % par année en moyenne. Dans de telles économies défavorisées, le prix du cappuccino glacé passe en 10 ans de 2,23 $ à 128,59 $, en dollars équivalents! C'est pour cette raison que les pays en proie à l'hyperinflation doivent dévaluer leur monnaie de multiples de 100 et de 1 000 pour juguler une inflation exagérée qui persiste.

Dans un contexte sectoriel ou d'entreprise où le taux d'inflation est raisonnablement bas, à 4 % par année en moyenne, le prix du matériel ou des services ayant un coût initial de 209 000 $ augmentera de 48 % sur une période de 10 ans pour atteindre 309 000 $. Cette augmentation est calculée avant la prise en compte du taux de rendement attendu de la capacité génératrice de revenu du matériel. Il ne faut pas s'y tromper, dans notre économie, l'inflation est une force considérable.

Trois taux différents sont en fait importants : le taux d'intérêt réel (i), le taux d'intérêt du marché (i_f) et le taux d'inflation (f). Seuls les deux premiers sont des taux d'intérêt.

Le taux d'intérêt réel ou taux sans inflation i Il s'agit du taux auquel l'intérêt est acquis lorsque les effets des variations de la valeur de la monnaie (inflation) ont été supprimés. Le taux d'intérêt réel présente ainsi un gain réel du pouvoir d'achat. (L'équation utilisée pour calculer i après l'élimination de l'effet de l'inflation est présentée plus loin, à la section 14.3.) Le taux de rendement réel qui s'applique généralement aux particuliers est d'environ 3,5 % par année. Il s'agit du taux d'un «placement sans risque». Le taux réel exigé pour les entreprises (et bon nombre de particuliers) est fixé à un taux supérieur à celui d'un placement sans risque lorsqu'un taux de rendement acceptable minimum (TRAM) est établi sans tenir compte de l'inflation.

Sections 1.9 et 10.5

Taux d'un placement sans risque

Le taux d'intérêt corrigé en raison de l'inflation i_f Comme son nom l'indique, il s'agit du taux d'intérêt ajusté pour tenir compte de l'inflation. Le «taux d'intérêt du marché», celui dont on entend parler tous les jours, est un taux corrigé en raison de l'inflation, soit une combinaison du taux d'intérêt réel i et du taux d'inflation f et, par conséquent, il varie en fonction de l'inflation. On l'appelle aussi le «taux d'intérêt majoré de l'inflation».

Le taux d'inflation f Comme il est indiqué ci-dessus, ce pourcentage mesure le taux de variation de la valeur de la monnaie.

La détermination du taux de rendement acceptable minimum d'une entreprise, après la prise en compte de l'inflation, ou du taux de rendement acceptable minimum corrigé en raison de l'inflation d'une entreprise, est abordée à la section 14.3.

La «déflation» est le contraire de l'inflation, ce qui signifie que le pouvoir d'achat de l'unité monétaire sera plus fort dans l'avenir qu'au moment présent. Ainsi, dans le futur, il faudra un montant moindre qu'aujourd'hui pour acheter la même quantité de biens ou de services. L'inflation est un phénomène plus fréquent que la déflation, en particulier au niveau d'une économie nationale. Dans un contexte économique de déflation, le taux d'intérêt du marché est toujours inférieur au taux d'intérêt réel.

Il peut y avoir déflation temporaire des prix dans des secteurs particuliers de l'économie en raison de l'arrivée sur le marché de produits améliorés, d'une technologie moins coûteuse ou encore de matières premières ou de produits importés qui entraînent une baisse des prix courants. Dans des conditions normales, les prix atteignent un niveau concurrentiel assez rapidement. À court terme, la déflation peut cependant être orchestrée dans un secteur en particulier d'une économie au moyen du dumping. Par exemple, le dumping peut se produire lorsque des concurrents étrangers importent des matières premières et des produits (comme l'acier, le ciment ou les automobiles) dans un pays à des prix très bas comparativement aux prix en vigueur sur le marché dans le pays en question. Les prix baissent pour le consommateur, ce qui oblige les fabricants du pays à réduire leurs prix pour se mesurer à leurs concurrents. Les fabricants dont la santé financière est fragile peuvent faire faillite, et les biens importés remplacent l'offre intérieure. Les prix remontent ensuite à un niveau normal, voire supérieur, au fil du temps si la concurrence a été nettement affaiblie.

De prime abord, le fait d'avoir un taux de déflation modéré semble favorable lorsque l'économie a longtemps souffert d'inflation. Cependant, si la déflation est généralisée, disons à l'échelle du pays, il est probable qu'elle sera accompagnée d'une pénurie de fonds disponibles pour financer de nouveaux projets. De plus, les particuliers et les ménages auront moins d'argent à dépenser parce que le chômage aura augmenté et que le crédit et les prêts seront moins disponibles ; l'argent se raréfie et son marché se resserre. Plus l'argent se raréfie, moins il peut être investi dans la croissance des entreprises et les dépenses en immobilisations. Dans des cas rares, il peut y avoir une spirale déflationniste qui perturbe l'économie au complet. Cette situation s'est produite au Canada et aux États-Unis pendant la Crise de 1929. Le Japon connaît une déflation des prix de l'immobilier et des capitaux propres depuis 20 ans, malgré des stratégies inflationnistes visant à accroître l'offre de monnaie et à maintenir les taux d'intérêt au-dessous de 1 %. Le pays a toutefois réussi à enregistrer une croissance réelle positive en raison de facteurs dont ne bénéficient actuellement pas les économies occidentales, comme un taux d'épargne national élevé et un secteur des exportations important. D'autres économies industrialisées pourraient aussi être touchées par la déflation, dans la foulée de la crise du secteur bancaire et hypothécaire de 2008. Cette crise a pris la forme d'un ralentissement soutenu de la croissance économique et de pertes dans les secteurs d'activité traditionnels sur lesquels reposent la création d'emploi et l'innovation.

Les calculs en économie d'ingénierie, qu'ils tiennent compte de la déflation ou de l'inflation, sont basés sur les mêmes relations. Pour une équivalence de base entre les dollars actuels et les dollars futurs, on utilise les équations [14.2] et [14.3], sauf que le taux de déflation correspond à $-f$. Ainsi, si la déflation est évaluée à 2 % par année, le coût initial dans 5 ans d'un bien qui coûte 10 000 $ aujourd'hui sera déterminé par l'équation [14.3] :

$$10\,000(1 - f)^n = 10\,000(0{,}98)^5 = 10\,000(0{,}9039) = 9039\,\$$$

La Banque du Canada décrit les variations de l'inflation par rapport à un ensemble d'indicateurs qui mesurent la capacité et les pressions inflationnistes pour la nation. Leur site www.banqueducanada.ca contient des articles sur la politique monétaire mise en place pour atteindre l'objectif de la Banque, soit maintenir l'inflation à 2 %, et fournit des fiches techniques sur ses cibles en matière d'inflation, ses politiques et ses objectifs. Il contient aussi des diagrammes et des tableaux de données historiques.

Statistique Canada, organisme central de la statistique au pays, publie des articles et des données sur des indicateurs économiques comme l'indice des prix à la consommation, le taux de chômage ou le produit intérieur brut ainsi que des estimations de la population au www.statcan.ca. C'est aussi une source de statistiques précises dans des domaines comme l'agriculture, les services aux entreprises, la construction, l'énergie, l'environnement, la santé, le commerce, la fabrication, les indices de prix, les sciences et la technologie ainsi que le transport. Statistique Canada publie des documents sur chacun de ces sujets, par exemple des communiqués de presse, des tableaux résumés et d'autres publications. Le site contient des renseignements utiles sur l'indice des prix à la consommation, la comparaison de son niveau actuel à celui des mois et des années précédents tant pour le pays que pour chaque province et territoire. L'organisme ventile aussi l'indice par composante principale : aliments, logement, soins de santé, transport, etc.

14.2 LE CALCUL DE LA VALEUR ACTUALISÉE INDEXÉE À L'INFLATION

Lorsque les montants en dollars à des périodes différentes sont exprimés en dollars constants, les montants équivalents actuels et futurs sont déterminés au moyen du taux d'intérêt réel i. Les calculs de ces montants sont illustrés dans le tableau 14.1 pour un taux d'inflation de 4 % par année. La colonne 2 présente l'augmentation découlant de l'inflation pour chacune des 4 prochaines années dans le cas d'un bien ayant aujourd'hui un coût de 5 000 $. La colonne 3 montre le coût en dollars futurs, et la colonne 4 correspond à une vérification du coût en dollars constants au moyen de l'équation [14.2]. Lorsque les dollars futurs de la colonne 3 sont convertis en dollars constants (colonne 4), le coût est toujours de 5 000 $, soit le même montant que le coût au début. C'est naturellement vrai lorsque les coûts sont majorés d'un montant **exactement égal** au taux d'inflation. Le coût réel (corrigé en raison de l'inflation) du bien dans 4 ans sera de 5 849 $, mais en dollars constants, ce coût sera toujours de 5 000 $. La colonne 5 présente la valeur actualisée de montants futurs de 5 000 $ à un taux d'intérêt réel $i = 10\%$ par année.

Deux conclusions peuvent être dégagées. Pour un taux d'inflation $f = 4\%$, 5 000 $ aujourd'hui sont équivalents à 5 849 $ dans 4 ans. Par ailleurs, un montant de 5 000 $ dans 4 ans a une valeur actualisée de seulement 3 415 $ en dollars constants à un taux d'intérêt réel de 10 % par année.

La figure 14.1 contient les variations, sur une période de 4 ans, d'un montant de 5 000 $ en dollars constants, des coûts en dollars futurs qui tiennent compte de l'inflation de 4 %, ainsi que de la valeur actualisée à un taux d'intérêt réel de 10 %, compte tenu de l'inflation. Les effets cumulés de l'inflation et des taux d'intérêt sont importants, comme on peut le voir dans la zone ombrée.

TABLEAU 14.1	LES CALCULS DE L'INFLATION AU MOYEN DE DOLLARS CONSTANTS ($f = 4\%$, $i = 10\%$)			
Année n (1)	Augmentation de coût découlant d'une inflation de 4 % ($) (2)	Coût en dollars futurs ($) (3)	Coût futur en dollars constants ($) (4) = (3) ÷ 1,04^n	Valeur actualisée au taux réel $i = 10\%$ ($) (5) = (4)(P/F;10%;n)
0		5 000	5 000	5 000
1	5 000(0,04) = 200	5 200	5 200 ÷ (1,04)^1 = 5 000	4 545
2	5 200(0,04) = 208	5 408	5 408 ÷ (1,04)^2 = 5 000	4 132
3	5 408(0,04) = 216	5 624	5 624 ÷ (1,04)^3 = 5 000	3 757
4	5 624(0,04) = 225	5 849	5 849 ÷ (1,04)^4 = 5 000	3 415

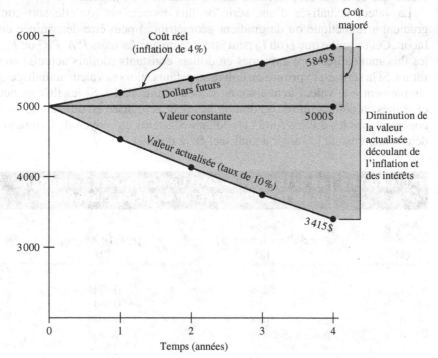

FIGURE 14.1
La comparaison de dollars constants, de dollars futurs et de leurs valeurs actualisées

Chapitre 2

Facteur *P/F*

Une autre méthode, qui est aussi moins compliquée, pour tenir compte de l'inflation dans une analyse de la valeur actualisée consiste à indexer les formules d'intérêt. Étudions la formule *P/F*, où *i* est le taux d'intérêt réel.

$$P = F \frac{1}{(1 + i)^n}$$

F est le montant en dollars futurs compte tenu de l'inflation ; il peut être converti en dollars constants au moyen de l'équation [14.2] :

$$P = \frac{F}{(1 + f)^n} \frac{1}{(1 + i)^n}$$

$$= F \frac{1}{(1 + i + f + if)^n} \qquad [14.4]$$

Si le terme $i + f + if$ est défini comme i_f, l'équation devient :

$$P = F \frac{1}{(1 + i_f)^n} = F(P/F; i_f; n) \qquad [14.5]$$

Le symbole i_f est le « taux d'intérêt majoré de l'inflation », et il est défini ainsi :

$$i_f = i + f + if \qquad \textbf{[14.6]}$$

où *i* est le taux d'intérêt réel et *f*, le taux d'inflation.

Pour un taux d'intérêt réel de 10 % par année et un taux d'inflation de 4 % par année, l'équation [14.6] donne un taux d'intérêt majoré de l'inflation de 14,4 %.

$$i_f = 0,10 + 0,04 + 0,10(0,04) = 0,144$$

Le tableau 14.2 illustre l'utilisation de $i_f = 14,4\%$ dans le calcul de la valeur actualisée (VA) pour 5 000 $ aujourd'hui, qui s'élèvent à 5 849 $ en dollars futurs dans 4 ans. Comme l'indique la colonne 4, la valeur actualisée pour chaque année est la même que celle qui est présentée dans la colonne 5 du tableau 14.1.

La valeur actualisée d'une série de flux monétaires (qu'elle soit constante, de gradient arithmétique ou de gradient géométrique) peut être déterminée de la même façon. Cela signifie que *i* (ou i_f) peut être intégré aux facteurs *P/A*, *P/G* ou P_g, selon que les flux monétaires sont exprimés en dollars constants (dollars actuels) ou en dollars futurs. Si la série est exprimée en dollars constants, alors sa valeur actualisée correspond simplement à la valeur actualisée au taux d'intérêt réel *i*. Si les flux monétaires sont exprimés en dollars futurs, on obtient la valeur actualisée en utilisant i_f. On peut aussi convertir tous les dollars futurs en dollars constants au moyen de l'équation [14.2] et déterminer ensuite la valeur actualisée, étant donné *i*.

TABLEAU 14.2	LE CALCUL DE LA VALEUR ACTUALISÉE AU MOYEN D'UN TAUX D'INTÉRÊT MAJORÉ DE L'INFLATION		
Année *n* (1)	Coût en dollars futurs ($) (2)	(*P/F*;14,4%;*n*) (3)	VA ($) (4)
0	5 000	1,0000	5 000
1	5 200	0,8741	4 545
2	5 408	0,7641	4 132
3	5 624	0,6679	3 757
4	5 849	0,5838	3 415

EXEMPLE 14.1

Un ancien étudiant de l'Université Queens souhaite créer un fonds de bourses d'études pour la faculté d'ingénierie. Trois solutions sont possibles :

Plan A :   60 000 $ aujourd'hui
Plan B :   15 000 $ par année pendant 8 ans commençant dans 1 an
Plan C :   50 000 $ dans 3 ans suivis de 80 000 $ dans 5 ans

Du point de vue de la faculté, il faut choisir le plan qui maximise le pouvoir d'achat du montant reçu. Le professeur en ingénierie qui évalue les plans souhaite tenir compte de l'inflation dans les calculs. Si le don rapporte un intérêt réel de 10 % par année et que le taux d'inflation doit être en moyenne de 3 % par année, quel plan devrait-il accepter ?

Solution

La méthode d'évaluation la plus rapide consiste à calculer la valeur actualisée de chaque plan en dollars constants. Dans le cas des plans B et C, la manière la plus facile d'obtenir la valeur actualisée consiste à utiliser le taux d'intérêt majoré de l'inflation. Selon l'équation [14.6], on a :

$$i_f = 0,10 + 0,03 + 0,10(0,03) = 0,133$$

$$VA_A = 60\,000\,\$$$

$$VA_B = 15\,000\,\$(P/A;13,3\%;8) = 15\,000\,\$(4,7508) = 71\,262\,\$$$

$$VA_C = 50\,000\,\$(P/F;13,3\%;3) + 80\,000(P/F;13,3\%;5)$$

$$= 50\,000\,\$(0,68756) + 80\,000(0,53561) = 77\,227\,\$$$

Comme la VA_C est la plus élevée en dollars d'aujourd'hui, on doit choisir le plan C.

Lorsque l'analyse est effectuée au moyen d'un tableur, la fonction VA sert à déterminer VA_B et VA_C : VA(13,3%;8;−15000) dans une cellule et VA(13,3%;3;;−50000) + VA(13,3%;5;;−80000) dans une autre cellule.

Solution éclair

Remarque

On peut aussi déterminer les valeurs actualisées pour les plans B et C en convertissant d'abord les flux monétaires en dollars courants, en utilisant $f = 3\%$ dans l'équation [14.2] puis en se servant du taux réel i de 10 % dans les facteurs P/F. Cette façon de procéder est plus longue, mais les réponses obtenues sont les mêmes.

EXEMPLE 14.2

Une ingénieure chimiste indépendante travaille actuellement comme employée contractuelle de Dow Chemical dans un pays où l'inflation est relativement élevée. Elle souhaite calculer la valeur actualisée d'un projet dont les coûts sont estimés à 35 000 $ aujourd'hui et à 7 000 $ par année pendant 5 ans commençant dans 1 an, avec des augmentations de 12 % par année pour les 8 années subséquentes. Utilisez un taux d'intérêt réel de 15 % par année pour faire les calculs : a) sans correction à cause de l'inflation ; b) compte tenu d'un taux d'inflation de 11 % par année.

Solution

a)   La figure 14.2 présente les flux monétaires. La valeur actualisée non corrigée de l'inflation est déterminée pour $i = 15\%$ et $g = 12\%$ dans les équations [2.23] et [2.24] pour la série géométrique.

$$VA = -35\,000 - 7\,000(P/A;15\%;4)$$

$$- \left\{ \frac{7\,000\left[1 - \left(\dfrac{1,12}{1,15}\right)^9\right]}{0,15 - 0,12} \right\}(P/F;15\%;4)$$

$$= -35\,000 - 19\,985 - 28\,247$$

$$= -83\,232\,\$$$

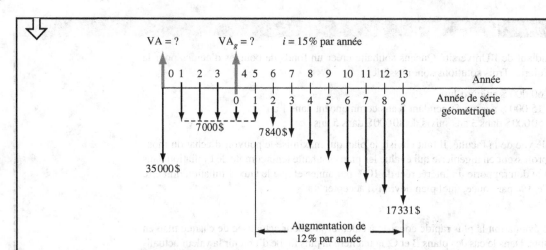

FIGURE 14.2

Le diagramme des flux monétaires de l'exemple 14.2

Dans le facteur P/A, $n = 4$ parce que le coût de 7 000 $ à l'année 5 est le terme A_1 dans l'équation [2.23].

b) Pour la correction relative à l'inflation, calculez le taux d'intérêt majoré de l'inflation au moyen de l'équation [14.6].

$$i_f = 0,15 + 0,11 + (0,15)(0,11) = 0,2765$$

$$VA = -35\,000 - 7\,000(P/A;27,65\%;4)$$

$$-\left\{ \frac{7\,000\left[1 - \left(\dfrac{1,12}{1,2765}\right)^9\right]}{0,2765 - 0,12} \right\}(P/F;27,65\%;4)$$

$$= -35\,000 - 7\,000(2,2545) - 30\,945(0,3766)$$

$$= -62\,436\ \$$$

Ce résultat montre que dans une économie hautement inflationniste, lorsqu'un emprunteur négocie le montant des versements de remboursement d'un emprunt, il profite d'un avantage économique en utilisant des dollars futurs (majorés de l'inflation) lorsqu'il le peut. La valeur actualisée de dollars futurs majorés de l'inflation future est nettement moins élevée lorsque la correction relative à l'inflation est incluse, et plus le taux d'inflation est élevé, plus l'actualisation est importante parce que les facteurs P/F et P/A diminuent.

L'exemple précédent semble ajouter foi à l'expression «achetez maintenant, payez plus tard» chère aux gestionnaires financiers. À un certain moment, la société (ou le particulier) lourdement endettée devra cependant rembourser ses dettes et l'intérêt couru en dollars majorés de l'inflation. Si elle n'a pas facilement accès à des fonds, elle ne pourra s'acquitter de ses obligations. Cela peut arriver, par exemple, lorsqu'une entreprise lance sans succès un nouveau produit, lorsqu'il y a un ralentissement important de l'économie ou lorsqu'une personne ne reçoit plus de salaire. À longue échéance, la stratégie «achetez maintenant, payez plus tard» doit être contrebalancée par de saines pratiques financières, tant maintenant que dans l'avenir.

14.3 LE CALCUL DE LA VALEUR CAPITALISÉE INDEXÉE À L'INFLATION

Dans les calculs de la valeur capitalisée, un montant futur F peut avoir l'une des quatre interprétations différentes suivantes :

Interprétation 1 : Le « montant réel » qui sera cumulé au moment n.

Interprétation 2 : Le « pouvoir d'achat » du montant réel cumulé au moment n, mais exprimé en dollars d'aujourd'hui (dollars constants).

Interprétation 3 : Le nombre de dollars futurs nécessaires au moment n pour conserver le même pouvoir d'achat qu'en dollars actuels, c'est-à-dire que l'inflation est prise en compte, mais pas les intérêts.

Interprétation 4 : Le nombre de dollars nécessaires au moment n pour **conserver le pouvoir d'achat et obtenir un taux d'intérêt réel donné.**

Le calcul de la valeur F diffère selon l'interprétation choisie, et chacune des interprétations est illustrée ci-dessous.

Interprétation 1 : Montant réel cumulé Il doit être clair qu'on obtient F, le montant réel d'argent cumulé, en utilisant le taux d'intérêt (du marché) corrigé en raison de l'inflation.

$$F = P(1 + i_f)^n = P(F/P;i_f;n) \qquad [14.7]$$

Par exemple, lorsqu'on nous propose un taux du marché de 10 %, le taux d'inflation est compris. Sur une période de 7 ans, 1 000 $ deviendront :

$$F = 1000(F/P;10\%;7) = 1948\ \$$$

Interprétation 2 : Valeur constante avec pouvoir d'achat On détermine d'abord le pouvoir d'achat de dollars futurs en utilisant le taux du marché i_f pour calculer F et, pour tenir compte de l'inflation, on corrige le montant futur en le divisant par $(1 + f)^n$.

$$F = \frac{P(1 + i_f)^n}{(1 + f)^n} = \frac{P(F/P;i_f;n)}{(1 + f)^n} \qquad [14.8]$$

En effet, cette relation tient compte du fait que les prix majorés de l'inflation signifient que dans le futur, on achète moins avec 1 $ qu'on peut le faire avec 1 $ d'aujourd'hui. La perte du pouvoir d'achat exprimée en pourcentage mesure l'ampleur de la diminution du montant. À titre d'exemple, prenons le même montant de 1 000 $ aujourd'hui, un taux du marché de 10 % par année et un taux d'inflation de 4 % par année. En 7 ans, le pouvoir d'achat a augmenté, mais seulement à 1 481 $.

$$F = \frac{1000(F/P;10\%;7)}{(1,04)^7} = \frac{1948\ \$}{1,3159} = 1481\ \$$$

Cela représente 467 $ (ou 24 %) de moins que le montant de 1 948 $ réellement cumulé à 10 % (interprétation 1). Par conséquent, on conclut que l'inflation de 4 % sur 7 ans réduit le pouvoir d'achat de l'argent de 24 %.

De plus, pour l'interprétation 2, on pourrait déterminer le montant d'argent futur cumulé avec le pouvoir d'achat d'aujourd'hui de façon équivalente en calculant le taux d'intérêt réel et en l'utilisant dans le facteur F/P afin de compenser la baisse du pouvoir d'achat du dollar. Ce «taux d'intérêt réel» est représenté par i dans l'équation [14.6].

$$i_f = i + f + if$$
$$= i(1 + f) + f$$
$$i = \frac{i_f - f}{1 + f} \qquad\qquad \textbf{[14.9]}$$

Le taux d'intérêt réel i représente le taux auquel les dollars constants augmentent avec le «même pouvoir d'achat» en dollars futurs équivalents. Un taux d'inflation supérieur au taux d'intérêt du marché donne lieu à un taux d'intérêt réel négatif. L'utilisation de ce taux d'intérêt convient pour calculer la valeur capitalisée d'un placement (compte d'épargne ou fonds du marché monétaire, par exemple) lorsque l'effet de l'inflation doit être éliminé. Dans l'exemple du montant de 1 000 $ en dollars constants de l'équation [14.9], on a :

$$i = \frac{0{,}10 - 0{,}04}{110{,}04} = 0{,}0577, \text{ ou } 5{,}77\%$$

$$F = 1\,000(F/P;5{,}77\%;7) = 1\,481\,\$$$

Le taux d'intérêt du marché de 10 % par année a été ramené à un taux réel qui est inférieur à 6 % par année en raison des effets d'érosion de l'inflation.

Interprétation 3 : Montant futur nécessaire, aucun intérêt   Dans ce cas, on tient compte du fait que les prix augmentent lorsqu'il y a inflation. Bref, les dollars futurs valent moins et il en faut donc plus. Pour cette interprétation, on part du principe qu'il n'y a pas de taux d'intérêt. C'est la situation qui se produit si quelqu'un se demande quel sera le prix d'une voiture dans 5 ans si elle coûte actuellement 20 000 $ et que son prix augmente de 6 % par année. (Réponse : 26 765 $.) Aucun taux d'intérêt n'entre en jeu, seulement l'inflation. Pour trouver le coût futur, il faut remplacer f par le taux d'intérêt dans le facteur F/P.

$$F = P(1 + f)^n = P(F/P;f;n) \qquad\qquad \textbf{[14.10]}$$

Reprenons les 1 000 $ utilisés auparavant. S'ils augmentent au même rythme que l'inflation exactement, soit 4 % par année, dans 7 ans, le montant sera :

$$F = 1\,000(F/P;4\%;7) = 1\,316\,\$$$

Interprétation 4 : Inflation et intérêt réel   Cette interprétation est avancée lorsqu'un taux de rendement acceptable minimum est établi. Pour conserver un pouvoir d'achat et générer de l'intérêt, il faut tenir compte des prix qui augmentent (interprétation 3) et de la valeur temporelle de l'argent. Si la croissance du capital doit être maintenue, les fonds doivent augmenter à un taux égal ou supérieur au taux d'intérêt réel i majoré d'un taux égal au taux d'inflation f. Ainsi, pour obtenir un taux d'intérêt réel de 5,77 % lorsque le taux d'inflation est de 4 %, i_f est le taux du marché (corrigé en raison de l'inflation) qui doit être utilisé. Pour le même montant de 1 000 $, on a :

$$i_f = 0{,}0577 + 0{,}04 + 0{,}0577(0{,}04) = 0{,}10$$

$$F = 1\,000(F/P;10\%;7) = 1\,948\,\$$$

Ce calcul indique qu'un montant de 1 948 $ dans 7 ans équivaut à 1 000 $ maintenant avec un rendement réel de $i = 5{,}77\%$ par année et un taux d'inflation $f = 4\%$ par année.

Le tableau 14.3 présente les taux utilisés dans les formules d'équivalence pour les différentes interprétations de F. Les calculs effectués dans cette section révèlent qu'un montant de 1 000 $ maintenant, à un taux du marché de 10 % par année, augmenterait à 1 948 $ dans 7 ans. Le montant de 1 948 $ aurait le pouvoir d'achat d'un montant de 1 481 $ en dollars constants si $f = 4\%$ par année. Un bien coûtant 1 000 $ actuellement coûterait 1 316 $ dans 7 ans à un taux d'inflation de 4 % par année, et il faudrait 1 948 $ en dollars futurs pour obtenir un montant équivalant au montant de 1 000 $ en dollars constants à un taux d'intérêt réel de 5,77 % pour une inflation estimée à 4 %.

TABLEAU 14.3	LES MÉTHODES DE CALCUL POUR DIVERSES INTERPRÉTATIONS DE LA VALEUR CAPITALISÉE	
Valeur capitalisée	Méthode de calcul	Exemple pour $P = 1\ 000\ \$$, $n = 7$, $i_f = 10\%$, $f = 4\%$
Interprétation 1: dollars réels cumulés	Utiliser le taux du marché déclaré i_f dans les formules d'équivalence	$F = 1\ 000(F/P;10\%;7)$ $= 1\ 948\ \$$
Interprétation 2: pouvoir d'achat des dollars cumulés exprimé en dollars constants	Utiliser le taux du marché i_f dans la formule d'équivalence et diviser par $(1 + f)^n$ ou Utiliser le taux réel i	$F = \dfrac{1000(F/P;10\%;7)}{(1,04)^7}$ ou $F = 1\ 000(F/P;5,77\%;7)$ $= 1\ 481\ \$$
Interprétation 3: montant en dollars nécessaire pour conserver le même pouvoir d'achat	Utiliser f à la place de i dans les formules d'équivalence	$F = 1\ 000(F/P;4\%;7)$ $= 1\ 316\ \$$
Interprétation 4: montant en dollars futurs nécessaire pour conserver le pouvoir d'achat et obtenir un rendement	Calculer i_f et l'utiliser dans les formules d'équivalence	$F = 1\ 000(F/P;10\%;7)$ $= 1\ 948\ \$$

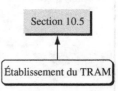

Section 10.5

Établissement du TRAM

La plupart des entreprises évaluent les solutions possibles à un taux de rendement acceptable minimum qui est suffisant pour absorber l'inflation et obtenir un rendement supérieur au coût de leur capital et nettement plus élevé que le rendement de quelque 3,5 % d'un placement sans risque dont il a déjà été question. Par conséquent, pour l'interprétation 4, le taux de rendement acceptable minimum résultant sera normalement supérieur au taux du marché i_f. Le symbole TRAM$_f$ désigne le taux de rendement acceptable minimum corrigé en raison de l'inflation, qui est calculé de manière similaire à i_f

$$\text{TRAM}_f = i + f + if \qquad [14.11]$$

Le taux de rendement réel i utilisé ici est le taux requis pour l'entreprise étant donné son coût du capital. La valeur capitalisée F, ou VC, est calculée selon l'équation suivante :

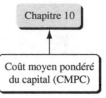

Chapitre 10

Coût moyen pondéré du capital (CMPC)

$$\boldsymbol{F = P(1 + \text{TRAM}_f)^n = P(F/P;\text{TRAM}_f;n)} \qquad [14.12]$$

Par exemple, si l'entreprise a un coût moyen pondéré du capital (CMPC) de 10 % par année et exige d'un projet un rendement de 3 % par année en sus du coût moyen pondéré du capital, le rendement réel est $i = 13\%$. On calcule le taux de rendement acceptable minimum corrigé en raison de l'inflation en incluant le taux d'inflation, soit 4 % par année. Ensuite, la valeur actualisée, l'annuité équivalente ou la valeur capitalisée du projet sera déterminée au taux obtenu au moyen de l'équation [14.11] :

$$\text{TRAM}_f = 0,13 + 0,04 + 0,13(0,04) = 17,52\%$$

Un calcul similaire peut être fait dans le cas d'un particulier pour lequel i est le taux réel attendu, qui est supérieur au taux de rendement d'un placement sûr. Quand un particulier est satisfait d'un rendement réel requis égal au taux d'un placement sûr, $i = 3,5\%$ environ, ou quand une entreprise est satisfaite d'un rendement réel égal au taux d'un placement sûr, les équations [14.11] et [14.6] donnent le même résultat, $\text{TRAM}_f = i_f$, pour l'entreprise ou le particulier.

EXEMPLE 14.3

La société Abbott Mining Systems souhaite moderniser une immobilisation utilisée pour l'exploitation minière à grande profondeur dans l'un de ses établissements à l'étranger. Elle veut savoir si elle doit « acheter » maintenant ou « acheter » plus tard. Si l'entreprise choisit le plan A, l'immobilisation sera achetée maintenant pour 200 000 $. Cependant, si la société choisit le plan I, l'achat sera différé de 3 ans, et le coût devrait augmenter rapidement pour atteindre 340 000 $. La société Abbott est ambitieuse ; elle s'attend à un taux de rendement acceptable minimum réel de 12 % par année. Le taux d'inflation au pays est établi en moyenne à 6,75 % par année. D'un point de vue économique seulement, déterminez si la société doit acheter maintenant ou plus tard : a) si on ne tient pas compte de l'inflation ; b) si on tient compte de l'inflation.

Solution

a) On ne tient pas compte de l'inflation : Le taux réel, ou taux de rendement acceptable minimum, est $i = 12\%$ par année. Le coût du plan I est de 340 000 $ dans 3 ans. Calculez la valeur capitalisée pour le plan A dans 3 ans et choisissez la solution dont le coût est le moins élevé.

$$\text{VC}_A = -200\,000(F/P;12\%;3) = -280\,986\ \$$$
$$\text{VC}_I = -340\,000\ \$$$

On doit choisir le plan A (acheter maintenant).

b) On tient compte de l'inflation : Il s'agit de l'interprétation 4 ; il y a un taux réel (12 %), et on doit tenir compte d'une inflation de 6,75 %. On calcule d'abord le taux de rendement acceptable minimum corrigé en raison de l'inflation au moyen de l'équation [14.11].

$$i_f = 0,12 + 0,0675 + 0,12(0,0675) = 0,1956$$

On utilise i_f pour calculer la valeur capitalisée pour le plan A en dollars futurs.

$$\text{VC}_A = -200\,000(F/P;19,56\%;3) = -341\,812\ \$$$
$$\text{VC}_I = -340\,000\ \$$$

Le plan I (acheter plus tard) est maintenant choisi, parce qu'il exige beaucoup moins de dollars futurs équivalents. Le taux d'inflation de 6,75 % par année a entraîné une augmentation de 21,6 % de la valeur capitalisée équivalente des coûts, qui a atteint 341 812 $. Cela équivaut à une augmentation de 6,75 % par année, capitalisée sur 3 ans ou $(1,0675)^3 - 1 = 21,6\%$.

La plupart des pays ont des taux d'inflation de l'ordre de 2 à 8 % par année, mais l'« hyperinflation » est un problème dans les pays marqués par l'instabilité politique, les dépassements budgétaires du gouvernement, une balance commerciale internationale faible, etc. Les taux d'hyperinflation peuvent être très élevés : de 10 à 100 % **par mois**. En pareils cas, le gouvernement peut prendre des mesures draconiennes comme aligner la monnaie sur celle d'un autre pays, contrôler les banques et les entreprises ainsi que la circulation des fonds entrant et sortant du pays afin de réduire l'inflation. Pour stabiliser son économie, le Zimbabwe a adopté le dollar américain en 2009, lorsque le taux d'inflation officiel annuel a atteint 231 000 000 %.

Dans un contexte hyperinflationniste, les gens dépensent en général tout leur argent sans délai puisque les prix seront nettement plus élevés dans un mois, dans une semaine ou le lendemain. Pour évaluer l'effet désastreux de l'hyperinflation sur la capacité d'une entreprise de poursuivre ses activités, on peut reprendre l'exemple 14.3 b) avec un taux d'inflation de 10 % par mois, c'est-à-dire un taux nominal de 120 % par année (si on ne tient pas compte du cumul de l'inflation). La VC_A monte en flèche, et le plan I est un choix évident. Bien sûr, dans un tel contexte, le prix d'achat de 340 000 $ dans 3 ans pour le plan I ne sera manifestement pas garanti, et l'analyse économique dans son ensemble n'est donc pas fiable. Dans une économie hyperinflationniste, on peut difficilement prendre de bonnes décisions économiques en employant des méthodes traditionnelles d'économie d'ingénierie, parce que les valeurs capitalisées (futures) estimées ne sont pas fiables et que la disponibilité future des fonds est incertaine.

14.4 LES CALCULS DU RECOUVREMENT DU CAPITAL INDEXÉ À L'INFLATION

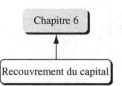

Il est particulièrement important que les calculs du recouvrement du capital utilisés pour analyser la valeur actualisée tiennent compte de l'inflation, car les fonds en dollars actuels doivent être recouvrés avec des dollars futurs majorés de l'inflation. Comme le pouvoir d'achat des dollars futurs est moindre que celui des dollars constants, il est évident qu'il faudra plus de dollars pour recouvrer l'investissement actuel. Cela laisse supposer qu'il faut utiliser le taux d'intérêt majoré de l'inflation dans la formule *A/P*. Par exemple, si un montant de 1 000 $ est investi aujourd'hui à un taux d'intérêt réel de 10 % par année et que le taux d'inflation est de 8 % par année, le montant équivalent qui doit être recouvré en dollars futurs chaque année pendant 5 ans est :

$$A = 1\,000(A/P;18,8\%;5) = 325,59\ \$$$

En revanche, la dépréciation des dollars au fil du temps veut dire que les investisseurs peuvent dépenser moins de dollars actuels (dont la valeur est plus élevée) pour accumuler un montant donné de dollars futurs (majorés de l'inflation). Cela indique qu'il convient d'utiliser un taux d'intérêt plus élevé, c'est-à-dire le taux i_f, pour produire une valeur *A* inférieure dans la formule *A/F*. L'équivalent annuel (après la correction de l'inflation) de *F* = 1 000 $ dans 5 ans en dollars futurs est donc :

$$A = 1\,000(A/F;18,8\%;5) = 137,59\ \$$$

Cette méthode est présentée dans l'exemple qui suit.

Aux fins de comparaison, le montant annuel équivalent pour obtenir *F* = 1 000 $ à un taux réel *i* = 10 % (sans indexation) est 1 000(*A/F*;10 %;5) = 163,80 $. Donc, quand *F* est déterminé, les coûts futurs répartis uniformément doivent être échelonnés sur la plus longue période possible afin que l'effet de levier de l'inflation réduise le paiement (137,59 $ comparativement à 163,80 $ dans ce cas).

EXEMPLE 14.4

Quel montant annuel doit-on déposer pendant 5 ans pour obtenir un montant ayant le même pouvoir d'achat que 680,58 $ aujourd'hui si le taux d'intérêt du marché est de 10 % par année et l'inflation de 8 % par année ?

Solution

Trouvez d'abord le montant réel en dollars futurs (majorés de l'inflation) nécessaire dans 5 ans. Il s'agit de l'interprétation 3.

$$F = (\text{pouvoir d'achat actuel})(1 + f)^5 = 680,58(1,08)^5 = 1\,000\ \$$$

Le montant réel déposé annuellement est calculé au moyen du taux d'intérêt du marché (majoré de l'inflation) de 10 %. Il s'agit de l'interprétation 4 si on utilise *A* plutôt que *P*.

$$A = 1\,000(A/F;10\%;5) = 163,80\ \$$$

Remarque

Le taux d'intérêt réel est $i = 1,85\%$; il a été déterminé au moyen de l'équation [14.9]. À titre de comparaison, si le taux d'inflation est de zéro quand le taux d'intérêt réel est de $1,85\%$, le montant d'argent futur donnant le même pouvoir d'achat que 680,58 $ aujourd'hui est visiblement de 680,58 $. Ensuite, le montant annuel nécessaire pour obtenir ce montant futur dans 5 ans est $A = 680,58(A/F;1,85\%;5) = 131,17$ $. Ce montant est inférieur de 32,63 $ au montant de 163,80 $ calculé ci-dessus pour $f = 8\%$. Cette différence découle du fait que pendant les périodes inflationnistes, les dollars déposés ont un pouvoir d'achat supérieur à celui des dollars obtenus à la fin de la période. Pour compenser la différence entre les pouvoirs d'achat, il faut plus de dollars de moindre valeur. Cela signifie que pour conserver un pouvoir d'achat équivalent pour un taux $f = 8\%$ par année, un montant supplémentaire de 32,63 $ par année est nécessaire.

Voilà pourquoi, durant les périodes où l'inflation augmente, les prêteurs (sociétés de cartes de crédit, sociétés de prêts hypothécaires et banques) ont tendance à augmenter encore plus leurs taux d'intérêt du marché. Les emprunteurs ont tendance à moins rembourser leurs dettes à chaque versement parce qu'ils utilisent tout montant excédentaire pour acheter d'autres biens avant que le prix augmente de nouveau. De plus, les établissements prêteurs doivent avoir plus de dollars dans l'avenir afin d'absorber les coûts plus élevés prévus du prêt d'argent. Le tout est dû à l'effet de spirale de l'accroissement de l'inflation. Il est difficile d'interrompre une telle spirale dans le cas des particuliers et encore plus au niveau national.

RÉSUMÉ DU CHAPITRE

L'inflation, traitée comme un taux d'intérêt aux fins des calculs, entraîne l'augmentation du prix d'un produit ou d'un service au fil du temps en raison de la diminution de la valeur de l'argent. Il y a plusieurs manières de tenir compte de l'inflation dans les calculs d'une étude en économie d'ingénierie tant en dollars d'aujourd'hui (dollars constants) qu'en dollars futurs. Voici quelques relations importantes:

Taux d'intérêt majoré de l'inflation: $i_f = i + f + if$

Taux d'intérêt réel: $i = (i_f - f) \div (1 + f)$

Valeur actualisée d'un montant futur après la prise en compte de l'inflation:
$$P = F(P/F;i_f;n)$$

Valeur capitalisée d'un montant actuel en dollars constants ayant le même pouvoir d'achat: $F = P(F/P;i;n)$

Montant futur nécessaire pour couvrir un montant actuel sans intérêt: $F = P(F/P;f;n)$

Montant futur nécessaire pour couvrir un montant actuel avec intérêt: $F = P(F/P;i_f;n)$

Annuité équivalente à un montant en dollars futurs: $A = F(A/F;i_f;n)$

Annuité équivalente à un montant actuel exprimé en dollars futurs: $A = P(A/P;i_f;n)$

L'hyperinflation implique des valeurs très élevées de f. Les fonds disponibles sont immédiatement dépensés parce que les coûts augmentent tellement rapidement que d'importantes rentrées d'argent ne peuvent contrebalancer le fait que la monnaie perd de la valeur. Une telle situation peut (et c'est habituellement le cas) dégénérer en catastrophe financière nationale si l'hyperinflation dure pendant de longues périodes.

PROBLÈMES

La correction de l'inflation

14.1 Décrivez comment convertir des dollars majorés de l'inflation en dollars constants.

14.2 Quel est le taux d'inflation si un bien coûte exactement le double de ce qu'il coûtait 10 ans plus tôt?

14.3 Dans le but de réduire les bris de canalisation, les coups de bélier et l'agitation des produits, une société de produits chimiques compte installer plusieurs amortisseurs de pulsations résistant aux produits chimiques. Le coût des amortisseurs est aujourd'hui de 106 000 $, mais la société de produits chimiques doit attendre l'obtention d'un permis pour son pipe-line de transport bidirectionnel de produits entre le port et l'usine. Le processus d'approbation du permis durera au moins 2 ans en raison du temps nécessaire pour la préparation d'un rapport d'évaluation de l'impact environnemental. En raison de la vive concurrence d'entreprises étrangères, le fabricant envisage d'augmenter le prix seulement du taux de l'inflation chaque année. Sachant que le taux d'inflation est de 3 % par année, évaluez le coût des amortisseurs dans deux ans : a) en dollars futurs ; b) en dollars constants.

14.4 Convertissez un montant de 10 000 $ en dollars constants en dollars futurs de l'année 10 si le taux d'inflation est de 7 % par année.

14.5 Convertissez un montant de 10 000 $ en dollars futurs de l'année 10 en dollars constants (et non en dollars équivalents) d'aujourd'hui si le taux d'intérêt (du marché) corrigé en raison de l'inflation est de 11 % par année et si le taux d'inflation est de 7 % par année.

14.6 Convertissez un montant de 10 000 $ en dollars futurs de l'année 10 en dollars constants (et non en dollars équivalents) d'aujourd'hui si le taux d'intérêt (du marché) corrigé en raison de l'inflation est de 12 % par année et si le taux d'intérêt réel est de 3 % par année.

14.7 Le salaire annuel moyen d'un ingénieur civil au Canada était de 74 400 $ en 2013. Quel serait ce salaire moyen en 2022 si l'augmentation des salaires correspondait seulement à un taux d'inflation constant de 2,5 % par année ?

14.8 On estime que les coûts de l'entretien et de l'exploitation d'une machine donnée seront de 13 000 $ par année, en dollars futurs, pendant les années 1 à 3. Sachant que le taux d'inflation est de 6 % par année, quel est le montant en dollars constants (exprimé en dollars d'aujourd'hui) du montant en dollars futurs de **chaque année** ?

14.9 Si le taux d'intérêt du marché est de 12 % par année et si le taux d'inflation est de 5 % par année, combien faut-il de dollars futurs à l'année 5 pour obtenir le **même pouvoir d'achat** que 2 000 $ maintenant ?

14.10 La société Ford Canada a annoncé que le prix de ses camionnettes F-150 n'allait augmenter que du taux d'inflation au cours des 2 prochaines années. Sachant que le prix actuel d'une camionnette est de 21 000 $ et que le taux d'inflation devrait s'établir en moyenne à 2,8 % par année, quel devrait être le prix d'une camionnette équipée de façon comparable dans 2 ans ?

14.11 Selon un article de journal, les frais de scolarité à l'université locale ont augmenté de 56 % au cours des 5 dernières années.
a) Quel a été le pourcentage annuel moyen d'augmentation au cours de cette période ?
b) Si le taux d'inflation était de 2,5 % par année, de combien de points de pourcentage l'augmentation annuelle des frais de scolarité serait-elle supérieure au taux d'inflation ?

14.12 Une machine achetée par les Industries Holztman a coûté 45 000 $ il y a 4 ans. Si une machine similaire coûte 55 000 $ aujourd'hui et si son prix n'a augmenté que du taux d'inflation, quel a été le taux d'inflation annuel pendant cette période de 4 ans ?

Le taux d'intérêt réel et le taux d'intérêt du marché

14.13 Dans quelles situations le taux d'intérêt du marché est-il a) supérieur, b) inférieur et c) égal au taux d'intérêt réel ?

14.14 Calculez le taux d'intérêt corrigé en raison de l'inflation, sachant que le taux d'inflation annualisé est de 27 % par année (Venezuela, 2010) et que le taux d'intérêt réel est de 4 % par année.

14.15 Quel taux d'inflation annuel peut-on déduire d'un taux d'intérêt du marché de 15 % par année, sachant que le taux d'intérêt réel est de 4 % par année ?

14.16 Quel serait le taux d'intérêt du marché trimestriel associé à un taux d'inflation trimestriel de 5 % et à un taux d'intérêt réel de 2 % par trimestre ?

14.17 Sachant que le taux d'intérêt du marché est de 48 % par année, composé mensuellement (en raison de l'hyperinflation), quel est le taux d'inflation mensuel si le taux d'intérêt réel est de 6 % par année, composé mensuellement ?

14.18 Quel est le taux de rendement réel obtenu par un investisseur si le taux de rendement de son placement est de 25 % par année, sachant que le taux d'inflation est de 10 % par année ?

14.19 Quel est le taux d'intérêt réel par semestre, sachant que le taux d'intérêt du marché est de 22 % par année, composé semestriellement, et que le taux d'inflation est de 7 % par semestre ?

14.20 Une somme de 1 million de dollars est versée au titulaire d'une assurance vie assortie d'un droit à la valeur de rachat en espèces lorsqu'il atteint 65 ans. Sachant que le titulaire de cette police aura 65 ans dans 27 ans, quelle sera la valeur du montant de 1 million exprimée en dollars ayant le même pouvoir d'achat qu'aujourd'hui si le taux d'inflation est de 3 % par année pendant cette période ?

La comparaison de solutions possibles après la correction de l'inflation

14.21 Un ingénieur civil analyse des soumissions de construction d'une usine d'épuration d'eau pour un nouveau complexe domiciliaire. La soumission A a un coût de 2,1 millions de dollars, soit 400 000 $ de plus que la soumission B, mais le promoteur ne commencera à payer le soumissionnaire A que dans 2 ans. Le taux de rendement acceptable minimum du promoteur est de 12 % par année, et le taux d'inflation est de 4 % par année. Quelle est la meilleure soumission ?

14.22 Un entrepreneur en construction et en entretien d'infrastructures essaie de décider s'il doit acheter un nouvel appareil compact de forage directionnel horizontal (l'appareil FDH) dès maintenant ou plutôt l'acheter dans 2 ans (lorsqu'il aura besoin de la nouvelle machine pour un important contrat de construction de pipe-line). L'appareil FDH est équipé d'un chargeur de tuyaux de conception innovatrice et d'un train de roulement manœuvrable. Le coût de l'appareil est de 68 000 $ s'il est acheté maintenant ou de 81 000 $ s'il est acheté dans 2 ans. Sachant que le taux de rendement acceptable minimum correspond à un taux d'intérêt réel de 10 % par année et que le taux d'inflation annuel est de 5 %, déterminez si l'entrepreneur doit acheter maintenant ou plus tard : a) sans correction en raison de l'inflation ; b) en tenant compte de l'inflation.

14.23 Une nouvelle société de services de haute technologie a trouvé une façon novatrice de payer divers programmes logiciels et propose à votre entreprise un choix entre les trois modes de paiement suivants : 1) payer 400 000 $ maintenant ; 2) payer 1,1 million de dollars dans 5 ans ; ou 3) payer dans 5 ans une somme d'argent ayant le même **pouvoir d'achat** que 750 000 $ maintenant. Si vous voulez obtenir un taux d'intérêt réel de 10 % par année et que le taux d'inflation est de 6 % par année, quelle offre devriez-vous accepter ?

14.24 Évaluez les solutions possibles A et B en fonction de leurs valeurs actualisées, au moyen d'un taux d'intérêt réel de 10 % par année et d'un taux d'inflation de 3 % par année : a) sans aucune correction de l'inflation ; b) en tenant compte de l'inflation.

	Machine A	Machine B
Coût initial ($)	−31 000	−48 000
Charges d'exploitation annuelles ($/année)	−28 000	−19 000
Valeur de récupération ($)	5 000	7 000
Durée de vie (années)	5	5

14.25 Comparez les solutions ci-dessous en fonction de leurs coûts immobilisés après la correction de l'inflation et sachant que $i_f = 12\%$ par année et $f = 3\%$ par année.

	Solution X	Solution Y
Coût initial ($)	−18 500 000	−9 000 000
Charges d'exploitation annuelles ($/année)	−25 000	−10 000
Valeur de récupération ($)	105 000	82 000
Durée de vie (années)	∞	10

14.26 Une ingénieure doit choisir entre 2 machines, et la machine sélectionnée doit être intégrée dans une chaîne de fabrication améliorée. Elle obtient des estimations auprès de 2 représentants commerciaux. Le représentant A lui donne les estimations en dollars futurs, alors que le représentant B lui fournit les estimations en dollars d'aujourd'hui (constants). Le taux de rendement acceptable minimum de la société correspond à un taux d'intérêt de 15 % par année, et l'inflation devrait être de l'ordre de 5 % par année. Effectuez une analyse de la valeur actualisée pour déterminer quelle machine l'ingénieure doit recommander.

	Représentant A (dollars futurs)	Représentant B (dollars actuels)
Coût initial ($)	−60 000	−95 000
Charges d'exploitation annuelles ($/année)	−55 000	−35 000
Durée de vie (années)	10	10

La valeur capitalisée et les autres calculs tenant compte de l'inflation

14.27 Hydro-Québec envisage de remplacer du matériel antipollution dans 5 ans. Un montant de 60 000 $ sera placé chaque année dans un fonds de remplacement à compter de l'année prochaine. Quel pouvoir d'achat sera cumulé en dollars actuels si le fonds a une croissance de 10 % par année, mais que l'inflation est en moyenne de 4 % par année ?

14.28 Un ingénieur a acheté une obligation de société indexée à l'inflation (les intérêts sur l'obligation varient en fonction de l'inflation) émise par la Banque HSBC et ayant une valeur nominale de 25 000 $. Au moment de l'achat, l'obligation avait un rendement de 2,16 % par année **plus** l'inflation, payable mensuellement. Le taux d'intérêt de l'obligation est révisé chaque mois en fonction de la variation de l'indice des prix à la consommation (IPC) par rapport au mois correspondant de l'année précédente. Au cours d'un mois en particulier, l'IPC a enregistré une hausse de 3,02 % par rapport au même mois de l'année précédente.
a) Quel est le nouveau rendement de l'obligation ?
b) Si des intérêts sont versés tous les mois, à combien s'élèvent les intérêts qu'a reçus l'ingénieur au cours de ce mois en particulier (après l'indexation) ?

14.29 Un ingénieur dépose 10 000 $ dans un compte lorsque le taux d'intérêt du marché est de 10 % par année et que le taux d'inflation est de 5 % par année. L'argent est immobilisé dans le compte pendant 5 ans.
a) Quel montant y aura-t-il dans le compte au bout de 5 ans ?
b) Quel sera le pouvoir d'achat en dollars actuels ?
c) Quel est le taux de rendement réel du compte ?

14.30 Un fabricant de produits chimiques veut mettre de l'argent de côté maintenant afin de pouvoir acheter de nouveaux enregistreurs de données dans 3 ans. Le prix des enregistreurs de données ne devrait augmenter que du taux d'inflation de 3,7 % par année pendant chacune des 3 prochaines années. Si le coût total des enregistreurs de données est actuellement de 45 000 $, déterminez :
a) le coût qu'ils devraient avoir dans 3 ans ;
b) le montant que la société doit mettre de côté maintenant si le taux d'intérêt est de 8 % par année.

14.31 Le coût de la construction d'une bretelle de sortie d'une autoroute était de 625 000 $ il y a 7 ans. Un ingénieur qui en conçoit une autre presque identique estime que le coût est aujourd'hui de 740 000 $. Sachant que le coût n'a augmenté que du taux d'inflation pendant cette période, quel a été le taux d'inflation par année ?

14.32 Si vous faites un placement dans un immeuble commercial qui vous rapportera un montant garanti de 1,5 million de dollars dans 25 ans, quel sera le **pouvoir d'achat** de ce montant par rapport au même montant aujourd'hui si le taux d'intérêt du marché est de 8 % par année et que le taux d'inflation demeure à 3,8 % par année pendant cette période ?

14.33 La société Domtar peut acheter une immobilisation maintenant au prix de 80 000 $ ou l'acheter dans 3 ans au prix de 128 000 $. L'exigence concernant le taux de rendement acceptable minimum est un rendement réel de 15 % par année. Si on doit tenir compte d'un taux d'inflation de 4 % par année, la société doit-elle acheter la machine maintenant ou plus tard ?

14.34 Pendant une période où l'inflation est de 3 % par année, combien coûtera une machine dans 3 ans, en dollars constants, si elle coûte aujourd'hui 40 000 $ et que le coût de la machine ne devrait augmenter que du taux d'inflation ?

14.35 À une période où le taux d'inflation annuel est de 4 %, quel sera le coût d'une machine, en dollars constants, si cette dernière coûte aujourd'hui 40 000 $ et que le fabricant prévoit augmenter le prix de façon à obtenir un taux de rendement réel de 5 % par année pendant cette période ?

14.36 Convertissez 100 000 $ en dollars actuels en dollars futurs de l'année 10, sachant que le **taux de déflation** est de 1,5 % par année.

14.37 Une société a été invitée à investir 1 million de dollars dans une société en nom collectif. En contrepartie de son investissement, elle recevra un montant total garanti de 2,5 millions au bout de 4 ans. La société a pour politique d'établir un taux de rendement acceptable minimum qui est 4 % plus élevé que le coût réel du capital. Si le taux d'intérêt réel versé sur le capital est actuellement de 10 % par année et que le taux d'inflation pendant la période de 4 ans s'établit en moyenne à 3 % par année, cet investissement est-il justifié économiquement ?

14.38 La bourse associée au premier prix Nobel, décerné en 1901, s'élevait à 150 000 $. En 1996, le prix a été augmenté, passant de 489 000 $ à 653 000 $.
   a) À quel taux d'inflation un prix de 653 000 $ en 1996 serait-il équivalent (en pouvoir d'achat) au prix initial décerné en 1901 ?
   b) Si la fondation prévoit que l'inflation sera de l'ordre de 3,5 % par année entre 1996 et 2010, quel devrait être le montant du prix en 2010 pour que celui-ci ait la même valeur qu'en 1996 ?

14.39 Les facteurs qui accroissent les coûts et les prix, en particulier pour des coûts des matières premières et des coûts de fabrication sensibles au marché, à la technologie et à la disponibilité de la main-d'œuvre, peuvent être évalués séparément si on utilise le taux d'intérêt réel i, le taux d'inflation f et des augmentations supplémentaires qui suivent un rythme géométrique g. Le montant futur est calculé à partir d'une estimation courante à l'aide de la relation :

$$F = P(1 + i)^n(1 + f)^n(1 + g)^n$$
$$= P[(1 + i)(1 + f)(1 + g)]^n$$

Le produit des deux premiers termes entre parenthèses correspond au taux d'intérêt majoré de l'inflation i_f. Le taux géométrique est le même que celui qui est utilisé dans la série à gradient géométrique (*voir le chapitre 2*). Il est généralement appliqué aux frais d'entretien et de réparation qui augmentent à mesure que les machines s'usent. Il s'ajoute au taux d'inflation. Si le coût actuel de fabrication d'une sous-composante électronique est de

250 000 $ par année, quelle est la valeur équivalente dans 5 ans, si on sait que les estimations des taux annuels moyens sont les suivantes : $i = 5 \%, f = 3 \%$ et $g = 2 \%$?

Le recouvrement du capital compte tenu de l'inflation

14.40 Aquatech Microsystèmes a dépensé 183 000 $ pour un protocole de communications permettant l'interopérabilité de ses systèmes de services publics. Si la société applique un taux d'intérêt réel de 15 % par année à cet investissement et que la période de récupération est de 5 ans, quelle est la valeur annualisée du montant dépensé en dollars courants pour un taux d'inflation de 6 % par année ?

14.41 Vous avez judicieusement placé 12 000 $ par année pendant 20 ans dans votre compte REER en vue de votre retraite. Combien pourrez-vous retirer du compte chaque année pendant 10 ans, à compter de la première année suivant votre dernier dépôt, si le placement a un rendement réel de 10 % par année et que le taux d'inflation s'établit à 2,8 % en moyenne par année ?

14.42 Un fournisseur DSL a fait des dépenses en immobilisations de 40 millions de dollars. Il s'est fixé pour objectif de récupérer son investissement dans 10 ans. Le taux de rendement acceptable minimum du fournisseur est basé sur un taux réel de rendement de 12 % par année. Si le taux d'inflation annuel est de 7 %, quel montant le fournisseur doit-il générer chaque année a) en dollars constants et b) en dollars futurs pour atteindre son objectif ?

14.43 Quelle est la valeur annuelle en dollars courants des années 1 à 5 d'une rentrée de fonds de 750 000 $ aujourd'hui, si le « taux d'intérêt du marché » est de 10 % par année et si le taux d'inflation est de 5 % par année ?

14.44 Un ingénieur mécanicien débutant souhaite constituer un fonds de prévoyance qui lui permettra de payer ses dépenses dans l'éventualité improbable où il serait sans emploi pendant une courte période. Il compte mettre de côté 15 000 $ d'ici 3 ans, et le montant mis de côté doit avoir le même pouvoir d'achat que 15 000 $ aujourd'hui. Si le taux prévu du marché pour les placements est de 8 % par année et que l'inflation est en moyenne de 2 % par année, combien doit-il mettre de côté chaque année pour atteindre son objectif ?

14.45 Un laboratoire de recherche en génie génétique bovin établi en Europe compte investir un montant substantiel dans du matériel de recherche. Le laboratoire a besoin de 5 millions de dollars en dollars actuels pour pouvoir faire son acquisition dans 4 ans. Le taux d'inflation est stable à 5 % par année.

a) Quel est le montant en dollars futurs dont le laboratoire aura besoin lorsque le matériel sera acheté, si le pouvoir d'achat est le même ?

b) Quel montant le laboratoire doit-il déposer annuellement dans un fonds qui rapporte un taux du marché de 10 % par année pour s'assurer que le montant calculé en a) est accumulé ?

14.46 a) Calculez la valeur annualisée équivalente perpétuelle en dollars futurs (pour les années 1 à ∞) afin d'obtenir un revenu de 50 000 $ maintenant et de 5 000 $ par année subséquemment. On suppose que le taux d'intérêt du marché est de 8 % par année et que l'inflation s'établit en moyenne à 4 % par année. Tous les montants sont présentés en dollars futurs.

b) Si les montants sont présentés en dollars constants, comment déterminez-vous l'annuité équivalente en dollars futurs ?

14.47 Les deux machines dont il est question ci-dessous sont envisagées pour la fabrication de puces informatiques. On suppose que le taux de rendement acceptable minimum de la société correspond à un taux réel de 12 % par année et que le taux d'inflation est de 7 % par année. Quelle machine faut-il choisir si on fait une analyse de la valeur annualisée, sachant que les estimations sont : a) en dollars constants ; b) en dollars futurs ?

	Machine A	Machine B
Coût initial ($)	−150 000	−1 025 000
Charges d'exploitation annuelles ($/année)	−70 000	−5 000
Valeur de récupération ($)	40 000	200 000
Durée de vie (années)	5	∞

CHAPITRE 15

Les méthodes d'amortissement

Les dépenses d'investissement qu'une société affecte aux immobilisations corporelles (équipement, matériel informatique, véhicules, bâtiments et machinerie) sont habituellement recouvrées dans les livres de la société au moyen de l'amortissement. Bien que le montant d'amortissement ne soit pas un flux monétaire réel, le fait d'amortir une immobilisation permet de tenir compte de la diminution de sa valeur en raison de l'âge, de l'usure et de l'obsolescence. Même si une immobilisation est en excellent état de fonctionnement, le fait qu'elle perde de sa valeur avec le temps est pris en compte dans les études d'évaluation économique. Dans ce chapitre, la présentation des méthodes d'amortissement usuelles est suivie d'une analyse du mécanisme de la déduction pour amortissement (DPA) de l'Agence du revenu du Canada (ARC), seule méthode d'amortissement approuvée à des fins fiscales. D'autres pays autorisent les méthodes classiques d'amortissement pour le calcul de l'impôt.

Pourquoi l'amortissement est-il important pour l'économie d'ingénierie ? Parce qu'il est considéré comme une « déduction autorisée » aux fins du calcul de l'impôt dans presque tous les pays industrialisés. L'amortissement réduit l'impôt grâce à la relation suivante :

$$\text{Impôt} = (\text{revenus} - \text{déductions})(\text{taux d'imposition})$$

L'impôt sur le résultat est analysé de façon plus approfondie au chapitre 16.

Une présentation de l'amortissement par « épuisement » termine le présent chapitre. Ce type d'amortissement est utilisé pour recouvrer les dépenses en immobilisations dans le secteur des ressources naturelles, par exemple lorsqu'il est question des gisements de minéraux ou de minerais et le bois d'œuvre.

Remarque importante : Pour tenir compte de l'amortissement et de l'analyse après impôt au début d'un cours, le présent chapitre et le chapitre 16 (la fiscalité et l'analyse économique) doivent être vus après le chapitre 6 (la valeur actualisée), le chapitre 9 (l'analyse avantages-coûts) ou le chapitre 11 (les décisions de remplacement). L'enseignant peut modifier le classement des sujets en se référant à la préface de ce manuel.

OBJECTIFS D'APPRENTISSAGE

Objectif: Employer des méthodes répandues et approuvées par le gouvernement pour réduire la valeur des dépenses d'investissement visant des immobilisations ou des ressources naturelles.

À la fin de ce chapitre, vous devriez pouvoir :

Terminologie de l'amortissement	**1.** Employer la terminologie de base liée à l'amortissement ;
Amortissement linéaire	**2.** Appliquer la méthode de l'amortissement linéaire ;
Amortissement dégressif	**3.** Appliquer la méthode de l'amortissement dégressif ;
Déduction pour amortissement	**4.** Appliquer le mécanisme de déduction pour amortissement dans le cas des entreprises canadiennes ;
Épuisement	**5.** Utiliser la méthode de l'amortissement par épuisement aux immobilisations dans le secteur des ressources naturelles.

15.1 LA TERMINOLOGIE LIÉE À L'AMORTISSEMENT

Les termes de base utilisés pour décrire la notion d'amortissement sont définis ci-après.

L'amortissement représente la diminution de la valeur d'une immobilisation. La méthode employée pour amortir une immobilisation est un moyen de tenir compte de la perte de valeur de l'immobilisation pour son propriétaire et de représenter la valeur décroissante (montant) des fonds investis dans l'immobilisation. Le montant d'amortissement annuel D_t ne représente pas un flux monétaire réel et ne reflète pas nécessairement l'utilisation réelle de l'immobilisation pendant la période où elle appartient à son propriétaire.

L'amortissement comptable et **l'amortissement fiscal** sont des termes utilisés pour décrire l'objectif de réduction de la valeur de l'immobilisation. L'amortissement peut en effet être appliqué :
1. à des fins de comptabilité générale interne de l'entreprise (amortissement comptable) ;
2. aux fins du calcul de l'impôt selon les règlements établis par l'État (amortissement fiscal).

Dans les méthodes d'amortissement comptable et fiscal, les mêmes formules peuvent être utilisées, comme on le voit ci-après. L'amortissement comptable représente la diminution de l'investissement dans une immobilisation compte tenu de son utilisation et de la durée d'utilité prévue de l'immobilisation. Les méthodes d'amortissement classiques pour déterminer l'amortissement comptable, qui sont reconnues à l'échelle internationale, sont la méthode de l'amortissement linéaire et la méthode de l'amortissement dégressif. La valeur de l'« amortissement fiscal » est importante dans une étude d'économie d'ingénierie pour la raison suivante :

La fiscalité et
l'analyse économique

Chapitre 16

> Au Canada et dans de nombreux pays industrialisés, l'amortissement fiscal annuel est déductible aux fins de l'impôt, c'est-à-dire qu'il est retranché du revenu dans le calcul du montant d'impôt à payer chaque année. L'amortissement fiscal doit toutefois être calculé selon une méthode approuvée par l'État.

Le calcul de l'amortissement fiscal et la terminologie s'y rattachant peuvent être différents dans d'autres pays. Les lois fiscales canadiennes autorisent les entreprises à demander la déduction pour amortissement, ou dotation aux amortissements, calculée pour l'essentiel selon la méthode de l'amortissement dégressif à un taux désigné pour chaque **catégorie** d'actifs prescrite. La méthode utilisée aux États-Unis, soit la méthode modifiée de recouvrement accéléré des coûts, permet d'amortir séparément chaque immobilisation. Pour ce faire, on emploie un taux accéléré d'amortissement pendant les premières années d'utilisation de l'immobilisation en question.

Le coût initial, ou **coût historique**, est le coût de l'immobilisation après livraison et installation (y compris le coût d'acquisition, les frais de livraison et d'installation, les honoraires des avocats, des comptables et des ingénieurs et les autres coûts directs pouvant être amortis) qui est engagé pour préparer l'immobilisation en vue de son utilisation. Le terme « coût en capital » est utilisé pour l'amortissement fiscal.

La valeur comptable représente la dépense en immobilisation non amortie comptabilisée après que le montant total de l'amortissement cumulé a été retranché du coût initial. La valeur comptable, ou coût non amorti (CNA_t), est déterminée à la fin de chaque année. La « fraction non amortie du coût en capital (FNACC) » est le terme correspondant utilisé aux fins de l'impôt.

La durée d'utilité est la période n (en années) au cours de laquelle l'immobilisation peut être amortie.

La valeur de marché, expression utilisée aussi dans le domaine de l'analyse de remplacement, indique la valeur de revente estimative de l'immobilisation dans un marché libre. Étant donné la structure des lois sur l'amortissement, la valeur comptable et la valeur de marché peuvent être très différentes. Ainsi, la valeur de marché d'un bâtiment commercial tend à augmenter, tandis que sa valeur comptable diminue à mesure que l'amortissement est comptabilisé. Par contre, la valeur de marché d'un poste de travail informatisé peut être nettement inférieur à sa valeur comptable en raison de l'évolution rapide de la technologie.

La valeur de récupération représente la valeur d'échange ou de la valeur de marché estimative à la fin de la durée d'utilité de l'immobilisation. La valeur de récupération R, exprimée sous forme d'estimation en dollars ou de pourcentage du coût initial, peut être positive, nulle ou négative en raison des coûts de démantèlement et d'enlèvement.

Le taux d'amortissement est le pourcentage du coût d'acquisition qu'on utilise pour calculer l'amortissement annuel. Le coût initial est alors diminué du montant obtenu à partir de ce taux. Ce dernier, désigné par d_t, peut être le même chaque année – dans ce cas, il est appelé « taux constant » –, ou différent pour chacune des années d'amortissement.

Un bien amortissable, ou une immobilisation, est un actif corporel ou incorporel qu'une entreprise utilise pour produire un revenu. La plupart des biens des secteurs de la fabrication et des services sont amortissables. C'est notamment le cas des véhicules, du matériel de fabrication, des appareils de manutention de matières premières, des ordinateurs et de matériel de réseautique, du matériel téléphonique, du mobilier de bureau, du matériel de raffinage, des actifs de construction, etc.

Un bien réel (immobilier) désigne un bâtiment et toutes les améliorations qui y ont été apportées – immeuble de bureaux, usine de fabrication, installation d'essai, entrepôt, appartement et autres structures. Le terrain lui-même est considéré comme un bien immobilier, mais il n'est pas amortissable.

La règle des 50 % contenue dans la loi de l'impôt canadienne précise que, pour l'année au cours de laquelle une immobilisation est mise en service, la moitié seulement de la déduction pour amortissement peut être demandée.

On sait maintenant qu'il existe plusieurs méthodes pour amortir des immobilisations. La méthode linéaire est la plus répandue, tant dans le temps qu'à l'échelle internationale. Les méthodes accélérées, comme celle de l'amortissement dégressif à taux constant, ramènent la valeur comptable à 0 (ou à la valeur de récupération) plus rapidement que la méthode de l'amortissement linéaire, comme l'indiquent les courbes générales de valeurs comptables présentées à la figure 15.1.

La valeur de marché

Chapitre 11

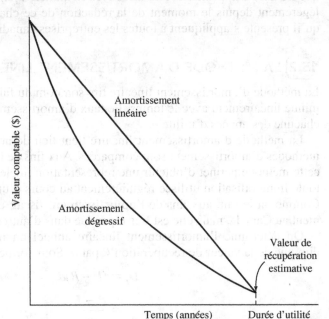

FIGURE 15.1

La forme générale des courbes de valeurs comptables pour des méthodes d'amortissement différentes

Il existe des fonctions Excel pour déterminer l'amortissement annuel selon les méthodes classiques – amortissement linéaire et amortissement dégressif. Chacune de ces fonctions est présentée et illustrée par un exemple lorsque la méthode en question est expliquée.

Comme on peut s'y attendre, les lois sur l'amortissement d'un pays s'accompagnent de nombreuses règles et exceptions.

> L'amortissement fiscal doit être calculé au moyen du mécanisme de la déduction pour amortissement de l'Agence du revenu du Canada, tandis que l'amortissement comptable peut être calculé selon l'une ou l'autre des méthodes classiques ou au moyen du mécanisme de la déduction pour amortissement.

Même si la déduction pour amortissement repose en général sur la méthode de l'amortissement dégressif à taux constant, en raison du classement des immobilisations dans des catégories, cette dernière méthode ne peut être utilisée directement si l'amortissement annuel doit être déduit aux fins de l'impôt. De nombreuses entreprises canadiennes continuent d'appliquer les méthodes classiques pour la tenue de leurs livres, car ces dernières sont plus représentatives de la façon dont les modèles d'utilisation de l'immobilisation rendent compte du capital qui y est encore investi. De plus, la plupart des autres pays utilisent les méthodes classiques de l'amortissement linéaire et de l'amortissement dégressif à des fins fiscales ou comptables. Étant donné leur grande importance, les deux méthodes sont étudiées dans les deux prochaines sections, qui précèdent l'analyse du mécanisme de la déduction pour amortissement.

La loi de l'impôt est souvent modifiée, et les règles d'amortissement changent de temps en temps au Canada et dans les autres pays. Ainsi, le budget fédéral de 2010 visait à favoriser l'achat d'immobilisations précises en élargissant certaines catégories d'admissibilité à la déduction pour amortissement et en prévoyant des taux accélérés d'amortissement. Par exemple, la catégorie 43.2 donne droit à une déduction pour amortissement accéléré de 50 % pour le matériel hautement efficace de production d'énergie propre. Les entreprises peuvent aussi se prévaloir d'une déduction pour amortissement de 100 % pour les achats de matériel informatique et de logiciels (catégorie 52) effectués avant février 2011, ce qui leur permet de ramener la valeur de ces immobilisations à 0 au cours de la première année d'imposition. Une mesure d'encouragement temporaire afin d'acquérir du matériel de fabrication et de transformation avant 2011 a été instaurée en déplaçant ces biens de la catégorie 43 à la catégorie 29, où ils sont admissibles à un taux d'amortissement linéaire de 50 %. Bien que les taux d'imposition et les directives en matière d'amortissement aient pu changer légèrement depuis le moment de la rédaction de ce chapitre, les principes généraux qu'il présente s'appliquent à toutes les entreprises canadiennes.

15.2 LA MÉTHODE D'AMORTISSEMENT LINÉAIRE

La méthode d'amortissement linéaire tire son nom du fait que la valeur comptable diminue linéairement avec le temps. Le taux d'amortissement $d = 1/n$ est le même pour chacune des années d'utilité n.

La méthode d'amortissement linéaire tient lieu de norme avec laquelle les autres méthodes d'amortissement sont comparées. Aux fins de l'**amortissement comptable**, cette méthode permet d'obtenir une représentation fidèle de la valeur comptable pour toute immobilisation utilisée régulièrement au cours d'un nombre estimatif d'années. Comme on le sait, aux fins de l'**amortissement fiscal**, elle n'est pas utilisée directement au Canada, mais elle est très répandue dans d'autres pays.

On détermine l'amortissement linéaire annuel en multipliant le coût initial P, diminué de la valeur de récupération R par d. Sous forme d'équation, on obtient:

$$D_t = (P - R)d$$
$$= \frac{P - R}{n}$$

[15.1]

où t est l'année à laquelle l'amortissement est calculé ($t = 1, 2, \ldots, n$),
D_t est la charge d'amortissements annuelle,
P est le coût initial de l'immobilisation,
R est la valeur de récupération estimative,
n est la durée d'utilité,
d est le taux d'amortissement, soit $1/n$.

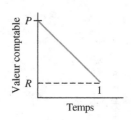

Comme l'immobilisation est amortie du même montant chaque année, la valeur comptable au bout de t années de service, désignée CNA_t, est égale au coût initial P moins l'amortissement annuel multiplié par t.

$$\text{CNA}_t = P - tD_t \qquad [15.2]$$

On sait que d_t est défini comme le taux d'amortissement pour une année donnée t. Toutefois, la méthode de l'amortissement linéaire prévoit le même taux pour toutes les années, soit :

$$d = d_t = \frac{1}{n} \qquad [15.3]$$

Le format de la fonction Excel permettant d'afficher le calcul de l'amortissement annuel D_t dans une seule cellule est le suivant :

$$\textbf{AMORLIN}(P;R;n)$$

EXEMPLE 15.1

Le coût initial d'une immobilisation est de 50 000 $, et sa valeur de récupération au bout de 5 ans est estimée à 10 000 $. a) Calculez l'amortissement annuel. b) Calculez la valeur comptable de l'immobilisation à la fin de chaque année et donnez-en une représentation graphique en utilisant la méthode de l'amortissement linéaire.

Solution

a)   L'amortissement annuel pendant 5 ans est donné par l'équation [15.1].

$$D_t = \frac{P - R}{n} = \frac{50\,000 - 10\,000}{5} = 8\,000\,\$$$

Saisissez la fonction AMORLIN(50000;10000;5) dans une cellule pour afficher l'amortissement annuel D_t de 8 000 $.

b)   La valeur comptable à la fin de chaque année t est calculée au moyen de l'équation [15.2]. Les valeurs CNA_t sont représentées sur une courbe à la figure 15.2. Par exemple, pour les années 1 et 5 :

$$\text{CNA}_1 = 50\,000 - 1(8\,000) = 42\,000\,\$$$
$$\text{CNA}_5 = 50\,000 - 5(8\,000) = 10\,000\,\$ = R$$

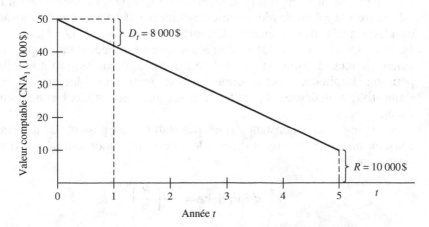

FIGURE 15.2

La valeur comptable d'une immobilisation amortie linéairement de l'exemple 15.1

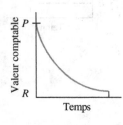

15.3 LA MÉTHODE DE L'AMORTISSEMENT DÉGRESSIF

La méthode de l'amortissement dégressif est appliquée couramment comme méthode d'amortissement comptable. Elle est très répandue dans la plupart des autres pays industrialisés aux fins de l'amortissement fiscal et comptable.

On l'appelle aussi la « méthode de l'amortissement dégressif à taux constant ». La méthode de l'amortissement dégressif ramène à 0 la valeur de l'immobilisation de façon accélérée parce que l'amortissement annuel est déterminé en multipliant la valeur comptable au début d'une année par un pourcentage constant d, exprimé sous forme décimale. Si $d = 0,1$, alors 10 % de la valeur comptable est réduite chaque année. La déduction pour amortissement diminue donc chaque année.

L'amortissement pour l'année t correspond au taux constant d multiplié par la valeur comptable à la fin de l'année précédente.

$$D_t = (d)CNA_{t-1} \qquad [15.4]$$

Le taux d'amortissement réel pour chaque année t, relativement au coût initial P, est le suivant :

$$d_t = d(1 - d)^{t-1} \qquad [15.5]$$

Si le CNA_{t-1} n'est pas connu, on peut calculer l'amortissement à l'année t en utilisant P et d_t de l'équation [15.5].

$$D_t = dP(1 - d)^{t-1} \qquad [15.6]$$

On peut déterminer la valeur comptable à l'année t de l'une des manières suivantes : au moyen du taux d et du coût initial P, ou en retranchant la déduction pour amortissement actuelle de la valeur comptable précédente. Les équations sont les suivantes :

$$CNA_t = P(1 - d)^t \qquad [15.7]$$

$$CNA_t = CNA_{t-1} - D_t \qquad [15.8]$$

Il est important de comprendre que la valeur comptable pour la méthode de l'amortissement dégressif est rarement ramenée à 0 parce qu'elle est toujours diminuée d'un pourcentage constant. La valeur de récupération implicite au bout de n années correspond au montant CNA_n, c'est-à-dire :

$$\text{Valeur de récupération implicite} = R \text{ implicite} = CNA_n = P(1 - d)^n \qquad [15.9]$$

Lorsque la valeur de récupération est estimée pour l'immobilisation, cette valeur estimative R n'est pas utilisée pour calculer le taux d'amortissement avec la méthode de l'amortissement dégressif. Cependant, si la valeur de récupération implicite est inférieure à la valeur de récupération estimative, il est acceptable d'arrêter de passer en charges d'autres montants d'amortissement lorsque la valeur comptable est égale ou inférieure à la valeur de récupération estimée. Dans la plupart des cas, la valeur de récupération estimée est de l'ordre de 0 par rapport à la valeur de récupération implicite. (Cette directive est importante lorsque la méthode de l'amortissement dégressif peut être utilisée directement aux fins de l'amortissement fiscal.)

Si le pourcentage constant d n'est pas établi, il est possible de déterminer un taux constant implicite au moyen de la valeur de récupération estimée, si cette valeur est supérieure à 0.

$$d \text{ implicite} = 1 - \left(\frac{R}{P}\right)^{1/n} \qquad [15.10]$$

La fonction DB d'Excel sert à présenter la déduction pour amortissement pour des années (ou toute autre unité de temps) données. La fonction est reprise dans des cellules consécutives de la feuille de calcul parce que la déduction pour amortissement D_t change avec t.

La fonction DB doit être utilisée avec précaution. Elle s'écrit de la façon suivante : DB(P;R;n;t). Le taux constant d n'est pas saisi dans la fonction DB ; d est un calcul intégré au moyen de l'équivalent de l'équation [15.10] prévu dans le tableur. De plus, comme seuls trois chiffres significatifs sont conservés pour d, la valeur comptable peut être inférieure à la valeur de récupération estimative en raison des erreurs d'arrondissement. L'exemple qui suit illustre la méthode de l'amortissement dégressif et les fonctions de tableur qui s'y rattachent.

EXEMPLE 15.2

La société minière Freeport-McMoRan a acheté une machine contrôlée par ordinateur pour son exploitation de minerai aurifère au coût de 80 000 $. La machine a une durée de vie prévue de 10 ans et une valeur de récupération de 10 000 $. Employez la méthode de l'amortissement dégressif pour comparer le plan d'amortissement et les valeurs comptables annuelles. Présentez une solution manuelle et une solution par ordinateur.

Solution manuelle

Un taux d'amortissement dégressif implicite est déterminé au moyen de l'équation [15.10].

$$d = 1 - \left(\frac{10\,000}{80\,000} \right)^{1/10} = 0,1877$$

Le tableau 15.1 présente les valeurs D_t obtenues au moyen de l'équation [15.4] et les valeurs CNA_t obtenues au moyen de l'équation [15.8] arrondies au dollar le plus proche. Par exemple, à l'année $t = 2$, les résultats pour l'amortissement dégressif sont les suivants :

$$D_2 = d(CNA_1) = 0,1877(64\,984) = 12\,197\,\$$$
$$CNA_2 = 64\,984 - 12\,197 = 52\,787\,\$$$

Les valeurs ci-dessus sont arrondies en nombres entiers. L'amortissement obtenu pour l'année 10 est de 2 312 $, mais on déduit 2 318 $ pour obtenir CNA_{10} = R = 10 000 $ exactement.

TABLEAU 15.1	LES VALEURS DE D_t ET DE CNA_t ASSOCIÉES À L'AMORTISSEMENT DÉGRESSIF DE L'EXEMPLE 15.2	
	Méthode de l'amortissement dégressif	
Année t	**D_t**	**CNA_t**
	—	80 000 $
1	15 016 $	64 984
2	12 197	52 787
3	9 908	42 879
4	8 048	34 831
5	6 538	28 293
6	5 311	22 982
7	4 314	18 668
8	3 504	15 164
9	2 846	12 318
10	2 318	10 000

Solution par ordinateur

La feuille de calcul illustrée dans la figure 15.3 présente les résultats de la méthode de l'amortissement dégressif. Le diagramme de dispersion (ou nuage de points) xy indique les valeurs comptables pour chaque année.

Remarque

On sait maintenant que la fonction DB calcule automatiquement le taux implicite au moyen de l'équation [15.10] et ne conserve que trois chiffres significatifs. Ainsi, si la fonction DB était utilisée dans la colonne B (*voir la figure 15.3*), le taux constant appliqué serait de 0,188. Les valeurs de D_t et de CNA_t qui en résultent pour les années 8, 9 et 10 seraient les suivantes :

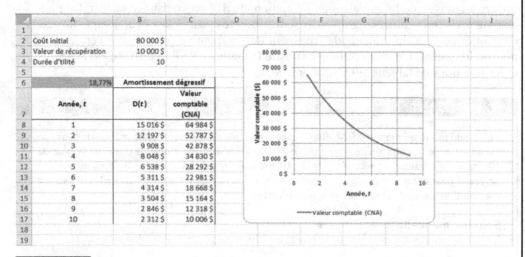

FIGURE 15.3

La solution par ordinateur pour l'amortissement annuel et les valeurs comptables annuelles selon la méthode de l'amortissement dégressif de l'exemple 15.2

t	D_t	CNA_t
8	3 501 $	15 120 $
9	2 842	12 277
10	2 308	9 969

Il est à noter que la fonction DB utilise le taux implicite sans vérification pour plafonner la valeur comptable à la valeur de récupération estimative. Par conséquent, CNA_{10} sera légèrement inférieur à $R = 10 000$ $, comme il est indiqué ci-dessus.

15.4 LA DÉDUCTION POUR AMORTISSEMENT (DPA)

L'Agence du revenu du Canada impose le mécanisme de déduction pour amortissement (DPA) afin de déduire le coût d'une immobilisation au fil du temps. La durée de la période prescrite pour amortir complètement une immobilisation correspond au temps qu'il faut à l'immobilisation pour devenir obsolète ou désuète. La déduction pour amortissement est le montant maximal qu'une entreprise peut déduire de ses revenus chaque année. Un grand nombre d'entreprises, en particulier les petites, utilisent la déduction pour amortissement aux fins de leur information financière et de leur déclaration fiscale afin d'éviter d'avoir à tenir deux jeux de documents. Le montant de la déduction pour amortissement qui peut être demandé chaque année dépend du type d'immobilisation et du moment où celle-ci a été prête à être utilisée.

Le Règlement de l'impôt sur le revenu ne prévoit pas d'amortissement distinct pour chaque immobilisation ; on regroupe les immobilisations dans un nombre relativement réduit de catégories. Le tableau 15.2 contient une liste des catégories les plus utilisées. Les immobilisations similaires sont regroupées et traitées comme une seule immobilisation ou catégorie. Pour la plupart des catégories, la déduction pour amortissement est calculée selon la méthode de l'amortissement dégressif à taux constant. Un taux maximal d'amortissement est établi pour chaque catégorie de biens.

TABLEAU 15.2	LA LISTE DES TAUX DE DPA ET DES CATÉGORIES D'IMMOBILISATIONS

Ce tableau présente une partie de la liste et des descriptions des catégories les plus courantes aux fins de la déduction pour amortissement du *Guide T2 – Déclaration de revenus des sociétés*. Pour consulter la liste complète, le lecteur peut se reporter à l'annexe II du *Règlement de l'impôt sur le revenu*.

Catégorie	Description	Taux de DPA
1	La plupart des bâtiments de brique, de pierre ou de ciment acquis après 1987, y compris les parties constituantes, comme les fils électriques, les appareils d'éclairage, de plomberie, de chauffage et de climatisation, les ascenseurs et les escaliers roulants (pour les bâtiments acquis après le 18 mars 2007, déduction supplémentaire de 6 % pour les bâtiments servant à la fabrication ou à la transformation au Canada et de 2 % pour les bâtiments non résidentiels)	4 %
3	La plupart des bâtiments de brique, de pierre ou de ciment acquis avant 1988, y compris les parties constituantes énumérées à la catégorie 1 ci-dessus	5 %
6	Les bâtiments construits en pans de bois, en bois rond, en stuc sur pans de bois, en tôle galvanisée ou en métal ondulé qui sont utilisés dans une entreprise agricole ou de pêche, ou qui n'ont pas de semelle sous le niveau du sol ; les clôtures et la plupart des serres	10 %
7	Les canots ou bateaux et la plupart des autres navires, y compris leurs accessoires, leur mobilier et le matériel fixe	15 %
8	Les biens non compris dans une autre catégorie, notamment les meubles, les calculatrices, les caisses enregistreuses (qui n'enregistrent pas les taxes de vente multiples), les photocopieurs et télécopieurs, les imprimantes, les devantures de magasin, le matériel de réfrigération, les machines, les outils coûtant 500 $ ou plus, et les panneaux d'affichage extérieurs et certaines serres à structure rigide recouvertes de plastique	20 %
9	Les avions, y compris le mobilier ou le matériel fixe dont ils sont équipés, de même que leurs pièces de rechange	25 %
10	Les automobiles (sauf celles qui sont utilisées aux fins de location et les taxis), les fourgons, les charrettes, les camions, les autobus, les tracteurs, les remorques, les cinémas en plein air, le matériel électronique universel de traitement de l'information (p. ex., les ordinateurs personnels) et les logiciels de systèmes, et le matériel pour couper ou enlever du bois	30 %
10.1	Les voitures de tourisme qui coûtent plus de 30 000 $ si elles sont achetées après 2000	30 %
12	La porcelaine, la coutellerie, le linge, les uniformes, les matrices, les gabarits, les moules ou formes à chaussure, les logiciels d'ordinateur (sauf les logiciels de systèmes), les dispositifs de coupage ou de façonnage d'une machine, certains biens servant à gagner un revenu de location tels que les vêtements ou costumes, les vidéocassettes ; certains biens coûtant moins de 500 $ tels que les ustensiles de cuisine, les outils, les instruments de médecin ou de dentiste acquis après le 1er mai 2006	100 %
13	Les biens constitués par une tenure à bail (le taux maximum de DPA dépend de la nature de la tenure à bail et des modalités du bail)	S. O.
14	Les brevets, les concessions ou les permis de durée limitée – la DPA se limite au moins élevé des montants suivants : • le coût en capital du bien réparti sur la durée du bien ; • la fraction non amortie du coût en capital à la fin de l'année d'imposition La catégorie 14 inclut également les brevets, ainsi que les licences permettant d'utiliser un brevet de durée limitée, que vous avez choisi de ne pas inclure dans la catégorie 44	S. O.
16	Les automobiles de location, les taxis et les jeux vidéo ou billards électroniques actionnés par des pièces de monnaie ; certains tracteurs et camions lourds acquis après le 6 décembre 1991, dont le poids dépasse 11 788 kg et qui sont utilisés pour le transport des marchandises	40 %
17	Les chemins, les trottoirs, les aires de stationnement et d'entreposage, l'équipement téléphonique, télégraphique ou de commutation de transmission des données non électroniques	8 %
38	La plupart du matériel mobile à moteur, acquis après 1987, qui est destiné à l'excavation, au déplacement, à la mise en place ou au compactage de terre, de pierre, de béton ou d'asphalte	30 %

▷ | TABLEAU 15.2 | LA LISTE DES TAUX DE DPA ET DES CATÉGORIES D'IMMOBILISATIONS (*SUITE*)

Catégorie	Description	Taux de DPA
39	La machinerie et l'équipement, acquis après 1987, qui est destiné au Canada principalement dans la fabrication et la transformation de biens destinés à la vente ou à la location	25 %
43	Les machineries et l'équipement de fabrication et de transformation acquis après le 25 février 1992 et décrits à la catégorie 39, ci-dessus	30 %
44	Les brevets et les licences permettant d'utiliser un brevet de durée limitée ou non que la société a acquis après le 26 avril 1993. Cependant, vous pouvez choisir de ne pas inclure le bien dans la catégorie 44, en joignant une lettre à la déclaration pour l'année où la société a acquis le bien. Dans cette lettre, indiquez le bien que vous ne désirez pas inclure dans la catégorie 44	25 %
45	Matériel informatique constitué « du matériel électronique universel de traitement de l'information et un logiciel de systèmes » visé à l'alinéa f) de la catégorie 10, acquis après le 22 mars 2004. Voir aussi les catégories 50 et 52	45 %
46	Le matériel d'infrastructure pour réseaux de données soutient des applications de télécommunications complexes acquis après le 22 mars 2004. Il comprend des biens tels que les interrupteurs, les multiplexeurs, les routeurs, les concentrateurs, les modems et les serveurs de nom de domaines, qui servent à contrôler, transférer, moduler et diriger des données, mais ne comprend pas le matériel informatique tel que téléphones, téléphones cellulaires ou télécopieurs ni les biens tels que les fils, les câbles ou les structures	30 %
50	Le matériel électronique universel de traitement de l'information et les logiciels de systèmes connexes acquis après le 18 mars 2007, qui ne sont pas utilisés principalement comme équipement de contrôle ou de surveillance électronique, d'équipement de contrôle des communications électroniques, de logiciels de systèmes pour un bien de tel équipement, et de matériel de traitement de l'information, à moins qu'il ne s'ajoute au matériel électronique universel de traitement de l'information	55 %
52	Le matériel électronique universel de traitement de l'information et les logiciels de systèmes connexes acquis après le 27 janvier 2009 et avant février 2011	100 %

Source : Agence de revenu du Canada, *Guide T2 – Déclaration de revenus des sociétés, 2011*, [En ligne], www.arc.gc.ca. (page consultée le 8 janvier 2013)

Ainsi, le mobilier et le matériel de bureau sont classés dans la catégorie 8, pour laquelle un taux de déduction pour amortissement de 20 % est établi. Les machines servant à la fabrication et à la transformation acquises après le 25 février 1992 sont regroupées dans la catégorie 43 et ont un taux de déduction pour amortissement de 30 %. Ce taux de déduction pour amortissement relativement élevé illustre l'une des mesures incitatives du gouvernement du Canada pour dynamiser le secteur de la fabrication. Plus le taux de déduction pour amortissement est élevé, moins le coût après impôt de l'achat de matériel de fabrication l'est. Les bâtiments peuvent être classés dans les catégories 1, 3 ou 6, selon le matériau avec lequel ils sont construits et la date de leur acquisition. Les accessoires fixes à l'intérieur d'un bâtiment comme les fils électriques, les appareils d'éclairage, la plomberie, les appareils de climatisation et de chauffage ainsi que les ascenseurs sont aussi inclus dans ces catégories. La méthode de l'amortissement linéaire est employée pour calculer la déduction pour amortissement des brevets, des concessions et des permis des catégories 13, 14, 24 et 29.

La déduction pour amortissement s'applique au coût en capital de l'immobilisation diminué de la déduction pour amortissement d'années précédentes, s'il en est. Le solde résiduel (fraction non amortie du coût en capital ou FNACC), diminue avec les années à mesure que la déduction pour amortissement est appliquée. Le montant maximal de déduction pour amortissement qu'une entreprise peut demander pour une année donnée est déterminé en multipliant la fraction non amortie du coût en capital à la fin de l'année par le taux de déduction pour amortissement pour la catégorie dans laquelle l'immobilisation est classée. L'entreprise peut demander une déduction pour amortissement même si la fraction non amortie du coût en capital qui en résulte est inférieure à la valeur de récupération estimative. La déduction pour amortissement est une déduction fiscale facultative, mais elle est habituellement demandée, au montant maximal admissible, si l'entreprise a un revenu imposable après déduction de la déduction pour amortissement autorisée.

Un terrain ne perd pas de sa valeur avec l'utilisation et n'est donc pas admissible à la déduction pour amortissement. Celle-ci peut toutefois être demandée pour les concessions forestières, les droits de coupe et les immobilisations liées au bois. Les brevets, les concessions et les permis ayant une durée limitée sont considérés comme des biens amortissables de la catégorie 14.

La déduction pour amortissement ne peut habituellement être demandée que lorsqu'un bien est prêt à être utilisé. Ainsi, les immobilisations en cours de rénovation ou de construction, ou qui ont été commandées mais non livrées, ne peuvent être amorties. Au cours de l'année de l'achat de l'immobilisation, la moitié seulement de la déduction pour amortissement normale peut être demandée. Cette « règle des 50 % » empêche les entreprises d'acheter des immobilisations le dernier jour de l'année et de demander l'amortissement pour une année entière. Certaines immobilisations ne sont pas visées par la règle des 50 %, comme les immobilisations des catégories 13, 14, 23, 24, 27, 29, 34, 50 et 52, de même que les outils de la catégorie 12 qui coûtent moins de 200 $.

Le calcul de la déduction pour amortissement repose sur une année d'imposition complète de 12 mois. Si l'année d'imposition est plus courte, la déduction pour amortissement est calculée au prorata du nombre de jours d'imposition. Par exemple, si une entreprise a commencé à exercer une activité le 1er septembre et qu'elle a choisi le 3 décembre comme date de clôture de l'année, elle peut demander la déduction pour amortissement pour 122 jours/365 jours multipliée par la déduction pour amortissement.

L'exemple qui suit illustre les calculs de la déduction pour amortissement et de la fraction non amortie du capital.

EXEMPLE 15.3

Les laboratoires Niquet-Cartier ont acheté une machine classée dans la catégorie 8 au coût de 100 000 $ en 2006. Le taux de déduction pour amortissement dans le cas de la catégorie 8 est de 20 %. Déterminez le calendrier annuel d'amortissement fiscal pour les trois premières années ainsi que la fraction non amortie du capital à la fin de chaque année. On suppose qu'il s'agit du seul bien dans cette catégorie d'immobilisations.

Catégorie 8 – 20 %	DPA	FNACC
1er janvier 2006		0
Acquisitions diminuées des cessions en 2006		
Coût de l'acquisition de machines		100 000 $
Cessions en 2006		0
DPA 2006 : 100 000 × 50 % × 20 %	10 000 $	(10 000)
31 décembre 2006		90 000 $
Acquisitions diminuées des cessions en 2007		0
		90 000
DPA 2007 : 90 000 × 20 %	18 000 $	(18 000)
31 décembre 2007		72 000 $
Acquisitions diminuées des cessions en 2008		0
		72 000
DPA 2008 : 72 000 $ × 20 %	14 400 $	(14 400)
31 décembre 2008		57 600 $

Au cours de la première année, la règle des 50 % a permis de réduire la déduction pour amortissement admissible de 20 000 $ à 10 000 $. Si une autre méthode d'amortissement est utilisée aux fins de l'information financière, les valeurs comptables, ou coûts non amortis, de l'immobilisation seront différentes de la fraction non amortie du coût en capital, ou valeurs fiscales, présentées dans le tableau ci-dessus.

La récupération de la DPA et la perte finale sont les ajustements qui doivent être faits quand les immobilisations ne sont pas suffisamment amorties avec le temps ou qu'elles le sont trop. Lorsqu'un bien amortissable est vendu au cours d'une année donnée, le produit de la cession diminué des charges connexes ou le coût initial, si ce dernier est moins élevé, est retranché de la fraction non amortie du coût en capital. Si la fraction non amortie du coût en capital de la catégorie est alors négative, le montant d'amortissement comptabilisé au fil des années est supérieur à la valeur réelle des immobilisations. L'Agence du revenu du Canada souhaitera récupérer ce montant, qui doit être déclaré comme un revenu imposable. Si la fraction non amortie du capital est positive après la vente des immobilisations qui restent dans une catégorie, ce montant est une perte finale. Dans ce cas, le montant d'amortissement comptabilisé au fil des années était insuffisant, et la perte finale au complet peut être déduite du revenu. Aucun montant ne peut être demandé ni au titre de la récupération, ni au titre de la perte finale tant qu'il reste des immobilisations dans une catégorie d'admissibilité aux fins de la déduction pour amortissement.

EXEMPLE 15.4

En 2009, les laboratoires Niquet-Cartier ont acheté une deuxième machine classée dans la catégorie 8 pour 150 000 $. En 2010, l'entreprise a vendu la première machine au prix de 60 000 $. La deuxième machine est vendue en 2011 au prix de 100 000 $. Il ne reste à présent aucune immobilisation dans la catégorie 8. Les calculs de la déduction pour amortissement et de la fraction non amortie du coût en capital de l'exemple précédent sont poursuivis ainsi :

Catégorie 8 – 20 %	DPA	FNACC
31 décembre 2008		57 600 $
Acquisitions diminuées des cessions en 2009 :		
Coût de l'acquisition de la deuxième machine		150 000 $
		207 600 $
DPA 2009 : 57 600 $ × 20 % = 11 520		
+150 000 $ × 50 % × 20 % = 15 000	26 520 $	(26 520)
31 décembre 2009		181 080 $
Acquisitions diminuées des cessions en 2010 :		
Machine n° 1 (montant le moins élevé entre le coût initial		
de 100 000 $ et le produit de la cession de 60 000 $)		(60 000)
		121 080 $
DPA 2010 : 121 080 $ × 20 %	24 216 $	(24 216)
31 décembre 2010		96 864 $
Acquisitions diminuées des cessions en 2011 :		
Machine n° 2 (montant le moins élevé entre le coût initial		
de 150 000 $ et le produit de la cession de 100 000 $)		(100 000)
		(3 136)
DPA récupérée	(3 136) $	3 136
31 décembre 2011		0

Lorsqu'il y a une acquisition nette (acquisitions diminuées des cessions) dans une catégorie, comme pour 2009 dans le tableau ci-dessus, le montant maximal de déduction pour amortissement admissible est de 50 % de l'acquisition nette multiplié par le taux de déduction pour amortissement admissible. Le montant de déduction pour amortissement concernant l'acquisition nette, majoré de la déduction pour amortissement concernant la fraction non amortie du coût en capital résiduelle dans une catégorie d'immobilisations, correspond au total de la déduction pour amortissement en ce qui a trait à cette catégorie. La vente de la machine n° 1 ou de la machine n° 2 à un prix supérieur au coût initial donne lieu à un gain en capital qui est imposé à un taux différent et qui n'est pas pris en compte dans le calcul de la déduction pour amortissement. Comme les laboratoires Niquet-Cartier ont vendu la machine n° 2 à un prix supérieur à la fraction non amortie du coût en capital de cette catégorie, l'Agence du revenu du Canada impose la différence en exigeant que l'entreprise ajoute la déduction pour amortissement récupérée de 3 316 $ à son revenu imposable de l'année.

Une entreprise demande la déduction pour amortissement en produisant l'annexe 8 du *Guide T2 – Déclaration de revenus des sociétés* (*voir le tableau 15.3*). Le formulaire d'impôt T2125 est le pendant de l'annexe 8 pour les travailleurs autonomes, les propriétaires exploitants ou les sociétés de commerce. L'exemple 15.5 présente une annexe 8 remplie.

TABLEAU 15.3 L'ANNEXE 8 DU GUIDE T2 – DÉCLARATION DE REVENUS DES SOCIÉTÉS

ANNEXE 8 — Code 0502

DÉDUCTION POUR AMORTISSEMENT (DPA) (années d'imposition 2006 et suivantes)

Raison sociale : Les Laboratoires Niquet-Cartier

Fin de l'année d'imposition : Année 2 0 1 1 — Mois 1 2 — Jour 3 1

Pour plus de renseignements, voir la rubrique intitulée « Déduction pour amortissement » dans le *Guide T2 – Déclaration de revenus des sociétés*.

La société fait-elle un choix selon le Règlement 1101(5q)? **101** — 1 Oui ☐ 2 Non ☐

1 Numéro de catégorie **200**	2 Fraction non amortie du coût en capital au début de l'année (fraction non amortie du coût en capital à la fin de l'année selon la colonne 13 de l'annexe de l'année précédente) (voir remarque 1 ci-dessous) **201**	3 Coût des acquisitions dans l'année (le nouveau bien doit être prêt à être mis en service) (voir remarque 1 ci-dessous) **203**	4 Rajustements nets (indiquer entre parenthèses les montants négatifs) (voir remarque 2 ci-dessous) **205**	5 Produit de disposition dans l'année (ne doit pas dépasser le coût en capital) **207**	6 Fraction non amortie du coût en capital (colonne 2 **plus** colonne 3 **plus** ou **moins** colonne 4 **moins** colonne 5)	7 Règle de 50 % (1/2 × l'excédent éventuel du coût net des acquisitions sur la colonne 5) (voir remarque 3 ci-dessous) **211**	8 Fraction non amortie du coût en capital après réduction (colonne 6 **moins** colonne 7)	9 Taux de la DPA % (voir remarque 4 ci-dessous) **212**	10 Récupération de la déduction pour amortissement **213**	11 Perte finale **215**	12 Déduction pour amortissement (pour la méthode de l'amortissement dégressif, colonne 8 **multiplié par** colonne 9 ou un montant inférieur) (voir remarque 5 ci-dessous) **217**	13 Fraction non amortie du coût en capital à la fin de l'année (colonne 6 **moins** colonne 12) **220**
1. 8	96 864	0	—	100 000	−3 136	—		20%	3 136			
2. 10	15 200	16 000			31 200	8 000	23 200	30%			6 960	24 240
3. 12	0	6 000			6 000	3 000	3 000	100%			3 000	3 000
4.												
5.												
6.												
7.												
8.												
9.												
10.												

Totaux : 3 136 | 9 960

Inscrire le total de la colonne 10 à la ligne 107 de l'annexe 1.
Inscrire le total de la colonne 11 à la ligne 404 de l'annexe 1.
Inscrire le total de la colonne 12 à la ligne 403 de l'annexe 1.

Remarque 1 : Inclure tous les biens acquis dans les années précédentes qui sont maintenant prêts à être mis en service. Ces biens auraient auparavant dû être exclus de la colonne 3. Inscrire séparément toute acquisition qui n'est pas assujettie à la règle du 50 %. Voir les Règlements 1100(2) et (2.2).

Remarque 2 : Inclure les montants transférés selon la section 85, ou à la suite d'une fusion ou de la liquidation d'une filiale. Vous trouverez d'autres exemples de rajustements à inclure à la colonne 4 dans le *Guide T2 – Déclaration de revenus des sociétés*.

Remarque 3 : Le coût net des acquisitions correspond au coût des acquisitions (colonne 3) **plus** ou **moins** certains rajustements de la colonne 4. Pour des exceptions à la règle du 50 %, voir le bulletin d'interprétation IT-285, *Déduction pour amortissement — Généralités*.

Remarque 4 : Inscrivez un taux seulement si vous utilisez la méthode de l'amortissement dégressif. Pour toute autre méthode (p. ex. la méthode de l'amortissement linéaire, selon laquelle les calculs sont toujours faits à partir du coût d'acquisition), inscrivez s/o. Puis, inscrivez le montant que vous demandez dans la colonne 12.

Remarque 5 : Si l'année d'imposition compte moins de 365 jours, calculer la DPA au prorata, sauf pour certaines catégories. Pour plus de renseignements à ce sujet, consulter le *Guide T2 – Déclaration de revenus des sociétés*.

T2 SCH 8 (11)

(You can get this form in English at www.cra.gc.ca or by calling 1-800-959-2221.)

Canada Revenue Agency / Agence du revenu du Canada

Source : Agence de revenu du Canada, *Déduction pour amortissement (DPA) (années d'imposition 2006 et suivantes)*. [En ligne]. www.arc.gc.ca (page consultée le 8 janvier 2013).

EXEMPLE 15.5

En 2011, les laboratoires Niquet-Cartier ont acheté des ordinateurs pour un montant de 16 000 $ (catégorie 10 : taux de déduction pour amortissement de 30 %) ainsi que des logiciels spécialisés (catégorie 12 : taux de déduction pour amortissement de 100 %) pour un montant de 6 000 $. La fraction non amortie du coût en capital de fin d'année pour la catégorie 10 figurait à l'annexe 8 de leur déclaration fiscale de 2010 en raison de l'achat, dans le passé, d'une voiture de fonction. Remplissez une annexe 8 pour leurs biens faisant partie des catégories 8, 10 et 12.

Comme le montant pour la catégorie 8 (*voir l'exemple 15.4*) est négatif, la déduction pour amortissement est récupérée. Il y a récupération de la déduction pour amortissement lorsque le produit de la vente de biens amortissables est supérieur au total de la fraction non amortie du coût en capital de la catégorie au début de l'année et du coût en capital de nouvelles acquisitions d'immobilisations. La déduction pour amortissement récupérée de la catégorie 8 est inscrite dans la colonne 10.

La règle des 50 % impose le plafonnement du montant de déduction pour amortissement qui peut être demandé dans le cas des acquisitions d'immobilisations des catégories 10 et 12 en 2011. Les immobilisations de la catégorie 10 sont regroupées, et la fraction non amortie du coût en capital de l'année dernière, soit 15 200 $, est ajoutée au coût des nouvelles acquisitions pour un total de 31 200 $, auquel la règle des 50 % doit être appliquée pour la tranche de l'acquisition d'ordinateurs avant de calculer la déduction pour amortissement.

Le regroupement d'immobilisations rend plus difficile l'appréciation des conséquences fiscales de l'achat d'une immobilisation (comme le système informatique dans l'exemple précédent). Pour déterminer la viabilité d'un projet, l'analyse en économie d'ingénierie évalue habituellement la déduction pour amortissement des nouvelles immobilisations séparément de celle des autres acquisitions et cessions d'une catégorie.

Les exemples présentés dans ce chapitre reposent sur la loi de l'impôt fédérale. Les règlements fiscaux provinciaux quant à la manière dont l'amortissement est calculé pour déterminer le revenu peuvent être différents. Comme les lois fiscales sont très complexes et changent à intervalles réguliers, il est recommandé de faire appel à un fiscaliste pour l'analyse des incidences fiscales de certaines décisions d'affaires. L'Agence du revenu du Canada fournit des renseignements utiles dans le *Guide T2 – Déclaration de revenus des sociétés* et dans la publication T4002 – *Revenus d'entreprise ou de profession libérale*, qui comprend le formulaire T2125 – *État des résultats des activités d'une entreprise ou d'une profession libérale*, dont les sociétés de personnes, les travailleurs indépendants et ceux qui exercent une profession libérale se servent pour demander la déduction pour amortissement. D'autres publications de l'ARC portent sur l'amortissement fiscal, notamment les bulletins d'interprétation suivants : IT-285R2 – *Déduction pour amortissement – Généralités*, IT-128R – *Déduction pour amortissement – Biens amortissables,* IT-472 – *Déduction pour amortissement – Biens de la catégorie 8,* IT-481-CONSOLID *Avoirs forestiers et concessions forestières* et IT-492 – *Déduction pour amortissement – Mines de minerai industriel.* Une liste complète des publications et des formulaires est disponible sur le site de l'Agence du revenu du Canada au www.cra-arc.gc.ca.

15.5 LES MÉTHODES D'AMORTISSEMENT PAR ÉPUISEMENT

On a jusqu'à présent abordé l'amortissement des immobilisations qui peuvent être remplacées. L'épuisement est semblable à l'amortissement, mais il s'applique seulement aux ressources naturelles. Une fois les ressources extraites, elles ne peuvent être remplacées ou rachetées comme on le ferait dans le cas d'une machine, d'un ordinateur ou d'un bâtiment. L'épuisement s'applique aux gisements naturels exploités au moyen de mines, de puits, de carrières, aux gîtes géothermiques, aux forêts et à d'autres ressources naturelles semblables.

La méthode de l'amortissement par épuisement repose sur le niveau d'activité ou d'utilisation et non sur le temps comme pour l'amortissement. Elle peut être appliquée à la plupart des ressources naturelles. Le facteur d'épuisement pour l'année t, désigné par p_t, est le ratio du coût i de la ressource par rapport au nombre estimatif d'unités récupérables.

$$p_t = \frac{\text{coût initial}}{\text{capacité d'exploitation de la ressource}} \qquad [15.11]$$

L'amortissement pour épuisement annuel correspond à p_t multiplié par l'utilisation ou le volume pour l'année. Le total de l'amortissement pour épuisement ne peut être supérieur au coût initial de la ressource. Si la capacité d'exploitation du bien est réévaluée à une année ultérieure, un nouveau facteur d'épuisement est déterminé en fonction de la fraction non épuisée du coût et de la nouvelle estimation de la capacité d'exploitation.

EXEMPLE 15.6

La société Bois d'œuvre Cedrico inc. a négocié les droits de coupe pour du bois d'œuvre sur une propriété forestière privée au coût de 700 000 $. Environ 350 millions de mètres cubes de bois peuvent être exploités.
a) Déterminez la déduction pour amortissement par épuisement pour les deux premières années si respectivement 15 millions et 22 millions de mètres cubes de bois sont coupés.
b) Au bout de 2 ans, le volume total de mètres cubes récupérable a été réévalué à 450 millions par rapport au moment auquel les droits ont été achetés. Calculez le nouveau facteur d'épuisement pour l'année 3 et par la suite.

Solution
a) L'équation [15.11] permet de déterminer p_t en dollars par million de mètres cubes.

$$p_t = \frac{700\,000}{350} = 2\,000\ \$ \text{ par million mètres cubes}$$

En multipliant p_t par l'exploitation annuelle, on obtient un épuisement de 30 000 $ pour l'année 1 et de 44 000 $ pour l'année 2. On continue à utiliser p_t jusqu'à ce qu'un montant total de 700 000 $ soit ramené à 0.
b) Au bout de 2 ans, un montant total de 74 000 $ a été amorti par épuisement. Une nouvelle valeur p_t doit être calculée en fonction de l'investissement restant, soit 700 000 $ – 74 000 = 626 000 $. En outre, étant donné la nouvelle estimation de 450 millions de mètres cubes, il reste 450 – 15 – 22 = 413 millions de mètres cubes. Pour les années $t = 3, 4, …,$ le facteur d'épuisement est:

$$p_t = \frac{626\,000\,\$}{413} = 1\,516\ \$ \text{ par million de mètres cubes}$$

RÉSUMÉ DU CHAPITRE

Une entreprise peut déterminer l'amortissement à des fins de tenue de livres (amortissement comptable) ou à des fins fiscales (amortissement fiscal). Au Canada, la déduction pour amortissement est utilisée dans le cas de l'amortissement fiscal. Dans de nombreux autres pays, les méthodes d'amortissement linéaire et d'amortissement dégressif sont employées tant en ce qui concerne l'amortissement fiscal que l'amortissement comptable. L'amortissement ne donne pas lieu directement à des flux monétaires. C'est une méthode comptable qui permet de récupérer le capital investi dans des immobilisations corporelles. Le montant d'amortissement calculé annuellement peut être déduit aux fins de l'impôt, ce qui peut donner lieu à des variations de flux monétaires.

Certaines considérations importantes concernant la méthode d'amortissement linéaire, la méthode d'amortissement dégressif et le mécanisme de la déduction pour amortissement sont présentées ci-après.

L'amortissement linéaire

- L'amortissement linéaire permet d'amortir complètement la dépense en immobilisations linéairement sur n années.
- La valeur de récupération estimative est toujours prise en compte.
- Il s'agit de la méthode classique d'amortissement non accéléré.

L'amortissement dégressif

- L'amortissement dégressif accélère l'amortissement par rapport à la méthode linéaire.
- La valeur comptable diminue chaque année d'un pourcentage déterminé.
- Ce mécanisme sert souvent à des fins d'amortissement comptable.

La déduction pour amortissement

- La déduction pour amortissement (DPA) est la seule méthode autorisée au Canada.
- Ce mécanisme repose habituellement sur la méthode de l'amortissement dégressif.
- Les immobilisations sont regroupées dans des catégories qui ont chacune leur taux d'amortissement prescrit.
- Le montant maximal de déduction pour amortissement autorisé correspond à la fraction non amortie du coût en capital à la fin de l'année multipliée par le taux de déduction pour amortissement prévu pour chaque catégorie.
- Au cours de l'année où une immobilisation est acquise, la moitié seulement de l'acquisition nette est utilisée pour calculer la déduction pour amortissement.
- La récupération de la déduction pour amortissement ou la perte finale sont des ajustements qui peuvent être nécessaires lorsque toutes les immobilisations d'une catégorie ont été radiées de l'état de la situation financière.
- Une entreprise peut demander la déduction pour amortissement même si la fraction non amortie du coût en capital qui en résulte est inférieure à la valeur de récupération estimative.

La méthode de l'amortissement par épuisement sert à récupérer l'investissement en ressources naturelles. Le facteur d'épuisement annuel est appliqué à la quantité de ressources exploitées. La méthode de l'amortissement par épuisement ne permet de récupérer que l'investissement initial.

PROBLÈMES

Les principes fondamentaux de l'amortissement

15.1 Trouvez un autre terme pour désigner les notions suivantes liées à l'amortissement d'immobilisations : la valeur comptable, la juste valeur de marché et le bien corporel.

15.2 Expliquez la différence entre l'amortissement comptable et l'amortissement fiscal.

15.3 Expliquez pourquoi, au Canada, la prise en compte explicite de l'amortissement et de l'impôt sur le revenu dans une étude en économie d'ingénierie peut avoir une incidence importante sur la décision d'accepter ou de refuser une solution possible pour acquérir une immobilisation amortissable.

15.4 La société Status a acheté un nouveau contrôleur numérique pour 350 000 $ au cours du dernier mois de 2008. Les coûts supplémentaires d'installation ont été de 40 000 $. La période de récupération est de 7 ans, et la valeur de récupération est estimée à 10 % du prix d'achat initial. Status a vendu le système à la fin de 2011 au prix de 45 000 $.

a) Quelles sont les valeurs nécessaires pour élaborer un plan d'amortissement au moment de l'achat?

b) Déterminez les valeurs numériques des éléments suivants: la durée de vie résiduelle au moment de la vente, la valeur de marché en 2011, la valeur comptable au moment de la vente si 65 % du coût initial a été amorti.

15.5 Un élément de matériel d'essai, d'une valeur de 100 000 $, a été installé et amorti pendant 5 ans. Chaque année, la valeur comptable diminue de 10 % entre le début de l'année et la fin de l'année. L'élément a été vendu pour 24 000 $ à la fin de la période de 5 ans.

a) Calculez le montant de l'amortissement annuel.

b) Quel est le taux d'amortissement réel pour chaque année?

c) Au moment de la vente, quelle est la différence entre la valeur comptable et la valeur de marché?

d) Représentez sous forme graphique les valeurs comptables pour chacune des 5 années.

L'amortissement linéaire

15.6 La société d'ingénierie LaRue a acheté un appareil d'imagerie holographique au laser pour analyser l'intégrité de la structure de passages supérieurs et de ponts au coût de 300 000 $. Elle a installé l'appareil sur un camion pour un montant supplémentaire de 100 000 $, y compris le châssis porteur. Le montage camion-appareil sera amorti comme une seule immobilisation. La durée fonctionnelle est de 8 ans, et la valeur de récupération s'élève à 10 % du prix d'achat de l'appareil d'imagerie.

a) Utilisez la méthode d'amortissement linéaire classique et le mode de résolution manuel pour déterminer la valeur de récupération, l'amortissement annuel et la valeur comptable au bout de 4 ans.

b) Préparez les cellules de référence de la feuille de calcul Excel pour obtenir les réponses à la partie a) dans le cas des données initiales.

c) Utilisez votre feuille de calcul Excel pour trouver les réponses si le coût de l'appareil d'imagerie holographique augmente à 350 000 $ et la durée de vie attendue est ramenée à 5 ans.

15.7 Un système de circulation de l'air qui coûte 12 000 $ a une durée de vie de 8 ans et une valeur de récupération de 2 000 $.

a) Calculez l'amortissement linéaire pour chaque année.

b) Déterminez la valeur comptable au bout de 3 ans.

c) Quel est le taux d'amortissement?

15.8 Une immobilisation a un coût initial de 200 000 $, une valeur de récupération de 10 000 $ et une durée d'utilité de 7 ans. À l'aide d'une fonction Excel dans une seule cellule, déterminez la valeur comptable au bout d'une période d'amortissement de 5 ans.

15.9 La société pharmaceutique Breton et Laurent a acheté une machine à façonner les comprimés pour 750 000 $ en 2008. Elle comptait utiliser la machine pendant 10 ans, mais en raison de son obsolescence rapide, la machine doit être mise hors service au bout de 4 ans. Préparez la feuille de calcul pour déterminer l'amortissement et la valeur comptable nécessaires pour répondre aux questions suivantes:

a) À combien s'élève la valeur comptable de la machine au moment de la mise hors service de cette dernière en raison de son obsolescence?

b) Si l'immobilisation est vendue au bout de 4 ans au prix de 75 000 $, à combien s'élève le montant des dépenses en immobilisation perdu compte tenu de l'amortissement linéaire?

c) Si la nouvelle machine a un coût d'environ 300 000 $, pendant combien d'années la société doit-elle continuer à conserver la machine actuelle et à l'amortir pour que sa valeur comptable et le coût initial de la nouvelle machine soient égaux?

15.10 Pour un poste de travail informatisé à vocation particulière, $P = 50 000$ $ et la durée d'utilité est de 4 ans. Calculez et représentez par un graphique les valeurs pour l'amortissement linéaire, l'amortissement cumulé et la valeur comptable pour chaque année si:

a) la valeur de récupération est nulle;

b) la valeur de récupération est de 16 000 $.

c) Utilisez un tableur pour résoudre les problèmes a) et b).

La méthode de l'amortissement dégressif

15.11 Le groupe Aecon ltée achète du matériel de construction pour le contrat qu'il a conclu avec Northland Power visant à construire une centrale de pointe alimentée au gaz en Saskatchewan. Le matériel coûte 500 000 $, et sa valeur de récupération est estimée à 50 000 $ à la fin de la durée de vie prévue de 5 ans. Déterminez l'amortissement pour l'année 3 :

a) selon la méthode de l'amortissement linéaire ;

b) selon la méthode de l'amortissement dégressif à taux constant.

15.12 Allison et Carl, tous deux ingénieurs civils, sont propriétaires d'une entreprise d'analyse du sol et de l'eau pour laquelle ils ont acheté du matériel informatique au montant de 25 000 $. Ils ne s'attendent pas à ce que les ordinateurs aient une valeur de récupération positive ou une valeur de revente à la fin de leur durée de vie prévue, qui est de 5 ans. Aux fins de l'amortissement comptable, ils veulent préparer un tableau des valeurs comptables pour les méthodes de l'amortissement linéaire et de l'amortissement dégressif, en utilisant un taux d'amortissement établi de 25 % par année pour le modèle de l'amortissement dégressif. Faites les calculs manuellement ou au moyen d'un tableur pour créer les tableaux.

15.13 Du matériel de refroidissement par immersion de composants électroniques a une valeur après installation de 182 000 $, et sa valeur de reprise est estimée à 50 000 $ au bout de 18 ans. Déterminez la déduction pour amortissement annuelle en ce qui concerne les années 2 et 18 selon la méthode de l'amortissement dégressif. Effectuez les calculs manuellement.

15.14 Aux fins de l'amortissement comptable, on applique un taux d'amortissement dégressif de 1,5 fois le taux d'amortissement linéaire pour de l'équipement de contrôle de processus automatisés, sachant que $P = 175 000 $$, $n = 12$ et $R = 32 000 $$.

a) Calculez l'amortissement et la valeur comptable pour les années 1 et 12.

b) Comparez la valeur de récupération estimative et la valeur comptable au bout de 12 ans.

La déduction pour amortissement

15.15 Claude, économiste en ingénierie, est travailleur autonome. Il vient d'acheter une nouvelle automobile et compte l'utiliser exclusivement pour son entreprise de services-conseils. Le coût initial de cette immobilisation de catégorie 10 (taux de déduction pour amortissement de 30 %) est de 30 000 $. S'il conserve l'automobile pendant 7 ans, il s'attend à ce que sa valeur d'échange soit de 2 000 $. Comparez les valeurs comptables selon la méthode de l'amortissement linéaire et de la méthode de l'amortissement dégressif sur 7 ans.

15.16 Un robot d'assemblage automatisé (catégorie 43, 30 %) coûtant 450 000 $ après installation a une durée de vie amortissable de 5 ans et une valeur de récupération nulle. Un analyste du service de gestion financière a utilisé la méthode classique de l'amortissement dégressif pour déterminer les valeurs comptables de fin d'année du robot au moment où l'évaluation économique initiale a été effectuée. Quelle est la différence entre la valeur comptable selon la méthode de l'amortissement dégressif et la méthode de l'amortissement linéaire au bout de la période de 3 ans ?

15.17 Préparez le plan d'amortissement sur 10 ans selon le mécanisme de la déduction pour amortissement pour un immeuble commercial (catégorie 1, 4 %) acheté par Alpha Enterprises au prix de 1,8 million de dollars.

15.18 Expliquez pourquoi une période d'amortissement plus courte associée à des taux d'amortissement plus élevés au cours des premières années de la vie d'une immobilisation pourrait être avantageuse sur le plan financier pour une entreprise.

L'amortissement par épuisement

15.19 Lorsque la société BTA a acheté les droits d'exploiter une mine d'argent pour un prix total de 1,1 million de dollars il y a 3 ans, elle prévoyait extraire environ 350 000 oz d'argent sur une période de 10 ans. En tout, 175 000 oz ont été extraites et vendues jusqu'à présent.

a) Quel est l'amortissement total pour épuisement autorisé au cours des 3 années ?

b) De nouveaux sondages de prospection indiquent qu'il ne reste qu'environ 100 000 oz d'argent dans les filons de la mine. Quel facteur d'épuisement doit-on appliquer pour l'année prochaine ?

15.20 La société Caw Ridge Coal, établie en Alberta, a utilisé un facteur d'épuisement de 2 500 $ par 100 tonnes pour amortir complètement l'investissement de 35 millions de dollars qu'elle a fait dans sa mine de charbon n°6, qui produit du charbon métallurgique pauvre en gaz de première qualité pour le secteur sidérurgique. La déduction pour amortissement par épuisement totalise jusqu'à présent 24,8 millions. Une nouvelle étude d'évaluation des réserves minières indique qu'il ne reste plus que 800 000 tonnes de charbon vendable. Déterminez le montant de l'amortissement par épuisement de l'année prochaine si la société estime que le bénéfice brut devrait se situer entre 6,125 et 8,50 millions pour un niveau de production de 72 000 tonnes.

CHAPITRE 16

La fiscalité et l'analyse économique

Ce chapitre donne un aperçu de la terminologie fiscale, des taux d'impôt sur le revenu et des équations concernant l'analyse économique après impôt. La décision de convertir des flux monétaires avant impôt (FMAVI) estimés en flux monétaires après impôt (FMAPI) doit tenir compte des effets fiscaux importants qui sont susceptibles de se produire. De plus, l'estimation de l'ampleur de ces effets peut aussi influer sur les flux monétaires liés à la durée de la solution choisie.

Les méthodes de la valeur actualisée (VA), de l'annuité équivalente (AÉ) et du taux de rendement interne (TRI), compte tenu des principales incidences fiscales, sont utilisées pour comparer des solutions mutuellement exclusives. On apprend aussi à effectuer des études de remplacement en considérant, encore une fois, les incidences fiscales au moment où un actif est remplacé. Sont également présentés dans ce chapitre les facteurs fiscaux qui régissent les coûts en capital ; ces facteurs servent à simplifier le calcul de la valeur actualisée au regard des économies d'impôt d'une entreprise. Ces différentes méthodes sont basées sur les mêmes procédures apprises dans les chapitres précédents. Toutefois, les effets fiscaux sont maintenant pris en compte.

OBJECTIFS D'APPRENTISSAGE

Objectif : Effectuer une évaluation économique comportant une ou plusieurs solutions en tenant compte des incidences fiscales et des autres règlements fiscaux associés.

À la fin de ce chapitre, vous devriez pouvoir :

Terminologie et taux d'impôt

1. Utiliser correctement la terminologie de base, ainsi que les taux d'impôt sur le revenu applicables aux particuliers et aux entreprises ;

Flux monétaires avant et après impôt

2. Calculer les flux monétaires avant et après impôt ;

Récupération de l'amortissement, gains en capital et pertes finales

3. Calculer par ordinateur les effets fiscaux de la récupération d'amortissement, les gains en capital et les pertes finales ;

Analyse après impôt

4. Évaluer les solutions en utilisant les méthodes de la valeur actualisée (VA), de l'annuité équivalente (AÉ) et du taux de rendement interne (TRI) après impôt ;

Remplacement après impôt

5. Évaluer un actif à remplacer et un actif de remplacement dans une analyse effectuée après le calcul de l'impôt ;

Facteurs qui régissent le coût en capital

6. Calculer la valeur actualisée d'une déduction pour amortissement (DPA) basée sur des économies d'impôt.

16.1 LA TERMINOLOGIE DE L'IMPÔT SUR LE REVENU DES PARTICULIERS ET DES SOCIÉTÉS

Les termes de base et les relations qui les unissent, dans le contexte d'études économiques en ingénierie, sont expliqués ci-après.

Le **revenu brut (RB)** est le revenu total tiré de toutes les sources génératrices de revenus d'une entreprise, ainsi que tout revenu tiré d'autres sources comme la vente d'un actif, des redevances ou des droits de permis. La liste des sources de revenus se trouve dans la section « Revenu » de la déclaration de revenus.

L'**impôt sur le revenu** est le montant d'impôt à payer sur toute forme de revenu ou de bénéfice qui doit être remis à une agence gouvernementale fédérale (ou à une agence de niveau inférieur). Une bonne partie des recettes fiscales est basée sur l'imposition du revenu. L'Agence du revenu du Canada (ARC) collecte les impôts. En général, les paiements des entreprises s'effectuent sur une base mensuelle, et le dernier paiement de l'année est versé en même temps que la soumission de la déclaration. Les impôts sont des flux monétaires réels.

Les **charges d'exploitation (CE)** sont toutes les charges de l'entreprise concernant l'exploitation de celle-ci. Ces charges sont déductibles du revenu imposable. Pour trouver des solutions en économie d'ingénierie, les charges d'exploitation annuelles (CEA) sont applicables ici.

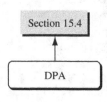

Dans une étude en économie d'ingénierie, on doit évaluer le montant de revenu brut et de charges d'exploitation comme suit :

$$\text{Revenu brut} - \text{charges d'exploitation} = \text{RB} - \text{CE}$$

La **déduction pour amortissement (DPA)** est la portion de la **fraction non amortie du coût en capital (FNACC)** ou de la **valeur comptable** d'un bien amortissable qu'une entreprise canadienne peut déduire chaque année de son revenu. La majorité des actifs peuvent entraîner une réduction de 50 % de la déduction la première année (il s'agit de la règle des 50 %).

Les données qui suivent permettent de formuler les expressions servant aux différents calculs :

DPA_n : la déduction pour amortissement pour l'année n

FNACC_n : la fraction non amortie du coût en capital à la fin de l'année n

P : le coût de base de l'actif ou coût initial

d : le taux de la catégorie applicable à une déduction pour amortissement

On utilise les formules suivantes pour établir la déduction pour amortissement et la fraction non amortie du coût en capital de l'année n.

$$\text{DPA}_1 = P(d/2) \text{ pour } n = 1 \qquad [16.1]$$

$$\text{DPA}_n = Pd(1 - d/2)(1 - d)^{n-2} \text{ pour } n \geq 2 \qquad [16.2]$$

$$\text{FNACC}_n = P(1 - d/2)(1 - d)^{n-1} \qquad [16.3]$$

Le **revenu imposable (RI)** est le montant de référence pour l'impôt. Dans le cas des entreprises, la déduction pour amortissement (DPA) et les charges d'exploitation sont déductibles de l'impôt. On a donc :

RI = revenu brut − charges déductibles − déduction pour amortissement

$$= \text{RB} - \text{CE} - \text{DPA} \qquad [16.4]$$

Le **taux d'impôt** T est le pourcentage, ou l'équivalent en décimales, du revenu imposable applicable à l'impôt à payer. Dans la formule générale du calcul de l'impôt, on utilise la valeur T qui s'applique.

$$\text{Impôt} = \text{(revenu imposable)(taux d'impôt applicable)}$$

$$= \text{(RI)}(T) \tag{16.5}$$

Le **bénéfice net après impôt (BNAP)** ou **revenu net (RN)** est le montant disponible après chaque année, une fois que l'impôt est soustrait :

$$\text{BNAP} = \text{revenu imposable} - \text{impôt} = \text{RI} - \text{(RI)}(T)$$

$$= \text{(RI)}(1 - T) \tag{16.6}$$

Il s'agit du montant qui revient à l'entreprise, compte tenu du capital investi au cours de l'année.

Les bases d'assujettissement à l'impôt sur le revenu varient grandement selon l'ordre de gouvernement, qu'il s'agisse de l'administration fédérale, provinciale ou territoriale. Des éléments autres que le revenu font partie du calcul de l'impôt : les ventes totales (taxe de vente), la valeur estimative du bien (impôt foncier) et la valeur de détail de biens importés (taxe à l'importation). La taxe sur les produits et services du Canada (TPS) est une taxe à valeur ajoutée (TVA) de 5 % imputée par le gouvernement fédéral. La TVA est une taxe sur la valeur ajoutée à chaque étape de fabrication et de distribution du produit. La taxe de vente harmonisée (TVH) qui jumelle la TPS et la taxe de vente provinciale sont en vigueur en Colombie-Britannique (12 %), au Nouveau-Brunswick (13 %), à Terre-Neuve et au Labrador (13 %), en Nouvelle-Écosse (15 %) et en Ontario (13 %). Au Québec, depuis le 1er janvier 2013, la taxe de vente du Québec de 9,975 % est calculée sur le prix de vente excluant la TPS. Auparavant, cette taxe de 9,5 % était calculée sur le prix comprenant la TPS de 5 %. Pour le consommateur, le pourcentage global de ces deux taxes demeure le même. Des bases semblables ou différentes sont utilisées dans d'autres pays, provinces et municipalités. Les gouvernements qui n'ont pas d'impôt sur le revenu doivent se servir d'autres bases que le revenu pour générer des revenus. Aucune entité gouvernementale ne survivrait longtemps si elle ne prélevait aucune forme d'impôt.

Pour les entreprises canadiennes, au fédéral, le taux d'impôt de base T est de 38 %, mais le taux effectif diffère d'une entreprise à l'autre et selon certains facteurs comme la taille de l'entreprise, la source et le type de revenus, ainsi que le secteur d'activité comme la fabrication ou le traitement. Ces facteurs peuvent donner lieu à certaines déductions à partir du revenu imposable et des crédits d'impôt. Par exemple, les sociétés privées sous contrôle canadien ayant un capital imposable de moins de 10 millions de dollars peuvent être admissibles à la déduction accordée aux petites entreprises (DAPE) de 17 % sur les premiers 500 000 $ du revenu imposable. Si cette déduction est combinée à l'abattement de l'impôt fédéral, ce qui réduit le taux d'impôt de 10 % sur le revenu gagné au Canada, le taux d'impôt fédéral d'une petite entreprise peut être aussi faible que 11 % (38 % − 17 % − 10 %). En revanche, une entreprise qui utilise la déduction liée à la fabrication et au traitement permettant de réduire le taux d'impôt fédéral de 7 % n'est pas admissible à la déduction accordée aux petites entreprises. D'autres crédits comme ceux qui sont associés au développement des ressources, à la recherche scientifique ou au développement expérimental peuvent également influer sur le taux d'impôt.

Non seulement les entreprises paient de l'impôt sur le revenu à l'administration fédérale, mais elles en paient également à l'administration provinciale ou territoriale. Même si le mode de taxation est basé sensiblement sur les mêmes critères que l'impôt fédéral, les taux d'impôt sur le revenu varient d'une province à l'autre, passant de 1 à 17 % du revenu imposable. Toutes les provinces et tous les territoires légifèrent en matière d'impôt sur le revenu des entreprises et, à l'exception du Québec, de l'Ontario et de l'Alberta, l'Agence du revenu du Canada gère les sommes recueillies. Les entreprises de ces trois provinces, si elles génèrent des revenus, doivent produire séparément une déclaration d'impôt sur les revenus.

Les crédits et les déductions fiscales diffèrent selon l'interprétation de la loi fiscale par l'Agence du revenu du Canada (ARC), ou selon les conditions économiques. Pour simplifier, le taux d'impôt utilisé dans une étude économique est souvent un taux d'impôt effectif T_e, à un seul chiffre. Par contre, si on tient compte de tous les impôts et autres taxes, à l'échelon fédéral et provincial, le taux d'impôt effectif est de l'ordre de 13 à 45 %. Le taux d'impôt effectif et le montant d'impôt sont calculés comme suit :

$$T_e = \frac{\text{Total des impôts payés}}{\text{Revenu imposable}} = \frac{\text{Impôt}}{\text{RI}} \qquad [16.7]$$

$$\text{Impôt} = (\text{RI})(T_e) \qquad [16.8]$$

La partie de chaque dollar supplémentaire du revenu imposable est imposée selon ce qu'on appelle le « taux marginal d'impôt ».

EXEMPLE 16.1

Mabarex inc. est une société privée sous contrôle canadien située à Montréal (Québec). Elle fabrique et installe des systèmes de traitement de l'eau potable, des eaux usées et des boues. Son revenu brut est de 1,1 million de dollars, et la déduction pour amortissement par rapport au matériel de production est de 30 000 $. Les charges se présentent comme suit :

Coûts de production	250 000 $
Salaires et avantages sociaux	200 000
Autres charges	50 000
Total	500 000 $

a) Quel montant d'impôt fédéral et provincial cette société doit-elle payer par rapport à son revenu imposable ?
b) Quel est le taux d'impôt effectif de l'entreprise ?

Solution

a) Revenu imposable = revenu brut − charges − déduction pour amortissement [16.4]

$$\text{RI} = 1\,100\,000 - 500\,000 - 30\,000 = 570\,000\,\$$$

Impôt fédéral : En raison de la déduction accordée aux petites entreprises, le taux d'impôt des premiers 500 000 $ est de 11 % (38 % − 17 % − 10 %).

$$\text{Impôt} = (\text{revenu imposable})(\text{taux d'impôt applicable}) \qquad [16.5]$$

$$= (500\,000\,\$)(0,11) = 55\,000\,\$$$

Mabarex inc. est également admissible à la déduction sur les bénéfices concernant la fabrication et le traitement de 7 % sur le revenu imposable résiduel ; le taux est alors de 21 % (38 % − 10 % − 7 %).

$$\text{Impôt} = (70\,000\,\$)(0,21) = 14\,700\,\$$$

$$\text{Impôt fédéral total} = 55\,000\,\$ + 14\,700\,\$ = 69\,700\,\$$$

Impôt provincial du Québec : Au Québec depuis le 20 mars 2009, le chiffre d'affaires maximal pour le calcul du revenu admissible des petites entreprises est de 500 000 $. La déduction accordée aux petites entreprises de 3,9 % vient donc réduire le taux d'imposition maximal de 11,9 % imposable à un revenu supérieur à 500 000 $ pour donner un taux d'imposition maximal de 8 %.

Impôt provincial des petites entreprises à payer = (500 000 $)(0,08) = 40 000 $

Impôt provincial général à payer = (70 000 $)(0,119) = 8 330 $

Impôt provincial total à payer = 40 000 $ + 8 330 $ = 48 330 $

Impôts sur le revenu fédéral et provincial
totaux combinés = 69 700 $ + 48 330 $ = 118 030 $

b)

$$T_e = \frac{\text{Impôts}}{\text{RI}}$$

$$T_e = \frac{118\,330}{570\,000} = 20,8\%$$

Il est intéressant de comprendre la différence de calcul entre l'impôt des particuliers et celui des entreprises. Le revenu brut des contribuables particuliers, constitué des salaires et des rémunérations, est comparable à celui des entreprises. En ce qui a trait aux revenus des particuliers, en revanche, les dépenses liées au mode de vie et à l'emploi ne sont pas déductibles comme les dépenses des entreprises. Dans le cas des contribuables, le calcul du revenu brut s'effectue comme suit :

Revenu brut = salaire + revenu net provenant d'un travail indépendant
+ revenu de placement + autre revenu

Certains éléments peuvent être déduits du revenu brut, par exemple les dépenses du travailleur autonome liées à son emploi, les déductions concernant les cotisations à un régime de retraite ou à un régime enregistré d'épargne retraite (REER), les honoraires professionnels, les frais de garde d'enfants, les dépenses de déménagement, les paiements de pension alimentaire et les frais d'intérêts. Les pertes des autres années et les déductions pour l'achat de titres à options sont d'autres exemples de déductions utilisées pour calculer le revenu imposable.

Revenu imposable = revenu brut – déductions

Pour le calcul du revenu imposable, des déductions et des crédits d'impôt spécifiques remplacent les charges d'exploitation des sociétés. La plus grande différence entre l'impôt des sociétés et celui des particuliers est que le taux d'impôt des particuliers est progressif, ce qui veut dire que le taux d'impôt augmente à mesure que le revenu augmente. Quatre paliers de taux d'impôt, de 15 à 29 % (*voir le tableau 16.1*), sont établis selon la tranche de revenu imposable.

Les crédits d'impôt fédéraux non remboursables réduisent l'impôt fédéral à payer. Si le total des crédits est plus élevé que l'impôt dû, aucun remboursement n'est accordé. Parmi ces crédits, on peut citer le montant personnel de base (qui était de 10 822 $ en 2012), des montants selon l'âge, le fait d'avoir un conjoint, un handicap, des personnes à charge admissibles, des cotisations de retraite, des frais de scolarité et de formation, des frais médicaux, ainsi que des dons et des cadeaux. Le crédit fédéral alloué aux dividendes reçus, la déduction au titre du revenu

TABLEAU 16.1	L'IMPÔT FÉDÉRAL DE BASE POUR LES PARTICULIERS, 2012
Revenu imposable	**Taux d'impôt**
Moins de 42 707 $	15 %
De 42 708 $ à 85 414 $	22 %
De 85 415 $ à 132 406 $	26 %
Plus de 132 407 $	29 %
Taux fédéral de base = (revenu imposable)(taux d'impôt applicable)	
= (RI)(T)	

d'un emploi à l'étranger et le crédit pour impôt étranger sont également ajoutés aux crédits d'impôt non remboursables et soustraits de l'impôt dû dans le calcul de l'impôt fédéral.

Impôt fédéral = impôt fédéral de base – crédits d'impôt

Le calcul des impôts provinciaux et territoriaux des particuliers, tout comme l'impôt des sociétés, se fait à partir de déductions et des crédits d'impôt ; la base d'imposition est semblable à celle de l'impôt fédéral.

Impôt sur le revenu total = impôt fédéral sur le revenu
+ impôt sur le revenu provincial ou territorial

16.2 LES FLUX MONÉTAIRES AVANT ET APRÈS IMPÔT

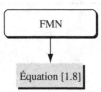

FMN

↓

Équation [1.8]

Précédemment dans le manuel, la notion de flux monétaires nets (FMN) est expliquée comme étant la meilleure estimation des flux monétaires effectifs disponibles chaque année. Les flux monétaires nets sont le résultat des encaissements auxquels on soustrait les décaissements. C'est pourquoi les montants des flux monétaires nets, chaque année, sont utilisés de nombreuses fois pour évaluer les solutions d'après les méthodes de la valeur actualisée (VA), de l'annuité équivalente (AÉ), du taux de rendement interne (TRI) et des avantages-coûts. Maintenant que l'effet de l'amortissement fiscal sur les flux monétaires et les impôts est pris en considération, il est temps d'élargir la terminologie utilisée. Les flux monétaires nets sont maintenant remplacés par le terme «flux monétaires avant impôts (FMAVI)», et une nouvelle expression est donc requise, soit les «flux monétaires après impôt (FMAPI)».

Les flux monétaires avant impôt et les flux monétaires après impôt sont des «flux monétaires effectifs», c'est-à-dire qu'ils représentent l'estimation des flux monétaires effectifs qui entreront et sortiront de l'entreprise selon les solutions envisagées. Le reste de cette section du chapitre explique la façon de passer des flux monétaires avant impôt aux flux monétaires après impôt en utilisant les taux d'impôt et autres règlements fiscaux pertinents décrits dans les prochaines sections.

> Après l'estimation des flux monétaires avant impôt, on procède à l'évaluation économique à l'aide des mêmes méthodes et guides de sélection utilisés précédemment. Cependant, l'analyse est effectuée avec les estimations des flux monétaires après impôt.

L'estimation des flux monétaires avant impôt doit comprendre le coût d'investissement initial et la valeur de récupération (R) pour les années concernées. Si on tient compte des définitions de revenu brut et des charges d'exploitation, pour toute année, les flux monétaires avant impôt sont définis comme suit :

$$\textbf{FMAVI = revenu brut − charges d'exploitation − investissement initial}$$
$$\textbf{+ valeur de récupération}$$
$$= \textbf{RB − CE − P + R} \qquad\qquad\qquad \textbf{[16.9]}$$

La formule générale des flux monétaires avant impôt est présentée ci-après, et le nombre d'années est considéré dans les expressions subséquentes.

$$\text{FMAVI}_0 = -P$$
$$\text{FMAVI}_j = \text{RB}_j - \text{CE}_j, \text{pour } j = 1, 2, \ldots, (n-1)$$
$$\text{FMAVI}_n = \text{RB}_n - \text{CE}_n + R, \text{pour } j = n$$

Comme dans les précédents chapitres, P est l'investissement initial (habituellement comptabilisé pour l'année 0), et R est la valeur de récupération de l'année n. Après l'estimation de tous les impôts, les flux monétaires après impôt de l'année sont simplement calculés comme suit :

$$\text{FMAPI} = \text{FMAVI} - \text{impôt} \qquad \text{[16.10]}$$

Les impôts sont estimés selon la relation $(\text{RI})(T)$ ou $(\text{RI})(T_e)$, relation expliquée précédemment.

On sait que, d'après l'équation [16.4], pour obtenir le revenu imposable, il faut soustraire l'amortissement fiscal du coût en capital. Il est essentiel de comprendre les différents rôles de l'amortissement fiscal dans le calcul de l'impôt sur le revenu et dans l'estimation des flux monétaires après impôt.

L'amortissement fiscal est déductible d'impôt seulement pour déterminer le montant d'impôt sur le revenu. Cet amortissement ne représente pas, pour l'entreprise, des flux monétaires après impôt directs. Par conséquent, une étude en économie d'ingénierie après impôt doit être basée sur les estimations des flux monétaires réels, qui sont des estimations de flux monétaires après impôt pour une année sans considérer d'amortissements.

Si on détermine les flux monétaires après impôt en utilisant la relation du revenu imposable, l'amortissement ne doit pas être pris en compte dans le revenu imposable. Les équations [16.9] et [16.10] sont maintenant combinées pour former celle-ci :

$$\text{FMAPI} = \text{RB} - \text{CE} - P + R - (\text{RB} - \text{CE} - \text{DPA})(T_e) \qquad \text{[16.11]}$$

Encore une fois, cette formule générale des flux monétaires après impôt correspond à ce qui suit pour différentes années :

$$\text{FMAPI}_0 = -P$$
$$\text{FMAPI}_j = \text{RB}_j - \text{CE}_j - (\text{RB}_j - \text{CE}_j - \text{DPA}_j)(T_e), \text{ pour } j = 1, 2, \ldots, (n-1)$$
$$\text{FMAPI}_n = \text{RB}_n - \text{CE}_n + R - (\text{RB}_n - \text{CE}_n - \text{DPA}_n)(T_e)$$

On suggère d'utiliser les titres des colonnes figurant dans le tableau 16.2 pour calculer les flux monétaires avant impôt et les flux monétaires après impôt, que ce soit manuellement ou par ordinateur. Les équations sont indiquées dans la colonne des chiffres, et le taux d'impôt effectif T_e est utilisé pour calculer l'impôt sur le

TABLEAU 16.2 | LES TITRES DES COLONNES POUR LE CALCUL : a) DES FLUX MONÉTAIRES AVANT IMPÔT ET b) DES FLUX MONÉTAIRES APRÈS IMPÔT

a) Titres de colonnes pour le calcul des FMAVI

Année	Revenu brut RB (1)	Charges d'exploitation CE (2)	Investissement P et valeur de récupération R (3)	FMAVI (4) = (1) + (2) + (3)

b) Titres de colonnes pour le calcul des FMAPI

Année	Revenu brut RB (1)	Charges d'exploitation CE (2)	Investissement P et valeur de récupération R (3)	Fraction non amortie du coût en capital FNACC (4)	Déduction pour amortissement DPA (5)	Revenu imposable RI (6) = (1) + (2) − (5)	Impôt $(\text{RI})(T_e)$ (7)	FMAPI (8) = (1) + (2) + (3) − (7)

revenu. Les charges d'exploitation (CE) et l'investissement initial (P) seront des valeurs négatives.

Dans quelques années, le revenu imposable pourrait être négatif parce que le montant de l'amortissement sera plus élevé que (RB − CE). On peut en tenir compte dans une analyse après impôt détaillée en se servant des règles de report à une année ultérieure qui s'appliquent aux pertes d'exploitation. Il est rare qu'une étude en économie d'ingénierie tienne compte de ce genre de détail ; un impôt sur le revenu négatif sera plutôt considéré comme une économie d'impôt pour l'année. L'hypothèse posée est que durant une même année, un impôt négatif compensera l'impôt à payer dans d'autres secteurs d'exploitation de l'entreprise.

EXEMPLE 16.2

Markham Corporation envisage l'achat d'une nouvelle pièce de machinerie de production dont le coût initial est de 550 000 $ et la valeur de revente (ou valeur de récupération) de 150 000 $, revente prévue après 6 années d'utilisation. Selon les résultats financiers estimés de l'année, les revenus augmenteront de 200 000 $ et les coûts, de 90 000 $. La pièce de machinerie appartient à la catégorie 43, aux fins de la déduction pour amortissement fiscal, dont le taux est de 30 %. En utilisant un taux d'impôt effectif de 35 % et en posant l'hypothèse de fermeture de catégorie, calculez les estimations des flux monétaires avant impôt et des flux monétaires après impôt en lien avec cet achat.

Solution

Flux monétaires avant impôt

Le tableau 16.3 présente les flux monétaires avant impôt sous la forme indiquée dans le tableau 16.2. Les charges d'exploitation et l'investissement initial représentent des flux monétaires négatifs, et la valeur de récupération de 150 000 $ est un flux monétaire positif pour l'année 6. Les flux monétaires avant impôt sont calculés comme suit :

$$\text{FMAVI} = \text{RB} - \text{CE} - P + R \qquad [16.9]$$

Pour l'année 6, on a :

$$\text{FMAVI}_6 = 200\,000 - 90\,000 + 150\,000 = 260\,000\,\$$$

TABLEAU 16.3	LE CALCUL DES FLUX MONÉTAIRES AVANT IMPÔT EN TENANT COMPTE DE LA DÉDUCTION POUR AMORTISSEMENT ET D'UN TAUX D'IMPÔT EFFECTIF DE 35 % DE L'EXEMPLE 16.2			
Année	**RB**	**CE**	**P et R**	**FMAVI**
			−550 000	−550 000
1	200 000	−90 000		110 000
2	200 000	−90 000		110 000
3	200 000	−90 000		110 000
4	200 000	−90 000		110 000
5	200 000	−90 000		110 000
6	200 000	−90 000	150 000	260 000

Flux monétaires après impôt

Dans l'exemple 16.2, si on utilise la présentation du tableau 16.2, on obtient les flux monétaires après impôt indiqués dans le tableau 16.4. Les calculs affichés dans les titres de colonnes pour l'année 4 sont les suivants :

$$\text{FNACC}_n = P(1 - d/2)(1 - d)^{n-1} \qquad [16.3]$$

$$\text{FNACC}_4 = 550\,000(1 - 0{,}30/2)(1 - 0{,}30)^3$$

$$= 160\,353$$

$$DPA_n = Pd(1 - d/2)(1 - d)^{n-2} \qquad [16.2]$$
$$DPA_4 = 550\,000(0,30)(1 - 0,30/2)(1 - 0,30)^2$$
$$= 68\,723$$

$$RI = RB - CE - DPA \qquad [16.4]$$
$$RI_4 = 200\,000 - 90\,000 - 68\,723$$
$$= 41\,277$$

$$Impôt = (RI)(T) \qquad [16.5]$$
$$Impôt_4 = (41\,277)(0,35)$$
$$= 14\,447$$

$$FMAPI = RB - CE - P + R - Impôt \qquad [16.11]$$
$$FMAPI_4 = 200\,000 - 90\,000 - 14\,447$$
$$= 95\,553$$

TABLEAU 16.4 LE CALCUL DES FLUX MONÉTAIRES APRÈS IMPÔT EN TENANT COMPTE DE LA DÉDUCTION POUR AMORTISSEMENT ET D'UN TAUX D'IMPÔT EFFECTIF DE 35 % DE L'EXEMPLE 16.2

Année	RB	CE	P et R	FNACC	DPA	RI	Impôt	FMAPI
0			−550 000	−550 000				−550 000
1	200 000	−90 000		467 500	82 500	27 500	9 625	100 375
2	200 000	−90 000		327 250	140 250	−30 250*	−10 588	120 588
3	200 000	−90 000		229 075	98 175	11 825	4 139	105 861
4	200 000	−90 000		160 353	68 723	41 277	14 447	95 553
5	200 000	−90 000		112 247	48 106	61 894	21 663	88 337
6	200 000	−90 000	150 000	0	−37 753†	147 753	51 714	58 286

* Pour l'année 2, le montant de la déduction pour amortissement fait en sorte que le revenu imposable est négatif (−30 250 $). Tel qu'il est mentionné auparavant, un impôt négatif (−10 588 $) est considéré comme une économie d'impôt dans l'année 2, ce qui accroît les flux monétaires après impôt.

† Pour l'année 6, la pièce de machinerie a été vendue à un prix plus élevé que la fraction non amortie du coût en capital de cette catégorie, ce qui indique que la réclamation de l'amortissement a été trop élevée. L'Agence du revenu du Canada exige la récupération de la différence (37 753 $), montant qui représente la différence entre la valeur de récupération et la fraction non amortie du coût en capital. Cette notion est expliquée plus loin.

16.3 LA RÉCUPÉRATION D'AMORTISSEMENT, LES GAINS EN CAPITAL ET LES PERTES FINALES DANS LE CAS DES ENTREPRISES

Toutes les répercussions de l'impôt abordées ici sont le résultat de la cession de biens amortissables avant, pendant ou après leur durée d'utilité. Dans une analyse économique après impôt qui fait état d'actifs nécessitant des investissements importants, il faut tenir compte des répercussions de l'impôt. Le point fondamental est l'importance de la valeur de récupération (prix de vente ou valeur marchande) par rapport à la fraction non amortie du coût en capital (FNACC), au moment de la cession et par rapport au coût initial. Il faut mettre en évidence trois autres termes pertinents dans ce contexte : la récupération de la déduction pour amortissement (RDPA) ou récupération d'amortissement, les gains en capital (GC) et les pertes finales (PF).

FIGURE 16.1

Le résumé des calculs et du traitement fiscal concernant la récupération de l'amortissement, les gains en capital et les pertes finales

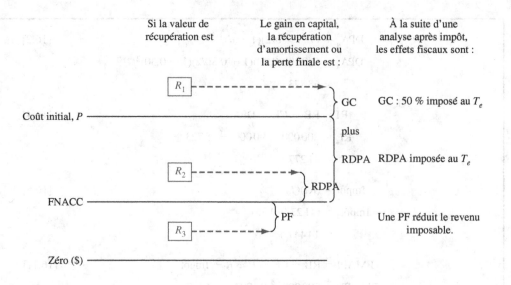

Le **gain en capital (GC)** est le montant représentant l'excès de la valeur de récupération par rapport au coût initial (*voir la figure 16.1*). Au moment de la cession de l'actif, on a :

Gain en capital = valeur de récupération − coût initial

$$GC = R - P \qquad [16.12]$$

Étant donné que les futurs gains en capital sont difficiles à prévoir, ces gains ne font habituellement pas partie d'une analyse économique après impôt. On note cependant une exception : historiquement, les actifs comme les immeubles ou les terrains gagnent en valeur. Selon les règles fiscales actuelles, 50 % du gain en capital est imposable comme un revenu imposable ordinaire, au taux d'impôt effectif T_e.

La **récupération de la déduction pour amortissement (RDPA)** ou récupération d'amortissement se produit lorsqu'un bien amortissable est vendu à un prix plus élevé que la fraction non amortie du coût en capital (*voir la figure 16.1*).

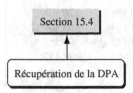

Section 15.4

Récupération de la DPA

$$
\begin{matrix}
\text{Récupération de la} \\
\text{déduction pour} \\
\text{amortissement}
\end{matrix}
=
\begin{matrix}
\text{valeur} \\
\text{de} \\
\text{récupération}
\end{matrix}
-
\begin{matrix}
\text{fraction non} \\
\text{amortie du coût} \\
\text{en capital}
\end{matrix}
$$

$$\text{RDPA} = R - \text{FNACC} \qquad [16.13]$$

Ce montant fait partie du revenu imposable de l'année de la cession de l'actif.

Lorsque la valeur de récupération excède le coût initial, on réalise un gain en capital et, à cause de la vente, 50 % du gain en capital **et** la récupération de l'amortissement sont ajoutés au revenu imposable (*voir la figure 16.1*).

La **perte finale (PF)** est subie lorsqu'un actif amortissable est cédé à un prix moindre que la fraction non amortie du coût en capital.

Perte finale = fraction non amortie du coût en capital − valeur de récupération

$$\text{PF} = \text{FNACC} - R \qquad [16.14]$$

On peut déduire du revenu brut le plein montant d'une perte finale pour l'année de la cession de l'actif.

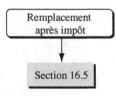

Remplacement après impôt

Section 16.5

En général, une analyse économique ne tient pas compte des pertes finales, tout simplement parce qu'elles sont difficiles à estimer dans certaines solutions. Cependant, une analyse de remplacement après impôt peut tenir compte d'une perte finale si l'actif à remplacer doit être « sacrifié ». Dans une analyse économique, la perte finale donne

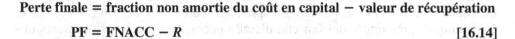

lieu à une économie finale pour l'année du remplacement de l'actif. On utilise généralement le taux d'impôt effectif pour évaluer l'économie d'impôt.

Dans la plupart des analyses après impôt, il suffit d'appliquer le taux d'impôt effectif T_e au revenu imposable lorsque, au cours de l'année, on a consigné une récupération de la déduction pour amortissement, un gain en capital ou une perte finale, ainsi qu'une économie d'impôt qui a été générée par une perte finale.

On peut maintenant ajouter à l'équation [16.4] et au revenu imposable exprimé dans l'équation [16.11] les estimations des flux monétaires supplémentaires obtenus lors de la cession d'un actif.

> **RI = revenu brut − charges d'exploitation − déduction pour amortissement**
> **+ récupération de la déduction pour amortissement**
> **+ 0,5 du gain en capital − perte finale**

$$RI = RB - CE - DPA + RDPA + 0{,}5GC - PF \qquad [16.15]$$

Pour un même bien, il ne peut y avoir à la fois récupération de la déduction pour amortissement et perte finale; l'un ou l'autre se retrouve dans l'équation. Il est important de réaliser que cette description et ce traitement fiscal simplifient et bonifient l'incidence fiscale de la cession d'un actif amortissable spécifique. Les amortissements étant groupés en catégories, la cession d'un actif particulier n'épuise habituellement pas toute la récupération de l'amortissement qu'on peut tirer de cette catégorie. Sauf dans le cas où l'actif est vendu à un prix supérieur à son coût initial, les gains et les pertes se confondent dans le «bassin» de la fraction non amortie du coût en capital, ce qui rend difficile le calcul des incidences fiscales de la cession. Par conséquent, dans une analyse économique en ingénierie, les répercussions de l'impôt par suite de la cession d'un actif sont complètement subies au cours de l'année de la cession, et la déduction pour amortissement prise au cours de l'année est calculée avant de considérer la cession.

EXEMPLE 16.3

Biotech, une entreprise d'imagerie et de modélisation médicales, doit acheter un système d'analyse des tissus osseux (catégorie 8, déduction pour amortissement de 20 %) dont se servira une équipe de bio-ingénieurs et d'ingénieurs mécaniciens pour étudier la densité osseuse des athlètes. Cet achat dépend particulièrement d'un contrat de 3 ans avec la Ligue nationale de hockey, ce qui rapportera un revenu brut supplémentaire de 100 000 $ par année. Le taux d'impôt effectif est de 35 %. Les estimations de deux solutions sont résumées comme suit :

	Système 1	Système 2
Coût initial ($)	−150 000	−225 000
Charges d'exploitation ($/année)	−30 000	−10 000

a) Le président de Biotech, conscient des répercussions de l'impôt, désire recourir au critère qui minimisera le coût total des impôts à payer pendant les 3 années du contrat. Quel système doit-il acheter?

b) Après les 3 années, l'entreprise est sur le point de vendre son système. Utilisez le même critère qu'à la question a) pour déterminer si l'un des systèmes est plus avantageux que l'autre. Posez l'hypothèse que le prix de vente est le même que le coût initial, soit 130 000 $ pour le système 1 ou 225 000 $ pour le système 2.

Solution

a) Le tableau 16.5 présente le calcul fiscal en détail. On établit premièrement la fraction non amortie du coût en capital et l'amortissement fiscal de l'année. L'équation [16.4], où RI = RB − CE − DPA, est utilisée pour calculer le revenu imposable auquel s'applique un taux d'impôt annuel de 35 %. Les impôts pour les 3 années sont additionnés, sans tenir compte de la valeur temporelle de l'argent.

Total des impôts du système 1 : 51 240 $; du système 2 : 57 400 $

Le total des impôts des deux systèmes est assez proche, bien que le total des impôts du système 1 soit inférieur de 6 160 $.

b) Après les 3 années de durée d'utilité, le système est vendu. Au moment de la vente, il y a récupération de la déduction pour amortissement imposée à 35 %. Pour chaque système, calculez la récupération de la déduction pour amortissement à l'aide de l'équation [16.13]. Ensuite, déterminez le revenu imposable en utilisant l'équation [16.15], RI = RB − CE − DPA + RDPA. Calculez de nouveau le total des impôts pour les 3 années et choisissez le meilleur système.

TABLEAU 16.5 LA COMPARAISON DES IMPÔTS TOTAUX DES DEUX SOLUTIONS ($) DE L'EXEMPLE 16.3 a)

Système 1

Année	RB	CE	P et R	FNACC	DPA	RI	Impôt
0			−150 000	−150 000			
1	100 000	−30 000		135 000	15 000	55 000	19 250
2	100 000	−30 000		108 000	27 000	43 000	15 050
3	100 000	−30 000		86 400	21 600	48 400	16 940
Total							51 240 $

Système 2

Année	RB	CE	P et R	FNACC	DPA	RI	Impôt
0			−225 000				
1	100 000	−10 000		225 000	25 000	65 000	22 750
2	100 000	−10 000		180 000	45 000	45 000	15 750
3	100 000	−10 000		144 000	36 000	54 000	18 900
Total							57 400 $

Système 1

$$RDPA = R - FNACC \qquad [16.13]$$
$$= 130\,000 - 86\,400$$
$$= 43\,600$$

$$RI_3 = RB - CE - DPA + RDPA \qquad [16.15]$$
$$= 100\,000 - 30\,000 - 21\,600 + 43\,600$$
$$= 92\,000\,\$$$

$$\text{Impôt} = (RI)(T) \qquad [16.5]$$
$$\text{Impôt, année 3} = 92\,000(0,35)$$
$$= 32\,200\,\$$$

$$\text{Total d'impôt} = 19\,250 + 15\,050 + 32\,200 = 66\,500\,\$$$

Système 2

$$RDPA = 225\,000 - 144\,000$$
$$= 81\,000\,\$$$

$$RI_3 = 100\,000 - 10\,000 - 36\,000 + 81\,000$$
$$= 135\,000\,\$$$

$$\text{Impôt, année 3} = 135\,000(0,35)$$
$$= 47\,250\,\$$$

$$\text{Total d'impôt} = 22\,750 + 15\,750 + 47\,250 = 85\,750\,\$$$

Maintenant, si on tient compte du total d'impôt à payer (66 500 $ par rapport à 85 750 $), le système 1 est nettement plus avantageux.

Remarque

Il est à noter que, dans ces analyses, la valeur temporelle de l'argent n'est pas prise en considération, comme on l'a fait dans les évaluations précédentes. Dans la prochaine section, on se fie aux analyses de la valeur actualisée, de l'annuité équivalente et du taux de rendement interne, par rapport à un taux de rendement acceptable minimum déterminé, pour prendre une décision après avoir calculé l'impôt, au sujet de la valeur des flux monétaires après impôt.

16.4 L'ÉVALUATION DE LA VALEUR ACTUALISÉE, DE L'ANNUITÉ ÉQUIVALENTE ET DU TAUX DE RENDEMENT INTERNE APRÈS IMPÔT

Lorsqu'une entreprise veut établir le taux de rendement acceptable minimum après impôt, elle utilise le taux d'intérêt du marché, le taux d'impôt effectif et le coût moyen pondéré du capital. L'estimation des flux monétaires après impôt sert à calculer la valeur actualisée (VA) ou l'annuité équivalente (AÉ) par rapport au taux de rendement acceptable minimum (TRAM) après impôt déterminé. Quand les flux monétaires après impôt sont constitués de montants positifs et de montants négatifs, le résultat d'une évaluation de la valeur actualisée nette ou de l'annuité équivalente inférieure à 0 (VAN < 0 ou AÉ < 0) indique que le taux de rendement acceptable minimum n'est pas atteint. Dans le cas d'un projet unique ou d'une sélection parmi des solutions mutuellement exclusives, il faut appliquer la même logique que dans les chapitres 5 et 6. On procède alors comme suit :

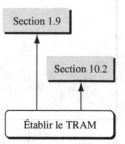

Section 1.9

Section 10.2

Établir le TRAM

> Projet unique : Si la valeur actualisée nette ou l'annuité équivalente est supérieure ou égale à 0 (VAN ≥ 0 ou AÉ ≥ 0), le projet est financièrement viable parce que le taux de rendement acceptable minimum après impôt a été atteint ou dépassé.
>
> Deux solutions ou plus : Opter pour la solution qui est numériquement la plus élevée pour ce qui est de la valeur actualisée nette ou de l'annuité équivalente.

Si seulement les montants du coût des flux monétaires après impôt sont estimés, il faut calculer les économies d'impôt générées par les charges d'exploitation et l'amortissement. On doit assigner un signe positif à chaque économie et appliquer le guide de sélection qui suit.

Souvenez-vous, toutes choses étant égales par ailleurs, qu'une analyse de la valeur actualisée est effectuée avec le plus petit commun multiple (PPCM) par rapport aux durées utiles concernées. Toutes les analyses, avant ou après impôt, doivent tenir compte de cette donnée.

Même si, dans une évaluation après impôt, les estimations des flux monétaires après impôt varient habituellement d'une année à l'autre, l'analyse effectuée avec le tableur demeure très rapide. Pour une analyse de l'annuité équivalente, utilisez la fonction VPM, ainsi que la fonction VAN intégrée, avec une seule durée d'utilité par solution. Le format général est le suivant ; tous les éléments de la fonction VAN sont en italique.

VPM(TRAM;*n*;*VAN(TRAM;FMAPI_an_1:FMAPI_an_n)* + *FMAPI_an_0*)

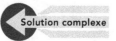

Solution complexe

Pour une analyse de la valeur actualisée, il faut d'abord obtenir les résultats à l'aide de la fonction VPM, puis ceux à l'aide de la fonction VAN avec le plus petit commun multiple des solutions (il existe une fonction PPCM dans Excel). La cellule dans laquelle figure le résultat de la fonction VPM est établie comme étant la valeur A. Le format général est le suivant :

$$VA(TRAM;PPCM\_années;VPM\_resultat\_cellule)$$

Paul conçoit les murs intérieurs d'un immeuble industriel. À certains endroits, il doit réduire la transmission du bruit à travers les murs. Paul peut choisir entre deux sortes de matériaux : le stuc sur lattes métalliques (S) ou les briques (B), chaque matériau ayant la même capacité de perte de transmission d'environ 33 dB (décibels), ce qui atténuera le bruit dans les bureaux adjacents. Pour les deux conceptions, Paul a estimé les coûts initiaux et les économies d'impôt de chaque année. Utilisez les valeurs des flux monétaires après impôt et un taux de rendement acceptable minimum de 7% après impôt, par année, pour trouver la solution la plus rentable (manuellement et par ordinateur).

Plan S		Plan B	
Années	FMAPI	Années	FMAPI
0	−28 800 $	0	−50 000 $
1 à 6	5 400	1	14 200
7 à 10	2 040	2	13 300
10	2 792	3	12 400
		4	11 500
		5	10 600

Solution manuelle

Dans cet exemple, les analyses de l'annuité équivalente et de la valeur actualisée nette sont présentées. Pour chaque plan, établissez les équations de l'annuité équivalente en utilisant la valeur des flux monétaires après impôt avec la durée d'utilité de chaque plan. Optez pour la valeur la plus élevée.

$$AÉ_S = [-28\,800 + 5\,400(P/A;7\%;6) + 2\,040(P/A;7\%;4)(P/F;7\%;6)$$
$$+ 2\,792(P/F;7\%;10)](A/P;7\%;10)$$

$$= 422\,\$$$

$$AÉ_B = [-50\,000 + 14\,200(P/F;7\%;1) + \ldots + 10\,600(P/F;7\%;5)](A/P;7\%;5)$$

$$= 327\,\$$$

Les deux plans sont financièrement valables. Toutefois, il est préférable d'opter pour le plan S parce que l'$AÉ_S$ est plus importante.

Dans le cas de l'analyse de la valeur actualisée nette, le plus petit commun multiple est de 10 ans. Pour ce plus petit commun multiple, utilisez la valeur de l'annuité équivalente et le facteur P/A sur 10 ans qui vous permettra d'opter pour le plan S (le stuc sur lattes métalliques).

$$VAN_S = AÉ_S(P/A;7\%;10) = 422(7,0236) = 2\,964\,\$$$
$$VAN_B = AÉ_B(P/A;7\%;10) = 327(7,0236) = 2\,297\,\$$$

Solution par ordinateur

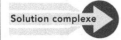

Solution complexe

Les valeurs de l'annuité équivalente et de la valeur actualisée nette sont affichées sur les lignes 17 et 18 de la figure 16.2. Les fonctions ont été configurées différemment des exemples précédents, en raison de la durée d'utilité inégale des deux matériaux. L'ordre de développement de chaque solution est indiqué dans les étiquettes des cellules. Pour le plan S, la fonction VAN dans la cellule B18 permet de calculer la valeur actualisée nette ; elle est suivie de la fonction VPM dans la cellule B17, qui permet d'établir la valeur de l'annuité équivalente. Prêtez attention au signe négatif dans la fonction VPM ; sa présence nous assure que les résultats de cette fonction portent le signe approprié de la valeur actualisée nette. En revanche, cette vérification est inutile dans le cas de la fonction VAN, car le signe des flux monétaires est inscrit automatiquement dans la cellule.

En ce qui concerne le plan B, la fonction de développement se fait à l'inverse. La fonction VPM, dans la cellule C17, utilise la fonction VAN intégrée pour une durée d'utilité de plus de 5 ans. Une fois encore, portez attention au signe négatif. Finalement, la fonction VA, dans la cellule C18, affiche une valeur actualisée pour plus de 10 ans.

	A	B	C	D	E	F	G	H
1								
2		TRAM après impôt =	7%					
3								
4		PLAN S	PLAN B					
5	Année	FMAPI	FMAPI					
6	0	(28 800 $)	(50 000 $)					
7	1	5 400 $	14 200 $					
8	2	5 400 $	13 300 $					
9	3	5 400 $	12 400 $					
10	4	5 400 $	11 500 $					
11	5	5 400 $	10 600 $					
12	6	5 400 $						
13	7	2 040 $						
14	8	2 040 $		=VAN($C$2;B7:B16)+B6				
15	9	2 040 $						
16	10	4 832 $		=VPM($C$2;10;–B18)				
17	Valeur annualisée	422 $	327 $	=VPM($C$2;5;–(VAN($C$2;C7:C11)+C6))				
18	Valeur actualisée nette	2 963 $	2 297 $	=VA($C$2;10;–C17)				

FIGURE 16.2

L'évaluation après impôt de la valeur actualisée et de l'annuité équivalente de l'exemple 16.4

Remarque

Il est important de prêter attention au signe négatif dans les fonctions VPM et VA lorsque celles-ci sont utilisées pour obtenir la valeur actualisée et l'annuité équivalente correspondantes. Si le signe négatif est omis, ces valeurs auront des signes opposés par rapport aux signes des flux monétaires appropriés. On pourrait croire que les deux plans sont financièrement inacceptables, dans ce sens qu'ils n'atteignent pas le taux de rendement acceptable minimum après impôt, ce qui pourrait être le cas dans cet exemple. Toutefois, la solution manuelle a permis de savoir que les plans sont financièrement acceptables. (Pour obtenir de l'information supplémentaire sur la convention des signes des fonctions VPM, VA et VAN, consultez en ligne le menu Aide d'Excel.)

Pour utiliser la méthode du taux de rendement interne (TRI), appliquez aux séries de flux monétaires après impôt la même procédure que celle qui est expliquée dans le chapitre 7 (solution unique) et dans le chapitre 8 (deux solutions et plus). Pour ce qui est de la solution unique, on établit une équation de la valeur actualisée ou de l'annuité équivalente pour estimer le taux de rendement i^*; lorsqu'on a deux solutions ou s'il s'agit de flux monétaires après impôt différentiels, on emploie Δi^*. Il peut exister des racines multiples dans les séries de flux monétaires après impôt, comme pour n'importe quelle série de flux monétaires. Dans le cas d'une solution unique, établissez la valeur actualisée nette ou l'annuité équivalente à 0 et trouvez i^*.

$$\text{Valeur actualisée nette :} \qquad 0 = \sum_{t=0}^{t=n} \text{FMAPI}_t (P/F; i^*; t) \qquad [16.16]$$

$$\text{Valeur annualisée :} \qquad 0 = \sum_{t=0}^{t=n} \text{FMAPI}_t (P/F; i^*; t)(A/P; i^*; n) \qquad [16.17]$$

Afin de trouver i^*, il peut être utile d'utiliser le tableur pour des séries de flux monétaires après impôt relativement complexes. On doit utiliser la fonction TRI dans le format général décrit ci-après.

$$\text{TRI(FMAPI\_an\_0:FMAPI\_an\_n)}$$

Si le taux de rendement interne après impôt est important dans une analyse, mais que les détails de celle-ci sont superflus, on peut ajuster la valeur avant impôt du taux de rendement interne (ou taux de rendement acceptable minimum) avec le taux d'impôt effectif T_e en utilisant une relation d'**approximation**.

$$\text{TRI avant impôt} = \frac{\text{TRI après impôt}}{1 - T_e} \qquad \text{[16.18]}$$

Par exemple, supposez qu'une entreprise a un taux d'impôt effectif de 40 % et qu'elle utilise habituellement un taux de rendement acceptable minimum après impôt de 12 % par année dans des analyses économiques où on tient compte explicitement de l'impôt. Pour calculer une approximation de l'incidence fiscale sans procéder à une analyse après impôt détaillée, on peut estimer le taux de rendement acceptable minimum avant impôt avec la formule qui suit.

$$\text{TRAM avant impôt} = \frac{0{,}12}{1 - 0{,}40} = 20\,\% \text{ par année}$$

Si la décision porte sur la viabilité économique d'un projet et que le résultat concernant la valeur actualisée nette ou l'annuité équivalente avoisine 0, on peut procéder à une analyse après impôt détaillée.

EXEMPLE 16.5

Un fabricant de fibres optiques de Hong Kong utilisant un amortissement linéaire a acheté une pièce de machinerie de 50 000 $ dont la durée d'utilité est de 5 ans. La projection des flux monétaires avant impôt est de 20 000 $ par année, l'amortissement par année (la déduction pour amortissement) est de 10 000 $. De plus, le T_e est de 40 %. a) Déterminez le taux de rendement interne après impôt. b) Faites une approximation avant impôt.

Solution

a) Les flux monétaires après impôt de l'année 0 sont de $-50\,000$ $. Pour les années 1 à 5, combinez les équations [16.10] et [16.11] afin d'estimer les flux monétaires après impôt.

$$\text{FMAPI} = \text{FMAVI} - \text{impôt} = \text{FMAVI} - (\text{RB} - \text{CE} - \text{DPA})(T_e)$$

$$= 20\,000 - (20\,000 - 10\,000)(0{,}40)$$

$$= 16\,000\,\$$$

Lorsque les flux monétaires après impôt ont les mêmes valeurs pour les années 1 à 5, utilisez le facteur P/A de l'équation [16.16].

$$0 = -50\,000 + 16\,000(P/A;i^*;5)$$

$$(P/A;i^*;5) = 3{,}125$$

La solution est $i^* = 18{,}03\,\%$, ce qui correspond au taux de rendement interne après impôt.

b) Utilisez l'équation [16.18] pour estimer le rendement avant impôt.

$$\text{TRI avant impôt} = \frac{0{,}1803}{1 - 0{,}40} = 30{,}05\,\%$$

Si on utilise les flux monétaires avant impôt de 20 000 $ pour 5 années, on obtient le i^* réel avant impôt de 28,65 % à l'aide de la relation suivante :

$$0 = -50\,000 + 20\,000(P/A;i^*;5)$$

L'incidence fiscale sera légèrement surestimée si on emploie dans une analyse avant impôt un taux de rendement acceptable minimum de 30,05 %.

Dans une évaluation du taux de rendement interne effectuée manuellement pour deux solutions et plus, on doit utiliser la relation de la valeur actualisée nette ou de l'annuité équivalente pour déterminer le taux de rendement interne différentiel Δi^* des séries de flux monétaires après impôt différentiels des deux solutions. On obtient la solution par ordinateur en utilisant la valeur des flux monétaires après impôt différentiels et la fonction TRI. Pour faire un choix entre des solutions mutuellement exclusives à l'aide de la méthode du taux de rendement interne, les équations et la procédure appliquée sont les mêmes que dans le chapitre 8. (Il est important de bien comprendre la matière contenue dans les sections mentionnées ci-après avant de poursuivre.)

Section 8.4   L'évaluation du taux de rendement interne à partir de la valeur actualisée nette (VAN) : analyse différentielle et point d'équivalence

Section 8.5   L'évaluation du taux de rendement interne à partir de l'annuité équivalente (AÉ)

Section 8.6   Le taux de rendement interne différentiel pour les solutions mutuellement exclusives

En vous basant sur cette étude, vous devez retenir plusieurs notions importantes qui sont énumérées ci-après.

Guide de sélection : Dans une évaluation, pour connaître le taux de rendement interne différentiel, la règle fondamentale, pour un taux de rendement acceptable minimum spécifique, est la suivante :

Optez pour la solution qui demande l'investissement initial le plus important, pourvu que l'investissement supplémentaire soit justifié par rapport à une autre solution.

Taux de rendement interne différentiel : On doit procéder à une analyse différentielle du taux de rendement interne. Dans l'ensemble, le choix de la « bonne » solution ne peut dépendre des valeurs i^* ; par contre, les méthodes de la valeur actualisée ou de l'annuité équivalente, par rapport au taux de rendement acceptable minimum, indiqueront toujours la « bonne » solution.

Toutes choses étant égales par ailleurs : On peut dire qu'il faut, dans une analyse différentielle du taux de rendement interne, évaluer les solutions en utilisant des périodes égales. Ainsi, on doit se servir du plus petit commun multiple des durées d'utilité des solutions pour trouver la valeur actualisée ou l'annuité équivalente des flux monétaires différentiels. (La seule exception, mentionnée dans la section 8.5, s'applique lorsque l'analyse de l'annuité équivalente est exécutée avec des flux monétaires réels, et non les flux monétaires différentiels ; l'analyse sur un seul cycle de durée d'utilité est acceptable par rapport à d'autres cycles de durée d'utilité.)

Solutions tenant compte du revenu ou de la durée d'utilité : Il faut traiter les solutions concernant les revenus (flux monétaires positifs ou négatifs) différemment des solutions concernant la durée d'utilité (estimations des flux monétaires basées seulement sur les coûts). Dans le premier cas, le i^* total peut être utilisé pour procéder à une sélection préliminaire. Les solutions pour lesquelles i^* est plus petit que le taux de rendement acceptable minimum peuvent être écartées et ne feront plus l'objet d'une autre évaluation. Pour les solutions basées sur les coûts seulement, le i^* ne peut être déterminé ; vous devez effectuer une analyse différentielle en tenant compte de toutes les solutions.

Ces principes, ainsi que les procédures élaborées dans le chapitre 8, sont appliqués aux séries des flux monétaires après impôt. Le glossaire, qui se trouve à la fin du livre (et également le tableau 10.2), détaille toutes les démarches requises dans les techniques d'évaluation. En ce qui concerne la méthode du taux de rendement interne, dans la colonne titrée « Série à évaluer », on remplace le terme « flux monétaires » par « valeurs des flux monétaires après impôt ». De plus, on utilise le taux de rendement acceptable minimum après impôt comme guide de décision (dans la colonne à l'extrême droite). Maintenant, pour effectuer une analyse après impôt, vous disposez de toutes les entrées nécessaires pour appliquer correctement la méthode du taux de rendement interne.

Après avoir élaboré les séries de flux monétaires après impôt, on peut obtenir le point d'équivalence du taux de rendement interne à l'aide d'une représentation graphique de la valeur actualisée nette en fonction de i^*. Pour trouver la relation de la valeur actualisée nette pour chaque solution, par rapport au plus petit commun multiple, et en servant de plusieurs taux d'intérêt, on peut procéder manuellement ou par ordinateur à l'aide de la fonction VAN du tableur. Dans le cas de tout taux de rendement acceptable minimum après impôt supérieur au point d'équivalence du taux de rendement interne, aucun investissement supplémentaire n'est justifié.

L'exemple 16.6 présente l'évaluation effectuée manuellement du taux de rendement interne après impôt de deux solutions.

Figures 8.3 et 8.5

VAN par rapport à i^*

EXEMPLE 16.6

Pour son usine de Kitchener (Ontario), la société Johnson Controls doit choisir entre deux solutions pour l'assemblage de circuits électroniques. Le système 1, constitué d'un seul robot, nécessite un investissement immédiat de 100 000 $; le système 2, formé de deux robots, exige un investissement total de 130 000 $. La société espère un rendement après impôt de 20 % pour cet investissement technologique. Sélectionnez un des deux systèmes en tenant compte de la série des flux monétaires après impôt des coûts estimés pour les 4 prochaines années.

	Année				
	0	1	2	3	4
FMAPI du système 1 ($)	−100 000	−35 000	−30 000	−20 000	−15 000
FMAPI du système 2 ($)	−130 000	−20 000	−20 000	−10 000	−5 000

Solution
Le système 2 est la solution pour laquelle on doit justifier l'investissement additionnel. La durée utile des deux systèmes étant égale, choisissez l'analyse de la valeur actualisée nette pour estimer le Δi^* pour la série suivante des flux monétaires après impôt différentiels qui sont des multiples de 1 000 $.

Année	0	1	2	3	4
FMAPI différentiels (1 000 $)	−30	+15	+10	+10	+10

On établit une relation de la valeur actualisée pour estimer le taux de rendement interne différentiel après impôt.

$$-30 + 15(P/F;\Delta i^*;1) + 10(P/A;\Delta i^*;3)(P/F;\Delta i^*;1) = 0$$

La solution indique un rendement différentiel après impôt de 20,10 %, qui dépasse de peu le taux de rendement acceptable minimum fixé à 20 %. L'investissement supplémentaire du système 2 est justifié de façon marginale.

16.5 L'ANALYSE DE REMPLACEMENT APRÈS IMPÔT

Lorsqu'un actif déjà en place fait l'objet d'une étude de remplacement éventuel, à la fin de l'analyse, les répercussions de l'impôt peuvent influer sur la décision à prendre.

Il est possible que la décision finale ne soit pas modifiée, mais il arrive que la différence entre les valeurs actualisées avant et après impôt soit importante. Il convient donc de prêter attention, pour l'année du remplacement éventuel de l'actif, aux répercussions de l'impôt en raison de la récupération d'amortissement ou du gain en capital. Une perte finale importante peut générer des économies d'impôt, s'il est nécessaire de vendre au rabais l'actif à remplacer. De plus, une analyse de remplacement après impôt tient compte de l'amortissement admis en déduction et des charges d'exploitation qui ne sont pas comptabilisées dans une analyse avant impôt. Le taux d'impôt effectif T_e est utilisé pour estimer le montant d'impôt de l'année (ou économies d'impôt) sur le revenu imposable. La même procédure que celle qui est abordée dans l'analyse de remplacement avant impôt du chapitre 11 est appliquée, mais on tient compte de l'estimation des flux monétaires après impôt. Il faut comprendre à fond la procédure avant de l'appliquer. Il est recommandé de porter une attention particulière aux sections 11.3 et 11.5.

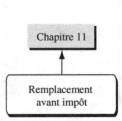

L'exemple 16.7 présente une solution, à la fin d'une analyse de remplacement après impôt. On formule une hypothèse simplificatrice de l'amortissement classique (amortissement linéaire ou AL).

EXEMPLE 16.7

Il y a 3 ans, Syncrude Corp. a acheté pour 600 000 $ de matériel d'extraction du bitume. La direction a découvert que cette technologie est désuète. On a recours maintenant à une nouvelle technologie, l'injection de vapeur dans les puits pour récupérer le bitume. On suppose que la valeur marchande pour le matériel actuel est de 400 000 $. Effectuez une analyse de remplacement en utilisant : a) un taux de rendement acceptable minimum avant impôt de 10 % par année ; b) un taux de rendement acceptable minimum après impôt de 7 % par année. On suppose aussi un taux d'impôt effectif de 34 %. Pour simplifier, on pose les hypothèses suivantes :

• l'amortissement linéaire est utilisé ;
• la valeur de récupération est nulle pour les deux solutions ($R = 0$) ;
• la catégorie à laquelle appartiennent les deux actifs sera fermée à la fin du projet ;
• on ignore la règle des 50 %.

	Actif à remplacer (A_a)	Actif de remplacement (A_d)
Valeur du marché ($)	−400 000	
Coût initial ($)		−1 000 000
CEA ($/année)	−100 000	−15 000
Durée utile (années)	8 (à l'origine)	5

Solution

Supposez qu'une analyse de durée utile a permis d'établir que la meilleure valeur était, pour l'actif à remplacer, de 5 années supplémentaires et, pour l'actif de remplacement, de 5 années au total.

a) Dans une analyse de remplacement avant impôt, trouvez les valeurs des coûts annuels équivalents (CAÉ). Pour le coût annuel équivalent de l'actif à remplacer, utilisez la valeur marchande comme coût initial, $P_a = 400 000 $.

$$\text{CAÉ}_a = -400\,000(A/P;10\%;5) - 100\,000 = -205\,520\,\$$$

$$\text{CAÉ}_d = -1\,000\,000(A/P;10\%;5) - 15\,000 = -278\,800\,\$$$

L'application de l'étape 1 de la procédure accompagnant une analyse de remplacement (*voir la section 11.3*) permet de sélectionner la solution qui donne le coût annuel équivalent le plus faible. Le plan retenu consiste à conserver l'actif à remplacer pour 5 années supplémentaires.

Le coût annuel équivalent de l'actif à remplacer est inférieur de 73 280 $ à celui de l'actif de remplacement. La solution complète se trouve dans le tableau 16.6 (à gauche) où le résultat est comparé avec l'analyse de remplacement après impôt.

b) Dans une analyse de remplacement après impôt, pour ce qui est de l'actif à remplacer, l'incidence fiscale se résume à l'impôt sur le revenu. L'amortissement linéaire annuel de 75 000 $ a été établi lors de l'achat du matériel, il y a 3 ans.

$$A_t = 600\,000 \div 8 = 75\,000\$ \quad t = 1 \text{ à } 8 \text{ ans}$$

Le tableau 16.6 indique le revenu imposable et les montants d'impôt calculés au taux de 34 %. En fait, il s'agit d'une économie d'impôt de 59 500 $ par année, comme l'indique le signe négatif. (Rappelez-vous que, pour constater une économie d'impôt dans une analyse économique, on suppose qu'un revenu imposable positif se trouve quelque part dans les livres de l'entreprise pour compenser cette économie.) Si seuls les coûts sont estimés, les flux monétaires après impôt annuels seront négatifs, mais ici, une économie d'impôt de 59 500 $ a été soustraite des flux monétaires après impôt. Les flux monétaires après impôt et le coût annuel équivalent (7 % par année), s'établissent comme suit :

$$\text{FMAPI} = \text{FMAVI} - \text{impôt} = -100\,000 - (-59\,500) = -40\,500\$$$

$$\text{CAÉ}_d = -400\,000(A/P;7\%;5) - 40\,500 = -138\,056\$$$

Dans le cas de l'actif de remplacement, la récupération de l'amortissement se fait lors du remplacement, parce que le montant de 400 000 $ de la transaction est supérieur à la fraction non amortie du coût en capital (FNACC) actuelle. Pour l'année 0 de l'actif de remplacement, dans le tableau 16.6, les calculs suivants donnent un impôt de 8 500 $.

TABLEAU 16.6		L'ANALYSE DE REMPLACEMENT AVANT ET APRÈS IMPÔT DE L'EXEMPLE 16.7						
		Avant impôt				Après impôt		
Âge de l'actif de remplace- ment	Année	Charges d'exploi- tation CE	P et R	FMAVI	Amor- tissement DPA	Revenu imposable RI	Impôt*: 0,34 × RI	FMAPI
ACTIF À REMPLACER								
3	0		−400 000 $	−400 000 $				−400 000 $
4	1	−100 000 $		−100 000	75 000 $	−175 000 $	−59 500 $	−40 500
5	2	−100 000		−100 000	75 000	−175 000	−59 500	−40 500
6	3	−100 000		−100 000	75 000	−175 000	−59 500	−40 500
7	4	−100 000		−100 000	75 000	−175 000	−59 500	−40 500
8	5	−100 000	0	−100 000	75 000	−175 000	−59 500	−40 500
CAÉ: 10 %				−205 520 $	CAÉ: 7 %			−138 056 $
ACTIF DE REMPLACEMENT								
	0		−1 000 000 $	−1 000 000 $		+25 000 $†	8 500 $	−1 008 500 $
	1	−15 000 $		−15 000	200 000 $	−215 000	−73 100	+58 100
	2	−15 000		−15 000	200 000	−215 000	−73 100	+58 100
	3	−15 000		−15 000	200 000	−215 000	−73 100	+58 100
	4	−15 000		−15 000	200 000	−215 000	−73 100	+58 100
	5	−15 000	0	−15 000	200 000	−215 000‡	−73 100	+58 100
CAÉ: 10 %				−278 800 $	CAÉ: 7 %			−187 863 $

*Le signe négatif indique une économie d'impôt pour l'année concernée.
†Récupération de l'amortissement lors de la transaction concernant l'actif à remplacer.
‡Supposez que la valeur de récupération de l'actif de remplacement effectivement réalisé est $R = 0$. Dans ce cas, aucun impôt ne s'applique.

Valeur comptable de l'actif à remplacer, année 3 :

$$\text{FNACC}_3 = 600\,000 - 3(75\,000) = 375\,000\,\$$$

Récupération de l'amortissement :

$$\text{Actif à remplacer}_3 = \text{RI} = 400\,000 - 375\,000 = 25\,000\,\$$$

Impôt sur la transaction, année 0 :

$$\text{Impôt} = 0,34(25\,000) = 8\,500\,\$$$

L'amortissement linéaire est $1\,000\,000\,\$ \div 5 = 200\,000\,\$$ par année. Les résultats de l'économie d'impôt et des flux monétaires après impôt sont les suivants :

$$\text{Impôt} = (-15\,000 - 200\,000)(0,34) = -73\,100\,\$$$

$$\text{FMAPI} = \text{FMAVI} - \text{impôt} = -15\,000 - (-73\,100) = +58\,100\,\$$$

Au cours de l'année 5, on suppose que la vente de l'actif de remplacement sera de 0 $; aucune récupération d'amortissement n'est possible. Le coût annuel équivalent de l'actif de remplacement, selon un taux de rendement acceptable minimum de 7 % après impôt, est :

$$\text{CAÉ}_d = -1\,000\,000(A/P;7\%;5) + 58\,100 = -187\,863\,\$$$

L'actif à remplacer est de nouveau sélectionné ; toutefois, l'avantage annuel équivalent est passé de 73 280 $ avant impôt à 49 807 $ après impôt.

Conclusion : Selon les deux analyses, l'actif à remplacer sera retenu et conservé pendant 5 autres années. Après cette période, il faudra procéder à une nouvelle évaluation pour déterminer si on doit garder l'équipement une année de plus. Si (et lorsque) les flux monétaires changent de façon importante, on procède à une autre analyse de remplacement.

Commentaire

Si la valeur marchande (valeur de la transaction) est moindre que la valeur FNACC actuelle de l'actif à remplacer qui est de 375 000 $, pour l'année 0, il y a une perte finale plutôt qu'une récupération d'amortissement. Les économies d'impôt qui en résultent diminueraient les flux monétaires après impôt (réduisant également les coûts si les flux monétaires après impôt sont négatifs). Par exemple, le montant de la transaction de 350 000 $ donnerait un revenu imposable de $350\,000\,\$ - 375\,000 = -25\,000\,\$$, des économies d'impôt de $-8\,500\,\$$ pour l'année 0. Les flux monétaires après impôt sont alors de $-1\,000\,000\,\$ - (-8\,500) = -991\,500\,\$$.

16.6 LES FACTEURS FISCAUX DU COÛT EN CAPITAL

Un coefficient nommé « facteur fiscal du coût en capital (FFCC) » permet de calculer la valeur actualisée des économies d'impôt d'une entreprise lorsqu'on utilise l'amortissement fiscal basé sur un solde dégressif. L'amortissement linéaire crée une série uniforme de flux monétaires et donne lieu à un calcul direct de la valeur actualisée. Au Canada, la méthode de l'amortissement dégressif à taux constant peut mener à des calculs laborieux parce que la valeur de l'amortissement change chaque année, car elle est basée sur un pourcentage fixe.

Pour simplifier le calcul de la valeur actualisée, on se sert des facteurs fiscaux du coût en capital. L'effet économique de l'amortissement fiscal, y compris la règle des 50 %, l'incidence fiscale et les conséquences fiscales sur la valeur de récupération de l'actif sont implicites dans ce calcul. Le facteur fiscal du coût en capital d'un actif (FFCC_A) permet de calculer efficacement la valeur actualisée de l'actif en tenant compte de l'avantage des économies d'impôt durant la durée utile de l'actif.

$$\text{FFCC}_A = 1 - [(td)(1 + i/2)] \div [(i + d)(1 + i)]$$

où t est le taux d'impôt de l'entreprise, d est le taux de la catégorie de l'amortissement fiscal et i, le taux de rendement acceptable minimum après impôt.

Le calcul de la valeur actualisée d'un actif, au coût initial après impôt (P), si on tient compte de tous les avantages fiscaux donnés par le calcul de l'amortissement, est :

$$VA = (FFCC_A)(P)$$

Lorsque cet actif est vendu (si aucun autre achat n'a été fait dans la même catégorie d'amortissement fiscal pendant l'année), la valeur de récupération est soustraite de la fraction non amortie du coût en capital, ce qui réduit les futures économies d'impôt que cet actif pourrait générer si on se base sur le solde dégressif. Les facteurs fiscaux du coût en capital de la valeur de récupération ($FFCC_R$) sont calculés comme suit :

$$FFCC_R = 1 - (td) \div (i + d)$$

La valeur actualisée de la valeur de récupération d'un actif se calcule comme suit :

$$VA_R = (FFCC_R)(R)(P/F;i;n)$$

Lorsque l'actif génère des charges ou un revenu additionnel, l'évaluation du taux de rendement acceptable minimum après impôt tient également compte de ces données. Chaque flux monétaire est multiplié par $(1 - t)$ et ensuite réduit à l'aide du taux d'impôt. Ces flux sont ensuite convertis selon leur valeur actualisée.

EXEMPLE 16.8

La société Discovery de Yellowknife envisage l'achat d'un hélicoptère de 10 millions de dollars pour desservir les secteurs énergétiques et miniers du nord du Canada. L'amortissement fiscal de cet actif, de catégorie 9, est de 25 %. La valeur de récupération, selon l'entreprise, sera de 650 000 $ après une durée utile de 10 ans. On estime que l'affrètement de l'hélicoptère générera des revenus de 5 millions par année. En supposant que le taux d'impôt est de 40 % et que le taux de rendement acceptable minimum après impôt est de 10 %, déterminez la valeur actualisée du coût initial de l'hélicoptère en tenant compte des futures économies d'impôt qui en résultent.

Solution

Coût d'achat :

$$FFCC_A = 1 - [(0,40)(0,25)(1 + 0,10/2)] \div [(0,10 + 0,25)(1 + 0,10)]$$
$$= 0,72$$

La valeur actualisée du coût initial est :

$$VA_{coût\ d'achat} = (0,72)(-10\,000\,000)$$
$$= -7\,200\,000\,\$$$

Revenu :

Le flux des rentrées donne la valeur actualisée suivante :

$$VA_{revenu} = 5\,000\,000(1 - t)(P/A;10\%;10)$$
$$= 5\,000\,000(1 - 0,40)(6,1446)$$
$$= 18\,433\,800\,\$$$

Récupération :

$$FFCC_R = 1 - (0,40)(0,25) \div (0,10 + 0,25)$$
$$= 0,71$$

Conversion à la valeur actualisée à partir de n = rendement sur 10 ans

$$VA_{récupération} = 650\,000(0,71)(P/F;10\%;10)$$
$$= 650\,000(0,71)(0,38554)$$
$$= 177\,927\,\$$$

Total :

$$VA_{total} = VA_{coût\ d'achat} + VA_{revenu} + VA_{récupération}$$
$$= 7\,200\,000 + 18\,433\,800 + 177\,927$$
$$= 11\,411\,727\$$$

L'hélicoptère étant un actif à titre d'occasion d'achat, ce calcul indique que l'entreprise réalisera une valeur actualisée positive de 11,412 millions de dollars.

RÉSUMÉ DU CHAPITRE

En général, une analyse après impôt ne change pas la décision qui consiste à choisir entre deux solutions, mais elle permet d'estimer de façon beaucoup plus précise les répercussions monétaires de l'impôt. On procède à des évaluations de la valeur actualisée nette, de l'annuité équivalente et du taux de rendement interne pour arriver à une ou à plusieurs solutions grâce à une série de flux monétaires après impôt, en utilisant exactement la même procédure que dans les chapitres précédents. On emploie le taux de rendement acceptable minimum après impôt dans tous les calculs concernant les évaluations de la valeur actualisée nette et de l'annuité équivalente, et on choisit entre deux ou plusieurs solutions après une analyse différentielle du taux de rendement interne.

Au Canada, le taux d'impôt des particuliers est progressif ; les particuliers qui ont des revenus imposables plus élevés paient davantage d'impôt. Toutefois, l'impôt des entreprises n'augmente pas nécessairement lorsque les bénéfices sont plus élevés ; le taux d'impôt dépend des caractéristiques de l'entreprise. Dans une analyse économique après impôt, on applique une seule valeur, le taux d'impôt effectif T_e. Des éléments déductibles, comme l'amortissement fiscal et les charges d'exploitation, réduisent l'impôt à payer. Puisque l'amortissement n'est pas un flux monétaire, il est important de n'en tenir compte que dans les calculs du revenu imposable et non dans le calcul direct des flux monétaires avant impôt et des flux monétaires après impôt. Par conséquent, les principales relations des flux monétaires après impôt de chaque année sont données dans l'équation [16.9].

FMAVI = revenu brut − charges − investissement initial + valeur de récupération
Cette formule générale correspond à ce qui suit pour différentes années :

$$FMAVI_0 = -P$$
$$FMAVI_j = RB_j - CE_j, \text{ où } j = 1, 2, \ldots, (n-1)$$
$$FMAVI_n = RB_n - CE_n + R, \text{ où } j = n$$

$$FMAPI = FMAVI - \text{impôt} = FMAVI - (RI)(T_e)$$

Revenu imposable = revenu brut − charges − amortissement fiscal
+ récupération de l'amortissement + 0,5 du gain en capital
− perte finale

Dans une analyse de remplacement, l'incidence fiscale de la récupération d'amortissement ou de la perte finale, l'une ou l'autre étant occasionnée par le remplacement d'un actif, est comptabilisée dans une analyse après impôt. On suit la procédure utilisée dans l'analyse de remplacement étudiée au chapitre 11. L'analyse fiscale peut ne pas changer la décision consistant à remplacer ou non l'actif, mais l'incidence fiscale peut vraisemblablement donner un avantage économique (souvent important) par rapport à l'une des deux solutions.

Au Canada, on emploie les facteurs fiscaux du coût en capital pour calculer l'incidence économique de l'amortissement fiscal. Les facteurs fiscaux du coût en capital d'un actif $(FFCC_A) = 1 - [(td)(1 + i/2)] \div [(i + d)(1 + i)]$, où t est le taux d'impôt de l'entreprise, d est le taux de la catégorie de l'amortissement fiscal et i, le taux de rendement acceptable minimum après impôt. Les facteurs fiscaux du coût en capital de la valeur de récupération $(FFCC_R) = 1 - (td) \div (i + d)$.

Les calculs de base en fiscalité

16.1 Écrivez l'équation servant à calculer le revenu imposable et le bénéfice net après impôt d'une entreprise en utilisant seulement les termes suivants : revenu brut, taux d'impôt, charges d'exploitation et amortissement.

16.2 Décrivez la principale différence, pour un particulier, entre l'impôt sur le revenu et l'impôt foncier.

16.3 À partir de la liste qui suit, sélectionnez le terme fiscal qui convient le mieux aux événements décrits ci-après : amortissement, charges d'exploitation, revenu imposable, impôt sur le revenu, bénéfice net après impôt.
a) Une entreprise rapporte, dans sa déclaration de revenus annuels, un bénéfice net négatif de 200 000 $.
b) Un actif ayant une valeur marchande actuelle de 80 000 $ était utilisé dans une nouvelle chaîne de traitement ; cet actif a permis d'accroître les ventes de l'année de 200 000 $.
c) La radiation constante annuelle de cette machine est égale à 21 000 $.
d) Le coût de maintien du matériel au cours de l'année antérieure a été de 3 680 200 $.
e) Au cours de l'année dernière, un supermarché indépendant a vendu des billets de loterie pour 23 550 $. En se basant sur les gains des détenteurs de billets, le gérant du magasin a reçu une remise de 250 $.

16.4 Les valeurs suivantes font partie des déclarations de revenu de deux entreprises.

	Entreprise 1	Entreprise 2
Produit des ventes	1 500 000 $	820 000 $
Revenu d'intérêt	31 000	25 000
Charges d'exploitation	−754 000	−591 000
Amortissement	−148 000	−18 000

Estimez l'impôt à payer par chaque entreprise en utilisant un taux d'impôt effectif de 34 % pour le revenu imposable total.

16.5 Pour l'année, le revenu brut de Yamachi et Nadler est de 6,5 millions de dollars. L'amortissement fiscal et les charges totalisent 4,1 millions. Si le taux d'impôt provincial est de 7,6 %, utilisez un taux fédéral de 34 % pour estimer l'impôt sur le revenu à l'aide de l'équation du taux d'impôt effectif.

Les flux monétaires avant impôt et les flux monétaires après impôt

16.6 Quelle est la principale différence entre les flux monétaires après impôt et le bénéfice net après impôt ?

16.7 Formulez une équation générale pour calculer les flux monétaires après impôt si aucun amortissement annuel n'est déduit, pour une année durant laquelle aucun investissement P ni récupération ne s'est produit.

16.8 Dans quelle situation l'amortissement fait-il partie de la formule des flux monétaires avant impôt et des flux monétaires après impôt, dans la recherche de solutions, lorsqu'on estime des flux monétaires dans une analyse en économie d'ingénierie ?

16.9 Il y a 4 ans, la société ABB a acheté un actif de 300 000 $ (catégorie 43, déduction pour amortissement de 30 %). Les revenus bruts et les charges de chaque année ont été inscrits. Après 4 ans, l'actif a été vendu 60 000 $.
a) Calculez manuellement les flux monétaires après l'application d'un taux d'impôt effectif de 32 %. Respectez le format utilisé dans le tableau 16.2.
b) Remplissez le tableau ci-après et calculez les estimations de revenu net.
c) Déterminez le revenu imposable et les flux monétaires après impôt annuels, puis représentez ces valeurs par rapport aux années de possession sous forme graphique.

Année de possession de l'actif	1	2	3	4
Revenu brut ($)	80 000	150 000	120 000	100 000
Charges ($)	−20 000	−40 000	−30 000	−50 000

16.10 Il y a 4 ans, la Banque de Montréal a acheté un actif de 200 000 $ (catégorie 10, déduction pour amortissement de 30 %). Les revenus bruts et les charges suivantes ont été inscrits ; un taux d'impôt effectif de 40 % a été appliqué. Calculez les flux monétaires après impôt selon l'hypothèse que l'actif a été : a) cédé pour 0 $ après 4 ans ; b) vendu pour 20 000 $ après 4 ans. Dans ce calcul, ignorez l'impôt relatif à la vente de l'actif.

Année de possession de l'actif	1	2	3	4
Revenu brut ($)	80 000	150 000	120 000	100 000
Charges ($)	−20 000	−40 000	−30 000	−50 000

16.11 Un ingénieur pétrolier de la société Halstrom Exploration doit estimer les flux monétaires minimaux requis avant impôt si les flux monétaires après impôt sont de 2 millions de dollars. Le taux d'impôt effectif est de 35 % et le taux provincial, de 4,5 %. L'amortissement fiscal de l'année totalisera 1 million. Estimez les flux monétaires avant impôt requis.

16.12 Une division de Magna International inc. présente les données suivantes (en millions de dollars) de fin d'année :

$$\text{Revenu total} = 48$$
$$\text{Amortissement fiscal} = 8,2$$
$$\text{Charges d'exploitation annuelles} = 28$$

En tenant compte d'un taux d'impôt fédéral effectif de 35 % et d'un taux provincial de 6,5 %, établissez : a) les flux monétaires après impôt ; b) le pourcentage du revenu total revenant à l'impôt ; c) le revenu net de l'année.

16.13 Morgan Solar, un concepteur de technologie en matière d'énergie solaire de Toronto, se prépare à accroître la production de son système optique à cellules photovoltaïques Sun Simba. Pour récupérer l'investissement, des flux monétaires après impôt de 2,5 millions de dollars par année sont nécessaires. Le taux d'impôt fédéral devrait être de 20 % et celui de la province, de 8 % par rapport au revenu imposable. Sur 3 années, les charges déductibles et la déduction pour amortissement sont estimées à 1,3 million pour la première année, et elles augmentent ensuite de 500 000 $ par année. De ces montants, 50 % représentent des charges et 50 %, un amortissement fiscal. Quel est le revenu brut requis pour chacune des 3 années ?

16.14 Les centres de distribution Couche-Tard sont équipés de chariots élévateurs à fourche et de convoyeurs dont le coût s'élève à 250 000 $.

Calculez les flux monétaires avant impôt, les flux monétaires après impôt et le bénéfice net avant impôt pour les 6 années de possession de l'actif. Utilisez un taux d'impôt effectif de 40 %, les flux monétaires estimés et l'amortissement indiqué. On prévoit une valeur de récupération nulle.

Année	Revenu brut ($)	Charges d'exploitation ($)	Déduction pour amortissement ($)
1	90 000	−20 000	50 000
2	100 000	−20 000	80 000
3	60 000	−22 000	48 000
4	60 000	−24 000	28 800
5	60 000	−26 000	28 800
6	40 000	−28 000	14 400

16.15 Une entreprise de construction routière a acheté du matériel de forage de canalisation au coût de 80 000 $ (catégorie 8, déduction pour amortissement de 20 %), ce qui a produit des revenus annuels, RB − CE, de 50 000 $, imposés à un taux effectif de 38 %. L'entreprise a décidé de vendre prématurément le matériel, après 2 années de durée utile.
  a) Fixez un prix pour la vente du matériel, si l'entreprise désire obtenir le montant exact de la valeur actuelle de la fraction non amortie du coût en capital.
  b) Établissez la valeur des flux monétaires après impôt si le matériel est vendu après 2 années de durée utile pour le montant qui a été déterminé en a) et si aucun remplacement n'a été prévu.

La récupération de l'amortissement, le gain en capital et la perte finale

16.16 Déterminez la récupération de l'amortissement, le gain en capital ou la perte finale pour chaque événement décrit ci-après. Utilisez les données précédentes pour déterminer le montant de l'incidence fiscale sur le revenu, si le taux d'impôt effectif est de 30 %.
  a) Un bénéfice de 15 % vient tout juste d'être réalisé grâce à la vente d'une bande de terrain zonée « commerciale » achetée, il y a 8 ans, pour 2,6 millions de dollars.
  b) Du matériel de terrassement (catégorie 38, déduction pour amortissement de 30 %), payé 155 000 $, a été vendu pour 10 000 $ à la fin de la cinquième année de possession.

16.17 Déterminez la récupération de l'amortissement, le gain en capital ou la perte finale pour chaque événement décrit ci-après. Utilisez les données précédentes pour calculer le montant de l'incidence fiscale sur le revenu, si le taux d'impôt effectif est de 40 %.

a) Un actif vieux de 21 ans (catégorie 38, déduction pour amortissement de 30 %) qui ne sert plus, a été vendu 500 $. À l'achat, l'actif a été comptabilisé au coût initial de 180 000 $.

b) Une machine haute technologie (catégorie 8, déduction pour amortissement de 20 %) a été vendue, au cours de la deuxième année de durée utile, 10 000 $ de plus que le prix d'achat. L'actif avait un $P = 100\,000\,\$$.

16.18 La société Les Produits Petri a acheté du matériel de stérilisation au coût de 40 000 $ (catégorie 8, déduction pour amortissement de 20 %). Le matériel a permis d'accroître le revenu brut de 20 000 $ par année, et les charges sont de 3 000 $ par année. Au cours de l'année 3, le matériel a été vendu 21 000 $. Le taux d'impôt effectif est de 35 %. Déterminez : a) l'impôt sur le revenu et b) les flux monétaires après impôt de l'actif pour l'année de la vente.

16.19 Il y a quelques années, une entreprise a acheté d'une autre entreprise un terrain, un immeuble et 2 actifs amortissables ; elle a tout vendu récemment. Utilisez les données ci-dessous pour déterminer la présence, ainsi que le montant, du gain en capital, de la perte finale ou de la récupération d'amortissement.

Actif	Prix d'achat ($)	FNACC actuelle ($)	Prix de vente ($)
Terrain	−200 000		245 000
Immeuble	−800 000	300 000	255 000
Aspirateur	−50 500	15 500	18 500
Accélérateur	−10 000	5 000	10 500

16.20 Dans le problème 16.10 b), la Banque de Montréal a vendu un actif, vieux de 4 ans, au montant de 20 000 $. a) Recalculez les flux monétaires après impôt pour l'année de la vente, en tenant compte de toute incidence fiscale supplémentaire causée par le prix de vente de 20 000 $. b) Quel changement note-t-on dans les flux monétaires après impôt par rapport aux données du problème 16.10 ?

L'analyse économique après impôt

16.21 Calculez le taux de rendement avant impôt si on espère un taux de rendement après impôt de 9 % par année, le taux d'impôt provincial étant de 6 % et le taux d'impôt fédéral effectif, de 35 %.

16.22 Le taux d'impôt fédéral et le taux d'impôt provincial d'une division de ConocoPhillips sont respectivement de 31 % et de 5 %. Trouvez l'équivalent du taux de rendement interne après impôt qui justifierait des projets, en supposant que ceux-ci atteignent un rendement avant impôt de 22 % par année.

16.23 Les titres boursiers de Jean donnent un rendement annuel après impôt de 8 %. D'après sa sœur, leur rendement équivaut à un rendement annuel avant impôt de 12 %. Quel pourcentage de revenu imposable suppose-t-elle que son frère devra payer en impôt ?

16.24 Un ingénieur est le copropriétaire d'une entreprise de location immobilière. Cette entreprise vient d'acheter un ensemble d'habitations collectives, au coût de 3 500 000 $; tous ses capitaux sont engagés. Pour les 8 prochaines années, estime-t-on, le revenu brut annuel avant impôt serait de 480 000 $, compensé par des charges annuelles de 100 000 $. Au bout de 8 ans, les deux propriétaires espèrent vendre l'immeuble à la valeur estimative actuelle de 4 050 000 $. Supposez un taux d'impôt sur le revenu imposable de 30 %. Un amortissement linéaire sur 20 ans sera appliqué, et la valeur de récupération sera nulle. Ignorez la règle des 50 % dans le calcul de l'amortissement. Pour les 8 années de possession : a) calculez les flux monétaires après impôt ; b) déterminez le taux de rendement avant et après impôt. Résolvez le problème manuellement ou utilisez les tableaux automatisés des flux monétaires après impôt (*voir le tableau 16.2*).

16.25 Pour cet actif, les estimations des séries suivantes de flux monétaires avant impôt et de flux monétaires après impôt ont été consignées dans les colonnes et sur les lignes d'une feuille de travail. L'entreprise utilise un taux de rendement de 14 % avant impôt et de 9 % après impôt, pour l'année.

Inscrivez sur la feuille de travail les fonctions pour chaque série qui devront afficher les résultats de la valeur actualisée, de l'annuité équivalente et du taux de rendement interne. Pour résoudre ce problème, utilisez au moins les fonctions VAN, VA et TRI du tableur.

	Colonne		
Ligne 4	**A** Année	**B** FMAVI ($)	**C** FMAPI ($)
5	0	−200 000	−200 000
6	1	75 000	62 000
7	2	75 000	60 000
8	3	75 000	52 000
9	4	75 000	53 000
10	5	90 000	65 000

16.26 Ned doit évaluer deux solutions. Son patron désire connaître la valeur du taux de rendement comparativement à un taux de rendement acceptable minimum après impôt de 7 % par année afin de prendre toute décision concernant les nouveaux investissements de capitaux. Effectuez l'analyse : a) avant impôt et b) après impôt, en utilisant un $T_e = 50 \%$ et un amortissement linéaire classique. (Élaborez une solution manuelle et une solution avec le tableur en vous basant sur les connaissances acquises.)

	X	Y
Coût initial ($)	−12 000	−25 000
CEA ($/année)	−3 000	−1 500
Récupération ($)	3 000	5 000
n (années)	10	10

16.27 Les estimations suivantes ont été faites pour les machines A et B :

	Machine A	Machine B
Coût initial ($)	−15 000	−22 000
Récupération ($)	3 000	5 000
CEA ($/année)	−3 000	−1 500
Durée utile (années)	10	10

L'une ou l'autre des machines sera utile pendant un total de 10 ans, puis vendue à la valeur de récupération estimée. Le taux de rendement acceptable minimum avant impôt est de 14 % par année, le taux de rendement acceptable minimum après impôt s'élève à 7 % par année et le T_e est de 50 %. Sélectionnez une machine selon : a) l'analyse de la valeur

actualisée avant impôt ; b) l'analyse de la valeur actualisée après impôt. Utilisez un amortissement linéaire et une durée utile de 10 ans.

16.28 Le directeur d'une usine de fabrication de bonbons européens doit choisir un nouveau système d'irradiation pour assurer la salubrité de certains produits ; le système doit également être économique. Les estimations suivantes ont été effectuées pour les systèmes A et B :

	Système A	Système B
Coût initial ($)	−150 000	−85 000
FMAVI ($/année)	60 000	20 000
Durée utile (années)	3	5

Le taux d'imposition de l'entreprise est de 35 %. Pour comparer les deux solutions, on utilise un amortissement linéaire classique et un taux de rendement acceptable minimum après impôt de 6 % par année. Une valeur de récupération nulle est utilisée pour le calcul de l'amortissement. Le système B pourrait être vendu après 5 ans de durée utile, à un coût estimatif de 10 % du coût initial. Pour le système A, aucune valeur de récupération n'est prévue. Lequel des deux systèmes est le plus économique ?

16.29 Trouvez, sur une période de 5 ans, le taux de rendement interne après impôt pour du matériel destiné à une usine de désalinisation. Le matériel, qui sert à des tâches spécifiques, coûtera 2 500 $, n'aura aucune valeur de récupération et ne dépassera pas 5 ans de durée utile. Les revenus moins les charges sont estimés à 1 500 $ par année et à 300 $ pour chaque année supplémentaire de durée utile. Le taux d'impôt effectif est de 30 %. Utilisez l'amortissement linéaire.

16.30 Du matériel d'inspection automatique acheté au coût de 78 000 $ par la société Stimson Engineering a généré des flux monétaires avant impôt moyens de 26 080 $ par année, au cours des 5 années de durée utile prévue, ce qui représente un rendement de 20 %. Cependant, le directeur financier a déterminé que les flux monétaires après impôt n'avaient été que de 18 000 $ durant la première année, et qu'ils avaient diminué de 1 000 $ chaque année subséquente. Si le président désire réaliser un rendement après impôt de 12 % par année, combien d'années le matériel doit-il encore servir?

16.31 Dans l'exemple 16.5, les données de Fora, fabricant de câbles de fibres optiques, sont les suivantes: $P = 50\,000\,\$$, $R = 0$, $n = 5$, FMAVI $= 20\,000\,\$$ et $T_e = 40\,\%$. Un amortissement linéaire est utilisé pour calculer un i^* après impôt $= 18,03\,\%$. Si le propriétaire désire un taux de rendement après impôt de 20 % par année, établissez une estimation pour : a) le coût initial et b) les flux monétaires avant impôt de l'année. Lorsque vous déterminez une de ces valeurs, supposez que l'autre paramètre conserve la valeur initialement estimée dans l'exemple. Supposez aussi que le taux d'impôt effectif demeure à 40 %. Résolvez manuellement ce problème.

L'analyse de remplacement après impôt

16.32 On a demandé à Stella Needleson, employée de la société Scotty Paper Company – Canada, de déterminer si cette dernière doit conserver le processus actuel de teinture du papier d'écriture ou mettre en place un nouveau processus, plus écologique. Les estimations ou les valeurs actuelles des deux processus sont résumées ci-après. Stella a effectué une analyse de remplacement après impôt en utilisant un taux de 10 % par année, le taux d'impôt effectif de la société étant de 32 %, pour déterminer si le nouveau processus devrait, du point de vue économique, être choisi. Son analyse est-elle bonne? Justifiez votre réponse. (Ignorez la règle des 50 %.)

	Processus actuel	Nouveau processus
Coût initial, il y a 7 ans ($)	−450 000	
Coût initial ($)		−700 000
Durée utile résiduelle (années)	5	10
Valeur marchande actuelle ($)	50 000	
Charges d'exploitation annuelles (CEA) ($/année)	−160 000	−150 000
Récupération future ($)	0	50 000
Méthode d'amortissement	Linéaire	Linéaire

16.33 Dans une usine d'énergie nucléaire, des dispositifs de sécurité, installés il y a plusieurs années, ont été amortis à partir d'un coût initial de 200 000 $. On peut soit vendre les dispositifs sur le marché des équipements usagés pour une valeur estimée à 15 000 $, soit les conserver pour 5 autres années à la condition d'investir 9 000 $ pour les mettre à niveau. Les charges d'exploitation annuelles seraient de 6 000 $. L'investissement de la mise à niveau sera amorti sur 3 ans, sans valeur de récupération. L'actif de remplacement comporte une plus récente technologie, dont le coût initial est de 40 000 $, $n = 5$ ans et $R = 0$. Les nouveaux dispositifs engendreront des charges d'exploitation de 7 000 $ par année.

a) Effectuez une analyse de remplacement après impôt sur une période de 5 ans. Utilisez un taux d'impôt effectif de 40 %, un taux de rendement acceptable minimum après impôt de 12 % par année et posez l'hypothèse d'amortissement linéaire (ignorez la règle des 50 %).

b) Si l'actif de remplacement est censé être « vendable » après 5 ans de durée utile, pour un montant se situant entre 2 000 $ et 4 000 $, la valeur actualisée de l'actif de remplacement devient-elle plus ou moins coûteuse? Pourquoi?

Les facteurs fiscaux du coût en capital

16.34 La société Mosaid Technologies inc., établie à Ottawa, évalue l'achat d'un portefeuille de 20 brevets essentiels à la technologie sans fil WiFi et WiMax, au coût de 70 millions de dollars. En ce qui concerne l'amortissement fiscal, les brevets font partie de la catégorie 44, dont le taux d'amortissement est de 25 %. Supposez que le taux d'impôt de Mosaid est de 35 % et que le taux de rendement acceptable minimum après impôt est de 12 %. Quelle est la valeur actuelle du coût initial des brevets si on a tenu compte des futures économies d'impôt résultant de l'amortissement? Interprétez la signification de la réponse numérique.

16.35 Alcan envisage d'investir 400 000 $ dans la mise à niveau d'une pièce de machinerie, à son aluminerie de Kitimat. Le taux de l'amortissement fiscal sera de 30 %. La durée utile est de 6 ans et la valeur de récupération espérée, de 40 000 $. Si le taux de rendement acceptable minimum après impôt est de 15 % et le taux d'impôt, de 30 %, quelle est la valeur actuelle après impôt de l'investissement?

16.36 L'entreprise de tracteurs Brandon inc., située au Manitoba, envisage l'achat d'une nouvelle assembleuse automatisée au coût de 100 000 $, ce qui lui permettra d'économiser 50 000 $ par année, en tenant compte d'une durée utile de 5 ans et d'une valeur de récupération de 30 000 $. Si le taux de la déduction d'amortissement est de 30 %, avec un taux de rendement acceptable minimum de 10 % et un taux d'impôt de 28 %, quelle est la valeur actualisée nette de l'achat ?

16.37 L'achat par Oakhill Electric Ltd. d'une fourgonnette de service pour 65 000 $ (le taux de la déduction pour amortissement étant de 30 %) lui procurera un revenu de 15 000 $ par année. Après 5 années de durée utile, la valeur de récupération est estimée à 20 000 $. Le taux d'impôt d'Oakhill est de 35 % et le taux de rendement acceptable minimum après impôt, de 12 %. Quelle est la valeur actualisée nette de l'achat ?

CHAPITRE 17

L'analyse de sensibilité formalisée et les décisions fondées sur les valeurs espérées

Ce chapitre aborde plusieurs sujets liés à l'évaluation de solutions. Toutes ces techniques reposent sur des méthodes et des modèles utilisés dans les chapitres précédents, particulièrement dans les huit premiers chapitres; elles sont aussi basées sur l'analyse du point d'équivalence décrite au chapitre 13. On peut maintenant étudier la simulation et la prise de décisions en tenant compte du facteur risque; cette dernière notion est expliquée au chapitre 18.

Les deux premières sections élargissent notre capacité à effectuer une analyse de sensibilité à partir d'un ou de plusieurs paramètres dans une solution complète. Ensuite sont expliquées la détermination et l'utilisation de la valeur espérée dans une séquence de flux monétaires. La méthode de l'arbre de décision, présentée plus loin, aide l'analyste à prendre une série de décisions économiques formant une solution, et ce, en suivant des étapes différentes mais étroitement liées. L'analyse de scénarios traite des variables futures dont les valeurs ne peuvent être déterminées au moyen de prévisions mathématiques. Enfin, la théorie de l'utilité permet d'évaluer les variables autrement qu'à l'aide d'unités monétaires.

L'étude de cas présente une analyse de sensibilité détaillée dans laquelle figurent des solutions multiples et des attributs (facteurs) dans le contexte d'un projet du secteur public.

OBJECTIFS D'APPRENTISSAGE

Objectif: Effectuer une analyse de sensibilité d'un ou de plusieurs paramètres; déterminer la valeur espérée et les estimations dans un arbre de décision menant à une solution.

À la fin de ce chapitre, vous devriez pouvoir:

Sensibilité à la variation	**1.** Calculer une mesure de valeur pour expliquer la sensibilité à la variation d'un ou de plusieurs paramètres;
Trois estimations	**2.** Choisir la meilleure solution en utilisant trois estimations de paramètres sélectionnés;
Valeur espérée	**3.** Calculer la valeur espérée d'une variable;
Valeur espérée des flux monétaires	**4.** Évaluer une solution en utilisant la valeur espérée des flux monétaires;
Arbre de décision	**5.** Concevoir un arbre de décision afin d'évaluer des solutions en procédant par étapes;
Analyse de scénarios	**6.** Concevoir et effectuer une analyse de scénarios;
Théorie de l'utilité	**7.** Remplacer les valeurs monétaires par une mesure de satisfaction à l'égard d'un produit ou d'un service.

17.1 LA DÉTERMINATION DE LA SENSIBILITÉ À LA VARIATION DES PARAMÈTRES

Le terme «paramètre» est utilisé dans ce chapitre pour représenter toute variable ou tout facteur pour lequel une valeur estimée ou convenue est nécessaire. Le coût initial, la valeur de récupération, les charges d'exploitation annuelles, la durée d'utilité estimée, le taux de production, le coût des matériaux et autres sont des exemples de paramètres. Des estimations se rapportant, par exemple, à des taux d'intérêt sur prêts ou à l'inflation sont aussi des paramètres d'analyse.

L'analyse économique tient compte des estimations de la valeur future d'un paramètre, ce qui facilite la tâche des décideurs. Les estimations étant toujours inexactes jusqu'à un certain point, les projections économiques demeurent aussi quelque peu imprécises. On détermine l'effet de la variation en utilisant l'analyse de sensibilité. En réalité, cette approche est appliquée (de façon informelle) tout au long des précédents chapitres. Habituellement, un seul facteur à la fois varie, et on suppose que ce dernier est indépendant des autres facteurs. Dans une situation réelle, cette hypothèse n'est pas tout à fait correcte, mais elle est pratique parce qu'il est difficile d'évaluer précisément ces liens de dépendance.

Une analyse de sensibilité détermine comment différentes valeurs, notamment la valeur actualisée nette (VAN), l'annuité équivalente (AÉ), le taux de rendement interne (TRI) ou le ratio avantages-coûts (RAC) et, par conséquent, la solution sélectionnée, fluctueraient si un paramètre particulier variait dans un intervalle de valeurs convenues. Par exemple, la variation d'un paramètre comme le taux de rendement acceptable minimum (TRAM) ne changerait pas la décision si, dans les solutions étudiées, le rendement est nettement supérieur à ce taux. Dans une telle situation, ce taux influerait peu sur la décision. D'un autre côté, la variation de la valeur n pourrait indiquer que la solution choisie est très sensible à la durée d'utilité estimée, ce dont il faudrait tenir compte.

En général, la variation de la durée d'utilité, des coûts ou des revenus annuels suit la variation des prix de vente, des opérations à différents niveaux de capacité, de l'inflation, etc. Par exemple, dans le cas d'une compagnie d'aviation, si le taux d'occupation des places pour des vols intérieurs est de 90 % comparativement à 50 % pour des vols internationaux, les coûts d'exploitation et les revenus par voyageur-kilomètre seront plus élevés. Toutefois, la durée d'utilité de l'avion ne subira probablement qu'une légère baisse. Habituellement, plusieurs paramètres importants sont étudiés pour connaître comment l'inexactitude des estimations peut influer sur l'analyse économique.

L'analyse de sensibilité porte le plus souvent sur la variation attendue de l'estimation de paramètres tels que l'investissement initial (P), les charges d'exploitation annuelles (CEA), la valeur de reprise (R), la durée d'utilité (n), le coût par unité, le revenu par unité, etc. Les paramètres basés sur des taux d'intérêt sont traités différemment.

> Les paramètres comme le taux de rendement acceptable minimum, le taux d'intérêt sur prêts ou le taux d'inflation étant plus stables d'un projet à l'autre, avec des valeurs précises ou proches, une analyse de sensibilité tenant compte de ces paramètres est plus restreinte.

Ce point est important à retenir si la simulation est utilisée pour permettre de prendre une décision en tenant compte du risque (*voir le chapitre 18*).

La représentation graphique illustrant la sensibilité de la valeur actualisée nette, de l'annuité équivalente ou du taux de rendement interne par rapport à un ou plusieurs paramètres est très utile. Deux solutions peuvent être comparées par rapport à un paramètre donné ou au point d'équivalence (la valeur qui rend deux solutions économiquement équivalentes). Cependant, le graphique du point d'équivalence met habituellement de l'avant un seul paramètre. On doit donc concevoir plusieurs graphiques en supposant que chaque paramètre est indépendant. Dans les précédentes analyses de point d'équivalence, on a mesuré seulement deux valeurs pour un paramètre et relié les points avec une ligne droite. En revanche, si les résultats sont sensibles à la valeur du paramètre, il faut calculer plusieurs points intermédiaires pour mieux évaluer la sensibilité, particulièrement si la relation n'est pas linéaire.

Lorsqu'on étudie plusieurs paramètres à la fois, l'analyse de sensibilité peut devenir assez complexe. Toutefois, on effectue l'analyse avec un paramètre à la fois, à l'aide d'une feuille de calcul ou à la main. L'ordinateur facilite la comparaison des paramètres multiples et des mesures de valeur multiples, et le tableur peut rapidement réaliser une représentation graphique des résultats.

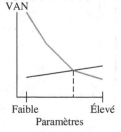

Voici la procédure générale pour effectuer une analyse de sensibilité détaillée.

1. Déterminer le ou les paramètres intéressants qui pourraient varier à partir de la valeur estimée la plus probable.
2. Sélectionner un intervalle et un incrément de variation pour chaque paramètre.
3. Établir une mesure de valeur.
4. Calculer les résultats pour chaque paramètre, basé sur la mesure de valeur.
5. Pour mieux interpréter la sensibilité, afficher graphiquement le paramètre par rapport à la mesure de valeur.

Cette analyse de sensibilité permet de cibler les paramètres qui demandent une étude plus approfondie ou de l'information supplémentaire. Lorsque deux solutions et plus sont comparées, à l'étape 3, il vaut mieux utiliser les mesures de la valeur actualisée nette ou de l'annuité équivalente. Si on utilise le taux de rendement interne, il sera nécessaire d'utiliser l'analyse différentielle pour choisir une solution parmi plusieurs. L'exemple 17.1 décrit une analyse de sensibilité portant sur un seul projet.

EXEMPLE 17.1

Western Growers Inc. espère acheter un nouvel actif pour trier automatiquement les produits. Les estimations les plus probables sont un coût initial de 80 000 $, une valeur de récupération nulle et des flux monétaires avant impôt (FMAVI) par année t, soit 27 000 $ – 2 000t. L'entreprise a fixé un taux de rendement acceptable minimum variant de 10 à 25 % par année, selon les différents types d'investissement. La durée d'utilité d'une telle machine varie de 8 à 12 années. Effectuez l'analyse manuellement et par ordinateur. a) Évaluez la sensibilité de la valeur actualisée nette (VAN) en variant le taux de rendement acceptable minimum, en supposant une valeur constante n de 10 années. b) Déterminez n, si le taux de rendement acceptable minimum est fixé à 15 % par année.

Solution manuelle

a) Suivez la procédure décrite ci-dessus pour comprendre la sensibilité dans la variation de la valeur actualisée nette par rapport au taux de rendement acceptable minimum.
1. Le taux de rendement acceptable minimum est le paramètre qui nous intéresse.
2. Sélectionnez des incréments de 5 %, allant de 10 à 25 %, pour évaluer la sensibilité aux taux de rendement acceptables minimums.
3. La mesure de valeur est la valeur actualisée nette.
4. La relation de la valeur actualisée nette sur 10 années, lorsque le taux de rendement acceptable minimum est égal à 10 %, est la suivante :

$$\text{VAN} = -80\,000 + 25\,000(P/A;10\%;10) - 2\,000(P/G;10\%;10)$$
$$= 27\,830\,\$$$

Les quatre valeurs actualisées nettes par rapport aux taux de rendement acceptables minimums, selon des intervalles de 5 %, sont les suivantes :

TRAM (%)	VAN ($)
10	27 830
15	11 512
20	−962
25	−10 711

5. La figure 17.1 représente graphiquement la valeur actualisée nette par rapport au taux de rendement acceptable minimum. La courbe abrupte négative signifie que la décision, qui est d'accepter la proposition basée sur les valeurs actualisées nettes, est plutôt sensible à la variation du taux de rendement acceptable minimum. Si le taux de rendement acceptable minimum se situait à l'extrémité supérieure de l'intervalle, l'investissement ne serait pas intéressant.

b)
1. La durée d'utilité *n* de l'actif est le paramètre.
2. Sélectionnez des incréments de 2 années pour évaluer la sensibilité des valeurs actualisées nettes dans un intervalle de 8 à 12 années.
3. La mesure de valeur est la valeur actualisée nette.
4. Établissez la même relation de valeur actualisée nette que pour la partie a), où $i = 15\%$. Pour la valeur actualisée nette, les résultats sont les suivants :

n	VAN ($)
8	7 221
10	11 511
12	13 145

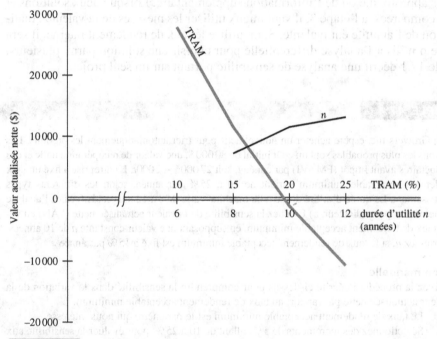

FIGURE 17.1

L'analyse de sensibilité – la représentation graphique des valeurs actualisées nettes par rapport aux taux de rendement acceptables minimums et aux durées d'utilité *n* de l'exemple 17.1

5. La figure 17.1 présente un graphique de la valeur actualisée nette par rapport aux taux de rendement acceptables minimums et aux durées d'utilité *n*. Puisque la mesure de la valeur actualisée nette est positive pour toutes les valeurs prises par *n*, la décision d'investir subit peu l'influence de la durée d'utilité estimée. Le palier le plus haut de la courbe de la valeur actualisée nette est égal à 10. Cette insensibilité aux changements des flux monétaires, dans un avenir lointain, était prévisible, car le facteur *P/F* devient plus petit à mesure que *n* augmente.

Solution par ordinateur

La figure 17.2 présente deux feuilles de travail comportant des représentations graphiques de la valeur actualisée nette par rapport à un taux de rendement acceptable minimum (où la durée d'utilité n est fixe) et par rapport à n (où le taux de rendement acceptable minimum est fixe). La relation générale du flux monétaire est :

$$\text{Flux monétaires}_t = \begin{cases} -80\ 000 & t = 0 \\ +27\ 000 - 2000t & t = 1 \ldots \end{cases}$$

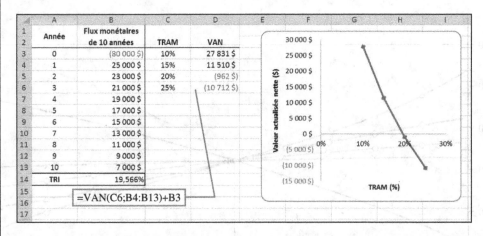

=VAN(C6;B4:B13)+B3

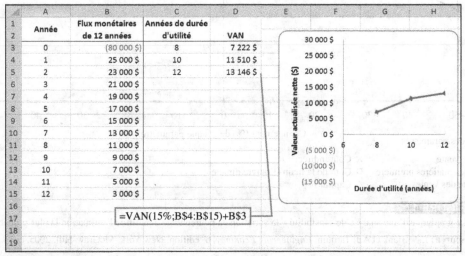

=VAN(15%;B$4:B$15)+B$3

FIGURE 17.2

L'analyse de sensibilité – la valeur actualisée nette par rapport à différents taux de rendement acceptables minimums et à différentes durées d'utilité estimées de l'exemple 17.1

La fonction VAN permet de calculer les valeurs actualisées nettes dans le cas des valeurs de i, pour un intervalle de 10 à 25 % et des valeurs de n variant de 8 à 12 années. Comme on peut le voir dans la solution manuelle et le diagramme de dispersion (nuage de points) xy, les valeurs actualisées nettes sont sensibles aux changements de taux de rendement acceptable minimum, mais elles le sont peu aux variations de la durée d'utilité n.

Lorsque la sensibilité de plusieurs paramètres entre en ligne de compte dans une solution ayant une seule mesure de valeur, il est utile de représenter graphiquement le pourcentage de changement de chaque paramètre par rapport à la mesure de valeur. La figure 17.3 illustre un taux de rendement interne par rapport à six différents paramètres. Si la courbe de réponse du taux de rendement interne est plane et s'approche de l'horizontale sur la longueur de la variation totale tracée pour un paramètre, la sensibilité du taux de rendement interne aux changements de valeurs du paramètre est faible. C'est la conclusion qu'on peut tirer au sujet des coûts indirects à partir de la figure. Par contre, le taux de rendement interne est très sensible au prix de vente. Une réduction de 30 % du prix de vente espéré fait passer le taux de rendement interne de 20 à –10 %, tandis qu'une augmentation de 10 % du prix augmente le taux de rendement interne à environ 30 %.

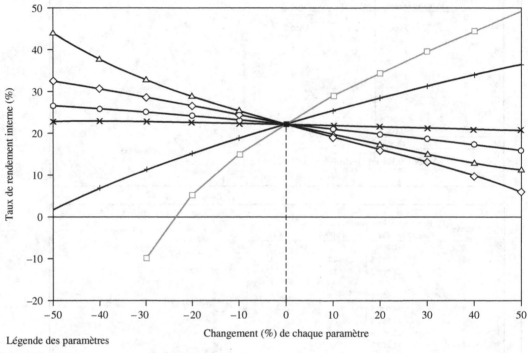

Légende des paramètres

□ Prix de vente   ✕ Coût indirect
◇ Coût des matières premières   ○ Coût de la main-d'œuvre directe
+ Volume des ventes   △ Capital

FIGURE 17.3

Le graphique d'une analyse de sensibilité – la variation en pourcentage à partir de l'estimation la plus probable

Source : L.T. Blank et A.J. Tarquin, *Engineering Economy*, 6e édition, New York, McGraw-Hill, 2005, chap. 19.

FIGURE 17.4

Un modèle de graphique de sensibilité de la valeur actualisée nette par rapport aux heures d'exploitation, pour deux solutions

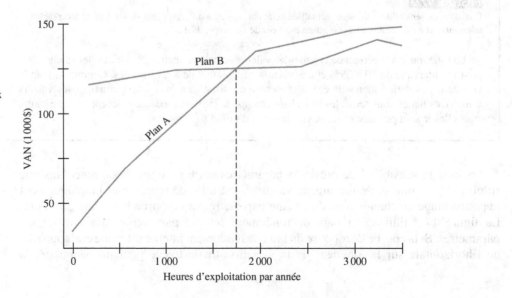

Si deux solutions sont comparées pour trouver la sensibilité par rapport à un seul paramètre, le graphique pourrait afficher des résultats sous forme de courbe. Observez la forme générale du graphique de sensibilité de la figure 17.4. Même si la représentation graphique montre des segments linéaires entre certains points de calcul, pour chaque plan, l'ensemble de la valeur actualisée nette représente une fonction non linéaire des heures d'exploitation. Le plan A est très sensible pour l'intervalle de 0 à 2 000 heures, mais il est comparativement insensible au-dessus de 2 000 heures. Le plan B est plus attrayant, en raison de son insensibilité relative. Le point d'équivalence se situe à environ 1 750 heures par année. La représentation graphique de la mesure de valeur à des points intermédiaires est souvent utile pour comprendre la nature de la sensibilité.

EXEMPLE 17.2

La municipalité d'Abbotsford, en Colombie-Britannique, doit refaire une portion de 3 km d'autoroute. Knobel Construction propose deux méthodes de resurfaçage. La première consiste à remettre du béton ; le coût sera de 1,5 million de dollars et l'entretien annuel, de 10 000 $. La seconde est de mettre une couche d'asphalte ; le coût initial est de 1 million et l'entretien annuel, de 50 000 $. Cependant, Knobel demande que, tous les 3 ans, l'asphalte soit retouché au coût de 75 000 $.

La Ville utilise un taux d'actualisation public de 6 %.

a) Déterminez le point d'équivalence, en nombre d'années, des deux méthodes. Si la Ville s'attend à ce que l'administration fédérale refasse cette partie de l'autoroute Transcanadienne dans 10 ans, quelle méthode devrait être choisie ?

b) Si le coût de la retouche augmente de 5 000 $/km tous les 3 ans, la décision est-elle sensible à cette augmentation ?

Solution par ordinateur

a) Utilisez l'analyse de la valeur actualisée nette pour déterminer la valeur du point d'équivalence de la durée d'utilité n.

Solution complexe

$$\text{VAN du béton} = \text{VAN de l'asphalte}$$

$$-1\,500\,000 - 10\,000(P/A;6\%;n) = -1\,000\,000 - 50\,000(P/A;6\%;n)$$

$$-75\,000\left[\sum_{j}(P/F;6\%;j)\right]$$

où $j = 3, 6, 9, …, n$. La relation peut être élargie pour refléter les flux monétaires différentiels

$$-500\,000 + (40\,000)(P/A;6\%;n) + 75\,000\left[\sum_{j}(P/F;6\%;j)\right] = 0 \qquad [17.1]$$

Dans l'équation [17.1], la valeur du point d'équivalence n peut être résolue manuellement en augmentant n jusqu'à ce que les valeurs négatives de la valeur actualisée nette deviennent positives. Par contre, si on utilise le tableur, la fonction VAN permet de trouver la valeur du point d'équivalence n (*voir la figure 17.5*). Pour chaque année, les fonctions VAN de la colonne C sont les mêmes, sauf que les flux monétaires sont incrémentés de 1 année pour chaque calcul de la valeur réelle. Économiquement, le point d'équivalence entre le resurfaçage de béton et celui de l'asphalte est approximativement $n = 11,4$ années (entre les cellules C15 et C16). Puisque la route doit résister 10 années de plus, le coût supplémentaire n'est pas justifié ; on doit choisir la solution qui préconise l'asphalte.

b) Le coût total de la retouche augmentera de 15 000 $ tous les 3 ans. L'équation [17.1] est maintenant celle-ci :

$$-500\,000 + 40\,000(P/A;6\%,n) + \left[75\,000 + 15\,000\left(\frac{j-3}{3}\right)\right]\left[\sum_{j}(P/F;6\%,j)\right] = 0$$

Maintenant, la valeur n du point d'équivalence est entre 10 et 11 années, ou 10,8 années si on utilise une interpolation linéaire (dans la figure 17.5, ce sont les cellules I14 et I15). Quant à l'asphalte, la décision est devenue marginale parce que les retouches sont planifiées pour les 10 prochaines années.

	A	B	C	D	E	F	G	H	I	J
1	6%	Partie a)				Partie b)				
2–3	Année *n*	Resurfaçage de béton	Asphalte	Flux monétaires	VAN pour *n* années	Resurfaçage de béton	Asphalte	Flux monétaires	VAN pour *n* années	
4	0	(1 500 000 $)	(1 000 000 $)	(500 000 $)		(1 500 000 $)	(1 000 000 $)	(500 000 $)		
5	1	(10 000 $)	(50 000 $)	40 000 $	(462 264 $)	(10 000 $)	(50 000 $)	40 000 $	(462 264 $)	
6	2	(10 000 $)	(50 000 $)	40 000 $	(426 664 $)	(10 000 $)	(50 000 $)	40 000 $	(426 664 $)	
7	3	(10 000 $)	(125 000 $)	115 000 $	(330 108 $)	(10 000 $)	(125 000 $)	115 000 $	(330 108 $)	
8	4	(10 000 $)	(50 000 $)	40 000 $	(298 424 $)	(10 000 $)	(50 000 $)	40 000 $	(298 424 $)	
9	5	(10 000 $)	(50 000 $)	40 000 $	(268 534 $)	(10 000 $)	(50 000 $)	40 000 $	(268 534 $)	
10	6	(10 000 $)	(125 000 $)	115 000 $	(187 464 $)	(10 000 $)	(140 000 $)	130 000 $	(176 889 $)	
11	7	(10 000 $)	(50 000 $)	40 000 $	(160 861 $)	(10 000 $)	(50 000 $)	40 000 $	(150 287 $)	
12	8	(10 000 $)	(50 000 $)	40 000 $	(135 765 $)	(10 000 $)	(50 000 $)	40 000 $	(125 190 $)	
13	9	(10 000 $)	(125 000 $)	115 000 $	(67 696 $)	(10 000 $)	(155 000 $)	145 000 $	(39 365 $)	
14	10	(10 000 $)	(50 000 $)	40 000 $	(45 361 $)	(10 000 $)	(50 000 $)	40 000 $	(17 029 $)	
15	11	(10 000 $)	(50 000 $)	40 000 $	(24 289 $)	(10 000 $)	(50 000 $)	40 000 $	4 042 $	
16	12	(10 000 $)	(125 000 $)	115 000 $	32 862 $	(10 000 $)	(170 000 $)	160 000 $	83 557 $	
17	13	(10 000 $)	(50 000 $)	40 000 $	51 616 $	(10 000 $)	(50 000 $)	40 000 $	102 311 $	
18	14	(10 000 $)	(50 000 $)	40 000 $	69 308 $	(10 000 $)	(50 000 $)	40 000 $	120 003 $	
19	15	(10 000 $)	(125 000 $)	115 000 $	117 293 $	(10 000 $)	(185 000 $)	175 000 $	193 024 $	
20	16	(10 000 $)	(50 000 $)	40 000 $	133 039 $	(10 000 $)	(50 000 $)	40 000 $	208 770 $	
21	P	(1 601 059 $)	(1 734 098 $)	133 039 $		(1 601 059 $)	(1 809 829 $)	208 770 $		
22										
23										
24										

=VAN(6%;$D$5:$D15)+$D$4

=VAN(6%;$D$5:$D16)+$D$4

=VAN(6%;$H$5:$H15)+$H$4

=VAN(6%;$H$5:$H14)+$H$4

FIGURE 17.5

La sensibilité du point d'équivalence obtenue avec l'analyse de la valeur actualisée nette pour deux solutions de l'exemple 17.2

On peut également envisager des considérations non économiques pour savoir si l'asphalte est toujours la meilleure solution. L'est-elle vraiment quand on sait que les coûts d'entretien de l'asphalte augmentent avec les années et que la valeur actualisée nette est sensible à l'augmentation de ces coûts ?

17.2 L'ANALYSE DE SENSIBILITÉ FORMALISÉE AVEC TROIS ESTIMATIONS

On peut examiner plus en profondeur les avantages et les désavantages économiques de deux solutions ou plus ; en s'inspirant de l'échéancier d'un projet sur le terrain, on effectue trois estimations pour chaque paramètre : l'estimation pessimiste, l'estimation la plus probable et l'estimation optimiste. Selon la nature du paramètre, l'estimation pessimiste peut être la valeur la plus faible (durée d'utilité) ou la valeur la plus élevée (coût initial d'un actif).

Cette approche formalisée permet d'étudier la mesure de la valeur et la sensibilité de paramètres, dans un intervalle prévu de variation, en vue de choisir une solution. Habituellement, l'estimation la plus probable est utilisée pour tous les autres paramètres quand on calcule la mesure de valeur d'un paramètre en particulier ou d'une autre solution. Cette approche, essentiellement la même que l'analyse d'un « paramètre à la fois » abordée dans la section 17.1, est illustrée dans l'exemple 17.3.

EXEMPLE 17.3

Une ingénieure est en train d'évaluer trois solutions pour lesquelles elle a fait trois estimations au regard de la valeur de récupération, des charges d'exploitation annuelles et de la durée d'utilité. Les estimations sont présentées pour chacune des solutions dans le tableau 17.1. Par exemple, la solution B comporte les estimations pessimistes suivantes : $R = 500\,\$$, CEA = 4000 $ et $n = 2$ années. Les coûts initiaux étant connus, la même valeur s'applique. Effectuez une analyse de sensibilité et déterminez la solution la plus viable économiquement en utilisant le coût annuel équivalent et un taux de rendement acceptable minimum de 12 % par année.

| TABLEAU 17.1 | LA COMPARAISON DE TROIS SOLUTIONS COMPORTANT TROIS ESTIMATIONS ET COMPORTANT CHACUNE TROIS PARAMÈTRES : LA VALEUR DE RÉCUPÉRATION, LES CHARGES D'EXPLOITATION ANNUELLES ET LA DURÉE D'UTILITÉ |

Stratégie		Coût initial ($)	Valeur de récupération ($)	CEA ($)	Durée d'utilité n (années)
Solution A					
	P*	−20 000	0	−11 000	3
Estimations	PP	−20 000	0	−9 000	5
	O	−20 000	0	−5 000	8
Solution B					
	P	−15 000	500	−4 000	2
Estimations	PP	−15 000	1 000	−3 500	4
	O	−15 000	2 000	−2 000	7
Solution C					
	P	−30 000	3 000	−8 000	3
Estimations	PP	−30 000	3 000	−7 000	7
	O	−30 000	3 000	−3 500	9

*P signifie « pessimiste », PP « la plus probable » et O « optimiste ».

Solution

Pour chacune des solutions du tableau 17.1, il faut calculer le coût annuel équivalent. Par exemple, pour la solution A, la relation du coût annuel équivalent qui génère les estimations pessimistes est :

$$\text{CAÉ} = -20\,000(A/P;12\%;3) - 11\,000 = -19\,327\,\$$$

Le tableau 17.2 présente tous les coûts annuels équivalents. La figure 17.6 est une représentation graphique de chaque solution où le coût annuel équivalent est mis en relation avec trois estimations de durée d'utilité. Le coût annuel équivalent a été calculé à l'aide des estimations les plus probables de la solution B (−8 229 $), et elle est plus rentable que le coût annuel équivalent des estimations optimistes des solutions A et C ; c'est pourquoi la solution B est favorisée.

| TABLEAU 17.2 | LES COÛTS ANNUELS ÉQUIVALENTS DE L'EXEMPLE 17.3 |

	Coût annuel équivalent des trois solutions ($)		
Estimations	A	B	C
P	−19 327	−12 640	−19 601
PP	−14 548	−8 229	−13 276
O	−9 026	−5 089	−8 927

Remarque

Bien que la solution à sélectionner ici soit évidente, ce n'est en général pas le cas. Par exemple, dans le tableau 17.2, si le coût annuel équivalent pessimiste de la solution B était plus élevé, par exemple de −21 000 $ par année (plutôt que −12 640 $), et que les coûts annuels équivalents optimistes des solutions A et C étaient moins élevés que celui de B (−5 089 $), le choix de B n'aurait été ni évident ni approprié. Dans un tel cas, il pourrait être nécessaire de sélectionner un ensemble d'estimations (pessimiste, plus probable ou optimiste) pour fonder la décision. On pourrait aussi utiliser des estimations différentes et procéder à une analyse de valeur espérée, sujet abordé dans la prochaine section.

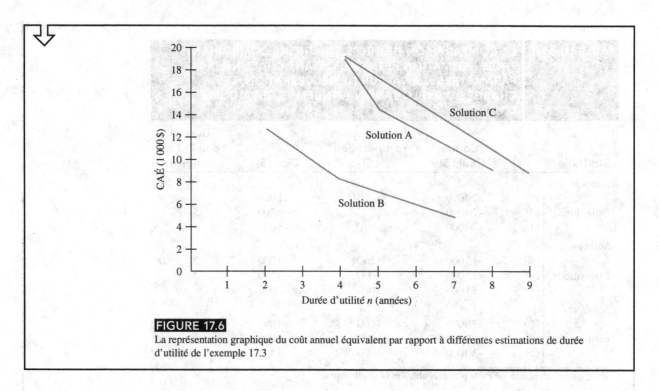

FIGURE 17.6

La représentation graphique du coût annuel équivalent par rapport à différentes estimations de durée d'utilité de l'exemple 17.3

17.3 LA VARIABILITÉ ÉCONOMIQUE ET LA VALEUR ESPÉRÉE

Les ingénieurs et les analystes économiques estiment souvent les incertitudes futures en se fiant aux données passées, par exemple les échantillons et les probabilités. L'expérience et le jugement peuvent aussi être requis, conjointement avec les probabilités et les valeurs espérées, afin d'évaluer si une solution est appropriée.

La « valeur espérée » peut être interprétée comme une moyenne observable à long terme si l'exercice est répété un grand nombre de fois. Si une solution particulière est évaluée ou mise en place une seule fois, on dispose d'une estimation ponctuelle de la valeur espérée. Cependant, même dans le cas d'une seule occurrence, la valeur espérée est un chiffre significatif.

Pour généraliser, l'équation suivante permet de calculer la valeur espérée $E(X)$:

$$E(X) = \sum_{i=1}^{i=m} X_i P(X_i) \qquad [17.2]$$

où X_i est la valeur de la variable X quand i prend des valeurs différentes de 1 à m, et où $P(X_i)$ est la probabilité que la valeur particulière de X soit atteinte.

Les probabilités sont exprimées sous forme décimale et sous forme de pourcentage. Le terme « chance » sert souvent à décrire le caractère aléatoire des probabilités, par exemple dans l'énoncé suivant : « les chances sont d'environ 10 % ». Lorsqu'on indique la valeur de la probabilité dans l'équation [17.2] ou toute autre relation, on utilise l'équivalent décimal de 10 %, qui est 0,1. Dans tous les énoncés concernant les probabilités, les valeurs $P(X_i)$ d'une variable X doivent totaliser 1,0. Pour simplifier, l'indice i de X est omis.

$$\sum_{i=1}^{i=m} P(X_i) = 1,0$$

Si X représente les flux monétaires estimés, ceux-ci peuvent être soit positifs, soit négatifs. Si une séquence de flux monétaires inclut des revenus et des coûts et que la valeur actualisée, selon un taux de rendement acceptable minimum, est calculée, le résultat est la valeur espérée des flux monétaires actualisés $E(VA)$. Si la valeur espérée est négative, cela signifie une sortie de fonds. Par exemple, si on obtient $E(VA) = -1\,500\,\$$, cela signifie que la proposition ne permet pas d'obtenir le taux de rendement acceptable minimum.

EXEMPLE 17.4

Dans un hôtel du centre-ville, on offre un nouveau service pour les voyageurs la fin de semaine, par l'entremise de son centre d'affaires et de voyages. Le directeur estime que, pour une fin de semaine type, les chances de rapporter des flux monétaires nets de 5 000 $ sont de 50 %, des flux monétaires nets de 10 000 $ sont de 35 %, des flux monétaires nets nuls sont de 5 % et les chances de subir une perte de 500 $ sont de 10 %, ce qui correspond aux coûts supplémentaires du personnel et des services publics. Déterminez les flux monétaires nets espérés.

Solution

Dans cet exemple, X représente les flux monétaires nets en dollars et $P(X)$, les probabilités qui y sont associées. En utilisant l'équation [17.2], on obtient :

$$E(X) = 5\,000(0,5) + 10\,000(0,35) + 0(0,05) - 500(0,1) = 5\,950\,\$$$

Même si la possibilité d'obtenir des flux monétaires nets nuls n'augmente ni ne diminue $E(X)$, cette possibilité est sous-jacente. En effet, la valeur de la probabilité totalise 1,0 et, de ce fait, le calcul est terminé.

17.4 LE CALCUL DES VALEURS ESPÉRÉES

Le calcul des valeurs espérées $E(X)$ est utilisé de bien des façons. Deux d'entre elles sont : 1) de préparer l'information à être incorporée dans une analyse économique en ingénierie plus complexe ; 2) d'évaluer la viabilité espérée d'une solution complètement formulée. L'exemple 17.5 illustre la première situation, tandis que l'exemple 17.6 détermine la valeur actualisée espérée dans l'estimation d'une séquence de flux monétaires et de probabilités.

EXEMPLE 17.5

Une entreprise de production d'électricité hors Québec a de la difficulté à obtenir du gaz naturel pour produire de l'électricité. Les combustibles, autres que le gaz naturel, achetés à prix fort, sont ensuite distribués aux consommateurs. Les dépenses mensuelles totales des combustibles s'élèvent maintenant en moyenne à 7,75 millions de dollars. Un ingénieur de cette entreprise a calculé les revenus moyens des 24 derniers mois, selon les mélanges suivants : le premier combustible est du gaz naturel à 100 % ; le deuxième est composé de moins de 30 % d'autres combustibles ; le troisième mélange est formé de plus de 30 % d'autres combustibles. Le tableau 17.3 indique le nombre de mois pour lesquels chaque combustible a été acheté. L'entreprise peut-elle prévoir assumer ces dépenses en se fondant sur les données de 24 mois, si on se fie à un schéma similaire de combustibles ?

TABLEAU 17.3	LES DONNÉES SUR LES REVENUS ET LES MÉLANGES DE COMBUSTIBLES DE L'EXEMPLE 17.5	
Combustible	Nombre de mois sur 24	Revenu mensuel moyen ($)
Gaz à 100 %	12	5 270 000
Autres combustibles < 30 %	6	7 850 000
Autres combustibles ≥ 30 %	6	12 130 000

Solution

En utilisant les données sur 24 mois, estimez une probabilité pour chacun des combustibles.

Combustible	Probabilité d'occurrence
Gaz à 100 %	12/24 = 0,50
Autres combustibles < 30 %	6/24 = 0,25
Autres combustibles ≥ 30 %	6/24 = 0,25

La variable *X* représente le revenu mensuel moyen. L'équation [17.2] permet de déterminer le revenu mensuel moyen.

$$E(\text{revenu}) = 5\,270\,000(0,50) + 7\,850\,000(0,25) + 12\,130\,000(0,25)$$
$$= 7\,630\,000\,\$$$

Avec des dépenses moyennes de 7,75 millions de dollars, le manque à gagner moyen mensuel, en ce qui concerne les revenus, est de 120 000 $. Pour atteindre le point mort, il faudrait recourir à d'autres sources de revenus ou transférer au consommateur les coûts additionnels.

EXEMPLE 17.6

La société de fauteuils roulants Lite-Weight a investi des sommes importantes dans une plieuse de tubes d'acier. La nouvelle pièce coûte 5 000 $, et sa durée d'utilité est de 3 années. L'estimation des flux monétaires (*voir le tableau 17.4*) dépend des conditions économiques qui sont classées sous les appellations suivantes : récession, stabilité ou expansion. On estime une probabilité pour chaque condition économique qui durera 3 années. Procédez à une analyse de la valeur espérée et de la valeur actualisée nette pour établir si la pièce de machinerie doit être achetée. Utilisez un taux de rendement acceptable minimum de 15 % par année.

TABLEAU 17.4	LES ESTIMATIONS DES FLUX MONÉTAIRES SELON DES PROBABILITÉS DE L'EXEMPLE 17.6		
	Condition économique		
Année	Récession (probabilité = 0,2)	Stabilité (probabilité = 0,6)	Expansion (probabilité = 0,2)
	Estimations des flux monétaires annuels ($)		
0	−5 000	−5 000	−5 000
1	+2 500	+2 000	+2 000
2	+2 000	+2 000	+3 000
3	+1 000	+2 000	+3 500

Solution

Déterminez d'abord la valeur actualisée nette des flux monétaires pour chacune des conditions économiques, puis calculez $E(\text{VAN})$, à l'aide de l'équation [17.2]. Attribuez l'indice R à l'économie en récession, l'indice S à l'économie stable et l'indice E à l'économie en expansion. Les valeurs actualisées nettes des trois scénarios sont :

$$\text{VAN}_R = -5\,000 + 2\,500(P/F;15\%;1) + 2\,000(P/F;15\%;2) + 1\,000(P/F;15\%;3)$$
$$= -5\,000 + 4\,344 = -656\,\$$$
$$\text{VAN}_S = -5\,000 + 4\,566 = -434\,\$$$
$$\text{VAN}_E = -5\,000 + 6\,309 = +1\,309\,\$$$

Seuls les flux monétaires dans une économie en expansion arrivent à rentabiliser l'investissement au taux de rendement acceptable minimum de 15 %. La valeur actualisée espérée est :

$$E(\text{VAN}) = \sum_{j=\text{R,S,E}} \text{VAN}_j [P(j)]$$
$$= -656(0,2) - 434(0,6) + 1\,309(0,2)$$
$$= -130\,\$$$

D'après une analyse de valeur espérée, si $E(\text{VAN})$, au taux de 15 %, est inférieure à 0, l'investissement n'est pas justifié.

Remarque

Il est aussi pertinent de calculer $E(\text{flux monétaires})$ pour chaque année et ensuite de déterminer la valeur actualisée nette pour la séquence de $E(\text{flux monétaires})$ parce que le calcul de la valeur actualisée nette est une fonction linéaire des flux monétaires. Calculer E(flux monétaires) en premier lieu peut être plus facile, le nombre de calculs de la valeur actualisée nette étant réduit. Dans l'exemple suivant, calculez $E(\text{FM}_t)$ pour chaque année et établissez ensuite E(VAN).

$$E(\text{FM}_0) = -5\,000\,\$$$

$$E(\text{FM}_1) = 2\,500(0,2) + 2\,000(0,6) + 2\,000(0,2) = 2\,100\,\$$$

$$E(\text{FM}_2) = 2\,200\,\$$$

$$E(\text{FM}_3) = 2\,100\,\$$$

$$E(\text{VAN}) = -5\,000 + 2\,100(P/F;15\%;1) + 2\,200(P/F;15\%;2) + 2\,100(P/F;15\%;3)$$

$$= -130\,\$$$

17.5 L'ÉVALUATION PAR ÉTAPES DES SOLUTIONS À L'AIDE D'UN ARBRE DE DÉCISION

L'évaluation d'une solution peut demander une série de décisions où le résultat d'une étape détermine l'étape subséquente. La théorie de la décision est une technique structurée qui aide à prendre des décisions dans un contexte d'incertitude. Une analyse économique en ingénierie comporte des quantités inconnues qui sont toutes des variables interdépendantes. On peut citer par exemple les coûts futurs de production, la demande pour le produit, la réussite dans la recherche et le développement, l'état de l'économie mondiale, la productivité de la main-d'œuvre, la disponibilité d'ingénieurs formés, l'évolution technologique, ainsi que d'autres variables propres aux scénarios et aux technologies en question. Des changements dans un secteur influent sur les autres secteurs, ce qui crée souvent des incertitudes supplémentaires. L'objectif de l'analyse décisionnelle est donc de prendre les bonnes décisions en situation d'incertitude pour éviter de compromettre l'adoption d'un projet. Ainsi, pour que chaque solution soit clairement définie et que les estimations de probabilités tiennent compte du risque, il est utile de procéder à une évaluation à l'aide d'un arbre de décision. Afin de sélectionner les solutions appropriées, cet outil d'aide à la décision doit comporter les éléments suivants :

- plus d'une étape ;
- des étapes qui mènent à d'autres étapes ;
- à chaque étape, des résultats espérés découlant d'une décision ;
- pour chaque résultat, des probabilités estimées ;
- pour chaque résultat, des valeurs économiques estimées (coûts ou revenus) ;
- des mesures de valeur comme critères de sélection, par exemple E(VAN).

Un arbre de décision se crée de gauche à droite et inclut toutes les décisions et tous les résultats possibles. Le carré représente un nœud de décisions qui se compose de toutes les solutions possibles, lesquelles sont indiquées sur les branches qui partent d'un nœud de décisions (*voir la figure 17.7 a*). Le cercle représente un «nœud de probabilités» se composant de tous les résultats possibles et des probabilités estimées qui partent des branches (*voir la figure 17.7 b*). Puisque les résultats découlent des décisions, la forme représente toujours une structure arborescente (*voir la figure 17.7 c*).

En général, chaque branche d'un arbre de décision indique l'estimation d'une valeur économique, par exemple des coûts, des revenus ou des bénéfices (considérés comme des gains). Ces flux monétaires sont exprimés sous la forme de valeur actualisée, d'annuité équivalente ou de valeur capitalisée, et ils sont indiqués à l'extrémité droite de chaque branche des résultats finaux. Sur chaque branche, le résultat des flux monétaires et des estimations de probabilités est utilisé dans le calcul de la valeur économique espérée menant à chaque décision. Ce processus, qu'on peut appeler «rétroduction de l'arbre», est expliqué à la suite de l'exemple 17.7 qui décrit la construction d'un arbre de décision.

FIGURE 17.7

L'arbre de décision constitué de nœuds de décisions et de nœuds de probabilités

a) Nœud de décisions

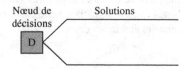

b) Nœud de probabilités

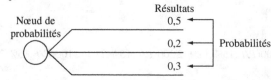

c) Structure de l'arbre

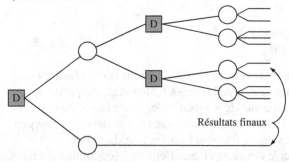

EXEMPLE 17.7

Jean Lamontagne est président-directeur général d'une entreprise canadienne de transformation alimentaire, Produits et services Lamontagne. Récemment, une chaîne internationale de supermarchés lui a offert de mettre sur le marché canadien sa propre marque de repas surgelés pour cuisson au four micro-ondes. L'offre faite à Jean Lamontagne par les supermarchés entraîne 2 séquences de décisions : des décisions à prendre maintenant et des décisions à prendre dans 2 ans. Les décisions entraînent à leur tour 2 solutions : 1) **louer** des installations aux Émirats arabes unis (ÉAU) appartenant à la chaîne de supermarchés, laquelle convient de convertir immédiatement une usine de transformation au bénéfice de Jean ; ou 2) **construire en tant que propriétaire** une usine de transformation et d'emballage aux ÉAU. Les résultats possibles tributaires de la première étape sont de savoir si le marché est bon ou non, selon la réaction du public.

Les décisions à prendre dans 2 ans dépendent de la décision prise maintenant : louer ou devenir propriétaire. Si Jean décide de louer, et si la réaction du marché est bonne, les options sont les suivantes : doubler la production par rapport au volume original, garder la même production ou diminuer de moitié la production actuelle. La décision doit être prise conjointement par la chaîne de supermarchés et Jean. Une mauvaise réaction du marché entraînera une diminution de moitié de la production actuelle ou la fin définitive de la production aux ÉAU. Une fois de plus, il faut savoir que la future décision dépend de la réaction, bonne ou mauvaise, du marché.

Toujours de concert avec la chaîne d'alimentation, la décision de Jean de devenir propriétaire de l'usine lui permettra de planifier sa production pour les 2 prochaines années. Si la réaction du marché est bonne, il pourra doubler ou quadrupler la production originale. Dans le cas contraire, la production restera au même niveau ou sera interrompue.

Créez un arbre de décision avec les résultats associés pour les Produits et services Lamontagne.

Solution

Il faut créer un arbre de décision à deux étapes qui porte une solution maintenant et une solution dans 2 ans. Identifiez les nœuds de décisions et les branches ; ensuite, élaborez l'arbre en utilisant les branches et les résultats. Tenez compte, pour chaque décision, de la bonne ou de la mauvaise réaction du public. La figure 17.8 détaille les étapes des décisions que représentent les branches de l'arbre.

La décision maintenant :

La décision est appelée « D1 ».

Les solutions sont la location « L » ou la possession « P ».

Les résultats sont que le marché est bon ou qu'il est mauvais.

Les décisions dans 2 ans :

Les décisions sont appelées « D2 » à « D5 ».

Les résultats sont que le marché est bon, qu'il est mauvais, ou qu'on met fin à la production.

Le choix du niveau de la production pour arrêter les décisions D2 à D5

Quadrupler la production (4 ×) ; doubler la production (2 ×) ; conserver le même niveau de production (1 ×) ; diminuer de moitié la production (0,5 ×) ; arrêter la production (0 ×).

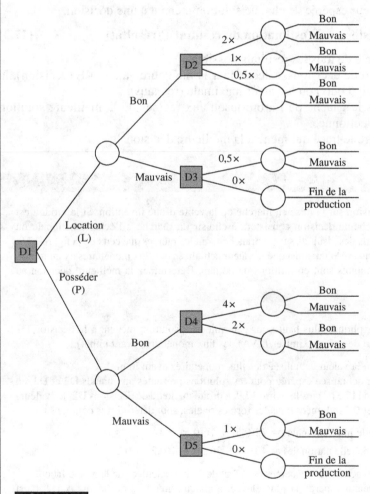

FIGURE 17.8

L'arbre de décision en 2 étapes mettant en évidence les solutions et les résultats possibles

Les solutions découlant des niveaux de production (D2 à D5) et de la réaction, bonne ou mauvaise, du marché, s'ajoutent à l'élaboration de l'arbre. Si arrêter la production (0 ×) est la décision prise au niveau D3 ou D5, le seul résultat possible qui en découle est d'interrompre la production.

Pour utiliser l'arbre de décision dans la sélection et l'évaluation des solutions de chaque branche, il faut tenir compte des éléments suivants :

- la probabilité estimée de chaque solution ; ces probabilités doivent égaler 1,0 pour chaque série de résultats (branches) découlant d'une décision ;
- l'information économique pertinente, comme l'investissement initial ou l'estimation des flux monétaires.

Les décisions sont prises à l'aide des résultats des estimations de probabilités et des valeurs économiques. Habituellement, la valeur actualisée, par rapport au taux de rendement acceptable minimum, fait partie du calcul de la valeur espérée. La procédure générale pour trouver les solutions grâce à l'arbre, en utilisant une analyse de la valeur actualisée, est décrite ci-après.

1. Commencer par la droite, en haut de l'arbre. Pour chaque branche, établir la valeur actualisée en tenant compte de la valeur temporelle de l'argent.
2. Calculer la valeur espérée de chaque solution menant à une décision,

$$E(\text{décision}) + \Sigma(\text{estimation du résultat})P(\text{résultat}) \qquad [17.3]$$

en tenant compte de tous les résultats possibles.
3. À chaque nœud de décisions, sélectionner la meilleure valeur d'E (décision), la valeur minimale (coûts) ou la valeur maximale (revenus).
4. Continuer vers la gauche de l'arbre jusqu'aux racines où la meilleure solution possible est sélectionnée.
5. Sur l'arbre, faire le tracé qui mène à la meilleure décision.

EXEMPLE 17.8

Il faut prendre une décision sur la mise en marché ou la vente d'une invention. Si le produit est mis en marché, la prochaine décision consistera à choisir un marché à l'échelle nationale ou internationale. Les détails des résultats sur les branches sont les mêmes que ceux de la figure 17.9. Les probabilités de chaque résultat, ainsi que la valeur actualisée des flux monétaires avant impôt, sont indiquées. Les montants sont en millions de dollars. Déterminez la meilleure décision au nœud de décisions D1.

Solution
Utilisez la procédure expliquée plus haut pour déterminer la solution menant à la décision D1 (vendre l'invention), qui devrait maximiser E(VA) des flux monétaires avant impôt).

1. Vous avez en main la valeur actualisée des flux monétaires avant impôt.
2. Calculez la valeur actualisée espérée pour les solutions présentes aux nœuds D2 et D3, en utilisant l'équation [17.3]. Dans la figure 17.9, à droite du nœud de décisions D2, les valeurs espérées, soit 14 et 0,2 indiquées dans les formes ovales, sont déterminées comme suit :

$$E(\text{échelle internationale}) = 12(0,5) + 16(0,5) = 14$$
$$E(\text{échelle nationale}) = 4(0,4) - 3(0,4) - 1(0,2) = 0,2$$

Au D3, les valeurs actualisées espérées de 4,2 et de 2 sont calculées de la même façon.
3. Sélectionnez la valeur espérée la plus élevée, à chaque nœud de décisions. À D2, c'est 14 (échelle internationale), à D3, c'est 4,2 (échelle nationale).
4. Calculez la valeur actualisée espérée pour les 2 branches de D1.

$$E(\text{mise en marché}) = 14(0,2) + 4,2(0,8) = 6,16$$
$$E(\text{vente}) = 9(1,0) = 9$$

La valeur espérée découlant de la décision de vendre est simple parce que le seul résultat est un gain de 9. La décision de vendre représente la valeur actualisée la plus élevée, 9.
5. Selon le tracé, la valeur actualisée la plus élevée des flux monétaires avant impôt est obtenue en choisissant la branche qui représente la vente, à D1, ce qui donne un montant garanti de 9 millions de dollars.

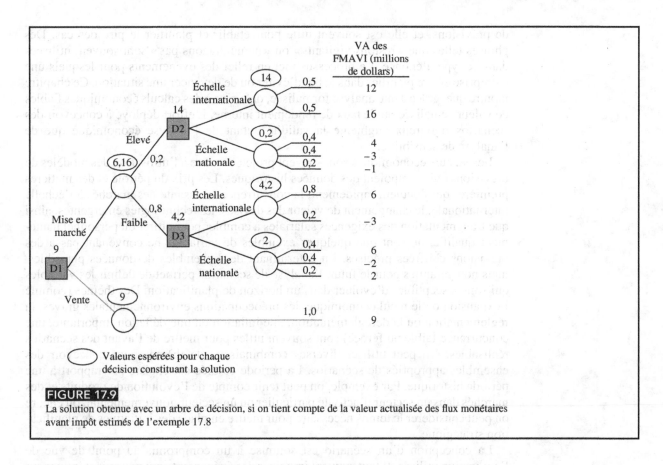

VA des
FMAVI (millions
de dollars)

FIGURE 17.9

La solution obtenue avec un arbre de décision, si on tient compte de la valeur actualisée des flux monétaires avant impôt estimés de l'exemple 17.8

17.6 L'ANALYSE DES SCÉNARIOS

Pour faire suite au sujet déjà abordé dans la section 4.1, Mark Carney, alors qu'il était gouverneur de la Banque du Canada, espérait maintenir la stabilité économique à l'échelle mondiale en concevant, dans une analyse de politique économique, des scénarios qui aideraient à comprendre l'ensemble de la situation. Les distorsions économiques qui le préoccupaient étaient causées par divers déséquilibres (le niveau de la dette nationale, l'accumulation des dettes personnelles, la fixation des taux de change internationaux à la recherche d'avantages commerciaux). Elles auraient pu engendrer un chaos économique au Canada si la valeur du dollar américain avait plongé et provoqué une récession mondiale. L'analyse de ces préoccupations a permis d'élaborer différents scénarios. À une autre échelle, les entreprises utilisent les analyses de scénarios lorsqu'elles veulent prendre des initiatives de planification stratégique, par exemple quand elles examinent les conséquences économiques des variables clés qui peuvent changer de valeur dans les trimestres subséquents. Ces analyses sont particulièrement appropriées quand une entreprise publique ou privée veut anticiper l'avenir sans avoir en main de modèle préexistant.

Un modèle économique est créé à partir d'un scénario. La fonction du scénario est de dresser le portrait des aspects de l'environnement qui ont un effet significatif sur le système. Des scénarios sont élaborés en vue d'examiner des conditions susceptibles de se produire durant la période de planification. À des fins de simplification, certains facteurs à effet négligeable sur le système sont ignorés.

On commence le processus en utilisant trois estimations (*voir la section 17.2*). Un scénario complet est souvent bâti autour de notions qui reflètent les résultats les meilleurs ou les pires. Le résultat le plus probable ou espéré se situe habituellement quelque part dans un intervalle asymétrique, à une extrémité ou l'autre et non au milieu. Cette approche dialectique permet aux entreprises de déterminer des situations de prévisions, et elle est souvent utile pour établir et planifier le pire des cas. Des phrases telles que « restons vigilants » ou « ne négligeons pas » sont souvent utilisées dans ce type d'énoncé. Le processus met en relief des événements pour lesquels une entreprise désire planifier dans le but d'éviter ou de devancer une situation. Ce chapitre montre que, grâce à une analyse formalisée, on arrive à des calculs économiques fiables de valeur actualisée ou de taux de rendement interne. L'effort déployé à concevoir des scénarios rigoureux augmente la validité autant de l'analyse économique que de l'analyse de sensibilité.

Les valeurs économiques sont souvent projetées grâce à l'utilisation des modèles de prévisions qui extrapolent des données historiques. Les prix du pétrole et des matières premières qui fluctuent rapidement, la concurrence croissante des marchés à l'échelle internationale, le changement de valeur des devises, les technologies émergentes, ainsi que l'augmentation des exigences salariales à combler pour attirer du personnel hautement qualifié, ne sont que quelques exemples de variables ne convenant pas à des prévisions chiffrées précises. En déterminant des ensembles de données plausibles, mais non garanties pour le futur, l'analyse de scénarios permet de définir les variables qui sont susceptibles d'évoluer dans un horizon de planification. Des thèmes (comme l'expansion ou le recul économique, les préoccupations environnementales graves, la réglementation ou la déréglementation, une inflation ou une déflation importante, une concurrence faible ou féroce) sont souvent utiles pour mettre de l'avant des scénarios réalisables. On peut utiliser diverses combinaisons de thèmes pour concevoir des ensembles appropriés de scénarios. La période étudiée est choisie par rapport à une période historique. Par exemple, on peut tenir compte de l'évolution de produits et des marchés dans un secteur d'activité particulier ou un secteur gouvernemental, ou encore on peut considérer le temps nécessaire pour mettre en place des initiatives de planification stratégique.

La conception d'un scénario est soumise à un compromis au point de vue de l'agrégation utilisée. Il faut souvent imaginer des événements qui pourraient influer sur le cycle de durée d'utilité d'un produit. Les documents de l'entreprise sont utiles pour avoir un aperçu réaliste de la situation. On y trouve des termes comme « croire », « planifier », « estimer », « s'attendre à », « anticiper » ou « avoir l'intention de ». Si trop peu de variables font partie du modèle, un événement imprévu peut fausser l'exactitude de l'analyse. Si trop de variables sont utilisées, le modèle devient lourd et les risques sont ingérables en raison d'un trop grand nombre de données. Atteindre le niveau d'agrégation optimal est important pour être en mesure de repérer et d'évaluer les conséquences des changements dans les paramètres économiques pour la prise de décisions.

Lors de la conception de scénarios, il est utile de postuler avec subjectivité l'évolution des diverses éventualités et de prévoir les valeurs qui seront les variables importantes pour procéder à une analyse de flux monétaires. D'un autre côté, n'étudier que quelques variables considérées comme importantes par l'analyse de sensibilité peut fausser le scénario. En traitant les thèmes connexes (concurrence, inflation) qui peuvent influer sur ces variables, les variations de valeurs peuvent être déterminées. Ultimement, en combinant les variables les plus pertinentes, on arrive à concevoir deux ou trois scénarios. En somme, un scénario sera conçu à partir d'une certaine situation jusqu'aux facteurs de flux monétaires ou à partir des facteurs jusqu'à la situation. C'est un processus itératif qui se raffine au fil du temps et sert à prendre diverses décisions.

Les différents phénomènes étudiés dans une analyse de scénarios étant interdépendants, les experts sont souvent appelés à estimer la vraisemblance des événements tributaires d'autres circonstances. Cela permet d'effectuer une analyse économique en ingénierie à l'aide d'une méthodologie combinant le seuil d'indifférence, l'analyse de sensibilité et l'étude de compromis. Les résultats rendront encore plus convaincants les meilleurs concepts en ingénierie et leur viabilité économique.

Tight Gas Inc. est une entreprise de forage de puits en Alberta, spécialisée dans l'exploitation des réserves de gaz naturel situées dans la couche géologique du Crétacé inférieur. Elle a donc mis au point des technologies et des processus novateurs visant à exploiter ces gisements gazeux. Ses bénéfices sont très sensibles à la variation des prix des matières premières. Ce secteur d'activité peut être aussi bien touché par les activités de forage en expansion, les pénuries d'équipements et de main-d'œuvre qualifiée (en d'autres mots, une hausse des coûts) que par une météo défavorable ralentissant les activités lorsque les automnes, les printemps ou les étés sont trop humides et les hivers, trop doux (impossibilité d'accéder aux sites qui nécessitent que le sol soit gelé). Les programmes d'immobilisations liés au forage, au creusement des puits, à la construction des installations et à l'achat de terrains dépendent d'un solide rendement de la production assorti d'un prix élevé des matières premières, prix qui peut connaître d'importants écarts. L'entreprise est également responsable de la gestion de l'environnement et des divers coûts associés. Cette gestion vise à diminuer l'impact environnemental de ses activités, ce qui implique de modifier ou de remettre en état les sites touchés. L'entreprise est sensible aux fluctuations du taux de change, une variation de 0,01 $ entraînant un effet de 4 millions de dollars, et aux fluctuations du taux d'intérêt moyen, une variation de 1 % entraînant un effet de 2,5 millions.

Tight Gas Inc. a l'occasion d'exploiter des terrains vierges supplémentaires et de développer davantage certains terrains déjà utilisés. L'entreprise désire effectuer une analyse de scénarios sur 10 ans pour décider si elle doit mettre en œuvre le projet ou non. Elle a conçu trois scénarios et trois analyses de flux monétaires (*voir le tableau 17.5*). Les valeurs indiquées ont été converties en coûts actualisés annuels et représentent les incréments tirés des valeurs espérées (0 étant la valeur la plus probable).

On peut ensuite évaluer les changements incrémentiels par rapport au taux de rendement interne de l'entreprise. Sur la base d'un bénéfice prévu de 30,2 ($\times 10^6$), l'analyse montre que, dans le pire des cas, Tight Gas Inc. réalisera probablement le bénéfice suivant:

$$\text{Bénéfice}_{\text{scénario pessimiste}} = \text{bénéfice prévu} + \text{total des changements incrémentiels}$$
$$= 30,2(\times 10^6) + [-17,6(\times 10^6)]$$
$$= 12,6 \text{ millions de dollars, résultat du scénario pessimiste}$$

Si les événements sont favorables à l'entreprise, les bénéfices peuvent être aussi élevés que:

$$\text{Bénéfice}_{\text{scénario optimiste}} = 30,2(\times 10^6) + 9,4(\times 10^6)$$
$$= 39,6 \text{ millions de dollars, résultat du scénario optimiste}$$

TABLEAU 17.5 UNE ANALYSE DE SCÉNARIOS DE L'EXEMPLE 17.7 (TOUTES LES VALEURS $\times 10^6$)

Scénario pessimiste

Diminution de la demande en raison du temps plus chaud	−1,2
Augmentation des coûts de conformité environnementale	−0,5
Empêchement de forer dans des formations géologiques inhabituelles	−1,2
Capacité restreinte des gazoducs limitant l'accès au marché	−0,8
Effet négatif de la fluctuation du taux de change des dollars américain et canadien	−4,0
Expansion limitée en raison de la demande élevée d'équipements et de fournitures	−0,5
Initiatives d'expansion limitées en raison des taux d'intérêt élevés	−5,0
Diminution des capitaux d'investissement en raison du changement de la fiscalité des fiducies	−1,5
Chute des prix du gaz	−0,2
Retard dans les approbations exigées pour respecter les règlements	−0,1
Échec de commercialisation du gaz pour de nouveaux clients	−0,7
Projection des réserves plus élevée que celle qui était prévue	−1,0
Coût des dépenses de production plus élevé que celui qui était prévu	−0,2
Coût plus élevé des équipements et des procédures concernant la santé et la sécurité au travail	−0,3
Activités d'exploration peu fructueuses	−0,4
Total des changements incrémentiels	**−17,6**

TABLEAU 17.5	UNE ANALYSE DE SCÉNARIOS DE L'EXEMPLE 17.7 (TOUTES LES VALEURS × 10^6) (*suite*)	
Scénario le plus probable		
Exactitude de la projection des coûts de production		0,0
Succès modéré des activités d'exploration		0,0
Petite diminution de la demande		0,0
Diminution des capitaux d'investissement en raison du changement de la fiscalité des fiducies		0,0
Empêchement occasionnel de forer des formations géologiques		0,0
Estimation exacte du niveau des réserves		0,0
Croissance moyenne des marchés		0,0
Approbation en temps opportun de la réglementation		0,0
Hausse du prix du gaz		0,0
Politiques sur la santé, la sécurité et l'environnement dépassant les exigences		0,0
Total des changements incrémentiels		**0,0**
Scénario optimiste		
Augmentation importante du prix du pétrole en raison d'événements politiques internationaux		2,3
Activités d'exploration florissantes		2,0
Taux de change et d'intérêt favorables		0,0
Météo favorable aux activités d'exploration et de production		0,0
Formations géologiques idéales aux dépôts pétroliers et gazeux		0,2
Sous-utilisation de la capacité des infrastructures de transport et de gazoducs		0,0
Disponibilité des ressources pour une expansion fulgurante		0,8
Marchés florissants		1,0
Réserves plus élevées que celles qui étaient prévues		1,8
Coût des dépenses de production moins élevé que celui qui était prévu		1,3
Politiques sur la santé, la sécurité et l'environnement dépassant les exigences		0,0
Total des changements incrémentiels		**9,4**

L'entreprise peut également tenir compte de critères subjectifs sur sa part éventuelle de marché par rapport aux risques énumérés précédemment ; cet aspect doit également faire partie de la décision sur la viabilité du projet correspondant aux plans stratégiques de l'entreprise.

17.7 LA THÉORIE DE L'UTILITÉ

En raison de la nature diverse des résultats d'un projet, il n'est pas toujours facile de les traduire en valeurs monétaires. Dans ce sens, le concept d'utilité (ou de désutilité) permet d'améliorer l'analyse des résultats. L'utilité se définit comme la satisfaction relative découlant d'une activité particulière ou d'une combinaison de produits. En revanche, la désutilité d'un produit ou d'un service s'exprime sous la forme du mécontentement qu'il suscite ou de l'inconvénient qu'il présente. L'utilité (ou la désutilité) est mesurée en «utils» (unités d'utilité). Grâce à ce concept, il est possible de rendre compte du comportement des personnes et des décideurs lorsqu'il faut choisir une option autrement qu'à l'aide du calcul de sa valeur économique. Par exemple, l'utilité donnée dans un résultat particulier peut être basée sur les préférences individuelles, y compris les rendements décroissants d'un produit. La satisfaction ressentie à cause de la consommation d'un produit ou d'un service diminue selon les divers seuils personnels de consommation.

En dernier lieu, la plupart des décisions économiques en ingénierie, qui font appel à des initiatives d'entrepreneuriat, entraînent un certain degré de risque. L'aversion ou l'attirance du risque par rapport aux occasions d'investissement fait partie du choix de chacun. Par exemple, à mesure qu'une entreprise évolue, son comportement face au risque changera. D'abord, les ingénieurs, qui sont aussi des entrepreneurs, doivent tenir compte du risque. Ils investissent souvent beaucoup de temps et d'argent dans un travail qu'ils aiment ; ils sont des catalyseurs pour la mise sur pied d'une entreprise. L'entreprise florissante croît et est responsable de ses employés et de sa communauté, ces derniers comptant sur elle pour lui fournir emplois et services. Par la suite, cette entreprise devient moins encline à prendre des risques ; elle adopte même un comportement qui fait en sorte d'éviter le risque. Plus tard, la concurrence réalisant le succès de l'entreprise, elle peut tenter de gruger une certaine part du marché. Par conséquent, l'entreprise doit être plus dynamique en favorisant l'expansion de ses produits et de ses services. Pendant ce temps, l'entreprise, qui a normalement accumulé du capital à investir, est prête à prendre des risques pour maintenir sa position. Toutefois, il est fréquent que l'entreprise adopte une position de *statu quo* et soit peu encline à prendre de nouveaux risques.

À chaque étape de l'évolution de l'entreprise, le fait d'évaluer l'utilité ou la désutilité en lien avec un risque économique peut accroître la cohérence des décisions. Il est ainsi possible d'optimiser la santé économique et la rentabilité globale de l'entreprise. De plus, se poser des questions concernant d'éventuelles solutions peut engendrer des fonctions d'utilité au regard d'une personne ou d'un groupe de personnes. Ce processus permet de saisir d'autres aspects qui peuvent préoccuper les décideurs et, par conséquent, améliorer les modèles économiques utilisés en ingénierie pour mener à des décisions optimales. L'exemple 17.10 illustre ce processus.

Risque

↓

Chapitre 18

EXEMPLE 17.10

Ayant terminé un baccalauréat en génie mécanique, Luc considère différentes universités afin de poursuivre des études supérieures. Deux universités, situées dans la même ville, ont la même réputation d'excellence et offrent les mêmes programmes spécialisés. L'université A (UA), établie au centre-ville, est constituée d'immeubles de 20 étages en béton qui se fondent dans l'architecture du quartier financier. D'un autre côté, l'université B (UB) est un campus composé d'immeubles de style gothique, couverts de lierre ; les lieux sont magnifiquement paysagés, et l'ensemble est une oasis tranquille, loin du chaos de la ville. Les architectes ont créé une telle ambiance afin d'encourager la réflexion et l'étude et de créer un sentiment d'appartenance aux traditions de l'université. L'université cherche ainsi à recruter les meilleurs professeurs et étudiants. Actuellement, Luc est admis à l'UA, mais comme 60 % des étudiants, il considère que la qualité environnementale du campus est le facteur le plus important pour choisir un lieu d'études. Le présent exemple aborde la question de la satisfaction supplémentaire que Luc éprouvera, croit-il, s'il fréquente l'UB.

Pour établir le degré d'utilité lié à l'aspect esthétique d'un campus, la méthodologie suivante devrait tenir compte de l'attirance exercée par les deux campus. La première étape de cette méthodologie est de concevoir une prise de risque où la probabilité p est un résultat favorable connu et la probabilité $1 - p$ est un résultat défavorable. Gagner 2 millions de dollars à la loterie est un exemple de gain que la plupart des étudiants pourraient utiliser pour leur futur développement intellectuel. La probabilité de $1 - p$ est donc associée au résultat négatif, c'est-à-dire le fait d'être refusé au programme d'études supérieures des universités UA et UB et à tout autre programme.

Choisissez arbitrairement deux chiffres représentant une utilité pour exprimer les résultats. Ces chiffres fixeront les limites de l'échelle des utils disponibles pour l'analyse. Les chiffres de 1 à 10 donneraient un intervalle trop petit et insuffisant pour détailler les délimitations des utilités. Les chiffres de 1 à 1 000 donneraient à ce classement de l'esthétique des précisions qui sont superflues. Les chiffres de 1 à 100 seront donc utilisés pour cet exemple.

On pose les expressions suivantes :

$$U_{\text{résultat favorable}} = 100 \text{ l'utilité de gagner 2 millions de dollars}$$

$$U_{\text{résultat défavorable}} = 1 \text{ la désutilité de l'occasion perdue d'aller dans une école supérieure}$$

Maintenant, envisagez l'occasion d'étudier sur le très beau campus d'UB. L'utilité de l'étudiant d'aller dans ce campus est le charme de l'environnement. On donne à Luc le choix de prendre le risque de gagner à la loterie ou d'être admis à l'UB. La valeur p pour la loterie n'a pas été spécifiée. L'analyste fera varier la probabilité à son gré. Pour résumer, Luc doit choisir entre les deux options suivantes :

1. participer à la loterie ;
2. être admis à l'UB, avec son campus intégré bien conçu.

Luc n'a pas suffisamment d'information pour faire son choix avant d'attribuer la valeur de la probabilité p. Pour illustrer cet énoncé, commençons par $p = 1,0$, ce qui se traduit par un gain hors de tout doute de 2 millions de dollars. Tous les décideurs choisiront évidemment la solution 1, le rendement étant très attrayant et le risque, nul. Par contre, si $p = 0$, les décideurs n'ayant aucune possibilité de gagner les 2 millions, ils choisiront de fréquenter le beau campus d'UB.

Si la valeur de p varie entre ces deux extrêmes, on a certaines valeurs intermédiaires, $p_{\text{esthétique}}$, pour lesquelles Luc hésitera, réfléchira et trouvera difficile de faire un choix. Il s'agit du seuil d'indifférence, qui est le point où Luc est hésitant et pourrait changer d'idée. Le $p_{\text{esthétique}}$ est le point de la probabilité où on observe que les décideurs sont indifférents à choisir entre la loterie et le prix. L'utilité du prix est alors évaluée en calculant la valeur espérée de la loterie. Dans le cas de Luc, lorsque la valeur est égale à l'utilité représentant l'esthétique du campus d'UB, le seuil d'indifférence est atteint.

On pose les expressions suivantes :

$p_{\text{esthétique}}$ = valeur de la probabilité où se situe l'indifférence entre la loterie et la beauté du campus

$$U_{\text{loterie}} = p_{\text{esthétique}} \times U_{\text{résultat favorable}} + (1 - p_{\text{esthétique}}) \times U_{\text{résultat défavorable}} = U_{\text{esthétique}}$$

Dans la prochaine étape, selon la méthodologie, les valeurs de p sont placées de part et d'autre des deux extrêmes de telle sorte que l'attitude de la personne par rapport à son choix soit simulée jusqu'au seuil d'indifférence. On suppose que :

$$p = 50\%$$

et que Luc décide de choisir l'option 1 (loterie) ; les valeurs de p varient maintenant entre 0,5 et 0. Lorsqu'on a :

$$p = 10\%,$$

Luc préfère l'option 2, qui consiste à choisir le campus esthétique d'UB.

On varie maintenant les valeurs de p entre 0,5 et 0,1. Après plusieurs entrevues semblables, la probabilité de p est établie à 35 %. Luc trouve difficile de se décider ; c'est le seuil d'indifférence entre les deux options.

Pour la suite de la méthodologie, cette probabilité devient le $p_{\text{esthétique}}$ et est évaluée dans cette équation servant à mesurer l'utilité.

$$U_{\text{loterie}} = 0,35 \times U_{\text{résultat favorable}} + (1 - 0,35) \times U_{\text{résultat défavorable}} = U_{\text{esthétique}}$$
$$U_{\text{loterie}} = 0,35 \times 100 + (1 - 0,35) \times 1 = U_{\text{esthétique}}$$
$$U_{\text{loterie}} = U_{\text{esthétique}} = 35,65$$

La même démarche est utilisée pour calculer d'autres valeurs d'utilité faisant partie de l'option à choisir (l'offre d'un cours de théâtre intéressant, la présence d'une équipe de hockey ou l'accès à une grande bibliothèque, par exemple) que Luc considère comme importantes dans sa décision. Après avoir effectué cette démarche primordiale, Luc sera en mesure de faire la somme des utilités des éléments positifs de chaque campus et ainsi d'atteindre le niveau de satisfaction relative qu'il recherche.

Lorsque les utilités ont permis d'obtenir divers résultats, on peut placer ces derniers dans l'arbre de décision à la place des valeurs monétaires. À partir de ces nouveaux chiffres, l'évaluation de l'arbre se fait d'après le calcul de rendement perçu par les décideurs face aux résultats. L'ultime choix est de sélectionner la branche qui compte le chiffre le plus élevé en ce qui concerne l'utilité. Dès que l'équipe a spécifié les utilités engendrées par le processus d'entrevues, aucun autre questionnement n'est nécessaire pour faire la prévision du meilleur ensemble des décisions. Un processus encore plus précis peut simuler les préférences des décideurs. Les résultats calculés à l'aide des valeurs d'utilité sont intuitivement plus crédibles et valides que celles qui sont obtenues au moyen des valeurs monétaires.

RÉSUMÉ DU CHAPITRE

Dans ce chapitre, l'accent est mis sur la sensibilité aux variations d'un ou de plusieurs paramètres à l'aide d'une mesure de valeur particulière. Lorsque deux solutions sont comparées, il faut calculer et représenter graphiquement la mesure des différentes valeurs d'un paramètre afin de déterminer à quel moment chaque solution est la meilleure.

Si on prévoit que plusieurs paramètres varieront dans un intervalle prévisible, la mesure de valeur est représentée par un point et calculée en utilisant trois estimations d'un paramètre : l'estimation la plus probable, l'estimation pessimiste et l'estimation optimiste. Cette approche formalisée est utile pour déterminer la meilleure solution parmi plusieurs. Dans toutes les analyses, l'indépendance des paramètres va de soi. La combinaison des estimations de paramètres et de probabilités donne la relation de valeur espérée qui suit :

$$E(X) = \sum XP(X)$$

Cette expression sert aussi à calculer les estimations suivantes : E(revenu), E(coût), E(flux monétaires), E(VA) et E(i). Ces estimations forment la série complète de flux monétaires aboutissant à une solution.

On utilise un arbre de décision pour effectuer une série de sélections de solutions. C'est une façon de tenir compte explicitement du risque. Il est nécessaire de procéder à plusieurs types d'estimations pour arriver aux solutions qui composent l'arbre de décision, solutions qui mènent à un éventail de décisions, de flux monétaires et de probabilités. Les valeurs espérées sont associées à des mesures de valeurs qui permettent de résoudre l'arbre par rétroduction et de trouver la meilleure solution étape par étape. Il y a beaucoup à apprendre sur un projet lorsqu'on élabore correctement un arbre de décision.

Une analyse de scénarios est utilisée pour traiter des variables futures dont la valeur ne peut pas faire l'objet de prévisions mathématiques. Cette technique permet de prendre des décisions en étudiant diverses éventualités pour l'avenir, en tenant compte des risques associés aux résultats qui, autrement, ne seraient pas considérés.

La théorie de l'utilité est ajoutée à l'analyse afin de saisir le degré de satisfaction que procure un service ou un produit. Une autre dimension s'offre alors aux décideurs qui se servent de divers critères non économiques en même temps que les calculs économiques classiques.

PROBLÈMES

La sensibilité à la variation des paramètres

17.1 Un centre de distribution de médicaments désire évaluer un nouveau système de manutention de produits fragiles. Le système complet coûte 62 000 $, avec une durée d'utilité de 8 ans et une valeur de récupération de 1 500 $. Les coûts annuels d'entretien, de combustible et les coûts indirects sont estimés à 0,50 $ par tonne manipulée. Le coût de la main-d'œuvre est de 8 $ l'heure pour les heures normales et de 16 $ l'heure pour les heures supplémentaires. En 8 heures, on peut déplacer 20 tonnes. Le centre manipule chaque jour de 10 à 30 tonnes de produits fragiles. Le taux de rendement acceptable minimum est établi à 10 %. Déterminez la sensibilité de la valeur actualisée des coûts par rapport au volume annuel manipulé. Supposez que le manutentionnaire travaille 200 jours par année, au salaire normal. Pour l'analyse, utilisez des incréments de 10 tonnes.

17.2 Trois ingénieurs de Research In Motion évaluent séparément une même solution concernant un équipement du point de vue économique. Le coût initial est de 77 000 $, la durée d'utilité est estimée à 6 années et la valeur de récupération, à 10 000 $. Cependant, les ingénieurs sont en désaccord sur le revenu estimé que l'équipement générerait : Joseph a fait une estimation annuelle de 10 000 $; Jeanne déclare l'estimation trop basse, et sa solution est de 14 000 $; Charles fixe la sienne à 18 000 $ par année. Si le taux de rendement acceptable minimum avant impôt est de 8 % par année, utilisez la valeur actualisée nette pour déterminer si ces différentes estimations peuvent changer la décision qui consiste à acheter cet équipement.

17.3 Une société de fabrication a besoin d'un espace d'entreposage de 1 000 m^2. Acheter un terrain de 80 000 $ et ériger temporairement une bâtisse métallique, au coût de 70 $/m^2, est une option. Le président s'attend à vendre, dans 3 ans, le terrain pour 100 000 $ et la bâtisse, pour 20 000 $. Une autre option serait de louer un entrepôt, à 2,50 $/m^2 par mois ; le loyer annuel est payable au début de chaque année. Le taux de rendement acceptable minimum est de 20 %. Effectuez une analyse de valeur actualisée menant à des solutions pour le terrain et la bâtisse, et déterminez la sensibilité de la décision si les coûts de construction baissent de 10 % et que le loyer augmente à 2,75 $/m^2 par mois.

17.4 Les ingénieurs de Bombardier analysent deux systèmes de production automatisés. Ils veulent déterminer si le système 1 ou le système 2 est sensible à la variation du rendement demandé par la direction. Effectuez l'analyse avec les taux de rendement acceptables minimums suivants : 8 %, 10 %, 12 %, 14 % et 16 %.

	Système 1	Système 2
Coût initial ($)	−50 000	−100 000
CEA ($/année)	−6 000	−1 500
Valeur de récupération ($)	30 000	0
Remise en état, à la moitié de la durée d'utilité ($)	−17 000	−30 000
Durée d'utilité (années)	4	12

17.5 La société Baths & Showers vient d'élaborer un nouveau système de démonstration. En vous servant des données présentées, déterminez la sensibilité du taux de rendement interne par rapport au gradient G, montant de revenu, pour des valeurs allant de 1 500 $ à 2 500 $. Si le taux de rendement acceptable minimum annuel est fixé à 18 %, la variation du gradient influe-t-elle sur la décision de construire un système de démonstration ? Trouvez la solution : a) manuellement ;

b) à l'aide d'Excel.

$P = 74 000 \$ \qquad n = 10 \text{ ans} \qquad R = 0$

Charges : 30 000 $ la première année, augmentant de 3 000 $ chaque année subséquente

Revenu : 63 000 $ la première année, diminuant de G chaque année subséquente

17.6 Voici des données concernant deux systèmes de climatisation :

	Système 1	Système 2
Coûts initiaux ($)	−10 000	−17 000
CEA ($/année)	−600	−150
Valeur de récupération ($)	−100	−300
Coût des nouveaux compresseur et moteur, à la moitié de la durée d'utilité ($)	−1 750	−3 000
Durée d'utilité (années)	8	12

Réalisez une analyse du coût annuel équivalent pour déterminer la sensibilité de la décision économique par rapport aux valeurs des taux de rendement acceptables minimums de 4 %, de 6 % et 8 %. Représentez graphiquement la courbe de sensibilité. Trouvez la solution : a) manuellement ; b) à l'aide d'Excel.

17.7 Calculez et représentez graphiquement la sensibilité du taux de rendement du capital par rapport au taux d'intérêt. Il s'agit d'une obligation de société de 50 000 $ d'une durée de 15 ans, payée à escompte au montant de 42 000 $. Les intérêts sont payés trimestriellement. Pour ce problème, utilisez des taux d'intérêt de 5 %, de 7 % et de 9 %. Trouvez la solution : a) manuellement ; b) à l'aide d'une feuille de calcul.

17.8 Leona se voit offrir une occasion de placement ; elle peut investir 30 000 $ immédiatement et recevoir 3 500 $ chaque année de son placement. Toutefois, elle doit décider maintenant combien d'années elle conservera son placement. De plus, si le placement est conservé pendant 6 ans, 25 000 $ seront retournés aux investisseurs, mais après 10 ans, le rachat ne sera que de 15 000 $ et après 12 ans, le rachat est estimé à 8 000 $. Si la valeur de l'argent est de 8 % par année, la décision est-elle sensible à la période de conservation ?

17.9 Un actif coûte 8 000 $, et sa durée d'utilité est de 15 ans. La première année, les charges d'exploitation annuelles seraient de 500 $ et augmenteraient par la suite, annuellement, selon un gradient arithmétique *G* variant de 60 $ à 140 $. Déterminez la sensibilité à la durée d'utilité par rapport au gradient du coût, en vous servant d'incréments de 40 $. Représentez les résultats sur le même graphique. Utilisez un taux d'intérêt annuel de 5 %.

17.10 Les chantiers navals Victoria envisagent d'acheter un appareil de levage de l'entreprise A ou de l'entreprise B. Procédez à une analyse de l'annuité équivalente, avec un taux de rendement acceptable minimum annuel de 10 %, et déterminez si la sélection, entre l'entreprise A et l'entreprise B, change lorsque la meilleure estimation par rapport aux économies annuelles varie de +20 à −20 % et de +40 à −40 %.

	Entreprise A	Entreprise B
Coût initial ($)	−50 000	−37 000
CEA ($/année)	−7 500	−8 000
Meilleure estimation des économies ($/année)	15 000	13 000
Valeur de récupération ($)	5 000	3 700
Durée d'utilité (années)	5	5

17.11 Pour les plans A et B, tracez le graphique de la sensibilité des valeurs actualisées nettes, à 20 % par année, pour l'intervalle allant de −50 à +100 %, des estimations ponctuelles suivantes, pour chacun des paramètres : a) le coût initial ; b) les charges d'exploitation annuelles ; c) le revenu annuel.

	Plan A	Plan B
Coût initial ($)	−500 000	−375 000
CEA ($/année)	−75 000	−80 000
Revenu annuel ($/année)	150 000	130 000
Valeur de récupération ($)	50 000	37 000
Durée d'utilité espérée (années)	5	5

17.12 Utilisez une feuille de calcul pour déterminer et illustrer la sensibilité du taux de rendement interne par rapport à une variation de ±25 % : a) du prix d'achat et b) du prix de vente de l'investissement décrit ci-après. Un ingénieur a acheté une auto ancienne pour 25 000 $ avec l'intention de lui redonner son allure d'antan, puis de la vendre avec un bénéfice. La première année, les coûts des améliorations ont été de 5 500 $, la deuxième année, de 1 500 $ et la troisième année, de 1 300 $. Au bout de 3 ans, il vend l'auto 35 000 $.

17.13 Utilisez une feuille de calcul pour illustrer, sur un seul graphique (comme dans la figure 17.3), la sensibilité de l'annuité équivalente par rapport aux paramètres suivants : a) le coût initial, b) les charges d'exploitation annuelles et c) le revenu annuel, en considérant un intervalle de −30 à +50 % et en utilisant un taux de rendement acceptable minimum annuel de 18 %.

Processus	Estimation
Coût initial ($)	−80 000
Valeur de récupération ($)	10 000
Durée d'utilité (années)	10
CEA ($/année)	−15 000
Revenu annuel ($/année)	39 000

17.14 Tracez le graphique de la sensibilité du prix que l'on est « prêt à payer maintenant » pour une obligation de 10 000 $, à 9 %, dont l'échéance est dans 10 ans, si on observe une variation de ±30 % : a) de la valeur nominale ; b) du taux de dividende ; c) du taux de rendement nominal annuel exigé prévu de 8 %. Le dividende composé est versé 2 fois par année.

Trois estimations

17.15 Un ingénieur doit choisir l'un de deux procédés de pompage qui apporterait le béton jusqu'aux étages supérieurs d'un immeuble en construction de sept étages. Dans le plan 1, on fait l'achat de machinerie de 6 000 $; le coût d'exploitation se situe de 0,40 à 0,75 $/tonne, mais le coût le plus probable est de 0,50 $/tonne. Cette machine peut pomper 100 tonnes par jour. Si elle est achetée, sa durée d'utilité sera d'au moins 5 ans, elle sera utilisée de 50 à 100 jours par année, et la valeur de récupération est nulle. Le plan 2 est une option de location de machinerie qui coûterait annuellement, estime-t-on, 2 500 $. La plus faible estimation des coûts annuels est de 1 800 $ et la plus élevée, de 3 200 $. En outre, un supplément de 5 $ l'heure pour la main-d'œuvre est ajouté afin de faire fonctionner la machine louée pendant 8 heures par jour. Pour chaque plan, représentez le coût annuel équivalent par rapport aux coûts d'exploitation annuels ou au coût de location annuel, si $i = 12\%$. Quel plan faut-il recommander si l'estimation la plus probable d'utilisation est a) de 50 jours par année et b) de 100 jours par année ?

17.16 Une usine de transformation de la viande doit choisir entre deux façons de refroidir les jambons cuits : la méthode de refroidissement par vaporisation à 30 °C qui utilise approximativement 80 litres d'eau pour chaque jambon et la méthode d'immersion qui utilise 40 litres d'eau par jambon. Toutefois, le coût initial de cet équipement est plus élevé de 2 000 $, et le coût d'entretien l'est de 100 $ par année. La durée d'utilité est estimée à 10 ans. On cuit 10 millions de jambons par année ; l'eau coûte 0,12 $ par 1 000 litres. Il faut ajouter, et ce, pour les deux méthodes, le coût du traitement des eaux usées qui est de 0,04 $ les 1 000 litres. Le taux de rendement acceptable minimum est fixé à 15 % par année.

Si la vaporisation est choisie, la quantité d'eau utilisée peut osciller d'une valeur d'estimation optimiste de 40 litres à une valeur d'estimation pessimiste de 100 litres, l'estimation la plus probable se situant autour de 80 litres. La technique d'immersion nécessite toujours 40 litres d'eau par jambon. Comment la quantité d'eau utilisée avec la méthode de vaporisation influe-t-elle sur la décision économique ?

17.17 Lorsque l'économie du pays est en croissance, la société de placements AB est optimiste et prévoit un taux de rendement acceptable minimum de 15 % sur ses nouveaux investissements. Cependant, en période de récession, le taux de rendement espéré est de 8 %. Habituellement, le taux de rendement exigé est fixé à 10 %. Dans une économie en expansion, les estimations de durée d'utilité (valeurs de n) diminuent de 20 % et dans une économie en récession, les valeurs de n augmentent de 10 %. Représentez graphiquement la sensibilité de la valeur actualisée par rapport : a) au taux de rendement acceptable minimum et b) aux valeurs de durée d'utilité pour les deux

plans détaillés ci-après en utilisant, pour les autres facteurs, les estimations les plus probables. c) En considérant toutes les analyses, déterminez, s'il y a lieu, le scénario qui rejetterait le plan M ou le plan Q.

	Plan M	Plan Q
Investissement initial ($)	−100 000	−110 000
Flux monétaires annuels ($/année)	+15 000	+19 000
Durée d'utilité (années)	20	20

La valeur espérée

17.18 Calculez le taux de débit de chaque puits de pétrole en utilisant l'estimation de probabilités.

	Débit espéré (barils par jour)			
	100	**200**	**300**	**400**
Puits nord	0,15	0,75	0,10	—
Puits est	0,35	0,15	0,45	0,05

17.19 Quatre estimations sont effectuées pour le temps anticipé de production d'un sous-ensemble : 10, 20, 30 et 70 secondes. a) Si chaque estimation a la même pondération, quel nombre de secondes faut-il planifier ? b) En ignorant la valeur temps la plus élevée, estimez le temps prévu. L'estimation élevée semble-t-elle augmenter de façon significative la valeur espérée ?

17.20 La variable Y est définie comme étant 3^n, $n = 1, 2, 3, 4$, en tenant compte respectivement des probabilités de 0,4, de 0,3, de 0,233 et de 0,067. Déterminez la valeur espérée de Y.

17.21 Dans une solution, les charges d'exploitation annuelles seront une des deux valeurs à prévoir. Votre associé vous dit que la valeur la plus faible des charges d'exploitation annuelles sera de 2 800 $ par année. Si son calcul indique une probabilité de 0,75 pour la valeur élevée et des charges d'exploitation annuelles espérés de 4 575 $, quelle est la valeur des charges d'exploitation annuelles utilisée dans le calcul de la moyenne ?

17.22 Au cours de la dernière année, le comité de recherche et développement a évalué 40 propositions. Parmi celles-ci, 20 ont reçu du financement. Les estimations du taux de rendement sont résumées ci-après; les valeurs de i^* sont arrondies au nombre entier le plus près. Calculez le taux de rendement espéré $E(i)$ des propositions acceptées.

Taux de rendement des propositions (%)	Nombre de propositions
–8	1
–5	1
0	5
5	5
8	2
10	3
15	3
	20

17.23 La société Les aliments Starbreak a procédé à une analyse économique pour un service proposé dans une nouvelle région du pays. L'approche des trois estimations par rapport à l'analyse de sensibilité a été appliquée. Les valeurs optimiste et pessimiste ont chacune une estimation de 15 %. Utilisez les annuités équivalentes indiquées pour calculer l'annuité équivalente espérée.

	Valeur optimiste	Valeur la plus probable	Valeur pessimiste
AÉ ($/année)	+300 000	–50 000	–25 000

17.24 a) Déterminez la valeur actualisée espérée des séquences de flux monétaires suivantes si chaque séquence peut être réalisée avec les probabilités indiquées en haut de chaque colonne et si $i = 20 \%$ par année.

b) Déterminez l'annuité équivalente espérée pour les mêmes séquences de flux monétaires.

	Flux monétaires annuels ($/année)		
Année	Probabilité de 0,5	Probabilité de 0,2	Probabilité de 0,3
0	–5 000	–6 000	–4 000
1	1 000	500	3 000
2	1 000	1 500	1 200
3	1 000	2 000	–800

17.25 Un centre de santé et de loisirs très populaire désire construire une « fausse montagne » pour que ses clients puissent pratiquer l'escalade et faire de l'exercice. À cause de sa situation géographique, le centre a 30 % de chances d'avoir du beau temps pendant 120 jours, 50 % de chances, pendant 150 jours et 20 % de chances, pendant 165 jours. Selon les estimations, 350 personnes utiliseront la montagne, chaque jour de la belle saison de 4 mois (120 jours); mais seulement 100 personnes chaque jour supplémentaire de beau temps. La construction de la montagne coûtera 375 000 $ et, tous les 4 ans, celle-ci devra être remodelée au coût de 25 000 $. Les coûts annuels d'entretien et d'assurance sont de 56 000 $. Les frais d'utilisation de la montagne sont de 5 $ par personne. Si on prévoit une durée d'utilité de 10 ans et un taux de rendement annuel de 12 %, déterminez si l'ajout de la montagne est économiquement justifiable.

17.26 Le propriétaire des toitures Ace pourrait investir 200 000 $ dans de nouveaux équipements. Il prévoit une durée d'utilité de 6 ans et une valeur de récupération de 12 % du coût initial. Le revenu supplémentaire annuel dépendra de la situation de l'industrie immobilière et de la construction. Le propriétaire prévoit également que le revenu supplémentaire ne sera que de 20 000 $ si la crise actuelle de l'industrie se maintient. Les économistes en matière d'immobilier estiment à 50 % les chances que la crise dure 3 ans et à 20 %, les chances que la crise continue 3 autres années. Cependant, si le marché perturbé s'améliore, soit au cours de la première période de 3 ans ou de la deuxième, les revenus générés par l'investissement devraient, estime-t-on, atteindre jusqu'à un total annuel de 35 000 $. L'entreprise peut-elle espérer un rendement annuel de 8 % ? Utilisez une analyse de valeur actualisée nette.

17.27 Jeremy veut investir 5 000 $. S'il achète un certificat de placement garanti (CPG), il est assuré d'obtenir pendant 5 ans un taux de rendement effectif annuel de 6,35 %. S'il investit dans des actions, il a 50 % de chances de connaître pour les 5 prochaines années une des séquences de flux monétaires indiquées ci-dessous.

	Flux monétaires annuels ($/année)	
	Probabilité de 0,5	Probabilité de 0,5
Année	Action 1	Action 2
0	–5 000	–5 000
1 à 4	+250	+600
5	+6 800	+4 000

Jeremy peut aussi investir pour 5 ans 5 000$ dans l'immobilier; les estimations des flux monétaires et des probabilités sont décrites ci-après.

	Flux monétaires annuels ($/année)		
Année	Probabilité de 0,3	Probabilité de 0,5	Probabilité de 0,2
0	–5 000	–5 000	–5 000
1	–425	0	+500
2	–425	0	+600
3	–425	0	+700
4	–425	0	+800
5	+9 500	+7 200	+5 200

Lequel des trois types de placement offre le meilleur taux de rendement espéré?

17.28 La société P. Béchard inc. possède un portefeuille d'investissement de 1 million de dollars, et son conseil d'administration planifie de financer des projets qui ont des ratios d'endettement différents, variant de 20/80 à 80/20. Pour aider le conseil dans sa décision, le graphique ci-après, préparé par le directeur des finances, affiche l'estimation actuelle des taux de rendement annuels du capital (i sur les capitaux propres) par rapport aux différents ratios d'endettement en présence. Tous les investissements sont de 10 ans; entre-temps, il n'y aura aucune rentrée ou sortie de fonds pour les projets. Le conseil a pris la décision de faire les investissements suivants:

Ratio d'endettement	20/80	50/50	80/20
Pourcentage du portefeuille	30	50	20

a) Quelle est l'estimation actuelle du taux de rendement annuel espéré sur le capital investi de 1 million de dollars après 10 ans?
b) Quel est le montant de capital effectif à investir maintenant et quel est le montant total

espéré, après 10 ans, pour le portefeuille d'investissement approuvé par le conseil?
c) Si on prévoit que la moyenne de l'inflation annuelle, pour les 10 prochaines années, est de 4,5%, déterminez l'augmentation à la fois du taux d'intérêt effectif de l'investissement du capital et du pouvoir d'achat en dollars d'aujourd'hui (dollars constants) du montant effectif accumulé après 10 ans.

17.29 Le propriétaire d'un hôtel de Saint-Jean prévoit construire un mur de rétention d'eau à côté de son aire de stationnement, en raison d'une large voie de circulation devant l'hôtel. L'expérience a montré qu'une forte quantité de pluie sur une courte période peut provoquer des dommages entraînant des coûts variables. Le coût du mur augmente en fonction de l'importance des trombes d'eau. Les probabilités que tombe une quantité particulière de pluie en 30 min et les estimations de coût pour le mur sont les suivantes:

Pluie (po/30 min)	Probabilité de pluies abondantes	Coût initial estimé du mur ($)
2,00	0,300	–200 000
2,25	0,100	–225 000
2,50	0,050	–300 000
3,00	0,010	–400 000
3,25	0,005	–450 000

Un prêt sur 10 ans, à 6% d'intérêt, financera le coût total du mur.

Selon des sources, de fortes pluies causent des dommages moyens de 50 000$ en raison du manque de cohésion du sol le long de la voie de circulation. Un taux d'actualisation annuel de 6% est applicable. Trouvez la quantité de pluie qui nécessite la construction du mur de rétention, en considérant le coût annuel équivalent le plus faible sur 10 ans.

Les arbres de décision

17.30 Déterminez les valeurs espérées de deux résultats, qui se trouvent sur la branche de l'arbre de décision ci-après, si la décision D3 est déjà sélectionnée, et que la valeur maximale du résultat est déjà trouvée. (Cette branche de décision fait partie d'un arbre.)

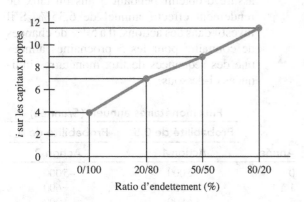

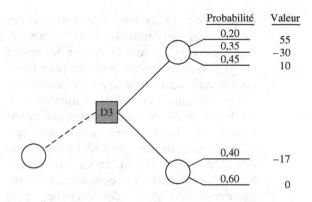

17.31 Un grand arbre de décision comporte une branche de résultat dont les détails du problème se trouvent ci-après. Si les décisions D1, D2 et D3 sont toutes des options dans 1 an, trouvez le chemin de décision qui maximise la valeur du résultat. Des montants particuliers d'investissements (en dollars) sont indiqués aux nœuds de décisions D1, D2 et D3 des branches.

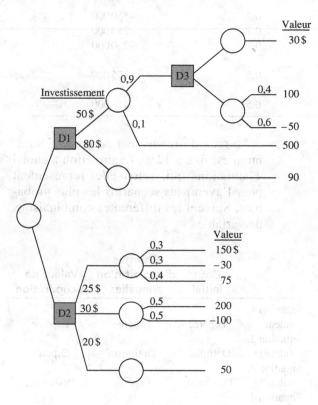

17.32 La décision D4, qui mène à trois solutions possibles, *x*, *y* ou *z*, doit être prise durant l'année 3 d'une période d'étude de 6 années afin de maximiser la valeur espérée de la valeur actualisée. En fixant un taux de rendement annuel de 15 % et en utilisant l'investissement nécessaire pour l'année 3 et l'estimation des flux monétaires de l'année 4

à l'année 6, déterminez la décision à prendre pour l'année 3. (Le nœud de décisions fait partie d'un plus grand arbre.)

Investissement nécessaire, année 3		Flux monétaires (1 000 $)			Probabilité du résultat
		Année 4	Année 5	Année 6	
Élevé	−200 000 $	50 $	50 $	50 $	0,70
Faible		40	30	20	0,30
Élevé	−75 000	30	40	50	0,45
Faible		30	30	30	0,55
Élevé	−350 000	190	170	150	0,70
Faible		−30	−30	−30	0,30

17.33 Le président de ChemTech hésite entre lancer une nouvelle gamme de produits ou acheter une entreprise. Financièrement, il ne peut entreprendre les deux. Pour fabriquer le produit pendant 3 ans, l'investissement initial serait de 250 000 $. Les estimations de flux monétaires annuels et les probabilités (entre parenthèses) sont de 75 000 $ (0,5), de 90 000 $ (0,4) et de 150 000 $ (0,1).

Acheter une petite entreprise lui coûterait aujourd'hui 450 000 $. Les sondages du marché indiquent que cette acquisition a 55 % de chances d'accroître les ventes et 45 % de chances de les diminuer, avec des flux monétaires annuels de 25 000 $. Si les ventes diminuent la première année, l'entreprise est vendue immédiatement (année 1), au prix de 200 000 $. L'augmentation des ventes pourrait être de 100 000 $ les 2 premières années. Si c'est le cas, après 2 ans, la décision d'élargir les activités grâce à un investissement supplémentaire de 100 000 $ sera envisagée. Cette expansion générera ces flux monétaires associés aux probabilités : 120 000 $ (0,3), 140 000 $ (0,3) et 175 000 $ (0,4). Si l'expansion n'est pas décidée, l'entreprise restera la même, avec la même anticipation des ventes.

Aucune valeur de récupération n'est associée à ces investissements. Utilisez la description donnée en tenant compte du taux de rendement acceptable minimum de 15 %.

a) Élaborez un arbre de décision comportant toutes les valeurs et probabilités indiquées.

b) Déterminez les valeurs actualisées nettes espérées au nœud de décisions « expansion ou non » après une hausse des ventes pendant 2 ans.

c) Quelle décision doit être prise aujourd'hui pour obtenir le plus haut taux de rendement interne possible pour la société ChemTech ?

d) Expliquez dans vos mots la conclusion à tirer des valeurs espérées à chaque nœud de décision si l'horizon de planification s'étend au-delà de 3 ans et si tous les flux monétaires se maintiennent comme il était prévu dans la description.

17.34 Un total de 5 000 sous-ensembles sont nécessaires annuellement sur une chaîne de montage. Ces sous-ensembles sont obtenus de trois façons : 1) les fabriquer dans une des trois usines de l'entreprise ; 2) les acheter déjà fabriqués du seul et unique fabricant ; ou 3) passer un contrat pour les faire fabriquer selon les caractéristiques du fournisseur.

Le coût annuel estimé de chaque solution est fonction de la situation particulière de l'usine, du fabricant ou du contractant. Le tableau ci-dessous fournit l'information détaillée sur les circonstances, une probabilité d'occurrence et le coût annuel estimé. Élaborez un arbre de décision, puis analysez-le par rétroduction afin de déterminer la solution la moins coûteuse pour l'obtention des sous-ensembles.

Décision	Résultat	Probabilité	Coût annuel pour 5 000 unités ($/année)
1. Fabrication	Usine		
	A	0,3	−250 000
	B	0,5	−400 000
	C	0,2	−350 000
2. Achat	Quantité		
	<5 000, doit payer une prime	0,2	−550 000
	5 000 disponibles	0,7	−250 000
	>5 000, doit acheter le reste ailleurs	0,1	−290 000
3. Contrat	Livraison		
	Livraison en temps opportun	0,5	−175 000
	Retard de livraison ; doit acheter une certaine quantité	0,5	−450 000

L'analyse de scénarios

17.35 Les données suivantes concernent l'entreprise VWX, située à Terre-Neuve-et-Labrador, qui doit prendre une décision au sujet de 2 solutions de production mutuellement exclusives, et ce, pour les prochaines 10 années.

	Solution 1		
	Valeur pessimiste	Valeur espérée	Valeur optimiste
Coût initial ($)	−200 000	−175 000	−160 000
Charges d'exploitation annuelles ($)	−100 000	−90 000	−75 000
Valeur de récupération ($)	3 000	4 000	7 000

	Solution 2		
	Valeur pessimiste	Valeur espérée	Valeur optimiste
Coût initial ($)	−320 000	−255 000	−220 000
Charges d'exploitation annuelles ($)	−60 000	−50 000	−35 000
Valeur de récupération ($)	18 000	20 000	27 000

Le taux de rendement acceptable minimum est fixé à 12 %. La direction a choisi 4 situations qui, selon elle, représentent pour l'avenir les scénarios les plus probables. Suivent les différentes combinaisons de variables.

	Coût initial	Charges d'exploitation annuelles	Valeur de récupération
Situation 1, valeur :	Espérée	Espérée	Espérée
Situation 2, valeur :	Optimiste	Optimiste	Espérée
Situation 3, valeur :	Pessimiste	Espérée	Pessimiste
Situation 4, valeur :	Espérée	Pessimiste	Optimiste

En utilisant une analyse de scénarios, calculez pour chaque situation la valeur espérée des flux monétaires et déterminez si une solution est plus valable qu'une autre. Quelle est la meilleure décision ?

17.36 Élaborez un scénario pour illustrer la situation suivante. (Ajoutez des nombres afin de faciliter l'analyse.)

La première ministre du Québec annonce un nouveau programme qui allouera 1 000 $ à chaque nouveau-né, ce montant devant servir à poursuivre des études postsecondaires. L'État mettra cet argent, comme une subvention à l'éducation, dans un compte qui porte intérêt jusqu'aux 18 ans de l'enfant. Le programme, prévoit-on, coûtera aux contribuables 41 millions de dollars annuellement. Le gouvernement pense que cette politique pourvoira aux besoins des enfants nés entre cette année et 2025. D'après des partisans de cette politique, cette initiative du gouvernement peut être considérée comme une incitation à ouvrir un compte d'épargne pour les enfants. Les dissidents soulignent que l'économie est en voie de devenir une économie basée sur le savoir et que, dans l'avenir, les frais de scolarité pourraient être abolis et que d'autres pays suivraient cet exemple. Ils ajoutent que ces fonds pourraient être utilisés maintenant dans l'attribution de bourses et de crédits d'impôt pour études, l'agrandissement des collèges et l'élargissement des programmes. On s'inquiète également que la distribution ne soit pas basée sur le besoin et que les diplômés pourraient quitter la province ou retarder leur entrée à l'université.

Cette politique est une mesure de prévoyance pour l'avenir. Quels sont les éléments clés qui susciteraient la réussite ou l'échec de cette initiative ?

La théorie de l'utilité

17.37 Luc (*voir l'exemple 17.10*) désire également considérer, comme élément principal de sa décision, l'accessibilité à un programme sport-études. Son choix étant soumis au même processus de loterie (en ne tenant compte que du programme sport-études), son seuil d'indifférence se situe à 25 %. Calculez l'utilité du programme sports-études de Luc.

17.38 Érica hésite entre deux motocyclettes pour se véhiculer, la Yamaha Roadliner (moto sportive de 1 854 cm³) et la moto Guzzi Breva (moto de sport 1 100 cm³ avec un compartiment à bagages). On utilise le processus de loterie pour calculer les valeurs d'utilité des différents critères.

	Moto Guzzi Breva	Moto Yamaha Roadliner
Puissance	35	40
Ergonomie	40	30
Facteur de refroidissement	45	30
Disponibilité des pièces	30	47
Style	35	40
Fonction	40	35
Poids	30	25
Maniabilité	40	35

D'autres éléments comme la fiabilité et le prix d'achat, même s'ils sont légèrement différents, ont été laissés de côté.

a) Sachant que la moto Guzzi est plus légère que la Yamaha, pourquoi la valeur de la moto Guzzi, par rapport au poids, est-elle plus élevée ?

b) Compte tenu des valeurs d'utilité de chacun des critères, quelle moto Érica devrait-elle choisir ?

EXERCICE D'APPROFONDISSEMENT

EXAMINER UNE SOLUTION SOUS DIFFÉRENTS ANGLES

Les contrôleurs Berkshire financent habituellement des projets d'ingénierie qui ont des ratios d'endettement. Les taux de rendement acceptables minimums qui en découlent varient d'un faible 8 % par année, lorsque les affaires sont ralenties, à un sommet de 15 % par année. Normalement, un taux annuel de 10 % est espéré. De plus, les estimations de durée d'utilité des actifs ont tendance à diminuer de 20 % lorsque les affaires sont normales ou florissantes, et à augmenter d'environ 10 % dans une économie en récession. Pour les deux plans à évaluer, les estimations suivantes sont les valeurs les plus probables. Utilisez ces données et une feuille de calcul pour répondre aux questions subséquentes.

	Plan A	Plan B	
		Actif 1	Actif 2
Coût initial ($)	−10 000	−30 000	−5 000
CEA ($/année)	−500	−100	−200
Valeur de récupération ($)	1 000	5 000	−200
Durée d'utilité estimée (années)	40	40	20

Questions

1. Les valeurs actualisées des plans A et B sont-elles sensibles à la variation des taux de rendement acceptables minimums ?

2. Les valeurs actualisées sont-elles sensibles à la variation des estimations de durée d'utilité ?

3. Tracez les graphiques séparés des résultats des taux de rendement acceptables minimums et des estimations de durée d'utilité.

4. Le point d'équivalence au coût initial du plan A est-il sensible à la variation des taux de rendement acceptables minimums à mesure que les affaires sont de moins en moins florissantes ?

ÉTUDE DE CAS

L'ANALYSE DE SENSIBILITÉ POUR DES PROJETS DU SECTEUR PUBLIC – LES PLANS D'APPROVISIONNEMENT EN EAU

Introduction

Un des services les plus essentiels fournis par les municipalités est l'alimentation continue en eau potable. À mesure que les villes croissent et élargissent leurs frontières jusqu'aux quartiers périphériques, elles héritent souvent de réseaux d'alimentation en eau qui ne répondent pas aux normes municipales. L'amélioration de ces systèmes est quelquefois plus onéreuse que l'installation dès le début de systèmes adéquats. Pour éviter ces problèmes, les autorités municipales installent parfois des systèmes qui vont au-delà des limites existantes, car elles prévoient que la ville prendra de l'expansion. Cette étude de cas est tirée d'un plan d'aménagement des eaux et des eaux usées, et elle est limitée à quelques solutions concernant l'approvisionnement en eau.

La procédure

À partir d'une douzaine de suggestions de plans, un comité exécutif a choisi cinq méthodes qui représentent des solutions à l'approvisionnement en eau dans la zone étudiée. Ces méthodes ont été soumises à une première évaluation afin de déterminer les solutions les plus prometteuses. Les six attributs ou facteurs examinés durant la première sélection sont la capacité d'approvisionnement, le coût relatif, la faisabilité technique, le problème de juridiction, les considérations environnementales et le délai d'implantation requis. Chaque facteur a la même pondération, et les valeurs se situent de 1 à 5, 5 étant la valeur la plus élevée. Après la sélection des trois solutions les plus prometteuses, chacune d'elles a été soumise à une évaluation économique afin de trouver la meilleure. Ces évaluations détaillées comprennent une estimation de l'investissement en capital amorti sur 20 ans, à un taux d'intérêt annuel de 8 % et des coûts d'entretien et d'exploitation annuels. Le coût annuel (une annuité équivalente) a ensuite été divisé par le nombre d'habitants à desservir pour arriver à un coût mensuel par ménage.

Les résultats de la sélection préliminaire

Le tableau 17.6 présente les résultats du premier tri où sont utilisés les six facteurs évalués selon une échelle de 1 à 5. Les solutions 1A, 3 et 4 ont été évaluées comme les trois meilleures et feront l'objet d'une étude plus poussée.

Les estimations détaillées des coûts pour les solutions sélectionnées

Tous les montants sont des estimations.

Solution 1A
Coûts en capital

Terrain et droits de captation d'eau : 1 720 hectares à 5 000 $ par hectare	8 600 000 $
Usine de traitement primaire	2 560 000
Station d'augmentation de régime, à l'usine	221 425
Réservoir, à la station d'augmentation de régime	50 325
Coût du site	40 260
Conduites de transport à partir de la rivière	3 020 000
Droits de passage des conduites	23 350
Lits filtrants	2 093 500
Conduites de lits filtrants	60 400
Chambres de puisage	510 000
Réseau collecteur des champs de captage	77 000
Système de distribution	1 450 000
Système de distribution supplémentaire	3 784 800
Réservoirs	250 000
Site, terrain et établissement des réservoirs	17 000
Sous-total	22 758 060
Travaux de génie et événements imprévus	5 641 940
Total de l'investissement en capital	28 400 000 $

Coûts d'entretien et d'exploitation annuels

Puisage : 9 812 610 kWh/année à 0,08 $/kWh	785 009 $
Coûts d'exploitation fixes	180 520
Coûts d'exploitation variables	46 730
Taxes sur les droits de captation d'eau	48 160
Total des coûts d'entretien et d'exploitation annuels	1 060 419 $

Total des coûts annuels = équivalent de l'investissement de capital
+ coûts d'entretien et d'exploitation
$$= 28\,400\,000(A/P;8\%;20) + 1\,060\,419$$
$$= 2\,892\,540 + 1\,060\,419$$
$$= 3\,952\,959\ \$$$

Le coût moyen mensuel par ménage, en approvisionnant 95 % des 4 980 ménages, est :

$$\text{Coût par ménage} = (3\,952\,959)\frac{1}{12}\frac{1}{4\,980}\frac{1}{0,95}$$
$$= 69,63\ \$ \text{ par mois}$$

Solution 3

Total de l'investissement en capital	= 29 600 000 $
Total des coûts d'entretien et d'exploitation annuels	= 867 119 $
Total des coûts annuels	= 29 600 000(A/P;8%;20)
	− 867 119
	= 3 014 760 + 867 119
	= 3 881 879 $
Coût par ménage	= 68,38 $ par mois

TABLEAU 17.6	LA COTATION DES SIX FACTEURS POUR CHACUNE DES SOLUTIONS DE L'ÉTUDE DE CAS						
		Facteur					
Solution	Description	Capacité d'approvisionnement	Coût relatif	Faisabilité technique	Problème de juridiction	Considérations environnementales	Délai d'implantation	Total
1A	Réception de l'eau et puits de recharge	5	4	3	4	5	3	24
3	Usine de traitement municipale et régionale commune	5	4	4	3	4	3	23
4	Usine de traitement régionale	4	4	3	3	4	3	21
8	Dessalage des eaux souterraines	1	2	1	1	3	4	12
12	Aménagement de l'eau dans le parc provincial	5	5	4	1	3	1	19

Solution 4

Total de l'investissement en capital	= 29 000 000 $
Total des coûts d'entretien et d'exploitation annuels	= 1 063 449 $
Total des coûts annuels	= 29 000 000(A/P;8%;20)
	+ 1 063 449
	= 2 953 650 + 1 063 449
	= 4 017 099 $
Coût par ménage	= 70,76 $ par mois

Conclusion

La solution 3 (usine de traitement commune, municipale et régionale) est la plus rentable si on se base sur le coût le moins élevé.

Exercices de l'étude de cas

1. Si le facteur relatif aux considérations environnementales a une pondération deux fois plus élevée que tous les autres facteurs, quel est le pourcentage de cette pondération?

2. Si les facteurs relatifs à la capacité d'approvisionnement et au coût relatif avaient chacun une pondération de 20% et les 4 autres facteurs une pondération de 15%, quelles solutions seraient les 3 meilleures?

3. De combien devrait diminuer l'investissement en capital de la solution 4 pour que celle-ci soit plus attrayante que la solution 3?

4. Si la solution 1A permettait d'approvisionner 100% des ménages au lieu de 95%, quelle serait la diminution du coût moyen par ménage?

5. a) Procédez à une analyse de sensibilité de deux paramètres, les coûts d'exploitation et d'entretien et le nombre de ménages, pour déterminer si la solution 3 est toujours la plus rentable. Dans le tableau 17.7, chaque paramètre fait l'objet de trois estimations. Les coûts d'exploitation et d'entretien peuvent augmenter (estimation pessimiste) ou diminuer (estimation optimiste) par rapport aux estimations les plus probables présentées dans l'énoncé. Le nombre de ménages estimé (4 980) est une estimation pessimiste. Une croissance des ménages de 2 à 5% (estimation optimiste) aurait tendance à diminuer le coût mensuel par ménage.

   b) Considérez le coût mensuel par ménage de la solution 4 qui est l'estimation optimiste. Le nombre de ménages qui dépasse 4 980, de 5%, est 5 230. Quel est le nombre de ménages sur lequel la solution 4 devrait compter pour égaler exactement le coût mensuel de la solution 3, selon l'estimation optimiste de 5 230 ménages?

TABLEAU 17.7	LES ESTIMATIONS PESSIMISTES, LES ESTIMATIONS LES PLUS PROBABLES ET LES ESTIMATIONS OPTIMISTES EN FONCTION DE DEUX PARAMÈTRES	
	Coûts d'entretien et d'exploitation annuels	**Nombre de ménages**
Solution 1A		
Pessimiste	+1%	4 980
Plus probable	1 060 419 $	+2%
Optimiste	−1%	+5%
Solution 3		
Pessimiste	+5%	4 980
Plus probable	867 119 $	+2%
Optimiste	0%	+5%
Solution 4		
Pessimiste	+2%	4 980
Plus probable	1 063 449 $	+2%
Optimiste	−10%	+5%

CHAPITRE 18

D'autres notions sur les variations et la prise de décisions en situation de risque

Ce chapitre permet de renforcer notre capacité à analyser la variation dans les estimations, à tenir compte des probabilités et à prendre des décisions en fonction du risque. Les principales notions abordées sont les distributions de probabilités, notamment sous forme de graphiques, les propriétés de la valeur espérée et de la dispersion et les échantillons aléatoires. De plus, des simulations où la variation entre en jeu sont réalisées dans le contexte d'études économiques en ingénierie.

En couvrant les notions de variation et de probabilité, ce chapitre complète les sujets abordés dans les premières sections du chapitre 1 : le rôle de l'économie en ingénierie dans la prise de décisions ainsi que celui de l'analyse économique dans le processus de résolution de problèmes. Ces techniques étant plus longues à appliquer que le recours à des estimations établies en situation de certitude, il est préférable de les utiliser uniquement lorsque les paramètres sont critiques.

OBJECTIFS D'APPRENTISSAGE

Objectif: Apprendre à inclure la prise de décisions en situation de risque dans l'analyse économique en ingénierie à l'aide des bases de distribution des probabilités, de l'échantillonnage et de la simulation.

À la fin de ce chapitre, vous devriez pouvoir:

Certitude et risque	**1.** Appliquer différentes approches à la prise de décisions en tenant compte de la certitude et du risque;
Variables et distributions	**2.** Concevoir une distribution de probabilités et une distribution cumulative pour une variable;
Échantillon aléatoire	**3.** Composer un échantillon aléatoire à partir de la distribution cumulative d'une variable;
Moyenne et dispersion	**4.** Estimer la valeur espérée et l'écart-type d'une population à partir d'un échantillon aléatoire;
Simulation de Monte-Carlo	**5.** Utiliser la simulation de Monte-Carlo pour choisir une solution;
Simulation stochastique et simulation déterministe	**6.** Utiliser la simulation stochastique et la simulation déterministe pour aider à la prise de décisions.

18.1 L'INTERPRÉTATION DE LA CERTITUDE, DU RISQUE ET DE L'INCERTITUDE

La variation est un facteur inévitable qui fait partie intrinsèque de la vie de tous les jours, et l'analyse économique n'y échappe pas. Dans toutes les situations, il importe de prendre la «bonne» décision pour l'avenir. À l'exception de l'analyse du point de rupture, de l'analyse de sensibilité et de l'analyse de scénario, ainsi que pour les valeurs espérées, presque toutes nos estimations ont été «certaines». Jusqu'ici, les calculs de la valeur actualisée (VA), de l'annuité équivalente (AÉ), du taux de rendement interne (TRI) ou de toute autre relation ne comportaient aucune variation de montant. Par exemple, une estimation de flux monétaires de +4 500 $, pour l'année prochaine, était considérée comme une certitude. La certitude, bien sûr, ne fait pas partie du monde réel et sûrement pas du monde futur. On peut observer des résultats ayant un degré élevé de certitude, mais cette dernière est aussi tributaire de l'exactitude et de la précision de l'échelle ou de l'instrument de mesure.

Dans une étude économique en ingénierie, pour permettre à un paramètre de varier, il faut tenir compte du risque et, possiblement, de l'incertitude.

Risque Lorsqu'on observe plus de 2 valeurs pour un paramètre et qu'il est possible d'estimer les chances que chacune des valeurs se produise, le risque est présent. On prend une décision en tenant compte du risque lorsque, par exemple, les flux monétaires estimés ont 50 % de chances d'être soit de −1 000 $, soit de +500 $. En fait, à peu près toutes les décisions sont prises en tenant compte du risque.

Incertitude La prise de décisions, en tenant compte de l'incertitude, se présente lorsqu'on observe plus de 2 valeurs pour un paramètre, mais que leurs chances ne sont pas estimables ou qu'il n'y a aucun intérêt à les estimer. Dans une analyse d'incertitude, les valeurs observables sont souvent perçues comme des états de la nature. Par exemple, considérez les possibles états de la nature que serait le taux d'inflation national d'un pays en particulier au cours des 2 à 4 prochaines années ; ce taux pourrait demeurer bas, varier annuellement de 5 à 10 % ou de 20 à 50 %. Si rien n'indique que les 3 valeurs sont équiprobables, ou que l'une d'entre elles est plus probable que les autres, il s'agit alors d'une prise de décisions en situation d'incertitude.

Dans l'exemple 18.1, on explique comment décrire et tracer le graphique d'un paramètre quand on se prépare à prendre une décision en tenant compte du risque.

EXEMPLE 18.1

Magali et Charles sont tous les deux en dernière année à l'université. Ils planifient de se marier l'année prochaine. En se basant sur les conversations avec des amis mariés récemment, le couple a décidé de faire, chacun de son côté, des estimations du coût de la cérémonie et de calculer les chances que chaque estimation exprimée en pourcentage se produise. a) Les estimations séparées sont présentées dans la partie supérieure de la figure 18.1. Tracez 2 graphiques : un portant sur les coûts estimés de Charles par rapport à l'estimation de ses chances et un graphique avec les données de Magali. Commentez la forme des graphiques, l'un par rapport à l'autre. b) Après quelques discussions, ils pensent que la cérémonie devrait coûter entre 7 500 $ et 10 000 $. Mais toutes les valeurs entre ces 2 limites sont équiprobables, chacune ayant 1 chance sur 25 de se réaliser. Représentez graphiquement ces valeurs par rapport à la chance.

Charles		Magali	
Coût estimé ($)	Chances (%)	Coût estimé ($)	Chances (%)
3 000	65	8 000	33,3
5 000	25	10 000	33,3
10 000	10	15 000	33,3

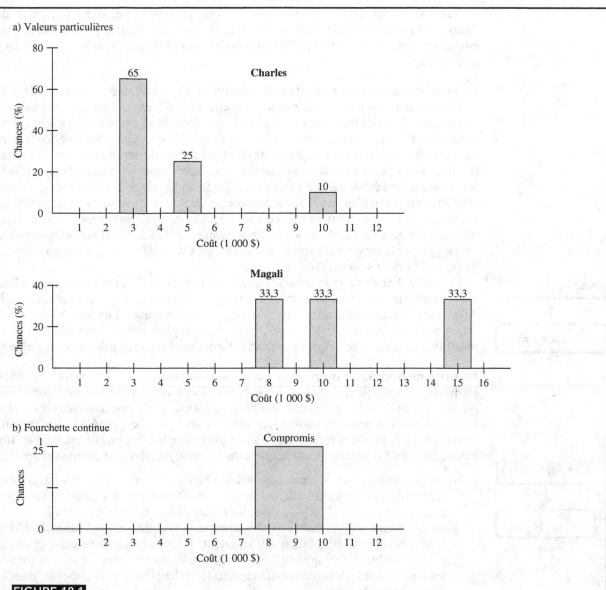

a) Valeurs particulières

b) Fourchette continue

FIGURE 18.1

La représentation graphique des coûts estimés par rapport à la chance de l'exemple 18.1

Solution

a) La figure 18.1 a) présente les graphiques des estimations de Charles et de Magali et l'échelle des coûts correspondants. Magali pense que le coût sera plus élevé et Charles, que le coût sera plus bas. De plus, Magali donne une chance égale (ou uniforme) à chaque valeur. D'après Charles, la chance d'un coût moins élevé est beaucoup plus grande ; 65 % de chances de payer 3 000 $ et 10 % de chances de payer 10 000 $, ce qui est l'estimation médiane du coût de Magali. Les graphiques montrent les différentes perceptions de Charles et de Magali.

b) La figure 18.1 b) est le graphique de 1 chance sur 25 pour un continuum de coûts de 7 500 $ à 10 000 $.

Remarque

La différence importante entre a) et b) est que l'une des parties estime des coûts avec des valeurs discrètes et l'autre, avec des valeurs continues. Charles et Magali ont d'abord procédé à des estimations particulières et discrètes avec des chances associées à chaque valeur. L'estimation du compromis est une fourchette continue de valeurs allant de 7 500 $ à 10 000 $, avec des chances associées à chaque valeur entre ces limites. Dans la prochaine section, le terme « variable » est expliqué et deux types de variables illustrées ici sont définies : la variable discrète et la variable continue.

Avant de commencer une étude économique en ingénierie, il est important de décider si la certitude régira tous les paramètres ou si une certaine part de risque sera envisagée. Voici un résumé des définitions et de l'utilisation de ces notions pour chaque type d'analyse.

La prise de décisions en situation de certitude Cette notion était présente dans la plupart des analyses jusqu'à maintenant. On effectuait des estimations déterministes et on les transcrivait en mesures sous forme de relations de valeurs associées à la valeur actualisée, à l'annuité équivalente, à la valeur capitalisée (VC), au taux de rendement interne (TRI) et au ratio avantages-coûts (RAC). La prise de décisions est basée sur ces résultats. Les valeurs estimées sont considérées comme étant les plus probables, toutes les chances ayant été données à l'estimation d'une seule valeur. Un exemple type serait celui du coût initial d'un actif estimé avec certitude. On suppose que $P = 50\,000\,\$$. Le graphique de P par rapport au pourcentage de chances a généralement la forme illustrée dans la figure 18.1 a), l'axe vertical représentant $50\,000\,\$$ et $100\,\%$ des chances. On peut employer le terme « déterministe » au lieu de « certitude » lorsque les estimations d'une seule valeur sont exclusives.

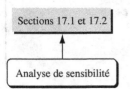

En réalité, l'analyse de sensibilité qui permet d'estimer différentes valeurs est tout simplement une analyse avec certitude, sauf que maintenant, on peut faire intervenir différentes valeurs, chacune étant estimée avec certitude. Les résultats de ces mesures de valeurs sont calculés et représentés graphiquement pour déterminer la sensibilité de la décision selon différentes estimations d'un ou de plusieurs paramètres.

La prise de décisions en présence du risque Maintenant que l'élément « chance » est formellement pris en compte, il est plus difficile de prendre une décision claire parce que l'analyse tente d'accommoder la variation. Dans une analyse, un ou plusieurs paramètres peuvent varier. Les estimations seront exprimées, comme dans l'exemple 18.1, sous des formes légèrement plus complexes. Fondamentalement, il y a deux façons de tenir compte du risque dans une analyse, qui sont décrites ci-après.

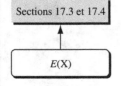

Dans une analyse de valeur espérée, la chance et l'estimation des paramètres sont utilisées pour calculer la valeur espérée, E(paramètre), à l'aide de formules comme l'équation [17.2]. Les résultats sont E(flux monétaires), E(CEA), etc., ou des mesures de valeurs espérées comme E(VA), E(AÉ), E(TRI) et E(RAC). Pour sélectionner la solution qui convient, il faut choisir la valeur espérée la plus favorable. Le chapitre 17 présente les valeurs espérées sous leurs formes les plus simples. À partir de maintenant, les calculs sont plus élaborés, mais le principe reste le même.

Dans une analyse de simulation, la chance, l'estimation des paramètres et le calcul répétitif des mesures de valeurs sont utilisés, à l'aide d'un échantillonnage aléatoire tiré d'un graphique, et ce, pour chaque paramètre qui varie (*voir la présentation de la figure 18.1*). Lorsqu'un échantillon représentatif et aléatoire est trouvé, on peut sélectionner une solution en s'aidant d'un tableau ou d'un graphique de résultats. Les graphiques sont habituellement une aide importante à la prise de décisions. C'est cette approche qui est abordée dans le reste du chapitre.

La prise de décisions en tenant compte de l'incertitude Lorsque les chances des états de la nature (ou valeurs) non identifiés ne sont pas connues dans un environnement de paramètres incertains, la prise de décisions basée sur la valeur espérée en situation de risque, telle qu'elle est décrite plus haut, n'est pas une option. Il est même difficile de déterminer les critères à utiliser pour prendre une décision.

S'il est possible de dire que chaque état est également probable, alors tous les états ont les mêmes chances, et la situation se réduit à une prise de décisions en situation de risque, parce que les valeurs espérées peuvent être estimées.

Dans une étude économique en ingénierie ou dans toute autre forme d'analyse et de prise de décisions, les valeurs des paramètres observés dans le futur varieront à partir de la valeur estimée au moment de l'étude. Cependant, dans le travail d'analyse, tous les paramètres ne sont pas considérés comme probabilistes (ou à risque). Les paramètres qu'on peut estimer avec un degré relativement élevé de certitude devraient faire partie de l'étude. En conséquence, des méthodes d'échantillonnage, de simulation et d'analyse statistique des données sont utilisées de manière sélective pour des paramètres importants à la prise de décisions. Comme on le mentionne dans le chapitre 17, les paramètres basés sur les taux d'intérêt (le taux de rendement acceptable minimum, les autres taux d'intérêt et l'inflation) ne sont habituellement pas considérés comme des variables aléatoires dans les explications qui suivent. Les paramètres importants tels que l'investissement initial (P), les charges d'exploitation annuelles (CEA), la durée d'utilité (n), la valeur de récupération (R), les coûts unitaires, les revenus, etc., sont les valeurs ciblées lorsqu'on prend une décision dans une situation de risque et de simulation. Une variation anticipée et prévisible des taux d'intérêt est le plus souvent traitée à l'aide d'une analyse de sensibilité; l'explication est donnée dans les deux premières sections du chapitre 17.

Le reste du chapitre porte sur la prise de décisions en situation de risque qu'il faut utiliser dans une étude économique en ingénierie. Les sections 18.5, 18.6 et 18.7 traitent des notions de base nécessaires pour concevoir et mener à bien une analyse de simulation.

18.2 LES ÉLÉMENTS IMPORTANTS DANS UNE PRISE DE DÉCISIONS EN SITUATION DE RISQUE

Quelques notions de base en probabilités et en statistiques sont essentielles pour prendre correctement une décision en situation de risque avec des valeurs espérées ou une analyse de simulation. Ces notions sont expliquées ci-après. (Si vous êtes familier avec ces dernières, cette section peut servir de révision.)

La variable aléatoire (ou variable) Il s'agit d'une caractéristique ou d'un paramètre qui peut prendre une ou plusieurs valeurs. Les variables sont soit discrètes, soit continues. Les variables discrètes ont des valeurs particulières, individuelles, tandis que les variables continues peuvent prendre n'importe quelle valeur entre deux limites fixées, qu'on appelle « fourchette ».

La durée d'utilité estimée d'un actif est une variable discrète. Par exemple, n peut prendre les valeurs suivantes : 3, 5, 10 ou 15 années, et aucune autre valeur. Le taux de rendement est un exemple d'une variable continue, i pouvant varier de $-100\,\%$ à ∞, ce qui correspond à $-100\,\% \leq i < \infty$. Les fourchettes des valeurs possibles de n (discrètes) et de i (continues) sont indiquées sur les axes des x de la figure 18.2 a). (Dans les textes sur la probabilité, la majuscule correspond à une variable, par exemple X, et la minuscule, à une valeur particulière de la variable, par exemple x. Bien que cette rigueur terminologique soit correcte, elle n'est pas requise dans ce chapitre.)

La probabilité La probabilité permet de mesurer le caractère aléatoire d'un événement au moyen de l'évaluation du nombre de chances que cet événement se réalise. Cette grandeur s'exprime, sous forme décimale, à l'aide d'un nombre situé entre 0 et 1,0, qui est tiré d'une variable aléatoire (discrète ou continue). La probabilité est simplement la somme des chances divisée par 100. Les probabilités sont souvent représentées par $P(X_i)$ ou $P(X = X_i)$, ce qui signifie que la variable X prend la valeur X_i. (Ici, dans le cas d'une variable continue, la probabilité d'une seule valeur est 0, comme dans le dernier exemple.) La somme de tous les $P(X_i)$ d'une variable doit égaler 1,0 (postulat déjà étudié). L'échelle des probabilités, tout comme l'échelle des

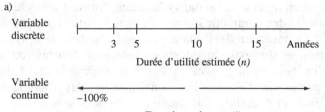

a)

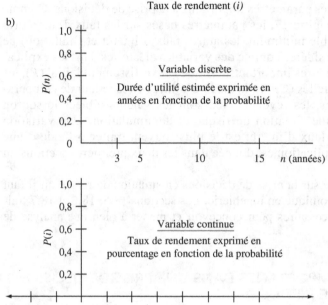

b)

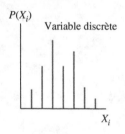

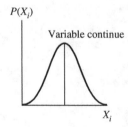

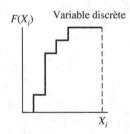

pourcentages de chances de la figure 18.1, est indiquée sur l'axe des ordonnées (l'axe des *y*). La figure 18.2 b) présente une fourchette de probabilités de 0 à 1,0 pour les variables *n* et *i*.

La distribution des probabilités La distribution des probabilités décrit la façon dont celles-ci sont distribuées par rapport aux différentes valeurs d'une variable. La forme d'une distribution de variables discrètes est assez différente d'une distribution de variables continues (*voir le graphique ci-contre*). Une valeur individuelle d'une probabilité est indiquée comme suit :

$$P(X_i) = \text{probabilité que } X \text{ égale } X_i \qquad \text{[18.1]}$$

La distribution peut être élaborée de deux façons : en listant chaque valeur de la probabilité pour chaque valeur possible de la variable (*voir l'exemple 18.2*) ou en indiquant, à l'aide d'une description ou d'une expression mathématique, la probabilité en termes de valeurs possibles des variables (*voir l'exemple 18.3*).

La distribution cumulative Aussi nommée « distribution de probabilité cumulative », il s'agit du cumul des probabilités de toutes les valeurs d'une variable, y compris une valeur particulière. Désignée par l'expression $F(X_i)$, chaque valeur cumulée est calculée comme suit :

$$F(X_i) = \text{somme de toutes les probabilités jusqu'à la valeur } X_i$$

$$= P(X \leq X_i) \qquad \text{[18.2]}$$

Comme pour la distribution des probabilités, la forme des distributions cumulatives est différente s'il s'agit de variables discrètes (en paliers) ou de variables continues (courbe douce). Les deux exemples suivants illustrent des distributions cumulatives qui correspondent à des distributions de probabilités différentes. Les notions de base de $F(X_i)$ sont appliquées dans la prochaine section, et un échantillon aléatoire est ensuite conçu.

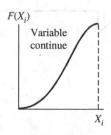

EXEMPLE 18.2

Alexandre est médecin et ingénieur biomédical dans un hôpital de la région. Il prévoit commencer à administrer un antibiotique qui pourrait réduire l'infection dans le cas de certaines blessures. Les tests montrent qu'on peut donner le médicament jusqu'à 6 fois par jour sans effet secondaire important. Si aucun médicament n'est administré, il y a toujours la probabilité positive que le système immunitaire combatte l'infection.

La publication du résultat des tests fournit une bonne estimation des probabilités quant à la réaction positive (c'est-à-dire la diminution du nombre d'infections), par rapport à un nombre différent de traitements quotidiens, en 48 heures. Utilisez les probabilités suivantes pour élaborer une distribution de probabilités et une distribution cumulative pour les différents nombres de traitements quotidiens.

Nombre de traitements quotidiens	Probabilité de diminution des cas d'infection
0	0,07
1	0,08
2	0,10
3	0,12
4	0,13
5	0,25
6	0,25

Solution

Définissez la variable aléatoire T comme étant le nombre de traitements quotidiens. T ne pouvant prendre que 7 valeurs différentes, il s'agit d'une variable discrète. La valeur de chaque probabilité se trouve dans la colonne 2 du tableau 18.1. La probabilité cumulative $F(T_i)$ est déterminée à l'aide de l'équation [18.2], qui cumule jusqu'à la dernière des valeurs de $P(T_i)$, telles qu'il est indiqué dans la colonne 3.

Les figures 18.3 a) et b) illustrent les graphiques de la distribution des probabilités et de la distribution cumulative. Celle-ci, qui est la somme de toutes les probabilités et le résultat de $F(T_i)$, se présente sous forme de marches d'escalier. Dans tous les cas, la dernière donnée de $F(T_i) = 1,0$, car le total de toutes les valeurs de $P(T_i)$ doit égaler 1,0.

TABLEAU 18.1	LA DISTRIBUTION DES PROBABILITÉS ET LA DISTRIBUTION CUMULATIVE DE L'EXEMPLE 18.2	
(1) Nombre de traitements quotidiens T_i	**(2) Probabilité $P(T_i)$**	**(3) Probabilité cumulative $F(T_i)$**
0	0,07	0,07
1	0,08	0,15
2	0,10	0,25
3	0,12	0,37
4	0,13	0,50
5	0,25	0,75
6	0,25	1,00

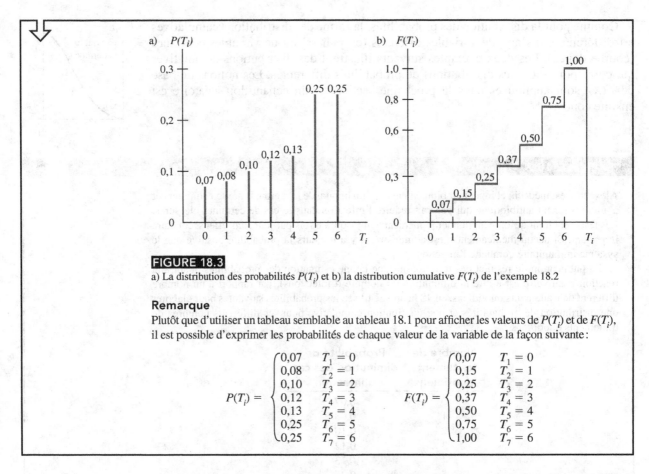

FIGURE 18.3

a) La distribution des probabilités $P(T_i)$ et b) la distribution cumulative $F(T_i)$ de l'exemple 18.2

Remarque

Plutôt que d'utiliser un tableau semblable au tableau 18.1 pour afficher les valeurs de $P(T_i)$ et de $F(T_i)$, il est possible d'exprimer les probabilités de chaque valeur de la variable de la façon suivante :

$$P(T_i) = \begin{cases} 0,07 & T_1 = 0 \\ 0,08 & T_2 = 1 \\ 0,10 & T_3 = 2 \\ 0,12 & T_4 = 3 \\ 0,13 & T_5 = 4 \\ 0,25 & T_6 = 5 \\ 0,25 & T_7 = 6 \end{cases} \qquad F(T_i) = \begin{cases} 0,07 & T_1 = 0 \\ 0,15 & T_2 = 1 \\ 0,25 & T_3 = 2 \\ 0,37 & T_4 = 3 \\ 0,50 & T_5 = 4 \\ 0,75 & T_6 = 5 \\ 1,00 & T_7 = 6 \end{cases}$$

Dans une analyse économique en ingénierie de base, la distribution des probabilités d'une variable continue s'exprime habituellement par une fonction mathématique, comme la distribution uniforme ou la distribution triangulaire (ces distributions sont étudiées dans l'exemple 18.3, à partir des flux monétaires). Bien qu'elle soit plus complexe, la distribution normale est souvent utilisée. Lorsqu'il est question de distributions de variables continues, le symbole $f(X)$ est plus couramment utilisé que $P(X_i)$, et le symbole $F(X)$ est plus souvent employé que $F(X_i)$ simplement parce que le point de probabilité d'une variable continue est 0. C'est pourquoi $f(X)$ et $F(X)$ sont des lignes et des courbes continues.

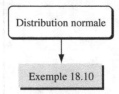

EXEMPLE 18.3

À titre de présidente des services-conseils pour des procédés de fabrication, Sophie a examiné les flux monétaires mensuels des 3 dernières années ; ces derniers proviennent des comptes de 2 clients de longue date. Sophie a effectué une distribution de ces flux monétaires mensuels.

Client 1

Estimation basse des flux monétaires : 10 000 $

Estimation élevée des flux monétaires : 15 000 $

Flux monétaires les plus probables : les mêmes pour toutes les valeurs

Distribution des probabilités : uniforme

Client 2

Estimation basse des flux monétaires : 20 000 $

Estimation élevée des flux monétaires : 30 000 $

Flux monétaires les plus probables : 28 000 $

Distribution de probabilités : le mode est 28 000 $

Le mode est la valeur d'une variable observée le plus souvent. Les flux monétaires C représentent la variable continue. a) Pour cet exemple de flux monétaires, établissez les deux distributions de probabilités et les deux distributions cumulatives, puis représentez-les sous forme de graphiques. b) Déterminez la probabilité que les flux monétaires mensuels ne dépassent pas 12 000 $ pour le client 1 et ne dépassent pas 25 000 $ pour le client 2.

Solution

Il faut multiplier les valeurs des flux monétaires par 1 000 $.

Client 1 : Distribution mensuelle des flux monétaires

a) La distribution des flux monétaires du client 1, désigné par la variable C_1, est une distribution uniforme. La probabilité et la probabilité cumulative se présentent sous la forme générale suivante :

$$f(C_1) = \frac{1}{\text{valeur élevée} - \text{valeur basse}} \qquad \text{valeur basse} \leq C_1 \leq \text{valeur élevée}$$

$$f(C_1) = \frac{1}{\acute{E} - B} \qquad\qquad B \leq C_1 \leq \acute{E} \qquad\qquad \textbf{[18.3]}$$

$$F(C_1) = \frac{\text{valeur} - \text{valeur basse}}{\text{valeur élevée} - \text{valeur basse}} \qquad \text{valeur basse} \leq C_1 \leq \text{valeur élevée}$$

$$F(C_1) = \frac{C_1 - B}{\acute{E} - B} \qquad\qquad B \leq C_1 \leq \acute{E} \qquad\qquad \textbf{[18.4]}$$

Pour le client 1, les flux monétaires mensuels sont distribués uniformément, $B = 10\$$, $\acute{E} = 15\$$ et $10\$ \leq C_1 \leq 15\$$. La figure 18.4 représente graphiquement $f(C_1)$ et $F(C_1)$, qui sont les résultats des équations [18.3] et [18.4].

$$f(C_1) = \frac{1}{5} = 0,2 \qquad 10\$ \leq C_1 \leq 15\$$$

$$F(C_1) = \frac{C_1 - 10}{5} \qquad 10\$ \leq C_1 \leq 15\$$$

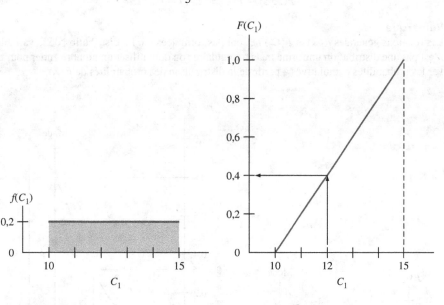

FIGURE 18.4
La distribution uniforme des flux monétaires mensuels de l'exemple 18.3

b) La probabilité que les flux monétaires du client 1 soient inférieurs à 12 $ est facile à déterminer à partir du graphique de $F(C_1)$, qui indique 0,4 ou 40 % de chances. Si la relation $F(C_1)$ est utilisée directement, le calcul sera :

$$F(12\$) = P(C_1 \leq 12\$) = \frac{12 - 10}{5} = 0,4$$

Client 2: Distribution des flux monétaires mensuels

a) La distribution des flux monétaires du client 2, désignée par la variable C_2, est une distribution triangulaire. Ce type de distribution a une forme de triangle pointant vers le haut. Ce triangle est formé du sommet, appelé « mode » ou « valeur dominante » M, et des côtés où des pentes négatives rejoignent l'axe des x du côté des valeurs basses (B) et du côté des valeurs élevées ($É$). Le mode de la distribution triangulaire est la valeur de probabilité maximale.

$$f(\text{mode}) = f(M) = \frac{2}{É - B} \qquad [18.5]$$

La distribution cumulative est formée de deux segments courbes qui vont de 0 à 1 passant par le point de rupture au mode M, où :

$$F(\text{mode}) = F(M) = \frac{M - B}{É - B} \qquad [18.6]$$

Pour C_2, la valeur basse est $B = 20\$$, la valeur élevée est $É = 30\$$; le mode (M), soit 28 \$, représente les flux monétaires les plus probables. La probabilité, au mode M, est tirée de l'équation [18.5] :

$$f(28) = \frac{2}{30 - 20} = \frac{2}{10} = 0,2$$

Le point de rupture de la distribution cumulative se produit à $C_2 = 28$. À l'aide de l'équation [18.6], on obtient :

$$F(28) = \frac{28 - 20}{30 - 20} = 0,8$$

La figure 18.5 présente les graphiques de $f(C_2)$ et de $F(C_2)$. Remarquez que $f(C_2)$ est asymétrique parce que le mode n'est pas le point médian de la fourchette $É - B$. Le graphique de $F(C_2)$ présente une courbe continue en forme de S, et le point d'inflexion se situe au mode M.

b) D'après la distribution cumulative de la figure 18.5, il y a 31,25 % de chances que les flux monétaires soient inférieurs ou égaux à 25 \$.

$$F(25\$) = P(C_2 \leq 25\$) = 0,3125$$

Remarque

Les relations générales $f(C_2)$ et $F(C_2)$ ne sont pas formulées ici. La distribution de la variable C_2 n'est pas une distribution uniforme mais triangulaire ; on doit utiliser un nombre entier pour trouver les probabilités cumulatives à partir de la distribution des probabilités de $f(C_2)$.

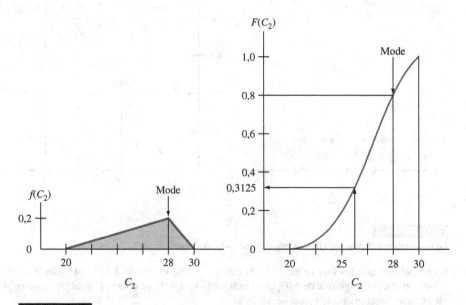

FIGURE 18.5

La distribution triangulaire des flux monétaires mensuels de l'exemple 18.3

18.3 LES ÉCHANTILLONS ALÉATOIRES

Dans les précédents chapitres, estimer un paramètre ayant une seule valeur se résumait à prendre un échantillon aléatoire de taille 1 tiré d'une population entière de valeurs possibles. Si toutes les valeurs d'une population étaient connues, la distribution des probabilités et la distribution cumulative le seraient aussi. Un échantillon ne serait pas nécessaire. À titre d'exemple, supposez que les estimations du coût initial, des coûts annuels d'exploitation, des taux d'intérêt et d'autres paramètres sont utilisés pour calculer une seule valeur actualisée qui servirait à accepter ou à rejeter une solution. Chaque estimation est un échantillon de taille 1 tiré d'une population entière de valeurs possibles, et ce, pour chaque paramètre. Si une deuxième estimation est effectuée pour chaque paramètre et qu'une deuxième valeur actualisée est déterminée, l'échantillon pris est de taille 2.

Lorsqu'on procède à une étude économique en ingénierie et qu'on arrive à une prise de décisions avec certitude, on utilise une estimation pour chaque paramètre afin de calculer une mesure de valeur (c'est-à-dire un échantillon de taille 1 pour chaque paramètre). L'estimation étant la valeur la plus probable, il s'agit donc d'une estimation de valeur espérée. On sait que tous les paramètres varieront d'une façon ou d'une autre ; certains assez importants pour varier de manière à ce qu'on puisse établir ou supposer une distribution de probabilités. Par conséquent, le paramètre est traité comme une variable aléatoire, et c'est là qu'intervient le risque. L'échantillon d'un paramètre tiré d'une distribution de probabilités, que ce soit $P(X)$ dans le cas de la variable discrète ou $f(X)$ pour la variable continue, aide à formuler des énoncés de probabilités sur les estimations. Cette approche complique quelque peu l'analyse. Elle conforte (ou non, dans certains cas) la décision prise concernant la viabilité économique d'une solution fondée sur la variation d'un paramètre. Cet aspect est abordé après l'approfondissement de la prise d'échantillons tirés d'une distribution de probabilités.

> Un échantillon aléatoire de taille n, tiré d'une population, est la sélection aléatoire de n valeurs, formant une distribution de probabilités connues ou attribuées, de telle sorte que les valeurs de la variable dans l'échantillon ont une même chance de se produire que les valeurs de la variable de la population.

Supposons qu'Yvon travaille comme ingénieur depuis 20 ans pour la commission de sécurité des avions non commerciaux. Pour un équipage de 2 personnes, il y a 3 parachutes à bord. D'après la norme de sécurité, 99 % du temps, les 3 parachutes doivent être « prêts à se déployer en situation d'urgence ». Yvon est presque sûr que, dans tout le pays, la distribution des probabilités N, c'est-à-dire le nombre de parachutes prêts à se déployer, se formule comme suit :

$$P(N = N_i) = \begin{cases} 0,005 & N = 0 \text{ parachute prêt} \\ 0,015 & N = 1 \text{ parachute prêt} \\ 0,060 & N = 2 \text{ parachutes prêts} \\ 0,920 & N = 3 \text{ parachutes prêts} \end{cases}$$

Dans ce tableau, on constate que la norme de sécurité n'est pas toujours respectée. Yvon a pris un échantillon de 200 avions privés d'entreprises et de particuliers (choisis au hasard) au Canada pour déterminer le nombre de parachutes qui sont prêts à servir. On suppose que l'échantillon est vraiment aléatoire et que la distribution des probabilités d'Yvon représente correctement les parachutes qui sont réellement prêts à se déployer. Les valeurs observées N des 200 avions auront approximativement les mêmes probabilités que la population de tous les avions du Canada, c'est-à-dire que 1 avion a 0 parachute prêt à se déployer, etc. En comparant des échantillons, il ne faut pas s'attendre à ce que les résultats soient exactement les mêmes que ceux de la population. Cependant, si les résultats sont relativement proches, les résultats de l'échantillon pourront être utiles dans la prévision du nombre de parachutes prêts à se déployer au Canada.

TABLEAU 18.2	LES CHIFFRES ALÉATOIRES FORMANT DES NOMBRES À 2 CHIFFRES

51	82	88	18	19	81	03	88	91	46	39	19	28	94	70	76	33	15	64	20	14	52
73	48	28	59	78	38	54	54	93	32	70	60	78	64	92	40	72	71	77	56	39	27
10	42	18	31	23	80	80	26	74	71	03	90	55	61	61	28	41	49	00	79	96	78
45	44	79	29	81	58	66	70	24	82	91	94	42	10	61	60	79	30	01	26	31	42
68	65	26	71	44	37	93	94	93	72	84	39	77	01	97	74	17	19	46	61	49	67
75	52	14	99	67	74	06	50	97	46	27	88	10	10	70	66	22	56	18	32	06	24

Pour concevoir un échantillon aléatoire, on utilise des nombres aléatoires (NA) générés à partir d'une distribution uniforme de probabilités formée de nombres discrets de 0 à 9, c'est-à-dire :

$$P(X_i) = 0,1 \qquad \text{et } X_i = 0, 1, 2, \dots, 9$$

Les chiffres aléatoires ainsi générés sont souvent utilisés pour former des groupes de 2 chiffres, de 3 chiffres ou plus, sous forme d'un tableau. Le tableau 18.2 présente un échantillon de 132 nombres aléatoires formés de 2 chiffres, ce qui est très utile parce que les nombres de 00 à 99 conviennent très bien dans une distribution cumulative composée de valeurs de 0,01 à 1,00. Ceci facilite la sélection d'un nombre aléatoire à 2 chiffres et l'établissement d'une relation $F(X)$ pour déterminer la valeur de la variable dans la même proportion que dans une distribution des probabilités. Pour appliquer la procédure manuellement et concevoir un échantillon aléatoire de taille n à partir d'une distribution de probabilités connues de variables discrètes $P(X)$ ou d'une distribution des variables continues $f(X)$, on procède de la manière décrite ci-après.

1. Produire une distribution cumulative $F(X)$ à partir d'une distribution de probabilités. Tracer le graphique $F(X)$.

2. Assigner les nombres aléatoires de 00 à 99 à l'échelle $F(X)$, sur l'axe des y, dans la même proportion que les probabilités. Pour ce qui est de l'exemple sur les parachutes, les probabilités de 0,0 à 0,15 sont représentées par des nombres aléatoires de 00 à 14. Indiquer ces nombres sur le graphique.

3. Pour utiliser une table de nombres aléatoires, on choisit au hasard un point d'entrée, puis un choisit un sens de parcours de la table pour prélever les chiffres : vers le haut, vers le bas, en diagonale, etc. Toutes les séquences sont acceptables, mais il faut utiliser la même séquence pour l'ensemble de l'échantillon.

4. Sélectionner le premier nombre, tiré de la table des nombres aléatoires ; l'inscrire sur l'échelle $F(X)$. Observer et inscrire la valeur de la variable correspondante. Répéter cette étape pour toutes les valeurs n de la variable afin de former l'échantillon aléatoire.

5. Utiliser les valeurs n de l'échantillon pour effectuer l'analyse et prendre une décision en situation de risque. Les étapes sont les suivantes :

   - tracer le graphique de la distribution des probabilités de l'échantillon ;
   - formuler les énoncés de probabilités du paramètre ;
   - comparer les résultats de l'échantillon avec la distribution de la population ;
   - établir les statistiques de l'échantillon (*voir la section 18.4*) ;
   - effectuer une analyse de simulation (*voir la section 18.5*).

EXEMPLE 18.4	

Produisez un échantillon aléatoire de taille 10 pour la variable N, le nombre de mois, conforme à une distribution des probabilités.

$$P(N = N_i) = \begin{cases} 0,20 & N = 24 \\ 0,50 & N = 30 \\ 0,30 & N = 36 \end{cases} \qquad [18.7]$$

Solution

Suivez la procédure décrite plus haut en vous servant des valeurs $P(N = N_i)$ dans l'équation [18.7].

1. La distribution cumulative (*voir la figure 18.6*) traite de la variable discrète N, qui peut prendre 3 différentes valeurs.
2. Attribuer 20 nombres (de 00 à 19) à $N_1 = 24$ mois et $P(N = 24) = 0,2$; 50 nombres à $N_2 = 30$; 30 nombres à $N_3 = 36$.
3. Dans le tableau 18.2, sélectionner un premier nombre. Pour choisir les autres nombres, continuer sur la ligne vers la droite, puis revenir vers la gauche sur la ligne suivante. (Vous pouvez utiliser n'importe quelle routine ou séquence pour chaque échantillon aléatoire.)
4. Sélectionner le premier nombre, 45 (quatrième ligne, première colonne) et inscrire ce dernier dans la fourchette des nombres de 20 à 69 de la figure 18.6, pour déterminer $N = 30$ mois.
5. Dans le tableau 18.2, sélectionner et inscrire les 9 autres valeurs comme dans le tableau ci-dessous.

NA	45	44	79	29	81	58	66	70	24	82
N	30	30	36	30	36	30	30	36	30	36

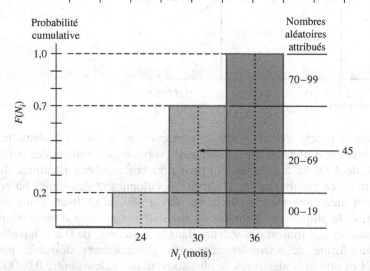

FIGURE 18.6

Une distribution cumulative dans laquelle des valeurs sous forme de nombre aléatoire sont attribuées proportionnellement aux probabilités de l'exemple 18.4

Maintenant, en utilisant les 10 valeurs, on peut établir les probabilités de l'échantillon.

Mois N	Nombre de fois	Probabilité	Probabilité selon l'équation [18.7]
24	0	0,00	0,2
30	6	0,60	0,5
36	4	0,40	0,3

Avec seulement un échantillon de 10 valeurs, les estimations de probabilités pourraient être différentes des valeurs de l'équation [18.7]. Mais seule la valeur de $N = 24$ mois est sensiblement différente, parce qu'aucun nombre aléatoire de 19 ou moins n'a été choisi. Un échantillon plus important se traduirait sans aucun doute par des probabilités plus proches des données originales.

Pour concevoir un échantillon aléatoire de taille n d'une variable continue, la procédure est la même, sauf que les valeurs sous forme de nombres aléatoires sont attribuées à une distribution cumulative sur une échelle continue de 00 à 99 correspondant aux valeurs de $F(X)$. À titre d'illustration, prenez la figure 18.4, dans laquelle C_1 représente une variable de flux monétaires uniformément distribuée pour le client 1 de l'exemple 18.3. Ici $F = 10\,\$$, $\acute{E} = 15\,\$$ et $f(C_1) = 0,2$ pour toutes les valeurs entre F et $\acute{E}$ (toutes les valeurs sont divisées par $1\,000\,\$$). La $F(C_1)$ est répétée comme dans la figure 18.7, les valeurs attribuées aux nombres aléatoires étant indiquées sur l'échelle située à droite. Si le nombre 45, un nombre aléatoire à 2 chiffres, est choisi, le C_1 correspondant est estimé sur le graphique à $12,25\,\$$. On peut aussi l'obtenir par interpolation linéaire comme suit: $12,25\,\$ = 10 + (45 \div 100)(15 - 10)$.

FIGURE 18.7
Des nombres aléatoires attribués à la variable continue du client 1 par rapport aux flux monétaires de l'exemple 18.3

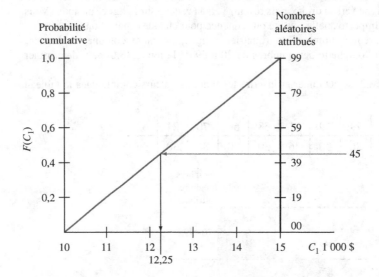

Pour une plus grande précision, lorsque vous concevez un échantillon aléatoire, particulièrement dans le cas d'une variable continue, il est possible d'utiliser des nombres aléatoires de 3, de 4 ou 5 chiffres. On peut tirer ces nombres aléatoires du tableau 18.2 simplement en combinant les chiffres des colonnes et des lignes ou en obtenant des nombres aléatoires avec un nombre plus grand de chiffres. Dans un échantillon informatisé, la plupart des logiciels de simulation disposent d'un générateur de nombres aléatoires qui fournit des valeurs dans la fourchette de 0 à 1, à partir d'une distribution uniforme de variables continues généralement désignée par l'expression $U(0,1)$. Les nombres aléatoires, le plus souvent des valeurs entre 0,00000 et 0,99999, composent directement l'échantillon de la distribution cumulative, et on emploie la même procédure. (Vous trouverez dans la section A.3 de l'annexe A une description des fonctions ALEA et ALEA.ENTRE.BORNES d'Excel.)

Solution complexe

Dans un échantillonnage aléatoire, une des premières questions à laquelle on doit répondre consiste à connaître la taille minimale de n qu'il faut pour obtenir des résultats probants. Sans entrer dans la logique mathématique, la théorie de l'échantillonnage, qui est basée sur la loi des grands nombres et le théorème de la limite centrale (au besoin, révisez cette notion dans un manuel de statistique de base), indique qu'une valeur n de 30 est suffisante. Par contre, la réalité n'étant pas toujours conforme à la théorie et parce que l'économie en ingénierie consiste souvent à travailler avec des estimations incomplètes, un échantillonnage de 100 à 200 représente souvent la norme. Mais un petit échantillon de 10 à 25 valeurs donne une meilleure base, pour une prise de décisions comportant une dose de risque, que l'estimation ponctuelle d'un paramètre connu qui varie de façon importante.

18.4 LA VALEUR ESPÉRÉE ET L'ÉCART-TYPE

Deux très importantes mesures ou propriétés d'une variable aléatoire sont la valeur espérée et l'écart-type. Si toute la population d'une variable était connue, le calcul de ces propriétés se ferait de manière directe. Comme elles sont généralement inconnues, dans la plupart des cas, on utilise des échantillons aléatoires pour les estimer, respectivement à l'aide de la moyenne et de l'écart-type de l'échantillon. Le prochain sujet abordé est une brève introduction à l'interprétation et au calcul de ces propriétés au moyen d'un échantillon aléatoire de taille *n*.

Les symboles habituels sont des lettres grecques qui représentent les mesures d'une population réelle, et les lettres romaines désignent les estimations des échantillons.

	Mesure de population réelle		Estimation de l'échantillon	
	Symbole	Nom	Symbole	Nom
Valeur espérée	μ ou $E(X)$	Mu ou moyenne de la population	$\bar{X}$	Moyenne de l'échantillon
Écart-type	σ ou $\sqrt{\text{Var}(X)}$ ou $\sqrt{\sigma^2}$	Sigma ou écart-type de la population	s ou $\sqrt{s^2}$	Écart-type de l'échantillon

> La « valeur espérée » est la moyenne espérée à long terme si la variable est échantillonnée un grand nombre de fois.

La valeur espérée d'une population n'est pas exactement connue, parce que cette population n'est pas entièrement connue. L'estimation du symbole μ est effectuée soit avec $E(X)$, tirée d'une distribution, soit avec $\bar{X}$, la moyenne de l'échantillon. L'équation [17.2] (identique à l'équation [18.8]) est utilisée ici pour calculer la $E(X)$ d'une distribution de probabilités. L'équation [18.9] permet de calculer la moyenne de l'échantillon.

Population : $\qquad\qquad\qquad\qquad\boldsymbol{\mu}$

Distribution de probabilités : $\qquad E(X) = \sum X_i P(X_i)$ [18.8]

Échantillon : $\qquad \bar{X} = \dfrac{\text{somme des valeurs de l'échantillon}}{\text{taille de l'échantillon}}$

$$= \frac{\sum X_i}{n} = \frac{\sum f_i X_i}{n}$$ [18.9]

L'expression f_i, qui figure dans le deuxième élément de l'équation [18.9], est la fréquence de X_i, c'est-à-dire le nombre de fois que chaque valeur est contenue dans l'échantillon. Le résultat $\bar{X}$ n'est pas nécessairement une valeur observée de la variable ; il s'agit de la valeur moyenne à long terme et peut prendre n'importe quelle valeur se trouvant dans la fourchette. (On omet l'indice *i* de *X* et de *f* si toute confusion est évitée.)

EXEMPLE 18.5

Kevin, ingénieur à la société Hydro-Québec, se prépare à tester plusieurs hypothèses au sujet de factures d'électricité résidentielles en Amérique du Nord et dans les pays asiatiques. La variable qui nous intéresse est *X*, montant de la facture mensuelle d'électricité résidentielle en dollars canadiens (montant arrondi au dollar près). Deux petits échantillons ont été recueillis en provenance des différents pays d'Amérique du Nord et d'Asie. Estimez la valeur espérée de cette population. Les échantillons (d'un point de vue non statistique) proviennent-ils d'une même population ou de deux populations différentes ?

Échantillon 1, Amérique du Nord ($)	40	66	75	92	107	159	275
Échantillon 2, Asie ($)	84	90	104	187	190		

Solution

Servez-vous de l'équation [18.9] pour obtenir la moyenne de l'échantillon.

Échantillon 1: $\quad n = 7 \quad \sum X_i = 814 \qquad\qquad \bar{X} = 116,29\$$

Échantillon 2: $\quad n = 5 \quad \sum X_i = 655 \qquad\qquad \bar{X} = 131,00\$$

Si on se fonde seulement sur les moyennes de petits échantillons, la différence approximative de 15 $, inférieure à 10 % de la facture moyenne la moins élevée, ne semble pas suffisamment importante pour conclure que les deux populations sont différentes. Il existe plusieurs tests statistiques disponibles qui servent à déterminer si les échantillons proviennent de la même population ou de populations différentes. (Au besoin, revoyez cette notion dans un manuel de statistique de base.)

Remarque

En général, 3 mesures sont utilisées pour calculer la tendance centrale des données. La moyenne de l'échantillon est la plus populaire, mais le mode et la médiane sont également des mesures utiles. Le mode est la valeur observée la plus fréquente, et elle est employée dans l'exemple 18.3 pour une distribution triangulaire. Les deux échantillons de Kevin ne comportent aucun mode, parce que toutes les valeurs sont différentes. La médiane est la valeur du milieu de l'échantillon; elle n'est pas biaisée à cause de valeurs extrêmes de l'échantillon, comme la moyenne l'est. Les deux médianes de l'échantillon sont 92 $ et 104 $. Si on se base seulement sur les médianes, la conclusion est que les échantillons ne proviennent pas nécessairement de deux populations différentes.

L'écart-type est la dispersion ou l'étendue de valeurs autour de la valeur espérée $E(X)$ ou de la moyenne de l'échantillon $\bar{X}$.

L'écart-type s d'un échantillon donne une estimation de la caractéristique σ, qui est la mesure de dispersion autour de la valeur espérée d'une variable. Une distribution de probabilités, dans le cas de données ayant une forte tendance centrale, est plus étroitement groupée au centre de la série statistique; son écart-type s est plus petit que celui d'une distribution large et dispersée. Dans la figure 18.8, les échantillons ayant des valeurs s plus importantes, telles que s_1 et s_4, sont des distributions de probabilités plus aplaties et évasées.

En réalité, la variance s^2 est souvent prise comme mesure de dispersion. L'écart-type étant simplement la racine carrée de la variance, l'une ou l'autre de ces mesures peut être employée. La valeur s est la plus couramment utilisée dans les calculs de risque et de probabilités. En mathématiques, les formules et les symboles de la variance et de l'écart-type, pour les variables discrètes, et les échantillons aléatoires de taille n sont les suivantes:

Population: $\sigma^2 = \text{Var}(X) \quad$ et $\quad \sigma = \sqrt{\sigma^2} = \sqrt{\text{Var}(X)}$

Distribution de probabilités: $\text{Var}(X) = \sum [X_i - E(X)]^2 P(X_i)$ [18.10]

Échantillon: $s^2 = \dfrac{\text{somme de } \left(\text{valeur de l'échantillon} - \text{moyenne de l'échantillon}\right)^2}{\text{taille de l'échantillon} - 1}$

$$= \frac{\sum (X_i - \bar{X})^2}{n - 1}$$ [18.11]

$$s = \sqrt{s^2}$$

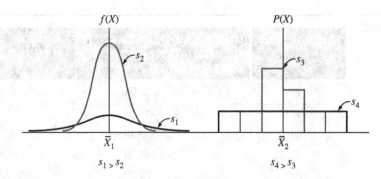

FIGURE 18.8
Des figures de distributions qui montrent des valeurs ayant des moyennes et des écarts-types différents

L'équation [18.11] servant au calcul de la variance est habituellement présentée sous une forme plus compatible avec le traitement informatique. On obtient :

$$s^2 = \frac{\sum X_i^2}{n-1} - \frac{n}{n-1}\bar{X}^2 = \frac{\sum f_i X_i^2}{n-1} - \frac{n}{n-1}\bar{X}^2 \qquad [18.12]$$

Dans le cas de l'écart-type, la moyenne de l'échantillon sert de base de mesure pour l'étendue ou la dispersion des données, à l'aide du calcul $(X - \bar{X})$, et le résultat peut être positif ou négatif. Pour mesurer avec précision la dispersion de chaque côté de la moyenne, le résultat de $(X - \bar{X})$ est mis au carré. Si on veut revenir au premier calcul de la variable, on extrait la racine carrée de l'équation [18.11]. Le terme qui correspond à $(X - \bar{X})^2$ est appelé « variation », et s, depuis toujours, fait référence à la racine carrée de la variation. En ce qui concerne l'élément f_i, dans la deuxième partie de l'équation [18.12], la fréquence de chacune des valeurs de X_i est utilisée pour calculer s^2.

Un moyen simple de combiner la moyenne et l'écart-type est de déterminer le pourcentage ou la fraction de l'échantillon se trouvant dans la fourchette ± 1, ± 2 ou ± 3 écarts-types de la moyenne, ce qui donne :

$$\bar{X} \pm ts \quad \text{lorsque } t = 1, 2 \text{ ou } 3 \qquad [18.13]$$

En termes de probabilité, on obtient :

$$P(\bar{X} - ts \le X \le \bar{X} + ts) \qquad [18.14]$$

Toutes les valeurs de l'échantillon se situent toujours dans la fourchette $\pm 3s$ de $\bar{X}$, mais le pourcentage qui se trouve dans la fourchette $\pm 1s$ variera selon la distribution des points de données autour de $\bar{X}$. Dans l'exemple 18.6, on se sert du calcul de s pour estimer σ, puis on incorpore s à la moyenne de l'échantillon en utilisant $\bar{X} \pm ts$.

EXEMPLE 18.6

a) Au moyen des deux échantillons de l'exemple 18.5, estimez la variance et l'écart-type d'une population de factures d'électricité. b) Déterminez les pourcentages de chaque échantillon qui se trouve à l'intérieur de la fourchette de 1 et 2 écarts-types de la moyenne.

Solution

a) Pour illustrer l'énoncé précédent, appliquez, pour les deux échantillons, les deux relations différentes afin de calculer s. Dans le cas de l'échantillon 1 (Amérique du Nord), si $n = 7$, utilisez X pour identifier les valeurs. Le tableau 18.3 présente le calcul de $\sum(X - \bar{X})^2$, à l'aide de l'équation [18.11], où $X = 116,29$ \$. Le résultat des valeurs s^2 et s est :

$$s^2 = \frac{37\,743,40}{6} = 6\,290,57$$
$$s = 79,31\,\$$$

Dans le calcul de l'échantillon 2 (Asie), utilisez Y pour identifier les valeurs. Si $n = 5$ et $\bar{Y} = 131$, l'équation [18.12] donne le résultat présenté dans le tableau 18.4, soit $\sum Y^2$.

TABLEAU 18.3	UN CALCUL DE L'ÉCART-TYPE, À L'AIDE DE L'ÉQUATION [18.11], SI $\overline{X} = 116,29\,\$$ DE L'EXEMPLE 18.6	
X	$(X - \overline{X})$	$(X - \overline{X})^2$
40 $	−76,29	5 820,16 $
66	−50,29	2 529,08
75	−41,29	1 704,86
92	−24,29	590,00
107	−9,29	86,30
159	+42,71	1 824,14
275	+158,71	25 188,86
814 $		37 743,40 $

TABLEAU 18.4	UN CALCUL DE L'ÉCART-TYPE, À L'AIDE DE L'ÉQUATION [18.12], SI $\overline{Y} = 131\,\$$ DE L'EXEMPLE 18.6	
Y		**Y²**
84 $		7 056
90		8 100
104		10 816
187		34 969
190		36 100
655 $		97 041

$$s^2 = \frac{97\,041}{4} - \frac{5}{4}(131)^2 = 42\,260,25 - 1,25(17,161) = 2\,809$$

$$s = 53\,\$$$

La dispersion est plus petite pour l'échantillon asiatique (53 $) que pour l'échantillon de l'Amérique du Nord (79,31 $).

b) L'équation [18.13] détermine les fourchettes de $\overline{X} \pm 1s$ et de $\overline{X} \pm 2s$. Comptez le nombre de points de données de l'échantillon entre les limites et calculez le pourcentage correspondant. Référez-vous à la figure 18.9 qui présente le graphique des données et la fourchette des écarts-types.

Échantillon de l'Amérique du Nord :

$$\overline{X} \pm 1s = 116,29 \pm 79,31, \text{ dans une fourchette de } 36,98\,\$ \text{ à } 195,60\,\$$$

Six des sept valeurs sont dans cette fourchette ; le pourcentage est de 85,7 %.

$$\overline{X} \pm 2s = 116,29 \pm 158,62, \text{ dans une fourchette de } -42,33\,\$ \text{ à } 274,91\,\$$$

Six des sept valeurs se trouvent dans la fourchette $\overline{X} \pm 2s$. La limite de −42,33 $ n'est significative que si on s'intéresse aux probabilités ; d'un point de vue pratique, utilisez 0, car aucun montant n'est imputé.

Échantillon asiatique :

$$\overline{Y} \pm 1s = 131 \pm 53 \text{ pour une fourchette de } 78\,\$ \text{ à } 184\,\$$$

Trois des cinq valeurs, ou 60 %, se trouvent dans cette fourchette.

$$\overline{Y} \pm 2s = 131 \pm 106 \text{ pour une fourchette de } 25\,\$ \text{ à } 237\,\$.$$

Les cinq valeurs sont dans la fourchette $\overline{Y} \pm 2s$.

a)

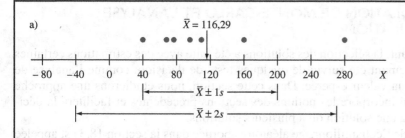

b)

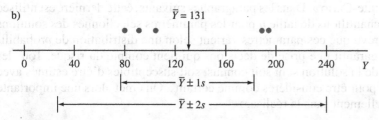

FIGURE 18.9

Les fourchettes des valeurs, des moyennes et des écarts-types pour : a) l'échantillon de l'Amérique du Nord ;
b) l'échantillon asiatique de l'exemple 18.6

Remarque

La deuxième mesure de dispersion la plus fréquente est la fourchette, qui est simplement la valeur
la plus élevée moins la valeur la moins élevée de l'échantillon. Dans les deux échantillons, les
estimations de la fourchette sont 235 \$ et 106 \$.

Avant d'aborder l'analyse de simulation en économie de l'ingénierie, il est utile de
résumer les relations de valeur espérée et d'écart-type qui concernent les variables
continues. Les équations de [18.8] à [18.12] ne traitent que des variables discrètes. Les
principales différences sont que l'intégrale par rapport à une fourchette définie de
variables, désignée R, remplace le symbole $\sum$ (somme) et que l'élément différentiel
$f(X)dX$ remplace $P(X)$. Dans le cas d'une distribution de probabilités continues déterminées $f(X)$, les formules sont :

Valeur espérée : $\qquad E(X) = \int_R Xf(X)\, dX \qquad\qquad$ **[18.15]**

Variance : $\qquad \mathrm{Var}(X) = \int_R X^2 f(X)\, dX - [E(X)]^2 \qquad$ **[18.16]**

Dans le cas d'un exemple numérique, utilisez de nouveau la distribution uniforme
de l'exemple 18.3 (*voir la figure 18.4*) par rapport à une fourchette allant de 10 \$ à 15 \$.
Si la variable est X plutôt que C_1, les formules suivantes sont correctes :

$$f(X) = \frac{1}{5} = 0,2 \quad 10\,\$ \le X \le 15\,\$$$

$$E(X) = \int_R X(0,2)\, dX = 0,1X^2\Big|_{10}^{15} = 0,1(225 - 100) = 1,25\,\$$$

$$\mathrm{Var}(X) = \int_R X^2(0,2)\, dX - (12,5)^2 = \frac{0,2}{3} X^3\Big|_{10}^{15} - (12,5)^2$$

$$= 0,06667(3\,375 - 1\,000) - 156,25 = 2,08$$

$$\sigma = \sqrt{2,08} = 1,44\,\$$$

Par conséquent, la distribution uniforme entre $F = 10\,\$$ et $\acute{E} = 15\,\$$ donne une valeur
espérée de 12,50 \$ (le milieu de la fourchette, comme on s'y attendait) et un écart-type
de 1,44 \$.

Voir à ce sujet les exemples 18.11 et 18.12.

18.5 LA SIMULATION DE MONTE-CARLO ET L'ANALYSE DE SIMULATION

Jusqu'à maintenant, la sélection des solutions a été faite avec des estimations certaines et elle a probablement été suivie de quelques tests de décision, comme l'analyse de sensibilité ou de la valeur espérée. Dans cette section, nous étudierons une approche de simulation qui incorpore les notions des sections précédentes et facilitera la décision par rapport à une solution ou à plusieurs solutions.

La technique de l'échantillonnage aléatoire abordée dans la section 18.3 est appelée « simulation de Monte-Carlo ». Dans les paragraphes suivants, cette dernière est utilisée pour obtenir des échantillons de taille n pour les paramètres sélectionnés des solutions formulées. Il est prévu que ces paramètres varient selon une distribution de probabilités établie, ce qui garantit une prise de décisions qui tient compte du risque. Tous les autres paramètres de la solution sont soit connus, soit susceptibles d'être estimés avec assez de précision pour être considérés comme certains. On émet alors une importante hypothèse, habituellement sans la réaliser :

> Tous les paramètres sont indépendants, c'est-à-dire que la distribution d'une variable n'influe pas sur la valeur des autres variables de la solution. Ce trait particulier est appelé la « caractéristique des variables aléatoires indépendantes ».

Dans une analyse économique en ingénierie, on réalise une simulation en suivant les étapes de base suivantes :

Étape 1 : **Formuler une ou des solutions**   Formuler chaque solution dans une relation convenant à une analyse économique en ingénierie et sélectionner la mesure de valeur sur laquelle la décision sera basée. Déterminer la forme de la relation ou des relations servant à calculer la mesure de valeur.

Étape 2 : **Traiter les paramètres avec variation**   Dans chaque solution, sélectionner les paramètres qui seront traités comme des variables aléatoires. Estimer les valeurs de tous les autres paramètres (assurément) nécessaires à l'analyse.

Étape 3 : **Déterminer la distribution des probabilités**   Déterminer si chaque variable est discrète ou continue. Pour chaque variable aléatoire utilisée dans une solution, définir une distribution de probabilités. Utiliser, si c'est possible, des distributions normales afin de simplifier l'échantillonnage et de préparer la simulation informatisée.

Étape 4 : **Créer un échantillonnage aléatoire**   Appliquer la procédure (les quatre premières étapes) à l'échantillon aléatoire qui est expliquée à la section 18.3, ce qui donnera pour chaque variable une distribution cumulative, des nombres aléatoires attribués, des nombres aléatoires sélectionnés et un échantillon de taille n.

Étape 5 : **Calculer la mesure de valeur**   Calculer les valeurs n, tirées de la mesure de valeur sélectionnée, établies avec la ou les relations de l'étape 1. Utiliser les estimations certaines et les valeurs n de l'échantillon pour les paramètres qui varient (lorsque les variables aléatoires sont réellement indépendantes).

Étape 6 : **Décrire la mesure de valeur**   Concevoir la distribution de probabilités de la mesure des valeurs en utilisant de 10 à 20 cellules de données. Calculer les mesures de $\bar{X}$, de s, de $\bar{X} \pm ts$, ainsi que les probabilités correspondantes.

Étape 7 : **Tirer des conclusions** Dégager des conclusions pour chaque solution et fixer son choix. Si la ou les solutions ont déjà été évaluées précédemment, au regard de la certitude et des autres paramètres, une comparaison des résultats pourrait mener à la décision ultime.

L'exemple 18.7 illustre la procédure d'une analyse de simulation abrégée, faite manuellement. Dans l'exemple 18.8, le tableur est utilisé pour procéder à une analyse informatisée avec les mêmes estimations.

Jolène Hsu est la présidente-directrice générale d'une chaîne de 50 centres de conditionnement physique aux États-Unis et au Canada. On lui présente deux propositions d'affaires à long terme, qui consistent à acheter de nouveaux systèmes d'exercices aérobiques. Avec ces systèmes, le client paie, en plus des frais mensuels, pour chaque utilisation d'appareil. Un des deux systèmes consiste en une offre alléchante pour les 5 premières années, c'est-à-dire des revenus annuels garantis.

Comme il s'agit d'un concept générateur de revenus entièrement nouveau et risqué, Jolène désire procéder à une analyse minutieuse de chaque solution. Voici le détail des deux systèmes.

Système 1 : Le coût initial est $P = 12\,000\,\$$ pour une période fixe de $n = 7$ années. La valeur de récupération est nulle. Aucune garantie de revenus annuels n'accompagne le système.

Système 2 : Le coût initial est $P = 8\,000\,\$$. La valeur de récupération est nulle. Un revenu annuel net de $1\,000\,\$$ est garanti pour les 5 premières années ; après cette période, il n'y a aucune garantie. La durée d'utilité maximale des appareils et des mises à niveau est de 15 années, la durée exacte n'étant pas connue. On peut annuler le programme, sans pénalité, n'importe quand après 5 années.

Pour les deux systèmes, les nouveaux modèles des appareils seront installés sans coût additionnel. Avec un taux de rendement acceptable minimum annuel de 15 %, utilisez une analyse de la valeur actualisée nette (VAN) pour déterminer si on ne doit installer aucun système, en installer un seul ou installer les deux systèmes.

Solution manuelle

Les estimations que Jolène a effectuées pour une analyse de simulation efficace sont indiquées dans les étapes ci-après.

Étape 1 : **Formuler des solutions** On se sert d'une analyse de la valeur actualisée nette pour établir les relations du système 1 et du système 2 en incluant des paramètres connus avec certitude. L'abréviation FMN signifie « flux monétaires nets (revenus) » et FMN_G, les « FMN garantis » de $1\,000\,\$$ du système 2.

$$VAN_1 = -P_1 + FMN_1(P/A;15\%;n_1) \qquad [18.17]$$

$$VAN_2 = -P_2 + FMN_G(P/A;15\%;5)$$
$$+ FMN_2(P/A;15\%;n_2-5)(P/F;15\%;5) \qquad [18.18]$$

Étape 2 : **Traiter les paramètres avec variation** Jolène résume les paramètres estimés avec certitude et pose des hypothèses avec les distributions de trois paramètres considérés comme des variables aléatoires.

Système 1
Certitude : $P_1 = 12\,000\,\$$; $n_1 = 7$ années
Variable : Les FMN_1 correspondent à une variable continue, distribuée uniformément entre B (valeur basse) = $-4\,000\,\$$ et $É$ (valeur élevée) = $6\,000\,\$$, par année, car on considère que l'initiative comporte un risque élevé.

Système 2
Certitude : $P_2 = 8\,000\,\$$; $FMN_G = 1\,000\,\$$, les 5 premières années.
Variable : Les FMN_2 correspondent à une variable discrète, distribuée uniformément entre les valeurs $B = 1\,000\,\$$ et $É = 6\,000\,\$$, par tranche de $1\,000\,\$$, ce qui donne $1\,000\,\$$, $2\,000\,\$$, etc.
Variable : n_2 est une variable continue, distribuée uniformément entre $B = 6$ et $É = 15$ années.

Maintenant, reformulez les équations [18.17] et [18.18] afin d'obtenir des estimations certaines.

$$VAN_1 = -12\,000 + FMN_1(P/A;15\%;7)$$
$$= -12\,000 + FMN_1(4,1604) \qquad [18.19]$$

$$VAN_2 = -8\,000 + 1\,000(P/A;15\%;5)$$

$$+ FMN_2(P/A;15\%;n_2-5)(P/F;15\%;5)$$

$$= -4\,648 + FMN_2(P/A;15\%;n_2-5)(0,4972) \qquad [18.20]$$

Étape 3 : **Déterminer les distributions de probabilités** La figure 18.10 (côté gauche) représente les distributions de probabilités pour FMN_1, FMN_2 et n_2 qui en résultent.

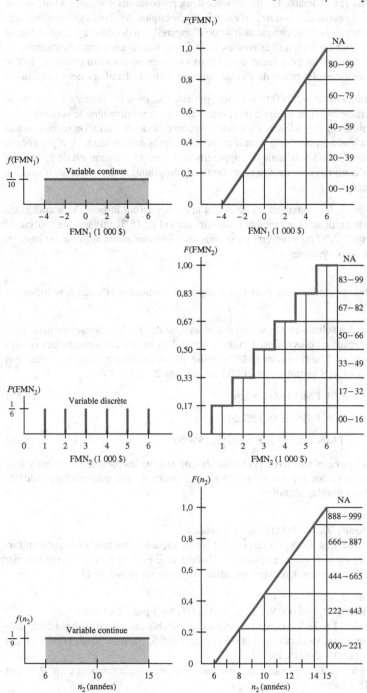

FIGURE 18.10

Les distributions utilisées pour des échantillons aléatoires de l'exemple 18.7

Étape 4 : **Créer un échantillonnage aléatoire** Jolène décide de créer un échantillon de taille 30. Elle applique les quatre premières étapes concernant les échantillons aléatoires, qui sont expliquées dans la section 18.3. La figure 18.10 (côté droit) illustre les distributions cumulatives (étape 1) et les nombres aléatoires attribués à chaque variable (étape 2). Les nombres aléatoires des FMN_2 représentent les valeurs qui se trouvent sur l'axe des x, et tous les flux monétaires nets sont divisés par tranches égales de 1 000 $. Dans le cas de la variable continue n_2, on utilise des nombres aléatoires à 3 chiffres pour que le tri des valeurs se fasse également ; les nombres aléatoires ne sont indiqués dans les cellules qu'à titre d'« indexeurs ». Il s'agit d'une référence facile lorsqu'on se sert de tels nombres pour trouver une variable. Cependant, on arrondit le chiffre à l'entier immédiatement supérieur de n_2, car si le contrat est annulé, il le sera à la date d'anniversaire de l'entrée en service. De plus, on peut maintenant employer un tableau où figurent l'intérêt composé et la donnée $(n_2 - 5)$ années (*voir le tableau 18.5*).

Après la sélection du premier nombre tiré aléatoirement du tableau 18.2, avec une séquence (étape 3), on crée, dans un tableau, une colonne de nombres aléatoires qui sont sélectionnés de bas en haut, puis on continue vers la gauche. Le tableau 18.5 ne présente que les 5 premiers nombres aléatoires sélectionnés pour chaque échantillon et leurs variables correspondantes à partir des distributions cumulatives de la figure 18.10 (étape 4).

Étape 5 : **Calculer les mesures de valeurs** En se servant des 5 valeurs de l'échantillon du tableau 18.5, on calcule leurs valeurs actualisées nettes en utilisant les équations [18.19] et [18.20].

1. $VAN_1 = -12\,000 + (-2\,200)(4,1604) \quad\quad = -21\,153\,\$$
2. $VAN_1 = -12\,000 + 2\,000(4,1604) \quad\quad = -3\,679\,\$$
3. $VAN_1 = -12\,000 + (-1\,100)(4,1604) \quad\quad = -16\,576\,\$$
4. $VAN_1 = -12\,000 + (-900)(4,1604) \quad\quad = -15\,744\,\$$
5. $VAN_1 = -12\,000 + 3\,100(4,1604) \quad\quad = +897\,\$$

1. $VAN_2 = -4\,648 + 1\,000(P/A;15\%;7)(0,4972) = -2\,579\,\$$
2. $VAN_2 = -4\,648 + 1\,000(P/A;15\%;5)(0,4972) = -2\,981\,\$$
3. $VAN_2 = -4\,648 + 5\,000(P/A;15\%;8)(0,4972) = +6\,507\,\$$
4. $VAN_2 = -4\,648 + 3\,000(P/A;15\%;10)(0,4972) = +2\,838\,\$$
5. $VAN_2 = -4\,648 + 4\,000(P/A;15\%;3)(0,4972) = -107\,\$$

Maintenant, on trouve 25 nombres aléatoires supplémentaires pour chaque variable tirée du tableau 18.2 afin de calculer leurs valeurs actualisées nettes.

TABLEAU 18.5 LES VALEURS DES NOMBRES ALÉATOIRES ET DES VARIABLES DES FMN_1, DES FMN_2 ET DE n_2 DE L'EXEMPLE 18.7

FMN$_1$		FMN$_2$		n_2		
NA*	Valeur ($)	NA†	Valeur ($)	NA‡	Valeur	Valeur arrondie§
18	−2 200	10	1 000	586	11,3	12
59	+2 000	10	1 000	379	9,4	10
31	−1 100	77	5 000	740	12,7	13
29	−900	42	3 000	967	14,4	15
71	+3 100	55	4 000	144	7,3	8

* Choisi au hasard en commençant par la ligne 1, colonne 4, du tableau 18.2.
† On commence par la ligne 6, colonne 14.
‡ On commence par la ligne 4, colonne 6.
§ La valeur n_2 est arrondie.

Étape 6 : **Décrire les mesures de valeurs** Les figures 18.11 a) et b) présentent les distributions de probabilités de la VAN_1 et de la VAN_2, ainsi que la fourchette des valeurs actualisées nettes, de $\bar{X}$ et de s, pour les 30 échantillons, respectivement dans 14 et 15 cellules.

VAN_1 Les valeurs de l'échantillon vont de $-24\,481\,\$$ à $+12\,962\,\$$. Les mesures pour les 30 valeurs sont :

$$\bar{X}_1 = -7\,729\,\$$$
$$s_1 = 10\,190\,\$$$

VAN₂ Les valeurs de l'échantillon vont de −3 031 $ à +10 190 $. Les mesures calculées sont :

$$\overline{X}_2 = 2\,724\,\$$$

$$s_2 = 4\,336\,\$$$

Étape 7 : **Conclusions** D'autres valeurs d'échantillons rendront la tendance centrale de la distribution des valeurs actualisées plus évidente et pourraient réduire les valeurs de s qui sont assez élevées pour le moment. On peut maintenant tirer de nombreuses conclusions lorsque les distributions des valeurs actualisées nettes sont connues.

a) Système 1

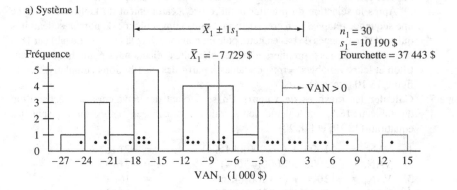

b) Système 2

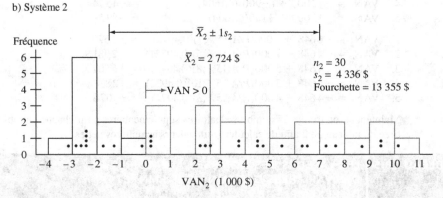

FIGURE 18.11

Les distributions de probabilités des valeurs actualisées nettes simulées pour un échantillon de taille 30 de l'exemple 18.7

Système 1 Si on se base sur ce petit échantillon de 30 observations, cette solution **n'est pas acceptable**. La probabilité d'obtenir un taux de rendement acceptable minimum de 15 % est relativement petite, puisque l'échantillon indique une probabilité de 0,27 (8 sur 30 valeurs) que la valeur actualisée nette sera positive, et puisque $\overline{X}_1$ est une valeur négative élevée. Même si l'écart-type semble étendu, environ 20 des 30 valeurs de l'échantillon (les deux tiers) sont dans les limites de $\overline{X} \pm 1s$, ce qui donne les résultats −17 919 $ et 2 461 $. Un échantillon plus important pourrait modifier un peu l'analyse.

Système 2 Si Jolène est prête à accepter un engagement à plus long terme qui augmenterait les flux monétaires nets dans quelques années, l'échantillon de 30 observations montre que la solution **est acceptable**. Si le taux de rendement acceptable minimum est fixé à 15 %, la simulation fait en sorte qu'environ 67 % des valeurs actualisées nettes sont positives (20 des 30 valeurs actualisées nettes de la figure 18.11 b). Cependant, la probabilité d'observer des valeurs actualisées nettes à l'intérieur des limites de $\overline{X} \pm 1s$ (−1 612 $ et 7 060 $) est de 0,53 (16 des 30 valeurs de l'échantillon), ce qui montre que la distribution des valeurs actualisées nettes est plus largement dispersée autour de sa moyenne que dans l'échantillon du système 1.

Conclusion, à ce moment-ci Rejeter le système 1 ; accepter le système 2 ; surveiller attentivement les flux monétaires nets surtout après les 5 premières années.

Remarque

Dans l'exemple 5.8, les estimations sont très semblables à celles-ci, sauf que toutes les estimations ont été faites avec cette certitude : ($FMN_1 = 3\,000\,\$$, $FMN_2 = 3\,000\,\$$ et $n_2 = 14$ années). On a évalué les solutions en réalisant une analyse du délai de récupération, avec $\overline{TRAM} = 15\,\%$; de ce fait, la première solution a été sélectionnée. Par contre, l'analyse subséquente des valeurs actualisées nettes, dans l'exemple 5.8, met en évidence la solution 2, en partie à cause de l'anticipation de flux monétaires plus élevés pour les années subséquentes.

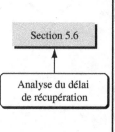

EXEMPLE 18.8

Vous devez aider Jolène Hsu à faire une simulation sur une feuille de calcul Excel, en prenant 3 variables aléatoires et l'analyse des valeurs actualisées nettes de l'exemple 18.7. La distribution des valeurs actualisées varie-t-elle de façon appréciable par rapport à la simulation manuelle ? Les décisions de rejeter le système 1 et d'accepter le système 2 semblent-elles encore raisonnables ?

Solution par ordinateur

Les figures 18.12 et 18.13 présentent des feuilles de calcul sur lesquelles les étapes 3 (déterminer la distribution des probabilités) à 6 (décrire la mesure de valeur) de la simulation sont effectuées. La plupart des tableurs génèrent un nombre limité de distributions pour concevoir les échantillons, mais les plus fréquentes sont les distributions uniformes et normales.

La figure 18.12 affiche les résultats d'un petit échantillon de 30 valeurs (une seule portion de la feuille de calcul est présentée) tiré de 3 distributions où sont utilisées les fonctions ALEA et SI (*voir la section A.3 de l'annexe A*).

	B15	▾	f_x	=ENT((100*A15-4000)/100)*100			
	A	B	C	D	E	F	G	H
1			Échantillon de taille 30					
2	**NA1**	**FMN1 ($)**	**NA2**	**FMN2 ($)**	**NA3**	**N (années)**		
3	12,5625	(2 800 $)	83,6176	6 000 $	556,277	12		
4	25,0262	(1 500 $)	99,5425	6 000 $	8,78831	7		
5	9,3856	(3 100 $)	26,4693	2 000 $	507,36	11		
6	38,0199	(200 $)	36,8475	3 000 $	681,54	13		
7	71,5088	3 100 $	83,461	6 000 $	369,092	10		
8	66,782	2 600 $	77,8699	5 000 $	91,3044	7		
9	48,3324	800 $	8,43079	1 000 $	457,749	11		
10	39,3886	(100 $)	52,863	4 000 $	914,543	15		
11	21,5429	(1 900 $)	57,4819	4 000 $	698,762	13		=ENT(0,009*E13+1)+6
12	44,4996	400 $	1,93223	1 000 $	744,262	13		
13	32,9911	(800 $)	70,6307	5 000 $	190,814	8		
14	96,0249	5 600 $	61,0023	4 000 $	714,668	13		=ALEA()*1000
15	99,6675	5 900 $	55,7741	4 000 $	648,227	12		
16	13,959	(2 700 $)	98,9107	6 000 $	199,949	8		

=ALEA()*100

=SI(C13<=16;1000;SI(C13<=32;2000;SI(C13<=49;3000;
SI(C13<=66;4000;SI(C13<=82;5000;SI(C13<=100;6000;6000))))))

=ENT((100*A13-4000)/100)*100

FIGURE 18.12

La composition d'un échantillon où sont générées des valeurs à l'aide d'une simulation informatisée de l'exemple 18.8

FMN$_1$: Valeurs continues et uniformes, de $-4\,000\,\$$ à $6\,000\,\$$. La relation de la colonne B transforme les valeurs de NA1 (colonne A) en montants de FMN1.

FMN$_2$: Valeurs discrètes et uniformes, par tranche de $1\,000\,\$$ à $6\,000\,\$$. Les cellules de la colonne D indiquent les FMN2 par tranche de $1\,000\,\$$, si on utilise la fonction logique SI pour formuler les valeurs de NA2.

n_2 : Valeurs continues et uniformes, de 6 à 15 années. Les résultats de la colonne F sont des nombres entiers obtenus à l'aide de la fonction ENT avec les NA3.

La figure 18.13 présente, dans la partie supérieure de la feuille de calcul, les estimations des deux solutions. Le calcul des VAN$_1$ et VAN$_2$, répété 30 fois, pour FMN$_1$, FMN$_2$ et n_2, correspond aux équations [18.19] et [18.20]. La fonction SI, qui est employée ici, indique le nombre de valeurs actualisées nettes inférieures à $0\,\$$, égales à 0 ou supérieures à 0. Par exemple, la cellule C17 contient un 1, ce qui indique une VAN$_1$ > 0 pour des FMN$_1$ $=3\,100\,\$$ (dans la cellule B7 de la figure 18.12), ce qu'on a utilisé pour calculer VAN$_1$ = 897 \$ en se servant de l'équation [18.19]. Les cellules des lignes 7 et 8 montrent le nombre de fois, dans les 30 échantillons, que le système 1 et le système 2 pourraient au moins générer un TRAM = 15 %, car la valeur actualisée nette correspondante est ≥ 0. La moyenne et l'écart-type y figurent également.

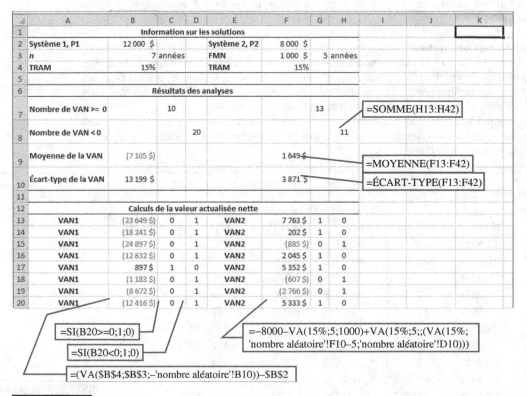

FIGURE 18.13

Les résultats de la simulation des 30 valeurs actualisées nettes, à l'aide d'un tableur, de l'exemple 18.8

La comparaison des simulations manuelle et à l'aide d'un tableur est présentée ci-dessous.

	VAN du système 1			VAN du système 2		
	$\overline{X}$ (\$)	s (\$)	Nombre de VAN $\geq 0\,\$$	$\overline{X}$ (\$)	s (\$)	Nombre de VAN $\geq 0\,\$$
À la main	$-7\,729$	10 190	8	2 724	4 336	20
Tableur	$-7\,105$	13 199	10	1 649	3 871	19

Dans la simulation informatisée, 10 (33 %) des VAN$_1$ sont supérieures à 0 ; en revanche, dans la simulation manuelle, 8 (27 %) sont positives. Ces résultats comparatifs changeront chaque fois que le tableur sera activé, la fonction ALEA étant configurée (dans ce cas) pour produire un nouveau nombre aléatoire chaque fois. La fonction ALEA est également définie pour obtenir les mêmes nombres aléatoires. (À ce sujet, vous pouvez consulter le guide d'utilisation d'Excel.)

La simulation informatisée parvient à la même conclusion que celle de la simulation manuelle : rejeter le système 1 et accepter le système 2. En effet, les chances que la VAN ≥ 0 $ sont comparables pour les deux méthodes.

18.6 LES MODÈLES DE SIMULATION STOCHASTIQUE

Les modèles de simulation imitent la réalité, et les ordinateurs munis de logiciels de simulation sont fréquemment utilisés pour réaliser ces analyses. Toutefois, ces modèles ne remplacent pas un bon jugement, exercé pour évaluer la performance économique d'un système élaboré à l'aide d'une simulation calculée manuellement. Des modèles sont conçus pour imiter les activités et les conséquences économiques réelles en utilisant des variables qui changent selon les mêmes relations, par exemple les flux monétaires ou les plans d'exécution d'un système. La règle générale pour déterminer l'utilité d'un modèle de simulation est simplement d'y recourir lorsque l'analyse de variables s'avère trop complexe ou coûteuse. La simulation est donc très bénéfique dans le cas d'analyses de sensibilité complexes et des problèmes qui incluent des variables associées à l'incertitude et au risque.

L'avantage le plus important est la modélisation du comportement dynamique et analytique de systèmes complexes qui, autrement, ne pourraient être analysés. En fait, même lorsqu'on utilise des logiciels sophistiqués, la simulation donne souvent un résultat relativement simple et, par conséquent, très facile à comprendre. C'est souvent le principal atout de l'utilisation de la simulation. Comme celle-ci est plus facile à comprendre, l'opposition est moindre quand les résultats servent à justifier une prise de décisions.

La simulation permet également à l'analyste d'observer le futur comportement espéré d'un système. On peut procéder à des simulations qui portent sur plusieurs années ou décennies, ce qui fournit un historique de l'évolution des paramètres les plus importants. On peut aussi utiliser la capacité d'une simulation, d'une part pour maintenir les mêmes conditions d'opération dans les diverses étapes d'un programme ou, d'autre part, pour gérer des expériences visant à mesurer les conséquences sur un système à partir de paramètres particuliers. Des questions comme «Qu'arriverait-il si ...» peuvent aider à trouver et à tester des solutions qui, autrement, ne pourraient être formulées parce que l'expérience est virtuelle.

Comme pour tous les modèles, après une analyse de sensibilité, les variables simulées agissent selon des normes raisonnables, parce que leurs valeurs varient soit séparément, soit en conjonction avec d'autres variables. Les prévisions se font souvent à partir des données passées et permettent d'obtenir des résultats corrects à l'aide de la simulation d'un scénario réel. De plus, un certain nombre de considérations subjectives doivent être prises en compte. Avant la conception du modèle, on doit réfléchir à la formulation du problème afin de trouver un équilibre précis entre simplicité et rigueur. La simplification doit traduire l'efficacité tout en maintenant ses qualités descriptives. Le modèle doit aussi être suffisamment rigoureux pour refléter les complexités des relations comportementales inhérentes aux questions de politique. Le modèle se doit d'être élégant et précis une fois que l'équilibre recherché est atteint.

Dans les modèles en économie de l'ingénierie, les nombres aléatoires sont souvent utilisés pour simuler des variables à projeter dans l'avenir. Toute simulation générant des variables aléatoires se nomme «modèle stochastique». Il s'agit d'un ensemble de variables aléatoires interactives structurées, tirées du comportement dynamique d'un système technologique socioéconomique.

EXEMPLE 18.9

Software Canada, une entreprise de Toronto, fournit de l'assistance technique pour plusieurs produits récemment commercialisés. Une seule personne, l'analyste en soutien technique, reçoit les appels au sujet de l'utilisation des logiciels. La direction désire évaluer la faisabilité économique d'ajouter un autre analyste au service d'assistance technique. Le modèle à concevoir a pour but d'évaluer le nombre d'analystes qui seraient nécessaires pour fournir un service raisonnable aux appelants.

Le tableau 18.6 montre une structure de simulation dans laquelle on suppose qu'un seul analyste répond aux appels. Pour cette simulation, les colonnes sont organisées afin de reproduire une journée typique de travail. La deuxième colonne, «temps écoulé depuis le dernier appel», présente une distribution du temps écoulé entre les arrivées des appels. En étudiant un récent historique des heures d'arrivée des appels, on peut concevoir une distribution pour le modèle. On génère ensuite des nombres aléatoires pour simuler les appels. Dans ce cas, on admet qu'on est en présence d'une distribution uniforme de nombres entre 0 et 90. Les chances sont égales que le prochain appel arrive 0 minute, 1 minute, 2 minutes ou 90 minutes plus tard, après le précédent. Dans le cas d'une simulation stochastique, le programme générera automatiquement les nombres aléatoires. On peut facilement simuler une distribution en jumelant des ensembles de nombres aléatoires à des occurrences, ce qui reproduit la pondération d'événements particuliers selon un scénario réel.

Dans la troisième colonne, on indique l'heure d'arrivée des appels en cumulant l'heure des appels. Le premier appel arrive 7 minutes après l'ouverture du service, suivi du deuxième appel, 21 minutes plus tard, ce qui permet de cumuler 28 minutes après l'ouverture du service, etc. Dans la colonne suivante, on indique l'heure de début du service, et on compare, pour une même ligne, la colonne 3, l'heure d'arrivée de l'appel, avec le nombre de la ligne précédente de la colonne 6, l'heure de fin de l'appel précédent. Le modèle suppose que l'analyste en soutien technique ne peut traiter qu'un appel à la fois. La plus élevée des 6 valeurs est retenue, qui représente la dernière heure, ce qui respecte la consigne.

Dans la colonne 5 se trouve un nombre aléatoire choisi par le logiciel afin de simuler le temps normalement requis pour résoudre un problème. Les données passées servent à générer la distribution. Dans ce cas-ci, on suppose une distribution uniforme avec une variation de nombres s'échelonnant de 15 à 40 minutes. La colonne 6 est additionnée à la colonne 5, durée du service rendu et la colonne 4, début du service, ce qui indiquera la fin du service. La colonne 7 compare les heures des arrivées des appels précédents (colonne 3) aux heures de fin du service donné (colonne 6), ce qui montre le chevauchement des appels et permet de calculer le nombre d'appels en attente dans un intervalle donné.

TABLEAU 18.6 — LA SIMULATION STOCHASTIQUE DU SERVICE D'ASSISTANCE TECHNIQUE DE L'EXEMPLE 18.9

Appel (1)	Temps écoulé depuis le dernier appel (2)	Heure d'arrivée de l'appel (3)	Début du service (4)	Durée du service donné (5)	Fin de l'appel (6)	Nombre d'appels en attente (7)	Durée de l'appel (8)	Temps d'attente (9)	Temps d'inactivité de l'analyste (10)
1	7	0:07	0:07	23	0:30	0	23	0	7
2	21	0:28	0:30	37	1:07	1	39	2	0
3	12	0:40	1:07	16	1:23	1	43	27	0
4	80	2:00	2:00	28	2:28	0	28	0	37
5	8	2:08	2:28	30	2:58	1	50	20	0
6	3	2:11	2:58	18	3:16	2	65	47	0
7	32	2:43	3:16	25	3:41	2	57	32	0
8	65	3:48	3:48	34	4:22	0	34	0	7
9	43	4:31	4:31	19	4:50	0	19	0	9
10	74	5:45	5:45	21	6:06	0	21	0	55
								128	115

Temps d'attente moyen : 128/10 = 12,8 minutes
Temps d'inactivité moyen : 115/366 = 31 %

Le fait de soustraire l'heure du début de l'appel et l'heure de fin, à chaque ligne, permet de trouver le temps d'attente et de l'inscrire dans la colonne 8. Ces nombres sont ensuite comparés à ceux de la colonne 5, où est indiquée la durée réelle du service. Cette soustraction est reportée à la colonne 9. Le temps d'inactivité entre les appels figure dans la dernière colonne. Pour obtenir cette information, on soustrait le temps, qui se trouve sur la ligne précédente de la colonne 6, avec le temps de la ligne suivante de la colonne 4. On peut ainsi comparer l'heure de fin de service d'un appel avec l'heure du début de l'appel suivant.

Le tableau fournit les caractéristiques du fonctionnement de ce service pendant une journée typique. Pour plus de clarté et de simplicité, seuls quelques variables et 10 appels font partie de la simulation. Si la simulation stochastique est informatisée, on peut facilement utiliser un plus grand nombre de données.

On peut également générer un résumé des statistiques. Le temps d'attente moyen, 12,8 minutes, résulte de la division des valeurs de la colonne 9 par le nombre total d'appels. Le temps d'inactivité moyen, par rapport aux heures totales travaillées, en pourcentage, est également calculé. La somme de la colonne 10, soit 115, est divisée par le temps total de la simulation (366 minutes), ce qui indique que la période d'inactivité de l'analyste en soutien technique totalise 31 % du temps.

Le tableau 18.7 décrit une simulation d'un service d'assistance technique avec un deuxième analyste pour aider le premier. Les mêmes nombres aléatoires servent à la simulation; on pourrait comparer et apprécier les deux simulations en changeant seulement une variable alors que les autres demeurent constantes. Deux autres colonnes sont ajoutées à la simulation. La colonne 4 désigne l'analyste (1 ou 2), libre à ce moment-là, qui répond à l'appel. Les colonnes 11 et 12 rapportent le temps d'inactivité de chacun d'eux.

Le sommaire des statistiques calculé dans le tableau 18.7, pour le service d'assistance technique composé de deux analystes, peut maintenant être comparé à celui du tableau 18.6, comportant un seul analyste. Le temps d'attente est passé de 12,8 minutes à 1,7 minute. Même si le temps d'inactivité du premier analyste reste constant à approximativement 32 %, la simulation montre que le temps d'inactivité du deuxième est de 62 %. La décision d'employer un ou deux analystes peut maintenant être prise au regard des constatations précédentes, si on tient également compte des autres informations comme le coût d'emploi du deuxième analyste et le nombre d'appelants pouvant mettre fin à leur attente. Le personnel pourrait effectuer d'autres tâches productives entre les appels. La rentabilité de ces informations pourrait être évaluée et probablement simulée.

Les langages de simulation, tels que GPSS, Simscript ou GASP, ont été conçus pour exploiter la structure stochastique dans plusieurs domaines d'application. Le temps nécessaire pour programmer un modèle particulier puis exécuter ce programme étant plus court, la rentabilité est accrue.

TABLEAU 18.7 LA SIMULATION DU CENTRE AVEC LES DEUX ANALYSTES DE L'EXEMPLE 18.9

Appel (1)	Temps écoulé depuis le dernier appel (2)	Heure d'arrivée de l'appel (min) (3)	Analyste 1 ou 2 (4)	Heure du début du service (5)	Durée du service (min) (6)	Fin du service (7)	Appels en attente (8)	Durée de l'appel (9)	Temps d'attente (10)	Temps d'inactivité de l'analyste 1 (11)	Temps d'inactivité de l'analyste 2 (12)
1	7	0:07	1	0:07	23	0:30	0	23	0	7	—
2	21	0:28	2	0:28	37	1:05	0	37	0	—	28
3	12	0:40	1	0:40	16	0:56	0	16	0	10	—
4	80	2:00	2	2:00	28	2:28	0	28	0	—	55
5	8	2:08	1	2:08	30	2:38	0	30	0	12	—
6	3	2:28	2	2:28	18	2:46	1	35	17	—	0
7	32	2:43	1	2:43	25	3:08	0	25	0	5	—
8	65	3:48	2	3:48	34	4:22	0	34	0	—	62
9	43	4:31	1	4:31	19	4:50	0	19	0	83	—
10	74	5:45	2	5:45	21	6:06	0	21	0	—	83
									17	117	228

Temps d'attente moyen: 17/10 = 1,7 minute
Moyenne d'inactivité de l'analyste 1 : 117/366 = 32 %
Moyenne d'inactivité de l'analyste 2 : 228/366 = 62 %

18.7 LE MODÈLE DÉTERMINISTE ET LA SIMULATION DE LA DYNAMIQUE DES SYSTÈMES

Les modèles déterministes simulent l'influence des variables les unes par rapport aux autres. Les variables changent constamment selon des relations mathématiques (ces relations sont souvent des équations différentielles) qui définissent les liens entre les variables. Bon nombre de langages de simulation produisent des résultats animés pour que les clients puissent visualiser, par exemple, le mouvement des dollars dans un système financier, la chaîne de montage d'une usine, le mouvement des véhicules sur une voie de transport ou la disposition des services médicaux dans un hôpital. Les résultats sont beaucoup plus faciles à comprendre lorsque les clients peuvent regarder un affichage animé conçu au moyen d'un programme d'animation performant. À la fin de la démonstration, on peut générer des statistiques qui serviront à de futures analyses.

Les boucles de rétroaction et les diagrammes d'Ishikawa sont élaborés pour comprendre les relations dynamiques des variables. L'influence des variables les unes par rapport aux autres est précisée à l'aide de flèches. Les têtes de flèches portent des signes positifs ou négatifs, ce qui indique que la relation correspondante est dans la même direction ou dans la direction opposée. En ce qui concerne le signe positif, un changement dans la première variable fait en sorte que celui dans la deuxième variable prend la même direction ; en d'autres termes, si la première variable augmente, la deuxième variable augmente aussi. Si la première variable diminue, la deuxième variable diminue aussi (même avec le signe positif). Dans le cas d'un signe négatif, le changement se fait dans la direction opposée (la première variable augmente, et la deuxième variable diminue). Les boucles de rétroaction contiennent des milliers de variables qui sont très utiles pour connaître un système ; il suffit de tracer le diagramme.

EXEMPLE 18.10

La figure 18.14 illustre une simulation dynamique, à l'aide de boucles de rétroaction, qui résume l'interaction des variables. Cet exemple porte sur une entreprise qui s'intéresse aux métabolites et conçoit de nouveaux outils de diagnostic permettant d'analyser des molécules produites par le métabolisme. À l'aide de l'information que donnent ces nouveaux appareils, il est possible de poser un diagnostic précis dans le cas de maladies comme le diabète, la sclérose latérale amyotrophique, la maladie d'Huntington, la maladie d'Alzheimer et l'autisme. Un nouveau logiciel, du matériel analytique et des systèmes intégrés ont été rapidement développés pour aider la science médicale à dépister ces maladies. Ce marché pourrait procurer des revenus de 450 millions de

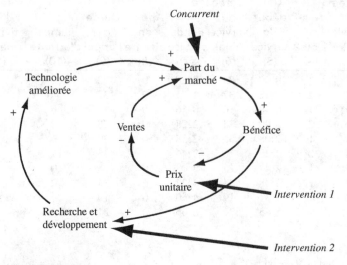

FIGURE 18.14
Une boucle de rétroaction tirée d'un modèle de simulation déterministe

dollars. L'entreprise de l'île de Vancouver voit actuellement sa part de marché réduite à cause de la concurrence internationale. Elle prévoit poursuivre ses activités, mais deux options s'offrent à elle pour récupérer la part de marché qui lui a échappé.

L'entreprise doit prévoir l'évolution de sa part de marché à cause de l'augmentation de la concurrence et du temps de récupération des clients perdus. La première intervention, après une analyse d'élasticité de la demande, suggère une diminution de prix permettant de récupérer une certaine part de marché; le bénéfice unitaire diminuerait, mais le volume des ventes augmenterait ainsi que l'ensemble des revenus. La deuxième intervention nécessite une intensification de la recherche et du développement pour concevoir plus rapidement la prochaine génération d'outils de diagnostic, ce qui demande des investissements, mais permettra d'augmenter sa part de marché.

Le tableau 18.8 porte sur les variations d'une clientèle. Dans les colonnes 1 et 2 sont indiqués le mois et le nombre total de clients perdus ou récupérés. En premier lieu, 10 clients ont été perdus (attirés par un concurrent). Le taux de la colonne 3 est multiplié par le nombre de clients de la colonne 2, ce qui détermine le nombre de clients perdus (colonne 4) durant ce mois. L'effet de

TABLEAU 18.8 | LA SIMULATION D'UNE BASE DE CLIENTS

Mois (1)	Total des clients perdus (2)	Taux de perte (3)	Clients récemment perdus (4)	Intervention 1: ajustement de prix (5)	Intervention 2: recherche et développement (6)
1	10	0,80	8		
2	18	0,80	14		
3	32	0,80	26		
4	58	0,80	46		
5	104	0,80	83	10	
6	177	0,80	142	8	
7	311	0,80	249	14	
8	546	0,70	382	26	0,10
9	902	0,61	550	46	0,90
10	1 406	0,53	745	83	0,80
11	2 068	0,46	951	142	0,70
12	2 877	0,40	1 151	249	0,06
13	3 779	0,35	1 323	382	0,05
14	4 720	0,30	1 416	550	0,05
15	5 586	0,26	1 452	745	0,04
16	6 293	0,23	1 447	951	0,03
17	6 789	0,20	1 358	1 151	0,03
18	6 996	0,17	1 189	1 323	0,03
19	6 862	0,15	1 029	1 416	0,02
20	6 475	0,13	842	1 452	0,02
21	5 865	0,11	645	1 447	0,02
22	5 063	0,10	506	1 358	0,01
23	4 211	0,09	379	1 189	0,01
24	3 401	0,08	272	1 029	0,01
25	2 644	0,07	185	842	0,01
26	1 987	0,06	119	645	0,01
27	1 461	0,05	73	506	0,01
28	1 028	0,04	41	379	0,01
29	690	0,03	21	272	0,01
30	439	0,03	13	185	0,00
31	267	0,03	8	119	0,00
32	156	0,03	5	73	0,00
33	88	0,03	5	41	0,00
34	50	0,03	2	21	0,00
35	31	0,03	1	13	0,00
36	19	0,03	1	8	0,00
37	12	0,03	0	5	0,00
38	7	0,03	0	3	0,00
39	4	0,03	0	2	0,00
40	2	0,03	0	1	0,00
41	1	0,03	0	1	0,00
42	0	0,03	0	0	0,00

la première intervention (réduction de prix) est précisé dans la colonne 5. On compte une période de récupération de 5 mois, et cette colonne indique un décalage de 5 mois à partir du début. La première valeur du mois 5 représente la récupération des 10 clients du début. Comme les valeurs subséquentes indiquent la date de récupération des clients récemment perdus, on doit simplement prendre le chiffre de la colonne 4 et le mettre dans la colonne 5 en tenant compte du délai de 5 mois (5 lignes plus loin).

La deuxième intervention consisterait à améliorer la technologie en intensifiant la recherche et le développement, ce qui aurait pour effet de diminuer le taux de la colonne 3. On suppose que cette intervention commence au mois 8 et permet d'abaisser le taux, chaque mois, de 13 %. Ce pourcentage est ensuite multiplié par le taux du mois précédent pour établir le taux du mois actuel, qui est la différence entre les deux. Prenez, par exemple, le taux du mois 8 :

$$\text{Taux}_{\text{mois 8}} = \text{Taux}_{\text{mois 7}} - \text{diminution de taux}$$
$$= \text{Taux}_{\text{mois 7}} - (0{,}13)(\text{taux}_{\text{mois 7}})$$
$$= 0{,}8 - 0{,}1$$
$$= 0{,}7$$

La soustraction du nombre de nouveaux clients attirés par la concurrence (colonne 4) du nombre total de clients perdus pendant le mois actuel (colonne 2) et l'addition du nombre de clients récupérés des colonnes 5 et 6 donnent le nombre total de clients perdus pour tout mois subséquent. En programmant le modèle pour 42 mois, un historique de la clientèle est simulé. Les ingénieurs qui s'occupent de la planification stratégique peuvent étendre les résultats de cette simulation à d'autres interventions pour évaluer l'efficacité de chaque résultat et, par conséquent, obtenir la meilleure des politiques.

Le graphique de la figure 18.15 présente les résultats numériques de la simulation et donne un sommaire visuel du déclin et de la croissance des variables du système. L'axe horizontal indique toujours le temps, et l'axe vertical représente les autres éléments, souvent dans le même graphique. Dans cet exemple, le nombre total de clients « perdus » et « récupérés » est représenté sur le graphique par les lettres « T » et « R ». Le taux indiquant les clients perdus correspond à la lettre « V », à l'intérieur de l'axe vertical ; ce vecteur montre une variation de 0,2 à 0,8. Le résultat permet de voir, d'un simple coup d'œil, les formes relatives des variables. Bon nombre de langages de simulation (iThink, CSMP et Dynamo) sont programmés pour générer automatiquement des graphiques en même temps que les résultats.

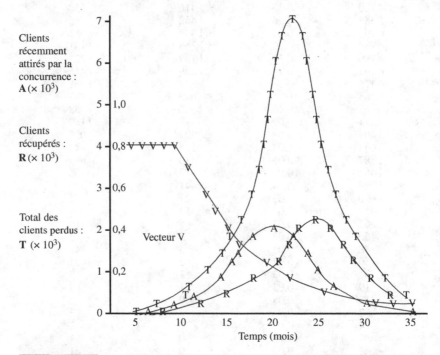

FIGURE 18.15
L'historique d'une base de clients

Dans la section 4.1, on aborde la macroéconomie en considérant le rôle de la Banque du Canada : comment celle-ci influence-t-elle, grâce à ses politiques monétaires, l'économie intérieure ? Les économies nationales emploient souvent des logiciels de simulation pour élaborer des modèles déterministes afin de traiter des questions comme la balance commerciale des importations et des exportations, l'endettement national, l'inflation, les subventions salariales, les taux d'intérêt à l'échelle internationale, l'aide aux pays étrangers, le prix du pétrole, la consommation domestique et les investissements de capitaux par l'État. Le but de ces simulations est de concevoir des politiques efficaces qui maintiennent la stabilité du développement économique.

Les langages de simulation génèrent automatiquement des activités et des événements. Ils structurent des modèles qui permettent à l'utilisateur de synthétiser les principales données manipulées en un seul énoncé. La gestion automatisée des données se fait de cette façon, grâce à un stockage et à une utilisation appropriés dans chaque opération. Des résultats sous forme de statistiques et de graphiques sont automatiquement générés.

EXEMPLES SUPPLÉMENTAIRES

EXEMPLE 18.11

L'ÉNONCÉ DE PROBABILITÉS, SECTION 18.2   Pour la variable C_1 de la figure 18.4 (*voir l'exemple 18.3, flux monétaires mensuels du client 1*), concevez une distribution cumulative qui servira à déterminer les probabilités suivantes :

a)   la probabilité que les flux monétaires soient plus grands que 14 $;
b)   la probabilité que les flux monétaires soient compris entre 12 $ et 13 $;
c)   la probabilité que les flux monétaires soient plus petits ou égaux à 11 $ ou plus grands que 14 $;
d)   la probabilité que les flux monétaires soient égaux à 12 $.

Solution
Les parties ombrées de la figure 18.16 a) à d) indiquent les points de la distribution cumulative $F(C_1)$ qui ont servi à déterminer les probabilités.

a)   La probabilité d'avoir plus que 14 $ est facile à calculer ; il suffit de soustraire la valeur de $F(C_1)$ correspondant à 14 de celle correspondant à 15. (Parce que la probabilité, à un point, est de 0, la variable est continue. Le signe « = » ne change pas la valeur de la probabilité résultante.)

$$P(C_1 > 14) = P(C_1 \le 15) - P(C_1 \le 14)$$
$$= F(15) - F(14) = 1,0 - 0,8$$
$$= 0,2$$

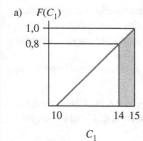 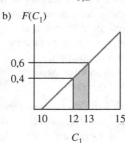 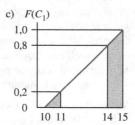 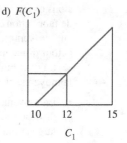

FIGURE 18.16
Le calcul de probabilités d'une variable continue distribuée uniformément, à partir d'une distribution cumulative de l'exemple 18.11

b) $$P(12 \le C_1 \le 13) = P(C_1 \le 13) - P(C_1 \le 12) = 0,6 - 0,4$$
$$= 0,2$$

c) $P(C_1 \leq 11) + P(C_1 > 14) = [F(11) - F(10)] + [F(15) - F(14)]$

$$= (0,2 - 0) + (1,0 - 0,8)$$

$$= 0,2 + 0,2$$

$$= 0,4$$

d) $P(C_1 = 12) = F(12) - F(12) = 0,0$

Dans le cas d'une variable continue, il n'y a aucune aire sous la courbe de la distribution cumulative, comme on le voit plus haut. Si deux points sont très proches l'un de l'autre, il est possible d'obtenir une probabilité, par exemple entre 12,0 et 12,1 ou entre 12 et 13 (*voir la figure 18.16 b*).

EXEMPLE 18.12

LA DISTRIBUTION NORMALE, SECTION 18.4   Camilla est une ingénieure de sécurité, à l'échelle régionale, pour une chaîne de stations-service et d'épiceries franchisées. Le siège social a reçu de nombreuses plaintes et fait face à plusieurs poursuites de la part d'employés et de clients à la suite de chutes dues au liquide répandu (eau, combustibles, boissons gazeuses, etc.) sur des surfaces en béton. La direction a autorisé chaque ingénieur de sécurité de la région à passer un contrat, à l'échelle locale, pour appliquer un nouveau produit qui absorbe jusqu'à 100 fois son poids en liquide sur toutes les surfaces extérieures de béton. Les ingénieurs envoient la facture au siège social. La lettre d'autorisation que reçoit Camilla indique que, sur la base de leur simulation et de leurs échantillons aléatoires supposant une population normale, le coût des installations locales devrait être d'environ 10 000 $ et se situe presque toujours entre 8 000 $ et 12 000 $.

Camilla vous demande de rédiger, en tant que diplômé en technologie de l'ingénierie, un résumé complet sur la distribution normale, d'expliquer la fourchette de 8 000 $ à 12 000 $ et la phrase « échantillons aléatoires supposant une population normale ».

Solution
À la fin de vos études, vous avez pensé à conserver le présent manuel et un manuel de base en statistique d'ingénierie. En vous servant de ces deux livres et de la lettre envoyée par la direction, vous avez développé la réponse ci-dessous pour Camilla.

Camilla,

Voici un résumé de l'utilisation d'une distribution normale. À titre de rappel, j'ai également inclus un résumé de toutes les composantes d'une distribution normale.

Distribution normale, probabilités et échantillons aléatoires

La distribution normale, qui est une courbe en forme de cloche, s'appelle aussi « distribution gaussienne » ou « fonction erreur ». C'est de loin la distribution de probabilités la plus fréquemment utilisée pour toutes sortes d'applications. La moitié des probabilités se situe exactement d'un côté ou de l'autre de la moyenne ou de la valeur espérée. On l'utilise pour des variables continues en lien avec une fourchette de nombres entiers. Ce type de distribution donne des prévisions exactes pour de nombreux résultats comme des valeurs de quotient intellectuel, des erreurs de fabrication concernant des mesures, des volumes, des poids, etc. ou des distributions des revenus de ventes, de coûts, ainsi que de nombreux autres paramètres économiques qui tournent autour d'une moyenne spécifiée, s'appliquant à la situation.

La distribution normale est désignée par l'expression $N(\mu, \sigma^2)$, où μ est la valeur espérée ou la moyenne et σ^2, la variance ou la mesure de l'étendue.

- La moyenne μ situe la distribution des probabilités (*voir la figure 18.17 a*); l'étendue de la distribution varie avec la variance (*voir la figure 18.17 b*); la courbe de la distribution est plus large et plus aplatie lorsque les valeurs de la variance sont plus élevées.
- Dans une prise d'échantillon, les estimations sont désignées comme suit : $\bar{X}$ est la moyenne de μ et s, l'écart-type de σ.
- La distribution normale de probabilités $f(X)$ de la variable X est assez complexe. La formule est la suivante :

$$f(X) = \frac{1}{\sigma\sqrt{2\pi}} \exp\left\{-\left[\frac{(X - \sigma)^2}{2\sigma^2}\right]\right\}$$

où un exposant représente le nombre $e = 2,71828+$, élevé à la puissance de $-[\ldots]$. Donc, si X prend différentes valeurs, pour une moyenne particulière μ et un écart-type σ, il en résultera des courbes comme celles des figures 18.17 a) et b).

Puisque la formule $f(X)$ est compliquée, les échantillons aléatoires et les énoncés de probabilité sont transformés en ce qu'on appelle une « loi normale centrée réduite », dans laquelle on utilise μ et σ (population) ou $\overline{X}$ et s (échantillon) pour calculer les valeurs de la variable Z.

Population :
$$Z = \frac{\text{déviation de la moyenne}}{\text{écart-type}} = \frac{X - \mu}{\sigma} \qquad [18.21]$$

Échantillon :
$$Z = \frac{X - \overline{X}}{s} \qquad [18.22]$$

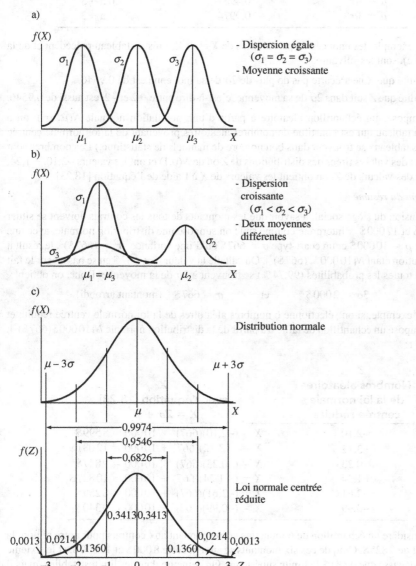

FIGURE 18.17

Une distribution normale dans laquelle sont présentées : a) différentes valeurs de la moyenne ; b) différentes valeurs de l'écart-type σ ; c) la relation de la distribution normale X avec la loi normale centrée réduite Z

La loi normale centrée réduite de Z (*voir la figure 18.17 c*) est la même que celle de X, mais sa moyenne est toujours 0 avec un écart-type de 1. L'expression de la loi normale centrée réduite est $N(0,1)$. Par conséquent, les valeurs des probabilités qui se trouvent dans la courbe de la loi normale centrée réduite peuvent être énoncées avec exactitude. Pour X, il est toujours possible de revenir aux valeurs originales de l'échantillon, à l'aide de l'équation [18.21] :

$$X = Z\sigma + \mu \qquad\qquad [18.23]$$

Le tableau suivant résume plusieurs énoncés de probabilités de Z et de X, et la figure 18.17 c) présente la courbe de distribution de Z.

Fourchette de la variable X	Probabilités	Fourchette de la variable Z
$\mu + 1\sigma$	0,3413	0 à +1
$\mu \pm 1\sigma$	0,6826	−1 à +1
$\mu + 2\sigma$	0,4773	0 à +2
$\mu \pm 2\sigma$	0,9546	−2 à +2
$\mu + 3\sigma$	0,4987	0 à +3
$\mu \pm 3\sigma$	0,9974	−3 à +3

À titre d'exemple, les énoncés de probabilités de X et de Z, tirés du tableau précédent et de la figure 18.17 c), sont les suivants :

La probabilité que X ne s'écarte pas de plus de 2σ de sa moyenne est de 0,9546.

La probabilité que Z soit dans 2σ de sa moyenne, c'est-à-dire entre +2 et −2, est aussi de 0,9546.

Pour composer un échantillon aléatoire à partir d'une population normale $N(\mu, \sigma^2)$, on a recours à un tableau qui est constitué de nombres aléatoires provenant de la loi normale centrée réduite. (Ces tableaux se trouvent dans bon nombre de manuels de statistique.) Les nombres sont normalement des valeurs tirées des distributions de Z ou de $N(0,1)$ et ont les valeurs −2,10, +1,24, etc. À partir des valeurs de Z, on obtient les valeurs de X à l'aide de l'équation [18.23].

Interprétation du résumé

La conclusion du siège social, à savoir que les montants de tous les contrats doivent se situer entre 8 000 $ et 12 000 $, s'interprète comme suit : on suppose une distribution normale, avec une moyenne de $\mu = 10\,000$ $ et un écart-type $\sigma = 667$ $ ou d'une variance $\sigma^2 = (667\,$)^2$, le résultat de la distribution étant $N[10\,000\,$, (667\,$)^2]$. On calcule la valeur $\sigma = 667$ $ en se basant sur le fait que presque toutes les probabilités (99,74 %) se trouvent à 3σ de la moyenne. Donc, on obtient :

$$3\sigma = 2\,000\,\$ \qquad \text{et} \qquad \sigma = 667\,\$ \quad \text{(montant arrondi)}$$

À titre d'exemple, si on sélectionne 6 nombres aléatoires de la loi normale centrée réduite et que l'on compose un échantillon de taille 6 à partir de la distribution normale $N[10\,000\,$(667\,$)^2]$, le résultat est :

Z Nombres aléatoires de la loi normale centrée réduite	X avec l'équation [18.23] $X = Z\sigma + \mu$
−2,10	$X = (-2,10)(667) + 10\,000 = 8\,599\,\$
+3,12	$X = (+3,12)(667) + 10\,000 = 12\,081\,\$
−0,23	$X = (-0,23)(667) + 10\,000 = 9\,847\,\$
+1,24	$X = (+1,24)(667) + 10\,000 = 10\,827\,\$
−2,61	$X = (-2,61)(667) + 10\,000 = 8\,259\,\$
−0,99	$X = (-0,99)(667) + 10\,000 = 9\,340\,\$

Si on considère un échantillon de 6 montants correspondant aux contrats pour notre région, la moyenne est de 9 825 $. Cinq de ces six montants se situent entre 8 000 $ et 12 000 $, et le sixième montant ne dépasse que de 81 $ la limite supérieure. On demeure dans les limites établies, mais il est important de porter une attention constante aux montants. Dans ce cas-ci, la distribution normale n'est pas nécessairement appropriée pour notre région, car sa moyenne est de 10 000 $, et presque tous les montants des contrats sont dans les limites de $\pm 2\,000$ $.

RÉSUMÉ DU CHAPITRE

Prendre une décision en tenant compte du risque fait en sorte que certains paramètres de la solution sont traités comme des variables aléatoires. La forme des distributions des probabilités des variables permet d'avancer des hypothèses, c'est-à-dire de commenter la variation des estimations de valeurs des paramètres. En outre, des mesures comme la valeur espérée et l'écart-type donnent la forme de la distribution. Dans ce chapitre, on apprend quelques types de distributions, uniformes et triangulaires, simples mais utiles, qui concernent des populations discrètes ou continues utilisées dans les analyses économiques. On peut également formuler sa propre distribution ou supposer une distribution normale.

Puisque la distribution de probabilités d'une population pour un paramètre n'est pas complètement connue, on prend habituellement un échantillon de taille n et on peut ainsi déterminer la moyenne et l'écart-type. Les résultats, qui sont des énoncés de probabilités pour ce paramètre, permettent de prendre une décision ultime en tenant compte du risque.

En économie de l'ingénierie, la simulation de Monte-Carlo est combinée à des relations comme la mesure de la valeur actualisée pour appliquer une simulation en situation de risque. Les résultats pourront être ainsi comparés aux décisions prises à l'aide des estimations faites avec certitude. Les modèles de simulation stochastique et déterministe sont conçus dans le but de s'adapter à des systèmes technologiques socioéconomiques importants et de fournir des résultats précieux pour des études en économie d'ingénierie. Ces modèles, qui peuvent comprendre des milliers de variables, aident les décideurs à mieux répartir les ressources pour satisfaire les besoins et affronter la concurrence.

PROBLÈMES

La certitude, le risque et l'incertitude

18.1 Pour chaque situation décrite ci-dessous, déterminez d'abord si la ou les variables sont discrètes ou continues, puis si l'information apporte une certitude, entraîne un risque ou une incertitude. Lorsque le risque fait partie de l'événement, tracez un graphique des données en vous basant sur la forme générale de la figure 18.1.
   a) Un ami dans l'immobilier vous dit que le prix du mètre carré des maisons neuves augmentera lentement ou rapidement au cours des 6 prochains mois.
   b) D'après votre directeur, tous les membres du personnel ont une chance égale de vendre entre 50 et 55 unités le mois prochain.
   c) Julie a reçu sa paie hier et 400 $ ont été prélevés à titre d'impôt sur le revenu. Le mois prochain, le montant retenu sera plus élevé parce que sa paie augmentera de 3 à 5 %.
   d) Aujourd'hui, il y a 20 % de chances qu'il pleuve et 30 % de chances qu'il neige.

18.2 Un ingénieur a appris que la production est, 90 % du temps, de 1 000 à 2 000 unités par semaine. Quelquefois, la production peut être inférieure à 1 000 ou supérieure à 2 000.

L'ingénieur désire utiliser E(production) dans la prise de décisions. Déterminez au moins deux données supplémentaires à obtenir, ou à supposer, pour qu'on puisse se servir de ces données sur la production.

La probabilité et les distributions

18.3 Une enquête comprend une question sur le nombre d'automobiles N présentement utilisées par les personnes habitant dans une résidence et sur le taux d'intérêt i du prêt automobile le plus bas. Pour 100 ménages, les résultats sont les suivants :

Nombre d'automobiles N	Ménages
0	12
1	56
2	26
3	3
≥4	3

Taux du prêt i	Ménages
0,0–2	22
2,01–4	10
4,01–6	12
6,01–8	42
8,01–10	8
10,01–12	6

a) Indiquez si chaque variable est discrète ou continue.

b) Représentez graphiquement les distributions de probabilités et les distributions cumulative de N et de i.

c) À partir des données recueillies, quelle est la probabilité qu'un ménage possède 1 ou 2 automobiles? 3 automobiles ou plus?

d) Utilisez les données de i pour estimer les chances d'avoir un taux d'intérêt annuel compris entre 7 et 11%.

18.4 Un agent de la commission provinciale de loterie a pris un échantillon d'acheteurs de billets de loterie, pendant une semaine, à un point de vente. Les montants remis aux acheteurs et les probabilités qui leur sont associées, pour 5000 billets, sont les suivants:

Distribution ($)	0	2	5	10	100
Probabilité	0,910	0,045	0,025	0,013	0,007

a) Représentez graphiquement la distribution cumulative des gains.

b) Calculez la valeur espérée de la distribution des dollars par billet.

c) En se fondant sur cet échantillon, si un billet coûte 2$, déterminez le revenu espéré à long terme de la province par billet.

18.5 Robert travaille sur deux projets séparés auxquels sont associées des probabilités. Dans le premier projet, une variable N représente le nombre consécutif de pièces fabriquées pesant moins que la limite prescrite. La variable N est décrite par la formule $(0,5)^N$ parce que chaque unité a 50% de chances d'être soit d'un poids inférieur, soit d'un poids supérieur. Le deuxième projet porte sur la durée d'utilité d'une pile, L, qui varie de 2 à 5 mois. La distribution des probabilités est triangulaire, et le mode est de 5 mois, ce qui est la durée d'utilité normale. Certaines piles se déchargent plus rapidement que d'autres, mais une période de 2 mois est la durée d'utilité la plus courte relevée jusqu'à maintenant. a) Concevez et représentez graphiquement, à la place de Robert, les distributions de probabilités et les distributions cumulatives. b) Déterminez la probabilité de N lorsque cette valeur représente 1, 2 ou 3 unités consécutives dépassant la limite de poids.

18.6 Pour s'équiper d'un appareil de levage hydraulique, il faut choisir entre la solution d'achat ou de location. Utilisez les estimations des paramètres et les données de la distribution pour représenter graphiquement la distribution de probabilités des paramètres correspondants. Identifiez soigneusement les paramètres.

Achat

	Valeur estimée		Distribution
Paramètre	Élevée	Basse	supposée
Coût initial ($)	25 000	20 000	Uniforme; continue
Valeur de récupération ($)	3 000	2 000	Triangulaire, mode à 2 500 $
Durée d'utilité (années)	8	4	Triangulaire, mode à 6
CEA ($/année)	9 000	5 000	Uniforme; continue

Location

	Valeur estimée		Distribution
Paramètre	Élevée	Basse	supposée
Coût initial ($)	2 000	1 800	Uniforme; continue
CEA ($/année)	9 000	5 000	Triangulaire; mode à 7 000 $
Durée de la location (années)	2	2	Certitude

18.7 Dominique est statisticienne dans une banque. Elle a recueilli pour des entreprises en pleine maturité (M) et de jeunes entreprises (J) des données sur le ratio capitaux propres-dettes. Dans son échantillon, le pourcentage d'endettement varie de 20 à 80%. La variable E(endettement)$_M$, notée E_M, représente les entreprises en pleine maturité de 0 à 1; $E_M = 0$ est interprété comme l'endettement bas de 20% et $E_M = 1,0$, l'endettement élevé de 80%. La variable E_J représentant le pourcentage d'endettement des jeunes entreprises est définie de la même façon. Les distributions de probabilités utilisées pour décrire E_M et E_J sont:

$$f(E_M) = 3(1 - E_M)^2 \qquad 0 \le E_M \le 1$$

$$f(E_J) = 2E_J \qquad 0 \le E_J \le 1$$

a) Utilisez les différentes valeurs du pourcentage d'endettement de 20 à 80% pour calculer les valeurs servant aux distributions de probabilités, puis représentez graphiquement les distributions. b) Quels commentaires pouvez-vous faire sur la probabilité du faible pourcentage (ou du pourcentage plus élevé) d'endettement des jeunes entreprises ou des entreprises matures ?

18.8 La variable discrète X peut prendre des nombres entiers de 1 à 10. On étudie un échantillon de 50 résultats selon les estimations de probabilités suivantes :

X_i	1	2	3	6	9	10
$P(X_i)$	0,2	0,2	0,2	0,1	0,2	0,1

a) Concevez la distribution cumulative et faites-en la représentation graphique.
b) Calculez les probabilités suivantes, à l'aide de cette distribution cumulative, X se situant entre 6 et 10 et X ayant des valeurs 4, 5 ou 6.
c) Servez-vous de la distribution cumulative pour montrer que $P(X = 7$ ou $8) = 0,0$. Même si cette probabilité est de 0, l'énoncé est que X peut prendre des valeurs de nombre entier de 1 à 10. Comment expliquez-vous l'apparente contradiction entre ces deux énoncés ?

Les échantillons aléatoires

18.9 Timminco ltée, fabricant de métaux situé à Toronto, achète une nouvelle usine en Islande qui propulsera sa capacité de production de silicium polycristallin. Supposez que l'estimation de R, nouveaux revenus annuels de l'usine, est de 3,1 millions de dollars pendant les 5 prochaines années. Ce montant espéré est basé sur l'estimation que R puisse être, les probabilités étant égales, de 2,6, 2,8, 3,0, 3,2, 3,4 ou 3,6 millions par année.
a) Rédigez les énoncés de probabilités pour les estimations demandées.
b) Représentez graphiquement la distribution de probabilités de R.
c) Un échantillon de taille 4 est élaboré à partir de la distribution de R. Les valeurs, en millions de dollars, sont 2, 6, 3, 3,2, et 3,0. Si le taux d'intérêt annuel est de 12 %, utilisez l'échantillon pour calculer les valeurs actualisées de R qui pourraient faire partie d'une étude économique tenant compte du risque.

18.10 Employez la distribution de probabilités de variables discrètes du problème 18.8 pour composer un échantillon de taille 25. Estimez, à partir de cet échantillon, les probabilités de chaque valeur de X. Comparez-les avec les probabilités tirées des valeurs $P(X_i)$.

18.11 L'augmentation en pourcentage p du prix de détail d'un bon nombre d'aliments a varié, sur une année, de 5 à 10 %. En raison de la distribution des valeurs de p, la distribution supposée des probabilités pour la prochaine année est :

$$f(X) = 2X \qquad 0 \le X \le 1$$
où
$$X = \begin{cases} 0 & \text{lorsque } p = 5\% \\ 1 & \text{lorsque } p = 10\% \end{cases}$$

Dans le cas de variables continues, la distribution cumulative $F(X)$ est l'intégrale de $f(X)$ par rapport à la même fourchette de variables. Alors, on obtient :

$$F(X) = X^2 \qquad 0 \le X \le 1$$

a) Ajoutez des nombres aléatoires au graphique de la distribution cumulative et prenez un échantillon de taille 30. Transformez les valeurs X en taux d'intérêt.
b) Calculez la valeur moyenne de p pour l'échantillon.

18.12 Élaborez à votre gré une distribution discrète de probabilités pour la variable G, la note espérée du cours, lorsque $G = $ A, B, C, D, F ou I (cours non terminé). Assignez des nombres aléatoires à $F(G)$, et prenez un échantillon. Représentez graphiquement les valeurs des probabilités pour chacune des valeurs de G de l'échantillon.

18.13 Utilisez les fonctions ALEA ou ALEA. ENTRE.BORNES d'Excel (ou un autre générateur de nombres aléatoires dans un tableur de votre choix) afin de générer 100 valeurs à partir d'une distribution de $U(0,1)$.
a) Calculez la moyenne et comparez-la à 0,5, la valeur espérée d'un échantillon aléatoire entre 0 et 1.
b) Pour l'échantillon donné par la fonction ALEA, groupez les résultats dans des cellules de largeur 0,1, ce qui donne 0,0–0,1, 0,1–0,2, etc., où, dans chaque cellule, la valeur la plus élevée est éliminée. Déterminez

la probabilité de chaque groupe de résultat. Votre échantillon s'approche-t-il de 10 % des résultats dans chaque cellule ?

Les estimations tirées des échantillons

18.14 Il est question des coûts d'entretien mensuels de soudeuses automatiques. Sylvie a pris un échantillon de 100, au cours d'une année. Elle a groupé les coûts en cellules de 200 $, par exemple, une cellule de 500 $ à 700 $, les médianes des cellules étant 600 $, 800 $, 1 000 $, etc. Elle a indiqué le nombre d'observations (fréquence) de chaque valeur dans les cellules. Les données sur les coûts et les fréquences sont les suivantes :

Médiane de la cellule	Fréquence
600	6
800	10
1 000	9
1 200	15
1 400	28
1 600	15
1 800	7
2 000	10

a) En vous fondant sur l'échantillon de Sylvie, estimez la valeur espérée et l'écart-type que l'entreprise devrait anticiper par rapport à ces coûts d'entretien.

b) Quelle est la meilleure estimation du pourcentage des coûts qui se trouvera à l'intérieur des 2 écarts-types de la moyenne ?

c) À partir de l'échantillon de Sylvie, concevez une distribution de probabilités pour les coûts d'entretien mensuels et indiquez dans la distribution les réponses aux questions a) et b).

18.15 a) Déterminez les valeurs de la moyenne et de l'écart-type de l'échantillon, en vous référant au problème 18.8.

b) Déterminez les valeurs à 1 et 2 écarts-types, de la moyenne. Sur les 50 points de l'échantillon, combien y en a-t-il à l'intérieur des deux fourchettes ?

18.16 a) Servez-vous des relations de la section 18.4 concernant les variables continues afin de déterminer la valeur espérée et l'écart-type de la distribution de $f(D_J)$ du problème 18.7.

b) Il est possible de calculer les probabilités d'une variable continue X entre deux

points (a, b) en utilisant l'intégrale suivante :

$$P(a \leq X \leq b) = \int_a^b f(X)\, dx$$

Quelle est la probabilité que E_J se trouve à moins de 2 écarts-types de la valeur espérée ?

18.17 a) Servez-vous des relations de la section 18.4 concernant les variables continues afin de déterminer la valeur espérée et la variance de la distribution de E_M du problème 18.7.

$$f(E_M) = 3(1 - E_M)^2 \qquad 0 \leq E_M \leq 1$$

b) Quelle est la probabilité que E_M se trouve à moins de 2 écarts-types de la valeur espérée ? Servez-vous de la relation établie dans le problème 18.16.

18.18 Calculez la valeur espérée de la variable N du problème 18.5.

18.19 Un directeur de magasin de journaux fait le suivi de Y, c'est-à-dire le nombre d'hebdomadaires laissés sur les tablettes à l'arrivée de la nouvelle édition. Les données sur 30 semaines sont résumées dans la distribution de probabilités décrite ci-après. Représentez graphiquement la distribution et les estimations de la valeur espérée et de l'écart-type d'un côté ou de l'autre de $E(Y)$ sur le graphique.

Exemplaires Y	3	7	10	12
P(Y)	1/3	1/4	1/3	1/12

La simulation

18.20 Carl, un collègue ingénieur, a estimé les flux monétaires nets après impôt (FMNAPI) de son projet en cours. Des flux monétaires nets après impôt supplémentaires de 2 800 $, pour l'année 10, représentent la valeur de récupération de l'immobilisation.

Année	FMNAPI ($)
0	−28 800
1 à 6	5 400
7 à 10	2 040
10	2 800

La valeur actualisée nette, calculée au taux de rendement acceptable minimum annuel actuel de 7 %, est :

$$VAN = -28\,800 + 5\,400(P/A;7\%;6)$$

$$+ 2\,040(P/A;7\%;4)(P/F;7\%;6)$$

$$+ 2\,800(P/F;7\%;10)$$

$$= 2\,966\,\$$$

Carl croit que le taux de rendement acceptable minimum et les flux monétaires nets après impôt varieront dans une fourchette relativement petite, particulièrement en dehors des années 7 à 10. Il est prêt à considérer les autres estimations comme étant certaines. Utilisez les hypothèses concernant la distribution de probabilités pour le taux de rendement acceptable minimum et les flux monétaires nets après impôt afin d'effectuer une simulation manuelle et une simulation par ordinateur.

TRAM : Distribution uniforme de part et d'autre de la fourchette : 6 à 10 %.

FMNAPI, années 7 à 10 : Distribution uniforme par rapport à la fourchette de 1 600 $ à 2 400 $, pour chacune des années.

Représentez graphiquement le résultat de la distribution des valeurs actualisées nettes. Ce plan devrait-il être accepté pour une prise de décisions dans une situation de certitude ? Dans une situation de risque ?

18.21 Recommencez le problème 18.20 en utilisant, cette fois-ci, la distribution normale des flux monétaires nets après impôt pour les années 7 à 10, avec une valeur espérée de 2 040 $ et un écart-type de 500 $.

18.22 Créez une boucle de rétroaction et une simulation déterministe à propos des cours de votre semestre. Les variables seront votre temps d'étude, votre apprentissage et les notes que vous espérez dans chaque cours.

18.23 Un fabricant envisage l'installation d'un système autoguidé pour les appareils de manutention. Certains emplois seront éliminés, et d'autres verront leurs tâches modifiées. Toutefois, le système permettra d'accélérer la livraison des pièces, avec un itinéraire optimal et un ordonnancement des algorithmes. Le vice-président à l'ingénierie désire se servir d'une simulation pour prévoir l'effet de cette innovation sur le moral et la productivité des employés, la qualité des produits ainsi que sur les coûts d'exploitation et les bénéfices. Dessinez une boucle de rétroaction et décrivez les dynamiques du système à utiliser dans le modèle. Prenez soin de générer et d'utiliser uniquement des données utiles pour illustrer le processus.

18.24 Le goulot d'étranglement d'une chaîne de montage est l'étape de la soudure. En ce moment, le travail suit la règle d'ordre d'arrivée, selon la catégorie de travail à faire. Il y a deux catégories : 1) le travail qui prendra 5 ± 2 minutes de soudure ; 2) le travail qui prendra $2 \pm 0,5$ minutes de soudure. L'arrivée des tâches des catégories 1 et 2 est respectivement de 8 ± 6 et de 7 ± 5 minutes. Lorsque des tâches de soudure plus importantes que la moyenne sont à réaliser, une file d'attente se forme, ce qui ralentit la chaîne de montage.

La direction désire tester cette hypothèse : augmente-t-on le rythme si les tâches de la catégorie 2 sont faites en premier ? Si on donne la priorité à la catégorie 2, les tâches de la catégorie 1 ne sont faites que lorsqu'aucune tâche de la catégorie 2 n'est en attente. Concevez des modèles pour les systèmes de priorité actuel et proposé, et traitez-les en utilisant 5 itérations manuelles d'une simulation.

EXERCICE D'APPROFONDISSEMENT

LA SIMULATION ET LE GÉNÉRATEUR DE NOMBRES ALÉATOIRES DANS UNE ANALYSE DE SENSIBILITÉ

Remarque : Cet exercice vous apprend les caractéristiques et le fonctionnement du générateur de nombres aléatoires, un outil faisant partie de la trousse d'Excel de Microsoft. Dans l'aide en ligne, on explique comment lancer et utiliser le générateur de nombres aléatoires à partir de toute une panoplie de distributions de probabilités : normale, uniforme (variables continues), loi binomiale, loi de Poisson et discrète. Cette dernière option permet de générer sur la feuille de travail des nombres aléatoires à partir d'une distribution de variables discrètes que vous avez choisies. Vous utiliserez cette option pour votre distribution uniforme discrète.

Lisez de nouveau le cas présenté dans l'exemple 17.3, où sont comparées trois solutions mutuellement exclusives. Les paramètres (valeur de récupération R, charges d'exploitation annuelles [CEA] et durée d'utilité n) varient selon trois approches d'estimation à l'analyse de sensibilité. Concevez une simulation en répondant aux questions suivantes à l'aide des données fournies.

Questions

1. Familiarisez-vous avec le générateur de nombres aléatoires d'Excel en cliquant sur le bouton Aide et lisez l'information relative à son fonctionnement, à son installation (s'il y a lieu) et à son application.

2. Concevez un échantillon de 10 nombres aléatoires à partir de chacune des distributions suivantes :
   - une distribution normale, en tenant compte d'une moyenne de 100 et d'un écart-type de 20 ;
   - une distribution uniforme (variables continues) de 5 à 10 ;
   - une distribution uniforme (variables discrètes) de 5 à 10, en tenant compte d'une probabilité de 0,2 pour les nombres de 5 à 7, de 0,05 pour les nombres 8 et 9 et de 0,3 pour le nombre 10.

3. Concevez une simulation ayant 50 points d'échantillons de valeur actualisée dont le taux de rendement acceptable minimum annuel est de 12 %, et ce, pour les trois solutions de l'exemple 17.3. Servez-vous des probabilités des distributions qui sont définies ci-dessous. Les résultats de votre simulation indiquent-ils que la solution B est le choix le plus évident ? Sinon, quel est le meilleur choix ?

	Solutions		
Paramètres	**A**	**B**	**C**
CEA	Normale moyenne : 8 000 $ Écart-type : 1 000 $	Normale Moyenne : 3 000 $ Écart-type : 500 $	Normale Moyenne : 6 000 $ Écart-type : 700 $
R	Uniforme 0 $ à 1 000 $	Uniforme 500 $ à 2 000 $	Fixée à 3 000 $
n	Uniforme et discrète de 3 à 8 années Probabilité égale	Uniforme et discrète de 3 à 7 années Probabilité égale	Uniforme et discrète de 3 à 8 années Probabilité égale

0,25 %		TABLE 1	Flux monétaires discrets : facteurs d'intérets composés					0,25 %
	Paiements uniques		Paiements par série constante				Gradients arithmétiques	
n	Valeur capitalisée F/P	Valeur actualisée P/F	Fonds d'amortissement A/F	Valeur capitalisée F/A	Recouvrement du capital A/P	Valeur actualisée P/A	Valeur actualisée d'une série de gradient G P/G	Série constante de gradient G A/G
1	1,0025	0,9975	1,00000	1,0000	1,00250	0,9975		
2	1,0050	0,9950	0,49938	2,0025	0,50188	1,9925	0,9950	0,4994
3	1,0075	0,9925	0,33250	3,0075	0,33500	2,9851	2,9801	0,9983
4	1,0100	0,9901	0,24906	4,0150	0,25156	3,9751	5,9503	1,4969
5	1,0126	0,9876	0,19900	5,0251	0,20150	4,9627	9,9007	1,9950
6	1,0151	0,9851	0,16563	6,0376	0,16813	5,9478	14,8263	2,4927
7	1,0176	0,9827	0,14179	7,0527	0,14429	6,9305	20,7223	2,9900
8	1,0202	0,9802	0,12391	8,0704	0,12641	7,9107	27,5839	3,4869
9	1,0227	0,9778	0,11000	9,0905	0,11250	8,8885	35,4061	3,9834
10	1,0253	0,9753	0,09888	10,1133	0,10138	9,8639	44,1842	4,4794
11	1,0278	0,9729	0,08978	11,1385	0,09228	10,8368	53,9133	4,9750
12	1,0304	0,9705	0,08219	12,1664	0,08469	11,8073	64,5886	5,4702
13	1,0330	0,9681	0,07578	13,1968	0,07828	12,7753	76,2053	5,9650
14	1,0356	0,9656	0,07028	14,2298	0,07278	13,7410	88,7587	6,4594
15	1,0382	0,9632	0,06551	15,2654	0,06801	14,7042	102,2441	6,9534
16	1,0408	0,9608	0,06134	16,3035	0,06384	15,6650	116,6567	7,4469
17	1,0434	0,9584	0,05766	17,3443	0,06016	16,6235	131,9917	7,9401
18	1,0460	0,9561	0,05438	18,3876	0,05688	17,5795	148,2446	8,4328
19	1,0486	0,9537	0,05146	19,4336	0,05396	18,5332	165,4106	8,9251
20	1,0512	0,9513	0,04882	20,4822	0,05132	19,4845	183,4851	9,4170
21	1,0538	0,9489	0,04644	21,5334	0,04894	20,4334	202,4634	9,9085
22	1,0565	0,9466	0,04427	22,5872	0,04677	21,3800	222,3410	10,3995
23	1,0591	0,9442	0,04229	23,6437	0,04479	22,3241	243,1131	10,8901
24	1,0618	0,9418	0,04048	24,7028	0,04298	23,2660	264,7753	11,3804
25	1,0644	0,9395	0,03881	25,7646	0,04131	24,2055	287,3230	11,8702
26	1,0671	0,9371	0,03727	26,8290	0,03977	25,1426	310,7516	12,3596
27	1,0697	0,9348	0,03585	27,8961	0,03835	26,0774	335,0566	12,8485
28	1,0724	0,9325	0,03452	28,9658	0,03702	27,0099	360,2334	13,3371
29	1,0751	0,9301	0,03329	30,0382	0,03579	27,9400	386,2776	13,8252
30	1,0778	0,9278	0,03214	31,1133	0,03464	28,8679	413,1847	14,3130
36	1,0941	0,9140	0,02658	37,6206	0,02908	34,3865	592,4988	17,2306
40	1,1050	0,9050	0,02380	42,0132	0,02630	38,0199	728,7399	19,1673
48	1,1273	0,8871	0,01963	50,9312	0,02213	45,1787	1 040,06	23,0209
50	1,1330	0,8826	0,01880	53,1887	0,02130	46,9462	1 125,78	23,9802
52	1,1386	0,8782	0,01803	55,4575	0,02053	48,7048	1 214,59	24,9377
55	1,1472	0,8717	0,01698	58,8819	0,01948	51,3264	1 353,53	26,3710
60	1,1616	0,8609	0,01547	64,6467	0,01797	55,6524	1 600,08	28,7514
72	1,1969	0,8355	0,01269	78,7794	0,01519	65,8169	2 265,56	34,4221
75	1,2059	0,8292	0,01214	82,3792	0,01464	68,3108	2 447,61	35,8305
84	1,2334	0,8108	0,01071	93,3419	0,01321	75,6813	3 029,76	40,0331
90	1,2520	0,7987	0,00992	100,7885	0,01242	80,5038	3 446,87	42,8162
96	1,2709	0,7869	0,00923	108,3474	0,01173	85,2546	3 886,28	45,5844
100	1,2836	0,7790	0,00881	113,4500	0,01131	88,3825	4 191,24	47,4216
108	1,3095	0,7636	0,00808	123,8093	0,01058	94,5453	4 829,01	51,0762
120	1,3494	0,7411	0,00716	139,7414	0,00966	103,5618	5 852,11	56,5084
132	1,3904	0,7192	0,00640	156,1582	0,00890	112,3121	6 950,01	61,8813
144	1,4327	0,6980	0,00578	173,0743	0,00828	120,8041	8 117,41	67,1949
240	1,8208	0,5492	0,00305	328,3020	0,00555	180,3109	19 399	107,5863
360	2,4568	0,4070	0,00172	582,7369	0,00422	237,1894	36 264	152,8902
480	3,3151	0,3016	0,00108	926,0595	0,00358	279,3418	53 821	192,6699

0,5%		TABLE 2	Flux monétaires discrets: facteurs d'intérets composés				0,5%
	Paiements uniques		Paiements par série constante				Gradients arithmétiques
n	Valeur capitalisée F/P	Valeur actualisée P/F	Fonds d'amortissement A/F	Valeur capitalisée F/A	Recouvrement du capital A/P	Valeur actualisée P/A	Valeur actualisée d'une série de gradient G P/G	Série constante de gradient G A/G
1	1,0050	0,9950	1,00000	1,0000	1,00500	0,9950		
2	1,0100	0,9901	0,49875	2,0050	0,50375	1,9851	0,9901	0,4988
3	1,0151	0,9851	0,33167	3,0150	0,33667	2,9702	2,9604	0,9967
4	1,0202	0,9802	0,24813	4,0301	0,25313	3,9505	5,9011	1,4938
5	1,0253	0,9754	0,19801	5,0503	0,20301	4,9259	9,8026	1,9900
6	1,0304	0,9705	0,16460	6,0755	0,16960	5,8964	14,6552	2,4855
7	1,0355	0,9657	0,14073	7,1059	0,14573	6,8621	20,4493	2,9801
8	1,0407	0,9609	0,12283	8,1414	0,12783	7,8230	27,1755	3,4738
9	1,0459	0,9561	0,10891	9,1821	0,11391	8,7791	34,8244	3,9668
10	1,0511	0,9513	0,09777	10,2280	0,10277	9,7304	43,3865	4,4589
11	1,0564	0,9466	0,08866	11,2792	0,09366	10,6770	52,8526	4,9501
12	1,0617	0,9419	0,08107	12,3356	0,08607	11,6189	63,2136	5,4406
13	1,0670	0,9372	0,07464	13,3972	0,07964	12,5562	74,4602	5,9302
14	1,0723	0,9326	0,06914	14,4642	0,07414	13,4887	86,5835	6,4190
15	1,0777	0,9279	0,06436	15,5365	0,06936	14,4166	99,5743	6,9069
16	1,0831	0,9233	0,06019	16,6142	0,06519	15,3399	113,4238	7,3940
17	1,0885	0,9187	0,05651	17,6973	0,06151	16,2586	128,1231	7,8803
18	1,0939	0,9141	0,05323	18,7858	0,05823	17,1728	143,6634	8,3658
19	1,0994	0,9096	0,05030	19,8797	0,05530	18,0824	160,0360	8,8504
20	1,1049	0,9051	0,04767	20,9791	0,05267	18,9874	177,2322	9,3342
21	1,1104	0,9006	0,04528	22,0840	0,05028	19,8880	195,2434	9,8172
22	1,1160	0,8961	0,04311	23,1944	0,04811	20,7841	214,0611	10,2993
23	1,1216	0,8916	0,04113	24,3104	0,04613	21,6757	233,6768	10,7806
24	1,1272	0,8872	0,03932	25,4320	0,04432	22,5629	254,0820	11,2611
25	1,1328	0,8828	0,03765	26,5591	0,04265	23,4456	275,2686	11,7407
26	1,1385	0,8784	0,03611	27,6919	0,04111	24,3240	297,2281	12,2195
27	1,1442	0,8740	0,03469	28,8304	0,03969	25,1980	319,9523	12,6975
28	1,1499	0,8697	0,03336	29,9745	0,03836	26,0677	343,4332	13,1747
29	1,1556	0,8653	0,03213	31,1244	0,03713	26,9330	367,6625	13,6510
30	1,1614	0,8610	0,03098	32,2800	0,03598	27,7941	392,6324	14,1265
36	1,1967	0,8356	0,02542	39,3361	0,03042	32,8710	557,5598	16,9621
40	1,2208	0,8191	0,02265	44,1588	0,02765	36,1722	681,3347	18,8359
48	1,2705	0,7871	0,01849	54,0978	0,02349	42,5803	959,9188	22,5437
50	1,2832	0,7793	0,01765	56,6452	0,02265	44,1428	1 035,70	23,4624
52	1,2961	0,7716	0,01689	59,2180	0,02189	45,6897	1 113,82	24,3778
55	1,3156	0,7601	0,01584	63,1258	0,02084	47,9814	1 235,27	25,7447
60	1,3489	0,7414	0,01433	69,7700	0,01933	51,7256	1 448,65	28,0064
72	1,4320	0,6983	0,01157	86,4089	0,01657	60,3395	2 012,35	33,3504
75	1,4536	0,6879	0,01102	90,7265	0,01602	62,4136	2 163,75	34,6679
84	1,5204	0,6577	0,00961	104,0739	0,01461	68,4530	2 640,66	38,5763
90	1,5666	0,6383	0,00883	113,3109	0,01383	72,3313	2 976,08	41,1451
96	1,6141	0,6195	0,00814	122,8285	0,01314	76,0952	3 324,18	43,6845
100	1,6467	0,6073	0,00773	129,3337	0,01273	78,5426	3 562,79	45,3613
108	1,7137	0,5835	0,00701	142,7399	0,01201	83,2934	4 054,37	48,6758
120	1,8194	0,5496	0,00610	163,8793	0,01110	90,0735	4 823,51	53,5508
132	1,9316	0,5177	0,00537	186,3226	0,01037	96,4596	5 624,59	58,3103
144	2,0508	0,4876	0,00476	210,1502	0,00976	102,4747	6 451,31	62,9551
240	3,3102	0,3021	0,00216	462,0409	0,00716	139,5808	13 416	96,1131
360	6,0226	0,1660	0,00100	1 004,52	0,00600	166,7916	21 403	128,3236
480	10,9575	0,0913	0,00050	1 991,49	0,00550	181,7476	27 588	151,7949

0,75 %		TABLE 3	Flux monétaires discrets : facteurs d'intérêts composés					0,75 %
	Paiements uniques		Paiements par série constante				Gradients arithmétiques	
n	Valeur capitalisée F/P	Valeur actualisée P/F	Fonds d'amortissement A/F	Valeur capitalisée F/A	Recouvrement du capital A/P	Valeur actualisée P/A	Valeur actualisée d'une série de gradient G P/G	Série constante de gradient G A/G
1	1,0075	0,9926	1,00000	1,0000	1,00750	0,9926		
2	1,0151	0,9852	0,49813	2,0075	0,50563	1,9777	0,9852	0,4981
3	1,0227	0,9778	0,33085	3,0226	0,33835	2,9556	2,9408	0,9950
4	1,0303	0,9706	0,24721	4,0452	0,25471	3,9261	5,8525	1,4907
5	1,0381	0,9633	0,19702	5,0756	0,20452	4,8894	9,7058	1,9851
6	1,0459	0,9562	0,16357	6,1136	0,17107	5,8456	14,4866	2,4782
7	1,0537	0,9490	0,13967	7,1595	0,14717	6,7946	20,1808	2,9701
8	1,0616	0,9420	0,12176	8,2132	0,12926	7,7366	26,7747	3,4608
9	1,0696	0,9350	0,10782	9,2748	0,11532	8,6716	34,2544	3,9502
10	1,0776	0,9280	0,09667	10,3443	0,10417	9,5996	42,6064	4,4384
11	1,0857	0,9211	0,08755	11,4219	0,09505	10,5207	51,8174	4,9253
12	1,0938	0,9142	0,07995	12,5076	0,08745	11,4349	61,8740	5,4110
13	1,1020	0,9074	0,07352	13,6014	0,08102	12,3423	72,7632	5,8954
14	1,1103	0,9007	0,06801	14,7034	0,07551	13,2430	84,4720	6,3786
15	1,1186	0,8940	0,06324	15,8137	0,07074	14,1370	96,9876	6,8606
16	1,1270	0,8873	0,05906	16,9323	0,06656	15,0243	110,2973	7,3413
17	1,1354	0,8807	0,05537	18,0593	0,06287	15,9050	124,3887	7,8207
18	1,1440	0,8742	0,05210	19,1947	0,05960	16,7792	139,2494	8,2989
19	1,1525	0,8676	0,04917	20,3387	0,05667	17,6468	154,8671	8,7759
20	1,1612	0,8612	0,04653	21,4912	0,05403	18,5080	171,2297	9,2516
21	1,1699	0,8548	0,04415	22,6524	0,05165	19,3628	188,3253	9,7261
22	1,1787	0,8484	0,04198	23,8223	0,04948	20,2112	206,1420	10,1994
23	1,1875	0,8421	0,04000	25,0010	0,04750	21,0533	224,6682	10,6714
24	1,1964	0,8358	0,03818	26,1885	0,04568	21,8891	243,8923	11,1422
25	1,2054	0,8296	0,03652	27,3849	0,04402	22,7188	263,8029	11,6117
26	1,2144	0,8234	0,03498	28,5903	0,04248	23,5422	284,3888	12,0800
27	1,2235	0,8173	0,03355	29,8047	0,04105	24,3595	305,6387	12,5470
28	1,2327	0,8112	0,03223	31,0282	0,03973	25,1707	327,5416	13,0128
29	1,2420	0,8052	0,03100	32,2609	0,03850	25,9759	350,0867	13,4774
30	1,2513	0,7992	0,02985	33,5029	0,03735	26,7751	373,2631	13,9407
36	1,3086	0,7641	0,02430	41,1527	0,03180	31,4468	524,9924	16,6946
40	1,3483	0,7416	0,02153	46,4465	0,02903	34,4469	637,4693	18,5058
48	1,4314	0,6986	0,01739	57,5207	0,02489	40,1848	886,8404	22,0691
50	1,4530	0,6883	0,01656	60,3943	0,02406	41,5664	953,8486	22,9476
52	1,4748	0,6780	0,01580	63,3111	0,02330	42,9276	1 022,59	23,8211
55	1,5083	0,6630	0,01476	67,7688	0,02226	44,9316	1 128,79	25,1223
60	1,5657	0,6387	0,01326	75,4241	0,02076	48,1734	1 313,52	27,2665
72	1,7126	0,5839	0,01053	95,0070	0,01803	55,4768	1 791,25	32,2882
75	1,7514	0,5710	0,00998	100,1833	0,01748	57,2027	1 917,22	33,5163
84	1,8732	0,5338	0,00859	116,4269	0,01609	62,1540	2 308,13	37,1357
90	1,9591	0,5104	0,00782	127,8790	0,01532	65,2746	2 578,00	39,4946
96	2,0489	0,4881	0,00715	139,8562	0,01465	68,2584	2 853,94	41,8107
100	2,1111	0,4737	0,00675	148,1445	0,01425	70,1746	3 040,75	43,3311
108	2,2411	0,4462	0,00604	165,4832	0,01354	73,8394	3 419,90	46,3154
120	2,4514	0,4079	0,00517	193,5143	0,01267	78,9417	3 998,56	50,6521
132	2,6813	0,3730	0,00446	224,1748	0,01196	83,6064	4 583,57	54,8232
144	2,9328	0,3410	0,00388	257,7116	0,01138	87,8711	5 169,58	58,8314
240	6,0092	0,1664	0,00150	667,8869	0,00900	111,1450	9 494,12	85,4210
360	14,7306	0,0679	0,00055	1 830,74	0,00805	124,2819	13 312	107,1145
480	36,1099	0,0277	0,00021	4 681,32	0,00771	129,6409	15 513	119,6620

1%			TABLE 4 Flux monétaires discrets: facteurs d'intérêts composés					1%
	Paiements uniques		Paiements par série constante				Gradients arithmétiques	
n	Valeur capitalisée F/P	Valeur actualisée P/F	Fonds d'amortissement A/F	Valeur capitalisée F/A	Recouvrement du capital A/P	Valeur actualisée P/A	Valeur actualisée d'une série de gradient G P/G	Série constante de gradient G A/G
1	1,0100	0,9901	1,00000	1,0000	1,01000	0,9901		
2	1,0201	0,9803	0,49751	2,0100	0,50751	1,9704	0,9803	0,4975
3	1,0303	0,9706	0,33002	3,0301	0,34002	2,9410	2,9215	0,9934
4	1,0406	0,9610	0,24628	4,0604	0,25628	3,9020	5,8044	1,4876
5	1,0510	0,9515	0,19604	5,1010	0,20604	4,8534	9,6103	1,9801
6	1,0615	0,9420	0,16255	6,1520	0,17255	5,7955	14,3205	2,4710
7	1,0721	0,9327	0,13863	7,2135	0,14863	6,7282	19,9168	2,9602
8	1,0829	0,9235	0,12069	8,2857	0,13069	7,6517	26,3812	3,4478
9	1,0937	0,9143	0,10674	9,3685	0,11674	8,5660	33,6959	3,9337
10	1,1046	0,9053	0,09558	10,4622	0,10558	9,4713	41,8435	4,4179
11	1,1157	0,8963	0,08645	11,5668	0,09645	10,3676	50,8067	4,9005
12	1,1268	0,8874	0,07885	12,6825	0,08885	11,2551	60,5687	5,3815
13	1,1381	0,8787	0,07241	13,8093	0,08241	12,1337	71,1126	5,8607
14	1,1495	0,8700	0,06690	14,9474	0,07690	13,0037	82,4221	6,3384
15	1,1610	0,8613	0,06212	16,0969	0,07212	13,8651	94,4810	6,8143
16	1,1726	0,8528	0,05794	17,2579	0,06794	14,7179	107,2734	7,2886
17	1,1843	0,8444	0,05426	18,4304	0,06426	15,5623	120,7834	7,7613
18	1,1961	0,8360	0,05098	19,6147	0,06098	16,3983	134,9957	8,2323
19	1,2081	0,8277	0,04805	20,8109	0,05805	17,2260	149,8950	8,7017
20	1,2202	0,8195	0,04542	22,0190	0,05542	18,0456	165,4664	9,1694
21	1,2324	0,8114	0,04303	23,2392	0,05303	18,8570	181,6950	9,6354
22	1,2447	0,8034	0,04086	24,4716	0,05086	19,6604	198,5663	10,0998
23	1,2572	0,7954	0,03889	25,7163	0,04889	20,4558	216,0660	10,5626
24	1,2697	0,7876	0,03707	26,9735	0,04707	21,2434	234,1800	11,0237
25	1,2824	0,7798	0,03541	28,2432	0,04541	22,0232	252,8945	11,4831
26	1,2953	0,7720	0,03387	29,5256	0,04387	22,7952	272,1957	11,9409
27	1,3082	0,7644	0,03245	30,8209	0,04245	23,5596	292,0702	12,3971
28	1,3213	0,7568	0,03112	32,1291	0,04112	24,3164	312,5047	12,8516
29	1,3345	0,7493	0,02990	33,4504	0,03990	25,0658	333,4863	13,3044
30	1,3478	0,7419	0,02875	34,7849	0,03875	25,8077	355,0021	13,7557
36	1,4308	0,6989	0,02321	43,0769	0,03321	30,1075	494,6207	16,4285
40	1,4889	0,6717	0,02046	48,8864	0,03046	32,8347	596,8561	18,1776
48	1,6122	0,6203	0,01633	61,2226	0,02633	37,9740	820,1460	21,5976
50	1,6446	0,6080	0,01551	64,4632	0,02551	39,1961	879,4176	22,4363
52	1,6777	0,5961	0,01476	67,7689	0,02476	40,3942	939,9175	23,2686
55	1,7285	0,5785	0,01373	72,8525	0,02373	42,1472	1 032,81	24,5049
60	1,8167	0,5504	0,01224	81,6697	0,02224	44,9550	1 192,81	26,5333
72	2,0471	0,4885	0,00955	104,7099	0,01955	51,1504	1 597,87	31,2386
75	2,1091	0,4741	0,00902	110,9128	0,01902	52,5871	1 702,73	32,3793
84	2,3067	0,4335	0,00765	130,6723	0,01765	56,6485	2 023,32	35,7170
90	2,4486	0,4084	0,00690	144,8633	0,01690	59,1609	2 240,57	37,8724
96	2,5993	0,3847	0,00625	159,9273	0,01625	61,5277	2 459,43	39,9727
100	2,7048	0,3697	0,00587	170,4814	0,01587	63,0289	2 605,78	41,3426
108	2,9289	0,3414	0,00518	192,8926	0,01518	65,8578	2 898,42	44,0103
120	3,3004	0,3030	0,00435	230,0387	0,01435	69,7005	3 334,11	47,8349
132	3,7190	0,2689	0,00368	271,8959	0,01368	73,1108	3 761,69	51,4520
144	4,1906	0,2386	0,00313	319,0616	0,01313	76,1372	4 177,47	54,8676
240	10,8926	0,0918	0,00101	989,2554	0,01101	90,8194	6 878,60	75,7393
360	35,9496	0,0278	0,00029	3 494,96	0,01029	97,2183	8 720,43	89,6995
480	118,6477	0,0084	0,00008	11 765	0,01008	99,1572	9 511,16	95,9200

1,25%	TABLE 5	Flux monétaires discrets : facteurs d'intérêts composés				1,25%	

	Paiements uniques		Paiements par série constante				Gradients arithmétiques	
n	Valeur capitalisée F/P	Valeur actualisée P/F	Fonds d'amortissement A/F	Valeur capitalisée F/A	Recouvrement du capital A/P	Valeur actualisée P/A	Valeur actualisée d'une série de gradient G P/G	Série constante de gradient G A/G
1	1,0125	0,9877	1,00000	1,0000	1,01250	0,9877		
2	1,0252	0,9755	0,49680	2,0125	0,50939	1,9631	0,9755	0,4969
3	1,0380	0,9634	0,32920	3,0377	0,34170	2,9265	2,9023	0,9917
4	1,0509	0,9515	0,24536	4,0756	0,25786	3,8781	5,7569	1,4845
5	1,0641	0,9398	0,19506	5,1266	0,20756	4,8178	9,5160	1,9752
6	1,0774	0,9282	0,16153	6,1907	0,17403	5,7460	14,1569	2,4638
7	1,0909	0,9167	0,13759	7,2680	0,15009	6,6627	19,6571	2,9503
8	1,1045	0,9054	0,11963	8,3589	0,13213	7,5681	25,9949	3,4348
9	1,1183	0,8942	0,10567	9,4634	0,11817	8,4623	33,1487	3,9172
10	1,1323	0,8832	0,09450	10,5817	0,10700	9,3455	41,0973	4,3975
11	1,1464	0,8723	0,08537	11,7139	0,09787	10,2178	49,8201	4,8758
12	1,1608	0,8615	0,07776	12,8604	0,09026	11,0793	59,2967	5,3520
13	1,1753	0,8509	0,07132	14,0211	0,08382	11,9302	69,5072	5,8262
14	1,1900	0,8404	0,06581	15,1964	0,07831	12,7706	80,4320	6,2982
15	1,2048	0,8300	0,06103	16,3863	0,07353	13,6005	92,0519	6,7682
16	1,2199	0,8197	0,05685	17,5912	0,06935	14,4203	104,3481	7,2362
17	1,2351	0,8096	0,05316	18,8111	0,06566	15,2299	117,3021	7,7021
18	1,2506	0,7996	0,04988	20,0462	0,06238	16,0295	130,8958	8,1659
19	1,2662	0,7898	0,04696	21,2968	0,05946	16,8193	145,1115	8,6277
20	1,2820	0,7800	0,04432	22,5630	0,05682	17,5993	159,9316	9,0874
21	1,2981	0,7704	0,04194	23,8450	0,05444	18,3697	175,3392	9,5450
22	1,3143	0,7609	0,03977	25,1431	0,05227	19,1306	191,3174	10,0006
23	1,3307	0,7515	0,03780	26,4574	0,05030	19,8820	207,8499	10,4542
24	1,3474	0,7422	0,03599	27,7881	0,04849	20,6242	224,9204	10,9056
25	1,3642	0,7330	0,03432	29,1354	0,04682	21,3573	242,5132	11,3551
26	1,3812	0,7240	0,03279	30,4996	0,04529	22,0813	260,6128	11,8024
27	1,3985	0,7150	0,03137	31,8809	0,04387	22,7963	279,2040	12,2478
28	1,4160	0,7062	0,03005	33,2794	0,04255	23,5025	298,2719	12,6911
29	1,4337	0,6975	0,02882	34,6954	0,04132	24,2000	317,8019	13,1323
30	1,4516	0,6889	0,02768	36,1291	0,04018	24,8889	337,7797	13,5715
36	1,5639	0,6394	0,02217	45,1155	0,03467	28,8473	466,2830	16,1639
40	1,6436	0,6084	0,01942	51,4896	0,03192	31,3269	559,2320	17,8515
48	1,8154	0,5509	0,01533	65,2284	0,02783	35,9315	759,2296	21,1299
50	1,8610	0,5373	0,01452	68,8818	0,02702	37,0129	811,6738	21,9295
52	1,9078	0,5242	0,01377	72,6271	0,02627	38,0677	864,9409	22,7211
55	1,9803	0,5050	0,01275	78,4225	0,02525	39,6017	946,2277	23,8936
60	2,1072	0,4746	0,01129	88,5745	0,02379	42,0346	1084,84	25,8083
72	2,4459	0,4088	0,00865	115,6736	0,02115	47,2925	1428,46	30,2047
75	2,5388	0,3939	0,00812	123,1035	0,02062	48,4890	1515,79	31,2605
84	2,8391	0,3522	0,00680	147,1290	0,01930	51,8222	1778,84	34,3258
90	3,0588	0,3269	0,00607	164,7050	0,01857	53,8461	1953,83	36,2855
96	3,2955	0,3034	0,00545	183,6411	0,01795	55,7246	2127,52	38,1793
100	3,4634	0,2887	0,00507	197,0723	0,01757	56,9013	2242,24	39,4058
108	3,8253	0,2614	0,00442	226,0226	0,01692	59,0865	2468,26	41,7737
120	4,4402	0,2252	0,00363	275,2171	0,01613	61,9828	2796,57	45,1184
132	5,1540	0,1940	0,00301	332,3198	0,01551	64,4781	3109,35	48,2234
144	5,9825	0,1672	0,00251	398,6021	0,01501	66,6277	3404,61	51,0990
240	19,7155	0,0507	0,00067	1497,24	0,01317	75,9423	5101,53	67,1764
360	87,5410	0,0114	0,00014	6923,28	0,01264	79,0861	5997,90	75,8401
480	388,7007	0,0026	0,00003	31016	0,01253	79,7942	6284,74	78,7619

1,5%			TABLE 6	Flux monétaires discrets : facteurs d'intérêts composés				1,5%
	Paiements uniques		Paiements par série constante				Gradients arithmétiques	
n	Valeur capitalisée F/P	Valeur actualisée P/F	Fonds d'amortissement A/F	Valeur capitalisée F/A	Recouvrement du capital A/P	Valeur actualisée P/A	Valeur actualisée d'une série de gradient G P/G	Série constante de gradient G A/G
1	1,0150	0,9852	1,00000	1,0000	1,01500	0,9852		
2	1,0302	0,9707	0,49628	2,0150	0,51128	1,9559	0,9707	0,4963
3	1,0457	0,9563	0,32838	3,0452	0,34338	2,9122	2,8833	0,9901
4	1,0614	0,9422	0,24444	4,0909	0,25944	3,8544	5,7098	1,4814
5	1,0773	0,9283	0,19409	5,1523	0,20909	4,7826	9,4229	1,9702
6	1,0934	0,9145	0,16053	6,2296	0,17553	5,6972	13,9956	2,4566
7	1,1098	0,9010	0,13656	7,3230	0,15156	6,5982	19,4018	2,9405
8	1,1265	0,8877	0,11858	8,4328	0,13358	7,4859	25,6157	3,4219
9	1,1434	0,8746	0,10461	9,5593	0,11961	8,3605	32,6125	3,9008
10	1,1605	0,8617	0,09343	10,7027	0,10843	9,2222	40,3675	4,3772
11	1,1779	0,8489	0,08429	11,8633	0,09929	10,0711	48,8568	4,8512
12	1,1956	0,8364	0,07668	13,0412	0,09168	10,9075	58,0571	5,3227
13	1,2136	0,8240	0,07024	14,2368	0,08524	11,7315	67,9454	5,7917
14	1,2318	0,8118	0,06472	15,4504	0,07972	12,5434	78,4994	6,2582
15	1,2502	0,7999	0,05994	16,6821	0,07494	13,3432	89,6974	6,7223
16	1,2690	0,7880	0,05577	17,9324	0,07077	14,1313	101,5178	7,1839
17	1,2880	0,7764	0,05208	19,2014	0,06708	14,9076	113,9400	7,6431
18	1,3073	0,7649	0,04881	20,4894	0,06381	15,6726	126,9435	8,0997
19	1,3270	0,7536	0,04588	21,7967	0,06088	16,4262	140,5084	8,5539
20	1,3469	0,7425	0,04325	23,1237	0,05825	17,1686	154,6154	9,0057
21	1,3671	0,7315	0,04087	24,4705	0,05587	17,9001	169,2453	9,4550
22	1,3876	0,7207	0,03870	25,8376	0,05370	18,6208	184,3798	9,9018
23	1,4084	0,7100	0,03673	27,2251	0,05173	19,3309	200,0006	10,3462
24	1,4295	0,6995	0,03492	28,6335	0,04992	20,0304	216,0901	10,7881
25	1,4509	0,6892	0,03326	30,0630	0,04826	20,7196	232,6310	11,2276
26	1,4727	0,6790	0,03173	31,5140	0,04673	21,3986	249,6065	11,6646
27	1,4948	0,6690	0,03032	32,9867	0,04532	22,0676	267,0002	12,0992
28	1,5172	0,6591	0,02900	34,4815	0,04400	22,7267	284,7958	12,5313
29	1,5400	0,6494	0,02778	35,9987	0,04278	23,3761	302,9779	12,9610
30	1,5631	0,6398	0,02664	37,5387	0,04164	24,0158	321,5310	13,3883
36	1,7091	0,5851	0,02115	47,2760	0,03615	27,6607	439,8303	15,9009
40	1,8140	0,5513	0,01843	54,2679	0,03343	29,9158	524,3568	17,5277
48	2,0435	0,4894	0,01437	69,5652	0,02937	34,0426	703,5462	20,6667
50	2,1052	0,4750	0,01357	73,6828	0,02857	34,9997	749,9636	21,4277
52	2,1689	0,4611	0,01283	77,9249	0,02783	35,9287	796,8774	22,1794
55	2,2679	0,4409	0,01183	84,5296	0,02683	37,2715	868,0285	23,2894
60	2,4432	0,4093	0,01039	96,2147	0,02539	39,3803	988,1674	25,0930
72	2,9212	0,3423	0,00781	128,0772	0,02281	43,8447	1 279,79	29,1893
75	3,0546	0,3274	0,00730	136,9728	0,02230	44,8416	1 352,56	30,1631
84	3,4926	0,2863	0,00602	166,1726	0,02102	47,5786	1 568,51	32,9668
90	3,8189	0,2619	0,00532	187,9299	0,02032	49,2099	1 709,54	34,7399
96	4,1758	0,2395	0,00472	211,7202	0,01972	50,7017	1 847,47	36,4381
100	4,4320	0,2256	0,00437	228,8030	0,01937	51,6247	1 937,45	37,5295
108	4,9927	0,2003	0,00376	266,1778	0,01876	53,3137	2 112,13	39,6171
120	5,9693	0,1675	0,00302	331,2882	0,01802	55,4985	2 359,71	42,5185
132	7,1370	0,1401	0,00244	409,1354	0,01744	57,3257	2 588,71	45,1579
144	8,5332	0,1172	0,00199	502,2109	0,01699	58,8540	2 798,58	47,5512
240	35,6328	0,0281	0,00043	2 308,85	0,01543	64,7957	3 870,69	59,7368
360	212,7038	0,0047	0,00007	14 114	0,01507	66,3532	4 310,72	64,9662
480	1 269,70	0,0008	0,00001	84 580	0,01501	66,6142	4 415,74	66,2883

2%			TABLE 7	Flux monétaires discrets : facteurs d'intérêts composés				2%
	Paiements uniques		Paiements par série constante				Gradients arithmétiques	
n	Valeur capitalisée F/P	Valeur actualisée P/F	Fonds d'amortissement A/F	Valeur capitalisée F/A	Recouvrement du capital A/P	Valeur actualisée P/A	Valeur actualisée d'une série de gradient G P/G	Série constante de gradient G A/G
1	1,0200	0,9804	1,00000	1,0000	1,02000	0,9804		
2	1,0404	0,9612	0,49505	2,0200	0,51505	1,9416	0,9612	0,4950
3	1,0612	0,9423	0,32675	3,0604	0,34675	2,8839	2,8458	0,9868
4	1,0824	0,9238	0,24262	4,1216	0,26262	3,8077	5,6173	1,4752
5	1,1041	0,9057	0,19216	5,2040	0,21216	4,7135	9,2403	1,9604
6	1,1262	0,8880	0,15853	6,3081	0,17853	5,6014	13,6801	2,4423
7	1,1487	0,8706	0,13451	7,4343	0,15451	6,4720	18,9035	2,9208
8	1,1717	0,8535	0,11651	8,5830	0,13651	7,3255	24,8779	3,3961
9	1,1951	0,8368	0,10252	9,7546	0,12252	8,1622	31,5720	3,8681
10	1,2190	0,8203	0,09133	10,9497	0,11133	8,9826	38,9551	4,3367
11	1,2434	0,8043	0,08218	12,1687	0,10218	9,7868	46,9977	4,8021
12	1,2682	0,7885	0,07456	13,4121	0,09456	10,5753	55,6712	5,2642
13	1,2936	0,7730	0,06812	14,6803	0,08812	11,3484	64,9475	5,7231
14	1,3195	0,7579	0,06260	15,9739	0,08260	12,1062	74,7999	6,1786
15	1,3459	0,7430	0,05783	17,2934	0,07783	12,8493	85,2021	6,6309
16	1,3728	0,7284	0,05365	18,6393	0,07365	13,5777	96,1288	7,0799
17	1,4002	0,7142	0,04997	20,0121	0,06997	14,2919	107,5554	7,5256
18	1,4282	0,7002	0,04670	21,4123	0,06670	14,9920	119,4581	7,9681
19	1,4568	0,6864	0,04378	22,8406	0,06378	15,6785	131,8139	8,4073
20	1,4859	0,6730	0,04116	24,2974	0,06116	16,3514	144,6003	8,8433
21	1,5157	0,6598	0,03878	25,7833	0,05878	17,0112	157,7959	9,2760
22	1,5460	0,6468	0,03663	27,2990	0,05663	17,6580	171,3795	9,7055
23	1,5769	0,6342	0,03467	28,8450	0,05467	18,2922	185,3309	10,1317
24	1,6084	0,6217	0,03287	30,4219	0,05287	18,9139	199,6305	10,5547
25	1,6406	0,6095	0,03122	32,0303	0,05122	19,5235	214,2592	10,9745
26	1,6734	0,5976	0,02970	33,6709	0,04970	20,1210	229,1987	11,3910
27	1,7069	0,5859	0,02829	35,3443	0,04829	20,7069	244,4311	11,8043
28	1,7410	0,5744	0,02699	37,0512	0,04699	21,2813	259,9392	12,2145
29	1,7758	0,5631	0,02578	38,7922	0,04578	21,8444	275,7064	12,6214
30	1,8114	0,5521	0,02465	40,5681	0,04465	22,3965	291,7164	13,0251
36	2,0399	0,4902	0,01923	51,9944	0,03923	25,4888	392,0405	15,3809
40	2,2080	0,4529	0,01656	60,4020	0,03656	27,3555	461,9931	16,8885
48	2,5871	0,3865	0,01260	79,3535	0,03260	30,6731	605,9657	19,7556
50	2,6916	0,3715	0,01182	84,5794	0,03182	31,4236	642,3606	20,4420
52	2,8003	0,3571	0,01111	90,0164	0,03111	32,1449	678,7849	21,1164
55	2,9717	0,3365	0,01014	98,5865	0,03014	33,1748	733,3527	22,1057
60	3,2810	0,3048	0,00877	114,0515	0,02877	34,7609	823,6975	23,6961
72	4,1611	0,2403	0,00633	158,0570	0,02633	37,9841	1 034,06	27,2234
75	4,4158	0,2265	0,00586	170,7918	0,02586	38,6771	1 084,64	28,0434
84	5,2773	0,1895	0,00468	213,8666	0,02468	40,5255	1 230,42	30,3616
90	5,9431	0,1683	0,00405	247,1567	0,02405	41,5869	1 322,17	31,7929
96	6,6929	0,1494	0,00351	284,6467	0,02351	42,5294	1 409,30	33,1370
100	7,2446	0,1380	0,00320	312,2323	0,02320	43,0984	1 464,75	33,9863
108	8,4883	0,1178	0,00267	374,4129	0,02267	44,1095	1 569,30	35,5774
120	10,7652	0,0929	0,00205	488,2582	0,02205	45,3554	1 710,42	37,7114
132	13,6528	0,0732	0,00158	632,6415	0,02158	46,3378	1 833,47	39,5676
144	17,3151	0,0578	0,00123	815,7545	0,02123	47,1123	1 939,79	41,1738
240	115,8887	0,0086	0,00017	5 744,44	0,02017	49,5686	2 374,88	47,9110
360	1 247,56	0,0008	0,00002	62 328	0,02002	49,9599	2 482,57	49,7112
480	13 430	0,0001			0,02000	49,9963	2 498,03	49,9643

3%				TABLE 8 Flux monétaires discrets: facteurs d'intérets composés				3%
	Paiements uniques		Paiements par série constante				Gradients arithmétiques	
n	Valeur capitalisée F/P	Valeur actualisée P/F	Fonds d'amortissement A/F	Valeur capitalisée F/A	Recouvrement du capital A/P	Valeur actualisée P/A	Valeur actualisée d'une série de gradient G P/G	Série constante de gradient G A/G
1	1,0300	0,9709	1,00000	1,0000	1,03000	0,9709		
2	1,0609	0,9426	0,49261	2,0300	0,52261	1,9135	0,9426	0,4926
3	1,0927	0,9151	0,32353	3,0909	0,35353	2,8286	2,7729	0,9803
4	1,1255	0,8885	0,23903	4,1836	0,26903	3,7171	5,4383	1,4631
5	1,1593	0,8626	0,18835	5,3091	0,21835	4,5797	8,8888	1,9409
6	1,1941	0,8375	0,15460	6,4684	0,18460	5,4172	13,0762	2,4138
7	1,2299	0,8131	0,13051	7,6625	0,16051	6,2303	17,9547	2,8819
8	1,2668	0,7894	0,11246	8,8923	0,14246	7,0197	23,4806	3,3450
9	1,3048	0,7664	0,09843	10,1591	0,12843	7,7861	29,6119	3,8032
10	1,3439	0,7441	0,08723	11,4639	0,11723	8,5302	36,3088	4,2565
11	1,3842	0,7224	0,07808	12,8078	0,10808	9,2526	43,5330	4,7049
12	1,4258	0,7014	0,07046	14,1920	0,10046	9,9540	51,2482	5,1485
13	1,4685	0,6810	0,06403	15,6178	0,09403	10,6350	59,4196	5,5872
14	1,5126	0,6611	0,05853	17,0863	0,08853	11,2961	68,0141	6,0210
15	1,5580	0,6419	0,05377	18,5989	0,08377	11,9379	77,0002	6,4500
16	1,6047	0,6232	0,04961	20,1569	0,07961	12,5611	86,3477	6,8742
17	1,6528	0,6050	0,04595	21,7616	0,07595	13,1661	96,0280	7,2936
18	1,7024	0,5874	0,04271	23,4144	0,07271	13,7535	106,0137	7,7081
19	1,7535	0,5703	0,03981	25,1169	0,06981	14,3238	116,2788	8,1179
20	1,8061	0,5537	0,03722	26,8704	0,06722	14,8775	126,7987	8,5229
21	1,8603	0,5375	0,03487	28,6765	0,06487	15,4150	137,5496	8,9231
22	1,9161	0,5219	0,03275	30,5368	0,06275	15,9369	148,5094	9,3186
23	1,9736	0,5067	0,03081	32,4529	0,06081	16,4436	159,6566	9,7093
24	2,0328	0,4919	0,02905	34,4265	0,05905	16,9355	170,9711	10,0954
25	2,0938	0,4776	0,02743	36,4593	0,05743	17,4131	182,4336	10,4768
26	2,1566	0,4637	0,02594	38,5530	0,05594	17,8768	194,0260	10,8535
27	2,2213	0,4502	0,02456	40,7096	0,05456	18,3270	205,7309	11,2255
28	2,2879	0,4371	0,02329	42,9309	0,05329	18,7641	217,5320	11,5930
29	2,3566	0,4243	0,02211	45,2189	0,05211	19,1885	229,4137	11,9558
30	2,4273	0,4120	0,02102	47,5754	0,05102	19,6004	241,3613	12,3141
31	2,5001	0,4000	0,02000	50,0027	0,05000	20,0004	253,3609	12,6678
32	2,5751	0,3883	0,01905	52,5028	0,04905	20,3888	265,3993	13,0169
33	2,6523	0,3770	0,01816	55,0778	0,04816	20,7658	277,4642	13,3616
34	2,7319	0,3660	0,01732	57,7302	0,04732	21,1318	289,5437	13,7018
35	2,8139	0,3554	0,01654	60,4621	0,04654	21,4872	301,6267	14,0375
40	3,2620	0,3066	0,01326	75,4013	0,04326	23,1148	361,7499	15,6502
45	3,7816	0,2644	0,01079	92,7199	0,04079	24,5187	420,6325	17,1556
50	4,3839	0,2281	0,00887	112,7969	0,03887	25,7298	477,4803	18,5575
55	5,0821	0,1968	0,00735	136,0716	0,03735	26,7744	531,7411	19,8600
60	5,8916	0,1697	0,00613	163,0534	0,03613	27,6756	583,0526	21,0674
65	6,8300	0,1464	0,00515	194,3328	0,03515	28,4529	631,2010	22,1841
70	7,9178	0,1263	0,00434	230,5941	0,03434	29,1234	676,0869	23,2145
75	9,1789	0,1089	0,00367	272,6309	0,03367	29,7018	717,6978	24,1634
80	10,6409	0,0940	0,00311	321,3630	0,03311	30,2008	756,0865	25,0353
84	11,9764	0,0835	0,00273	365,8805	0,03273	30,5501	784,5434	25,6806
85	12,3357	0,0811	0,00265	377,8570	0,03265	30,6312	791,3529	25,8349
90	14,3005	0,0699	0,00226	443,3489	0,03226	31,0024	823,6302	26,5667
96	17,0755	0,0586	0,00187	535,8502	0,03187	31,3812	858,6377	27,3615
108	24,3456	0,0411	0,00129	778,1863	0,03129	31,9642	917,6013	28,7072
120	34,7110	0,0288	0,00089	1 123,70	0,03089	32,3730	963,8635	29,7737

4%		TABLE 9	Flux monétaires discrets: facteurs d'intérets composés					4%
	Paiements uniques		Paiements par série constante				Gradients arithmétiques	
n	Valeur capitalisée F/P	Valeur actualisée P/F	Fonds d'amortissement A/F	Valeur capitalisée F/A	Recouvrement du capital A/P	Valeur actualisée P/A	Valeur actualisée d'une série de gradient G P/G	Série constante de gradient G A/G
1	1,0400	0,9615	1,00000	1,0000	1,04000	0,9615		
2	1,0816	0,9246	0,49020	2,0400	0,53020	1,8861	0,9246	0,4902
3	1,1249	0,8890	0,32035	3,1216	0,36035	2,7751	2,7025	0,9739
4	1,1699	0,8548	0,23549	4,2465	0,27549	3,6299	5,2670	1,4510
5	1,2167	0,8219	0,18463	5,4163	0,22463	4,4518	8,5547	1,9216
6	1,2653	0,7903	0,15076	6,6330	0,19076	5,2421	12,5062	2,3857
7	1,3159	0,7599	0,12661	7,8983	0,16661	6,0021	17,0657	2,8433
8	1,3686	0,7307	0,10853	9,2142	0,14853	6,7327	22,1806	3,2944
9	1,4233	0,7026	0,09449	10,5828	0,13449	7,4353	27,8013	3,7391
10	1,4802	0,6756	0,08329	12,0061	0,12329	8,1109	33,8814	4,1773
11	1,5395	0,6496	0,07415	13,4864	0,11415	8,7605	40,3772	4,6090
12	1,6010	0,6246	0,06655	15,0258	0,10655	9,3851	47,2477	5,0343
13	1,6651	0,6006	0,06014	16,6268	0,10014	9,9856	54,4546	5,4533
14	1,7317	0,5775	0,05467	18,2919	0,09467	10,5631	61,9618	5,8659
15	1,8009	0,5553	0,04994	20,0236	0,08994	11,1184	69,7355	6,2721
16	1,8730	0,5339	0,04582	21,8245	0,08582	11,6523	77,7441	6,6720
17	1,9479	0,5134	0,04220	23,6975	0,08220	12,1657	85,9581	7,0656
18	2,0258	0,4936	0,03899	25,6454	0,07899	12,6593	94,3498	7,4530
19	2,1068	0,4746	0,03614	27,6712	0,07614	13,1339	102,8933	7,8342
20	2,1911	0,4564	0,03358	29,7781	0,07358	13,5903	111,5647	8,2091
21	2,2788	0,4388	0,03128	31,9692	0,07128	14,0292	120,3414	8,5779
22	2,3699	0,4220	0,02920	34,2480	0,06920	14,4511	129,2024	8,9407
23	2,4647	0,4057	0,02731	36,6179	0,06731	14,8568	138,1284	9,2973
24	2,5633	0,3901	0,02559	39,0826	0,06559	15,2470	147,1012	9,6479
25	2,6658	0,3751	0,02401	41,6459	0,06401	15,6221	156,1040	9,9925
26	2,7725	0,3607	0,02257	44,3117	0,06257	15,9828	165,1212	10,3312
27	2,8834	0,3468	0,02124	47,0842	0,06124	16,3296	174,1385	10,6640
28	2,9987	0,3335	0,02001	49,9676	0,06001	16,6631	183,1424	10,9909
29	3,1187	0,3207	0,01888	52,9663	0,05888	16,9837	192,1206	11,3120
30	3,2434	0,3083	0,01783	56,0849	0,05783	17,2920	201,0618	11,6274
31	3,3731	0,2965	0,01686	59,3283	0,05686	17,5885	209,9556	11,9371
32	3,5081	0,2851	0,01595	62,7015	0,05595	17,8736	218,7924	12,2411
33	3,6484	0,2741	0,01510	66,2095	0,05510	18,1476	227,5634	12,5396
34	3,7943	0,2636	0,01431	69,8579	0,05431	18,4112	236,2607	12,8324
35	3,9461	0,2534	0,01358	73,6522	0,05358	18,6646	244,8768	13,1198
40	4,8010	0,2083	0,01052	95,0255	0,05052	19,7928	286,5303	14,4765
45	5,8412	0,1712	0,00826	121,0294	0,04826	20,7200	325,4028	15,7047
50	7,1067	0,1407	0,00655	152,6671	0,04655	21,4822	361,1638	16,8122
55	8,6464	0,1157	0,00523	191,1592	0,04523	22,1086	393,6890	17,8070
60	10,5196	0,0951	0,00420	237,9907	0,04420	22,6235	422,9966	18,6972
65	12,7987	0,0781	0,00339	294,9684	0,04339	23,0467	449,2014	19,4909
70	15,5716	0,0642	0,00275	364,2905	0,04275	23,3945	472,4789	20,1961
75	18,9453	0,0528	0,00223	448,6314	0,04223	23,6804	493,0408	20,8206
80	23,0498	0,0434	0,00181	551,2450	0,04181	23,9154	511,1161	21,3718
85	28,0436	0,0357	0,00148	676,0901	0,04148	24,1085	526,9384	21,8569
90	34,1193	0,0293	0,00121	827,9833	0,04121	24,2673	540,7369	22,2826
96	43,1718	0,0232	0,00095	1 054,30	0,04095	24,4209	554,9312	22,7236
108	69,1195	0,0145	0,00059	1 702,99	0,04059	24,6383	576,8949	23,4146
120	110,6626	0,0090	0,00036	2 741,56	0,04036	24,7741	592,2428	23,9057
144	283,6618	0,0035	0,00014	7 066,55	0,04014	24,9119	610,1055	24,4906

5%			TABLE 10	Flux monétaires discrets : facteurs d'intérêts composés				5%
	Paiements uniques		**Paiements par série constante**				**Gradients arithmétiques**	
	Valeur capitalisée F/P	Valeur actualisée P/F	Fonds d'amortissement A/F	Valeur capitalisée F/A	Recouvrement du capital A/P	Valeur actualisée P/A	Valeur actualisée d'une série de gradient G P/G	Série constante de gradient G A/G
n								
1	1,0500	0,9524	1,00000	1,0000	1,05000	0,9524		
2	1,1025	0,9070	0,48780	2,0500	0,53780	1,8594	0,9070	0,4878
3	1,1576	0,8638	0,31721	3,1525	0,36721	2,7232	2,6347	0,9675
4	1,2155	0,8227	0,23201	4,3101	0,28201	3,5460	5,1028	1,4391
5	1,2763	0,7835	0,18097	5,5256	0,23097	4,3295	8,2369	1,9025
6	1,3401	0,7462	0,14702	6,8019	0,19702	5,0757	11,9680	2,3579
7	1,4071	0,7107	0,12282	8,1420	0,17282	5,7864	16,2321	2,8052
8	1,4775	0,6768	0,10472	9,5491	0,15472	6,4632	20,9700	3,2445
9	1,5513	0,6446	0,09069	11,0266	0,14069	7,1078	26,1268	3,6758
10	1,6289	0,6139	0,07950	12,5779	0,12950	7,7217	31,6520	4,0991
11	1,7103	0,5847	0,07039	14,2068	0,12039	8,3064	37,4988	4,5144
12	1,7959	0,5568	0,06283	15,9171	0,11283	8,8633	43,6241	4,9219
13	1,8856	0,5303	0,05646	17,7130	0,10646	9,3936	49,9879	5,3215
14	1,9799	0,5051	0,05102	19,5986	0,10102	9,8986	56,5538	5,7133
15	2,0789	0,4810	0,04634	21,5786	0,09634	10,3797	63,2880	6,0973
16	2,1829	0,4581	0,04227	23,6575	0,09227	10,8378	70,1597	6,4736
17	2,2920	0,4363	0,03870	25,8404	0,08870	11,2741	77,1405	6,8423
18	2,4066	0,4155	0,03555	28,1324	0,08555	11,6896	84,2043	7,2034
19	2,5270	0,3957	0,03275	30,5390	0,08275	12,0853	91,3275	7,5569
20	2,6533	0,3769	0,03024	33,0660	0,08024	12,4622	98,4884	7,9030
21	2,7860	0,3589	0,02800	35,7193	0,07800	12,8212	105,6673	8,2416
22	2,9253	0,3418	0,02597	38,5052	0,07597	13,1630	112,8461	8,5730
23	3,0715	0,3256	0,02414	41,4305	0,07414	13,4886	120,0087	8,8971
24	3,2251	0,3101	0,02247	44,5020	0,07247	13,7986	127,1402	9,2140
25	3,3864	0,2953	0,02095	47,7271	0,07095	14,0939	134,2275	9,5238
26	3,5557	0,2812	0,01956	51,1135	0,06956	14,3752	141,2585	9,8266
27	3,7335	0,2678	0,01829	54,6691	0,06829	14,6430	148,2226	10,1224
28	3,9201	0,2551	0,01712	58,4026	0,06712	14,8981	155,1101	10,4114
29	4,1161	0,2429	0,01605	62,3227	0,06605	15,1411	161,9126	10,6936
30	4,3219	0,2314	0,01505	66,4388	0,06505	15,3725	168,6226	10,9691
31	4,5380	0,2204	0,01413	70,7608	0,06413	15,5928	175,2333	11,2381
32	4,7649	0,2099	0,01328	75,2988	0,06328	15,8027	181,7392	11,5005
33	5,0032	0,1999	0,01249	80,0638	0,06249	16,0025	188,1351	11,7566
34	5,2533	0,1904	0,01176	85,0670	0,06176	16,1929	194,4168	12,0063
35	5,5160	0,1813	0,01107	90,3203	0,06107	16,3742	200,5807	12,2498
40	7,0400	0,1420	0,00828	120,7998	0,05828	17,1591	229,5452	13,3775
45	8,9850	0,1113	0,00626	159,7002	0,05626	17,7741	255,3145	14,3644
50	11,4674	0,0872	0,00478	209,3480	0,05478	18,2559	277,9148	15,2233
55	14,6356	0,0683	0,00367	272,7126	0,05367	18,6335	297,5104	15,9664
60	18,6792	0,0535	0,00283	353,5837	0,05283	18,9293	314,3432	16,6062
65	23,8399	0,0419	0,00219	456,7980	0,05219	19,1611	328,6910	17,1541
70	30,4264	0,0329	0,00170	588,5285	0,05170	19,3427	340,8409	17,6212
75	38,8327	0,0258	0,00132	756,6537	0,05132	19,4850	351,0721	18,0176
80	49,5614	0,0202	0,00103	971,2288	0,05103	19,5965	359,6460	18,3526
85	63,2544	0,0158	0,00080	1245,09	0,05080	19,6838	366,8007	18,6346
90	80,7304	0,0124	0,00063	1594,61	0,05063	19,7523	372,7488	18,8712
95	103,0347	0,0097	0,00049	2040,69	0,05049	19,8059	377,6774	19,0689
96	108,1864	0,0092	0,00047	2143,73	0,05047	19,8151	378,5555	19,1044
98	119,2755	0,0084	0,00042	2365,51	0,05042	19,8323	380,2139	19,1714
100	131,5013	0,0076	0,00038	2610,03	0,05038	19,8479	381,7492	19,2337

6%		TABLE 11	Flux monétaires discrets: facteurs d'intérets composés				6%
	Paiements uniques		**Paiements par série constante**				**Gradients arithmétiques**
n	Valeur capitalisée F/P	Valeur actualisée P/F	Fonds d'amortissement A/F	Valeur capitalisée F/A	Recouvrement du capital A/P	Valeur actualisée P/A	Valeur actualisée d'une série de gradient G P/G	Série constante de gradient G A/G
1	1,0600	0,9434	1,00000	1,0000	1,06000	0,9434		
2	1,1236	0,8900	0,48544	2,0600	0,54544	1,8334	0,8900	0,4854
3	1,1910	0,8396	0,31411	3,1836	0,37411	2,6730	2,5692	0,9612
4	1,2625	0,7921	0,22859	4,3746	0,28859	3,4651	4,9455	1,4272
5	1,3382	0,7473	0,17740	5,6371	0,23740	4,2124	7,9345	1,8836
6	1,4185	0,7050	0,14336	6,9753	0,20336	4,9173	11,4594	2,3304
7	1,5036	0,6651	0,11914	8,3938	0,17914	5,5824	15,4497	2,7676
8	1,5938	0,6274	0,10104	9,8975	0,16104	6,2098	19,8416	3,1952
9	1,6895	0,5919	0,08702	11,4913	0,14702	6,8017	24,5768	3,6133
10	1,7908	0,5584	0,07587	13,1808	0,13587	7,3601	29,6023	4,0220
11	1,8983	0,5268	0,06679	14,9716	0,12679	7,8869	34,8702	4,4213
12	2,0122	0,4970	0,05928	16,8699	0,11928	8,3838	40,3369	4,8113
13	2,1329	0,4688	0,05296	18,8821	0,11296	8,8527	45,9629	5,1920
14	2,2609	0,4423	0,04758	21,0151	0,10758	9,2950	51,7128	5,5635
15	2,3966	0,4173	0,04296	23,2760	0,10296	9,7122	57,5546	5,9260
16	2,5404	0,3936	0,03895	25,6725	0,09895	10,1059	63,4592	6,2794
17	2,6928	0,3714	0,03544	28,2129	0,09544	10,4773	69,4011	6,6240
18	2,8543	0,3503	0,03236	30,9057	0,09236	10,8276	75,3569	6,9597
19	3,0256	0,3305	0,02962	33,7600	0,08962	11,1581	81,3062	7,2867
20	3,2071	0,3118	0,02718	36,7856	0,08718	11,4699	87,2304	7,6051
21	3,3996	0,2942	0,02500	39,9927	0,08500	11,7641	93,1136	7,9151
22	3,6035	0,2775	0,02305	43,3923	0,08305	12,0416	98,9412	8,2166
23	3,8197	0,2618	0,02128	46,9958	0,08128	12,3034	104,7007	8,5099
24	4,0489	0,2470	0,01968	50,8156	0,07968	12,5504	110,3812	8,7951
25	4,2919	0,2330	0,01823	54,8645	0,07823	12,7834	115,9732	9,0722
26	4,5494	0,2198	0,01690	59,1564	0,07690	13,0032	121,4684	9,3414
27	4,8223	0,2074	0,01570	63,7058	0,07570	13,2105	126,8600	9,6029
28	5,1117	0,1956	0,01459	68,5281	0,07459	13,4062	132,1420	9,8568
29	5,4184	0,1846	0,01358	73,6398	0,07358	13,5907	137,3096	10,1032
30	5,7435	0,1741	0,01265	79,0582	0,07265	13,7648	142,3588	10,3422
31	6,0881	0,1643	0,01179	84,8017	0,07179	13,9291	147,2864	10,5740
32	6,4534	0,1550	0,01100	90,8898	0,07100	14,0840	152,0901	10,7988
33	6,8406	0,1462	0,01027	97,3432	0,07027	14,2302	156,7681	11,0166
34	7,2510	0,1379	0,00960	104,1838	0,06960	14,3681	161,3192	11,2276
35	7,6861	0,1301	0,00897	111,4348	0,06897	14,4982	165,7427	11,4319
40	10,2857	0,0972	0,00646	154,7620	0,06646	15,0463	185,9568	12,3590
45	13,7646	0,0727	0,00470	212,7435	0,06470	15,4558	203,1096	13,1413
50	18,4202	0,0543	0,00344	290,3359	0,06344	15,7619	217,4574	13,7964
55	24,6503	0,0406	0,00254	394,1720	0,06254	15,9905	229,3222	14,3411
60	32,9877	0,0303	0,00188	533,1282	0,06188	16,1614	239,0428	14,7909
65	44,1450	0,0227	0,00139	719,0829	0,06139	16,2891	246,9450	15,1601
70	59,0759	0,0169	0,00103	967,9322	0,06103	16,3845	253,3271	15,4613
75	79,0569	0,0126	0,00077	1 300,95	0,06077	16,4558	258,4527	15,7058
80	105,7960	0,0095	0,00057	1 746,60	0,06057	16,5091	262,5493	15,9033
85	141,5789	0,0071	0,00043	2 342,98	0,06043	16,5489	265,8096	16,0620
90	189,4645	0,0053	0,00032	3 141,08	0,06032	16,5787	268,3946	16,1891
95	253,5463	0,0039	0,00024	4 209,10	0,06024	16,6009	270,4375	16,2905
96	268,7590	0,0037	0,00022	4 462,65	0,06022	16,6047	270,7909	16,3081
98	301,9776	0,0033	0,00020	5 016,29	0,06020	16,6115	271,4491	16,3411
100	339,3021	0,0029	0,00018	5 638,37	0,06018	16,6175	272,0471	16,3711

7%	TABLE 12		Flux monétaires discrets : facteurs d'intérets composés					7%
	Paiements uniques		Paiements par série constante				Gradients arithmétiques	
n	Valeur capitalisée F/P	Valeur actualisée P/F	Fonds d'amortissement A/F	Valeur capitalisée F/A	Recouvrement du capital A/P	Valeur actualisée P/A	Valeur actualisée d'une série de gradient G P/G	Série constante de gradient G A/G
1	1,0700	0,9346	1,00000	1,0000	1,07000	0,9346		
2	1,1449	0,8734	0,48309	2,0700	0,55309	1,8080	0,8734	0,4831
3	1,2250	0,8163	0,31105	3,2149	0,38105	2,6243	2,5060	0,9549
4	1,3108	0,7629	0,22523	4,4399	0,29523	3,3872	4,7947	1,4155
5	1,4026	0,7130	0,17389	5,7507	0,24389	4,1002	7,6467	1,8650
6	1,5007	0,6663	0,13980	7,1533	0,20980	4,7665	10,9784	2,3032
7	1,6058	0,6227	0,11555	8,6540	0,18555	5,3893	14,7149	2,7304
8	1,7182	0,5820	0,09747	10,2598	0,16747	5,9713	18,7889	3,1465
9	1,8385	0,5439	0,08349	11,9780	0,15349	6,5152	23,1404	3,5517
10	1,9672	0,5083	0,07238	13,8164	0,14238	7,0236	27,7156	3,9461
11	2,1049	0,4751	0,06336	15,7836	0,13336	7,4987	32,4665	4,3296
12	2,2522	0,4440	0,05590	17,8885	0,12590	7,9427	37,3506	4,7025
13	2,4098	0,4150	0,04965	20,1406	0,11965	8,3577	42,3302	5,0648
14	2,5785	0,3878	0,04434	22,5505	0,11434	8,7455	47,3718	5,4167
15	2,7590	0,3624	0,03979	25,1290	0,10979	9,1079	52,4461	5,7583
16	2,9522	0,3387	0,03586	27,8881	0,10586	9,4466	57,5271	6,0897
17	3,1588	0,3166	0,03243	30,8402	0,10243	9,7632	62,5923	6,4110
18	3,3799	0,2959	0,02941	33,9990	0,09941	10,0591	67,6219	6,7225
19	3,6165	0,2765	0,02675	37,3790	0,09675	10,3356	72,5991	7,0242
20	3,8697	0,2584	0,02439	40,9955	0,09439	10,5940	77,5091	7,3163
21	4,1406	0,2415	0,02229	44,8652	0,09229	10,8355	82,3393	7,5990
22	4,4304	0,2257	0,02041	49,0057	0,09041	11,0612	87,0793	7,8725
23	4,7405	0,2109	0,01871	53,4361	0,08871	11,2722	91,7201	8,1369
24	5,0724	0,1971	0,01719	58,1767	0,08719	11,4693	96,2545	8,3923
25	5,4274	0,1842	0,01581	63,2490	0,08581	11,6536	100,6765	8,6391
26	5,8074	0,1722	0,01456	68,6765	0,08456	11,8258	104,9814	8,8773
27	6,2139	0,1609	0,01343	74,4838	0,08343	11,9867	109,1656	9,1072
28	6,6488	0,1504	0,01239	80,6977	0,08239	12,1371	113,2264	9,3289
29	7,1143	0,1406	0,01145	87,3465	0,08145	12,2777	117,1622	9,5427
30	7,6123	0,1314	0,01059	94,4608	0,08059	12,4090	120,9718	9,7487
31	8,1451	0,1228	0,00980	102,0730	0,07980	12,5318	124,6550	9,9471
32	8,7153	0,1147	0,00907	110,2182	0,07907	12,6466	128,2120	10,1381
33	9,3253	0,1072	0,00841	118,9334	0,07841	12,7538	131,6435	10,3219
34	9,9781	0,1002	0,00780	128,2588	0,07780	12,8540	134,9507	10,4987
35	10,6766	0,0937	0,00723	138,2369	0,07723	12,9477	138,1353	10,6687
40	14,9745	0,0668	0,00501	199,6351	0,07501	13,3317	152,2928	11,4233
45	21,0025	0,0476	0,00350	285,7493	0,07350	13,6055	163,7559	12,0360
50	29,4570	0,0339	0,00246	406,5289	0,07246	13,8007	172,9051	12,5287
55	41,3150	0,0242	0,00174	575,9286	0,07174	13,9399	180,1243	12,9215
60	57,9464	0,0173	0,00123	813,5204	0,07123	14,0392	185,7677	13,2321
65	81,2729	0,0123	0,00087	1 146,76	0,07087	14,1099	190,1452	13,4760
70	113,9894	0,0088	0,00062	1 614,13	0,07062	14,1604	193,5185	13,6662
75	159,8760	0,0063	0,00044	2 269,66	0,07044	14,1964	196,1035	13,8136
80	224,2344	0,0045	0,00031	3 189,06	0,07031	14,2220	198,0748	13,9273
85	314,5003	0,0032	0,00022	4 478,58	0,07022	14,2403	199,5717	14,0146
90	441,1030	0,0023	0,00016	6 287,19	0,07016	14,2533	200,7042	14,0812
95	618,6697	0,0016	0,00011	8 823,85	0,07011	14,2626	201,5581	14,1319
96	661,9766	0,0015	0,00011	9 442,52	0,07011	14,2641	201,7016	14,1405
98	757,8970	0,0013	0,00009	10 813	0,07009	14,2669	201,9651	14,1562
100	867,7163	0,0012	0,00008	12 382	0,07008	14,2693	202,2001	14,1703

8%		TABLE 13	Flux monétaires discrets : facteurs d'intérets composés					8%
	Paiements uniques		Paiements par série constante				Gradients arithmétiques	
n	Valeur capitalisée F/P	Valeur actualisée P/F	Fonds d'amortissement A/F	Valeur capitalisée F/A	Recouvrement du capital A/P	Valeur actualisée P/A	Valeur actualisée d'une série de gradient G P/G	Série constante de gradient G A/G
1	1,0800	0,9259	1,00000	1,0000	1,08000	0,9259		
2	1,1664	0,8573	0,48077	2,0800	0,56077	1,7833	0,8573	0,4808
3	1,2597	0,7938	0,30803	3,2464	0,38803	2,5771	2,4450	0,9487
4	1,3605	0,7350	0,22192	4,5061	0,30192	3,3121	4,6501	1,4040
5	1,4693	0,6806	0,17046	5,8666	0,25046	3,9927	7,3724	1,8465
6	1,5869	0,6302	0,13632	7,3359	0,21632	4,6229	10,5233	2,2763
7	1,7138	0,5835	0,11207	8,9228	0,19207	5,2064	14,0242	2,6937
8	1,8509	0,5403	0,09401	10,6366	0,17401	5,7466	17,8061	3,0985
9	1,9990	0,5002	0,08008	12,4876	0,16008	6,2469	21,8081	3,4910
10	2,1589	0,4632	0,06903	14,4866	0,14903	6,7101	25,9768	3,8713
11	2,3316	0,4289	0,06008	16,6455	0,14008	7,1390	30,2657	4,2395
12	2,5182	0,3971	0,05270	18,9771	0,13270	7,5361	34,6339	4,5957
13	2,7196	0,3677	0,04652	21,4953	0,12652	7,9038	39,0463	4,9402
14	2,9372	0,3405	0,04130	24,2149	0,12130	8,2442	43,4723	5,2731
15	3,1722	0,3152	0,03683	27,1521	0,11683	8,5595	47,8857	5,5945
16	3,4259	0,2919	0,03298	30,3243	0,11298	8,8514	52,2640	5,9046
17	3,7000	0,2703	0,02963	33,7502	0,10963	9,1216	56,5883	6,2037
18	3,9960	0,2502	0,02670	37,4502	0,10670	9,3719	60,8426	6,4920
19	4,3157	0,2317	0,02413	41,4463	0,10413	9,6036	65,0134	6,7697
20	4,6610	0,2145	0,02185	45,7620	0,10185	9,8181	69,0898	7,0369
21	5,0338	0,1987	0,01983	50,4229	0,09983	10,0168	73,0629	7,2940
22	5,4365	0,1839	0,01803	55,4568	0,09803	10,2007	76,9257	7,5412
23	5,8715	0,1703	0,01642	60,8933	0,09642	10,3711	80,6726	7,7786
24	6,3412	0,1577	0,01498	66,7648	0,09498	10,5288	84,2997	8,0066
25	6,8485	0,1460	0,01368	73,1059	0,09368	10,6748	87,8041	8,2254
26	7,3964	0,1352	0,01251	79,9544	0,09251	10,8100	91,1842	8,4352
27	7,9881	0,1252	0,01145	87,3508	0,09145	10,9352	94,4390	8,6363
28	8,6271	0,1159	0,01049	95,3388	0,09049	11,0511	97,5687	8,8289
29	9,3173	0,1073	0,00962	103,9659	0,08962	11,1584	100,5738	9,0133
30	10,0627	0,0994	0,00883	113,2832	0,08883	11,2578	103,4558	9,1897
31	10,8677	0,0920	0,00811	123,3459	0,08811	11,3498	106,2163	9,3584
32	11,7371	0,0852	0,00745	134,2135	0,08745	11,4350	108,8575	9,5197
33	12,6760	0,0789	0,00685	145,9506	0,08685	11,5139	111,3819	9,6737
34	13,6901	0,0730	0,00630	158,6267	0,08630	11,5869	113,7924	9,8208
35	14,7853	0,0676	0,00580	172,3168	0,08580	11,6546	116,0920	9,9611
40	21,7245	0,0460	0,00386	259,0565	0,08386	11,9246	126,0422	10,5699
45	31,9204	0,0313	0,00259	386,5056	0,08259	12,1084	133,7331	11,0447
50	46,9016	0,0213	0,00174	573,7702	0,08174	12,2335	139,5928	11,4107
55	68,9139	0,0145	0,00118	848,9232	0,08118	12,3186	144,0065	11,6902
60	101,2571	0,0099	0,00080	1 253,21	0,08080	12,3766	147,3000	11,9015
65	148,7798	0,0067	0,00054	1 847,25	0,08054	12,4160	149,7387	12,0602
70	218,6064	0,0046	0,00037	2 720,08	0,08037	12,4428	151,5326	12,1783
75	321,2045	0,0031	0,00025	4 002,56	0,08025	12,4611	152,8448	12,2658
80	471,9548	0,0021	0,00017	5 886,94	0,08017	12,4735	153,8001	12,3301
85	693,4565	0,0014	0,00012	8 655,71	0,08012	12,4820	154,4925	12,3772
90	1 018,92	0,0010	0,00008	12 724	0,08008	12,4877	154,9925	12,4116
95	1 497,12	0,0007	0,00005	18 702	0,08005	12,4917	155,3524	12,4365
96	1 616,89	0,0006	0,00005	20 199	0,08005	12,4923	155,4112	12,4406
98	1 885,94	0,0005	0,00004	23 562	0,08004	12,4934	155,5176	12,4480
100	2 199,76	0,0005	0,00004	27 485	0,08004	12,4943	155,6107	12,4545

9%		TABLE 14	Flux monétaires discrets : facteurs d'intérets composés			9%	
	Paiements uniques		Paiements par série constante				Gradients arithmétiques
n	Valeur capitalisée F/P	Valeur actualisée P/F	Fonds d'amortissement A/F	Valeur capitalisée F/A	Recouvrement du capital A/P	Valeur actualisée P/A	Valeur actualisée d'une série de gradient G P/G	Série constante de gradient G A/G
1	1,0900	0,9174	1,00000	1,0000	1,09000	0,9174		
2	1,1881	0,8417	0,47847	2,0900	0,56847	1,7591	0,8417	0,4785
3	1,2950	0,7722	0,30505	3,2781	0,39505	2,5313	2,3860	0,9426
4	1,4116	0,7084	0,21867	4,5731	0,30867	3,2397	4,5113	1,3925
5	1,5386	0,6499	0,16709	5,9847	0,25709	3,8897	7,1110	1,8282
6	1,6771	0,5963	0,13292	7,5233	0,22292	4,4859	10,0924	2,2498
7	1,8280	0,5470	0,10869	9,2004	0,19869	5,0330	13,3746	2,6574
8	1,9926	0,5019	0,09067	11,0285	0,18067	5,5348	16,8877	3,0512
9	2,1719	0,4604	0,07680	13,0210	0,16680	5,9952	20,5711	3,4312
10	2,3674	0,4224	0,06582	15,1929	0,15582	6,4177	24,3728	3,7978
11	2,5804	0,3875	0,05695	17,5603	0,14695	6,8052	28,2481	4,1510
12	2,8127	0,3555	0,04965	20,1407	0,13965	7,1607	32,1590	4,4910
13	3,0658	0,3262	0,04357	22,9534	0,13357	7,4869	36,0731	4,8182
14	3,3417	0,2992	0,03843	26,0192	0,12843	7,7862	39,9633	5,1326
15	3,6425	0,2745	0,03406	29,3609	0,12406	8,0607	43,8069	5,4346
16	3,9703	0,2519	0,03030	33,0034	0,12030	8,3126	47,5849	5,7245
17	4,3276	0,2311	0,02705	36,9737	0,11705	8,5436	51,2821	6,0024
18	4,7171	0,2120	0,02421	41,3013	0,11421	8,7556	54,8860	6,2687
19	5,1417	0,1945	0,02173	46,0185	0,11173	8,9501	58,3868	6,5236
20	5,6044	0,1784	0,01955	51,1601	0,10955	9,1285	61,7770	6,7674
21	6,1088	0,1637	0,01762	56,7645	0,10762	9,2922	65,0509	7,0006
22	6,6586	0,1502	0,01590	62,8733	0,10590	9,4424	68,2048	7,2232
23	7,2579	0,1378	0,01438	69,5319	0,10438	9,5802	71,2359	7,4357
24	7,9111	0,1264	0,01302	76,7898	0,10302	9,7066	74,1433	7,6384
25	8,6231	0,1160	0,01181	84,7009	0,10181	9,8226	76,9265	7,8316
26	9,3992	0,1064	0,01072	93,3240	0,10072	9,9290	79,5863	8,0156
27	10,2451	0,0976	0,00973	102,7231	0,09973	10,0266	82,1241	8,1906
28	11,1671	0,0895	0,00885	112,9682	0,09885	10,1161	84,5419	8,3571
29	12,1722	0,0822	0,00806	124,1354	0,09806	10,1983	86,8422	8,5154
30	13,2677	0,0754	0,00734	136,3075	0,09734	10,2737	89,0280	8,6657
31	14,4618	0,0691	0,00669	149,5752	0,09669	10,3428	91,1024	8,8083
32	15,7633	0,0634	0,00610	164,0370	0,09610	10,4062	93,0690	8,9436
33	17,1820	0,0582	0,00556	179,8003	0,09556	10,4644	94,9314	9,0718
34	18,7284	0,0534	0,00508	196,9823	0,09508	10,5178	96,6935	9,1933
35	20,4140	0,0490	0,00464	215,7108	0,09464	10,5668	98,3590	9,3083
40	31,4094	0,0318	0,00296	337,8824	0,09296	10,7574	105,3762	9,7957
45	48,3273	0,0207	0,00190	525,8587	0,09190	10,8812	110,5561	10,1603
50	74,3575	0,0134	0,00123	815,0836	0,09123	10,9617	114,3251	10,4295
55	114,4083	0,0087	0,00079	1260,09	0,09079	11,0140	117,0362	10,6261
60	176,0313	0,0057	0,00051	1944,79	0,09051	11,0480	118,9683	10,7683
65	270,8460	0,0037	0,00033	2998,29	0,09033	11,0701	120,3344	10,8702
70	416,7301	0,0024	0,00022	4619,22	0,09022	11,0844	121,2942	10,9427
75	641,1909	0,0016	0,00014	7113,23	0,09014	11,0938	121,9646	10,9940
80	986,5517	0,0010	0,00009	10951	0,09009	11,0998	122,4306	11,0299
85	1517,93	0,0007	0,00006	16855	0,09006	11,1038	122,7533	11,0551
90	2335,53	0,0004	0,00004	25939	0,09004	11,1064	122,9758	11,0726
95	3593,50	0,0003	0,00003	39917	0,09003	11,1080	123,1287	11,0847
96	3916,91	0,0003	0,00002	43510	0,09002	11,1083	123,1529	11,0866
98	4653,68	0,0002	0,00002	51696	0,09002	11,1087	123,1963	11,0900
100	5529,04	0,0002	0,00002	61423	0,09002	11,1091	123,2335	11,0930

10%		TABLE 15	Flux monétaires discrets: facteurs d'intérets composés					10%
	Paiements uniques		Paiements par série constante				Gradients arithmétiques	
n	Valeur capitalisée F/P	Valeur actualisée P/F	Fonds d'amortissement A/F	Valeur capitalisée F/A	Recouvrement du capital A/P	Valeur actualisée P/A	Valeur actualisée d'une série de gradient G P/G	Série constante de gradient G A/G
1	1,1000	0,9091	1,00000	1,0000	1,10000	0,9091		
2	1,2100	0,8264	0,47619	2,1000	0,57619	1,7355	0,8264	0,4762
3	1,3310	0,7513	0,30211	3,3100	0,40211	2,4869	2,3291	0,9366
4	1,4641	0,6830	0,21547	4,6410	0,31547	3,1699	4,3781	1,3812
5	1,6105	0,6209	0,16380	6,1051	0,26380	3,7908	6,8618	1,8101
6	1,7716	0,5645	0,12961	7,7156	0,22961	4,3553	9,6842	2,2236
7	1,9487	0,5132	0,10541	9,4872	0,20541	4,8684	12,7631	2,6216
8	2,1436	0,4665	0,08744	11,4359	0,18744	5,3349	16,0287	3,0045
9	2,3579	0,4241	0,07364	13,5795	0,17364	5,7590	19,4215	3,3724
10	2,5937	0,3855	0,06275	15,9374	0,16275	6,1446	22,8913	3,7255
11	2,8531	0,3505	0,05396	18,5312	0,15396	6,4951	26,3963	4,0641
12	3,1384	0,3186	0,04676	21,3843	0,14676	6,8137	29,9012	4,3884
13	3,4523	0,2897	0,04078	24,5227	0,14078	7,1034	33,3772	4,6988
14	3,7975	0,2633	0,03575	27,9750	0,13575	7,3667	36,8005	4,9955
15	4,1772	0,2394	0,03147	31,7725	0,13147	7,6061	40,1520	5,2789
16	4,5950	0,2176	0,02782	35,9497	0,12782	7,8237	43,4164	5,5493
17	5,0545	0,1978	0,02466	40,5447	0,12466	8,0216	46,5819	5,8071
18	5,5599	0,1799	0,02193	45,5992	0,12193	8,2014	49,6395	6,0526
19	6,1159	0,1635	0,01955	51,1591	0,11955	8,3649	52,5827	6,2861
20	6,7275	0,1486	0,01746	57,2750	0,11746	8,5136	55,4069	6,5081
21	7,4002	0,1351	0,01562	64,0025	0,11562	8,6487	58,1095	6,7189
22	8,1403	0,1228	0,01401	71,4027	0,11401	8,7715	60,6893	6,9189
23	8,9543	0,1117	0,01257	79,5430	0,11257	8,8832	63,1462	7,1085
24	9,8497	0,1015	0,01130	88,4973	0,11130	8,9847	65,4813	7,2881
25	10,8347	0,0923	0,01017	98,3471	0,11017	9,0770	67,6964	7,4580
26	11,9182	0,0839	0,00916	109,1818	0,10916	9,1609	69,7940	7,6186
27	13,1100	0,0763	0,00826	121,0999	0,10826	9,2372	71,7773	7,7704
28	14,4210	0,0693	0,00745	134,2099	0,10745	9,3066	73,6495	7,9137
29	15,8631	0,0630	0,00673	148,6309	0,10673	9,3696	75,4146	8,0489
30	17,4494	0,0573	0,00608	164,4940	0,10608	9,4269	77,0766	8,1762
31	19,1943	0,0521	0,00550	181,9434	0,10550	9,4790	78,6395	8,2962
32	21,1138	0,0474	0,00497	201,1378	0,10497	9,5264	80,1078	8,4091
33	23,2252	0,0431	0,00450	222,2515	0,10450	9,5694	81,4856	8,5152
34	25,5477	0,0391	0,00407	245,4767	0,10407	9,6086	82,7773	8,6149
35	28,1024	0,0356	0,00369	271,0244	0,10369	9,6442	83,9872	8,7086
40	45,2593	0,0221	0,00226	442,5926	0,10226	9,7791	88,9525	9,0962
45	72,8905	0,0137	0,00139	718,9048	0,10139	9,8628	92,4544	9,3740
50	117,3909	0,0085	0,00086	1 163,91	0,10086	9,9148	94,8889	9,5704
55	189,0591	0,0053	0,00053	1 880,59	0,10053	9,9471	96,5619	9,7075
60	304,4816	0,0033	0,00033	3 034,82	0,10033	9,9672	97,7010	9,8023
65	490,3707	0,0020	0,00020	4 893,71	0,10020	9,9796	98,4705	9,8672
70	789,7470	0,0013	0,00013	7 887,47	0,10013	9,9873	98,9870	9,9113
75	1 271,90	0,0008	0,00008	12 709	0,10008	9,9921	99,3317	9,9410
80	2 048,40	0,0005	0,00005	20 474	0,10005	9,9951	99,5606	9,9609
85	3 298,97	0,0003	0,00003	32 980	0,10003	9,9970	99,7120	9,9742
90	5 313,02	0,0002	0,00002	53 120	0,10002	9,9981	99,8118	9,9831
95	8 556,68	0,0001	0,00001	85 557	0,10001	9,9988	99,8773	9,9889
96	9 412,34	0,0001	0,00001	94 113	0,10001	9,9989	99,8874	9,9898
98	11 389	0,0001	0,00001		0,10001	9,9991	99,9052	9,9914
100	13 781	0,0001	0,00001		0,10001	9,9993	99,9202	9,9927

	11%		TABLE 16	Flux monétaires discrets: facteurs d'intérêts composés				11%

	Paiements uniques		Paiements par série constante				Gradients arithmétiques	
n	Valeur capitalisée F/P	Valeur actualisée P/F	Fonds d'amortissement A/F	Valeur capitalisée F/A	Recouvrement du capital A/P	Valeur actualisée P/A	Valeur actualisée d'une série de gradient G P/G	Série constante de gradient G A/G
1	1,1100	0,9009	1,00000	1,0000	1,11000	0,9009		
2	1,2321	0,8116	0,47393	2,1100	0,58393	1,7125	0,8116	0,4739
3	1,3676	0,7312	0,29921	3,3421	0,40921	2,4437	2,2740	0,9306
4	1,5181	0,6587	0,21233	4,7097	0,32233	3,1024	4,2502	1,3700
5	1,6851	0,5935	0,16057	6,2278	0,27057	3,6959	6,6240	1,7923
6	1,8704	0,5346	0,12638	7,9129	0,23638	4,2305	9,2972	2,1976
7	2,0762	0,4817	0,10222	9,7833	0,21222	4,7122	12,1872	2,5863
8	2,3045	0,4339	0,08432	11,8594	0,19432	5,1461	15,2246	2,9585
9	2,5580	0,3909	0,07060	14,1640	0,18060	5,5370	18,3520	3,3144
10	2,8394	0,3522	0,05980	16,7220	0,16980	5,8892	21,5217	3,6544
11	3,1518	0,3173	0,05112	19,5614	0,16112	6,2065	24,6945	3,9788
12	3,4985	0,2858	0,04403	22,7132	0,15403	6,4924	27,8388	4,2879
13	3,8833	0,2575	0,03815	26,2116	0,14815	6,7499	30,9290	4,5822
14	4,3104	0,2320	0,03323	30,0949	0,14323	6,9819	33,9449	4,8619
15	4,7846	0,2090	0,02907	34,4054	0,13907	7,1909	36,8709	5,1275
16	5,3109	0,1883	0,02552	39,1899	0,13552	7,3792	39,6953	5,3794
17	5,8951	0,1696	0,02247	44,5008	0,13247	7,5488	42,4095	5,6180
18	6,5436	0,1528	0,01984	50,3959	0,12984	7,7016	45,0074	5,8439
19	7,2633	0,1377	0,01756	56,9395	0,12756	7,8393	47,4856	6,0574
20	8,0623	0,1240	0,01558	64,2028	0,12558	7,9633	49,8423	6,2590
21	8,9492	0,1117	0,01384	72,2651	0,12384	8,0751	52,0771	6,4491
22	9,9336	0,1007	0,01231	81,2143	0,12231	8,1757	54,1912	6,6283
23	11,0263	0,0907	0,01097	91,1479	0,12097	8,2664	56,1864	6,7969
24	12,2392	0,0817	0,00979	102,1742	0,11979	8,3481	58,0656	6,9555
25	13,5855	0,0736	0,00874	114,4133	0,11874	8,4217	59,8322	7,1045
26	15,0799	0,0663	0,00781	127,9988	0,11781	8,4881	61,4900	7,2443
27	16,7386	0,0597	0,00699	143,0786	0,11699	8,5478	63,0433	7,3754
28	18,5799	0,0538	0,00626	159,8173	0,11626	8,6016	64,4965	7,4982
29	20,6237	0,0485	0,00561	178,3972	0,11561	8,6501	65,8542	7,6131
30	22,8923	0,0437	0,00502	199,0209	0,11502	8,6938	67,1210	7,7206
31	25,4104	0,0394	0,00451	221,9132	0,11451	8,7331	68,3016	7,8210
32	28,2056	0,0355	0,00404	247,3236	0,11404	8,7686	69,4007	7,9147
33	31,3082	0,0319	0,00363	275,5292	0,11363	8,8005	70,4228	8,0021
34	34,7521	0,0288	0,00326	306,8374	0,11326	8,8293	71,3724	8,0836
35	38,5749	0,0259	0,00293	341,5896	0,11293	8,8552	72,2538	8,1594
40	65,0009	0,0154	0,00172	581,8261	0,11172	8,9511	75,7789	8,4659
45	109,5302	0,0091	0,00101	986,6386	0,11101	9,0079	78,1551	8,6763
50	184,5648	0,0054	0,00060	1 668,77	0,11060	9,0417	79,7341	8,8185
55	311,0025	0,0032	0,00035	2 818,20	0,11035	9,0617	80,7712	8,9135
60	524,0572	0,0019	0,00021	4 755,07	0,11021	9,0736	81,4461	8,9762
65	883,0669	0,0011	0,00012	8 018,79	0,11012	9,0806	81,8819	9,0172
70	1 488,02	0,0007	0,00007	13 518	0,11007	9,0848	82,1614	9,0438
75	2 507,40	0,0004	0,00004	22 785	0,11004	9,0873	82,3397	9,0610
80	4 225,11	0,0002	0,00003	38 401	0,11003	9,0888	82,4529	9,0720
85	7 119,56	0,0001	0,00002	64 714	0,11002	9,0896	82,5245	9,0790

| 12% | | TABLE 17 | Flux monétaires discrets: facteurs d'intérêts composés | | | 12% |
| | Paiements uniques | | Paiements par série constante | | | | Gradients arithmétiques | |

n	Valeur capitalisée F/P	Valeur actualisée P/F	Fonds d'amortissement A/F	Valeur capitalisée F/A	Recouvrement du capital A/P	Valeur actualisée P/A	Valeur actualisée d'une série de gradient G P/G	Série constante de gradient G A/G
1	1,1200	0,8929	1,00000	1,0000	1,12000	0,8929		
2	1,2544	0,7972	0,47170	2,1200	0,59170	1,6901	0,7972	0,4717
3	1,4049	0,7118	0,29635	3,3744	0,41635	2,4018	2,2208	0,9246
4	1,5735	0,6355	0,20923	4,7793	0,32923	3,0373	4,1273	1,3589
5	1,7623	0,5674	0,15741	6,3528	0,27741	3,6048	6,3970	1,7746
6	1,9738	0,5066	0,12323	8,1152	0,24323	4,1114	8,9302	2,1720
7	2,2107	0,4523	0,09912	10,0890	0,21912	4,5638	11,6443	2,5512
8	2,4760	0,4039	0,08130	12,2997	0,20130	4,9676	14,4714	2,9131
9	2,7731	0,3606	0,06768	14,7757	0,18768	5,3282	17,3563	3,2574
10	3,1058	0,3220	0,05698	17,5487	0,17698	5,6502	20,2541	3,5847
11	3,4785	0,2875	0,04842	20,6546	0,16842	5,9377	23,1288	3,8953
12	3,8960	0,2567	0,04144	24,1331	0,16144	6,1944	25,9523	4,1897
13	4,3635	0,2292	0,03568	28,0291	0,15568	6,4235	28,7024	4,4683
14	4,8871	0,2046	0,03087	32,3926	0,15087	6,6282	31,3624	4,7317
15	5,4736	0,1827	0,02682	37,2797	0,14682	6,8109	33,9202	4,9803
16	6,1304	0,1631	0,02339	42,7533	0,14339	6,9740	36,3670	5,2147
17	6,8660	0,1456	0,02046	48,8837	0,14046	7,1196	38,6973	5,4353
18	7,6900	0,1300	0,01794	55,7497	0,13794	7,2497	40,9080	5,6427
19	8,6128	0,1161	0,01576	63,4397	0,13576	7,3658	42,9979	5,8375
20	9,6463	0,1037	0,01388	72,0524	0,13388	7,4694	44,9676	6,0202
21	10,8038	0,0926	0,01224	81,6987	0,13224	7,5620	46,8188	6,1913
22	12,1003	0,0826	0,01081	92,5026	0,13081	7,6446	48,5543	6,3514
23	13,5523	0,0738	0,00956	104,6029	0,12956	7,7184	50,1776	6,5010
24	15,1786	0,0659	0,00846	118,1552	0,12846	7,7843	51,6929	6,6406
25	17,0001	0,0588	0,00750	133,3339	0,12750	7,8431	53,1046	6,7708
26	19,0401	0,0525	0,00665	150,3339	0,12665	7,8957	54,4177	6,8921
27	21,3249	0,0469	0,00590	169,3740	0,12590	7,9426	55,6369	7,0049
28	23,8839	0,0419	0,00524	190,6989	0,12524	7,9844	56,7674	7,1098
29	26,7499	0,0374	0,00466	214,5828	0,12466	8,0218	57,8141	7,2071
30	29,9599	0,0334	0,00414	241,3327	0,12414	8,0552	58,7821	7,2974
31	33,5551	0,0298	0,00369	271,2926	0,12369	8,0850	59,6761	7,3811
32	37,5817	0,0266	0,00328	304,8477	0,12328	8,1116	60,5010	7,4586
33	42,0915	0,0238	0,00292	342,4294	0,12292	8,1354	61,2612	7,5302
34	47,1425	0,0212	0,00260	384,5210	0,12260	8,1566	61,9612	7,5965
35	52,7996	0,0189	0,00232	431,6635	0,12232	8,1755	62,6052	7,6577
40	93,0510	0,0107	0,00130	767,0914	0,12130	8,2438	65,1159	7,8988
45	163,9876	0,0061	0,0074	1 358,23	0,12074	8,2825	66,7342	8,0572
50	289,0022	0,0035	0,00042	2 400,02	0,12042	8,3045	67,7624	8,1597
55	509,3206	0,0020	0,00024	4 236,01	0,12024	8,3170	68,4082	8,2251
60	897,5969	0,0011	0,00013	7 471,64	0,12013	8,3240	68,8100	8,2664
65	1 581,87	0,0006	0,00008	13 174	0,12008	8,3281	69,0581	8,2922
70	2 787,80	0,0004	0,00004	23 223	0,12004	8,3303	69,2103	8,3082
75	4 913,06	0,0002	0,00002	40 934	0,12002	8,3316	69,3031	8,3181
80	8 658,48	0,0001	0,00001	72 146	0,12001	8,3324	69,3594	8,3241
85	15 259	0,0001	0,00001		0,12001	8,3328	69,3935	8,3278

14%		TABLE 18	Flux monétaires discrets : facteurs d'intérets composés				14%	
	Paiements uniques		Paiements par série constante				Gradients arithmétiques	
n	Valeur capitalisée F/P	Valeur actualisée P/F	Fonds d'amortissement A/F	Valeur capitalisée F/A	Recouvrement du capital A/P	Valeur actualisée P/A	Valeur actualisée d'une série de gradient G P/G	Série constante de gradient G A/G
1	1,1400	0,8772	1,00000	1,0000	1,14000	0,8772		
2	1,2996	0,7695	0,46729	2,1400	0,60729	1,6467	0,7695	0,4673
3	1,4815	0,6750	0,29073	3,4396	0,43073	2,3216	2,1194	0,9129
4	1,6890	0,5921	0,20320	4,9211	0,34320	2,9137	3,8957	1,3370
5	1,9254	0,5194	0,15128	6,6101	0,29128	3,4331	5,9731	1,7399
6	2,1950	0,4556	0,11716	8,5355	0,25716	3,8887	8,2511	2,1218
7	2,5023	0,3996	0,09319	10,7305	0,23319	4,2883	10,6489	2,4832
8	2,8526	0,3506	0,07557	13,2328	0,21557	4,6389	13,1028	2,8246
9	3,2519	0,3075	0,06217	16,0853	0,20217	4,9464	15,5629	3,1463
10	3,7072	0,2697	0,05171	19,3373	0,19171	5,2161	17,9906	3,4490
11	4,2262	0,2366	0,04339	23,0445	0,18339	5,4527	20,3567	3,7333
12	4,8179	0,2076	0,03667	27,2707	0,17667	5,6603	22,6399	3,9998
13	5,4924	0,1821	0,03116	32,0887	0,17116	5,8424	24,8247	4,2491
14	6,2613	0,1597	0,02661	37,5811	0,16661	6,0021	26,9009	4,4819
15	7,1379	0,1401	0,02281	43,8424	0,16281	6,1422	28,8623	4,6990
16	8,1372	0,1229	0,01962	50,9804	0,15962	6,2651	30,7057	4,9011
17	9,2765	0,1078	0,01692	59,1176	0,15692	6,3729	32,4305	5,0888
18	10,5752	0,0946	0,01462	68,3941	0,15462	6,4674	34,0380	5,2630
19	12,0557	0,0829	0,01266	78,9692	0,15266	6,5504	35,5311	5,4243
20	13,7435	0,0728	0,01099	91,0249	0,15099	6,6231	36,9135	5,5734
21	15,6676	0,0638	0,00954	104,7684	0,14954	6,6870	38,1901	5,7111
22	17,8610	0,0560	0,00830	120,4360	0,14830	6,7429	39,3658	5,8381
23	20,3616	0,0491	0,00723	138,2970	0,14723	6,7921	40,4463	5,9549
24	23,2122	0,0431	0,00630	158,6586	0,14630	6,8351	41,4371	6,0624
25	26,4619	0,0378	0,00550	181,8708	0,14550	6,8729	42,3441	6,1610
26	30,1666	0,0331	0,00480	208,3327	0,14480	6,9061	43,1728	6,2514
27	34,3899	0,0291	0,00419	238,4993	0,14419	6,9352	43,9289	6,3342
28	39,2045	0,0255	0,00366	272,8892	0,14366	6,9607	44,6176	6,4100
29	44,6931	0,0224	0,00320	312,0937	0,14320	6,9830	45,2441	6,4791
30	50,9502	0,0196	0,00280	356,7868	0,14280	7,0027	45,8132	6,5423
31	58,0832	0,0172	0,00245	407,7370	0,14245	7,0199	46,3297	6,5998
32	66,2148	0,0151	0,00215	465,8202	0,14215	7,0350	46,7979	6,6522
33	75,4849	0,0132	0,00188	532,0350	0,14188	7,0482	47,2218	6,6998
34	86,0528	0,0116	0,00165	607,5199	0,14165	7,0599	47,6053	6,7431
35	98,1002	0,0102	0,00144	693,5727	0,14144	7,0700	47,9519	6,7824
40	188,8835	0,0053	0,00075	1 342,03	0,14075	7,1050	49,2376	6,9300
45	363,6791	0,0027	0,00039	2 590,56	0,14039	7,1232	49,9963	7,0188
50	700,2330	0,0014	0,00020	4 994,52	0,14020	7,1327	50,4375	7,0714
55	1 348,24	0,0007	0,00010	9 623,13	0,14010	7,1376	50,6912	7,1020
60	2 595,92	0,0004	0,00005	18 535	0,14005	7,1401	50,8357	7,1197
65	4 998,22	0,0002	0,00003	35 694	0,14003	7,1414	50,9173	7,1298
70	9 623,64	0,0001	0,00001	68 733	0,14001	7,1421	50,9632	7,1356
75	18 530	0,0001	0,00001		0,14001	7,1425	50,9887	7,1388
80	35 677				0,14000	7,1427	51,0030	7,1406
85	68 693				0,14000	7,1428	51,0108	7,1416

15%	TABLE 19	Flux monétaires discrets : facteurs d'intérêts composés				15%	
	Paiements uniques		Paiements par série constante				Gradients arithmétiques	

n	Valeur capitalisée F/P	Valeur actualisée P/F	Fonds d'amortissement A/F	Valeur capitalisée F/A	Recouvrement du capital A/P	Valeur actualisée P/A	Valeur actualisée d'une série de gradient G P/G	Série constante de gradient G A/G
1	1,1500	0,8696	1,00000	1,0000	1,15000	0,8696		
2	1,3225	0,7561	0,46512	2,1500	0,61512	1,6257	0,7561	0,4651
3	1,5209	0,6575	0,28798	3,4725	0,43798	2,2832	2,0712	0,9071
4	1,7490	0,5718	0,20027	4,9934	0,35027	2,8550	3,7864	1,3263
5	2,0114	0,4972	0,14832	6,7424	0,29832	3,3522	5,7751	1,7228
6	2,3131	0,4323	0,11424	8,7537	0,26424	3,7845	7,9368	2,0972
7	2,6600	0,3759	0,09036	11,0668	0,24036	4,1604	10,1924	2,4498
8	3,0590	0,3269	0,07285	13,7268	0,22285	4,4873	12,4807	2,7813
9	3,5179	0,2843	0,05957	16,7858	0,20957	4,7716	14,7548	3,0922
10	4,0456	0,2472	0,04925	20,3037	0,19925	5,0188	16,9795	3,3832
11	4,6524	0,2149	0,04107	24,3493	0,19107	5,2337	19,1289	3,6549
12	5,3503	0,1869	0,03448	29,0017	0,18448	5,4206	21,1849	3,9082
13	6,1528	0,1625	0,02911	34,3519	0,17911	5,5831	23,1352	4,1438
14	7,0757	0,1413	0,02469	40,5047	0,17469	5,7245	24,9725	4,3624
15	8,1371	0,1229	0,02102	47,5804	0,17102	5,8474	26,6930	4,5650
16	9,3576	0,1069	0,01795	55,7175	0,16795	5,9542	28,2960	4,7522
17	10,7613	0,0929	0,01537	65,0751	0,16537	6,0472	29,7828	4,9251
18	12,3755	0,0808	0,01319	75,8364	0,16319	6,1280	31,1565	5,0843
19	14,2318	0,0703	0,01134	88,2118	0,16134	6,1982	32,4213	5,2307
20	16,3665	0,0611	0,00976	102,4436	0,15976	6,2593	33,5822	5,3651
21	18,8215	0,0531	0,00842	118,8101	0,15842	6,3125	34,6448	5,4883
22	21,6447	0,0462	0,00727	137,6316	0,15727	6,3587	35,6150	5,6010
23	24,8915	0,0402	0,00628	159,2764	0,15628	6,3988	36,4988	5,7040
24	28,6252	0,0349	0,00543	184,1678	0,15543	6,4338	37,3023	5,7979
25	32,9190	0,0304	0,00470	212,7930	0,15470	6,4641	38,0314	5,8834
26	37,8568	0,0264	0,00407	245,7120	0,15407	6,4906	38,6918	5,9612
27	43,5353	0,0230	0,00353	283,5688	0,15353	6,5135	39,2890	6,0319
28	50,0656	0,0200	0,00306	327,1041	0,15306	6,5335	39,8283	6,0960
29	57,5755	0,0174	0,00265	377,1697	0,15265	6,5509	40,3146	6,1541
30	66,2118	0,0151	0,00230	434,7451	0,15230	6,5660	40,7526	6,2066
31	76,1435	0,0131	0,00200	500,9569	0,15200	6,5791	41,1466	6,2541
32	87,5651	0,0114	0,00173	577,1005	0,15173	6,5905	41,5006	6,2970
33	100,6998	0,0099	0,00150	664,6655	0,15150	6,6005	41,8184	6,3357
34	115,8048	0,0086	0,00131	765,3654	0,15131	6,6091	42,1033	6,3705
35	133,1755	0,0075	0,00113	881,1702	0,15113	6,6166	42,3586	6,4019
40	267,8635	0,0037	0,00056	1779,09	0,15056	6,6418	43,2830	6,5168
45	538,7693	0,0019	0,00028	3585,13	0,15028	6,6543	43,8051	6,5830
50	1083,66	0,0009	0,00014	7217,72	0,15014	6,6605	44,0958	6,6205
55	2179,62	0,0005	0,00007	14524	0,15007	6,6636	44,2558	6,6414
60	4384,00	0,0002	0,00003	29220	0,15003	6,6651	44,3431	6,6530
65	8817,79	0,0001	0,00002	58779	0,15002	6,6659	44,3903	6,6593
70	17736	0,0001	0,00001		0,15001	6,6663	44,4156	6,6627
75	35673				0,15000	6,6665	44,4292	6,6646
80	71751				0,15000	6,6666	44,4364	6,6656
85					0,15000	6,6666	44,4402	6,6661

16%	TABLE 20	Flux monétaires discrets: facteurs d'intérets composés					16%
	Paiements uniques		Paiements par série constante				Gradients arithmétiques	

n	Valeur capitalisée F/P	Valeur actualisée P/F	Fonds d'amortissement A/F	Valeur capitalisée F/A	Recouvrement du capital A/P	Valeur actualisée P/A	Valeur actualisée d'une série de gradient G P/G	Série constante de gradient G A/G
1	1,1600	0,8621	1,00000	1,0000	1,16000	0,8621		
2	1,3456	0,7432	0,46296	2,1600	0,62296	1,6052	0,7432	0,4630
3	1,5609	0,6407	0,28526	3,5056	0,44526	2,2459	2,0245	0,9014
4	1,8106	0,5523	0,19738	5,0665	0,35738	2,7982	3,6814	1,3156
5	2,1003	0,4761	0,14541	6,8771	0,30541	3,2743	5,5858	1,7060
6	2,4364	0,4104	0,11139	8,9775	0,27139	3,6847	7,6380	2,0729
7	2,8262	0,3538	0,08761	11,4139	0,24761	4,0386	9,7610	2,4169
8	3,2784	0,3050	0,07022	14,2401	0,23022	4,3436	11,8962	2,7388
9	3,8030	0,2630	0,05708	17,5185	0,21708	4,6065	13,9998	3,0391
10	4,4114	0,2267	0,04690	21,3215	0,20690	4,8332	16,0399	3,3187
11	5,1173	0,1954	0,03886	25,7329	0,19886	5,0286	17,9941	3,5783
12	5,9360	0,1685	0,03241	30,8502	0,19241	5,1971	19,8472	3,8189
13	6,8858	0,1452	0,02718	36,7862	0,18718	5,3423	21,5899	4,0413
14	7,9875	0,1252	0,02290	43,6720	0,18290	5,4675	23,2175	4,2464
15	9,2655	0,1079	0,01936	51,6595	0,17936	5,5755	24,7284	4,4352
16	10,7480	0,0930	0,01641	60,9250	0,17641	5,6685	26,1241	4,6086
17	12,4677	0,0802	0,01395	71,6730	0,17395	5,7487	27,4074	4,7676
18	14,4625	0,0691	0,01188	84,1407	0,17188	5,8178	28,5828	4,9130
19	16,7765	0,0596	0,01014	98,6032	0,17014	5,8775	29,6557	5,0457
20	19,4608	0,0514	0,00867	115,3797	0,16867	5,9288	30,6321	5,1666
22	26,1864	0,0382	0,00635	157,4150	0,16635	6,0113	32,3200	5,3765
24	35,2364	0,0284	0,00467	213,9776	0,16467	6,0726	33,6970	5,5490
26	47,4141	0,0211	0,00345	290,0883	0,16345	6,1182	34,8114	5,6898
28	63,8004	0,0157	0,00255	392,5028	0,16255	6,1520	35,7073	5,8041
30	85,8499	0,0116	0,00189	530,3117	0,16189	6,1772	36,4234	5,8964
32	115,5196	0,0087	0,00140	715,7475	0,16140	6,1959	36,9930	5,9706
34	155,4432	0,0064	0,00104	965,2698	0,16104	6,2098	37,4441	6,0299
35	180,3141	0,0055	0,00089	1 120,71	0,16089	6,2153	37,6327	6,0548
36	209,1643	0,0048	0,00077	1 301,03	0,16077	6,2201	37,8000	6,0771
38	281,4515	0,0036	0,00057	1 752,82	0,16057	6,2278	38,0799	6,1145
40	378,7212	0,0026	0,00042	2 360,76	0,16042	6,2335	38,2992	6,1441
45	795,4438	0,0013	0,00020	4 965,27	0,16020	6,2421	38,6598	6,1934
50	1 670,70	0,0006	0,00010	10 436	0,16010	6,2463	38,8521	6,2201
55	3 509,05	0,0003	0,00005	21 925	0,16005	6,2482	38,9534	6,2343
60	7 370,20	0,0001	0,00002	46 058	0,16002	6,2492	39,0063	6,2419

18%			TABLE 21	Flux monétaires discrets : facteurs d'intérets composés			18%
	Paiements uniques		**Paiements par série constante**				**Gradients arithmétiques**
n	Valeur capitalisée F/P	Valeur actualisée P/F	Fonds d'amortissement A/F	Valeur capitalisée F/A	Recouvrement du capital A/P	Valeur actualisée P/A	Valeur actualisée d'une série de gradient G P/G	Série constante de gradient G A/G
1	1,1800	0,8475	1,00000	1,0000	1,18000	0,8475		
2	1,3924	0,7182	0,45872	2,1800	0,63872	1,5656	0,7182	0,4587
3	1,6430	0,6086	0,27992	3,5724	0,45992	2,1743	1,9354	0,8902
4	1,9388	0,5158	0,19174	5,2154	0,37174	2,6901	3,4828	1,2947
5	2,2878	0,4371	0,13978	7,1542	0,31978	3,1272	5,2312	1,6728
6	2,6996	0,3704	0,10591	9,4420	0,28591	3,4976	7,0834	2,0252
7	3,1855	0,3139	0,08236	12,1415	0,26236	3,8115	8,9670	2,3526
8	3,7589	0,2660	0,06524	15,3270	0,24524	4,0776	10,8292	2,6558
9	4,4355	0,2255	0,05239	19,0859	0,23239	4,3030	12,6329	2,9358
10	5,2338	0,1911	0,04251	23,5213	0,22251	4,4941	14,3525	3,1936
11	6,1759	0,1619	0,03478	28,7551	0,21478	4,6560	15,9716	3,4303
12	7,2876	0,1372	0,02863	34,9311	0,20863	4,7932	17,4811	3,6470
13	8,5994	0,1163	0,02369	42,2187	0,20369	4,9095	18,8765	3,8449
14	10,1472	0,0985	0,01968	50,8180	0,19968	5,0081	20,1576	4,0250
15	11,9737	0,0835	0,01640	60,9653	0,19640	5,0916	21,3269	4,1887
16	14,1290	0,0708	0,01371	72,9390	0,19371	5,1624	22,3885	4,3369
17	16,6722	0,0600	0,01149	87,0680	0,19149	5,2223	23,3482	4,4708
18	19,6733	0,0508	0,00964	103,7403	0,18964	5,2732	24,2123	4,5916
19	23,2144	0,0431	0,00810	123,4135	0,18810	5,3162	24,9877	4,7003
20	27,3930	0,0365	0,00682	146,6280	0,18682	5,3527	25,6813	4,7978
22	38,1421	0,0262	0,00485	206,3448	0,18485	5,4099	26,8506	4,9632
24	53,1090	0,0188	0,00345	289,4945	0,18345	5,4509	27,7725	5,0950
26	73,9490	0,0135	0,00247	405,2721	0,18247	5,4804	28,4935	5,1991
28	102,9666	0,0097	0,00177	566,4809	0,18177	5,5016	29,0537	5,2810
30	143,3706	0,0070	0,00126	790,9480	0,18126	5,5168	29,4864	5,3448
32	199,6293	0,0050	0,00091	1 103,50	0,18091	5,5277	29,8191	5,3945
34	277,9638	0,0036	0,00065	1 538,69	0,18065	5,5356	30,0736	5,4328
35	327,9973	0,0030	0,00055	1 816,65	0,18055	5,5386	30,1773	5,4485
36	387,0368	0,0026	0,00047	2 144,65	0,18047	5,5412	30,2677	5,4623
38	538,9100	0,0019	0,00033	2 988,39	0,18033	5,5452	30,4152	5,4849
40	750,3783	0,0013	0,00024	4 163,21	0,18024	5,5482	30,5269	5,5022
45	1 716,68	0,0006	0,00010	9 531,58	0,18010	5,5523	30,7006	5,5293
50	3 927,36	0,0003	0,00005	21 813	0,18005	5,5541	30,7856	5,5428
55	8 984,84	0,0001	0,00002	49 910	0,18002	5,5549	30,8268	5,5494
60	20 555			114 190	0,18001	5,5553	30,8465	5,5526

20%			TABLE 22	Flux monétaires discrets : facteurs d'intérets composés				20%
	Paiements uniques		Paiements par série constante				Gradients arithmétiques	
n	Valeur capitalisée F/P	Valeur actualisée P/F	Fonds d'amortissement A/F	Valeur capitalisée F/A	Recouvrement du capital A/P	Valeur actualisée P/A	Valeur actualisée d'une série de gradient G P/G	Série constante de gradient G A/G
1	1,2000	0,8333	1,00000	1,0000	1,20000	0,8333		
2	1,4400	0,6944	0,45455	2,2000	0,65455	1,5278	0,6944	0,4545
3	1,7280	0,5787	0,27473	3,6400	0,47473	2,1065	1,8519	0,8791
4	2,0736	0,4823	0,18629	5,3680	0,38629	2,5887	3,2986	1,2742
5	2,4883	0,4019	0,13438	7,4416	0,33438	2,9906	4,9061	1,6405
6	2,9860	0,3349	0,10071	9,9299	0,30071	3,3255	6,5806	1,9788
7	3,5832	0,2791	0,07742	12,9159	0,27742	3,6046	8,2551	2,2902
8	4,2998	0,2326	0,06061	16,4991	0,26061	3,8372	9,8831	2,5756
9	5,1598	0,1938	0,04808	20,7989	0,24808	4,0310	11,4335	2,8364
10	6,1917	0,1615	0,03852	25,9587	0,23852	4,1925	12,8871	3,0739
11	7,4301	0,1346	0,03110	32,1504	0,23110	4,3271	14,2330	3,2893
12	8,9161	0,1122	0,02526	39,5805	0,22526	4,4392	15,4667	3,4841
13	10,6993	0,0935	0,02062	48,4966	0,22062	4,5327	16,5883	3,6597
14	12,8392	0,0779	0,01689	59,1959	0,21689	4,6106	17,6008	3,8175
15	15,4070	0,0649	0,01388	72,0351	0,21388	4,6755	18,5095	3,9588
16	18,4884	0,0541	0,01144	87,4421	0,21144	4,7296	19,3208	4,0851
17	22,1861	0,0451	0,00944	105,9306	0,20944	4,7746	20,0419	4,1976
18	26,6233	0,0376	0,00781	128,1167	0,20781	4,8122	20,6805	4,2975
19	31,9480	0,0313	0,00646	154,7400	0,20646	4,8435	21,2439	4,3861
20	38,3376	0,0261	0,00536	186,6880	0,20536	4,8696	21,7395	4,4643
22	55,2061	0,0181	0,00369	271,0307	0,20369	4,9094	22,5546	4,5941
24	79,4968	0,0126	0,00255	392,4842	0,20255	4,9371	23,1760	4,6943
26	114,4755	0,0087	0,00176	567,3773	0,20176	4,9563	23,6460	4,7709
28	164,8447	0,0061	0,00122	819,2233	0,20122	4,9697	23,9991	4,8291
30	237,3763	0,0042	0,00085	1 181,88	0,20085	4,9789	24,2628	4,8731
32	341,8219	0,0029	0,00059	1 704,11	0,20059	4,9854	24,4588	4,9061
34	492,2235	0,0020	0,00041	2 456,12	0,20041	4,9898	24,6038	4,9308
35	590,6682	0,0017	0,00034	2 948,34	0,20034	4,9915	24,6614	4,9406
36	708,8019	0,0014	0,00028	3 539,01	0,20028	4,9929	24,7108	4,9491
38	1 020,67	0,0010	0,00020	5 098,37	0,20020	4,9951	24,7894	4,9627
40	1 469,77	0,0007	0,00014	7 343,86	0,20014	4,9966	24,8469	4,9728
45	3 657,26	0,0003	0,00005	18 281	0,20005	4,9986	24,9316	4,9877
50	9 100,44	0,0001	0,00002	45 497	0,20002	4,9995	24,9698	4,9945
55	22 645		0,00001		0,20001	4,9998	24,9868	4,9976

22%	TABLE 23	Flux monétaires discrets: facteurs d'intérêts composés					22%
	Paiements uniques		Paiements par série constante				Gradients arithmétiques	
n	Valeur capitalisée F/P	Valeur actualisée P/F	Fonds d'amortissement A/F	Valeur capitalisée F/A	Recouvrement du capital A/P	Valeur actualisée P/A	Valeur actualisée d'une série de gradient G P/G	Série constante de gradient G A/G
1	1,2200	0,8197	1,00000	1,0000	1,22000	0,8197		
2	1,4884	0,6719	0,45045	2,2200	0,67045	1,4915	0,6719	0,4505
3	1,8158	0,5507	0,26966	3,7084	0,48966	2,0422	1,7733	0,8683
4	2,2153	0,4514	0,18102	5,5242	0,40102	2,4936	3,1275	1,2542
5	2,7027	0,3700	0,12921	7,7396	0,34921	2,8636	4,6075	1,6090
6	3,2973	0,3033	0,09576	10,4423	0,31576	3,1669	6,1239	1,9337
7	4,0227	0,2486	0,07278	13,7396	0,29278	3,4155	7,6154	2,2297
8	4,9077	0,2038	0,05630	17,7623	0,27630	3,6193	9,0417	2,4982
9	5,9874	0,1670	0,04411	22,6700	0,26411	3,7863	10,3779	2,7409
10	7,3046	0,1369	0,03489	28,6574	0,25489	3,9232	11,6100	2,9593
11	8,9117	0,1122	0,02781	35,9620	0,24781	4,0354	12,7321	3,1551
12	10,8722	0,0920	0,02228	44,8737	0,24228	4,1274	13,7438	3,3299
13	13,2641	0,0754	0,01794	55,7459	0,23794	4,2028	14,6485	3,4855
14	16,1822	0,0618	0,01449	69,0100	0,23449	4,2646	15,4519	3,6233
15	19,7423	0,0507	0,01174	85,1922	0,23174	4,3152	16,1610	3,7451
16	24,0856	0,0415	0,00953	104,9345	0,22953	4,3567	16,7838	3,8524
17	29,3844	0,0340	0,00775	129,0201	0,22775	4,3908	17,3283	3,9465
18	35,8490	0,0279	0,00631	158,4045	0,22631	4,4187	17,8025	4,0289
19	43,7358	0,0229	0,00515	194,2535	0,22515	4,4415	18,2141	4,1009
20	53,3576	0,0187	0,00420	237,9893	0,22420	4,4603	18,5702	4,1635
22	79,4175	0,0126	0,00281	356,4432	0,22281	4,4882	19,1418	4,2649
24	118,2050	0,0085	0,00188	532,7501	0,22188	4,5070	19,5635	4,3407
26	175,9364	0,0057	0,00126	795,1653	0,22126	4,5196	19,8720	4,3968
28	261,8637	0,0038	0,00084	1 185,74	0,22084	4,5281	20,0962	4,4381
30	389,7579	0,0026	0,00057	1 767,08	0,22057	4,5338	20,2583	4,4683
32	580,1156	0,0017	0,00038	2 632,34	0,22038	4,5376	20,3748	4,4902
34	863,4441	0,0012	0,00026	3 920,20	0,22026	4,5402	20,4582	4,5060
35	1 053,40	0,0009	0,00021	4 783,64	0,22021	4,5411	20,4905	4,5122
36	1 285,15	0,0008	0,00017	5 837,05	0,22017	4,5419	20,5178	4,5174
38	1 912,82	0,0005	0,00012	8 690,08	0,22012	4,5431	20,5601	4,5256
40	2 847,04	0,0004	0,00008	12 937	0,22008	4,5439	20,5900	4,5314
45	7 694,71	0,0001	0,00003	34 971	0,22003	4,5449	20,6319	4,5396
50	20 797		0,00001	94 525	0,22001	4,5452	20,6492	4,5431
55	56 207				0,22000	4,5454	20,6563	4,5445

24%		TABLE 24	Flux monétaires discrets: facteurs d'intérets composés					24%
	Paiements uniques		Paiements par série constante				Gradients arithmétiques	
n	Valeur capitalisée F/P	Valeur actualisée P/F	Fonds d'amortissement A/F	Valeur capitalisée F/A	Recouvrement du capital A/P	Valeur actualisée P/A	Valeur actualisée d'une série de gradient G P/G	Série constante de gradient G A/G
1	1,2400	0,8065	1,00000	1,0000	1,24000	0,8065		
2	1,5376	0,6504	0,44643	2,2400	0,68643	1,4568	0,6504	0,4464
3	1,9066	0,5245	0,26472	3,7776	0,50472	1,9813	1,6993	0,8577
4	2,3642	0,4230	0,17593	5,6842	0,41593	2,4043	2,9683	1,2346
5	2,9316	0,3411	0,12425	8,0484	0,36425	2,7454	4,3327	1,5782
6	3,6352	0,2751	0,09107	10,9801	0,33107	3,0205	5,7081	1,8898
7	4,5077	0,2218	0,06842	14,6153	0,30842	3,2423	7,0392	2,1710
8	5,5895	0,1789	0,05229	19,1229	0,29229	3,4212	8,2915	2,4236
9	6,9310	0,1443	0,04047	24,7125	0,28047	3,5655	9,4458	2,6492
10	8,5944	0,1164	0,03160	31,6434	0,27160	3,6819	10,4930	2,8499
11	10,6571	0,0938	0,02485	40,2379	0,26485	3,7757	11,4313	3,0276
12	13,2148	0,0757	0,01965	50,8950	0,25965	3,8514	12,2637	3,1843
13	16,3863	0,0610	0,01560	64,1097	0,25560	3,9124	12,9960	3,3218
14	20,3191	0,0492	0,01242	80,4961	0,25242	3,9616	13,6358	3,4420
15	25,1956	0,0397	0,00992	100,8151	0,24992	4,0013	14,1915	3,5467
16	31,2426	0,0320	0,00794	126,0108	0,24794	4,0333	14,6716	3,6376
17	38,7408	0,0258	0,00636	157,2534	0,24636	4,0591	15,0846	3,7162
18	48,0386	0,0208	0,00510	195,9942	0,24510	4,0799	15,4385	3,7840
19	59,5679	0,0168	0,00410	244,0328	0,24410	4,0967	15,7406	3,8423
20	73,8641	0,0135	0,00329	303,6006	0,24329	4,1103	15,9979	3,8922
22	113,5735	0,0088	0,00213	469,0563	0,24213	4,1300	16,4011	3,9712
24	174,6306	0,0057	0,00138	723,4610	0,24138	4,1428	16,6891	4,0284
26	268,5121	0,0037	0,00090	1 114,63	0,24090	4,1511	16,8930	4,0695
28	412,8642	0,0024	0,00058	1 716,10	0,24058	4,1566	17,0365	4,0987
30	634,8199	0,0016	0,00038	2 640,92	0,24038	4,1601	17,1369	4,1193
32	976,0991	0,0010	0,00025	4 062,91	0,24025	4,1624	17,2067	4,1338
34	1 500,85	0,0007	0,00016	6 249,38	0,24016	4,1639	17,2552	4,1440
35	1 861,05	0,0005	0,00013	7 750,23	0,24013	4,1664	17,2734	4,1479
36	2 307,71	0,0004	0,00010	9 611,28	0,24010	4,1649	17,2886	4,1511
38	3 548,33	0,0003	0,00007	14 781	0,24007	4,1655	17,3116	4,1560
40	5 455,91	0,0002	0,00004	22 729	0,24004	4,1659	17,3274	4,1593
45	15 995	0,0001	0,00002	66 640	0,24002	4,1664	17,3483	4,1639
50	46 890		0,00001		0,24001	4,1666	17,3563	4,1653
55					0,24000	4,1666	17,3593	4,1663

25%		TABLE 25	Flux monétaires discrets : facteurs d'intérets composés					25%
	Paiements uniques		Paiements par série constante				Gradients arithmétiques	
n	Valeur capitalisée F/P	Valeur actualisée P/F	Fonds d'amortissement A/F	Valeur capitalisée F/A	Recouvrement du capital A/P	Valeur actualisée P/A	Valeur actualisée d'une série de gradient G P/G	Série constante de gradient G A/G
1	1,2500	0,8000	1,00000	1,0000	1,25000	0,8000		
2	1,5625	0,6400	0,44444	2,2500	0,69444	1,4400	0,6400	0,4444
3	1,9531	0,5120	0,26230	3,8125	0,51230	1,9520	1,6640	0,8525
4	2,4414	0,4096	0,17344	5,7656	0,42344	2,3616	2,8928	1,2249
5	3,0518	0,3277	0,12185	8,2070	0,37185	2,6893	4,2035	1,5631
6	3,8147	0,2621	0,08882	11,2588	0,33882	2,9514	5,5142	1,8683
7	4,7684	0,2097	0,06634	15,0735	0,31634	3,1611	6,7725	2,1424
8	5,9605	0,1678	0,05040	19,8419	0,30040	3,3289	7,9469	2,3872
9	7,4506	0,1342	0,03876	25,8023	0,28876	3,4631	9,0207	2,6048
10	9,3132	0,1074	0,03007	33,2529	0,28007	3,5705	9,9870	2,7971
11	11,6415	0,0859	0,02349	42,5661	0,27349	3,6564	10,8460	2,9663
12	14,5519	0,0687	0,01845	54,2077	0,26845	3,7251	11,6020	3,1145
13	18,1899	0,0550	0,01454	68,7596	0,26454	3,7801	12,2617	3,2437
14	22,7374	0,0440	0,01150	86,9495	0,26150	3,8241	12,8334	3,3559
15	28,4217	0,0352	0,00912	109,6868	0,25912	3,8593	13,3260	3,4530
16	35,5271	0,0281	0,00724	138,1085	0,25724	3,8874	13,7482	3,5366
17	44,4089	0,0225	0,00576	173,6357	0,25576	3,9099	14,1085	3,6084
18	55,5112	0,0180	0,00459	218,0446	0,25459	3,9279	14,4147	3,6698
19	69,3889	0,0144	0,00366	273,5558	0,25366	3,9424	14,6741	3,7222
20	86,7362	0,0115	0,00292	342,9447	0,25292	3,9539	14,8932	3,7667
22	135,5253	0,0074	0,00186	538,1011	0,25186	3,9705	15,2326	3,8365
24	211,7582	0,0047	0,00119	843,0329	0,25119	3,9811	15,4711	3,8861
26	330,8722	0,0030	0,00076	1319,49	0,25076	3,9879	15,6373	3,9212
28	516,9879	0,0019	0,00048	2063,95	0,25048	3,9923	15,7524	3,9457
30	807,7936	0,0012	0,00031	3227,17	0,25031	3,9950	15,8316	3,9628
32	1262,18	0,0008	0,00020	5044,71	0,25020	3,9968	15,8859	3,9746
34	1972,15	0,0005	0,00013	7884,61	0,25013	3,9980	15,9229	3,9828
35	2465,19	0,0004	0,00010	9856,76	,025010	3,9984	15,9367	3,9858
36	3081,49	0,0003	0,00008	12322	0,25008	3,9987	15,9481	3,9883
38	4814,82	0,0002	0,00005	19255	0,25005	3,9992	15,9651	3,9921
40	7523,16	0,0001	0,00003	30089	0,25003	3,9995	15,9766	3,9947
45	22959		0,00001	91831	0,25001	3,9998	15,9915	3,9980
50	70065				0,25000	3,9999	15,9969	3,9993
55					0,25000	4,0000	15,9989	3,9997

30%		TABLE 26	Flux monétaires discrets : facteurs d'intérets composés					30%
	Paiements uniques		Paiements par série constante				Gradients arithmétiques	
n	Valeur capitalisée F/P	Valeur actualisée P/F	Fonds d'amortissement A/F	Valeur capitalisée F/A	Recouvrement du capital A/P	Valeur actualisée P/A	Valeur actualisée d'une série de gradient G P/G	Série constante de gradient G A/G
1	1,3000	0,7692	1,00000	1,0000	1,30000	0,7692		
2	1,6900	0,5917	0,43478	2,3000	0,73478	1,3609	0,5917	0,4348
3	2,1970	0,4552	0,25063	3,9900	0,55063	1,8161	1,5020	0,8271
4	2,8561	0,3501	0,16163	6,1870	0,46163	2,1662	2,5524	1,1783
5	3,7129	0,2693	0,11058	9,0431	0,41058	2,4356	3,6297	1,4903
6	4,8268	0,2072	0,07839	12,7560	0,37839	2,6427	4,6656	1,7654
7	6,2749	0,1594	0,05687	17,5828	0,35687	2,8021	5,6218	2,0063
8	8,1573	0,1226	0,04192	23,8577	0,34192	2,9247	6,4800	2,2156
9	10,6045	0,0943	0,03124	32,0150	0,33124	3,0190	7,2343	2,3963
10	13,7858	0,0725	0,02346	42,6195	0,32346	3,0915	7,8872	2,5512
11	17,9216	0,0558	0,01773	56,4053	0,31773	3,1473	8,4452	2,6833
12	23,2981	0,0429	0,01345	74,3270	0,31345	3,1903	8,9173	2,7952
13	30,2875	0,0330	0,01024	97,6250	0,31024	3,2233	9,3135	2,8895
14	39,3738	0,0254	0,00782	127,9125	0,30782	3,2487	9,6437	2,9685
15	51,1859	0,0195	0,00598	167,2863	0,30598	3,2682	9,9172	3,0344
16	66,5417	0,0150	0,00458	218,4722	0,30458	3,2832	10,1426	3,0892
17	86,5042	0,0116	0,00351	285,0139	0,30351	3,2948	10,3276	3,1345
18	112,4554	0,0089	0,00269	371,5180	0,30269	3,3037	10,4788	3,1718
19	146,1920	0,0068	0,00207	483,9734	0,30207	3,3105	10,6019	3,2025
20	190,0496	0,0053	0,00159	630,1655	0,30159	3,3158	10,7019	3,2275
22	321,1839	0,0031	0,00094	1 067,28	0,30094	3,3230	10,8482	3,2646
24	542,8008	0,0018	0,00055	1 806,00	0,30055	3,3272	10,9433	3,2890
25	705,6410	0,0014	0,00043	2 348,80	0,30043	3,3286	10,9773	3,2979
26	917,3333	0,0011	0,00033	3 054,44	0,30033	3,3297	11,0045	3,3050
28	1 550,29	0,0006	0,00019	5 164,31	0,30019	3,3312	11,0437	3,3153
30	2 620,00	0,0004	0,00011	8 729,99	0,30011	3,3321	11,0687	3,3219
32	4 427,79	0,0002	0,00007	14 756	0,30007	3,3326	11,0845	3,3261
34	7 482,97	0,0001	0,00004	24 940	0,30004	3,3329	11,0945	3,3288
35	9 727,86	0,0001	0,00003	32 423	0,30003	3,3330	11,0980	3,3297

35 %	TABLE 27	Flux monétaires discrets : facteurs d'intérêts composés				35 %		
	Paiements uniques		Paiements par série constante				Gradients arithmétiques	
n	Valeur capitalisée F/P	Valeur actualisée P/F	Fonds d'amortissement A/F	Valeur capitalisée F/A	Recouvrement du capital A/P	Valeur actualisée P/A	Valeur actualisée d'une série de gradient G P/G	Série constante de gradient G A/G
1	1,3500	0,7407	1,00000	1,0000	1,35000	0,7407		
2	1,8225	0,5487	0,42553	2,3500	0,77553	1,2894	0,5487	0,4255
3	2,4604	0,4064	0,23966	4,1725	0,58966	1,6959	1,3616	0,8029
4	3,3215	0,3011	0,15076	6,6329	0,50076	1,9969	2,2648	1,1341
5	4,4840	0,2230	0,10046	9,9544	0,45046	2,2200	3,1568	1,4220
6	6,0534	0,1652	0,06926	14,4384	0,41926	2,3852	3,9828	1,6698
7	8,1722	0,1224	0,04880	20,4919	0,39880	2,5075	4,7170	1,8811
8	11,0324	0,0906	0,03489	28,6640	0,38489	2,5982	5,3515	2,0597
9	14,8937	0,0671	0,02519	39,6964	0,37519	2,6653	5,8886	2,2094
10	20,1066	0,0497	0,01832	54,5902	0,36832	2,7150	6,3363	2,3338
11	27,1439	0,0368	0,01339	74,6967	0,36339	2,7519	6,7047	2,4364
12	36,6442	0,0273	0,00982	101,8406	0,35982	2,7792	7,0049	2,5205
13	49,4697	0,0202	0,00722	138,4848	0,35722	2,7994	7,2474	2,5889
14	66,7841	0,0150	0,00532	187,9544	0,35532	2,8144	7,4421	2,6443
15	90,1585	0,0111	0,00393	254,7385	0,35393	2,8255	7,5974	2,6889
16	121,7139	0,0082	0,00290	344,8970	0,35290	2,8337	7,7206	2,7246
17	164,3138	0,0061	0,00214	466,6109	0,35214	2,8398	7,8180	2,7530
18	221,8236	0,0045	0,00158	630,9247	0,35158	2,8443	7,8946	2,7756
19	299,4619	0,0033	0,00117	852,7483	0,35117	2,8476	7,9547	2,7935
20	404,2736	0,0025	0,00087	1 152,21	0,35087	2,8501	8,0017	2,8075
22	736,7886	0,0014	0,00048	2 102,25	0,35048	2,8533	8,0669	2,8272
24	1 342,80	0,0007	0,00026	3 833,71	0,35026	2,8550	8,1061	2,8393
25	1 812,78	0,0006	0,00019	5 176,50	0,35019	2,8556	8,1194	2,8433
26	2 447,25	0,0004	0,00014	6 989,28	0,35014	2,8560	8,1296	2,8465
28	4 460,11	0,0002	0,00008	12 740	0,35008	2,8565	8,1435	2,8509
30	8 128,55	0,0001	0,00004	23 222	0,35004	2,8568	8,1517	2,8535
32	14 814	0,0001	0,00002	42 324	0,35002	2,8569	8,1565	2,8550
34	26 999		0,00001	77 137	0,35001	2,8570	8,1594	2,8559
35	36 449		0,00001		0,35001	2,8571	8,1603	2,8562

40%			TABLE 28	Flux monétaires discrets : facteurs d'intérets composés				40%
	Paiements uniques		Paiements par série constante				Gradients arithmétiques	
n	Valeur capitalisée F/P	Valeur actualisée P/F	Fonds d'amortissement A/F	Valeur capitalisée F/A	Recouvrement du capital A/P	Valeur actualisée P/A	Valeur actualisée d'une série de gradient G P/G	Série constante de gradient G A/G
1	1,4000	0,7143	1,00000	1,0000	1,40000	0,7143		
2	1,9600	0,5102	0,41667	2,4000	0,81667	1,2245	0,5102	0,4167
3	2,7440	0,3644	0,22936	4,3600	0,62936	1,5889	1,2391	0,7798
4	3,8416	0,2603	0,14077	7,1040	0,54077	1,8492	2,0200	1,0923
5	5,3782	0,1859	0,09136	10,9456	0,49136	2,0352	2,7637	1,3580
6	7,5295	0,1328	0,06126	16,3238	0,46126	2,1680	3,4278	1,5811
7	10,5414	0,0949	0,04192	23,8534	0,44192	2,2628	3,9970	1,7664
8	14,7579	0,0678	0,02907	34,3947	0,42907	2,3306	4,4713	1,9185
9	20,6610	0,0484	0,02034	49,1526	0,42034	2,3790	4,8585	2,0422
10	28,9255	0,0346	0,01432	69,8137	0,41432	2,4136	5,1696	2,1419
11	40,4957	0,0247	0,01013	98,7391	0,41013	2,4383	5,4166	2,2215
12	56,6939	0,0176	0,00718	139,2348	0,40718	2,4559	5,6106	2,2845
13	79,3715	0,0126	0,00510	195,9287	0,40510	2,4685	5,7618	2,3341
14	111,1201	0,0090	0,00363	275,3002	0,40363	2,4775	5,8788	2,3729
15	155,5681	0,0064	0,00259	386,4202	0,40259	2,4839	5,9688	2,4030
16	217,7953	0,0046	0,00185	541,9883	0,40185	2,4885	6,0376	2,4262
17	304,9135	0,0033	0,00132	759,7837	0,40132	2,4918	6,0901	2,4441
18	426,8789	0,0023	0,00094	1 064,70	0,40094	2,4941	6,1299	2,4577
19	597,6304	0,0017	0,00067	1 491,58	0,40067	2,4958	6,1601	2,4682
20	836,6826	0,0012	0,00048	2 089,21	0,40048	2,4970	6,1828	2,4761
22	1 639,90	0,0006	0,00024	4 097,24	0,40024	2,4985	6,2127	2,4866
24	3 214,20	0,0003	0,00012	8 033,00	0,40012	2,4992	6,2294	2,4925
25	4 499,88	0,0002	0,00009	11 247	0,40009	2,4994	6,2347	2,4944
26	6 299,83	0,0002	0,00006	15 747	0,40006	2,4996	6,2387	2,4959
28	12 348	0,0001	0,00003	30 867	0,40003	2,4998	6,2438	2,4977
30	24 201		0,00002	60 501	0,40002	2,4999	6,2466	2,4988
32	47 435		0,00001		0,40001	2,4999	6,2482	2,4993
34	92 972				0,40000	2,5000	6,2490	2,4996
35					0,40000	2,5000	6,2493	2,4997

| 50% | | | | | | | TABLE 29 Flux monétaires discrets : facteurs d'intérêts composés | | 50% |

	Paiements uniques		Paiements par série constante				Gradients arithmétiques	
n	Valeur capitalisée F/P	Valeur actualisée P/F	Fonds d'amortissement A/F	Valeur capitalisée F/A	Recouvrement du capital A/P	Valeur actualisée P/A	Valeur actualisée d'une série de gradient G P/G	Série constante de gradient G A/G
1	1,5000	0,6667	1,00000	1,0000	1,50000	0,6667		
2	2,2500	0,4444	0,40000	2,5000	0,90000	1,1111	0,4444	0,4000
3	3,3750	0,2963	0,21053	4,7500	0,71053	1,4074	1,0370	0,7368
4	5,0625	0,1975	0,12308	8,1250	0,62308	1,6049	1,6296	1,0154
5	7,5938	0,1317	0,07583	13,1875	0,57583	1,7366	2,1564	1,2417
6	11,3906	0,0878	0,04812	20,7813	0,54812	1,8244	2,5953	1,4226
7	17,0859	0,0585	0,03108	32,1719	0,53108	1,8829	2,9465	1,5648
8	25,6289	0,0390	0,02030	49,2578	0,52030	1,9220	3,2196	1,6752
9	38,4434	0,0260	0,01335	74,8867	0,51335	1,9480	3,4277	1,7596
10	57,6650	0,0173	0,00882	113,3301	0,50882	1,9653	3,5838	1,8235
11	86,4976	0,0116	0,00585	170,9951	0,50585	1,9769	3,6994	1,8713
12	129,7463	0,0077	0,00388	257,4927	0,50388	1,9846	3,7842	1,9068
13	194,6195	0,0051	0,00258	387,2390	0,50258	1,9897	3,8459	1,9329
14	291,9293	0,0034	0,00172	581,8585	0,50172	1,9931	3,8904	1,9519
15	437,8939	0,0023	0,00114	873,7878	0,50114	1,9954	3,9224	1,9657
16	656,8408	0,0015	0,00076	1 311,68	0,50076	1,9970	3,9452	1,9756
17	985,2613	0,0010	0,00051	1 968,52	0,50051	1,9980	3,9614	1,9827
18	1 477,89	0,0007	0,00034	2 953,78	0,50034	1,9986	3,9729	1,9878
19	2 216,84	0,0005	0,00023	4 431,68	0,50023	1,9991	3,9811	1,9914
20	3 325,26	0,0003	0,00015	6 648,51	0,50015	1,9994	3,9868	1,9940
22	7 481,83	0,0001	0,00007	14 962	0,50007	1,9997	3,9936	1,9971
24	16 834	0,0001	0,00003	33 666	0,50003	1,9999	3,9969	1,9986
25	25 251		0,00002	50 500	0,50002	1,9999	3,9979	1,9990
26	37 877		0,00001	75 752	0,50001	1,9999	3,9985	1,9993
28	85 223		0,00001		0,50001	2,0000	3,9993	1,9997
30					0,50000	2,0000	3,9997	1,9998
32					0,50000	2,0000	3,9998	1,9999
34					0,50000	2,0000	3,9999	2,0000
35					0,50000	2,0000	3,9999	2,0000

Glossaire

Terme	Symbole	Définition et sections, indiquées entre parenthèses, où apparaissent les principales occurrences du terme
Amortissement	D	Perte de valeur d'une immobilisation selon des règles et des modèles particuliers; il existe des méthodes d'amortissement comptable et des méthodes d'amortissement fiscal (15.1).
Annuité équivalente	A ou AÉ	Valeur annuelle constante équivalente de tous les encaissements et les décaissements pendant la durée d'utilité estimative (1.7, 6.1).
Charges	C	Ensemble des dépenses engagées par une société dans le cadre de ses activités (16.1).
Charges d'exploitation annuelles	CEA	Coûts annuels estimatifs associés à l'exploitation d'une solution dans le but d'atteindre ses objectifs (1.3).
Coût annuel équivalent	CAÉ	Valeur annuelle constante des coûts pendant la durée d'utilité estimative (11.2)
Coût du cycle de vie	CCV	Évaluation des coûts d'un système à toutes les étapes, de l'étude de la faisabilité de sa conception à son abandon progressif (5.7).
Coût immobilisé	CI ou P	Valeur actualisée d'une solution appelée à durer très longtemps ou toujours (5.5).
Coût initial	P	Coût total initial de l'achat, de la construction, de la configuration, etc. (1.3, 15.1).
Coût moyen pondéré du capital	i ou CMPC	Taux d'intérêt versé pour l'utilisation de fonds d'investissement comprenant les capitaux empruntés et les capitaux propres; ces capitaux sont pondérés au coût moyen du capital (10.2-10.3).
Coût non amorti ou valeur comptable	CNA	Solde de l'investissement dans une immobilisation après comptabilisation de l'amortissement de celle-ci (15.1).
Déduction pour amortissement ou amortissement fiscal	DPA	Réduction de la valeur des immobilisations amortissables selon les méthodes canadiennes en matière d'amortissement (15.2).
Délai de récupération	n_p	Nombre d'années nécessaires pour récupérer l'investissement initial selon un taux de rendement établi (5.6).
Distribution de probabilités	$P(X)$	Distribution de probabilités pour différentes valeurs d'une variable (18.2).
Durée d'utilité (estimative)	n	Nombre d'années ou de périodes pendant lesquelles une solution ou une immobilisation est appelée à être utilisée; la période d'évaluation (1.7).
Durée d'utilité économique	DUÉ ou n	Nombre d'années pendant lesquelles le coût annuel équivalent est minimal (11.2).
Écart-type	s ou σ	Mesure de la dispersion ou de la variabilité par rapport à la valeur attendue ou à la moyenne (18.4).
Flux monétaires	FM	Montants réels des encaissements, ou rentrées de fonds, et des décaissements, ou sorties de fonds (1.10).
Flux monétaires avant ou après impôt	FMAVI ou FMAPI	Montants des flux monétaires avant ou après l'impôt à payer (16.2).
Flux monétaires nets	FMN	Montant réel final des encaissements et des décaissements au cours d'une période donnée (1.10).
Fraction non amortie du coût en capital	FNACC	Valeur comptable des immobilisations aux fins de l'amortissement fiscal (15.1).
Gradient (arithmétique)	G	Variation uniforme (positive ou négative) des flux monétaires à chaque période (2.5, 3.3-3.4).
Gradient (géométrique)	g	Taux de variation constant (positif ou négatif) à chaque période (2.6).
Limite d'investissement	b	Montant disponible pour les investissements en immobilisation (12.1).

Terme	Symbole	Définition et sections, indiquées entre parenthèses, où apparaissent les principales occurrences du terme
Méthodes d'évaluation	variable	Méthodes, telles que la valeur actualisée, l'annuité équivalente ou le taux de rendement, utilisées pour juger de la viabilité économique (1.2).
Point d'équivalence ou seuil d'indifférence		Quantité ou taux auquel deux solutions donnent des résultats identiques (8.4, 13.2)
Point mort	Q_{PM}	Quantité à laquelle les produits et les charges sont égaux (13.1).
Ratio avantages-coûts	RAC	Rapport entre les avantages et les coûts d'un projet, exprimé sous forme de valeur actualisée, d'annuité équivalente ou de valeur capitalisée (9.2).
Ratio avantages-coûts modifié	RACM	Rapport entre les avantages d'un projet, dont on soustrait les charges d'exploitation des commanditaires, et le coût du capital de ceux-ci exprimé sous forme de valeur actualisée, d'annuité équivalente ou de valeur capitalisée (9.5).
Ratio capitaux empruntés-capitaux propres	RE	Pourcentage des capitaux empruntés et des capitaux propres utilisé par une société pour financer son actif (1.9, 10.3).
Recouvrement du capital	RC ou A	Coût annuel équivalent de possession d'une immobilisation, auquel s'ajoute le rendement requis de l'investissement initial (6.2).
Revenu brut	RB	Revenu d'une société ou d'un particulier provenant de l'ensemble de ses sources de revenus (16.1).
Revenu imposable	RI	Montant auquel s'applique l'impôt sur le revenu (16.1).
Taux d'amortissement	d_t	Taux annuel de perte de valeur d'une immobilisation selon des modèles d'amortissement donnés (15.1).
Taux de rendement acceptable minimum	TRAM	Valeur minimale d'un taux de rendement pour qu'une solution soit considérée comme financièrement viable (1.9, 10.2).
Taux de rendement interne	i^* ou TRI	Taux d'intérêt composé sur des soldes impayés ou non récupérés, établi de manière à obtenir un solde nul (7.1).
Taux de rendement interne modifié combiné	i'	Taux de rendement unique lorsqu'on applique un taux de réinvestissement e à une série de flux monétaires à taux multiples (7.5).
Taux d'impôt	T_I	Taux décimal, généralement progressif par tranches, utilisé pour calculer l'impôt des sociétés ou des particuliers (16.1).
Taux d'impôt (effectif)	T_e	Taux d'impôt unique comprenant plusieurs taux et bases fiscales (16.1).
Taux d'inflation	f	Taux qui représente les variations de la valeur d'une monnaie au fil du temps (14.1).
Taux d'intérêt	i ou r	Intérêt exprimé sous forme de pourcentage d'un montant initial par période ; un taux d'intérêt peut être nominal (r) ou effectif (i) (1.4, 4.1).
Temps	t	Indicateur d'une période donnée (1.7).
Valeur actualisée	P ou VA	Montant établi au moment actuel ou à un moment considéré comme tel (1.7, 5.1).
Valeur actualisée nette	VAN	Valeur actuelle des encaissements nets ou différence entre la valeur actuelle des encaissements et la valeur actuelle des décaissements.
Valeur capitalisée	VC	Montant, à une certaine date ultérieure, établi en tenant compte de la valeur temporelle de l'argent (1.7).
Valeur de récupération	R ou VR	Valeur de reprise ou de marché estimative d'une immobilisation au moment de son échange ou de sa cession (15.1).
Valeur espérée (moyenne)	X, $\overline{X}$ ou $E(X)$	Moyenne espérée à long terme ; une variable aléatoire est échantillonnée à de nombreuses reprises (17.3, 18.4).
Variable aléatoire	X	Paramètre ou caractéristique qui peuvent prendre différentes valeurs données ; une variable aléatoire peut être discrète ou continue (19.2).

Lexique anglais – français des fonctions courantes dans Excel

Fonction en français	Équivalent anglais	Description
Valeur actualisée :	Present worth :	
VA($i\%;n;A;F$)	**PV($i\%,n,A,F$)**	Pour des valeurs constantes A
VAN($i\%$;deuxième_ cellule:dernière_ cellule) + première_cellule	**NPV($i\%$,second_cell:last_ cell) + first_cell**	Pour des flux monétaires variables
Valeur capitalisée :	Future worth :	
VC($i\%;n;A;P$)	**FV($i\%,n,A,P$)**	Pour des valeurs constantes A
Annuité équivalente :	Annual worth :	
VPM($i\%;n;P;F$)	**PMT($i\%,n,P,F$)**	Pour des montants uniques sans valeur A
Nombre de périodes (années) :	Number of periods (years) :	
NPM($i\%;A;P;F$)	**NPER($i\%,A,P,F$)**	Pour des valeurs constantes A

(**Remarque :** Les fonctions VA, VC et VPM entraînent un signe inverse. Pour conserver le même signe, inscrivez un signe de soustraction ($-$) devant ces fonctions. Les fonctions VAN et TRI prennent le signe des flux monétaires inscrits dans les tableaux.)

Fonction en français	Équivalent anglais	Description
Taux de rendement :	Rate of return :	
TAUX($n;A;P;F$)	**RATE(n,A,P,F)**	Pour des valeurs constantes A
TRI(première_ cellule:dernière_cellule)	**IRR(first_cell:last_cell)**	Pour des flux monétaires variables
Amortissement :	Depreciation :	
AMORLIN($P;R;n$)	**SLN(P,S,n)**	Amortissement linéaire pour chaque période
DB($P;R;n;t$)	**DB(P,S,n,t)**	Amortissement dégressif à taux constant ; taux déterminé par la fonction
Fonction logique SI :	Logical IF function :	
SI(test_logique;valeur_si_ vrai;valeur_si_faux)	**IF(logical_test,value_if_ true,value_if_false)**	Pour les opérations logiques à deux possibilités

Une fonction peut être intégrée à une autre fonction.

Toutes les fonctions doivent être précédées d'un signe d'égalité (=).

Relations pour flux monétaires discrets avec capitalisation en fin de période

Type	Valeur inconnue/valeur connue	Notation des facteurs et formule	Relation	Exemple de diagramme des flux monétaires
Valeur unique	F/P Valeur capitalisée	$(F/P;i;n) = (1 + i)^n$	$F = P(F/P;i;n)$	
	P/F Valeur actualisée	$(P/F;i;n) = \dfrac{1}{(1+i)^n}$	$P = F(P/F;i;n)$ (Section 2.1)	
Série constante	P/A Valeur actualisée	$(P/A;i;n) = \dfrac{(1+i)^n - 1}{i(1+i)^n}$	$P = A(P/A;i;n)$	
	A/P Recouvrement du capital	$(A/P;i;n) = \dfrac{i(1+i)^n}{(1+i)^n - 1}$	$A = P(A/P;i;n)$ (Section 2.2)	
	F/A Valeur capitalisée	$(F/A;i;n) = \dfrac{(1+i)^n - 1}{i}$	$F = A(F/A;i;n)$	
	A/F Fonds d'amortissement	$(A/F;i;n) = \dfrac{i}{(1+i)^n - 1}$	$A = F(A/F;i;n)$ (Section 2.3)	
Gradient arithmétique	P/G Valeur actualisée	$(P/G;i;n) = \dfrac{(1+i)^n - in - 1}{i^2(1+i)^n}$	$P_G = G(P/G;i;n)$	
	A/G Série constante	$(A/G;i;n) = \dfrac{1}{i} - \dfrac{n}{(1+i)^n - 1}$	$A_G = G(A/G;i;n)$ (Section 2.5)	
Gradient géométrique	P/A_1 et g Valeur actualisée	$P_g = \begin{cases} \dfrac{A_1\left[1 - \left(\dfrac{1+g}{1+i}\right)^n\right]}{i - g} \\[2em] A_1\dfrac{n}{1+i} \end{cases}$	$g \neq i$ $g = i$ (Section 2.6)	

Matériel complémentaire
http://mabibliotheque.cheneliere.ca

Agence de revenu du Canada
www.cra-arc.gc.ca

Banque du Canada
www.banqueducanada.ca

Revenu Québec
www.revenuquebec.ca

Statistique Canada
www.statcan.gc.ca